国家科学技术学术著作出版基金资助出版

罗布泊地区古代文化与古环境

——罗布泊自然与文化遗产综合科学考察报告

秦小光 等 著

科学出版社

北 京

内 容 简 介

　　本书是新中国成立以来我国科学家和考古学家对罗布泊地区自然与文化遗产开展的一次最新、规模最大、时间最长的多学科综合考察的成果总结。内容主要是 2014～2019 年间历时 5 年的科考发现，在罗布泊"大耳朵"湖区特征与湖泊演化、河网水系、雅丹地貌、古代遗物和遗址遗迹新发现、古农田灌溉系统、古交通路网、古代人类活动序列以及环境变迁与古文明兴衰关系等几个方面系统梳理了有关科考成果。全书用大量图片展示了各种新发现，介绍了综合运用第四纪地质学、古气候古环境学、地貌学、考古学、骨骼人类学、微波遥感、同位素年代学等各学科的传统与现代技术手段对罗布泊地区的沉积物、地貌、遗址遗物等对象的最新研究成果，对过去长期存在的罗布泊"大耳朵"之谜、文化传承之谜、楼兰消失之谜、丝绸之路楼兰道存废之谜都进行了探讨，还梳理了石器技术分析方法和雅丹形态学测量方法。本书是深入研究罗布泊、楼兰、小河与东西方文明交流的新素材，也是值得一读的环境考古力作。

　　本书适合干旱区环境、罗布泊、中国古代西域历史（尤其是古楼兰和古丝绸之路）等研究领域的学者和对此感兴趣的广大社会爱好者阅读。

图书在版编目（CIP）数据

　罗布泊地区古代文化与古环境：罗布泊自然与文化遗产综合科学考察报告／秦小光等著 . —北京：科学出版社，2023.6
　ISBN 978-7-03-074445-6

　Ⅰ.①罗⋯　Ⅱ.①秦⋯　Ⅲ.①罗布泊–科学考察　Ⅳ.①P942.450.78

　中国国家版本馆 CIP 数据核字（2023）第 000879 号

责任编辑：王　运　柴良木／责任校对：何艳萍
责任印制：肖　兴／封面设计：图阅盛世

科 学 出 版 社 出版
北京东黄城根北街 16 号
邮政编码：100717
http://www.sciencep.com

北京中科印刷有限公司 印刷
科学出版社发行　各地新华书店经销

*

2023 年 6 月第 一 版　开本：889×1194　1/16
2023 年 6 月第一次印刷　印张：36 3/4
字数：1 170 000
定价：**538.00 元**
（如有印装质量问题，我社负责调换）

秘境探秘解密记（代序）

一、百年探秘仍存谜

罗布泊对许多人来说是个神秘、遥远的地方，也是个令人心驰神往的地方。它隶属新疆维吾尔自治区若羌县罗布泊镇，面积约 5 万 km²，人口约 4400 人（主要为钾盐矿职工），平均每 10km² 不足 1 人。那里处于欧亚大陆腹地，距离周围任何一个海洋都要超过 1200km，年降水量仅约 20mm，蒸发量却超过 3000mm，是全球最干旱的地方。年均温度在 11℃ 左右，最低 -20℃，最高 70℃，风沙天气频繁强烈，每年 8 级以上强风天气达 60 天以上；整个区域几乎全为荒漠、盐碱地，没有树木，没有耕地，生态环境非常恶劣。

谁能想象，就是这样一块偏僻荒凉的土地，曾经是一片近万平方千米碧波荡漾的湖泊，还有生机勃勃的绿洲，以致至今仍称"罗布泊"。它是当年丝绸之路、玄奘取经的必经之地，著名的楼兰就在那里。

不难看出，现在这块荒凉不毛之地，曾有过美好的自然风光和悠久灿烂的历史文化，是一块神秘、神圣的地方，具有举世无双的自然遗产和文化遗产，是人类的宝贵财富，其价值可以与世界上许多历史名胜、文化古迹和自然景观相媲美！

因此，一百多年来，中外的许多专家学者和有识之士，冒着危险，络绎不绝地前去考察探险，其中主要有俄国人尼古拉·米哈伊洛维奇·普尔热瓦尔斯基（Николай Михайлович Пржевальский，1839～1888 年）于 1876～1877 年和 1883～1885 年的考察，瑞典人斯文·赫定（Sven Hedin，1865～1952 年）于 1895 年、1899～1901 年和 1934 年的考察，英国人马克·奥利尔·斯坦因（Marc Aurel Stein，1862～1943 年）于 1900 年、1906 年和 1913 年的考察，美国人伊斯沃思·亨廷顿（Ellsworth Huntington，1876～1947 年）于 1905 年的考察，日本人大谷光瑞（1876～1948 年）和橘瑞超（1890～1968 年）于 1909 年和 1910～1914 年的考察；中国学者徐炳昶、袁复礼、丁道衡、黄文弼、陈宗器等参加的 1927～1934 年中瑞西北科学考察团。

1949 年 10 月之后，对罗布泊的考察研究始终未断，中国科学院于 1958～1959 年、1980～1981 年和 2004 年先后组织了三次重要的科学考察。其他单位也进行了多种形式、多种专业的考察研究，取得了丰硕成果，涌现了彭加木、夏训诚、王弭力等一批杰出的科学家。

然而，百年探秘仍存谜。当初浩瀚的湖泊为何干涸了？为何绿洲变成了荒漠？那奇特的雅丹地貌、羽毛状沙丘和"大耳朵"影像是怎样形成的？丝绸之路是怎样经过那里的？曾经繁荣过的古国为什么消亡了？4000 年前的小河文化和 2000 年前的楼兰文化有没有联系？当时在那里生存的是什么人？是土著还是外来的？在那片神秘的土地上还有哪些文物古迹未被揭露？哪些资源宝藏未被开发？……历史是面镜子，那里极端的环境演变和社会变迁，不仅给人以神秘感，也给人们深刻的警示和启迪！只有了解过去，才能掌握未来。

我曾在新疆工作多年，从 1986～2008 年先后 5 次到罗布泊地区考察，深为那里的特殊环境和历史文化所震撼，世界上没有哪里的自然遗产和文化遗产能像罗布泊这样神奇，这样珍贵！这里是国宝，也是全人类的宝藏，必须加强研究与保护。2009 年，我与夏训诚先生、秦小光博士共同撰写了一份建议，并通过钱正英院士提交国家，希望能做三件事：①设立专项对罗布泊自然与文化遗产进行调查研究；②建立专门的罗布泊博物馆；③建立罗布泊保护区，申报世界自然与文化遗产。这份建议受到有关领导的重视，得到时任总理温家宝同志的批示，为后来工作的开展创造了条件。

二、探秘解密发现多

经过反复的申请、论证和答辩，2013 年末获得科技部的批准，成立了"罗布泊自然与文化遗产综合科学考察"项目，由中国科学院、吉林大学、新疆文物考古研究所相关单位共同承担，执行期为 2014 ~ 2019 年，共 5 年。这是一项完全由中国科学家自行组织筹划的科考项目，项目组集聚了秦小光、邵芸、穆桂金、吴勇、吕厚远、魏东、许冰等一批中青年科学家和科研骨干，专业齐全、技术先进、工作投入、勇于奉献。共有 150 人次连年进入罗布泊内部，累计考察时间达 200 天，考察范围达 4 万 km²，发现遗址遗存点 50 余处，获得石、陶、木、骨、贝、皮革、羽毛、植物、铜、铁、金、银、锡、玻璃、瓷、钱币、织物等文物 2000 多件，其中石器数量最多，陶器和铜器次之，其他器物较少。经过 5 年的艰苦努力，取得了丰硕成果，有许多重要发现。

1. 构建了罗布泊地区的水文网，查明了罗布泊的形态和"大耳朵"影像成因

青藏高原和喀喇昆仑的隆升，使塔里木盆地西部翘起，东隅成为汇水的凹陷，塔里木河、孔雀河、车尔臣河等 10 多条河流及其支流注入其中，形成广阔的水文网和湖泊湿地，发育以胡杨、红柳、芦苇为主的植被，楼兰古城正位于淡水丰沛、地势平坦的河流三角洲前缘地带上，成为楼兰绿洲。罗布泊在这样的背景下逐渐形成，它南依阿尔金山，北靠库鲁克塔格隆起，面积达 1 万 km²，远远大于后来测量的 5350km²，是当时中国最大的湖泊。汉晋时期罗布泊湖面水位高、范围大，古河道侵蚀基准面高，河道落差小、易泛滥，以堆积为特点；元明时期罗布泊湖面水位低、范围小，河道落差大、深切明显。

雷达遥感透视测量和沉积物分析查明，早期罗布泊呈封闭环状形态，遥感影像显现的"大耳朵"实际上是原湖泊的东半部分（东湖），"大耳朵"上的条纹是原湖岸线在湖泊萎缩时留下的痕迹，一个条纹代表一次萎缩，至少有 6 次萎缩；明条带为高含盐量沉积层，是快速强烈萎缩的印记，暗条带为低含盐量沉积层，是较慢萎缩的结果；湖泊在萎缩干涸过程中，留下环形湖岸线。由于受东高西低地势的影响，入湖河流的水汇聚在低洼地区，水面掩盖了入河口附近的西部湖区（西湖）和早期形成的湖岸线，而湖区东部的湖岸线裸露出来，形成半环状"大耳朵"（东湖），"大耳朵"的口自然向西敞开。西湖是罗布泊干涸前最后残留的部分。本次考察在西湖西侧发现的 3 条像东部"大耳朵"那样的高含盐量湖相沉积物条带，实际上是早期罗布泊湖岸线在西部的显示，证明罗布泊是一个完整大湖。

2. 揭示了雅丹地貌的分布和形态特征

雅丹地貌是用中文命名的一种独特地貌景观，具有特定的物质基础和形成条件，本质是风蚀地貌。它是指水平或近于水平分布的松软至固结状态的沉积物，在干旱环境下，主要通过风蚀作用形成的土丘。其形态各异，大小不一，多为平顶，高度大体一致，排列整齐，相对集中，成片分布，以罗布泊地区的雅丹为典型代表。研究发现，岩性特征对雅丹形态的形成起决定作用，沉积物有沙土层、石膏层、泥岩层、砾石层等，它们的固结程度和坚硬程度不同，抗侵蚀的能力也不同，因而在风蚀等外力作用下，便形成不同形态的地貌景观，如丘状、岗状、垄状、带状等。罗布泊地区广泛分布着河、湖相沉积物和洪积物，具备干旱、多风的气候环境，为雅丹地貌的形成提供了物质和动力条件。

3. 发现了丝绸之路古道"楼兰道"

丝绸之路横贯东西，名扬世界，可谁曾见过、走过当年的丝绸之路？这次考察的一个重要发现，就是在罗布泊东部的阿奇克谷地北岸到白龙堆一带，找到了一段丝绸之路古路遗址，路宽 8 ~ 9m、长达 200km，还发现了傍道而建的沙西井古城；在白龙堆古道沿途和古城里发现了陶片、铜镞、五铢钱、铁器残片等文物。经考证，这条古道正是史书记载的楼兰道，使用时间大约从 300BC（BC 表示公元前）到 500AD（AD 表示公元后）之间，很可能在战国时期就已经存在。在沙西井以西还发现了直接进入罗布泊湖区的双堤运渠，长达 40 多千米，证实了史料中记载的"欲通渠转谷"确实存在。

4. 将罗布泊地区的人类活动历史向前推了 9000 年

当初人们考察研究罗布泊的人类活动，大都把目光聚焦到 2000 年前的楼兰古国，后来发现了小河墓地，又把那里的人类活动向前推到 4000 年以前（3.6~4.2cal ka BP，cal 表示修正后的年代，ka 表示千年，BP 表示距今）；而距今 4000 年以前的历史几乎是一片空白。这次考察不仅对楼兰、小河两个时期的人类活动有众多发现，而且还在雅丹地层的灰坑中发现了小河以前的细石器，其代表器物是细石叶和白石吊坠，灰坑的 ^{14}C 校正年龄为 10169~9909cal a BP。这一重要发现表明，在大约一万年前，那里不仅有人类活动，还能制造细石器进行狩猎，从而把那里的人类活动向前推进了 6000 年。这样一来，又给我们留下了思考的空间，即从一万年前到四千年前的小河时期，中间这么长的时间，人类是怎么度过的？

5. 查明了小河、楼兰时期人的生存状态

业已发现，在小河时期和楼兰时期罗布泊地区都有人类生存。那都是什么人？又是怎样生存的？本次考察在小河、楼兰等地发现了许多居址、墓穴、院落、城郭以及人类生存所需的各种物品，充分展示了当时人们的生存状态。

小河时期人的居所和墓穴均建在雅丹顶部平台上，有的搭建成半地穴式草棚，居址与墓穴相距很近，应属于同一家族。在居所、墓穴及其附近发现有石、木、草、陶、羽等物件，标志性代表器物是草制品，包括草编篓、草门帘、草簸箕、草绳等，还有玉斧、彩陶、木杖木棍、权杖头、石磨盘、石矛等器物，以及水禽鸟类羽毛、淡水鲤科鱼骨、绵羊角、骆驼粪、羊粪、芦苇、植物种子等动植物遗存，墓穴常为多层叠置，裸露于地表，穴中有船形棺，棺中有干尸，尸骸之间用芦苇红柳枝层隔开，干尸具有东方人特点；古墓陪葬品很原始，多为木棍、草编篓、草簸箕之类的草制品，还有牛皮鞋等，青铜器少见。

楼兰时期的人类活动和社会形态比起小河时期要繁华得多，古城、古国的态势明显地显现出来，不仅有著名的楼兰古城、LK 古城、LE 方城，还有张市 1 号、双河、四间房等遗址遗迹，以及近 30 处村落级遗存点。

根据孤台墓地人群颅骨测量性状判断，当时人的特征是高颅型、狭颅型、圆颅型，低眶型，鼻型多样，鼻颧角多在 140° 左右；个别项目存在较大差异，但颅型等形态特征以共性为主。从墓穴清理出的 17 个个体推测，死亡年龄最小的 15 岁左右，最大的 45 岁左右；埋葬的墓穴规格不同，方式也不同，有一次葬与二次葬、单人葬与多人葬、火葬和土葬等；逝者的着装显示，棉、麻、毛织品同时存在。

从骨骼人类学角度确定罗布泊地区以小河墓地为代表的早期人群和以楼兰古墓群代表的汉晋时期人群在颅面部特征上存在较大的差异，小河人与楼兰人不具传承性，两个时期之间存在文化间断和人群差异。而楼兰人群中的个体差异性远大于共性，楼兰人牙齿锶氧同位素分析也显示外来人口比例高达 26%，表明这个时期楼兰与外来人群交往密切，是一个族群融合的时代。

6. 展现了高度发达的楼兰社会和农牧经济

罗布泊地区在楼兰时期是绿洲环境，比较适合人类生存，并有供养人类生存的物质条件。在楼兰古城中所调查的地方，95% 以上考察点均发现了黍、粟、小麦类遗存物，这是旱作农业的产物和人们的食物；到处存在的牲畜粪便、骨骼、圈落、围墙，反映当时当地的牲畜很多；从有人工作用痕迹（砍砸痕迹、切割痕迹、划痕等）的骨骼占所发现骨骼总数的 55% 来看，人们对动物的猎取分解已很普遍，动物食品（肉、奶）占比很大，以牛、羊、马为主，也有骆驼和驴，未发现猪、狗。可见楼兰时期的农业、牧业已经很发达。

相应于农牧业，楼兰地区已有非常完善的灌渠-涝坝-耕地-农舍为一体的灌溉农业农耕系统，那里的目字形耕地与敦煌地区的田字形耕地很相似，显示了耕作者的东方属性。大量陶器、铜器、铁器、锡器等物品的发现和铜镜、铜顶针、铜簪、丝绸等制作，反映了当时工业作坊已普遍存在；古城和村落房屋遗址展现了以胡杨梁柱榫卯结构为特征的建筑，其技术手段来自中原。道路交通系统有双行线特征；"官律所平"印章的发现，指示已建立了官方度量衡制度；花押代表了当时官方邮政体系；五铢、货泉是当时的流通货币；象棋已成为民间娱乐方式；"张市千人丞印"是当时官府权力的象征。所有这些都反映了古楼兰的社会形态已高度发展，与汉晋文化密切相关，受汉晋政权治理达 500~600 年。楼兰是丝绸之路的重要节点和必经之路，为东西方交流做出了不可替代的重要贡献。

三、罗布泊的启示

　　罗布泊从浩瀚的大湖变成一望无际的荒漠，从繁盛的古国衰变成一片废墟，把自然变化和社会变化表现到极致，给人类留下了许多不解之谜。"罗布泊自然与文化遗产综合科学考察"项目取得的丰硕成果，为探究自然环境演变，人类历史发展，人与自然的相互关系，重走丝绸之路，拓展"一带一路"，提供了珍贵资料和宝贵启示。

　　大自然有其自身的发展规律，人类活动一旦超出自然的承载能力，必然引起灾难，反作用于人类。丝绸之路已名扬天下，走丝绸之路，必走楼兰，必经罗布泊；"一带一路"是丝绸之路在现代的发扬光大和延伸。要经过几代人的努力，才能重建楼兰的繁盛，重现罗布泊的风光！

刘嘉麒

2020 年 4 月

前　言

在中国科学院地质与地球物理研究所、中国科学院新疆生态与地理研究所、中国科学院遥感与数字地球研究所、新疆文物考古研究所和吉林大学五个参加单位的几十位老中青科学家的共同努力下，2014～2019年历时5年的科技部科技基础性工作专项"罗布泊地区自然与文化遗产综合科学考察"（2014FY210500）项目终于落下了帷幕，在获得丰硕科考成果的同时，也交流了不同学科的学术思想，收获了不同学科学者间的真诚友谊，更获得了若羌县人民政府和当地百姓的认可，若羌县人民政府与中国科学院地质与地球物理研究所还因此联合设立了院士专家工作站，为深入研究创造了条件。

在罗布泊无人区科考面临着两大难题：生存和找路。科学家彭加木就是为了找水不幸失踪，探险者余纯顺则是因走错道路而脱水身亡，因此如何保证我们的科考队员给养有保障、不走失、少伤病就成为组织实施综合科考的一大任务。科考地区虽然有石油测线，但十几年过去了，强烈风蚀已经将本来就崎岖难行的道路破坏得更难以辨认，走错道、陷车，甚至无路可走成为家常便饭，找路就成为头车的主要任务。在缺少方向感、四周景色雷同、没有标志性地物的雅丹区寻找有价值的目标是科考的目的，也是极具挑战的难题。为了顺利完成科考任务，我们采用了以下措施和办法。

（1）成立项目顾问专家组。按科技部管理要求，聘请了中国科学院张新时院士、中国地质科学院郑绵平院士、中国科学院黄鼎成研究员、中国科学院郭正堂院士、中国社会科学院考古研究所袁靖研究员、中央美术学院郑岩教授、北京大学林梅村教授和吴小红教授、中共若羌县委员会宣传部简小东部长、中国地质大学（北京）田明中教授组成项目顾问专家组，后来又增请了中国人民大学王炳华教授（曾任新疆文物考古研究所所长）担任专家组成员。

（2）及时向项目顾问专家组汇报成果。每年科考结束后，及时总结成果，编写科考报告，召开成果汇报会，向项目顾问专家汇报当年考察发现，听取专家的指导建议，然后对下一年的科考计划做出相应调整。并根据科考进程，适时调整工作安排，重点支持有重大突破和显示度的科考发现。

科考总结与分析研究密切配合。每年科考结束后，不仅及时总结、编写科考报告，而且选择样品开展测试分析，进行分析研究，并将成果在国内外期刊上公开发表。

（3）充分利用国内智力资源，向国内相关专业权威专家咨询请教。每年科考结束后，根据野外的发现，在国内寻找相关领域的专家进行针对性咨询，如请国内最权威的古印鉴定专家对发现的铜印进行解读，得到"张市千人丞印"的重要发现；请中国社会科学院考古研究所动物考古专家袁靖、李志鹏老师帮助鉴定在土垠遗址、小河时期楼兰北遗址群中发现的鱼骨和羽毛遗存；请中国社会科学院考古研究所王树芝老师帮助鉴定楼兰各古城遗址中梁柱木材的树种；请中国科学院古脊椎动物与古人类研究所石器考古专家高星、关颖、陈福友、彭菲等老师帮助鉴定野外采集的石器；请中国社会科学院考古研究所赵志军、牛世山老师和中国人民大学陈晓露老师帮助鉴定有关文物；向中国地质科学院盐湖专家郑绵平院士请教盐类沉积知识；向中国科学院地质与地球物理研究所郭正堂院士、朱日祥院士、吴福元院士请教干旱区环境重建、地质构造研究方法等。

（4）邀请专家野外指导。在每年秋季的最佳科考时段多次邀请、组织相关专家专门到野外直接进行短期指导，并提供咨询建议。

（5）科考队伍固定与短期科考队员搭配。五个承担单位均选择几位固定的研究人员作为科考核心成员，然后每年再根据科考内容挑选相关专业的人员作为短期队员加入当年科考队伍，短期队员只参加当年科考或只参加相关内容科考。

（6）综合科考与专题科考相结合。每年的综合科考由各课题组人员参加，项目统一负责野外后勤保障、考察内容安排，考察时间根据每年拨付经费进行调整设计，2014～2018年共组织了4次大型综合科考。专题科考由各课题根据研究需要自行组织，如中国科学院遥感与数字地球研究所因主要针对罗布泊湖区开展研究，工作相对独立，与中国科学院新疆生态与地理研究所部分专家一起，以专题科考为主；中国科学院新疆生态与地理研究所根据雅丹和罗布泊湖区环境演化研究需要，组织了单独的专题考察；中国科学院地质与地球物理研究所也多次根据需要组织了样品采集、楼兰道考察等专题科考。

（7）室内遥感解译和野外逐点考察相结合。每年科考前，先在遥感图像上对预定考察区域的遗址、河流、特殊地貌进行详细解译，然后根据各疑似遗迹点的分布和石油测线格局设计好每天的考察路线。在野外考察时，早期利用 GPS、多光谱遥感图片、计算机 ArcGIS 遥感定位等方法相结合，后期直接利用奥维手机定位在无任何明显标志物的无人区开展疑似遗迹点和重要地貌点的定位和考察。

（8）野外科考方式扫面和重点路线考察相结合。在遗迹密集的楼兰地区，根据石油勘探路线将三千多平方公里的地区划分成若干 4km×4km 的区块，组织科考人员按每天一个区块的方式进行扫面式科考，以保证无重大遗址遗漏。重点路线考察，则主要针对分布零散、周边沙漠覆盖严重的遗迹点，设计好路线，准备好足够给养，然后按设计路线沿途考察。由于雅丹无人区或风蚀严重破坏或风积沙丘覆盖，原测线路经常难以寻找，需要重新在雅丹、沙地间开辟道路，这时规划设计路线就非常重要。

（9）密切联系地方政府，与地方文物保护部门紧密合作。在罗布泊无人区科考，随时可能遇到沙尘暴、车辆损坏、人员伤病的突发情况，需要得到地方的及时援助，因此地方政府的支持必不可少，科考期间我们与地方政府建立起良好的合作关系和沟通渠道，中国科学院地质与地球物理研究所和若羌县人民政府还正式联合建立了院士专家工作站，为科考顺利完成提供了大力支持。同时地方文物部门的支持也是科考工作的前提保证，我们所有的科考活动都是与若羌县文物局合作开展的，楼兰保护站一直都派人共同参加科考，所有发现的文物研究完成后也全部送到若羌县博物馆统一进行收藏和展览。

（10）后勤保障和安全保障协调统一，保障无人区科考的顺利实施。罗布泊无人区与其他无人区的区别是雅丹地貌极为崎岖，道路完全依赖石油测线痕迹，由于十几年的风蚀破坏，大多数很难辨认，几乎全由各种风蚀沟槽土丘构成，毁车严重，坏车是常事，因此科考时车辆必须保持一定的冗余度，加上野外扎营的装备行李多，每辆车不可满员，同时必须有备用车辆，以便出现车辆损坏时，人员可以转移到其他车辆或备用车辆顺利撤出。在若羌县楼兰博物馆设立后勤应急救援站，准备救援车辆，由焦迎新局长坐镇，通过卫星电话，随时通报天气变化消息、派出救援遇险车辆。按宁愿过剩、不可短缺的原则进行准备给养，因为在缺水、缺植被的无人区，一旦出现给养短缺将危及科考队员生命安全。卫星电话是无人区科考的必备装备，在野外科考中多次在车辆损坏寻求 1000～2000km 救援时发挥功不可没的作用。人手一部的对讲机是在无人区保持队员间联络沟通、防止失联的必备装备。雇用当地车辆和有经验的司机是成功组织罗布泊无人区科考的要诀，当地司机熟悉路况，有丰富的无人区活动经验，也熟悉车辆维修和无人区救援。避免科考人员自己或疆外司机驾车科考，否则一旦车辆损坏，在无人区孤立无援将是致命的。由于科考区是无人区，几十个人的后勤和安全保障极为重要，在若羌县或罗布泊镇设立后勤联络站，与科考队保持卫星电话联系，随时准备给考察队配送给养和安排医疗急救。科考期间，组织好任务小分队，严格科考纪律，团体行动，严禁单人、单车等单独行动，防止走失。

（11）科学考察与人才培养相结合。为了培养后备人才，每次科考都有硕士和博士研究生参加，他们构成了科考中最重要的生力军，不仅在国内外发表了多篇 SCI（科学引文索引）论文，在野外也是负责后勤保障、野外采样的骨干成员。

（12）兼顾不同专业、合理组织科考人员，强强联合、优势互补。综合科考涉及自然与文化两个不同的领域，因此必须考古、地学和遥感各专业齐备，密切配合、相互补充，才有望取得突破性成果。科考人员由五个课题负责人负责组织。此外，项目根据任务需要，邀请其他一些有工作基础或专长、关注罗布泊自然与文化遗产的专家以个人名义参加科考活动。

（13）购买必要野外装备，租借部分仪器设备。由于楼兰为无人无水区，缺乏基本生活条件，野外科考需使用帐篷睡袋，携带生活用水、食物和厨具，需自带发电机进行夜间照明和给各种仪器充电，在雅丹区和沙漠区需要沙漠车开路并运送补给。另外，在雅丹和沙漠区人易走失，需要穿着色彩突出、透气保温的野外服装以保证人身安全，因此需统一配置必需的野外装备。

（14）做好野外科考前准备。项目工作区既是文物保护区，又是军事禁区，科考前需要申办好国家文物局批件并得到军队批准，同时得到当地若羌县文物局的全力支持和配合。每次科考前召开专家咨询讨论会，听取专家意见，安排考察内容、设计科考路线、确定考察点及其考察内容、分配考察队员任务、确定科考时间。

（15）科考期间尽量收集材料、采集各种样品以备后续研究。严格遵守《中华人民共和国文物保护法》，爱护文物，新发现文物按照有关规定处理。尽可能多地采集古绿洲、古农田、古村落、古灌渠、古河湖的各种样品，为后续深入研究收集材料。室内开展年代学和各种地物特性测量。浙江省微波目标特性测量与遥感重点实验室为罗布泊盐壳微波散射特性、介电特性测量和雷达遥感穿透深度模型验证提供了科学实验平台。

虽然每次科考都会遭遇沙尘暴、车辆损坏的突发事件，但正是在上述措施的保障下，我们非常庆幸，五年无人区科考不仅所有科考队员都安全返回，而且收获丰硕，还培养了一批年轻骨干。科考的成功离不开科考队员的努力和地方的支持，在此要特别感谢以下这些同志：为后勤给养奔波的张磊、李康康、刘丽，全程参与科考为我们护航、导向的楼兰保护站前站长崔有生，为科考组织车辆、安排后期保障的若羌县文物局局长焦迎新和若羌县宣传部部长简小东，为我们排忧解难的若羌县县长艾山江，还要感谢老一辈罗布泊科考先行者夏训诚先生为科考顺利实施所做的贡献，最后还要感谢以包亚明、伊力江和李建伟为首的司机师傅们和买买提等民工兄弟，感谢若羌县文物局李莉等工作人员的支持和帮助。

本书是五年科考的成果总结，是科考队员们辛勤工作的结晶，为了把不同学科的成果整合在一起，我们先介绍湖泊演化、地理地貌、河流、雅丹等环境背景的成果，然后介绍古代遗迹遗物的发现、古代人类学的考证，再介绍楼兰的农田水利交通与古丝绸之路楼兰道，又总结了罗布泊地区的古文化序列，最后讨论了古文明兴衰与环境变化的关系。各章节的图表除专门标注的外，均由该章节作者制作完成。各章节作者如下：第1章作者为秦小光、刘嘉麒等。第2章作者为贾红娟、林永崇、李文、穆桂金、秦小光、张磊。第3章和1.1～1.2节作者为邵芸、宫华泽、刘长安、王龙飞、高志宏、耿瑜阳、谢凯鑫、李冰艳、杨兰。第4章作者为秦小光、李康康、穆桂金、张磊。第5章作者为穆桂金、宋昊泽、林永崇、李文。第6章作者为秦小光、李康康、张磊、许冰、吴勇、穆桂金、魏东。第7章的7.1～7.4节由田小红、吴勇撰写，器物修复由陈新儒、冯志东完成，线图绘制由陈新儒完成，照片由吴勇、刘玉生提供；7.3.2节作者为秦小光、李康康；7.5节作者为吴勇、田小红、秦小光；7.6节作者为王春雪、魏东、邵会秋、秦小光；7.7节作者为魏东、张建平等；7.8节作者为张建平等。第8章中8.1节作者为秦小光、李康康、魏东；8.2～8.3节作者为魏东、吴勇、王春雪、邵会秋；8.4节作者为王春雪、魏东、邵会秋；8.5节作者为唐自华、王雪烨、沈慧、魏东、胡兴军、许冰；8.6节作者为张健平、吕厚远、徐德克、吴乃琴、王灿、邓振华、葛勇、李丰江。第9章作者为秦小光、张磊、贾红娟、刘嘉麒、李康康。第10章作者为秦小光、李康康、张磊、许冰、穆桂金、吴勇、田小红、汉景泰。第11章作者为秦小光、李康康、吴勇、穆桂金、魏东、张磊。第12章作者为秦小光、李康康、张磊、贾红娟、刘嘉麒。

本书作为所有科考队员辛勤汗水的结晶，是一次跨学科研究的尝试，有突破思想禁锢的优势，但也必然会有不够专业的缺憾，恳请读者不吝指正。

秦小光　刘嘉麒

2020 年 3 月

目　　录

第1章 绪 论

【罗布泊地处欧亚大陆腹地，是东西方文化交流的枢纽，古代文化灿烂，现今环境恶劣，迫切需要多学科的综合科学考察揭开这里的未解之谜。2014～2019 年持续五年的扫面式多学科综合科考，不仅对罗布泊西岸的楼兰地区完成了地毯式考察，而且对罗布泊及其周边的丝绸之路古道也开展了大规模科学考察，成果丰硕、影响深远。】

罗布泊地区位于新疆塔里木盆地东端，地处欧亚内陆腹地，远离海洋，南北两侧高山屏蔽，属暖温带大陆性极端干旱荒漠气候，生态环境极其脆弱。作为青藏高原北侧最大沉降盆地的沉积-汇水中心，记录了数百万年以来西北干旱区气候环境变迁的历史；作为欧亚大陆的干旱核心区，发育了罕见的地貌景观。历史时期的绿洲曾经孕育过举世闻名的小河和楼兰文明，自西汉始，以罗布泊为重要交通枢纽的古丝绸之路的开通，开创了东-西方文化、文明交流的新时代，不仅影响到欧亚大陆人类社会历史的发展进程，而且促进了世界文明的进步，其深远影响直至今天。

一个多世纪以来，有关罗布泊地区古文明兴衰、民族迁移融合及其与自然环境变迁的关系，一直是社会科学和自然科学长期关注的热点问题。什么动力驱动了极端干旱环境下罗布泊地区湖泊的消长和生态环境的周期性变化？环境变化对人类文明的演化、传播产生了怎样的影响？小河文明、楼兰古国及丝绸之路为何兴衰？目前全球变暖背景下干旱核心区生态环境的发展趋势是什么？不同学者从不同角度对这些问题提出过各种理论与假说。

新中国成立前，西方学者在该区的探险和考察，受限于专业和科学技术条件，有许多误判和推理，直到今天，仍有各种有关中国西部边疆早期人类迁移、文化传播以及与环境变迁关系的倾向性观点。这片相当于葡萄牙大小的疆域，能否重现当年的繁荣，造福于人类，亟待从自然和文化历史角度提供科学依据。

新中国成立以来，由于恶劣的自然条件、特殊的历史原因和国家实力的限制，除几次短暂的、学科有限的探险式考察以外，国家未能组织和开展针对罗布泊地区自然与文化遗产的大规模综合考察和研究。罗布泊是目前我国少有的自然科学和社会科学综合研究的空白区。

因此需要组织多学科的研究队伍，开展罗布泊地区自然与文化遗产综合科学考察与研究，研究干旱核心区生态环境对全球变化、高原隆升的响应过程和机制，重建东西方文化交流、古代人群演替和中华文明传播、融合的历史，揭示古文明兴衰与环境变迁的关系，提高干旱区应对全球变化的能力，健全绿洲经济可持续发展理论，为全球变化背景下顺利实施"一带一路"倡议提供历史借鉴和应对策略，深化对中华民族自然与文化背景的认识，赢得中华民族在世界上的话语权，预警人类生存、环境演变和社会发展的潜在趋势。

1.1 罗布泊地区现代气候特征

罗布泊地区深居欧亚大陆腹地，南有著名的青藏高原，西有帕米尔高原，北有天山及其支脉库鲁克塔格，东北部有起伏丘陵克孜勒塔格，被西风带所覆盖，是欧亚环流的一部分。受到区域大环境的影响，罗布泊地区具有降水量小、蒸发量高、温差大以及风力强等典型的大陆性干旱气候特征。这主要因为塔里木盆地是封闭性的内陆盆地，南北西均有高山阻隔，四周距离大洋遥远，来自海洋的湿润气流在长途输送中，水分逐渐降低，到达盆地周围时，水汽含量已经很小。该地区年降水量仅为 10～20mm，蒸发量却高达 3000mm 以上，干燥度达 30～60，相对湿度在夏季几乎为零，被称为亚洲的"旱极"（中国科学院新疆考察队，1978；中国科学院新疆分院罗布泊综合科学考察队，1985；夏训诚等，2007）。

罗布泊作为塔里木盆地最干旱的地区之一，降水稀少且降水时间分配不均，夏季多而冬季少。从降水量的分配上，4~9月较为集中，其中5~8月集中了年降水量的70%~89%；冬季有少量降雪，占降水量的1%~20%。罗布泊年际降水量差异很大，降水最多的年份降水量与最少的年份降水量相差10倍，反映出极端干旱气候降水的特征。

罗布泊地区气温年较差在北部地区偏大，西部、南部和中心地区平均气温偏高，东部山区偏低，但总体上高于我国同纬度地区。该地区年均气温10.7~11.5℃；冬季温度较低，其中1月平均气温-8.5℃，极端最低气温-27.2℃；夏季为高温期，其中7月27.4℃，最高气温达45℃，地面温度可达60℃以上。

罗布泊属于盛行风区，从大风日数分布看，在风口、隘道、河道区大风日数最多，其次为盆地和谷地。从季节分布看，冬季最少，春季最多。受下垫面的影响，罗布泊风向日变化比较明显：午夜前后为偏北风；日出前后8时左右，为东北风；正午12时左右，为东风，后转为东南风；午后转为南、西南风；20时左右为偏西风。风向符合左旋顺时针周期变化的特点（刘洪蓬，2011；谢连文，2004）。

1.2 罗布泊地区地形地貌特征

1.2.1 罗布泊区域的地理环境

罗布泊湖区位于塔里木盆地东部，海拔780m左右，是塔里木盆地最低处，也是附近水系的汇水区（图1-2-1）。罗布泊东侧为白龙堆雅丹和北山山脉，并通过阿奇克谷地与河西走廊相接，西临罗布沙漠及大片古湖积平原，北靠库鲁克山，南部为阿尔金山及库木塔格沙漠，面积超过1万km²。罗布泊地区行政上隶属于新疆维吾尔自治区巴音郭楞蒙古自治州若羌县管辖，距离最近的若羌县城150km。罗布泊是古代丝绸之路中线和南线的必经之处，在地理位置上，罗布泊地区是中原与西域最便捷的通道。历史上前往中亚直至欧洲的商人途经此地，进行着密集的贸易交流，逐渐形成了举世闻名的丝绸之路。这条漫长的丝绸之路，曾将几十个国家串成一条璀璨的珍珠项链，悬挂在古老的欧亚大陆上，形成了连接中国和西方的贸易大动脉，所以罗布泊区域在历史上具有重要的军事、经济和文化地位。

1.2.2 区域地质地貌

罗布泊属于塔里木盆地东部洼地，发育在塔里木地块之上，其发育演变实际上是塔里木地块大地构造演化的一部分。在喜马拉雅碰撞造山过程中，印度板块向北强大的推动压力通过地块刚性传递，塔里木克拉通也同样受到强大的南北向挤压应力的作用，其结果是天山和昆仑山向塔里木盆地冲断推覆，引起昆仑山和天山的断块抬升和造山，塔里木地块则被强制压陷，成为一个压陷盆地。除此之外，塔里木四周的边界断裂还具有走滑活动，在东南和西北边界（北东向）最为明显且表现为左行（左旋），东北和西南边界（北西向）表现为右行（右旋）。罗布泊正处于盆地东南和东北两组边界走滑断裂之间（图1-2-2），即孔雀河右行断裂和阿尔金左行断裂的交汇内侧，在上述背景下两组断裂分别产生巨型右行和左行走滑，由此促成了罗布泊洼地的形成，地质上称为罗布泊凹陷（郭召杰和张志诚，1995；汤良杰，1994；郑多明等，2003）。

青藏高原隆升是新生代以来亚洲乃至全球最重要的地质事件，不仅引起了欧亚大陆的海陆分布变迁，而且直接导致了东亚季风系统的形成，甚至被认为是导致第四纪全球降温的根本原因。罗布泊是青藏高原北侧最大沉积盆地——塔里木盆地的沉积中心，其沉积历史不仅与气候变化有关，也与高原隆升密切相关，这里的沉积与构造变形历史是高原构造变动的最真实反映，是解读青藏高原隆升的一把钥匙。在大地构造上，罗布泊洼地及南北山地原来同属于塔里木地台，三叠纪末发生构造分野，洼地与周边呈反向运动状态，出现对照地形。新近纪，罗布泊洼地才成为塔里木盆地统一的集水中心与侵蚀基准面。罗布泊洼地为第四纪地层广泛覆盖,新近系出露于北部和东部(夏训诚,1987)。

罗布泊洼地北临库鲁克塔格断隆,由兴地断裂、孔雀河断裂分隔;洼地南部与阿尔金断隆相邻,有与阿尔金活动带平行的车尔臣断裂(且末断裂)和若羌断裂由西南深入腹地;洼地东缘和北山山体相接。洼地的构造格局主要受早期形成于北侧的孔雀河右行走滑断裂带以及若羌左行走滑断裂带的控制。上述两组断裂常被认为是隐伏构造,但它们对现代水系(如孔雀河、车尔臣河等)变迁的影响和对全新世沉积的控制说明现今仍在继续活动,而罗布泊是一个仍在继续拉张的伸展断陷盆地。由于若羌断裂和孔雀河断裂的走滑速率与走滑规模并不相同,罗布泊南北两部分的拉张速率和拉张规模也有所差异,说明罗布泊的形成与若羌断裂及孔雀河断裂的活动密切相关(郭召杰和张志诚,1995)。

随着塔里木盆地的沉降中心逐渐东移,罗布泊洼地最终成为盆地的汇水中心。罗布泊湖盆形成以后,它早期的东部范围是很大的,可能间歇性地与东部许多洼地连通,由于水源主要由西部补给,东部洼地则成为罗布泊的自然排盐地,中更新世罗北凹地沉积了大量的钙芒硝(白龙堆所在地)。随着隆起区的进一步抬升和洼地西部张裂下陷,湖盆范围西移并进入纹理区湖盆演化阶段(夏训诚等,2007)。

图 1-2-1 罗布泊地理位置和地势分布图①(底图来自 NASA)

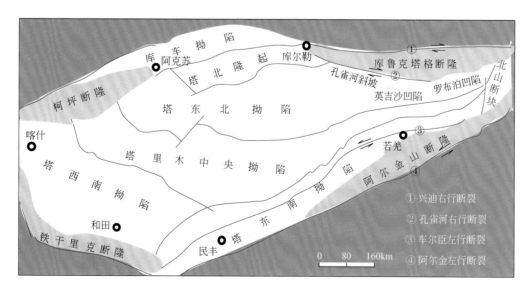

图 1-2-2 塔里木盆地地质构造图(夏训诚等,2007)

---

① 本书所有遥感图、地理图未标明指北针者,皆以正上方为正北。

罗布泊北部的库鲁克塔格山脉，属于中低山及丘陵地貌，山势起伏不大，海拔 1000~1500m；湖区东侧为北山断隆，山势起伏较小；南侧是阿尔金山北坡的倾斜台地冲洪积地貌；湖区西部为库鲁克（罗布）沙漠。罗布泊地区北部、东部和西部，分布着大面积的雅丹地貌，面积总共上万平方千米。罗布泊东南部是新疆、甘肃、青海三省区交界处，在阿尔金山北麓，分布有以羽毛状沙丘闻名的库木塔格沙漠，沙漠面积约为两万平方千米，沙漠北部主要分布羽毛状沙丘。目前认为这种羽毛状沙丘是在新月形沙垄的基础上发育演变而来（夏训诚等，2007）。

1.2.3　罗布泊入湖河流

罗布泊是塔里木盆地的汇水中心，历史上曾经汇聚了塔里木河、孔雀河、车尔臣河、若羌河、瓦石峡河、米兰河乃至疏勒河等众多河流的来水。古疏勒河由东部阿奇克谷地注入罗布泊，在阿奇克谷地留下了以沙为主的巨厚河流沉积物，现在阿奇克谷地的雅丹地层是古疏勒河所留。源于阿尔金山东段的米兰河、红柳沟、罗布泊大峡谷的河水则从南跨越洪积扇进入盆地。北侧的库鲁克塔格山地也有一些季节性河流向南流入盆地，但大多限于山前地带，很难进入罗布泊。而其他河流多由西侧汇入，以塔里木河、孔雀河及车尔臣河为主要的入湖河流，以塔里木河为主干，车尔臣河与孔雀河均属其支流。

发源于南部昆仑山及北部天山的叶尔羌河、阿克苏河、和田河、克里雅河等河流，穿越沙漠汇入塔里木河，孔雀河、车尔臣河等河流或汇入塔里木河，或直接流入罗布泊，均是罗布泊的补给水源。

孔雀河曾一度主要接受来自博斯腾湖的河水，但更多的时间里，来自博斯腾湖的河水（即史书记载的敦薨之水）汇入古塔里木河（即历史上的北河）后成为历史上的注滨河，然后再注入罗布泊。因此将孔雀河视为源自博斯腾湖的独立河水是不合适的，会引起人们对沿河古人类活动与环境关系的极大误解。

1.3　罗布泊自然与文化国内外研究现状和趋势

罗布泊地处中亚腹地，历史上是东西方文化、经济交流的桥梁，多民族迁徙、交融之地，其历史地位的重要性被浩瀚的文献资料所记载。最近一百多年来对罗布泊的研究兴盛不衰，先后引发了有关环境和历史文化的诸多争议。21 世纪以来，随着国家西部开发和经济发展的需求，罗布泊自然、文化历史研究和矿产资源开发进入了一个新的时期，如何在开发利用的同时保护好其自然与文化历史遗迹是一个全新的研究课题，需要在重新认识罗布泊自然环境和文化历史发展的基础上，以新的科学发展观实现综合开发与可持续发展并行。

两千多年前繁荣发达的楼兰古国是丝绸之路上重要的交通枢纽，张骞出使西域、玄奘取经都经过这里。然而，自玄奘取经之后，这里就逐渐被人遗忘。时光流逝，沧海变迁，当年的水泊渔乡如今已变成荒漠碱滩、不毛之地，昔日的古国城堡已沦为废墟。清王朝曾绘制出版了很多此地的图件书籍，如阿弥达在 1782 年（乾隆四十七年）受命探索黄河源后撰写的《河源纪略》、徐松被发配新疆后于 1823 年撰写的《西域水道记》、陶保廉根据 1891 年郝永刚等人考察实录编撰的《辛卯侍行记》，以及清政府于 1770年正式刊印的《乾隆内府舆图》、1863 年刊印的《大清一统舆图》等（夏训诚等，2007）。罗布泊一直是一个不受重视、被人遗忘的蛮荒之所。

1. 荒弃 1500 多年后，19 世纪末楼兰被外国探险家再次发现

直至百年前，因沙皇窥视我国领土，俄国人普尔热瓦尔斯基于 1876~1877 年、1883~1885 年两次对罗布泊进行了探路勘查和测图。随后瑞典人斯文·赫定于 1895~1896 年、1899~1901 年和 1934 年三次进入罗布泊考察，发现了楼兰古城（LA）遗址，并质疑普氏地图的错误，提出湖泊游移论。美国人亨廷顿于 1905 年进罗布泊，发现楼兰墓葬群，提出罗布泊气候变化说——"盈亏湖"论。英国人斯坦因分别于1906~1907 年和 1914 年两次对楼兰遗址和楼兰到敦煌的古道进行盗窃式考古发掘。日本人大谷光瑞和橘瑞超等人于 1909 年则沿着斯文·赫定和斯坦因的考察路线进入楼兰古城，发现著名的"李柏文书"。再后来，瑞典人贝格曼于 1934 年发现小河墓地。上述考察获取了大量文物和人种学标本，包括不同质地的文物（石器、陶器、铜器、木器、丝织品、毛织品）、文书、简牍、壁画、佛像等。除了少部分留在国内，绝大部分珍贵文物被盗运国外。

这些发现揭示了罗布泊曾经的灿烂文化，使古楼兰终于再次展现在世人面前，引发了世界对罗布泊地区的重新关注。自此，楼兰学成为国际考古学界的一个新成员。

2. 我国科学家对罗布泊地区的考古发掘取得丰硕成果

20 世纪初，限于当时的国力，在十分艰苦的条件下，我国科学家先后对罗布泊地区进行了考察研究。1934 年黄文弼发现土垠遗址，撰写《罗布淖尔考古记》。陈宗器于 1930~1931 年和 1934 年两次利用与外国人的合作考察机会完成了对罗布泊更精确的测量。1959 年 505 物探队在楼兰、孔雀河沿岸发现并采集到石器、铜器等早期文物。1979 年新疆社会科学院文物考古研究所在孔雀河下游北岸古墓沟发掘了 42 座古墓，^{14}C 绝对年代为 4000~3800a BP，在铁板河一带也发现这一时期的零星墓葬。2002 年以来新疆文物考古研究所等单位对小河墓地进行了全面系统的发掘，获取了大批珍贵文物和体质人类学资料。

20 世纪 80 年代末在新疆哈密市天山北路发现一处大型墓葬，出土陶器、石器和铜器等（马厂文化），其绝对年代在距今 4000 年上下，属青铜早期，其内涵来自河西走廊西部地区的四坝文化（3950~3550a BP），显示以粟作农业为特征的中原文明向西进入哈密盆地。这个时期与小河文化相当，它们之间可能存在某种文化联系。天山北路墓地主要为蒙古人种，个别为原始欧洲人种，而小河墓地上部主要为原始欧洲人种，少量为东亚蒙古人种，最新 DNA 研究结果显示，其下部已鉴定的样本中蒙古人种多于原始欧洲人种，表明罗布泊地区很早就受到甘肃河西走廊原始文化的强烈影响。而麦作农业，山羊、绵羊等也都在这一时期经新疆传入中原，对中原地区产生了很大的影响。秦汉时期，北方黄河流域的麦作农业已发展到可以和南方稻作农业相提并论的地步，并最终取代了传统粟作农业的统治地位，说明早在 4000 年前农业就已经是中西方文化交流中的重要组成部分。

2008~2010 年期间，以夏训诚为首的科学家在中国科学院、中国工程院、中国探险协会和彭加木家乡广东番禺的支持下多次组织了对罗布泊地区的综合科学考察，虽然这些考察时间短、经费有限、难以深入腹地，但仍然取得了多项重要突破，不仅在罗布泊西岸发现大量楼兰古国时期人类生产生活遗迹，如农田、疑似水利设施、道路、古城等（Qin et al.，2011），还在位于小河墓地西北 6km 处发现一处北魏时期古城遗址（Lü et al.，2010），这是我国科学家在罗布泊地区的重要发现之一。

3. 1949 年后我国开展了多次罗布泊地区科学调查

1959 年中国科学院新疆综合考察队对罗布泊地区考察，获得了该地区大量的综合资料（陈墨香等，1964）。1960 年，新疆地质局第一区域地质调查大队开展了 1∶20 万区域地质调查。1980~1981 年中国科学院新疆分院再次组织大规模考察，完成了两次南北穿越湖心区、湖底取样、气象观测以及生物、土壤等调查，出版了《罗布泊科学考察与研究》和《神秘的罗布泊》等专著（汪文先，1987；王树基，1987；夏训诚，1987；李江风和夏训诚，1987；樊自立等，1987；林瑞芬等，1987），初步分析了罗布泊盐壳及钾盐形成条件（张丙乾等，1987；李培清等，1987）。此后地矿、石油、水文等方面的科学家相继来此勘探考察（新疆区域地质调查队，1989；新疆第三地质大队等，1992；郑绵平等，1991；新疆第二水文地质大队，1994）。

自 1995 年以来，中国地质科学院矿产资源研究所在罗北凹地发现了超大型硫酸盐型钾盐矿床（王弭力等，1999，2001），出版专著《罗布泊盐湖钾盐资源》。通过地貌、沉积研究，及连续电导率成像技术（EH-4）分析，发现罗布泊存在地堑式断裂系（刘成林等，2006）。利用构造数值模拟和物理模拟，发现在渐新世—中新世罗布泊盆地受到南北向挤压，中新世晚期以来在北东向主压应力作用下，罗布泊盆地呈向西逃逸态势，盆地内部具有东西向伸展的应力状态（施伟等，2008）。中国科学院遥感与数字地球研究所于 2007 年承担了国家"863"项目"新型成像雷达地下目标探测与隐伏特征提取技术研究"，针对罗布泊地区开展了系统的微波遥感技术与方法研究，发现地下浅表卤水层广布于罗布泊"大耳朵"及其周边区域，并提出了对罗布泊"大耳朵"形成机制的解释。

4. 对罗布泊干旱环境的研究

斯文·赫定最早提出了湖泊游移论，认为罗布泊以 1500 年的周期作南北游荡。亨廷顿则以气候变化说解释罗布泊的演变。陈宗器是我国最早研究罗布泊的科学家，率先总结了罗布泊的地理环境（夏训诚等，2007）。

对罗布泊环境变化的研究，在长尺度上，人们最早根据罗布泊洼地中部 100m 岩心中的孢粉记录，得出早更新世以森林–草原植被为主，从中更新世开始，荒漠草原与荒漠交替出现，气候变得干旱（闫顺等，1998），其后根据罗布泊东部阿奇克谷地 500m 钻孔地层，提出了第四纪气候带划分方案（林景星等，2005）。王弭力等（2001）认为罗布泊周边出露地层为中–上更新统。闫顺等（1998）认为地质历史时期罗布泊环境演化主要受气候变化制约，现今干涸的主因是人类影响。

对末次冰期以来的环境研究，罗超等（2007）根据 30 ~ 9cal ka BP 时期厚达 10m 的湖相地层认为末次冰期存在一个罗布泊大湖，并出现了新仙女木（YD）和 Heinrich 等千年尺度降温事件。对全新世环境研究最早的是王富葆等（2008），他们结合历史资料和湖泊岩心记录，将罗布泊全新世划分出 7 个阶段，认为全新世大暖期的时间与深海氧同位素记录具有很好对应性，罗布泊湖面扩张与收缩受全球气候变化因子驱动，变化幅度与区域环境因素有关。夏训诚等（2007）根据湖心区表层沉积物和岩心微量元素研究，得出 15.3cal ka BP 以来罗布泊经历了 8 次大的环境波动。我们的最新研究发现了 4cal ka BP 和 8cal ka BP 左右的两次干旱事件，并首次确定了罗布泊西侧楼兰古城所在雅丹化台地是由一套厚约 5m 的 8 ~ 4cal ka BP 河湖相地层构成的（贾红娟等，2010）。Jia 等（2017）对东湖湖区、夏训诚等（2007）对西湖湖心的研究表明东湖干涸早于西湖，都发生在 5ka 以后。Qin 等（2011）发现并证实的楼兰时期农田指示了 2cal ka BP 前后是一次相对湿润期。

对环境变化研究分辨率最高的是赵元杰等（2005，2009）的工作，他们研究了红柳沙包的沉积年层，发现了记录中的 1958 年罗布泊大洪水事件、红柳碳同位素记录中的厄尔尼诺准 4a 周期、太阳黑子准 11a 活动周期。李江风（1991）估算出楼兰古城雅丹的平均风蚀速率为 3.5mm/a。

近年来，邵芸等利用多源雷达遥感图像（Shao et al.，2003，2009；Shao and Gong，2011）进行了罗布泊古湖泊地貌解译，发现了被埋藏的罗布泊古湖岸线，初步估算罗布泊古东湖面积约 1 万 km²；在罗布泊逐渐萎缩、干涸的过程中出现了 6 个期次的湖相沉积环境变迁，对应于雷达遥感图像上的 6 个明暗条带。2013 年，王龙飞、宫华泽、邵芸等利用激光雷达和差分 GPS 数据对罗布泊古湖盆的地形进行了详细分析，发现了罗布泊"大耳朵"存在同环不同高的现象，并对造成这种现象的古气候风场进行了数值模拟与归因分析（王龙飞，2014）。

最系统的总结是夏训诚等（2007），不仅全面总结了多年来罗布泊科学研究成果，提出罗布泊的旱极概念，并讨论了羽毛状沙丘，雅丹，罗布泊"大耳朵"地貌的形态、分布、时代和成因。

虽然夏训诚等（2007）和贾红娟等（2010）对罗布泊全新世时期、罗超等（2007）和 Luo 等（2009）对末次冰期晚期的气候波动做了详细讨论，但存在定年精度较低、年龄数量不足、时间分辨率不高、有沉积间断、缺少综合环境变化曲线、未详细讨论环境变化对古代人类活动影响的不足，显示罗布泊地区需要开展不同尺度高分辨率古环境演化序列的研究工作。

1.4　罗布泊自然与文化研究和科考的不足

概括起来，对罗布泊自然与文化遗产的工作可分为三个层次或阶段：探险、科学考察和科学研究。

探险活动有 100 多年前普尔热瓦尔斯基为沙皇霸占中国土地对罗布泊的探险测量，斯坦因、大谷光瑞、橘瑞超和贝格曼等为盗取中国文物对楼兰的探险考察，还有一些非专业人士完全基于冒险到罗布泊探险，如余纯顺。

科学考察则是不同行业、专业科学家从不同专业角度考察罗布泊地区的文物、地质、地理、动植物、气象情况，一般专业性强，属普查性质。中国科学院曾于 20 世纪 50 年代、80 年代和 2004 年多次组织对罗布泊地区的多学科综合考察，彭加木就是在 1980 年 6 月的科考中失踪的。这些科学考察积累了宝贵的材料，初步揭开了罗布泊神秘的面纱，为今后的深入研究奠定了基础。我国考古工作者开展的罗布泊文物普查工作也多属于考察范畴。还有一些社会力量支持的科考活动，如 2009 年东方道迩公司资助中国探险协会和中国科学院组织的罗布泊科考。但这些科考时间短、资助力度有限，很难开展系统、深入的科学考察，尤其缺乏自然和文化的联合综合科考。

科学研究是在科学考察基础上，针对某些科学问题开展的深入研究，是最高层次的工作。如罗布泊钾盐矿就是在中国科学院对罗布泊的科学考察基础上，矿产部门对罗布泊钾盐深入研究勘探后发现并证实的。我们对楼兰耕地的证实也是通过对 2009 年罗布泊综合科考所采样品的深入研究所完成的。虽然近几十年来我国科学家对罗布泊地区的自然环境与文化遗迹研究取得了众多的成果，然而罗布泊浩瀚的面积、恶劣的自然条件，限制了这个地区自然与文化历史及其关系的深入研究。归纳起来，存在着以下几个方面的明显不足。

1. 国际上罗布泊的研究程度与其影响不匹配

近百年来，楼兰古国与古丝绸之路研究一直是国际社会关注的焦点和学术界研究的热点，但是新中国成立后，国外学者对罗布泊地区，特别是楼兰的研究都是基于对历史文献和过去考古发掘材料的再分析。在众多已发表文章中，有许多有关该地早期人类迁移、文化传播的错误观点。

2. 罗布泊地区的文化序列未定，缺少精细的年代学工作

罗布泊地区早期的文物全部采自地表，缺乏相应的地层关系和比较研究，在细石器的年代认定上歧义较大，有学者认为早期遗物年代为 8000 ~ 7000a BP，晚期为 5000 ~ 4000a BP。然而我们最新的研究揭示，楼兰古城下面的河湖相地层年代为 12000 ~ 5000a BP，显然楼兰地区地表的早期文物年代确定需要结合环境演变来考虑。

根据目前掌握的考古资料，罗布泊地区最早的考古学文化为 4000a BP 左右的小河文化，其下限延续到 3500a BP 上下。至楼兰出现（2000a BP 前后），这期间为长达一千多年的文化空白，而这正是罗布泊周边地区青铜文化不断发展壮大的时期，罗布泊地区这段文化的缺失影响了该区文化序列的建立，究其原因到底是历史的真实，还是以往工作不够，亟待深入细致的调查研究来解答。

3. 缺乏对古楼兰的系统研究

我国对楼兰的考古学系统调查仅在 20 世纪 80 年代开展过一次，且限于楼兰古城等几处已知遗址点，缺少对楼兰社会基础设施的系统调查，而这些正是考证楼兰社会经济状况的重要依据。楼兰虽然被世人皆知，但一直以来对其却没有重大发现，考古学家有关楼兰的一些争论多局限在对一些历史文献的解读和猜想上。随着现代遥感技术的发展，高分辨率的遥感影像为迅速查明难以进入的罗布泊西岸地区的古国遗址提供了可能。

4. 古楼兰兴衰的原因至今没有明确定论

有关古楼兰消亡的原因有各种假说和推测，归纳起来可分为自然的因素和人为的因素。自然的因素包括河流改道说、丝绸之路改道说、堰塞湖说、干旱说，以及沙漠风暴说等；人为的因素包括食物短缺说、战争说、人类过度开发说、瘟疫说等。究竟是自然的因素还是人为的因素造成古楼兰的消亡，至今没有明确定论，亟须开展自然和历史的综合研究，充分利用历史文献，结合实地考察和科学分析，确定古楼兰兴衰的真正原因，为干旱区可持续发展提供历史的借鉴。

5. 对罗布泊地区古人种族群、古文化演替的深化研究需要更多实物证据

近年来，我国科学家开展了小河遗址的体质人类学和分子考古学研究，取得了很多重要成果。然而对罗布泊西岸楼兰地区古人种学研究还有待开展，对罗布泊地区古代文化演替的研究虽然在过去的文献记载中有过涉及，但缺乏野外考察的直接证据，尤其缺乏生产生活方式、生产力水平方面的实物证据，亟待开展这方面的野外科学考察。

6. 针对罗布泊地区文化与环境关系的科学考察和研究还十分欠缺

由于过去对该区环境变化历史了解很少，对古文化兴衰与环境变迁关系的了解更为薄弱，这方面的科学考察和专门研究一直十分欠缺。近年来人们认识到这个问题后，虽然开展了多次科考活动，但这些民间组织的科考经费、力量有限，很难深入腹地开展系统的科学考察。在国家层面支持下开展罗布泊自然与文化历史综合研究，探讨自然变化与文化历史的关系，有望使我国在古代中西方文化交流和极端干旱区环境变化对人类活动影响的研究领域取得新的突破。

7. 对罗布泊古绿洲、古湖泊和古环境研究还很薄弱，需要更多的原始资料

以往罗布泊地区大量的古环境古气候学工作取得了许多重要的研究成果，构建了自然环境演化的基本框架，然而由于条件所限，无论在时间序列上还是在空间范围里研究的深度和广度远不能够与东部季风区相比，限制了这一极端干旱区对全球变化诸多问题的深入探讨。我们对罗布泊地区古人依存的古绿洲生态环境及其变化了解很少。对末次冰期特别是全新世以来的古环境研究缺少连续的高分辨率气候环境记录，对罗布泊的湖泊演化尤其是湖面变化知之不多，对罗布泊"大耳朵"形成机制的各种解释也因缺乏有力的证据，难以服众。在区分近期罗布泊湖水干枯自然和人为因素影响方面也缺乏第一手原始资料。对环境变化如何制约古代人类的活动、古人又是如何适应干旱环境变化的综合考察和研究尚有待开展。

8. 年代学工作的不足限制了罗布泊自然与文化遗迹研究的深入

迄今为止，罗布泊已有的沉积记录普遍存在着定年精度不够的问题，无论是环境变化的时间序列还是考古点的精确定年工作均亟待加强，如不同耕地的耕作时间、灌渠的使用和废弃时间、不同城池村落遗址的先后次序等都缺少足够年代学证据。罗布泊地区特有的地貌单元，如雅丹、湖岸阶地、古河道等因缺少系统年代学数据，发育期次与形成年代都不清楚。目前，年代学证据的不足已明显限制了对罗布泊自然与文化遗产的深入研究。

9. 特殊的自然条件和历史原因限制了罗布泊自然与文化遗产的研究

在很大程度上，造成罗布泊自然环境与文化历史考察和研究诸多不足的一个重要原因，是罗布泊恶劣的自然条件。时至今日，这里即使成立了罗布泊镇，也无常住人口。野外工作困难，道路交通不便，野外考察只能沿有限的道路进行，多数地方难以到达。一年中适于野外考察的时间很短，加之后勤保障难度大，通信不畅，地形地貌复杂，缺少标志性地物等给罗布泊的考察和研究带来极大的困难。然而，罗布泊独特的自然环境风貌，巨厚的陆相沉积记录，丰富的历史文化遗迹是研究干旱区人与自然环境关系的极好场所。因此，开展罗布泊地区自然与文化历史综合考察将为我国在应对极端环境下人类生存发展上做出重要贡献。

1.5　罗布泊的研究价值与意义

1. 罗布泊是我国干旱区环境变化最具代表性的地区

罗布泊深处欧亚内陆腹地，年降水量不足 20mm，而蒸发量却超过 3000mm，生态环境极其脆弱，是欧亚大陆干旱核心区。新疆是我国主要干旱区，塔里木盆地是青藏高原北侧最大沉积盆地，其流域面积占新疆的 63%，罗布泊则是塔里木盆地沉积-汇水中心，湖泊面积曾达一万多平方千米，记录了极端干旱区及其南北山区数百万年以来气候、环境的变化历史，因此罗布泊是我国干旱区环境变化最具代表性的地区。

2. 罗布泊的文化遗产将有助于民族融合与东西方文化交流研究的突破

自西汉始开通的古丝绸之路，开创了东西方文化交流的新时代，影响了欧亚大陆人类社会历史的发展进程。罗布泊西岸的楼兰古国是世界闻名的古代丝绸之路的交通枢纽，作为西域三十六国中距中原政权最近的绿洲城郭之国，曾是中原政权管辖西域的桥头堡，自古就是多民族生存、多种文化交汇、多种宗教传播、战争频发的地区，因此是研究西部民族融合的关键地区，对研究东西方文化交流具有重要意义。

3. 罗布泊西岸地区保存了世界罕见的完整古代农业活动遗迹

罗布泊在极端干旱环境下保存了举世罕见的古文化遗迹，一直受到国际学术界及公众的关注，特别是小河与楼兰遗址。然而自 100 多年前斯文·赫定发现楼兰古城遗址以来，虽然人们做了大量的努力，限于罗布泊恶劣的自然条件，仍一直缺少楼兰农业生产、社会经济、民族构成、政治制度、宗教观念、疆域范围、都城地望以及消亡原因方面的实物证据。

近年来对罗布泊的科考为楼兰研究带来转机，初步研究显示罗布泊西岸几千平方千米范围内保存着世界罕见的完整古代遗址，包括耕地灌渠、古城村落、路网、丝路古道等，这些丰富的遗迹是亟须深入考证、调查、保护的珍贵历史文化遗产，具有重大的科学和文化价值。

4. 罗布泊的自然环境与人类文化存在大量未解之谜

虽然 100 多年来罗布泊地区已发现了从细石器、小河和古墓沟，到楼兰和汉唐的不同时期文化，但迄今：

（1）我们还未确切掌握罗布泊地区不同时期的文化遗迹特征及其分布，也不确切了解罗布泊地区各时期古文化的历史地位，如楼兰时期的王城——扜泥城在哪里？是否就是楼兰古城？楼兰人又是什么人种？与小河人之间存在何种传承关系？史书记载的楼兰耕地在哪里？这些都是学术界长期争论而没有定论的焦点话题。学术界对楼兰地位了解上的盲区限制了人们对古代西域的深入认识。

（2）我们也不清楚是什么因素控制了罗布泊绿洲文化的周期性演替。曾昌盛数百年的楼兰为何兴旺、又为何消亡？其农业发展水平如何？当时人们是如何维护绿洲环境和应对环境变化的？其废弃的原因对今天干旱区绿洲的可持续发展又有何借鉴？

（3）我们也还未确切掌握罗布泊地区自然环境的特征，不清楚罗布泊古绿洲的发育时间和空间格局，也不知道人类历史时期罗布泊经历了什么样的环境消长变化，发生过哪些极端环境事件，并对当时的人类造成了什么影响，指示了环境的何种发展趋势。这些未解之谜都有待进一步的野外科学考察来回答。

5. 研究古楼兰的文化传承是讲好新疆故事的突破点

自 100 多年前，俄国军人普热瓦尔斯基为沙皇收集情报、深入罗布泊探险考察开始，新疆历史一直是各方关注的焦点，讲好新疆故事，维护边疆稳定，提高国际话语权，古楼兰丰富的遗迹就是最坚实厚重的实物证据。

6. 楼兰兴衰调查研究有助于完善干旱区绿洲可持续发展战略、为顺利实施"一带一路"倡议提供应对环境变化、稳边策略的历史借鉴

罗布泊作为地处极端干旱环境的大型湖泊，其湖滨绿洲孕育的灿烂楼兰文化不仅有发达的农田灌溉技术，而且颁布过世界上最古老的森林保护法，然而楼兰繁荣数百年后最终仍消失在茫茫荒原中。因此古楼兰的兴亡在世界干旱区绿洲文明中特别具有代表性，是干旱绿洲区人类生存与环境变化研究的典型案例，其生产生活中可供现代人借鉴的经验教训、促其兴旺致其衰亡的人为因素和环境背景都是现代绿洲可持续发展最好的一面镜子。

7. 罗布泊地区丰富的自然遗产有助于地方经济的绿色发展

罗布泊地区保存着多种全球独一无二的自然景观，有全世界面积最大的雅丹风蚀地貌、世界最大的"大耳朵"——一望无际的湖心盐壳和古湖岸线，它们和虚无缥缈的海市蜃楼、矗立千年的枯死胡杨、奇石密布的戈壁荒漠一样，都是大自然留给我们的珍贵遗产。研究、保护、开发和利用好这些自然文化遗产，不仅能提升这些自然文化资源的价值和内涵，也有利于促进地方绿色经济的发展。

8. 罗布泊地区生态环境正在发生重大变化，保护罗布泊地区自然与文化遗产刻不容缓

20 世纪后期，随着全球变暖和人类活动的加剧，喀拉和顺湖和罗布泊相继干涸，原汇聚罗布泊洼地的孔雀河、车尔臣河、塔里木河等也相继断流，直接导致罗布泊地区植被退化、沙漠化、雅丹化，塔里木河下游绿色走廊衰败、生物迁移通道受阻、稀有动植物绝灭，生态环境的恶化严重影响到该地区的经济发展与社会稳定。"十五"期间，国家出巨资向塔里木河下游台特玛湖输水，取得显著成效，但未根本改变罗布泊干涸、区域生态环境恶化的趋势。

罗布泊自然侵蚀严重，强烈的风蚀、沙漠化、极端温差气候严重破坏地面的古代遗迹，如不尽早进行系统调查研究和重点保护，许多遗迹将很快消失殆尽。而且近年来偷盗文物严重，许多宝贵的遗址文物在我们还没有发现之前就已被破坏消失，对国家和民族造成重大损失。另外，近年来一些探险旅游者擅自进入楼兰故地，也不利于自身安全和遗址保护。因此保护罗布泊地区自然与文化遗产的工作已刻不容缓。

1.6　本次多学科大型综合科学考察的实施与成果

在科技部支持下，由中国科学院地质与地球物理研究所牵头，联合中国科学院新疆生态与地理研究所、中国科学院遥感与数字地球研究所、新疆文物考古研究所和吉林大学边疆考古研究中心五家科研单位共同承担了科技部基础性工作专项重点项目"罗布泊地区自然与文化遗产综合科学考察"，项目从 2014 年到 2019 年历时五年，针对罗布泊的诸多科学问题开展综合性科学考察，收集研究所需第一手资料。本书就是这五年综合科考的成果总结。

1.6.1　科考区的路网格局

20 世纪 80 年代石油勘探部门在罗布泊、楼兰地区开展了大规模石油物探探查工作，在这个地区留下了一些地震测线，这些测线是我们开展罗布泊综合科考的重要交通支撑。虽然这些测线已被废弃 10～20 年，很多地方已因风蚀而中断并崎岖难行，或因风沙覆盖而消失，但它们仍是实施科考的基本保证。

图 1-6-1 是楼兰地区的测线网络图，这些测线有北东–南西、北西–南东两个方向，它们将研究区分割成很多 4km×4km 的方格区块，我们对测线和方格区块进行了编号。科考发现也按照这些方格区块进行编号记录。科考路线按测线规划，越野车沿测线走，到达科考区块后，科考队员下车，分组对待查区块进行地毯式考察。

主要科考区域是罗布泊西岸以楼兰古城为中心、测线路网较好的南北向区域。

1.6.2　历年科考路线与任务设计

1.6.2.1　2014 年

于 2014 年 10 月 10 日～11 月 6 日开展了第一次科考，分两个阶段，第一阶段是罗布泊外围地区考察，时间为 10 月 10 日～20 日；第二阶段是楼兰东部地区考察，时间为 10 月 20 日～11 月 6 日。

1）第一阶段科考

时间为 10 月 10 日～20 日。分成三个科考分队。

第一分队"罗布泊湖区考察分队"，考察罗布泊湖区。

第二分队"罗布泊周边遗迹考察分队"，考察罗布泊周边遗迹，包括营盘、英苏、阿不旦、且尔乞都克、若羌石头城、米兰古城等古城遗址。

第三分队"丝绸之路南线考察分队"，考察敦煌巴州、锁阳城、破城子、寿昌等古城及其周边的弱雅丹化耕地灌渠和道路遗迹，以及敦煌阳关以西沿阿尔金山的丝绸之路南线沿途的烽燧等古代遗迹。

2）第二阶段科考

时间为 10 月 20 日～11 月 6 日。第一阶段工作 10 月 20 日结束后，罗布泊周边分队和丝绸之路南线分队会合组成"楼兰地区科考队"，考察楼兰东部地区。

2014 年科考路线如图 1-6-2 所示。

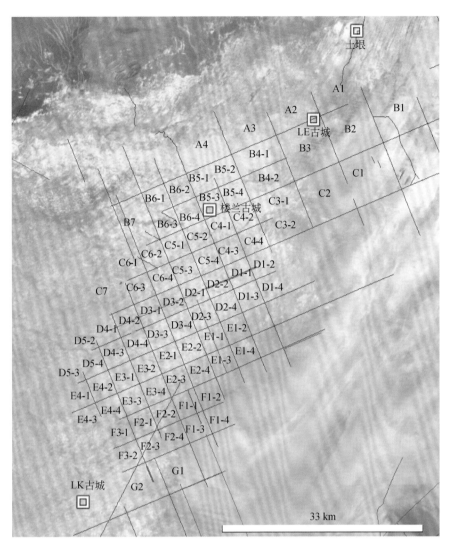

图 1-6-1 楼兰地区区块编号图（区块按石油勘探路线划分）

本章遥感底图来自谷歌地球

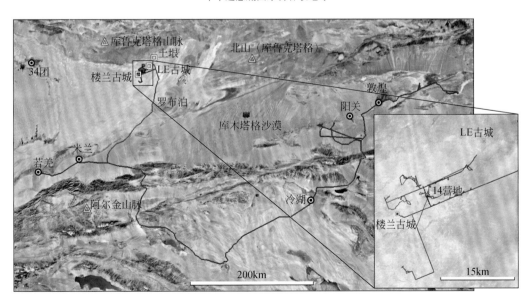

图 1-6-2 2014 年科考路线

蓝线为丝绸之路南线考察路线；紫线为楼兰东北考察路线；左图内黑框为右图位置

1.6.2.2 2015 年

于 2015 年 9 月 6 日~24 日开展了第二次科考，考察了南 1 河两岸的几个方形区块。重点关注：①道路遗迹的考证，尤其是双行线道路；②不同时代不同类型耕地，水田或旱地；③细石器时代遗迹遗存；④古村落遗迹与水网关系。

2015 年科考路线如图 1-6-3 所示。

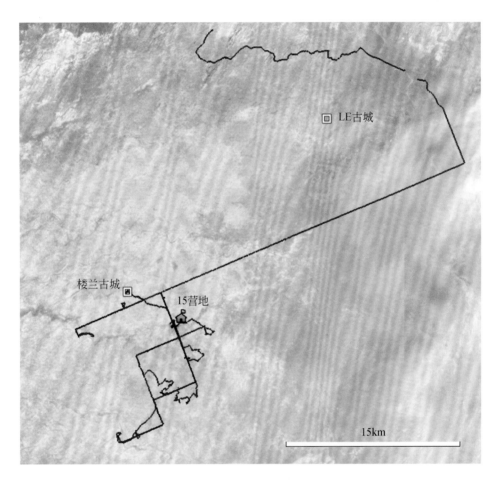

图 1-6-3　2015 年科考路线

1.6.2.3 2016 年

2016 年罗布泊科考分为三个阶段。

1）第一阶段：专题科考

时间为 9 月 13 日~30 日。考察：①楼兰及其周边渠道剖面，并对 2015 年发现的遗迹补充采样，包括罗布泊古湖岸线和北 1、2、3 河年代学样品、灌渠剖面测年样品；②雅丹地层剖面；③古城雅丹区地貌测量；④若羌附近烽燧年代学样品采集；⑤罗布泊东岸湖堤考察。

2）第二阶段：专家考察

时间为 10 月 1 日~7 日。配合项目特聘专家考察楼兰、方城等遗址。

3）第三阶段：综合大科考

时间为 10 月 8 日~11 月 10 日。考察南 1 河以南—LK 古城之间的广大地区，面积约 800km^2。考察：①区内古城和各种疑似遗迹，包括疑似居址村落、疑似道路、灌渠；②南 3、4、5 河及其之间各水道；③测量各地雅丹发育强度。

2016 年科考路线如图 1-6-4 所示。

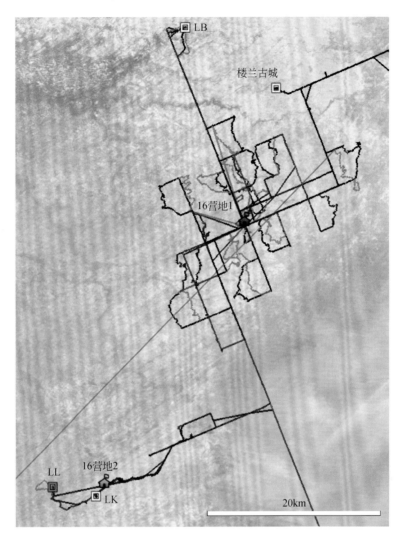

图 1-6-4 2016 年科考路线

蓝、紫、浅蓝线为不同小组考察路线

1.6.2.4 2017 年

2017 年罗布泊科考分为三个阶段。

1）第一阶段：专题科考

时间为 3 月 20 日~4 月 4 日。考察：①玉门关至楼兰的古道，包括三垄沙和阿奇克谷地的古道表现、雅丹地貌和地层剖面；②麦德克古城。

2）第二阶段：专家考察

时间为 10 月 1 日~8 日。配合项目特聘专家考察楼兰。

3）第三阶段：综合科考

时间为 10 月 9 日~11 月 5 日。考察区域楼兰北部的楼兰古城-土垠-北 4、5 河地区以及阿奇克谷地。考察：①小河时期的居址和楼兰时期的古墓，抢救性清理了遭严重破坏的古墓葬；②重要遗迹航空摄影，雅丹三维立体测量；③楼兰古墓群大雅丹地层系统样品采集；④阿奇克谷地古驿站遗存、古道和罗布泊大峡谷。

2017 年科考路线如图 1-6-5、图 1-6-6 所示。

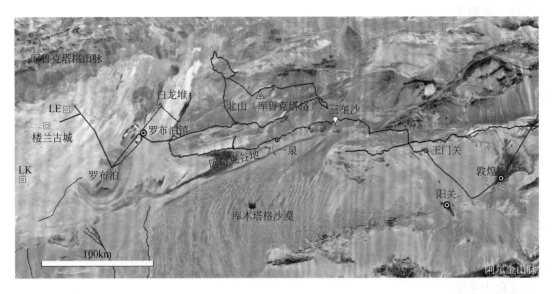

图 1-6-5　2017 年 3 月科考路线

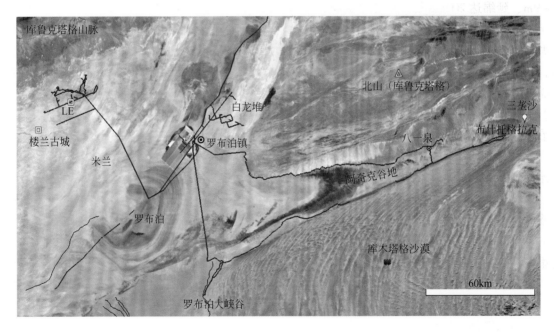

图 1-6-6　2017 年 10 月科考路线

1.6.3　科考主要成果

1.6.3.1　主要成果

（1）首次建立了罗布泊地区的考古学文化序列。除已知的汉晋时期（楼兰）和青铜时期（小河-古墓沟）文化外，首次发现了罗布泊地区最早的人类活动证据，即一块埋藏在雅丹地层中、距今大约 13000 年前后、用于加工小麦族植物种子的石制品。发现并确认了存在元明时期（1250～1460 年）、全新世早期（距今大约一万年）两个古代人类活动期，其中元明时期人类活动规模虽然不及楼兰时期大，但有较大规模调水灌溉耕作活动。全新世早期人类活动以新发现的细石器灰坑遗址为代表，是新疆地区除通天洞遗址以外最早的人类活动遗迹址，其细石器特征与我国新疆其他地区、华北、东北地区细石器相似，属于同一文化系统，表明早在一万年前这里与中国东部北方就存在密切交流。

（2）初步查明了小河和楼兰两个时期古生境特征，发现了上千件文物，并编制了第一张楼兰古村落遗存格局分布图。首次发现了小河时期（4.2～3.6cal ka BP）古人居址，即搭建在高大雅丹上的半地穴式草棚，并找到了玉斧、彩陶、玉珠、石英管钻芯、权杖头、石磨盘、石矛、草编篓、木杖木棍、草帘等典型器物，以及淡水鲤科鱼骨、绵羊角、骆驼粪、羊粪、芦苇、植物种子等动植物遗存，这种以畜牧渔猎为主，辅以采摘的生活方式反映出当时楼兰地区河网密布、芦苇丛生的湿地环境特征和当时较为落后原始的生活方式。楼兰（汉晋）时期是这里人类最密集、经济最繁荣的一个阶段，在这一时期首次发现了一枚铜制官印"张币千人丞印"和两个大型中心城镇遗址——张币一号遗址与双河遗址。

首次确认了灌渠-耕地-涝坝-村落的农田灌溉系统，以及以双行线为代表的道路交通系统，以大小村落古城遗址中广泛存在的胡杨梁柱榫卯结构为代表的房屋建造技术，以"张币千人丞印"为代表的政府官僚制度，以"官律所平"印章所指示的官方度量衡制度，以花押所代表的官方邮政体系，以象棋子为代表的民间娱乐方式，以五铢钱、货泉王莽钱为代表的官方金融制度，以铜镜、丝绸为代表的中原制造技术，以麦、稻、羊为代表的食谱结构，以丝路楼兰道为纽带的中原—西域交通大命脉，证实了汉晋是楼兰以汉传文化为主导的时期，是中原政权从间接到直接治理楼兰的七百多年。

（3）首次发现并证实了丝绸之路古道"楼兰道"。在罗布泊以东的阿奇克谷地北岸和白龙堆发现了一条宽 8～9m、延绵达 200km 的古道和傍道而建的"沙西井"古城，在白龙堆古道沿途和古城里发现了陶片、铜镞、五铢钱、铁器残片等文物，确认这是目前我国除秦直道外保存最好、延伸最长的古道遗迹，正是丝绸之路史书记载中的楼兰道。首次在沙西井以西发现了直接进入罗布泊湖区的双堤运渠，长达 30多千米，证实了史料中记载的"欲通渠转谷"确实存在。并初步确认该楼兰古道使用存续时间在大约公元前 300 年到大约公元 500 年之间，很可能在战国时期就已经存在。

（4）首次确认小河人群与楼兰人群没有继承关系，很可能是来源不同的人群。从骨骼人类学角度确定罗布泊地区以小河墓地为代表的早期人群和以楼兰古墓群代表的汉晋时期人群在颅面部特征上存在较大的差异。结合古环境研究结果和遗址测年数据，发现罗布泊地区古代人群随着古环境的变迁，具有非常大的流动性。每当干旱加剧、环境恶化、水资源匮乏、人群难以生存时，古人离开，而一旦再次进入丰水期，环境恢复，古人就会迁徙到此，形成又一次的文化繁荣期。而每次迁移到此的人群与前一期的人群在族群、文化等方面并无传承关系。

（5）利用卫星雷达数据获得了罗布泊地区目前分辨率最高的高程数据，首次清晰展示出罗布泊西岸的古塔里木河入湖三角洲地形地貌形态，楼兰正位于淡水丰沛、地势平坦的河流三角洲前缘地带上；首次证实"楼兰洼地"的存在，即楼兰古城以东、罗布泊以西的一个 NE 走向带状洼地；同时也清楚展示出孔雀河与车尔臣河的河口洼地——楼兰北洼地和喀拉和顺洼地，直接否定了湖泊游移论，为研究古楼兰的地理环境格局提供了最直接的重要基础性关键地形证据。

（6）利用雷达透视能力，揭开了罗布泊"大耳朵"东西湖成因之谜。罗布泊东西湖实际上是两个不同时期的湖泊。东湖是早期"大耳朵"环形湖区，范围大；西湖则是早期湖泊萎缩后，因后期洪水仅淹没了早期"大耳朵"湖区西部形成的小面积湖泊。因此东西湖并非同时期湖泊的空间分布，而是不同时期湖泊叠置形成。

（7）利用雷达信息，首次确认次地表介质层中的含盐量是"大耳朵"环带的根本性成因，而地形高度是"大耳朵"特征形成的背景环境因素，地表粗糙度是"大耳朵"形成的最为直接的表观原因。

（8）发现楼兰地区人类活动主要出现在丰水湿润期。①古楼兰繁茂时期（从公元前 300 年到大约公元 500 年）是一次历时七百多年的丰水湿润期，这个时期正是山区降雨增加、河流水量充沛、牛羊驼马等动物数量可观的丰水湿润期，楼兰为以胡杨、红柳、芦苇为主要植被类型的典型绿洲环境。②首次发现元明时期是楼兰地区的又一次丰水湿润期，现在地表残留的植物基本都是该期的遗存，脉冲式洪水事件是这个丰水期的典型水文特征。③发现汉晋（楼兰）和元明时期的古河道侵蚀基准面存在明显差异。汉晋时期罗布泊湖面水位高、范围大，古河道侵蚀基准面高，河道落差小、易泛滥，以堆积为特点。元明时期罗布泊湖面水位低、范围小，河道落差大、深切明显。④发现楼兰地区出现过多次大洪水的证据，并直接导致河道附近古人居住区的毁灭，如新发现的双河大型遗址正是毁于洪水。

（9）发现罗布泊地区存在多个风蚀雅丹期，并与环境干旱时期对应。①小河、楼兰等古代文明的衰亡都是山区降雨减少、河水枯竭导致楼兰地区干旱风蚀雅丹化后的后果。②元明时期的丰水期之后是楼兰地区的一次雅丹快速发育形成期，是现今楼兰地区雅丹地貌的主要塑造时期，风蚀速率比过去估算的高一倍。③发现岩性导致的差异风蚀是罗布泊地区广泛存在的多级雅丹台地主要形成原因。抗风蚀能力强的泥岩、石膏层和砾石层是构成雅丹顶的主要地层岩性类型。这也是现在罗布泊周边地区神秘的乱岗雅丹地貌、带状雅丹地貌的根本形成原因（古河床）。

1.6.3.2　成果的科学意义与社会价值

（1）首次建立的罗布泊地区考古学文化序列填补了该区人类活动历史空白。

（2）确认了汉晋时期具有以灌渠–耕地–涝坝–村落为特点的农田灌溉系统，以胡杨梁柱榫卯结构为特征的房屋建造技术，以铜镜丝绸为标志的中原特色物产、铜印"张市千人丞印"和"官律所平"指示的中原官僚制度和官方管理体系，以粟黍麦稻羊为代表的食物结构，以丝路"楼兰道"为纽带的中原—西域交通大动脉，用实物证据证实了汉晋是楼兰以汉传文化为主导的时期，是中原政权从间接到直接治理楼兰的七百多年，证明早在2000年前中原就已对楼兰行使有效管理。

（3）小河古墓中欧罗巴人居多的现象给人以西域早期是欧罗巴人地区的印象，我们对小河时期居址及其中彩陶等遗存的发现表明最早来到罗布泊定居的小河人可能来自东方。

（4）对各时期人类生存环境的研究显示环境变化是促成和加快东西方文化交流的重要因素，罗布泊文明兴衰的根本原因是环境干湿变化，罗布泊环境变化在早期东西方文化交往中具有举足轻重的地位，罗布泊的环境变化是东西方文化交流、融合的加速器和放大器。

第2章 罗布泊晚冰期以来的环境演变

【罗布泊作为欧亚大陆干旱核心区的湖泊，其环境干湿、湖面升降和湖区大小变化直接指示了干旱区的气候与环境变化。通过罗布泊"大耳朵"湖心沉积剖面和楼兰古城雅丹地层剖面的研究，初步揭示罗布泊冰消期以来存在多次升降变化，这种湖面变化可能与太阳辐射变化密切相关。冰消期以后整个罗布泊地区丰水湿润，楼兰古城一带还是湖相环境，但早期来水多，后期逐渐变干，大约 8.3ka BP 出现一次干旱事件，楼兰古城一带湖泊消失，地面风蚀雅丹化，剖面上出现风蚀侵蚀面，其后热辐合带北移，罗布泊再度进入丰水环境，湖泊扩张，6.7ka BP 以后热辐合带南移，夏凉冬暖，山区来水减少，一直持续到 4ka BP 之前，湖泊彻底退出楼兰古城一带，这里的新生陆地成为小河人和楼兰人的生活场所。胶黄铁矿揭示的全新世时期的冷湿事件与小河、楼兰的兴盛时期对应，显示了环境对人类活动的绝对影响。】

罗布泊地处欧亚大陆干旱核心区，对全球及区域气候环境变化非常敏感。近几十年来，科学家对罗布泊地区长尺度环境研究做出了很多贡献，促进了对罗布泊地区第四纪划分、第四纪环境演变格局的认识。但是罗布泊地区晚冰期以来研究相对较弱，时至今日，还少有高分辨率的气候环境记录。已有的研究结果因年龄数据少或缺少晚冰期以来的连续沉积，使罗布泊地区晚冰期以来特别是全新世气候环境演变过程、演化规律及区域气候对全球气候变化的响应过程与形式并不清楚。另外，晚冰期以来气候快速变化事件在本区的表现有待进一步研究。因此，本章总结此次在本区的最新研究成果，认识罗布泊地区晚冰期以来自然环境背景、了解晚冰期以来气候特征及气候快速变化事件在本区的表现。

2.1 罗布泊地区自然生态地理概况

罗布泊洼地位于塔里木盆地东缘，是塔里木盆地的汇水、积盐中心。罗布泊地区平均年降水量不足 20mm，潜在蒸发量近 3000mm。区内多大风，主风向为北东向（夏训诚，1987），风蚀作用是这一带广泛分布的雅丹地貌的主因。罗布泊地区生物种群贫乏，数量稀少，特别是近几十年人类活动影响，加速湖泊干涸，植物属种随之迅速减少。据 1980～1981 年考察资料（夏训诚，1987），仅发现 13 科 26 属 36 种植物。在大片盐壳分布地段和砾石荒漠、雅丹地区几乎均为裸地；在盐土荒漠上主要有盐节木、盐穗木、盐爪爪、刚毛柽柳、短穗柽柳和芦苇；在砾质荒漠上散布膜果麻黄、霸王和石生霸王；在库鲁克沙漠近河床处分布柽柳、胡杨、花花柴、叉枝鸦葱、罗布麻、大叶白麻、黑果枸杞、骆驼刺、白刺、胀果甘草、盐爪爪和芦苇等；库木塔克沙漠则以塔克拉玛干柽柳、沙拐枣、刺沙蓬为主。

2.2 主要研究剖面位置

罗布泊主要研究剖面位置见图 2-2-1。

（1）楼兰剖面：位置 40°30.980′N，89°54.849′E，位于楼兰古城内佛塔北侧，为一天然剖面，剖面厚 6m，沉积主要由粉砂、黏土沉积组成，有清晰的层理，采样从地表开始，样品间隔 5cm，共采样 121 个。

（2）DHX 剖面：位置 40°07′40.18″N，90°28′51.77″E，深 220cm，剖面按 2cm 间隔采样，共采 110 个样品。为避免表层和底层影响，表层 6cm 和底层 4cm 未作分析，实际研究深度为 210cm。

（3）LB 剖面：位置 40°06′N，90°26′E，按照间隔 1cm 采样（林永崇，2017）。剖面岩性自上而下描

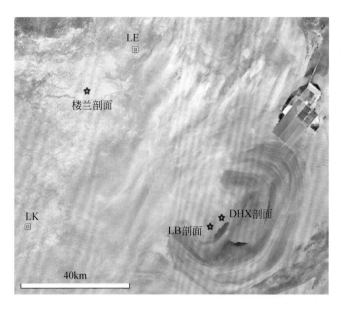

图 2-2-1　罗布泊主要研究剖面位置图

方框为古城，五角星为剖面

述如下。

0～20cm（深度，下同）：浅灰色盐壳，质地坚硬，扰动显著，地表龟裂，盐壳翘起。蒸发盐沉积层理紊乱，仅见水平薄层不连续的泥质隔膜等。

21～53cm：下部14cm和上部6cm为浅黄褐色粉砂，中部13cm为深灰色黏土质粉砂，质地均匀，顶面出现大量白色粉末状蒸发盐类结晶体，厚度1～3cm，顶面不平整。

54～84cm：浅褐灰色粉砂，质地均匀，上层层理不清晰。顶部出现白色细颗粒蒸发盐类结晶体薄层（厚度约0.3mm），顶面平整。

85～156cm：深灰色黏土质粉砂层，质地均匀，零星出现直径约10cm的黑色斑块，形态及其不规则，主要分布在该层顶部。该层显示三个韵律旋回，84～100cm为深灰色粉砂，质地均匀，显示薄层水平层理，具有较多的黑色斑块，局部相连并呈现水平分布；101～128cm为深灰色黏土质粉砂，质地均匀，显示薄层水平层理，黑色斑块稀疏，形态不规则；129～156cm为深灰色黏土质粉砂，显示薄层水平层理，少量黑色小斑块。

157～196cm：深灰色黏土质粉砂层，上部夹两层浅褐灰色粉砂，层理发育。质地均匀，底部浅褐灰色粉砂层厚度和延伸均不稳定。层内含有大量晶形完好的石膏结晶体，长度约1.1cm。顶面出现白色细颗粒蒸发盐类结晶体薄层（厚度0.3～0.5mm），延续性良好，顶面平整。

197～213cm：黑灰色黏土质粉砂层，韵律层中的黑灰色层变厚（0.5～1cm），层理发育，沿着裂隙出现黄褐色斑块。

214～228cm：深灰色粉砂，层理不太明显。

229～241cm：灰黑色粉砂，水平层理发育。

242～279cm：深灰色黏土质粉砂与黑色粉砂质细砂互层，韵律清晰，质地均匀，水平层理完整清晰，深灰色黏土质粉砂层较厚（约5cm），黑色粉砂质细砂层厚0.2～0.5cm。

280～363cm：深灰色黏土质粉砂与黑色粉砂质细砂互层，韵律清晰，质地均匀，水平层理发育良好。深灰色黏土质粉砂层厚2～3cm，黑色薄层厚0.2～0.5cm。深灰色黏土质粉砂层变厚。

364～378cm：深灰黄褐色黏土质粉砂，质地均匀，水平层理发育良好。

2.3　研　究　方　法

1. 沉积物孢粉

采用常规酸-碱-氢氟酸-重液方法提取。10g 烘干样品外加石松指示剂，添加浓度为 36% 的盐酸去除各类碳酸盐，洗至中性；之后用浓度为 10% 的氢氧化钠处理并洗至中性，主要清除腐殖酸等有机质；氢氟酸处理，去除样品中的硅质，洗至中性；用 10μm 筛网在超声波清洗器中过筛分选样品；利用重液浮选样品，洗至中性；冰乙酸脱水，乙酸酐处理样品，于甘油中密封保存。孢粉鉴定在日本尼康显微镜下进行，常用放大倍数为 400 倍。鉴定过程中参考《中国植物花粉形态》、《中国木本植物花粉电镜扫描图志》、《中国热带亚热带被子植物花粉形态》、《中国蕨类植物孢子形态》和《中国气传花粉和植物彩色图谱》等孢粉鉴定图集及河北地质大学孢粉分析室收集的新鲜花粉标本。剖面提取出大量孢粉，每个样品鉴定 400 粒以上，利用 Tilia 软件绘制孢粉图。图中展示含量大于 1% 的部分，小于 1% 部分归为其他。

2. 沉积物粒度

采用激光粒度仪测定：取沉积物干燥样品约 0.13g，加入 10mL 浓度为 10% 的 H_2O_2 和 10mL 浓度为 10% 的稀 HCl 分别去除样品有机质及碳酸盐，并加入 10mL 分散剂（浓度为 5% 的六偏磷酸钠溶液）超声波振荡，将振荡后的样品采用英国马尔文仪器有限公司生产的 Mastersizer 2000 型激光粒度仪测量，各粒级组分平行分析误差小于 5%。粒度组分分析方法见文献（Qin et al., 2005）。

3. 元素测定

沉积物样品干燥后磨至 200 目。取 0.12g 样品于硝化罐中，加入 0.5mL 盐酸、4.0mL 硝酸和 3.0mL 氢氟酸，在德国 Berghof MWS-3 微波硝化系统中（180±5℃）硝化反应 10~15min。自然冷却后，转移入 50mL 聚四氟乙烯烧杯中，加 0.5mL 高氯酸，中温（180~200℃）蒸干，再加入 1:3（V/V）硝酸溶液 5mL，0.1mL 过氧化氢和少量纯水，加热溶解残渣。冷却后定容至 25mL，溶液转移到聚乙烯瓶内，在 4℃ 条件下保存，用美国 Leeman Labs Profile 多道电感耦合等离子体原子发射光谱仪（ICP-AES）测定。采用美国 SPEX CertiPrePTM Custom Assurance Standard 多元素标准溶液，中国水系沉积物成分分析标准物质 GBW07311 作为标准参考物质。Rb 在河北地质大学以压片法测定。

4. 沉积物总有机碳（TOC）

采用重铬酸钾氧化法进行测定：取沉积物过筛（0.149mm）干燥样品约 0.2g 于试管中，加入 5mL 0.8mol/L 重铬酸钾溶液，再加入 5mL 浓硫酸，摇匀；之后放入恒温油浴锅中，温度控制在 170~180℃，并保持沸腾 5min，取出冷却后，移入广口锥形瓶，加入邻菲罗啉指示剂 3~4 滴，用 0.2mol/L 硫酸亚铁滴定，溶液由橙黄色到棕红色，记录使用溶液的体积（mL），最后计算出总有机碳含量（%）。

5. 沉积物总氮（TN）

采用过硫酸盐消化法进行测定：取沉积物过筛（0.149mm）干燥样品约 25mg 于 50mL 比色管中，加入 25mL 消化剂溶液，定容至 50mL，加盖摇匀，用纱布扎紧盖子，放入高压蒸气灭菌器中，在 120℃ 下高压消化 30min，冷却后取出。吸取消化液的上清液于紫外分光光度计 200nm 波长和 270nm 波长处，其吸收之差（A200~A270）对应于工作曲线查出相应的氮含量（μg），除以土重（mg），得全氮含量（μg/mg），缩小 90% 即为总氮含量（%）。

6. 磁性测试

称取样品 5g 左右，装入无磁性塑料样品盒中，进行室温磁学测量：

（1）利用 Bartington 磁化率仪测量样品的低频（0.47kHz）和高频（4.7kHz）磁化率（χ_{lf}，χ_{hf}），并计算频率磁化率 $\chi_{fd} = \chi_{lf} - \chi_{hf}$ 与百分频率磁化率 χ_{fd}（%）=$[(\chi_{lf} - \chi_{hf})/\chi_{lf}] \times 100$，文中磁化率为低频磁化率（记为 χ）。

（2）使用 Dtech 2000 交变退磁仪（交变磁场峰值 100mT，直流磁场 0.04mT）获得非磁滞剩磁

（ARM），利用 JR6 旋转磁力仪测定，计算非磁滞剩磁磁化率 χ_{ARM}。

（3）样品用 MMPM10 脉冲磁化仪获得 1T 条件下的等温剩磁，之后将样品在 100mT、300mT 反向磁场中磁化，分别用 JR6 旋转磁力仪测得等温剩磁 IRM_{1T}、IRM_{-100mT} 和 IRM_{-300mT}。本章定义 1T 磁场下 IRM 为饱和等温剩磁（SIRM），计算退磁参数 $S_{-100mT} = 100 \times (SIRM - IRM_{-100mT})/(2 \times SIRM)$，$S_{-300mT} = 100 \times (SIRM - IRM_{-300mT})/(2 \times SIRM)$ 和 $L_{-ratio} = (HIRM_{-300mT}/HIRM_{-100mT})$（Liu et al., 2007）及硬剩磁 $HIRM_{-300mT} = (SIRM + IRM_{-300mT})/2$。最后计算各类比值参数 χ_{ARM}/χ、$\chi_{ARM}/SIRM$、$SIRM/\chi$。在上述测试基础上，选取典型样品，利用 MMVFTB 多功能磁性测量系统进行高温磁学、磁滞回线和退磁曲线的测量。以上磁学测试完成于华东师范大学河口海岸学国家重点实验室。

7. 年龄标尺

楼兰剖面年龄标尺由 4 个释光年龄控制，光释光测年由北京大学完成（图 2-3-1）（Qin et al., 2011）。

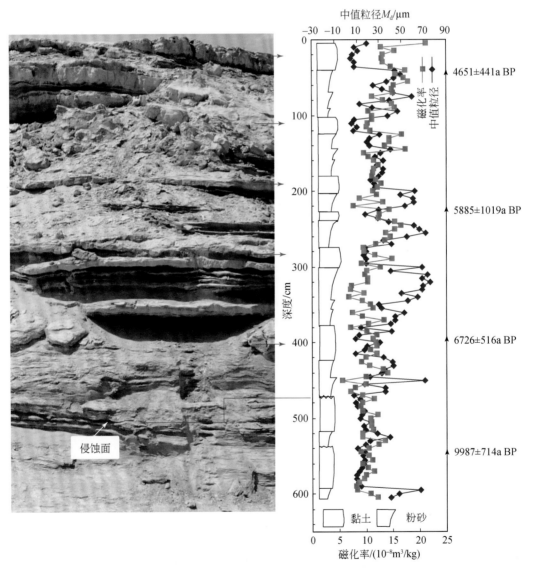

图 2-3-1　楼兰佛塔剖面测年点与中值粒径、磁化率曲线图

DHX 剖面 220cm 年龄标尺由 5 个 AMS ^{14}C 年龄控制，用全岩沉积物有机质进行 AMS ^{14}C 年代测定。测试工作由美国 Beta 实验室（Beta Analytic Radiocarbon Dating Laboratory）完成，并对获得的年代进行日历年校正（Talma and Vogel, 1993；Reimer et al., 2013）。剖面年龄框架通过采用回归插值法建立（方程为 $y = 0.0283x - 147.34$，$R^2 = 0.9445$）（图 2-3-2）。校正后 DHX 剖面年龄跨度范围为 12.8～5.5cal ka BP（贾红娟等，2017）。

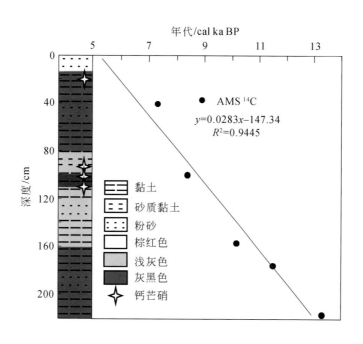

图 2-3-2　罗布泊 DHX 剖面年代岩性图

LB 剖面的 AMS ^{14}C 年代学测试在北京大学和 Beta 实验室完成，结果如图 2-3-3 所示。湖泊沉积中普遍存在"碳库效应"，导致湖泊沉积物的 ^{14}C 年龄高于实际年龄，罗布泊也不例外（Zhang et al.，2012a），在缺乏炭屑、陆生植物残体等测年材料情况下，以表层年龄作为碳库效应值是常用的手段。

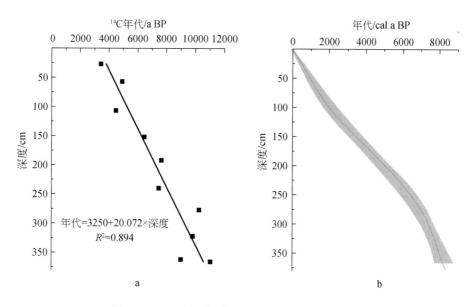

图 2-3-3　LB 剖面年代测试结果（林永崇，2017）

结合历史文献记载和前人实地考察、卫星解译的结果判断罗布泊干涸时间在 20 世纪 50 年代前后，刚好与 ^{14}C 测年设置的起始时间（距今时间以 1950 年为准）一致，虽然可能存在几年到几十年的误差，但在我们研究的万年时间尺度上是完全可以接受的。既然历史时期罗布泊是一直有水的，即沉积物连续不断地沉积至湖泊干涸年代，所以罗布泊湖心表层沉积物的年龄应该为 0cal a BP。若表层沉积物的 ^{14}C 年代大于 0，则可以视为罗布泊盐湖的碳库效应。

通过线性拟合得到表层（0cm）的 ^{14}C 年代为 3250 年，我们将其视为 LB 剖面的碳库效应值。扣除碳库效应后，利用R软件的Clam模型建立年代–深度模型，结果如图2-3-3所示（Reimer et al.，2009）。LB剖面底部（378cm）年龄约8400cal a BP，平均沉积速率0.45mm/a（林永崇，2017）。

2.4 罗布泊地区晚冰期以来环境变迁

2.4.1 楼兰剖面记录的环境变化

2.4.1.1 楼兰剖面粒度记录

1. 楼兰剖面主要粒度特征曲线类型

楼兰剖面粒度特征曲线主要有6种类型（图2-4-1），按殷志强等（2009）对中国北方部分地区黄土、沙漠沙、湖泊、河流细粒沉积物粒度多组分分布特征研究结果，A型为单峰形粒度曲线，以1~10μm组分为主，指示水较深；B型和D型为湖滨相，包含1~10μm和70~150μm两个峰值，1~10μm为主峰时水更深；C型、E型和风成黄土很像，但水平层理的发育指示其为次生黄土，为风成沉积后被水改造，B型、D型的主要区别是B型曲线粒度组分含量最多峰值在10~20μm，而D型曲线在30~70μm，B型比D型被水改造更彻底；F型是湖滨或河流相，以70~150μm峰值为主，细粒成分比沙漠沙含量高。

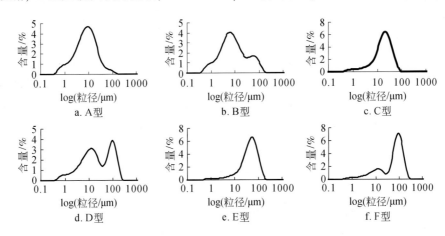

图 2-4-1 楼兰剖面主要粒度特征曲线类型

2. 环境变化敏感粒度组分的提取及成因探讨

要想了解剖面序列纵向沉积环境变化，选取环境指示意义明确的敏感粒度组分显得尤为重要，激光粒度仪的粒度测试结果中，可按照需要获得任意粒级的颗粒体积百分含量，本节在0.02~2000μm量程的基础上，利用对数划分方法，分出100个粒级，并计算出了每个粒级含量在剖面上的标准偏差，绘制出粒级–标准偏差曲线图（图2-4-2）。剖面所有样品同一粒级百分含量的标准偏差可指示该粒级含量的波动强度，标准偏差越大，表明该粒级颗粒含量在整个剖面中的变化幅度越大，可作为指示沉积特征变化的敏感组分。

就整体而言，剖面标准偏差曲线图中有三个峰值，分别在8μm、20μm、80μm左右，最突出的峰值是80μm，表明此组分可较好地指示剖面环境变化。不同粒级沉积物搬运和沉降受不同的搬运营力控制，因此实测的沉积物粒度数据可按照粒径区间进行划分，反过来作为沉积动力环境研究的重要依据。根据剖面各粒级含量标准偏差的峰值分布范围，提取2~15μm、15~36μm、36~150μm百分含量来探讨环境变化。这三个粒级代表了三种不同动力输送过程。

粒级标准偏差中峰值为8μm、20μm的两个组分具有相似的动力背景。罗布泊碎屑物质来源于流域内

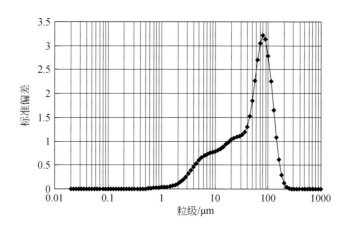

图 2-4-2　楼兰剖面粒级–标准偏差曲线图

的地表，搬运介质有降水及冰雪融水产生的地表径流及风力。由于降水产生的径流量、流体厚度和流速都有限，所以悬移组分是沉积物的主要组分。$2\sim15\,\mu m$ 和 $15\sim36\,\mu m$ 这两个粒级的颗粒，为中细粒悬浮输送物质，湖相沉积中此粒级含量越多，反映湖水动力越弱，湖水量越大，其中 $2\sim15\,\mu m$（峰值平均 $8\,\mu m$）的组分为湍流控制的细粒悬浮颗粒。$15\sim36\,\mu m$（峰值平均 $20\,\mu m$）的组分为次生黄土中原来风力搬运的粗悬浮颗粒，被降水冲刷带入河流和湖泊后，因经历了水的分选改造，成为水力搬运的中粗悬浮颗粒，这两个粒级的含量越多表明入湖水量越大、湖水越深。

峰值 $80\,\mu m$ 的组分是与之完全不同的另外一类，风成粉尘的大气动力学理论计算和实际观测都表明（Pye，1987），普通尘暴事件可同时起动平均粒径在百微米以下所有粒级的粉尘，其中砂和粉砂级粗粒组分（$>70\,\mu m$）每次起动只能上升到近地表的几厘米到几米的高度，并在水平方向上跃移同样量级的距离，形成风成砂；$20\sim70\,\mu m$ 的粉砂组分则主要以短距离悬移方式搬运，它的搬运高度主要在近地表的几百米以内的低对流层；几个微米以下的细粒组分则可上升到几千米以内的任一高度作长距离的悬移，并被高空气流带到下风区的任一上空而随雨水或大颗粒沉积，高空长距离悬浮是它的主要搬运方式（Pye，1987）。罗布泊地区盛行东北风，从剖面主量元素结果看物源未发生明显的变化（见后面主量元素部分），聚类结果显示 $>36\,\mu m$ 部分核心为 $79\sim150\,\mu m$，因此 $36\sim150\,\mu m$ 颗粒应是风力近距离搬运和湖泊水动力分选的结果，湖相沉积中含量越多，指示湖滨动力环境越显著，反映湖水减少。

根据粒度敏感组分及中值粒径变化可划分为以下 5 个带（图 2-4-3）。

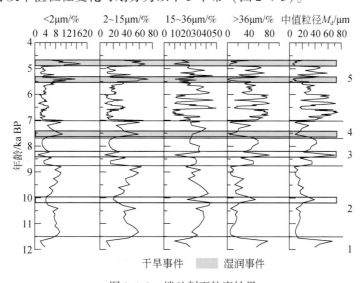

图 2-4-3　楼兰剖面粒度结果

（1）11.5ka BP 之前（带 1，4.6~6m）：粒度特征曲线为 E 型和 F 型，>36μm 百分含量高及中值粒径较大，指示气候干旱。

（2）11.5~8.7ka BP 型期间（带 2，4.6~25.8m）：粒度特征曲线变 B 型和 C 型，2~15μm 及 15~36μm 百分含量增加，粗颗粒含量减小，中值粒径减小，估计气候湿润，降水或冰雪融水增加，流域植被较发育，大量细颗粒物被挟带入湖，湖泊扩张，剖面当时为湖滨-湖心过渡沉积，湖泊可能经历扩张—缩小—扩张—缩小过程，说明早全新世相对湿润，粒度记录了 10.0ka BP 左右干旱事件。

（3）8.7~7.7ka BP 期间（带 3，4.2~4.6m）：粒度特征曲线主要为 E 型，2~15μm 及 15~36μm 百分含量减少，>36μm 百分含量增加，中值粒径变大，此时段气候干燥，流域植被较差，湖泊较浅，水动力较强，较多粗颗粒物质沉积造成粒径变粗，分选差，沉积环境对粒度的改造小，气候干旱，8.3ka BP 左右的干旱事件表现明显，存在一次湖区收缩、湖面下降的干旱事件，直接导致了剖面上风蚀剥蚀面的形成。

（4）7.7~7.0ka BP 期间（带 4，3.7~4.2m）：粒度特征曲线 C 型，2~15μm 及 15~36μm 百分含量增加，>36μm 百分含量减少，中值粒径变小，估计当时气候湿润，流域植被较发育，湖泊持续扩张，剖面为湖心-湖滨相，沉积环境对粒度的改造较强，气候相对湿润。7.5ka BP 的气候湿润事件表现明显。

（5）7.0~4.6ka BP 期间（带 5，0~3.7m）：此时段各指标波动较大，2~15μm 及 15~36μm 百分含量低，>36μm 百分含量高，中值粒径大，气候干旱。此时段有两次气候湿润事件分别发生在 5.5ka BP 和 4.7ka BP。1.85~3.7m 粒度特征曲线为 C 型、E 型、F 型，平均粒径、36~150μm 含量和标准偏差在高值波动，2~15μm 和 15~36μm 含量在低值波动，从沉积相判断为次生黄土、湖滨或河流相，估计当时气候干燥，流域植被较差，湖泊较浅，水动力较强，较多粗颗粒物质沉积造成粒径变粗，分选差，沉积环境对粒度的改造小。0.95~1.85m 粒度特征曲线由 B 型、D 型变为 A 型。2~15μm 含量增加，15~36μm 和 36~150μm 含量减少，偏度和峰度值较增大，估计当时气候逐渐湿润，流域植被较发育，湖泊扩张，剖面为湖心-湖滨相，沉积环境对粒度的改造较强。0.35~0.95m 粒度特征曲线为 E 型，平均粒径、36~150μm 含量和标准偏差在高值波动，1~15μm 含量、偏度和峰度值在低值波动，次生黄土发育，估计当时气候干燥，湖泊较浅，水动力较强，较多粗颗粒物质沉积造成粒径变粗，流域植被较差，湖泊再次缩小，沉积环境对粒度的改造小。0~0.35m 粒度特征曲线为 A 型、B 型和 D 型，2~15μm 和 15~36μm 含量较多，36~150μm 较少，平均粒径小，标准偏差低，偏度和峰度值较大。估计气候湿润，流域植被较发育，源区风化作用较强，大量细颗粒物挟带入湖，偏度和峰度值大说明沉积环境对粒度的改造较强，湖泊再次扩张，剖面变为湖心-湖滨相、浅湖相。之后沉积缺失，说明湖泊大幅萎缩，彻底退出楼兰古城一带，这里成为罗布泊西侧岸区。楼兰古城正是建立在这套地层之上。

2.4.1.2 楼兰剖面常量元素记录

楼兰剖面元素变化趋势可划分为四组（图 2-4-4）：SiO_2 和 Na_2O 趋势一致；TiO_2、Al_2O_3、Fe_2O_3、MnO、MgO、K_2O 变化趋势一致并与 SiO_2 和 Na_2O 呈镜相变化；CaO、P_2O_5 各自一组。

11.5ka BP 之前（带 1）：SiO_2 和 Na_2O 含量高，其他元素含量低，指示气候干旱。

11.5~8.7ka BP 期间（带 2）：SiO_2 和 Na_2O 含量降低，其他元素含量增加，说明早全新世相对湿润。元素记录了 10.0ka BP 左右干旱事件。

8.7~7.7ka BP 期间（带 3）：SiO_2、Na_2O 和 CaO 含量高，其他元素含量低，指示气候干旱。8.3ka BP 左右的干旱事件表现明显。

7.7~7.0ka BP 期间（带 4）：SiO_2 和 Na_2O 含量降低，其他元素含量增加，说明气候相对湿润。7.5ka BP 的气候湿润事件表现明显。

7.0~4.6ka BP 期间（带 5）：此时段各元素含量波动明显，SiO_2、Na_2O 含量高，P_2O_5 下部较低，其他元素含量相对较低，气候干旱。此时段有两次气候湿润事件分别发生在 5.5ka BP 和 4.7ka BP。

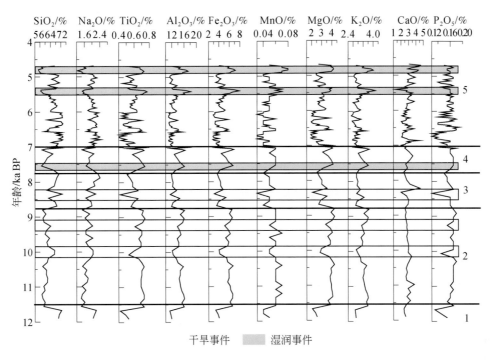

图 2-4-4　楼兰剖面元素结果

2.4.2　DHX 剖面记录的环境变化

2.4.2.1　DHX 剖面孢粉记录

根据孢粉、年龄数据剖面自下而上划分为 5 个孢粉带，带 1 又可划分为两个亚带（图 2-4-5，图 2-4-6）。

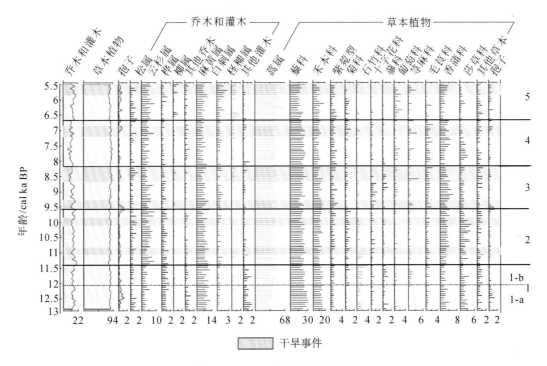

图 2-4-5　DHX 剖面孢粉百分比

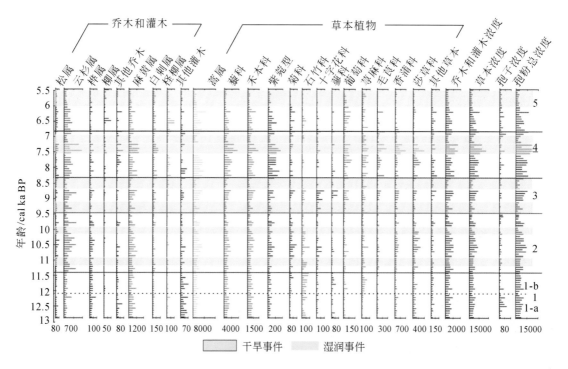

图 2-4-6　DHX 剖面孢粉浓度 （单位：粒/g）

1. 12. 8～11. 4cal ka BP （带 1）

晚冰期草本植物含量明显高于木本植物，乔木以外来花粉为主，云杉属（*Picea*）浓度和百分比都处于剖面最低值，桦木属（*Betula*）浓度和百分比为剖面最高值，灌木以麻黄属（*Ephedra*）为主，百分比居剖面最高。草本植物以蒿属（*Artemisia*）、藜科（Chenopodiaceae）、禾本科（Gramineae）为主。乔木、灌木和总花粉浓度中等，孢子零星出现。此时段气候相对较干旱，植被为荒漠草原-草原。根据孢粉谱此带又可划分为两个亚带。

1）12. 8～12. 1cal ka BP （1-a）

乔木灌木中常绿和落叶种类都有出现，乔木常绿种以云杉属、松属（*Pinus*）等外来花粉为主，可忽略部分有冷杉属（*Abies*）、罗汉松属（*Podocarpus*）。落叶种类桦属浓度在整个剖面最高，另外温带落叶阔叶树花粉栎属（*Quercus*）、鹅耳枥属（*Carpinus*）、桤木属（*Alnus*）、榆属（*Ulmus*）零星出现。灌木以麻黄属为主。草本主要是蒿属、藜科、禾本科。孢子浓度在剖面中含量高。零星出现的喜暖植物罗汉松属，以及同时出现的较高含量桦木属和其他温带落叶植物栎属、鹅耳枥属、桤木属、榆属，指示气候温和。

2）12. 1～11. 4cal ka BP （1-b）

乔灌百分比变化不大，一些喜暖湿种类如罗汉松属、榆属在花粉谱中消失。草本仍以蒿属、藜科、禾本科为主。蒿属含量增加，禾本科含量变化不大。喜冷干种类如菊科（Asteraceae）、石竹科（Caryophyllaceae）、十字花科（Cruciferae）、蓼科（Polygonaceae）、荨麻科（Urticaceae）增加，同时喜湿种类如香蒲科（Typhaceae）、莎草科（Cyperaceae）和孢子含量降低，指示气候寒冷干燥，此时段相当于新仙女木时段。

2. 11. 4～9. 6cal ka BP （带 2）

外来种云杉属和带 1 相比有所增加。喜温湿种类如榆属、胡桃属重新出现。喜温湿种类木犀科、山核桃首次出现在剖面中，其他灌木减少。草本植物仍以蒿属、藜科、禾本科为主。石竹科、蓼科、荨麻科含量减少。喜温湿种类香蒲科、毛茛科增加。藜科、莎草科先减少后增加，禾本科则先增加后减少，花粉浓度增加。此时段草本植物含量变化不大说明此区干旱背景未变，植被从荒漠草原-草原变为草原。这期间喜温湿种类如木犀科、山核桃出现，喜冷干禾本科、石竹科、藜科含量减少。云杉属、蒿属、香蒲科、莎草科增加指示全新世早期比晚冰期湿润。孢粉浓度的增加也指示气候变湿。在 11.0cal ka BP 和 10.0cal ka BP 左右孢粉浓度明显降低，流水挟带种类中云杉属减少指示两次干旱事件。

3. 9.6~8.2cal ka BP（带 3）

此带孢粉浓度和百分比波动较大，云杉属百分含量自本带底部向上降低，桦木属和其他树种百分含量减少，麻黄属、白刺属（*Nitraria*）增加。在草本中菊科、石竹科、莎草科减少，紫菀型（*Aster* type）、十字花科、蓼科、毛茛科（Ranunculaceae）、葡萄科（Vitaceae）增加。和前一时段比气候变干波动较大，湿地扩张。9.3cal ka BP 左右和 8.7~8.3cal ka BP 期间孢粉浓度出现两次低值，指示两次气候干旱事件。

4. 8.2~6.7cal ka BP（带 4）

此带乔灌百分比减少，草本增加。孢粉浓度值在剖面中最大。柽柳属（*Tamarix*）、蒿属、藜科、毛茛科增加，同时桦木属、麻黄属、禾本科、十字花科减少。香蒲科先减少后增加，莎草科先增加后减少，柽柳属、蒿属、毛茛科和孢粉浓度增加指示气候湿润，植被为草原。在 7.5cal ka BP 孢粉浓度迅速增加指示一次洪水事件。7.2~6.9cal ka BP 孢粉浓度出现低值，指示一次干旱事件。

5. 6.7~5.5cal ka BP（带 5）

此带孢粉浓度和丰富度逐渐降低，乔灌百分含量较高，草本百分含量降低。乔木中云杉属、柳属百分含量增加，灌木中喜干种类麻黄属、白刺属、柽柳属增加，白刺属、柽柳属在剖面中含量最高。草本中蒿属、葡萄科增加，湿地种类香蒲科、莎草科减少指示气候变干，植被为以蒿属为主的草原。5.8~5.5cal ka BP 期间孢粉浓度极低，麻黄属、白刺属增加，指示一次干旱事件。

2.4.2.2　DHX 剖面粒度和碳氮记录

DHX 剖面沉积物粒径分布主要有 5 种类型（图 2-4-7），每种分布图由不同的粒度组分组成，共有 5 个组分（C1~C5）（图 2-4-8）。

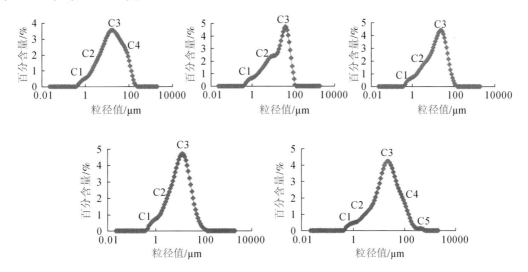

图 2-4-7　罗布泊 DHX 剖面主要粒度曲线类型及组分

1. 晚冰期 12.8~11.4cal ka BP（带 1）

中值粒径 M_d、C1、C2、C3 值低，TOC 值偏低，C/N 平均值为 13.5，C/N 值介于 10~20 之间，以内源和外源混合有机质为主。

2. 11.4~9.6cal ka BP（带 2）

与上一阶段比，M_d、C3 变粗，部分样品出现 C4、C5，TOC（总有机碳）较上一阶段增加，C/N 以内源和外源混合有机质为主，平均值为 16，较上一阶段增加，流域内植物相对繁盛，流水挟带外来有机

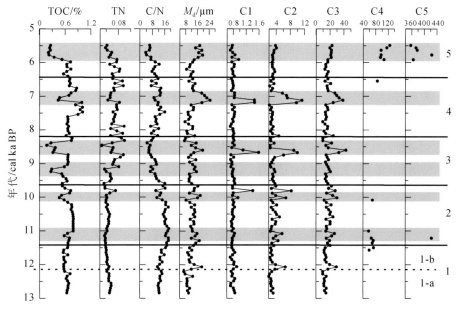

图 2-4-8　DHX 剖面粒度和碳氮指标序列

质增加。在 11.0cal ka BP 和 10.0cal ka BP 左右粒径增加，TOC 和 C/N 值也出现短暂低谷，指示两次干旱事件。

3. 9.6～8.2cal ka BP（带 3）

C2、C3 和上一阶段比减小，TOC 值波动明显，指示湖泊水位变化明显。C/N 值波动减小，并小于 10，指示以内源有机质为主，流水挟带外来有机质减少，气候相对较干旱。在 9.3cal ka BP 左右 TOC、C/N 值降低；8.4cal ka BP 左右中值粒径增加，TOC、C/N 值降低，指示两次干旱事件。

4. 8.2～6.7cal ka BP（带 4）

M_d、C3 减小，TOC 含量增加，C/N 值增加，大部分介于 10～20 之间，以内源和外源混合有机质为主，流域内植物相对繁盛，流水挟带外来有机质增加。在 7.0cal ka BP 左右 M_d、C1、C2、C3 值增加、TOC 含量、C/N 值低，指示一次干旱事件。

5. 6.7～5.5cal ka BP（带 5）

M_d、C2、C3 增大，且 C4、C5 组分出现，TOC、C/N 值波动下降，流水挟带外来有机质减少，气候逐渐变干。5.8～5.5cal ka BP 期间，M_d 增大，C4、C5 组分出现，TOC 和 C/N 值降低，C/N 值小于 10，指示一次干旱事件。

2.4.2.3　晚冰期至中全新世气候环境变化及驱动机制

1. 晚冰期（12.8～11.4cal ka BP）

M_d 值低说明湖泊水动力小，Fe/Mn 值高指示湖泊水浅，Mg/Ca 值低指示此时段气温低，TOC 值偏低，C/N 值介于 10～20 之间，以内源和外源混合有机质为主，孢粉浓度低指示气候干旱。此时段夏季太阳辐射较低，这可能导致冰雪融水或山地降水较少，冬季太阳辐射较高蒸发强烈，全年水分亏损，气候相对干旱（图 2-4-9）。

2. 全新世（11.4～5.5cal ka BP）

11.4～9.6cal ka BP 期间，M_d、C3 变粗指示湖泊水动力增加。Fe/Mn 值低指示较高水位。Mg/Ca 值高说明此时段气温升高。TOC 含量增加，C/N 值和上带比略有增加，介于 10～20 之间，以内源和外源混合有机质为主，孢粉浓度增加，流域内植物相对繁盛，流水挟带外来有机质增加。此时段热辐合带北移，

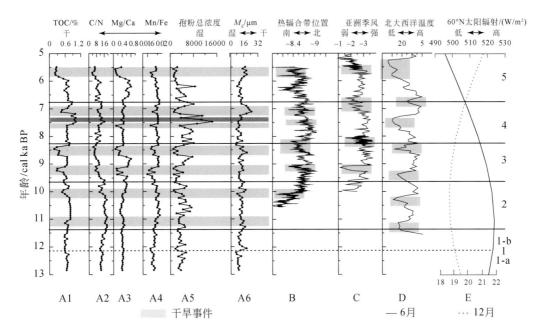

图 2-4-9　DHX 剖面区域对比及驱动探讨

A1 ~ A6. 罗布泊 DHX 剖面 TOC、C/N、Mg/Ca、Mn/Fe、孢粉总浓度和 M_d；B. Qunf 洞 Q5 石笋氧同位素曲线（阿曼南部）（Fleitmann et al.，2007）；C. 董哥洞 D4 石笋氧同位素曲线（Dykoski et al.，2005）；D. 北大西洋温度（Bond et al.，2001）；E. 60°N 太阳辐射（Berger and Loutre，1991）

罗布泊源区昆仑山可能受热辐合带北移影响降水增多；夏季太阳辐射增强，冬季太阳辐射较低，夏季太阳辐射增强，温度升高导致冰雪融水或山地降水增加，冬季太阳辐射较低抑制蒸发，全年水分盈余，气候相对湿润。

9.6 ~ 8.2cal ka BP，此时段粒径变小指示湖泊水动力小。Fe/Mn、Mg/Ca、TOC 值波动明显，指示湖泊水位变化明显。C/N 值波动减小，并小于 10，指示以内源有机质为主，流水挟带外来有机质减少，气候相对较干旱。此时夏季太阳辐射降低，气温低导致冰雪融水和山地降水较少，冬季太阳辐射增强，蒸发强烈，全年水分亏损，气候干旱。热辐合带位置波动明显，罗布泊源区昆仑山受其影响来水量波动较大。

8.2 ~ 6.7cal ka BP，此时段粒径变小指示湖泊水动力小，Fe/Mn 值低指示较高水位，Mg/Ca 值高指示此时段气温高，Rb/Sr 值低，此时段仍以化学风化为主，TOC 含量增加，C/N 值增加，以内源和外源混合有机质为主，孢粉浓度增加，流域内植物相对繁盛，流水挟带外来有机质增加。此时段热辐合带北移，前人研究显示 9000 年前和现在相比季风低压中心到达 35°N 左右，季风研究显示 8.2 ~ 6.7cal ka BP 仍保持较高强度，罗布泊源区昆仑山区可能受热辐合带北移和季风影响降水较多，导致罗布泊来水量增加。

6.7 ~ 5.5cal ka BP，此时段粒径变大，达到剖面最大值，Fe/Mn 值逐渐升高指示湖泊水位逐渐下降，Mg/Ca 值自此带底部向上降低，说明此带底部气温较高，向上逐渐降低，TOC、C/N 值波动下降，孢粉浓度波动下降，流水挟带外来有机质减少，气候逐渐变干。此时段热辐合带南移，罗布泊源区昆仑山区降水少，罗布泊来水量减少。夏季太阳辐射逐渐降低，这导致冰雪融水和山地降水逐渐减少，冬季太阳辐射上升，蒸发强烈，全年水分亏损，气候逐渐变旱。

2.5　罗布泊地区晚冰期至中全新世气候干旱事件

罗布泊 DHX 剖面沉积物记录了 12.8 ~ 11.4cal ka BP 期间气候干旱时段，这一研究结果与本区及周边其他研究结果既有不同也有相似处。杨东等（2009）对罗布泊地区罗北洼地 CK-2 钻孔研究认为，12.73 ~ 9.14cal ka BP，罗布泊地区处于全新世暖期的早期，此时段暖干、冷湿交替；他们把新仙女木事件划入全新世，这与通常认为新仙女木事件结束后进入全新世（刘嘉麒等，2001；刘嘉麒和秦小光，2005）有出入。博斯腾湖记录晚冰期气候干旱（Huang et al., 2009），对巴里坤湖的研究显示，在末次冰期晚期巴里坤湖周围冰川尚未融化，湖区气候干旱（孙博亚等，2014）；对赛里木湖的研究显示晚冰期为荒漠植被，气候干旱（Jiang et al., 2013）；对新疆玛纳斯湖的研究显示，10500cal a BP 时气候寒冷干燥（孙湘君等，1994）；对共和盆地更尕海的研究显示，晚冰期气候寒冷干旱（李渊等，2015）。

除了晚冰期的干旱时段，罗布泊沉积还记录了全新世一系列气候事件（图2-4-9）。

11.0cal ka BP 左右的干事件。DHX 剖面沉积物粒径增加，Fe/Mn 值高，Rb/Sr 值升高，TOC 含量减少、C/N 值低，表现为一次弱干旱事件。与本区相似的包括：格陵兰 NGRIP 冰芯 $\delta^{18}O$ 11.0cal ka BP 值低，指示温度降低（Rasmussen et al., 2007），北大西洋早全新世出现 11.1cal ka BP 冷事件（Bond et al., 1999），贵州衙门洞 Y1 石笋发现 11.0ka BP 弱季风事件（杨琰等，2010），河南老母洞石笋记录了 10.9cal ka BP 季风减弱事件（张银环等，2015）。

10.0cal ka BP 左右的干事件。DHX 剖面粒径增加，TOC 含量减少，C/N 值降低，Mg/Ca 值增加，Fe/Mn 表现不明显，指示一次弱干旱事件。大致同时间的弱干旱事件的其他研究资料有：10.0cal ka BP 左右共和盆地出现寒冷的气候波动（刘冰等，2013）；青藏高原西门错记录了 10.3~10.0cal ka BP 冷事件（Mischke and Zhang, 2010）；藏南地区江北剖面和曲水剖面 9.9cal ka BP 前后出现一次明显的风沙活动增强事件（刘星星等，2013）；河南老母洞石笋记录了 10.2cal ka BP 季风减弱事件（张银环等，2015）。

9.3cal ka BP 左右的冷干事件。DHX 剖面沉积物在 9.3cal ka BP 左右表现为 TOC 含量减小，C/N 值降低，Fe/Mn 值高、Mg/Ca 值低，说明此时冷干。罗北洼地 CK-2 孔记录了在 9.63~9.14cal ka BP 期间的冷事件，但作者认为是一冷湿事件（杨东等，2009），其剖面沉积为粉砂含粗石盐层，孢粉浓度极低，新疆地区植被生长主要受控于水分，因此这一解读值得商榷。另外，博斯腾湖研究认为 9.4cal ka BP 为极暖事件（钟巍和熊黑钢，1998）；青海湖在 9.4cal ka BP 左右出现冷干事件（沈吉等，2004）；敦煌伊塘湖显示 9.36~9.0ka BP 出现气候突变（赵丽媛等，2015）；9.6~9.2cal ka BP 昆仑山古里雅冰芯出现冰进（Wang et al., 2002），这一峰值出现在 9.3cal ka BP 左右的冷干事件在北大西洋深海记录（Bond et al., 1999）及石笋氧同位素（Fleitmann et al., 2007; Dykoski et al., 2005）表现明显。

8.4cal ka BP 左右冷干事件。DHX 剖面沉积物在 8.4cal ka BP 左右粒径增大，出现一峰值，C/N 和 Mg/Ca 出现低峰，Fe/Mn 值高，指示又一次冷干事件，而且这一事件被广泛记录。塔里木盆地东部台特玛湖地区在 8.8~8.0cal ka BP 出现寒冷事件（钟巍等，2005），博斯腾湖在 8.2cal ka BP 出现冷湿事件（任雅琴等，2014）；青海湖在 8.7~8.1cal ka BP 期间气候干旱寒冷，同时 Ji 等认为此阶段湖泊水位较低（Ji et al., 2005），藏南地区江北剖面和曲水剖面在 8.5cal ka BP 前后出现一次明显的风沙活动增强事件（刘星星等，2013），青藏高原兹格塘错 8.7~8.3cal ka BP 有记录一冷事件（Herzschuh et al., 2006），古里雅冰芯记录了 8.4~8.0cal ka BP 极寒冷事件（Wang et al., 2002）。黄土高原洞穴石笋（董进国等，2013）及湖北神农架石笋（邓朝等，2013）记录 8.2cal ka BP 的气候突变事件。

7.0cal ka BP 左右冷干事件。DHX 剖面沉积物粒径增大出现峰值，C/N 和 Mg/Ca 出现低峰，Fe/Mn 值高，气候干冷。相邻地区的新疆博斯腾湖研究显示 7.0cal ka BP 左右出现干旱事件（Mischke and Wünnemann, 2006），巴里坤湖在 7.3~7.1cal ka BP 期间出现了百年尺度的冷干事件（陈永强等，2015）。

5.8~5.5cal ka BP 冷干事件。罗布泊 DHX 沉积物记录了 5.8~5.5cal ka BP 的冷干事件，新疆博斯腾湖研究显示 6.4~5.1cal ka BP 湖泊水位下降（张成君等，2007），但任雅琴等对同一钻孔的研究认为 6.4~5.5cal ka BP 左右冷湿，有效湿度较高，湖泊仍处于较高水位（任雅琴等，2014）。巴里坤湖在 5.9~5.3cal ka BP 期间 $\delta^{18}O$ 数值明显偏高，指示区域有效湿度降低（薛积彬和钟巍，2008），托勒库勒湖在 6.1~4.9cal ka BP 出现强风尘堆积（An et al., 2011b），赛里木湖记录了 6.5~5.5cal ka BP 的干旱时段（Jiang et al., 2013）；玛纳斯湖在 6.8~5.2cal ka BP 期间经历干旱（Tudryn et al., 2010），乌伦古湖在 6.5~5.5cal ka BP 期间湖面收缩、水位剧降（蒋庆丰等，2016），更尕海孢粉研究显示 6.3~5.6ka BP 周围山地湿度呈下降趋势（刘思丝等，2016），更尕海粒度>63μm 组分的高含量值出现在 5.9~5.3cal ka BP，指示流域风沙活动强烈（李渊等，2015），青藏高原西门错记录了在 5.9~5.5cal ka BP 期间冷事件

（Mischke and Zhang，2010），内蒙古中东部的达里湖在 5.9~4.85cal ka BP 期间湖面显著下降（范佳伟等，2015），北大西洋深海记录了在 5.9cal ka BP 左右的冷事件（Bond et al.，1999），阿曼石笋和董哥洞石笋记录了在 5.5cal ka BP 季风的衰退（Fleitmann et al.，2007；Dykoski et al.，2005）。

新疆地区属典型的温带大陆性气候，前人研究提出此区气候演变的西风模式，认为和季风区模式不同。西风带属行星风带，季风是海陆位置差异引起的，在自然地理上分属不同的等级，另外纬度 40°N~60°N 季风区也受西风控制。罗布泊作为塔里木盆地的汇水中心，其沉积物能很好地反映区域环境变化，沉积物多指标研究对理解此区气候变化特征和模式有重要意义。本研究结果显示和晚冰期相比全新世升温导致区域山地降水和冰雪融水增加，区域环境相对湿润。这和前人研究结果认为早全新世干旱的西风模式观点不太一致。本研究结果显示晚冰期至中全新世记录了一系列气候干旱事件和湿润事件，这些事件在季风区、西风带及其他地区的记录中广泛存在，反映了此区在响应全球变化过程中既有的区域特点，也有广泛的一致性特征。这说明罗布泊地区对全球环境变化非常敏感并受控于全球变化。本研究结果对理解区域环境变化有重要意义。

2.6 LB 剖面沉积物磁性特征与全新世冷事件

不同磁性参数具有不同矿物学含义，其中 χ 和 SIRM 常用来指示样品中磁性矿物的含量，与 χ 不同，SIRM 不受顺磁性和抗磁性矿物的影响，主要反映亚铁磁性矿物（如磁铁矿）的含量（董艳，2014；Thompson and Oldfield，1986）。χ_{fd}% 反映了细粒径的超顺磁性（SP）颗粒对磁性特征的贡献。χ_{ARM} 受到磁性矿物晶粒大小的显著影响，稳定单畴（SD）亚铁磁性矿物晶粒的 χ_{ARM} 要显著高于超顺磁性（SP）和多畴（MD）晶粒（Maher，1988；董艳，2014）。$HIRM_{-300mT}$ 通常用来估算高矫顽力矿物（如赤铁矿和针铁矿）的含量，而 $HIRM_{-100mT}$ 则代表中矫顽力磁性矿物（如磁赤铁矿）和高矫顽力矿物的丰度（Yamazaki，2009；Yamazaki and Ikehara，2012；董艳，2014）。

比值参数 χ_{ARM}/χ 可以指示亚铁磁性矿物颗粒的大小，较高的比值反映了单畴（SD）颗粒，而较低的比值则指示了多畴（MD）或超顺磁性（SP）颗粒（董艳，2014）。$\chi_{ARM}/$SIRM 的指示意义与 χ_{ARM}/χ 相似，高值反映较细的 SD 颗粒，低值指示了较粗的 MD 颗粒（Maher，1988；董艳，2014）。SIRM$/\chi$ 同时受到磁性矿物类型和颗粒状态的影响，此外沉积物中较高的 SIRM$/\chi$ 值往往指示了胶黄铁矿（greigite）的存在（Blanchet et al.，2009；Roberts et al.，2011；Roberts，2015）。S_{-100mT}，S_{-300mT} 反映样品中亚铁磁矿物（如磁铁矿、磁赤铁矿）与不完整反铁磁性矿物（如赤铁矿、针铁矿）的相对组成，随着不完整反铁磁性矿物比例的增加而下降（Liu et al.，2012；董艳，2014）。S_{-300mT} 可以用来估算低矫顽力矿物和高矫顽力矿物在总的磁性矿物组合中的相对重要性（Bloemendal and Liu，2005），而 S_{-100mT} 则反映了低矫顽力矿物对中、高矫顽力矿物的比例（Yamazaki，2009；Yamazaki and Ikehara，2012）。

罗布泊盐湖沉积物中的载磁矿物主要为磁铁矿、赤铁矿、胶黄铁矿以及黄铁矿，不同类型磁性矿物的生成转化模式不同，所指示的气候环境信息也有差别。利用磁性特征进行古环境重建需要将不同磁性参数和磁性矿物的指示信息剥离开来讨论。如磁铁矿和赤铁矿主要来自外源碎屑输入（包括河流和风成来源），体现物源区（塔里木盆地）的信息，而胶黄铁矿和黄铁矿则主要生成于硫酸盐还原过程，主要体现了罗布泊湖盆的沉积环境和塔里木河的水文环境。我们基于罗布泊沉积物磁性特征，剥离不同磁性矿物和磁性参数的具体环境指示意义，进行区域古环境重建，并探讨罗布泊地区过去气候和环境变化对全球变化的响应，解析区域气候环境变化的驱动机制。

早期成岩过程中生成的强磁性矿物胶黄铁矿是 LB 剖面沉积物中非常重要的磁性矿物组分，对沉积物的磁性特征产生显著的影响。结合地球化学（如 TOC、碳酸盐）和沉积学方法（粒度、色度）分析，我们判断 LB 剖面的胶黄铁矿生成于全新世以来的高湖面阶段，即气候湿润阶段。

结合年代学分析，LB 剖面的五层胶黄铁矿生成层对应或略晚于全新世北大西洋冷事件（Bond et al.，1999）（图2-6-1）。全新世冷事件期间，北欧挪威地区冰川呈前进状态（Nesje et al.，2001），高纬度地区

格陵兰冰芯 $\delta^{18}O$（Johnsen et al., 1992）和低纬度亚热带地区洞穴石笋（如中国南方董哥洞）$\delta^{18}O$（Wang et al., 2005）均呈现降低趋势，这些变化显示五次冷事件期间，全球范围内的气温都呈现降低趋势，塔里木盆地地区也不例外（图 2-6-1）。

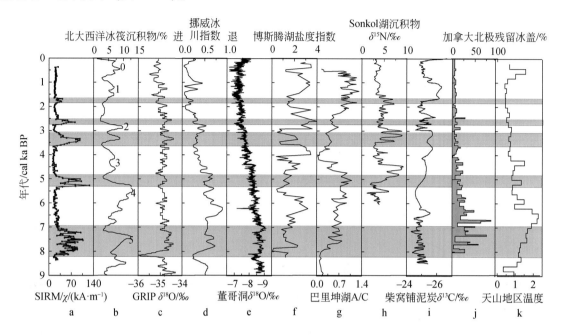

图 2-6-1　LB 剖面记录的全新世冷事件与其他气候记录的对比

a. LB 剖面 SIRM/χ 记录的全新世冷事件；b. 北大西洋 EW93-GGC36 碎屑碳酸盐记录（Bond et al., 1999）；c. 格陵兰 GRIP 冰芯 $\delta^{18}O$ 记录（Johnsen et al., 1992）；d. 挪威冰川（Nesje et al., 2001）；e. 董哥洞石笋 $\delta^{18}O$ 记录（Wang et al., 2005）；f. 基于 $\delta^{18}O$ 记录重建的博斯腾湖盐度（Ran et al., 2015）；g. 巴里坤湖 A/C 值（An et al., 2011a）；h. Son kol 湖沉积物的 $\delta^{15}N$ 记录（Lauterbach et al., 2014）；i. 柴窝铺泥炭（Hong et al., 2014）；j. 加拿大北极地区残留冰盖面积（Koerner and Fisher, 1990）；k. 天山地区全新世温度

变化曲线（冯兆东等，2017）

　　综上，LB 剖面的研究结果显示在全新世低温期（冷事件期间），塔里木盆地气候较为湿润，符合"冷湿"气候模式。一些研究（Chen et al., 2016a；Ran et al., 2015；Wang et al., 2013）认为全新世以来，中亚地区伴随着温度的下降，湿度持续增加，气候模式为"暖干—冷湿"，与本研究一致。这可能是因为全新世冷事件期间，西风急流强度增加，位置南移，为中亚地区带来更多的降水，高海拔山地地区冰川前进（Seong et al., 2009；Zhao et al., 2012），增加的降水和冰川积雪融水改善了塔里木盆地的湿度状况。同时降低的气温导致蒸发减弱，这使得塔里木河流域湿度增加，植被改善，为罗布泊增加了有机质的供应，有机质的降解需要消耗湖水和沉积物中的氧气，因此增加的有机质可能有利于形成早期成岩作用所需的厌氧还原环境（Fu et al., 2015）。同时湿润条件下增强的水动力为罗布泊带入了陆源活性铁，促进了铁硫化物的生成，但由于淡水供应增加，盐度下降，沉积物中进而形成胶黄铁矿等次生铁硫化物，而没有进一步发育为黄铁矿。因此，罗布泊沉积物中胶黄铁矿及其相关参数（SIRM/χ）可以作为塔里木盆地水文和气候变化的代用指标，显示了自 8.4cal ka BP 以来，罗布泊和塔里木盆地经历了五次湿润阶段（丰水期），分别为 8.15～7cal ka BP，5.3～4.9cal ka BP，3.6～3.1cal ka BP，2.75～2.55cal ka BP 和 1.82～1.68cal ka BP（图 2-6-1），这与前人在罗布泊、塔里木盆地以及中亚地区的工作可以相互印证。

　　YKD0301 剖面的研究结果显示在 8.7～5.1cal ka BP 期间，罗布泊沉积物中的盐类物质含量较低（淡水输入量增加）（Liu et al., 2016）。王弭力等（2001）对 ZK95-6 孔的研究发现，在 8.1～7.86cal ka BP 期间罗布泊沉积物中具有大量乔木花粉，最高占 96.4%，显示该期间区域气候湿润。夏训诚等（2007）认为在 7cal ka BP 左右，罗布泊西南地区和喀拉和顺湖之间分布有大面积的芦苇沼泽。此时，孔雀河下游也可能分布有大面积湖沼地，Zhang 等（2010）的研究发现博斯腾湖（孔雀河源头）形成于 8.06cal ka BP 左右，之后湖泊面积逐渐增大，至 7.25cal ka BP 左右达到最大湖水深度。这些研究显示，在 8.1～

7cal ka BP 期间，罗布泊地区湿度较高，塔里木河和孔雀河水量丰沛，这与 LB 剖面层 2 指示 8.15~7cal ka BP 期间区域气候湿润一致。

而层 6 (3.6~3.15cal ka BP) 和层 10 (1.82~1.68cal ka BP) 则分别与小河-古墓沟文化期 (4~3.5cal ka BP) (Zhang et al., 2015; Mai et al., 2016) 和楼兰文化期 (1.95~1.45cal ka BP) (Xu et al., 2017) 在时间上一致。在塔里木盆地这样的极端干旱区，人类文明的发育发展高度依赖稳定的水源供给，这暗示层 6 和层 10 沉积期塔里木盆地较为湿润，塔里木河和孔雀河水量充盈，滋养了小河-古墓沟和楼兰文化的发展兴盛。罗布泊上游的博斯腾湖在 5.7~4.8cal ka BP、3.5~3.05cal ka BP、2~1.6cal ka BP 期间盐度下降 (Ran et al., 2015)，显示这些时段淡水输入量增加 (降水或冰川融水增加)，与 LB 剖面的层 4、层 6 和层 8 一致 (图 2-6-1)。

我们将对比的视野扩展到整个塔里木盆地和中亚地区，结果发现 LB 剖面胶黄铁矿指示的五次气候湿润期在中亚地区各地均有报道。例如，Lauterbach 等 (2014) 发现在吉尔吉斯斯坦境内的天山地区，5.1~4.35cal ka BP、3.45~2.85cal ka BP 和 1.9~1.5cal ka BP 期间该地区降水和冰川融水量明显增加，分别对应于 LB 剖面层 4、层 6、层 10。在塔里木盆地西缘喀什绿洲地区，河湖相沉积物孢粉数据显示为 4~2.62cal ka BP、1.75~1.26cal ka BP 期间湿度较高 (Zhao et al., 2012)，与 LB 剖面层 6 和层 10 一致。而在塔里木河中游和上游地区，在 7.3cal ka BP 左右和 3.7cal ka BP 左右，塔里木河流域广泛发育有冲积和洪水沉积物；在克里雅河上游地区，大量生草层堆积和植物炭化层沉积被发现在 5~4cal ka BP 期间的地层中 (冯起等, 1999)。这些冲洪积沉积物、生草层堆积和植物炭化层沉积显示，在这些时期，塔里木河、克里雅河水量丰沛，与 LB 剖面层 2、层 4、层 6 一致或接近。在东天山巴里坤湖，7.7~7cal ka BP、6~5cal ka BP、3.7~3.3cal ka BP、2~0.1cal ka BP 期间的沉积物具有较高的 A/C 值 [Artemisia (蒿属)/Chenopodiaceae (藜科) 值]，这是广泛用于干旱半干旱区的湿度指标，高值反映湿度较高，低值反映湿度下降，显示这些阶段巴里坤湖流域湿度呈增加趋势 (An et al., 2011a)，与 LB 剖面层 2、层 4、层 6、层 10 一致 (图 2-6-1)。

Putnam 等 (2016) 发现在 Bond 事件 0 (小冰期, LIA) 期间，塔里木河水量增加，罗布泊处于高水位阶段，根据上述结果，小冰期期间罗布泊沉积物中也应该有胶黄铁矿生成和保存，LB 剖面顶部两个样品 (22~21cm, 387~369cal a BP) SIRM/χ 值 (23.35kA·m^{-1}) 高于层 11 的其他样品，可能反映了 LB 剖面 22cm 以上的样品可能含有胶黄铁矿。遗憾的是，罗布泊地表坚硬的盐层，没有采集到 LB 剖面 0~20cm 层位的样品，导致 LB 剖面没有完整记录小冰期期间的气候变化。

值得注意的是，虽然 LB 剖面中的五层含胶黄铁矿沉积层位 (8.15~7cal ka BP、5.3~4.9cal ka BP、3.6~3.1cal ka BP、2.75~2.55cal ka BP 和 1.82~1.68cal ka BP) 均生成于全新世冷事件期间 (气候环境冷湿)，但这胶黄铁矿发育层的持续时间差异明显，自早全新世来以来，胶黄铁矿的发育持续时间总体上呈下降趋势，分别为 1150a、400a、500a、200a 和 140a (图 2-6-1)。

层 2 显示约 8.2ka BP 冷事件后，罗布泊高湖面状态持续了约 1150a，远远超过其他四个层位，这可能与冷事件的强度和山地冰川有关。冷事件期间，强度增加并南移的西风急流为中亚地区带入更多的降水，可能会导致在高海拔山地地区 (昆仑山、天山、帕米尔高原等) 冰川或积雪堆积量增加 (Zhao et al., 2012; Seong et al., 2009)。

8.2ka BP 冷事件是全新世以来强度最大的冷事件 (王绍武, 2011)，相比其他四次冷事件，较高的强度可能会给中亚带来更多的降水。此外，山地冰川面积变化的影响不可忽视，这是因为塔里木河、孔雀河等显著受到冰川积雪融水补给的影响。Ran 等 (2015) 认为全新世以来加拿大北极地区冰川退缩历史 (图 2-6-1) (Koerner and Fisher, 1990) 可以用来近似推断新疆地区全新世冰川退缩历史。这是因为全新世以来新疆地区的冰川面积和加拿大冰盖面积都是受控于北半球太阳辐射的变化 (Ruddiman, 2014)。根据加拿大北极地区冰盖面积的变化，我们推断在全新世早期昆仑山和天山地区仍然保留有较大面积的冰川覆盖。冯兆东等 (2017) 重建的天山地区在全新世以来的温度变化曲线显示，8.2cal ka BP 冷事件后，天山地区温度迅速上升，至 6.5ka BP 附近达到全新世最暖期，气温大幅度快速升高，配合较大的冰川面积，会显著增加冰川融水对塔里木盆地（包括罗布泊湖）的供给。因此8.2cal ka BP冷事件的高强度，全新世早期的大面积冰川以及8.2ka BP冷事件后快速升高的气温共同导致了LB剖面层2胶黄铁矿的形成，并持续了较长时间。层4、层6、层8、层10的持续时间分别为400a、500a、200a和140a，远低于层2，一方面，Bond事件4、3、2、1的强度低于8.2cal ka BP冷事件；另一方面，全新世早期以来不断缩小的冰川面积可能导致冰川融水补给持续减少。

综上，我们认为罗布泊地区以及塔里木盆地全新世以来的气候和水文状况受到气候突变事件、西风环流和山地冰川活动的共同影响。其中，山地冰川是叠加在气候突变事件和西风环流这两个具有全球范围影响的因素之上的区域性因素，尤其表现在全新世早期（LB剖面层2，8.15～7cal ka BP）。

需要承认的是，LB剖面磁性特征与区域其他记录的对比是在考虑年代误差的基础上进行的，罗布泊地区缺乏合适的年代测试材料，使得测年结果具有较大的不确定性（Zhang et al.，2012a）。但是，可以肯定的是，罗布泊地区全新世以来的气候环境变化与高纬度地区气候突变事件具有关联性的论断是经得起推敲和质疑的，罗布泊沉积物的磁性特征是记录区域水文和气候历史的良好指标。

第3章　罗布泊湖区地貌遥感与环境调查

【利用卫星雷达数据，揭开了罗布泊"大耳朵"东西湖成因之谜，"大耳朵"形状只是后期湖泊（西湖）叠在早期湖泊西部（东湖）形成的表象。首次获得罗布泊地区高分辨率 DEM 数据，展现了罗布泊西岸古塔里木河入湖三角洲地貌，揭示塔里木河三角洲真实的扇形，证实楼兰洼地、孔雀河与车尔臣河河口洼地的存在，否定了湖泊游移论。首次证实次地表含盐量是"大耳朵"环带特征的根本成因，地形高度是"大耳朵"特征形成的背景环境因素，地表粗糙度是"大耳朵"形成的最为直接的表观原因。】

3.1　罗布泊地区表土

罗布泊湖盆区是塔里木盆地的最低洼处，曾是塔里木河、车尔臣河、孔雀河等流域地表水和地下水的汇聚中心。由于气候极端干旱，又具有常年单一的盛行东北风向等特点，该区域的土壤在形成发育方面具有其独特之处，主要表现为巨量的钾盐积盐，严重的风蚀与沙化，土壤潜在肥力很低等显著特点。参照《中国的土壤》（张俊民等，1995）等专著的分类规则和辨别判据，罗布荒原的土壤类型大致包括棕漠土、龟裂土、残余盐土、残余沼泽土、棕色荒漠林土、草甸土、盐土、风沙土、绿洲黄土和绿洲潮土等。上述土壤类型中大多数有机质含量贫乏、盐碱化程度较高，难以改造利用。在极端干旱的气候条件和强烈蒸发的地表作用下，土壤盐分的积累主要通过地面和地下水蒸发来进行。在不同的水文和水文地质条件下，土壤盐分积累的程度和盐分组成各不相同。此外，地貌部位的不同、盐分来源和沉积性质的不同，均影响着盐分的积累。

3.2　罗布泊湖区盐壳地貌

罗布泊湖区中部分布着各种盐壳地貌，罗布泊盐壳的总面积约两万平方千米，是国内罕见的积盐区之一，盐壳的种类多，形态各异，成因与化学成分亦不相同。罗布泊的广泛盐壳分布是与它特定的地质、地貌、水文及气候条件有关的，罗布泊盐壳的形成和湖泊的演变有着极为密切的关系。全新世和历史时期以来，罗布泊的范围大致和今天卫星相片上最外面一圈"环束线"相吻合。在显示出浅色"环束线"的各条带上，主要分布着厚度不等的龟裂状盐壳。龟裂状盐壳的形成与湖水的涨落、进退关系十分密切。当湖水上涨时，湖滨地带受到湖水的浸润，沉积的盐泥遇水会发生膨胀。当湖水退却时，水分减少，沉积的盐泥干裂，便产生裂缝，并形成大小不等的龟裂片。在罗布泊的演变过程中，有时湖水在一个地方滞留的时间长一些，由于湖滨地下水位高，高矿化的地下水在强烈的蒸发作用下，便形成厚度较大、坚硬的龟裂状盐壳。盐分组成以氯化钠为主。因为光谱反射能力强，所以色调较浅。在湖水退却较快的地方，由于湖滨积盐时间较短，形成薄层龟裂盐壳。这种盐壳中硫酸盐的成分会增加，比较疏松，地表呈现为青灰色，光谱反射性能较低，色调比较深（夏训诚，1987）。

罗布泊湖盆区的盐壳种类多、形态各异、成因不一、化学成分也不尽相同。罗布泊汇集的地表水和地下水因长期处于停滞状态，蒸发浓缩，矿化度很高：洼地边缘为 3~20g/L，稍向里为 30~50g/L，到湖盆中心则高达 100~200g/L，当出露地表时，很快就可结晶成盐。按照成因和形态不同，罗布泊洼地的盐壳可划分为埋藏盐壳、垡块状盐壳、厚层龟裂状盐壳、薄层龟裂状盐壳和棱角状盐壳（图 3-2-1）。

埋藏盐壳分布在湖盆北部的台地上，这种盐壳上覆盖有 20~40cm 厚的干燥砂砾层，砂砾层表面为碎石和细砾，下为粗细砂，盐壳出现在 20~60cm 深度，厚度 30~40cm 不等，紧硬紧实，颜色灰白带棕，多为盐与沙的胶结体，盐分含量 15%~35%，盐分以氯化钠为主，在盐块裂缝中充填有粗砂碎砾。如果

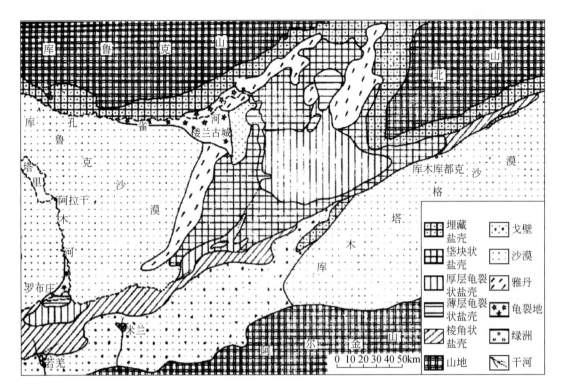

图 3-2-1　罗布泊盐壳类型图（夏训诚等，2007）

把地表覆盖的砂砾层去掉，这种盐壳就和现代罗布泊湖盆广泛分布的龟裂型盐壳完全一样，说明它也是过去湖盆的一部分（王龙飞，2014）。

堡块状盐壳主要分布在罗布泊湖盆北部、西部的湖成阶地及湖中小岛上，一般高出湖盆 2～4m。这种盐壳的特点是表面散布着一些粗大的盐堡，堡块棱角被磨损得不甚锋利，稍呈球状。堡块长宽可达 20～40cm，一般高出地面 10～25cm。盐堡之间的地面坎坷不平，但宽大龟裂缝较少。盐壳层厚度为 30～40cm，最厚可达 60cm，盐壳盐分含量 30%～60%，以氯化钠为主。盐壳层可分为上下两层：上层 5～10cm，灰棕色，多为盐与沙的胶结体，含盐稍低，在 30%～40%之间；下层灰白色，厚度 20～30cm，特别坚硬，盐分多呈结晶颗粒，含量可达 40%～60%。

厚层龟裂状盐壳在罗布泊分布比较广泛，但主要集中在湖盆中心，即卫星光学影像上浅色环状纹理的部分。盐壳的特点是形态呈龟裂状，单个龟裂片直径可达 0.5～1.0m，龟裂缝宽 5～15cm，深 10～20cm。龟裂盐壳受热发生膨胀挤压，抬高后可形成盐壳尖角，一般高出地面 30～60cm，最高可达 1m。盐壳厚度一般 30～50cm，最厚可达 80～100cm，盐分含量在 30%～80%之间，主要为氯化钠。

薄层龟裂状盐壳主要分布在罗布泊最后消亡退出的西湖区湖盆以及环状纹理的暗色条带部分。其特点也是呈龟裂状，但厚度较薄，一般为 10～20cm，边缘向上拱裂挠曲不高，只有 5～10cm，裂隙宽 1～3cm。盐壳表面灰带青色，盐壳中盐分含量 20%～45%，但硫酸盐成分比例相对增加。

棱角状盐壳主要分布在罗布泊东部阿奇克谷地、湖盆南部与山麓洪积扇扇缘过渡地段，以及喀拉和顺和台特玛湖盆的外围地区。这类盐壳特点是棱角明显，有的尖角突起，锐利坚硬，棱角高 10～20cm。盐壳厚度一般在 25cm 以内，盐分含量在 30%～50%之间，主要为氯化钠。这种盐壳与前述 4 种盐壳相比，最显著的特点是地表没有龟裂，底土没有青灰色湖相沉积，说明不是湖盆中的盐壳，而属于土壤学上"矿质盐土"类型。

在上述 5 种盐壳中，前 4 种盐壳均发育在湖泊相沉积物之上，因此，罗布泊盐壳的形成与湖泊的演变有着极为密切的关系。研究表明，埋藏盐壳的范围可以作为第四纪初期湖水所涉及范围的一个指标；而堡块状盐壳大体上可以代表中更新世末到晚更新世时期的湖水范围；全新世以来，罗布泊的范围大体上与环状纹理的最外圈相吻合，湖泊演变过程中水位滞留时间长的地方，由于湖滨地下水位高，高矿化的地下水在强烈的蒸发作用下，形成厚度较大且坚硬的龟裂状盐壳，而湖泊退却较快的地方，则形成薄层龟裂盐壳（樊自立等，1987）。按照生长期次划分的罗布泊地区主要盐壳类型如图 3-2-2 所示。

图 3-2-2　罗布泊地区主要盐壳类型示意图
主要有四个大的类型：a. 生长形成初期的盐壳；b. 蜂窝形状的盐壳；c. 极粗糙的蜂窝状盐壳；d. 风化后形成的小丘状盐壳

3.3　罗布泊地区地形地貌的遥感测量

3.3.1　基于 GLAS 的罗布泊湖盆与古湖岸线地形刻画

本节首先介绍罗布泊地区地球科学激光测高系统（GLAS）数据的空间覆盖及时间分布情况，根据罗布泊湖盆和相邻地区的研究需要确定所使用的数据范围，共选取 8 条轨道共 94 条剖面的轨道数据；针对罗布泊湖盆地形研究中 GLAS 数据的各类误差的来源进行了分析，认为在罗布泊地区，误差的来源主要是回波脉冲能量降低、回波脉冲能量饱和以及云污染，并根据数据的实际情况提出相应的筛选方案。然后重点利用 GLAS 数据提取并分析罗布泊湖盆区域的地形特征，认为在大罗布泊范围内，湖盆极为平坦，海拔在 785~790m，高程相差不超过 5m，罗布泊湖盆纹理由外到内体现出高程递减的趋势，未发现有"湖心岛"存在，同时根据大罗布泊西侧区域地形特征，分析了罗布泊盐壳对于侵蚀地貌形成的影响。最后利用航天飞机雷达地形测绘任务（SRTM）和差分全球定位系统（DGPS）数据对 GLAS 有效数据进行了精度评价，结果表明本研究使用的 GLAS 有效数据无明显异常，湖盆区域高程误差不超过 13.9cm（王龙飞，2014）。

3.3.1.1　罗布泊地区的 GLAS 数据

罗布泊地区地势平坦、地表形态单一且无覆盖物，激光高度计的回波信号仅有一个峰值，利用一个高斯函数即可有效进行拟合，有利于高程的准确反演。本研究使用的激光高度计 GLAS 的数据由美国国家冰雪数据中心（National Snow and Ice Data Center，NSIDC）分发，其陆地产品编号为 GLAH14（目前使用版本号为 33）。对于罗布泊的研究由小到大有如下三种范围的定义：罗布泊耳纹区、罗布泊纹理区以及大罗布泊区。其中罗布泊耳纹区为遥感图像上呈现"大耳朵"形状的湖盆区域，又称环状纹理区，大致位于 90°10′E~90°55′E，30°50′N~40°25′N 的范围内，如图 3-3-1 中蓝色线包围区域（A 区域）所示；罗布泊纹理区为遥感图像上有较明显环状纹理的区域，包括罗布泊耳纹区、阿奇克谷地部分区域以及罗布泊镇附近的纹理区域，大致范围为 90°0′E~91°30′E，39°50′N~40°35′N，如图 3-3-1 中绿色线包围区域（B 区域）所示；大罗布泊地区包括罗布泊纹理区、罗北凹地、阿奇克谷地、近代罗布泊的湖盆区（西湖区）以及罗布沙漠东侧的楼兰附近湖区，大致位于 89°50′E~92°0′E，39°50′N~41°5′N 范围内，如图 3-3-1 中黄色线包围区域（C 区域）所示。下文中将按照以上界定进行描述。

A 罗布泊耳纹区　B 罗布泊纹理区　C 大罗布泊区

图 3-3-1　研究区范围示意图

　　罗布泊地区的 GLAS 数据研究方法和基本原理介绍于下。

　　GLAS 在罗布泊地区的地面轨迹覆盖情况如图 3-3-2 所示。在 2003 年 10 月 4 日之前，GLAS 使用的是 8 天预设轨迹，回归周期较短，但覆盖密度较低。在大罗布泊区，共有 1 条轨迹经过罗布泊耳纹区（如图 3-3-2 中左侧红线所示），标记为 8D-49。8D 代表 8 天回归周期，49 代表轨道号（下同）。2003 年 10 月 5 日开始，GLAS 完成前期仪器性能测试及验证工作，开始进入第二阶段的正式测量工作，回归周期 91 天。其预设的地面覆盖如图 3-3-2 中的墨绿色线（每一条黄色线均覆盖一条墨绿色线）所示，可以看出，GLAS 第二阶段的测量空间密度较第一阶段有明显增加，在罗布泊所在的 40°N 区域最大轨迹间隔在 20km 左右，这一阶段中大罗布泊区有 14 条预设轨迹存在。然而 GLAS 在经历首个激光发射器 38 天即因故障失效后，为了延长卫星寿命，决定将任务量缩减 73%，多数运行期次内仅执行 1/3 左右的地面轨迹测量。因此，卫星第二阶段的实际地面轨迹覆盖如图 3-3-2 中的黄色线所示，在大罗布泊区共有 7 条经过，其中有 2 条经过罗布泊耳纹区（91D-183 和 91D-1351）。值得一提的是，91D-183 在 2003 年 11 月 3 日的地面轨迹偏离预设轨迹远超出设定范围（±1km），使得 GLAS 在罗布泊区域额外增加了一条观测轨迹（图 3-3-2 中蓝色轨迹）。我们使用的各条轨迹的范围如图 3-3-2 所示，南北两端纬度取自轨迹在大罗布泊区域内的最南及最北位置。其中，91D-369 轨道和 91D-1284 轨道分别位于研究区的最西端和最东端，前者经过罗布泊西侧入水区，后者经过阿奇克谷地湿地和库木塔格沙漠，具有重要的研究价值，因此本书中上述两轨的数据范围在大罗布泊区域之外进行了延伸。

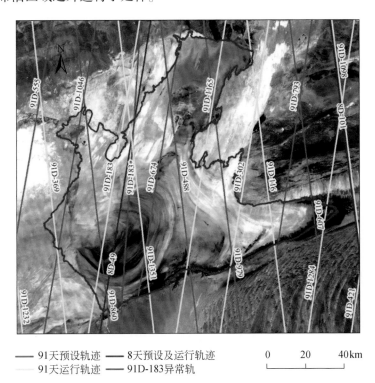

图 3-3-2 GLAS 在罗布泊地区的地面轨迹覆盖情况

罗布泊地区气候干旱，自然环境十分恶劣，湖盆已完全干涸数十年，地表覆盖的盐壳厚重且坚固，受营力改造的过程十分缓慢。该地区罕有植被及野生动物存在，人类活动范围也十分有限。特殊的环境使得罗布泊地表高程的变化极其微弱。因此，在 2003～2009 年 GLAS 观测的 7 年之中，我们合理假设罗布泊地区（除人工改造地区）的高程未发生明显变化，下文的分析也将建立在这一假设之上。

GLAS 高程反演的基本原理：GLAS 发射激光脉冲来测量卫星到地球表面的距离，宽度约 4ns，相当于 60cm 的地面高程。经过反射之后，脉冲足印内的地面起伏会使脉冲回波的宽度增加。针对每一个回波信号，GLAS 会大约以 1GHz 的频率进行采样（对应 15cm 的采样间隔），产生总共约 4500000 个采样数据。由于不可能将所有数据传回地面处理，必须在星上对这些数据进行截断预处理，尽可能选择存储有效的信号部分，因此需要确定存储窗口尺寸和位置。对于冰原和陆地表面，由于高程变化较为剧烈，GLAS 选取 544 个采样点的窗口长度（对应 81.6m 的高程范围），对于海面及海冰区，选取 200 个采样点的窗口长度（对应 30m 的高程范围）。对于存储窗口的时间轴位置，可以首先利用 GLAS 内置的全球数字高程模型大致确定地面对应的位置，再在该位置周边进行搜索以便最终确定合理的窗口位置。星地距离以及地面的其他特征信息都将由存储的波形反演获得，存储的波形信息将传至系统的地面段进行参数反演。

GLAS 利用卫星轨道高度减去星地距离获得地面高程。星地距离经过了大气校正，海洋潮汐、固体潮、大气逆压等因素造成的地面高程变化也被去除。结合精密轨道数据（precise orbit data，POD）和精密姿态数据（precise altitude data，PAD），即可获得准确的地面高程。上述计算和校正中的物理参量的误差见表 3-3-1，这些物理量相互独立，因此单次测量的总误差可以用各误差分量的和方根（root sum square，RSS）来表示。可以看出，GLAS 单次测量误差为 13.8cm，但研究表明，在理想测量条件下 GLAS 高程测量精度可达 3cm（Abshire et al.，2005；Fricker et al.，2005；Martin et al.，2005）。

表 3-3-1　GLAS 单次测量的误差　　　　　　　　　（单位：cm）

GLAS 星地距离测量	10
轨道位置	5
激光指向 *	7.5
大气延迟	2
大气前向散射	2
其他（潮汐等）	1
和方根	13.8

* 激光指向误差假设的是指向角度偏差 1.5 角秒、地表倾斜 1° 情况下造成的高程误差。

图 3-3-3 展示了代表性剖面基于 GLAS 的湖盆高程信息图，该图以 SRTM 数字高程模型为底图，便于进行理解。需要注意图 3-3-3 中，颜色标尺针对的只是 GLAS 数据。在罗布泊湖盆区，GLAS 数据的高程解析度明显高于 SRTM 数据，可以表达更为精细的高程特征，且克服了 SRTM 在部分区域的拼接样误差。GLAS 在罗布泊耳纹区范围内的有效数据覆盖密度较大，便于进一步分析。在大罗布泊范围内，湖盆极为平坦，高程相差不超过 5m，北部罗北凹地及东部阿奇克谷地处高程值较大（789~790m），西南部耳纹区高程值最低（785~789m），大罗布泊范围内主要的高程变化集中在罗布泊纹理区，其中又以罗布泊耳纹区坡度较大，根据该区域三条高程轨道的测量结果，沿轨高程平均坡度最小为 0.09‰，位于北部耳纹区；最大为 0.15‰，位于西南部耳纹区。对于罗布泊纹理区，呈现出四周高、中间低的特征，即罗布泊湖盆纹理由外到内体现出高程递减的趋势。

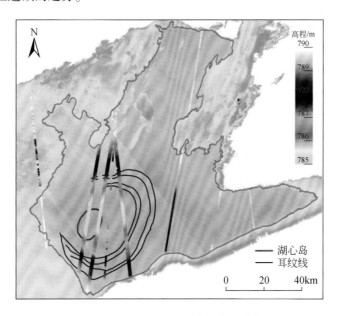

图 3-3-3　基于 GLAS 的湖盆高程信息

在高精度地形资料匮乏的情况下，早期的研究普遍认为罗布泊湖盆中心位置存在地势较高的湖心岛，大致位置如图 3-3-3 中红色线所示。这一观点主要根据中国科学院考察队早期的实地水准测量及早期遥感图片判读给出，并持续影响后续的水准测量误差判断及卫星图片判读结果。该观点认为罗布泊湖盆中央存在一个高于周边湖盆区域的湖心高地，与周边湖盆区域的高差在 3m 左右，但也有研究给出十多米的高差（该研究给出的湖心高地位置更偏北）。然而，根据 GLAS 剖面数据分析，无论在图中红色线所示的位置还是相邻偏北的区域，均未发现有湖心岛存在。

值得一提的是，大罗布泊区域西侧有一片高程较低的区域（图 3-3-1 中 90°0′E，40°30′N 附近绿色线包围区域），最低高程与罗布泊耳纹区边缘高程类似，目前为独立于罗布泊湖区的另一洼地，其西侧不远处即为楼兰古城（89°55′22″E，40°29′55″N）。该区域高程低于周边 1~2m，这在 GLAS 及 SRTM 数据中均有显示，是真实地表高程的反映。

经过对比卫星图像所显示的河网分布、罗布泊地区盐壳分布，并结合已有的楼兰地区考察结果分析，认为该洼地的形成有其独特的机制：在古罗布泊湖面退缩而出露水面之后本为古湖积平原，形成年代应与罗布泊西湖西侧阶地（上覆堡块状盐壳）相近，为晚更新世时期。其形成时与周边地区高程相近，且略高于东部（现罗布泊西湖西侧阶地），并非洼地。高程的降低是因后期风及水流的侵蚀作用而高度降低，形成楼兰周边的雅丹地貌；而相邻东侧的区域（罗布泊西湖西侧阶地）则由于覆盖有坚硬的盐壳、侵蚀速率较低而得以保留。由此可知，在罗布泊地区，无盐壳覆盖或仅有薄层盐壳覆盖的沉积平原易受到风及水流的侵蚀而形成低洼地（这可能是斯文·赫定湖泊游移论的依据），而有坚硬盐壳覆盖的沉积区则能极大地延缓风力侵蚀速率，水流则可能是坚硬盐壳覆盖区开始侵蚀过程的原动力。

精度评价：罗布泊地区已有的高程数据中，数字高程模型以 SRTM 质量较高，但精度仅为 16m，在平坦地区稍高。2006 年的 DGPS 测量结果精度最高，达到分米量级，然而由于 DGPS 测点分布于数条剖面，与 GLAS 测量的同名点较少。因此对比 SRTM 数字高程模型与 GLAS 的高程结果，并利用 DGPS 数据对 GLAS 数据进行精度评价。在对比 SRTM 与 GLAS 数据时，GLAS 数据选用 8 条轨道的有效测量数据，SRTM 数据则利用双线性插值方法获得同名点处的高程值。两者的比较结果见图 3-3-4。可以看出，在 780～950m 的高程值范围内，两者呈线性相关，相关系数达到 0.9964，差值的平均值为 3.33m，标准差为 1.67m。其中部分点的差值高达 20m，经过查验，此类点主要分布在山区及雅丹边缘，在上述位置 GLAS 及 SRTM 的高程测量精度均偏低。在罗布泊湖盆区域，两者差值的平均值为 3.49m，标准差仅为 1.22m。从 SRTM 与 GLAS 的对比可以看出，两者具有较好的一致性，在 GLAS 达到标称误差的前提下，SRTM 在罗布泊湖盆区域的数据质量较标称精度更高。

差分全球定位系统（DGPS）在罗布泊耳纹区与 GLAS 数据的 91D-183 轨道、8D-49 轨道、91D-1351 轨道的多条有效数据剖面均有交点。我们首先求取上述剖面与 DGPS 剖面的交点，共获得有效交点 21 个（与交点邻近一个测点间距内无数据的 GLAS 剖面不参与计算），然后利用线性插值分别求取 GLAS 及 DGPS 在交点处的高程值进行比较，结果如图 3-3-5 所示。图中可以看出，GLAS 高程数据比 DGPS 实测数据系统性偏低 1.41m，除此之外，两者的均方根误差仅为 9.3cm，数据一致性较好。经过查证，上述 1.41m 的系统差值的产生可能与 DGPS 测量时没有精确的国家 GPS 基准点有关。

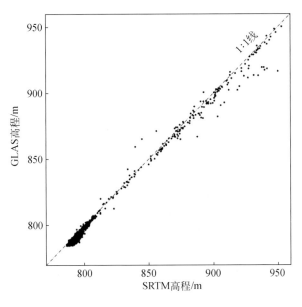

图 3-3-4　GLAS 与 SRTM 高程比较

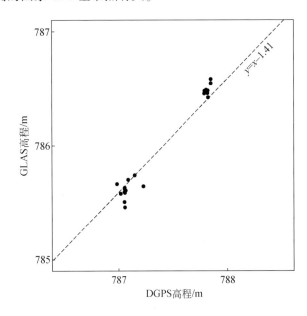

图 3-3-5　GLAS 与 DGPS 高程比较

经过上述分析可知，罗布泊区域的 GLAS 有效数据与 SRTM 高程数据相比均未发现有明显的异常值存在。与湖盆区高精度 DGPS 测量结果相比，两者差值的均方根误差仅为 9.3cm，说明两者一致性较好，但存在一定的系统性偏差，可能与 DGPS 无精确测量基准点有关。此外，根据之前的分析可知，在长达 7 年的测量时间内，同一轨道不同 GLAS 剖面之间一致性也较好。因此，我们认为罗布泊地区的 GLAS 数据无明显异常，可以达到其标称误差（13.9cm），且在平坦的湖盆区域有效数据精度可能更高。

3.3.1.2 罗布泊环状纹理高程特征

根据之前的讨论，GLAS 各个轨道的不同剖面之间测量高程值具有很好的自洽性。按照筛选标准得到的有效高程数据可以准确地表达真实的地表高程变化，误差不超过 GLAS 的设计误差（13.9cm）。罗布泊耳纹区纹理特征明显，且环状结构较为完整，同时具有多点测量数据（包括 GLAS 和 DGPS 数据），为分析罗布泊环状纹理的高程特征提供了很好的素材，因此我们将选取罗布泊耳纹区进行纹理分析。结合不同时期的美国陆地卫星（Landsat）TM/ETM+影像，利用人工手段确定了 4 条清晰且稳定的环状纹理，由湖盆外围向湖心方向分别记为 A、B、C 和 D 环纹，如图 3-3-6 所示。上述 4 条环纹中 A、B 环纹的西北端在光学影像上被后期的西湖湖积物覆盖，因而不是十分清晰。合成孔径雷达图像对干燥的薄层湖积物具有穿透作用，因而我们同时使用多景 Radarsat-1 及 ALOS 雷达影像用于辅助确定该段环纹。

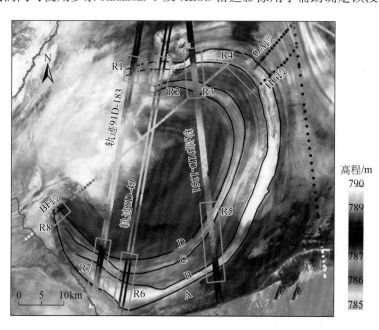

图 3-3-6 罗布泊耳纹区高程示意图

我们用于环纹高程分析的数据如图 3-3-6 所示。其中所列的 GLAS 数据均为筛选后的有效数据，且测量时均无云覆盖。DGPS 由于基准点的缺失而存在系统性的误差，因此下文中 DGPS 数据将使用与 GLAS 平差之后的结果，即在原数据的基础上减去 1.41m。DGPS 数据选取耳纹区的三段，分别为盐池大坝东侧的 OA 段、穿越湖心的 BF 段以及平行于 OA 段沿若羌新路的 HG 段。A、B、C、D 环纹与数据剖面的交点个数分别为 21、20、18、17。为了展示环纹的高程分布情况，本书将有高程数据的环纹分为 8 个区域，由西北方向开始，沿顺时针方向分别记为 R1 ~ R8，具体位置如图 3-3-6 所示。R1 ~ R3、R5 ~ R7 区域的高程数据主要来源于 GLAS（R3 中有两个数据点来源于 DGPS），R4、R8 区域的高程数据来源于 DGPS。

环纹 A 的高程分布情况如图 3-3-7 中黑色符号所示。图中可见环纹 A 在北部的 R1、R2、R3 以及 R4 区域高程基本一致，大约为 787.2m，其中 R4 区域的 OA 段高程略微偏高。南部的 R5、R6、R7 以及 R8 区域的高程则明显高于北部区域，特别是 R6 ~ R8 区域，其高程值约 788.5m，高于北部约 1.3m。同样的情况出现在另外 3 个环纹上，其基本特征是 R1 ~ R4 的北部区域高程值基本一致，而 R5 ~ R8 的南部区域高程值则明显增加，最大高差通常在 1m 以上。

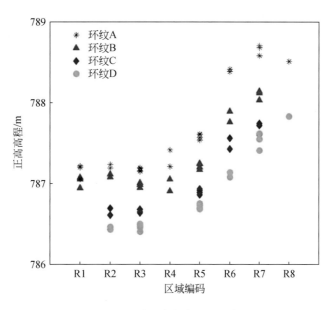

图 3-3-7 不同区域代表性环纹高程图

正高高程由椭球高和大地水准面高程异常计算得到，GLAS 或 DGPS 获得的椭球高误差 σ_{WGS84} 以及 EGM2008 给出的大地水准面高程异常的误差 σ_{geoid} 也将传递给正高高程值。同时，由于罗布泊环状纹理的位置通过人工确定，具有一定的误差 σ_{location}，在一定程度上同样会影响正高高程值。上述误差均可以认为是加性误差，代表性环纹的正高高程值误差 σ_{stripeOH} 可以通过以下公式估算：

$$\sigma_{\text{stripeOH}} = \sigma_{\text{WGS84}} + \sigma_{\text{geoid}} + \sigma_{\text{location}} \cdot \xi \tag{3-3-1}$$

式中，ξ 为坡度。根据前文的介绍，通过 GLAS 获得的 σ_{WGS84} 的值为 13.9cm，而且根据我们的数据筛选条件，该误差值实际比 13.9cm 更小；通过 DGPS 获得的 σ_{WGS84} 的值为 10cm；σ_{geoid} 的值在 5 ~ 10cm 之间。由于没有验证数据，σ_{location} 的值只能通过估算获得。罗布泊耳纹区的典型环带宽度约 3km，其间分布有多条平行环纹线，因此罗布泊环状纹理的定位误差不可能超过 1km，我们即取其上限。对于坡度 ξ，根据已有的研究和我们的数据，耳纹区西南部的坡度最大，约为 2‰，我们在误差计算中也取其上限。于是，根据式（3-3-1）可知正高高程值误差 σ_{stripeOH} 最大不超过 44cm。

通过对比罗布泊耳纹区同一环状纹理的正高高程值可知，罗布泊耳纹具有"同环不同高"的现象，同一条纹理的北部高程值基本一致，而南部，特别是西南部高程值明显高于北部，最大高差超过 1m。误差分析表明，正高高程值的误差最大不超过 44cm，不可能是上述现象的原因。因此，上述"同环不同高"现象是真实的罗布泊环纹高程表现。其原因分析在 3.3.3 节介绍。

2000 年的 SRTM 计划生成的全球 DEM 具有 90m 空间分辨率（美国地区 30m），垂直精度 16m。利用 Terra 卫星上搭载的 ASTER 图像生成的 GDEM 具有 30m 空间分辨率，垂直精度达到 20m，我们利用上述数字高程模型得到了粗略的大尺度的罗布泊地区地形特征，如图 3-3-8 所示。

3.3.2 罗布泊湖区米级高程分辨率 DEM 的建立

作为塔里木盆地的积水积盐中心，塔里木盆地的大小河流主要是塔里木河、孔雀河和车尔臣河，一般都流入罗布泊。罗布泊的逐渐干涸直接反映了塔里木盆地的环境演变。在湖泊水体变迁过程中，湖盆地形是一个非常重要的影响因素。高精度的地形资料对于分析研究湖泊变迁以及环境演变具有至关重要的作用。TSX/TDX 双星系统利用 X 波段 SAR 影像干涉生成地表 DEM，克服了时间去相关和大气影响，全球相对高程精度可达 2m，在罗布泊地区有望更高，是罗布泊三维地形资料的重要来源（谢凯鑫，2016）。

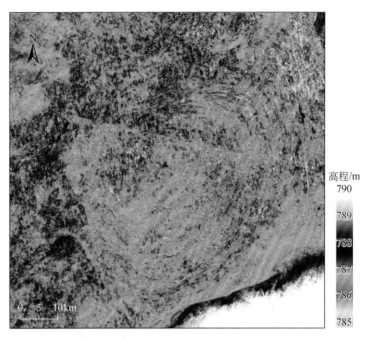

图 3-3-8　罗布泊地区 GDEM 高程图

3.3.2.1　研究方法与原理

由于罗布泊地区地势平坦、人迹罕至、植被稀少，属于无人区，且裸露的地表布满厚重坚硬的盐壳，受外营力改造的过程十分缓慢，恶劣的自然环境使得罗布泊地区地表高程在短时间尺度上变化极其微弱，这非常有助于干涉图像较长时间内的相干性保持。因此，针对罗布泊地区的研究范围以及地形特点，我们选取罗布泊地区 2011 年 3 月~2015 年 8 月之间的 TSX/TDX 干涉对数据，覆盖范围如图 3-3-9 所示。

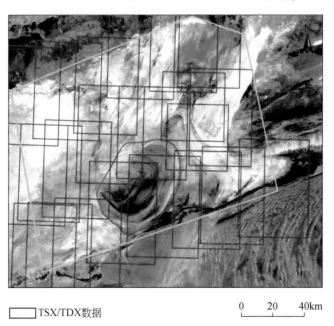

□ TSX/TDX数据

图 3-3-9　TSX/TDX 数据覆盖示意图

InSAR 是一种通过比较两幅合成孔径雷达图像的相位信息来提取地表三维信息的技术。InSAR 技术由于其大范围面状覆盖及在平坦地区较高的测量精度，是目前获取罗布泊高精度三维地形的重要方式。本节利用 TSX/TDX 数据，运用 InSAR 技术来生成罗布泊地区的高精度 DEM。

InSAR 技术生成 DEM 的流程如图 3-3-10 所示，主要包括基线估算、图像配准、干涉相位图生成、去平地相位、干涉相位滤波、相位解缠以及高程转换和 DEM 生成。具体如下：

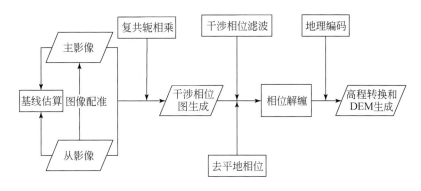

图 3-3-10　InSAR 技术生成 DEM 流程图

1. 基线估算

用来评价干涉对的质量，计算基线、轨道偏移（距离向和方位向）和其他系统参数。当获得的地面反射至少有两个天线重叠的时候才可以产生干涉，如果基线垂直分量超过了临界值，则没有相位信息，相干性丢失，导致无法做干涉。研究所选取的罗布泊地区的 TSX/TDX 干涉对短基线数据的垂直基线距小于 500m，而长基线数据的垂直基线距大于 2000m。

2. 图像配准

由于生成 DEM 的两幅 SAR 影像不是同步得到的，它们之间的像素点不对应，因此需要进行图像配准，以使两幅图像具备干涉的条件。精确的图像配准能够提高信号相干性和干涉相位的质量，而不精确配准，即使是亚像素级的，也会导致信号相干性的损失。一般通过曲线插值和拟合的方法来实现，本书通过粗配准、像元级配准、亚像元级配准三个步骤完成配准，配准精度达到 1/10 像素。

3. 干涉相位图生成

两幅精确配准的 SAR 复图像，同名像元基本可以反映同一区域的相干目标特性，将两幅图像进行复共轭相乘，即可得到干涉相位图。干涉相位中不仅包含地形相位，即目标点的高度信息，还包含平地相位、形变相位、大气延迟相位以及噪声相位，必须对这些不需要的相位进行分离或减弱。另外，为了降低斑点噪声的影响，单视复数图像还需要经过多视处理，但是这会降低空间分辨率。本书按照 TSX/TDX 干涉对数据的头文件来设置多视。

4. 去平地相位

干涉相位图中相位由两部分组成：一是由地形的相对高度变化所引起的地形相位；二是由平地距离向位置的不同所引起的，即平地在干涉条纹图中所表现出来的距离向和方位向的周期变化，称为平地效应。这种现象的存在使得干涉相位图不能反映地面实际的高程变化。为了简化相位展开处理，保证信号的相位特征，在相位解缠前必须把平地效应去除。本书通过使用参考 DEM（30m 分辨率的 SRTM 数据）来去除已知地形的平地效应。

5. 干涉相位滤波

干涉相位图中不可避免地存在各种噪声，造成干涉相位连续性和周期性的破坏，从而导致相位解缠不够准确。为了保证相位解缠的精度，必须消除相位噪声的影响。本书通过反复实验确定 Adaptive 滤波方法适用于 TSX/TDX 短基线数据，而 Goldstein 滤波方法适用于 TSX/TDX 长基线数据。

6. 相位解缠

干涉相位图是由相位差形成的，它与地面位置直接相关的相位以 2π 为模，即只能测量出不足一个周期内的相位差，这只是干涉相位的主值，其整数部分信息丢失，相位解缠就是恢复丢失的整数相位信息，以得到真正的相位差值。相位解缠的准确性直接影响生成 DEM 的精度，因此相位解缠算法的研究受到广泛的重视。相位解缠的方法主要有最小费用流法、区域增长法、最小二乘法和枝切法等。本书选用最小费用流法来进行相位解缠。

7. 高程转换和 DEM 生成

经过相位解缠，得到了绝对相位值后，就可以推出 SAR 系统的两幅天线到地面目标点的斜距差，由斜距差即可得到目标点的高程。但是由于解缠后的相位经过高程估算之后仍然处于距离/多普勒坐标系中，需要通过地理编码将其转换到地理坐标系下。地理编码不仅可以确定影像各像素点的实际地理位置坐标，还对影像进行了正射纠正，剔除了干涉影像中的阴影和叠掩部分，得到的是带有地理坐标的 DEM 正射影像图。生成的 DEM 具有 10m 的空间分辨率。

利用 InSAR 技术生成的 DEM，其误差主要来源于两方面：成像几何误差和相位误差。

成像几何误差包括确定基线长度和其倾角的误差，必须以非常高的精度确定基线长和倾角才能求得高精度的绝对高程。对于生成的 DEM 来说，成像几何误差是系统误差，几乎所有点都表现出相同的误差。如果卫星轨道精度不够高，它引起的高程误差通常会很大。由于成像几何误差是系统误差的特性，所以可以通过选取地面控制点的方法来消除。具体方法有两种：一是通过地面控制点反演基线长度和其倾角，然后再用新值计算高程；二是比较地面控制点的真值和反演值，并计算这些点上的标准差，然后用标准差改正所求得的 DEM。

相位误差主要有三方面的来源：热噪声、人工处理误差，以及去相关引起的误差。其中，热噪声误差一般通过对雷达图像进行多视处理来消除。人工处理误差会造成图像信噪比的损失，使相干系数减少，从而影响到 DEM 的精度。去相关问题对 DEM 的精度有很大的影响，包括时间去相关、空间去相关以及大气延迟的影响。在一般情况下，干涉测量的结果表现为沙漠地区比森林地区好、平坦区域比山地好、干燥条件比潮湿条件好。

TSX/TDX 双星系统采用螺旋（helix）飞行结构、编队飞行的方式，能够获得零时间基线和高精度轨道的干涉对，可以很好地克服时间去相关、大气延迟和轨道误差所引起的相位误差。因此，本书用 TSX/TDX 数据和 InSAR 技术生成的 DEM 具有较高的高程精度。

在建立 DEM 的过程中，还利用了由美国国家冰雪数据中心发布的 GLAS 数据进行了高程精度控制与验证，筛选出的 GLAS 数据如图 3-3-11 所示。

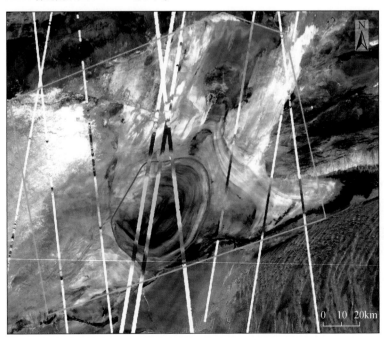

图 3-3-11　筛选出的 GLAS 数据示意图

将与交点对应的 GLAS 高程值与长、短基线生成的 DEM 高程值进行线性回归分析，如图 3-3-12、图 3-3-13 所示。

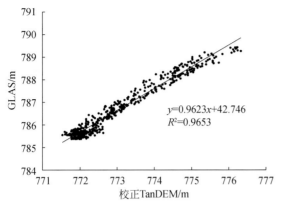

图 3-3-12　长基线 DEM 精度评价

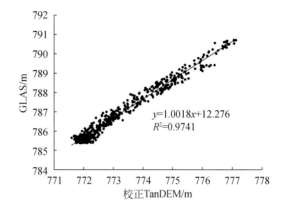

图 3-3-13　短基线 DEM 精度评价

从图 3-3-12、图 3-3-13 可以看出，GLAS 数据与长基线和短基线数据生成的 DEM，都呈显著的线性相关，趋势线的斜率均接近 1，与长基线 DEM 的相关系数的平方（R^2）达到 0.9653，与短基线 DEM 的相关系数的平方（R^2）达到 0.9741，而且在每个控制点都有大约 13m 的差值，与长基线 DEM 的差值平均值为 13.64m，标准差为 0.23m，与短基线 DEM 的差值平均值为 13.66m，标准差为 0.23m，差值保持了一定的一致性，分析认为这主要是 TSX/TDX 成像几何误差造成的系统性误差。

GLAS 数据与长、短基线生成的 DEM 具有很强的线性关系，因此可以用 GLAS 数据对 DEM 做基于最小二乘法的线性高程校正。将 GLAS 数据与长、短基线生成的 DEM 的交点数量的三分之二用于高程校正，剩下三分之一用于校正过后的精度评价。

从图 3-3-14、图 3-3-15 可以看出，高程校正过后，GLAS 与长基线生成的 DEM 的 R^2 变为 0.9646，均方根误差为 23.8cm，与短基线 DEM 的 R^2 变为 0.9747，均方根误差为 23.7cm，由于 GLAS 数据本身具有 13.9cm 的高程误差，所以校正过后的长基线 DEM 的高程精度为 37.7cm，短基线 DEM 的高程精度为 37.6cm，两者的高程精度相差无几，都优于官方提供的参考值。

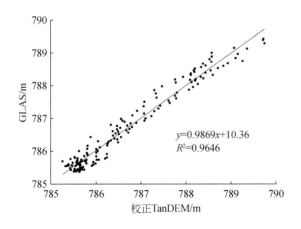

图 3-3-14　高程校正后长基线 DEM 精度评价

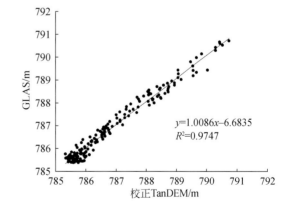

图 3-3-15　高程校正后短基线 DEM 精度评价

基于以上的高程校正和精度评价，发现校正过后的短基线数据生成的 DEM 与长基线数据生成的 DEM 的高程精度都比较高（图 3-3-15），优于 1m，且相差无几，但是短基线 DEM 的幅度更宽，能使整个罗布泊地区的高程一致性保持得更好，且短基线数据处理流程相对长基线数据更简单，所以我们选择使用短基线数据来建立整个罗布泊地区的 DEM。利用 TSX/TDX 短基线干涉对数据，运用 InSAR 技术生成了 22 景罗布泊地区的高精度 DEM，然后通过高程校正和镶嵌拼接，建立起整个大罗布泊地区的 DEM，空间分辨率为 10m，如图 3-3-16 所示。

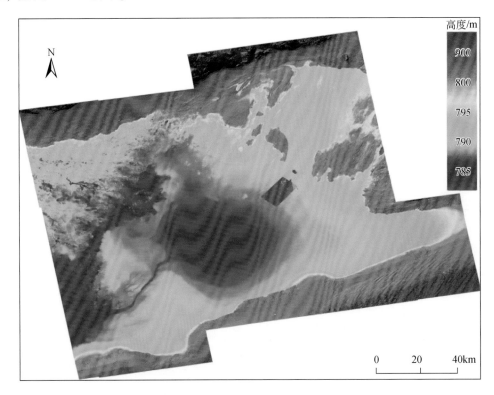

图 3-3-16　罗布泊地区高精度 DEM

3.3.2.2　大罗布泊地区地貌特征分析

从 3.3.2.1 节可以看出，通过 TSX/TDX 数据建立的 DEM 基本覆盖了大罗布泊地区，高程解析度明显高于之前收集的 SRTM、GDEM、ZY-3 DSM 数据，可清晰地看出湖盆环状纹理、河道、洼地、雅丹等地形特征，且克服了 DGPS、GLAS 高程数据覆盖度不够、不能获得连续面状高程的缺点。建立的 DEM 具有米级以内高程精度，有助于进行精细地形特征研究。

1. 罗布泊环状纹理呈由外到内高程递减的趋势

在大罗布泊区范围内，北部罗北凹地及东部阿奇克谷地处高程值较大（790～795m），湖盆环状纹理区高程值最低（785～790m），地势较为平坦，相邻环纹间的高差不超过 1m，总高程差不超过 5m，呈现出四周高、中间低的特征，即罗布泊环状纹理由外到内呈现高程递减的趋势，这也进一步印证了环状纹理是罗布泊在退缩过程中留下的痕迹的说法。与光学影像上环状纹理区呈现不闭合的"大耳朵"形状不同，在本书中所建立的 DEM 上环状纹理区呈现闭合的环状，这主要是由于环状纹理区的西北段被后期的西湖湖积物覆盖，打断了纹理的延续，而合成孔径雷达图像对干燥的薄层湖积物具有穿透作用，所以能够把湖积物覆盖下的环状纹理连接起来，形成闭合的环状特征。这从地形的角度揭示了罗布泊逐渐干涸的过程。

2. 湖心岛不存在

在早期的研究中认为罗布泊湖盆中央存在一个高于周边区域的湖心高地，即湖心岛，与周边区域的高差在 3m 左右。然而，根据我们的 DEM 分析，湖盆中央地势非常平坦，高程均一，并未发现有湖心岛的存在。

3. 罗布泊西侧存在洼地——楼兰洼地

在罗布泊环状纹理区的西侧有一片呈东北-西南走向的高程较低的区域，最低高程与环状纹理区的最低处高程类似，目前为独立于罗布泊湖区的另一洼地，该区域高程低于周边 2~3m，这在 SRTM 数据中也有显示，是真实地表高程的反映。我们称这片洼地为楼兰洼地。

通过对比卫星影像所显示的河网分布、罗布泊地区盐壳分布，并结合罗布泊地区常年盛行东北风的情况，研究人员认为该带状洼地有其独特的形成机制：该地在古罗布泊湖面退缩之后本为古湖积平原，形成年代应与罗布泊西湖西侧阶地相近，形成的时候与周边地区高程相近，且略高于东部，并不是洼地。高程的降低是因该地区分布有河网，后期水流及东北风的侵蚀作用使得高度逐渐降低，形成东北-西南走向的洼地；而相邻东侧的区域（罗布泊西湖西侧阶地）由于有坚硬的盐壳覆盖，侵蚀速率较低而得以保留。因而，在罗布泊地区，水流和风的侵蚀作用很强，无盐壳覆盖或仅有薄层盐壳覆盖的地区很容易受到侵蚀而形成洼地，而有坚硬盐壳覆盖的地区则能极大地减缓水流和风力侵蚀速率，使得原始的地表形态得以很大程度地保留。

4. 西南存在从喀拉和顺进入罗布泊的入湖河道

在 DEM 上可以明显地识别出环状纹理区的西边有大量的河网存在，西北端的河道分布更为密集，错综复杂，西南端则有一条非常大的河道由西南-东北方向通往罗布泊，在野外实地考察过程中，发现这些河道往往宽数十米，深几米，虽然这些河道在干涸之后逐渐被风蚀地加宽、加深了，但也足以说明历史时期，这里有庞大的水系，水量充沛。高精度 DEM 的建立有助于精确地识别罗布泊地区错综复杂的河网，对还原罗布泊的干涸过程以及环境演变具有重要的意义。

5. 楼兰古城与 LK 古城周边高程

楼兰古城位于罗布泊环状纹理区的西北部，靠近带状洼地。LK 古城位于楼兰古城西南约50km。在 DEM 图上（图 3-3-17、图 3-3-18），通过局部放大图可以明显地识别出楼兰古城和LK 古城的存在，两座古城均处于相对的高地位置，尤其是楼兰古城，比南 1 河两岸和北 1 河东段高出很多，这应该就是古城幸免于后来多次大

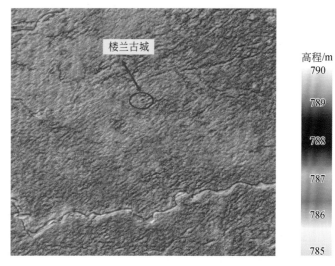

图 3-3-17　楼兰古城周边 DEM 高程图

洪水的根本原因，也是当时选择在此筑城的原因。而 LK 古城虽然也在高地上，但整个地区高程相对较低，尤其古城位于南 6 河流向南 7 河的支流河道边，周围地势偏低，容易遭受来自南 6 河的洪水袭扰。

3.3.3　罗布泊西部河网区高精度 DEM

作为塔里木盆地的积水积盐中心，塔里木盆地的大小河流，主要是塔里木河、孔雀河和车尔臣河，一般都流入罗布泊。罗布泊的逐渐干涸直接反映了塔里木盆地的环境演变。在湖泊水体变迁过程中，湖盆地形是一个非常重要的影响因素。高精度的地形资料对于分析研究湖泊变迁以及环境演变具有至关重要的作用。TSX/TDX 双星系统利用 X 波段 SAR 影像干涉生成地表 DEM，克服了时间去相关和大气影响，全球相对高程精度可达 2m，在罗布泊地区有望更高，是罗布泊三维地形资料的重要来源（耿瑜阳，2019）。

3.3.3.1　方法与原理

在 2016 年工作的基础上，作者所在项目组补充了西部河网区的 TanDEM 数据订购，引入了控制图像的概念，在控制图像中选取稳定、平坦的区域作为相邻图像的控制点，是 GLAS-ICESat 激光测高控制点的补充，选用 TanDEM 图像及控制图像分布如图 3-3-19 所示。因此，对此前的工作重新做了系统的流程化数据处理和整体平差，获取了罗布泊区域更大、整体精度更优的 DEM 结果。

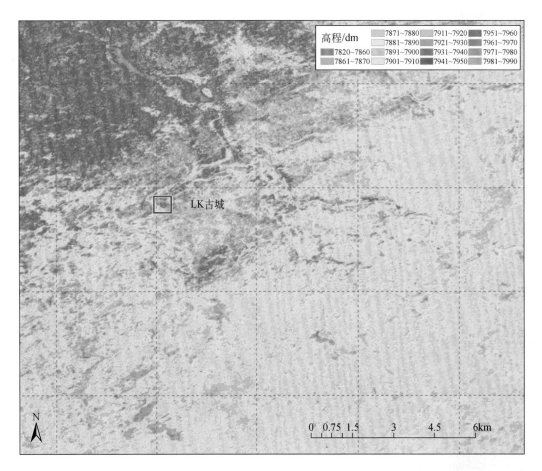

图 3-3-18　LK 古城周边 DEM 高程图

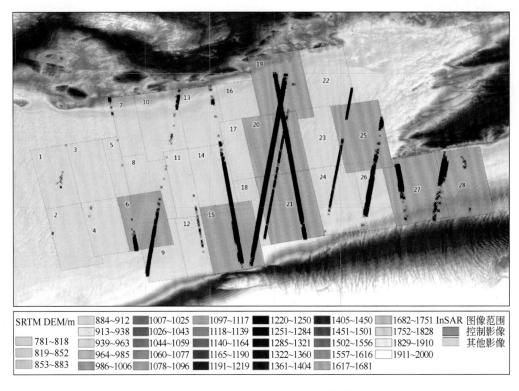

图 3-3-19　选用 TanDEM 图像及控制图像分布

将平均垂直测高精度为 13.9cm 的 GLAS-ICESat 激光测高点作为真值，检验所生成的 DEM（图 3-3-20）。结果表明，在罗布泊古湖盆和喀拉和顺区域，高程误差小于 1m；误差较大处出现在雅丹地区和荒漠地区。这可能是因为湖盆地区有盐壳的保护而较少受到盛行风的剥蚀，在雅丹和荒漠地区，局部高程极易受到风搬运的堆积作用而使高程发生变化。本书中采用的 GLAS-ICESat 数据时间范围为 2003 年 2 月~2009 年 10 月，而获取的 TanDEM 干涉对数据时间范围为 2011~2015 年，时间上不是完全匹配。从误差的频数分布直方图上来看，大部分的误差集中在 [−1，1] 的范围内，符合正态分布，RMSE 为 0.42m，整体精度满足后续分析要求。为了评价 DEM 的局部相对精度，选取了 LK 古城作为考察点。根据 2016 年对 LK 古城无人机航拍数据，使用标准 SfM 处理流程，重建了 LK 古城高精度的 DEM（图 3-3-21）。该 DEM 空间分辨率约 2cm，高程分辨率可达厘米级，可以作为 InSAR 解算 DEM 的误差评价参考。对比发现，得到的 DEM 在局部上也能较好地反映地貌变化，但是对于坡度变化较大、占地面积较小的城墙和城内洼地，解算出的高程存在低估的情况，这是因为干涉图在这些无法连通的孤岛存在条纹丢失的现象，从而在相位解缠时出现了奇异点。

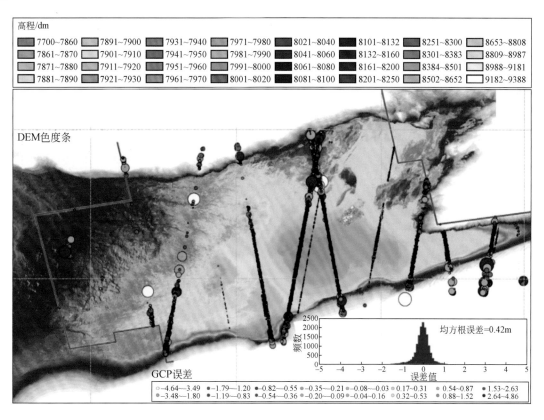

图 3-3-20　DEM 结果的系统误差评价：空间分布及直方图

3.3.3.2　讨论与认识

1. 斯文·赫定的湖泊游移论

将斯文·赫定和陈宗器等在 1896~1931 年考察测绘的地图资料数字化，并叠在 DEM 上，参考 ALOS L-band ScanSAR 图像，对地图资料进行误差矫正。在地理矫正过的地图资料基础上，对西部河网区的 DEM 图像（图 3-3-22）初步解译。DEM 图像中，喀拉和顺湖沼区、楼兰洼地、LK 洼地三个湖滨湿地和淡水湖区域清晰可见，相应的湖堤作为咸淡水的分界线隔离了盐度较高的罗布泊咸水区域，保证了 LA、LE、LK 古城附近的湖泊为可饮用的淡水。其中，楼兰洼地是斯文·赫定在 1901 年进行水准测量后发现的，他根据当时喀拉和顺湖水向北方冲破 LK 洼地湖堤的现象，提出了著名的湖泊游移论，认为楼兰洼地受到长年剥蚀，喀拉和顺洼地经过长年风力搬运堆积，湖水会通过 LK 洼地游移到它的故址——楼兰洼地。

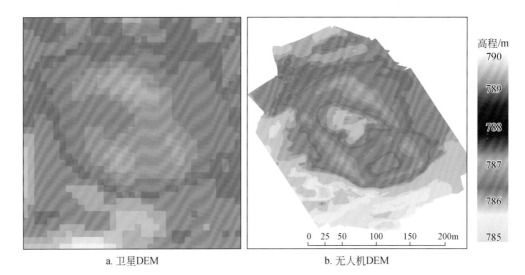

a. 卫星DEM　　　　　　　　b. 无人机DEM

图 3-3-21　DEM 结果的相对误差评价（以 LK 古城为例）

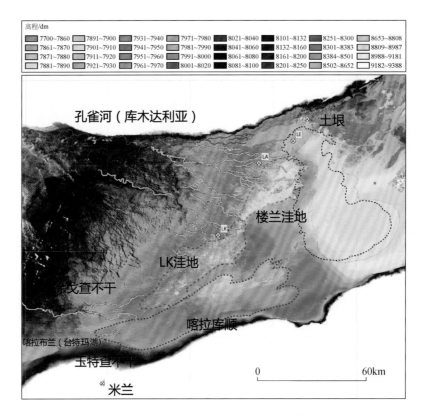

图 3-3-22　西部河网区初步解译结果

湖区葫芦状湖域范围虚线为 1931 年陈宗器与霍涅尔的天文测量结果，纬度偏差较小，经度西偏 5′

根据 LA、LK 古城周边的古河道与楼兰洼地和 LK 洼地的关系，判断这两处洼地应该是在古城繁盛时就形成的，长期的风力剥蚀只是加深了洼地的深度。而且 1921 年后因河流改道而北返的罗布泊水域，并没有到达斯文·赫定所预言的楼兰洼地中，而是进入了它真正的古湖盆中。图 3-3-22 能有力地反驳斯文·赫定的湖泊游移论。

2. 790m 湖岸线解译及验证

众所周知，遥感影像上的"大耳朵"所在的罗布泊湖盆区被认为是塔里木河地质时期以来的积盐中心，而这一古老盐湖的湖盆面积与体量尚未有精确测量的可靠数据。因为湖盆经历过多次充盈与干涸的反复，如今干涸已久，表面被风沙覆盖，根据遥感图像解译的面积需要由多源数据交叉验证；而早先由于技术手段的限制，湖盆的体量也是难以测算的。在 3″TanDEM-X DEM 图（图 3-3-23）中，我们能明显观察到，这一湖盆区域被 790m 等高线封闭包围。为了验证 790m 等高线所在位置是古罗布泊某一时期的湖岸边界，我们在野外考察时重点考察了这条线位于湖盆北部（图 3-3-24）、东部（图 3-3-25）、南部（图 3-3-26）的地形地貌，地点见图 3-3-23。图 3-3-23 的投影方式为 WGS84 UTM Zone 46N，图中 1931 罗布泊边界是陈宗器及霍涅尔当时实地考察测绘的湖域边界（陈宗器，1936；Hörner and Chen，1935），主要考古遗迹的位置也在图中标出。

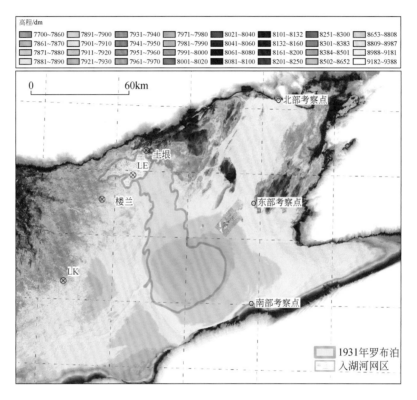

图 3-3-23　罗布泊 790m 湖岸线验证

图 3-3-24a 中航拍高度约为 100m，垂直向下拍摄，图片方位遵循上北下南惯例，图中汽车可作为尺度参考；图 3-3-24b 的拍摄位置和拍摄方向见图 3-3-24a，图中车辙印可作为尺度参考。在北部考察点，可以明显观察到两种地貌的分界线：在分界线以北，地面主要物质为粗颗粒石子，其中掺杂风沙，整体

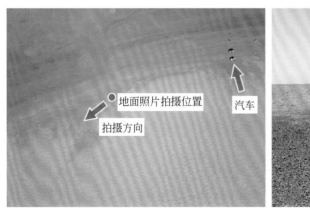

a　　　　　　　　　　　b

图 3-3-24　湖盆北部地形地貌照片

质地松软,车辆行驶后可以留下车辙印;分界线以南为典型的盐壳,质地坚硬,隆起与破碎程度不高,地表粗糙度较低,表面混杂风沙与盐晶。分界线以南,地形平坦;而分界线以北可以明显观察到地形高度上升。

图 3-3-25 的航拍高度约 50m,垂直向下拍摄,图片遵循上北下南惯例,图中车辙印与挖掘机工作样坑可以作为尺度参考;图 3-3-25b 的拍摄位置和拍摄方位可见图 3-3-25a,图中挖掘机工作样坑可对比图 3-3-25a 作为尺度参考。在东部考察点,同样可以观察到两种地貌的明显边界线:在分界线以西,地貌以盐壳为主,粗糙度和破碎程度较北部考察点更大,同时可以观察到明显的蜂窝状隆起特征,地形平坦;分界线以东为黄色黏土质地的雅丹,质地较为松软,车辆行驶过后车辙印记明显,地形起伏较大,风蚀较为严重。此外,分界线处存在约 2m 的陡坡,显著表现为湖岸线地形。

图 3-3-25　湖盆东部地形地貌照片

南部考察点位于国投新疆罗布泊钾盐有限责任公司(国投罗钾)红柳井淡水泵站处,在图 3-3-23 中可以根据宏观地形特征判断此处为阿尔金山融雪或降水形成的冲积扇前端,此处丰富的淡水资源也佐证了这一判断。图 3-3-26 拍摄高度约 50m,镜头朝向西北,拍摄俯角约 30°,图中建筑物为泵站厂房,和道路中停驻的汽车可作为尺度参考。一条高差约 2m 的分界线将南北两种不同地貌分隔开:向北为盐壳地貌,但并不如北部、东部考察点的盐壳一致规整,被水溶蚀的痕迹明显;向南为黏土,表面覆盖一层较坚硬的含盐晶土壤,不易留下脚印。

图 3-3-26　湖盆南部地形地貌照片

在地形地貌上，北部、东部、南部考察点都表现为显著的湖岸线，根据 3″TanDEM-X DEM 的 790m 等高线，基本可以确认湖盆东部区这一条湖岸线的存在。而从 DEM 上观察，湖盆西部区的情况较为复杂，且这部分区域被坚硬的盐壳包围，难以通过车辆到达，野外考察现场验证较为困难。所幸罗布泊湖盆区还留有历史测绘资料可以参考。在 1931 年，陈宗器与霍涅尔考察并测绘了当时的罗布泊湖域，其中，测量工作主要由陈宗器完成，测量方法为天文测量与三角测量，霍涅尔回瑞典后根据陈宗器的测量结果，考虑了可能的测量误差，改正了测量结果并绘制地图。图 3-3-23 中 1931 年罗布泊边界为根据霍涅尔所制地图数字化后获得，入湖的河网区地形复杂，他们并未详细测绘。考虑到测量与绘图存在一定误差，1931 年罗布泊的西岸与 3″TanDEM-X DEM 的 790m 等高线几乎契合，这从客观上说明 790m 湖岸线的西岸也是实际存在的。

从实地地貌考察和近代测绘资料两个方面，我们证明了 TanDEM-X DEM 790m 等高线很可能为罗布泊的某一时期或不同时期湖岸线，其边界见图 3-3-27，可量算面积为 8720km^2，水量 16.5 亿 m^3，考虑到 DEM 高程误差约 0.3m，水量计算误差约在 2.6 亿 m^3。

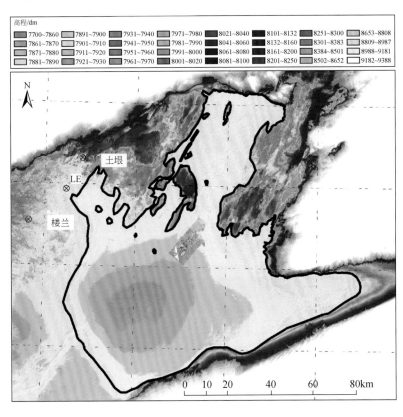

图 3-3-27　罗布泊 790m 湖岸线

3. 湖盆西部洼地 DEM 解译

在 790m 湖岸线以西，我们发现 TanDEM-X DEM 上从南至北存在着三处主要的低洼地形（图 3-3-28），应是斯文·赫定与普尔热瓦尔斯基争论的近代罗布泊区域，这里遵循斯文·赫定的命名规则，将这三处洼地称为喀拉和顺、中央洼地和楼兰洼地。

喀拉和顺洼地即 1900 年左右被认为是塔里木河尾闾湖的所在地，许多西方探险家都到此处进行了考察，如普尔热瓦尔斯基、斯文·赫定、斯坦因、别夫佐夫、亨廷顿。因为斯文·赫定野外考察的地图测绘工作有相关的文字记录（Hedin，1903，1907），所绘地图以经纬度格网划分，地图要素清晰，本书采用斯文·赫定 1896 年与 1900 年科考地图作为喀拉和顺洼地解译参考。将相关图像在 ArcGIS 中使用 Georeferencing 工具以经纬度格网为控制点进行数字化，并将喀拉和顺水系边界进行人工矢量提取，该矢量边界叠加至 TanDEM-X InSAR DEM 中，结果如图 3-3-29 所示。

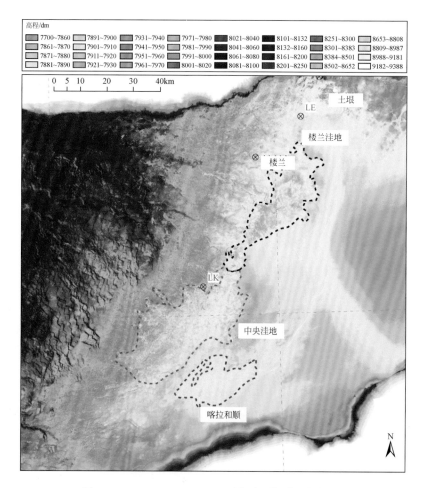

图 3-3-28　TanDEM-X DEM 罗布泊西部洼地解译图

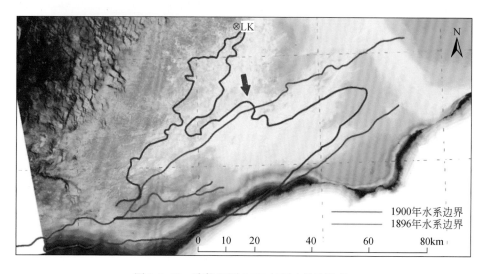

图 3-3-29　喀拉和顺 DEM 与历史地图比较

两幅地图的水域边界与测绘范围有所不同：1896 年地图主要测绘了喀拉和顺西部，东部信息缺失；1900 年地图主要测绘的是喀拉和顺东北部，西南部信息缺失，此外相比 4 年前的水域边界，喀拉和顺的西北岸线向北部延伸，形成一个新的湖域范围——Yangi-kol。

因为当时的测量方法为天文测量辅以三角测量，测量结果与 DEM 展示的地形间有一定的出入。差异较大之处在于历史地图中喀拉和顺南岸的边界向南部山麓的偏移,按照 DEM 高程该处正高高度为 830m 左右。造成该差异的可能原因有两种:①由于 100 年前测量技术的精度限制,测量结果误差较大,差异来自历史地图的测绘误差;②根据差异处的冲积扇地形特征,也可能是由于阿尔金山流水的冲击搬运作用,其山麓向北部平原推进,将历史地图中的水域边界覆盖,造成 DEM 中的水域边界高程变高。值得注意的是,1900 年北部水域边界的几何特征与 DEM 的高差边界基本吻合(图 3-3-29 红色箭头所指),纬度偏差不大,经度方向偏差约 2km,此处为斯文·赫定东部水准测量的端点,其科考报告中有这一地区地形地貌的文字描述,且该地区曾作为他们的营地点,可以排除非实地测量的可能。这说明当时的测绘精度较为可靠,误差造成的影响不太可能造成图 3-3-29 中的巨大差异,但我们也不能完全排除上述原因①的可能性。喀拉和顺南岸的现今地形是否为冲积扇,以及该地形的形成时间是否如原因②所述是 1900 年之后形成的,都需要更多的野外地质工作进行求证。

根据斯文·赫定的文字记录,当时其所领导的科考队并未对喀拉和顺东北部进行环湖考察,因此两幅历史地图的喀拉和顺东北水域边界并不值得采信。综合历史地图与 TanDEM-X InSAR DEM,除了西部入湖河网区,喀拉和顺洼地的水域边界大致在 790m 等高线处,洼地内部的高程从南至北逐渐降低,平均高程约为 789m,最低处高程约为 787.5m。斯文·赫定的科考报告(Hedin,1907)中称此处大部分为芦苇湿地,水浅不能行船,独木舟只能在个别狭窄的河道中间穿梭,即使是较为开阔的湖面,水深也仅有数米,这些描述与 TanDEM-X InSAR DEM 的高程结果是吻合的。除北部湖岸边界,DEM 中喀拉和顺并不存在其他的明显湖岸特征地形,这使得在 DEM 中划定其边界变得困难。1896 年与 1900 年的湖域范围变化也说明该湿地湖泊受地形和水量的控制,湖泊水域边界的空间位置是取决于季节、年份的变量,故根据现有资料无法重建出这一边界变化过程。

值得注意的是,在喀拉和顺的东北部有一条宽阔的河道与罗布泊湖盆相连,河道宽度从喀拉和顺出口的 2.2km 宽至中部最窄处约 300m,宽度逐渐变小,至最终入湖三角洲处的 1km,宽度又逐渐增大。这条河道无论是在光学图像(袁国映和袁磊,1998),还是在雷达图像中(邵芸和宫华泽,2011),都清晰可辨。以往的文献中并未对该河道命名,本书中为方便起见,将该河道命名为喀拉和顺河。

在喀拉和顺北部存在一个边界不明显的低洼地带,其中的洼地单元以数千米或数百米大小的浅池塘状随机分布,洼地单元间无明显河道相连。1900 年喀拉和顺的水向北漫溢,进入这一片洼地形成了一个新的湖泊——Yangi-kol。斯文·赫定在水准测量时发现了此处高程比喀拉和顺的湖面更低,并将此处命名为中央洼地。

在中央洼地的北部,有一个平均高程更低,地形边界明显的洼地,这里同样遵循斯文·赫定的命名,将其称为楼兰洼地,如图 3-3-30 所示。在此之前,大部分罗布泊学者并不认可斯文·赫定的测量结果,认为在罗布泊湖盆区之外不存在高程更低的洼地,这里 DEM 首次使用现代空间数据证明了楼兰洼地的客观存在。从 DEM 中,还可以解译出楼兰洼地西部的若干古河道与楼兰洼地相连(图 3-3-30)。

楼兰洼地的东部湖堤地形特征显著,洼地与湖堤间存在着 2~3m 的高程差。在 SAR 图像中,湖堤表现为高亮的后向散射特征,而洼地的后向散射系数较低,这可能说明楼兰洼地内地表积盐较少,并不像湖盆区那样存在盐壳地貌。在洼地中央存在高程与东部湖堤相当的小岛状雅丹,平均高程为 791m。图 3-3-30 中虚线所划定的区域面积为 354.3km²,平均高程为 788.8m,洼地内高程最低处约为 785.5m,与湖盆区最低高程相当。

4. 湖盆西部古城 DEM 解译

因为 LK 古城的城墙尚存,所以城郭的地形特征明显。根据无人机测量结果,城墙高度在 2~7m,其中西南城墙最高,残存两个塔状的城墙遗址,在实地考察时,这也是该古城最为明显的地标。城基高程约为 793m。LE 古城(90.117573°E,40.644931°N)与 LK 古城类似,同样留存了方形的城墙,在 TanDEM-X DEM 中清晰可辨。根据 TanDEM-X DEM 的高程量算,其城基高度约为 791m,城墙高度 1~3m,城外西北地势较低,高程小于 790m。

楼兰古城(89.914564°E,40.515845°N)并未像 LK、LE 那样保存明显的城郭,仅在高清光学影像

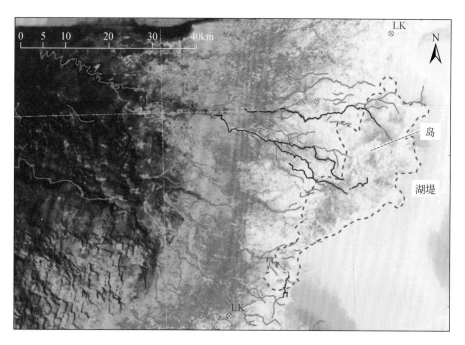

图 3-3-30　楼兰洼地及周边河道 DEM 解译图

[图 3-3-31（b）]上依稀可见其方形边界，还可以见一条西北至东南的河道穿城而过，将楼兰古城一分为二，该河道与城内地面的高差不足 1m，在 TanDEM-X DEM 中并不明显。TanDEM-X DEM 中能够较为直观辨认的是东北的佛塔（蓝色框线），和西南的三间房遗址群（红色框线），它们都明显高出城内地面的水平高度。根据 DEM 量测，楼兰古城的城基高度约为 793m。

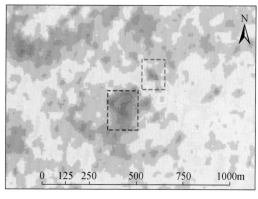
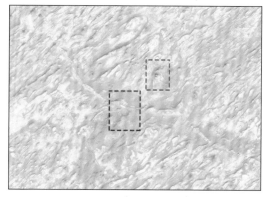

(a)TanDEM-X DEM　　　　　　　　　　　(b)DigitalGlobe高清光学影像

图 3-3-31　LA 楼兰古城

　　土垠遗址（90.203797°E，40.771998°N）坐落在北部的高雅丹上，与周边地形的高差较大，如图 3-3-32 所示，其城址高程约为 796m，雅丹下的平坦地面高程约为 788m。因分辨率受限，遗址的内部地形无法有效显示。

5. 湖盆周边古河道 DEM 解译

　　楼兰古城一线以西的雅丹荒漠上分布着大量深浅不一的河道，组成了可观的西部河网区，如图 3-3-33 所示。该图中，只有符合 DEM 精度要求的河道被标出，即河道的宽度大于 10m，河道的深度大于 1m；还有部分河道先流入一个局部洼地后再沿河道流出，局部洼地处也没有用线状河道图例来表示，故部分河道并不连续。即使如此，我们也能从河道的走势上发现，流经 LK、楼兰、LE 三座古城的河流干流在上游

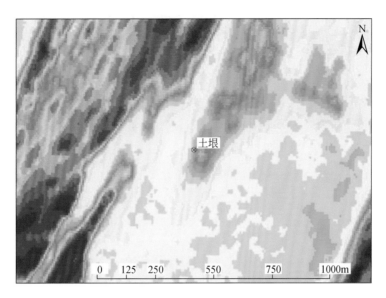

图 3-3-32　TanDEM-X DEM 中土垠遗址

发生分歧：若以近代罗布泊，即 1934 年陈宗器与斯文·赫定泛舟而行的最北山麓下流经 LE 古城的库鲁克达利亚河道为主河道，则流向 LK 古城的河道最先向南歧出，该地点已超出研究区范围；其次歧出的是流向楼兰古城的河道，分流点在 89.169923°E，40.632298°N 处。其中，流向 LK 古城的干流上游可能因为处于罗布沙漠，被风沙所掩盖，在 DEM 中无法解译得出。

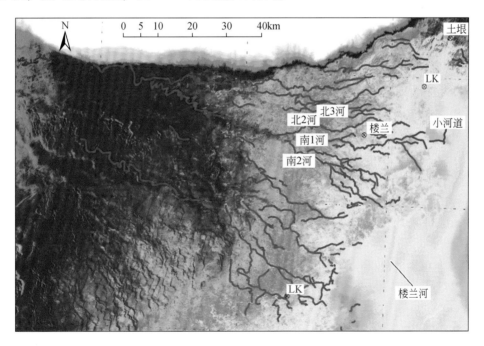

图 3-3-33　楼兰古城西部河网区 DEM 解译图

在野外科考时，我们将楼兰古城以北的大河道以距离从近到远分别命名为北 2 河、北 3 河，以南的大河道分别命名为南 1 河、南 2 河，见图 3-3-33。南 1 河与南 2 河河道下切深度较深，平均深度大于 3m，主要河道宽度数百米，另有许多小河道从主河道歧出，河道最终走向楼兰洼地，甚至有部分河道在洼地内下切出高程更低的河道地形。

楼兰洼地与罗布泊湖盆区间存在一条极宽阔平坦的通道，从 DEM 图中以 790m 高程作为边界判据，其宽度在 4～10km 间，这也是楼兰洼地与罗布泊湖盆区间最直接的连接通道，本书为方便讨论，暂将该河道命名为楼兰河（图3-3-33）。该河道的平均高程为789.5m，因此只有在丰水期楼兰洼地被蓄满后，才有可能向罗布泊湖盆区排水。楼兰河在SAR图像中表现为低后向散射的地物目标，明显区别于周边高亮的目标，暗色的河道目标比DEM图中解译出的河道宽度更窄，可能表明SAR图像中暗色河道为楼兰洼地最后一次向罗布泊湖盆区排水留下的痕迹。此外，在楼兰洼地北部也发现有一条较小的河道向北流入罗布泊湖盆区的北部入湖口。

3.3.4　罗布泊湖盆"同环不同高"现象及分析

罗布泊环状纹理是湖泊在逐渐干涸过程中不同化学成分的沉积物交替析出形成的，是罗布泊湖岸线的痕迹。按常理推测，湖岸线应该是等高的，那么环纹的"同环不同高"现象是怎么形成的呢？针对这个问题，我们已做了详细的归因分析，排除了侵蚀、沉积、膨胀变形等地表形态改变以及地壳形变作用的可能性，最后提出水面风应力是造成这种现象最可信的解释（王龙飞，2014）。

3.3.4.1　"同环不同高"现象的成因分析

罗布泊环状纹理的"同环不同高"现象在已有的研究中并无提及。传统上认为的"环状纹理是罗布泊湖岸线的痕迹，具有相同的高程"这一观点也亟须修正。因此，分析这一现象的成因十分关键。

众多研究表明，盐湖的纹理是湖泊在退缩过程中不同化学成分的沉积物交替析出形成的，盐湖的湖岸部分是沉积作用最为显著的位置，因此我们并不质疑环状纹理是罗布泊湖岸线的痕迹。那么环纹的"同环不同高"现象是在环纹产生之后高程发生变化造成的，还是在环纹形成时就存在？针对上述问题，我们提出了以下三种可能，前两种可能基于环纹产生后高程变化，第三种可能基于环纹形成时就有不同高现象。我们针对上述三种可能分别进行了分析讨论，最终给出罗布泊环状纹理"同环不同高"现象最可信的解释。

1. 地表形态改变

地表形态改变可能会造成高程变化，这里所指的地表形态改变是作用于地球表面的外营力改造作用形成的。在本节中，主要针对侵蚀、沉积和膨胀变形这三类地表形态改变进行讨论。

1）侵蚀作用

侵蚀作用是指地球表面，特别是受到风化作用的地表物质，不断受到风、水、冰等外力作用而造成表面物质被逐渐剥落分离的过程。在罗布泊湖盆区域，侵蚀作用主要指风蚀，其最明显的标识便是罗布泊北部的雅丹地貌，该地貌的形成主要源于风蚀作用［后期的研究认为雅丹的形成是风蚀与水蚀共同作用的结果，但风蚀作用仍占主导地位（夏训诚，1987）］。罗布泊地区的风蚀作用十分显著，北部雅丹区风蚀深度可达数米，对于楼兰附近的风蚀速率研究表明，年风蚀速率平均为3.5mm/a（李江风和夏训诚，1987）。

20世纪早期，斯文·赫定曾提出著名的罗布泊是"游移湖"的论点（斯文·赫定，2000），由于恰巧预言了20世纪初塔里木河改道而得到广泛认可。斯文·赫定认为长时间的湖泊沉积作用，使得罗布泊湖盆抬升，从而使得湖泊会游移到另外一个高程较低的湖盆中；而干涸之后的时期中，罗布泊地区强烈的东北风会强烈侵蚀已经抬升的湖盆，从而使得湖盆高程再次降低，罗布泊会重新回到该湖盆，因而罗布泊湖体会交替在这两个湖盆之间游移，形成"游移湖"。这一理论在后来的研究中已经被否定，主要是从水文学角度。但这也从一个侧面说明了侵蚀作用具有巨大改造力。

风蚀作用通常以两种方式进行：一种是吹蚀，另一种是磨蚀。吹蚀作用单纯依靠气流的冲击力和紊流作用，把暴露地表的部分松散细小的碎屑吹离地表，这一作用与地表碎屑颗粒的粒径及其联结力有密切的关系。磨蚀作用依靠气流中挟带的大量碎屑物质，对所经过的地表和物体产生强烈的打磨作用。在风蚀过程中，上述两种作用往往同时存在，共同作用。

图3-3-34中所示的为罗布泊中心耳纹区的典型盐壳，在光学图像上呈现暗色调，该照片拍摄于2011

年 11 月 5 日，位于图 3-3-6 中所示的环纹 D 以内（90°40′E，40°14′N）。在罗布泊盐湖最后阶段的沉积过程中，以石盐类物质为主（赵元杰等，2005），地表物质中的细沙、黏土和盐分固结在一起，十分坚固。图 3-3-34 中可以看出，罗布泊中心耳纹区地表物质板结成块，并无太多松散的沉积物存在；同时板结的盐壳棱角分明，并无风蚀打磨的痕迹，可以认为在该区域风蚀作用并未造成显著的影响。但环纹 D 具有明显的"同环不同高"现象，因此，我们认为侵蚀作用并非罗布泊耳纹区"同环不同高"现象的形成原因。

图 3-3-34　罗布泊耳纹区典型的地表盐壳

2）沉积作用

沉积作用是指被运动介质搬运的物质到达适宜的场所后，由于条件发生改变而发生沉淀、堆积过程的作用。这里的沉积作用指的主要是罗布泊湖盆出露水面之后，由于风力搬运作用而形成的风力沉积。风力沉积的作用巨大，如我国的黄土高原即是由风力沉积作用形成的。

罗布泊周边地区气候干燥、降水稀少、蒸发量高，年温差和日温差较大，地表覆盖稀少，风化作用强烈，风力沉积物质的来源十分丰富；该地区多风沙、浮尘天气，起沙风（>5m/s）年均出现 202 天，最大风速 20～24m/s，在春夏两季，不时有沙尘暴发生。罗布泊周边存在的红柳沙包是该地区风力沉积的一个典型例证。红柳是一种抗逆性很强的植物，可以在恶劣的自然环境中保证自身生长的连续性。风沙流受到红柳的阻挡会停积下来，形成沙堆，随着红柳的不断成长，沙堆也随之不断增长并形成沙包，当沙包到达一定高度或地下水位降低导致红柳死亡后，沙包便停止发育。通过对不同地区红柳沙包的粒度参数进行分析，可以基本确定沙包的物质来源于风成沉积（赵元杰等，2009；李其华，2003），典型的红柳沙包高度为 3～10m，个别可达 15m，可见在合适的沉降条件下，该地区风成沉积作用十分显著。

然而，风成沉积作用不可能是罗布泊环状纹理"同环不同高"现象的原因，主要基于以下两个方面：首先，沉积作用会使外来沉积物覆盖已经出露水面的地表，虽然这会改变地表的高程，但也同时会使得湖泊退缩过程中形成的纹理消失。其次，即使由于地下卤水强烈的毛细作用，可以在上覆的风成沉积物表面形成与被覆盖层类似的纹理，那么根据风成沉积物的位置也可以否定风成沉积的成因，因为罗布泊耳纹区的风力环境基本类似，不存在西南部更有利于沉积的风力条件；此外由罗布泊周边风成沉积物的来源和风向可以判断，罗布泊湖盆的北部靠近沉积物来源，风成沉积作用比南部更加强烈，这在野外的考察中可以明显辨识。因此，沉积作用并不能解释罗布泊耳纹区的"同环不同高"现象。

3）地表形态改变

由于罗布泊地区早晚温差较大，地表坚硬的盐壳在中午气温较高时会由于热胀冷缩的原因而发生变形甚至爆裂，这种现象在罗布泊耳纹区域内十分普遍，经常可以听到盐壳爆裂发出的声音。破裂的盐壳由于进一步的热胀冷缩以及地下盐壳结晶生长，会相互挤压、隆起，高的多达 1m，低的也有 30cm 左右（图 3-3-34 左），从而造成地表高程的变化。

罗布泊环状纹理是同一时期湖岸线的痕迹，理论上具有相似的沉积物成分，因此同一环纹的盐壳类型和形态基本一致。当盐壳发生破裂隆起时，其产生的高度变化也应当基本一致。需要注意的一点是，罗布泊耳纹区湖盆南侧靠近山麓地带，理论上会造成湖盆南部的地下水位高于北部湖盆，这在一定程度上可能会影响盐壳形态改变所引起的高度变化。但即便如此，根据现场勘查的结果，盐壳隆起所造成的高程变化量级平均为数十厘米，并不能完全解释罗布泊环状纹理的"同环不同高"现象。

综上所述，包括侵蚀、沉积和膨胀变形等作用造成的地表形态改变，可能会造成罗布泊耳纹区的高程变化，但并不是该地区"同环不同高"现象形成的原因。

2. 水面风应力

罗布泊地区常年盛行东北风，特别是在春季，风力可达8级，瞬间风速达40m/s以上。根据1951~1980年的气象资料，罗布泊湖盆区全年平均风速为5.6m/s，春夏季风速较高，秋冬季风速较低，月均风速变化可见。全年七级以上大风日数为79.4天（七级风风速为13.9~17.1m/s），春夏两季占72%左右（图3-3-35）。罗布泊西岸雅丹地区累年风向频率分布图清晰表示出了罗布泊的风向分布，主风向在北北东到北东东之间。在罗布泊湖水未干涸之时，风可以通过对水面施加拖曳力影响水体的平衡，从而改变湖流状态，造成沉积物的运移以及水面倾斜。当水位下降之后，倾斜水面的痕迹即留下形成环状纹理。因此，风应力作用可能是"同环不同高"现象的一种合理解释。下文中将对这一机制进行详细分析。

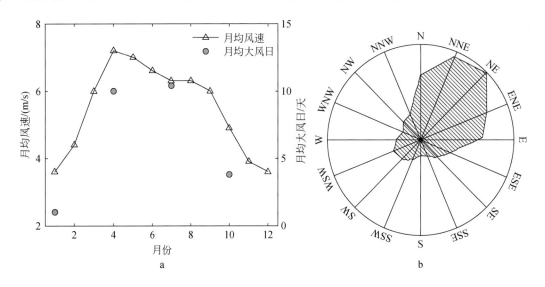

图3-3-35　罗布泊湖盆区月均风力情况（a）和西岸雅丹地区累年风向频率分布图（b）

湖盆三维地形、罗布泊历史时期的风应力分布以及盐湖湖盆的拖曳系数等一系列基本参数并不能确定，因此目前很难对罗布泊水体进行系统的水动力学模拟。假如忽略湖泊的湖流分布，认为垂直风向上湖面具有相同的高程，这一问题可以被简化为一个二维水静力学问题。宽度为 δ_x、高度为 D 的水柱，水面受到 x 方向的恒定剪应力为 τ，造成的水面倾斜角度为 θ，在静力学问题中，受力平衡方程（Wieringa，1974）可以写作：

$$\tau\delta_x = \int_0^{D+\delta_z} \rho gz\mathrm{d}z - \int_0^D \rho gz\mathrm{d}z = \rho gD\delta_z \tag{3-3-2}$$

式中，ρ 为卤水密度，取为 $1.2\mathrm{g/cm^3}$；g 为重力加速度；δ_z 为由风应力作用造成的水柱沿 x 方向的高度差。因此，水面的倾斜角度 θ 可以表达为

$$\tan\theta = \frac{\delta_z}{\delta_x} = \frac{\tau}{\rho gD} \tag{3-3-3}$$

根据空气动力学理论，风应力 τ 可以通过以下方程计算（Wu，1980）：

$$\tau = \rho_a C_Z U_{10}^2 \tag{3-3-4}$$

式中，ρ_a 为空气密度；U_{10} 为10m高度处的风速。风应力拖曳系数则采用如下关系（Yelland and Taylor，1996）：

$$1000C_z = \begin{cases} 0.29+\dfrac{3.1}{U_{10}}+\dfrac{7.7}{U_{10}^2}(3\leqslant U_{10}\leqslant 6\,\mathrm{ms}^{-1}) \\ 0.60+0.070U_{10}(6\leqslant U_{10}\leqslant 26\,\mathrm{ms}^{-1}) \end{cases} \tag{3-3-5}$$

当已知湖盆地形剖面、风速以及蓄水量（或者是无风状态下某点的湖水深度）时，水体表面的剖面形态即可通过积分公式获得。开阔水面状态下有风应力造成的水面倾斜量级约 10^{-5}（Ji and Jing，2000），因此为了避免当水深 D 趋于 0 时出现奇异值，我们限定水面斜率 $\tan\theta$ 最大值为 10^{-4}。

湖盆地形剖面、风速以及蓄水量（或者是无风状态下某点的湖水深度）是风应力模型的三个必要的输入条件，在我们的研究中，三者的设定规则如下：

（1）地形剖面。在进行数值模拟之前，首先应当选取一个合适的湖盆剖面进行分析。选取的剖面应平行于主风向。根据上文所述的气象学数据及部分区域的地面风力痕迹，在我们的研究中罗布泊湖盆地区的主风向被设为南偏西 34°（由正北顺时针 214°）。为了达到较好的效果，选取的剖面应尽量经过湖盆中央，这样选择可以在一定程度上减弱未考虑湖流对模拟结果的影响。最终我们选取如图 3-3-36 中黄色直线所示的剖面进行计算分析，图中黄色三角形所示的位置为剖面的原点（原点取自剖面的最低点，坐标为 90°33′E，40°8′N，风向为 x 轴正向。利用 GLAS 以及 DGPS 数据，通过 Delaunay 三角网线性插值，可以获得剖面处的地表高程（图 3-3-37 ~ 图 3-3-39 中灰色线或灰色虚线所示）。

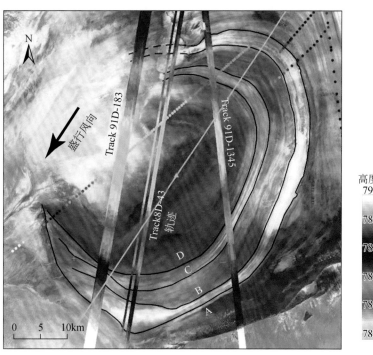

图 3-3-36　盛行风向剖面位置示意图

需要说明的是，模拟时应当使用耳纹形成时期的地形资料，但由于湖泊沉积作用的存在，历史时期的湖盆地形与现代湖盆地形会略有不同。根据已有的罗布泊研究资料，由于全新世罗布泊地区地势平坦，塔里木河、孔雀河、车尔臣河等河流的入湖流速较低，入湖泥沙量并不丰富，全新世罗布泊湖盆的平均沉积速率约 0.1mm/a（夏训诚等，2007）。而根据历史文献记载情况分析（夏训诚等，2007），湖盆耳纹的形成年代应当不早于汉代，即距今 2000 年以前。因此沉积作用造成的耳纹形成时期湖盆高程与现代湖盆高程相差可能不超过 20cm，相对耳纹形成时期的湖水深度（环纹 A、B、C、D 相对现代湖盆最低点的高度为 0.97 ~ 1.66m），误差不超过 20%，由此造成的模拟纹理剖面误差不超过 5cm（主要影响近下风端部分）。

（2）风速。根据历史风应力资料，罗布泊地区全年 7 级以上风力的发生频次超过 20%（夏训诚，

1987），具有可观的比例，对于罗布泊地区，这是一个有效的高风速值。我们在模拟中将罗布泊地区的最大风力假设为 7 级，其平均风速为 15m/s。最小风速为无风状态下的 0m/s。

（3）蓄水量（或者是无风状态下某点的湖水深度）。在地形剖面确定的前提下，蓄水量与无风状态下的湖水深度可以相互转化计算，为表述简洁以及更直观理解，本书中将使用无风状态下剖面原点处的水深作为输入参量。针对某一特定环纹，剖面原点处的水深可以通过如下方法设定：由于靠近上盛行风端的环纹剖面呈大致水平形态，按照本节中将要讨论的环纹形成机理，上盛行风端环纹代表了无风状态下湖面的位置，因此上盛行风端环纹相对于剖面原点的高度即为剖面原点处的水深。经计算可以得出与环纹 A、B、C、D 所对应的无风原点水深分别为 1.66m、1.50m、1.14m 和 0.97m。

下面将以环纹 B 为例叙述在风应力作用下环纹的形成机理：环纹 B 对应的剖面原点处的水深为 1.50m。根据前述水体表面的剖面形态计算方法，可以得到剖面上的水面形态如图 3-3-37 中黑色曲线所示。可以看到，在上述条件下，水面偏离水平状态，形成下风向高、上风向低的倾斜状态，下风端与上风端处的水面高差接近 2m。同样的方式可以计算出风速为 0 ~ 15m/s（间隔 1m/s，且未包含 1m/s 和 2m/s）的模拟结果，如图 3-3-38 所示。当风速为 0m/s 时，水面呈水平状态；风速越大，造成的水面倾斜越大。当风速在 0 ~ 15m/s 之间变化时，水面也会在水平与倾斜之间变化。盐类物质的沉积作用也会在水面覆盖的位置进行。当湖泊蓄水量由于某种原因减少时，上述变化水面的最高部分遗留下来形成一圈环纹，如图 3-3-38 中红色线所示的位置，其余较低的部分将被后一时期的倾斜湖面所覆盖，进行新一轮的沉积作用。按照这一机理，罗布泊会形成上风向水平、下风向倾斜的环状纹理，且耳纹区域环状纹理的最大高差约 1m。

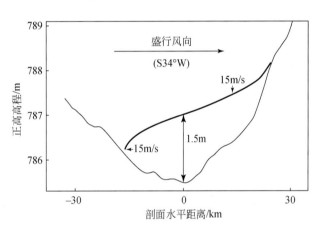

图 3-3-37　风力 7 级时水面高程模拟结果图

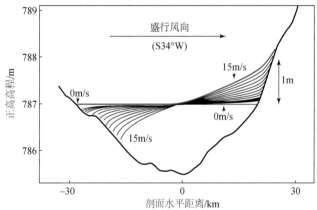

图 3-3-38　环纹 B 的水面高程模拟结果图

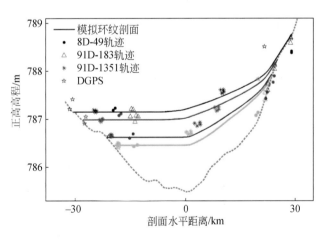

图 3-3-39　典型环纹高程模拟结果图

罗布泊耳纹区的代表性环纹 A、B、C、D 的剖面高程模拟结果如图 3-3-39 中的线条所示，分别以黑、红、蓝、绿四色表示上述四条环纹。图 3-3-39 中同样给出了环纹测量结果在主风向剖面上的投影高程，以相应颜色的点表示。可以看出，模拟结果在形态以及高程数值上均与测量结果相类似。根据这一机制，罗布泊东北部的水位高度主要由蓄水量控制，而西南部的水位则是蓄水量与风应力共同作用的结果。由于一定时期内蓄水量相对稳定，但水面风力却不时变化，东北部的湖岸线相较于西南部的湖岸线更为稳定。这可能是罗布泊环状纹理呈现东北部清晰而西南部模糊的原因。

上述模拟结果与测量结果的高度相似说明风应力机制较好地解释了罗布泊的"同环不同高"现象。然而，从模拟结果与真实测量值之间的对比可以看出两者仍有一定的差异。例如，剖面西南部靠近湖岸的位置（20 ~ 30km 区域）模拟结果与真实测量结果吻合程度较差；湖盆中部环纹 C、D 的真实值高于模拟值。我们认为，上述差异主要是模拟的简化造成的，模拟中将三维问题简化为二维问题，本身便具有一定的误差，主要体现在以下三个方面。

（1）模拟所使用的剖面高程曲线并不能真实反映罗布泊的地形特征。一方面，如前所述，耳纹形成时期的湖盆地形与现代湖盆地形略有差异，但其造成的影响较小。另一方面，理论上湖盆的二维剖面高程并不能模拟三维地形，除非湖盆在垂直风力方向无限长且沿风向任意剖面形态均相同。在罗布泊湖盆的情况中，湖盆呈现较为规则的浅碟形，水平尺度远大于垂直尺度，且基本沿主风向对称，因而我们做二维简化才具有可行性。二维剖面不能在图 3-3-39 中准确反映三维湖盆地形，如湖盆西南部许多真实的环纹线投影点的位置位于地表剖面以下，这显然是不合理的。其中一个重要的原因是罗布泊湖盆的西南部高程变化剧烈，并非以剖面轴向对称。这也是西南部靠近湖岸位置模拟结果与真实测量结果吻合程度较差的原因之一。由于计算中水面倾斜与水深成反比关系，这就造成模拟结果对于浅水区域的地形变化较为敏感，这是西南部靠近湖岸位置模拟效果较差的另外一个原因。

（2）模拟中的风力方向代表了罗布泊地区的盛行风方向，频率超过 50%，但同时这也说明其他风向的频率总和超过 40%。虽然其他方向的风速较低，但这些风向同样可以使湖面在相应的下风向高度增加。此外，在空间上，罗布泊地区的风力方向也并不完全一致，由于南部阿尔金山体的阻挡，南部的风向相较于北部的风向，西向分量更大，这一点从罗布泊西岸与罗布沙漠之间的古湖沉积区风蚀纹理上也可以看出。因此，全面的、准确的罗布泊地区风应力空间分布模型对下一步精确模拟十分必要。

（3）模拟中使用的水静力学模型忽略了湖流，因此湖盆底部的拖曳力以及科里奥利力在模拟中并未被考虑。尽管浅水环境中湖底拖曳力的大小不超过表面风应力的 10%，科里奥利力在较弱的湖流系统中也不会十分显著，但仍会在一定程度上影响湖面的高程分布。当有湖流存在时，罗布泊沿盛行风向的中央剖面附近的水体将会产生逆风向的表层流动，这将使得湖心部分的水面更高，而下风向靠近湖岸的水面则相应降低，即下风向的水面倾斜将变得更加平缓，但发生倾斜的水面范围则向上风向扩展。

根据上面的讨论，若要准确模拟罗布泊环状纹理的高程变化，建立准确的三维水动力学模型必不可少，同时还可能需要考虑有水源补给的情况。三维水动力学模型利用精确的湖盆 DEM，将罗布泊环纹高程、湖泊蓄水量（或无风状态的水深）以及风应力参数关联起来，其中任何一个变量的精确测定都可能增进人们对其他变量的认识。罗布泊湖盆的高精度 DEM 是建立该模型的必要条件，然而目前的技术手段和数据源，包括立体摄影测量及 InSAR 等遥感手段，尚难以满足要求的精度。值得一提的是，德国的 TerraSAR/TanDEM-X 计划将提供全球高精度的 DEM，该计划利用 InSAR 技术，标称误差为 2m，在罗布泊等平坦地区精度可能更高，为建立罗布泊湖盆区域高精度 DEM 提供了可能。高精度 DEM 的使用将有助于模型从每一条罗布泊环状纹理中提取相对应的历史风速和水量信息。结合沉积学的相应分析，风应力模型将为罗布泊地区的环境演变研究提供更有力的支持。

总结以上分析，利用已有的罗布泊湖盆高精度 GLAS 和 DGPS 测量数据，着重讨论了罗布泊耳纹区环状纹理的高程变化特征。研究认为罗布泊耳纹区环状纹理呈现北部水平、南部高程逐渐增大的形态，南北最大高差超过 1m，且 4 条典型的环状纹理均呈此形态。在经过详细的误差分析之后，首次确认罗布泊耳纹区环状纹理存在上述"同环不同高"现象，修正了以往对于罗布泊环状纹理的认识。为解释罗布泊环状纹理的"同环不同高"现象，通过建立风应力模型，对风应力可能形成的湖面形态以及耳纹形态进行了模拟。结果显示，模拟得到的耳纹高程剖面在形态特征以及南北高差大小上与测量结果吻合程度较高，表明该模型能够较好地解释罗布泊环状纹理的"同环不同高"现象，水面风应力的作用是造成该现象的主要原因。该模型认为罗布泊环状纹理的形态特征由湖盆地形和历史风力环境共同决定，为反演罗布泊历史时期风力情况提供了可能。

3.3.4.2　罗布泊地区历史风力强度重建及环境意义分析

结合我国高分一号卫星（GF-1）影像，美国陆地卫星（Landsat）TM/ETM+影像，以及多景 ALOS 及

Radarsat-1 雷达影像，利用人工手段在原来确定的 4 条环纹的基础上，再确定 16 条稳定且清晰的环状纹理（图 3-3-40），由湖盆外围向湖心方向分别编号为 1～20 号环纹（谢凯鑫，2016）。

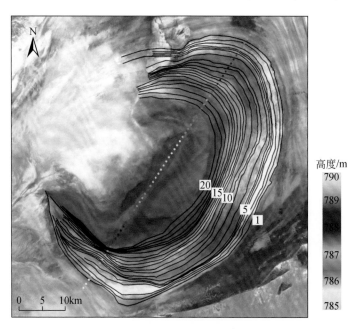

图 3-3-40　人工勾画的环纹示意图

　　沿着主风向过湖盆中央在地形剖面上提取 1～20 号环纹的高程，计算同一环状纹理在上风向与下风向上的高程差，以高程差为纵坐标，环纹号为横坐标，生成高程差散点图（图 3-3-41）。

　　生成的高程差散点图还不能直接代表主风力强度，涉及地形剖面的高程误差，需要对生成的高程差散点图进行高程差筛选。首先根据散点图的分布规律、大致走向，对散点图进行分段，对每一段进行线性回归，同时计算均方根误差（RMSE），然后计算高程差点与回归线在纵坐标上的距离，当该距离大于该段高程差数据的 RMSE 时，说明该高程差点可能代表一个风力突变状况，则保留该高程差点；否则，说明该高程差点符合风力变化的大体趋势，用回归线代表风力变化趋势即可。筛选过程如图 3-3-41 所示。

　　如图 3-3-42 所示，将高程差散点图分为两段，分别进行线性回归，红色点表示保留的高程差点，蓝色点表示可以忽略的高程差点。根据高程差的筛选结果，对筛选后的高程差散点图进行合理连接。以高程差作为历史风力强度的替代性指标，不同的环状纹理代表不同的历史时期，完成历史风力强度的初步重建。

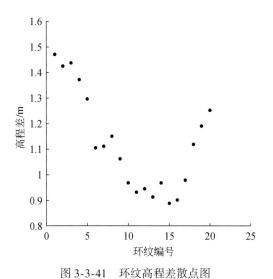

图 3-3-41　环纹高程差散点图　　　　　　　　　　　图 3-3-42　环纹高程差筛选
　　　　　　　　　　　　　　　　　　　　　　　　　（红点表示保留的高程差点，蓝点表示可以忽略的高程差点）

可以发现，罗布泊湖体从 1 号环纹退缩到 20 号环纹的过程中，高程差的整体变化趋势恰好呈现一个对钩的形式，15 号环纹是一个转折点，说明风力确实发生了较大的变化。

为了解释上文初步重建的历史风力强度曲线，本书运用湖流模型，模拟了湖泊在不同湖水深度、不同风速下，主风向下的湖面倾斜高程差。湖水深度和风速的设定如下：湖水深度从 1.8～0.4m，以 5cm 为间隔，包含人工确定的 1～20 号环纹；风速为 0～16m/s，间隔 0.5m/s，且未包含 1m/s 和 2m/s。模拟结果如图 3-3-43 所示。

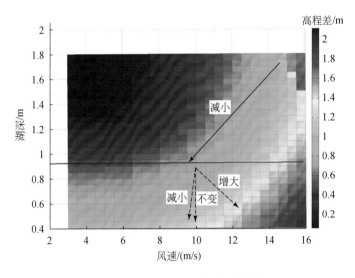

图 3-3-43 主风向上湖面倾斜模拟

图 3-3-43 中横坐标是风速，纵坐标是湖水深度，用来代表湖水面积，不同的颜色方块代表不同的湖面倾斜高程差，颜色越深，高程差越大，中间的红色横线代表 15 号环纹的位置。通过模拟计算，研究发现，在 1～15 号环纹，随着湖水深度下降，高程差减小，造成这种情况的只有风力减小这一种可能，如图 3-3-43 红色横线上方的黑色箭头所示。而在 16～20 号环纹，随着湖水深度的进一步下降，高程差的增大，风力的变化却有三种可能，第一种是风力继续在减小，但是比之前减小的趋势要弱，第二种是风力不变，第三种可能就是风力在增大，如图 3-3-43 红色横线下方的黑色虚线箭头所示。

结合建立的历史风力强度曲线以及湖流模型的模拟结果，可知在罗布泊从 1 号环纹退缩到 20 号环纹的过程中，存在明显的风力变化，在 1～15 号环纹的时期内，风力在持续减小，在 15 号环纹形成的时期内，存在一个风力的转变，从 16 到 20 号环纹的形成时期内，风力可能还在持续减小，只是减小的趋势比之前弱，也可能风力保持基本不变，还可能风力在持续变大，基于现有数据和先验知识，虽然尚无法确定 16～20 号环纹形成时期的环境状况，但是 15 号环纹存在风力转变是确定的，推测可能存在 1 次气候异常事件。

3.3.5 基于近景摄影测量理论的罗布泊古湖盆盐壳微地貌形态结构重建

盐壳是罗布泊古湖盆留下来的古气候演变痕迹，盐壳的形态是历史演化时期的环境状况与后期环境改造的共同结果，通过盐壳的形态及其空间分布规律有望探知到古气候环境方面的信息。近景摄影测量是指利用对物距不大于 300m 的目标物摄取的立体像对进行的摄影测量。研究团队针对罗布泊古湖盆的实际情况定制化设计了盐壳三维重建的数据采集方案，能够高效地获取数据并进行精度标定，野外工作简便，将大部分数据处理工作移至后期数据处理，三维重建精度能够达到毫米级（杨知等，2014）。

3.3.5.1 基于近景摄影测量理论的粗糙度测量

1. 方法与原理

近景摄影测量是指利用对物距不大于 300m 的目标物摄取的立体像对进行的摄影测量。研究团队针对罗布泊古湖盆的实际情况定制化设计了盐壳三维重建的数据采集方案，能够高效地获取数据并进行精度标定，野外工作简便，将大部分数据处理工作移至后期数据处理，三维重建精度能够达到毫米级。

对于地表微地貌的测量，本书在野外实验中采用了近景摄影测量原理，将现场采集到的大量重叠照片自动拼合、立体成像，形成微地貌三维模型；在待测场景中还会放置不同方向、不同斜度的钢尺来作为定标标志，这在后期处理中可以进行误差平差处理，形成具有标准长度度量的三维模型；随后，基于此三维模型，提取微地貌起伏剖面线，进而计算多尺度的均方根高度和相关长度。这种全新的地表微地貌测量方法的特点与优势体现在：

（1）测量剖面长度无限制，相关长度提取精度大为提高；针对罗布泊极粗糙的地表，均方根高度精度也将趋于稳定。

（2）实现罗布泊盐壳微地貌的三维重建，对所测量的地表不会造成很大的影响。

（3）现场工作量大大减少，更适合于野外工作。

2. 外业部分

野外操作时，需要事先准备两个方面：粗糙度野外测量流程；确定相邻"同名像对"的重叠范围和相机拍摄角度。罗布泊地形起伏较大，阴影、重叠等现象严重，因此利用三维建模表征罗布泊地区的地表起伏，对"同名像对"的要求很高。如果重叠度不够或特征点不明显，都容易造成"同名像对"的匹配错误。图3-3-44为粗糙度测量方法的内外业处理流程。

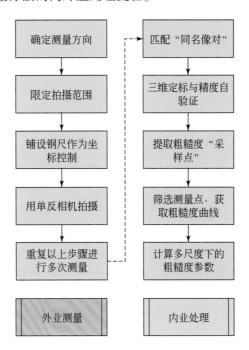

图 3-3-44　粗糙度测量方法的内外业处理流程

3. 内业部分

内业部分主要包括以下六个步骤。①匹配"同名像对"：建立"LopNur"地表微起伏的三维模型。②三维定标：选择定标尺和地面控制点，对第①步得到的三维模型进行校正，使得其长度和大小与真实地表一致（1∶1）。③精度自验证：取已知长度的地物测量值，计算测量值与已知值之间的误差。④提取粗糙度采样点：在以上步骤建立三维模型的同时，会形成数量巨大（近似连续）的匹配"同名点"，这些点的坐标可以通过 Python 脚本导出。⑤筛选测量点，获取方位向 30m 长度内的一条表征地表起伏的粗糙度曲线。⑥根据公式计算得到均方根高度和相关长度。基于三维建模结果所提取得到的粗糙度曲线如图 3-3-45 所示。

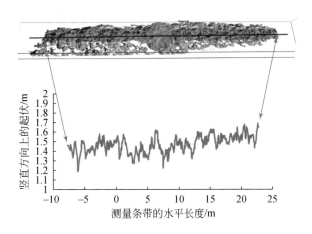

图 3-3-45　基于三维建模结果所提取得到的粗糙度曲线

3.3.5.2　罗布泊古湖盆盐壳形态重建研究

在之前研究的基础之上,我们将近景摄影测量技术进一步优化,用于地表微地貌形态的三维重建(图 3-3-46),获取了古湖区内各种形态的盐壳三维模型。利用计算机图像学与纹理分析算法,对各类盐壳形态进行了量化区分,选取最具差异性的指标作为分类标准,在二维平面中进行了盐壳类型分布区域的分析与划分,形成了具有一定准确度的区分规则。盐壳的形态与演化过程以及古气候状态是相关的,通过盐壳生长次序来为罗布泊古环境的重建提供科学支撑(耿瑜阳,2019)。

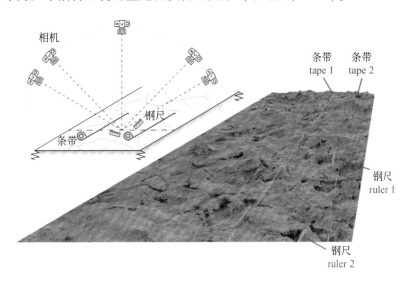

图 3-3-46　罗布泊古湖盆盐壳形态三维重建的数据采集策略

我们在罗布泊古湖盆区域收集了近万张盐壳照片,建立了 50 多个区域的盐壳形态,为后续的盐壳形态分析积累了数据。在进一步分析盐壳形态中,发现不同区域的盐壳形态存在不同的形态类型,目视识别的角度能够有效地区分出差异,本书使用了一个能够表征盐壳形态变化的参量:

$$roughness = \frac{superficial\ area}{floor\ area} \tag{3-3-6}$$

利用精细重建出的 DEM 进行盐壳表面积(superficial area)的统计,同时计算出垂直投影面积(floor area)的大小,两者的比值作为表征盐壳形态变化的参量。为了更好地将盐壳形态进行有效区分,这里还提出了灰度共生计数的方法。不规则多边形的隆起是盐壳的发育过程,也是不同类型盐壳之间的区分,如大小、高度和均匀性等。当 DEM 表面被表示为一个灰度图像,这些图像的纹理特征多边形隆起就会显示出不同的视觉特性。所以传统的纹理分析算法——灰度共生矩阵（GLCM），可用于表面分析。

灰度共生矩阵，是检验不同像素空间关系的一种统计方法。创建一个灰度共生矩阵，然后从这个矩阵提取统计参量，如角二阶矩（ASM）、对照（CON）、相关（COR）、熵（ENT），可作为多边形的索引。这些统计参量是空间关系的函数。如果不规则多边形隆起存在，则会在指定的距离函数的图形出现极值。一幅图像上每个元素（i, j）中产生的灰度共生矩阵是像素值发生在指定的空间关系与输入图像中的像素数量总和（J）。表面 DEM 作为共 16 灰度级的图像进行压缩，每 32mm 作为一个灰度级。四邻域方向的一个像素数，分别为 0°（水平方向，向右），45°（对角线，向右上），90°（垂直方向，向上）和 135°（对角线，向左上）。对相邻的像素距离从 1 到 100cm 不等，以灰度共生矩阵及其统计参量推导出各距离。

为了将统计出的盐壳形态参量进行数值化的区分，我们还模拟了理想生长过程下的盐壳类型，共分为 4 个阶段，同时统计了它们的粗糙度（roughness）和矩阵得分（GLCM score），如图 3-3-47 所示。

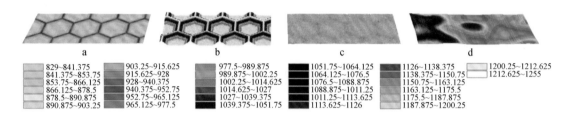

图 3-3-47　四种典型盐壳形态的数值模拟

色标数值为高程，单位为 m

将基于三维重建盐壳 DEM 所产生的形态统计量和数值模拟盐壳形态的统计量放置在共同的二维空间内，能够在二维平面中进行盐壳类型分布区域的分析与划分，形成具有一定准确度的区分规则。盐壳的形态与演化过程以及古气候状态是相关的，通过盐壳生长次序可以为罗布泊古环境的重建提供科学支撑。

3.4　罗布泊湖区地表特征的遥感解译

3.4.1　罗布泊"大耳朵"成因多源遥感数据综合分析

自罗布泊地区在遥感影像上酷似"大耳朵"的奇特地理现象被发现以来，利用卫星遥感影像揭示环状条纹所反映的地表特征和形成原因，在学术界引起了广泛的关注与讨论，至今仍没有完全统一的认识。本节综合利用 DEM、多光谱影像和 SAR 影像数据，从环境背景、表观原因和根本原因三个角度出发，对罗布泊"大耳朵"特征形成的原因进行综合研究和全面分析，同时对其蕴含的气候环境意义进行了探讨（高志宏，2012）。

3.4.1.1　基于多光谱数据的"大耳朵"特征表观原因分析

罗布泊历史时期的急剧变化是干旱区环境变化的一个缩影，"大耳朵"特征的明暗变化，反映在光谱上，其实是不同波段上光谱反射率的差异。这种差异有可能来自罗布泊地表物质上的差异，也可能来自其他因素的间接影响。

为了明确"大耳朵"特征形成的表观原因，我们从几何信息（粗糙度）和属性信息（含盐量）两个角度分析罗布泊地表形态与多光谱遥感影像上"大耳朵"特征的响应关系。罗布泊不同时期的遥感影像都具有比较明显的"大耳朵"特征，只是细节上有些差异。我们使用 2009 年获取的云量较少的 Landsat TM 影像，进行"大耳朵"特征表观原因的研究分析，影像上分布着明暗相间、近似平行展布的环状结构，每一环带内还有一些与大环带平行排列的细环状线条，它们共同组成形似人耳状的环状"大耳朵"

特征，将各波段 DN 值转化为光谱反射率。以遥感影像上的"大耳朵"纹理特征为依据，选择垂直于纹理方向，从罗布泊镇到湖心方向进行地面测量与采样。

（1）地表粗糙度与遥感影像关系：罗布泊湖盆区域土壤含盐量和地下水深度等因素的差异会引起夏季的热胀冷缩作用和冬季浅层地下水冻胀作用的不同，最终导致地表结构发生变化。野外实地考察中，不同样点间时常能够发现地表结构形态的变化。为了定量刻画地表形态上的差异，我们对地表进行了粗糙度测量。

根据野外测量的结果，提取对应采样点遥感影像的光谱反射率，对粗糙度和反射率进行相关分析，结果如图 3-4-1 所示。已有结论表明，罗布泊干涸使湖底暴露后，该地极端的气候环境（地表夏季经受的热胀冷缩和浅层地下含水层冬季的冻胀顶托作用）导致罗布泊湖盆区地表极其粗糙，形态较为破碎。这些物理作用的差异程度受到土壤含盐量、地下水深度、干涸时间等因素的影响。通过图 3-4-1 的实验结果可以推断，粗糙地表特征的结果形成后，杂乱排布的竖立盐壳会使太阳光的方向性反射增加，阴影也随之增加，从而影响遥感影像的反射率。因此，采用星下点获取太阳辐射反射信息的遥感影像的反射率会降低。粗糙度越大，这种现象会越明显。需要说明的是，考虑到相关长度测量的不稳定性，我们以均方根高度（RMS）代表粗糙度进行分析。

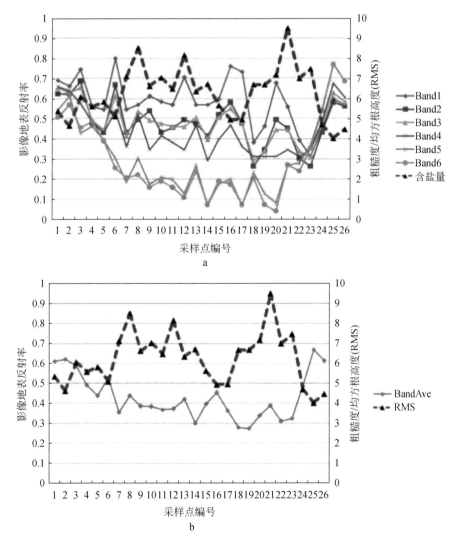

图 3-4-1　湖盆区域地表粗糙度与 Landsat TM 影像各个波段（a）和波段平均（b）反射率比对

此外，通过计算发现粗糙度与影像平均反射率的相关系数为 -0.63，表明粗糙度与光谱反射率负相关，粗糙度越大的地方在遥感影像上的光谱值越小，亮度越暗；也可以说明极其破碎起伏的地表形态所产生的方向性反射和阴影效应，给星载遥感影像的反射率带来了负面影响，这与野外实地考察的结论一致。

粗糙度的区域性规律分布特点，直接影响了遥感影像上"大耳朵"纹理特征的疏密程度、分布特点和亮暗变化，是地面不同区域纹理特征在遥感影像上的直观反映。因此，可以推断能够表征几何结构形态的粗糙度是罗布泊"大耳朵"特征形成的表观原因之一。

（2）含盐量与遥感影像关系：罗布泊作为整个塔里木盆地的积盐中心，盐分在罗布泊不同区域地表土壤中的含量和分布特点，是历史时期罗布泊演化过程中经历反复的洪水期和干涸期的沉积旋回造成的地表沉积表现。

结合已有资料，可以发现罗布泊湖盆表层土壤沉积中的盐分来自两部分：湖水干涸过程中固着在沉积物里的部分和湖水干涸后地下水毛细作用过程中上升并析出的部分。通常干涸后期析出的盐分直接形成了结晶盐，与土壤独立存在；当然研究区少量的季节性阵雨也可能会使析出的盐分再次结晶溶解，与土壤混合后固着到土壤里。然而，不论盐分是单独结晶盐还是与土壤混合在一起，含盐量本身对光谱反射率都有直接影响，已有研究表明二者之间存在正相关关系，即光谱反射率会随着地物含盐量的增大而增大。

我们通过测量样本点表层土样的含盐量，提取样本点对应位置的光谱反射率，同时对二者进行统计和对比分析，结果如图3-4-2所示。实验结果表明，罗布泊湖盆区域的含盐量与遥感影像各个波段光谱反

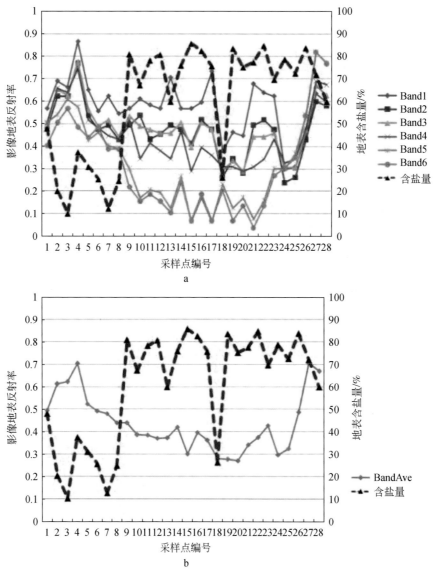

图 3-4-2　湖盆区域地表含盐量与 ETM 不同波段反射率对比

射率之间并没有明显正相关关系，部分样本点的结果甚至完全相反。通过计算得出，含盐量与影像平均反射率的相关系数为–0.47。

为了分析原因，选取含盐量与对应光谱反射率差异较大的 15 号和 23 号样本点的野外考察资料进行分析，两点的地表实际状况如图 3-4-3 所示。从图中可以发现，尽管 15 号和 23 号点地表的盐分析出量较大，含盐量较高，然而地表较为起伏，粗糙度较大，阴影效应较强（红色虚线框部分）。可以推断，湖盆区域很多含盐量较高的区域在对应的光学遥感影像中并未有直接响应；反而由于粗糙地表造成的阴影，在光学影像中对应的光谱反射率很低，从而造成图 3-4-3 中的结果。

a. 15号点　　　　　　　　　　　　　　　　b. 23号点

图 3-4-3　样本点地表实际状况图

（3）结果与讨论：根据上述两个小节的实验与分析，结合野外实地考察的成果可以发现，尽管粗糙度和含盐量都对罗布泊湖盆区域地表形态有一定的影响，然而粗糙度是其中的主要因素。通过定量对比研究，一方面给出了粗糙度是导致罗布泊"大耳朵"纹理特征的表观原因，另一方面说明了光学遥感影像在研究罗布泊区域成因机理方面的局限性。相对于光学遥感影像而言，SAR 遥感影像同样能够反映罗布泊"大耳朵"特征，只是在细节上存在差异。基于雷达波束独特的穿透能力，SAR 与光学遥感的差异在于其信号不仅可以反映地表特征，而且还能够探测到次地表地物目标的隐伏特征信息。因此，为了能更为深入地揭示罗布泊"大耳朵"特征形成的深层次影响因素，明确次地表沉积物在罗布泊"大耳朵"特征中的贡献量，我们使用 SAR 遥感数据对"大耳朵"特征形成的根本原因进行实验研究。

3.4.1.2　基于 SAR 数据的"大耳朵"特征根本原因分析

罗布泊湖盆区域的"大耳朵"遥感影像特征如图 3-4-4 所示。可以看出，雷达影像上的"大耳朵"特征比光学影像上的范围更大，湖盆区域的雷达后向散射强度比周边区域也高很多。然而，上述现象在光学影像上却不明显。结合前几章内容进行综合分析，可以推断，除地表结构形态之外，次地表隐含信

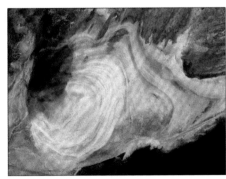 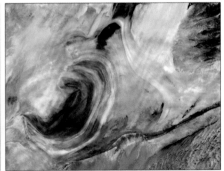

a. RADARSAT-1　　　　　　　　　　　　　b. Landsat ETM+

图 3-4-4　罗布泊"大耳朵"特征的不同类型遥感影像

息对"大耳朵"特征的贡献不容忽视。此外，湖盆地表干涸后受雨水和风化作用影响，地表特征受到外界因素干扰并不一定能够真实反映罗布泊干涸初期的状况。因此，选取 SAR 影像揭示"大耳朵"形成的根本原因更有优势。

基于 Cloude 分解结果可知，体散射分量（多次散射分量）对"大耳朵"特征的表达更为清晰，纹理层次更为丰富，有利于次地表介质属性的分析研究，如图 3-4-5 所示。罗布泊地表的剧烈起伏状态，其后向散射能量很容易达到饱和，即地表散射部分没有足够的动态范围去准确表征"大耳朵"不同纹理区域 SAR 的响应差异，而体散射对"大耳朵"的清晰表达则意味着其可能包含造成"大耳朵"特征的根本原因。

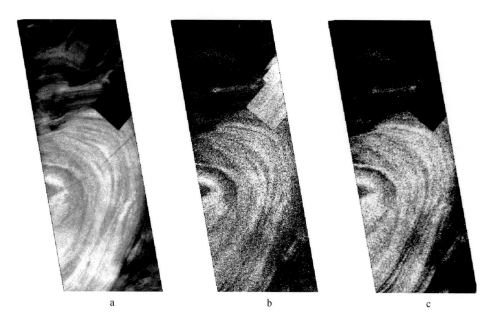

图 3-4-5　ALOS PALSAR 全极化数据（2009 年 5 月）Cloude 分解结果图
显示了各种散射机制对"大耳朵"特征的贡献量：a. 单次散射；b. 二面角散射；c. 多次散射

罗布泊是一个相对封闭的盐湖，在漫长的演化和干涸过程中，沉积物形成的纹理明晰的"大耳朵"特征记录了环境变迁的历程。在极端干旱的气候条件下，沉积物中的盐分结晶作用初步塑造了湖盆区域的地表形态，强烈的风化作用使得地表形态受到外营力的不断改造。因此，利用稳定的次地表沉积物的参数信息揭示"大耳朵"特征的形成原因较为合理。

3.4.1.3　罗布泊"大耳朵"特征成因综合分析

罗布泊特殊的地理位置，使其成为干旱区地理研究的热点。然而，由于罗布泊地区气候环境条件的复杂性，至今对该区域的气候环境演变过程没有统一认识，其中对"大耳朵"特征成因的讨论最为热烈，很多学者对其成因进行了分析、推测和解释，然而都未能圆满完整地解释出现明暗相间影像纹理的原因。罗布泊"大耳朵"特征形成于 20 世纪中后期，是湖泊湖水快速退缩过程中留下的痕迹，其形态受控于湖盆的地形、地表形态、次地表成分等多种因素。通过定性和定量相结合的方式，基于我们上述实验结果，可以得出如下结论：首先，地形高度是"大耳朵"特征形成的背景环境因素，在向东凸起的"湖心岛"、湖东岸阿奇克谷地前缘的开阔地形以及西南方塔里木河多期三角洲的顶托作用下，形成以"湖心岛"为中心的环状盐壳。环状盐壳的条带时有叠置或合并，在南端因受塔里木河三角洲的顶托而收缩消失，在北端受罗布泊镇西侧半岛和南部岛屿以及风的影响向西南收缩，并消失在"湖心岛"的东侧。可见，盐壳的环状形态主要受湖岸地形和湖心岛地形所控制。其次，罗布泊干涸过程中，"大耳朵"干盐湖区不同环带亚沉积环境发育的丘状、龟裂状、板块状、蜂窝状盐壳出现，这些不同粗糙程度的地表盐壳形态，说明罗布泊在长期的演化过程中经历过多次充水和干涸过程的旋回交替，地表粗糙度是"大耳朵"形成的最为直接的表观原因。最后，次地表介质层中的含盐量是"大耳朵"特征的根本性成因。罗布泊湖盆区域是一个相对封闭的、十分平坦的湖泊，湖盆区域强烈的日照和风化作用，使得地表特征很容易受到外营力的改造。此外，在干涸过程中，地表特征也是次地表含盐量变化最直接的表现：罗布泊次地表高矿化度的卤水会通过土介质的毛管上升至浅地表，含盐量越大，则由极端干旱气候造成盐分结晶时发生的表聚与盐胀作用就越强烈，进而影响地表的粗糙度。因此，次地表介质的性质才更能反映"大耳朵"特征的本质原因。

　　总体来说，湖盆地形高度、地表粗糙度和次地表含盐量是"大耳朵"特征形成的共同原因，其中次地表含盐量是"大耳朵"特征形成的根本原因。通过多角度不同层面研究"大耳朵"特征形成的综合原因，为进一步明确其中蕴含的气候环境意义奠定了基础。

3.4.2　罗布泊古湖盆盐陇与龟裂微地貌调查

　　罗布泊古湖盆湖心及西部区域分布着一类特殊的盐壳形态，其在高分辨率的光学遥感影像上表现为龟裂特征（图3-4-6），实际考察发现其为直径接近于30m的盐陇（图3-4-7），盐陇中间为大小较一致的盐板，均已开裂，地表泛碱现象明显。

图 3-4-6　高分辨率光学图像上盐陇地貌特征

图 3-4-7　盐陇地貌的实地考察照片

　　由于这类地貌主要分布于罗布泊西部，盐壳发育时间较短，可以认为其是盐壳发育初期的一个阶段，随后盐陇内部的龟裂情况将进一步加剧，盐板翘起，同时外应力（风蚀、风沙覆盖等）的作用也同步加剧。

3.5　罗布泊湖区多层介质目标的雷达遥感研究

3.5.1　罗布泊多层介质目标极化散射特征分析

　　针对罗布泊古湖区"大耳朵"影像特征，我们利用全极化测量技术（PolSAR）对罗布泊现象开展研究，通过极化参数的推算与分析，得到了"大耳朵"特征形成的表观原因，这在古湖盆的大部分区域具有明显的对应关系。而局部区域的不对应性一方面说明了地表形态特征不宜作为"大耳朵"特征的根本性原因，另一方面也预示着实际的 SAR 响应不仅仅局限于地表的回波贡献，真正的影响因素可能存在于次地表。其后，在系统的散射机制分析基础上，研究人员进一步采用极化分解技术将表征次地表贡献的能量分离出来，以其特征量与实测样本参数进行比对，得到了较好的一致性关系，进一步说明了次地表介质对于 SAR 后向散射能量的重要性（宫华泽，2010）。下面的 PolSAR 技术分析全部针对 ALOS-PALSAR 全极化数据。

　　同极化相关分析：不同极化正交基对应的同极化相关特征是极化数据能够提供的反映地物特征的重要参数之一，其绝对值为同极化相关系数，其幅角为相位差。利用加拿大国家航天局 PWSR2 软件对 ALOS-PALSAR 全极化数据进行同极化相关分析，可以发现，无论亮条带还是暗条带（"大耳朵"不同纹理区域），同极化相关系数均大于 0.5，较大，整个"大耳朵"区域散射十分强烈。而暗条带的相关系数大于亮条带，说明暗条带的散射机制较亮条带单纯，使 HH 和 VV 的响应差异变小。另外，亮暗条带的相位差均值均为 0°，只是分布的离散程度不同。通常认为，同极化相位差分布均值为 0° 是裸地的普遍特征，而不同的标准偏差（离散程度）是地表粗糙形态（尺度、坡度等）的不同造成的（Ulaby et al., 1987）。因此，地表粗糙度可以作为衡量散射机制复杂程度的指标，进而直接作用于"大耳朵"纹理特征（SAR 响应）的形成。

　　极化响应图：极化响应图是用于雷达极化分析的一个常用手段，可以直观地知道各种入射波和散射波极化状态下的回波功率。下面仍然按照亮暗条带分区来进行极化响应图的分析（图 3-5-1）。

　　通过亮暗条带的极化响应图来看，整体形状相似，对比典型目标的极化响应，类同于导电球或三面角反射器。从后向散射系数（dB）来看，明区比暗区相对大 1dB，整体上偏大，在 $-3 \sim -2$dB（基于图 3-5-1），这种强烈的后向散射特征除了极粗糙地表影响外，也可能是较小的入射角引起的，因此需要大入射角的 SAR 数据，以便更加客观全面地分析后向散射特性。

　　极化度：极化度可以直接反映地物去极化的程度，罗布泊地表分布着多形态的剧烈起伏盐壳，对 SAR 信号会造成不同程度的去极化效应。表 3-5-1 是罗布泊"大耳朵"不同纹理区域的极化度统计结果。可以发现，亮条带的 P_{max} 和 P_{min} 均比暗条带的小，说明亮条带的散射机制更为复杂，散射回波的不完全极化程度较暗条带要大。亮条带区域的地表粗糙度大是散射机制复杂的直接原因。

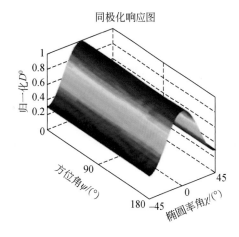
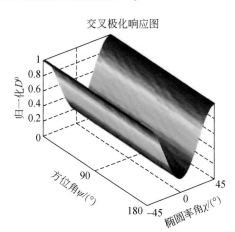

a. 亮条带

同极化响应图

交叉极化响应图

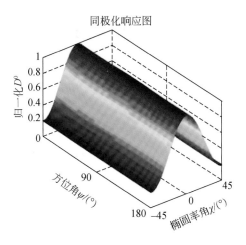
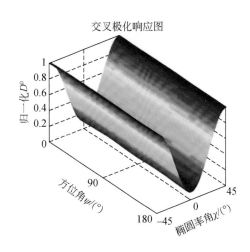

b. 暗条带

图 3-5-1　罗布泊"大耳朵"亮暗纹理区域极化响应图

表 3-5-1　罗布泊"大耳朵"不同纹理区域的极化度统计结果

区域	P_{max}	P_{min}	$P(P_{max}-P_{min})$
亮条带 I	0.74	0.46	0.28
暗条带 I	0.84	0.65	0.19
亮条带 II	0.75	0.48	0.27
暗条带 II	0.81	0.6	0.21
亮条带 III	0.71	0.41	0.3
暗条带 III	0.8	0.57	0.23

散射熵（H）/反熵（A）/α/β 分析：极化分析中，散射熵（H）是一个很重要的指标，其表示散射媒质从各向同性散射（$H=0$）到完全随机散射（$H=1$）的随机性。如果 H 值很低，则认为整个系统弱去极化，占优势的目标散射矩阵部分为最大特征值对应的特征向量；如果 H 值很高，则目标的去极化效应很强，这种情况下，目标不再只包含唯一等价的散射矩阵，需要考虑所有的特征值。$H=1$ 时，极化信息为 0，目标散射实际上是一个随机噪声过程（Lee et al.，2008）。选择罗布泊"大耳朵"区域具有代表性的三组亮暗纹理区为例（表 3-5-2），亮条带 H 均值为 0.48；暗条带 H 均值为 0.37，说明"大耳朵"区域整体散射机制均很复杂，但暗条带较亮条带相对单纯。

表 3-5-2　罗布泊"大耳朵"不同纹理区域的 $H/A/\alpha/\beta$ 统计结果

区域	散射熵（H）	反熵（A）	$\alpha/(°)$	$\beta/(°)$
亮条带 I	0.56	0.21	21.06	42.42
暗条带 I	0.41	0.28	14.28	39.90
亮条带 II	0.44	0.21	15.50	41.57
暗条带 II	0.37	0.37	12.48	34.69
亮条带 III	0.43	0.22	14.85	41.88
暗条带 III	0.34	0.23	11.55	39.99

反熵 A 主要用来表征除了主要散射机制以外的两种散射机制之间的关系。由表 3-5-2 可见，A 在暗条

带区域更大，说明这类区域最主要的散射机制的贡献在减弱，其他散射机制的贡献在增强。α 角可以用来区分散射机制，$\alpha=0°$ 时，表示面散射；$\alpha=45°$ 时，表示偶极子或体散射；$\alpha=90°$ 时，表示二面角反射器或多次散射。从上面的分析发现，α 在 $10°\sim20°$ 之间，可以认为存在面散射机制。总体来说，亮条带 H 值要大于暗条带，而 A 反之。对于亮条带来说，由 $H/A/\alpha$ 联合分析可发现亮条带 H 在 0.5 以上，较大，而 A 较小，α 在 $15°$ 左右，说明除了面散射外，其他散射机制贡献相当，不可以忽略；对于暗条带来说，H 有所减小，A 相应增大，但仍然处于较低水平，α 较亮条带小，可能存在主导的面散射机制，而其他两种散射机制贡献很小。

基于上述雷达极化参数的推算，我们认为地表粗糙度是"大耳朵"特征形成的表观原因，这在古湖盆的局部区域具有明显的对应关系。可以理解，地表粗糙度越大，则 SAR 后向散射的能力越强，在 SAR 图像上表现为亮条带；反之则表现为暗条带。但是在湖心和湖岸区域，这种表观的对应关系并不明显。以东部湖岸区域为例，其地表起伏状态变化不大，却可以在 SAR 图像上表现出纹理特征。一方面原因在于暂时性雨水与风蚀等外营力均会对地表形态产生强烈的改造，使得表观的对应关系模糊化；另一方面也预示着，实际的 SAR 响应不仅仅局限于地表的回波贡献，真正的影响因素可能存在于次地表。

3.5.2 基于极化分解技术的分析

通过极化参数的推算与分析，我们认为表征罗布泊"大耳朵"特征的根本原因存在于次地表，这里避开利用理论模型对次地表散射贡献的直接表达，而是利用极化分解技术，将次地表散射贡献分离出来，再以其与实测参数进行比对，从而得到"大耳朵"的根本驱动原因。

3.5.2.1 Cloude 分解结果与次地表参数的关系

图 3-5-2 是 Cloude 分解多次散射分量与次地表含盐量比对图，可以得到两者较强的相关关系，经过线性拟合，两者 $R^2=0.784$，RMS$=2.03$。

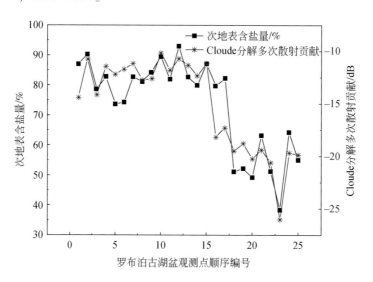

图 3-5-2　Cloude 分解的多次散射分量与次地表含盐量比对图

"大耳朵"特征可以在一定程度上用次地表含盐量解释，从散射机制的角度来看，次地表介质中含盐量越大，则在有限的次地表介质层厚度范围内，散射粒子的密集程度就越大，从而造成的体散射或体散射与面散射的相互作用就越显著。另外，由于 Cloude 分解多次散射贡献在总回波能量中属于弱信息，不会处于饱和或近饱和水平而丧失表达次地表特征的足够的动态范围，因此多次散射部分更有利于准确表达地下隐伏特征，建立干旱区隐伏特征提取技术是完全可行的。值得指出的是，次地表介质性质（如含盐量、机械组成等）是罗布泊古湖盆演化的直接反映，其具有挟带演化过程信息的能力，这对于研究罗布泊现象也是不无裨益的。

3.5.2.2　极化测量技术在罗布泊古湖区的应用潜力

PolSAR 技术可以从物理机制的角度表现图像多层介质目标特征，是理论建模与分析的重要补充手段，其可以避开对物理散射机制的精确建模，而直接对某种散射特征进行参数表征。但是，PolSAR 技术的重点与难点在于研究人员对各类极化参数与分解结果物理意义的理解。如图 3-5-3、图 3-5-4 所示，这些极化参数与反演结果对罗布泊"大耳朵"均有清晰的表达，但对其物理意义的解释仍然不完善，需要开展更为深入的实验与分析。诚然如此，可以肯定的是 PolSAR 技术对于复杂目标的研究是一种十分重要的研究手段，其在罗布泊古湖区仍具有很大的应用潜力空间。

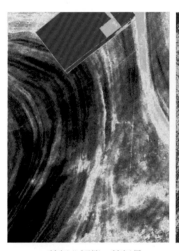
a. 特征分解第二特征量

b. 熵值图

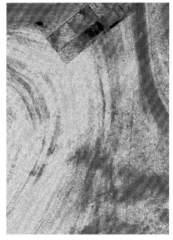
c. 极化分数

b. 吕内堡反熵

图 3-5-3　各类极化参数图

3.5.3　罗布泊古湖区雷达散射机制分析与模型建立

3.5.3.1　罗布泊古湖区散射机制分析

罗布泊古湖区属于极粗糙的干燥地表，散射机制随着地表形态的变化而复杂（图 3-5-5），现有的模

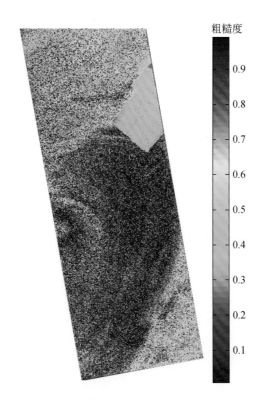

图 3-5-4　罗布泊古湖区地表粗糙度表征图

型无法准确刻画其散射特征。根据实地调查发现，罗布泊"大耳朵"亮暗条带通常对应着不同地表起伏形态的区位。后向回波强烈的区域地表粗糙度较大，且多为破碎状，有时会形成规则的多边形结构；后向散射相对较弱的区域地表多见大块盐板，有的开裂、略微隆起，有的相互堆叠，形成层下空隙。直观上，可以认为地表粗糙度的变化是"大耳朵"形成的原因。然而，在罗布泊古湖盆的湖心和边缘区域，地表粗糙度与 SAR 纹理特征并无明显对应关系，这说明"大耳朵"的形成原因并不局限于地表形态。

图 3-5-5　罗布泊古湖区极特殊的地表形态

　　对于地表面散射来说，极粗糙的形态造成了多次散射的贡献增大，不能被忽略，即通常情况下积分方程模型（IEM）模拟的做法不再适用。

　　一方面，在建立 IEM 的过程中，格林函数及其梯度函数中的绝对相位项被忽略，这种假设对于估算单次散射贡献是适用的，且能简化推导流程；但是，却阻碍了多次散射中不同分量的模拟，而使多次散射估算不准。对于多次散射项，需要引入绝对相位项重新进行推导，从而分离出界面处向上和向下的多次散射的贡献。

　　另一方面，SAR 在干旱区独特的穿透能力，使得罗布泊古湖区的散射机制不仅仅是单纯的面散射，还包括次地表结构中复杂的信号传播机制。通常，信号传播过程中的各种影响不能逐一加以考虑，需要根据实际情况对结构进行简化，突出主要因素，以便利用简单的模型或者模型组合进行定量刻画。罗布泊次地表介质性质的分析已经说明了罗布泊古湖区次地表存在一层介电性质差异较大的界面，此处会产生类似于面散射的作用。将罗布泊次地表结构简化为双层介质。对于底部第二层（layer 2），其含水量接近于饱和，介电性质十分显著，信号已经无法继续传播下去，因此只考虑第二层界面及其以上部分的主要影响因素。当 SAR 波束照射到地表时，将在第一层（layer 1）界面处发生面散射作用，由于地表的极粗糙形态，这里应该采用极粗糙面散射模型；由于 layer 1 的低介电性质（极干燥），部分能量将传播至layer 1 中，此过程只考虑吸收衰减作用，忽略体散射作用；当信号到达第二层界面时，由于 layer 1 与layer 2 之间的介电性质差异，会产生类似面散射的作用。

3.5.3.2 极粗糙地表散射模型的改进与验证

极粗糙地表散射模型：针对罗布泊古湖区的极粗糙地表特点，多次散射贡献不能被忽略，需要引入绝对相位信息和阴影效应来精确刻画表面散射，本节将在 IEM 的基础上，对部分公式进行重新推导，建立极粗糙地表散射模型，并利用欧洲微波信号实验室（EMSL）公布的标准后向散射数据进行模型验证，分析多次散射在极粗糙地表形态下的重要性。

1. 模型的建立

基于以上思路，对 IEM 建立的过程进行重新推导，加入绝对相位项和阴影函数的考虑，可以得到适用于极粗糙地表的散射模型（Hsieh，1996）。

2. 模型验证

基于上述推导建立极粗糙地表散射模型模块，本节将利用 EMSL 公布的标准后向散射数据进行模型验证。EMSL 是专门为微波遥感研究提供室内仿真测量的实验室，其可以在广域频段内（300MHz ~ 26.5GHz）针对不同地物目标（如裸地、水稻、杉树等）进行多极化、多角度的标准化散射测量，提供具有一定精度的后向或特定方向的散射系数，通常可作为标准数据应用于理论模型的验证中。这里将利用均方根高度 2.5cm，相关长度 6.0cm 的粗糙表面后向散射数据对上述模型进行验证，并对极粗糙地表的后向散射特征进行初步分析。

图 3-5-6 是极粗糙地表散射模型精度验证图，基于 EMSL 实测的标准数据，对模型不同极化不同入射角的模拟值进行精度验证。四种极化的残差平方和分别为：HH：0.31155dB，VV：0.27475dB，HV：2.01768dB，VH：9.32038dB。可以发现，模型对同极化的模拟是比较准确的，误差可以控制在 1dB 以内，这说明多次散射贡献的加入可以更准确地刻画极粗糙地表的后向散射特征，其中多次散射贡献的重要性将在下一段中进行分析。另外，交叉极化方面的模拟仍然存在一些误差，这主要是因为模型模拟值在 20° 入射角时已经小于 -20dB，而实际测量地物后向散射特征的系统在 C 波段的噪声水平为 -40 ~

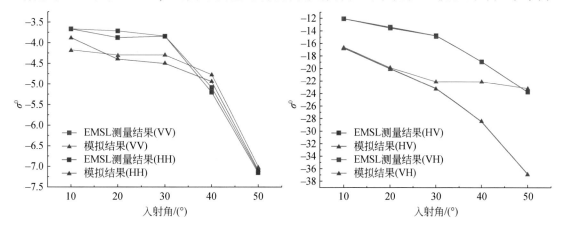

图 3-5-6 极粗糙地表散射模型精度验证

−30dB。也就是说，由于交叉极化的回波信号通常是较弱的，容易被系统噪声所淹没，这就造成了模型模拟值与实测值之间的差异。总体来说，极粗糙地表散射模型能够以一定的模拟精度逼近实测值，可以作为定量化的分析工具。

图 3-5-7 表示极粗糙地表后向散射特征分析，其中黑线为 EMSL 测量值（VV），红线为模型单次散射贡献值（VV），蓝线为包含多次散射的极粗糙地表散射模型总的模拟值（VV）。可以发现，考虑多次散射贡献的极粗糙地表散射模型模拟值更加接近于实测值，在极粗糙地表的情况下，多次散射贡献不能被忽略，而阴影函数的引入保证了界面处向上分量与向下分量的多次散射机制的准确刻画。实际上，EMSL 的地表粗糙度（RMS=2.5cm，地表相关长度 L=6.0cm）并不是极粗糙，但仍然可以从中发现多次散射贡献在粗糙地表状况下的重要性。另外，一些研究发现当地表 RMS slope 接近于 1 时，会产生后向散射增强的现象，这主要是极粗糙地表引起的多次散射波之间相干增强效应造成的。

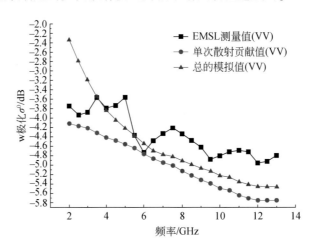

图 3-5-7　极粗糙地表后向散射特征分析

3.5.3.3　双层介质散射模型

1. 模型的建立

针对双层介质的结构，本书认为非规则界面的分层介质的总散射强度由两部分组成：来自上层界面处的面散射与来自下层非匀质介质中的散射，可以表示为

$$I_{\text{total}} = I_s + I_{vt} + I_{gt} + I_{vgt} \tag{3-5-1}$$

式中，I_s 为来自上层界面处的面散射作用；I_{vt} 为透射到下层介质中的能量所产生的体散射作用；I_{gt} 为透射到下层介质中的能量在下层界面处的面散射作用；I_{vgt} 为下层介质中面散射能量与体散射能量之间的相互作用。

通常来说，式（3-5-1）中的四部分贡献并不都是显著的，可以根据罗布泊研究区域的实际情况进行必要的简化，以便使模型更具实用性。一般地，I_{vgt} 的贡献相对于其他三项是比较小的，可以忽略。体散射部分 I_{vt} 贡献的多寡要根据信号实际传播路径和路程而定。罗布泊研究区的次地表结构中，上层干燥介质层厚度有限，实地考察中发现一般地下 1m 处即可见卤水上涌，而平均 0.5m 左右即可出现潮湿盐土混合介质；另外，信号在介质中的传播路程也受入射角控制，小入射角会造成传播路程变短，极端情况下，垂直入射传播路程即为上层干燥介质层厚度。因此，在有限的介质层厚度和可控制的入射角条件下，体散射部分就可以加以忽略。本书中采用的部分 SAR 数据为 20° 左右的入射角，体散射贡献较小，这将有利于信号探测至干燥介质层底部，本节建立的模型将忽略此部分的影响，只考虑两层界面处的面散射作用，兼顾信号传播过程中的衰减作用：

$$\sigma_{\text{total}}^0 = \sigma_{\text{top}}^0 + \sigma_{\text{bottom}}^0 \tag{3-5-2}$$

式中，σ_{total}^0 为总的后向散射能量；σ_{top}^0 为上层界面所产生的后向散射能量；σ_{bottom}^0 为下层界面所产生的后向

散射能量。

2. 模型验证

为了验证双层介质散射模型的精度，需要提取单次散射部分的贡献，因为上节建立的双层模型仅仅考虑了地表与次地表两界面处的面散射作用，对于其他散射机制并未加以考虑。极化分解技术可以根据散射机制的不同对全极化 SAR 数据进行分离，以便获取更纯散射机制的贡献。本节将基于 Cloude 分解，针对 ALOS-PALSAR 全极化数据，分离出单次散射的贡献，以此作为标准数据对双层介质散射模型进行验证。

图 3-5-8 是双层介质散射模型模拟值与基于 Cloude 分解的单次散射贡献值（针对 ALOS-PALSAR 全极化数据，L 波段，入射角为 23.9°和 25.6°）的比对图。可以发现，双层介质散射模型可以在一定程度上对罗布泊的单次散射贡献进行逼近，只是整体上低于真实的 SAR 响应水平。这可能是因为 Cloude 分解时采用的窗口大小问题，或者是实地样本理化参数的测量误差。不过，其较好的一致性仍然可以说明模型的适用性。

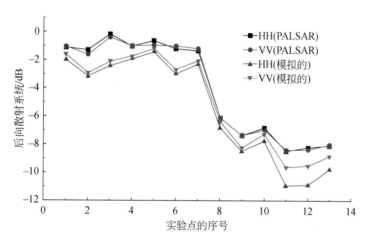

图 3-5-8　双层介质散射模型精度验证

参数分析表明两层界面（介电性质差异剖面）的存在是建立双层介质散射模型的首要条件，而有限的上层介质层厚度也是有效下层散射贡献的关键。在双层介质层结构确立的前提下，小入射角将使雷达信号低损耗地传播至下层界面处，而大入射角将突出下层界面处的散射贡献，甚至体散射贡献。这些分析对于 SAR 数据的使用与相关技术的发展均具指导意义。

3.5.4　罗布泊古湖区雷达穿透现象分析与定量穿透深度模型建立

合成孔径雷达（SAR）的显著优势之一就是对干燥地物具有一定的穿透性。雷达的穿透现象在自然界中是普遍存在的，只是各种环境的不同导致有些穿透现象明显，有些情况则不能够明确显现出层下信息。以往的研究主要集中在穿透现象的发现及成像过程的解释等方面。至今未见有关于穿透方面的定量模型的报道或文献记载。在前人工作的基础上，我们进一步细化罗布泊地区的散射过程，深入剖析穿透传播机制，并对其进行模型化表达，进而计算出特定波段、特定入射角条件下的穿透深度。罗布泊古湖区穿透深度模型的建立也可以直接印证该区域后向散射强烈的观点，结合 GPR 探测结果可以初步探讨穿透深度的指示性意义。

3.5.4.1　雷达穿透深度模型发展

雷达穿透研究大多集中在现象的发现与解释，近年来的最新研究成果显示定量化模型的建立已成为穿透现象研究的一个重要方向，但定量化穿透深度模型的研究仍较为匮乏。其中的主要原因在于自然界地物结构的复杂性，难以用统一的形式去刻画。

1. 改进的雷达穿透深度模型

罗布泊次地表结构较为复杂，难以用经典的理论穿透深度公式来计算。基于穿透深度的定义与罗布泊古湖区的实际情况，其次地表结构将要进行必要的简化，以便利用改进的模型进行定量刻画。整个罗布泊古湖区拥有广泛的浅水位卤水资源，这使得其地下约 0.6m 即可达到饱和含水量，具有较为明显的含水量阶跃界面。另外，由于含水量是介质介电性质的主要影响因素，罗布泊古湖区大量存在着浅层的介电性质差异界面，这对于雷达穿透是十分有利的。虽然上覆层的质地并不均一，有的是纯盐层，有的是盐土混合层，但均为极干燥介质，含水量极低，雷达信号在此层传播过程中的衰减很小。而下层介质的高含水含盐量造成信号经过折射进入该层介质后，能量迅速衰减。因此，本节将根据上述的分析，将罗布泊次地表结构简化为双层介质，并考虑传播过程中出现的折射、吸收衰减等作用。

2. 模型验证

基于改进的穿透深度模型与罗布泊古湖区的实地测量数据，我们针对考察路线 I 进行穿透深度的计算。路线 I 贯穿"大耳朵"区域，基本上涵盖了其主要变化特征，计算该路线上的雷达穿透深度，可以从地下卤水层位置变化的角度反映罗布泊演化方面的信息，间接支撑本书提出的罗布泊"大耳朵"特征形成的根本原因。

GPR 数据处理采用美国 GSSI 公司研发的地质雷达数据处理软件 RADAN6.0，包括全套滤波、数据编辑、偏移与地形校正、能量均衡、比例调节、反褶积、三维成像显示、分层解释、速度分析等。鉴于 GPR 垂直探测地下目标的工作方式以及其以低频电磁波（100MHz，400MHz 和 900MHz 相结合）作为主要探测信号，为了使模型模拟数据与实测数据更具可比性，模型中采用 L 波段（1.25GHz）及入射角为 0.01°。图 3-5-9 表明改进的穿透深度模型整体上可以较好地逼近于 GPR 实测结果，$R^2 = 0.853$，均方根误差 RMS $= 4.49$cm。需要指出的是，GPR 探测结果要比模型模拟值整体偏大，GPR 探测的次地表介电性质差异界面位置平均为 45.644cm，模型模拟平均值为 42.668cm。其主要原因是 GPR 采用了更低频的信号源，而模型模拟过程中实测数据方面的限制使得无法采用低频进行逼近。虽然如此，仍然可以得到较好的整体效果。

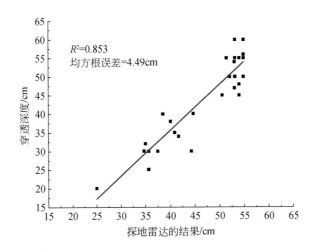

图 3-5-9　改进的雷达穿透深度模型精度评价

3. 雷达穿透深度模型参数分析

图 3-5-10 表示在入射角 θ_i，上、下层介质介电常数 ε_1、ε_2 及上覆介质层厚度 d_1 固定的条件下，模型模拟的穿透深度随着入射波频率变化的规律。可以发现，随着频率的逐渐增大，穿透深度迅速减小至一恒定水平，整体趋势符合指数递减规律，说明低频有利于地下目标的探测，频率的增大将大大减弱雷达的次地表探测能力。

图 3-5-11 表示在入射频率 fre，上、下层介质介电常数及上覆介质层厚度固定的条件下，模型模拟的穿透深度随着入射角变化的规律。随着入射角的增大，穿透深度呈现一个逐渐减小的过程，符合抛物线趋势。穿透深度的递减速率随着入射角的增大而增大。小入射角使得入射信号传播路程短，能量损耗小，可以探测到深度更大的目标。对于罗布泊古湖区来说，地下界面的位置相对较浅，SAR 信号基本上均可到达这里，只是信号回波的"能量分辨率"有所不同。小入射角虽然可以使较高的能量到达下层界面，但是地下目标与背景的回波能量将十分接近，并不利于地下隐伏特征的提取，因此在满足地下目标可探测的前提下，越大的入射角将越有利于地下目标的特征分析。

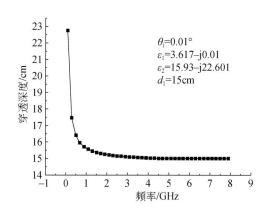

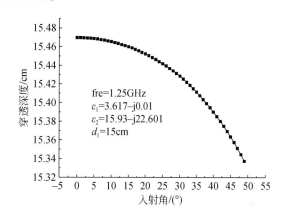

图 3-5-10　雷达穿透深度模型参数分析 A（j= $\sqrt{-1}$ ）　　图 3-5-11　雷达穿透深度模型参数分析 B（j= $\sqrt{-1}$ ）

图 3-5-12 表示在入射频率、入射角及上覆介质层厚度固定的条件下，模型模拟的穿透深度随着下层介质介电常数虚部的变化规律。ε_2' 的增大将使介质的损耗角正切值随之增大，即下层介质的能量衰减能力增强。因此，图中所示的穿透深度按照指数衰减规律逐渐减小，开始阶段下降速度较大，逐渐趋于一稳定值。这种规律符合能量衰减规律，也说明虚部较大的介质（高损耗介质，即含水含盐介质）对于雷达信号的衰减是十分显著的。

图 3-5-13 表示在入射频率、入射角及下层介质介电常数固定的条件下，相对穿透深度随着上覆介质层厚度的变化规律。这里的"相对穿透深度"意为模型模拟的穿透深度与上覆介质层厚度的差。可以发现，随着上覆介质层厚度的增加，相对穿透深度呈线性递减。虽然介质层衰减能力与信号传播距离有着直接的指数关系，但是相对穿透深度在 0 ~ 0.35cm 小范围内变化，呈现出线性递减规律。根据这种规律，可以估计出信号不能到达下层介质的上覆介质层的最大厚度，如图 3-5-13，当上覆介质层厚度达到 53cm 时，L 波段信号将无法到达下层界面。

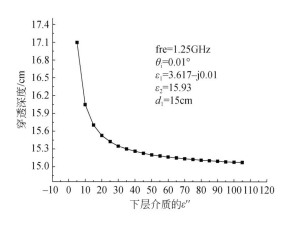

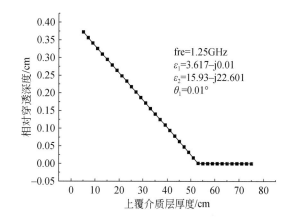

图 3-5-12　雷达穿透深度模型参数分析 C（j= $\sqrt{-1}$ ）　　图 3-5-13　雷达穿透深度模型参数分析 D（j= $\sqrt{-1}$ ）

综上所述，雷达穿透研究中，"上覆介质层为低损耗介质"是十分必要的前提条件，低频信号与上覆介质层厚度将共同决定信号的探测深度，而下层介质介电常数与入射角的选择则会综合影响地下目标的分辨能力。对于罗布泊古湖区而言，小入射角将使更多的信号能量到达下层介电性质差异界面，但是小入射角将会造成地表的强散射，并不利于地下目标的突显。而大入射角虽然会使信号传播过程中的衰减增大，但其相对于地表散射的减弱速率还是要小，这样地下目标的分辨率就会有所提高。因此，雷达穿透研究中的入射角的选择要根据不同的实验区与研究目的具体分析，而尽量保证低频信号与实验区上覆介质层性质（低损耗、厚度适当）是开展此类研究的必要条件。

3.5.4.2　罗布泊古湖区雷达穿透深度的指示性意义

罗布泊古湖区次地表存在着一介电性质明显的差异界面，这一层界面的位置与地下卤水层的位置有关。卤水层越浅则介电性质差异界面位置越浅，反之亦然。因此，穿透深度模型的模拟值可以在一定程度上反映地下卤水层的位置。由于罗布泊研究区域内雷达穿透机制的存在，地下卤水位与 SAR 后向散射响应之间就必然存在着某种关系。这里采用 ALOS-PALSAR 数据，提取反映"大耳朵"特征最为明显的HV 极化的后向散射系数（dB），令其与穿透深度模型模拟值进行比对，以期找到雷达穿透深度的指示性意义（图 3-5-14）。

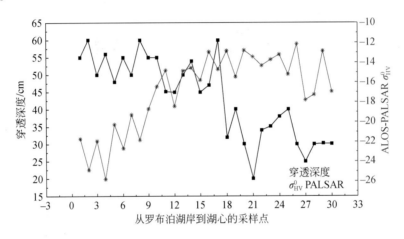

图 3-5-14　罗布泊古湖区（考察路线 I）穿透深度模型模拟值与 ALOS-PALSAR 图像 σ_{HV}^0 提取值的比对图

从湖岸到湖心，地下卤水位（穿透深度）逐渐变浅，并最终稳定在一个较低的水平附近。这种规律符合罗布泊古湖盆的构造过程，"耳心"是最后干涸的区位，湖盆各处地下卤水均沿着近半径方向在湖心聚集，且湖心区域地势相对较低，较容易受到西面湖区的洪水影响而被反复淹没，因此该区位的地下卤水位较浅。PALSAR 响应表明湖心区域的后向散射强烈，其沿剖面路线的变化规律与地下卤水位（穿透深度）近似相反。从图 3-5-14 可以发现，两条曲线在大部分样点处均呈反比例关系，即地下卤水位（穿透深度）浅，则后向散射强。这种关系说明了罗布泊古湖区的 SAR 后向散射能量中包含地下目标的贡献，这也是地下目标探测与隐伏特征提取的前提。

3.5.4.3　罗布泊古湖区 SAR 地下目标探测机理分析

SAR 在干旱区的地下目标探测能力已被多次报道，为了更为系统地论证罗布泊古湖区 SAR 地下目标探测能力，我们基于实际调查情况以及介电模型、穿透深度模型、散射模型，从野外考察实例和理论两方面对 SAR 在罗布泊试验区的地下目标探测能力进行全面论述。结果表明，C 波段和 L 波段是可以探测到罗布泊次地表介质的。

1. 野外考察实例

罗布泊野外调查中发现，2-04 和 2-05 两点相距很近，地表形态较为一致。2-04 地表潮湿、软，脚踩则塌陷。2-05 地表干燥，呈荒漠戈壁特征。按照常规判断，地表潮湿的区域，雷达响应特征应该是较为强烈的后向散射，但是由图 3-5-15 可见，2-04 的回波反而要弱于 2-05。基于野外调查样点图 3-5-16 和

图 3-5-17 可以发现，2-04 地表下没有明显的干燥沉积盐层，而是潮湿的土层，挖至 1m 深仍然未见卤水层出露。2-05 可清晰看见沉积盐层，且样坑底部有卤水层出露。对比两点可以分析，雷达波束到达 2-04 区位，穿透至次地表的信号被大量存在的潮湿介质所衰减，由于一定深度内未见卤水层，不存在介电性质差异较大的次地表界面，因此没有强烈的次地表回波能量。2-05 地表干燥，说明地表散射能量减少，穿透至次地表的能量相对增多，且地下存在介电性质差异界面，使得穿透至次地表的信号可以得到较强烈的后向散射，从而增强整体回波能量。

图 3-5-15　罗布泊野外调查 2-02 ~ 2-05 样点 SAR 响应（基于 ALOS-PALSAR 数据）

图 3-5-16　罗布泊野外调查 2-04 样点图

图 3-5-17　罗布泊野外调查 2-05 样点图

　　类似的例子在罗布泊古湖区广泛存在，即相同地貌特征条件下，地下卤水位浅的区位整体回波强烈。这里再举一典型例子，2-02 样点在 SAR 图像上表现为强回波（图 3-5-18），而实地调查也发现其次地表确实存在浅水位卤水层，SAR 信号在进入次地表介质后，经过适当的衰减之后探测到了介电性质显著的卤水介质，从而产生强烈的后向回波。

　　针对图像异常点，开展了一次罗布泊野外调查，所用的雷达影像为 RADARSAT-1（图 3-5-19）。考察

图 3-5-18　罗布泊野外调查 2-02 样点图

中发现，1-01 和 1-02 两点处于不同的干涸古河道中（图 3-5-20、图 3-5-21），1-01 在图像中比较亮，1-02 则呈现按目标特征。实地采样发现，1-01 样点处表面有一层约 10cm 厚的尘土，介质分层比较明显，第一层介质含盐粒较多，厚约 10cm；下层介质含盐粒较第一层少。40cm 往下可见潮湿介质层，随着深度的增加，该层介质湿度越大，但没有卤水溢出。1-02 样点处地表粗糙度较大，目视可判断干涸时间比 1-01 样点更久；上层干燥盐壳层比 1-01 样点厚，第一层介质含盐粒较多，厚约 30cm；下层介质含盐粒较第一层少。约 45cm 以下介质湿度开始增加。通过分析可以发现，1-01 样点地表为干燥尘土，说明地表散射能量减少，可以穿透至次地表的能量相对增多，到达次地表干湿界面时（介电性质差异界面），可以得到较强烈的后向散射，从而增强整体回波能量。1-02 样点处地表粗糙度较大，上层干燥盐壳更厚，雷达波束在干燥介质层中衰减较大，因此没有强烈的次地表回波能量。这也印证了 1-02 样点处河道的干涸时间比 1-01 样点处更久远的结论。

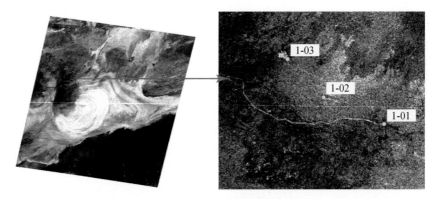

图 3-5-19　罗布泊野外调查 1-01、1-02 和 1-03 样点 SAR 响应特征（基于 RADARSAT-1 数据）

图 3-5-20　罗布泊野外调查 1-01 样点图

图 3-5-21　罗布泊野外调查 1-02 样点图

　　1-03 样点处盐层很厚，单凭人力无法挖开、取样，用钢钎探测到上层盐层厚度大于 63cm，在 70cm 处可见潮湿介质颗粒（图 3-5-22）。此区位在雷达影像上表现为亮斑，从样坑特点看，上覆较厚的干燥盐层对信号衰减比较小，是图像上表现为亮目标的原因之一。此外，发现样点周围区域地表分布有许多大型突起盐壳，高约 1m，极易形成角反射器效应，这也是 1-03 样点的雷达回波能量比 1-01 样点更强的原因。

图 3-5-22　罗布泊野外调查 1-03 样点图

　　另一个例子也能说明雷达穿透现象的存在。在图 3-5-23 中红色四边形所标注的范围是罗布泊的西湖所在的范围，现在已经知道的是西湖晚于古东湖形成，即西湖的沉积物是覆盖在古东湖之上的。从图 3-5-23 中可以清楚地看到西湖覆盖下的古东湖的湖岸纹理。所以我们认为在罗布泊湖盆区域雷达穿透现象是普遍存在的，只不过有的采样点表现比较明显，而有的采样点则由于总体回波太强表现并不明显。

图 3-5-23　罗布泊 ALOS SCANSAR 遥感影像地图

获取时间为 2011 年 1 月 15 日，SCANSAR 模式 HH 极化

2. 穿透模型分析

介电模型与穿透深度模型分析：通过对含水含盐介质介电性质的系统分析与建模，我们总结出了罗布泊次地表广泛存在的含水含盐介质介电性质的主要影响因素，并通过 SAR 后向散射系数、地表粗糙度及次地表含盐量之间的比较，论证了 SAR 后向散射能量组成，从而提出"罗布泊古湖区的雷达后向散射特征不仅仅是地表粗糙度的贡献，次地表高含水含盐物质的介电性质贡献也不能忽略"的观点。

从穿透机制的角度详细分析了罗布泊古湖区次地表结构与相应的介质介电性质差异，提出了定量的穿透深度模型，并利用 GPR 探测结果进行了模型精度验证。结果表明，罗布泊次地表均存在一介电性质差异界面，这层界面的位置取决于地下卤水层与次地表介质性质，可以间接地反映罗布泊演化方面的信息。通过对 SAR 在罗布泊古湖区穿透能力的论证，可以认为至少 L 波段可以探测至罗布泊次地表，具有一定的地下目标探测能力。

3. 散射模型分析

本节将基于建立的极粗糙地表散射模型与 Original IEM 模型，从散射能量的角度对 SAR 地下目标探测能力进行论证。

以野外调查 1-22 样点为例，因为此区位地表粗糙度大，次地表卤水位浅，仅 45cm，更有利于说明次地表散射贡献。根据罗布泊的自然演化情况，罗布泊古湖区属于原地沉积过程，次地表界面呈现微起伏特征。基于微粗糙地表的后向散射敏感性分析可知，任一界面处的介电常数大小对于此处的后向散射影响不大，因此适当地放大此处的介电常数值，可以更加鲜明地说明这部分贡献。本节论证的主要思路为：首先利用极粗糙地表 IEM 计算地表后向散射系数，再利用 Original IEM 计算次地表界面处的后向散射系数，这里暂时不考虑穿透过程中产生的吸收或体散射损耗，最后两部分计算值相加，其结果与实际 SAR 图像响应值进行对比，以此说明次地表贡献的重要性。下列分析将分别针对 C 波段（RADARSAT-2）和 L 波段（ALOS-PALSAR），1-22 样点地表粗糙度为 RMS＝8.36cm，L＝65cm，计算结果见表 3-5-3。

表 3-5-3　罗布泊 SAR 地下目标探测能力论证——散射模型分析　　　（单位：dB）

项目	HH（C 波段）	VV（C 波段）	HH（L 波段）	VV（L 波段）
地表 σ^0	−9.1480358	−9.1480329	−4.8830876	−4.8799893
次地表 σ^0	−7.9956	−7.8591	−14.0805	−11.427
相加值	−5.5234	−5.445632	−4.3897	−4.0112
图像值	−4.99	−5.19	−1.13602	−1.2331
差异	−0.5334	−0.255632	−3.25368	−2.7781

可以发现，模型模拟值要小于图像提取值，这里已经忽略了本应该存在的穿透过程中的能量衰减作用，单纯地相加仍无法表征实际后向散射特征。唯一可以解释这种现象的原因就是穿透过程中可能存在的体散射和次地表界面处由于入射角变小而引起的散射增强作用，这种现象在 L 波段的论证中也有所体现。

对比两个波段可以发现，C 波段的模拟值与实际提取值更为接近，而 L 波段的模拟值与实际提取值的差距较大。这是由于 L 波段穿透深度比 C 波段大，传播过程中所产生的体散射也相应地更为显著，而且由于透射导致的次地表界面处的入射角更小，从而引起的增强作用较 C 波段明显（因为 L 波段的介电常数要大于 C 波段）。总之，无论是 C 波段还是 L 波段都说明了完全不考虑穿透过程中的衰减作用，简单地将两层界面后向散射系数相加仍然达不到实际提取值的水平，其中应该还存在着其他散射机制，而这些有待于深入剖析的散射机制正好说明了 SAR 在罗布泊古湖区的地下目标探测能力。

3.6　基于雷达遥感的罗布泊湖盆环境敏感参量提取与环境意义分析

3.6.1　钠离子含量遥感探测与分布规律分析

在遥感影像上，罗布泊呈现出一个人耳朵的形状，因此闻名世界。从罗布泊的合成孔径雷达（SAR）图像上可以清晰地看见整个湖盆呈现明暗相间的环纹特征，每一条环纹代表一条湖岸线，这些湖岸线清晰地记录了罗布泊逐渐萎缩的痕迹。我们的主要研究目的就是通过分析罗布泊次地表钠盐的沉积规律来解译其在干涸过程中的古环境演化。罗布泊在逐渐干涸的过程中沉积了大量的盐类，其中以钠盐为主，因而钠盐的分布就可以代表次地表含盐量的分布。沉积盐是盐湖在干涸过程中重要的沉积记录，更是研究其古环境演化的重要依据。

PolSAR 是新型的雷达遥感技术，信息量大，对于定量化反演地表参数十分有利，现有的极化雷达反演技术大多采用单一极化参数或者几个极化参数反演的方法，而对这些极化参数的选择方法大都根据对研究区散射机制的分析之后，找到与这些散射机制密切相关的极化参数，然后再通过数据训练的方式建立简单的线性关系。这种反演方法受人为因素影响大，因为自然地物的散射机制非常复杂，尤其是对于次地表，大多数情况下很难准确地确定其物理散射过程。另外，面对全极化雷达数据给我们带来的大量极化信息，目前的极化雷达反演技术还没有充分利用这些极化信息，对于很多基于数学算法计算出来的极化参数缺乏应用。因此，我们提出了一种基于遗传–偏最小二乘（GA-PLS）方法的极化雷达反演技术（李冰艳，2016）。

偏最小二乘（PLS）方法是一种多元回归数学建模方法，旨在建立自变量与因变量之间的回归方程。与传统的最小二乘方法相比，偏最小二乘方法最大的优势在于可以规避自变量之前的相关性，也就是说，当一个因变量与多个自变量相关时，无论自变量之间是否具有相关性都可以通过偏最小二乘方法建立回归模型。而遗传算法常常作为一种特征选择方法用于多元回归分析中，所谓特征选择就是选出一组最佳的自变量组合来解释因变量，使其产生的误差最小。据论证，当遗传算法加入偏最小二乘多元回归建模时，可以有效地提高偏最小二乘多元回归模型的预测精度并且大量简化模型（Leardi and Gonzalez，1998；Li et al.，2007）。目前，GA-PLS 已被广泛应用于多个领域的定量分析研究，在遥感领域中主要应用于高光谱遥感，但是还从来没有应用于极化雷达遥感。全极化雷达数据可以提供大量的极化参数，与高光谱具有大量的波段信息情形相似，因此，将通过 GA-PLS 方法基于全极化雷达数据定量反演次地表参量。

根据罗布泊实地特点以及样本采集情况，我们制定了合理的基于 GA-PLS 的极化雷达反演方法流程（图 3-6-1），反演精度能够达到 70%（图 3-6-2），说明对于次地表散射贡献这类弱信息，合理地将数学分析方法引入将会更充分、更高效地利用极化信息，该方法能够有效地规避人为因素影响。

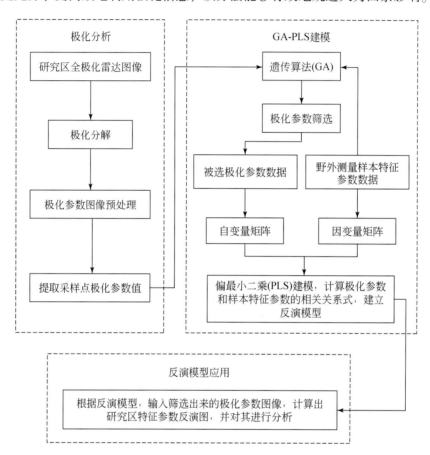

图 3-6-1　基于 GA-PLS 的极化雷达反演方法流程

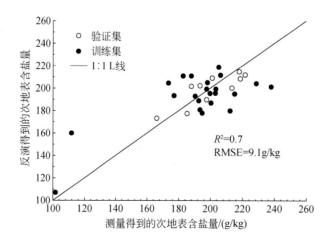

图 3-6-2　基于 GA-PLS 的罗布泊次地表 Na 含量反演精度

基于以上方法流程，我们完成了罗布泊古湖盆区域次地表 Na 含量雷达遥感反演图（图 3-6-3），可以发现，次地表 Na 含量的分布规律与罗布泊环纹的影像特征基本一致，同时存在"同环不同 Na 含量"的现象。

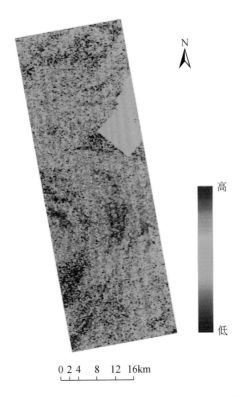

图 3-6-3　罗布泊古湖盆区域次地表 Na 含量雷达遥感反演图

对于"同环不同 Na 含量"的现象存在一种解释，即由于罗布泊古湖体存在的风力偏移现象，详细介绍如下。

（1）在大风期，风应力会使湖体发生一定的偏移，那么在湖盆会发生两种沉积作用：一种是被湖水覆盖正常的盐类结晶沉积作用，另一种是暴露在空气中的湖盆发生的盐类快速结晶过程。

（2）在罗布泊湖盆的东北部，受风力影响而经常暴露在空气中，干旱气候条件下盐类快速结晶，造成东北部的沉积盐增多。

另一种解释则是南部地区受阿尔金山北麓的洪水影响较大，不仅地下水位偏高，而且盐类沉积也因受水溶解而偏少。

3.6.2　罗布泊古湖盆含水层深度探测及其环境成因

3.6.2.1　湖盆含水层深度雷达探测的理论模型

穿透性一直都是雷达遥感研究的重点之一。大量的实验表明，极干旱的、稀少植被覆盖区的雷达穿透现象是普遍存在的。近年来，Paillou 等（2001，2003）在实验室和实地开展了大量的工作，将雷达穿透现象与物理散射机制联系在一起，为进一步的定量特征提取做了较为系统的基础性工作。他们的研究发现在从具有干沙覆盖下的湿土层的极化雷达图像上所提取的同极化相位差与干沙层的深度之间具有较好的相关性，随后他们又利用 Fung 等提出的 IEM 面散射模型从散射机理上对所观测到的同极化相位差进行了解释。

基于 Lasne 等（2005）的理论，由地表干燥土壤层和次地表的潮湿土壤层构成的双层土壤结构会产生与厚度相关的同极化相位差。他们的研究目标的结构和组成相对简单，由一层干沙层和干沙覆盖下的潮湿土壤层构成。研究区域——罗布泊湖盆地表盐壳极为粗糙且非常干燥，罗布泊土壤层中的盐分含量很高，有的地方都能看到析出的盐晶体，土壤的物质组成比较复杂，含多种不同的盐分。通过对罗布泊湖盆区域地表的 SAR 信号散射机制的分析，发现对于地表面散射来说，极粗糙的形态造成了多次散射贡献增大，不能被忽略。高高隆起的盐壳与地表之间形成了近似二面角的结构，这种微地貌状态会产生较强的二面角散射效应。此外，SAR 在干旱区独特的穿透能力使得罗布泊湖盆区域的散射机制还包括次地表结构中复杂的信号传播机制形成的体散射。

经过大量的野外考察和室内测量数据，我们发现罗布泊湖盆区域次地表存在一层介电性质差异较大的界面。这样就可以将罗布泊次地表结构简化为双层介质，第一层介质的物质组成并不均一，有的是纯盐层，有的是盐土混合层，第一层介质的含水量都非常低，为干燥介质；在其表面主要发生单次和多次面散射作用，SAR 信号在此层传播过程中的能量损耗主要表现为与介质层组分相关的吸收衰减和体散射作用。对于第二层介质及其往下的部分，介质含水含盐量比较大，SAR 信号基本无法穿透下去继续传播。考虑到罗布泊区域特殊的土壤结构（次地表存在一层明显的干湿分解面，地表粗糙度非常大，包括多种散射机制），要想从图像上获得面散射的同极化相位差，必须要先去除二面角散射和体散射的影响。在此，我们运用基于物理散射模型的 Freeman-Durden 分解方法通过分解得到面散射的同极化相位差。然后考虑利用同极化相位差来进行次地表卤水层深度的定量反演（刘长安，2016）。

3.6.2.2　卤水层埋深的野外测量验证与环境意义分析

1. 卤水层埋深测量与样品采集

在罗布泊湖区，根据预先制定的考察路线，开展了湖区含水层埋深的测量和采样工作，如图 3-6-4 所示。具体工作包括：采样坑开凿至水分充足的层面即可，样坑开凿至 1m×1.5m 大小；清理剖面，皮尺固定于剖面之上，白板编号并照相，对剖面的分层情况进行描述（包括距地表各距离段的土壤沉积特征、土壤颜色、密实程度、各层次距离地面的长度等），并决定分层，从地表至卤水层大致分为 6 个层次，即地表样、盐土混合干燥（疏松）层、盐土混合干燥（致密）层或盐土混合干湿分界处上层、盐土混合干湿分界处下层、盐土混合潮湿层、卤水出露底部；针对 6 个样本位置进行介电常数测量，干燥部分可能会因为界面无法压实导致测量失败，此时将采取采样回实验室测量的方式；针对 6 个层次进行大盒和小盒采样，分别用于实验室的离子成分和含水量测量。

图 3-6-4　罗布泊野外样坑采样

2. 介电性质实地测量

野外同时用便携式矢量网络分析仪以及介电性质测量套件，现场针对样坑中适合探头探测的层位进行现场介电性质测量，避免样本运输过程中的水分流失造成的测量误差。

3. 雷达反演图像

根据野外实测数据，我们进行了 32 个数据样点次地表含水介质层深度的分析，之后我们用 L 波段的 ALOS-PALSAR 数据进行了相位差的提取实验，考虑到罗布泊湖盆区域散射机制的复杂性，采用改进的 Freeman-Durdan 分解方法进行了相位差的计算。图 3-6-5 是经过几何精校正之后的相位差图像。

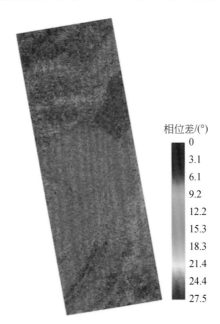

图 3-6-5　罗布泊湖盆区域相位差图像

我们可以看到湖盆区域的相位差有明显的变化，同时湖盆区域的相位差也具有环状分布。研究依据地面采样点的经纬度，在图上相应位置选取了 32 个 ROI 用于相位差的统计平均的计算。通过 Lasne 等的理论，在具有双层结构的土壤区域，上面干燥介质层的厚度与同极化相位差之间具有较高的相关性，在罗布泊区域湖盆区域也具有明显的双层土壤结构，在此地表存在着介电特性差异较大的一层分界面。为了研究罗布泊区域次地表参数与同极化相位差的关系，通过大量野外实验，获取了 32 个采样点的介质层厚度数据。通过分析，我们可以发现不同采样点处的介质层深度和同极化相位差还是具有很大差别的。采样点的介质层实测深度分布在 25～65cm 之间，同极化相位差则分布在 0°～4°之间。

将计算出的相位差与各个采样点实测的次地表卤水层的深度之间进行线性拟合，其结果如图 3-6-6 所示，经过初步分析我们可以认为二者之间具有较好的相关性，两者相关系数 R^2 为 0.82，标准偏差为 4.1cm。

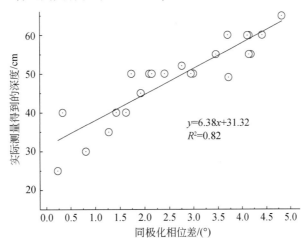

图 3-6-6　计算得到的相位差与实测深度之间的相关性

通过上面建立的关系式，我们通过相位差进行了湖盆区域次地表卤水层深度的提取，并研究了次地表卤水层深度在罗布泊区域的整体分布规律。图 3-6-7 是我们提取的垂直于条纹从湖心到湖岸的一条线状剖面。我们可以看到，从湖心到湖岸次地表卤水层的深度具有较大的波动。但总体上来说，从湖心到湖岸地下卤水层的深度在增加，这符合一般的湖水退缩的演化规律。但在该图中我们发现了三处地下卤水层深度的突变区域。如果湖水退缩过程是一个连续性的过程的话，我们提取的介质层深度的剖面应该是一个连续的走势，就不会出现在该图中标示出来的次地表卤水层深度的突变区域。下面我们将从理论上对其进行分析。

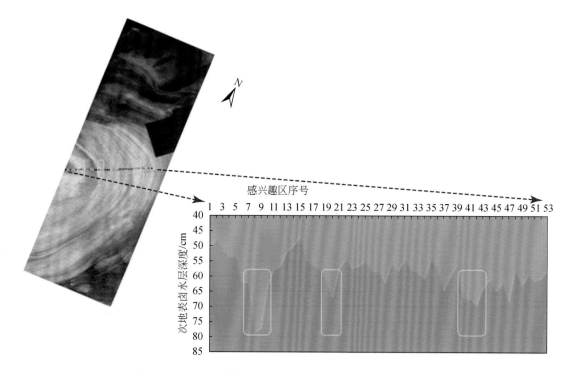

图 3-6-7　反演得到的次地表卤水层深度沿湖心到湖岸的分布

总体来说，罗布泊湖盆干涸过程留下的痕迹是湖水退缩化学沉积与地下卤水上侵沉积的综合结果，首先，需要介绍一下地表盐壳演化过程的假说，在湖水退缩初期，残留的湖水会在很短时间内结晶形成地表岩壳的雏形。其次由于地表上部变得干燥，上部卤水会在毛管作用下上侵，在近地表结晶。在这之后，地下卤水上升到次地表并结晶，但由于上面的压力作用，卤水结晶的位置不断降低，当到达某深度时，上拱与下拱的力已经对上部和下部的结构产生不了太大的影响。这样水平挤压力会增大，最终会形成次地表一层致密的盐层，对其下方的水分具有保持作用，这样在次地表就形成了一个明显的干湿分界面。接着，我们来分析一下湖水退缩及其痕迹的形成过程，SAR 图像上的亮条带是较干旱时期形成的，这时入水量比较小，水面快速退缩，残留在地表的盐分与地下卤水析出的盐分的共同作用形成了亮条带。而暗条带是在后面的过程中，入水量突然增大，水面又再次扩大，会淹没掉之前形成的部分亮条带区域，即在一个大的湖泊退缩周期中间，由于暂时性的来水或者气候变化，中间会有往复。而这种突发性的洪水或者气候事件一般不会持续太长的时间，在这之后还会有一个快速的退缩过程，由于时间较短，所以就会融掉部分干湿分界面上半部分的盐分，但还来不及融掉次地表致密干湿分界面，这样干湿分界面形成过程中来自上面的压力会减小。由于下拱力的作用，次地表卤水层的干湿分界面会进一步抬升，此时退缩之后形成的条带是暗条带，并且它与相邻的明条纹之间的分界比较明显。这样便可以解释图 3-6-7 中三处地下卤水层深度的突变区域的形成机制。

最后我们反演得到湖盆区域的次地表卤水层深度的分布，如图 3-6-8 所示。

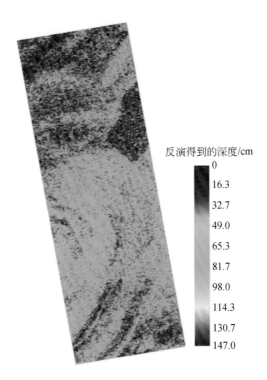

反演得到的深度/cm

0
16.3
32.7
49.0
65.3
81.7
98.0
114.3
130.7
147.0

图 3-6-8　罗布泊湖盆区域次地表卤水层深度反演分布图

罗布泊地区的卫星影像上分布有明暗相间、近似平行展布的环状结构，这些环状条纹宽窄不一，有时又有分叉和叠置，是罗布泊在遥感影像上最为醒目的特征。关于这些环状条纹，不同的人给出了很多不同的解释。虽然各自说法不尽相同，但有一点不可否认，即环状纹理是罗布泊某一时期湖水边界的印记。通过反演图，我们发现次地表卤水层的深度具有"同环不同深"的现象（在东北方向颜色偏深）。

一种解释是风应力的影响。因罗布泊地区常年盛行东北风，特别是在春季，风力可达 8 级。这样在湖水退缩的过程中，罗布泊的东北方向有时被水覆盖，有时露出水面，在这部分区域露出水面的过程中由于蒸发作用，这时在土壤表面结晶露出的盐分会增多。在湖盆经历全部干涸的过程之后，上表层盐分的膨胀力会变大，使得下层的卤水不易上升和结晶析出，便导致了次地表干湿分界面的深度分布偏深，而图像西南方向的那些条纹区域，由于一直没有露出水面，则经历正常的结晶析出过程，所以相比较而言上表层的盐分含量偏低，次地表层的干湿分界面的深度分布也偏低。在图 3-6-8 中这种规律表现得特别明显。

另一种解释是由于钾盐厂抽取北部地区浅层地下卤水层的卤水进入盐池晒盐，导致北部浅层地下水位下降。同时南部地区还每年接受阿尔金山北麓洪水的补给，因此地下水位也自然偏高。

3.6.3　湖盆盐壳形态雷达遥感识别与环境意义分析

盐壳是罗布泊古湖盆留下来的古气候演变痕迹之一，盐壳的形态是历史演化时期的环境状况与后期环境应力改造之后的共同结果，通过盐壳的形态及其空间分布规律有望探知古气候环境方面的信息。

本次研究的主要目标之一是环境演变过程替代性指标的雷达遥感反演。除了上面所介绍的浅地表含水层的埋深与罗布泊湖的环境演变过程密切相关外，与罗布泊湖盆区域雷达后向散射系数最为直接相关的湖盆参数为地表盐壳的粗糙程度。而地表的粗糙程度与浅地表含水层的埋深也可以纳入统一的地貌动力学过程之中。地表粗糙度参数的反演在罗布泊环状纹理的研究中是一个重要的方向，因为它是识别和刻画不同类型的盐壳微地貌形态的有效参量。在本章中基于数字近景摄影测量的理论，我们提出了一种新的高效的地表粗糙度测量方法。在此基础上，本章将尝试利用极化雷达数据，分析不同纹理处的地表形态，结合实地粗糙度测量数据，采用回归分析的手段建立罗布泊古湖盆区域的地表粗糙度反演模型，以此获得较大范围内连续的地表粗糙度数据，基于反演的粗糙度数据来研究不同环纹处的盐壳形态和其所处的盐壳生长期次，并用于历史上罗布泊湖的环境演化过程的分析（刘长安，2016）。

针对极粗糙地表的粗糙度反演方法：地表粗糙度在罗布泊耳纹的研究中是一个重要的参量。罗布泊古湖盆区域地表极其粗糙，有的区域高高隆起，有的地方比较平整，有的区位呈盐板龟裂状。目前的粗糙度参数提取方法，大多是针对农田、草地等中小粗糙度的土壤表面来进行的，主要是用于相对平滑的土壤表面，这些算法在像罗布泊湖盆这类的具有大粗糙度地表并不一定适用。本节将尝试利用极化雷达数据，分析不同耳纹处的地表微地貌形态。即结合实地粗糙度测量数据，建立罗布泊耳纹区地表粗糙度反演模型；后面将基于反演的粗糙度来研究不同环纹处的盐壳形态和盐壳生长期次，并将结果用于耳纹区湖泊环境演化分析。

基于DERD/SERD的粗糙度反演理论：法国的Allain等（2005）提出了两个基于特征值的参数，单次散射特征值相对差异度（single bounce eigenvalue relative difference，SERD）和二次散射特征值相对差异度（double bounce eigenvalue relative difference，DERD），用来描述自然媒质的特征。这两个参数由满足反射对称性假设条件的平均相干矩阵 T_3 计算得到。这两个参数可以覆盖整个特征值谱，并且可以比较不同散射机制的大小。DERD参数可以与各向异性度 A 相比较，各向异性度 A 由平均相干矩阵 T_3 的第二个和第三个特征值获得。SERD参数对于高极化散射熵的媒质十分有用，可以用来确定高散射熵地物的不同散射机制的特征和大小。

对于表面粗糙的情况，单次散射主要影响平均散射机制，即使是非常粗糙的表面，其出现二次散射和多次散射的概率仍然偏小。因此，尽管SERD参数的变化对于表面粗糙度非常敏感，但是一般情况下SERD参数的数值仍然非常高，且接近于1。根据《极化雷达成像基础与应用》，SERD和DERD这两个基于特征值的参数对自然媒质的一些特征敏感，可用于植被和地表参数的遥感定量反演。

1. 罗布泊湖盆区域不同盐壳形态的识别实验

盐壳的微地貌形态的遥感识别是一个很复杂的交叉学科问题。首先需要找到适合刻画微地貌结果的定量参数，然后还要找到合适的雷达遥感理论和方法来提取和定量反演上述的盐壳形态结构参数。目前大多数雷达粗糙度的反演研究还是针对均方根参数 S（或RMS）的，其中相关长度 L 对于后向散射特性的影响被忽略掉了。但是只用一个参数来描述地表的粗糙程度是不全面的。实际上，在IEM/AIEM模型的模拟中，利用两组不同值的 S 和 L 有时会得到相同的后向散射系数。

基于以上这些原因，我们提出了一个新的参数 S_L 来表征地表的粗糙程度，这个新的参数很好地综合了地表均方根高度和相关长度的信息，它的具体定义如下：

$$S_L = \frac{S}{L} \tag{3-6-1}$$

式中，S 为地表均方根高度（m）；L 为地表相关长度（m）。

这里使用了2009年获取的L波段ALOS-PALSAR全极化数据对罗布泊湖盆区域的盐壳形态进行了识别研究，在对影像进行基本的辐射和几何校正处理之后，利用极化分解方法得到的SERD参数来进行后面的分析。由前文的介绍可以知道，现在的罗布泊湖盆表面是极为粗糙干燥的盐壳，上层盐壳的介电常数很低，对微波信号的衰减作用很弱，雷达信号很容易穿透。但是挖开盐壳会在次地表的 $50\sim60cm$ 处发现潮湿的盐土层，有的地方还会有卤水渗出。对于底部第二层（layer 2），其含水量接近于饱和，介电性质十分显著，信号已经无法继续传播下去，因此可只考虑第二层界面及其以上部分的主要影响因素。通过探地雷达的探测也会在次地表发现有干湿分界面的存在。这样就使得罗布泊古湖盆区域的散射机制不仅仅是单纯的面散射，还包括次地表结构中复杂的信号传播机制。通常，信号传播过程中的各种影响不能逐一考虑，需要根据实际情况对结构进行简化，突出主要因素，以便利用简单的模型或者模型组合进行定量刻画。罗布泊古湖盆区域次地表存在一层介电性质差异较大的界面，此处会产生类似于面散射的作用，可将罗布泊次地表结构简化为双层介质。当SAR波束照射到地表时，将在第一层界面处发生面散射作用，由于地表的极粗糙形态，这里应该采用极粗糙面散射模型，因为极粗糙地表所造成的多次散射不能被忽略；由于第一层（layer 1）的低介电性质（极干燥），部分能量将传播至次地表中，此过程中会发生吸收和衰减作用，同时在盐颗粒和土壤颗粒之间会发生体散射的作用；当信号到达第二层界面时，由于 layer1 与 layer 2 之间的介电性质差异，会产生类似面散射的作用。

这里我们重点关注去极化作用。在极化雷达遥感中，去极化作用主要是多次散射现象造成的。具体到罗布泊古湖盆区，去极化作用的来源有两个方面：一个是极粗糙表面的多次面散射，另一个是次地表介质层中的体散射。同时，参考地表盐壳形成的地貌动力学过程可以知道，此地表层的一些因素如含盐量、盐分组成和颗粒度的大小等是地表盐壳生长的驱动力。这意味着次地表层的体散射作用和地表层的面散射是有关联的。二者都与地表盐壳的微地貌形态相关，这二者的作用在极化雷达遥感中统一表现为去极化作用。所以为了能识别和区分罗布泊古湖盆区域不同盐壳的种类，需要寻求能够表征去极化作用的遥感参量。

由定义可以知道，SERD 代表了单次散射分量和多次散射分量之间的相对大小关系。它可以用来比较不同散射机制之间的相对比重。正如前面分析的那样，在罗布泊湖盆区，地表非常粗糙，单次散射占据着主导作用。同时由于其极粗糙的地表形态，在这块区域的地表也会产生显著的多次散射。SERD 中的参量 λ_{3NOS} 代表了去极化作用（多次散射分量），在本研究区，去极化现象由地表和次地表的散射特征共同表征。结合盐壳形成的地貌动力学过程，可以知道随着地表粗糙度的增大，代表多次散射特征的 λ_{3NOS} 也会增大。由此可知，SERD 参量会随着地表粗糙度的增大而减小。通过散射机理与 SERD 所代表的物理意义的分析，可以得出这样的结论，利用 SERD 参量来识别和反演罗布泊湖盆区域的地表粗糙程度参数是合适的。

2. 结果与认识

由上面的分析，罗布泊湖盆区域的地表粗糙程度主要由我们所提出的 S_L 所表示。故下面将尝试利用 SERD 参量来反演 S_L 参数。在经过了基本的辐射和几何纠正之后，利用 L 波段的 ALOS-PALSAR 全极化数据（数据获取时间是 2009 年的 5 月 6 日，入射角是 23.1°）来进行后续的分析。图 3-6-9 是利用基于特征值向量分解得到的 SERD 参数的结果，可以看到 SERD 参数对于不同条纹有较强的区别力。

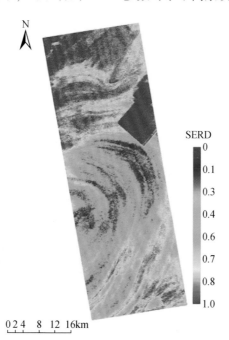

图 3-6-9　SERD 参数在罗布泊湖盆区域的整体分布图
可以看到 SERD 参数在湖盆的不同位置处的差别很大。同时 SERD 参数也具有明显的环状分布特征

为反演地表的粗糙度参数，本次研究总共在湖盆区域选择了 19 个采样点。采样点的位置在图 3-6-10 中由蓝色的圆点所表示。

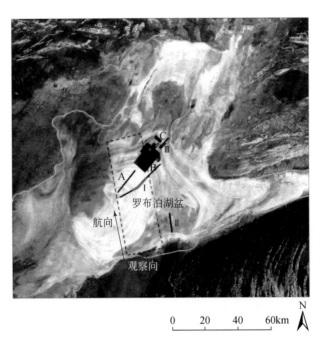

图 3-6-10　实验中所用到的影像的覆盖范围与采样点的空间分布图

A、B、C 为三条考察路线，B 中蓝色线段为采样位置

图 3-6-11 表示了 SERD 参数与 S_L 参数之间的线性拟合关系。SERD 参数与 S_L 参数之间有较好的线性关系，R^2 为 0.72。这进一步说明了，从极化相干矩阵中提取的特征值参数在反演地表粗糙度方面具有很大的潜力。

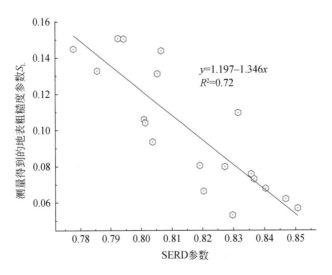

$$y = 1.197 - 1.346x$$
$$R^2 = 0.72$$

图 3-6-11　SERD 参数与 S_L 参数之间的线性拟合关系

红色直线是两者之间的线性拟合关系

图 3-6-12 表示了利用上文中所介绍的粗糙度反演模型由 SERD 参数反演得到的 S_L 参数。根据不同的粗糙程度，可以将罗布泊湖盆区域的盐壳分为三个不同的阶段，即初步破裂状的盐壳、多边形破裂状盐壳和极粗糙的蜂窝状盐壳。这三个不同的阶段，在图中分别是以绿色、黄色和红色的虚线段来表示的。

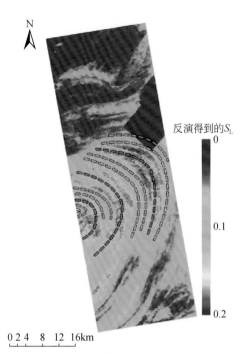

图 3-6-12　反演得到的 S_L 参数在罗布泊湖盆区域的总体分布

通过图 3-6-12 亦可以看到，罗布泊古湖盆区域不同形态的盐壳整体上也呈现近似的多层次环状分布，具有明显的环状纹理特征。总体来说，在罗布泊古湖盆区域，不同形态的盐壳、沉积物等地球化学特征，都呈现着明显的环状分布特征。在遥感图像上，这些环状分布特征整体上看起来像一个"大耳朵"的形状。这种形态分布是罗布泊古湖盆最显著的影像特征。近年来，许多的科学家都对这些环状分布的环纹所表示的气候环境意义与成因做过解释。不同的人做出了不同的解读。但是有一点是肯定的，那就是这些环状分布的条纹是某一时期罗布泊湖的湖岸线的记录。这些记录为科学家研究盐壳的生长和演化提供了绝佳的案例。

通过图 3-6-12 可以看到罗布泊湖盆不同区域的 S_L 参数有着非常明显的差异，从湖心到湖岸的 S_L 值发生了多次较大的变化。由图 3-6-12 我们也可以得到罗布泊湖盆区域不同盐壳形态的总体分布规律，这体现了遥感所具有的大范围宏观观测的优点。

3. 罗布泊湖盆区域不同类型盐壳的分布规律与其环境演化意义的讨论

罗布泊环境演变研究实际上是对水体变迁过程的追溯研究，其充盈、涨退往复、萎缩、干涸的过程均与气候变化相关，并以湖相沉积物作为载体进行环境记录，而后经过特定的地貌动力学过程形成如今湖盆区各种形态的盐壳。分析罗布泊湖盆盐壳的类别差异与分布规律，研究湖盆盐壳的定量化分类方法；开展罗布泊湖盆盐壳的垂向性质耦合机制研究，明确各类湖盆盐壳的环境动力学过程。这对于开展"雷达遥感—湖盆盐壳形态—环境意义"的全流程研究具有重要的意义。

不同形态特征的盐壳表征了盐壳的不同演化阶段。为了分析罗布泊湖盆区域盐壳的演化过程，需要在此引入盐壳生长过程的知识，这将有利于我们理解罗布泊湖盆区域之前的环境状况。这里引用 Bobst 等（2001）所提出的盐壳生长过程模型。从湖水退缩到盐壳形成的过程如图 3-6-13 所示。

在图 3-6-13 中整体上可以分为三个不同的阶段，阶段 Ⅰ：湖水蒸发和浓缩的阶段。在强烈的蒸发作用下，湖水中盐分的饱和度逐渐在升高，有一些盐分的结晶在这一阶段也会逐渐地析出。阶段 Ⅱ：湖盆的干裂阶段。随着蒸发作用的继续进行，干涸的盐湖表面逐渐开裂，形成许多六边形的裂纹。但是在这个阶段土壤的毛细管作用还比较微弱，这种作用在图中是以地层中向上的虚线箭头来表示的。阶段 Ⅲ：粗糙盐壳的生长阶段。在这一阶段，土壤的毛细管作用非常强烈，在图中是以地层中向上的加粗的实线箭头来表示的。同时在本阶段浅地表含水层的位置也在逐渐下降，次地表土壤中所析出的盐分也在逐渐累积。

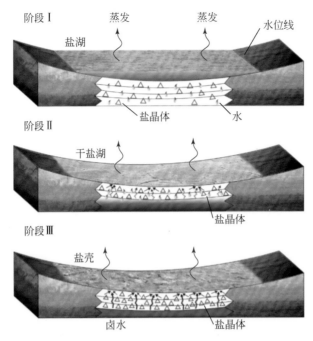

图 3-6-13　从湖水退缩到盐壳形成的过程图

　　在干旱区，随着来水量的减少和蒸发作用的进行，盐湖会逐渐干涸。在毛细管作用的推动之下，次地表的盐分会被逐渐地运移到上面。伴随着这个过程还会有大量的盐晶体析出。上面的这些过程会在盐湖表面形成表面张力，在张力的作用下地表的盐层会逐渐地破裂并形成多边形的形状。在这之后，盐壳会经历多个生长和演化过程。具体如图 3-6-14 所示。

a. 阶段A:S=0.0681m,L=1.1979m,S_L=0.0568　　b. 阶段B:S=0.0717m,L=0.6524m,S_L=0.1099

c. 阶段C:S=0.0806m,L=0.5342m,S_L=0.1509

图 3-6-14　利用粗糙度测量参数定量化描述的不同盐壳的生长过程图

在罗布泊湖盆区域，主要的盐壳演化生长期次为从 A 到 D。其中 D 过程是盐壳演化的最后阶段。它主要出现和分布在湖盆的非常边缘的位置。本研究中的采样点和研究区主要分布在湖盆的内部，在这些区域中大部分的盐壳都还处于生长阶段。这主要是因为在整个湖盆的内部区域浅地表含水层的深度相对较浅。所以本研究主要考虑从 A 到 C 的过程。

不同盐壳生长过程所对应的地表粗糙程度是不同的。本书认为 S_L 参数是一个很好的描述盐壳微地貌形态的参数，它很好地结合了地表均方根高度和相关长度的物理意义，所以本书利用 S_L 参数进行了盐壳形态的识别与划分。在图 3-6-14 中随着盐壳的不断生长，在 A 到 C 的过程中，地表粗糙度是逐渐增大的。即 S_L 参数是随着盐壳的生长发育过程逐渐增大的。这便是盐壳生长过程与地表粗糙度之间的内在联系。

我们认为在罗布泊湖盆地区，盐壳的生长和演化状态主要有四个过程：

（1）盐壳的初始形成过程，即地表刚刚形成初始的多边形状裂纹。在形成了裂纹之后水分的蒸发过程就主要发生在裂纹处，在这些位置会有霜化的盐壳。

（2）之后，随着蒸发作用和盐壳的逐渐生长，在地表会出现初步的蜂窝形状的盐壳。

（3）随着盐壳的不断生长，多边形状的盐壳会被挤压形成高起的杂乱状的盐壳。这种盐壳被称作极粗糙的蜂窝状盐壳。

（4）在之后的过程当中，次地表的水位线会下降到很深的位置。这时次地表的水分和盐分等很难对地表层的盐壳产生影响。与此同时，在雨水的冲刷和风力吹蚀的双重作用之下，极粗糙的盐壳会变得逐渐平整。这时的盐壳会从棱角分明的多边形状变为平坦的小丘状。在 A 过程中，干涸的盐湖地表会破裂成为六边形的形状。之后，随着水分的大量蒸发和在次地表土壤毛细管作用的压力下，在前一阶段所形成的六边形的边界会逐渐地生长和隆起，这便是图 3-6-14 中的 B 阶段。接下来，六边形的边界会进一步地隆起，同时六边形状的盐壳也会渐渐地破碎，地表盐壳会变得高低不平，非常粗糙，即像 C 过程所描述的那样。从 A 阶段到 B 阶段，地表均方根高度 S 在逐渐地增大，相关长度 L 在逐渐地减小，所以 S_L 参数在持续地增大。从 B 阶段到 C 阶段，地表均方根高度 S 增加较快，同时相关长度 L 也会略有下降，所以 S_L 参数还是在持续地增大。

依据不同的 S_L 参数值可以将盐壳形态初步地划分为三个不同的阶段，即初步破裂状态的盐壳（$0 \leq S_L \leq 0.07$），多边形状的盐壳（$0.07 < S_L < 0.13$）和非常粗糙的蜂窝状盐壳（$0.13 \leq S_L$）。从图 3-6-14 中可以清楚看到，沿着湖岸到湖心的湖水退缩方向，这三个不同的阶段在循环往复地出现。结合之前所介绍的盐壳生长演化过程模型可以得到，如果湖水退缩的过程是一个持续的连贯状态，反演得到的盐壳期次应该也是一个连贯和持续的（即在湖盆的内部正常情况下应该是从低粗糙度到高粗糙度的连续过程）。三个不同阶段的重复出现表明，在湖水退缩的大的演化趋势中可能包含了几个小的暂时性的湖水增长的过程，或者在湖水退缩过程中，在不同的时间点上湖水的化学成分发生过几次大的变化，影响了盐分的沉积和盐壳的生长过程。

3.6.4 不同类型盐壳与浅地表含水层深度分布规律的联合分析

以往对于罗布泊古湖盆的遥感研究，基本集中在地表光谱特征、盐壳的形态与色调、地形特点等方面，虽然各方观点均有自己的依据，但缺乏互相的支撑与兼顾，仅仅停留于地表性质是无法建立起相互之间的联系的。对于罗布泊古湖盆而言，其是一个相对封闭的、浅平的湖泊，除气候影响因素外，其他外界的干扰较小。值得指出的是，在干涸过程中，次地表介质性质（如含盐量、机械组成等）是罗布泊古湖盆演化的直接反映，其具有挟带演化过程信息的能力，且受外力作用的影响较小。

罗布泊干涸过程中，湖盆区域不同环带亚沉积环境发育的丘状、龟裂状、板块状、蜂窝状盐壳都有出现。地表粗糙度是形成罗布泊湖盆区域广泛分布的环状纹理的最为直接的表观原因。目前初步可以判断罗布泊次地表的含水含盐介质层与地表粗糙度有一定的相关性且地表特征是次地表介质性质最直接的表现。对于自然形成且无人为干扰的区域而言，其地表形态与次地表介质的性质之间存在某种作用关系。

以罗布泊地区为例,其地表下存在着大量的干燥或潮湿的盐壳与沉积碎屑,次地表的高含水含盐湖相沉积介质会因毛管作用上升至浅地表,并因极端干旱的气候环境而产生大量的结晶盐;这种盐结晶的表聚与盐胀作用将使地表隆起与干裂,同时风蚀等外营力的影响将进一步改造地表形态。这种认识有助于我们将雷达回波信号中的地表贡献与次地表贡献关联起来,促进对多层介质性质耦合机制的科学认识,进而提出实用的隐伏特征提取技术。

通过图 3-6-15 的比对分析可以发现,整体上来说,粗糙度发生较大变化的点正好也是浅地表含水层深度发生突变的点。这从侧面说明了,雷达信号在罗布泊古湖盆区域是有穿透的,这也表明了地表起伏形态与次地表含水含盐物质有关。从图 3-6-15 中还可以看到,由紫色和红色虚线段圈定的湖盆外围和靠近湖心的两处区域,浅地表含水层深度和盐壳类型的分布在整体趋势上有较好的一致性。即浅地表含水层位置深的地方也是地表盐壳粗糙程度大的地方。但是在图中的由蓝色虚线段圈定的湖盆中间区域,二者的一致性并不是特别明显。我们认为可能有三方面的因素造成了这种现象。

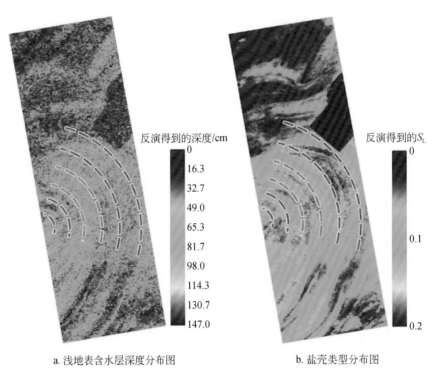

反演得到的深度/cm

0
16.3
32.7
49.0
65.3
81.7
98.0
114.3
130.7
147.0

反演得到的S_L

0

0.1

0.2

a. 浅地表含水层深度分布图　　　　b. 盐壳类型分布图

图 3-6-15　不同类型盐壳与浅地表含水层深度分布规律的联合比对分析图

(1)通过前文的分析,可以知道浅地表含水层的演化过程是会作用于地表的盐壳生长过程的。从环境意义上来说,次地表的参数更能代表环境演化信息,因为其不会受到风力、雨雪等外力的影响和改造。可从雷达遥感反演的角度看,次地表的信息在雷达图像上毕竟是属于弱信号,在遥感反演时误差可能较大。

(2)此外,虽然代表地表后向散射的信号在雷达图像上强度较大,但是雷达看到的地表形态和用相机拍到的地表状态还是会有一些区别的(雷达波会穿透由风沙等带来的覆盖在盐壳上的表层浮土)。这也给地表参数的遥感反演带来了一定的误差。

(3)还有一种可能就是,历史上的真正演化过程就是这样的——在图中蓝色虚线段所标注的区域范围内,存在特殊的湖水退缩的规律(当时的环境演化整体规律与最外圈层和最内圈层所符合的演化规律有明显的不同之处)。

总体来说,在罗布泊古湖盆区域,实际的 SAR 响应不仅仅局限于地表的回波贡献,真正的影响因素可能存在于次地表。而这两者之间是相互联系相互影响的。在我们的研究中,已经初步进行了地表与次地表特征的综合考虑,并通过盐壳生长形成的地貌动力学原理建立了二者之间的相互联系。引入地质、地貌及盐湖演化方面的知识，重建罗布泊古湖盆区域地貌的动力学机制，剥离出更具环境意义的特征量将是未来工作的重点。后面，可以尝试利用雷达的穿透优势，进行掩埋古河道、古湖泊的探测，进而开展古水系演变过程的研究。将对解释罗布泊及其周围为何在短时间内环境恶化、文明消失等问题有重要的参考意义。

3.7　历史时期罗布泊湖泊环境演化

1. 不同历史时期罗布泊湖面范围的研究

1）罗布泊范围的不同时期历史记录

历史时期，湖水供应十分丰沛，湖面回旋激荡，甚至发生湖水漫溢上涨，乃至泛滥成灾淹没大片湖岸的现象。楼兰的古籍中有很多的记载，如"水大波深必泛"（夏训诚等，2007）说明了当时人们对防洪工作的重视，也反映了当时气候的湿润程度。西晋初年（公元 265 年），罗布泊的湖水仍然非常广阔，并且继续威胁着西岸的楼兰城。自进入南北朝以来（公元 420~581 年），湖泊的水文状况发生了巨大的变动，湖水水面有了明显的减退，湖泊面积也逐步缩小（高志宏，2012）。

塔里木盆地是一个封闭的内陆盆地，罗布泊位于盆地东北最低处，是盆地各主要河流（塔里木河、孔雀河及车尔臣河）的最下游和地表径流的最后归宿地，对水分的变化比较敏感。罗布泊洼地历史上曾是河网交错、湖泊密布的水乡泽国。罗布泊是罗布泊洼地最大的一个湖泊。有资料记载在春秋战国时期，罗布泊向东可深入阿奇克谷地西部，几乎充满了整个湖盆（晋·郭璞注《山海经·西山经》）。《汉书》记载罗布泊"……广袤三四百里。其水亭居，冬夏不增减……"。《水经注》形容其"……洄湍电转，为隐沦之脉。当其澴流之上，飞禽奋翮于霄中者，无不坠于渊波矣"，这说明魏晋时期罗布泊水面仍然很大。唐宋元明四个时期对罗布泊虽有记载，但无面积大小范围的说明。清代的阿弥达等人于 1782 年来到了罗布泊地区，据其亲历称罗布泊"……为西域巨泽……在西域近东偏北，合受西偏众山水……淖尔东西二百余里，南北百余里，冬夏不盈不缩"（《河源纪略·卷九》）。据此，清初罗布泊面积亦很大，但比起汉代以前就小多了。到了清末，据《辛卯侍行记》记载，罗布泊"……水涨时东西长八九十里，南北宽二三里或一二里及数十丈不等"，比起清初面积又大大缩小了。以上是我国的历史文献对罗布泊范围大小的记载，虽仅文字描述，不是很精确，但亦可以看出逐步由大到小的变化过程。近代对罗布泊作精确测量的是陈宗器等人，他们于 1930~1931 年实测认为罗布泊面积约 1900km^2，"略作葫芦形，南北纵长一百七十里，东西宽度：北部较窄约四十里，南部向东膨胀处有九十里"。在 1962 年根据航测编绘的 1：20 万地形图上，罗布泊面积约为 660km^2（樊自立，1987）。罗布泊的真正干涸是在美国 1972 年的陆地卫星影像上反映出来的。

2）罗布泊的湖区范围

罗布泊历史时期的最大水域面积一直是一个未解之谜，各方面的说法不一。最大水域面积的科学解读有助于推进罗布泊及其周边地区水资源环境的研究，辅助制定该区域的水资源利用政策。我们的研究表明，罗布泊西湖是叠加在古东湖上的，而东湖面积超过 1 万 km^2。结合高分 1 号高分辨率光学数据和 Radarsat-2、ALOS 雷达数据，对罗布泊古湖岸线进行了系统的遥感解译，确定了历史时期上罗布泊湖面的最大区域范围，以及罗布泊东湖和西湖的湖岸线与水域范围（邵芸和宫华泽，2011）。图 3-7-1 为研究团队确定的罗布泊东北部的最大水域边界，这里有明显的盐壳地貌与湖滨地貌分隔，并在湖滨区域找到一个完整的沉积剖面，采集了用于环境参数测量与光释光定年的样本。

其后进一步针对罗布泊古湖盆西部与北部的水域范围进行调查与勘定，初步确定了水域边界（图 3-7-2），并与雷达遥感图像上的图像特征进行了比对，确定了解译标志，为勾画西部河网区水域边界提供实物证据支撑。

根据考察结果，我们结合了多源遥感影像以及辅助数据，基于影像特征重新解译了罗布泊古湖盆的演化期次如图 3-7-3 所示。

图 3-7-1　罗布泊东北部最大水域边界

图 3-7-2　罗布泊西部最大水域边界

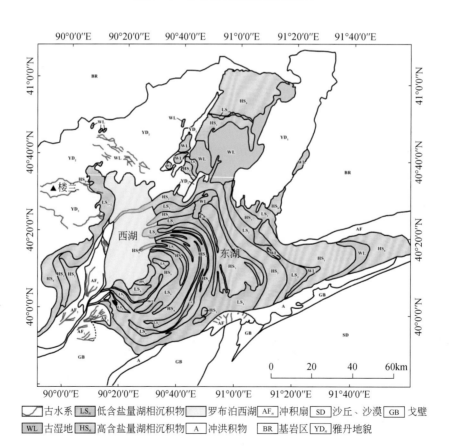

图 3-7-3　罗布泊水域最大范围遥感解译图

3）罗布泊"大耳朵"的成因分析

通过对采集的大量野外样品的实验室分析、探地雷达的探测验证，并充分利用雷达遥感技术对干沙层、干燥盐壳层的穿透能力，探测了被埋藏的罗布泊古湖岸线，对罗布泊"大耳朵"的成因之谜提出了新的见解。20 世纪 70 年代，科学家在遥感图像上发现干涸的罗布泊呈现神奇的耳朵形状，从此，罗布泊"大耳朵"就因其特殊的形态及成因不明而引起了地学界的广泛关注。通过多源雷达遥感图像解译以及极化雷达特征分析，取得了以下重大发现：

首先，在遥感图像上呈现"大耳朵"形状的罗布泊是由于罗布泊古东湖的西半部分为西湖所覆盖，使得原来圈闭的湖岸线被部分切割和掩盖，在遥感图像上能看到古东湖的东半部分，故呈现"大耳朵"形状。利用雷达遥感技术能够透视风成沉积层和极端干燥盐壳层的能力，发现了埋藏于西湖湖相沉积物之下的古东湖湖岸线，证实了古东湖连续向西延伸的湖岸线的存在，说明西湖（咸淡水混合）是叠加在古东湖（咸水）之上的。这一科学发现表明罗布泊古湖岸线原来是呈圈闭状态的，而不仅仅是"大耳朵"形状的。

其次，在野外科学考察中，找到了罗布泊古东湖的北部和西部湖岸线，确认了罗布泊的边界，由此判定，罗布泊古东湖分布范围远远大于原来测量的 5350km²，初步测算超过 1 万 km²。

最后，罗布泊古东湖的干涸过程至少可划分为 6 期（图 3-7-4 ~ 图 3-7-10），在雷达图像上表现为明暗

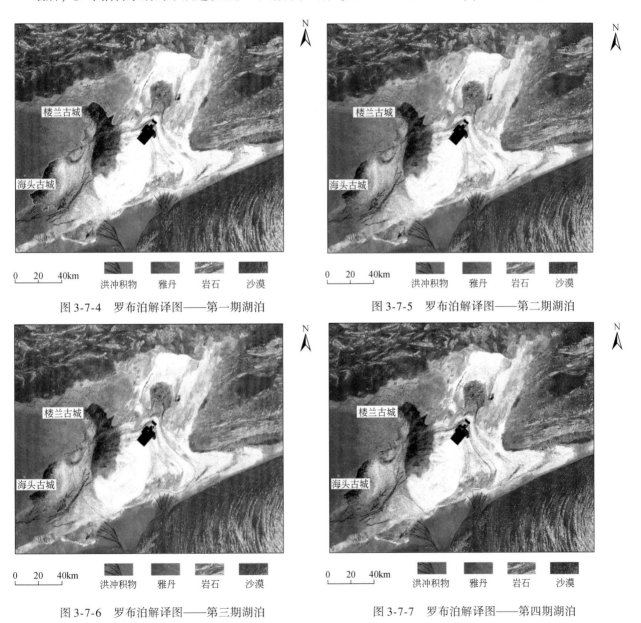

图 3-7-4　罗布泊解译图——第一期湖泊　　　　　图 3-7-5　罗布泊解译图——第二期湖泊

图 3-7-6　罗布泊解译图——第三期湖泊　　　　　图 3-7-7　罗布泊解译图——第四期湖泊

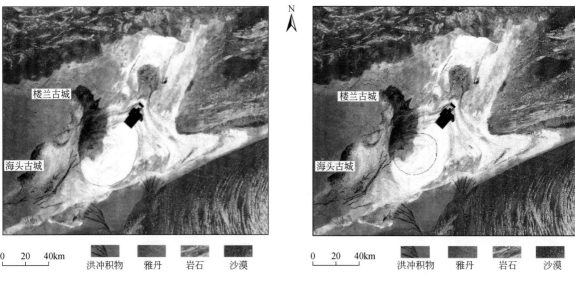

图 3-7-8　罗布泊解译图——第五期湖泊　　　　　　图 3-7-9　罗布泊解译图——第六期湖泊

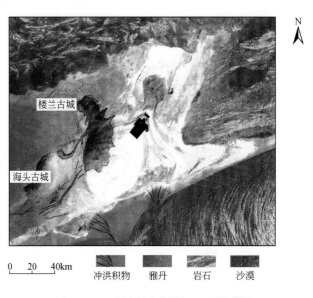

图 3-7-10　罗布泊解译图——近代湖泊

相间的 6 个条带。明条带为高含盐量湖相沉积层，代表了罗布泊较强烈的萎缩，湖面快速缩小，盐分快速结晶析出。暗条带为低含盐量湖相沉积层，代表了罗布泊相对较弱的萎缩，湖面缩小，但是过程缓慢，依然有西侧的河水、山上的融雪水，进行一定的补给，故含盐量较低，掺杂着较多的泥沙质沉积物。上述过程重复出现与持续推进，是罗布泊古湖区越来越小的真实记录，说明在罗布泊逐渐萎缩、干涸的过程中出现了 6 个期次的湖相沉积环境变迁，代表了至少 6 个期次的干湿气候变化，对于干旱地区环境演变研究具有重要意义。

2. 地貌动力学过程与罗布泊"大耳朵"特征成因

基于雷达极化参数的推算，可以知道地表粗糙度是"大耳朵"特征形成的表观原因，这在古湖盆的局部区域具有明显的对应关系。地表粗糙度越大，则 SAR 后向散射的能力越强，在 SAR 图像上表现为亮条带；反之则表现为暗条带。但是在湖心和湖岸区域，这种表观的对应关系并不明显。以湖岸区域为例，其地表起伏状态变化不大，却可以在 SAR 图像上表现出纹理特征。一方面原因在于暂时性雨水与风蚀等外营力均会对地表形态产生强烈的改造，使得表观的对应关系模糊化；另一方面也预示着，实际的 SAR 响应不仅仅局限于地表的回波贡献，真正的影响因素可能存在于次地表。次地表的含盐量可以在一定程度上对"大耳朵"特征进行解释。我们认为，次地表介质的性质（如含盐量）是"大耳朵"特征的根本性成因。

以往的研究基本集中在地表光谱特征、盐壳的形态与色调、地形特点等方面，虽然各方观点均有自己的依据，但缺乏互相的支撑与兼顾，仅仅停留于地表性质是无法建立起相互之间的联系的。对于罗布泊古湖盆而言，其是一个相对封闭的、浅平的湖泊，除气候影响因素外其他外界的干扰较小，在干涸过程中，地表特征是次地表介质性质最直接的表现，如罗布泊次地表高矿化度的卤水会通过土介质的毛管上升至浅地表，含盐量越大，则由极端干旱气候造成的盐分结晶时发生的表聚与盐胀作用就越强烈，进而产生十分显著的地表形态改变；另外，盐分结晶阶段易受气候条件的影响，使得盐分的析出类别与比例产生差异，这直接表现在地表盐壳的色调与盐分组成上（光谱特征差异）。而罗布泊常年强劲的东北风，使隆起的盐壳掀起并互相堆叠，最终形成了现代罗布泊复杂多样的地表状态。

正是由于地表特征较容易受到外营力的改造，次地表介质的性质才更适合作为"大耳朵"特征的根本性成因。引入地质、地貌及盐湖演化方面的知识，重建罗布泊古湖区地貌的动力学机制，剥离出更具环境意义的特征量将是未来工作的重点，从而完成对"大耳朵"特征的完全解译。

3. 罗布泊湖相沉积物分布及其环境演变分析

罗布泊古湖区是整个塔里木盆地的积水积盐中心，地势极为平坦，表面被盐壳覆盖，湖盆中心与湖盆边缘之间的相对高差很小。因此，任何微小的水位变化都会导致很大的湖面变化。正是由于罗布泊湖盆很浅且无人为因素干扰的特点，其对气候、环境因素变化的响应才更为敏感，很容易将环境信息伴随着干涸过程而保存在湖盆底部。而历史上罗布泊每一次水面的扩大与缩小都要受周边区域水文系统的影响，后者则与区域环境密切相关。

罗布泊西湖西侧同样存在 3 个条带的高含盐量湖相沉积物，但因其位于入水口附近，无法确定其与湖东侧高含盐量条带的对应关系。但根据其空间分布格局，推测西侧 3 个高盐条带应对应东侧的 3 个条带。据此可见当时罗布泊的规模之巨。雷达图像揭示大量古河道主要分布在古西湖的西部，是塔里木河和车尔臣河的古河道和多期冲积扇。

对于罗布泊干涸的原因，科学界的共识是上游地区因气候变化导致水源补给减少，加上中上游地区人类过度用水，最终导致罗布泊干涸。

第4章 罗布泊西岸古河网与遗址周边环境

【罗布泊西岸河网包括至少14条主要干流以及难以计数的支流,主干河道多为深浅不同的沟槽,更多的小型河道呈现为圆弧形泥质河床沉积。强烈的风蚀作用常常在原来河床两侧形成更深的风蚀槽,不仅使一些圆弧形泥质河床因泥岩坚硬抗风蚀成为雅丹顶,也会使一些埋藏古河道重新暴露于地表。河道多期性有的表现为宏观上西北–东南流向与西南–东北流向河道的交替变化和穿切,有的则在中观露头上表现为早期高湖面时低流速淤泥质沉积河床被晚期低湖面时侵蚀河道所下切。在冰消期以来几个人类活动时期,这14条河网多数都是输水河道,但并非都能直接注入罗布泊盐泽,其中南1、2河是规模最大、输水时间最长、两岸古人活动遗迹最多的河流,可能是汉晋时期的注滨河。楼兰的河网水系滋润了绿洲,养育了古人,是这里古文明赖以兴盛的母亲河。所有的重要遗址周边都有水网沟通,古人傍水而居,从渔猎畜牧到引水灌溉,同时也承受着泛滥洪水的袭扰。】

罗布泊西岸是古塔里木河的冲积扇三角洲,虽然现在已是难见植物的雅丹无人区,但枯死的胡杨林、到处可见的干涸水道,仍指示着这里曾水草丰美、河道纵横密布。楼兰、小河时期的古人正是在这种绿洲环境下生存、发展,留给我们到处可见的生活遗迹。

构建罗布泊西岸的古河网不仅对于分析古河道的形成、演化有意义,而且对于重建古人的生存环境、了解河流水文变化、河道迁移对古代人类活动的影响具有重要的参考价值。

罗布泊西岸的古塔里木河在史书中又称注滨河,其河流三角洲上的河流从西北方向东南方向散布成扇状,河道不断分叉,形成支流,最后注入盐泽罗布泊。这些河道在楼兰地区构成了扫帚形状的河网。哪条河道是汉晋时期的注滨河是我们关心的问题。我们根据其空间位置进行编录,进而分析其与古代人类活动的关系。

我们以楼兰古城为标志,按与楼兰古城的距离从近到远,分别向北和向南对主干河道编号,向北到盆地北缘、向南到LK古城南侧分别编了7条主干河道,各自命名为北1河、北2河、……、北7河,以及南1河,南2河,……,南7河。

现在这些河流均已干涸,成为古河道。但20世纪50年代铁板河还有河水能注入罗布泊,现在这些河道都已在风蚀作用下被破坏、改造,逐渐失去其河道特点。目前我们虽然还不能区分出这些河流的年代,但可以大致区分其先后,因此可简单地将其分为老河道与古河道两类,前者晚于后者。前者又分为主干河道与支流两类,支流包括小型河流与灌渠,因此也成为"支流和灌渠"类。

其次一些地区曾经积水为洼地或湖泊,这类地区称为古积水区(或古湿地),这也是一类重要的水文环境类型,直接关系到我们对一些遗址点周边环境的认识。

据此,我们首先利用遥感图像对楼兰地区的古水系进行了解译,然后结合野外考察,查清了主要水系的野外表现特征。

4.1 古河网水系的基本特征

4.1.1 宏观特征

图4-1-1是楼兰地区古水系分布图。遥感图像上可以看到很多的河道,但经常出现如下情况:①有些河道一段很清晰,延伸一定距离后突然模糊难辨;②一些河道很宽很深,但延续到某处后突然变浅,甚

至消失，由于整个地区风蚀严重，很难确定其真实位置；③还有的河道由断断续续的雅丹、洼坑线状排列构成，很难确认其性质。根据遥感图像的表现，可以归纳河网水系宏观特征如下。

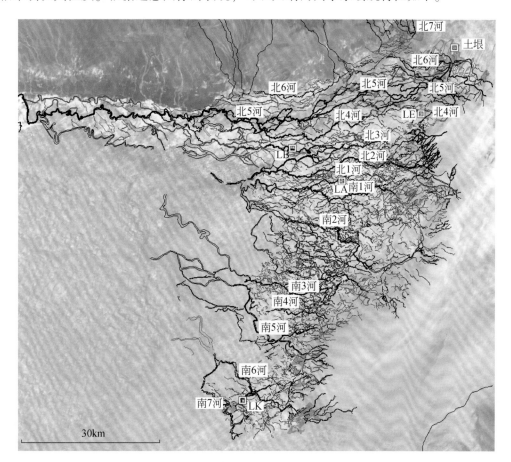

图 4-1-1　楼兰地区古水系分布图

黑色线为主干河道；蓝色线为支流和灌渠；品红线为古河道；浅蓝色区为积水洼地；
方框和字母为古城及其斯坦因的编号，LA 即楼兰古城。本章遥感图来自谷歌地球

1. 典型扇形分布特点

可以看到西部地区由于沙漠覆盖，河道难以辨识，但能够识别的 14 条主干河流均向西北收拢，显示出扫帚形态，是典型的冲积扇特征，雷达遥感提取的地形高程图（图 3-3-16，图 3-3-22）上也清晰展示出了扇形河网特征。

在整个古塔里木河三角洲（图 3-3-16，图 3-3-22）中，楼兰地区的河网水系只是其中的东北角部分，西南部分大多已被流沙覆盖。楼兰地区的河网水系基本都是源于西北的主干河流扇形发散形成的，这条主干河道即古塔里木河，汉晋时期称为注滨河，是喀什噶尔河、叶尔羌河、和田河、阿克苏河、孔雀河等河流汇合而成。

2. 具有地势南北两侧低洼、中部较高的冲积扇地形特点

楼兰冲积扇早期形成时，河水泥沙淤积造成扇中部地势偏高，而扇两侧成为扇外缘地势低洼的积水区，楼兰北部的洼地造成后期河流改道北部（北 4 河、北 5 河），沿途积水成淡水湖泊，河水流经这些淡水湖泊再向东南注入盐泽。

而南部，在 LK、LL 南侧也是地势低洼的洼地，南 6 河、南 7 河注入这一带的洼地，这在图 3-3-22 和图 3-3-33 中均有清楚显示。中部一带是主要河流流经区，拥有规模最大的南 1 河、南 2 河与北 2 河，这个地区支流多，河道多，泥沙淤积也多。

3. 河道水系走向总体呈西北–东南向，多追踪西北–东南向断裂或地形倾向以及东北–西南向风蚀槽

从河道总体上看河流流向东南，但东部地区有一些河道却流向东北，与大多数河流的东南流向近于垂直。实际上楼兰地区的古河道总体具有优势走向，即北西–东南向和西南–东北向，大多数河段都是追踪这两个方向形成。后者可能与北东–西南向的优势风场及断裂构造的复合控制有关，前者则主要与断裂构造控制有关。

4. 水系河道间相互切割表现出具有多期性和历史变迁特点

在东部一些不同走向的河道通过相互切割、改造的特征表现出河道具有变迁演化特点，而重复的交切则反映出这种变迁的重复性、周期性。如北3河与北2河尾间部分的相互穿切反映出明显的早晚特点，由于西南–北东方向河道多为追踪风蚀槽而形成，因此河道从西北–东南向转成西南–北东流向，可能反映经历了一期风蚀，形成了北东–西南向风蚀槽，在新的洪水期来临时，洪水改道流向东北。而经历了一段时间的泥沙淤积后，河道可能又会恢复到西北–东南流向。这种反复的河道流向变化可能就是干旱风蚀期与洪水期交替出现的表现。

4.1.2 地面特征

野外考察楼兰地区河道水网，我们总结出河道以下特点（图4-1-2）。

图 4-1-2　楼兰地区河道地貌类型

a. 南2河北侧已成雅丹顶的泥质河床；b. a图河道下游的小型圆弧形槽状沟谷；c. 南2河深槽河谷的河岸边坡与河床上的胡杨漂木；d. 北2河北侧已成雅丹顶的泥质河床；e. 遥感影像上的小型埋藏古河道（蓝线为考察轨迹）；f. e中古河道圆弧形泥质河床沉积已被洪泛沉积地层覆盖

1. 侵蚀型沟槽

侵蚀型沟槽是指由河水侵蚀冲刷形成的沟槽。楼兰地区有很多槽状地貌，多数是风蚀槽。但仍有一些河道表现为大小规模不同的槽，当沟槽与北东-西南向的风蚀槽通向时，二者常常难以区分，而当二者走向存在较大角度差异时，相对容易区分。河道的特点是延伸相对连续、走向多折，上游一般均指向西或西北，而风蚀槽走向单一，均为东北-西南向。

在风蚀较弱的地段，侵蚀河槽常常规模不大，表现为明显的河道形态。而在侵蚀较强地区的侵蚀河槽通常规模宏大，是主干河流的表现形式。

楼兰地区的北 1 河至北 7 河与南 1 河至南 7 河的绝大多数地段均表现为侵蚀型沟槽，河道两侧边坡可见早期水平地层。这类河道的规模常常较大，缺少槽状沉积，但现在的沟槽不一定全是原来的河谷，后期的风蚀会加宽、加深很多地段的河道。在南 1 河、南 2 河与北 3 河宽大的河床上经常看到横卧很多胡杨树干，是晚期洪水冲刷挟带而来的漂木，这些地段的河床就应该是原来的河床，但河道的边坡不一定是原始边坡，风蚀会加大河道宽度（图 4-1-2c）。

2. 圆弧状泥质河床

另一类河道通常规模较小，小河道最常见，包括大多数小规模河道。它们是由圆弧形泥质槽状沉积地层所构成。在楼兰地区的极度干燥环境下泥质沉积层非常致密坚硬，与砂质、粉砂质沉积地层相比，抗风蚀能力更强，在风蚀作用下，反而保护了下伏地层，因此常常成为雅丹顶而高于周围地面（图 4-1-2c、d）。在河道的下风一侧，常常因回旋风而形成巨大的风蚀槽，圆弧形泥质河床下风一侧的边坡通常因风蚀而保存不好，使人常常误把河床外侧风蚀槽当成原河道位置，但实际上追踪这些凹槽经常可以发现其连续性很差，不具有流水的能力。因此这种圆弧形状成为判别其河道性质的关键依据。楼兰古城穿城而过的古河道就留下了一条圆弧形槽状沉积。

3. 埋藏型古河道

还有很多河道属于古河道，并被后来丰水期的洪水沉积所掩埋覆盖。后期由于风蚀作用，暴露出局部河段，因此出现了一段清晰河道，但延伸到某处后模糊不清甚至消失不见的现象。通过野外发现，这是被后期洪泛水平地层覆盖了（图 4-1-2e），由于后期风蚀作用剥去了一些地段上的上覆洪泛水平地层，下伏的圆弧状河道片段才被暴露出来。因此现在地表的河道实际上是不同时期河道的片断混合。厘定不同时期的河道是难度很大的工作，目前我们只能进行宏观的综合评价。

4. 继承型多期河道

楼兰地区的多期古河道中早期河道遗迹辨认十分困难，但野外观察到一种基础型古河道，表现为在一些地段河道被重复利用，如沿早期河道下切成新河道。其中北 2 河至少可以辨认出早晚两期古河道。

两期中的早期河道特征：河道以浅灰色泥质粉细砂或粉砂质泥沉积为主并形成厚层状泥质粉细砂河槽地貌（图 4-1-3），河道宽平，沉积组成细。在现代雅丹地貌中早期河道常呈现龙岗和/或高大雅丹。考察前我们曾一度根据遥感影像认为早期河道沉积外缘的暗色线是防洪堤，考察发现实际上是风蚀槽而非堤坝，因此暗色线应该是圆弧形泥质河道沉积的残留。

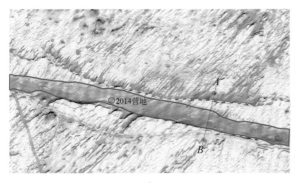

a　　　　　　　　　　　　　　　　　　　　b

图 4-1-3　北 2 河（2014 营地）两期河道叠置平面图（a）与北岸早期古河道残留河床沉积

（浅灰色中厚层粉砂质泥，左侧为北 2 河深槽河谷）（b）

晚期河道特征：在该区域为相对深切河槽，河床沉积为深色细砂和粉细砂。

显然早期泥质河道沉积指示了当时的侵蚀基准面较高，河流流速慢，容易形成泥沙堆积，而晚期的深槽河谷则显然是河流下切所形成，指示了较低的侵蚀基准面，反映出罗布泊盐泽明显缩小、湖面下降。

而北2河河床存在元明时期的洪水漂木，因此晚期河道应为元明时期，而根据河道两侧汉晋时期灌渠的存在推测早期河道应为汉晋（楼兰）时期。这两期河道反映出晚期（元明）罗布泊盐泽相比早期（汉晋）湖面下降明显，而早期楼兰地区更湿润丰水（图4-1-4）。

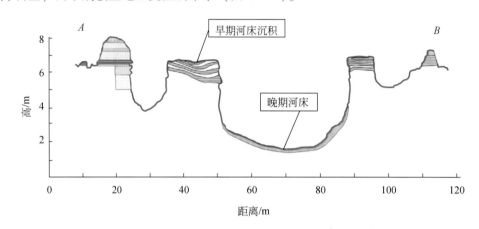

图4-1-4　北2河（2014营地）两期重叠河道断面（剖面线位置见图4-1-3）

4.2　楼兰地区河网水系

4.2.1　北1河与南1河

北1河是楼兰古城北侧的第一条河流，这条河流规模不大，宽度不足40m，向东逐渐萎缩，被大量引水灌溉，其支流几乎都被用于灌溉（图4-2-1），向西与南1河交汇，因此实际上是南1河向北分出的一条河道。

北1河规模较小，不易暴发大洪水，因此两岸的耕地很多，有很多引出的支流和灌渠，楼兰古城中的河道就是从北1河中分出来的一条支流。北侧的四间房遗址就是从北1河中用灌渠引水耕作的一处农庄。

北1河大量河水被用于农业灌溉，因此几乎没有明显的入湖河道，向东河道就消失了（图4-2-1a）。

观察其东段尾闾部分，可以发现尾闾河道被晚期的南东流向河道（北2河）切过，也说明北1河在早期是能够正常入湖的，但后来因大量引水灌溉，尾闾部分逐渐萎缩，最后直接被其他河道所切割。

南1河是楼兰古城南侧的第一条大河（图4-2-2）。这条河规模远比北1河大，宽度多在80m左右，最大可达100多米，深最大可达10m以上，河床上经常可见横卧着很多胡杨漂木（图4-2-2b）。南1河很多支流的规模很大，是楼兰地区的主要灌溉河流。北1河实际上也可视为南1河的一条支流。南1河两岸有很多耕地（图4-2-2c）和村落，用于灌溉的灌渠是规模更小的次级支流。张币1号遗址、楼兰东南遗址、15居址1等多处村落都在南1河两岸不远的地方，"张币千人丞印"也是在南1河南岸附近发现的。

南1河的河床上常见很多漂木倒卧，两岸也有胡杨、红柳林分布，[14]C测年显示这些植被均是元明时期的，而非汉晋楼兰时期。

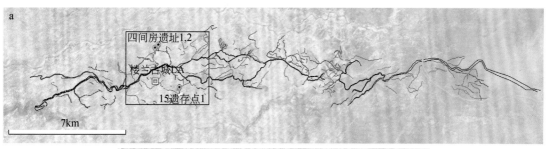

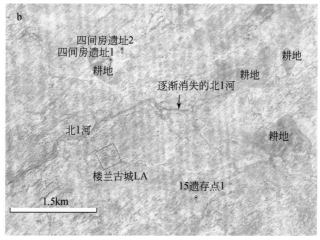

图 4-2-1　楼兰地区古水系北 1 河分布图

a. 河网分布图；b. a 图中黑框局部放大图。黑色线为主干河道；蓝色线为支流和渠道；
品红色线为古河道；颜色点为遗址；红色方框为楼兰古城

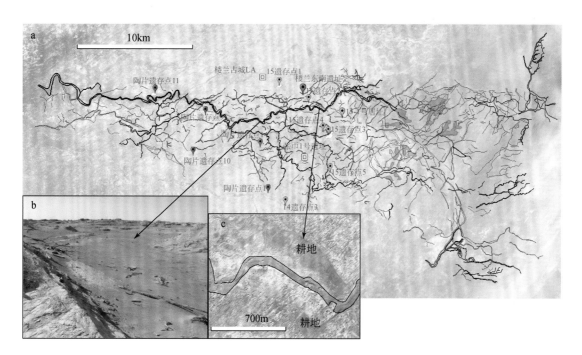

图 4-2-2　楼兰地区古水系南 1 河分布图

a. 河网分布图；b. 河道深槽；c. 河道北岸耕地。黑色线为主干河道；蓝色线为支流和渠道；品红色线为古河道；
颜色点为遗存点；方框为大遗址

4.2.2　北2河与南2河

北2河规模比北1河大（图4-2-3）。河道更宽一些，深可达8m以上，宽40~90m，平均50m，规模不如南1河。向西在距楼兰古城20km的地方与南1河、南2河汇合，是同一条大河的三条分支，而向南的分支规模均比向北分支大。北2河河道两岸遗址丰富，北岸有楼兰西北烽燧、西北佛塔等大型村落遗址，南岸也有楼兰东北佛塔、东北大殿、砖窑等遗址，下游北岸的灌渠也是目前楼兰地区保存最好、最典型的农耕系统之一。尾闾部分，有一条河道向东南方向横穿了北1河，显示其形成较晚，但更晚的河道却向东北方向发散，图4-2-3c中红色数字给出了几条河道先后顺序，它们指示了河流的改道演化历史，但目前还无法获得每条河道的具体年龄数据。

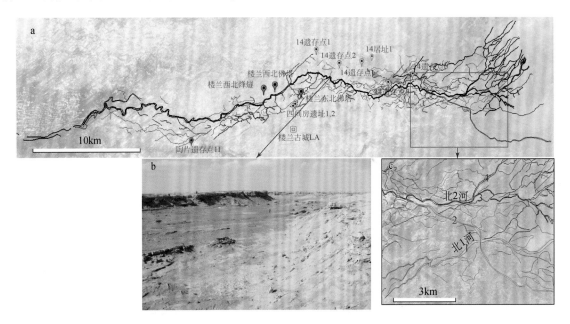

图4-2-3　楼兰地区北2河水网分布图

a. 北2河水网分布图；b. 北2河河道地貌；c. 北2河尾闾附近显示的河道先后顺序，数字1~4为从早到晚顺序。
黑色线为主干河道；蓝色线为支流和渠道；品红色线为古河道；颜色点为遗存点；方框为大遗址

这种先流向东南，再流向东北，再流向东南，再流向东北的过程可能反映了一种环境过程的反复重现。结合东北流向的河槽多追踪雅丹风蚀槽而成的特点，推测是在一次干旱风蚀雅丹期后，在新的丰水期初期，洪水沿风蚀槽流动而多北东流向，随泥沙的充填，丰水期内的大洪水开始沿区域构造抬升控制的地势倾向和断裂走向流向东南。类似地，在丰水期晚期，随风蚀加强，北东向沟槽出现，也可以造成河水从流向东南，改成流向东北。因此这种河道的东南流向到东北流向的反复可能反映了丰水期和干旱风蚀期的周期性重复。

南2河相比之下规模更为宏大，是目前楼兰地区我们考察发现并验证的最大主干河流，最宽可达200多米（图4-2-4），两岸大型支流、小型灌渠众多，其一些支流可与北1河相比（图4-2-4c、d）。不仅北岸有张市1号等大型遗址，而且南岸还有双河等大型遗址和众多村落级别的遗存点，可见南2河属于人口稠密地区的主干大河。必须要指出的是，现在看到的沟谷不会完全都是过去的河谷，因为后期的风蚀会加大加深河谷。

4.2.3　北3河与南3河

北3河大致呈东西走向，河道规模也不如南3河，相比南1河，其河宽、河深都不算大（图4-2-5e），

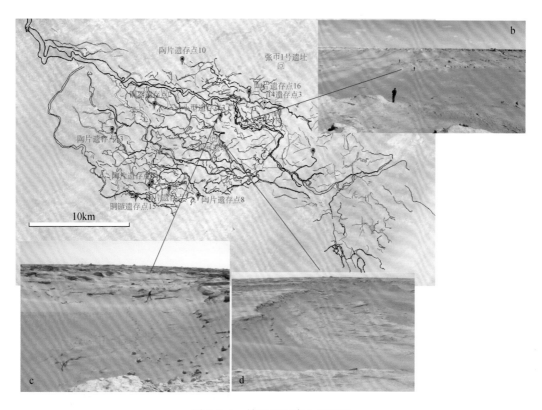

图 4-2-4　楼兰地区南 2 河河网

黑色线为主干河道；蓝色线为支流和渠道；品红色线为古河道；颜色点为遗存点；方框为大遗址。

a. 南 2 河河网分布图；b. 南 2 河深槽地貌；c、d. 双河遗址附近河道深槽地貌

但规模大于北 1 河、小于北 2 河。

其最大的特点是越向东靠近尾闾，其规模越小，最后只剩下一些很小的水道，基本上游的河水还没流入罗布泊就消失了，东部入湖的小河流是就地起源的，并非上游来水。这也说明北 3 河水量不大。

南 3 河为西北–东南走向，西部被沙漠覆盖，只能辨认出主干河道，支流基本无法识别。东部则呈东西流向，河道规模也不算大，远比南 1 河、南 2 河小，与北 3 河相似；保留有圆弧形河床沉积（图 4-2-5c），沿岸生长有很多胡杨林，但树龄都不大，树直径大多小于 30cm，以 15cm 的居多；主干河道下游分成很多规模更小的河道，呈网络状东延，河床也不深，河道边坡生长大量芦苇（图 4-2-5d），两岸有胡杨林；流入罗布泊的河道规模和河流数量向东减少，显示河水在东流过程中逐渐减少的特点；在其北岸有多处村落级别的遗存点；有的遗存点规模较大，属于当地居民中心。

显然北 3 河与南 3 河一样，都具有规模较小，几乎未直接入湖，发育沿河胡杨、芦苇植被的特点。

4.2.4　北 4 河与南 4 河

南 4 河是一条遭受严重风蚀的河流，其规模不如其他河流，在规模上严格意义上说应是南 3 河与南 5 河之间的一条支流，但鉴于其位置正好分开南 3 河、南 5 河，我们将其独立编号。其西段因风蚀而河道难寻，但从断续可辨的河道看，向西与南 5 河交汇。向东注入湿地小湖，这些小湖并非罗布泊大湖，而是与大湖相连的尾闾小湖。河道不深，沿河生长茂密芦苇，现在风蚀作用下河道成为突出地表的墙状岗地，岗地中正是弧形河床。目前为止，还未在南 4 河两岸附近发现较大规模的遗存点（图 4-2-6a）。

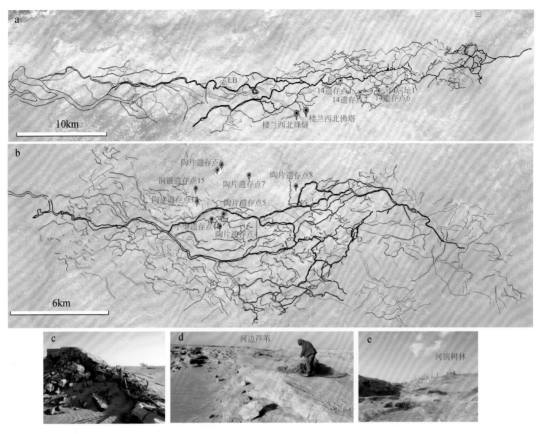

图 4-2-5　楼兰地区南 3 河与北 3 河河网分布

黑色线为主干河道；蓝色线为支流和渠道；品红色线为古河道；颜色点为遗存点；方框为大遗址。

a. 北 3 河河网分布图；b. 南 3 河河网分布图；c. 南 3 河弧形边坡；d. 南 3 河沿河芦苇；e. 北 3 河河边胡杨林。

a、b 图中字母 C、D、E 为 c、d、e 图位置

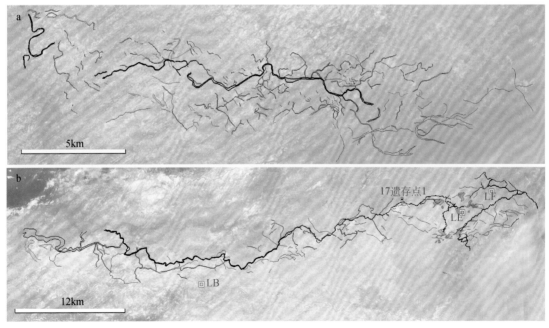

图 4-2-6　楼兰地区南 4 河（a）与北 4 河（b）河网分布图

黑色线为主干河道；蓝色线为支流；品红色线为古河道；颜色点、方框与红字为遗存点、大遗址及其编号

北 4 河也是一条规模不算大的河流，从 LB 和 LE 方城北侧通过，在 LB 西侧 12km 左右与北 5 河交汇，

算是北 5 河的一条支流。与北 3 河类似，北 4 河向东规模越来越小，到 LE 方城北侧后已沦为近于消失的尾闾。河水在方城附近注入几个小湖后，基本就消失了，不能流入罗布泊。方城东侧的河流是当地起源的局部小河。北 4 河以南是楼兰台地区，北侧则是楼兰北部洼地区，北 4 河大致构成了台地和洼地区的边界。两岸居民点不多，目前已知的只有 17 遗存点 1 和方城 LE、戍堡 LF，LE 和 LF 均属于防御性质的边城，不是人口中心城镇，应是楼兰道上沟通白龙堆和楼兰古城的边城（图 4-2-6）。

两条河都没有直接入湖，属于冲积扇上分支出来的较小河道，尾闾部分甚至规模不如南 2 河的一些次级支流。

4.2.5　北 5 河与南 5 河

北 5 河是一条规模宏大的主干河流，也是传统意义上的孔雀河主干河道。图 4-2-7a 是北 5 河东段下游部分。其上游经营盘古城南，可一直追踪到尉犁的阿克苏普乡。虽然在某些时段，来自博斯腾湖的河水可以沿北 5 河独立东流注入罗布泊，但更多的时段应该是汇合于塔里木河后再东流。《水经注》上明确指出，北河（古塔里木河北支）汇合"敦薨之水"（来自博斯腾湖的河水）后成为注滨河，向东注入盐泽，因此在分析孔雀河环境变化与沿岸人类活动关系时，不能把北 5 河作为水源仅来自博斯腾湖的独立孔雀河来思考。

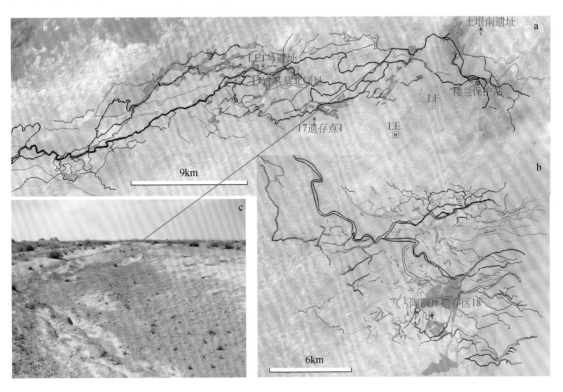

图 4-2-7　楼兰地区南 5 河与北 5 河河网分布图

a. 北 5 河河网分布；b. 南 5 河河网分布；c. 北 5 河槽状河道。黑色线为主干河道；蓝色线为支流；
品红色线为古河道；颜色点、方框与红字为遗存点、大遗址及其编号

20 世纪 50 年代以前的铁板河实际就是北 5 河，沿途有多个较新的遗址点，如 LE1 号遗址。下游两岸的高大雅丹上有很多小河时期的居址和古墓，也有很多汉晋楼兰时期的洞穴墓和竖穴墓，楼兰古墓群就是其较集中的一片地区。北 5 河上游宏大，向下游支部分散，规模减小，到楼兰古墓群，河道仅剩 20 多米，深仅 2m 多（图 4-2-7c），两岸有很多枯死芦苇，实际上下游的两岸地区由于地势低洼，还有很多活红柳形成的红柳沙包。北 5 河在楼兰北侧的几条河流中是唯一能直接注入罗布泊盐泽的河流。

北 5 河从戍堡 LF 北侧、土垠南居址之间的洼地（楼兰保护站附近）通过后，在土垠南居址一带与北 6 河汇合，主干折向东南，注入罗布泊，另有部分河水向东，流经龙城雅丹南部地区后分别注入罗布泊和

罗北凹陷。土垠遗址在主河道北侧7km处的积水洼地中雅丹台上，并不在主干河道边。因此北5河实际是一条近现代仍有河水的河道，在斯坦因绘制的河湖分布图上，不仅有这条河还有下游沿途洼地的多个小型淡水湖泊。

南5河是一条大河（图4-2-7b），西段向西北延伸，被沙漠覆盖，是否与南3河汇合尚不清楚。东段明显发散，分成多条河道向东延伸，规模也向东越来越小，但仍然能注入尾闾湖。这些尾闾湖也不是罗布泊盐泽，而是与盐泽相通的一些小面积湖泊，因此可以推测其盐度不会太大。在湖边发现有汉晋时期遗存点——陶铜片遗存区18，是被洪水冲毁的一处村落遗迹，显示南5河流域也是汉晋时期古人生活区。

4.2.6　北6河与南6河

北6河（图4-2-8a）是一条古老的河道，西端被洪积扇覆盖，显示因北侧库鲁克塔格山地抬升，洪积扇南扩，而将原来山前的河道破坏并覆盖，造成上游很宽的河道突然消失（图4-2-8b），而北侧山地流来的河道是洪积扇上的小河沟，不可能形成如此规模，因此这实际指示了构造抬升对河流演化的影响。北6河西段现在主要接受北面库鲁克塔格山地洪水的补给，并无孔雀河河水注入，因此可以判断北6河河水流量不会很大。东段（图4-2-8b）流经楼兰北部洼地区，这里盐壳很发育，这一带曾是整个罗布泊西

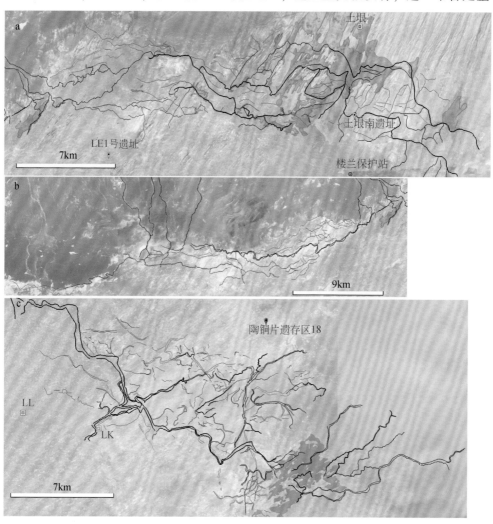

图4-2-8　楼兰地区南6河与北6河分布图

a. 北6河东段河网；b. 北6河西段河网；c. 南6河河网。黑色线为主干河道；蓝色线为支流；
品红色线为古河道；颜色点、方框与红字为遗存点、大遗址及其编号

北地区的一个新生代沉降区和汇水中心，这可能是该地区发育大面积积水洼地的原因，河流先经过这片积水区，再与北 5 河汇合后向东和东南流走。可以看到土垠正处在北 6 河尾闾积水区之中，但不在主河道边上。

南 6 河也是南部的一条大河，但受风蚀太强，很多河段已荡然无存。上游因沙漠覆盖，只有主干河道勉强可辨，但不能确定最终在何处与其他河道交汇。东段沿北东向断裂形成分叉支流，LK 古城位于南侧支流边。东端流入较大面积的湖区，这也不是罗布泊大湖主体，而是罗布泊西边的小湖，河道向东还有延伸，有意思的是尾端河道流向东北，而不是其他多数河道流向东南，这可能是一次风蚀期后洪水沿北东向风蚀槽而形成的。

4.2.7　北 7 河与南 7 河

北 7 河（图 4-2-9a）是位于罗布泊西北角的一组河网，实际上没有一条主干河道，都是来自库鲁克塔格山地的一组季节性河流。东南部是一片面积很大的积水区，盐壳极为发育。河水仅注入此积水区，并不注入罗布泊，也基本不与北 6 河相汇。这片积水区属于构造凹陷。周边已知遗址点不多。

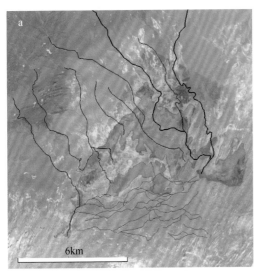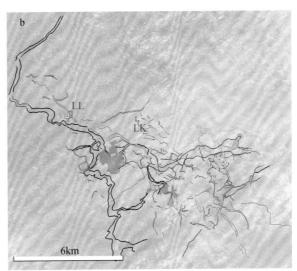

图 4-2-9　楼兰地区北 7 河（a）与南 7 河（b）河网分布图
黑色线为主干河道；蓝色线为支流；品红色线为古河道；颜色点、方框与红字为遗存点、大遗址及其编号

南 7 河是南 6 河向南分出的一条支流，但规模很大，是 LL、LK 古城对南防御的天然屏障（图 4-2-9b）。因强烈风蚀，多处河道已风蚀殆尽。东部尾端因注入洼地，而河道难认。整个 LK 以南地区都有洼地广布特点，雷达遥感高程重建结果也显示 LK 以南为洼地。由于后期流沙覆盖严重，这个地区的遗迹发现不多，只有 LK 和 LL 两座古城。河流上游附近还有 LM 遗址区，但这次科考我们没有找到。

4.3　不同时期的楼兰地区输水河网

楼兰地区水系具有明显的继承性和多期性，也具有明显的改道变迁特点，根据目前掌握的材料，我们总结梳理了在不同丰水期的主要活动河网。

4.3.1　过去百年的水系

20 世纪 30 年代，陈宗器等考察罗布泊地区时绘制了沿途的地理地貌图（图 4-3-1a），对比我们绘制的水网遥感解译图（图4-3-1b），可以发现土垠遗址周围有淡水湖泊，方城 LE 西北不远的北 4 河与北 5 河是有水的河道，野外考察发现北 5 河河床保存完好，两岸芦苇浓密，下游处于楼兰北洼地内，两岸附近有很多仍然存活的红柳沙包。50 年代的科考发现这是有水河道，因此至少近百年来北 5 河一直都是楼兰地区的主要河道，是罗布泊北部唯一的入湖河流——铁板河。

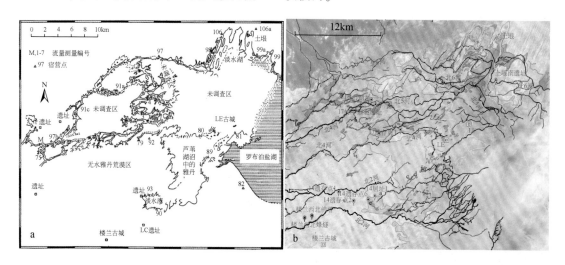

图 4-3-1　楼兰北部水网分布图

a. 前人编绘的水网图（Hörner and Chen，1935）；b. 水网遥感解译图。黑线为主干河道（老）；浅蓝区为积水洼地；
黄、橙线为1、2级台地界；黄钉为河道编号；方框为古城

北 4 河与北 5 河类似，野外考察发现沿河为仍生长芦苇的低洼地带，地下水位很浅，有些地段仍较湿润，容易陷车，可见绿色芦苇生长。

在图 4-3-1a 南部有一处淡水湾（北 3 河以南），野外考察发现确实是一处现已干涸的洼地，洼地内红柳仍然存活（图 4-3-2e），表明地下水位还可以支持红柳的生长，而周围雅丹台地上的红柳均已枯死，甚至炭化。洼地边还发现明显人工留下的涝坝，有些可能是近代人留下的。在洼地东北角有水道流出，流向东面盐泽（图 4-3-2a、b），沿途切穿很多古河道留下的泥质河床（图 4-3-2f）。在淡水湖湾东侧台地以东，陈宗器等考察时还是大片芦苇湿地，现在我们看到的已是芦苇根自然炭化后遍布的低矮雅丹（图 4-3-2c、d）。

遥感图像上淡水湖湾西侧的古河道都已强烈风蚀，多成雅丹顶，失去输水能力，基本看不到来自西面的入湖河流。换言之，淡水湖湾似乎并没有来自古塔里木河或孔雀河（古注滨河）的河水补给。而在淡水湖湾东侧则有很清晰的槽状近代河道（图 4-3-2a、b），追踪这些近代河道，基本都是淡水湖湾东侧一带当地降雨汇聚而成，这反映出一个重要事实，即罗布泊干涸前的近代当地有一定的降雨，并能汇聚成河，形成十多公里的河道，让河水东注入湖。

4.3.2　元明时期的水系

考察发现在北 2 河、南 1 河、南 2 河多个河段的宽大河床上均横躺有很多胡杨树干，在北 4 河河谷洼地、北 5 河、南 3 河与南 4 河的河道两岸边坡上则有非常浓密厚实的干枯芦苇垫层，对这些胡杨表皮、芦苇样品进行的系统 ^{14}C 测年结果显示，均为 0.6～0.5ka BP 的元明时期（详见第 11 章），说明这些河道在元明湿润期均是有水河道，尤其北 5 河两岸浓密的芦苇很好保护了河岸免受风蚀破坏，直到近代再次丰水期来临，成为罗布泊北部唯一入湖河流——铁板河。

北 6 河与北 7 河仅接受北侧库鲁克塔格山脉的山谷洪水，由此不会有稳定的水源补给，显然元明时期也只会是间歇性洪水水道。而南 5 河、南 6 河、南 7 河作为与南 3 河同源的河道，两岸附近也有大量元明时期植物残体分布。

图 4-3-2 楼兰地区北 3 河东部地貌

a、b. 北 3 河水系东部现代河道；c. 自然炭化的芦苇根茎；d. 干涸多年的芦苇湿地开始早期风蚀雅丹化；
e. 已干涸的淡水湖湾里仍然有存活的红柳；f. 被 a 中现代河道冲断的古河道泥岩河床

由此可以判定楼兰地区的这 14 条主干河道在元明时期基本上都有活动，是现在楼兰地区地面残留植被的水源补给。

4.3.3 汉晋（楼兰）时期的水系

目前我们采集的地表植被残体的^{14}C 年龄均属于元明时期，并没有发现更早的植物残留，只有各遗址建筑中的植物才出现汉晋时期的年龄。因此判断汉晋时期的活动水系只能根据汉晋（楼兰）时期的遗迹进行推测。

在北部，土垠遗址始建于西汉，沿用到魏晋的一处大型遗址，遗址中发现的大量鲤科鱼骨化石说明当时周边环绕淡水湖泊，与 20 世纪 30 年代陈宗器等考察时的情况类似（图 4-3-1），这表明北 5 河、北 6 河汉晋时期也是重要的输水河流，能够对土垠淡水湖进行有效补给。

北 4 河位于 LE 方城北侧。LE 方城位于一级台地之上，北、东、东南方向的周围地势相对较低。方城 LE 城墙几乎完全用红柳建城，与楼兰古城红柳枝条层薄、土层厚的建筑方式有明显区别，反映出 LE 周边是湿地环境，红柳生长茂密。因此北 4 河在汉晋时期应是一条输水河流，这才能对古城周边湿地进行有效补给，并为古城兵民提供淡水。

我们在北 3 河两岸发现了多处古墓和村落遗存点，并存在从北 3 河向南引水灌溉的大型灌渠，因此这条河流也是一条汉晋时期的输水河道。

北 2 河与北 3 河类似，河道规模更大，两岸遗址、灌渠和耕地更多，也是汉晋时期的重要输水河道。

北 1 河虽然规模较小，却是楼兰古城中水道的水源河流，更是四间房遗址和楼兰古城东面众多耕地群的主要水源，以至于大量地引水灌溉造成北 1 河尾闾后来已不能入湖，而是逐渐萎缩消失。因此此河是汉晋时期的重要输水河道。

南 1 河、南 2 河、南 3 河两岸也有大量的遗址，包括张币 1 号遗址、15 居址 1、双河遗址遗迹 30 多处村落级遗存点，同时还有很多在原有河道上修建的灌渠等，也都表明这几条河道是汉晋时期的重要输水河道。

南 4 河、南 5 河两岸由于风沙掩埋严重，发现的遗存点较少，但也仍有多处遗存点存在，湖边遗存点明显的洪水掩埋特点，也说明在汉晋时期都是重要输水河道。

南 6 河、南 7 河附近则有 LK、LL、LM 等几处大型古城和古村落遗址，因此也必然是汉晋时期相关遗址军民的重要水源。

以上分析表明除北 7 河情况不明外，其他 13 条主要河流及其附属支流在汉晋时期都是输水河流，滋润了整个楼兰绿洲。

4.3.4　青铜（小河）时期的水系

青铜（小河）时期也缺少河网水系的直接证据，只能根据与这个时期有关的材料来间接推测。

1. 中全新世大湖萎缩暴露出来三角洲成为新生绿洲、小河人移居的陆地

小河人的活动时期大致为 4.2～3.6ka BP，在此之前楼兰地区的环境信息来自我们对楼兰古城内佛塔下伏地层的分析（详见第 2 章）（图 2-3-1），剖面上 4.8m 深度的侵蚀面代表了一次在 8ka BP 前后的干旱风蚀期，而侵蚀面以上 4.8m 则是 4.3～8ka BP 的河湖相地层沉积，表明这个时期古塔里木河水源充足，罗布泊湖面广大，楼兰古城一带的古河入湖三角洲，经常成为湖区。一直到大约 4.3ka BP 后湖面萎缩、湖水东撤，楼兰古城一带才彻底露出水面，这些潮湿、肥沃的大面积新生陆地为新生绿洲提供了基础，并因此吸引了四周面临生存压力的人来此定居，形成了这里独特的小河人。因此小河人的足迹指示了具备人类生存条件的环境，也必然是存在淡水河流补给的地方。

2. 楼兰北洼地是重要的淡水河湖湿地区

楼兰北部的北 4 河、北 5 河、北 6 河河网区是一片高程明显偏低的洼地，我们称为楼兰北洼地，图 3-3-22 中有清晰显示。洼地北侧是龙城高大雅丹区，南侧就是原古塔里木河三角洲裸露而成的楼兰台地区，洼地内残留有一些高大雅丹，在这些高大雅丹上我们发现了至少 10 处小河人的居址和伴随的墓穴。根据对居址内器物和动植物遗存的分析，高大雅丹周围是芦苇广布的淡水河湖湿地，而古人的生业方式是畜牧、渔猎和采摘，因此可以判断这一带存在河流水网，虽然不能确定北 5 河、北 6 河的干流在小河人活动时期也是干流，但可以肯定存在类似河网为湿地补给水源。

3. 楼兰台地区大部分地区都有输水河网

楼兰台地区就是原古塔里木河三角洲裸露而成的地区，目前是楼兰地区地势最高的台地（其中有零星残留的高大雅丹，如孤台古墓所在雅丹，与楼兰北洼地内高大雅丹相同）。整个地区地势向南缓缓降低，一直延伸到 LK 和 LL 古城。

在这个台地区，我们对北 3 河河网区的考察暂时还没有发现小河人使用的典型器物，因此不能确认是否存在小河时期的活动水系。

在北 1 河、北 2 河、南 1 河、南 2 河、南 3 河、南 7 河一带，虽然没有发现小河时期的居址和古墓，但在地表发现了很多小河时期的代表性典型器物，这些标型器物有权杖头（南 1 河、南 7 河边）、刻画纹陶片（南 1 河、南 2 河、南 3 河流域）、玉斧和石矛石镞（北 1 河、北 2 河、南 1 河、南 2 河、南 3 河流域），因此这些地区很可能也都是小河人的活动区域，只是因后期的洪水和风蚀破坏了小河人的其他遗存。据此可以推断，在这几条河流的流域内存在输水河网，滋养的绿洲成为小河人生存的依靠。从玉斧发现最密集的地区主要在南 1 河、南 2 河的水网区推测，南 1 河、南 2 河也是小河时期的重要输水河流。

4.3.5　全新世早期的水系

全新世早期的古人类活动证据来自南 2 河南侧一条支流岸边的细石叶灰坑剖面遗址（详见第 6、11 章），其 ^{14}C 年龄为 10ka BP 前后。根据这个灰坑遗址中发现的石器，可以确定这个时期古人的标志性典型器物是细石叶和白石吊坠，而这个灰坑遗址被洪水沉积所掩埋，反映了其边上的河流是当时的输水河道。在南 1 河、南 2 河、南 3 河的水网区，这种细石器分布非常广泛，至少存在近 10 处细石叶工场。因此可以判断在全新世早期，至少南 1 河、南 2 河、南 3 河的水网区是水草丰美的地区，有充足的河水输送。

在南 2 河与南 3 河之间，我们还发现一块埋在雅丹地层中的石磨盘（详见第 11 章），石磨盘所处地层为 13ka BP 前后的湖相沉积，显示在这一带冰消期存在一片淡水湖泊，这个湖泊应该不是罗布泊盐泽，而是冲积三角洲上的一个滞水小湖，附近有古人活动，并在湖上遗落了这个石磨盘。因此南 2 河与南 3 河之间河网区在冰消期也应该存在输水河道。

4.4　重点遗址区的周边环境

4.4.1　土垠周边环境

土垠遗址位于一处雅丹台地之上（图 4-4-1），该台地比周边的大雅丹又要低 5～6m，结合前面的古河道分析，土垠周边的积水洼地是一片湖泊，主要补给水源是北 5 河、北 6 河，北 6 河不属于孔雀河水

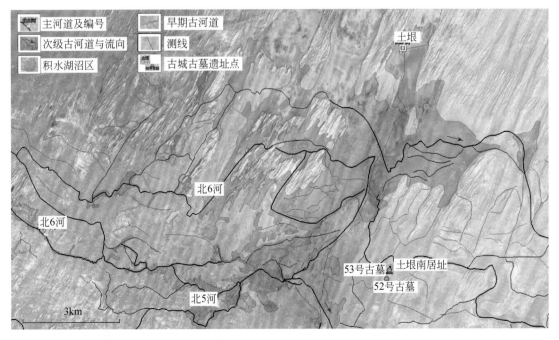

图 4-4-1　土垠周边古地貌环境格局：古孔雀河尾闾淡水湖

系，北 5 河才是，但与主河道相距 7km 之远，因此这片湖泊属于北 5 河的过路湖泊，并非最后的尾闾湖，这也是为何土坎中发现大量淡水鲤科鱼骨化石的原因，说明这片湖泊是淡水或半咸水。

4.4.2　LE 方城周边环境

LE 方城位于楼兰台地区的东北角（图 4-4-2），地处北 4 河的南侧岗地上，位置相对较高，周边湿地广布，尤其是东侧，现在方城周围就长满了芦苇、红柳，可以料想在河水丰沛的汉晋时期这一带的植被更为茂密，可为建城提供大量的红柳、胡杨等建筑材料。北 4 河流到方城西边后分成东、南两支，逐渐消失，其原因与河水向下游逐渐减少有关，也与进入洼地区后河流消失有关。来自白龙堆的楼兰道应越过北 5 河后经成堡 LF，再到方城 LE，最后在台地上通向西南方向的楼兰古城。

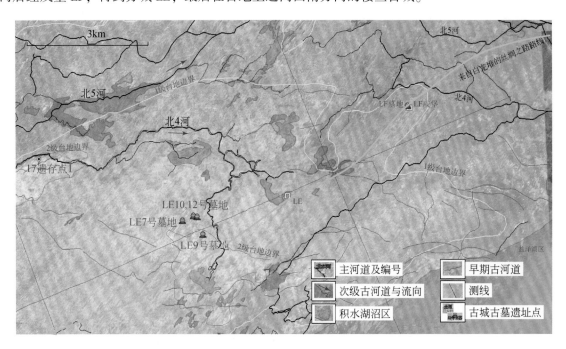

图 4-4-2　方城 LE 周边古地貌环境格局：北 4 河南岗地（青线是从白龙堆到楼兰的古丝路路线）

4.4.3　LB 遗址周边环境

LB 遗址位于楼兰古城西北，是前往西域都护府的必经之地。LB 遗址与其说是佛院，不如说是一处大型村镇，是周边一定范围内的中心城镇。前人根据在其中发现较多佛教文化的遗物而称其为佛院，其实汉晋时期佛教兴盛，村村有庙，但不等于村村是佛院。

LB 遗址位于北 3 河北岸，距离河道 240 多米，有支流小河从遗址内经过，西侧 1.5km 处可能有大面积耕地（图 4-4-3）。遗址内有佛塔一座，佛塔周围是风蚀深坑，可能原来就是建在一处水塘的中心。佛塔西南有一堵红柳墙，残墙可达 50 多米，墙西南侧有大深坑，可能是蓄水涝坝，坑西雅丹上有多处房基。其中一处有大量木构件，但被现代人用来搭建房屋。另一处房舍地表有厚 20 ~ 30cm 的羊粪层。显然这是一处选择河流附近建成的大型遗址。

4.4.4　LA 楼兰古城周边环境

LA 楼兰古城北 1 河南侧 340m 处，北 1 河的一条支流进入古城，成为古城水源（图 4-4-4）。北 1 河

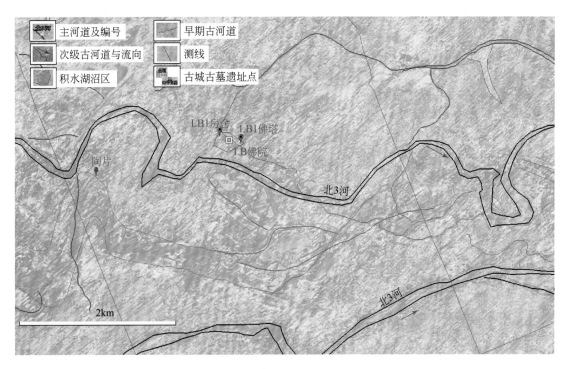

图 4-4-3 LB 佛院周边古地貌环境格局：北 3 河北岸

河水被大量引水用于灌溉，如北岸的四间房遗址、东边的平台古墓和孤台古墓周边等，过度用水导致北 1 河无法入湖，最后逐渐消失在耕地中。楼兰古城所处位置是区内相对高的部位之一，处在一北西向高地之上，这也就是为何楼兰古城不受洪水袭扰的重要原因。

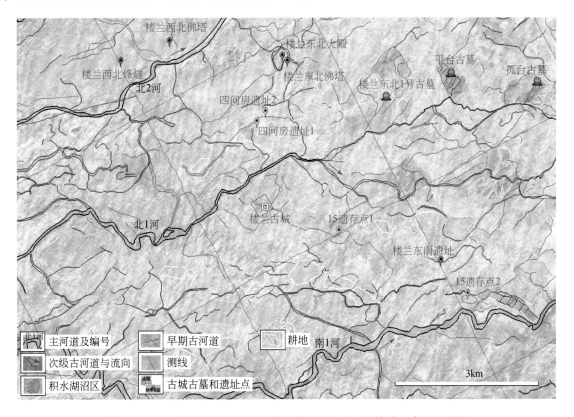

图 4-4-4 LA 楼兰古城周边古地貌环境格局：北 1 河南岸，南 1 河以北

北 1 河北侧有众多遗址，同样南 1 河北岸也有很多引水种植的耕地和村落遗址，如楼兰东南遗址，15 遗存点 1、2 等。楼兰古城南侧的 15 遗存点 1 可能是一个古城外的贸易交流中心，这里陶片很多，虽然没有发现房梁居址，但最近的耕地在其南侧 600m 处，因此很可能也是一处小型居民点。

4.4.5 张市 1 号遗址周边环境

张市 1 号遗址位于南 1 河与南 2 河之间的高地上（图 4-4-5），其周边耕地广布，道路密集，"张市千人丞印"就是在其北侧的南 1 河南岸发现的。除东边的 15-1 墓地与 15-1 号居址外，周边还有多处村落级别的遗存点。从南 1 河支流引水是周边耕地的主要灌溉方式，耕地之间的田埂是区内道路交通线所在，如从遗存点 10 向北的道路，15 遗存点 3、4 东侧的白色线道路，这些耕地表现出东部地区灌溉强度大、耕地面积大的特点。

张市 1 号遗址距南 1 河与南 2 河均在 4 ~ 5km，有效规避了洪水的袭扰，实际上其周边的遗存点和 15-1 号居址均在雅丹台地上，说明当时古人有意识地选择高地居住。

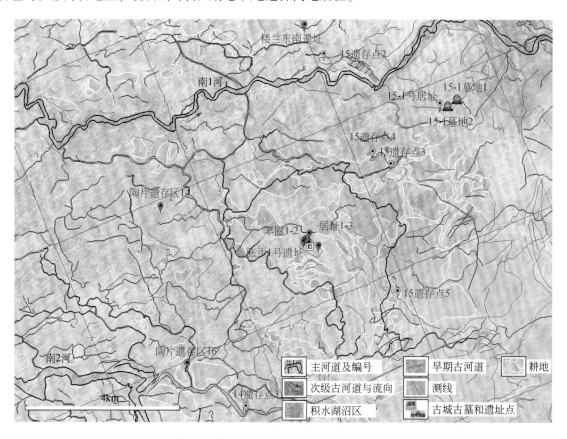

图 4-4-5　张市 1 号遗址周边古地貌环境格局：南 1 河与南 2 河之间地势高处

4.4.6 双河遗址周边环境

双河遗址位于南 2 河南侧一条大型支流的南岸，是一处大型中心城镇遗址，规模可能不亚于楼兰古城。遗址处在两条小型河道之间的三角地带（图 4-4-6）。北距大型支流 250m 左右，南距另一条大型支流 1.1km。相对遗址东侧，遗址位置明显较低，是一片洼地。显然遗址选址上虽规避了大型河流，但却没有注意到其位置的地势高低，这正是该遗址遭受洪水冲毁的根本原因，而且从地势上看，河水似乎并非来自东北较近的大型支流，而是来自西南、较远的另一条支流。遗址西侧有较大面积的灌溉农田，洪水可能正是越过这片农田袭扰了双河遗址。

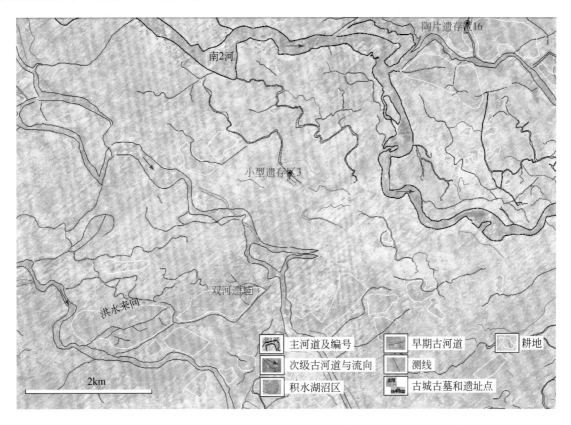

图 4-4-6　双河遗址周边古地貌环境格局：南 2 河以南的一条次级大河的南岸，两条小河交汇处

4.4.7　湖边遗址（遗存点 18）周边环境

湖边遗址（遗存点 18）位于南 5 河范围的一处湖泊边，其边上的古河道上游因强烈风蚀而消失，但可根据河流分布格局推断其水源来自南 5 河，是南 5 河的一条支流。附近的积水区面积很大，现在均是盐壳区，但当时并非罗布泊大湖，而是与大湖有水道相连的尾闾小湖，小湖主体在北侧，与遗址南侧小湖区有水道相连。遗址的用水主要依靠南 5 河来水。遗址中大量牛、羊、马的骨头显示，虽然处于湖边，但人们仍主要依靠养殖牧业，而非捕鱼，是否有种植行为还未知（图 4-4-7）。

4.4.8　LK 与 LL 遗址周边环境

LK 与 LL 遗址位于南 7 河北岸，其中 LK 在汇入南 7 河的一条南 6 河支流的东岸（图 4-4-8）。南 7 河东段有大片地势低洼的积水区，两城沿河北岸分布，有占据天险、据河而守的态势，两座古城的城门均开在东北一侧，也反映了这一点。从地势上看，虽然 LK 建城选择了一处河岸高地，但来自南 6 河的东北–西南向河道在此 90°拐弯，折向东南，又在古城南侧再折向西南，古城的水源也是来自南 6 河的小支流，这种地貌位置意味着一旦南 6 河洪水来袭，就很容易在北侧遭受洪水冲袭。这应该就是我们在古城东北城墙北端的地基下发现大量陶片、炭屑渣土的原因，即古城遭受过洪水破坏，部分城墙后来又经过了修缮重建。

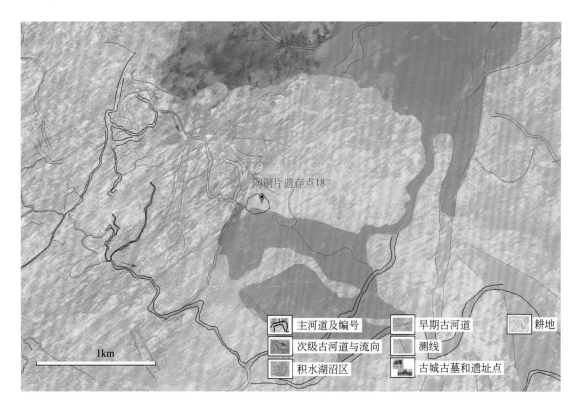

图 4-4-7　湖边遗址（遗存点 18）周边古地貌环境格局：南 5 河以南的次级小河边，临湖

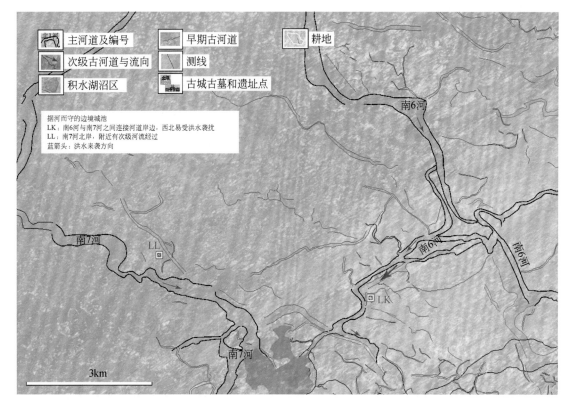

图 4-4-8　LK 与 LL 遗址周边古地貌环境格局：据河而守的边境城池

4.4.9　青铜时期遗址（居址与古墓）周边环境

我们在楼兰北部洼地区的高大雅丹上共发现了 10 处小河时期的古人居址和相伴的古墓，按其相对集中程度，分为 4 个点，称为 4 个村庄级聚落（图 4-4-9），戍堡 LF 所在大雅丹上也有小河时期墓葬，但未发现小河居址，估计已在汉晋时期修建戍堡时破坏。我们命名这些小河居址为楼兰北遗址群。可以看到遗址群主要出于北 5 河流域内，北 6 河也有分布。图中的积水区可能不代表小河时期的积水湖区，但根据环境的继承性，大致可指示小河时期的环境也是东部大面积积水湖泊，西部北 5 河河流网络密布，整个地区为湖泊、芦苇湿地、河流并存。这种环境极易遭受洪水袭扰，并不适宜农业种植，因此这个地区的小河人以养殖畜牧、采摘渔猎为主要生活方式，人都住在可以有效规避洪水与防范猛兽袭击的高大雅丹顶部。

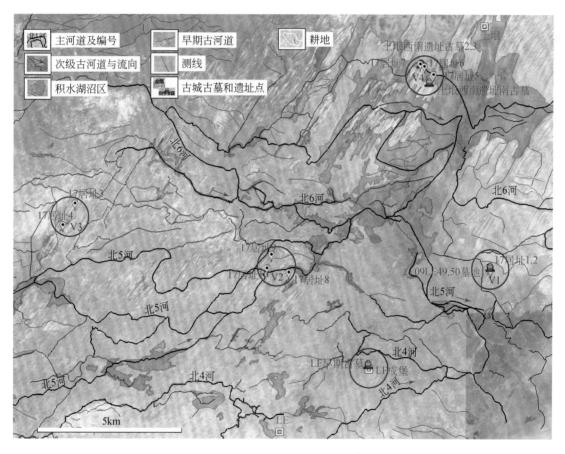

图 4-4-9　青铜（小河）时期遗址（居址与古墓）周边古地貌环境格局：
位于大雅丹上部的小河时期古人居址和古墓（V1～V4：四个居址相对集中的村庄级聚落）

4.5　罗布泊周边的其他水系

罗布泊周边除了西岸河网水系最为密集的楼兰地区外，还有其他一些河流，也在一定程度上向罗布泊补充水源。它们包括车尔臣河、阿尔金山脉北麓的若羌河、米兰河和多条罗布泊大峡谷出山河流，这些河流基本上都是季节性河流，规模最大的车尔臣河现在也只能流到台特玛湖。下面分别介绍这些河流。

4.5.1 车尔臣-喀拉和顺水系

将车尔臣河与喀拉和顺湖放在一起讨论，是因为二者具有密切关系。车尔臣河发源于阿尔金山脉，上游为且末河，《水经注》将且末河称为"阿耨达大水"。

1. 近现代水系特征

近代的车尔臣河在且末绿洲北部东转，沿山前洪积扇边缘，经瓦石峡镇北侧沙漠边缘，在高大山丘区形成康拉克湖，再东流，在若羌县城北的台特玛湖一带汇合塔里木河南支流，再与瓦石峡河、若羌河、米兰河汇合，最后汇入米兰东北的喀拉和顺湖，红柳沟河等山前河流也都汇入喀拉和顺湖。河水最后再穿过喀拉和顺湖与罗布泊湖之间的一片相对隆起区流入罗布泊，这在图4-5-1与图3-3-16、图3-3-22、图3-3-28等表现得十分清楚。

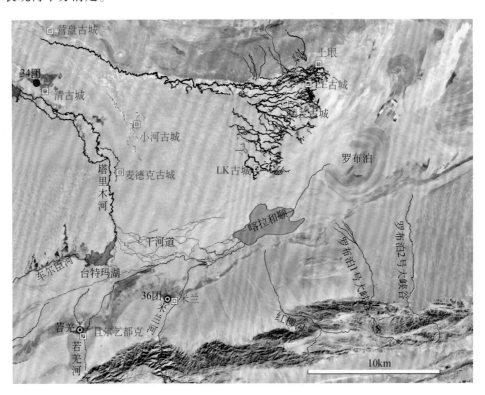

图4-5-1　罗布泊南部河流水系分布图（黄图钉为烽燧）

现在由于公路截断、水量减少、上游用水增加等多方面原因，车尔臣河只能流到台特玛湖。台特玛湖以东已基本干涸，喀拉和顺湖也已经完全消失。

2. 历史时期水系特征

历史上且末河穿过且末绿洲后，曾向北横穿塔里木沙漠汇入古塔里木河，在沙漠边缘仍有残留的北流河道（刘嘉麒等，2014），但何时改道沿山前洪积扇北缘东流还不清楚。

从图4-5-1上看，台特玛湖以东多数古河道是从塔里木河南支分流形成的，车尔臣河直接东流的支流并不多，因此台特玛湖以东的喀拉和顺湖的主要水源很可能还是塔里木河，车尔臣河的贡献不占主导。

在米兰古城以东35km的洪积扇前缘红柳沙包带里发现2座烽燧，从米兰古城、烽燧与LK古城三者的相对位置上看，烽燧位于米兰古城和LK古城之间，同时东距红柳沟约50km，向北越过河道可以最近路线通向LK古城，因此烽燧应该是米兰古城和LK古城之间的预警设施。这样推测汉晋时期喀拉和顺湖可能不存在或面积不大，东西向积水湿地没有成为隔绝南北的天然屏障。

　　小河古城、麦德克古城均为汉晋时期遗址，小河一带存在一条近南北向的屯戍遗址群，而维系这个遗址群的是南北向古塔里木河支流，因此南北向古河道在汉晋时期是活动的输水河流。但是汉晋时期它在台特玛湖一带是否与车尔臣河汇合还有待确认。

4.5.2　罗布泊大峡谷

　　在红柳沟以东的阿尔金山脉北麓分布着著名的羽毛状库木塔格沙漠。在沙漠的西部有两条大峡谷，我们分别命名为罗布泊 1 号与罗布泊 2 号大峡谷。它们是源自阿尔金山地的季节性河流出山后在洪积扇上快速下蚀形成的峡谷。由于峡谷两侧洪积扇上覆盖着流动沙丘，形成了世界上难得一见的沙漠中的峡谷。

1. 罗布泊 1 号大峡谷

　　该峡谷是红柳沟以东的第一条出山大河谷，出山后 26km 两侧有流动沙丘分布，西侧沙漠面积较小，北段出沙区后经 36km 的戈壁滩进入罗布泊盆地，在尾端形成了一个小洪积扇。峡谷大致构成了库木塔格沙漠的西界。

　　峡谷宽度不大，一般 50～300m，狭窄处谷底不足 40m，深度大于 60m，沟深坡陡，地形险峻，两岸沙丘连绵，沟底则年年有山洪流过，景观奇特，蔚为壮观。

2. 罗布泊 2 号大峡谷

　　该峡谷位于 1 号大峡谷东侧约 30km，长度和宽度均规模大于罗布泊 1 号峡谷。峡谷两岸地层为河流相水平沙层，粗砂成分。相比罗布泊 1 号大峡谷，两侧边坡较缓，发育至少 3 级阶地（图 4-5-2）。

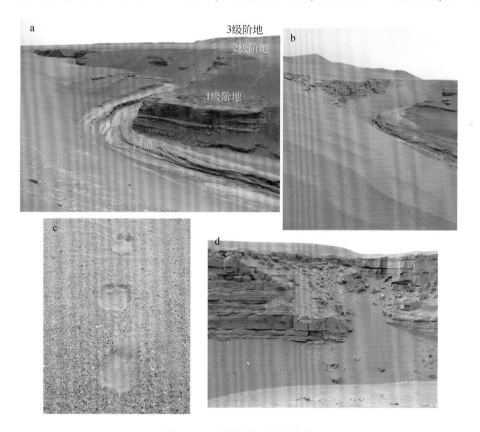

图 4-5-2　罗布泊 2 号大峡谷

a. 峡谷阶地地貌；b. 峡谷边的沙丘；c. 丘间沙砾地面上的野骆驼脚印；d. 峡谷两岸砂岩水平地层

　　峡谷两侧的流沙堆积成沙丘，一些流沙铺在边坡上，但由于每年的间歇性洪水冲刷，沟底并未被流沙掩埋。罗布泊 2 号峡谷两侧沙丘规模比罗布泊 1 号峡谷更大、更广，但实际上沙丘间地面仍裸露着很多砾石，表现出沙丘在砾石戈壁滩上堆积发育的特点。地面上观察到野骆驼留下的脚印，指示曾有野骆驼沿峡谷进山寻找水、草。

4.5.3　乱岗（乱梁）古河道

在罗布泊大峡谷以东、阿奇克谷地南岸、库木塔格沙漠北侧，有一种特殊地貌，由一系列走向不稳定、突出地面 10～20 多米的垄状、条带状雅丹地貌构成（图 4-5-3a、b），雅丹的高度与阿奇克谷地南北岸的其他残留雅丹一致。与楼兰地区雅丹北东–西南向的稳定走向不同，这里的长条形雅丹走向如长蛇，曲折多向，因此被当地人称为乱岗或乱梁。

野外考察发现，这些带状雅丹的顶上均有一层厚度 1～5m 的砾石层，砾石以角闪岩、花岗岩等岩浆岩为主，直径 5～30cm 均有，磨圆好，是典型的洪水砾石沉积。砾石层之下为粗砂–细砾地层。结合垄状雅丹具有扇形分布特点（图 4-5-3b），这实际上是古洪积扇上的扇形河道，河道上堆积了大小砾石混杂的洪水沉积。在阿奇克谷地，曾经历了一次或多次强烈风蚀，吹走了谷地内厚达 20 多米的砂质地层，很多地方留下了残留的雅丹，而阿奇克谷地南岸的这几处地方，是原来的洪积扇，扇上河道里的砾石层保护了下伏沙层免于风蚀，最后河道两侧的地面在风蚀作用下不断下降，河道却因砾石层保护保留下来，最后成为突出地面 10～20m 的垄状雅丹，造就了罗布泊地区一种独特的风蚀地貌。

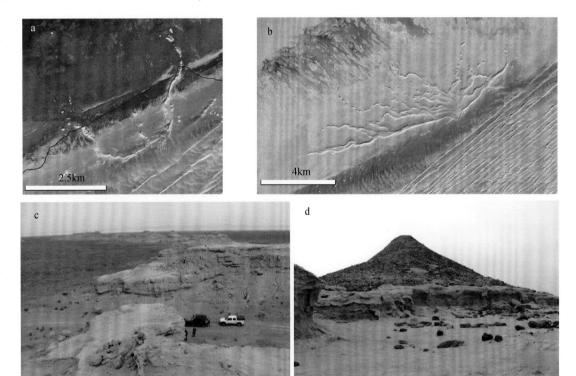

图 4-5-3　乱岗古河道
a. 阿奇克谷地南岸雅丹长堤遥感图；b. 阿奇克谷地南岸乱岗雅丹遥感图；
c. b 图雅丹长堤地貌景观；d. c 图中雅丹顶遗留的砾石

因此乱岗地貌的机理与楼兰地区圆弧形泥质河床成为雅丹顶的机理是相似的，只是在这里抗风蚀泥质沉积换成了砾石层。

第5章 罗布泊地区雅丹地貌及其形态变化

【罗布泊地区分布着世界上面积最大、类型最多、世代最全的雅丹地貌。综合科考对罗布泊雅丹开展了首次大规模无人机三维立体测量，建立了雅丹地貌形态学的测量体系，结合野外的实地测量和岩性测试，发现：①罗布泊雅丹地貌演化是从雏形的水滴状单体到相对稳定的垄岗状复合体，流线型、水滴状是雅丹地貌的基本元素，空间组合呈鲜明的定向性排列；②雅丹的稳定性与雅丹密度成反比关系，低密度雅丹群组合稳定性强，高密度雅丹群组合稳定性差；③沉积层泥质成分含量变化和层理沉积构造的多样性能显著影响沉积层抗风蚀强度；④楼兰地区地面已经被风蚀下降了至少1m；⑤罗布泊地区雅丹发育具有多期性，最新一期雅丹始于距今500年前后；⑥楼兰地区陆面风蚀的空间差异性显著，从东北向西南雅丹高度降低、密度增加。】

5.1 雅丹——从地方语到学术名词

5.1.1 "雅丹"一词的由来

19世纪末20世纪初，瑞典探险家斯文·赫定在中国罗布泊考察时遇到大面积分布的土丘和沟谷相间的地貌形态，根据维吾尔族向导的说法，该地貌的维语名字"雅尔"的变音为"Yardang"，其意思为"顶部平坦的陡崖"（Hedin，1903）。随后，"Yardang"一词随其著作《中亚和西藏》在全球广泛流传，被广大地貌学者所接受，并成为地貌学的专业术语，在中文中被音译为"雅尔丹"或"雅丹"。

在斯文·赫定引入"雅丹"一词之前，已有历史人物或学者对该形态独特的地貌类型进行描述。"（白）龙堆"一词应该是对雅丹地貌的最早记载，西汉学者杨雄（公元前53～公元18年）的著作《法言·孝至》有载"龙堆以西，大漠以北，鸟夷、兽夷，郡劳王师，汉家不为也"。东晋李轨认为"龙堆"即"白龙堆也"。东汉史学家班固（公元32～92年）的著作《汉书·地理志（下）》中记载"敦煌郡，武帝后元年分酒泉置。正西关外有白龙堆沙，有蒲昌海"。《汉书·西域传（上）》记载"然楼兰国最在东垂，近汉，当白龙堆，乏水草"。班固生平参与了北征匈奴、燕然勒石等豪迈边事，但是否到过楼兰等西域地区，不得而知。《汉书》中对"白龙堆"及其邻近楼兰国和蒲昌海（罗布泊）的记录可能来自丝路往来之人的转述。班固所著《汉书》行文精简，惜字如金，据其对白龙堆的特意记载，我们可以推测汉时楼兰地区雅丹地貌已经蔚然壮观，是丝路上的地标性地貌。

北魏时期，杰出地理学家郦道元（公元约470～527年）在其所著的《水经注》中记载："河水又东，注于泑泽，即《经》所谓蒲昌海也。水积鄯善之东北，龙城之西南。龙城，故姜赖之虚，胡之大国也。蒲昌海溢，荡覆其国，城基尚存而至大。晨发西门，暮达东门。浍其崖岸，余溜风吹，稍成龙形，西面向海，因名龙城。地广千里，皆为盐而刚坚也。""浍其崖岸"是指水对地面和雅丹土堆边缘的侵蚀。"余溜风吹"则是指当地盛行东北风对雅丹的不断吹蚀。即郦道元认为雅丹地貌经历了先水蚀后风蚀的发育过程。"龙城"一词也沿用至今，罗布泊东北的雅丹被称为龙城雅丹。清代地理学家徐松（公元1781～1848年）在《西域水道记》中描述哈密五堡魔鬼城的雅丹是长各半里许、顶上平且首尾截立的小山丘。

随着斯文·赫定的著作（《中亚和西藏》《我的探险生涯》）在全球广泛流传，"Yardang"（雅丹）一词也逐渐被地质地貌学者接受。而国内最早使用雅丹一词的研究著作是陈宗器先生在1936年发表于《地理学报》的《罗布淖尔和罗布荒原》一文，在该文中将雅丹地貌分为迈赛（Mesas，平顶山，一种山麓平原残丘，高10～30m，年代较古）、雅丹（Yardang，高不满1m，年代较新）和白龙堆三种。此后"雅丹"一词逐渐为国内学者接受,成为此类特定地貌的学术名称。20世纪30年代初,中国西北科学考察团在罗布泊等地考察时,对区域内雅丹地貌的形态特征进行了描述和分类(陈宗器,1936;黄文弼,1948)。此后由于社会动荡,经费匮乏等原因,我国西北地区地质地貌学研究被一直搁置。1952年,苏联学者西尼村曾经到罗布泊地区进行考察,在《罗布诺尔洼地及罗布泊的地质史》一文中,对该区第四纪地层和雅丹地貌作过较为详细的描述,把雅丹地貌明确划为风蚀地貌类型。

20世纪80年代,中国科学院新疆分院等单位对罗布泊进行了综合性的科学考察,详细报道了罗布泊地区雅丹地貌的分布状况和形态特征,对其形成机理与过程等进行了初步研究(夏训诚,1987)。21世纪以来,随着探险、旅游的兴起和旅游资源的开发以及库木塔格沙漠考察的深入,又一次促进了中国学者对罗布泊雅丹地貌分布、形成发育过程及其旅游开发的研究(杨更,2009)。本次科考里中国科学院新疆生态与地理研究所研究团队结合前人研究成果,引入无人机拍摄等最新地貌学研究方法对该区域雅丹地貌进行了更加细致系统的形态学研究,并对楼兰地区雅丹的差异化侵蚀过程进行详细论述(林永崇等,2017,2018;Lin et al.,2018)。

5.1.2 雅丹的地貌学限定

在雅丹一词未被广泛接受科学词汇之前,所有给予该地貌的名词都是对其进行的形态记录描述,如"白龙堆""龙城""魔鬼城""剥蚀丘""沙漠城""雅丹""Mesa""土阜"(黄文弼,1948)等。实际上在罗布泊地区发育的这种具有典型意义的地貌,同时在中国其他干旱地区和世界其他干旱区也都普遍存在,共同的特点就是干旱裸露地面、强烈的风蚀陆表过程和各种沉积岩层。这些名词对于该地貌虽然形象,包括斯文·赫定所使用的"雅丹"也都是对罗布泊这种地貌的描述记录,但是并没有付诸科学内涵。因此,雅丹要作为一个科学名词,显然不应该仅局限于罗布泊区域,应付诸具体的科学内涵,使其具有严谨通用的科学概念,以便在研究这种地貌现象时,统一大家的讨论对象,保障大家讨论的是同一个问题。

根据斯文·赫定的描述记录,雅丹概念给予以下限定:①形成于极端干旱区;②物质组成以第四纪河湖相沉积物为主,岩性松软—中等固结;③外营力以水蚀和风蚀为主;④分布范围较大,相对集中,且排列整齐;⑤高度和长度达到一定规模;⑥形态千姿百态(Hedin,1903)。雅丹一词在学术论文和著作中频繁出现并广为传播之后的很长一段时间,作为以罗布泊地区为典型代表的特殊地貌的学术命名已被广泛接受,但对其科学内涵和科学概念仍然各抒己见,莫衷一是。随着研究范围的扩大,许多学者所定义的雅丹内涵与始出者并不完全一致。在国际上,大致有以下四种观点:一是Blackwelder(1934)认为雅丹是具有陡壁的垄岗与垄间槽地的组合,高数英寸(几厘米)到25英尺[①]以上,不仅在松软物质上,而且在古近纪—新近纪湖相沉积和更新世沙丘等胶结沉积物上都有发育,强调了雅丹是垄岗和凹槽的形态组合,以及其组成物质的多样性;二是Cooke等(2006)认为雅丹是发育在包括固结中等的第四纪湖相粉砂和黏土沉积物、硅藻土、白垩土和坚硬的砂岩、花岗岩及其他坚硬的岩石上的风蚀垄,其典型形态长宽比为4∶1,有些大雅丹的长宽比为10∶1,使雅丹发育的物质组成进一步扩展,同时强调了形态为长垄状;三是Brookes(2001)泛指分布于世界绝大多数沙漠中,发育在软硬形成时代不同岩性的地层上的流线型丘陵,雅丹发育的物质基础不再受岩性限制,并强调了形态上的流线型;四是Ward和Greeley(1984)强调仅指发育在第四纪松软沉积物上的小型风蚀地貌形态。

在国内存在三种观点:一是夏训诚(1987)在研究罗布泊地区雅丹时,认为其发育在河湖相泥岩、粉砂岩、砂岩互层之上,在有风力作用参与的同时,特别强调了流水在雅丹形成发育过程中的作用。二是吴正(2003)强调雅丹发育在包括河湖相沉积物等未固结的土状堆积物上,除主要分布于极端干旱区外,在湿润的近海岸地区也有分布。三是杨更(2009)认为雅丹经长期风力侵蚀,由一系列平行的垄脊

---

① 1英尺=3.048×10^{-1}m。

和沟槽构成的景观，地层产状近水平，多为湖积相，但对地层软硬程度和年代未作限制。

雅丹一词被引入地貌学自然要进行一番科学限定，特指一种典型的风蚀地貌类型，是近水平沉积岩层的风蚀残丘。这种风蚀地貌当然不是罗布泊地区仅有，而是世界干旱区普遍存在且广泛分布的。所以，雅丹地貌作为学术名词首先应该便于学术讨论，否则所指不同，自然所述不能在同一范畴辨析；同时有利于科学研究，不然各自孤论，只能在现象层面进行低水平重复，无法继前人所述开展深入研究。

关于雅丹的成因，至今仍有很多声音。除了风蚀之外，或强调构造抬升，或强调流水侵蚀形成沟槽，等等。经过作者科考 5 年在罗布泊地区广大区域的调查发现，就动力而言，无论是构造作用，还是流水作用，都不是雅丹发育的充分必要条件。换句话说，只要风力强劲，地面环境（充分裸露、土层或地层干旱）有利风蚀，就经常会见到雅丹发育在干涸湖底。当然，在现场我们确实能频繁见到雅丹沟槽中的流水痕迹，同时也常常见到雅丹风蚀洼地积水，在被强风推动下逆流而上冲出洼地，然后沿风蚀沟槽前行并翻越高点进入另一沟槽，形成与主风向平行的定向流。这进一步说明了雅丹地区定向水流更多的是风动力在驱动，而不只有重力。当然，未胶结沉积地层经水浸泡再受流水侵蚀，一定留下醒目深刻的印迹。但这并不说明雅丹的成因一定要有流水作用（即可以有，但不一定有）。因此，不能就此划分出所谓的"水成雅丹""水和风共同成因雅丹"，或所谓的"构造雅丹"。

还有人认为雅丹是近水平沉积层经过风蚀形成的残丘，甚至根据楼兰地区的雅丹物质组成将雅丹仅限定在第四纪松散沉积层的风蚀地形，也有人认为个体大小不同应该属于不同的地貌。实际上，无论是在罗布泊地区，还是在其他典型风蚀区，都存在有较显著变形地层形成的雅丹，地层年代也并不仅限定为第四系。罗布泊龙城雅丹和阿奇克谷地都有由古近系—新近系组成的雅丹，鄯善与哈密之间十三里风区的雅丹（哈密魔鬼城）和乌尔禾魔鬼城甚至是由中生代地层组成。

雅丹是沉积地层的风蚀残丘，是一种典型的风蚀残余地貌。典型的风蚀地貌（wind erosion landform）包括砾石戈壁平原（wind deflating pebble plain，或者 gebi plain）、风蚀洼地（wind erosion depression）、雅丹（Yardang）等。戈壁平原通常是含砾，或砾质松散沉积物被广泛风蚀并残留砾石呈现相对均匀的地面下落（deflation）的结果，风蚀洼地则是指不均匀地风蚀形成的负地形，雅丹则是风蚀残留的正地形。所以，雅丹与风蚀洼地经常是会同时出现的。雅丹群通常被称为魔鬼城，作为吸引人们旅游探秘的景点。罗布泊地区的雅丹则更早被记录为"龙城""龙堆""白龙堆"（特指罗布泊东北侧湖相蒸发盐沉积地层形成的雅丹）。

5.1.3　雅丹的研究途径

1. 形象描述

前人对雅丹形态描述很多，如斯文·赫定在观察罗了布泊地区雅丹后，曾形象地描述为桌状、飞檐、雕塑、塔形、城墙状、古屋、壁垒、卧狮、伏龙、狮身人面像和睡犬等；此后其他学者添加了像舰队出海、孔雀台、天生桥、凯旋门、比萨斜塔、蒙古包等，可见雅丹地貌的"千姿百态"，同时也表明形象描述并不能够给予深入研究雅丹更多的帮助，但是对旅游资源确能产生奇妙神秘效果。因此，学者后来逐渐开始归纳雅丹形态为长垄状、覆舟状和流线形等，并趋向定量描述。

2. 测量定量

当定性描述仍然不能满足认识雅丹的自然特征、成因机理和演变规律时，20 世纪 40 年代就有学者开始注意到雅丹高度的巨大变化（Blackwelder，1930，1934），从几十厘米到数十米。从此人们开始原位实地测量雅丹，Mainguet（1968）较早注意到雅丹的长宽比有某种规律，并确认其比值大致为 4∶1，部分可能达到 10∶1。随后很多人在世界各地测量，Cooke 等（2006）和 Mainguet（1968）对乍得博尔库、伊朗卢特沙漠和非洲撒哈拉沙漠地区雅丹的观测得出长宽比为 10∶1；Halimov 和 Fezer（1989）发现长宽高的比为 10∶2∶1；Goudie（2008）在埃及的研究得出的体积、长、宽和高的比为 18.7∶9.9∶2.7∶1。单从这些数值来看，仍存在较大差异。甚至 Ward（1979）、Ward 和 Greeley（1984）通过风洞实验模拟研究得出理想条件下雅丹地貌长宽比为 4∶1。

但是，雅丹形成的实地自然条件变化远比简单的模拟设定复杂得多，譬如包括①动力要素：风速、风向；②材料要素：岩性、岩石构造、沉积建造、地层组成；③时间要素：形成演化时间等，都可能在很大程度上影响雅丹的形态特征（图 5-1-1）。

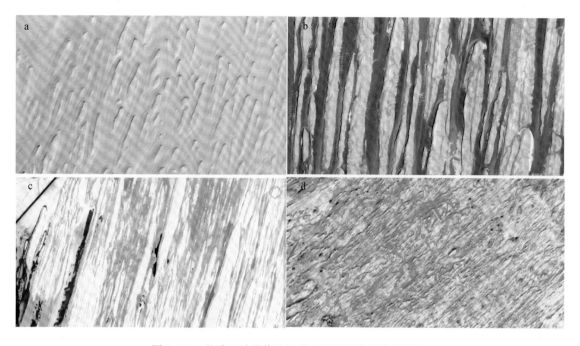

图 5-1-1　谷歌地球影像上的罗布泊地区典型雅丹形态
a. 龙城雅丹（包含有已构造变形的河湖相陆源碎屑沉积）；b. 三垄沙雅丹（西海舰队，以河流洪泛沉积与泥沼沉积为主）；
c. 白龙堆雅丹（以湖相富蒸发盐类沉积互层为主）；d. 楼兰古三角洲雅丹（以河流尾闾三角洲平原沉积为主）

因此，雅丹的形态参数一定不是一个简单的数值，而是一系列上述因素的函数。也就是说，雅丹形态参数具有更重要的科学理论意义和实际价值。

3. 三维模拟

针对雅丹的形成发育条件和演变过程，学者除了测量观察进行推断之外还做了大量的模拟实验和数值模拟研究。在动力学研究方面，人们首先强调了单向风或两组风向风及其吹蚀和磨蚀作用的重要性，认为流线型突显了吹蚀作用效果，而雅丹的迎风端和两侧沟槽的下切应主要由磨蚀作用实现，特别是对于胶结坚硬的岩石可能磨蚀发挥更重要的作用。同时，也有不少讨论关于水参与侵蚀的意义。虽然我们认为水并非雅丹形成的必要条件，但是水的参与一定会成倍加速侵蚀。如果临时性水量足够充分，且自然坡降足够大，则流水会很大程度影响雅丹的形态和走向等特征。除上述定向动力条件外，人们还注意到部分雅丹形成过程中，还存在其他非定向营力，如风化作用、重力坍塌、盐类风化和龟裂等（Goudie，2007），但是一直缺少有关方面的定量检测和模拟实验。

显然，动力方面的模拟是相对容易实现的，所以已有成果非常丰富。而对材料方面的实验模拟或数值模拟研究还非常少见。同时，对雅丹发育演化的原位检测也鲜为人知。然而，这可能才是认识雅丹形成发育和演化规律的关键，尽管其复杂程度还难以表述。

5.1.4　雅丹地貌分布

雅丹地貌分布广泛，目前除大洋洲和南极洲以外，各大洲的干旱、半干旱地区均有雅丹的报道和描述（Ehsani and Quiel，2008；董李，2013）（图 5-1-2），在火星、金星和土卫六等地外天体上也有观察到类似地球表面雅丹的风蚀地貌发育（Xiao et al.，2017；Greeley et al.，1995；Trego，1990，1992；Arvidson et al., 1991）。

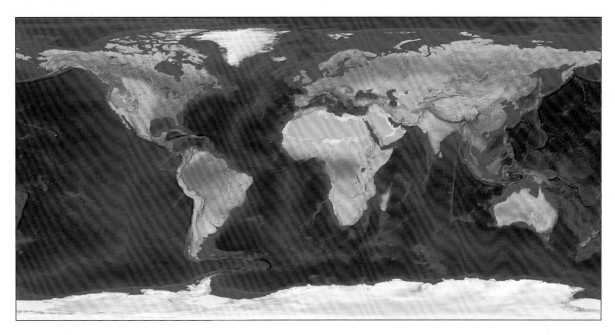

图 5-1-2　全球雅丹（黄色区）分布图（底图来自 NASA 网站）

从目前研究报道的地点来看，雅丹地貌主要分布在干旱半干旱区的沙漠或沙漠边缘地区。例如，纳米比亚（Namibia）沙漠（Goudie，2007），伊朗卢特（Lut）荒漠（Gabriel，1938），科威特 Um Al-Rimam 低地（Al-Dousari et al.，2009），中国库木塔格沙漠和阿奇克谷地（Dong et al.，2012a），埃及利比亚（Libya）沙漠（Brookes，2001），埃及西部沙漠（El-Baz et al.，1979），乍得博尔库（Borkou）盆地（Breed et al.，1989）等。也有部分雅丹分布于半干旱地区，如西班牙埃布罗（Ebro）低地（Gutiérrez-Elorza et al.，2002），美国加利福尼亚州罗杰斯（Rogers）湖（Ward and Greeley，1984），阿根廷安第斯（Andes）山脉南（Inbar and Risso，2001）。另外在较湿润的匈牙利西潘诺尼亚（Western Pannonian）盆地也观察到雅丹遗存（Sebe et al.，2011）。

中国典型雅丹地貌主要集中分布于新疆罗布泊及其周边地区、乌尔禾地区、甘肃疏勒河谷地、河西走廊和内蒙古西部地区以及青海柴达木盆地等。其中罗布泊地区雅丹是雅丹地貌的命名地，同时也是我国雅丹形态最为多样的地区，在世界范围内也具有代表性，这为对雅丹形态的研究提供了良好的基础条件。自斯文·赫定之后，前人对罗布泊及其周边地区的雅丹形态展开诸多讨论，如夏训诚（1987）就罗布泊楼兰地区雅丹地貌开展形态学描述；屈建军等（2004）也对阿奇克谷地区域的雅丹形态进行探讨。

5.2　罗布泊地区雅丹地貌的空间分异与分区

罗布泊地区雅丹地貌分布十分广泛，包括疏勒河尾闾至阿奇克谷地（三垄沙雅丹区）、罗布泊北东白龙堆及其以东地区（白龙堆雅丹区）、罗布泊北土垠及其以西铁板河–古墓群地区（龙城雅丹区）、罗布泊西楼兰古三角洲（楼兰雅丹区）、孔雀河尾闾（孔雀河雅丹区）地区，以及罗布泊南侧库木塔格沙漠地区等，散落于数十万平方千米的土地上。虽然风力被看作为塑造雅丹地貌的营力，但是水流和重力等营力作用无处不在，岩性、植被、降水和新构造运动等其他因素的随机影响变化无穷，导致了雅丹地貌形态的千变万化和复杂的空间分异。显然在如此广阔的地域，虽然同为典型风蚀地貌，但是由于地层组成和发育历史不同，下垫面背景（如起伏度、坡度、坡向等）和风动力差异，各地雅丹地貌仍然呈现出地域性差异。为了深入观察研究罗布泊地区雅丹地貌，我们拟从形态、规模和地层组成等方面对罗布泊地区雅丹地貌进行分区，以便分区深入认识研究。

5.2.1 罗布泊地区雅丹地貌岩性组成

关于什么样的地层岩性可能被风蚀成为雅丹地貌，Ward 等、Breed 等强调仅指发育在第四纪松软沉积物上的小型风蚀地貌形态；夏训诚在研究罗布泊地区雅丹时，认为其发育在不同时代的河湖相泥岩、粉砂岩和砂岩互层上；吴正则强调雅丹发育在包括河湖相沉积物等未固结的土状堆积物上，除主要分布于极端干旱区外，在湿润的近海岸地区也有分布；甚至有学者提到花岗岩及其他坚硬的岩石上的风蚀垄也在其列（Cooke et al.，2006；McCauley et al.，1977；Mainguet，1968）。为了区别于化学风化剥蚀和流水等其他侵蚀作用并突出风的侵蚀作用，多数人还强调不同沉积类型在雅丹形成发育和演化过程的重要性（牛清河等，2011）。

1. 罗布泊雅丹区地层时代

前面已经提到，罗布泊地区各地雅丹的地层组成差异很大。实际上，不同时代的地层除物质组成、沉积结构构造等岩性差异之外，沉积层的压实、胶结、变形、产状等差异巨大，这些也是影响沉积层抗风蚀强度的重要因素，并直接影响雅丹的发育演化。由于罗布泊地区地质工作艰难，资料稀少，区域地层的时代划分确定依据欠充分，因此到目前为止，该地区地层仍然缺少有效年代依据，特别是针对新生代地层的岩性特征数据都不够翔实，更不完整或充分。现有的基础资料都没有较为确定的地层划分标志。

对于罗布泊地区的雅丹地层，王树基（1987）认为土垠北侧龙城雅丹有部分为侏罗系（J_{1+2}），大部分则属于渐新统和中新统（E_3+N_1）；而白龙堆与三垄沙雅丹地层则属于渐新统和中新统（E_3+N_1）；楼兰地区的雅丹地层被认为属于中更新统或未划分的第四系（Q_{p2}—Q_h）。研究显示，楼兰地区的雅丹地层均为全新世沉积（Qin et al.，2011），只有孤台古墓所在高大雅丹与楼兰北部古墓群的高大雅丹及龙城雅丹相当，属于中晚更新世沉积。

关于白龙堆雅丹的地层时代现有数据及划分意见分歧较大，地质图上划为渐新统和中新统（E_3+N_1），而钾盐勘探后根据释光测年数据，认为应属于上更新统上部。

2. 组成雅丹的沉积类型

罗布泊地区雅丹地貌涉及的地层时代长，沉积类型丰富。

龙城雅丹的岩性组成以河湖相陆源碎屑沉积为主（图 5-2-1a），岩性为灰红色泥质砂岩、泥岩，灰绿色细砂岩和浅灰色、褐色砂岩等，沉积层序稳定，层理清晰，沉积构造鲜明，岩层紧实坚硬。

a   b

图 5-2-1 龙城雅丹（更新统河湖相沉积）（a）与三垄沙雅丹（河流洪泛与泥沼互层沉积）（b）

三垄沙雅丹岩性组成以河流洪泛沉积与泥沼沉积为主，岩性为灰红色、红色砂质泥岩、泥岩夹薄层砂岩（图 5-2-1b），中厚层块状居多，层序稳定。

白龙堆雅丹岩性组成以湖相富蒸发盐类沉积互层为主（图 5-2-2a），片状、板状和梅花状石膏巨晶成层，故地层呈现灰白色。

楼兰三角洲雅丹岩性组成属于河流尾闾三角洲平原冲积–洪泛沉积，主要为不等厚的粉细砂与泥质和泥沉积互层（图 5-2-2b），沉积层序不稳定，岩性松软。

a   b

图 5-2-2　白龙堆雅丹沉积剖面（更新统蒸发盐类与陆源碎屑互层沉积）（a）
与楼兰古城雅丹沉积剖面（三角洲河流及洪泛沉积）（b）

不难看出，罗布泊地区各地雅丹地貌形成于不同的岩性之上，沉积层的物质组成结构、沉积构造、胶结程度、暴露时间、产状和形变等各地差异均很大，但是它们的共同特点是不同碎屑结构和沉积构造的互层，或湖相蒸发盐类沉积与陆源碎屑沉积互层。

对于雅丹地貌形态特征或雅丹的发育演化而言，沉积层的物质组成、沉积结构、沉积构造、胶结程度、产状和形变等是直接影响沉积层抗风蚀强度的重要因素，暴露时间则是限定雅丹的形成演化期限的重要因素。一方面，具有不同抗风蚀强度沉积层组成的沉积序列有利于风蚀作用持续发生发展，同时也带动了重力、节理裂解等作用的发生。另一方面，具有不同抗风蚀强度沉积层组成的沉积序列促进了千姿百态雅丹个体的稳定平衡和独自站立。从岩性的角度观察，明显胶结成岩的地层和厚层块状含黏土或黏土质沉积是形成高大雅丹的重要岩层组成因素。

3. 楼兰三角洲雅丹区地层组成

风蚀和雅丹发育清晰地暴露了楼兰三角洲地区的近地表地层组成，为观察雅丹地层特征提供了方便，同时也为观察雅丹地貌发育演变及形态特征等与岩性的关系提供了便利。从遥感影像上观察，该地区河网纵横交错，密集重叠。洪泛平原上的大小湖沼星罗棋布，充分表现了尾闾三角洲河流发散、河道频迁的属性特征。地面上雅丹暴露的是层理发育的浅灰色泥质粉细砂、粉砂质泥、中–厚层浅灰黄色泥等，底部或常见到灰色细砂。沉积结构构造均显示为一套典型的河沼沉积。古河槽、岸堤、拖曳边坡等宏观沉积构造往复重叠，屡见不鲜。

1）典型剖面

Ⅰ. 典型剖面 a

该剖面为 2014 营地河道北侧红柳包雅丹剖面（图 5-2-3），剖面总厚度 4.58m，由上而下：

灰色细砂与红柳枯枝落叶互层，厚 45cm。

灰色细砂，含芦苇秆，无层理，厚 35cm。

灰色细砂，较多倒覆干芦苇秸秆，无层理，厚 12cm。

含炭灰细砂，无层理，色稍浅，厚 8cm。

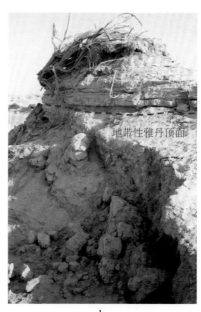

图 5-2-3　2014 营地河道北侧红柳包雅丹剖面

a. 正面；b. 侧面含该地段雅丹顶面层位

灰色细砂，无层理，厚 8cm。

灰色细砂，具交错层理，厚 35cm。

浅灰色薄层泥质或含泥粉细砂，波状与水平层理交替，厚 33cm。

浅灰色薄层泥质粉细砂，水平层理，厚 13cm。

浅灰色泥质粉细砂，含较多铁锈斑，见斜层理，厚 37cm。

浅灰色薄层泥质粉细砂和细砂互层，下部为等间距互层，上部以粉细砂为主，有扰动，厚 18cm。

灰色细砂，发育斜层理，底部含浅灰色黏质小团块，平均径 3mm，见有根孔，厚 7cm。

浅灰色薄层泥质粉细砂，发育水平层理，厚 19cm。

浅灰色薄层泥质粉细砂与细砂互层，上部见发育良好波状层理，厚 10cm。

浅灰黄色泥质粉细砂，呈厚层块状，内部层理不发育，此层顶面为该地区广泛分布的雅丹顶面，厚 21cm。

浅灰黄色细砂，发育波状层理，底部 3cm 呈薄层状，厚 21cm。

灰黄色薄层细砂和浅灰色泥质粉细砂，上部 6cm 发育斜层理和交错层里，厚 13cm。

灰黄色细砂，层理不明显，厚 10cm。

浅灰黄色含泥粉细砂，含铁锈斑，水平层理发育，厚 6cm。

浅灰色细砂，夹薄层含泥粉细砂，具根孔，厚 16cm。

浅灰色细砂，松散，见交错层，厚 77cm。

浅灰色细砂，松散，具斜层理，厚 14cm。

Ⅱ. 典型剖面 b

该剖面为楼兰佛塔西雅丹剖面（图 2-3-1；贾红娟等，2010），剖面总厚度 6m，由上而下：

浅灰黄色粉砂质泥，层理不发育，厚 26cm。

浅灰色薄层状泥质粉细砂与粉砂质泥互层，厚 54cm。

浅灰黄色中薄层状粉砂质泥，下部现完善波状层理，厚 42cm。

浅灰色薄层状泥质粉细砂，厚 56cm。

浅灰黄色中层粉砂质泥与浅灰色泥质粉细砂互层，厚 172cm。

浅灰色薄层泥质粉细砂夹浅灰黄色薄层粉砂质泥，厚 130cm。

浅灰黄或微灰红色细砂质粉砂，水平层理发育，坚硬紧实，顶面现侵蚀间断，厚 100cm。

灰色粉砂质细砂，厚 20cm，未见底。

Ⅲ. 典型剖面 c

该剖面为 2014 营地河道南岸雅丹剖面（图 5-2-4），剖面总厚度 3.2m，由上而下：

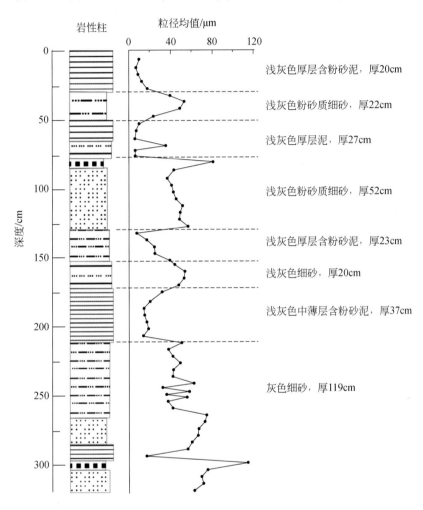

图 5-2-4　2014 营地河道南岸雅丹剖面

浅灰色厚层含粉砂泥，层理不发育，紧实坚硬，厚 20cm。

浅灰色粉砂质细砂，层理发育，厚 22cm。

浅灰色厚层泥，层理不发育，紧实坚硬，下部夹一层 3cm 厚浅灰色粉细砂，厚 27cm。

浅灰色粉砂质细砂，层理发育，顶部 5cm 灰色细砂，较疏松，下部紧实，厚 52cm。

浅灰色厚层含粉砂泥，向下至粉砂质泥，有层理，厚 23cm。

浅灰色细砂，层理发育，厚 20cm。

浅灰色中薄层含粉砂泥，水平层理清晰，紧实坚硬，厚 37cm。

灰色细砂，夹数层 1～3cm 厚粉砂质泥，层理发育，厚 119cm，未见底。

Ⅳ. 典型剖面 d

该剖面为 2014 营地北 3.8km 处成片石膏地面西侧剖面（图 5-2-5），剖面总厚度 1.15m，由上而下：

浅灰色薄层含黏粉细砂，底面有一 3mm 厚细砂层，厚 10cm。

浅灰色黏质粉细砂，具水平层理，垂直节理发育，外观呈块状，厚 35cm。

浅褐灰色薄层含黏粉细砂与灰白色石膏（或石膏质粉细砂）互层，厚 15cm。

图 5-2-5　2014 营地北 3.8km 处成片石膏地面西侧剖面

浅灰色细砂，夹浅灰色黏质粉细砂薄层，具斜层理，坚硬紧实，顶面不平，存在侵蚀，厚 55cm，未见底。

上述典型剖面同时展示：各地段雅丹基本都有一套岩性为浅灰色厚层含粉砂泥、浅灰色粉砂质细砂、浅灰色厚层泥、浅灰黄色厚层泥等互层。少量雅丹保留了包括柽柳沙堆沉积在内的区域地层序列的上部，也有部分地段深切风蚀沟槽揭露了侵蚀面以下更老的地层，含石膏质沉积。

从雅丹的形态观察，沉积层泥质成分的含量变化和层理等沉积构造的多样性能显著影响沉积层的抗风蚀强度，并影响雅丹地貌的形态特征及其演变。

2）沉积序列

楼兰地区发育了一套完整的三角洲河沼相灰色、浅灰色细砂、粉细砂、泥质粉细砂、浅灰色粉砂质泥、浅灰黄色厚层状泥等沉积。从残留非常有限的原始地面得知，在沙化风蚀之前的原始地面应该是北部以胡杨群落为主的乔木林和以柽柳群落为主灌木林覆被，而南部和靠近湖区的东部则是以芦苇群落为主的厚草甸覆被及盐沼芦苇草甸覆被。沙化后风蚀前地面上还以柽柳丛等植株为核心形成一定厚度的灌丛沙堆沉积（属于风成沉积），岩性为浅灰色风成砂夹枯枝落叶层，局部发育完整形成风砂层与落叶层的均匀互层，即所谓"红柳包年轮层"。实际上，该层真正属于整套地层的顶部（图 5-2-3，图 5-2-6），当前此类原始地面在整个区域分布<1%。

常见雅丹暴露的地层实际上并不是完整楼兰三角洲沉积序列，大都缺少序列的上部（图 5-2-3a、图 5-2-5）。图 5-2-6 众数雅丹顶面以下的沉积序列是大多数雅丹暴露的地层（图 5-2-4），岩性为浅灰色厚层含粉砂泥、浅灰色粉砂质细砂、浅灰色厚层泥、浅灰黄色厚层泥等，偶尔夹几厘米灰色细砂层或透镜体。

序列的底部常能见到侵蚀面，侵蚀面以下地层应属于该地区雅丹地层序列的底部。岩性在各地有很大变化，常见有灰色厚层细砂、灰黄或浅灰红色厚层泥质粉细砂，或富石膏砂质沉积。

测年数据显示，楼兰三角洲雅丹地层序列形成于全新世中期，距今 8000～4500 年。侵蚀面以下地层时代可能较早，特别是楼兰东北片区。

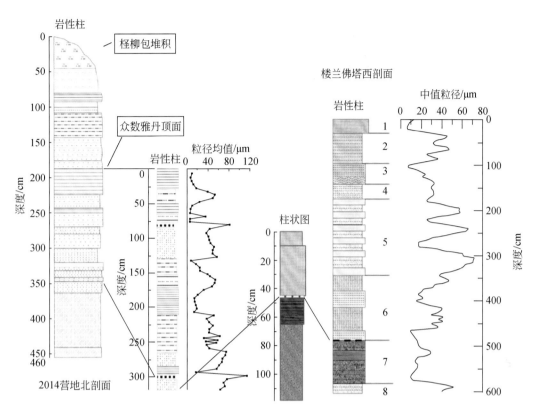

图 5-2-6　楼兰东部地区雅丹地层序列对比图

对雅丹顶残留的干枯芦苇、柽柳等植物测年的有限数据表明，楼兰地区最后开始出现风蚀现象可能发生时间在距今 500 年前后，而大面积普遍强烈风蚀的时间点可能晚于距今 300 年。红柳发育层与泥质粉细砂层之间的灰色细砂层已被风蚀。

4. 岩性与罗布泊雅丹发育

（1）沉积层泥质成分含量变化和层理沉积构造的多样性能显著影响沉积层抗风蚀强度。

古塔里木河尾闾楼兰三角洲河沼相碎屑沉积是该地区雅丹地貌的发育基础，而一套由不同碎屑组成结构和沉积构造形成互层（或韵律变化）促成了形成雅丹地貌形态的千姿百态。对于未胶结的地层而言，特别是沉积层泥质成分的含量变化和层理等沉积构造的多样性能显著影响沉积层的抗风蚀强度。

（2）罗布泊楼兰地区地面已经被风蚀下降了至少 1m。

雅丹地貌实际上展现的是当地的陆面风蚀。罗布泊楼兰地区风蚀前的原始地面已经所剩无几，少量残留的柽柳包（或芦苇草炭层）顶面（可认定为原始地面）与区域众数雅丹顶平均高度的差值在 1.3～1.8m。这就是说，目前我们能够看到的罗布泊楼兰地区地面已经被风蚀下落了至少 1m，再加上雅丹的平均高度 0.6～1.1m，楼兰东部地区的风蚀深度平均为 2.0～3.0m，最大深度可达 10 余米。

（3）最新的一期雅丹发生时间在距今 500 年前后。

雅丹地貌发育的起始时间是该地区环境退化由量变到质变时间点。在一个风力条件已经具备的地区，风蚀开始意味着植被功能已经完全丧失。对楼兰地区雅丹顶残留的干枯芦苇、柽柳等植物测年的有限数据表明，有植被的陆面出现风蚀现象可能发生在距今 500 年前后，而大面积普遍强烈风蚀的时间点可能晚于距今 300 年。

（4）楼兰地区陆面风蚀的空间差异性显著，从东北向西南雅丹高度降低、密度增加。

雅丹形态数据显示，楼兰地区陆面风蚀的空间差异性显著，既存在趋势性变化，同时又存在局地因素导致的地段性差异。由楼兰北东至楼兰南部，雅丹相对平均高度降低（由 1.1m 降至 0.6m），10m 横切雅丹的个数（雅丹密度）则由 1.6 个增加到 3.7 个。河道负地形和厚层富泥质沉积等抗风蚀较强的地层在风蚀过程中形成的正地形等都促成了相对高大雅丹的形成。

5.2.2　罗布泊地区雅丹地貌分区及特征

　　由于罗布泊地区各地雅丹在组成岩性、地层时代、构造产状等方面均存在显著空间差异，甚至雅丹形成时代也完全不同，充分表明了雅丹的发育演化机理机制和形成发展过程中多因素活跃参与的复杂性。因此，为了认识雅丹发育演化的空间分异规律，同时简化多因素复杂变化，达到分步认识雅丹的发育演化机理机制和过程，以及各地雅丹发育演化的空间关系等目的，进行雅丹地貌分区是十分必要的。

1. 雅丹分区原则与区划

1）分区原则

罗布泊地区雅丹地貌分区主要体现以下 5 项原则：

（1）发生统一性原则。同一区内的地质构造区位、地层序列、岩性组合、发生时间、动力特征（方向、强度等）、地面环境（植被、土壤、水分、地貌单元）和雅丹形态特征等要素的其中一项或多项要素呈现显著的相对一致特征。

（2）环境综合要素空间分异性原则。两相邻区之间的地质构造区位、地层序列、岩性组合、发生时间、动力特征（方向、强度等）、地面环境（植被、土壤、水分等）和雅丹形态特征等要素的其中一项或多项要素呈现显著的差异特征。

（3）主因素主导性原则。在多因素相互影响复杂情况下，主导因素是确定区块的重要依据。

（4）空间连续性与单元完整性原则。指定同一名字的区域在空间上必定是连续分布的，既不被包围也不被分隔，保证区域的地域性和独立性。

（5）理论研究与实践应用性原则。分区结果应该对地貌学风蚀理论研究、干旱区陆表过程研究和区域环境等相关研究具有参考和指导意义，同时对区域经济社会发展实践具有价值。

2）划分依据

（1）区域地质基础（岩性、地层、构造等，风蚀对象）。

（2）古地理环境与历史地理记录（暴露时间）。

（3）现代自然地理环境与综合自然景观特征（动力与效果）。

（4）雅丹地貌形态的空间相似度与差异性（发生结果）。

3）分区结果

罗布泊地区雅丹地貌分区结果如图 5-2-7 所示，共分为 8 个区，分别是：孔雀河北岸龙城雅丹区

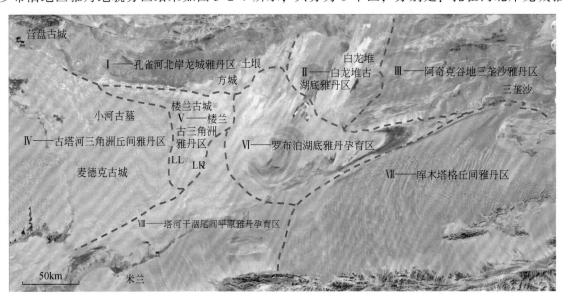

图 5-2-7　罗布泊地区雅丹地貌分区图

（Ⅰ），白龙堆古湖底雅丹区（Ⅱ），阿奇克谷地三垄沙雅丹区（Ⅲ），古塔河三角洲丘间雅丹区（Ⅳ），楼兰古三角洲雅丹区（Ⅴ），罗布泊湖底雅丹孕育区（Ⅵ），库木塔格丘间雅丹区（Ⅶ），塔河干涸尾间平原雅丹孕育区（Ⅷ）。

2. 雅丹分区特征

Ⅰ孔雀河北岸龙城雅丹区：主要为富含石膏质（或层）的浅棕色、砖红色与灰绿色泥岩、砂泥岩组成，雅丹地貌的垄岗和槽谷相对高差较大，垄岗一般高 20～25m，长 30～50m，以"高峻似城郭宫阙，其形似龙伏卧"得名（图 5-2-8）。

图 5-2-8　孔雀河尾间雅丹
组成岩性主要为灰黄色中厚层状微胶结砂质泥岩和泥岩等

Ⅱ白龙堆古湖底雅丹区：是一片盐碱地土台雅丹群，由于白龙堆的土台以砂泥质、石膏质和钙芒硝等盐类物质垄岗与垄间盐碱滩沟槽构成，颜色呈灰白色，在清晨阳光的映照下，反射出灿烂的银光，似鳞甲般，远望如一条条白色巨龙蜷伏在大漠之上，聚首天涯，故名白龙堆。垄岗一般高 10～20m，延伸很长且有弯曲，一般长 200～500m，也有的长达几千米（图 5-2-9）。

Ⅲ阿奇克谷地三垄沙雅丹区：地层组成主要为浅棕色和砖红色泥岩、砂泥岩组成。疏勒河尾间雅丹特别高大，一般高 20～40m，最高可达 100m，长 200～300m 不等，排列整齐、密集奇特、丰富多彩，现

图 5-2-9　白龙堆古湖底雅丹区
组成岩性主要为灰白色泥质或含泥蒸发盐类沉积，厚层块状居多，紧实坚硬

已建立敦煌雅丹国家地质公园。这一带雅丹地貌又可分为两片,北片与主风向平行,走向 NNE10°—SSW190°;南片,与主风向垂直,走向近于东西;阿奇克谷地雅丹主要展布在东西长约 150km、南北宽 20~30km 的狭长地带。有 3 个比较集中的分布区,即八一泉东部的雅丹群(八一泉至盐水岭之间)(图 5-2-10)、乱梁附近的雅丹群及库木库都克北部的雅丹群,还有单个分布的雅丹垄岗。垄岗高 15~20m,长 30~50m,宽 20~30m。在垄岗剖面上有芦苇、柽柳和沙拐枣植物残体。一般顶部层位已破坏,说明形成时间较长,但也有个别顶面保留完整(如八一泉西南 10km 处的雅丹群)。

图 5-2-10　八一泉东雅丹航空照片
组成岩性主要为灰红色厚层泥质沉积

Ⅳ古塔河三角洲丘间雅丹区:属于古塔里木河绿三角洲地区,现在属于库鲁克库姆沙漠。丘间地存在典型的雅丹地貌,散落分布于沙漠之中。雅丹地貌岩性组成为古塔里木河三角洲平原河流及洪泛沉积。

Ⅴ楼兰古三角洲雅丹区:为楼兰雅丹区,垄岗和槽谷相对高差较小,在古河道两岸较高的垄岗高 3~7m,长度数米至数十米不等(图 5-2-11、图 5-2-12)。河道间平原的雅丹相对高差不大,一般不超过 1m。北部有早期残留高大雅丹,高度可达 15m。

图 5-2-11　楼兰古城北雅丹
组成岩性主要为浅灰和灰黄色沙泥质沉积,弱胶结

图 5-2-12　楼兰古城南 2 河雅丹
岩性组成主要为灰黄色中厚层泥质沉积

Ⅵ罗布泊湖底雅丹孕育区：现在主要为破裂盐壳景观，很多地段风蚀已经开始发生，局部可见雅丹雏形。

Ⅶ库木塔格丘间雅丹区：该处的沙漠存在多条河流，或临时性突发洪水沟谷，在沙漠丘间地形成砂泥质与泥质沉积互层，成为雅丹发育的物质基础。雅丹与沙漠发生发展同存。

Ⅷ塔河干涸尾闾平原雅丹孕育区：属于塔里木河最后干涸地带，大片的植被正在加速退化，裸露地面风蚀已经开始发生。该地段物质组成主要为河湖相和洪泛平原相沉积。

5.3　雅丹地貌测量与无人机数字地形应用

现代遥感技术的发展为复杂地形测量打开了大门，同时也为数字地貌学研究开辟了新的途径。地面现场传统的大地测量，可以实现较高精度的测量数据结果，但是往往难以控制随机采样的精度代表性，同时也难以实现高精度的统计目标。前人利用开放的谷歌地球数据，对雅丹进行了大范围的测量研究。但是在雅丹个体规模的空间尺度上，谷歌地球数据不能实现高度等指标的测量。因此，无人机数字地形测量几乎在这方面给予了人们无限的可能。

无人机（又称为无人飞行器，以下均简称 UAV）数字地形测量是与地面现场传统大地测量距离最近、精度最高的遥感技术。这种测量既能实现一定范围的完整测量，不至于漏掉细节，又能实现快速高效的数据采集，维护操作简单，能在多种天气环境下开展作业，也便于投放和反复使用。近年来被运用到各个领域的研究，有地质测绘（Bemis et al.，2014）、考古遗址研究（Lin et al.，2011）、自然资源监测和灾害监测（Niethammer et al.，2012）。在雅丹测量方面，UAV 的工作飞行高度在 50～1000m 之间，可以方便快捷地拍摄指定区域内的正射影像，从而获取雅丹形态的基本信息。但由于其所携带电池容量的限制，UAV 在空中滞留时间较短，拍摄覆盖范围有很大的限制。

1. 无人机拍摄方法与流程

利用拍摄工作结束后得到的正射影像，进一步开展地貌的三维重建，从而得到便于数据提取和分析的数字高程模型。因为 UAV 的拍摄范围有限，在拍摄地点的选择上需要考虑到样点雅丹形态的地区代表性，同时样点间需要有一定差异性，避免过多地重复拍摄某一种形态。我们在野外考察中，通过对现场地面简单的传统测量和 UAV 航拍观察（图 5-3-1），在罗布泊地区共选取了 20 个区块拍摄正射影像。UAV 拍摄区块的大小设置为不小于 300m×300m，一方面保证 UAV 正常工作，另一方面也能够保证足够的雅丹信息得到采集。

图 5-3-1　雅丹形态实地考察和 UAV 拍摄

　　雅丹地貌在空中拍摄时，常会因为景观的相似性，造成 UAV 拍摄区域出现偏差、航迹重叠度过小或过大、拍摄范围过于不规则等情况。为了尽量消除这些不利影响，同时便于后续工作的开展，UAV 拍摄范围内地面控制点的选择就显得非常重要。由于野外环境较为恶劣，传统上以航带内 5 张影像间隔设置一个控制点，且航带间需隔一条航带布设一个控制点（李隆方等，2013）的做法难以完全实现，因此本书采用拍摄区四角及 UAV 起降点，共设置五个控制点，其中 UAV 起降点位于拍摄区的近中心位置。控制点的选择依据与周围地物颜色反差较大、特征明显且不易改变的原则，主要选择草丛、柽柳枯枝、特定形态坍塌体和人类活动遗址等（刘奇志，2005），各控制点测量其经纬度和海拔，以便于后期 UAV 影像的校正（图 5-3-2）。

图 5-3-2　古墓地航摄影像拼接图

　　我们在科考过程中分别于 2016 年 10 月和 2017 年 10 月对研究区内雅丹典型代表区块开展了 UAV 拍摄工作，使用的 UAV 型号为 DJ-Inspire 1（大疆悟 1），该型号 UAV 搭载固定在 ZENMUSE X3 云台上的 FC350 型相机，相机焦距为 20mm，单张影像像素数为 4000×2250。UAV 的设计航高为 500m，在拍摄过程中为了保持拍摄精度且兼顾拍摄面积，实际拍摄高度为 100m，同时镜头始终保持垂直向下拍摄，以保证获得全面的正射影像。

2. 无人机影像的三维重建

　　在获得 UAV 正射影像后，采用运动恢复（structure from motion）方法，将自身带有坐标信息且具有重叠率的二维照片还原成带有真实坐标的三维模型（张小宏等，2013），在此基础上得到高分辨率 DEM，并提取雅丹形态信息。

三维重建的基本原理是利用对极几何原理，从而确定像点在空间中的唯一位置。如图 5-3-3 所示，图像拍摄中心分别为 P 和 P'，P 和 P' 的连线称为基线，某三维空间点 S 在从 P 和 P' 拍摄的两幅倾斜图像中分别成像 a 和 a'，可以认为三维空间点 S 与其像点 a 和 a' 以及拍摄中心 P 共面，这一平面即为对极平面。所有的对极平面上都存在基线，因此图像平面与对极平面的交点就是图像平面与基线的交点，这一交点称为对极点，对极点实质上是拍摄中心 P' 在 P 所拍摄图像中的成像点（张伟，2006）。

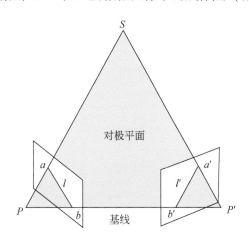

图 5-3-3　对极几何基本原理

对于三维空间点 S，若从拍摄中心 P 观察，则 S 在 P 的成像点为 a，由此可知连线 Sa 上的任意一点在 P 拍摄图像上的成像点都是 a，这样利用 a 的三维数据不能够确定三维空间点 S 的具体位置，因为 Sa 的距离无法得到计算和确定。当存在两个拍摄中心，即 P 和 P' 时，三维空间点 S 位于连线 Sa 上，同时也位于 S 在 P' 的成像点 a' 所形成的连线 Sa' 上，这样 S 位于 Sa 和 Sa' 的交点上，可以通过 a 和 a' 的三维信息来确定三维空间点 S 的具体位置，而且这一位置是唯一的。当不再进行倾斜拍摄而是采用垂直拍摄时，其基本原理依然类似，即采用图像间的对应点匹配，从而确定地面点的三维坐标。

进行三维重建第一步是需要获取影像和参数数据（地面控制点坐标、相机参数等），将无人机影像进行拼接和位置标定，并建立三维坐标系。第二步是在完成无人机影像的标定后，利用已得到的地面控制点坐标对测量区域进行空间三角形加密计算，具体做法是在影像上测出控制点和加密点的坐标后，进行区域网计算，以确定区域网中各影像的外方位元素及加密点坐标的近似值（刘奇志，2005）。第三步是对影像进行内定向、相对定向和绝对定向，内定向是确定影像扫描坐标系与影像坐标系之间的关系，消除数字影像获取过程中可能产生的变形，相对定向的目的是确定两张影像的相对位置关系，而绝对定向是为了明确影像和地面的相对位置关系，将模型点中的像空间辅助坐标系变为大地坐标系，从而实现三维模型的配平。第四步是经过核线影重采样和影像匹配，考虑匹配结果的可靠性与精度，并对匹配结果进行编辑和剔除不可靠点（程效军等，2005），生成三维模型，其具体过程如图 5-3-4 所示。

本次研究的 DEM 数据通过 Pix4Dmapper 软件实现自动提取。Pix4Dmapper 原为 Pix4UAV，是瑞士 Pix4D 公司开发的全自动快速无人机影像处理软件。该软件的自动化程度高，可以利用空间三角形计算原始影像的外方位元素，同时能够自动校准影像；在只有影像 GPS 数据的情况下，也可自动并完成图片拼接、校正和镶嵌，将输入的影像数据拼接成一幅完整的拍摄区影像（王家杰，2016）。

我们对拍摄得到的二十块雅丹形态典型代表地区 UAV 影像中获取的二维照片数据，利用 Pix4Dmapper 进行三维重建，提取了空间分辨率为 0.15m 的 DEM 数据（图 5-3-5），使得小雅丹的识别和雅丹形态信息的精确提取成为可能。

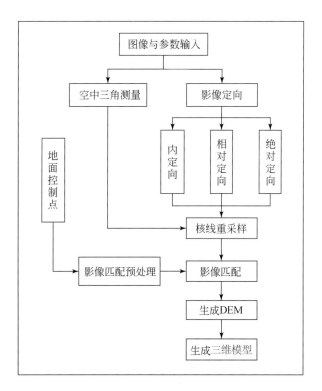

图 5-3-4　三维建模流程图

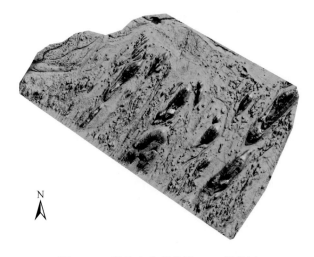

图 5-3-5　楼兰古墓群雅丹 DEM 影像图

5.4　雅丹形态测量与参数体系构建

　　雅丹形态描述贯穿了雅丹地貌学研究的全过程，从定性到定量描述，雅丹形态参数一直得到人们的关注。但是，由于雅丹形态千变万化，人们花了很长时间进行形象描述，才开始进入测量。目前，针对同一形态参数（如长度、宽度等），不同研究者采用的测量标准并未得到统一规范。缺乏相对科学的测量规范限定直接导致不同研究之间的测量数据缺乏可比较性。我们在这里首先定义各类雅丹形态参数，确定其测量规范，之后开展实验性测量工作。在测量中逐步补充和完善形态参数定义和测量方法，并构建雅丹形态参数体系，使雅丹形态描述既具有科学性和可重复性，同时又有多层次的形态参数体系可以丰富形态描述手段，定量展示各类型雅丹形态的变化特征及其规律。

5.4.1　雅丹特征部位名称及相关名词

我们结合野外观察，为了构建测量雅丹形态的参数体系，对雅丹的特征部位名称进行了命名和定义，明确测量基准，如限定雅丹形态的三个基本控制点，它们分别是纵剖面上限定雅丹长度的头端点和尾端点，以及确定雅丹高度的顶点。此外，还有构成雅丹测量基本框架、范围和方位的轴线、宽线、交点和底边线等。

雅丹作为风蚀正地貌的一种，其在三维空间上占有一定的范围。从纵剖面视角上，可以确定头端点、尾端点、顶点等雅丹特征部位名称（图 5-4-1）。

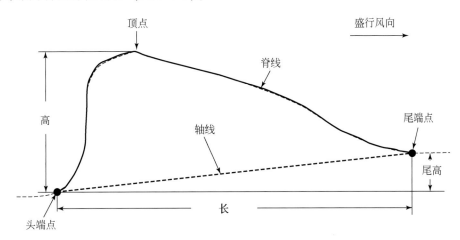

图 5-4-1　雅丹纵剖面图

1. 脊线

雅丹脊线是从雅丹头端至尾端的高点轨迹线，或分水岭线（类似山脊线），将雅丹体自然地分为两面坡体，我们将这一连线命名为脊线。脊线勾画雅丹纵向剖面轮廓，构成雅丹形态的重要骨架，与雅丹长和高关系密切，走向与多年盛行风作用方向一致。

2. 头端点

沿雅丹脊线迎风段向上风方向坡度≤5°且连续延伸 1m 范围的始点，或坡度重新增大反向倾斜的起点为该雅丹的头端点。雅丹头端点作为雅丹形态的起始，同时也是脊线的起始点。

雅丹头段陡坎下缘转折点易于观察，也是实地或室内测量中比较方便确定的形态起始点位置。因为正地形的特点，陡坎下缘实质是雅丹受强风力侵蚀作用的下界，可以被视为雅丹形态的起始点。但是在陡坎下缘转折点以下，依然有一定距离的斜坡与风蚀平面或洼地相区别，若以雅丹头段陡坎下缘转折点作为头端点则丢失了这一部分的形态描述。我们借鉴前人的坡度分级方案，定义陡坎下缘为 30°坡度等值线所在位置，头段陡坎下缘转折点以下坡度≤30°。

雅丹头段最外坡度转折点在脊线向盛行风向的延伸方向，位于雅丹头段陡坎下缘转折点的外侧，更趋向于迎风侧。该点以上至雅丹头段陡坎下缘转折点为坡度较小的斜坡，有时候在接近头段陡坎下缘前存在一定深度的风蚀槽。定义最外坡度转折为 5°坡度等值线所在位置，同时为了保证头端点的选取不受到一些随机因素的影响，规定脊线迎风向沿脊线向外延伸 1m 范围坡度连续≤5°时，认为雅丹形态已结束，这 1m 延伸范围的起始点就确定为头端点。

3. 尾端点

尾端点为雅丹单体的终结位置，也是脊线的末端点。

通过野外观察结果发现，雅丹尾部往往会存在较长的延伸。若机械照搬头端点定义会出现两种情况：

一是可能会过早地结束雅丹的实际延伸，遗漏相当部分的雅丹尾部；二是若区域内雅丹分布较为密集，雅丹尾部坡度并未降低至5°以下而已与后一个雅丹头部相连接，导致雅丹实际的尾端点与定义不符。

　　为避免以上两种情况，从横向剖面视角分析，设定存在一条垂直于脊线方向且至两侧相邻雅丹边缘的剖面线，当该剖面线上坡度均≤5°时，可以认为雅丹尾部已与风蚀平面相混合，不显示明显的凸起。但是需要注意的是，雅丹尾部两侧的高度并不一致，有时会出现一侧较另一侧延伸很远的情况（较长的一侧很可能是风蚀陡坎而与雅丹混合），这需要对垂直于脊线且朝向雅丹的一侧延伸做出规定。结合实际情况，我们认为垂直于脊线向任意一侧第一个延伸至相邻雅丹边缘坡度连续≤5°的雅丹尾部脊线点为尾端点。

4. 顶点

雅丹顶点为雅丹的高程值最大位置。顶点同样位于脊线上。

5. 轴线

雅丹头、尾两端点连线定义为轴线。这条连线代表雅丹的走向。轴线与脊线的区别为：脊线是雅丹头端至尾端的高点轨迹线，同时也是经过顶点的实线，是雅丹纵剖面的地面轮廓线，其长度测量较为复杂；轴线则是一条便于测量的虚拟线，反映雅丹的长度和走向。值得注意的是轴线不总是水平的，经常是尾端高于头端。同时在投影平面上，轴线也并不一定与脊线重合，脊线通常是弯曲的。

6. 阶

在很多雅丹体上，陡坡内部存在多个次一级陡坎，陡坎之间有窄的平台或间断。这一现象在纵剖面角度都可以较为清晰地观察到，由于台缘点和坡缘点的定义不涉及陡坡部分内部的形态描述，所以需要确定新的测量基准参数。

　　为了便于描述陡坡内部多个次一级陡坎的相互关系，我们仿照河流阶地的划分，将雅丹纵（脊线）剖面上出现的陡坎和平台交替出现的现象，由上（雅丹顶部）而下（雅丹底部）分为阶1（T_1）、阶2（T_2）、…、阶n（T_n），这样可以便于雅丹陡坡部分的形态细节描述。

　　雅丹横剖面视角主要确定雅丹向两侧延伸的最大范围，即两侧最大范围点的定义（图5-4-2）。

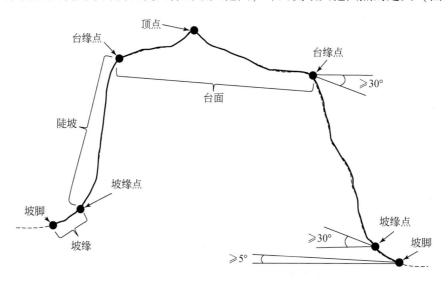

图 5-4-2　雅丹横向剖面廓线及特征部位名称

7. 宽线

雅丹向两侧的延伸情况与头端是类似的，即由陡坎转为缓斜坡并最终过渡为平面或风蚀洼地。但是雅丹头尾端所受风力作用强度是不同的，导致头端部分两翼坡度转折明显，而尾端两翼坡度变化很小、缺乏明显的坡度转折点，这样沿脊线方向雅丹两侧并不能保证都有坡度转折点的存在，所以依照头尾端点的定义方法来确定雅丹两侧最大范围点是不现实的。

为了便于后续宽度的定义，我们先行提出宽线的概念，即垂直于轴线且相交于雅丹两侧对应某点的连线。与轴线相似，宽线也并不总是水平的。在定义了宽线后，实际上构建了轴线和宽线为核心的雅丹测量基本框架，使雅丹形态在抽象化的同时尽可能保留更多的细节。

8. 台缘点和坡缘点

前面提到雅丹两侧的延伸情况与头端是类似的，但是其具体变化情况并未确定基准参数，这不利于测量与描述的进行。借助宽线的概念，我们定义垂直于脊线向两侧坡度增至30°的始点为台缘点，而垂直于脊线向两侧坡度降至30°的始点为坡缘点。

这里的台缘点和坡缘点都定义为起始点，即由脊线出发坡度最先增（降）至30°的点，是考虑到雅丹陡坎部分的形态复杂性，其中多级陡坎交替分布的描述已在"阶"这一参数中得到体现。

9. 台面和坡缘面

台缘点连线轨迹闭合线的投影面，也就是雅丹上部缓坡（坡度≤30°）部分的下界，称为台面。台面是雅丹上部一个重要的节点面，是雅丹体的帽和陡坡部分的分界。

与之类似，坡缘面是坡缘点连线轨迹闭合线的投影面，即雅丹底部缓坡（坡度≤30°）部分。坡缘面也是雅丹底部的一个节点面，是雅丹体陡坡和坡缘部分的分界。

10. 帽

依据台面的定义，台面以上的雅丹体部分称为帽，因为众多雅丹顶部形似帽子而得名。帽部分在风蚀作用下的变化与其他雅丹体有一定的不同，同时其自身形态也有多种类型，需要与陡坡等部分加以区分。

11. 陡坡

依据坡缘面的定义，台面以下、坡缘面以上的雅丹体部分称为陡坡。陡坡部分主体为雅丹陡坎，这一部分坡度≥30°，剖面线上的坡度峰值点位于陡坡内部。同时陡坡并不都是坡度较大，外表呈现陡崖形态，在很多雅丹体上，陡坡内部还可以存在多个次一级陡坎，陡坎之间有窄的平台或间断。这一现象进一步造成陡坡部分的形态表现复杂化。

12. 腰

腰是1/2陡坡高的雅丹高程点，若将这些高程点连线则形成一条腰线。陡坡高度是指一定宽线上，台面与坡缘面的垂直高度。

13. 坡缘

坡缘是指坡缘面以下至底边线的雅丹体部分，这一部分坡度≤30°，在以前工作中常无法得到描述。

从雅丹俯视角度上，我们可以清晰地观察以上确定的测量基准参数的水平投影情况，同时确定雅丹的最大范围和雅丹内部各部位的细分点和边界（图5-4-3）。

14. 交点

依据宽线的定义，宽线可以与轴线相交得到无数个交点。特别地，我们定义雅丹最长的宽线为雅丹宽度线，其与轴线的水平投影交点为雅丹交点。

交点位于水平面上（不一定在雅丹内部），是雅丹走向和两侧最大延伸线的相交处，是重要的测量节点。

15. 迎风侧和下风侧

随着雅丹测量基本框架的建立，以宽度线为界可以将雅丹自然分为近风向一侧和远风向一侧，因此我们定义迎风侧以宽度线为界，即迎风方向一侧的雅丹体（头段）；下风侧以宽度线为界，即下风方向一侧的雅丹体（尾段）。

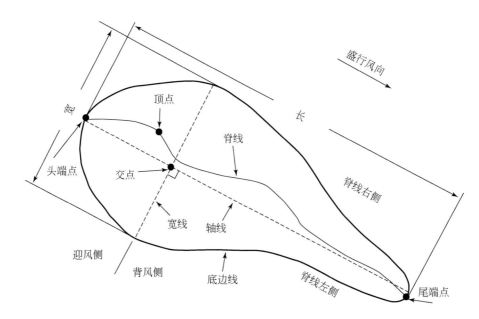

图 5-4-3　雅丹俯视廓线及相关名称的空间关系

16. 脊线左侧和脊线右侧

脊线作为雅丹高点的连线，可以将雅丹自然分为脊线左侧和脊线右侧两个部分，为了明确左右侧的位置，定义以雅丹走向反方向为基准（即面对来风方向），脊线以左部分的雅丹体为脊线左侧，而同样以雅丹走向反方向为基准，脊线以右部分的雅丹体为脊线右侧。

17. 底边线

对雅丹形态较为清晰识别的部分是其坡缘面以上的雅丹体，但是其下的缓坡部分常被忽略。结合头端点的定义，确定雅丹形态的最大覆盖范围，我们定义沿雅丹坡脚远离轴线坡度连续≤5°始点的连线为雅丹底边线。

底边线包括了坡缘面以下的雅丹体部分，也是雅丹与其四周的风蚀平面或风蚀洼地的边界线。

18. 相邻雅丹

雅丹作为一种风蚀正地貌，其分布具有点状特征，因此雅丹周围邻近雅丹的数目多少和距离远近指示雅丹在空间上的分布关系。为了深入研究以上关系，首先需要对相邻雅丹的概念做出定义。

底边线是雅丹形态的最大覆盖范围，可以认为底边线是雅丹的边界。如果两个雅丹的底边线发生相交或者相切，依据底边线的定义就可以认为这两个雅丹互为相邻雅丹。

当雅丹间底边线未发生相交或相切时，我们引出雅丹顶点连线的概念。雅丹顶点连线作为雅丹高程最大点的连线，近似指代雅丹间的相邻程度。若两个雅丹顶点连线未与其他任意雅丹底边线相交，那么可以认为这两个雅丹间没有其他雅丹阻隔，这两个雅丹互为相邻雅丹；反之则认为这两个雅丹间存在其他雅丹阻隔，互为相邻雅丹关系不成立。

总结起来，我们定义共底边线的或其顶点连线未与其他雅丹底边线相交的两个雅丹，互为相邻雅丹。

19. 基座和共基座雅丹

在许多长垄状雅丹上，其台面以上存在多个凸起，而这些凸起亦具有典型的雅丹特征。在这种情况下，为了进一步分离原长垄状雅丹形态，我们定义台面以下的风蚀体部分为基座，而台面以上的这些风蚀残丘为共基座雅丹。

20. 基座台面

在定义了基座和共基座雅丹的基础上，将共基座雅丹所分布的共同台面称为基座台面，这一台面也是基座部分的上界。

　　经过以上研究，我们完成了雅丹特征部位名称及相关名词的确定工作，共命名和定义了 24 个雅丹特征部位（表 5-4-1）。在完成雅丹特征部位命名和定义后，可以以此为基础开展后续各类雅丹形态参数定义的确定，并建立雅丹形态参数的测量规范。

表 5-4-1　测量基准参数

参数名称	缩写字母	定义
脊线	X_r	从雅丹头端至尾端高点轨迹线
头端	P_h	沿雅丹脊线迎风段向上风方向坡度连续≤5°延伸1m范围的始点
顶点	P	雅丹（脊线上）高程值最大点
尾端	P_t	雅丹尾部（下风向）垂直于脊线方向任意一侧第一个延伸至相邻雅丹边缘坡度≤5°的雅丹尾部脊线点
轴线	X	雅丹头尾两端点的连线
宽线	X_w	垂直于轴线且相交于雅丹两侧对应某点的连线
交点	O	雅丹宽度线（最长宽线）与轴线的水平投影交点
迎风向	F_{uw}	以宽度线为界，迎风方向一侧的雅丹体（头段）
下风向	F_{dw}	以宽度线为界，下风方向一侧的雅丹体（尾段）
台缘点	P_u	垂直于脊线向两侧坡度增至30°的始点
坡缘点	P_d	垂直于脊线向两侧坡度降至30°的始点
底边线	E	沿雅丹坡脚远离轴线连续1m坡度≤5°起始点的连线
帽	C	台面以上雅丹体
台面	M	台缘点连线轨迹闭合线的投影面（雅丹上部坡度≤30°部分）
陡坡	S_p	台缘点至坡缘点间的雅丹面
腰	W	1/2陡坡高的雅丹高程点
坡缘	E_g	坡缘点至底边线间的雅丹面
阶	T	雅丹脊线剖面上出现的陡坎和平台交替出现的现象，由上（雅丹顶部）而下（雅丹底部）分为阶1（T_1）、阶2（T_2）、…、阶n（T_n）
相邻雅丹	Y_{adj}	共底边线的或其顶点连线未与其他雅丹底边线相交的两个雅丹，互为相邻雅丹
脊线左侧	LX_r	以脊线为界迎风向左为左侧
脊线右侧	RX_r	以脊线为界迎风向右为右侧
基座台面	M_P	共基座雅丹所分布的共同台面
基座	P	台面以下的风蚀残余体
共基座雅丹	Y_p	分布在同一台面上的风蚀残丘

5.4.2　雅丹形态典型参数定义

　　实地调查证明，在自然条件中雅丹形态受风向风力、岩性组成、降水径流、温湿度和地形等多种因素影响，并不总是表现为简单的鲸背状或水滴状，雅丹个体规模、对称性、分布组合等也变化无常。因此，针对罗布泊实地雅丹的特征，以下我们列出了一些描述雅丹基本特征的典型参数，并明确其含义和测量规范。

1. 个体规模特征参数

　　雅丹规模特征的最直观外在表现参数是其长度、宽度和相对高度，以上参数可以刻画雅丹的大小和基本轮廓。

长度（m）：雅丹长度是指雅丹形态沿盛行风向的最大延伸值。因为雅丹头尾端受风力侵蚀作用的不同，头尾端往往不在同一水平面上，会出现头端较尾端低的情况。依据雅丹头端和尾端点的概念，同时为了规范和测量的简便，我们定义雅丹头尾两端连线的水平距离为雅丹长度。

宽度（m）：雅丹宽度指示雅丹向垂直轴线方向两侧延伸的范围。因为雅丹两侧的最大范围点无法准确确定，依靠宽线这一参数，我们初步定义雅丹的宽度为宽线与雅丹内部某一闭合等高线相交两点水平投影距离最大的线段长度，这一闭合等高线暂定为雅丹最外圈闭合等高线，其依据在于最外圈闭合等高线是一个水平面，便于垂直轴线方向最大距离两点的确定，同时该等高线位置也接近雅丹底部包含较多的形态信息。

但必须指出这一初步定义没有得到测量的验证，即使用最外圈闭合登高线是否在便于测量的同时还保证宽度数据的可靠性暂时不清楚，在实验性测量后将会讨论这一点，补充完善雅丹宽度的定义。

相对高度（m）：雅丹高度的初步定义为雅丹顶点与雅丹底部水平面间的高程差。但是由于雅丹头尾端的高度不一致，雅丹高度计算的下界难以确定。鉴于野外观察中雅丹头部高度一般低于尾部的情况，为了尽可能包括更多的雅丹规模信息，我们选择雅丹头端点作为高度计算的起始位置，即相对高度为雅丹顶点与头端的高程差。

2. 体态特征参数

雅丹个体形态特征的描述，包括除个体规模特征参数以外的各类长宽高参数，描述陡峭和弯曲程度的坡度、曲率等，还有其形态表现（长宽比）等，以上参数可以刻画雅丹的各类具体形态表现。

迎风向长和下风向长（m）：以雅丹宽度线和轴线相交形成的交点为分界，定义头端与交点连线的水平投影距离为雅丹迎风向长，交点与尾端连线的水平投影距离为雅丹下风向长。

头长与尾长（m）：在野外考察和简单测量中发现，雅丹的顶点与定义的测量中心——交点往往并不重合，而迎风向长和下风向长是依据雅丹交点而进一步细分的参数，并未关注到顶点。因此结合脊线和顶点，定义头端与顶点的水平投影距离为雅丹头长，顶点与尾端的水平投影距离为雅丹尾长。

台面宽（肩宽）、腰宽和底边宽（m）：因为有台缘点和坡缘点的存在，任意宽线投影在雅丹两侧台缘点和坡缘点上，会产生一个两点连线距离，若未加限定则一个雅丹拥有无数个台面宽、腰宽和底边宽。特别地，我们定义台面宽（肩宽）为过顶点宽线投影在两侧台缘点连线的水平投影距离，腰宽为过顶点宽线投影在两侧坡缘点连线的水平投影距离。

任意宽线与雅丹底边线相交会产生两个交点，与台面宽（肩宽）、腰宽类似，我们定义底边宽为过顶点宽线投影在两侧底边线交点连线的水平投影距离。

顶交距、顶轴距和顶宽距（m）：前文提到我们发现雅丹的顶点和交点往往并不重合，因此我们定义顶交距为顶点与交点连线的水平投影距离；相似地定义顶轴距为顶点与轴线垂直连线的水平投影距离。

为了探讨顶点与交点的相互关系，定义顶宽距为顶点与宽度线投影和脊线交点连线的水平投影距离。因为交点是雅丹轴线和宽度线的相交位置，实际上顶宽距指示顶点与雅丹最宽处的相对位置关系。

尾高（m）：因为雅丹头端和尾端之间存在高差，为了描述这一特征，我们定义尾端与头端的高程差为雅丹的尾高，在此基础上进一步定义当尾端高于头端时，尾高为正值；反之，尾高为负值。

坡缘高、陡坡高和帽高（m）：结合坡缘点、台缘点以及台面、坡缘面等概念，定义坡缘高为顶宽线投影在坡缘点与在底边线交点的高程值之差，陡坡高为顶线投影在台缘点与在坡缘点的高程值之差，帽高为顶点与顶点宽线投影在台缘点的高程值之差。

阶高（m）：雅丹的阶包括陡坎及其之上的平台或间隔，相应地我们将阶高定义为纵（脊线）剖面上前一级陡坎下界至后一级陡坎下界的高程差，随着阶的排布（T_1、T_2、$\cdots$、T_n）逐级向雅丹底部计算。

头坡和尾坡（°）：雅丹的坡度反映了雅丹坡面的陡峭程度，为了反映雅丹头尾端的坡面平均变化状况，结合雅丹脊线的概念，定义头坡为脊线头段的平均坡度，尾坡为脊线尾段的平均坡度。

头（尾）缘坡、头（尾）陡坡和头（尾）顶坡（°）：头坡和尾坡都是结合脊线描述雅丹坡面信息的，因为脊线上头尾坡缘点、头尾台缘点的存在，不同部分的坡面情况会发生很大的变化。为了描述这一变化情况，我们定义头部脊线坡缘段坡度为头缘坡，头部脊线陡坡段坡度为头陡坡，顶点至头部脊线台缘点段坡度为头顶坡，相似地定义了尾缘坡、尾陡坡和尾顶坡。

头（尾）端曲率、头（尾）坡缘曲率和头（尾）台缘曲率：地表曲率是对地形曲面在各个截面方向上局部形状、凹凸变化等的反映，可以刻画过雅丹头、尾以及脊线上其他特征点平面在该点雅丹体表面的曲率。从俯视角度观察，雅丹自底部向顶部，其形态弯曲程度逐步加大；从横向剖面角度，自头端向尾端，雅丹的横剖面外轮廓弯曲程度也会发生变化，但是以上现象缺乏定量描述参数，而坡缘点和台缘点的存在，可以便于曲率测量位置的选取。

我们定义头端曲率为底边线在头端点的水平投影曲率，头坡缘曲率为坡缘点连线在头段脊线坡缘点的水平投影曲率，头台缘曲率为台缘点连线在头段脊线台缘点的水平投影曲率，相似地定义了尾坡缘曲率和尾台缘曲率。

长宽比：长宽比是雅丹长度和宽度之比，可以反映雅丹外轮廓的整体形态特征，一直以来都是重要的雅丹形态参数，在本书中依然沿用此定义。

长高比和宽高比：长宽比指示俯视角度上雅丹外轮廓的变化，但是缺少了对于雅丹高度这一重要参数的考虑。为了便于分别观察长度与高度、宽度与高度可能存在的相关变化规律，定义长高比为雅丹长度与高度之比，宽高比为雅丹宽度与高度之比。

走向（°）：走向是雅丹在地面上的延伸方向，一般平行或大致平行于盛行风向。我们定义走向为轴线矢量（盛行风向）与正北向直线所呈的顺时针角度。

顶交线相对轴线偏移角（°）：雅丹的轴线代表雅丹的延伸方向。顶点和交点往往并不重合，顶交线与轴线会产生交角，因此定义顶交线相对轴线偏移角为顶交线与轴线所呈的夹角，同时为了分辨顶点与轴线的相对位置分布关系，规定顶点在轴线左侧时顶交线相对轴线偏移角度为正，顶点在轴线右侧时角度为负。

3. 群体分布特征参数

雅丹个体规模特征与个体形态特征参数主要针对个体雅丹的形态描述，而在实际观察中，雅丹的群体分布在空间上具有一定差异性，有邻雅丹数、面密度、线密度等参数可以描述雅丹的群体分布特征。

邻雅丹数（雅丹拥挤度）：作为一个地貌个体，雅丹在空间上占有一定的体积。当雅丹周围其他相邻雅丹较多时，可以认为该个体雅丹处于"拥挤"状态；反之，则认为该个体雅丹处于"松散"状态。利用相邻雅丹多少这一概念，可以描述每一个个体雅丹四周的雅丹分布情况，极大地提高了雅丹空间分布的描述精确性。

共底边线的或其顶点连线未与其他雅丹底边线相交的两个雅丹，互为相邻雅丹，以此为基础，我们定义某个体雅丹与其他雅丹互为相邻雅丹的个数为邻雅丹数，即雅丹拥挤度。

顶间距：两个雅丹顶点连线是否与其他雅丹底边线相交，是衡量雅丹是否相邻的重要条件。借助雅丹顶点连线，定义两个相邻雅丹顶点连线距离为顶间距。

邻雅丹平均长度、平均宽度、平均高和顶间距（m）：在相邻雅丹的概念下，个体雅丹与其邻雅丹共同构成了一个小的地貌单元，类似于生物群落。为了描述这种地貌单元内的雅丹形态信息，我们定义某个体雅丹与其全部邻雅丹长度的平均值为邻雅丹平均长度，某个体雅丹与其全部邻雅丹宽度的平均值为邻雅丹平均宽度，某个体雅丹与其全部邻雅丹高度的平均值为邻雅丹平均高度，某个体雅丹与其全部邻雅丹顶间距的平均值为邻雅丹顶间距。

面密度：密度作为衡量物质在一定范围内富集程度的参数，可以有效地描述雅丹在空间上分布的疏密。面密度即为单位面积内的雅丹个数。

线密度和滑动线密度：面密度反映的是较为接近实际情况的雅丹空间分布情况，但根据野外考察结果，当统计一定范围内雅丹数目时，会出现统计范围划设不当和雅丹数目误差过大的问题，这会造成雅丹面密度不仅计算困难而且参数数据结果失真。

针对面密度可能存在的问题，我们定义给定单位距离内的雅丹个数为雅丹线密度，线密度依赖于测量线的划设，这样便于测量工作的开展。

考虑到线密度的定义会造成雅丹空间分布信息被平均模糊化，为了更细致地描述给定单位距离内的雅丹密度变化，我们定义了滑动线密度，即利用滑动方法得到的给定单位距离内某一次级区间的雅丹线密度，当区间范围较小时可近似认为滑动线密度指示给定单位距离内的雅丹线密度具体变化情况。

经过以上研究，我们完成了 105 个雅丹形态参数的定义，在这些形态参数定义的基础上，进一步讨论并制定科学完整的雅丹形态参数测量规范。同时值得注意的是，本节确定的形态参数定义还未全部经过测量数据的检验，需要通过更多的雅丹实验性测量工作来做进一步的补充和完善。

4. 雅丹形态参数体系

鉴于雅丹地貌现场的复杂性和众多因素的不确定性，在定义了雅丹形态参数并确定测量规范以后，需要进行一定规模的试验性测量，对各参数进行有效性和可操作性的评价，然后修正完善有关参数，以确保所有参数的含义都更接近变化的雅丹的真实形态，确保参数表现的有效性，同时排除一些不具有广泛意义的个性化参数。利用以上定义的 105 个雅丹形态参数，通过对 5 个片区各约 200m×200m 范围雅丹的完整测量和评价，获得以下 29 个参数。

（1）个体规模特征参数：长度（长）、宽度（宽）、相对高度（高），共 3 个参数。

（2）个体形态特征参数：脊线长、台面长、顶点宽度、台面宽（肩宽）、顶宽距、陡坡高、帽高、阶高、尾高、头坡、尾坡、腰曲率、头台缘曲率、尾台缘曲率、顶点曲率、交点曲率、尾台缘点曲率、尾坡缘点曲率、长宽比、长高比、宽高比、走向，共 22 个参数。

（3）雅丹群体分布特征参数：邻雅丹数（雅丹拥挤度）、顶间距、线密度、面密度，共 4 个参数。

5.4.3 雅丹形态参数测量规范

雅丹形态参数的测量规范是指各雅丹形态参数在实际测量工作中所需的具体操作步骤，本节将依据形态参数的定义确定测量规范。

描述雅丹规模特征的参数，一般按照其定义，即可进行量测并得到数据结果，包括雅丹长度、宽度、高度等。但其中有少数参数需要补充说明其具体的测量步骤，这里将具体讨论。

1. 与脊线相关的形态参数

与脊线相关的形态参数包括头台面脊线长、头陡坡脊线长、头坡缘脊线长、尾台面脊线长、尾陡坡脊线长、尾坡缘脊线长和台面长，在测量这些形态参数时首先需要确定脊线的位置，画出脊线纵剖面图后，确定顶点、台缘点、坡缘点等的位置（注意以上点都位于脊线上），然后按照定义在脊线纵剖面图上取两点间的脊线长度，完成测量过程。

2. 宽度

宽度的定义为宽线与雅丹最外圈闭合等高线两水平投影交点距离最大的线段长度。为了测量宽度，首先需要确定轴线，接着对 DEM 计算等高线以取得最外圈闭合等高线。等高线的间隔按照雅丹识别最低高度要求选取，我们设定这一间隔为 0.15m，这一距离既符合 DEM 分辨率精度，又尽可能避免其他地貌对雅丹识别的干扰。在确定了轴线和雅丹最外圈闭合等高线后，作宽线与最外圈闭合等高线相交，取两交点水平投影距离最大的宽线作为宽度线，这一最大水平投影距离即为宽度数值。

3. 坡缘高、陡坡高、台面高和帽高

以上这些涉及高度的参数都基于坡缘点、台缘点等的确定，而这些点从横剖面视角来看，在雅丹两侧所处高度并不一致，这样就自然产生了左侧某参数和右侧某参数（如左坡缘高和右坡缘高）。在这些参数测量过程中，我们先依照定义测量分别得到左侧和右侧的参数值，再进行算术平均得到最后的结果。

雅丹形态特征参数包括坡度、曲率等，这些参数依据基本公式计算得到结果。

这里需要说明其计算公式，对于部分引申得到的参数还要给出步骤说明。

4. 头坡和尾坡

头坡和尾坡是为了描述脊线方向上雅丹坡面陡峭程度的变化，在测量时首先沿脊线作头（尾）端点到顶点范围的纵剖面线，在提取出该范围内的坡度值后，考虑高度差因素，按照加权平均的计算方法，计算出的平均坡度即为头（尾）坡测量值，具体计算公式如下：

$$\mathrm{HS}=\frac{S_{h1}+S_{h2}\cdot(H_{h2}-H_{h1})+S_{h3}\cdot(H_{h3}-H_{h2})+\cdots+S_{hn}\cdot(H_{hn}-H_{hn-1})}{H_{h1}+H_{h2}+H_{h3}+\cdots+H_{hn}} \tag{5-4-1}$$

$$\mathrm{TS}=\frac{S_{t1}+S_{t2}\cdot(H_{t2}-H_{t1})+S_{t3}\cdot(H_{t3}-H_{t2})+\cdots+S_{tn}\cdot(H_{tn}-H_{tn-1})}{H_{t1}+H_{t2}+H_{t3}+\cdots+H_{tn}} \tag{5-4-2}$$

式中，HS 为头坡；TS 为尾坡；n 为划分小区间个数；S_{h1} 为头（S_{t1} 为尾）端点坡度值；S_{hn} 为头（S_{tn} 为尾）段接近顶点的坡度值；H_{h1} 为 S_{h2} 与头（H_{t1} 为 S_{t2} 与尾）端点之间的高度差；H_{hn} 和 H_{tn} 分别为顶点与 S_{hn-1} 和 S_{tn-1} 之间的高度差。

5. 左台坡和右台坡

左台坡和右台坡是为了描述沿顶点宽度线方向雅丹表面轮廓上的坡度变化程度，由于顶点两侧的台缘点高度并不相同，在测量时首先作出顶点宽度线台面部分的纵剖面线，在提取出该部分的坡度值后，从顶点分为左侧台坡和右侧台坡，同样考虑高度差因素，按照加权平均的计算方法，计算出的平均坡度即为左（右）台坡测量值，具体计算公式如下：

$$\mathrm{LMS}=\frac{S_{l1}+S_{l2}\cdot(H_{l2}-H_{l1})+S_{l3}\cdot(H_{l3}-H_{l2})+L+S_{ln}\cdot(H_{ln}-H_{ln-1})}{H_{l1}+H_{l2}+H_{l3}+L+H_{ln}} \tag{5-4-3}$$

$$\mathrm{RMS}=\frac{S_{r1}+S_{r2}\cdot(H_{r2}-H_{r1})+S_{r3}\cdot(H_{r3}-H_{r2})+L+S_{rn}\cdot(H_{rn}-H_{rn-1})}{H_{r1}+H_{r2}+H_{r3}+L+H_{rn}} \tag{5-4-4}$$

式中，LMS 为左台坡；RMS 为右台坡；n 为计算范围内划分小区间的个数；S_{l1} 为顶点宽度线左（S_{r1} 为右）侧台缘点坡度值；H_{l1}（H_{r1}）为 S_{l2}（S_{r2}）与顶点宽度方向脊线左（右）侧台缘点之间的高度差；H_{ln}、H_{rn} 分别为顶点与 S_{ln-1} 和 S_{rn-1} 之间的高度差。

6. 雅丹头段和尾段曲率

根据雅丹头段和尾段各曲率的定义，都是计算雅丹某一外轮廓线上一特殊点的曲率。在 ArcGIS 中，某一曲面（栅格）的总曲率可以由平面曲率和剖面曲率计算得到，其计算公式为（张亮，2014）

$$平面曲率=\frac{q^2r-2pqs+p^2t}{p^2+q^2} \tag{5-4-5}$$

其中，$p=\frac{\partial f}{\partial x}$；$q=\frac{\partial f}{\partial y}$；$r=\frac{\partial^2 f}{\partial x^2}$；$t=\frac{\partial^2 f}{\partial y^2}$；$s=\frac{\partial^2 f}{\partial x\partial y}$；$f$ 为在地面 S 的曲面方程 $z=f(x,y)$。

在测量中，可以近似地认为某一点附近小曲面的总曲率为该点的曲率计算结果。因此以雅丹头端曲率为例，首先作出雅丹头段底边线，然后以头端点所在高度为水平投影面作出底边线的水平投影线，接着在地理信息系统处理软件中计算头端点的总曲率，得到测量结果，其他曲率的测量方式与此相同。

7. 雅丹头段尾段坡度和曲率最大值

对于雅丹头段尾段坡度和曲率最大值的计算，包括头（尾）坡最大值、左右坡最大值、头（尾）段底边线曲率最大值等参数，主要是为了代表性反映某一雅丹表面轮廓线的坡面陡峭或者弯曲程度。

以头坡最大值这一参数为例，测量时先沿着脊线作纵剖面线，提取出坡度数值后，比较头端点至顶点范围内的坡度值大小，取得其中最大值作为头坡最大值；类似地以头段底边线曲率最大值为例，在测量时首先作出雅丹头段底边线，接着以头端点所在高度的水平面作底边线的水平投影线，之后作顶点宽度线并投影至前述水平面上，所形成两交点之间的底边线部分作为曲率测量弧段，在提取得到曲率数值后，比较测量弧段内的曲率数值大小，取得其中最大值作为头段底边线曲率最大值，其他坡度和曲率最大值参数的测量方式与此相同。

8. 邻雅丹数

邻雅丹数定义为某个体雅丹与其他雅丹互为相邻雅丹的个数，而相邻雅丹是指共底边线的或其顶点连线未与其他雅丹底边线相交的两个雅丹。在测量邻雅丹数时，首先依据定义作雅丹之间的顶点连线，然后判断是否满足相邻雅丹条件，若满足则纳入邻雅丹数的计数中，最终得到测量结果。

9. 面密度

面密度是给定单位面积内的雅丹个数，在测量中第一步是确定面密度的测量范围，本书中先选定代表性样区，在样区内随机测量 30 个雅丹的长度，取其算术平均值的 20 倍长度作为测量范围矩形的边长，这样既保证了测量范围有足够数目的雅丹，又避免过多的测量增大工作难度；在确定测量范围后，识别所有雅丹并计算密度，其计算公式为

$$S_\rho = \frac{N_S}{A_S} \tag{5-4-6}$$

式中，S_ρ 为面密度；N_S 为一定区域 S 内的雅丹总个数；A_S 为 S 的总面积。

10. 线密度

定义给定单位距离内的雅丹个数为雅丹的线密度。线密度的测量首先是确定测量线的位置和长度，之后取其剖面线，在提取高程数据后，判断测量线与雅丹底边线是否存在相交或相切，计算与测量线存在相交或相切关系的雅丹总个数，从而得到密度，其计算公式为

$$L_\rho = \frac{N_L}{L_L} \tag{5-4-7}$$

式中，L_ρ 为线密度；N_L 为一定距离线段 L 上存底边线与该线段相交或相切的雅丹总个数；L_L 为线段 L 的总长度。

另外，在计算多条平行线段的雅丹线密度时，每条测量线段之间的距离需要控制在恰当的区间，本书依据测量范围内的雅丹平均长度作为测量线段的间距，使测量中尽量避免两条测量线段与同一雅丹底边线相交或相切，同时使两条测量线段之间不遗漏雅丹。

经过以上研究，我们完成了 105 个雅丹形态参数测量规范的确定，在完成这些形态参数定义和测量规范的基础上，开展小范围的雅丹实验性测量工作，来观察以上定义和测量规范是否需要进一步的补充和完善。

5.5　雅丹形态基本特征

5.5.1　个体规模

对于雅丹形态的描述，最直观的就是定量测量其个体的大小，相应的参数有雅丹的长度、宽度和相对高度。

在开展测量前，首先需要确定测量区域，其次还需要明确区域中具体的测量面积。我们在 UAV 航摄区中选取了 3 个区域，分别为楼兰北部的古墓群区域、楼兰中部的 LA 遗址东侧区域和楼兰南部区域，覆盖楼兰地区各类型雅丹分布区；在白龙堆选取了两个区域，分别对应南部雅丹稀疏区和北部雅丹密集区。在选定测量区域后，按照面密度测量规范中的 "在样区内随机测量 30 个雅丹的长度，取其算术平均值的 20 倍长度作为测量范围矩形的边长" 的方法，确定了各测量区域的具体范围，在此基础上开展了形态参数的测量工作，共测量 869 个雅丹。

鉴于不同区域间雅丹的个体大小差异很大，将所有雅丹的个体大小参数数据混合分析，难以显示这一形态上的差异性，故本书按照雅丹所在区域对雅丹个体大小参数数据分区开展对比分析。

1. 楼兰北部区域

楼兰北部区域主要位于古墓地遗址区，区域内共测量了 170 个雅丹。通过对这 170 个雅丹的长度（L）和高度（H）测量数据进行统计分析（图 5-5-1），长度的变化范围在 1.49 ~ 63.84m 之间，其中长度在 0 ~ 5m 的雅丹占测量总数的 14.7%，在 5 ~ 10m 区间的雅丹占测量总数的 37.65%，位于 10 ~ 15m 和 15 ~ 20m 区间的雅丹分别占测量总数的 22.35%、14.11%，有 19 个雅丹的长度超过了 20m；高度的变化范围在 0.06 ~ 10.94m 之间，其中高度在 0 ~ 1m 和 1 ~ 2m 区间的雅丹分别占测量总数的 69.41%、21.18%，高度在 2m 以上的雅丹仅占测量总数的 9.41%。

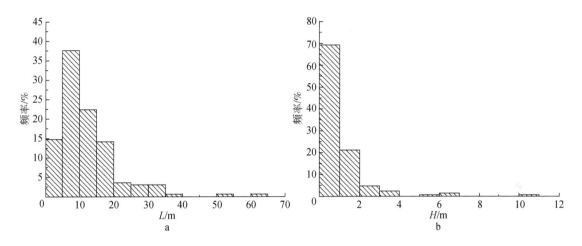

图 5-5-1　楼兰北部区域雅丹长度（a）和高度（b）频率图

从数据分析结果可以看到，楼兰北部区域的雅丹长度集中在 5 ~ 10m 范围内，而高度上仍然呈现普遍低于 1m 的特征。这一表现与我们在野外观察的结果是一致的，即高大的风蚀垄岗间有众多的个体雅丹，这些雅丹的高度多在 1m 以下，但是有明显的形态拉长趋势。

2. 楼兰中部区域

楼兰中部区域主要位于 LA 遗址东南侧，区域内共测量了 175 个雅丹。对这 175 个雅丹的长度和高度测量数据进行统计分析（图 5-5-2），长度的变化范围在 0.49 ~ 23.2m 之间，其中长度在 0 ~ 2m 的雅丹占测量总数的 11.43%，在 2 ~ 4m 区间的雅丹占测量总数的 41.71%，位于 4 ~ 6m 的雅丹占测量总数的 26.86%，有 20% 雅丹的长度超过了 6m；高度的变化范围在 0.05 ~ 2.27m 之间，其中高度在 0 ~ 0.5m 区间的雅丹占测量总数的 66.28%，在 0.5 ~ 1m 区间的雅丹占测量总数的 27.4%，高度在 1m 以上的雅丹仅占测量总数的 6.32%。

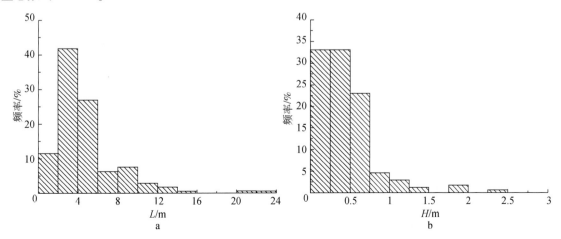

图 5-5-2　楼兰中部区域雅丹长度（a）和高度（b）频率图

　　从数据分析结果可以观察到，楼兰中部区域的雅丹长度集中在 2～6m 范围内，而高度多数在 1m 以下，这一区域的雅丹个体大小表现与典型形态雅丹个体大小表现一致，形态轮廓呈鲸背或水滴状。

3. 楼兰南部区域

　　楼兰南部区域主要位于 LA 遗址南侧的 SH 区域，区域内共测量了 27 个雅丹。对这 27 个雅丹的长度和高度测量数据进行分析发现（图 5-5-3），长度的变化范围在 1.397～27.152m 之间，其中长度在 0～5m 的雅丹占测量总数的 18.52%，在 5～15m 区间的雅丹占测量总数的 51.85%，有 29.63% 雅丹的长度超过了 15m；高度的变化范围在 0.05～2.302m 之间，其中高度在 0～0.5m 区间的雅丹占测量总数的 40.74%，在 0.5～1m 区间的雅丹占测量总数的 14.81%，位于 1～1.5m 和 1.5～2m 区间的雅丹分别占测量总数的 14.81%、22.22%，高度在 2m 以上的雅丹占测量总数的 7.41%。

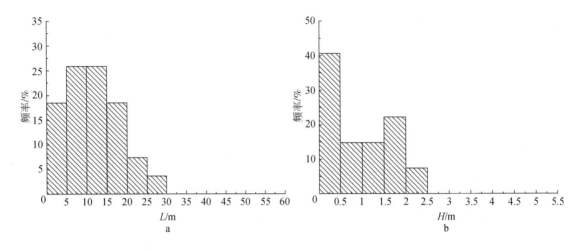

图 5-5-3　楼兰南部区域雅丹长度（a）和高度（b）频率图

　　从数据分析结果可以注意到，楼兰南部区域的雅丹长度集中在 5～15m 范围内，而高度多数在 0.5m 以下。区域内的雅丹长度集中程度较低，高度上较楼兰中部区域更加低矮。由于楼兰南部区域多古河道分布，这种特征不明显的个体大小表现可能受到该地河流三角洲的影响，与楼兰其他区域相比显示出很大的独特性。但雅丹测量点较少，这一表现在区域内是否具有明确普遍性还需要进一步研究和探讨。

4. 白龙堆

　　白龙堆测量区域分为 BLD-1 和 BLD-2 区域，其中 BLD-1 区域位于白龙堆南部，区域内共测量了 193 个雅丹。对这 193 个雅丹的长度和高度测量数据进行统计分析（图 5-5-4），长度的变化范围在 21.28～

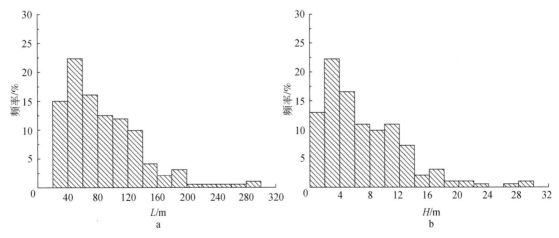

图 5-5-4　白龙堆 BLD-1 区域雅丹长度（a）和高度（b）频率图

293.21m 之间，其中长度在 20~40m 的雅丹占测量总数的 15.03%，在 40~60m 区间的雅丹占测量总数的 22.28%，位于 60~80m 的雅丹占测量总数的 16.06%，有 46.63% 雅丹的长度超过了 80m；高度的变化范围在 0.13~28.9m 之间，其中高度在 0~2m 区间的雅丹占测量总数的 12.95%，在 2~4m 区间的雅丹占测量总数的 22.28%，高度在 4~6m 和 6~8m 区间的雅丹分别占测量总数的 16.58% 和 10.88%，高度在 8m 以上的雅丹占测量总数的 37.31%。

BLD-2 区域位于白龙堆北部，区域内共测量了 304 个雅丹。对这 304 个雅丹的长度和高度测量数据进行统计分析（图 5-5-5），长度的变化范围在 21.58~269m 之间，其中长度在 20~40m 的雅丹占测量总数的 27.63%，在 40~60m 区间的雅丹占测量总数的 24.34%，位于 60~80m 的雅丹占测量总数的 14.8%，有 33.23% 雅丹的长度超过了 80m；高度的变化范围在 0.16~26.31m 之间，其中高度在 0~2m 区间的雅丹占测量总数的 26.32%，在 2~4m 区间的雅丹占测量总数的 23.03%，高度在 4~6m 和 6~8m 区间的雅丹分别占测量总数的 14.47% 和 11.51%，高度在 8m 以上的雅丹占测量总数的 24.67%。

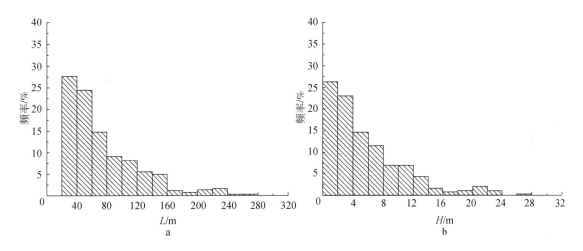

图 5-5-5 白龙堆 BLD-2 区域雅丹长度（a）和高度（b）频率图

从数据分析结果可以注意到，白龙堆南北部雅丹个体大小上存在一定的差异。BLD-1 区域（白龙堆南部）雅丹长度的极差要大于 BLD-2 区域（白龙堆北部），同时长度集中分布在 40~60m 区间，雅丹形态较 BLD-2 区域出现明显的拉长趋势；在高度方面，白龙堆南部雅丹要较北部雅丹更加高大，集中于 2~6m 区间。这些表现与野外观察的结果相一致，显示出断层两侧岩性差异对雅丹形态造成的影响。

5.5.2 形态特征

对于千姿百态的雅丹形态，雅丹的长宽比是描述雅丹形态特征的重要参数。前人早已关注到该参数的重要意义，但是由于各自的测量个体大小范围和总体测量数量都有限，所以只能获得一个简单的比例数值，而且众说纷纭，意见结论不一。这里我们首先突破了数量，实现了规模化大量测量，而且在雅丹个体大小方面实现了极大范围跨度，从不到 1m 高度的雅丹到 30m 高度的雅丹都获得了有效数据。然后在测量方面，我们首次获得了大量三维数据，实现了对雅丹的立体观察，除了观察雅丹的长宽平面变化，还可以进一步分析平面形态与高的变化趋势，从而能够更全面、更真实地描述雅丹形态特征。

1. 长宽比

通过对 869 个雅丹的长度、宽度测量数据进行统计发现，长宽比的频率分布集中程度明显下降，在 3:1 至 6:1 区间内的雅丹仅占测量总数的 35%，这一表现与典型形态雅丹有一定的区别。而通过长度（L）和宽度（W）变化图（图 5-5-6），我们可以发现伴随着雅丹长度的增加，宽度依然是逐步增加的，但是其增加的速度随着长度值的增大而放缓。这种长度迅速增加，宽度增加缓慢的现象，最终导致长宽比数值增长放缓。

在扩大了雅丹测量范围后，长宽比的变化趋势并未发生明显的改变，由于测量数目的增加，这种变化趋势表现得更加清晰；同时，典型形态雅丹的长宽比数据与其他形态雅丹的长宽比数据能够完全混合，表明雅丹长宽比数值的非线性变化情况不局限于典型形态雅丹，而是存在于各类型形态雅丹之中，具有普遍性。在长度值较大的情况下，长宽比的离散程度会增大，指示可能存在其他因素影响雅丹长宽比。

2. 长高比和宽高比

对 869 个雅丹的长度、宽度测量数据进行统计，直接作雅丹长宽比与高度关系图（图 5-5-7），发现随着雅丹长宽比的逐步增大，雅丹高度迅速增大，且高度变化范围存在不断扩大的趋势。

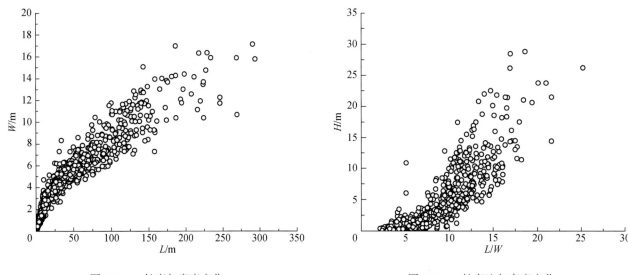

图 5-5-6　长度与宽度变化　　　　　　　　　图 5-5-7　长宽比与高度变化

在扩大了雅丹测量范围后，雅丹长度与高度、宽度与高度的变化趋势也未发生明显的变化，测量数目的增加使我们观察到相较典型形态雅丹更明确的变化趋势，即雅丹长宽比数值伴随着雅丹高度的增加而逐步增大，雅丹形态由鲸背状逐步向线状、垄状发展。

同时我们注意到长宽比随高度的变化不是线性的，而是存在一个初始值下界（高度为 0 时，长宽比为 2）和较快的变化速度，这种变化趋势可能指示了雅丹在风力作用下的形态轮廓变化过程，即雅丹发育初期，其形态接近圆丘；随着风蚀程度加深，雅丹形态在长度和宽度两个方向均快速延伸，形成近鲸背或水滴状的典型形态雅丹；当风蚀继续发展，雅丹长度会逐步拉长，宽度的发展相对受到限制，造成雅丹形态向线状或长垄状转变。

5.5.3　群体分布特征

在野外观察中，不同区域间的雅丹分布疏密程度存在差异，有的地方雅丹较矮、个数较多，有的地方雅丹较高大且分布稀疏。量化这种感性认识上的空间分布疏密需要描述雅丹空间分布特征的参数，本节中首先利用邻雅丹数观察雅丹之间的拥挤程度，然后描述邻雅丹平均间距的变化，并进一步探讨邻雅丹平均间距与雅丹规模之间的联系。

1. 典型形态雅丹群体分布特征

1）邻雅丹数

对 93 个典型形态雅丹邻雅丹数（N_{adj}）的测量数据进行统计发现（图 5-5-8），邻雅丹数的变化范围在 2～11 个之间，集中分布于 3 个、4 个和 6 个，其总体变化趋势是先增加，在 3～4 个区间内保持变化平稳，随后在快速下降后又达到一个极大值（$N_{adj}=6$ 个），在出现极大值后迅速下降。

与我们假设的结果不同，典型形态雅丹的拥挤程度并不高，邻雅丹数多在 7 个以内。邻雅丹数出现两

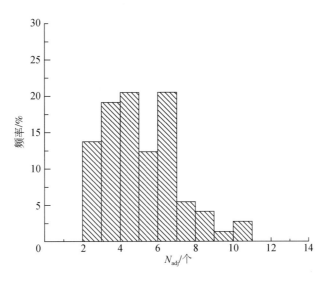

图 5-5-8　典型形态雅丹邻雅丹数频率图

个集中分布区间，可能指示两种不同的雅丹空间分布情况，一种是邻雅丹数为 6 个时，雅丹体尚在发育，雅丹之间的风蚀沟或风蚀洼地还处于向纵深侵蚀的阶段并未展开，因此雅丹之间距离较近，拥挤程度较高；另一种是邻雅丹数下降至 3 个时，此时雅丹之间的风蚀沟或风蚀洼地已经得到发育，雅丹之间的距离逐步拉大，导致拥挤程度下降。

2）邻雅丹平均间距（MD）

对 93 个典型形态雅丹的邻雅丹平均间距测量数据进行统计发现（图 5-5-9a），邻雅丹平均间距的变化范围为 4.26 ~ 118.19m，其中邻雅丹平均间距在 0 ~ 10m 区间的雅丹占测量总数的 27.4%，位于 10 ~ 20m 区间的雅丹占测量总数的 37%，位于 20 ~ 30m 区间的雅丹占测量总数的 23.3%，邻雅丹平均间距长于 30m 的雅丹占测量总数的 12.3%。总体上来看，典型形态雅丹的邻雅丹平均间距大多小于 30m，显示雅丹之间较高的拥挤程度。

为了探究这种较高的拥挤程度是否与雅丹的规模大小有关，作邻雅丹平均间距与高度的关系图（图 5-5-9b）。由图上可以观察，随着雅丹高度的增加，邻雅丹平均间距也逐步增加，两者存在一定变化规律。由此我们可以认为，雅丹规模不断变大时，雅丹之间距离也会不断拉大，最终造成雅丹的空间分布由密集转为稀疏，拥挤程度逐步下降。

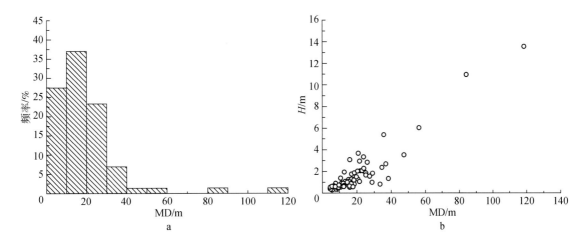

图 5-5-9　典型形态雅丹邻雅丹平均间距（MD）特征

a. 邻雅丹平均间距与频率变化；b. 邻雅丹平均间距与高度变化

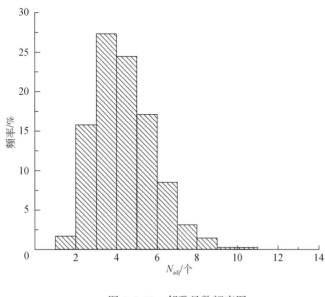

图 5-5-10　邻雅丹数频率图

2. 雅丹群体分布特征

1）邻雅丹数

对 869 个雅丹邻雅丹数进行分析发现（图 5-5-10），邻雅丹数的变化范围在 1 ~ 11 个之间，集中分布于 3 ~ 6 个之间，其总体变化趋势与典型形态雅丹有区别，呈现先增加，在 3 ~ 4 个区间内保持变化平稳，随后迅速下降的情况。

在测量各类型形态雅丹后，雅丹的拥挤程度并未发生大的改变，但是没有出现多个集中分布区间，而是邻雅丹数主要集中在 3 ~ 4 个区间。这种空间分布情况可能说明，在经过一定时期风蚀作用后，雅丹的发育进入成熟期，其周边的风蚀洼地等形态也进入平静发育阶段，雅丹之间的距离增大变缓，相应地，拥挤程度在下降到一定范围后保持相对稳定。

2）邻雅丹平均间距

对 869 个雅丹的邻雅丹平均间距测量数据进行统计发现（图 5-5-11a），邻雅丹平均间距的变化范围为 3.34 ~ 213.24m，其中出现两个集中分布区间：邻雅丹平均间距在 0 ~ 10m 和 10 ~ 20m 区间的雅丹分别占测量总数的 15.88% 和 13.93%，位于 40 ~ 80m 区间的雅丹占测量总数的 39.3%，邻雅丹平均间距长于 80m 的雅丹仅占测量总数的 16.7%。

在包括各类形态雅丹后，邻雅丹平均间距的集中分布区间发生变化，不再单一集中于 0 ~ 20m 区间，而是在 0 ~ 20m 和 40 ~ 80m 都出现相对集中分布，这种变化显示出两种不同的雅丹空间分布情况。

为了探究以上邻雅丹平均间距的集中分布情况与雅丹规模是否存在关系，作邻雅丹平均间距与高度的关系图（图 5-5-11b），由图上可知，与典型形态雅丹类似，随着雅丹高度的增加，邻雅丹平均间距也逐步增加，但是当高度增加至较大值时，邻雅丹平均间距离散程度较大，两者变化关系规律性不明显。由此可以认为，当雅丹规模较小时，随着高度增加，雅丹之间距离也会不断拉大，拥挤程度逐步下降；但当雅丹规模较大时，高度增加后，雅丹之间距离不一定发生显著变化，可能存在其他因素限制邻雅丹平均间距的进一步变化。

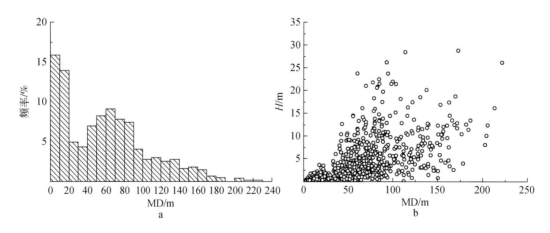

图 5-5-11　邻雅丹平均间距特征

a. 邻雅丹平均间距与频率变化；b. 邻雅丹平均间距与高度变化

5.6　形态变化复杂性的实例——雅丹共基座现象

在大范围测量中，我们已经注意到在某些以往被认为是长垄状雅丹的顶部，会存在多个风蚀残丘。而因为陡坎的存在，这些风蚀残丘很难开展实地观察和测量，常常被忽略；同时在这种形态组合现象出现较多的楼兰北部和白龙堆区域，邻雅丹平均间距与高度的关系会由明确变为不明确。为了具体地讨论以上问题，我们在本节阐释这种现象的含义及其给雅丹形态带来的影响。

5.6.1　雅丹共基座现象的含义

在雅丹测量过程中，我们观察到风蚀垄岗形态的广泛分布，其具体表现为垄岗上部普遍存在多个突起。这些突起呈现流线形，分布在同一平台面上（图 5-6-1a）。平台面由厚层块状黏土质沉积层组成（图 5-6-1b），显示出相对较强的抗风蚀特性，平台侧面是陡崖或陡坡（图 5-6-1c）。若将平台面以下由陡崖或陡坡围合起来的垄岗看作基座体，则平台面以上的多个突起即为雅丹。因此得到数个雅丹分布在同一个基座体上，这一现象即为雅丹共基座现象，这些分布在同一基座体上的雅丹统称为共基座雅丹。

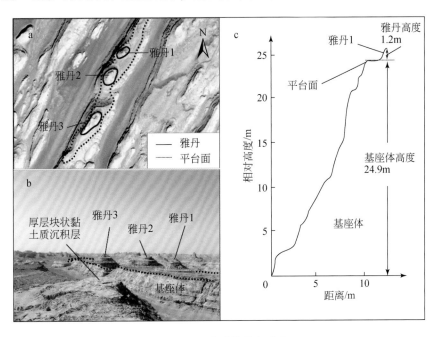

图 5-6-1　雅丹共基座现象

5.6.2　共基座雅丹与基座的形态

1. 共基座雅丹形态特征

借助 DEM 数据，我们在研究区内识别了 51 个基座体，基座体上共观察到 123 个雅丹，一个基座体上平均约分布有 2.4 个雅丹。对每一个雅丹的长、宽等形态参数开展测量，经过统计分析后发现，研究区内共基座的雅丹长度变化范围为 0.49～30.12m，均值为 6.6m；宽度变化范围为 0.17～6.98m，均值为 1.63m；高度变化范围为 0.05～6.14m，均值为 0.58m；长宽比变化范围为 2.33～5.79，平均值为 4.12（图 5-6-2a）。

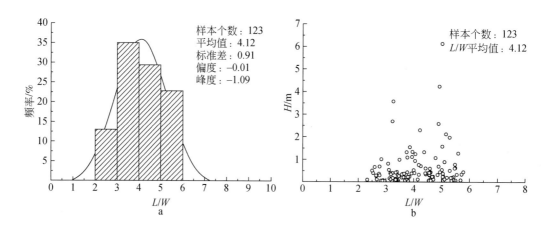

图 5-6-2　共基座雅丹形态特征

a. 长度/宽度频率分布；b. 长宽比随高度变化特征

从数据集中程度上观察，共基座雅丹长度、宽度数值分布均较集中，超过一半的雅丹长度小于 5m，68% 的雅丹宽度小于 2m；共基座雅丹高度分布于 1m 以下区间，占测量总数的 85%；共基座雅丹的长宽比分布近似正态分布，集中于 3:1 至 5:1 之间，约占测量总数的 55%。

通过对研究区内共基座雅丹长宽比随高度变化的分析（图 5-6-2b），观察到该比值围绕一固定值变化，即雅丹长宽比在一定范围内波动，未随雅丹高度的增加而发生显著改变。经过计算，雅丹长宽比的平均值和中值都接近 4:1，其波动范围在 2.5:1 至 6:1 之间。

2. 基座体形态特征

对研究区内 51 个基座体的长、宽等形态参数开展测量，经过统计分析后发现，研究区内基座体长度变化范围为 4.7~210.43m，平均值为 37.19m；宽度变化范围为 0.66~15.54m，平均值为 4.39m；高度变化范围为 0.19~17.54m，平均值为 3.21m；长宽比的变化范围为 3.48~18.8，平均值为 8.02（图 5-6-3a）。

从数据集中程度上观察，基座体各参数离散程度均较大。基座体长度集中于 5~15m 区间，约占测量总数的 43%；宽度集中于 1~2m 区间；高度则主要分布在 1m 以下，占测量总数的 52%。基座体长宽比分布呈偏态分布，峰值出现在 7:1 至 9:1 之间，约占测量点总数的 45%，同时多极值出现。

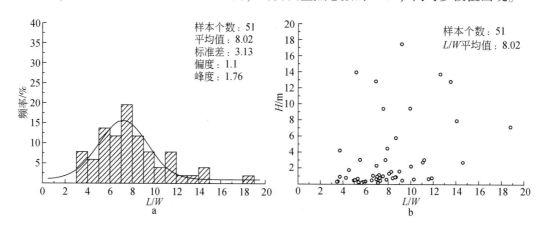

图 5-6-3　基座体形态特征

a. 长度/宽度频率分布；b. 长宽比随高度变化特征

对研究区内基座体高度与长宽比比值进行分析（图 5-6-3b），观察到该比值随着雅丹高度的增加而发生波动，但并未表现出明显的规律性，基座体长宽比均值接近 8:1。

3. 雅丹间距变化特征

雅丹间距是一种定量描述雅丹之间距离远近的参数，可以反映雅丹在空间上分布的疏密程度（胡程青，2017）。在实际测量中一般采用邻雅丹平均顶间距，即测量雅丹与其相邻雅丹的顶点连线距离，将这些距离进行算术平均计算得到所需结果。

由于共基座雅丹分布在同一基座体上，它们与基座体共同构成了一个相对独立的微地貌单元，此时若测量共基座雅丹与其所有相邻雅丹的顶点连线距离，会导致测量的雅丹间距显著增加，所以共基座雅丹的间距测量限于位于同一基座体上的相邻雅丹。

共基座雅丹邻雅丹平均间距均值为 13.09m，集中分布于 0~20m 区间，约占测量总数的 87%；基座体的平均间距集中分布于 5~20m 和 25~45m 区间，约占总数的 85%。共基座雅丹平均间距的集中程度显著高于基座体，基座体平均间距在分布离散的同时还出现了超过 100m 的较大值。

5.6.3 雅丹共基座现象带来的雅丹形态复杂化

1. 雅丹共基座现象的普遍性

在地面分布上，通过实地调查、无人机正摄影像及 DEM 分析等，观察到研究区内广泛存在雅丹共基座现象（图 5-6-4）。无论是在深度风蚀强烈下切的土垠遗址、古墓地地段，还是在地表面初期风蚀的南部海头古城（LK 遗址）地段，雅丹共基座现象屡见不鲜。不同地段风蚀垄岗规模差异明显，深度风蚀切割地段风蚀垄岗个体巨大，长可达数百米，高近 20m，而南部初期风蚀地段风蚀垄岗长仅数米，高不足 1m。

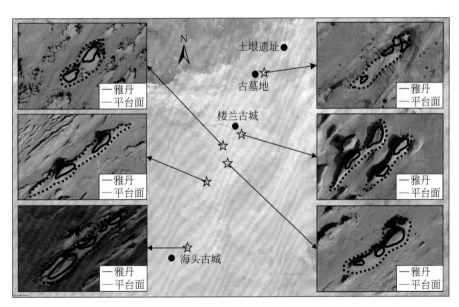

图 5-6-4　通过无人机正摄影像识别的雅丹共基座现象

在纵深切割发展方面，共基座雅丹的基座体高度自 0.5~20m 都有分布（图 5-6-5），说明雅丹共基座现象在风蚀发展的各个阶段都可能出现。风蚀切割的深度，也就是雅丹和基座体高度反映的风蚀程度，不仅与风力条件和侵蚀时间有关，还与被风蚀的岩性和地层组成有关。从地表面上的分散雅丹发展到风蚀垄岗无疑是一个时间方向上延续的侵蚀发展过程，然而在风蚀发展的各个阶段都可能出现雅丹共基座现象，表明矮小的共基座雅丹和高大的共基座雅丹是各自独立风蚀过程的结果，并非指示一个风蚀发展演变序列。

共基座雅丹展示了风蚀作用向纵深发展的过程，从地表面上分散雅丹的形成到风蚀深切破开深一层抗风蚀较强的地层形成平台面，直至发展成风蚀垄岗。但是共基座雅丹并不是时间因素控制下的风蚀纵深发展产物。在楼兰及其以南地段和土垠遗址两地，虽然组成地层时代和岩性差异很大，但是有一个共同的特点是，它们都是一套抗风蚀强弱差异很大的沉积层交错分布的地层。基座体之上的共基座雅丹顶部是一厚层抗风蚀较强黏土质沉积层，基座体平台是另一厚层抗风蚀较强黏土质沉积层，这反映共基座雅丹是风蚀切穿基座体平台面所在抗风蚀较强地层前，风蚀形成雅丹的残留。

2. 共基座雅丹与典型形态雅丹有一定相似性

将研究区内共基座雅丹数据及与其共同分布的 112 个分散个体的鲸背状或水滴状雅丹长宽数据绘制散点图（图 5-6-6），观察到共基座雅丹数据与同分布区内分散个体的鲸背状或水滴状雅丹数据完全混合。这一结果表明共基座雅丹与分散个体的流线型雅丹形态具有高度的相似性。

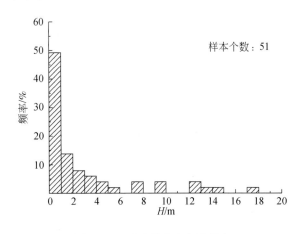
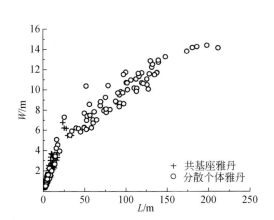

图 5-6-5　基座体高度频率分布　　　　图 5-6-6　雅丹长度随宽度变化特征

罗布泊地区的鲸背状（高大分散个体）或水滴状（矮小分散个体）雅丹属于单一风向长期风蚀作用的结果，前人的风洞风蚀模拟实验也是在单一风向环境下进行，因此我们能够肯定共基座雅丹的形态参数仍然反映的是单一风向侵蚀特征。这一点也完全符合罗布泊地区的风力环境，该地区产生有效风蚀的盛行风为东北风，共基座雅丹及其之下的基座体走向与盛行风方向一致，表明共基座雅丹是典型的由单一风向风蚀残丘构成的复合型雅丹地貌，其形态参数对认识地区风蚀环境和风蚀过程具有重要意义。

显然，将原先认为的风蚀垄岗看作基座体与雅丹组合而成的复合体，分别测量基座体和之上的雅丹体，即共基座雅丹，所获得的参数就有了更丰富的内涵和意义。

3. 雅丹共基座现象带来的空间格局复杂化

对罗布泊地区分散的典型形态雅丹的邻雅丹平均顶间距（即两雅丹最高点间距离，MD）分析发现，随着典型形态雅丹的邻雅丹平均顶间距的增加，雅丹的高度也随之增大（图 5-6-7a），反映随着地表风蚀向纵深切割过程的发展，这种分散雅丹的个体规模逐步变大，符合实地观察结果。但是共基座雅丹的顶间距测量结果显示杂乱无序，平均顶间距与高度的关系也不明显（图 5-6-7b）。

鲸背状或水滴状等典型形态雅丹都是由厚层块状抗风蚀较强的地层或较为均一的地层被单一风向侵蚀形成，在风蚀过程中，雅丹周围基本不发生明显崩塌现象，而共基座雅丹周围形成陡坎就是垂向上差异性风蚀造成大量重力崩塌的结果。产生垂向上的差异性风蚀的原因是厚度不等的不同抗风蚀强度地层在垂向上交替出现，抗风蚀弱的地层被较快风蚀导致侧向掏空发生块体崩塌，从而产生陡坎。

显然共基座雅丹是一种复合体。虽然其上雅丹残留还保持典型的流线型雅丹特征，但由于风蚀深切多层厚层抗风蚀较强的地层，其空间格局已经复杂化。尽管鲸背状等典型形态雅丹和共基座雅丹都属于单一风向的侵蚀作用结果，但它们分属于不同类型的微地貌单元，造成了共基座雅丹邻雅丹平均顶间距表现的复杂化。

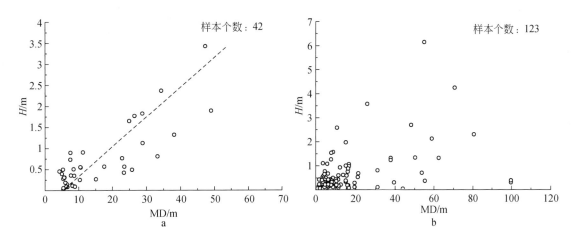

图 5-6-7　邻雅丹平均间距变化特征
a. 分散鲸背状雅丹；b. 共基座雅丹

5.7　罗布泊地区雅丹地貌的发育演化

5.7.1　雅丹多期性

雅丹的多期现象在罗布泊地区屡见不鲜，特别是在孔雀河北岸龙城雅丹区（Ⅰ）的孔雀河下游和铁板河的河道游荡洪泛地带广泛存在，在楼兰古三角洲雅丹区（Ⅴ）北部也广泛存在。多期雅丹在地貌景观上可能呈现为多级台阶，但并不一定有台阶的雅丹就一定是多期发育的结果。雅丹的台阶现象存在于各种高度的雅丹个体或组合体上，多数都是组成雅丹的岩性抗风蚀差异性的呈现。这里所指的多期雅丹是，同一地段相间分布的由不同时代地层组成的形成时代明显不同的雅丹群组合。多期雅丹是区域环境变化的重要记录，具有重要的理论意义和学术价值。早期雅丹一定是经历了多期阶段的发展，今后的深入研究会有鲜明的证据给予识别，展现其重要的理论意义和价值。

1. 早期雅丹谷地充填再风蚀

实地调查发现，楼兰及其以北至方城地区至少存在两期雅丹。早期雅丹形成于楼兰古遗址建筑基础地层发育之前，雅丹地层组成为厚层浅灰红色泥岩（地层可能相对较老，N_2—Q_1?）、浅灰黄色厚层粉砂质泥和泥质粉砂（中更新统，Q_2?）。后期雅丹则形成于楼兰文化衰落之后。更具体地讲，应该是塔里木河水量减少，导致楼兰三角洲失水而干涸，区域森林草甸景观退化直至植被完全丧失，然后发生地区性风蚀，发育雅丹地貌。

有种观点认为是塔里木河改道迁移至西南经台特玛湖、喀拉和顺入罗布泊，造成楼兰三角洲地区失水而干旱化，但塔里木河向南支流沿线的小河古城、麦德克古城也基本与楼兰地区古城遗址群废弃年龄相当，说明塔里木河南支流萎缩时间与楼兰地区的河网萎缩时间相差不大，因此塔里木河改道假说可能并不成立。

在楼兰考察区北东地段分散较多高大雅丹，顶部高出有粗大枯死红柳堆的地面 2.5m 以上，应该属于早期雅丹。早期雅丹与后期雅丹存在清晰的侵蚀沉积间断关系（图 5-7-1）。早期雅丹残丘向土垠（北东）方向增多，向南变少变矮（图 5-7-2）。有粗大枯死红柳堆的地面属于该地区雅丹发育的原始地面，红柳沙堆为雅丹地层序列的顶部残留，区域分布有限。当前主要雅丹地面为红柳发育层下 1.2~1.6m 的泥质粉细砂层和厚层粉砂质泥。

图 5-7-1　2014 营地北 38km
处两期雅丹接触关系

图 5-7-2　2014 营地北东 16km 处早期雅丹
仍然随处可见粗大干枯红柳围绕早期雅丹分布

2. 晚期雅丹中的早期雅丹孤岛

在晚期雅丹区的大片风蚀洼地，特别是在靠近湖滨地段存在大片活红柳、花花柴，偶尔还能见到生长着几棵胡杨等植物的低地，应该是晚期雅丹形成之后最晚期的积水洼地，已发育灌丛沙堆，但还未完全进入风蚀阶段（图 5-7-3）。因此，也不排除还有更晚期的雅丹（近期雅丹，第三期）存在。

图 5-7-3　2014 营地北东 19km 处洼地
有个别早期雅丹残留，少量植物仍然存活，陆面强烈风蚀还未发生

早期雅丹与晚期雅丹的岩性组成具有显著差别，雅丹孤岛为灰黄色和浅灰红色厚层砂质黏土（泥沉积）夹浅灰色砂层，黏土层紧实坚硬，晚期雅丹岩性组成为中厚层灰色泥质细砂夹青灰色细砂，结构疏松。

罗布泊地区的多期雅丹多分布在孔雀河下游、铁板河迁移地带和楼兰古绿洲北部。多期雅丹是在"绿洲持续荒漠化衰落消亡—沙漠化风蚀形成雅丹—流水沉积充填雅丹沟槽或洼地—河道迁出绿洲失去洪泛而干涸枯亡—再次风蚀发育新雅丹"的过程中完成。罗布泊地区多期雅丹反映区域气候变化（干湿或风力强弱）特点，局部地段也可能是地段性河道变迁的结果。

5.7.2　罗布泊雅丹的形成和发育过程

1. 影响雅丹发育的外营力

雅丹地貌主要分布于极端干旱区，风力作用是其主要外动力（牛清河等，2017）。大多数学者认为单一风向的强风是雅丹形成的主要外营力，也有学者认为部分雅丹的形成是两组风向相反的风力作用所致。洪水作用也是影响雅丹发育过程的重要外营力，有学者认为风沿着洪水形成的切沟吹蚀，使切沟不断加深加宽，也有学者认为在雅丹形成之后，洪水会再次侵蚀雅丹间的槽地。此外，风化作用，重力坍塌、洼地盐类风化和龟裂等地貌外营力也对雅丹发育产生影响。Dong 等（2012a）在对库木塔格沙漠雅丹的研究中将雅丹发育过程划分为四个阶段：萌芽阶段，青年阶段，成熟阶段，消亡阶段。

夏训诚等（2007）认为罗布泊地区的雅丹地貌的塑造营力主要包括：①以风的吹蚀作用为主的；②以流水的侵蚀作用为主的；③以流水和风蚀共同作用的。在罗布泊地区，显然不存在以流水侵蚀为主的雅丹类型。

罗布泊雅丹地貌的形成过程，主要包括四个阶段：①表面风化破坏阶段，风沙活动，温差变化，少量降雨等作用使得泥岩表层逐渐松散，层层剥落，并产生水平和垂直节理；②雏形雅丹形成阶段，表层风化破坏后形成松散的碎屑物质，风和流水将其带到远处，使得原来的地表产生起伏，形成相对高差较小的雅丹；③雅丹地貌形成阶段，雏形雅丹进一步发育，沟谷加深加宽，形成相对高差数米至数十米的土丘和沟谷相间的地貌组合；④雅丹消亡阶段（夏训诚等，2007）。

2. 雅丹地貌形成年代分析

雅丹地貌形成年代是确定其侵蚀速率和侵蚀量的重要依据，也是深入认识其形成发育过程及其与环境关系的前提（牛清河等，2011；屈建军等，2004）。雅丹年代学研究的主要方法包括以下几点。

（1）基于侵蚀速率的间接推断：该方法主要通过野外实地调查和现代侵蚀速率观测与室内实验等方法获取雅丹侵蚀速率，并结合现有雅丹地貌的高度，通过简单的线性计算来确定开始形成的年代。例如，夏训诚等（2007）通过对楼兰古城遗址风蚀情况的野外调查，推算出楼兰古城附近的雅丹地貌是近千年的产物；Gutiérrez-Elorza 等（2002）通过调查西班牙埃布罗低地垃圾堆积体上形成的雅丹地貌，推测其形成年代至少为 100 年。

（2）基于顶部地层年代的直接测定：该类方法主要是通过选择合适的雅丹地貌顶部地层，通过成熟的测年技术（如^{14}C、热释光、光释光等）确定其年代，进而确定雅丹开始形成的年代。Clarke 等（1996）曾利用热释光定年技术对美国莫哈维荒漠的雅丹地貌进行测年研究，认为该地高约 1m 的雅丹地貌的形成年代至少为 250a BP。该方法也较为简单易行，但也是在一定的假设前提下进行的，即认为雅丹顶部地层是原始的最终沉积地层，沉积之后立即开始形成雅丹地貌，二者之间没有过长的间歇期，而且目前所见雅丹顶部地层也未遭受侵蚀，显然在漫长的地质历史过程中，雅丹地貌顶部地层不遭受侵蚀是不可能的，因此，该方法所确定的年代要略早于雅丹真正开始形成的年代。

（3）基于古人活动遗迹的间接推断：该类方法是在雅丹地貌分布区内寻找古人活动遗迹，认为雅丹地貌形成于古人活动之后，通过对遗迹内的相关文物等进行测年，以推断雅丹地貌开始形成的年代。

（4）基于相关沉积和气候变化的间接推断：通过分析雅丹地貌周边沙漠的形成年代，洞穴堆积物等记录的区域地质历史时期气候变化和前人的气候变化研究成果，间接推断雅丹形成年代。例如，Vincent 和 Kattan（2006）认为沙特阿拉伯奥陶系砂岩分布区域之内的雅丹地貌很可能开始形成于 0.4Ma 以来。

上述表明要获得雅丹形成的直接年代是十分困难的。罗布泊地区雅丹的最早形成年代目前仍难以确定。根据获得的资料显示，小河时期的当地居民是确定生活在雅丹台地上的，而罗布泊细石器时期（12~8ka BP）的居民很可能也在雅丹台地上活动。目前发现的大量石器文物都是从地层中风蚀散落于地表的无根文物，但有几处从地层中发现的细石器文物的层位给出了当期文化的重要年代。虽然北部高大雅丹上所见石器甚少，寥寥散落在高大雅丹上的石器还不能确定其来历，但能给予我们不少的遐想。

5.7.3　雅丹展示的地域性风蚀

楼兰古三角洲雅丹区（Ⅴ）雅丹的发育演化具有十分鲜明的特色，以区别于罗布泊其他各雅丹区。第一，其发育基础为古塔里木河三角洲平原；第二，发育背景与当地人类文化历史密切联系；第三，发育过程与近现代罗布泊地区环境变化密切关联。因此，更多关于雅丹地貌发育演变和陆面风蚀的翔实记录应该在这里获得。

1. 空间差异性

楼兰地区陆面正处于非常强烈的风蚀阶段，除了该地带风力强劲和植被丧失等因素之外，时代较新的地层岩性及其地表土壤层性质等都是重要因素。因此陆面风蚀的面积规模和侵蚀深度规模都发展很快。虽然地面环境和地层岩性的空间差异性使得陆面被侵蚀量差异很大（图5-7-4），但是因风蚀地面平均下降深度是显著的。显而易见，快速的风蚀作用也加速了该地雅丹地貌的发育演变。

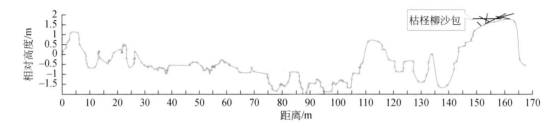

图5-7-4　2014营地河道南侧台地雅丹地形测线剖面图（剖面由南东向北西）

在楼兰以东地带对雅丹地貌的测量显示该地段雅丹个体大小变化很大，一般高度变化为不到半米至四米多，最大高度见6.5m（存在个别分散孤立个体相对高差可能达10.0～13.0m，应该属于楼兰地区雅丹基础地层形成之前更早期雅丹）。综合统计各地段的雅丹高度显示，近50%高度≤50cm；超过70%高度不到1m（图5-7-5、图5-7-6）。

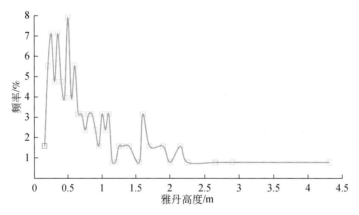

图5-7-5　罗布泊楼兰地区雅丹高度频率分布图

图5-7-6　楼兰北偏东小起伏雅丹地貌

远处可见楼兰佛台耸立

相对高大雅丹并不是分散分布的。实地调查发现，河道两侧和以泥质沉积为主的古河道两侧等都形成相对高差很大的雅丹。显然，河槽谷的地形效应在雅丹发育过程中产生了显著的影响；而古河道的泥质沉积则展现了不均匀侵蚀的影响，破碎凸出后并进而演变为地形效应（图 5-7-7）。

图 5-7-7　2014 营地东偏南 5.6km 处古河道南侧深切雅丹地貌

楼兰地区雅丹群地形剖面实测数据显示，雅丹起伏高差变化较大（图 5-7-8），有区域范围上的变化趋势，也有局地因素（如河道、不均匀泥质沉积等）影响形成的地段性差异。整个区域综合统计显示，总体上是由北向南雅丹平均高度降低，而雅丹密度增加（表 5-7-1），同时大河谷两岸雅丹高差最大。

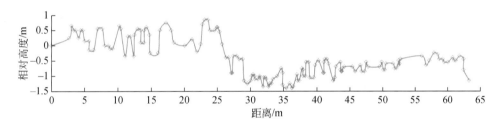

图 5-7-8　楼兰南约 35km 雅丹地形剖面线（剖面线由北西向南东）

表 5-7-1　罗布泊楼兰地区雅丹高度和雅丹密度的空间变化统计表

由北东向南西	地段编号	雅丹平均高度/m	雅丹密度/(个/10m)
⬇	3	1.105	1.6
	4	1.106	1.7
	1+2	1.073	1.1
	7+8	0.791	1.7
	5+6	0.572	3.7

2. 地面风蚀量

楼兰地区雅丹地貌的地层组成属于全新世中期的一套古塔里木河三角洲相河沼洪泛沉积，主要为粉细砂成分和泥质类沉积，普遍未胶结。有限的测年数据显示，地层应该形成于 4.0ka BP 的塔里木河尾闾三角洲沉积活动时期。因为区域范围内同时存在多期雅丹，特别是楼兰北部地区，三角洲沉积地层发育之前已是一个雅丹分布区，三角洲沉积与下伏地层存在明显沉积间断，所以雅丹底部地层形成年代可能较早。

楼兰地区雅丹地貌有以下几个重要顶面。

（1）风蚀前的原始地面。即当时柽柳、胡杨等灌乔木和芦苇等草本植被生长地面。当前该地区原始地面残留已非常有限，大部分地区占地面积<1%，湖区方向略有增加，也不会达到 3%。

（2）广大范围的雅丹顶面。当前楼兰地区雅丹顶面是一延伸广泛的黏土质沉积或粉砂质泥层，而并不是原始平原地面。从残留非常有限的柽柳沙堆、草甸草炭层（图5-7-9、图5-7-10）等的分布情况看，该地区广大范围已经完成了一定厚度的风蚀。由实测的雅丹地层剖面得知，从雅丹顶面到原始平原地面有 1.3~1.8m 的沉积层被风蚀。

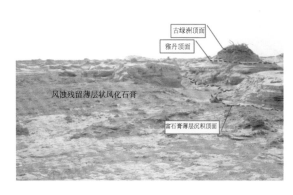 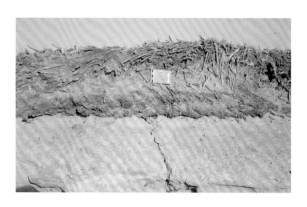

图 5-7-9　楼兰古城东 2014 营地东　　　　　　图 5-7-10　楼兰南 29km 大河南风蚀破碎平原雅丹
偏南 2.3km 处雅丹地貌　　　　　　　　　顶残留干芦苇秸秆草炭层及其下伏块状泥质沉积

（3）成片分布的薄层石膏地面。在楼兰地区实地调查中能经常见到大片形态较为规则的薄层状石膏地面。该地面石膏层在其边缘雅丹地层底部仍能见到，说明它是雅丹地层中的组成成分。但是并不是所有雅丹地层都能见到，表明其属于雅丹地层序列中的局部沉积组分。很多地段也能见到风蚀已经切穿石膏层进入下伏沉积层，下伏地层或是细砂沉积，或是湖沼沉积，但出露厚度不大（图5-7-11）。

图 5-7-11　楼兰南偏东 26km 雅丹风蚀沟切穿石膏层进入下伏浅灰绿色湖沼沉积以层
理发育的黏土沉积为主

　　仔细分析雅丹地貌的组合特征和地层组成，三个顶面展示了楼兰地区的风蚀状况，分别为原始地面、雅丹顶面和薄层石膏层面（图5-7-12）。原始地面由枯柽柳沙包（北部和西部地区），或芦苇秆节草炭层（东南部地区）代表；雅丹顶面就是现今雅丹顶平均高度；薄层石膏层面则是系列薄层石膏出露的平均高度。实地测量得知，从雅丹顶面到原始平原地面有 1.3~1.8m（图5-7-1、图5-7-9、图5-7-11），揭示的是已经被风吹蚀的沉积层；薄层石膏层面基本代表了当前广大地区雅丹切割的深度，也就是当前雅丹的相对高度（表5-7-1），各地变化较大。

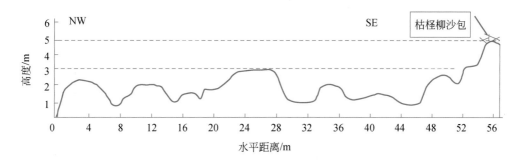

图 5-7-12　楼兰地区雅丹群地形剖面线（测线位置：40°36′N，90°05′E）

在广大区域，虽然裸露干涸沙质河床、沙滩、干涸泥沼和裸露弃耕地等可能早已产生风蚀，或沙化，但是对雅丹顶残留的干枯芦苇、柽柳等植物测年的有限数据表明，楼兰地区有植被覆盖的陆面出现风蚀现象可能发生在距今 500 年前后，而大面积普遍强烈风蚀的时间点可能晚于距今 300 年。红柳发育层与泥质粉细砂层之间的灰色细砂层已被风蚀。

第6章 罗布泊地区遗迹考古新发现

【罗布泊地区的古代绿洲孕育了多个时期各具特色的古代文明，这次综合科考不仅首次发现了南疆地区最早的古代人类活动证据和遗迹——南2河附近13ka BP左右的石磨盘和10ka BP左右的全新世早期细石器灰堆遗址，找到并确认了4.2~3.6ka BP的青铜时期小河人建在高大雅丹上的十处居址和相伴古墓组成的4个村落——楼兰北遗址群，而且新发现了最繁荣的汉晋时期楼兰人留下的大型乡镇级中心遗址——张币1号遗址和双河遗址，楼兰道驿置古城——沙西井古城，集灌渠-农田-涝坝-居址为一体的古代灌溉农业遗迹——四间房遗址，以及近30处小型居民点级别的遗存点，首次确认元明丰水绿洲期存在人类活动，这些新发现对理解罗布泊地区古代人类历史具有划时代的重要意义。】

在这5年的科考中，每次科考都有古代遗迹新发现，从最早的全新世初期细石器灰堆遗址，到大约4ka BP小河时期的古人居址和古墓，再到汉晋时期的双河遗址、张币1号遗址、四间房农耕遗址、土垠南遗址和沙西井古城，以及大量的村落级遗存点，最后还有元明时期的民居遗址等。这些遗址、遗迹给出了罗布泊地区古代不同时期人群的生活方式信息，为深入研究罗布泊地区的人群迁移、文化兴衰与东西方文化交流提供了宝贵的基础材料。

6.1 全新世早期人类活动遗址

6.1.1 细石器灰堆遗址

遗址位于南2河以南D2-1区块的一条次级河道（南2河支流）边（图6-1-1）。

在大约10m×10m的一个雅丹凹坑里分布有数量众多的细石叶和石料碎渣，在坑边有炭屑灰堆，清理后，确认该灰烬炭屑层至少有两层，上层更黑，炭屑更多，厚3~5cm，下层灰黑，颜色较浅，两层炭屑层中间是厚约10cm的浅灰色粉砂层，也含有少量炭屑。

通过清理，初步推断这是一处人类活动留下的灰烬层。露出部分宽约1m，长度不明，灰层厚15~25cm，中上部有一弧形木炭层，里面有红烧土、碎石块、炭粒、动物骨骼、细石器、炭屑、石片等。

炭屑层之上有1m多厚的沙层覆盖，沙层中有透镜状泥岩夹层，该泥岩夹层由于质地坚硬，抗风蚀能力强，形成了局部地面，保护了下面的炭屑层灰坑。粒度分析显示上覆沙层是河流漫滩相的河滨沙。在该炭屑层中不仅有细石叶、石料碎渣，还有石挂件。我们按照5cm的间距对整个剖面进行了系统的剖面采样，并收集了该石器点的所有石器石料。

炭屑层^{14}C年龄为8890±30aBP，校正后日历年为8220~7960BC（95.4%）（10169~9909 a BP），表明这是全新世早期的人类活动遗址。细石器炭屑层剖面见图6-1-2。

野外出土遗物编录9件，均为细石器。另有少量石片和碎石块（详见第7章）。

据此，我们基本可以确定在10ka BP前后的全新世初期，存在使用细石器的古人群活动。

6.1.2 其他同时期相似遗迹

在楼兰地区，地表散布的细石器几乎随处可见，虽然细石器体轻，容易被风、水带走，但也说明这个地区可能存在较广泛的细石器使用者活动。实际上，我们在这个地区还发现了很多具有相似特点的遗迹。

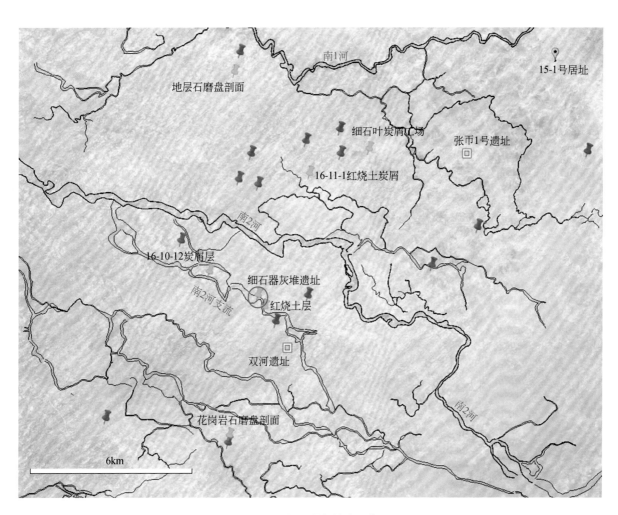

图 6-1-1　细石器灰堆遗址位置

绿图钉为石器炭屑剖面点；紫图钉为石器工场；红圈为细石器灰堆遗址

a. 炭屑层

b. 局部放大

图 6-1-2　细石器炭屑层剖面

6.1.2.1　南2河南岸支流：红烧土炭屑层

细石器灰堆遗址左侧为南2河的一条支流，在该河流的上下游，均发现在地层中存在红烧土–炭屑层。

1. 16-11-12 炭屑层

该炭屑层位于细石器灰堆遗址上游约2km的河道边风蚀槽内。在地层内发现炭屑层分布，厚1~2cm，其上有红烧土层，厚2cm以上，该炭屑层分布面积大，附近均有发现，为水平地层分布，上覆厚达4~5m的正常地层。其高度比边上的水道低4m以上，说明形成早于现在看到的河道。炭屑层下伏灰绿色沼泽泥质沉积，可能是草炭层燃烧形成的炭屑层，所以红烧土才会在炭层上面。红烧土层一直延伸到细石器灰堆遗址一带，均有存在，说明当时发生了一次燃烧面积很大的火灾事件（图6-1-3）。

红烧土炭屑层^{14}C 年龄为 9190±30cal a BP，校正后日历年为 10429~10248cal a BP（92.5%）。该时期比细石器灰堆剖面遗址略早，基本属于同时期。虽然现在还不能确定这次大面积古火灾事件属于自然原因还是人为造成，但可以确定当时这里发育茂盛的芦苇湿地，这种环境无疑为古人提供了良好的生存条件。

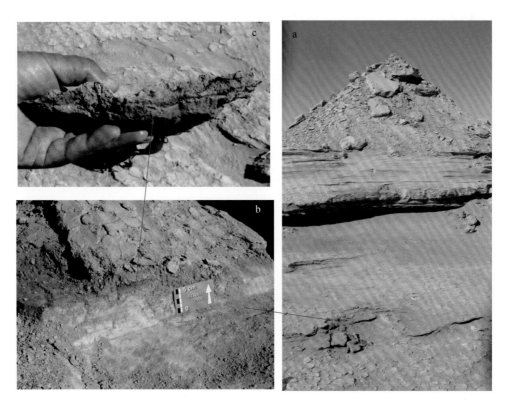

图6-1-3　16-11-12 炭屑层
a. 炭屑层地层；b. 局部放大；c. 炭屑层与红烧土层序关系

2. 红烧土层

从细石器灰堆遗址沿河向东，风蚀谷地内地层中均发育红烧土层，分布十分广泛。开始曾被误认为"窑址"残留，经考察后确认是下为灰色泥岩、中为黑炭层（有时不见）、上为红烧土的层序结构，有的红烧土已烧成渣状，说明当时火势很大。上覆雅丹地层5~6m，结构与16-11-12 炭屑层完全类似，且是同一条河上下游，很可能是沼泽湿地燃烧而成。

3. 花岗岩石磨盘剖面

该剖面位于另一条支流附近。这是一个在雅丹地层中发现的花岗岩石质石磨盘，由于花岗岩容易风化，表皮已斑驳脱落，淀粉类很难提取，只能根据形态推测为石磨盘。未做深入研究。

6.1.2.2 南 2 河北岸：细石器炭屑工场

1. 细石器炭屑工场

该炭屑工场位于南 2 河与南 2 河之间雅丹区。在 50m 范围内分西北、中间和东南三小片，西片最大，总面积 30m×10m 左右。以细石叶和废石料为主，少量石核，石料石质以深绿色、猪肝色、鲜黄色硅质泥岩为主，另有少量白色、黑色石英岩以及深灰色砂岩。捡到 3 枚白色石质坠饰。石器密集点地处相对低洼石膏结壳地之上，石器分布于表层，之下有黏质粉细砂覆盖，再下见灰烬炭屑层，厚约 8cm，再下为浅灰色粉砂质黏土。

这处细石器炭屑工场与细石器灰堆遗址相似，也是在炭屑层上发现细石器，只是因为风蚀，炭屑层已成为风蚀洼地内的地表，没有明确的地层关系。但可以说明当时这个地区使用细石叶的人数不少，留下了多个生活点遗迹。

2. 16-11-1 红烧土炭屑

在细石叶炭屑工场西南大约 2.5km 处，为一处红烧土，面积不大，仅不到 1m×1m，很红，厚 10cm 左右，下有炭屑灰烬层，其中有骨头，炭屑层厚 1~5cm，时代不明。

3. 地层石磨盘剖面

地层中发现有一石磨盘插入雅丹地层中，个大，长 25cm，宽 8cm，厚 2cm。根据地层年龄确定是 13cal ka BP 前后的人类活动遗弃物，详细研究见第 11 章。

6.1.2.3 石器工场

野外科考中还发现很多石器密集点，在一个不大的范围内（通常在 20~30m² 以内）或者分布有密集的细石叶、石核、碎石料与石器残片，或者有很多石镞和碎石料，但均表现出有人在此进行过石器加工的特点，与零星分布的石器点明显不同。因此我们将这类石器密集点归为石器工场，共 15 个。虽然这些石器工场均是在地表发现的，常常也混有晚期的陶片和其他器物，很难确定时代，但从第 7 章归纳的各时期典型器物特点看，细石器类为主的工场应该与细石器灰堆遗址同时代，大约占一半。而以石镞类为主的工场则可能与小河时期更密切，但不能断定细石器时期没有。

从分布上看，石器工场也大多分布在南 2 河两岸，与细石器炭屑层类遗迹点的分布基本重叠。因此可以得到一个重要认识，即全新世初期罗布泊西岸的楼兰地区有大量以细石器为工具的人群在此生存，其中南 2 河两岸地区是其重要的活动中心。

6.2 青铜时期遗址

分布区为楼兰古城北方大约 30km 的雅丹荒漠无人区，缺乏道路和淡水。在实地调查之前先在室内系统地解译遥感影像，判断可能的遗迹分布，再野外考察。野外共发现十余处具有小河时期文化特点的遗址，命名为楼兰北遗址群（图 6-2-1），其中三处遗址点为 2009 年第三次全国文物普查新疆特殊地区文物普查时发现（李文瑛，2014；新疆维吾尔自治区文物局，2015），其余为新发现。

6.2.1 楼兰北遗址群居址特征

17 居址 1（又称小河居址 1）：居址位于遗址群东部一处长条形雅丹（高约 20m，长约 270m）顶部（图 6-2-2a），在雅丹西 25m 有一条已干涸的古河道，有大量枯死芦苇，雅丹周围地表为薄盐壳层。雅丹顶部残存圆形遗址，遗址内有一个小盗坑，坑壁内可见炭屑。雅丹斜坡处有被坍塌雅丹沉积物掩埋的芦苇层，厚约 50cm，可能是当时的房屋。该雅丹上存在墓葬，在 2009 年时被文物普查队编为 09LE49（新

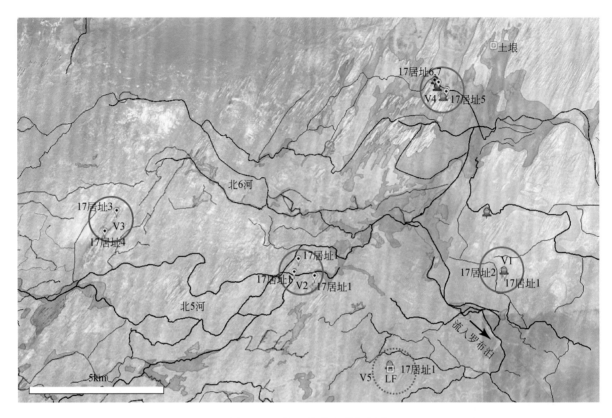

图 6-2-1　楼兰北遗址群分布图

黄点为居址；蓝点为古墓；黑线为主河道；方块为遗址；红圈和 V1～V5 为古村落及其编号

图 6-2-2　17 居址 1

a. 居址（17JZ02）所在雅丹和周围地貌；b. 残存的圆形居址；c. 坍塌的居址

疆维吾尔自治区文物局，2015）。

　　17 居址 2（又称小河居址 2）：居址位于遗址群东部一处长条形雅丹（高约 20m，长约 80m）顶部（图 6-2-3a），可见多处圆形房址遗迹（图 6-2-3b），但因地表风蚀原位未见有遗物。该雅丹上存在墓葬，在 2009 年时被文物普查队编为 09LE5（新疆维吾尔自治区文物局，2015）。在北部相邻雅丹顶部存在墓葬（17 居址 2-M），有多层古墓痕迹，已被严重盗毁，有干尸（旁边有草编篓，图 6-2-3c），在 2009 年时被文物普查队编为 09LE50（新疆维吾尔自治区文物局，2015）。地表散落大量棺木和芦苇等，其中可见红色织物、毛发。棺木前有立柱，带有刻痕（图 6-2-3d）。另见有木棍工具，前端磨成扁圆状，均与小河墓地相似。在雅丹北 30m、西 25m 各有一条已干涸的小河河道，有大量枯死芦苇，雅丹周围地表为薄盐壳层。

图 6-2-3　17 居址 2

a. 居址（17JZ02）和墓葬（17JZ02-M）所在雅丹和周围地貌；b. 残存的圆形居址；
c. 墓葬出土的草编篓；d. 墓葬中带刻痕的圆尖端立柱

　　17 居址 3（又称 17-彩陶遗址 1）：居址位于遗址群西部一处大雅丹高台上（图 6-2-4a），雅丹高约

15m，长约120m，宽约45m，附近有多条古河道，雅丹周围地表为薄盐壳层。在雅丹东侧半坡处存在较多的骆驼、羊等动物粪便和芦苇混合层，厚约20cm。雅丹顶部西梁南侧有三处灶坑遗迹（图6-2-4a），灰烬中发现烧焦的碎骨、石矛、石英质管钻岩心等器物。雅丹北部有一处墙保存较完好的圆形半地穴房址（图6-2-4b，直径3m，深60cm），墙壁用灰泥抹平，地表有多处灰烬层。此外雅丹顶中部还有多处傍壁而建的类似居址，保存较差。雅丹顶部还采集到彩陶片（图6-2-4c）、绵羊角、石磨盘、石镞等器物。前人在第三次全国文物普查时已发现该遗址，编号为09LE3遗址，并采集到压印纹陶罐、彩陶罐残片、石斧、石杵及草编器等（李文瑛，2014；新疆维吾尔自治区文物局，2015），认为该遗址内存在绳纹陶器文化、彩陶文化和草编器三种文化因素（李文瑛，2014）。

图6-2-4　17居址3（09LE3遗址）

a. 居址分布地貌；b. 圆形半地穴房址；c. 地表的彩陶片

　　17居址4（又称17-彩陶遗址2）：居址位于17居址3南侧约900m处的另一大雅丹顶部（图6-2-5a），雅丹高约20m，长约90m，附近有多条古河道，雅丹周围地表为薄盐壳层。雅丹顶部有火塘遗迹，东南侧半坡处发现有一排垮塌房舍（图6-2-5b），被泥土掩埋后仍可见一些芦苇茎秆和编织的苇席。在泥土下有灰坑，并在泥土中发现马牙等动物骨骼。在遗址中地表采集到彩陶片（图6-2-5c）、青玉斧、绿松石吊坠和草编篓等物品。

　　17居址5：包含17土垠西南遗址（17居址5-1）、17土垠西南遗址北居址（17居址5-2）和南部古墓（17居址5-M），位于土垠遗址西南的一处高约30m、南北长约350m、东西宽约50m的大雅丹台地上

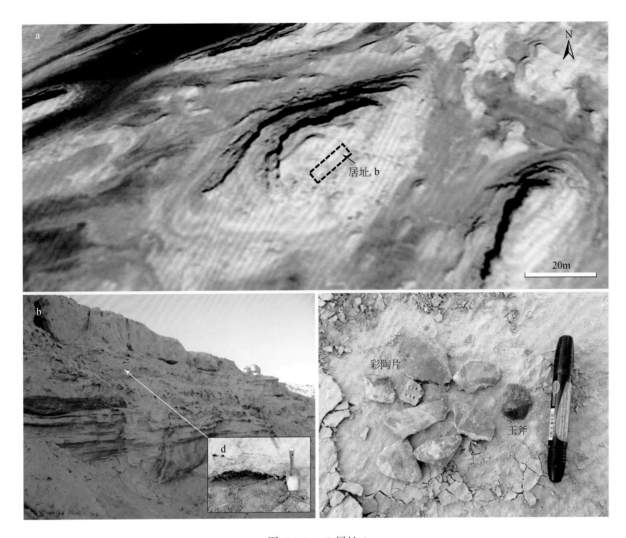

图 6-2-5　17 居址 4

a. 居址所处地貌条件，底图来自谷歌地球；b. 坍塌房址（草编绳 17I45，羊粪 17I46）；

c. 居址中地表采集的彩陶片和玉斧；d. 芦苇层和骆驼粪

（图 6-2-6a），周围存在大面积的古湿地和古河道。雅丹上从北到南有多个小峰，北部两个小峰南坡都有居址。17 居址 5-1 东南侧存在两层芦苇（图 6-2-6b），都建立在厚层泥岩层（约 1m）构成的陡坎下，是傍壁而建的半地穴式构造，芦苇层可能是当时垮塌的屋顶。上层芦苇层中采集到牛角杯、木器、织物和毛发（图 6-2-6c）等；下层芦苇中夹杂着红柳层，其中含有草编绳。居址地表还采集到石矛等石器残片（图 6-2-6a）和一枚铜针。雅丹北端的 17 居址 5-2，有芦苇层和动物粪便，采集到石矛等石器。在同一大雅丹南端的另一小峰的顶部低洼处是古墓区（17 居址 5-M），已被严重盗毁。其中一处墓穴中牛皮裹缠干尸，上覆草编席；另一处墓穴中干尸脚蹬牛皮鞋，裹牛皮，边上有草编篓（图 6-2-6d）等物品。墓前有立柱，立柱部分被染成红色，均为小河时期特征。相比居址而言，墓葬位于雅丹相对较高的台地上。

　　17 居址 6 和 17 居址 7：两处居址分别位于小河居址 5 西侧 440m 和 620m 的雅丹顶（图 6-2-7），居址也在顶部边坡傍壁而建，相邻雅丹顶也有小河时期古墓，多层叠置，中间铺垫红柳层。雅丹周围存在大面积的古湿地和古河道，采集了居址中芦苇样品。

　　17 居址 8：居址位于小河居址 2 西约 7.2km 的一处大雅丹上（图 6-2-8a），雅丹高约 20m、长约 70m，在第三次全国文物普查时被发现并编为 09LE2（新疆维吾尔自治区文物局，2015）。在雅丹北 500m 有东西向古河道，雅丹周围地表为薄盐壳，生长柽柳等抗盐碱植被。房址已经坍塌并被泥土掩埋，其中芦苇层近 40cm 厚，下面有大面积的灰烬层（含较多炭块）。芦苇层中混杂动物粪便（图 6-2-8c），其下发现石

图 6-2-6　17 居址 5（羊粪 17L80，芦苇 17L97 和 17L98）
a. 17 居址 5-1、17 居址 5-2、17 居址 5-M 墓葬所在雅丹和地表采集的石器（石矛和石球）；b. 坍塌的
17 居址 5-1（芦苇 17L71）；c. 居址中地表采集的毛发（17L78）和织物（17L79）；d. 墓地 17 居址 5-M 采集的草编篓；e. 石矛石球

杵。在崩塌的土块中可见草拌泥，残存约 10cm 厚。居址地表采集到一个内附烧黑结块的陶片（可能为炊具）和石镞（图 6-2-8d）、动物角和粪便、鱼骨以及带有纹饰的陶片等。

17 居址 9：位于小河居址 8 西约 600m 的一处高约 26m、长约 70m 的雅丹高台上（图 6-2-9a）。居址西 30m 处存在一条古河道，雅丹周围地表为薄盐壳层，周围生长柽柳等抗盐碱植被。房址虽然已经坍塌并被泥土掩埋，可明显看出居址并非位于雅丹顶部，而是位于次级雅丹平台上。大量的芦苇和草编绳（图 6-2-9b）、动物粪便混杂在一起，芦苇层下有灰烬层。居址中采集到鱼骨等动物骨骼，还有明显加工痕迹的木质棍状工具（图 6-2-9c）和植物种子（图 6-2-9d）。地表还采集到青玉斧和带刻痕的三棱状圆尖石器。

17 居址 10：位于小河居址 9 南约 500m 的一处大雅丹顶部（图 6-2-10a），雅丹高约 15m，长 40m。顶部因强烈风蚀已完全崩塌，房舍被泥土掩埋，但雅丹黏土块和松散的沙层有明显界限（图 6-2-10b）。大量的芦苇和动物粪便混杂在崩塌的土层中，芦苇下面有灰烬。居址中采集到草编门帘（图 6-2-10c）和芦

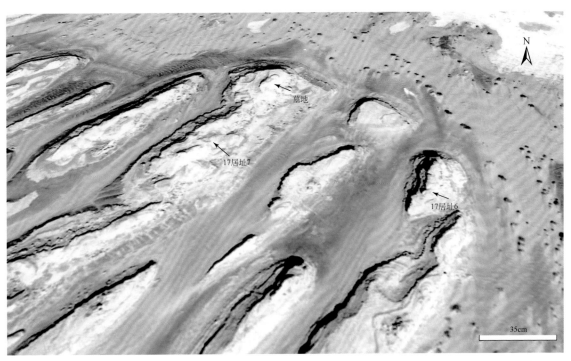

图 6-2-7　17 居址 6 和 17 居址 7

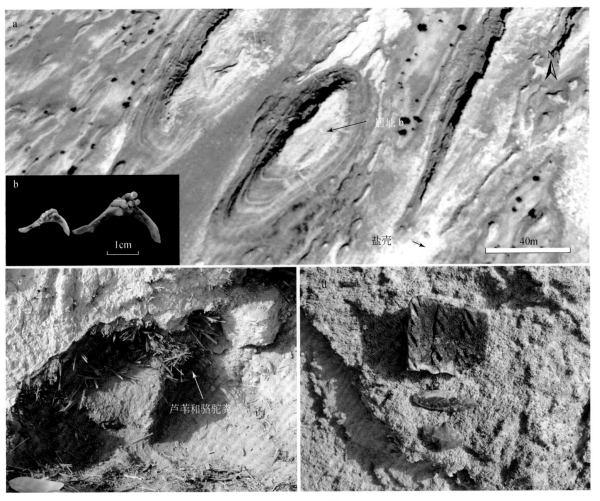

图 6-2-8　17 居址 8

a. 居址分布地貌；b. 鲤科鱼咽齿；c. 坍塌居址遗迹内的芦苇和骆驼粪；d. 遗址出土的陶片和石镞

图 6-2-9　17 居址 9

a. 居址所在雅丹和周围地貌；b. 草编绳（17L84）；c. 带刻痕的三棱状圆尖石器；d. 植物种子

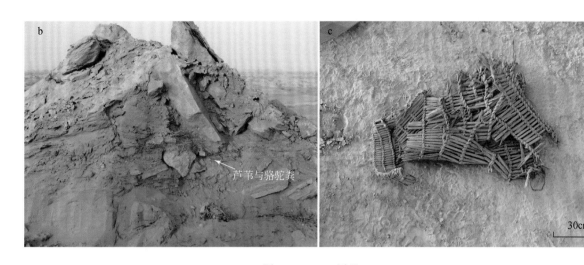

图 6-2-10　17 居址 10
a. 居址分布地貌；b. 坍塌遗址内的骆驼粪和芦苇；c. 草编门帘；d. 芦苇箭杆

苇箭杆（图 6-2-10d）。居址北侧 130m 处存在一条宽约 20m 的东西流向古河道、西侧 50m 处存在近南北向古河道，雅丹周围地表为薄盐壳层，周围生长柽柳等抗盐碱植被。

LF 墓地：在戍堡 LF 所在的大雅丹上，丹顶北部为戍堡，而南部则有墓地，顶部为叠置的船形棺，有立柱，墓葬形式与 17 居址 2 北端的墓地完全一致，斯坦因曾对此有发掘报道，认为是早期胡人的墓葬。这里未发现小河人的居址，很可能是汉晋时期修建戍堡时，把雅丹北部的居址破坏了。

6.2.2　楼兰北遗址群古村落分布与生存方式

小河时期的居址均在高大雅丹上，高大雅丹四周多为低洼的古积水区，发育一些晚期小雅丹，高 1 ~ 3m，低洼处还生长有一些耐盐耐旱植被。遗址点空间分布上表现为四个相对集中的地点（图 6-2-1），具有居住相对集中的村落特征（编号 V1 ~ V4），每个村落附近都存在多条古河道，村落彼此之间相距 7 ~ 14km 不等。

V1 位于楼兰北遗址群东部，遗址主要包括 17 居址 1、17 居址 2，雅丹分布不算密集，地表盐壳发育且残存大面积的芦苇，雅丹周边当时应以湿地芦苇为主，畜牧为主要生业方式。

V2 位于 V1 西约 7km 的高大雅丹群内，遗址主要包括 17 居址 8、17 居址 9 和 17 居址 10。V1 与 V2 之间几乎无高大雅丹分布，居址内发现淡水类的鲤科鱼骨，说明雅丹周围分布大面积淡水芦苇荡，发现的植物种子表明其具有采摘特点，芦苇箭杆则说明此处有狩猎行为，因此渔猎采摘畜牧是主要生业方式。

V3 位于遗址群西端，遗址主要包括 17 居址 3 和 17 居址 4。东距 V2 约 7km，二者之间存在大雅丹分布，但未连成片，估计还有其他同时期居址。V2 与 V3 地表盐壳发育比 V1 地表盐壳弱，以红柳沙地为主。V3 的两处居址也是发现彩陶片、管钻芯、绿松石吊坠、玉斧、石磨盘等器物的地方，说明当时已有分工，这里是以制作陶器、装饰品为主业的工场。

V4 包括 17 居址 5、17 居址 6 和 17 居址 7，位于 V3 东北约 13.5km 的高大密集雅丹群中，雅丹发育比 V1 ~ V3 都要密集，呈片状分布，可见村落分布距离的远近由雅丹地貌的分布所决定，也就是说这些雅丹平台是小河人群主要的居住活动场所。V4 雅丹周围地表盐壳发育，植被较少，以前当以水域居多，从墓地中棺板少见，仅有红柳、牛皮、草编篓、草簸箕等器物看，当时附近胡杨很少，水域边以红柳、芦苇为主，结合居址中发现石矛分析，可能以畜牧狩猎为主要生业方式。

6.3 汉晋时期遗址

野外科考中除捡拾到大量陶器、铜器、铁器、锡器的残片，还发现了多处汉晋时期古建筑遗迹的木构件、红柳墙基、羊圈、灰坑，考察了楼兰地区的道路、水道、耕地等多种与古代人类活动有关的遗迹。在本书中我们进行如下定义。

遗址区（点）：有木构件、红柳墙、佛塔、窑址等地面建筑遗迹存在，或有巨量陶片密集分布并有人工渣土堆积的遗迹区，并逐一对其命名编号。

遗存区（点）：陶片密集分布区，同时发现铜、铁、锡器残件，炉渣，石磨盘、石杵等石器，这些遗物分布面积大，一般都在 80m×80m 以上。这些陶片密集区一般目前均未发现建筑遗迹，如各种建筑木构件、红柳墙，但由于楼兰地区强烈的风蚀作用，地面普遍下降，古人建筑只能在条件合适时才得以保留，所以没有发现居址遗迹是可以理解的。根据：①大量存在的炉渣不可能由人或大风从异地带来，因此只能是原地的；②各种颜色、形制的陶器（残片）说明它们有各种生活用途，石磨盘、石杵等石器也属于生活用具，因此该地应该是古人生活场所；③较大的陶片分布区虽然并不直接对应古村落范围，但大致反映了该地古人活动范围或强度，因此我们认为这些面积较大的陶片等遗物密集分布区很可能是古村落所在，在本书中称为古村落遗存区（点）。

遗物点：指发现重要或典型遗物（如玉斧、铜釜、权杖头、刻画记事石挂件等）的地点。这些地点的遗物可能只有一件或几件，即使有多件，但数量不大、分布范围也小，一般不超过 50m×50m。其分布具有较大偶然性，大多与古人生活居住的场所无关，而可能是在野外偶然或因故遗落、扔弃，也可能是被大风、洪水带来。总之一般不能作为古村落指示，只具有文物价值。

发现的遗址遗迹主要分布在罗布泊西岸的楼兰地区，此外在罗布泊东岸的古丝绸之路沿线也发现了多处古城池驿站遗址，下面逐一介绍。

6.3.1 四间房遗址

四间房遗址也称为 14 居址 2。房舍遗址位于目字形耕地（700m×200m）东侧，耕地南侧有灌渠从河道中引水过来，耕地和房舍之间有一个约 60m×50m 的深坑，深 5~6m，应是蓄水涝坝（图 6-3-1、图 6-3-2）。

该遗址位于楼兰古城北侧，距三间房约 1.5km 是在一片目字形耕地边上。耕地长 690m、宽 90~190m，北西走向，状如木梳，中间灌渠北东向横穿，东南端有灌渠与南侧河道相连，这条河道也向楼兰古城内的渠道输水。耕地地面为耕作层风蚀后暴露出来的石膏结壳层。在耕地中部东侧边界有涝坝，涝坝不远处有三间房遗址，地面遗留有房屋木构件，有方形木柱、木梁等，具有榫卯结构，地面还有动物骨片残留，以羊骨为主。在房基上已生长了后期的红柳沙包，现在这些红柳均已死亡，表明房屋废弃后这里地下水位还支持红柳生长了一段时间。这处房屋遗址显然就是这片耕地耕作者的居址。在东北方向约 260m 外还发现一片房屋木构件，也应是房屋遗址。

故将这两处房屋遗址合称四间房耕地遗址。居址已经完全坍塌，地表残留门框、木柱、地栿等建筑构件。最长一根木构件长 3.8m、宽 0.18m、厚 0.12m。

这处遗址有耕地、灌渠、涝坝、房舍，显示是一处很完备的村落遗址。

雅丹地上散见少量陶罐等残片、铜器残片等遗物。此次共采集遗物 9 件，质地有陶、铜等。此外还采集到孔雀石 1 块。

木构件 ^{14}C 年龄为 1845±25cal a BP，校正后日历年为 87~107 AD（5.5%）、120~237 AD（94.5%），为东汉—魏晋时期。

图 6-3-1　四间房遗址的房舍遗址、耕地和涝坝
a. 农舍遗址遥感图；b. 耕地区石膏结壳；c. 涝坝遥感图；d. 房舍木构件

图 6-3-2　四间房耕地遗址的涝坝和遗址里的陶片

6.3.2　张币 1 号遗址

张币 1 号遗址位于南一河与南二河之间的 C4-3 区块中部，北距 2015 年"张币千人丞印"印章的发现地南 1 河南岸附近约 3.8km，到楼兰古城直线距离约 7.5km。因南 1 河与南 2 河之间有多处古村落遗址和遗存区，该处遗址规模最大，故命名为张币 1 号遗址。2015 年在这里已经发现了羊圈、墓地和居址各一处。2016 年的科考发现这里实际至少有 3 处居址和两处羊圈（图 6-3-3），原来确定的古墓并非墓地，而是一处居址。所有遗址大约分布在 500m×300m 的范围内，全部都在雅丹顶，木构件则散落在雅丹边坡。可以猜想更多的居址由于风蚀而未被保留下来。该遗址以木构件为特点，还捡到一些铜器、磨刀石等器物，在南侧雅丹间洼地里有少量陶片。

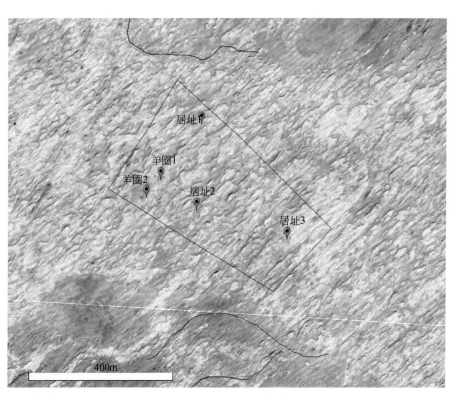

图 6-3-3　张币 1 号遗址

红点为遗迹；红线为遗址范围；蓝线为次级古河道

居址 1：有多种带榫卯结构的木构件，包括木板、木柱等，分布在雅丹台地及其边坡上，显然原来的地面是现在的雅丹顶面，雅丹顶残存的红柳是居址遗弃后条件适宜时生长的，并非居址同时代的植被。居址已经完全坍塌，地面上散落着两堆胡杨木，初步推断有房屋两间。房屋形制、尺寸已无法知晓。倒伏的木柱上均有加工痕迹，这些木柱应该是房屋木构件（图 6-3-4）。部分木柱上有长方形孔，有的类似木柱孔，有的类似门框，还有一根木柱可能是顶梁柱，总长约 230cm，整体呈 Y 形，下部 30cm 可能因长期埋在地下而风化较轻，顶端 30cm 的分叉用于承梁，还有 4 件木柱头（1 件已采集）。在木堆东南约 2m 的凹地上有一块长方形木板，可能是属于门一类的构件。在木柱间地表上残留着少量浮沙，里面隐约露出一些风蚀呈絮状的植物丝，初步判断是芦苇。这说明居址有可能是木骨泥墙结构。张币 1 号遗址居址 1 所在雅丹见图 6-3-5。

居址 2：位于居址 1 南面约 230m 处，在雅丹台地之间的沟槽内分布着多块木构件（图 6-3-6），并发现有磨刀石。

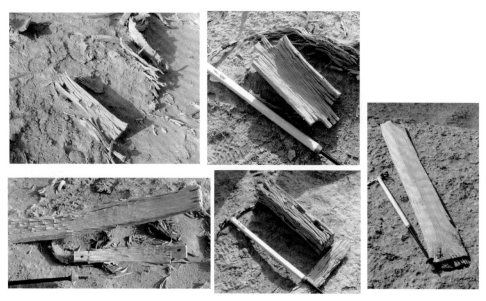

图 6-3-4　张币 1 号遗址居址 1 的木构件

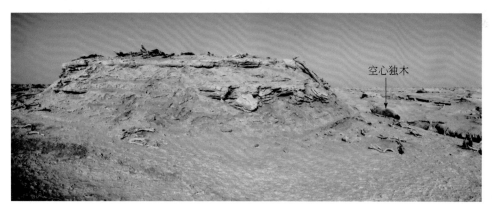

图 6-3-5　张币 1 号遗址居址 1 所在雅丹（右侧坡底有空心独木）

图 6-3-6　张币 1 号遗址居址 2 的木板构件

居址 3：位于居址 2 东偏南约 270m 处，发现遗存以有加工的木柱等木构件为主（图 6-3-7），该处原来被推测为古墓，现已被盗掘，并非墓地，而是一处居址。

图 6-3-7　张币 1 号遗址居址 3 的木柱和木板构件

羊圈 1：位于居址 2 西侧 140m。一侧有墙，圈内地面有羊粪层，厚 10cm 以上，多层结构，说明曾被长期反复使用过。圈边墙上有红柳枝搭盖，一端的墙基显示出有两个羊粪–骆驼粪–风沙层的沉积旋回，说明在这个古人活动时期至少有过两次干旱沙化阶段，才会形成两个沙层（图 6-3-8）。

图 6-3-8　张币 1 号遗址羊圈 1 墙基的羊粪–骆驼粪–风沙层结构（a）和边上的木构件（b）

羊圈 2：位于羊圈 1 南约 50m。底部为一层羊粪，上面是草枝条构成的墙，羊粪层下的一火坑有炭屑。该羊圈雅丹的边上有木构件、木板、木插件，说明该处羊圈的人为性质。

居址附近地表上散落少量遗物。此次编号 7 件。器类有铜、银、木、玻璃等。器型主要有泡钉、耳环、木柱头、玻璃珠等。

两个木构件^{14}C 年龄分别为 1870±30cal a BP，校正后日历年为 73～226 AD（95.4%）；1810±30cal a BP，校正后日历年为 128～258 AD（86.6%）、284～322 AD（8.8%），均为东汉—魏晋时期。

羊圈下火坑炭屑（图 6-3-9b）的^{14}C 年龄为 2200±30cal a BP，校正后日历年为 366～192 BC（95.4%），为战国时期，说明早在战国时期这里就有人居住，但人少、村落规模小，生活方式简陋。东汉开始，中原人在此大兴土木，形成了一个大型中心村镇。

6.3.3　双河遗址

双河遗址又称 16-1 号遗址，位于南二河以南约 2.4km 处，距楼兰古城直线距离约 14km，有来自南三河支流的两条小河从遗址的南北两侧流过（图 6-3-10a）。遗址内分布着密集的陶片（图 6-3-10b），

图 6-3-9 张币 1 号遗址羊圈 2 的羊粪层（a）、灰堆（b）和边上的木构件（c）

这里同时也发现五铢钱等其他各种铜器器物。陶片密集区有较为明显的界限，沿陶片密集区边界追踪后，确定了遗址的范围，大致有 300m×300m。东南的小河构成了陶片密集区边界，而西北的小河的边坡和沟底均有陶片、动物碎骨密集分布（图 6-3-11），是穿城河道。由于风蚀强烈，河道的原始形态大多没有保留。陶片主要分布在风蚀洼地内，但最高的雅丹顶上也有很多，说明雅丹顶面才是当时的古地面。

图 6-3-10 双河遗址
a. 分布范围图；b. 双河遗址风蚀洼地里的密集陶片。蓝线为次级古河道；红线为遗址范围

遗址区内陶片密集程度令人惊叹，陶片类型丰富（图 6-3-12），但是没有发现任何建筑木构件，这是与张币 1 号遗址截然不同之处。

图 6-3-11 双河遗址西北河边坡陶片（a）和沟底的陶片、动物碎骨（b）

遗址区风蚀强烈，大多数地面已成洼地，只有少数几个雅丹顶部保留了原地面。这些雅丹顶部是50～100cm厚的青灰色含螺泥岩（图 6-3-12），可见泥岩中有芦苇根，应该是遗址废弃后，后来生长的。

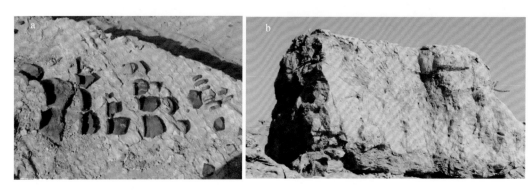

图 6-3-12 双河遗址的几种陶器口沿残片（a）与雅丹顶部的青灰色含螺泥岩（b）

在遗址西部的雅丹顶有马牙、人工堆土（图 6-3-13），类似现象在遗址东河西岸的雅丹更为明显，其下部为灰绿色含螺壳地层，上有含炭块角砾状堆土，明显是人工堆土（图 6-3-14）。遗址西边、西南有大片石膏结壳地，应该是耕地分布区。

角砾状人工堆土

图 6-3-13 双河遗址西部雅丹顶部的人工堆土

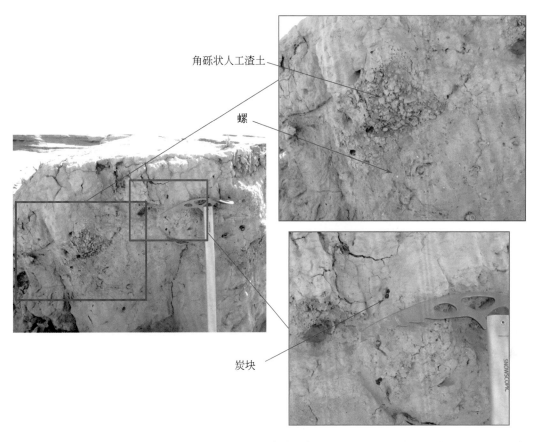

图 6-3-14　双河遗址东部雅丹顶部青灰色含螺泥岩之上的含炭块人工堆土

在东北部一块雅丹北侧顶部青膏泥层上可见一段长约 2m 堆土痕迹。土色斑驳，结构不紧密，堆土（块状）西侧有一弧形洼地，类似沟渠，表面土层中残留少量芦苇根。初步推断此堆土可能是渠岸类痕迹。

在其北一处高雅丹台地顶部偏西低洼处可见少量灰烬，内含马牙、肋骨等动物骨骼。其旁西南方向青膏泥层上有一层黄土堆积，接合面上可见腐朽的芦苇，类似一层倒伏的芦苇腐烂后留下的，可能是洪淤造成的。在其南雅丹西南半坡处有一类似灰坑遗迹。内出陶片、炭屑、动物骨骼等。

遗址区地表散落大量陶片等遗物。在河东岸也有零散陶片分布。陶片成小片集中分布，具有大分散小片集中的特点，大型器如瓮类比较多，罐为主要器类，有束颈罐、高领罐等，部分陶器上刻有划纹，如三角纹、圆圈纹、人形纹等。陶器多为灰皮红胎，小型器多灰陶，红褐陶较少，铜器多为饰件，铁器形制不明，玻璃器为小型器，石器有石球、锄等，有些石器有穿孔。遗址还可见马牙等动物骨骼，还可见部分炼渣。

共采集遗物 77 件，主要有陶、铜、石、锡、贝、玻璃器和钱币等，还有少量陶、铜、石、锡器及钱币残片和动物骨骼等。

由以上特征得出：①根据五铢钱说明该遗址是汉晋时期的；②该遗址这么大的规模说明至少是南 2 河以南地区的人群活动中心；③遗址在青灰色含螺湖沼相地层沉积之上说明是湖水东退、沼泽干涸成陆后古人才在此建城定居，对比细石器炭屑剖面和石磨盘剖面，可得到它们的顺序是早期古人活动（细石器、石磨盘）—洪水期（青灰色湖沼相沉积）—楼兰时期人类活动（双河遗址）。

灰坑炭屑的 ^{14}C 年龄分别为 770±30cal a BP，校正后日历年龄 206～345 AD（85.6%）、138～200 AD（9.8%），为东汉—魏晋时期，说明该遗址是汉晋时期的。

6.3.4　15-1 号居址与伴随墓地

在南 1 河以南的 C4-4 区块，有一处居址和两处墓葬，分别是居址 1（40°29′2.73″N，89°59′49.21″E）、墓葬 1（40°29′7.12″N，90°0′7.75″E）和墓葬 3（40°29′1.59″N，89°59′57.94″E）（图 6-3-15）。

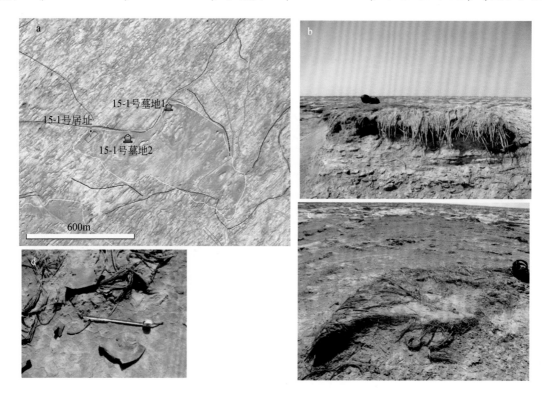

图 6-3-15　15-1 号居址与古墓

a. 15-1 号居址和 15-1 号墓地 1、2 位置（绿线为古道；白线为耕地；蓝线为水道；蓝色点为墓地；青色点为居址）；
b. 15-1 号居址的红柳外墙；c. 屋内芦苇垫层；d. 15-1 号居址周边的陶片

15-1 号居址为一处建在高台雅丹上的房基，房舍地面用芦苇秆铺垫，墙基用柳条横向排列垫砌而成，墙宽 50～60cm，墙体残高 15～20cm，西残墙长约 3m，南残墙约 2.6m。房舍所在雅丹高台长约 90m，宽约 30m，高约 8m，比周围 2～3m 高的雅丹明显高出很多，远望十分醒目（图 6-3-15b）。雅丹高台周边有大量的陶片分布，陶片散布面积很大，在附近各处均有分布，以居址周边最密集，各种形态，有红色、灰色，还有大陶罐底以及旋纹陶饰（图 6-3-15d），这里还发现有铜器残片。

有意思的是，房屋地面的芦苇秆直接铺在灰绿色含石膏地层之上，该地层层理发育、质地坚硬，在远比周边雅丹高的这个高度位置，已不能用灌溉形成的淋滤石膏层来解释。经分析认为应属于原始含盐地层沉积。而用芦苇秆铺垫屋内地面，应该是一种防潮处理，这也反映出这里当时地下水位很高，返潮严重。

15-1 号墓地 1 是 15-1 号居址东侧 450m 的另一处高雅丹，雅丹规模和高度与 15-1 号居址十分相似，长约 70m，宽约 25m。顶部地层也是灰绿色含石膏地层。其上有 7 个墓坑，已被盗掘（图 6-3-16a、b），由考古人员开展抢救性整理，结果参见第 8 章。一个重要发现是墓葬中出土的箭杆为云杉材质，楼兰地区没有云杉，在新疆只有天山高海拔地区才有，说明这里与天山地区肯定存在交通联系（图 6-3-16c）。

15-1 号墓地 2 是 15-1 号居址东侧 200m 的一处高雅丹，处于 15-1 号居址和 15-1 号墓地 1 之间，长 60m，宽 20m，顶部地层同是灰绿色含石膏地层，没有盗坑，只有一具半掩埋的骨骼，是一个 40 岁左右的男性（图 6-3-16d）。

15-1 号墓地 1、2 和 15-1 号居址构成了一处完整的古村落体系，附近有疑似道路通过。在其北侧，与南 1 河之间发现一枚白玉斧（图 6-3-16e），可能是这附近村落人所遗失。玉斧作为一种较贵重的奢侈品，表明其主人应具有一定的身份地位，也反映出附近村落应该有较稳定富足的生活条件。

图 6-3-16　15-1 号墓地

a. 15-1 号墓地 1 的盗坑；b. 骨骼；c. 箭杆材质鉴定结果；d. 15-1 号墓地 2 半掩埋的男性骨骼；e. 15-1 号居址 1 北侧附近发现的白玉斧

对古墓材料的^{14}C 测年结果跨度较大（表 6-3-1），从西汉晚期到魏晋均有。

表 6-3-1　15-1 号墓地 1 的^{14}C 测年结果

材料	^{14}C 年龄/a	校正后日历年（2σ, 95.4%）/[年代区间] 概率
棺木	2065±30	[170 ~ 17 BC] 0.95428
		[15 ~ 0 AD] 0.04572
麻布	2020±20	[87 ~ 77 BC] 0.018724
		[55 ~ 29 AD] 0.95619
		[38 ~ 49 AD] 0.025086
木头	1805±40	[91 ~ 98 AD] 0.007787
		[124 ~ 334 AD] 0.992213
织物	1810±30	[128 ~ 258 AD] 0.906899
		[283 ~ 322 AD] 0.093101

6.3.5　土垠南遗址

土垠南遗址在土垠南约 6km 的 09LE53 号古墓所在高大雅丹上（图 6-3-17），这是一处长约 380m、宽 65m 的高大雅丹，在北部雅丹顶有盗坑，是第三次全国文物普查编号 09LE53 号古墓，从竖穴墓的特点看应是楼兰时期的。在其南侧 5m 的沟槽内，发现厚约 1.2m、水平产状的芦苇草层，并插入边上的土层裂隙，挖开后发现是骆驼粪羊粪层和芦苇草层互层，中间还有毛毡子，厚达 1m 多，野外根据这种特点推测是小河时期的一处在沟内半地穴居住的人畜混居居址。但古墓顶棚和沟内芦苇动物毛粪互层堆积物的实测 ^{14}C 年龄显示其均为汉代产物，居址以西汉时期为主，墓地为东汉时期。

图 6-3-17　53 号古墓边的居址——土垠南遗址

a. 09LE52 古墓盗坑；b. 09LE53 古墓盗坑；c. 09LE52 古墓东侧雅丹冲沟内居址的动物粪便毛发层与芦苇层的互层堆积，厚度>1m；d. c 的近景；e. 居址南侧沟中下段的古墓和被盗挖出来弃置的头骨（f）；g. 土垠南遗址平面遥感图（图中蓝线为考察路线）

　　在其南侧约 70m 处的雅丹沟槽内另有一处古墓，也被盗挖，其棺板和墓穴也具有楼兰时期特点。
　　在南侧约 300m 的另一处大雅丹上，有古墓，编号 52 号古墓，已被盗挖，盗坑在雅丹次级平台上，有头骨 5 个，男多女少，有老有少，黑发，有黄色素绢，出菖蒲、羊骨、芦苇。
　　由此可见，此处遗址是一处居址和墓地同存的汉代家族式遗址。
　　碳同位素年龄显示这是一处西汉到王莽新朝时期的遗址，与土垠基本同时期（表 6-3-2）。

表 6-3-2　土垠南遗址 ^{14}C 测年数据表

材料	^{14}C 年龄/a	校正后日历年（2σ, 95.4%）/[年代区间] 概率	样本选取物
草编绳	2000±30	83 ~ 80 BC（0.005258） 54 ~ 70 AD（0.994742）	09LE53 古墓顶棚
毛毡子	2140±30	353 ~ 295 BC（0.202689） 229 ~ 219 BC（0.014688） 213 ~ 87 BC（0.748387） 78 ~ 56 BC（0.034236）	沟内芦苇毛毡动物粪互层堆积
骆驼粪	2090±30	193 ~ 43 BC（1）	沟内芦苇毛毡动物粪互层堆积

6.3.6 新发现古村落遗存点（区）

6.3.6.1 14 遗存点

在 2014 年科考中发现的遗存点共 6 处。

1. 14 遗存点 1（14-1）

该遗存点又名渠首南村落、14 文物遗存点 1。

其西南距楼兰古城约 7.7km，地处罗布泊西北、北 3 河南岸的风蚀雅丹地貌内（图 6-3-18）。遗存点位于从北 3 河向南引水灌渠的渠口南侧，四周均为风蚀沟和风蚀台地。在其偏北有一道河床东西向穿过，河床两侧可见一些枯死的胡杨树林，南部有一些红柳包。

在遗存点北部有一座烽火台或佛塔，暂命名为白佛塔。烽火台已坍塌，形制不明，底部残长 14.3m、残宽 8.6m、残高 2.6m，夯筑，有人工渣土堆砌特征，层次不明显，周围可见一些枯死胡杨和红柳树。佛塔周边风蚀沟内散落一些遗物，器形主要有陶罐、陶盏、石纺轮、铁渣等。佛塔只剩一个土丘，高仅 3m 左右，但远观十分醒目。采集遗物 19 件，质地有陶、铜、铁、石等。

2. 14 遗存点 2（14-2）

该遗存点又名渠边小居民点（渠边村落）、14 文物遗存点 2。

其西南距楼兰古城约 7.4km，地处罗布泊西北的风蚀雅丹地貌内，四周均为风蚀沟和风蚀台地。在其中偏北有一道河床东西向穿过，东北部有 7 棵枯死的胡杨树。在遗物散落地西南侧有一条人工修筑的渠道与一条主渠相通（图 6-3-19）。

图 6-3-18 北 3 河南岸的 14 遗存点 1 位置

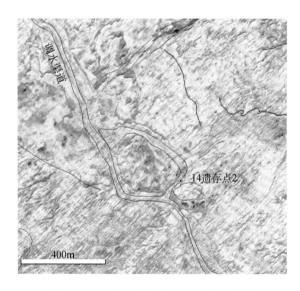

图 6-3-19 调水渠边的 14 遗存点 2 位置

在该区风蚀沟和风蚀台地上散落一些遗物，分布范围较大，在 100m×100m 范围内均有陶片发现，质地有陶、铜、玻璃等，器形主要有陶罐和玻璃珠等，还有很多小动物骨片。该区可能是一处小居民点。运渠边坡有红烧土角砾炭屑堆积土，炭屑年代为元明时期，表明元明时期这里有人活动，并对渠道进行过修缮。但从陶片类型看可能汉晋时期就有此渠。

3. 14 遗存点 3（14-3）

该遗存点又称 14 文物遗存点 3。

其东北距楼兰古城约 11.5km，位于南 2 河与南 1 河之间的一条南 2 河支流边，地处风蚀雅丹地貌内，四周均为风蚀沟和风蚀台地，西南部有一条呈 T 形河床经过（图 6-3-20）。地表发现文物涵盖了汉晋和新石器时期。

在该区散落较多的细石器、细石器废料、石核等，还有部分陶罐残片、铜镜残片、残铜镞、五铢钱等。此次共采集标本 138 件，质地有陶、铜、石等。

4. 14 遗存点 4（14-4）

该遗存点又称 14 文物遗存点 4。

其西南距楼兰古城约 10km，地处罗布泊西北的风蚀雅丹地貌内，四周为风蚀沟和风蚀台地所包围，西侧有大片石膏地分布，南侧有一条干涸的河床（图 6-3-21）。地表为石膏结壳，是大片的耕地所在。该区是耕地区里的人类器物密集点，多陶片和炉渣，有的炉渣很集中，应在窑炉附近。

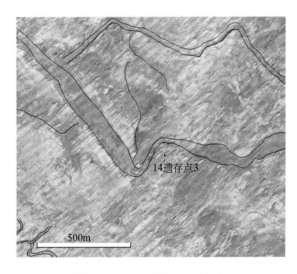

图 6-3-20　14 遗存点 3 位置图

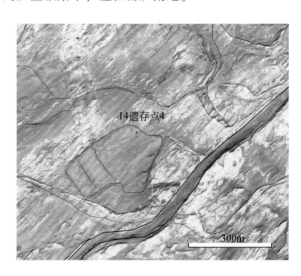

图 6-3-21　14 遗存点 4 位置图

5. 14 遗存点 5（14-5）

该遗存点为长堤状河道北侧遗址（图 6-3-22）。在长堤状河道的北侧台地上发现大面积分布的陶片、炉渣，应该是一个古居住点遗址，但未见房基，时代不明，元明时期的可能性较大，因为所处台地地势比较低，比南侧长堤状河床低很多（3～5m），说明这时的侵蚀基准面已经很低。

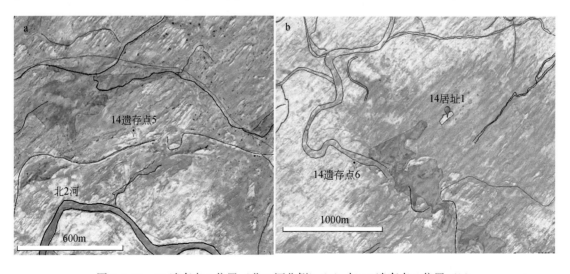

图 6-3-22　14 遗存点 5 位置（北 2 河北侧）（a）与 14 遗存点 6 位置（b）

6.14 遗存点 6 (14-6)

该遗存点位于 14 居址 1 西侧洼地西岸，与 14 居址 1 相距不远（图 6-3-22）。在此处发现耳珰、铜镞、陶拍、陶吹管和大量陶片，虽未见居址，但发现窑炉残迹。陈宗器在他的专著中曾报道过这个遗存点。

6.3.6.2　15 遗存点

2015 年的科考对 8 个区块 C4-1、C4-2、C4-3、C4-4、C5-1、C5-2、D1-1 和 D2-2，以及楼兰古城、楼兰古墓群等已知遗迹进行了考察，新发现房址 2 座、墓地 2 处，遗存点 5 处。

1. 15 遗存点 1 (15-1)

该遗存又称 PR1 遗存点，位于楼兰古城东南 1km 处，大致位置为 40°30′31.38″N，89°55′55.34″E 附近的地区（图 6-3-23a），巨量陶片散布在几万平方米的范围里（图 6-3-23b）。显然这是一个人口密集居住的地方，但这里未发现房屋遗迹，因此其居住方式还难以判断。该遗存区以南约 700m，在一条灌渠边上有大片耕地，耕地面积在 30hm² 以上，推测此处人口可能是这些耕地的耕作人。

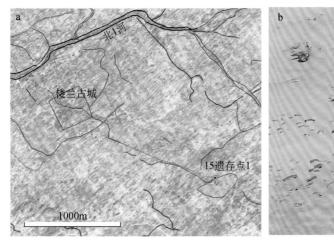
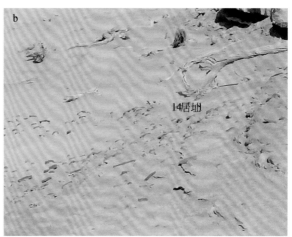

图 6-3-23　楼兰古城东南 15 遗存点 1 (PR1)
a. 位置图（黑线为主河道；蓝线为水道；白线为耕地）；b. 地表密集陶片

2. 15 遗存点 2 (15-2)

该遗存又称 PR2 遗存点，位于南 1 河北岸、营地北侧的河畔，在以 40°29′42.57″N，89°57′43.61″E 为中心、面积上万平方米的一个区域内，南为河，东、北侧有灌渠水道，大量陶片密集分布，未发现房屋遗迹，北距楼兰东南遗址仅 700m 左右。该遗址东侧是面积达 26hm² 的沿岸耕地，显然这应该是一个古村落，主要耕作东侧的这片耕地。其附近不仅发现石磨盘、石杵类的工具，还在古道附近发现铁车胄残体（图 6-3-24、图 6-3-25）。

3. 15 遗存点 3 (15-3)

该遗存点又称 PR3 遗存点，位于 15-1 号居址西侧，是以 40°28′14.00″N，89°58′56.75″E 为中心的几万平方米区域，面积很大，是几条道路汇聚的地方，大量陶片分布，发现了青玉斧、铜钮、铜镞和圆铜牌等铜器残片，以及石杵、纺轮等各种生活类器物，花押印章也是在附近发现的（图 6-3-26、图 6-3-27）。但未发现如 15-1 号居址和张市 1 号居址那样的房舍。

4. 15 遗存点 4 (15-4)

该遗存点又称 PR4 遗存点，相距 PR3 不远，是在几处高雅丹台地上的陶片密集分布区，与 15-1 号居址类似，雅丹顶部也是灰绿色含石膏地层，坚硬无比。虽然发现了陶片、铜器等器物，但未发现房舍遗迹，估计是被风蚀殆尽了（图 6-3-28）。

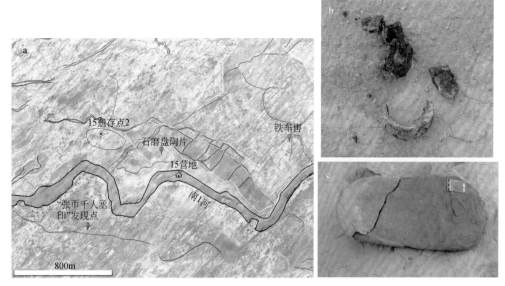

图 6-3-24　南 1 河北岸 15 遗存点 2（PR2）
a. 位置图；b. 铁车軎；c. 石磨盘

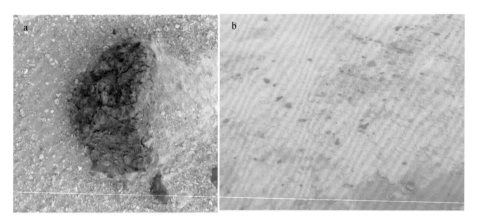

图 6-3-25　南 1 河北岸 15 遗存点 2 的铁器残片（a）和密集陶片（b）

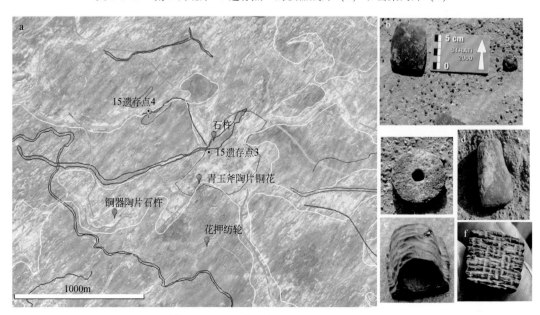

图 6-3-26　15 遗存点 3、4（PR3、PR4）
a. 位置图（黑线为主河道；蓝线为水道；白线为耕地）；b. 青玉斧和铜钮；c. 纺轮；d. 石杵；e、f. 花押

图 6-3-27　15 遗存点 4 发现的铜牌、锡圈、玉珠、陶片和石镞

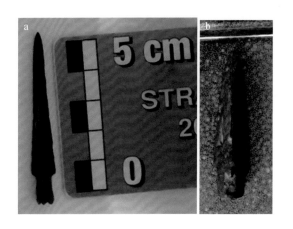

图 6-3-28　15 遗存点 4 发现的两种铜镞

5. 15 遗存点 5 (15-5)

该遗存点又称 PR5 遗存点,就是道路边的陶片密集区。其周边也有大片石膏结壳指示的耕地分布(图 6-3-29)。附近道路上发现王莽新朝时期的货币——"货泉"。

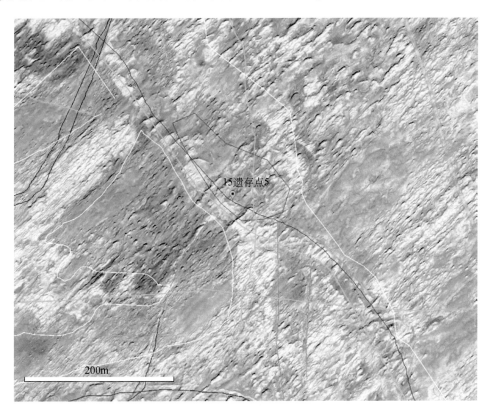

图 6-3-29　15 遗存点 5 位置图

蓝线为水道;白线区为耕地;绿线为古道;红线为遗存点范围

6.3.6.3　16 遗存点 (区)

2016 年科考中统计发现的陶片、炉渣、铁铜器残片较多、分布面积较大,认为能归入古村落遗存点(区)的发现点(区),共有 18 处(不含 LB1)(发现者姓氏列在括号中)(图 6-3-30)。

陶片遗存区 1（16-1）（穆、田、李）：位于 D1-3 区块南部，40°22′26.76″N，89°59′44.95″E，南 2 河以北，面积 80m×100m，铜镞 5 枚，红、黑、灰各式陶片无数，少量石核、细石器、碎石等。

铜器遗存区 2（16-2）：位于 C6-4 区块西部，40.415181°N，89.810361°E，南 2 河以南，在另一个点发现了铜钉、铜铃、五铢钱、戒指、耳环等很多器物，可能附近有村落居址，是一处遗存区。

陶片遗存区 3（16-3）（穆、秦）：D21-1 区块，40.404857°N，89.887416°E，发现灯盏、石镞等，包括一处约 10m×10m 细石器密集点，在石器点南 20m 处，40°24′14.63″N，89°53′17.65″E，3m×9m，发现五铢钱（2 枚）、铜扣（两种各 1 枚）、铜耳环（1 枚）、碎铜渣（若干）、铁器残片（若干片）、磨刀石（2 副），另有灰烬、炭屑等，应是汉晋的东西。

陶片遗存区 4（16-4）：D33-10 与 E21 区块交界处，为大面积陶片分布区，东测线南 200m 均有陶片（如陶器壶嘴）、炉渣、铁器残片，在雅丹高台上也有陶片，说明雅丹顶面是古地面，已比下面高出 2m 多。测线北陶片比南侧少，古村落中心可能在南侧。陶片类型多，有土黄色、红色、一面灰一面黑、全黑等，这里应是一处遗存点，是古村落所在。

陶片遗存区 5（16-5）（穆）：D33 区块，40°19′11.72″N，89°48′33.88″E，为一处陶片分布区，石磨盘、铜器残片均有，分布广但不算密集，应是一处居民点，有渠道南北向流过，大致范围为 100m×100m，有陶器（红、黑、灰各式陶片），铜器（铜镞、破损铜片等），石器（磨刀石、细石叶、石核等），铁渣等。

陶片遗存区 6（16-6）（秦、穆）：在 D33 区块北部，有大片陶片分布，陶片、炉渣密集，雅丹顶、槽内均有，可分两块，西区面积可达 100m×100m，向东 200m 是东区陶片密集区，有铜器残片，面积也不小，中间地带发现红色完整单耳罐，是确凿的古村落大型遗存区。

陶片遗存区 7（16-7）（魏、田）：在 D33 区块东部，有羊骨、灰土层、陶片、炉渣，是一处遗存点。

陶片遗存区 8（16-8）（吴）：在 D34 区块西南部，大面积分布陶片、炉渣，有石磨盘、五铢钱等。

陶片遗存区 9（16-9）（秦、穆）：在 B63 和 C51 交界线的东端。陶片、炉渣、石杵广泛密集分布，石球、细石器、废石料、石料较多，陶片较少，有含斑晶气孔玄武岩石球，应是一处遗存点，面积大于 60m×80m。暂将其南面 200m 处的石器陶片遗存区 9 与本区算同一区。石器陶片遗存区 9 位置（穆）为 40°29.026′N，89°51.385′E，面积 100m×80m，发现有石核、细石器、石镞、石料、石球等，也发现陶片、沙陶圆底锅等。推测陶片和石器是不同时代的古人在同一地区活动所遗留。

陶片遗存区 10（16-10）（魏、田、王）：在 C51-3 南部，产较多陶片、炉渣、细石器、石杵和一些铜器残片，是一处遗存点。

陶片遗存区 11（16-11）（魏、田、王）：在 B63 区块西部，位于 40.502198°N，89.803532°E，是在南 1 河北岸一处陶片密集区，面积大，陶片、铜器铁器残片多，有五铢钱、铜镞、铜器残片、陶片、炉渣等，为一个古村落遗存区。

陶片遗存点 12（16-12）：为 D44 区块，位于 40.317224°N，89.800687°E，陶片、炉渣多，有铜耳环，是一个范围较小的遗物点，可能是一个小村落。

陶片遗存区 13（16-13）（秦）：在 C63 区块西边界中段，位于 40.392993°N，89.760895°E，是陶片密集区，面积庞大，跨越西测线，东西>200m，南北>100m，炉渣、石核、陶片多，捡到五铢钱、铜镞各一个，坩埚底一个，铁器残片多，炉渣、石核多，未发现房址，陶片散布雅丹顶、槽，是一处古村落遗存区。

陶片遗存区 14（16-14）（吴）：在 C54 区块北部，位于 40.460949°N，89.912604°E，陶片多，有残铁器、铜带钩、铜镞、炉渣。

铜镞遗物点 15（16-15）（穆）：为 D44 区块，位于 40.333869°N，89.788835°E，面积不大，约 60m×60m，发现纺轮、铜铃、铜片、铜饰、炉渣、陶片，是一处小型遗存点。

铜镞遗物点 16（16-16）（吴）：在 D22 区块北边界附近，位于 40.425829°N，89.920843°E，是一大片陶片密集区，还发现剪轮五铢、铜戒指、炼渣等，应该是一处古村落遗存点。

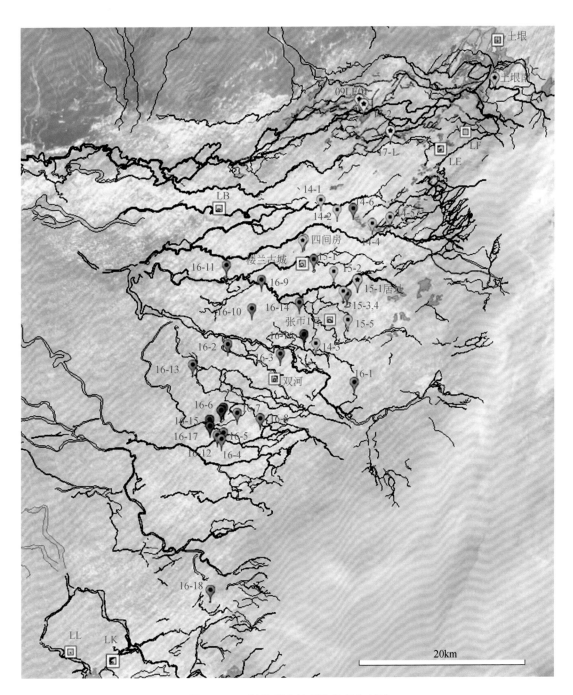

图 6-3-30　新发现古村落遗存点分布图

方块为古城；绿点为 14、15 遗存点；红点为 16 遗存点；黄点为 17 遗迹点；数字为发现年（21 世纪年份后两位）–
遗存点序号；黑线为主要古河道

　　坩埚底遗存点 17（16-17）（穆）：为 D44 区块，位于 40.326951°N，89.789636°E。此处陶片密集分布面积大，100m×120m。发现 3 个坩埚底，1 块磨刀石，红、黑、灰各式陶片和金属炼渣无数，铁器残片无数，玉斧角 1 枚，残铜器，玉斧残角，可能是古村落遗存点。

　　铜铁陶遗存区 18（16-18）（秦、穆、魏）：在去 LK 的道路边，为湖滨古村落遗存点，有灰堆等垃圾废弃区，有多陶片、炉渣、铁渣，有铜耳勺，炭屑层。

6.3.6.4 17 遗存点

1. 17-1 遗存点

2017 年只发现一处楼兰时期的遗存点，位于方城以西 6.5km，在一处雅丹台地上，北侧不远处约 230m 就有一条河道。遗存点有较多陶片分布，不远处还发现有较大的石磨盘、象棋棋子（图 6-3-31）。附近有一条红柳林带，应该是沿水道生长形成的。遗存点东侧靠近河道处有胡杨树倒卧，应该是当时沿河生长的胡杨。北侧的河南岸附近有大片红柳林。因此初步判断该遗存点是一处小型村落所在，但无任何房舍残留。附近的河道是其饮用水源，河道两侧有较好的胡杨红柳林植被，村落坐落在雅丹台地上，具有避洪优势。从陶片推测，此处应该是楼兰时期的古代遗址。

图 6-3-31　17-1 遗存点周边环境和遗物分布
a. 位置图；b. 河边枯死胡杨；c、d. 遗存点的陶片；e. 附近的杂砂岩石磨盘；f. 白玉棋子；g. 沿水道生长的枯死红柳

2. 17-2 竹竿墓北居址

竹竿墓是一处大雅丹顶上的竖穴墓，已被盗挖。因雅丹顶上盗坑边有竹竿弃置，可能是盗墓贼所留，故名竹竿墓。盗坑边有残骨，土中发现 9 粒珍珠，还有织物、蓝色线衣残片应属汉晋时期古墓。竹竿墓北，雅丹沟口内，有房柱梁木构件和芦苇羊粪，应该是一处人畜混居的居址，位置低，与雅丹外地面平，因此推测该遗址时代很晚，可能是元明时期的（图 6-3-32）。

3. 09LE1 号遗址

这是前人 2009 年发现并编号的遗址，是一个并不高的雅丹平台上的居址遗迹，没有多少东西，只有一些木头和刻花纹陶片，分析认为可能是很晚时期的遗址，元明时期或更晚。

图 6-3-32 09LE1 号遗址和 17-2 竹竿墓北居址的景观与遗物

a、b. 09LE1 号遗址地表木构件和陶片；c. 17-2 竹竿墓墓穴；d、e. 雅丹冲沟内的 17-2 竹竿墓北居址景观和砍削过的房梁

6.3.6.5 中心村镇级遗存点

图 6-3-33 是规模明显较大的遗存点、已知古城和新发现的重要遗址得到的楼兰地区汉晋时期古城与村镇遗存点的格局分布图。除古城和大型遗址外，我们推测规模明显较大的遗存点很可能是重要村镇所在，据此绘制出楼兰地区的古村落分布图。

从中可以发现，这些规模较大的遗存点大致呈等间距分布，多数相互之间距离 5～9km，少数相邻更近，为 3km 左右，如附近楼兰古城与楼兰东北佛塔、张币 1 号遗址与 15-3、4 遗物密集区、发现完整陶罐的 16-6 遗存点与遗物密集的 16-4 遗存点等等。如果将重要文物集中发现点作为参考，则还可以在大致等间距的地方推测出可能存在的中心村镇。

这些规模较大的遗存点可能代表了一个地区的中心村镇，而每个中心村镇级遗存点周边都有一些小型的遗存点，可能指示围绕中心村镇级别村落周围有一些农舍级别的小村落存在。在北 3 河与南 3 河之间的地区总共有以下 12 个推测的中心级别村镇点。

C1：楼兰古城 LA，也是整个楼兰地区的权力管理中枢所在。

C2：以楼兰东北佛塔为中心，这里还有楼兰东北大殿、砖窑等遗址，应是一处人口密集的村落所在。

C3：张币 1 号遗址，周边有很多农田。

C4：以 15-3、4 遗存点为中心的村落，是多条道路交通的连接枢纽，周围农田广布，遗物多。C3、C4 和 15-1 居址这一片地区可能都属于张币千人丞管辖的区域。

C5：LB 佛院遗址。

C6：以 16-11 遗存点为中心的河边村落。

C7：双河遗址，是南 2 河南岸的主要中心村镇，可能管辖 C8、C12 一带。

C8：以双河遗址西侧 16-2 遗存点为中心。

C9：16-4、5、12 等多个遗存点的集中区，是双河遗址以南最大的一片陶片密集区，应该是另一处重要中心村镇所在，可能管辖 C10、16-15 和 16-17。

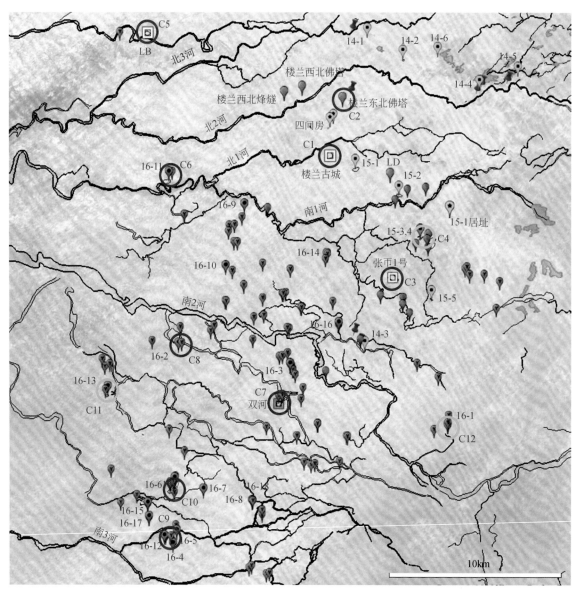

图 6-3-33　楼兰时期新发现古村落遗存点（区）分布图

方块为古城；绿点为14、15遗存点；黑心红点为16遗存点；小红点和紫图钉为重要器物发现点；红数字为发现年（21世纪年份后两位）–遗存点序号；蓝字母及数字为中心村镇编号；黑线为主要古河道；蓝圈为规模较大遗存点指示的中心村镇；浅蓝圈为根据重要文物集中点推测的中心村镇

C10：围绕 C9 分布的 16-6 遗存点，发现了完整单耳陶罐，是一处人口密集的村落所在。

C11：以 16-13 遗存点为中心，发现多种重要文物，可能是一处有较多人口居住的村落。

C12：以 16-1 遗存点为中心，也有多种重要文物发现，可能是一处中心村落。

可见从北 2 河到南 3 河之间的广大地区在汉晋时期应该有大量的人群居住，是楼兰人的主要生存区。我们注意到，从南 2 河北侧的张币 1 号遗址到北 2 河楼兰西北佛塔广大地区内的遗址均发现房屋木构件，而南 2 河以南的地区，所有遗址和遗存点均未发现房屋木构件，一直到更远的 LK 和 LL 古城（图 6-3-30），才再次出现房屋遗址。这可能与南 2 河—北 2 河一带地区地势较高，不易受洪水袭扰有关。

在 LK 古城和遗存点 16-4 之间由于早期风蚀强烈，而晚期又风沙覆盖严重，石油勘探路保存很差，因此未安排扫面调查，遗存点发现不多。

这些遗址遗存点中是否有楼兰王城——扜泥城？哪条河是史书记载的注滨河？从地理分布关系和史书记载情况看，南 1 河、南 2 河是汉晋时期注滨河的可能性较大，而楼兰古城、张币 1 号遗址、双河遗址、C9都存在是扜泥城的可能,年龄数据显示楼兰古城和张市1号遗址均在西汉前就有人类活动,因此存在是扜泥城的可能,但目前的证据还远不足以做出认定。

6.3.7 "沙西井"古城驿置

在阿奇克谷地北岸的楼兰道边,发现一座紧邻古道而建的古城遗址。古城位于阿奇克谷地北岸洪积扇砾石滩上,南与芦苇沙地相邻,距楼兰道西段双堤起点约1.4km,北侧紧邻古道,有明显的依存关系(图6-3-34)。

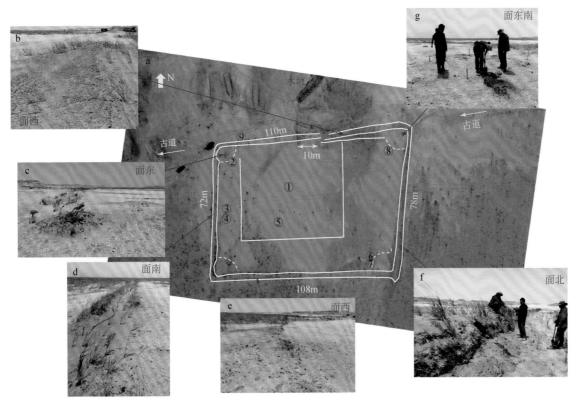

图 6-3-34 阿奇克谷地北岸沙西井古城地表景观
a. 无人机航片;b. 北墙基;c. 西北角台;d. 西墙基;e. 南墙基;f. 东墙基;g. 东北角台。图中①~⑨是文物发现位置

6.3.7.1 古城形制

驿站古城近似长方形,北边长110m,南边长108m,东边宽78m,西边宽72m,是一座具有一定规模的小城。古道紧靠北墙外通过,北墙只在地面残留有隐约可辨的两条沙土垄,高不到20cm,边界模糊,宽度较大,为5~6m,中间有宽约10m段,可能是大门位置,其东侧北墙内似乎还有土埂,可能是上墙的马道残迹。西墙总宽4~5m,包括外侧宽2m左右的土石长垄、内侧宽<1m的芦苇土堤和中间宽1~2m的浅槽,高度不大,约30cm,整个西墙更像是两道土石垄。南墙也有两道芦苇土垄,隐约可辨墙线,已因现代人类活动破坏而模糊不清,总宽达5~6m。东墙保存最好,宽约5m,外墙是芦苇根茎块砌起的草坯墙,残高1m左右,中间填充中细沙,挖开后可见枯老芦苇秆茎为水平横卧,而新鲜的芦苇秆茎则为垂直竖立生长状态,因此古人是用芦苇横铺叠放、中间填入沙土建起的外墙,完全是就地取材,利用洪积扇外沙地的芦苇作为建筑材料。内墙也是一条用芦苇铺建的芦苇带,宽不到1m。内外墙之间是一条沙子填充的沙路。从四面城墙残存的痕迹看,一种可能是用芦苇或用土石堆砌起来构成内外墙,然后中间用沙或砾石填充,最后形成厚4~5m的整个墙体,墙顶中间可以走人,具有防水和防御功能;另一种可能是内外墙独立成墙,中间是宽1m多的夹道,这种方式的可能性较小。虽然现在地面只残留了一点墙基,

还不清楚真实墙体是何种形式,但从无人机航拍照片看,是前者的可能性更大。

驿站内为砾石地面,地表隐约有线状遗迹,构成一凹字形,占据了驿站内很大的面积,但并不像房屋残基,现在已很难辨认出这是什么建筑的残留遗迹。在四个角有相比周围略高的砂砾土台,半圆状,没有明显边界,比周围地面略高 20 ~ 30cm,但城墙有环绕其修建的弧形痕迹,因此应该是类似角楼的建筑痕迹,地表有很多现代废弃物,如酒瓶、罐头盒,容易被忽视。东北角的土台西侧,紧邻北墙有一段东西向痕迹,可能是上墙的马道残迹。

城外有疑似古井与地下水。为了获得足够的水资源进行堆浸洗矿,现代采矿人用挖掘机在古城附近洪积扇上挖掘了多处深坑,北墙外就留有几个长条状大水坑,长达 10m 以上。北墙外 20m 处的大坑深约 2m,虽然考察时未见水,但芦苇生长茂盛,说明地下水位很浅。西北侧一个更大的坑有地下水浸出成水塘,水微咸。前者可能是采矿人在驿站外原有水井处挖掘形成的大坑,后者可能是重新选址挖掘形成的水坑。这表明驿站处地下水位确实浅,方便取水。

遗址一带近现代干扰严重。驿站外采矿人堆砌的多个矿堆和渣土堆严重破坏、改变了驿站外原地貌,驿站内外地表遍布胶管、酒瓶、罐头盒等现代垃圾,这些造成了多次考察这里时都难以确认驿站的古城属性。

6.3.7.2 古城与古道关系

带防洪堤的古道在北山洪积扇戈壁滩上自东延伸过来,紧贴古城北墙而过。古道是在戈壁砾石滩上靠近前缘位置修整出的浅槽,宽 3 ~ 5m,浅槽中长有芦苇,修路挖出的砾石堆在路北侧,形成一道砾石垄,有阻挡北侧洪积扇上山洪冲刷的功能。古道和古城虽然都叠加有近现代的车辙和采矿遗物遗迹,但古道和古城二者主体并未被近现代人类活动明显改变。古城与古道二者之间没有叠置、破坏、改造现象,相反存在明显的相互依存关系,具有相似的陈旧程度,有傍路建城、路经墙外的相互依存和使用同时的特点。因此可以确认二者是同时代的遗迹。

6.3.7.3 古代文物

在城内发现了 6 枚铜箭头、一枚五铢钱和一枚铜环,分别在城内东北、东南、西北土台边坡、城中心区和西墙内侧等地地表发现(图 6-3-35),城外也发现一枚断裂的铜镞。

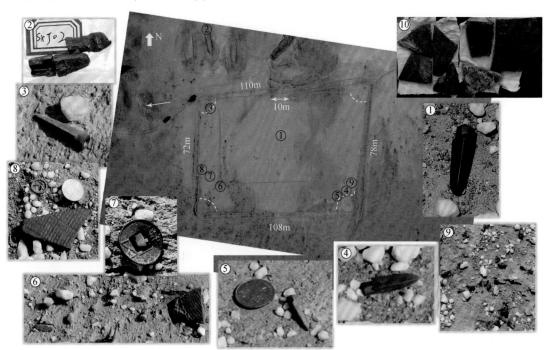

图 6-3-35 阿奇克谷地北岸沙西井古城文物及其发现位置
①~⑨为铜镞、五铢钱、铜环、铁器残渣编号及其发现位置;⑩为古城内各处发现的陶片

6 枚铜箭头可分为略有区别的 5 种样式，其中一枚带血槽，做工精致（图 6-3-36）。据中国社会科学院考古研究所专家鉴定，陶片大多属于汉晋时期，部分陶片可能晚至元明时期。

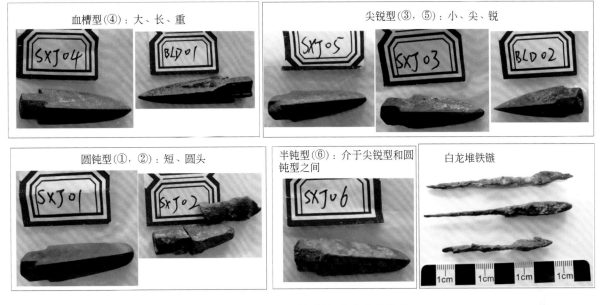

图 6-3-36 沙西井古城铜镞和白龙堆铁镞类型

6.3.7.4 沙西井铜镞分析

沙西井发现的 6 枚铜镞均为三棱锥形箭镞，但并非完全相同的形制，根据其形态特征可以划分为 4 大类：以血槽为特点的血槽型、以尖锐箭头为特点的尖锐型、以圆钝箭头为特点的圆钝型和尖锐与圆钝之间过渡的半钝型（表 6-3-3）。

表 6-3-3 铜镞形态分类

铜镞类型	样品编号	特征	功能与用途
血槽型	SXJ04	体积大且长、重量也大，三个棱面均有血槽，血槽为棱面中间部位的规则三角形凹槽。三棱均极为尖锐，易割手。箭头呈圆弧状收紧成尖。根部为六棱柱状，根中心的铤未保留	穿透力、停止力均强。血槽伤害大。强弓或弩远距离狙击敌人
尖锐型	SXJ03，SXJ05	体积小、箭头尖锐，重量较小。三棱较尖锐。箭头呈平直状收紧成尖。三棱面光滑无血槽。根部为六棱柱状，铤未保留	穿透力强。弓弩远距离杀敌
圆钝型	SXJ01，SXJ02	铜镞长度较短，重量较小，为近于平顶的圆箭头。三棱也较尖锐。三棱面光滑无血槽	停止力强，弓弩近距离破甲杀敌
半钝型	SXJ06	介于尖锐型和圆钝型之间。比圆钝型尖锐，又比尖锐型略钝，三棱面光滑无血槽	穿透力强，停止力较强。弓近距离杀敌。弩远距离杀敌

1. 铜镞的时代分析

据前人研究，双翼有铤镞是夏商时期黄河流域铜镞的主要形制，箭镞锋刃部分较突出，有锋利前锋和两个尖锐倒刺，以增强杀伤力。

商周时期宽体双翼式和四棱锥式箭镞曾非常流行，并一直被使用至春秋晚期。西周时期，人们对双翼镞两刃进行打磨，镞身更趋流线型，长而尖利的后锋和三角形的双翼不再流行，更多的是呈条状的双翼，后锋也变得平直，铜镞穿透性增加。

到了东周，双翼有铤镞宽展三角形双翼消失，镞身和条状双翼趋瘦长。在双翼上带血槽的形制增多，其优点是加强穿透力的同时强化了杀伤力。其后的三翼镞具有飞行更稳定、空气阻力较均匀的特点。而三翼之间形成的夹角具有与双翼镞叶面上血槽同样的功能，兼顾了杀伤力与穿透力。

战国时期，弩弓更普及，三翼镞形制发生了大变革。其中具有代表性的有两种，一种是镞身变细而长，三翼很窄，缩变为附在中脊上的三条窄棱，后面接长铤；另一种镞身短粗，翼稍宽，也有着极长镞铤，可长达几十厘米。镞铤加长，改变了箭的重心，适合强弓劲弩，射程更远，具更强穿透力度。由于这时士兵防护加强，普通牛皮甲经过油浸后十分坚韧，双翼镞已很难穿透，所以形似穿甲弹的三棱镞顺应而生。三棱镞的镞身呈三角形，无外伸之翼。三条棱脊呈刃状，镞体近似流线型，边棱曲线似现代弹头，不仅使箭在飞行时阻力更小、方向性更好，而且也具有更强的杀伤性能。

到战国末年至秦代，三棱铜镞以其优势逐步取代了各式铜镞，成为主要箭镞形制。

此后一直到明代，中原地区流行的都是三棱锥形箭镞。

制造工艺方面，从战国后期开始，箭镞多装铁铤，以节省铜材；汉代以后200多年里，铜镞逐渐向铁镞演变。

在楼兰地区我们也发现过双翼镞，但以三棱铜镞为主，与楼兰地区遗址测年结果吻合，基本上都是汉晋时期的武器。与各时期铜镞特点对比，沙西井发现的这6枚铜镞均为战国后期至汉晋时期常用的类型。由此可以确认此处方形遗迹确实是古城遗址，结合五铢钱，可以基本确定主要存续于汉晋时期。但陶片类型较复杂，有汉唐时期特点的也还有可能是时代更晚的。从古城所处位置上看，元明楼兰湿润期这里仍然可以成为敦煌与楼兰之间的中间驿亭所在，因此出现较晚的陶片也是合理的。

2. 铜镞的功能分析

与现代子弹一样，铜镞箭头的杀伤力由穿透力（penetration）和停止力（stopping power）的相互作用决定。

穿透力：又称作贯穿力或者侵彻力，是指弹头钻入或穿透物体的能力。其大小主要决定于弹头质量、弹头的截面密度以及命中物体时的速度，通常以穿透一定物体的深度来刻画。

停止力：是指弹头命中目标后，令目标失去活动能力的效力。停止力越强则令目标失去活动能力所需要的时间越少，停止力越弱则令目标失去活动能力所需要的时间越多。由于人体的结构比较复杂，命中不同部位会产生不同的效果。虽然停止力缺乏统一衡量标准，但可用达能效应描述，即弹头射入人体后能量释放到达人体的效果，理论上来说达能效应越高，则弹头本身能量作用于人体的比例越高，那么停止能力就越好。

穿透力和停止力之间显然是相互矛盾的，如果穿透力过强则可能在射中目标后穿透目标，并带走大部分能量，然而过度追求停止力又会导致穿透力下降严重。所以箭头和现代子弹一样需要平衡两者的关系。

另外还有一种转正效应，可能与圆钝形箭头有关。转正效应是现代穿甲弹研究中针对跳弹现象发现的一种效应。当弹头射到盔甲或装甲上时，如果存在较小的角度，会导致尖锥状的普通弹头容易被装（盔）甲弹开。但如果弹头不是尖锥状的，而是钝头的，那么在接触倾斜度很大的盔甲或装甲时，弹头会神奇地"转正"，从而更容易击穿装甲。这种转正效应可能对于古代箭头同样存在，即更容易击穿士兵盔甲，对人体造成伤害。

增加箭头对人体杀伤力的途径有以下几种。

增加箭头的质量：箭头质量越大，同等速度下能量越高，对人体的停止力也会越高，远程飞行后的存速也会越好。这适合于使用机械力的弩。

改变弹头形状：箭头形状也直接影响杀伤力。要提高穿透（侵彻）力就须提高箭头截面密度，即子弹越尖、箭头材料越硬则侵彻力越强。因此需要长射程且要求具有一定射穿盔甲能力的箭头，必须是流线型尖箭头。这可以通过加铅增加箭头密度以达到更高的侵彻力。而与尖箭头相反，圆箭头或者平箭头的侵彻力比较弱，但是停止力很强，达能效应更好。所以改变箭头形状，在相同弓或弩条件下，可以改善子弹的杀伤力。

改变箭头材质：使用密度更高、硬度更高的箭头有助于增加箭头侵彻力，使用软质材料则可以增加箭头停止力。因此不同材质制造的箭头，会对箭头杀伤力造成不同的影响。

根据前人分析，秦朝三棱锥形箭镞与其他形状的箭镞相比，具有更好的导向性和穿透力。其中主面为曲面的三棱锥比其他平面三棱锥有更好的强度，曲面三棱锥镞首主面轮廓的正投影与半自动步枪弹头的纵截面轮廓比较，其头部的曲线形状极为相似。无论对于减少空气阻力还是增加杀伤力，秦朝箭镞的设计都相当合理。且秦箭镞不仅几何参数统一，其制造的外形轮廓误差也较小，镞尖在底面的投影刚好落在由底边组成的三角形的中心。

楼兰地区和沙西井发现的铜镞大多都继承了秦箭镞的这种特点，但箭头形状的差异可能就是基于不同的目的。椭圆形、圆形箭头进入人体后不易直接穿过，而是更容易变形，停止力强，能对人体造成更大的伤害。而尖锐箭头穿透力强，利于远距离杀敌，但停止力弱，对人的伤害力小。

3. 铜镞来源的伴生元素证据

在沙西井古城发现的铜镞存在两种可能来源，一是在当地铸造的，二是来自其他地方。从阿奇克谷地沙西井附近的考察情况看，这里未发现任何炉渣，与楼兰地区炉渣分布很广完全不同，因此当地铸造的可能性不大，应来自其他地方。

铜镞的制式多样性很强，除了功能不同外，还存在两种可能，一是同一作坊制作的不同用途铜镞，二是可能来自不同的作坊或不同的产地。后者则反映了汉晋时期中原对西域作战的兵器物资供给或军队人马来自广泛的地区。

为了判别这些铜镞的来源，我们分析了铜镞的化学元素成分以寻找可能的特征指示元素。但是样品珍贵，常规化学元素分析需要熔样，会破坏样品，因此我们选择利用美国 FEI 公司 Nova NanoSEM 450 场发射扫描电子显微镜能谱分析功能对沙西井和白龙堆发现的铜镞等铜器进行样品无损的成分分析。该仪器可实现高低真空下固体样品超高分辨率的微观形貌观察和分析。电子束分辨率在高真空条件下可达 1.0nm，在低真空条件下可达 1.5nm。放大倍率范围为 20 ~ 1000000 倍；其 X 射线能谱仪（型号 X-MAXN80）能快速进行样品元素高精度的点、线、面扫描分析，实际样品测试元素范围为 Be ~ U。

这些铜质样品历经千年风吹日晒，表面都已不同程度氧化，有一层或重或轻的铜锈。去除铜器表面附着泥土后，在样品上选择一块面积 3 ~ 4mm² 的平整表面用砂纸轻轻打磨，露出新鲜面，再用棉签蘸无水酒精再次清洗铜器表面，去除任何可能影响成分分析的附着物。然后用专用导电胶将样品固定在分析台上，密封盖盖上后，仪器抽真空，然后进行检测分析。

分析检测结果，可以发现以下现象：

（1）所有样品的成分是不均匀的。在电子束照射下，表现为具有不规则边界相互交织的亮、灰、暗区块，同类色调区块元素组成相似，主要元素相近，但含量少的元素随机变化较大，而不同色调区块元素组成间的差异明显。

（2）所有样品除主要元素铜、次要元素铅和锡外，都出现了一些含量很低的特殊伴生元素，而不同的样品中这些伴生元素存在差异，结果如表 6-3-4 所示。我们发现铜镞中出现了几种只有在特定铜矿类型中才有的伴生元素，它们是与中酸性花岗岩有关的夕卡岩型或热液型铜矿中的钽（Ta）、银（Ag）、铋（Bi）、镝（Dy），斑岩型铜矿中特有的铼（Re），与基性、超基性岩有关的铜镍矿床中的碲（Te）、铑（Rh）。

表 6-3-4 沙西井和白龙堆铜镞等器物微区元素含量特点

编号	材料	描述	伴生元素特征	对应可能铜矿类型
SXJ01	铜镞	沙西井古城中间位置，有铜锈，长约 2.8cm	亮区面积大，含钽（Ta），暗区、灰区面积小，锡（Sn）多，含银（Ag）、铋（Bi）、镝（Dy）	中酸性花岗岩夕卡岩型或热液型，分布广，南方多
SXJ02	铜镞	沙西井古城北侧 50m，有铜锈，断成三节	亮区面积大，含砷（As）、铅（Pb），偶含钽（Ta），暗区面积小，含钨（W），锡（Sn）多	中酸性花岗岩夕卡岩型或热液型，分布广，南方多

编号	材料	描述	伴生元素特征	对应可能铜矿类型
SXJ03	铜镞	沙西井古城西北角位置，有铜锈，长约2.5cm	亮区面积大，含锡（Sn）、暗含铋（Bi）、镁（Mg）、钛（Ti）、铝（Al）、铅（Pb）	中酸性花岗岩夕卡岩型或热液型，分布广，南方多
SXJ04	铜镞	沙西井古城东南角位置，有铜锈，带血槽，长约3.2cm	亮区面积大，含铼（Re），暗区少，含钛（Ti）、银（Ag）、锡（Sn）多	斑岩铜矿氧化带矿，如小秦岭
SXJ05	铜镞	沙西井古城东南角位置，有铜锈，长约2.6cm	亮区面积大，含钽（Ta），暗区少，锡（Sn）多	中酸性花岗岩夕卡岩型或热液型，分布广，南方多
SXJ06	铜镞	沙西井古城西墙内位置，有铜锈，长约2.8cm	氧化厉害，亮点含钽（Ta）、砷（As）、镝（Dy）、铅（Pb），暗区大，含溴（Br），锡（Sn）较多	中酸性花岗岩夕卡岩型或热液型，分布广，南方多
SXJ07	五铢钱	沙西井古城西墙内位置，有铜锈，直径约2.5cm，方孔长1cm	亮区面积小，含铅（Pb）多，暗区大，含砷（As）、镝（Dy）	中酸性花岗岩或热液型铅锌矿，南北方均有
SXJ08	铜垫片	沙西井古城西墙内位置，有铜锈，外径2.8cm，内径2.4cm	亮区面积大，含铼（Re），暗区小，含钛（Ti）、钽（Ta）、锡（Sn）多	斑岩铜矿或铜钼矿的氧化带矿，如小秦岭
BLD01	铜镞	白龙堆古道、雅丹底部，有铜锈，带血槽，长约4cm	亮区面积大，以铅（Pb）为主，含量高。暗区面积与亮区相近，以铜为主。含铽（Te）、铑（Rh）元素。黑区是含硫的杂质。暗区是铜	基性超基性岩铜镍矿氧化矿，如甘肃金川和四川会理的铜镍矿
BLD02	铜镞	白龙堆古道、雅丹底部，有铜锈，长约3cm	灰区面积大，含铑（Rh）、钽（Ta），亮区小，含锡（Sn）高	中酸性花岗岩夕卡岩型或热液型，分布广，南方多
BLD03	铜环	白龙堆古道、雅丹附近，有铜锈，方形圆角，外长4cm，外宽2.8cm，环宽约0.8cm	亮区大，含铼（Re）、溴（Br）、铅（Pb）；暗区小，含硅（Si）、铝（Al），是杂质	斑岩铜矿或铜钼矿的氧化带矿，如小秦岭

对比前人对我国各地不同类型铜矿中伴生元素特点（表6-3-5），可以得到以下结论。

表6-3-5　我国主要铜矿类型及其伴生元素组合

代表性地区	矿床类型	主元素	伴生元素	火成岩类型	矿床实例	参考文献
长江中下游（如铜陵地区）、华南	铜矿、铜铁矿	Cu、Fe、S	V、Ti、Ce、Ni、Au、Ag、Pt、Os、Ir、Ru、Rh、Pd、Ga、Ge、Cd、In、Se、Te、Bi、W、Mo、S、P、As	中酸性岩，如石英闪长岩、闪长岩、花岗闪长岩类	铜官山、金口岭、凤凰山、狮子山	戴瑞荣和刘成刚，1981
四川会理、甘肃金川	铜镍硫化物矿	Pt、Pd、Cu、Ni	Au、Ag、Os、Rh、PGE铂族元素	基性超基性岩接触带		周姣花等，2018；曾认宇等，2016
小秦岭，长江中下游	铜钼矿床和铜铁硫化矿	Cu、Mo	W、Re、Co、Au、Ag	斑岩铜矿氧化带矿		林师整，1975；曹冲等，2014；王传亮等，2014
华南	独居石矿		Te	花岗岩和花岗伟晶岩类及相关热液矿		

（1）沙西井的铜镞等器物含有不同的特征伴生元素组成。

（2）这些铜质器物原料来至少三种不同类型的铜矿：斑岩铜矿氧化带矿、中酸性花岗岩夕卡岩或热液型铜矿和基性超基性岩铜镍矿氧化矿。

（3）这些类型铜矿广泛分布在东部的长江中下游、华南、秦岭、祁连等广大地区。

（4）沙西井古城有来自东部各地的物质或人马经过，具有驿站性质。

（5）汉晋时期对西域的战事集中了东部各地的人力物力，是举国行为。

6.3.8　阿奇克谷地东南驿站

在谷地最东端靠近三垄沙的一处大雅丹下，有一处院落居址遗迹。这处居址，只有墙基留下，残墙墙体是用盐壳化的土块砌成，直接砌在沙土上，有的地方先在沙土上垫放了一层芦苇，然后再在上面砌墙。墙体没见土坯。整体上看，这是一处方形院落，南北 41m，东西 32m，中间一排南北向排列的房舍，有 9~10 间，房舍东侧院落较大，可能用于停放马匹、物资，西侧则是较窄的院落，可能用于储存物资，院门在东侧，东南 50m 外的高大雅丹提供了一处便于观察远方来人的瞭望点（图 6-3-37）。

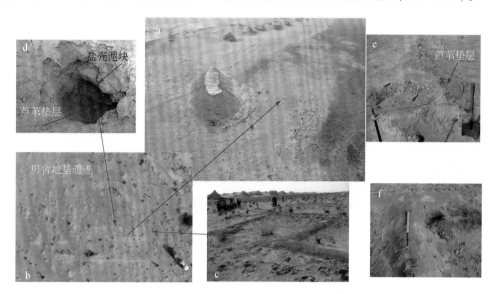

图 6-3-37　阿奇克谷地东南驿站
a. 驿站无人机俯视图；b. 驿站院落正视图；c. 驿站房墙残基；d. 泥盐块残墙下的芦苇垫层；
e. 院墙下部的芦苇垫层；f. 房间一角的灰坑

在房址北侧 70m 左右遥感图像上有小路通过，但野外因芦苇茂密、风沙掩埋，道路痕迹并不明显，显然这条路并非楼兰道那样的大路，未大规模正式修缮过，是来往人员在野地里自由通行留下的痕迹。

6.4　元明时期遗址

14 居址 1 为一处大涝坝边上的村落（图 6-4-1）。高台比周边高出 3~5m，宽 31~48m，长 158m，呈西南–东北走向，上面布满陶片、炉渣。东北端高台陡崖上残留有一段红柳枝水平摆放构建的寨墙，长 2.6m，宽 0.5m，高 0.3m（图 6-4-2），寨墙外高台下比周边稍高的一块平地上有灰烬层。寨墙内有一个长方形深坑，深 1~1.5m，周边发现有房屋的木构件——木柱础，显示这里是一处房舍遗址，而且应该是一个半地下房屋或有地下室的房屋。台地中部还有几个凹坑，推测是地下穴居，但无其他证据。台地西南是一堵宽 2~3m、高 1m 的土墙（图 6-4-3），似乎是在原来雅丹地层上修饰出来的，因为其北西走向与风蚀雅丹的北东走向垂直，显然不会是自然形成，推测是古人利用原有地层修建的寨墙。遗址东北有一片灰烬。

对遗址东北红柳墙柳枝的碳 14 测年结果为 470±30cal a BP，校正后日历年龄为 1410~1456 AD（100%），显示为元明时期的遗址。

实际上在遗址西侧约 1km 的地方就是 14-3 遗存点，发现了大量汉晋时期的陶器和铜器残片。因此正如楼兰东南遗址同时出现汉晋和元明时期的测年数据一样，存在汉晋时期此遗址已有人居住，元明时期人群对早期遗址再次利用的可能。

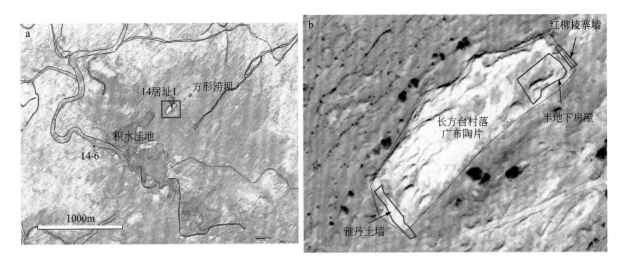

图 6-4-1　长方台村落位置与平面结构

a. 长方台村落位置图（黑、蓝、红线：古河道）；b. 遗址平面图（红线为范围；蓝线为遗迹）

图 6-4-2　长方台村落的景观和发现的遗物

a. 古村落寨墙；b. 古建筑木杵；c. 陶片；d. 灰烬层；e. 台地上的村落；f. 长方台村落（红线是村落范围，蓝线是建筑位置）

图 6-4-3　长方台村落的炉渣和北陡坎、西土墙外貌

a. 长方台村落（红线是村落范围，蓝线是建筑位置）；b. 炉渣；c. 高台北侧崖壁；d. 雅丹土墙

第7章 罗布泊地区遗物考古新发现

【罗布泊地区不同时期古代遗物极为丰富，根据各时期遗址里的最新发现，初步确定全新世早期细石器时代的标志性代表器物是细石器和白石吊坠；青铜（小河）时期的标志性代表器物是草制品（包括草编篓、草门帘、草簸箕等）、玉斧、彩陶和石镞石矛等；汉晋（楼兰）时期则有指示官吏制度的铜印"张币千人丞印"、代表官方度量衡制度的斗量封——"官律所平"铜印、中原邮政特色的花押、指示官方金融体系的五铢、货泉等钱币，遗址里木构件的榫卯结构则是典型中原房屋建造技术代表，体现中原制造技术和文化因素的则有铜镜、铜顶针、铜簪和丝绸，反映民间娱乐方式的有汉字象棋子，这些代表性器物体现的典型中原文化因素彰显了楼兰时期现存遗迹建设者的东方属性。】

2014~2017 年采集遗物丰富，遗物分布呈现大分散小片集中的特点，在古河床两岸台地上随处可见陶器残片等遗物，已编号遗物 2078 件，其中 2014 年采集 236 件，2015 年采集 465 件，2016 年采集 1204 件，2017 年采集 173 件。遗物编号遵循以下原则：一是遗迹单位清楚的，遗物编号跟从遗迹编号，如楼兰古城。二是采集地无遗迹现象，以所在区块为单位进行编号，如 C4-1 等。器物种类较多，有陶、铜、铁、木、石、骨、瓷、金、银、锡、玻璃、贝、皮革、羽毛、植物、钱币、织物等，其中石器数量最多，陶器和铜器次之，其他器类较少。石器器形主要有石镞、石球、石核、细石器、石片、权杖头、炭精质花押、马鞍形石磨盘、石杵、研磨器、纺轮和各类细石器等；陶器多残损严重，无法复原。制法以轮制为主，部分小件器为手制。陶质陶色以夹砂灰陶为主，夹砂红陶较少，少部分陶器为灰皮红胎。陶器烧制火候很高，扣之声音清脆，有的因烧制变形，多素面，个别陶器器表饰刻画的凹弦纹和圆圈纹。器形主要有束颈罐、深腹罐、高领罐、带流罐、瓮、甗、钵、盆、盘、杯、盏、陶拍、陶瓴、坩埚、圆陶片等，另有少量器底和刻画纹陶片，个别器物为平底，底部内凹；铜器有罐、釜、壶、印章类等生活用具，也有镞等兵器；铁器主要为镞、刀等；木器有弓、箭杆、箭筒底等，也有柱础等建筑构件；玻璃器均为装饰品，主要是珠饰和耳珰；钱币有五铢、剪轮五铢、货泉、龟兹钱等。

7.1 楼兰中部地区文物（2014 年与 2015 年）

2014 年，作者主要在楼兰中部地区的东北部考察，共调查已知文物点 20 余处，新发现文物遗存点 4 处、居址 2 处、近现代遗址 1 处。遗物主要采集自罗布泊地区的 14 居址 1、14 居址 2、14 文物遗存点 1、14 文物遗存点 2、14 文物遗存点 3、14 文物遗存点 4、楼兰古城、楼兰古城东北佛寺遗址、楼兰古城东遗址、孤台墓地等 10 个地点，在调查途中也时常见到散落的遗物。还有部分细石器因过残、特征不明显未予编号；铁器由于残锈严重，形制不明，仅提取少量标本供今后分析用，亦未予编号。此外，在台特玛湖东岸墓地采集到的铜刀鞘配件、钱币、玻璃珠和英苏民居遗址采集到的钱币等遗物已移交给若羌县文物局，未纳入统计范围。另在 14 铜器发现地采集遗物 1 件（14LC：1），为铜盆口沿残片，敞口、内斜平沿、圆沿、斜腹，腹上部有三角形镂孔 2 个，残高 2cm。2014 年考察已编号遗物 236 件，质地有陶、铜、木、玉石、玻璃等。其中陶器 54 件、铜器 10 件、木器 1 件、玉石器 157 件、玻璃器 9 件、钱币 5 件（新疆文物考古研究所，2015）。

2015 年主要在楼兰中部地区的南部考察，采集遗物器类较多，已编号遗物 465 件。除去遗迹点附近采集的 49 件遗物外，其余 416 件系在调查途中采集到的散布于地表上的遗物。本部分采集文物涉及楼兰古城和 C4-1、C4-2、C4-3、C4-4、C5-1、C5-2、D1-1、D2-2 等区块。其中楼兰古城 15 件、C4-1 区 1 件、C4-2 区 61 件、C4-3 区 72 件、C4-4 区 155 件、C5-1 区 1 件、C5-2 区 4 件、D1-1 区 98 件、D2-2 区 9 件

（新疆文物考古研究所，2016）。

除了发现的遗存点（区）外，考察中还经常捡到一些特殊的陶器、铁器、铜器、锡器的残存片，它们可能单独出现，也可能只有几件在一起，数量少，很难确认发现处是古人居住场所，实际上它们可能是古人丢弃或遗失至此，也可能是被大风带离原地至此，还可能是后人捡拾后又随手丢弃，因此不具有古村落的指示意义。

7.1.1　楼兰古城（17 件）

该区遗物有铜、铁、木、玻璃器和钱币等。

2014 年采集遗物 2 件。

钱币：1 枚（14L∶1），为龟兹钱，直径 1.15cm、孔径 0.6cm、厚 0.15cm。

玻璃器：1 件（14L∶2），为珠饰，仅存半个，蓝色圆球状，直径 0.7cm、高 0.7cm、孔径 0.2cm。

2015 年采集 15 件。

铜器 2 件，为铃铛和残铜器，表面均已锈蚀。

铃铛：1 件（LA∶2），钮已残断，球形、中空，下部开一条口，内有铃舌。球面饰对称同心圆，通长 1.4cm、铃铛直径 1.2cm。

残铜器：1 件（LA∶7），形制不辨，长 3.5cm、宽 2.3cm。

铁器 2 件，为刀和残铁器，均残、锈蚀严重。

刀：1 件（LA∶6），弧背弧刃，通长 9.3cm，最宽 2cm。

残铁器：1 件（LA∶8），扁圆柱体，通长 4.7cm、长径 1.9cm、短径 1.3cm。

木器 1 件（LA∶1），为木结具，残，仅存一半，梭形，中部凿一凹槽，长 19.4cm。

玻璃器 3 件，均残，为珠饰及玻璃器残片。

珠饰：2 件。LA∶5①，蓝色，圆柱体，中空，直径 1.2cm、孔径 0.5cm；LA∶5②，蓝色，扁圆珠形，中空，高 0.6cm，孔径 0.2cm。

玻璃器残片：1 件（LA∶5③），不规则形，残长 3.2cm、残宽 2.1cm。

钱币 7 枚，为龟兹小钱和剪轮五铢，均残，表面锈蚀（图 7-1-1）。

五铢钱：2 枚。LA∶4①，完整，“五”字交笔缓曲，“铢”字已漫漶不清，仅辨形制，钱径 2.6cm，穿径 0.8cm；LA∶4②，残，仅存“铢”字，“金”字的字头呈三角形，四竖点较长，钱径 2.5cm，穿径 1cm。

剪轮五铢：2 枚，边郭均被磨去。LA∶4③，残，无钱文，钱径 1.7cm，穿径 0.9cm；LA∶4④，残，无钱文，钱径 2.4cm，穿径 0.9cm。

龟兹小钱：3 枚。钱体轻薄，钱径较小，边郭不甚规整，边缘有流铜现象。LA∶3①，钱径 1cm，穿径 0.4cm；LA∶3②，钱径 1.15cm，穿径 0.6cm；LA∶3③，钱径 1cm，穿径 0.45cm。

7.1.2　楼兰东北佛塔（4 件）

采集遗物 4 件，质地有陶、石器等（图 7-1-2）。

陶器 3 件，残，无法复原。器形有束颈罐、盏等。

束颈罐：1 件（14LDF∶4），夹砂陶，灰皮红胎，侈口、内斜平沿、方唇、束颈、鼓腹，口径 12cm、残高 6.5cm。

盏：2 件。14LDF∶2，夹砂红陶，敛口、圆沿、鼓腹，口径 7cm、残高 3.2cm；14LDF∶3，夹砂陶，灰皮红胎，敛口、圆沿、鼓腹、平底内弧，口径 7cm、底径 4.2cm、高 2.2cm。

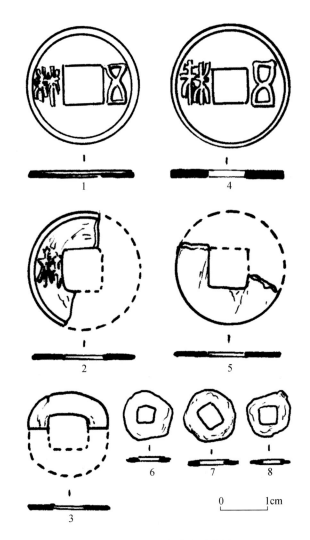

图 7-1-1　楼兰古城钱币素描
1~8 分别为 15-1 号墓地 C：3、LA：4②、LA：4③、LA：4①、LA：4④、LA：3①、LA：3②、LA：3③

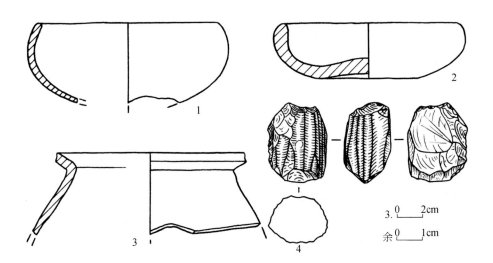

图 7-1-2　楼兰东北佛殿文物素描
1、2. 盏（14LDF：2、14LDF：3）；3. 束颈罐（14LDF：4）；4. 石核（14LDF：1）

石器：1 件（14LDF：1），为圆柱形石核，保留有自然台面，一侧留有许多窄长条疤痕，长 3.2cm、宽 2.4cm、厚 1.9cm。

7.1.3　楼兰东北遗址（大殿遗址）（1 件）

采集遗物 1 件（14LDY：1），为剪轮五铢钱币，无郭，剪切痕明显，直径 2.15cm、孔径 0.8cm、厚 0.15cm。

7.1.4　孤台墓地（20 件）

该区位于楼兰古城东北 6.1km 处一个较高大的雅丹台地上，台地呈长条形，地面有墓坑和盗坑，坑内外散落人骨、羊骨、毛织物残片、木盘、残棺板及木柱等。在墓地附近地表散落少量遗物。共采集遗物 20 件，质地主要有陶、铜玉、石等（图 7-1-3）。

陶器 1 件（14G：12），为甑底残片，夹砂灰陶，鼓腹、平底，底部残留孔 4 个，残高 6.4cm。

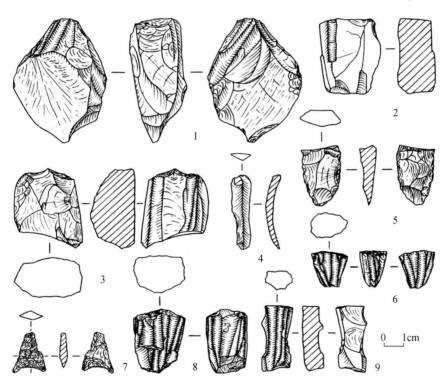

图 7-1-3　孤台墓地及周边文物素描
1～3、6、8、9. 石核（14G：5、14G：4、14G：8、14G：2、14G：7、14G：6）；4. 细石器（14G：3）；
5. 石片石器（14G：1）；7. 石炭（14G：20）

铜器 2 件。器形有盆、刀等。

盆：1 件（14G：9），现存残片 3，无法复原，敞口、内斜平沿、圆沿、斜腹，最大一片残长 9.5cm、残高 7.2cm。

刀：1 件（14G：11），短柄，直背弧刃，刀尖上翘，剖面呈三角形，通长 12cm，其中柄部长 2.4cm、宽 0.8～1.7cm，刃部长 9.6cm，宽 2.4cm、背厚 0.35cm。

玉器 1 件（14G：13），为刀，残，大致呈梭形，剖面呈三角形，刀尖较锐利，长 15.65cm、宽 3.9cm、厚 0.8cm。

石器 16 件，均为细石器，器形主要有镞、石片石器、石核、细石叶等（图 7-1-3）。

镞：2 件，通体压修精致。14G：10，柳叶形，尖端锐利。14G：20，三角形，翼尖较长，长 6.25cm、宽 1.05cm、厚 0.5cm。

石片石器：1 件（14G：1），三角形，圆弧头，可能是半成品镞，正反面疤痕明显，边沿有修整痕，长 3.4cm、宽 2.05cm、厚 0.9cm。

石核：6 件。将砾石截去一节，以劈裂面阴面做台面。核体留有许多窄长条疤痕，局部保留自然面。其中，①楔形石核 1 件（14G：5），核体顶部留有许多窄长条疤痕，下部保留自然面，长 7cm、宽 4.8cm、厚 2.9cm。②圆锥形石核 2 件。14G：2，顶部台面经过修整，核体上留有许多窄长条疤痕，长 2.1cm、宽 1.9cm、厚 1.4cm。14G：7，从台面周缘向下剥片，核体周身布满窄长条疤痕，长 3.6cm、宽 2.6cm、厚 2.1cm。③柱形石核 3 件。14G：4，扁柱状，除侧棱上有几条窄长条疤痕，其余均为自然面，长 4.25cm、宽 3.1cm、厚 2cm。14G：6，由一端开始剥片，核体一面保留自然面，另一面留有许多窄长条疤痕，长 3.7cm、宽 1.6cm、厚 1.1cm。14G：8，扁柱状，由一端开始剥片，核体一面保留自然面，另一面留有许多窄长条疤痕，长 4.5cm、宽 3.5cm、厚 2.3cm。

细石叶 7 件。完整细石叶较少，多折断后当复合工具使用。两侧缘多见使用痕，加工痕比较少。剖面多呈梯形和三角形。

14G：3，完整，整体呈弧状长条形，剖面呈三角形，两侧边有使用痕，长 4.2cm、宽 1.05cm、厚 0.4cm。

14G：14，一端折断，长条形，剖面呈三角形，长 3.2cm、宽 0.95cm、厚 0.3cm。

14G：15，一端折断，弧状长条形，剖面呈梯形，两侧边有使用痕，长 2.6cm、宽 1.3cm、厚 0.4cm。

14G：16，一端折断，长条形，剖面呈梯形，一侧边有使用痕，另一侧边有修整痕，长 2.7cm、宽 0.8cm、厚 0.25cm。

14G：17，一端折断，长条形，剖面呈梯形，两侧边有使用痕，长 3cm、宽 0.9cm、厚 0.25cm。

14G：18，一端折断，保留有打击面，不规则长条形，剖面呈梯形，两侧边有使用痕，长 2.55cm、宽 1.3cm、厚 0.2～0.5cm。

14G：19，一端折断，长条形，剖面呈梯形，两侧边使用痕不明显，长 3.8cm、宽 1cm、厚 0.35cm。

7.1.5 楼兰东南遗址

平台南部有红柳枝插立形成的篱笆墙，残损严重。墙外以北散落大量陶片，散见一些铁锅残片、铜片及细石核等。

7.1.6 14 居址 1（30 件）

该居址即长方台遗址。此处台地上有居址 1 座，残，形制不明。在台地中间有一个边长约 3m、深约 1m 的大坑，坑边倒放木柱 1 根，坑南侧有木柱础 1 个。在坑东北有一段红柳墙，残长 2.6m、宽 0.5m、厚 0.2m。遗址东北有 1 片灰烬。

居址所在台地上散落少量陶器残片，在相邻的几处雅丹台地上和风蚀沟内亦散落少量遗物。在长方台大涝坝的西侧也发现了大量的古代遗存，包括陶片、陶瓿、玉耳珰、铜箭镞等，显示这里存在过较强的古代人类活动，即 14 遗存点 6。在附近共采集遗物 30 件。质地有陶、铜、铁、玻璃、石等。因此本节文物实际来自 14 居址 1 和 14 遗存点 6 所在的整片地区的地表。

陶器 15 件，残，多不能复原，制法以轮制为主，手制次之。陶制以夹砂灰陶为主，夹砂红陶较少，少量器物为灰皮红胎。器形有束颈罐、深腹罐、高领罐、盘、杯、陶拍、陶瓿、坩埚等，还有少量器底（图 7-1-4、图 7-1-5）。

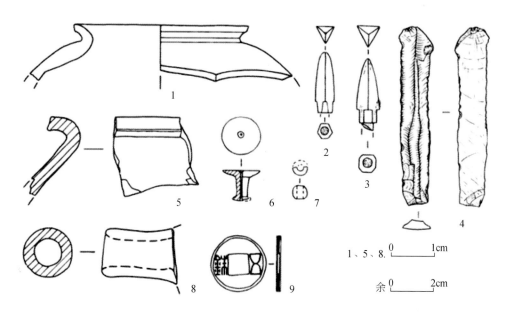

图 7-1-4 14 居址 1 发现文物素描 (1)

1、5. 束颈罐 (14J1：20、14J1：18)；2、3. 铜镞 (14J1：5、14J1：6)；4. 细石叶 (14J1：3)；
6. 耳珰 (14J：7)；7. 玻璃珠 (14J1：4)；8. 陶瓴 (14J1：16)；9. 钱币 (14J1：14)

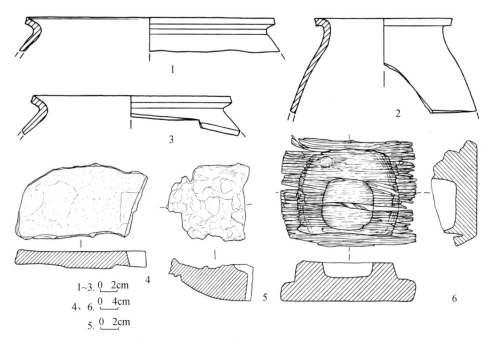

图 7-1-5 14 居址 1 发现文物素描 (2)

1~3. 束颈罐 (14J1：21、14J1：17、14J1：19)；4. 石磨盘 (14J1：29)；5. 坩埚 (14J1：13)；6. 柱础 (14J1：30)

束颈罐：6 件，夹砂灰陶，侈口、卷沿、束颈、鼓腹。

14J1：17，夹砂灰陶，方唇，唇面内弧，上腹部比较瘦，口径 18cm、残高 11.4cm。

14J1：18，夹砂灰陶，方唇，束颈，鼓腹，残高 7.4cm。

14J1：21，夹砂灰陶，沿面内弧，方唇，鼓腹，口径 31cm、残高 4.1cm。

14J1：19，夹砂陶，灰皮红胎，沿面较平，圆唇，口径 28cm、残高 4.7cm。

14J1：20，夹砂红陶，口部为分段制成后套接而成的，沿面内弧，圆唇，鼓腹，口径 16.4cm、残高 5.2cm。

14J1：22，夹砂陶，灰皮红胎，沿面内弧，圆唇，口径12.8cm，残高3cm。

深腹罐：1件（14J1：24），夹砂陶，红皮灰胎，侈口，圆沿，束颈，深鼓腹，残高6.8cm。

高领罐：1件（14J1：23），夹砂陶，灰皮红胎，侈口，方唇，高领，口径19.6cm、残高3.2cm。

盘：1件（14J1：25），夹砂陶，草绿色皮灰胎，敞口，宽沿，沿面内弧，圆唇，斜腹，平底，平底外侧有切削痕，口径9.2cm、底径5.6cm、高3cm。

杯：1件（14J1：26），夹砂红褐陶，手制，器表凹凸不平，敛口，圆沿，深鼓腹，口径4.4cm，残高4.3cm。

陶拍：1件（14J1：15），夹砂红陶，整体呈工字形。拍面微弧，器柄呈圆饼状。拍面直径8.8cm、柄直径4.8cm、通高6.2cm。

陶瓶：1件（14J1：16），夹砂灰陶，管状，出口略细，残长7cm、管径4.3~5.2cm。

坩埚：1件（14J1：13），残损严重，形制不明，夹砂灰陶，内壁有铁渣残留物，残长9.6cm、宽8.7cm、厚3cm。

器底残片：2件，夹砂灰陶，斜腹、平底。

14J1：27，内壁轮制痕明显，外壁底部有一周切削痕，底径10.2cm、残高5.8cm。

14J1：28，外壁底部有切削痕，底径26.8cm、残高5.3cm。

铜器2件，均为镞，三棱形，铤残存部分呈不规则六边形。

14J1：5，镞尖圆钝，残长2.8cm、镞身长2.3cm、宽0.9cm，铤残长0.5cm。

14J1：6，残长3.35cm、镞身长2.4cm、最宽1.1cm，铤残长0.95cm。

木器1件（14J1：30），为柱础，干裂残损严重。整体呈覆钵状，分上下两层。下层大致呈方形，上层呈覆钵形，中间有圆形柱孔。通高12.2cm，其中底层长31.2cm，残宽25cm，高4.3~4.5cm，上层直径23.5cm，柱孔直径11.6cm，深6cm。

石器9件，其中细石器5件，主要有镞、细石叶、石核等；其他石器4件，主要有砺石、纺轮和马鞍形石磨盘等（图7-1-6）。

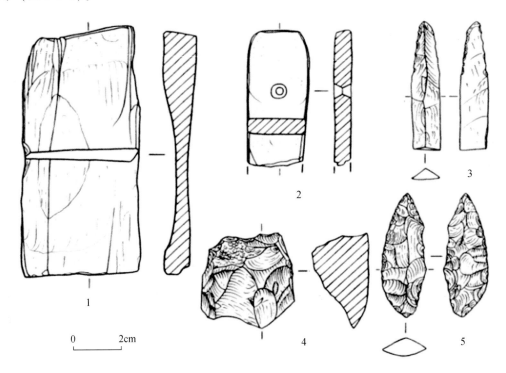

图7-1-6　14居址1发现文物素描（3）

1、2. 砺石（14J1：8、14J1：10）；3. 细石叶（14J1：2）；4. 石核（14J1：11）；5. 石镞（14J1：1）

镞：1 件（14J1：1），柳叶形，剖面呈菱形。整体压修精细，尖端锋利，长 5.5cm、最宽 1.85cm、厚 0.8cm。

细石叶：2 件。

14J1：2，长条形，剖面呈三角形。其中一端折断，另一端边刃经第二步加工修整呈尖状，长 5.7cm、宽 1.1cm、厚 0.5cm。

14J1：3，长条形，剖面呈梯形。边刃有第二步加工修整和使用的痕迹。长 8.45cm、宽 1.65cm、厚 0.45cm。

石核：2 件，楔形，利用砾石加工成，一端被截去。核体上留有许多窄长条疤痕。

14J1：11，长 4.2cm、宽 3.8cm、厚 2.3cm。

14J1：12，长 4.8cm、宽 5cm、厚 3.6cm。

砺石：2 件。

14J1：8，灰色砂岩质，长方形，正反磨面内弧，长 11.1cm、宽 5cm、厚 1.4cm。

14J1：10，一端已残，青色，长条形，顶端有一个对钻孔，残长 6.05cm、宽 2.5cm、厚 0.75cm、孔径 0.3 ~ 0.65cm。

纺轮：1 件（14J1：9），残，炭精质，圆形，剖面呈馒头状，中间有对钻孔，直径 4.3 ~ 4.6cm、高 1.5、孔径 1.1 ~ 1.2cm。

马鞍形石磨盘：1 件（14J1：29），残，仅存半个，正面内弧，背面保持自然面，残长 29.8cm、残宽 17.5cm、厚 1.8cm。

玻璃器 2 件，为耳珰、珠等装饰品。

耳珰：1 件（14J1：7），残。剖面呈工字形，中间有孔，直径 1.8cm、高 1.4cm、孔径 0.1 ~ 0.2cm。

珠：1 件（14J1：4），残，仅存一半，蓝色，球形，中间有孔，直径 0.7cm、高 0.6cm、孔径 0.3cm。

钱币 1 枚（14J1：14），为五铢钱，圆形方穿，正面有左读"五铢"篆体字 2 个，直径 2.6cm、孔径 1.0cm、郭厚 0.2cm。

7.1.7　四间房遗址（9 件）

四间房遗址即 14 居址 2，位于北 1 河北岸，距楼兰古城佛塔仅 1.5km。遗址区雅丹地上散见少量陶罐等残片，以及铜器残片等遗物。此次共采集遗物 9 件，质地有陶、铜等。此外还采集到孔雀石 1 块。

陶器 7 件，残损严重，仅 1 件可复原，多夹砂灰陶，夹砂红陶和夹砂灰皮红胎数量较少。制法以轮制为主，手制仅限于小件器，多素面，仅 1 件器表饰模压圆圈纹。器形主要有束颈罐、高领罐、带流罐、瓮、盆、杯等。

束颈罐：2 件。

14J2：1，残，可复原，夹砂红陶，盘口、尖沿、斜方唇、束颈、鼓腹、平底。腹最大径居中。口径 12.4cm、底径 14cm、高 22.5cm。

14J2：4，残，为口沿残片，夹砂陶，灰皮红胎，侈口、卷沿、方唇、束颈、鼓腹。口径 18cm、残高 6.2cm。

高领罐：1 件（14J2：2），残，仅存颈以上部分，夹砂陶，灰皮红胎，轮制，耳的安装方法为钻孔插入，侈口、卷沿、方唇、唇面内弧、高领、鼓腹。领肩部有双系耳。口径 13.6cm、残高 10.4cm。

带流罐：1 件（14J2：5），残，仅存口沿残片，夹砂灰陶，侈口、圆沿、束颈、深腹。口部有流。颈部饰一周模压圆圈纹。残高 8.6cm。

瓮：1 件（14J2：3），残，无法复原，夹砂褐陶，侈口、卷沿、方唇、唇面内弧、束颈、深腹。口径 38cm、残高 14cm、腹最大径 38.8cm。

盆：1 件（14J2：6），残，无法复原，夹砂陶，灰皮褐胎，敛口、内斜平沿、尖圆唇、深腹。残高 5.6cm。

杯：1 件（14J2：7），残，可复原，夹砂红陶，手制，敞口、圆沿、斜腹、平底。口径 5.6cm、底径 2.2cm、高 3cm。

铜器：2 件，残，形制不明。

14J2：8，曲尺形，残长 5.4cm、残高 3.35cm。

14J2：9，剖面呈 U 形，残长 4.6cm，宽 0.7cm、厚 0.9cm。

7.1.8 14 遗存点 1（19 件）

14 遗存点 1 即 14 文物遗存点 1（14-1），位于从北三河向南引水灌渠的渠口南侧。

在该区风蚀沟和风蚀台地上散落一些遗物，分布范围比较大，质地有陶、铜、铁、石等，器形主要有陶罐、陶盏、石纺轮、铁渣和五铢钱等。此次共采集遗物 19 件，质地有陶、铜、铁、石等。

陶器 14 件。残，除小件外其余均无法复原。多夹砂灰陶，夹砂红陶和夹砂陶灰皮红胎比较少。大件器物多轮制，小件器物为手制。个别器物表面饰弦纹和圆圈纹。器形主要有束颈罐、高领罐、瓮、钵、杯、盏、甑等，另外还采集有钻孔陶片和流嘴等。残件未编号。

束颈罐：2 件，侈口、束颈、鼓腹。口部富于变化。

14WY1：7，卷沿、方唇，唇面微内弧。口径 18cm、残高 8.5cm。

14WY1：8，卷沿，沿面内弧，方唇。口径 18cm、残高 5cm。

高领罐：1 件（14WY1：6），夹砂陶，灰皮红胎，侈口、卷沿、方唇、高领、鼓腹。领部有耳。口径 13cm、残高 8.7cm。

瓮：1 件（14WY1：5），夹砂红陶，侈口、平沿、方唇，唇面内弧，束颈、鼓腹。口径 24cm、沿宽 3cm、残高 13.2cm。

钵：1 件（14WY1：9），夹砂褐陶，敛口、圆沿、鼓腹。残高 4.9cm。

杯：1 件（14WY1：13），夹砂灰陶，器壁比较薄，敞口、圆沿、斜腹。口径 8cm、残高 1.9cm。

盏：3 件，残，可复原，均手制。

14WY1：10，夹砂红褐陶，敞口、圆沿、腹比较直、平底。底部边沿外侈。口径 6.6cm、底径 5.6cm、高 3.1cm。

14WY1：11，夹砂陶，灰皮红胎，敛口、圆沿、鼓腹、平底，口径 4.6cm、底径 4.6cm、高 2.4cm。

14WY1：12，夹砂红褐陶，敛口、外斜平沿、斜腹、平底，底部边沿外侈，口径 6cm、底径 4cm、高 2.4cm。

甑：1 件（14WY1：17），仅为一块甑底残片，夹砂灰陶，平底，中间厚，边上薄，底部有孔 4 个，中间孔比较大。残长 8.3cm、宽 5.7cm。

钻孔陶片：2 件。用陶片加工而成，圆形，内面中间有钻孔，未钻透，估计是用于制作纺轮。

14WY1：14，夹砂褐陶，圆形，直径 5 ~ 5.3cm、厚 0.9cm、孔径 0.5cm、深 0.25cm。

14WY1：15，夹砂红陶，圆形，直径 3.25 ~ 3.4cm、厚 0.8cm、孔径 0.5cm、深 0.15cm。

流嘴：1 件（14WY1：18），残，仅存末端，夹砂陶，灰皮红胎，口部比较小。残长 4.6cm、口径 2.85 ~ 3.45cm。

石器 4 件，器形主要有镞、砺石、钻孔石器、纺轮等。

镞：1 件（14WY1：2），青色，镞尖残，柳叶形，剖面呈菱形。整体压修精致。残长 2.9cm、宽 1.65cm、厚 0.5cm。

砺石：1 件（14WY1：1），一端残，长条形，顶端钻孔。一面磨痕明显。残长 4.4cm、宽 1.8cm、厚 0.6cm。

钻孔石器：1 件（14WY1：3），一端残，长条形，顶端钻孔，剖面呈三角形。残长 5cm、宽 1.75cm、厚 1.2cm。

纺轮：1 件（14WY1：4），残，仅存四分之三，圆柄状，边沿较薄。直径 4cm、厚 1cm、孔径 0.9cm。

钱币：1 枚（14WY1：19），为五铢钱，圆形方穿。正面有左读"五铢"篆体字 2 个。直径 2.6cm、孔径 0.9cm、郭厚 0.2cm。

7.1.9　14 遗存点 2（8 件）

14 遗存点 2 即 14 文物遗存点 2（14-2），位于北三河向南引水灌渠的中部渠边。

在该区风蚀沟和风蚀台地上散落一些遗物，分布范围比较大。此次共采集遗物 8 件。质地有陶、铜、玻璃等。

陶器 1 件（14WY2：1），为束颈罐口沿残片，夹砂灰陶，轮制，器表残留有刻画三角纹 1 枚，侈口、卷沿、方唇、束颈、鼓腹。口径 15.2cm、残高 4.4cm。

铜器 1 件（14WY2：2），为瓮口沿残片，敛口、内斜平沿、尖唇、深鼓腹。残高 10.4cm。

玻璃器 6 件，均为珠饰，其中 5 件完整，1 件残。

14WY2：3①，蓝色，四联珠形。直径 0.3cm、高 0.8cm、孔径 0.1cm。

14WY2：3②，黄色，圆珠形。直径 0.5cm、高 0.4cm、孔径 0.2cm。

14WY2：3③，黄色，圆柱状。直径 0.4cm、高 0.5cm、孔径 0.1cm。

14WY2：3④，白色，圆柱形。直径 0.5cm、高 0.5cm、孔径 0.15cm。

14WY2：3⑤，白色，圆柱形。直径 0.4cm、高 0.3cm、孔径 0.1cm。

14WY2：3⑥，残，仅存半个，黄色。圆珠形。直径 0.6cm、高 0.45cm、孔径 0.3cm。

7.1.10　14 遗存点 3（138 件）

14 遗存点 3 即 14 文物遗存点 3（14-3），位于南 2 河与南 1 河之间的一条南 1 河支流边。

在该区散落较多的细石叶、细石叶废料、石核等细石器，还有部分陶罐残片、铜镜残片、残铜镞、五铢钱等。此次共采集标本 138 件，质地有陶、铜、石等，应是不同时期遗物在风蚀地表的混杂呈现，部分文物素描图见图 7-1-7～图 7-1-18。形态较好、可编录的主要器物描述如下。

陶器 12 件，残，多无法复原，制法以轮制为主，部分器物口、耳为分别制成后套接而成。陶质陶色以夹砂灰陶为主，夹砂红陶、夹砂褐陶较少，部分器物为灰皮红胎。陶器烧制火候较高，个别器物发生变形。陶器多素面，仅个别器表饰刻画弦纹。器形主要有束颈罐、深腹罐、带流罐和坩埚等，还有少量器底残片。

束颈罐 6 件，侈口、束颈、鼓腹、平底。

14WY3：128，残，变形严重，夹砂陶，灰皮红胎，卷沿、方唇、腹最大径靠上，平底微内弧。口径 20.4cm、腹最大径 32.8cm、底径 12cm、高 20.2cm。

14WY3：132，卷沿、方唇，唇面内弧。残高 4.8cm。

14WY3：133，卷沿、斜方唇。口径 16cm、残高 5.8cm。

14WY3：135，卷沿、方唇，唇面内弧。颈部有一道凹弦纹。口径 26cm、残高 5.2cm。

14WY3：131，卷沿，沿面较宽并内弧，圆唇。残高 2.3cm。

14WY3：134，卷沿，沿面较宽并内斜，圆唇。口径 11cm、残高 5.4cm。

深腹罐：2 件，夹砂灰陶，侈口、圆沿、束颈、深鼓腹。

14WY3：1，平底，颈内侧折痕明显。口径 17.2cm、底径 11.8cm、腹最大径 20.2cm、高 12.3cm。

14WY3：129，口径 11cm、残高 5.4cm。

带流罐：1 件（14WY3：130），仅存流嘴部分，夹砂灰陶，束颈、深鼓腹，口沿上有半圆形短平流。流长 6cm、残高 6cm。

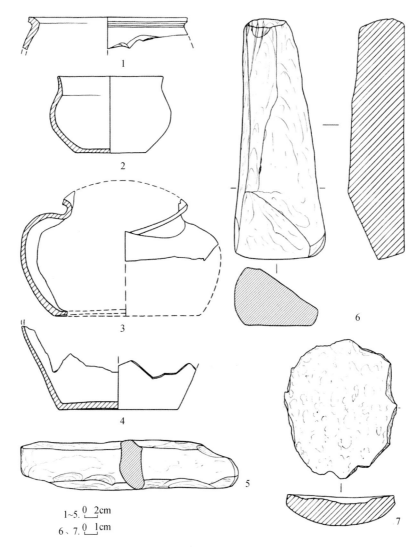

图 7-1-7　14 文物遗存点 3 文物素描图（1）

1、3. 束颈罐（14WY3：135、14WY3：128）；2. 深腹罐（14WY3：1）；4. 器底（14WY3：127）；

5. 研磨器（14WY3：126）；6. 石杵（14WY3：125）；7. 坩埚（14WY3：137）

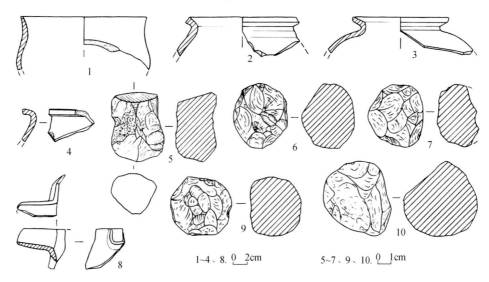

图 7-1-8　14 文物遗存点 3 文物素描图（2）

1. 深腹罐（14WY3：129）；2～4. 束颈罐（14WY3：133、1WY3：134、14WY3：132）；5～7、9、10. 石球（14WY3：121、

14WY3：114、14WY3：124、14WY3：113、14WY3：115）；8. 带流罐（14WY3：130）

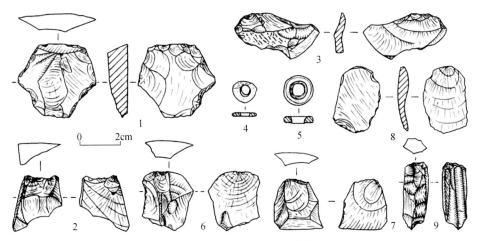

图 7-1-9　14 文物遗存点 3 文物素描图 (3)

1~3、6~8. 石片 (14WY3：96、14WY3：100、14WY3：104、14WY3：98、14WY3：103、14WY3：101)；

4、5. 石环 (14WY3：123b、14WY3：123a)；9. 石核 (14WY3：106)

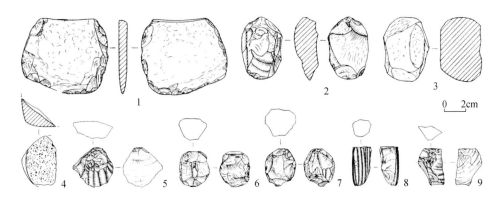

图 7-1-10　14 文物遗存点 3 文物素描图 (4)

1. 刮削器 (14WY3：118)；2、5~8. 石核 (14WY3：120、14WY3：108、14WY3：109、

14WY3：112、4WY3：105)；3. 石球 (14WY3：116)；4. 石杵 (14WY3：117)；9. 石片 (14WY3：99)

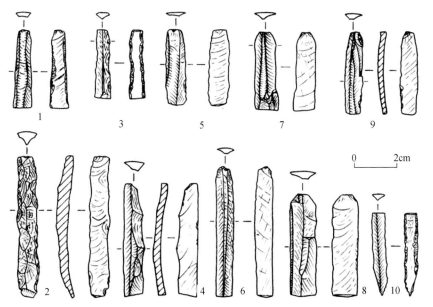

图 7-1-11　14 文物遗存点 3 文物素描图 (5)

1~10. 细石叶 (14WY3：62、14WY3：67、14WY3：65、14WY3：68、14WY3：64、14WY3：66、

14WY3：70、14WY3：71、14WY3：69、14WY3：63)

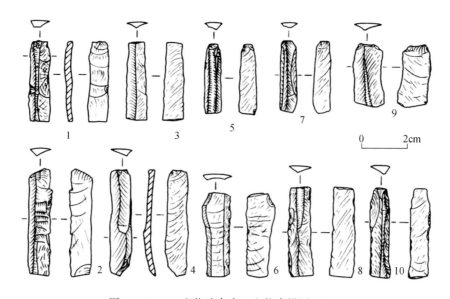

图 7-1-12　14 文物遗存点 3 文物素描图（6）

1～10. 细石叶（14WY3：81、14WY3：72、14WY3：78、14WY3：79、14WY3：80、14WY3：73、
14WY3：75、14WY3：76、14WY3：77、14WY3：74）

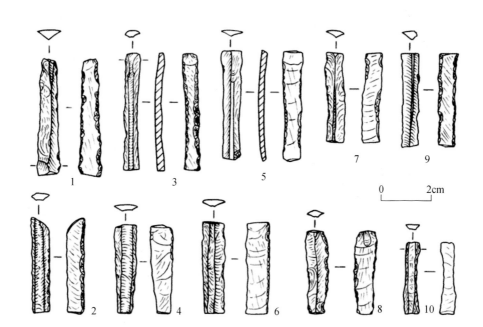

图 7-1-13　14 文物遗存点 3 文物素描图（7）

1～10. 细石叶（14WY3：48、14WY3：47、14WY3：43、14WY3：44、14WY3：46、14WY3：49、
14WY3：45、14WY3：50、14WY3：51、14WY3：42）

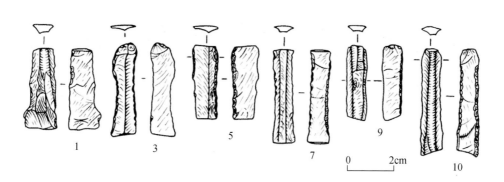

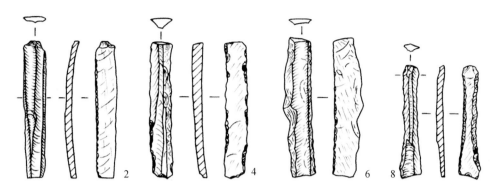

图 7-1-14　14 文物遗存点 3 文物素描图（8）

1～10. 细石叶（14WY3：52、14WY3：57、14WY3：60、14WY3：58、14WY3：61、
14WY3：56、14WY3：54、14WY3：53、14WY3：59、14WY3：55）

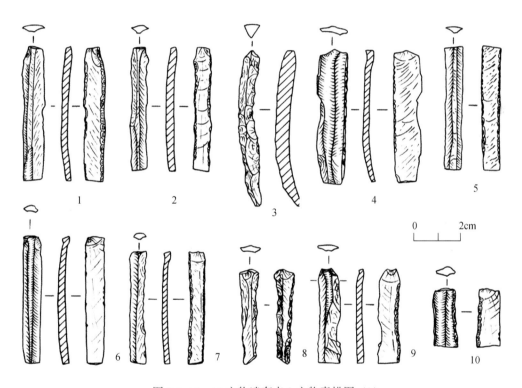

图 7-1-15　14 文物遗存点 3 文物素描图（9）

1～10. 细石叶（14WY3：22、14WY3：28、14WY3：24、14WY3：29、14WY3：25、
14WY3：30、14WY3：26、14WY3：31、14WY3：27、14WY3：23）

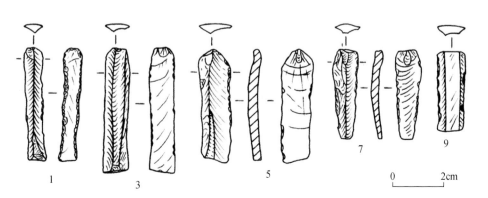

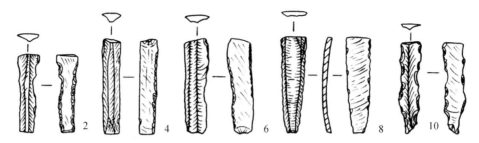

图 7-1-16　14 文物遗存点 3 文物素描图（10）

1 ~ 10. 细石叶（14WY3：37、14WY3：32、14WY3：38、14WY3：33、14WY3：35、
14WY3：39、14WY3：36、14WY3：34、14WY3：40、14WY3：41）

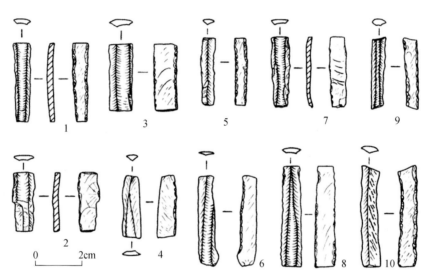

图 7-1-17　14 文物遗存点 3 文物素描图（11）

1 ~ 10. 细石叶（14WY3：12、14WY3：13、14WY3：14、14WY3：18、14WY3：20、
14WY3：19、14WY3：16、14WY3：15、14WY3：17、14WY3：21）

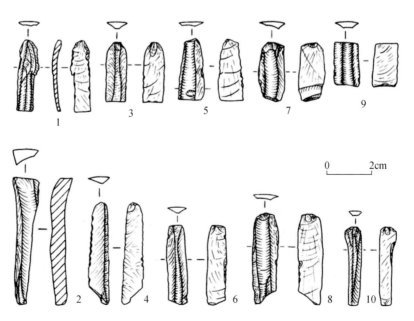

图 7-1-18　14 文物遗存点 3 文物素描图（12）

1 ~ 10. 细石叶（14WY3：82、14WY3：87、14WY3：91、14WY3：88、14WY3：84、
14WY3：85、14WY3：89、14WY3：86、14WY3：90、14WY3：83）

坩埚：1 件（14WY3∶137），残，仅存底部少部分，夹砂灰陶。内壁有很厚的烧结瘤。圆弧底，残径 9.2~11.2cm、残高 2.5cm。

器底：1 件（14WY3∶127），下腹较瘦，平底。底径 19.8cm、残高 13.5cm。

铜器 4 件。器形主要有罐、镜、镞等，还有铜器残片 1 枚。

罐：1 件（14WY3∶121），残，仅存口沿残片，侈口、卷沿、尖圆唇、束颈、鼓腹。残高 4.6cm。

镜：1 件（14WY3∶4），仅存边沿部分。镜面平，边沿呈三角形。残长 4.8cm、残宽 2.2cm、沿厚 0.2cm。

镞：1 件（14WY3∶2），残，柳叶形，中间起脊。刃部呈弧形。尾端有鋬孔。残长 3.75cm、宽 1.7cm、脊宽 0.5cm。

铜器残片：1 件（14WY3∶122），残，仅存边沿部分，扁平薄片状。边沿较平直，残长 4.75cm、残宽 4.8cm、厚 0.2cm。

石器 122 件，绝大部分为细石器。器形主要有研磨器、杵、环、球、石核、刮削器、细石叶和石片等。

研磨器：1 件（14WY3∶126），残，表面风化严重，长条形，正面有一条磨槽，长 35.8cm、宽 8cm、厚 4.3cm。

杵：2 件。残。

14WY3∶125，风化严重，梯形，剖面呈三角形，底端有使用痕，长 19.15cm、宽 7.5cm、厚 4.6cm。

14WY3∶117，残，仅存底部。底部有使用痕。残高 2.6cm。

环：2 件，圆环状。

14WY3∶123a，直径 1.5cm、孔径 0.9cm、厚 0.35cm。

14WY3∶123b，直径 1.05~1.25cm、孔径 0.6cm、厚 0.2cm。

球：6 件，用卵石加工成，加工很明显，器形不规整，表面不平滑。

14WY3∶113，直径 3.8~4.65cm。

14WY3∶114，直径 3.9~4.8cm。

14WY3∶115，直径 5.5cm。

14WY3∶116，斗形，长 5.6cm、宽 4.1cm、厚 3.8cm。

14WY3∶121，仅存半个，长 5.1cm、宽 4cm、残厚 3.1cm。

14WY3∶124，仅存半个，直径 4~4.6cm。

镞：1 件（14WY3∶3），两端稍残，柳叶形，剖面呈菱形，圆弧刃。整体压修精致。残长 4.2cm、宽 1.3cm、厚 0.7cm。

石核：10 件。可分为船底形石核、楔形石核、圆柱形石核三种，一般将砾石截去一节，以劈裂面作台面。有的核体上保留有自然面。

（1）船底形石核 5 件，大小差别较大。

14WY3∶108，打击痕明显，核体四周有许多窄长条疤痕，长 3.6cm、宽 3.65cm、厚 1.6cm。

14WY3∶109，核体上疤痕比较宽短，长 3.2cm、宽 2.8cm、厚 2cm。

14WY3∶111，底部较尖，核体上疤痕比较宽短，长 3.1cm、宽 2.4cm、厚 2.1cm。

14WY3∶112，台面粗糙不平整，疤痕宽短，长 4.6cm、宽 4.1cm、厚 3.1cm。

14WY3∶119，核体上保留较多自然面，疤痕较宽大、凌乱，长 7.9cm、宽 6.1cm、厚 4cm。

（2）楔形石核 1 件（14WY3∶120），核体上疤痕明显，长 5.4cm、宽 3.6cm、厚 2.5cm。

（3）圆柱形石核 4 件。

14WY3∶105，核体上有许多窄长条疤痕，长 3.6cm、宽 1.75cm、厚 1.55cm。

14WY3∶106 核体经过加工，一侧有窄长条疤痕，长 3.4cm、宽 1.2cm、厚 0.8cm。

14WY3∶107，一端破裂成斜面，核体一侧有许多窄长条疤痕，长 2.8cm、宽 1.9cm、厚 1.6cm。

14WY3：110，从两端剥片，核体上有许多窄长条疤痕，长 4.2cm、宽 2.15cm、厚 1.5cm。

刮削器：1 件（14WY3：118），用扁平石片加工成。顶部平弧，两侧边使用痕明显，长 6.6cm、宽 7.6cm、厚 0.7cm。

细石叶：87 件，一端多折断，呈长条形，剖面呈三角形或梯形。大部分两侧边有使用痕或第二次修整痕。有的可能是用来加工成另类器物的。

14WY3：6，剖面呈梯形，一侧边有使用痕，另一侧边有第二次修整痕，长 3.1cm、宽 0.8cm、厚 0.3cm。

14WY3：7，剖面呈梯形，一侧边有使用痕，另一侧边上部有第二次修整痕，长 4.7cm、宽 1.3cm、厚 0.3cm。

14WY3：8，剖面呈三角形，两侧边有第二次修整痕，长 3.4cm、宽 0.7cm、厚 0.3cm。

14WY3：9，剖面呈梯形，两侧边有第二次修整痕，长 3.4cm、宽 0.7cm、厚 0.25cm。

14WY3：10，微弧，剖面呈梯形，两侧边有第二次修整痕，长 3.65cm、宽 0.8cm、厚 0.35cm。

14WY3：11，剖面呈梯形，两侧边有第二次修整痕，长 2.75cm、宽 0.85cm、厚 0.2cm。

14WY3：12，剖面呈梯形，两侧边有第二次修整痕，长 3.3cm、宽 0.75cm、厚 0.25cm。

14WY3：13，剖面呈梯形，一侧边有第二次修整痕，长 2.5cm、宽 0.95cm、厚 0.25cm。

14WY3：14，剖面呈梯形，两侧边有第二次修整痕，长 2.8cm、宽 1.05cm、厚 0.3cm。

14WY3：15，剖面呈梯形，两侧边有第二次修整痕，长 4.2cm、宽 0.9cm、厚 0.3cm。

14WY3：16，剖面呈梯形，两侧边有使用痕，长 3cm、宽 0.8cm、厚 0.2cm。

14WY3：17，剖面呈梯形，两侧边有第二次修整痕，长 3cm、宽 0.65cm、厚 0.25cm。

14WY3：18，剖面呈梯形，一侧边有第二次修整痕，长 2.65cm、宽 0.8cm、厚 0.3cm。

14WY3：19，剖面呈梯形，两侧边有第二次修整痕，长 3.8cm、宽 0.85cm、厚 0.15cm。

14WY3：20，剖面呈三角形，两侧边有第二次修整痕，长 2.8cm、宽 0.6cm、厚 0.25cm。

14WY3：21，剖面呈三角形，两侧边有第二次修整痕，长 4.25cm、宽 0.9cm、厚 0.3cm。

14WY3：22，剖面呈梯形，两侧边有第二次修整痕，长 5.7cm、宽 1cm、厚 0.3cm。

14WY3：23，剖面呈三角形，一侧边有第二次修整痕，长 2.5cm、宽 1.1cm、厚 0.4cm。

14WY3：24，剖面呈梯形，两侧边有第二次修整痕，长 5.25cm、宽 0.8cm、厚 0.35cm。

14WY3：25，完整，长条状弧形，剖面呈三角形，背面较粗糙，长 6.6cm、宽 0.8cm、厚 0.6cm。

14WY3：26，剖面呈梯形，一侧边有第二次修整痕，另一侧边不平整，长 5.7cm、宽 1.2cm、厚 0.3cm。

14WY3：27，剖面呈梯形，两侧边有第二次修整痕，长 5.25cm、宽 0.85cm、厚 0.25cm。

14WY3：28，长条状弧形，剖面呈梯形，两侧边有使用痕，长 5.4cm、宽 0.8cm、厚 0.3cm。

14WY3：29，剖面呈梯形，两侧边有第二次修整痕，长 4.75cm、宽 0.7cm、厚 0.3cm。

14WY3：30，剖面呈梯形，两侧边有第二次修整痕，长 4cm、宽 0.8cm、厚 0.3cm。

14WY3：31，剖面呈梯形，一侧边有第二次修整痕，长 4cm、宽 1cm、厚 0.3cm。

14WY3：32，剖面呈梯形，两侧边有第二次修整痕，长 3.05cm、宽 0.85cm、厚 0.3cm。

14WY3：33，剖面呈梯形，一侧边有第二次修整痕，长 3.75cm、宽 0.8cm、厚 0.35cm。

14WY3：34，长条状弧形，剖面呈梯形，两侧边有第二次修整痕，长 3.75cm、宽 1cm、厚 0.2cm。

14WY3：35，剖面呈三角形，一侧边有第二次修整痕，一侧边有使用痕，长 4.45cm、宽 1.8cm、厚 0.4cm。

14WY3：36，长条状弧形，剖面呈三角形，两侧边有使用痕，长 3.5cm、宽 1.05cm、厚 0.35cm。

14WY3：37，剖面呈三角形，两侧边有第二次修整痕，长 4.45cm、宽 0.75cm、厚 0.35cm。

14WY3：38，剖面呈梯形，两侧边有第二次修整痕，长 4.9cm、宽 1.05cm、厚 0.3cm。

14WY3：39，剖面呈梯形，两侧边有第二次修整痕，长 3.75cm、宽 1cm、厚 0.3cm。

14WY3：40，剖面呈梯形，两侧边有第二次修整痕，长 3.15cm、宽 1.15cm、厚 0.4cm。

14WY3：41，剖面呈三角形，两侧边有第二次修整痕，长 3.6cm、宽 0.9cm、厚 0.2cm。

14WY3：42，剖面呈梯形，两侧边有第二次修整痕，长 2.95cm、宽 0.7cm、厚 0.2cm。

14WY3：43，剖面呈梯形，两侧边有第二次修整痕，长 4.8cm、宽 0.7cm、厚 0.3cm。

14WY3：44，剖面呈梯形，两侧边有第二次修整痕，长 3.6cm、宽 1cm、厚 0.25cm。

14WY3：45，剖面呈三角形，两侧边有第二次修整痕，长 3.7cm、宽 0.8cm、厚 0.3cm。

14WY3：46，剖面呈梯形，两侧边有第二次修整痕，长 4.5cm、宽 0.9cm、厚 0.25cm。

14WY3：47，剖面呈梯形，一侧边有第二次修整痕，长 3.9cm、宽 0.8cm、厚 0.3cm。

14WY3：48，剖面呈三角形，两侧边有第二次修整痕，长 4.8cm、宽 1cm、厚 0.4cm。

14WY3：49，剖面呈梯形，一侧边有第二次修整痕，长 3.7cm、宽 1cm、厚 0.3cm。

14WY3：50，剖面呈梯形，两侧边有第二次修整痕，长 3.4cm、宽 1cm、厚 0.25cm。

14WY3：51，剖面呈梯形，两侧边有第二次修整痕，长 3.8cm、宽 0.7cm、厚 0.35cm。

14WY3：52，剖面呈梯形，一侧边下部有第二次修整痕，长 3.4cm、宽 1.4cm、厚 0.4cm。

14WY3：53，剖面呈梯形，两侧边有第二次修整痕，长 4.75cm、宽 0.95cm、厚 0.25cm。

14WY3：54，剖面呈梯形，两侧边有第二次修整痕，长 3.9cm、宽 0.95cm、厚 0.25cm。

14WY3：55，剖面呈梯形，两侧边有第二次修整痕，长 4.5cm、宽 0.95cm、厚 0.35cm。

14WY3：56，剖面呈梯形，一侧边有第二次修整痕，另一侧边有使用痕，长 5.85cm、宽 1.25cm、厚 0.25cm。

14WY3：57，长条状弧形，剖面呈梯形，一侧边有第二次修整痕，另一侧边有使用痕，长 5.75cm、宽 0.95cm、厚 0.3cm。

14WY3：58，剖面呈梯形，两侧边有第二次修整痕，长 5.7cm、宽 1cm、厚 0.45cm。

14WY3：59，剖面呈梯形，一侧边有第二次修整痕，另一侧边有使用痕，长 3.15cm、宽 0.85cm、厚 0.25cm。

14WY3：60，剖面呈三角形，两侧边有第二次修整痕，长 3.9cm、宽 1.1cm、厚 0.2cm。

14WY3：61，剖面呈三角形，一侧边有第二次修整痕，另一侧边有使用痕，长 3.1cm、宽 1.1cm、厚 0.25cm。

14WY3：62，剖面呈梯形，两侧边有第二次修整痕，长 3.6cm、宽 0.9cm、厚 0.25cm。

14WY3：63，剖面呈三角形，两侧边有第二次修整痕，长 3.8cm、宽 0.65cm、厚 0.3cm。

14WY3：64，剖面呈梯形，两侧边有使用痕，长 3.5cm、宽 1cm、厚 0.2cm。

14WY3：65，剖面呈梯形，两侧边有第二次修整痕，长 3.15cm、宽 0.75cm、厚 0.3cm。

14WY3：66，剖面呈梯形，两侧边有使用痕，长 6cm、宽 0.85cm、厚 0.25cm。

14WY3：67，完整长条状弧形，剖面呈三角形，背面较粗糙，长 6.5cm、宽 1cm、厚 0.6cm。

14WY3：68，长条状弧形，剖面呈三角形，一侧边有使用痕，长 5.2cm、宽 1cm、厚 0.35cm。

14WY3：69，长条状弧形，剖面呈梯形，两侧边有使用痕，长 3.8cm、宽 0.9cm、厚 0.25cm。

14WY3：70，剖面呈梯形，两侧边有使用痕，长 3.6cm、宽 1.1cm、厚 0.3cm。

14WY3：71，剖面呈梯形，两侧边有使用痕，长 4.7cm、宽 1.3cm、厚 0.35cm。

14WY3：72，剖面呈三角形，两侧边无使用痕，长 4.75cm、宽 1.05cm、厚 0.35cm。

14WY3：73，剖面呈梯形，两侧边有使用痕，长 3.7cm、宽 1.3cm、厚 0.25cm。

14WY3：74，剖面呈三角形，两侧边有使用痕，长 3.95cm、宽 0.9cm、厚 0.4cm。

14WY3：75，剖面呈梯形，一侧边有使用痕，长 3.15cm、宽 0.8cm、厚 0.25cm。

14WY3：76，剖面呈梯形，两侧边有使用痕，长 3.95cm、宽 1.15cm、厚 0.3cm。

14WY3：77，剖面呈梯形，两侧边有使用痕，长 2.8cm、宽 1.4cm、厚 0.3cm。

14WY3：78，一端内弧，剖面呈三角形，两侧边有使用痕，长 3.45cm、宽 0.95cm、厚 0.25cm。

14WY3：79，完整，长条状内弧，背面保留自然面，剖面呈三角形，两侧边有使用痕，长 4.7cm、宽 1cm、厚 0.3cm。

14WY3：80，剖面呈梯形，一侧边有使用痕，长 3.1cm、宽 0.8cm、厚 0.3cm。

14WY3：81，剖面呈梯形，两侧边有使用痕，长 3.6cm、宽 1cm、厚 0.3cm。

14WY3：82，长条状弧形，剖面呈梯形，两侧边有使用痕，长 3.15cm、宽 0.9cm、厚 0.3cm。

14WY3：83，剖面呈梯形，一侧边有使用痕，长 3.45cm、宽 0.75cm、厚 0.2cm。

14WY3：84，剖面呈梯形，两侧边有使用痕，长 2.7cm、宽 1.15cm、厚 0.35cm。

14WY3：85，剖面呈梯形，两侧边有使用痕，长 3.5cm、宽 1cm、厚 0.25cm。

14WY3：86，剖面呈梯形，两侧边有使用痕，长 4cm、宽 1.15cm、厚 0.25cm。

14WY3：87，完整三棱形，剖面呈三角形，无使用痕，长 5.65cm、宽 1.15cm、厚 0.7cm。

14WY3：88，剖面呈三角形，一侧边有使用痕，长 4.5cm、宽 1cm、厚 0.3cm。

14WY3：89，剖面呈梯形，两侧边有使用痕，长 2.6cm、宽 1.2cm、厚 0.3cm。

14WY3：90，剖面呈梯形，两侧边有使用痕，长 1.95cm、宽 1.15cm、厚 0.3cm。

14WY3：91，剖面呈梯形，两侧边有使用痕，长 2.65cm、宽 1cm、厚 0.3cm。

14WY3：92，剖面呈梯形，两侧边无使用痕，长 2.55cm、宽 0.85cm、厚 0.3cm。

石片 12 件，均为直接打击法产生，形状不规则，有的边沿有使用痕。

14WY3：93，打击点、放射线明显，边沿有使用痕，长 3.75cm、宽 3.9cm、厚 0.7cm。

14WY3：94，局部有自然面，一侧有使用痕，长 3.4cm、宽 3.5cm、厚 1cm。

14WY3：95，三角形，系从石核上剥落下的废料，长 2.9cm、宽 2.3cm、厚 0.7cm。

14WY3：96，可能当刮削器使用，边沿使用痕明显，长 3.7cm、宽 3.9cm、厚 1cm。

14WY3：97，略呈长方形，长 2.8cm、宽 2.65cm、厚 0.5cm。

14WY3：98，长 3cm、宽 2.65cm、厚 0.9cm。

14WY3：99，一面有剥落疤痕，长 3.4cm、宽 2.5cm、厚 1.3cm。

14WY3：100，长 2.8cm、宽 2.5cm、厚 1.1cm。

14WY3：101，边沿有使用痕，长 3.3cm、宽 2.5cm、厚 0.65cm。

14WY3：102，长 2.5cm、宽 1.9cm、厚 0.6cm。

14WY3：103，长 2.55cm、宽 2.5cm、厚 0.65cm。

14WY3：104，边沿厚钝，长 4.3cm、宽 2.3cm、厚 0.6cm。

钱币 1 件（14WY3：5），为五铢钱，残，圆形方穿，直径 2.6cm、穿径 1cm、郭厚 0.15cm。

7.1.11　14 遗存点 4（2 件）

14 遗存点 4 即 14 文物遗存点 4（14-4），位于楼兰古城东 10km 的北 2 河北岸耕地区中（图 7-1-19）。在雅丹地和石膏地上散落少量遗物，主要有陶罐残片、石核等。此次采集遗物 2 件，均为石器。

石器 2 件，均为石核。

14WY4：1，圆柱形石核，保留有自然台面，一侧留有许多窄长条疤痕，长 3.1cm、宽 2.5cm、厚 2cm。

14WY4：2，船形石核，保留有自然台面，边沿有修正、加工痕，长 4.4cm、宽 2.75cm、厚 2.1cm。

7.1.12　15-1 号墓地（39 件）

15-1 号墓地位于 15-1 号居址遗址东北。该墓地被盗扰严重，目前地表可辨识的墓葬共有 7 座，全部为方形土坑竖穴墓，均位于高雅丹顶上。

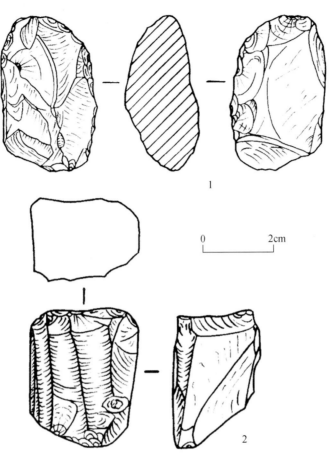

图 7-1-19 14 文物遗存点 4 文物素描
1、2. 石核（14WY4∶2、14WY4∶1）

墓地均被彻底盗扰过，地表散布大量的人骨和遗物。此次对最东边雅丹台地上的 4 座墓葬（M1～M4）进行了详细调查。墓葬地表有无标志已不清楚。墓室形制均为竖穴土坑墓。墓向均为正南北向。墓室平面呈圆角长方形。墓壁较直。填土为灰褐色黄土，土质疏松。在扰土中有一些短木棍，可能是葬具的构件。

M1 位于墓地最南部。正南北向。墓室长 3.1m，宽 1.7～1.9m，深 0.9m。墓底人骨数量多，经鉴定至少存在 17 具尸骨，其中可辨别的男性 7 人，女性 9 人。采集遗物 4 件，均为木梳（图 7-1-20）。

图 7-1-20　15-1 号墓地 M1 墓葬清理前原貌及采集木梳

M2 位于墓地最东部，正南北向。墓室长 1.9m，宽 1.2～1.38m，深 0.65m。墓底至少存在 6 具尸骨，头北脚南，其中有两个未成年人，其他人骨无法判定年龄。墓底西北角有木盘 1 件，上面置一羊头，木盘残朽严重，无法提取。采集遗物 2 件，为单耳陶杯和铜镜残片各 1 件（图 7-1-21），均残。

图 7-1-21　M2 墓室及采集遗物

M3 位于墓地中部。墓室内已被盗掘至底部，仅对地表盗土进行了清理。采集遗物 6 件，均为弓附件，均残（图 7-1-22）。

M4 位于墓地中部。墓室长 2.05m，宽 1.55～1.65m，深 0.8～1.1m（图 7-1-23）。墓室内发现有残段的木柱，推测为棚架式结构。墓底至少有 2 具尸骨，葬具为木质尸床。清理完毕后对周边地区进行了踏查，发现数量较多的细石器。

墓地扰土中混杂大量遗物，采集遗物 39 件，其中 27 件采集自 4 座墓的扰土内，12 件采集自墓地地表盗土中。器类主要有陶、铜、铁、木、骨角、玻璃、贝、织物和钱币等。15-1 号墓地文物素描图见图 7-1-24 和图 7-1-25。

陶器 2 件，主要有杯、罐等。均残，夹砂红陶。圆沿，平底。

单耳陶杯：1 件（M2C：2），敛口，鼓腹，口径 8.3cm、底径 7.2cm、腹径 10.1cm、高 7.2cm。

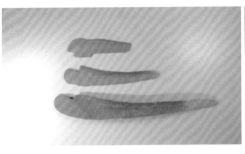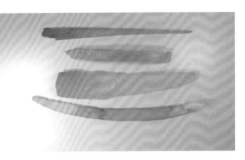

图 7-1-22　M3 采集遗物

图 7-1-23　M4 墓室

单耳红陶罐：1 件（15 楼兰 1 号墓地 C：6），侈口，直领，折腹，一侧有耳。器底内外有明显的烟炱痕迹。口径 7.4cm、底径 8cm、高 11.2cm。

铜器 1 件（M2C：1），为铜镜残片，仅存镜缘，宽平沿，缘较厚，素面。残长 5.1cm、宽 2.3cm。

铁器 6 件，主要有环、镞等。

铁环：1 件（M4C：5），仅存一半，表面锈蚀严重。残长 3.5cm，环径 1.1cm。

铁镞：5 件，为箭镞。铤均已残断，表面锈蚀严重。其中三翼形 3 件，三棱形和双翼形各 1 件。

（1）三棱形 1 件（15 楼兰 1 号墓地 C：5①），长 5cm。

（2）双翼形 1 件（15 楼兰 1 号墓地 C：5②），长 3.5cm。

（3）三翼形 3 件。15 楼兰 1 号墓地 C：5③，长 5cm，翼宽 0.9cm；15 楼兰墓地 C：5④，长 4.9cm，翼宽 0.8cm；15 楼兰 1 号墓地 C：5⑤，长 3.6cm，翼宽 0.5cm。

木器 17 件，有几、盘、钵、箭杆、梳和漆木器等。

几：2 件，均仅存一半。器底有长方形柱状足。

M4C：9①，椭圆形，长径 27.2cm、短径 12cm；

M4C：9②，长方形，足中部有长方形孔，长 32cm、宽 11cm，孔长 4.4cm，高 1.8cm。

盘：1 件（M4C：8），由原木刮削而成，表面均已开裂。平面呈长方形，中间内凹。背面上下两端各削出一道长方形凸棱，长 35.2cm、宽 16cm、厚 1.4cm。

钵：1 件（15 楼兰 1 号墓地 C：1），残，仅存器底部分，斜腹、平底。器底有深浅不等的划痕。口部长径 7.2cm、短径 5.1cm，底径 3.6cm，高 2cm。

箭杆：3 件，由原木刮削而成。通体较光滑。

M4C：2①，一端有弦槽，长 22.8cm，直径 0.8cm。

M4C：2②，一端有弦槽，长 9.5cm，直径 0.8cm。

M4C：2③，仅存箭头，顶端有穿孔。残长 2.5cm，直径 0.3cm。

木梳：9 件，1 件完整，8 件残，梳背圆弧形。

M1C：1①，完整，梳齿较粗且稀疏，长 7.1cm、宽 6.3cm、最厚 0.4cm。

M1C：1②，残，表面木头已开裂，梳齿较粗且稀疏，齿尖较尖锐，长 8cm、宽 5.6cm、最厚 0.8cm。

M1C：1③，残，仅存一半，表面木头已开裂，梳齿较细密且齿尖尖锐，长 7.6cm、宽 3.3cm、最厚 0.7cm。

M1C：1④，残，齿尖均已残断，梳齿细密，长 6.8cm、宽 4.8cm、最厚 0.6cm。

15-1 号墓地 C：2①，残，梳背弧形，梳齿扁长且较稀疏，长 6.2cm、宽 2.5cm、最厚 0.6cm。

M4C：3①，梳齿均已残断，梳背弧形，梳齿扁长且较密，长 8.1cm、宽 6.2cm、最厚 0.8cm。

M4C：3②，梳齿均已残断，梳背弧形，梳齿短粗且稀疏，长 7.2cm、宽 3.8cm、最厚 0.7cm。

M4C：3③，梳齿均已残断，梳背平直，梳齿扁长且较密，长 7.6cm、宽 1.6cm、最厚 0.5cm。

M4C：3④，梳齿均已残断梳背平直，梳齿扁长且细密，长 4.3cm、宽 2.6cm、最厚 0.4cm。

漆木器：1 件（M4C：4），半圆形，器表残存红色漆皮，直径 7.7cm，厚 0.7cm。

骨角器 8 件。

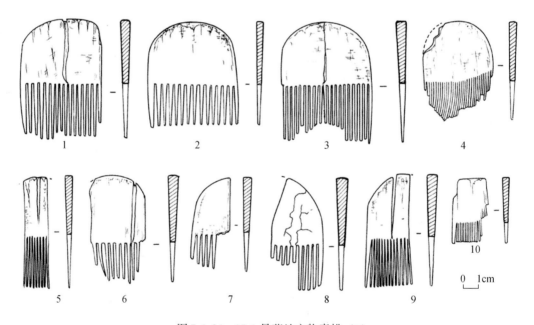

图 7-1-24　15-1 号墓地文物素描（1）

1~7、9、10. 木梳（M1C：1②、M1C：1①、M4C：3①、M1C：1④、M4C：3③、M4C：3②、15-1 号墓地 C：2①、M1C：1③、M4C：3④）；8. 骨梳（15-1 号墓地 C：2②）

弓弭：3 件，长条形，顶端圆弧，一边削出凹槽，凹槽下通体一侧有细密的划痕。

M3C：1①，长 14.9cm、最宽 3cm。

M3C：1②，长 17.9cm、最宽 2.4cm。

M3C：1③，长 18.7cm、最宽 1.4cm。

弓附件：4 件，有长条形、楔形等。

M3C：2①，楔形，长 16.5cm、最宽 1.4cm。

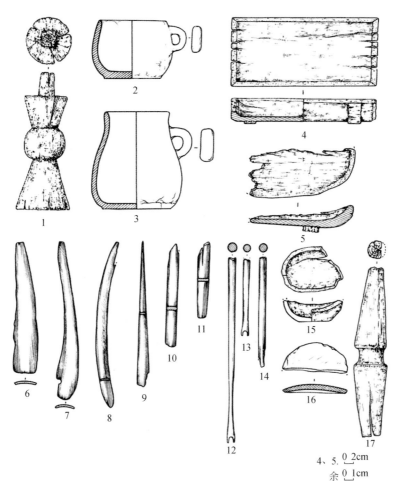

图 7-1-25　15-1 号墓地文物素描（2）

1. 木柱头（15J2：1）；2. 单耳陶杯（M2C：2）；3. 单耳陶罐（15-1 号 1 号墓地 C：6）；4. 木盘（M4C：8）；5. 木几
（M4C：9①）；6~8. 弓弭（M3C：1①~③）；9~11. 弓附件（M3C：2①~③）；12~14. 箭杆（M4C：2①~③）；
15. 木钵（15-1 号墓地 C：1）；16. 漆木器（M4C：4）；17. 木结具（LA：1）

M3C：2②，长条形，长 11.5cm、最宽 1.3cm。

M3C：2③，长条形，一端较宽，另一端较窄，长 8.6cm、最宽 1.3cm。

M4C：1，弧形。长 19.7cm，最宽 2.6cm。

骨器：1 件（15-1 号墓地 C：2②），为梳，残，表面已干裂起翘。梳背弧形，梳齿扁长且较稀疏。长
7.5cm、宽 3.5cm、最厚 0.8cm。

玻璃器 2 件，为耳珰和料珠。

耳珰：1 件（15-1 号墓地 C：4①），残，绿色，亚腰形，中部穿孔，高 1.3cm，孔径 0.1cm。

料珠：1 件（15-1 号墓地 C：4②），为三联珠，完整，宝石蓝色，中部穿孔，高 0.9cm，孔
径 0.1cm。

贝器 1 件（M4C：6），为装饰品，圆形薄片，中部穿孔，直径 1cm，孔径 0.1cm。

织物 1 件（M4C：7），残损严重。

钱币 1 枚（15-1 号墓地 C：3），为五铢钱，完整，表面已锈蚀，圆形方穿，"五铢"二字已漫漶不
清，仅能依稀可辨。"五"字较宽扁。钱径 2.6cm，穿径 0.9cm（图 7-1-1）。

7.1.13　张币 1 号遗址

张币 1 号遗址又称 15 居址 2，位于 C4-3 区块中南部，地理坐标为：40°27′N，89°57′E。西北距 15-2

号墓地约400m，西北距楼兰古城约8.1km，东距15居址1约4.7km。遗址由多处居址、羊圈组成，是一处面积较大的中心级村镇遗址。遗迹均在地势较高的雅丹顶部。

在居址附近地表上散落少量遗物。此次编号7件。器类有铜、银、木、玻璃等。器型主要有泡钉、耳环、木柱头、玻璃珠等。

铜器3件，为铜泡钉，完整，圆帽状，内有铆钉。

15J2：2①，直径1cm，高0.3cm。

15J2：2②，直径1cm，通高0.3cm。

15J2：2③，直径0.7cm，高0.3cm。

银器2件，为耳环，完整，用细银条弯曲成椭圆形，首尾两端不闭合。

15J2：3①，长径1.7cm，短径1.2cm，丝径0.2cm。

15J2：3②，器物表面镶嵌葡萄样的装饰，长径1.8cm、短径1.6cm、丝径0.2cm。

玻璃器1件（15J2：4），为料珠，残，圆柱体，中间穿孔，珠体表面有斜向三道细条带纹，长1.2cm，直径0.9cm、孔径0.2cm。

木器1件（15J2：1），为木柱头，残，用一整块圆木砍削而成，亚腰形，榫头为方柱体。通长32cm，榫头长2.8cm。

7.1.14 区内采集遗物（401件）

这批遗物采集自C4-1、C4-2、C4-3、C4-4、C5-1、C5-2、D1-1、D2-2等8个区块，共计401件。不仅数量多，而且种类丰富，既有较为常见的陶、铜、铁、玉石器，更有个别遗物堪称精品，如铜印、花押、玉斧等。质地有陶、铜、铁、石、瓷、玻璃、贝、钱币等，其中陶器13件、铜器57件、铁器23件、玉石器273件、玻璃器8件、贝器4件、瓷器1件、钱币22枚。

1. 陶器13件

多残，完整器比较少。制法有手制和轮制两种，陶色有夹砂红陶、夹砂灰陶和夹砂黄褐陶等，陶质较硬。均为素面。器形主要有罐、灯盏、纺轮、陶范、器腹残片等。以纺轮居多，基本为生活用具（图7-1-26）。

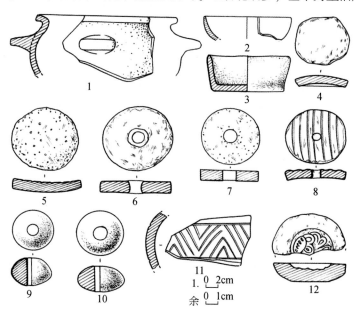

图7-1-26 2015年楼兰地区发现陶器文物素描

1. 罐（15C4-4：2）；2、3. 灯盏（15C4-2：14、15C5-5：1）；4~10. 纺轮（15C4-4：28①、15C4-3：23②、15C4-3：23①、15C4-4：3、15D1-1：6①、15D1-1：6③、15D1-1：6②）；11. 器腹残片（15C4-4：30②）；12. 陶范（15C4-4：27）

罐1件（15C4-4：2），残，仅存陶罐口肩部，轮制，灰皮红胎，陶质较好，侈口，外斜平沿，束颈，横鋬耳。口径24cm、高12cm。

灯盏2件，手制，器型不甚规整，较粗糙，敞口，斜腹。

15C5-1：1，完整，夹砂灰陶，平底。口径6.9cm、底径6cm、高3.2cm。

15C4-2：14，残，仅存一半，夹砂红陶，圆沿。器表凹凸不平。残高2.1cm。

纺轮7件，有圆饼形和纺锤形两种形制。

（1）圆饼形：5件。

15D1-1：6①，完整，夹砂灰陶，表面有不均等的凹槽，中部穿孔，直径5.1cm，孔径0.7cm，厚0.7cm。

15C4-3：23①，灰皮红胎，中部穿孔，直径6cm，孔径1.6cm。

15C4-3：23②，直径5.6cm。

15C4-4：3，完整，灰皮红胎，中部穿孔，直径5cm，孔径1.2cm。

15C4-4：28①，夹砂红陶，直径4.5cm，厚0.8cm。

（2）纺锤形：2件，均中部穿孔。

15D1-1：6②，残，直径4.1cm，孔径1.2cm。

15D1-1：6③，完整，夹砂红陶，直径3.5cm、孔径1cm。

陶范1件（15C4-4：27），残，仅存一半，轮制，夹砂黄褐陶，斜腹，平底。器表阴刻图案，器壁有明显的切削痕。口径6cm、底径3.3cm、高1.6cm。

器腹残片2件，轮制，夹砂灰陶。器表上下对称饰凹弦纹，中间刻划倒三角纹。

15C4-4：30①，残高4cm。

15C4-4：30②，残高4.6cm。

2. 铜器57件

器形主要有壶、印、铃铛、镊、簪、手镯、戒指、顶针、带扣、耳环、镜、泡钉、矛、镞、铜饰和残铜器（图7-1-27）。

壶1件（15D1-1：16），残，只存器底部分。器壁较薄，且磨损较多，表面有多处残损。残高8cm。

印1件（15C4-1：1），完整。印面为方形，虎钮，印面阴刻篆文6个汉字，为"张市千人丞印"。通高2.4cm，印边长1.9cm。

铃铛1件（15C4-2：17），完整。球形。有悬环，下部开一条口，内有铃锤，摇动后有响声。表面以中间圆点为中心，分别对称饰四圈同心圆。通长1.3cm，铃铛长径1.2、短径1.1cm。

镊1件（15C4-3：6），完整。镊身长方形，镊身较长有活动箍，可以上下收放，镊刃内扣。镊身上部对称阴刻形似五铢钱中的"五"字图案，中部阴刻杉针形饰。整体制作精细。通长9.7cm，镊身厚0.1cm。

簪1件（15C4-2：2），残。簪头较宽扁，顶端上翘，簪身为圆柱体，一端较尖锐。通长8.9cm，簪头长2.9cm、最宽1.5cm，簪身直径0.5cm。

手镯1件（15C4-3：11），残，仅存一半。用较宽扁铜条弯曲而成。长5.5cm，铜条直径0.3cm。

戒指2件，由扁铜条弯曲而成。戒面呈椭圆形。

15C4-3：21，残。戒面长径2.4cm、短径1.2cm。

15C4-2：11，完整，戒面并阴刻图案，似为两物体相向而立。戒面长径1.7cm、短径1.4cm，高2.1cm。

顶针1件（15C4-4：18），完整，环状，表面有三圈密布的圆点。环径1.9cm，宽0.5cm。

带扣2件。

15C4-4：32①，残，扣环呈扁圆形，扣舌短粗，直径2.8cm，扣舌长1.8cm。

15C4-4：32②，残，略呈梯形，长3.8cm。

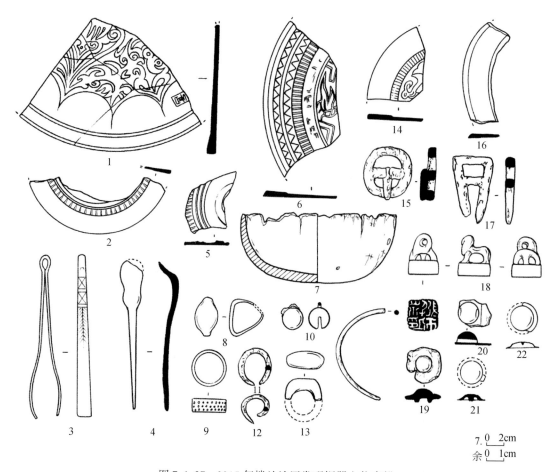

图 7-1-27　2015 年楼兰地区发现铜器文物素描

1、2、5、6、14、16. 镜（15D1-1：2、15D1-1：1、15C4-3：7、15C4-4：6①、15C4-4：6②、15C4-4：33）；3. 镊（15C4-3：6）；4. 簪（15C4-2：2）；7. 壶（15D1-1：16）；8、13. 戒指（15C4-2：11、15C4-3：21）；9. 顶针（15C4-4：18）；10. 铃铛（15C4-2：17）；11、12. 耳环（15C4-4：17①、15C4-4：17②）；15、17. 带扣（15C4-4：32①、15C4-4：32②）；18. 印（15C4-1：1）；19～22. 泡钉（15C4-4：21、15D2-2：6、15C4-2：23②、15C4-2：23①）

耳环 2 件，均残，用铜条弯曲而成。尾端不闭合。

15C4-4：17①，直径 1.9cm、环径 0.3cm。

15C4-4：17②，直径 1.6cm、环径 0.3cm。

镜 6 件，均残。

15C4-4：6①，不规则形。镜面平直，镜身较薄，宽斜沿，缘较厚，镜面外区饰云纹，之外饰三道弦纹，中间对称填以竖短线纹，再外为两道弦纹中间以三角纹间隔，长 9.1cm、宽 4.5cm。

15C4-4：6②，窄平沿，缘较厚。镜面外区饰图案，并在图案外另饰一道弦纹，在弦纹上对称饰一周竖短线纹，长 4.5cm、宽 3.1cm。

15C4-4：33，仅存镜缘，宽斜沿，缘较厚，长 6cm，镜缘厚 0.3cm。

15D1-1：1，只存镜缘，弧形，宽沿，缘较厚，镜面外区饰两道弦纹，中间对称填以竖短线纹，直径 8.4cm，厚 0.2cm。

15D1-1：2，三角形，宽沿，缘较厚，镜缘饰一道凹弦纹，镜面外区饰以祥云瑞草，边缘残存 "宜子" 二字，长 10.7cm、宽 7.3cm、厚 0.2cm。

15C4-3：7，不规则形。镜面平直，镜身较薄，平沿，镜面外区饰五圈弦纹，镜缘对称饰短线纹，长 3.8cm、宽 2.5cm。

泡钉 4 件，均残，圆帽状，中部凸起。

15C4-2：23①，直径 2cm，高 0.4cm。

15C4-2：23②，直径1.9cm，高0.4cm。

15D2-2：6，下端一侧有圆形穿孔，直径1.3cm，高0.7cm。

15C4-4：21，边缘已不规整。直径2.1cm、高0.4cm。

矛2件，均残，身呈三角形，基部平直，銎较长，銎孔中空。

15C4-3：9，仅存矛头，长2.3cm、宽1.8cm、孔径0.4cm。

15C5-2：2，通长10.3cm，矛身长9cm，銎孔直径0.9cm。

镞12件，有三棱形和三翼形两种形制（图7-1-28）。

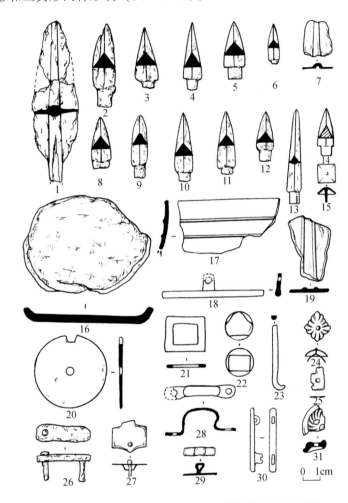

图7-1-28　2015年楼兰地区发现铜镞铜饰等文物素描

1、7. 矛（15C5-2：2、15C4-3：9）；2~6、8~14. 镞（15C4-3：20、15D1-1：9、15D2-2：1①、15D2-2：1②、
15D2-2：1③、15C4-4：29、15C4-4：16①、15C4-4：16②、15C4-4：16③、15C4-4：16④、15C4-4：16⑤、
15C4-2：24）；15、18、20~24、26~31. 铜饰（15C4-3：14①、15C4-2：29、15C4-4：20①、15C4-4：20②、
15C4-4：20③、15C4-4：20⑥、15C4-4：20④、15C4-2：10①、15C4-2：10②、15C4-2：4、15C4-2：10④、
15C4-4：20⑤、15C4-3：14②）；16、17、19、25. 残铜器（15D1-1：4、15D2-2：3、15C4-2：6、15C4-3：8）

（1）三棱形：11件，铤均已残断。镞身三棱形，棱间凹下，前收成锋。铤与镞身相连，为圆柱体。

15C4-4：16①，通长3cm，长2.4cm。

15C4-4：16②，通长4cm，长3.5cm。

15C4-4：16③，通长4cm，长3.5cm。

15C4-4：16④，通长3.9cm，长3cm。

15C4-4：29，通长3.2cm，长2.7cm。

15C4-3：20，通长5.3cm，长4.2cm。

15C4-2：24，通长 2.9cm，长 2.3cm。

15D1-1：9，通长 3.5cm，长 3.2cm。

15D2-2：1①，通长 4.1cm，宽 1.2cm，铤长 0.6cm。

15D2-2：1②，通长 3.5cm，长 2.7cm。

15D2-2：1③，通长 2.4cm，长 2.2cm。

（2）三翼形：1件（15C4-4：16⑤），完整。铤身每面分别有二道凹槽，锋、翼较锋利，有銎孔，中空，呈圆筒状。通长 5.8cm，镞身 4.9cm。

铜饰 15 件。

15C4-2：10①，完整，平面呈长方形，两端各有一孔，中间插入铆钉，残长 3.4cm，铆钉长 1.1cm。

15C4-2：10②，残，不规则形，一端有孔，内插铆钉，长 2.1、宽 1.9cm，铆钉长 0.9cm。

15C4-2：10③，完整，在两个长方形薄片的上下两端用铆钉契合，长 1.9cm。

15C4-2：10④，残，用较宽扁的铜条扭曲成倒 U 形，长 1.7cm。

15C4-2：4，残，用较宽扁的铜条扭曲成倒 U 形，平直的一端有穿孔，通长 3.6cm，孔径 0.3cm。

15C4-2：29，完整，T 形，通长 6.5cm。

15C4-3：14①，完整，上端为方形，中间楔入铜钉，边长 1.2cm，铆钉长 0.9cm。

15C4-3：14②，完整，略呈三角形，其中一角上翘，中部穿孔，器表饰凹弦纹，长 2cm、宽 1.5cm，孔径 0.3cm。

15C4-4：20①，完整，圆形，顶端有方形缺口，环中间有穿孔，直径 4.5cm，孔径 0.5cm，厚 0.2cm。

15C4-4：20②，完整，长方形，中间为方形穿孔，长 2.4cm、宽 2.1cm，孔边长 1.6cm。

15C4-4：20③，完整，球形，中间为长方形穿孔，直径 1.9cm，孔长 1.2、宽 1cm。

15C4-4：20④，完整，圆帽状，顶端有孔，内插两根铜条，圆帽表面以孔为中心，向四角对称阴刻斜线纹，边长 1.2cm。

15C4-4：20⑤，完整，长条形，两端背面各有一桥状钮和扁柱状铜条，长 3.7cm。

15C4-4：20⑥，完整，圆柱体，一端上翘，长 3.2cm。

15C4-4：20⑦，残，圆柱体，长 4.6cm，直径 0.2cm。

残铜器 5 件。

15D1-1：4，椭圆形，器壁较厚，长 8cm、宽 5.6cm、厚 0.4cm。

15C4-4：13，不规则形，残高 1.9cm。

15D2-2：3，不规则形，长 6.1cm、宽 3.1cm。

15C4-2：6，环状，上下两端边缘呈锯齿状，长 3.8cm、宽 2.6cm。

15C4-3：8，不规则形，中部有孔，长 1.5cm、宽 1cm，孔径 0.3cm。

3. 铁器 23 件

有罐、刀、剑、镞、蒺藜、车軎、车饰、环、残铁器等（图 7-1-29）。

罐 1 件（15C4-4：34），残，仅存部分口沿，敛口，外斜平沿，尖唇。残高 3.1cm。

刀 2 件，均残。

15C4-4：8①，刃部和刀柄不存，弧背弧刃，通长 10.5cm。

15C4-4：8②，直背直刃，柄较长，通长 9.7cm，柄长 3.7cm。

剑 1 件（15C4-3：3），残，仅存剑身，长条形，剑锋较锐利，长 19.4cm。

镞 3 件，有三棱形和三翼形两种形制，铤均已残断。

（1）三棱形：2件，镞身三棱形，棱间凹下，前收成锋。

15C4-2：1，通长 4cm。

15C4-4：22①，长 5.5cm。

（2）三翼形：1件（15C4-4：7），镞身每面分别有二道凹槽，锋、翼较锋利，有銎孔，中空，呈圆

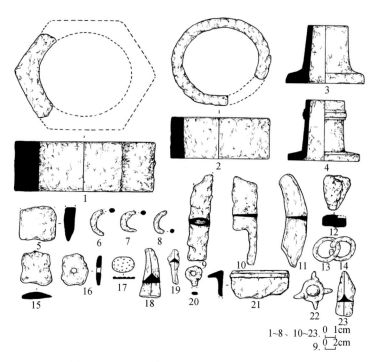

图 7-1-29　2015 年楼兰地区发现铁器文物素描

1、5~8、12、15~17、20. 残铁器（15C4-2：7、15C4-2：3③、15C4-2：3④、15C4-2：3⑤、15C4-4：22④、15C4-3：16、15C4-4：22②、15C4-2：3①、15C4-2：3②、15C4-4：22③）；2. 车饰（15C4-2：16）；3、4. 车害（15C4-2：9、15C4-2：28）；9. 剑（15C4-3：3）；10、11. 刀（15C4-4：8①、15C4-4：8②）；13、14. 环（15C4-4：12①、15C4-4：12②）；18、19、23. 镞（15C4-4：22①、15C4-2：1、15C4-4：7）；21. 罐（15C4-4：34）；22. 蒺藜（15C4-2：25）

筒状，通长 5.1cm。

蒺藜 1 件（15C4-2：25），圆柱体，周围有 4 根伸出的铁刺。通长 4cm，铁刺长 1cm。

车害 2 件，喇叭形筒状，中空，粗端有辖孔，边缘呈锯齿状，便于咬合。

15C4-2：9，通高 6.6cm，底边长 8cm。

15C4-2：28，通高 6.9cm，底边长 7.3cm。

车饰 1 件（15C4-2：16），环状，直径 10.9cm，厚 1.4cm。

环 2 件，完整，用铜条弯曲而成，尾端不闭合，相互套接在一起。

15C4-4：12①，直径 2.6cm，环径 0.4cm。

15C4-4：12②，直径 2.5cm，环径 0.4cm。

残铁器 10 件，均锈蚀严重。

15C4-2：7，截面呈三角形，直边内凹呈弧形，残长 10.2cm，最厚 2.5cm。

15C4-4：22②，长方形，长 3.9cm、宽 3.3cm。

15C4-4：22③，圆环形，中部有孔，一端有柱状柄，残长 2.3cm，直径 1.7cm、孔径 0.6cm。

15C4-4：22④，圆柱体，弧形，残长 2.5cm。

15C4-2：3①，长方形，中部有穿孔，长 3.5cm、宽 2.5cm、孔径 0.6cm。

15C4-2：3②，椭圆形，长径 2.2cm、短径 1.7cm。

15C4-2：3③，略呈正方形，边长 3.8cm。

15C4-2：3④，用铜条弯曲而成，弧形，长 3cm，铜条直径 0.6cm。

15C4-2：3⑤，用铜条弯曲而成，弧形，长 2.2cm，铜条直径 0.6cm。

15C4-3：16，三角形，长 3.9cm，最宽 2.6cm。

4. 玉石器 273 件

玉器 4 件，均为斧。石器 269 件，主要有石磨盘、研磨器、杵、穿孔石器、环、砺石、权杖头、花押、纺轮、石坠、料珠、砍砸器、球、石核、镞、石刀、石片、细石叶等细石器。

玉斧4件，梯形，面宽，边缘有加工痕迹，刃部较为锐利。

15C4-4：1①，一端已残断，长5.7cm、宽3.6cm、最厚1cm。

15C4-4：1②，一端已残断，长7cm、宽5.5cm、最厚2cm。

15C4-2：19，完整，截面呈锥形，长6.7cm、宽4.5cm、最厚1.3cm。

15C4-3：5，残，长5.2cm、宽3.5cm、最厚0.5cm。

石磨盘1件（15C4-3：1），马鞍形，中间微内凹，长32.2cm、最宽14.4cm。

研磨器1件（15C4-4：4），残，长条形，正面十分光滑，长8.4cm、宽3.9cm。

杵2件，残，梯形，剖面呈三角形，底端有使用痕。

15C4-4：26①，长20.6cm、最宽7cm；

15C4-4：26②，长14cm、最宽8cm。

穿孔石器2件，均残。

15C4-3：12，椭圆形，表面较光滑，长径3.3cm、短径2.3cm、厚0.4cm。

15C4-4：31，长条形，长7.5cm、孔径0.6cm。

环2件，完整，圆形，中部有穿孔。

15C4-4：23，直径1.6cm、孔径0.7cm。

15C4-2：30，直径2cm、孔径0.5cm。

砺石7件。

15C4-2：20，完整，长条形，一端平直，一端较锐利，长12.7cm、厚1.2cm2。

15C4-2：27①，残，长条形，一端平直，一端较锐利，顶部有穿孔，长11.9cm、孔径0.5cm。

15C4-2：27②，残，仅存上半部分，长方形，顶端有穿孔，长4.4cm、孔径0.6cm。

15C4-2：27③，残，仅存上半部分，长方形，顶端有穿孔，长4.6cm、孔径0.5cm。

15C4-2：27④，残，仅存上半部分，长方形，顶端有穿孔，长2.9cm、孔径0.4cm。

15D1-1：5，残成两段，楔形，通体较为光滑，顶端有穿孔，长9.3cm、最宽2.3cm、最厚1.4cm、孔径0.4cm。

15C4-3：2，完整，长条形，通体较光滑，一侧表面内凹，顶端穿孔，长15.6cm、最厚1cm、孔径0.3cm。

权杖头1件（15C5-2：1），为扁圆柱体细粒大理石质，中部穿孔，通体较光滑，直径6.8cm、孔径1.7cm、高4.8cm。

花押1件（15C4-4：19），完整，方形，桥形钮，表面阴刻不规则横竖线，通高1.7cm、边长1.6cm、钮高1.1cm。

纺轮2件，均残，中部穿孔。

15C4-3：23③，圆饼形，直径4.8cm、孔径0.9cm、厚0.3cm。

15C4-4：28②，馒头型，直径3.7cm、高1.5cm、孔径0.9cm。

石坠1件（15D2-2：2），残，水滴形，顶端有穿孔，长径1.8cm、短径1.5cm、孔径0.2cm。

料珠2件，完整，中部穿孔。

15C4-3：13，圆形，直径0.5cm、孔径0.2cm、高0.1cm。

15C4-4：5⑥，圆柱体，白色，高0.8cm、直径1.1cm、孔径0.2cm。

砍砸器9件，均残，为自然形成的砾石，不规则形，石头表面有人工砍砸的痕迹。

15C4-4：25①，长6cm、宽5.4cm、高6.7cm。

15C4-4：25②，长5.3cm、宽4.5cm。

15C4-4：25③，长5.3cm、宽4cm。

15C4-4：25④，长6cm、宽8cm。

15C4-4：25⑤，长 12cm、最宽 4.6cm。

15C4-4：25⑥，长 5.4cm、宽 5.5cm。

15C4-4：25⑦，长 3cm、宽 4.1cm。

15D1-1：13①，长 6.6cm、宽 5.4cm。

15D1-1：13②，长 5.5cm、宽 5.1cm。

球 4 件，完整，用卵石加工而成，有明显的加工痕迹。

标本 15C4-3：4①，直径 5.6cm。

标本 15D1-1：3，通体较平滑，长径 5.3cm、短径 4.4cm。

石核 21 件。可分为船底形石核、楔形石核和圆柱形石核三种。用砾石加工而成，一般将砾石截去一节，以劈裂面作台面，核体上留有许多窄长条疤痕，有的核体上保留有自然面。

（1）船底形石核：1 件（15C4-4：24①），完整，底部较平，核体上疤痕比较宽短，长 3cm、宽 2.8cm。

（2）楔形石核：7 件，一端残断，核体有上明显的窄长条疤痕。

15C4-4：24②，长 4.1cm、宽 1.4cm。

15C4-3：18①，长 5cm，最宽 2.7cm。

15C4-3：18②，长 3.3cm，最宽 2.7cm。

15C4-3：18③，长 3.6cm，最宽 2.3cm。

15D2-2：4，长 3.4cm、宽 1.5cm。

15C4-3：18⑩，长 2.1cm、最宽 0.9cm。

15C4-3：18⑪，长 1.8cm、最宽 0.8cm。

（3）圆柱形石核：13 件。

15C4-4：24③，长 3.1cm、宽 2.5cm。

15C4-4：24④，长 3.3cm、宽 2.1cm。

15C4-4：24⑤，长 3.4cm、宽 2.8cm。

15C4-4：24⑥，长 2.5cm、宽 2.2cm。

15C4-4：24⑦，长 3.4cm、宽 2.7cm。

15C4-3：18④，长 3.4cm、最宽 2.4cm。

15C4-3：18⑤，长 3.8cm、最宽 2cm。

15C4-3：18⑥，长 3.1cm、最宽 2.6cm。

15C4-3：18⑦，长 2.3cm、最宽 2cm。

15C4-3：18⑧，长 4.9cm、最宽 2cm。

15C4-3：18⑨，长 2cm，最宽 1.6cm。

15D1-1：14①，长 4.2cm、宽 3.5cm。

15D1-1：14②，长 2.8cm、宽 1.6cm。

镞 49 件，有桂叶形和三角形两种形制（图 7-1-30）。

（1）桂叶形：38 件，部分铤已残断，剖面呈菱形，通体鱼鳞状，圆弧刃，十分精致规整。

15C4-4：9①，长 7.1cm、宽 3.9cm。

15C4-4：9②，长 7.8cm、宽 2.5cm。

15C4-4：9③，长 4.9cm、宽 2.7cm。

15C4-4：9④，长 5.7cm、宽 1.8cm。

15C4-4：9⑤，长 3.4cm、宽 2cm。

15C4-4：9⑥，长 6.1cm、宽 1.5cm。

15C4-4：9⑦，长 5.2cm、宽 1.7cm。

15C4-4：9⑧，长 5.6cm、宽 1.7cm。

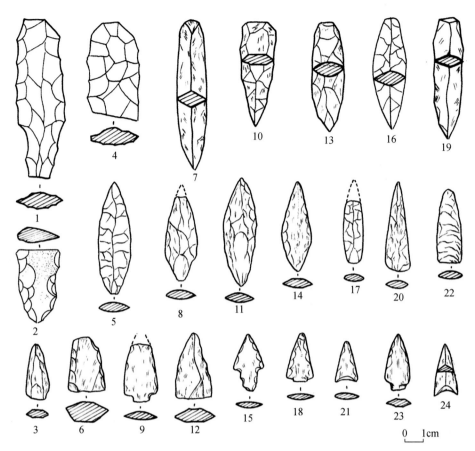

图 7-1-30　2015 年楼兰地区发现石镞石器文物素描

1 ~ 24. 镞（15C4-4：9②、15C4-3：15④、15D1-1：11⑦、15C4-4：9③、15D1-1：11⑧、15D1-1：11㉑、15C4-4：9⑨、15D1-1：
11⑮、15D1-1：11㉓、15C4-4：9⑦、15D1-1：11①、15D1-1：11㉒、15C4-4：9⑫、15D1-1：11⑥、15D1-1：11⑩、15C4-4：9⑧、
15D1-1：11⑱、15D1-1：11㉔、15C4-4：9⑥、15D1-1：11⑰、15D1-1：11②、15D1-1：11⑪、15D1-1：11㉕、15D1-1：11⑦）

15C4-4：9⑨，长 7.5cm、宽 1.5cm。

15C4-4：9⑩，长 4.6cm、宽 11.5cm。

15C4-4：9⑪，长 3.5cm、宽 2.2cm。

15C4-4：9⑫，长 5.5cm、宽 1.6cm。

15C4-4：9⑬，长 3cm、宽 1.4cm。

15C4-4：9⑭，长 3.8cm、宽 1.6cm。

15C4-4：9⑮，长 3cm、宽 0.9cm。

15C4-4：9⑯，长 2.2cm、宽 1.1cm。

15C4-3：15①，长 3.8cm。

15C4-3：15②，长 3.3cm。

15C4-3：15③，长 2.5cm。

15C4-3：15④，长 4.3cm。

15C4-4：11①，长 10.9cm、最宽 3.1cm。

15D1-1：11①，长 6cm、宽 1.7cm。

15D1-1：11②，长 4cm、宽 1.4cm。

15D1-1：11③，长 3.3cm、宽 1.3cm。

15D1-1：11⑥，长 4.9cm、宽 1.6cm。

15D1-1：11⑦，长 3.1cm、宽 1.3cm。

15D1-1：11⑧，长 6.2cm、宽 1.8cm。

15C4-4：11⑨，长 9cm、宽 1.2cm。

15D1-1：11⑫，长 2.8cm、宽 1cm。

15D1-1：11⑬，长 3.5cm、宽 1.6cm。

15D1-1：11⑭，长 2.5cm、宽 1.1cm。

15D1-1：11⑮，长 5.3cm、宽 1.9cm。

15D1-1：11⑯，长 5.1cm、宽 1.4cm。

15D1-1：11⑱，长 3.5cm、宽 1.1cm。

15D1-1：11⑲，长 3cm、宽 1cm；

15D1-1：11㉗，长 3.4cm、宽 1.2cm。

15D1-1：11㉘，长 3.3cm、宽 1.4cm。

15D1-1：11㉛，长 3cm、宽 2.2cm。

（2）三角形：11 件，两侧边压剥痕迹明显。

15D1-1：11⑩，通长 3.2cm，镞身长 2cm、宽 1.7cm。

15D1-1：11⑪，通长 3.1cm，镞身长 2.6cm、宽 1.4cm。

15D1-1：11⑰，通长 2.3cm、宽 1.3cm。

15D1-1：11㉑，长 3cm、宽 2.2cm。

15D1-1：11㉒，长 3.6cm、宽 2.1cm。

15D1-1：11㉓，通长 3.3cm，镞身长 2.8cm、宽 2cm。

15D1-1：11㉔，通长 2.7cm，镞身长 2.5cm、宽 1.5cm。

15D1-1：11㉕，通长 3cm、宽 1.4cm。

15D1-1：11㉖，长 2.3cm、宽 1.3cm。

15D1-1：11㉙，长 1.8cm、宽 1.3cm。

15D1-1：11㉚，通长 3.1cm，镞身长 2cm、宽 2.2cm。

石刀 3 件，完整，梯形，边缘有明显的压剥痕。刃部较锐利。

15C4-4：11④，长 3cm、宽 3.1cm。

15C4-4：11⑤，长 4.6cm、宽 6.3cm。

15D1-1：11⑳，长 6.2cm、宽 3.5cm。

石片 31 件。均为直接打击法产生，形状不规则。有的边沿一侧或两侧有使用痕。

15C4-4：11②，长 4cm、宽 2.5cm。

15C4-4：11③，长 4.7cm、宽 3cm。

15C4-4：11⑥，长 3.5cm、宽 2.5cm。

15C4-4：11⑦，长 2.5cm、宽 3cm。

15C4-4：11⑧，长 2.9cm、宽 2cm。

15C4-4：11⑨，长 2.4cm、宽 2.8cm。

15C4-4：11⑩，长 3.5cm、宽 2.4cm。

15C4-4：11⑪，长 2.1cm、宽 2.3cm。

15C4-4：11⑫，长 2.4cm、宽 2cm。

15C4-4：11⑬，长 3.1cm、宽 2cm。

15C4-4：11⑭，长 3cm、宽 1.6cm。

15C4-4：11⑮，长 2.3cm、宽 2.1cm。

15C4-4：11⑯，长 2.4cm、宽 1.6cm。

15C4-4：11⑰，长 1.8cm、宽 1.6cm。

15C4-4：11⑱，长 2cm、宽 2.6cm。

15C4-4：11⑲，长 2.6cm、宽 1.6cm。

15C4-4：11⑳，长 2cm、宽 1.3cm。

15D1-1：11④，长 4.7cm、宽 1.8cm。

15D1-1：11⑤，长 5.1cm、宽 2.2cm。

15D1-1：15①，长 3.7cm、宽 2.9cm。

15D1-1：15②，长 3.4cm、宽 3cm。

15D1-1：15③，长 3.7cm、宽 3cm。

15D1-1：15④，长 3.5cm、宽 3.1cm。

15D1-1：15⑤，长 3.3cm、宽 2.8cm。

15D1-1：15⑥，长 2.4cm、宽 2.2cm。

15C4-3：19①，长 4.8cm、宽 3.5cm。

15C4-3：19②，长 2.9cm、宽 2.8cm。

15C4-3：19③，长 3.7cm、宽 3.2cm。

15C4-3：19④，长 2.4cm、宽 1.9cm。

15C4-3：19⑤，长 3cm、宽 1.5cm。

15C4-3：19⑥，长 3cm、宽 2.2cm。

细石叶 130 件，一端多折断，长条形，剖面呈三角形或梯形。表面有窄长条疤痕，两侧边有使用痕或第二次修整痕，有些可与其他器物组合成复合工具使用（图 7-1-31、图 7-1-32）。

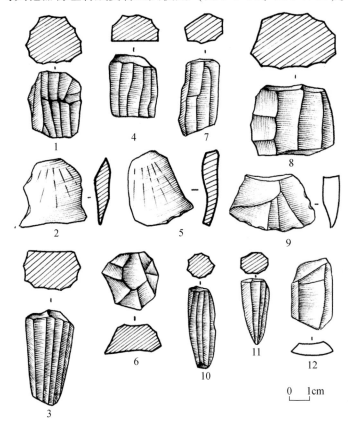

图 7-1-31　2015 年楼兰地区发现的石核文物素描图

1、4、7、8. 圆柱形石核（15C4-4：24⑦、15C4-4：24③、15C4-3：18⑤、15D1-1：14①）；2、5、9、12. 石片
（15D1-1：15④、15D1-1：15③、15C4-4：11③、15C4-4：11②）；3、10、11. 楔形石核（15C4-3：18①、15C4-4：
24②、15D2-2：4）；6. 船底形石核（15C4-4：24①）

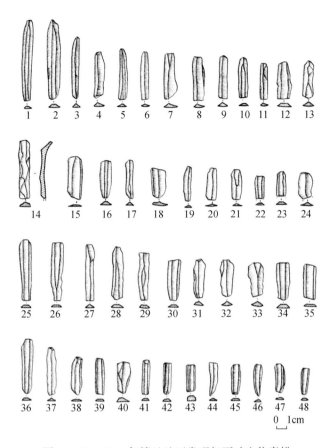

图 7-1-32　2015 年楼兰地区发现细石叶文物素描

1~48. 细石叶（15C4-4：10②、15C4-4：10①、15C4-4：10⑨、15C4-4：10⑦、15C4-4：10⑮、15C4-4：10⑭、15C4-4：10⑧、15C4-4：10③、15C4-4：10⑲、15C4-4：10㉓、15C4-4：10⑳、15C4-4：10④、15C4-4：10⑥、15C4-2：26⑮、15C4-2：26③、15C4-2：26②、15C4-2：26⑭、15C4-2：26①、15C4-2：26④、15C4-2：26⑤、15C4-2：26⑥、15C4-2：26⑦、15C4-2：26⑧、15C4-2：26⑨、15D1-1：12㊲、15D1-1：12⑥、15D1-1：12②、15D1-1：12④、15D1-1：12①、15D1-1：12㊱、15D1-1：12⑮、15D1-1：12③、15D1-1：12⑨、15D1-1：12⑩、15D1-1：12⑬、15C4-3：17④、15C4-3：17①、15C4-3：17②、15C4-3：17⑭、15C4-3：17⑤、15C4-3：17⑦、15C4-3：17⑧、15C4-3：17⑥、15C4-3：17⑩、15C4-3：17⑪、15C4-3：17⑫、15C4-3：17⑬、15C4-3：17⑨）

15C4-4：10①，长 7.8cm。

15C4-4：10②，长 7.9cm。

15C4-4：10③，长 4.3cm。

15C4-4：10④，长 3.6cm。

15C4-4：10⑤，长 5.3cm。

15C4-4：10⑥，长 3.6cm。

15C4-4：10⑦，长 4.6cm。

15C4-4：10⑧，长 4.5cm。

15C4-4：10⑨，长 6.2cm。

15C4-4：10⑩，长 2.3cm。

15C4-4：10⑪，长 1.9cm。

15C4-4：10⑫，长 3.8cm。

15C4-4：10⑬，长 3.7cm。

15C4-4：10⑭，长 4.7cm。

15C4-4：10⑮，长 4.9cm。

15C4-4∶10⑯，长 3.5cm。

15C4-4∶10⑰，长 3.6cm。

15C4-4∶10⑱，长 3.1cm。

15C4-4∶10⑲，长 4.1cm。

15C4-4∶10⑳，长 3.4cm。

15C4-4∶10㉑，长 2.4cm。

15C4-4∶10㉒，长 3.1cm。

15C4-4∶10㉓，长 4cm。

15C4-4∶10㉔，长 3cm。

15C4-4∶10㉕，长 2.5cm。

15C4-4∶10㉖，长 2.5cm。

15C4-4∶10㉗，长 2.6cm。

15C4-4∶10㉘，长 3cm。

15C4-4∶10㉙，长 2.8cm。

15C4-4∶10㉚，长 3cm。

15C4-4∶10㉛，长 2.8cm。

15C4-4∶10㉜，长 2.2cm。

15C4-4∶10㉝，长 2.4cm。

15C4-4∶10㉞，长 2.7cm。

15C4-4∶10㉟，长 2.9cm。

15C4-4∶10㊱，长 2.3cm。

15C4-4∶10㊲，长 2.4cm。

15C4-4∶10㊳，长 3cm。

15C4-4∶10㊴，长 2.6cm。

15C4-4∶10㊵，长 2.5cm。

15C4-4∶10㊶，长 3cm。

15C4-4∶10㊷，长 2.7cm。

15C4-4∶10㊸，长 1.6cm。

15C4-4∶10㊹，长 2.9cm。

15C4-4∶10㊺，长 2.3cm。

15C4-2∶26①，长 2.8cm、宽 1.4cm。

15C4-2∶26②，长 3.7cm、宽 1.1cm。

15C4-2∶26③，长 4.3cm、宽 1.4cm。

15C4-2∶26④，长 3.3cm、宽 0.7cm。

15C4-2∶26⑤，长 3.1cm、宽 1.1cm。

15C4-2∶26⑥，长 2.9cm、宽 1cm。

15C4-2∶26⑦，长 2.2cm、宽 0.9cm。

15C4-2∶26⑧，长 2.4cm、宽 1cm。

15C4-2∶26⑨，长 2.6cm、宽 1.3cm。

15C4-2∶26⑩，长 1.8cm、宽 0.9cm。

15C4-2∶26⑪，长 2.1cm、宽 0.7cm。

15C4-2∶26⑫，长 1.8cm、宽 0.9cm。

15C4-2∶26⑬，长 2.2cm、宽 0.9cm。

15C4-2：26⑭，长 3.8cm、宽 0.8cm。

15C4-2：26⑮，长 5.7cm、宽 1.2cm。

15D1-1：12①，长 4.9cm、宽 1cm。

15D1-1：12②，长 5.7cm、宽 0.9cm。

15D1-1：12③，长 3.8cm、宽 1.4cm。

15D1-1：12④，长 5.4cm、宽 1.1cm。

15D1-1：12⑤，长 4cm、宽 0.8cm。

15D1-1：12⑥，长 6cm、宽 1.2cm。

15D1-1：12⑦，长 3cm、宽 1cm。

15D1-1：12⑧，长 2.4cm、宽 1.5cm。

15D1-1：12⑨，长 3.5cm、宽 1.7cm。

15D1-1：12⑩，长 3.8cm、宽 1.5cm。

15D1-1：12⑪，长 2.6cm、宽 1cm。

15D1-1：12⑫，长 2.6cm、宽 0.8cm。

15D1-1：12⑬，长 3.6cm、宽 1.3cm。

15D1-1：12⑭，长 4.9cm、宽 0.7cm。

15D1-1：12⑮，长 3.9cm、宽 1.1cm。

15D1-1：12⑯，长 3.1cm、宽 0.8cm。

15D1-1：12⑰，长 3cm、宽 1.6cm。

15D1-1：12⑱，长 2.6cm、宽 0.9cm。

15D1-1：12⑲，长 3.4cm、宽 1cm。

15D1-1：12⑳，长 2.6cm、宽 1cm。

15D1-1：12㉑，长 2.7cm、宽 0.9cm。

15D1-1：12㉒，长 2.1cm、宽 1.2cm。

15D1-1：12㉓，长 3.6cm、宽 0.8cm。

15D1-1：12㉔，长 3.5cm、宽 0.7cm。

15D1-1：12㉕，长 2.3cm、宽 1.3cm。

15D1-1：12㉖，长 2.3cm、宽 1.8cm。

15D1-1：12㉗，长 1.7cm、宽 0.8cm。

15D1-1：12㉘，长 2.8cm、宽 1cm。

15D1-1：12㉙，长 4.1cm、宽 1.2cm。

15D1-1：12㉚，长 1.7cm、宽 1cm。

15D1-1：12㉛，长 2.7cm、宽 0.7cm。

15D1-1：12㉜，长 1.6cm、宽 1cm。

15D1-1：12㉝，长 2.5cm、宽 0.8cm。

15D1-1：12㉞，长 1.9cm、宽 1cm。

15D1-1：12㉟，长 2.4cm、宽 1cm。

15D1-1：12㊱，长 4.1cm、宽 1.2cm。

15D1-1：12㊲，长 6.2cm、宽 1.2cm。

15D1-1：12㊳，长 2.1cm、宽 1cm。

15D1-1：12㊴，长 1.9cm、宽 1.5cm。

15D1-1：12㊵，长 3.8cm、宽 0.7cm。

15D1-1：12㊶，长 1.6cm、宽 0.7cm。

15D1-1：12㊷，长 2.4cm、宽 0.6cm。

15D2-2：5①，长 3.6cm、宽 1.3cm。

15D2-2：5②，长 2.7cm、宽 1.2cm。

15C4-3：17①，长 5cm、宽 1cm。

15C4-3：17②，长 4.1cm、宽 1.1cm。

15C4-3：17③，长 2.7cm、宽 0.4cm。

15C4-3：17④，长 5.7cm、宽 1.2cm。

15C4-3：17⑤，长 3.3cm、宽 1.5cm。

15C4-3：17⑥，长 2.8cm、宽 1cm。

15C4-3：17⑦，长 3.5cm、宽 0.8cm。

15C4-3：17⑧，长 3.3cm、宽 0.9cm。

15C4-3：17⑨，长 2.7cm、宽 0.9cm。

15C4-3：17⑩，长 3.5cm、宽 0.8cm。

15C4-3：17⑪，长 3.3cm、宽 1cm。

15C4-3：17⑫，长 3.4cm、宽 0.8cm。

15C4-3：17⑬，长 3cm、宽 1cm。

15C4-3：17⑭，长 3.8cm、宽 1cm。

15C4-3：17⑮，长 2.8cm、宽 1.3cm。

15C4-3：17⑯，长 3.3cm、宽 0.7cm。

15C4-3：17⑰，长 2.5cm、宽 0.8cm。

15C4-3：17⑱，长 2.3cm、宽 1.2cm。

15C4-3：17⑲，长 3cm、宽 0.8cm。

15C4-3：17⑳，长 2.2cm、宽 1.5cm。

15C4-3：17㉑，长 2cm、宽 0.8cm。

15C4-3：17㉒，长 2.7cm、宽 0.6cm。

15C4-3：17㉓，长 2.4cm、宽 1cm。

15C4-3：17㉔，长 2.2cm、宽 0.9cm。

15C4-3：17㉕，长 2.2cm、宽 0.4cm。

15C4-3：17㉖，长 2.8cm、宽 0.9cm。

5. 玻璃器 8 件

玻璃器为器物残片和珠饰等。

器底 1 件（15D1-1：10①），残，绿色，器壁较厚，器底内凹。器体内含较多杂质，表面有明显的气泡。直径 7.5cm，残高 2.6cm。

玻璃残片 1 件（15C4-4：5⑤），为小型玻璃器颈部部分，蓝色，不规则形。残高 3cm。

料珠 6 件，有圆珠形、菱形、圆柱体三种形制，均中部穿孔。

15D1-1：10②，蓝色，扁圆柱体，长径 1.1cm、短径 0.9cm、孔径 0.2cm。

15C4-3：22，残，为蜻蜓眼料珠，圆柱体，剖面略呈梯形，珠体为黑色，蜻蜓眼为黄、蓝色，直径 1.1cm，孔径 0.4cm。

15C4-4：5①，完整，深棕色，直径 0.7cm、孔径 0.2cm。

15C4-4：5②，仅存一半，菱形，浅蓝色，长 2.7cm、孔径 0.2cm。

15C4-4：5③，圆柱体，棕色，直径 2.1cm、孔径 0.5cm。

6. 贝器 4 件

贝器均为装饰品，系用天然海贝壳制作而成，完整。

（1）水滴形：3 件。

15C4-2：12，顶端穿孔，长 2.3cm、宽 1.7cm。

15C4-2：21，顶端有穿孔，长 1.6cm、宽 1.3cm。

15C5-2：4，中间斜向穿孔，直径 1.5cm，高 0.8cm，孔径 0.2cm。

（2）半圆形：1 件（15C4-2：18），边缘有一圈均匀的压印痕，中部有两个穿孔，长径 3.9cm、短径 3.2cm。

7. 瓷器 1 件

15C4-4：14，仅 3 小片，器表饰席纹，残高 6.6cm。

8. 钱币 22 枚

钱币包括五铢钱、剪轮五铢、龟兹小钱和货泉等（图 7-1-33）。

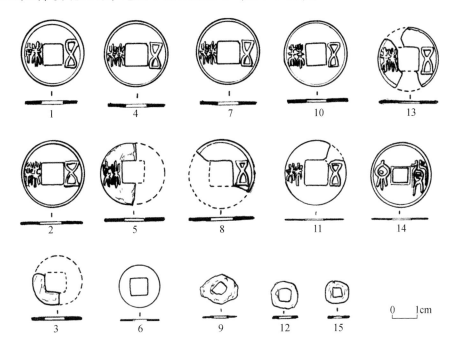

图 7-1-33 2015 年楼兰地区发现钱币文物素描

1、2、4、7、8、10. 五铢钱（15C4-4：15①、15C4-3：10①、15C4-4：15③、15C4-4：15②、15C4-2：22①、15D1-1：7②）；3、5、6、11、13. 剪轮五铢（15C4-2：15②、15C4-2：22②、15C4-3：10②、15C5-2：3、15C4-2：8①）；9、12、15. 龟兹小钱（15C4-2：13①、15C4-2：13②、15C4-2：15①）；14. 货泉（15D1-1：8）

（1）五铢钱：11 枚，6 件完整，5 件残，圆形方穿，穿之两侧篆书"五铢"二字。"五"字均较为清晰，但"铢"字多已不辨，仅能认出大致字形。"五"字字体瘦长，交笔近直或弯曲，上、下基本呈三角形。"铢"字的"金"字旁头呈三角形，之下四个短竖点，"朱"头方折。

15C4-2：5①，残，仅存"五"字，五字交笔缓曲，钱径 2cm，穿径 1cm。

15C4-2：5②，残，仅依稀能辨认出"铢"字，钱径 2.1cm。

15C4-2：22①，残，仅存"五"字，五字交笔近直，钱径 2.7cm，穿径 1cm。

15C4-3：10①，完整，圆形方穿，穿之两侧篆书"五铢"二字，"五"字字体宽扁，交笔缓曲，钱径 2.6cm，穿径 1cm。

15C4-4：15①～③，均完整，穿之两侧篆书"五铢"二字，字体清晰，"五"字字体瘦长，交笔缓曲，"铢"字的"金"旁头呈三角形，之下四个短竖点，"朱"头方折，钱径均为 2.5cm、穿径 0.9cm，厚 0.1cm。

15C4-4：15④，残，仅存一半，仅能辨认"铢"字，钱径 2.3cm。

15C4-4：15⑤，残，仅能辨认"五"字，"五"字交笔缓曲，钱径2.5cm、穿径1cm。

15D1-1：7①，完整，穿之两侧篆书"五铢"二字，字迹都较为清晰，"五"字字体瘦长，交笔近直，上、下基本呈三角形；

15D1-1：7②，完整，穿之两侧篆书"五铢"二字，字迹都较为清晰，"五"字字体宽扁，交笔弯曲，钱径2.5cm、穿径1cm。

（2）剪轮五铢：7枚，均残，仅磨去边郭，但字体已不清晰。

15C4-2：22②，仅存"铢"字，钱径2.5cm，穿径0.9cm。

15C4-2：8①，仅存"五"字，"五"字交笔缓曲，钱径2.2cm、穿径0.9cm。

15C4-2：8②，钱径2.2cm。

15C4-2：8③，钱径2cm。

15C4-2：15②，钱径2cm，穿径1cm。

15C4-3：10②，完整，钱体较小，边郭已被磨去，"五铢"二字仅存"五"字一半和"朱"字，钱径1.8cm，穿径0.8cm。

15C5-2：3，残，边郭已被磨去，"五铢"二字尚能清晰可辨，"五"字字体较宽扁，交笔缓曲，"铢"字的"金"字头呈三角形，之下四个短竖点，"朱"头方折，钱径2.4cm，穿径1cm。

（3）龟兹小钱：3枚，钱体轻薄，器型不甚规整，表面有流铜现象。

15C4-2：13①，钱径1.4cm、穿径0.5cm。

15C4-2：13②，钱径1.1cm、穿径0.5cm。

15C4-2：15①，钱径1cm，穿径0.4cm。

（4）货泉：1枚（15D1-1：8），圆形方穿，有边郭，穿之两侧篆文"货泉"二字，钱径2.4cm，穿径0.9cm。

7.2　楼兰南部地区文物

2016年完成考察，共涉及20余区块，新发现重要文物遗存点2处，为16细石器遗存和16一号遗址；标定文物点81处，包括16铜耳环，16铜饰1，16玉珠，16铜带钩，16铜凿，16圆铜片，16细石叶，石核，16单耳罐，16束颈罐1，16残甑，16陶甑，16铜镜残片2，16铜顶针，16铜饰，16管状玉珠，16细石叶，16铜矛，16玉斧4，16石坠，16铜镞2，16铜戒指，16瓜棱珠，16石坠3，16玉珠1，16铜带扣，16铜带扣1，16铁镞，16玉斧3，16玉斧1，16石核点，16细玉斧，16玉斧2，16玉斧铜镜，16贝饰点，16石杵，16陶器耳，16铜釜，16铜斗检封，16石镞区，16铜镜片，16石磨棒，16五铢钱，16铜花形饰，16铁罐，16石矛，16铜环，16铜镜，16残铜器，16铜器口沿，16陶器口沿，16瓮口沿，16石球，16石器1，16锡环，16陶甑底，16剪轮五铢1，16铜镜残片，16细石叶，刻画纹陶片，16五铢钱1，16砍砸器，16陶，铁片，16铜镜残片3，16细石叶2，16铜铃，16石结具，16铜片，16玻璃珠，16临宿点，16权杖头，16陶盏，16蜻蜓眼料珠，16马鞍形石磨盘，16束颈罐，16细石叶1，16石矛1，16石核1，16石矛2，16石片，16陶罐底，16压印纹陶罐，16坩埚（新疆文物考古研究所，2017a，2017b）。

7.2.1　细石器灰堆遗址（9件）

细石器灰堆遗址又称16细石器遗存。遗址位于南三河以南D2-1区块的一条次级河道（南2河支流）边。

遗存位于一处雅丹台地下部，距离现地表约2m处。附近可见大量石料及细石叶、石核等遗物。在雅丹底部断壁上地层中有一些灰烬露出。灰烬层底为原生土，上部为三层黄沙土和三层黄土交替堆积（详见第 6 章）。

通过清理，初步推断这是一处人类活动留下的灰烬层。露出部分宽约 1m，长度不明，灰层厚 15 ~ 25cm，中上部有一弧形木炭层，里面有红烧土、碎石块、炭粒、动物骨骼、细石器、炭屑、石片等。

野外出土遗物编录 9 件，均为石器。另有少量石片和碎石块（图 7-2-1）。

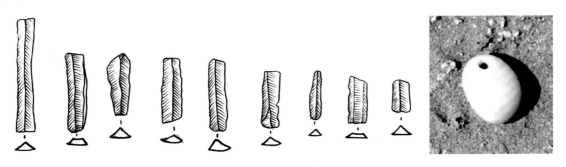

图 7-2-1　细石器灰坑遗址炭屑层中细石叶素描和白石吊坠

石器 9 件，均为细石叶，泥岩，窄长条，两侧多有加工痕或使用痕。

16 细石器遗存：1，棕色，两端折断，剖面呈三角形，背面两侧加工痕明显，长 4.9cm、宽 0.8cm。

16 细石器遗存：2，棕色，一端折断，剖面呈梯形，背面两侧加工痕明显，长 3.3cm、宽 0.8cm。

16 细石器遗存：3，灰色，一端折断，剖面呈三角形，长 2.6cm、宽 1cm。

16 细石器遗存：4，青色，两端折断，剖面呈三角形，背面两侧加工痕明显，长 2.8cm、宽 0.7cm。

16 细石器遗存：5，青色，一端折断，剖面呈三角形，长 3cm、宽 0.7cm。

16 细石器遗存：6，灰色，一端折断，剖面呈三角形，长 2.4cm、宽 0.7cm。

16 细石器遗存：7，棕色，一端折断，剖面呈三角形，长 2.1cm、宽 0.5cm。

16 细石器遗存：8，灰色，两端折断，剖面呈梯形，长 2.1cm、宽 0.8cm。

16 细石器遗存：9，青色，两端折断，剖面呈三角形，长 1.4cm、宽 0.8cm。

在采集的灰烬层样品中又清理出大量细石叶、石料和白石吊坠。结合第 6 章的年代学分析，可以确定细石叶和白石吊坠是全新世早期距今 1 万年前后罗布泊地区古人活动时期的代表性标志器物。

7.2.2　双河遗址（77 件）

双河遗址又称 16 一号遗址（16 居址 1），位于南 2 河以南约 2.4km 处，距楼兰古城直线距离约 14km，有来自南 3 河支流的两条小河从遗址的南北两侧流过。

遗址区地表散落大量陶片等遗物。在河东岸也有零散陶片分布。陶片成小片集中分布，具有大分散小片集中的特点，大型器如瓮类比较多，罐为主要器类，有束颈罐、高领罐等，部分陶器上有刻画纹，三角纹、圆圈纹、人形纹等，陶器多为灰皮红胎，小型器多灰陶，红褐陶较少，铜器多为饰件，铁器形制不明，玻璃器为小型器，石器有石球、锄等，有些石器有穿孔。遗址还可见马牙等动物骨骼，以及部分炼渣。

在该处共采集遗物 77 件，主要有陶器、铜器、石器、锡器、贝器、玻璃器和钱币等，还有少量陶、铜、石、锡器及钱币残片和动物骨骼等。

1. 陶器 46 件

此处描述 39 件。部分文物素描见图 7-2-2 ~ 图 7-2-6。

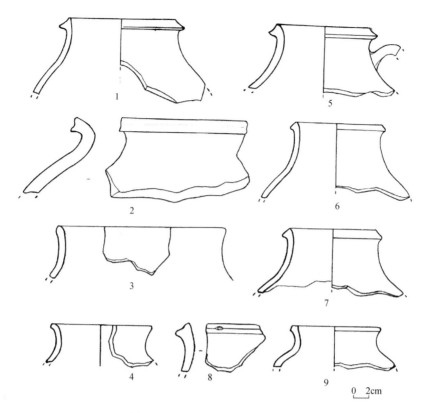

图 7-2-2　双河遗址文物素描（1）

1、4~8. 高领罐（16 一号遗址：3、16 一号遗址：14、16 一号遗址：2、一号遗址：16、16 一号遗址：
11、16 一号遗址：22）；2. 陶瓮（16 一号遗址：1）；3、9. 束颈罐（16 一号遗址：20、16 一号遗址：18）

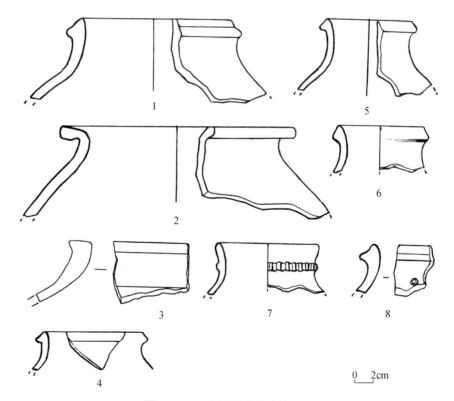

图 7-2-3　双河遗址文物素描（2）

1、8. 束颈罐（16 一号遗址：21、16 一号遗址：17）；2、3. 瓮（16 一号遗址：10、16 一号遗址：23）；
4~7. 高领罐（16 一号遗址：13、16 一号遗址：12、16 一号遗址：19、16 一号遗址：15）

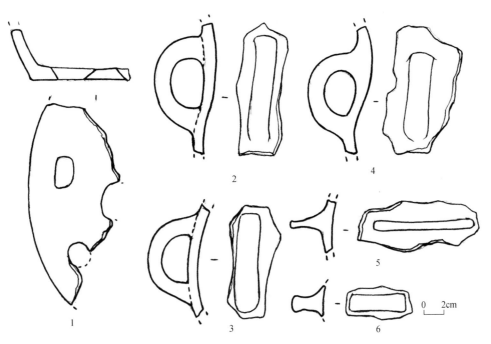

图 7-2-4 双河遗址文物素描 (3)

1. 甑底 (16 一号遗址：29)；2~6. 器耳 (16 一号遗址：28、16 一号遗址：27、16 一号遗址：26、16 一号遗址：25、16 一号遗址：24)

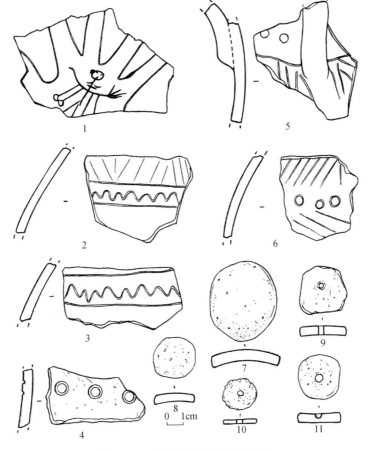

图 7-2-5 双河遗址文物素描 (4)

1~6. 刻画纹陶片 (16 一号遗址：36、16 一号遗址：37、16 一号遗址：39、16 一号遗址：65、16 一号遗址：40、
16 一号遗址：38)；7、8、11. 圆形陶片 (16 一号遗址：45、16 一号遗址：47、16 一号遗址：46)；9、10. 陶纺轮
(16 一号遗址：52、16 一号遗址：53)

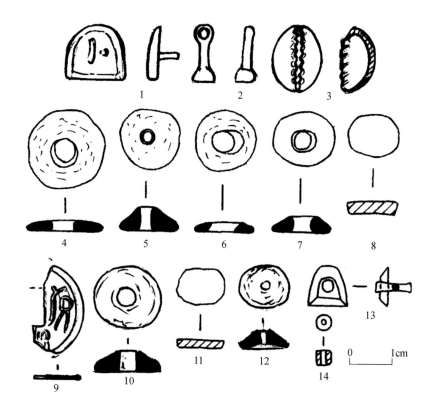

图 7-2-6　双河遗址文物素描（5）

1. 铜饰（16 一号遗址：8）；2、13. 铜钉（16 一号遗址：7、16 一号遗址：58）；3. 贝饰（16 一号遗址：5）；4～7、10、

12. 锡环（16 一号遗址：61、16 一号遗址：62、16 一号遗址：63、16 一号遗址：64、16 一号遗址：49、16 一号遗址：48）；

　　8、11. 玻璃器（16 一号遗址：54、16 一号遗址：55）；9. 钱币（16 一号遗址：6）；14. 料珠（16 一号遗址：56）

（1）陶瓮 3 件。

16 一号遗址：1，残，仅存口部，轮制，夹砂红褐陶，侈口，外斜平沿，重唇，束颈，残高 11cm。

16 一号遗址：10，残，仅存少部分口沿及颈部，夹砂灰陶，敛口，内斜平沿，束颈，口径 21cm、残高 10.4cm。

16 一号遗址：23，残，仅存少部分口沿及颈部，夹砂灰陶，敛口，平沿，束颈，颈肩部有一道折棱。残宽 8.8cm、残高 7cm。

（2）高领罐 10 件。

16 一号遗址：2，残，仅存口部和颈部，轮制，夹砂灰褐陶，侈口，外斜平沿，尖唇，高领，残高 8.6cm。

16 一号遗址：3，残，仅存口部及颈部，轮制，夹砂红褐陶，侈口，外斜平沿，尖圆唇，高领，残高 10.4cm。

16 一号遗址：11，残，仅存少部分口沿及颈部，褐皮红褐胎，侈口，外斜平沿，尖唇，高领，口径 11.6cm、残高 9cm。

16 一号遗址：12，残，仅存少部分口沿及颈部，夹砂灰陶，侈口，外斜平沿，尖唇，高领，口径 9.6cm、残高 6.6cm。

16 一号遗址：13，残，仅存少部分口沿及颈部，夹砂灰陶，侈口，外斜平沿，尖唇，高领，口径 11.4cm、残高 4.2cm。

16 一号遗址：14，残，仅存少部分口沿及颈部，夹砂灰陶，侈口，圆沿，高领，口径 13cm、残高 5.6cm。

16 一号遗址：15，残，仅存少部分口沿及颈部，夹砂灰陶，侈口，圆沿，高领，领部有一周附加堆纹；口径 11cm、残高 5.6cm。

16 一号遗址：16，残，仅存少部分口沿及颈部，褐皮红褐胎，侈口，外斜平沿，高领，口径11.6cm，残高 10cm。

16 一号遗址：19，残，仅存少部分口沿及颈部，夹砂灰陶，侈口，口内微曲，外斜平沿，高领，口径 9.6cm、残高 5.2cm。

16 一号遗址：22，残，仅存少部分口沿及颈部，黑皮红褐胎，侈口，二层台沿，高领，沿上有一枚压印圆圈纹，残宽 8.2cm、残高 6.6cm。

（3）束颈罐 4 件。

16 一号遗址：17，残，仅存少部分口沿及颈部，褐皮红褐胎，侈口，二层台沿，束颈，残宽 2.2cm、残高 2.8cm。

16 一号遗址：18，残，仅存少部分口沿及颈部，夹砂灰陶，侈口，口内微曲，平沿，圆唇，束颈，圆肩，口径 10.4cm、残高 6cm。

16 一号遗址：20，残，仅存少部分口沿及颈部，夹砂灰陶，侈口，圆沿，束颈，口径 23cm、残高 6.5cm。

16 一号遗址：21，残，仅存少部分口沿及颈部，黑皮红褐胎，侈口，二层台沿，高领，口径 17cm、残高 9.4cm。

（4）器耳 9 件，描述 5 件。

16 一号遗址：24，鋬耳，褐皮红褐胎，圆弧形扁饼状，残长 6cm、残宽 3cm。

16 一号遗址：25，鋬耳，夹砂灰陶，圆弧形，剖面呈三角形，残长 11cm、残宽 4.4cm。

16 一号遗址：26，扁柱状桥形耳，褐皮红褐胎，残宽 4.8cm、残高 10cm。

16 一号遗址：27，带状桥形耳，褐皮红褐胎，残宽 6.2cm、残高 11.2cm。

16 一号遗址：28，柱状桥形耳，灰皮红褐胎，残宽 4cm、残高 11.6cm。

（5）甑底 4 件，描述 1 件。

16 一号遗址：29，仅存少量底部残片，套接，斜腹、平底。底部有存三个甑孔。孔呈不规则梯形，系由内向外割削而成，边沿上翘。残宽 17.6cm、残高 4.6cm。

（6）器底 1 件（16 一号遗址：30），仅存少量底部，夹砂灰陶，轮制，内壁加工痕明显，斜腹，平底，中心内突。底径 8cm、残高 5.5cm。

（7）刻画纹陶片 10 片（16 一号遗址：31~40），均为器腹残片。陶质以褐皮红褐胎为主，个别为灰陶。纹饰有刻画的多重三角纹、三角纹、水波纹、弦纹和人形纹图案，还有少量戳印的圆圈纹。

16 一号遗址：65，夹砂红陶，器腹残片，表面施圆圈纹，残长 6.3cm、宽 3.8cm。

（8）陶纺轮 2 件，用陶片加工成，平面呈不规则圆形，中间钻孔。

16 一号遗址：52，直径 3.1cm、厚 0.5cm、孔径 0.3cm。

16 一号遗址：53，残，残直径 2cm、孔径 0.3cm。

（9）圆形陶片 3 件，用夹砂灰陶片制成，不规则圆形，边沿 1 件中间有未钻透孔 1 处，可能是未完成的陶纺轮。

16 一号遗址：45，直径 4.4~5.1cm、厚 0.7cm。

16 一号遗址：46，一面有未钻通孔 1 处，直径 2.8cm、厚 0.6cm，孔径 0.5cm、深 0.3cm。

16 一号遗址：47，直径 2.6~2.8cm、厚 0.5cm。

2. 铜器 7 件

描述 4 件。

铜钉 2 件。

16 一号遗址：7，残，圆柱体，顶端扁平，尾端有一穿孔，长 1.4cm。

16 一号遗址：58，马蹄形帽，柱状腿，通高 0.9cm，帽长 0.95cm、宽 1cm，腿长 0.4cm。

铜饰 2 件。

16 一号遗址：8，残，表面已锈蚀，平面呈半圆形，背面中部有一个铆钉，长径 1.5cm，短径 1.3cm，铆钉长 0.5cm。

16 一号遗址：57，残，用铜片加工成，长条形，边沿内扣，中部有品字形条形孔，头端有圆孔，残长 2.3cm、宽 1.1cm、厚 0.2cm。

铜镜残片 3 件。

3. 石器 12 件

石锄 1 件（16 一号遗址：4），残，亚腰形，正面较光滑，背面有一道宽带状凸起，长 13.2cm、宽 9.4cm、厚 1.2cm。

石镞 2 件，桂叶形，剖面呈菱形。

16 一号遗址：9，残，铤已残断，通体鱼鳞状，圆弧刃，十分精致规整，长 3.3cm、宽 1.2cm。

16 一号遗址：59，长 4.8cm、宽 1.3cm。

石器 1 件（16 一号遗址：41），残，砂岩质，平面呈梯形，平面呈三角形，正面比较光滑平整，残宽 7.5cm、残高 9.1cm、最厚 4.4cm。

砺石 1 件（16 一号遗址：42），残，仅存半个，长条形，黑色砂岩质，两面磨面清晰，中间磨损严重，残长 9.2cm、最宽 3.9cm、厚 0.5~2.1cm。

权杖头 1 件（16 一号遗址：43），残，乳白色石英岩，圆球形，中间有钻孔，未穿透，残宽 4.5cm、残高 5.8cm。

石球 1 件（16 一号遗址：44），残，仅存不到四分之一，黑色石英岩，扁球形，残宽 3.2cm、残高 5.5cm。

细石叶 3 件，长条形，剖面呈三角形，表面有窄长条疤痕，两侧边有使用痕或第二次修整痕。

16 一号遗址：50，一端折断，残长 3.9cm、宽 1cm。

16 一号遗址：51，两端折断，残长，3.1cm，最宽 0.5cm。

16 一号遗址：60，青灰色，一端折断，剖面呈三角形，长 4cm、宽 1.1cm。

料珠 2 件。

标本 16 一号遗址：56，白色，柱状，直径 0.4cm、高 0.3cm、孔径 0.1cm。

4. 锡器 6 件

锡环 6 件，铸造，平面呈圆形，平面呈圆台状，中间有孔。

16 一号遗址：48，底面内凹，直径 1~1.2cm、厚 0.4cm、孔径 0.1~0.2cm。

16 一号遗址：49，直径 1.5~1.7cm、厚 0.5cm、孔径 0.5cm。

16 一号遗址：61，直径 1.9cm、厚 0.3cm、孔径 0.7cm。

16 一号遗址：62，直径 1.5cm、厚 0.6cm、孔径 0.2cm。

16 一号遗址：63，直径 1.5cm、厚 0.25cm、孔径 0.75cm。

16 一号遗址：64，直径 1.35~1.5cm、厚 0.5cm、孔径 0.5cm。

5. 贝器 2 件

描述 1 件。

贝饰 1 件（16 一号遗址：5），用海贝加工而成，水滴形，顶端有穿孔，长 1.6cm、宽 0.7cm，孔径 0.1cm。

6. 玻璃器 3 件

描述 2 件，淡绿色，用玻璃片加工成，剖面大致呈椭圆形。

16 一号遗址：54，长径 1.3cm、短径 1cm、厚 0.3cm。

16 一号遗址：55，长径 1.2cm、短径 0.9cm、厚 0.2cm。

7. 钱币 1 件

16 一号遗址：6，货泉，残，圆形方穿，有边郭，一侧仅存"泉"字，残长 2.1cm、宽 1.2cm。

7.2.3　81 处文物点

1.16 铜耳环，40 件

该文物点位于 D2-1 区中南部，16 一号遗址东南侧，从大的范围看属于 16 一号遗址范畴。采集遗物 40 件，主要有陶器、铜器、锡器、玻璃器、贝器、石器及钱币等。

1）陶器 4 件

陶纺轮 4 件，均残，夹砂灰陶和夹砂红褐陶，用圆形陶片加工而成，中间穿孔，其中 1 件未穿透，直径 2.5～4.7cm，孔径 0.35～0.85cm，厚 0.5～0.9cm。16 铜耳环：22，残，夹砂红褐陶，直径 4.7cm，厚 0.9cm，孔径 0.9cm。

2）铜器 14 件

铜簪 1 件（16 铜耳环：1），残，长条形，用细铜条制作而成，簪头扁平略呈梯形，簪身为圆柱体，一端较尖锐，残长 9.6cm，铜条最大径 0.2cm。

铜镞 1 件（16 铜耳环：2），完整，三棱形，有銎孔，通长 2.9cm，镞身长 2.3cm，铤长 0.6cm，孔径 0.3cm。

铜带扣 2 件。

16 铜耳环：3，完整，锈蚀严重，略呈圭形，一端尖圆弧，另一端平直，通长 4.75cm。

16 铜耳环：4，完整，锈蚀严重，由铜条弯曲而成。平面呈椭圆形，长径 2.3cm、短径 1.8cm。

铜镜残片 1 件（16 铜耳环：5），略呈梯形，素面，长 3cm、宽 2cm、厚 0.41cm，缘宽 1.7cm。

铜耳环 3 件（16 铜耳环：6～8），只描述 1 件。

标本 16 铜耳环：6，铜耳环，残，由细铜条弯曲而成圆环形，一端较尖锐，直径 1.9cm、丝径 0.3cm。

铜饰 4 件。

16 铜耳环：9，残，略呈梯形，两侧边微弧，顶端有凹槽，尾端有一凸出的圆柱体，通长 3.3cm，最宽 1.4cm，厚 0.3cm。

16 铜耳环：10，残，略呈月牙形，两边呈弧形，顶端圆钝，尾端较尖锐，通长 2.6cm。

铜环 1 件（16 铜耳环：13），残，用扁铜条弯曲而成，直径 4.6cm，丝径 0.4cm。

铜泡 1 件（16 铜耳环：14），残，泡为圆形，直径 2.1cm，残高 0.4cm。

3）锡器 5 件

锡环 5 件，完整，平面呈圆形或椭圆形，剖面呈圆台形，直径 1.35～1.6cm，高 0.35～0.6cm，孔径 0.2～0.45cm。

标本 16 铜耳环：17，完整，平面呈圆形，剖面呈圆台形，顶面有三道凸棱，直径 1.6cm、高 0.5cm，孔径 0.35cm。

4）玻璃器 11 件

料珠 7 件，6 件完整，1 件残。

编号为 16 铜耳环：27～33，圆珠形，中间穿孔，直径 0.2～0.6cm，孔径 0.05～0.1cm。

玻璃器残片 4 件，3 件为口沿，1 件为器腹残片，不规则形，有青绿色，黄色，气泡杂质较多。

标本 16 铜耳环：34，圆沿，直腹，残宽 1.6cm，残高 1.4cm。

5）贝器 1 件

贝纺轮 1 件（16 铜耳环：38），残，仅存一半，半圆形，用贝壳加工而成，中间有残孔，残长 4.2cm、宽 2.25cm、厚 0.45～0.6cm，孔径 0.5cm。

6）石器 3 件

砺石 1 件（16 铜耳环：39），残，仅存半个，黑色石质，长条形，两磨面磨损严重，残长 7.4cm，最宽 2.2cm，厚 0.5 ~ 1.3cm。

细石叶 2 件，一端多折断，长条形，剖面呈梯形，表面有窄长条疤痕，两侧边有使用痕或第二次修整痕，有些可与其他器物组合成复合工具使用。

16 铜耳环：40，残长 2cm、最宽 0.9cm。

16 铜耳环：41，残长 2.4cm、最宽 0.8cm。

7）钱币 2 枚

五铢钱 1 枚（16 铜耳环：15），残，锈蚀严重，圆形方孔，字迹已不清晰，钱径 2.55cm，孔径 0.8cm。

剪轮五铢 1 枚（16 铜耳环：16），残，已锈蚀，圆形方孔，边郭已不存在，"五铢"二字各剪去半边，钱径 1.75 ~ 1.9cm，孔径 0.85 ~ 0.9cm。

2. 16 铜饰 1，2 件

该处位于 D3-3 北部，西为 16 单耳罐遗物点。在雅丹洼地内可见少量遗物。此次采集遗物 2 件，均为铜器（图 7-2-7）。

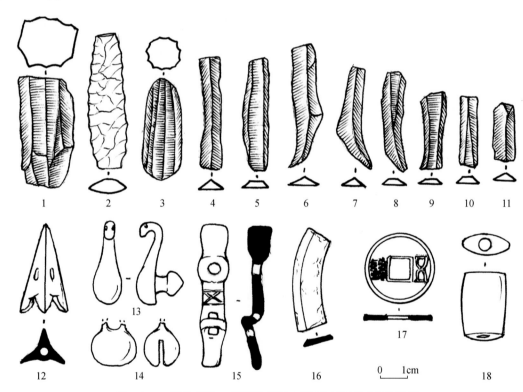

图 7-2-7　楼兰南部 16 铜带钩等地点铜石玉器钱币文物素描

1、3. 石核（16 铜带钩：5、16 铜带钩：4）；2. 石镞（16 铜带钩：3）；4 ~ 11. 细石叶（16 铜带钩：7、16 铜带钩：8、16 铜带钩：9、16 铜带钩：10、16 铜带钩：13、16 铜带钩：11、16 铜带钩：6、16 铜带钩：12）；12. 铜镞（16 铜带钩：2）；13. 铜带钩（16 铜带钩：1）；14. 铜铃铛（16 玉珠：3）；15. 铜饰（16 铜饰 1：2）；16. 铜镜残片（16 铜饰 1：1）；17. 钱币（16 玉珠：2）；18. 管状玉珠（16 玉珠：1）

铜镜残片 1 件（16 铜饰 1：1），残，已锈蚀，仅存镜缘，素面，残长 4.1cm、宽 1.3cm。

铜饰 1 件（16 铜饰 1：2），残，已锈蚀，长条形，首尾两端各有一个圆孔，中间斜向阴刻十字交叉纹，长 5.7cm、最宽 1.4cm。

3. 16 玉珠，3 件

该处位于 C5-3 区东南角，地处一条干涸的古河道内。此次采集遗物 3 件，主要有铜、玉器及钱币等（图 7-2-7）。

1）铜器

铜铃铛 1 件 （16 玉珠：3），残，已锈蚀，球形，有悬环，下部开一条口，内有铃锤，摇动后有响声，铃铛长径 1.8cm、短径 1.4cm。

2）玉器

管状玉珠 1 件 （16 玉珠：1），稍残，扁圆柱体，中间穿孔，橘黄色，长 2.7cm，直径 1.6～1.8cm，孔径 0.5cm。

3）钱币

五铢钱 1 件 （16 玉珠：2），完整，圆形方穿，穿之两侧篆书"五铢"二字，字迹较清晰。五"字交笔缓曲，上、下基本呈三角形。"铢"字的"金"字旁头呈三角形，之下四个短竖点。钱径 2.6cm，穿径 0.8cm。

4. 16 铜带钩，15 件

该处位于 C5-4 区东北，西北为 16 石矛。此次采集遗物 15 件，主要是铜、石器（图 7-2-7）。

1）铜器 2 件

铜带钩 1 件 （16 铜带钩：1），完整，已锈蚀，勺状，首端上部有一个柱状凸起，尾端向内侧弯曲。通长 3.2cm。

铜镞 1 件 （16 铜带钩：2），完整，已锈蚀，三翼形。铤身两面中间各有一个长方形孔，锋、翼较锋利，有銎孔，中空，呈圆筒状。通长 3.5cm，长方形孔长 0.4cm、宽 0.1cm、銎孔直径 0.3cm。

2）石器 11 件

石镞 1 件 （16 铜带钩：3），青色泥岩，桂叶形，尖端残，剖面呈菱形。通体遍布压剥痕，残长 5.4cm、宽 1.4cm。

石核 2 件，黄色泥岩，柱状。

16 铜带钩：4，台面比较小，核体上密布窄长条疤痕，长 4.1cm、宽 4.5cm。

16 铜带钩：5，核体一面保留剥离面，一面可见窄长条疤痕，长 4.4cm、宽 2.2cm。

细石叶 8 件，泥岩，窄长条，两侧多有加工痕或使用痕。

16 铜带钩：6，黄色，两端折断，剖面呈梯形，长 2.9cm、宽 0.7cm。

16 铜带钩：7，青色，一端折断，剖面呈三角形，长 4.5cm、宽 0.9cm。

16 铜带钩：8，黄色，完整，剖面呈梯形，长 4.5cm、宽 1cm。

16 铜带钩：9，青色，一端折断，剖面呈三角形，长 4.9cm、宽 1.1cm。

16 铜带钩：10，黄色，一端折断，剖面呈三角形，长 4.1cm、宽 1cm。

16 铜带钩：11，青色，完整，剖面呈梯形，长 3.1cm、宽 1cm。

16 铜带钩：12，黄色，一端折断，剖面呈三角形，长 2.3cm、宽 0.9cm。

16 铜带钩：13，黄色，完整，剖面呈三角形，长 4cm、宽 0.9cm。

5. 16 铜凿，43 件

该处位于 F2-3 区西南部，西南 250m 左右雅丹地表散落少量骨骼。由此往东为罗布泊湖岸区。此次采集遗物 43 件，主要有陶器、铜器、石器、贝器、玻璃器、锡器和钱币等（图 7-2-8）。

1）陶器 4 件

陶纺轮 4 件，用陶片加工成，边沿不平整。

16 铜凿：20，直径 2.5～2.8cm、厚 0.7cm、孔径 0.5cm。

16 铜凿：21，直径 3.3cm、高 0.9cm、孔径 0.7cm。

16 铜凿：22，直径 3.2～3.5cm、高 0.8cm、孔径 0.5cm。

16 铜凿：23，直径 3.5cm、高 0.9cm、孔径 0.5cm。

2）铜器 21 件

铜凿 1 件 （16 铜凿：1），残，已锈蚀，平面略呈梯形，下端较宽扁，且刃部锋利。通长 4.9cm。

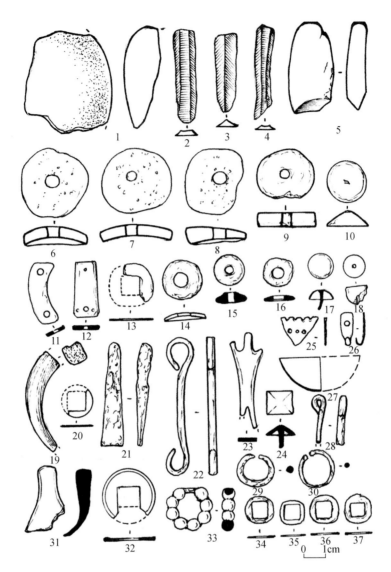

图 7-2-8　楼兰南部地区 16 铜凿点文物素描

1、5. 玉斧（16 铜凿：27、16 铜凿：28）；2～4. 细石叶（16 铜凿：24、16 铜凿：25、16 铜凿：26）；6～9. 陶纺轮（16 铜凿：21、16 铜凿：22、16 铜凿：23、16 铜凿：20）；10、17、24. 铜泡钉（16 铜凿：13、16 铜凿：14、16 铜凿：29）；11、12、22、23、25、26、31. 铜饰（16 铜凿：30、16 铜凿：31、16 铜凿：34、16 铜凿：16、16 铜凿：32、16 铜凿：33、16 铜凿：17）；13、20、34～37. 龟兹钱（16 铜凿：35、16 铜凿：36、16 铜凿：7、16 铜凿：8、16 铜凿：9、16 铜凿：10）；14～16. 锡环（16 铜凿：5、16 铜凿：12、16 铜凿：11）；18. 贝珠（16 铜凿：6）；19. 贝环（16 铜凿：4）；21. 铜凿（16 铜凿：1）；27. 铜杯（16 铜凿：19）；28. 扣舌（16 铜凿：18）；29、33. 铜带扣（16 铜凿：2、16 铜凿：3）；30. 铜耳环（16 铜凿：15）；32. 五铢钱（16 铜凿：37）

铜带扣 2 件。

16 铜凿：2，完整，表面已锈蚀，半圆形，用扁铜条弯曲而成，底边平直，长径 1.9cm、短径 1.5cm。

16 铜凿：3，完整，表面已锈蚀，圆形，呈花瓣状，直径 2.2cm。

铜泡钉 4 件，伞形，钉腿残。

16 铜凿：13，仅存铜帽部分，直径 1.9cm、高 0.8cm。

16 铜凿：14，钉腿尖残，铜帽直径 1.3cm、高 0.5cm、钉腿残长 1cm。

16 铜凿：29，帽为方形，对角线起棱，边长 1.3cm、高 0.5cm、钉腿残长 0.9cm。

铜耳环 1 件（16 铜凿：15），残，圆环形，用细铜丝弯曲成，未闭合，直径 1.7cm、丝径 0.2cm。

铜饰 10 件。部分描述如下。

16 铜凿：16，残，平面呈亚腰戟形，一端有柄，另一端分叉，残长 4.8cm、最宽 1.5cm。

16 铜凿：17，残，可能是铜器柄，扇形，末端上翘，残长 3.2cm、最宽 1.5cm。

16 铜凿：30，弧形条状薄片，两端各有一孔，长 3.1cm、宽 1cm、孔径 0.3cm。

16 铜凿：31，梯形片状，两端各有一孔，长 2.7cm、宽 1～1.2cm、孔径 0.1～0.2cm。

16 铜凿：32，三角形片状，底边有 4 个凹槽，中部有 3 个并排小孔，长 1.9cm、宽 1.5cm、孔径 0.15cm。

16 铜凿：33，长条钩形薄片，一端较宽，中部有孔，另一端细窄弯曲成钩状，长 1.6cm、宽 0.6cm。

16 铜凿：34，8 字形，细长条铜片两端各弯一圆环，长 6.2cm。

扣舌 2 件。

16 铜凿：18，用薄铜片弯曲成，一端有环，另一端较尖，长 2.4cm、宽 0.4cm。

铜杯 1 件（16 铜凿：19），残，仅存少量口沿部分，敞口、浅斜腹，残长 3cm、残高 1.8cm。

3）玉石器 5 件

玉斧 2 件，细石叶 3 件。

（1）玉斧 2 件。

16 铜凿：27，青白玉，残，平面大致呈梯形，两面打磨光滑，残长 5cm、残宽 4.4cm。

16 铜凿：28，青玉，剖面呈长椭圆形，刃部两面加工，较锋利，长 4.4cm、宽 2.2cm。

（2）细石叶 3 件，泥岩，窄长条。

16 铜凿：24，完整，剖面呈梯形，长 4.6cm、宽 1.1cm。

16 铜凿：25，一端折断，剖面呈三角形，长 3.8cm、宽 1.1cm。

16 铜凿：26，完整，剖面呈三角形，长 4.6cm、宽 0.9cm。

4）贝器 2 件

贝环 1 件（16 铜凿：4），残，仅存一段，系用海贝加工而成，圆柱体，弧形，背部有一道凹槽，一侧面有削痕，长 4.7cm，最厚 1.2cm。

贝珠 1 件（16 铜凿：6），宝塔状，顶部残，中间有孔，直径 1.1cm、残高 1cm。

5）锡环 3 件

16 铜凿：5，圆环形，直径 2cm、厚 0.15cm。

16 铜凿：11，圆环形，直径 1.5cm、高 0.3cm、孔径 0.6cm。

16 铜凿：12，圆台形，直径 1.5cm、高 0.5cm、孔径 0.4cm。

6）钱币 7 件

龟兹钱 6 件。

16 铜凿：7，圆形，直径 1.4cm、穿径 0.9cm。

16 铜凿：8，圆角方形，直径 1.2cm、穿径 0.8cm。

16 铜凿：9，圆形，直径 1.4cm、穿径 0.8cm。

16 铜凿：10，圆形，直径 1.3cm、穿径 0.7cm。

16 铜凿：35，残，仅存半个，直径 2.1cm、穿径 1cm。

16 铜凿：36，残，仅存半个，直径 1.6cm、穿径 1cm。

五铢钱 1 件（16 铜凿：37），残。外郭较窄，仅 "五" 字可见，直径 2.7cm、穿径 1.2cm。

6.16 圆铜片，8 件

该处位于 D1-3 南侧，南为 16 陶器口沿。此次采集遗物 8 件，均为铜器。

铜镞 6 件。

16 圆铜片：1，残，三棱形，镞尖较锐利，铤为圆柱体，通长 3.3cm、铤长 0.5cm。

16 圆铜片：2，残，三棱形，铤为圆柱体，中空，有銎孔，镞尖较锐利，通长 3cm、铤长 0.4cm。

16 圆铜片：3，残，表面已锈蚀，三棱形，铤为圆柱体，镞尖较锐利，通长 2.8cm、铤长 0.3cm。

16 圆铜片：4，残，表面已锈蚀，三棱形，铤为圆柱体，镞尖较锐利，通长 2.4cm，铤长 0.3cm。

16 圆铜片：5，残，已锈蚀，三棱形，铤为圆柱体，镞尖较锐利，通长 2.2cm，铤长 0.4cm。

16 圆铜片：6，残，已锈蚀，三棱形，铤为圆柱体，镞尖较锐利，镞身每面各有一道长三角形凹槽，通长 2.6cm，铤长 0.4cm。

圆铜片 1 件（16 圆铜片：7），残，表面已锈蚀，平面呈圆形，直径 1.8cm，厚 0.1cm。

铜饰 1 件（16 圆铜片：8），残，表面已锈蚀，平面略呈梯形，长 2.9cm、最宽 1.3cm，厚 0.5cm。

7. 16 细石叶石核，9 件

该处位于 D1-3 中南部，南为 16 蜻蜓眼料珠。此次采集遗物 9 件，均为石器。

石核 1 件（16 细石叶、石核：1），柱状。将泥岩截去一节，以劈裂面作台面，核体上留有许多窄长条疤痕。长 6.1cm、最宽 1.9cm。

细石叶 8 件，长条形，剖面呈三角形或梯形。表面有窄长条疤痕，两侧边有使用痕或第二次修整痕，有些可与其他器物组合成复合工具使用。

16 细石叶、石核：2，长 9.1cm。

16 细石叶、石核：3，长 5.1cm。

16 细石叶、石核：4，长 4cm。

16 细石叶、石核：5，长 3.2cm。

16 细石叶、石核：6，长 3.9cm。

16 细石叶、石核：7，长 3.3cm。

16 细石叶、石核：8，长 3.6cm。

16 细石叶、石核：9，长 3.6cm。

8. 16 单耳罐，1 件

该处位于 D3-3 区西北，东为 16 铜饰 1。此次采集遗物 1 件，为陶器。

单耳罐 1 件（16 单耳罐：1），稍残，轮制，夹砂红褐陶，敞口，圆沿，束颈，鼓腹，平底，素面，器耳系单独制作后粘接在器体表面，口径 4.9cm，腹径 6.9cm、底径 4.3cm，高 11cm。

9. 16 束颈罐 1，1 件

该处位于 C5-4 区中南，西北为 16 石磨盘。此次采集遗物 1 件，为陶器。

束颈罐 1 件（16 束颈罐 1：1），残，轮制，夹砂灰褐陶，侈口，外斜平沿，束颈，鼓腹，平底，口径 5.9cm、腹径 9cm、底径 5.4cm，高 5.5cm。

10. 16 残甑，1 件

该处位于 B6-3 区西南。此次采集遗物 1 件，为陶器。

陶甑 1 件（16 残甑：1），残，轮制，夹砂红褐陶，灰褐色陶衣，侈口，外斜平沿，尖唇，束颈，鼓腹，底部残存 5 个甑孔，口径 17.7cm、腹径 18.1cm、高 10.6cm。

11. 16 陶甑，1 件

该处位于 D2-4 区西侧。此次采集遗物 1 件。

陶甑 1 件（16 陶甑：1），残，轮制，夹砂灰褐陶，侈口，外斜平沿，尖唇，束颈，鼓腹，甑底中心有一个圆孔，周围对称有 6 个圆孔，口径 15.9cm、腹径 16.3cm，高 11cm。

12. 16 铜镜残片 2，3 件

该处位于 C5-1 区西南。此次采集遗物 3 件，主要有铜、石器。

铜镜 1 件（16 铜镜残片 2：2），残，三角形，镜面平直，镜身较薄，窄斜沿，缘较厚，镜面外区饰云纹，之外饰三道弦纹，长 7.6cm、宽 4.7cm，镜身厚 0.3cm。

铜饰 1 件（16 铜镜残片 2：3），残，已锈蚀，圆柱体，中空，一端呈圆帽状，器体一侧有角状凸起，

通长 5.2cm，直径 1.6cm。

石磨棒 1 件（16 铜镜残片 2：1），残，仅存一半，马鞍形，中部平直，一端上翘，背部有脊，横截面呈三角形，长 14.8cm。

13. 16 铜顶针，5 件

该处位于 D1-3 区中北部。此次采集遗物 5 件，其中铜器 1 件，钱币 4 件。

1）铜器 1 件

铜顶针 1 件（16 铜顶针：2），残，已复原，表面已锈蚀，圆环形，表面均匀凿刻 4 排圆点，直径 2.3cm，厚 0.2cm。

2）钱币 4 件

1 件完整，3 件残。

标本 16 铜顶针：3，完整，表面已锈蚀，圆形方穿，穿之两侧篆书"五铢"二字，字迹清晰，"五"字字体瘦长，交笔弯曲，上、下基本呈三角形，"铢"字的"金"字旁头呈三角形，之下四个短竖点，"朱"头方折，钱径 2.5cm，穿径 0.9cm，厚 0.2cm。

14. 16 铜饰，1 件

该处位于 C6-3 区东北。此次采集遗物 1 件，为铜器。

铜饰 1 件（16 铜饰：1），残，表面已锈蚀，圆帽状，底部对称有四个长方形穿孔，高 2.3cm，孔长 3cm、宽 1.8cm。

15. 16 管状玉珠，1 件

该处位于 D3-3 区东北。此次采集遗物 1 件，为玉器。

管状玉珠 1 件（16 管状玉珠：1），残，已复原，玉石加工而成，平面大致呈圆角长方形，中间穿孔，孔系两边对钻形成，孔壁光滑，长 5.4cm、宽 3.5cm、孔径 1.3cm。

16. 16 细石叶，68 件

该处位于 D1-2 东南。此次采集遗物 68 件，主要有陶器、铁器、玉石器、贝器等。

1）陶器 3 件

残陶器 2 件。

16 细石叶：9，仅存口部，轮制，夹砂灰陶，侈口，平沿，方唇，束颈，残高 4.3cm。

16 细石叶：10，仅存口部，轮制，夹砂灰陶，侈口，平沿，圆唇，束颈，残高 3cm。

甑底 1 件（16 细石叶：7），残，轮制，夹砂灰陶，器底残留 5 个孔，其中 1 孔完整，长 6.1cm、宽 4cm，厚 0.7cm，完整的甑孔直径 1.2cm。

2）铁器 1 件

16 细石叶：27，残，仅存四分之一，可能是车軎残片。

3）玉石器 63 件

玉斧 1 件（16 细石叶：1），稍残，梯形，面宽，边缘有加工痕迹，刃部较为锐利，截面呈锥形。长 6.2cm、宽 5cm，最厚 1.9cm。

细石叶 41 件，硅质泥岩，窄长条，两侧有使用痕或加工痕。

16 细石叶：2，完整，一端折断，长条形，剖面呈三角形，表面有窄长条疤痕，两侧边有使用痕或第二次修整痕，长 4.5cm，宽 0.7cm。

16 细石叶：3，完整，一端折断，长条形，剖面呈梯形，表面有窄长条疤痕，两侧边有使用痕或第二次修整痕，长 3.4cm，宽 0.8cm。

16 细石叶：4，完整，一端折断，长条形，剖面呈梯形，表面有窄长条疤痕，两侧边有使用痕或第二次修整痕，长 3.4cm，宽 0.7cm。

16 细石叶：5，完整，一端折断，长条形，剖面呈三角形，表面有窄长条疤痕，两侧边有使用痕或第二次修整痕，长 2.9cm、宽 0.7cm。

16 细石叶：6，完整，一端折断，长条形，剖面呈或梯形，表面有窄长条疤痕，两侧边有使用痕或第二次修整痕，长 3.1cm、宽 0.8cm。

16 细石叶：27，青色，一端折断，剖面呈三角形，长 5.3cm、宽 1cm。

16 细石叶：28，黄色，完整，剖面呈梯形，长 4.2cm、宽 1.7cm。

16 细石叶：29，黄色，一端折断，剖面呈三角形，长 3.3cm、宽 1.2cm。

16 细石叶：30，褐色，完整，剖面呈三角形，弧度较大，长 4.5cm、宽 1.1cm。

16 细石叶：31，淡绿色，一端折断，剖面呈三角形，长 3.9cm、宽 0.9cm。

16 细石叶：32，黄色，完整，剖面呈三角形，长 5.2cm、宽 1.1cm。

16 细石叶：33，青色，完整，剖面呈三角形，长 4.2cm、宽 1.3cm。

16 细石叶：34，淡绿色，两端折断，剖面呈梯形，长 2.7cm、宽 0.9cm。

16 细石叶：35，青色，一端折断，剖面呈梯形，长 4.1cm、宽 1.2cm。

16 细石叶：36，黑色，一端折断，剖面呈三角形，长 3.5cm、宽 0.8cm。

16 细石叶：37，红玛瑙，一端折断，剖面呈三角形，长 3.5cm、宽 0.7cm。

16 细石叶：38，灰色，一端折断，剖面呈三角形，长 2.7cm、宽 0.8cm。

16 细石叶：39，黄色，完整，剖面呈梯形，长 4.5cm、宽 1.4cm。

16 细石叶：40，淡绿色，一端折断，剖面呈三角形，长 2.9cm、宽 1cm。

16 细石叶：41，青色，两端折断，剖面呈三角形，长 3.3cm、宽 1cm。

16 细石叶：42，棕色，两端折断，剖面呈梯形，长 3.2cm、宽 0.9cm。

16 细石叶：43，褐色，一端折断，剖面呈三角形，长 4cm、宽 0.6cm。

16 细石叶：44，棕色，完整，剖面呈三角形，长 4.6cm、宽 0.7cm。

16 细石叶：45，青色，一端折断，剖面呈三角形，长 3cm、宽 0.8cm。

16 细石叶：46，黄色，一端折断，剖面呈三角形，长 2.5cm、宽 0.9cm。

16 细石叶：47，青色，两端折断，剖面呈三角形，长 4.6cm、宽 0.7cm。

16 细石叶：48，淡绿色，一端折断，剖面呈三角形，长 2.7cm、宽 0.7cm。

16 细石叶：49，暗黄色，完整，剖面呈梯形，长 4.3cm、宽 0.8cm。

16 细石叶：50，青色，一端折断，剖面呈三角形，长 3.2cm、宽 0.8cm。

16 细石叶：51，灰色，两端折断，剖面呈梯形，长 2.5cm、宽 0.7cm。

16 细石叶：52，黄色，一端折断，剖面呈梯形，长 3.1cm、宽 0.8cm。

16 细石叶：53，黄色，一端折断，剖面呈梯形，长 2cm、宽 1.4cm。

16 细石叶：54，青灰色，一端折断，剖面呈梯形，长 3cm、宽 1.2cm。

16 细石叶：55，暗黄色，一端折断，剖面呈三角形，长 3.7cm、宽 0.8cm。

16 细石叶：56，灰色，两端折断，剖面呈三角形，长 2.6cm、宽 0.9cm。

16 细石叶：57，青色，一端折断，剖面呈三角形，长 2.8cm、宽 0.7cm。

16 细石叶：58，淡黄色，完整，剖面呈三角形，长 4cm、宽 0.65cm。

16 细石叶：59，青色，一端折断，剖面呈三角形，长 2.7cm、宽 0.9cm。

16 细石叶：60，棕色，一端折断，剖面呈三角形，长 2.4cm、宽 0.6cm。

16 细石叶：61，灰色，两端折断，剖面呈梯形，长 2.9cm、宽 0.7cm。

16 细石叶：62，青色，一端折断，剖面呈三角形，长 2.1cm、宽 1cm。

石核 11 件，柱状，用泥岩加工而成，一般将砾石截去一节，以劈裂面作台面，核体上留有许多窄长条疤痕。

16 细石叶：8，残，长 4.1cm、宽 2.8cm。

16 细石叶：11，黄色，长 1.9cm、宽 1.4cm。

16 细石叶：12，棕色，核体上自然面保留较多，长 5.9cm、宽 2.5cm。

16 细石叶：19，黑色，扁柱状，核体上自然面保留较多，长 4.9cm、宽 3.8cm。

16 细石叶：20，青色，扁柱状，核体上自然面保留较多，长 3.5cm、宽 3.1cm。

16 细石叶：21，淡绿色，柱状，长 4.8cm、宽 2.8cm。

16 细石叶：22，黄色，船底状，长 2.8cm、宽 3.1cm。

16 细石叶：23，黑色，柱状，残，核体上保留自然面较多，长 3.1cm、宽 3.5cm。

16 细石叶：24，灰色，柱状，一面保留自然面，长 2.7cm、宽 1.7cm。

16 细石叶：25，黄绿色，柱状，长 2.8cm、宽 2.9cm。

16 细石叶：26，青色，柱状，核体上保留自然面较多，长 2.9cm、宽 4.1cm。

砺石 1 件（16 细石叶：15），青色砂岩，残，仅存半个，长条状，两面磨面凹陷、光滑，长 10.2cm、宽 3.4cm。

石杵 2 件。

16 细石叶：13，青色砂岩，长条状，一端较细，另一端有使用痕，长 13.1cm、宽 4.1cm。

16 细石叶：14，青色泥岩，柱状，剖面呈梯形，一段有使用痕，长 10.3cm、宽 3.7~6.5cm。

石球 3 件。

16 细石叶：16，褐色，残，水滴形，长 11.6cm、最宽 8.6cm。

16 细石叶：17，灰色砂岩，球形，直径 4.2~6.2cm。

16 细石叶：18，青色泥岩，不规则球形，棱角较多，直径 3.6~4.7cm。

石片 4 件，均为剥离的废料。

4）贝器 1 件

贝饰 1 件（16 细石叶：63），稍残，用贝壳加工而成，圆柱体，中间有穿孔，直径 2.4cm。

17. 16 铜矛，7 件

该处位于 C6-3 区西北。此次采集遗物 7 件，主要有陶器、铜器、石器等。

1）陶器 1 件

陶罐 1 件（16 铜矛：4），残，轮制，泥质灰陶，敞口，外斜平沿，直领，折肩，直腹，平底，口径 5.4cm，底径 11.4cm、高 12.9cm。

2）铜器 2 件

铜矛 1 件（16 铜矛：6），残，仅存一节，两翼形，中间起脊，有銎孔，残长 2.3cm、残宽 1.7cm。

铜饰（16 铜矛：3），残，两部分构成，上半部分为一个圆形铜片，下半部分为一个弧形铜片。铜片上对称阴刻花瓣纹样，每个花瓣尖部有一个凹圆点。铜饰上径 2.8cm、下径 5cm，孔径 0.5cm，高 0.6cm。

3）玉石器 4 件

玉斧 2 件。

16 铜矛：2，残，一端已残断，梯形，面宽，边缘有加工痕迹，刃部较锐利，截面呈锥形，长 5.3cm、宽 4.8cm，最厚 1.2cm。

石坠 1 件（16 铜矛：1），完整，用自然砾石加工而成，椭圆形，顶端有穿孔，长径 2.6cm、短径 1.7cm，厚 0.7cm。

石杵 1 件（16 铜矛：5），青色泥岩，长条形，一端宽厚、另一端扁尖，有砸痕，长 21cm、宽 5cm、最厚 5.8cm。

18. 16 玉斧 4，1 件

该处位于 C5-1 区中部。西北为 16 陶罐底、东为 16 陶器耳。此次采集遗物 1 件，为玉器。

玉斧 1 件（16 玉斧 4：1），残，梯形，面宽，边缘有加工痕迹，刃部锐利，截面呈锥形，长 6.2cm、宽 6cm，最厚 1cm。

19. 16 石坠，2 件

该处位于 D2-1 西北，西北为 16 细石器遗存和 16 细石叶 2。此次采集遗物 2 件，为铜器、石器。

1）铜器 1 件，为铜饰（16 石坠：2），残，锈蚀严重，圆形，仅辨一面有四道短线，直径 2.2cm，厚 0.1cm。

2）石器 1 件，为石坠。

石坠 1 件（16 石坠：1），完整，平面为椭圆形，顶端穿孔，系对钻形成，一侧边有 7 道刻线，另一侧边有 6 道刻线，长径 4.8cm、短径 1.8cm，最厚 1.7cm。

20. 16 铜镞 2，1 件

该处位于 D1-2 区北部，北为 16 铁罐。此次遗物 1 件，为铜器。

铜镞 1 件（16 铜镞 2：1），双翼形，圆筒状，前收成锋，锋、翼较锋利，有銎孔，中空，通长 5.7cm，孔径 0.4cm。

21. 16 铜戒指，3 件

该处位于 D2-2 区北部，西侧有条干涸的大河床。此次采集遗物 3 件，主要有铜、石器和钱币。

（1）铜戒指 1 件（16 铜戒指：1），完整，圆环形，直径 2.2cm，厚 0.1cm。

（2）石坠 1 件（16 铜戒指：3），完整，椭圆形，顶端有穿孔，孔系对钻形成，长径 3.7cm、短径 2.8cm，厚 0.6cm。

（3）剪轮五铢 1 件（16 铜戒指：2），残，边郭已被磨去，字迹不清晰，钱径 1.5cm，穿径 0.8cm。

22. 16 瓜棱珠，1 件

该处位于 D3-3 区西南角。此次采集遗物 1 件，为玻璃器珠饰 1 件。

珠饰 1 件（16 瓜棱珠：1），残，仅存一半，瓜棱形，中间有穿孔，长径 1.5cm、短径 1.3cm，孔径 1cm。

23. 16 石坠 3，40 件

该处位于 C5-4 区中北部。此次采集遗物 40 件，均为石器（图 7-2-9）。

石坠 3 件。

16 石坠 3：1，完整，平面呈椭圆形，顶端有圆形穿孔，长径 2.9cm、短径 0.5cm，孔径 0.4cm。

16 石坠 3：2，残，平面呈椭圆形，顶端有圆形穿孔，长径 2.2cm、短径 1.3cm，孔径 0.3cm。

16 石坠 3：3，残，平面略呈椭圆形，顶端有穿孔，孔已残，长径 2.5cm、短径 0.7cm，孔径 0.3cm。

石核 4 件，青色泥岩，柱形，台面较平整，核体上有窄长条疤痕。

16 石坠 3：4，一面保留自然面，长 3.6cm、宽 2.7cm。

16 石坠 3：5，从两端打击剥离石叶，长 4.6cm、直径 2.4cm。

16 石坠 3：6，较扁平，一面保留自然面，长 6cm、宽 2.2cm。

16 石坠 3：7，残，一端断裂，一面保留自然面，残长 3.8cm、宽 2.8cm。

细石叶 33 件，均为泥岩质地，窄长条，部分一端折断或两端折断，剖面呈梯形或三角形，两侧多有使用痕或加工痕。

16 石坠 3：8，棕色，一端折断，剖面呈梯形，长 5.4cm、宽 1.1cm。

16 石坠 3：9，青色，一端折断，剖面呈三角形，长 6.1cm、宽 0.7cm。

16 石坠 3：10，淡绿色，一端折断，剖面呈三角形，长 3cm、宽 1cm。

16 石坠 3：11，棕色，完整，剖面呈三角形，边沿不整齐，长 4.4cm、宽 0.8cm。

16 石坠 3：12，青色，一端折断，剖面呈三角形，两侧加工痕明显，长 5.4cm、宽 0.8cm。

16 石坠 3：13，棕色，一端折断，剖面呈三角形，长 3.1cm、宽 1.1cm。

16 石坠 3：14，青色，一端折断，剖面呈梯形，长 6.6cm、宽 1.6cm。

16 石坠 3：15，棕色，一端折断，剖面呈三角形，长 6.7cm、宽 0.9cm。

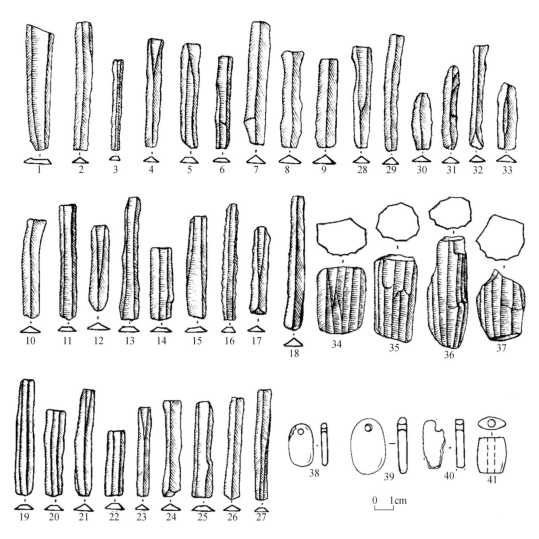

图 7-2-9　楼兰南部 16 石坠 3 地点石器文物素描

1 ~ 27. 细石叶（16 石坠 3：14 ~ 40）；28 ~ 33. 细石叶（16 石坠 3：8 ~ 13）；34 ~ 37. 石核
（16 石坠 3：4 ~ 7）；38 ~ 40. 石坠（16 石坠 3：1 ~ 3）；41. 管状玉珠（16 玉珠 1：1）

16 石坠 3：16，棕色，一端折断，剖面呈梯形，两侧加工痕明显，长 4.8cm、宽 0.6cm。

16 石坠 3：17，青色，一端折断，剖面呈三角形，长 5.8cm、宽 0.9cm。

16 石坠 3：18，青棕色，完整，剖面呈梯形，弧度较大，长 5.6cm、宽 1cm。

16 石坠 3：19，棕色，两端折断，剖面呈梯形，长 4.9cm、宽 0.8cm。

16 石坠 3：20，青色，一端折断，剖面呈三角形，长 6.5cm、宽 1.1cm。

16 石坠 3：21，棕色，完整，剖面呈三角形，正面剥离痕凌乱，长 5.1cm、宽 1.2cm。

16 石坠 3：22，棕色，一端折断，剖面呈三角形，长 4.8cm、宽 1.1cm。

16 石坠 3：23，棕色，一端折断，剖面呈三角形，长 5.2cm、宽 1.1cm。

16 石坠 3：24，淡绿色，一端折断，剖面呈三角形，长 6cm、宽 0.9cm。

16 石坠 3：25，棕色，一端折断，剖面呈三角形，长 4.5cm、宽 1.1cm。

16 石坠 3：26，棕色，完整，剖面呈梯形，长 6.4cm、宽 1.1cm。

16 石坠 3：27，淡绿色，两端折断，剖面呈梯形，长 3.8cm、宽 1.2cm。

16 石坠 3：28，棕色，一端折断，剖面呈梯形，长 5.4cm、宽 1.1cm。

16 石坠 3：29，青色，完整，剖面呈梯形，两侧加工痕明显，长 6.1cm、宽 0.8cm。

16 石坠 3：30，青色，一端折断，剖面呈梯形，长 4.6cm、宽 0.9cm。

16 石坠 3：31，棕色，一端折断，剖面呈三角形，长 7.1cm、宽 0.9cm。

16 石坠 3：32，青色，两端折断，剖面呈梯形，长 6.1cm、宽 1cm。

16 石坠 3：33，青色，一端折断，剖面呈梯形，长 4.6cm、宽 1.1cm。

16 石坠 3：34，青色，一端折断，剖面呈三角形，长 5.6cm、宽 0.9cm。

16 石坠 3：35，淡绿色，两端折断，剖面呈梯形，长 3.4cm、宽 0.9cm。

16 石坠 3：36，青色，一端折断，剖面呈三角形，长 4.7cm、宽 0.7cm。

16 石坠 3：37，棕色，一端折断，剖面呈三角形，两侧加工痕明显，长 5cm、宽 1cm。

16 石坠 3：38，青色，一端折断，剖面呈梯形，长 5.1cm、宽 1.1cm。

16 石坠 3：39，青色，完整，剖面呈三角形，长 5.4cm、宽 0.9cm。

16 石坠 3：40，淡绿色，一端折断，剖面呈梯形，长 5.8cm、宽 0.8cm。

24. 16 玉珠 1，1 件

该处位于 D3-1 区中东部。此次采集遗物 1 件，为玉器（图 7-2-9）。

玉器 1 件，为管状玉珠（16 玉珠 1：1），完整，玉石加工而成。平面大致呈圆角长方形，中间穿孔，孔系两边对钻形成，孔壁光滑，长 1.9cm、宽 1.6cm、孔径 0.4cm。

25. 16 铜带扣，5 件

该处位于 D3-4 区东北角，16 一号营地南侧。此次采集遗物 5 件，主要有铜、石器。

1）铜器 4 件

铜带扣 1 件（16 铜带扣：5），残，仅存扣板，表面已锈蚀，平面略呈圆角长方形，一端圆弧，一端平直，通长 3.2cm，最厚 0.3cm。

铜簪 1 件（16 铜带扣：1），完整，U 形，由细铜条弯曲而成，簪头较锐利，长 5.8cm，丝径 0.3cm。

铜镞 1 件（16 铜带扣：3），残，铤已残断，表面已锈蚀，镞身三棱形，棱间凹下，前收成锋，镞尖锐利，镞身一侧面上部有一个三角形凹槽，长 3.9cm，铤长 0.8cm。

残铜块 1 件（16 铜带扣：4），残，锈蚀严重，已不辨形制，残长 6cm。

2）石器 1 件

细石叶 1 件（16 铜带扣：2），完整，一端折断，长条形，剖面呈三角形，表面有窄长条疤痕，两侧边有使用痕或第二次修整痕，长 5.7、最宽 1.2cm。

26. 16 铜带扣 1，4 件

该处位于 D2-1 区中北部，北为 16 剪轮五铢 1 和 16 细石叶 1。此次采集遗物 4 件，主要有陶器、铜器、石器等。

1）陶器 1 件

灯盏 1 件（16 铜带扣 1：1），残，手制，制作比较粗糙，夹砂灰褐陶，敞口，圆沿，斜腹，平底。口径 6.5cm、底径 5cm、高 4cm。

2）铜器 1 件

带扣 1 件（16 铜带扣 1：4），残，仅存扣环。扣环呈扁圆形，顶部中间有一道凸棱。背面空心，两端各有一个铆钉。扣环长径 4.1cm、短径 3.6cm。

3）石器 2 件

石核 1 件（16 铜带扣 1：2），残，一端残断，用砾石加工而成，圆柱体，以劈裂面作台面，核体有上明显的窄长条疤痕，长 3.9cm、宽 2.9cm。

石矛 1 件（16 铜带扣 1：3），稍残，剖面呈菱形。通体鱼鳞状，圆弧刃，形制较为规整，长 8.6cm、宽 2.6cm。

27. 16 铁镞，1 件

该处位于 D2-1 区东北部。此次采集遗物 1 件，为铁器。

铁器 1 件，为镞（16 铁镞：1），残，锈蚀严重，三翼形，锋、翼较锋利，铤与镞身相连，为圆柱体。通长 6.7cm、镞身长 4.6cm。

28. 16 玉斧 3，16 件

该处位于 D1-2 区东北部。此次采集遗物 16 件，均为石器。

玉斧 2 件。

16 玉斧 3：1，稍残，青白玉，梯形，面宽，边缘有加工痕迹，刃部较锐利，截面呈锥形，长 4.4cm、宽 3.7cm，最厚 0.9cm。

16 玉斧 3：2，稍残，墨玉，梯形，面宽，边缘有加工痕迹，刃部较锐利，截面呈锥形，长 4.1、宽 3cm，最厚 1.2cm。

石镞 2 件，青色泥岩，表面压剥痕密布。

16 玉斧 3：14，桂叶形，尖端残，剖面呈菱形，残长 5.5cm、最宽 1.7cm。

16 玉斧 3：15，桂叶形，镞尖呈三菱形，铤部扁平，长 3cm、最宽 0.7cm。

石核 2 件，青色泥岩，台面不平整，核体上有许多窄长条疤痕。

16 玉斧 3：8，柱状石核，一面保留断裂面原状，长 2.8cm、高 3.5cm。

16 玉斧 3：9，残，仅存靠近台面部分，长 3.2cm、残高 0.8cm。

石球 1 件（16 玉斧 3：11），青色泥岩，不规则多面体，打击痕明显，直径 3.2cm。

细石叶 5 件，长条形，剖面呈三角形或梯形。

16 玉斧 3：3，棕色泥岩，一端折断，剖面呈梯形，长 3cm、宽 1.5cm。

16 玉斧 3：4，棕灰色泥岩，完整，剖面呈梯形，长 5.6cm、宽 0.9cm。

16 玉斧 3：5，青色泥岩，完整，剖面呈梯形，弧度较大，长 4.4cm、宽 0.9cm。

16 玉斧 3：6，棕色泥岩，完整，剖面呈三角形，长 4.3cm、宽 12cm。

16 玉斧 3：7，灰白色泥岩，完整，剖面呈三角形，弧度较大，正面有许多压剥痕，长 7cm、宽 1.4cm。

石器 1 件（16 玉斧 3：10），残，长条形薄片，两侧有使用痕，残长 10.7cm、宽 4.5cm、厚 0.45cm。

16 玉斧 3：16，残，用自然砾石加工而成，不规则形，一面刻画有两道横线，中间一道竖线，长 1.3cm、宽 1.2cm。

石片 2 件，系从大石核上剥离下来的剥片，不规则形，边沿有使用痕或加工痕。

16 玉斧 3：12，青色泥岩，长 3.5cm、宽 2.4cm、厚 0.7cm。

16 玉斧 3：13，黄色泥岩，长 3.6cm、宽 3.3cm、厚 0.9cm。

29. 16 玉斧 1，4 件

该处位于 D3-1 区东南，西为 16 玉斧 2。采集遗物 4 件，均为玉石器。其中玉斧 1 件、石镞 1 件、细石叶 2 件。

玉斧 1 件（16 玉斧 1：1），残，一端已残断，墨玉，梯形，面宽，边缘有加工痕迹，刃部较锐利，截面呈锥形，长 8.5cm、宽 4.6cm，最厚 2.1cm。

石镞 1 件（16 玉斧 1：2），完整，桂叶形，剖面呈菱形，通体鱼鳞状，圆弧刃，十分精致规整，长 5.1cm、宽 1.4cm。

细石叶 2 件，青色，窄长条，一端折断，剖面呈三角形。

16 玉斧 1：3，长 2cm、宽 1.2cm。

16 玉斧 1：4，长 3.8cm、宽 1cm。

30. 16 石核点，14 件

该处位于 C5-3 区南侧。此次采集遗物 14 件，均为玉石器。其中玉斧 1 件、石核 5 件、石片 3 件、细石叶 4 件、石环 1 件。

玉斧 1 件（16 石核点：1），残，一端已残断，墨玉，近方形，面宽，边缘有加工痕迹，刃部锐利，截面呈锥形，长 7.2cm、宽 6.7cm，最厚 1.8cm。

石核 5 件，淡绿色泥岩，其中柱状 2 件，船底形 3 件，台面不平整，核体上分布较多窄长条疤痕。

16 石核点：2，柱状，残，呈薄片状，残长 1.4cm、宽 3.5cm。

16 石核点：3，船底形，核体一面内凹，剥离面保留较完整，长 3.7cm、宽 3.1cm。

16 石核点：4，船底形，仅一面窄长条疤痕明显，长 4.3cm、宽 4.2cm。

16 石核点：5，柱状，仅一面窄长条疤痕明显，长 3.9cm、宽 2.8cm。

16 石核点：6，船底状，一面保留自然面，长 3.3cm、宽 3.5cm。

细石叶 4 件，淡绿色泥岩，窄长条状，剖面多呈三角形。

16 石核点：7，一端折断，长 5.5cm、宽 1.1cm。

16 石核点：8，一端折断，长 4.6cm、宽 1.2cm。

16 石核点：9，一端折断，剖面呈梯形，长 5.6cm、宽 0.9cm。

16 石核点：10，完整，长 2.6cm、宽 0.9cm。

石环 1 件（16 石核点：11），灰色砂岩，残，表皮脱落，平面呈圆环形，剖面呈馒头状，中间有对钻孔，直径 12.2cm、厚 1.9cm、孔径 2.2～3cm。

31. 16 细玉斧，13 件

该处位于 C5-3 区西南部。此次采集遗物 13 件，主要有陶器、玉石器、玻璃器。

1）陶器 2 件

筒形罐 1 件（16 细玉斧：4），残，仅存口部，手制，夹粗砂红褐陶，圆沿，直腹，直径 17cm、残高 8.4cm。

戳印纹陶片 1 件（16 细玉斧：5），残，仅存口部，手制，夹粗砂红褐陶，圆沿，高领，颈部有四条等距离分布的带状凸起，上面均匀戳印有圆圈纹，残高 7.2cm、壁厚 0.4cm。

2）玉石器 10 件

玉斧 2 件。

16 细玉斧：1，残，一端已残断，青玉，三角形，面较宽，边缘有加工痕迹，刃部较锐利，截面呈锥形，长 6cm、宽 2.3cm、最厚 0.8cm。

16 细玉斧：2，残，一端已残断，青玉，长方形，面宽，边缘有加工痕迹，刃部较锐利，截面呈锥形，长 4.9cm、宽 3.5cm、最厚 1cm。

石斧 1 件（16 细玉斧：13），残，仅存刃部，青色砂岩质，两面打磨光滑，刃部圆弧，有磨损痕，残长 11.6cm、残宽 11cm。

石镞 2 件。

16 细玉斧：3，完整，通体鱼鳞状，圆弧刃，两侧边压剥痕迹明显，剖面呈菱形，十分精致规整，长 5.3cm、宽 2.5cm、铤长 1cm。

16 细玉斧：12，已残断，桂叶形，剖面呈菱形，通体鱼鳞状，圆弧刃，十分精致规整，残长 2cm、宽 1.2cm。

石器 2 件。

16 细玉斧：6，完整，用砾石加工而成，平面略呈长方形，上下两端较中间薄，残长 11.1cm，最宽 2.1cm。

16 细玉斧：7，完整，用砾石加工而成，平面略呈长方形，一端平直，一端圆弧，器体下部有一道宽凹槽，长 9.2cm、最宽 2.5cm、最厚 1.5cm。

石核 1 件（16 细玉斧：8），残，圆柱形，用砾石加工而成，一般将砾石截去一节，以劈裂面作台面，核体上留有许多窄长条疤痕并保留有自然面，长 2.1cm、宽 2.5cm。

细石叶 2 件。

16 细玉斧：9，一端折断，长条形，剖面呈三角形，表面有窄长条疤痕，两侧边有使用痕或第二次修整痕，长 5.6cm、宽 1.1cm。

16 细玉斧：10，一端折断，长条形，剖面呈三角形，表面有窄长条疤痕，两侧边有使用痕或第二次修整痕，长 3.8cm、宽 1.2cm。

3）玻璃器 1 件

玻璃珠 1 件（16 细玉斧：11），完整，黄色，圆柱体，中间穿孔，直径 0.9cm，高 0.7cm，孔径 0.5cm。

32. 16 玉斧 2，1 件

该处位于 D3-1 区东南。此次采集遗物 1 件，为玉器。

玉器 1 件，为玉斧（16 玉斧 2：1），残，一端已残断，青玉，三角形，面较宽，边缘有加工痕迹，刃部较锐利，截面呈锥形，长 7.1cm、宽 4.7cm、最厚 1.2cm。

33. 16 玉斧铜镜，42 件

该处位于 C5-3 区东北部。此次采集遗物 42 件，主要有铜、铁、石器和钱币等。

1）铜器 5 件

铜镜 1 件（16 玉斧铜镜：2），残，略呈扇形，镜面平直，镜身和镜缘较薄，窄平沿，镜钮中间穿孔，镜面外区饰连弧纹，连弧纹与镜钮中间为柿蒂纹，长 6.1cm、宽 5.6cm、缘厚 0.2cm；孔径 1.5cm，高 0.9cm；中间穿孔直径 0.5cm。

铜镞 1 件（16 玉斧铜镜：39），两翼形，中间起脊与短铤相连，长 3.7cm、宽 1.4cm。

铜管状饰 2 件，用薄铜片卷曲成圆筒状，两端未闭合。

16 玉斧铜镜：36，长 1.3cm、宽 1.7cm、高 1.4cm。

16 玉斧铜镜：37，直径 1.2cm、残高 2.7cm，可能是铜帽一类。

铜饰 1 件（16 玉斧铜镜：35），残，仅存三分之一左右，用细铜丝弯曲成，残长 2.2cm、丝径 0.2cm。

2）铁器 2 件

铁饰 2 件。

16 玉斧铜镜：4，断为两截，圆柱形，一段残长 9.5cm、直径 0.6cm；另一段残长 4.3cm。

16 玉斧铜镜：42，束腰三角形，中间有孔，边长 2.9cm、厚 0.8cm、孔径 0.7cm。

3）玉石器 34 件

玉斧 1 件（16 玉斧铜镜：1），残，青玉，梯形，面较宽，边缘有加工痕迹，刃部锐利，截面呈锥形，长 5.2cm、宽 4.3cm、最厚 1.1cm。

石斧 1 件（16 玉斧铜镜：33），残，从中破裂，剖面呈长方形，完整面打磨光滑，残长 6.8cm、残高 6.8cm。

砺石 1 件（16 玉斧铜镜：5），长条形，剖面呈梯形，两面有磨痕，残长 8cm、最宽 2.5cm。

石镞 6 件，2 件完整，3 件未完成，属于半成品。

16 玉斧铜镜：8，完整，桂叶形，通体鱼鳞状，圆弧刃，两侧边压剥痕迹明显，剖面呈菱形，十分精致规整，长 5.9cm、宽 1cm。

16 玉斧铜镜：9，半成品，顶面和一侧面保留自然台面，另一侧敲砸痕明显，长 6.8cm、最宽 2.8cm。

16 玉斧铜镜：10，半成品，顶部折断，两侧敲砸痕明显，尚存部分自然面，长 4.3cm、宽 2.6cm。

16 玉斧铜镜：19，半成品，两侧敲砸痕明显，局部尚存自然面，长 5.3cm、最宽 2.5cm。

16 玉斧铜镜：20，完整，桂叶形，平面呈菱形，圆弧刃，通体压剥痕明显，尾端齐平，长 3.2cm、最宽 1.2cm。

16 玉斧铜镜：38，桂叶形，尖部较尖圆，制作精细，通体鱼鳞纹，长 4.8cm、宽 2cm。

石核 9 件，圆柱形 6 件。

16 玉斧铜镜：11，用砥石加工而成，台面已不明显，核体上留有许多窄长条疤痕，长 5.3cm、宽 2cm。

16 玉斧铜镜：21，暗棕色泥岩，台面较小、不平整，核体一侧较平，为自然面，另一面有许多窄长条疤痕，长 4.7cm、最宽 1.7cm。

16 玉斧铜镜：30，青色泥岩，核体一面保留自然面，长 2.4cm、高 3cm。

16 玉斧铜镜：31，棕色泥岩，已残断，长 2.7cm、高 3cm。

16 玉斧铜镜：32，青色泥岩，核体一面保留自然面，长 2.6cm、高 3.3cm。

16 玉斧铜镜：40，黄色泥岩，核体一侧较平，为自然面，另一面有许多窄长条疤痕，长 3.4cm、宽 2cm。

16 玉斧铜镜：41，核体一侧较平，为自然面；另一面有许多窄长条疤痕，长 2.6cm、宽 2.2cm。

楔形 3 件，青色泥岩，台面和椎体交界处剥痕密集，核体上有许多窄长条疤痕。

16 玉斧铜镜：22，较细长，长 3.2cm、最宽 1.4 cm。

16 玉斧铜镜：29，台面不平整，核体一面保留自然面，长 3.3cm、宽 2.2cm。

石杵 2 件。

16 玉斧铜镜：15，残，仅存尖端部分，长条形，剖面呈菱形，残长 7.5cm、最宽 3.8cm、最厚 2.2cm。

16 玉斧铜镜：34，青色砂岩，扁柱形，两端有敲砸痕，长 4.2cm、宽 3cm、高 6.4cm。

细石叶 14 件，长条形，剖面呈梯形或三角形，表面有窄长条疤痕，两侧边有使用痕或第二次修整痕。

16 玉斧铜镜：6，一端折断，长 4.2cm、宽 1.4cm。

16 玉斧铜镜：7，一端折断，长 4.9cm、宽 1.2cm。

16 玉斧铜镜：12，完整，青色泥岩，剖面呈三角形，一端加工成锐利的尖头，长 4.5cm、宽 1cm。

16 玉斧铜镜：13，完整，青色泥岩，长条形，剖面呈三角形，长 4.8cm、宽 1.2cm。

16 玉斧铜镜：14，棕黄色泥岩，剖面呈梯形，长 3cm、宽 1.3cm。

16 玉斧铜镜：16，完整，青色泥岩，剖面呈梯形，长 8.7cm、最宽 1.35cm。

16 玉斧铜镜：17，完整，青色泥岩，剖面呈梯形，长 5.5cm、最宽 1.1cm。

16 玉斧铜镜：18，残，一端折断，青色泥岩，剖面呈梯形，残长 8.5cm、最宽 1.2cm。

16 玉斧铜镜：23，青色泥岩，一端折断，剖面呈三角形，长 4cm、宽 1.4cm。

16 玉斧铜镜：24，淡绿色泥岩，一端折断，剖面呈梯形，长 3.1cm、宽 1cm。

16 玉斧铜镜：25，棕色泥岩，完整，剖面呈三角形，长 3.1cm、宽 1.1cm。

16 玉斧铜镜：26，青色泥岩，一端折断，剖面呈梯形，长 3.5cm、宽 1.5cm。

16 玉斧铜镜：27，青白色石英岩，两端折断，剖面呈梯形，长 2.1cm、宽 1.5cm。

16 玉斧铜镜：28，深褐色泥岩，完整，剖面呈三角形，弧度较大，长 4.4cm、宽 1.1cm。

4）钱币 1 件

16 玉斧铜镜：3，残，锈蚀严重，圆形方穿，表面已漫漶不清，钱径 2.5cm，穿径 0.8cm，厚 0.2cm。

34. 16 贝饰点，15 件

该处位于 D2-3 区东南部，此次采集遗物 15 件，主要有陶器、铜器、石器、贝器和钱币等。

1）陶器 1 件

陶纺轮 1 件（16 贝饰点：6），完整，夹砂灰陶，平面呈圆形，中部穿孔，直径 3.3cm，厚 1cm，孔径 0.9cm。

2）铜器 5 件

铜带扣 1 件（16 贝饰点：3），残，表面已锈蚀，扣板上端平面呈椭圆形，下端平面为长方形，扣舌较细长。通长 3.2cm，扣板上端长径 1.3cm、短径 0.9cm，下端边长 0.9cm、宽 0.6cm、厚 0.4cm，扣舌长 1.9cm。

铜镞 1 件 (16 贝饰点：8)，残，铤已残断，表面已锈蚀，镞身三棱形，棱间凹下，前收成锋，铤与镞身相连，为圆柱体，长 3.3cm。

铜镜残片 2 件。

16 贝饰点：9，残，表面已锈蚀，三角形，窄平沿，缘较薄，长 2.6cm、宽 1.6cm。

16 贝饰点：10，残，仅存镜缘，表面已锈蚀，缘较薄，长 7.4cm。

铜饰 1 件 (16 贝饰点：2)，残，表面已锈蚀，圆柱体，中空，表面一侧有角状凸起，残高 3.4cm，直径 0.5cm。

3) 石器 4 件

砺石 1 件 (16 贝饰点：7)，残，一端已残断，长方形，表面较光滑，顶端有穿孔，系两面对钻形成，长 6cm，宽 2.2cm，厚 1cm。

石环 1 件 (16 贝饰点：15)，残，平面呈圆形，中间有穿孔，系两面对钻形成，直径 2.1cm，孔径 0.5cm。

细石叶 2 件。

16 贝饰点：13，完整，一端折断，长条形，剖面呈三角形或梯形，表面有窄长条疤痕，两侧边有使用痕或第二次修整痕，有些可与其他器物组合成复合工具使用，长 4.2cm、宽 1.2cm。

16 贝饰点：14，完整，一端折断，长条形，剖面呈三角形或梯形，表面有窄长条疤痕，两侧边有使用痕或第二次修整痕，有些可与其他器物组合成复合工具使用，长 4.4cm、宽 1cm。

4) 贝器 1 件

贝饰 1 件 (16 贝饰点：1)，残，圆弧形，用海贝加工而成，表面有道凹槽，两边对称斜向刻槽，长 4cm，宽 1cm，厚 0.6cm。

5) 钱币 4 件

4 件，另有残片 7 个。

发现完整钱币。

五铢 3 件，圆形方穿，穿之两侧篆书"五铢"二字。

16 贝饰点：11，残，锈蚀严重，"五"字较为清晰，"铢"字已不辨，"五"字字体宽扁，交笔缓曲，钱径 2.7cm，穿径 0.9cm。

16 贝饰点：12，残，表面已锈蚀，"五铢"二字均较为清晰，"五"字字体瘦长，交笔近直，上、下基本呈三角形，"铢"字的"金"字旁头呈三角形，之下四个短竖点，"朱"头方折，钱径 2.5cm、穿径 0.8cm。

16 贝饰点：5，完整，表面已锈蚀，"五"字字体宽扁，交笔弯曲，上、下基本呈三角形，"铢"字的"金"字旁头呈三角形，之下四个短竖点，"朱"头方折，钱径 2.7cm，穿径 0.9cm。

剪轮五铢 1 件 (16 贝饰点：4)，完整，磨去边郭，圆形方穿，"五铢"二字尚能清晰可辨，"五"字体瘦长，交笔缓曲，上、下基本呈三角形，"朱"头方折，钱径 1.9cm，穿径 0.9cm。

35. 16 石杵，3 件

该处位于 C5-1 区东北角。此次采集遗物 3 件，均为石器。其中石杵 1 件、砺石 1 件、石锄 1 件。

石杵 (16 石杵：1)，残，一端已残断，圆柱体，顶端较尖锐，长 16.2cm，直径 2.7cm。

砺石 (16 石杵：2)，残，仅存半个，两侧磨面平整，残长 6.4cm、宽 1.2~2.2cm。

石锄 1 件 (16 石杵：3)，灰色石英岩，残，仅存下半部分，平面略呈梯形，剖面呈窄长形，刃部厚圆，残长 11.6cm、宽 10cm。

36. 16 陶器耳，2 件

该处位于 C5-1 区中部。此次采集遗物 2 件，为陶器、石器。

1) 陶器 1 件

器耳 1 件 (16 陶器耳：1)，夹砂红陶，桥形耳，残长 11.3cm、残宽 8cm。

2）石器1件

石杵1件（16陶器耳：2），灰色石英岩，残，仅存半个，扁柱状，头端较圆滑，残长12cm、宽8.4cm。

37.16 铜釜，1 件

该处位于C5-3区中北部。此次采集遗物1件，为铜器。

铜釜1件（16铜釜：1），残，已复原。表面已锈蚀，敞口，圆沿，束颈，鼓腹，平底。颈部两侧各有一个系耳。口部一侧有修补痕迹，系用薄铜片粘补而成。口径19.6cm、底径12cm、高19.8cm。

38.16 铜斗检封，1 件

该处位于C5-1区中北部。铜器1件，为斗检封。

斗检封1件（16斗检封：1），完整，斗形，正面方形，模压"官律所平"四个阳文篆字，从右向左读，背面中空用以纳封泥。两侧边中间各有一个穿孔。印边长2.5cm、通高0.8cm、孔径0.5cm。

39.16 石镞区，85 件

该处位于D3-4北部。此次采集遗物85件，主要有陶器、石器等（图7-2-10）。

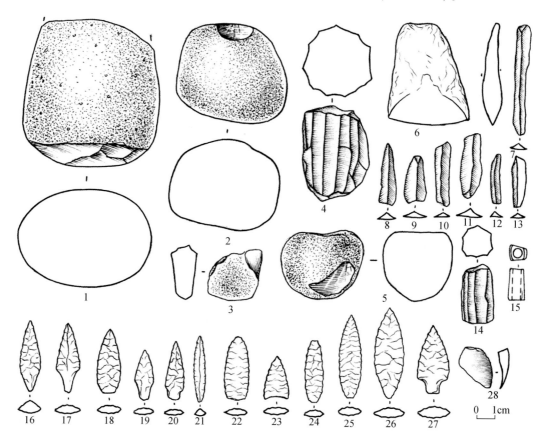

图 7-2-10　楼兰南部地区 16 石镞区文物素描

1. 石杵（16 石镞区：15）；2、5. 石球（16 石镞区：14、16 石镞区：30）；3、6. 玉斧（16 石镞区：29、16 石镞区：13）；4、14. 石核（16 石镞区：17、16 石镞区：16）；7～13、28. 细石叶（16 石镞区：20、16 石镞区：21、16 石镞区：22、16 石镞区：23、16 石镞区：24、16 石镞区：25、16 石镞区：26、16 石镞区：27）；15. 管状玉珠（16 石镞区：28）；16～27. 石镞（16 石镞区：12、16 石镞区：5、16 石镞区：4、16 石镞区：10、16 石镞区：11、16 石镞区：8、16 石镞区：3、16 石镞区：9、16 石镞区：7、16 石镞区：1、16 石镞区：2、16 石镞区：6）

1）陶器2件

刻画纹陶片2件，夹砂红褐陶。胎体较薄，砂较粗。表面施条状附加堆纹，上模压短斜条纹。

16 石镞区：18，表面有三条附加堆纹，其中两条较宽，上模压短斜条纹较清晰，残长 4.3cm、残宽 3cm。

16 石镞区：19，表面有两条附加堆纹，上模压短斜条纹，残长 5cm、残宽 5.7cm。

2）玉石器 83 件

玉斧 2 件。

16 石镞区：1，残，一端已残断，梯形，面宽，边缘有加工痕迹，刃部锐利，截面呈锥形，长 6cm、宽 4.9cm，最厚 1.2cm。

16 石镞区：29，残，仅存刃部一小块，青玉，两面磨光，残长 3cm、残宽 3cm，另有玉斧残片 2 件。

管状玉珠 1 件（16 石镞区：28），残，乳黄色，长条状，剖面呈三角形，中间有孔，长 1.8cm、宽 1cm，孔径 0.5cm。

石镞 66 件。

16 石镞区：1，残，铤已残断，桂叶形，剖面呈菱形，通体鱼鳞状，圆弧刃，镞尖锐利，十分精致规整，长 4.8cm、宽 1.2cm。

16 石镞区：2，残，桂叶形，剖面呈菱形，通体鱼鳞状，圆弧刃，两端尖锐，十分精致规整，长 5.2cm、宽 1.6cm。

16 石镞区：3，残，铤已残断，桂叶形，剖面呈菱形，通体鱼鳞状，圆弧刃，十分精致规整，长 3.6cm、宽 1.4cm。

16 石镞区：4，残，铤已残断，桂叶形，剖面呈菱形，通体鱼鳞状，圆弧刃，镞尖锐利，十分精致规整，长 3.7cm、宽 1.4cm。

16 石镞区：5，残，铤已残断，桂叶形，剖面呈菱形，通体鱼鳞状，圆弧刃，镞尖锐利，十分精致规整，长 3.9cm、宽 0.9cm，铤长 1cm。

16 石镞区：6，残，铤已残断，桂叶形，剖面呈菱形，通体鱼鳞状，圆弧刃，镞尖锐利，十分精致规整，长 3.9cm、宽 1.8cm，铤长 0.7cm。

16 石镞区：7，残，铤已残断，桂叶形，剖面呈菱形，通体鱼鳞状，圆弧刃，十分精致规整，长 3.6cm、宽 1cm。

16 石镞区：8，残，铤已残断，桂叶形，剖面呈菱形，通体鱼鳞状，圆弧刃，十分精致规整，长 3.8cm、宽 0.7cm。

16 石镞区：9，完整，三角形，两侧边压剥痕迹明显，十分精致规整，长 2.4cm、宽 1.3cm。

16 石镞区：10，残，铤已残断，桂叶形，剖面呈菱形，通体鱼鳞状，圆弧刃，镞尖锐利，十分精致规整，长 2.9cm、宽 1.1cm，铤长 0.6cm。

16 石镞区：11，残，铤已残断，桂叶形，剖面呈菱形，通体鱼鳞状，圆弧刃，镞尖锐利，十分精致规整，长 3.4cm、宽 1.1cm，铤长 0.4cm。

16 石镞区：12，残，铤已残断，桂叶形，剖面呈菱形，通体鱼鳞状，圆弧刃，镞尖锐利，十分精致规整，长 4.1cm、宽 1.2cm，铤长 1cm。

石球 2 件。

16 石镞区：14，白色石英岩，不规则球形，棱角较圆滑，有使用痕，长 6.5cm、宽 5.2cm、高 5.6cm。

16 石镞区：30，馒头状，边沿多使用痕，长 4.9cm、高 4cm。

石杵 1 件（16 石镞区：15），棕褐色石英岩，残，仅存头部，扁圆柱状，头部有使用痕，直径 5.7 ~ 8cm、残高 8.5cm。

石核 2 件，褐色泥岩，圆柱形，台面不平整，边沿打击点明显，核体上有许多窄长条疤痕。

16 石镞区：16，长 3.4cm、宽 1.9cm。

16 石镞区：17，一侧保留自然面，长 5.5cm、宽 4cm。

细石叶9件，窄长条，剖面呈梯形或三角形，两侧有加工痕或使用痕。

标本16石镞区：20，青色泥岩，完整，剖面呈三角形，长6.3cm、宽0.9cm。

标本16石镞区：21，黑色泥岩，两端折断，剖面呈三角形，一头加工成尖锥状，长3.5cm、宽1cm。

标本16石镞区：22，淡绿色泥岩，完整，剖面呈三角形，长2.7cm、宽0.8cm。

标本16石镞区：23，褐色泥岩，一端折断，剖面呈三角形，长3.8cm、宽0.9cm。

标本16石镞区：24，黄色泥岩，一端折断，剖面呈三角形，长3.7cm、宽1.3cm。

标本16石镞区：25，黑色泥岩，完整，剖面呈三角形，弧度较大，长2.9cm、宽0.6cm。

标本16石镞区：26，淡绿色泥岩，完整，剖面呈三角形，长3cm、宽0.8cm。

标本16石镞区：27，淡绿色泥岩，完整，剖面呈三角形，长2.3cm、宽1.7cm。

遗址区还采集到少量贝壳残片，有1件边沿有两道刻画凹槽，还有铜渣等遗物。

40.16 铜镜片，86件

该处位于C6-4区西北部。此次采集遗物86件，主要有陶器、铜器、铁器、石器、玻璃、贝器和钱币等。还有少量碎铁渣、铜渣、骨片等。

1）陶器1件

陶盏1件（16铜镜片：9），残，夹砂红陶，手制，敛口、圆沿、鼓腹。口径6.5cm、残高2.7cm。

2）铜器27件

主要有铜耳环、铜鸟形器盖、铜戒指、铜矛、铜镞、铜镜、铜铃、铜泡钉和铜饰等。

铜耳环1件（16铜镜片：4），完整，平面略呈椭圆形，系用铜条弯曲而成，两端不闭合。长径1.3cm、短径1.2cm、丝径0.1cm。

铜鸟形器盖1件（16铜镜片：3），稍残，表面已锈蚀。器盖为一立鸟形。鸟头回望，颈部弯曲，羽翼内收，尾部向下微弧，四肢简化，仅以圆柱体代替。整体造型线条流畅，简单粗犷，质朴纯真。通高3cm。

铜戒指2件，残，表面已锈蚀，由扁铜条弯曲而成。戒面呈椭圆形。

16铜镜片：8，戒面长径2.4cm、短径1.1cm，高2cm。

16铜镜片：26，指环下部残，戒面模压花纹，漫漶不清晰。戒面长径1.6cm、短径0.8cm，残高1.5cm。

铜矛2件，残，柳叶形，中间起脊。

16铜镜片：10，残长4.2cm、残宽1.7cm。

16铜镜片：11，刃部尖圆，残长4cm、残宽1.8cm。

铜镞1件（16铜镜片：12），残，三棱形，短铤。残长3.7cm、残宽0.7cm。

铜镜1件（16铜镜片：13），残，仅存一小片。背面可见连弧纹、弦纹和短线纹图案。残长3.3cm、残宽3.2cm。

铜铃2件，球形，顶部有系耳，下部开口，中空，空腔内有1粒铜珠，摇动有声。

16铜镜片：14，通高1.3cm、铃直径0.9cm。

16铜镜片：15，系残，残高2cm、铃直径1.5cm。

铜帽1件（16铜镜片：67），完整，表面已锈蚀，伞状，上端平面呈圆形，剖面呈三层阶梯状，下端为一个扁方柱体，底边穿孔。通高2.3cm，上端直径分别为2.3cm、1.7cm和0.9cm，方柱体长1.2cm、宽0.8cm、厚0.2cm，孔径0.3cm。

铜泡钉1件（16铜镜片：16），伞形。帽直径1.4cm、高0.55cm、钉腿长0.8cm。

铜饰9件。其中铜栓钉1件（16铜镜片：27），圆柱状，顶端有方形帽，末端有横贯穿的圆孔。通长6cm、帽边长0.85cm、高0.65cm、孔径0.2～0.4cm。

铜卡1件（16铜镜片：21），残，长方形，用薄铜片对折而成，末端用铜钉铆合。

铜箍2件，用薄铜片弯曲成环形，两端闭合。

16 铜镜片：23，直径 0.8 ~ 1.2cm，宽 0.6cm。

16 铜镜片：24，直径 1 ~ 1.2cm，宽 0.6cm。

连珠纹铜片 1 件（16 铜镜片：22），残，心形，下端有孔。正面模压三角形连珠纹。残长 2cm、残宽 1.5cm。

铜环 1 件（16 铜镜片：63），残，仅存半个，用圆铜丝弯曲成，残长 2cm、丝径 0.25cm。

3）石器 43 件

石球 3 件。

16 铜镜片：1，完整，用卵石加工而成，椭圆形，通体较平滑，长径 7.2cm、短径 6cm。

16 铜镜片：30，黄色泥岩，不规则球形，棱角分明，长 3.7cm、宽 3cm、厚 2.5cm。

石环 2 件。

16 铜镜片：2，残，圆弧形，表面光滑，长 4cm、宽 1.6cm。

16 铜镜片：64，残，边缘不规整，青色，直径 1.9cm、孔径 0.6cm。

砺石 2 件。残，仅存少半个，青色砂岩，剖面呈梯形。

16 铜镜片：28，一面有磨痕，残长 5cm，残宽 3cm。

16 铜镜片：29，两面有磨痕，顶端有孔，残长 5.5cm、残宽 3.2cm。

石杵 1 件（16 铜镜片：65），灰色花岗岩，残，仅存上半部分，平面呈梯形，剖面呈圆角长方形，上部有一道凹槽，其内可见捆扎痕，残长 9.2cm、宽 5.9cm、厚 2.6cm。

细石叶 32 件，泥岩，长条形，两侧多有加工痕或使用痕。

16 铜镜片：31，黄色，一端折断，剖面呈三角形，正面有许多压剥痕，背面两侧加工痕明显，长 6.4cm、宽 1cm。

16 铜镜片：32，青色，一端折断，剖面呈三角形，正面有许多压剥痕，长 3.8cm、宽 1.2cm。

16 铜镜片：33，黄色，一端折断，剖面呈梯形，长 4cm、宽 1.1cm。

16 铜镜片：34，青色，完整，剖面呈梯形，长 4.6cm、宽 1.4cm。

16 铜镜片：35，青色，一端折断，剖面呈三角形，长 3.5cm、宽 0.9cm。

16 铜镜片：36，黄色，两端折断，剖面呈三角形，长 2.5cm、宽 1.1cm。

16 铜镜片：37，青色，完整，剖面呈梯形，长 3.4cm、宽 0.8cm。

16 铜镜片：38，棕褐色，一端折断，剖面呈三角形，长 3.9cm、宽 0.8cm。

16 铜镜片：39，灰黄色，完整，剖面呈梯形，弧度较大，长 4.5cm、宽 0.9cm。

16 铜镜片：40，黄色，一端折断，正面有许多压剥痕，剖面呈三角形，长 4.9cm、宽 0.9cm。

16 铜镜片：41，青色，一端折断，剖面呈三角形，长 4.1cm、宽 1cm。

16 铜镜片：42，褐色，一端折断，剖面呈梯形，长 2.9cm、宽 0.9cm。

16 铜镜片：43，青色，一端折断，剖面呈梯形，长 3cm、宽 0.9cm。

16 铜镜片：44，青色，一端折断，剖面呈梯形，长 3.2cm、宽 1cm。

16 铜镜片：45，黄色，完整，剖面呈梯形，长 2.7cm、宽 0.9cm。

16 铜镜片：46，青色，完整，剖面呈三角形，长 3.1cm、宽 1.3cm。

16 铜镜片：47，暗黄色，一端折断，剖面呈三角形，长 2.6cm、宽 1.3cm。

16 铜镜片：48，褐色，两端折断，剖面呈梯形，长 2.9cm、宽 1cm。

16 铜镜片：49，灰绿色，一端折断，剖面呈三角形，长 2.7cm、宽 0.7cm。

16 铜镜片：50，褐色，一端折断，剖面呈三角形，长 3cm、宽 0.8cm。

16 铜镜片：51，灰色，一端折断，剖面呈三角形，长 3.3cm、宽 0.8cm。

16 铜镜片：52，青色，一端折断，剖面呈梯形，长 2.5cm、宽 0.8cm。

16 铜镜片：53，青色，一端折断，剖面呈三角形，长 2.7cm、宽 0.85cm。

16 铜镜片：54，灰绿色，一端折断，剖面呈梯形，长 3.1cm、宽 0.9cm。

16 铜镜片：55，青色，完整，剖面呈三角形，长 2.8cm、宽 0.8cm。

16 铜镜片：56，青色，一端折断，剖面呈三角形，长 3.3cm、宽 0.9cm。

16 铜镜片：57，淡绿色，一端折断，剖面呈梯形，长 3.1cm、宽 0.6cm。

16 铜镜片：58，褐色，两端折断，剖面呈三角形，长 2.3cm、宽 0.65cm。

16 铜镜片：59，青色，一端折断，剖面呈三角形，长 2.5cm、宽 0.65cm。

16 铜镜片：60，青色，两端折断，剖面呈梯形，长 1.8cm、宽 0.65 cm。

16 铜镜片：61，淡绿色，完整，剖面呈三角形，长 2.1cm、宽 0.85cm。

16 铜镜片：62，青色，一端折断，剖面呈梯形，长 2.2cm、宽 0.6cm。

石珠 2 件，残。

4）贝器 1 件

贝环 1 件（16 铜镜片：25），残，仅存三分之一，圆环形，截面呈水滴形，残长 2.7cm、环宽 0.5cm。

5）钱币 10 件

五铢钱 6 件，3 件完整，3 件残。表面均已锈蚀。圆形方穿，穿之两侧篆书"五铢"二字。"五铢"二字均十分清晰。"五"字字体瘦长，交笔弯曲，上、下基本呈三角形。"铢"字的"金"字旁头呈三角形，之下四个短竖点，"朱"头方折。

16 铜镜片：5，完整，钱径 2.6cm，穿径 0.8cm。

16 铜镜片：18，完整，边郭较窄，肉较薄，直径 2.7，穿径 0.95cm。

货泉 1 件（16 铜镜片：6），残，表面已锈蚀，圆形方穿，仅能辨认"货"字。长 1.7cm、宽 0.9cm。

剪轮五铢 1 枚（16 铜镜片：17），残，锈蚀严重。"五"字隐约可见。直径 2.4cm、穿径 0.9cm。

龟兹小钱 2 件。圆形方孔，边沿不圆滑。

16 铜镜片：19，直径 1.3cm、穿径 0.6cm。

16 铜镜片：20，直径 1cm、穿径 0.4～0.6cm。

6）玻璃器 2 件

此处发现的均为玻璃珠。

16 铜镜片：7，残，仅存一半，黄色，瓜棱形，中间有穿孔，直径 1.2cm，孔径 0.2cm。

16 铜镜片：66，绿色球形，中间夹杂黄色条纹，残径 1.4cm。

7）铁器 2 件

此处发现的均为残片，器形不明。

41. 16 石磨棒，43 件

该处位于 C5-1 区东北部。此次采集遗物 43 件，主要有铜器、铁器和石器等。

1）铜器 1 件

铜镜残片 1 件（16 石磨棒：3），残，表面已锈蚀。平面略呈三角形，窄平沿。长 5.3cm、宽 2.5cm。

2）铁器 1 件

铁马衔 1 件（16 石磨棒：4），残，仅存一节，锈蚀严重，直棍式，一端有长方形孔。通长 8.5cm，孔长 1cm、宽 0.4cm。

3）石器 41 件

石杵 1 件（16 石磨棒：6），完整，圆柱体，通体较光滑，一面平整有使用痕，长径 10.4cm、短径 6.8cm。

石球 4 件。

16 石磨棒：1，完整，扁圆形，用卵石加工而成，通体较平滑，有明显的加工痕，长径 7.6cm、短径 7.3cm。

16 石磨棒：2，完整，圆球形，用卵石加工而成，通体较平滑，有明显的加工痕，长径 8.5cm、短径 7.6cm。

　　16 石磨棒：5，完整，圆球形，用卵石加工而成，通体较平滑，直径 6.2cm。

　　16 石磨棒：39，白色石英岩，圆柱状，加工痕明显，长 3.7cm、宽 3.5cm。

　　石核 13 件，用泥岩加工而成，以劈裂面作台面，核体上留有许多窄长条疤痕并保留有自然面，可分为圆柱状、楔形和船底状 3 种。

　　16 石磨棒：7，残，圆柱形，长 5.4cm、宽 3cm。

　　16 石磨棒：9，楔形，局部存自然面，长 3.9cm、宽 3.3cm。

　　16 石磨棒：10，船底状，黄色泥岩，长 3.5cm、宽 3.4cm。

　　16 石磨棒：11，楔形，灰黄色泥岩，长 4.5cm、宽 3.5cm。

　　16 石磨棒：12，船底形，棕色泥岩，长 3cm、宽 2.7cm。

　　16 石磨棒：13，楔形，黄色泥岩，长 3.2cm、宽 1.5cm。

　　16 石磨棒：14，淡绿色泥岩，楔形，长 3.9cm、宽 1.9cm。

　　16 石磨棒：15，淡黄色泥岩，楔形，长 3cm、宽 2.6cm。

　　16 石磨棒：16，黄色泥岩，楔形，长 3cm、宽 2.5cm。

　　16 石磨棒：17，黄色泥岩，楔形，长 3.5cm、宽 2.5cm。

　　16 石磨棒：18，灰黄色泥岩，圆柱形，长 4.4cm、宽 3.2cm。

　　16 石磨棒：19，黄色泥岩，楔形，长 4cm、宽 2.7cm。

　　16 石磨棒：20，青色泥岩，船底形，长 2.7cm、宽 2.8cm。

　　石磨棒 1 件（16 石磨棒：8），青色砂岩，残仅存一端，长条形，剖面呈三角形，磨面端部凸起，中部内凹，磨痕明显，残长 15.2cm、宽 7cm。

　　细石叶 18 件，长条形，完整器比较少，一端或两端折断，剖面呈梯形或三角形，两侧多有加工痕或使用痕。

　　16 石磨棒：21，青色泥岩，完整，剖面呈三角形，长 4.8cm、宽 0.7cm。

　　16 石磨棒：22，淡绿色泥岩，一端折断，另一端加工成尖锥状，剖面呈三角形，长 5.4cm、宽 0.7cm。

　　16 石磨棒：23，青色泥岩，完整，剖面呈梯形，剥离面微弧，长 4.3cm、宽 0.9cm。

　　16 石磨棒：24，深褐色泥岩，一端折断，剖面呈三角形，弧度较大，长 6.2cm、宽 0.9cm。

　　16 石磨棒：25，棕黄色泥岩，一端折断，剖面呈三角形，弧度较大，长 6.3cm、宽 0.8cm。

　　16 石磨棒：26，青色泥岩，完整，剖面呈三角形，弧度较大，长 5.6cm、宽 0.8cm。

　　16 石磨棒：27，棕色泥岩，完整，剖面呈三角形，长 5cm、宽 0.8cm。

　　16 石磨棒：28，青色泥岩，一端折断，剖面呈三角形，长 4cm、宽 1.15cm。

　　16 石磨棒：29，青色泥岩，一端折断，剖面呈梯形，长 5.1cm、宽 1.2cm。

　　16 石磨棒：30，青色泥岩，两端折断，剖面呈梯形，长 4cm、宽 0.9cm。

　　16 石磨棒：31，黑色泥岩，一端折断，剖面呈梯形，长 3.8cm、宽 1.3cm。

　　16 石磨棒：32，淡绿色泥岩，一端折断，剖面呈梯形，长 4.1cm、宽 0.7cm。

　　16 石磨棒：33，深黄色泥岩，一端折断，剖面呈梯形，长 3.9cm、宽 2cm。

　　16 石磨棒：34，棕色泥岩，一端折断，剖面呈梯形，长 4.7cm、宽 1.15cm。

　　16 石磨棒：35，棕色泥岩，一端折断，剖面呈梯形，长 3.4cm、宽 0.9cm。

　　16 石磨棒：36，黄绿色泥岩，完整，剖面呈梯形，长 4.6cm、宽 0.9cm。

　　16 石磨棒：37，淡绿色泥岩，一端折断，剖面呈梯形，长 3.9cm、宽 1cm。

　　16 石磨棒：38，黄绿色泥岩，一端折断，剖面呈梯形，长 2.3cm、宽 0.8cm。

　　石片 4 件。

42.16 五铢钱，5 件

　　该处位于 D1-3 区北侧。此次采集遗物 5 件，均为钱币。

钱币5件，为五铢钱。

16 五铢钱：1，残，圆形方穿，穿之两侧篆书"五铢"二字，"五"字均较为清晰，"铢"字仅存一半，"五"字字体瘦长，交笔弯曲，上、下基本呈三角形，钱径2.7cm，穿径0.9cm。

16 五铢钱：2，残，已复原，圆形方穿，穿之两侧篆书"五铢"二字，字体均较为清晰。"五"字字体瘦长，交笔弯曲，上、下基本呈三角形，"铢"字的"金"字旁头呈三角形，之下四个短竖点，"朱"头方折，钱径2.55cm，穿径1cm。

16 五铢钱：3，残，圆形方穿，穿之一侧仅存"五"字，"五"字字体瘦长，交笔弯曲，上、下基本呈三角形，长1.7cm、宽1cm。

16 五铢钱：4，残，仅存一半，圆形方穿，穿之一侧仅存"铢"字，"铢"字的"金"字旁头呈三角形，之下四个短竖点，"朱"头方折，钱径2.5cm，穿径0.9cm。

16 五铢钱：5，残，圆形方穿，表面字迹已漫漶不清，钱径2.2cm，穿径0.9cm。

43. 16 铜花形饰，26 件

该处位于D2-1区中北部，西为16一号遗址，属于16一号遗址范畴。此次采集遗物26件，主要有陶器、铜器、铁器、木器、石器、锡器和钱币等。

1）陶器4件

陶纺轮1件（16 铜花形饰：9），残，夹砂灰陶，平面呈不规则椭圆形，中部穿孔。长径2.7cm、短径2.4cm，孔径0.7cm，厚0.9cm。

陶饼2件，用夹砂红陶片加工成，圆形，边沿不平整，中间未见钻孔。

16 铜花形饰：10，直径3.8~4.4cm。

16 铜花形饰：11，直径4.8~5.2cm。

陶器耳1件（16 铜花形饰：14），夹砂陶，灰皮红褐胎，扁柱状耳，残长4.2cm、残高4.8cm。

2）铜器9件

器形主要有镞、铜花形饰、铜饰、铜钉、铜铃铛等。

镞1件（16 铜花形饰：16），三棱形，有铤，长2.8cm。

铜花形饰1件（16 铜花形饰：15），八瓣团花形，花瓣上模压圆泡状图案，中心有孔，直径2.4cm、高0.4cm、孔径0.5cm。

铜饰5件。

16 铜花形饰：21，残，龟背状，中空，正面饰三纵一横凹槽，一端有柄状突起，已残，残长3.5cm。

16 铜花形饰：22，方形片状，中间有孔，边长0.8cm、孔径0.2cm。

16 铜花形饰：23，圆环形，用铜片弯曲成，两端未闭合，直径0.9~1cm、高0.5cm。

16 铜花形饰：6，铜饰，残，U形，底边平直，高1.2cm。

16 铜花形饰：7，残，平面略呈三角形，长3.55cm。

铜钉1件（16 铜花形饰：24），残，圆形帽，钉腿较粗，残长0.7cm、帽直径0.8cm、腿直径0.2cm。

铜铃铛1件（16 铜花形饰：2），残，球形，有悬环，下部开一条口，内有铃锤，摇动后有响声。悬环中间有穿孔。通长2.3cm，铃铛长径1.6cm、短径1cm，孔径0.3cm。

3）铁器1件

铁瓮1件（16 铜花形饰：13），残，仅存少量口沿，敛口、平沿、圆唇、束颈、深腹。残长6.4cm、残高3.7cm。

4）木器1件

16 铜花形饰：8，完整，动物角形，顶端尖锐，下端有一个三角形刻槽，长7.7cm。

5）石器3件

细石叶2件，石器1件。

细石叶2件，长条形。

16 铜花形饰：25，深褐色石英岩，一端折断，剖面呈梯形，长 4.9cm、宽 1.8cm。

16 铜花形饰：26，黄色泥岩，两端折断，剖面呈三角形，长 5.2cm、最宽 1.4cm。一道凹槽。

石器 1 件（16 铜花形饰：12），残，仅存半个，青色砂岩，长条形，剖面呈三角形，末端较尖，残长 5.2cm。

6）锡器 7 件

锡环 7 件，圆形、剖面呈圆台形。

16 铜花形饰：3，完整，圆台形，中部穿孔，直径 1.7cm，孔径 0.5cm。

16 铜花形饰：4，完整，平面呈椭圆形，中部穿孔，长径 1.2cm、短径 1cm，孔径 0.6cm。

16 铜花形饰：5，完整，平面近似圆形，中部穿孔，直径 0.9cm，孔径 0.45cm。

16 铜花形饰：18，直径 1.8cm、高 0.6cm、孔径 0.5cm。

16 铜花形饰：19，直径 1.3～1.5cm、高 0.4cm、孔径 0.3cm。

16 铜花形饰：17，直径 1.8cm、高 0.5cm、孔径 0.6cm。

16 铜花形饰：20，直径 1.2cm、高 0.4cm、孔径 0.3cm。

7）钱币 1 件

五铢钱 1 件（16 铜花形饰：1），完整，表面已锈蚀，圆形方穿，穿之两侧篆书"五铢"二字，字迹均较为清晰，"五"字字体瘦长，交笔弯曲，上、下基本呈三角形，"铢"字的"金"字旁头呈三角形，之下四个短竖点，"朱"头方折，钱径 2.55cm、穿径 1cm。

44. 16 铁罐，9 件

该处位于 D1-2 区北部。此次采集遗物 9 件，主要有铁器、石器。

1）铁器 1 件

铁罐（16 铁罐：1），铁罐，残，表面锈蚀严重，侈口，圆沿，圆唇，束颈，微鼓腹。口径 25.4cm，残高 14.6cm。

2）石器 8 件

细石叶 4 件。

16 铁罐：2，完整，一端折断，长条形，剖面呈三角形，表面有窄长条疤痕，两侧边有使用痕或第二次修整痕，长 2.2cm，最宽 0.9cm。

16 铁罐：3，完整，一端折断，长条形，剖面呈三角形，表面有窄长条疤痕，两侧边有使用痕或第二次修整痕，长 2.4cm，最宽 0.8cm。

16 铁罐：4，完整，一端折断，长条形，剖面呈三角形，表面有窄长条疤痕，两侧边有使用痕或第二次修整痕，长 2.2cm，最宽 0.6cm。

16 铁罐：5，完整，一端折断，长条形，剖面呈三角形，表面有窄长条疤痕，两侧边有使用痕或第二次修整痕，长 4.2cm，最宽 1.3cm。

石镞 2 件。

16 铁罐：6，完整，桂叶形，铤已残断，剖面呈三角形，通体鱼鳞状，圆弧刃，镞尖锐利，十分精致规整，长 4.6cm、最宽 1.8cm。

16 铁罐：7，残，桂叶形，铤已残断，剖面呈菱形，通体鱼鳞状，圆弧刃，镞尖锐利，十分精致规整，长 3.9cm、最宽 1.3cm。

石核 1 件（16 铁罐：8），完整，圆柱形，用砾石加工而成，一般将砾石截去一节，以劈裂面作台面，核体上留有许多窄长条疤痕，长 3.2cm、宽 2cm。

石纺轮 1 件（16 铁罐：9），残，平面呈圆形，中部穿孔，直径 3.9cm，孔径 1cm，最厚 1cm。

45. 16 石矛，26 件

该处位于 C5-4 区中北侧。此次采集遗物 26 件，主要有陶器、石器和钱币等。

1）陶器 1 件

陶罐口沿残片。侈口、外斜平沿，束颈，残长 8.5cm、残高 1.2cm。

2）石器 24 件

石杵 1 件（16 石矛：15），青色砂岩，三棱形柱状，中部有一圈磨损的凹槽，长 12.4cm、宽 6.5cm、高 4.5cm。

石球 1 件（16 石矛：16），仅存少量底边部分，可见使用痕。

石核 1 件（16 石矛：17），青色泥岩，船底形，台面经过修整，核体一面保留修正痕，一面有窄长条疤痕，长 2.9cm、宽 2.2cm。

刮削器 1 件（16 石矛：18），淡绿色泥岩，长方形薄片加工成，两侧刃部有使用痕。

石镞 5 件。

16 石矛：1，残，铤已残断，剖面呈菱形，通体鱼鳞状，圆弧刃，镞尖锐利，十分精致规整，长 3.2cm、最宽 1.7cm。

16 石矛：2，残，镞身和铤已残断，剖面呈菱形，通体鱼鳞状，圆弧刃，十分精致规整，长 2.4cm、最宽 1.4cm。

16 石矛：3，残，铤已残断，剖面呈菱形，通体鱼鳞状，圆弧刃，镞尖锐利，十分精致规整，长 4.4cm、宽 1cm。

16 石矛：4，残，铤已残断，剖面呈菱形，通体鱼鳞状，圆弧刃，十分精致规整，长 3.4cm、最宽 1.3cm。

16 石矛：13，黑色泥岩，半成品，桂叶形，剖面呈菱形，通体鱼鳞状压剥痕，圆弧刃，长 5cm、宽 2.2cm。

石矛 3 件。

16 石矛：5，矛尖残断，剖面呈菱形，通体鱼鳞状，圆弧刃，形制较为规整，长 8.4cm、最宽 2cm。

16 石矛：6，矛尖残断，剖面呈菱形，通体鱼鳞状，圆弧刃，形制较为规整，长 7.6cm、最宽 2.2cm。

16 石矛：7，残，剖面呈菱形，通体鱼鳞状，圆弧刃，形制较为规整，长 3.1cm、最宽 2.4cm。

砺石 3 件。

16 石矛：8，稍残，平面呈圆角长方形，表面光滑，中部较两端薄，顶端有钻孔，长 8.6cm、宽 2.3cm、最厚 0.9cm、孔径 0.5cm。

16 石矛：9，稍残，平面略呈梯形，一端圆弧，一端较平直，表面光滑，中部较两端薄，顶端有钻孔，长 8.9cm、最宽 2.3cm、最厚 0.9cm、孔径 0.4cm。

16 石矛：12，灰色砂岩，残，仅存半个，长条形，两面磨面内凹，光滑，头端有孔，残长 6.6cm、宽 1.7cm、厚 0.9cm、孔径 0.2cm。

细石叶 6 件。

16 石矛：10，完整，长条形，剖面呈三角形，表面有窄长条疤痕，两侧边有使用痕或第二次修整痕，长 6.7cm、最宽 1cm。

16 石矛：11，残，长条形，剖面呈三角形，表面有窄长条疤痕，两侧边有使用痕或第二次修整痕，长 4.2cm、最宽 1cm。

石片 3 件。

3）钱币 1 件

五铢钱，16 石矛：14，篆体"五铢"二字清晰，直径 2.6cm、穿径 0.9cm。

46.16 铜环，1 件

该处位于 C5-3 区中部。此次采集遗物 1 件，为铜器。

铜环 1 件（16 铜环：1），残，表面锈蚀严重，用铜条弯曲成环状，直径 2.3cm、孔径 1.4cm、丝径 0.7cm。

47. 16 铜镜，6 件

该处位于 C5-3 区西北角。此次采集遗物 6 件，主要有铜器、银器等。

1）铜器 5 件

铜镜 2 件，16 铜镜：1，残，仅存镜缘，宽平沿，缘较厚，长 3.1cm、宽 2.5cm。

铜镞 2 件，三棱形，短铤。

16 铜镜：4，长 2.8cm、宽 0.9cm。

16 铜镜：5，长 3.5cm、宽 0.9cm。

铜片 1 件（16 铜镜：3），残，长条形，长 1.5cm、宽 0.5cm。

2）银器 1 件

银耳环 1 件（16 铜镜：2），完整，由细银条弯曲而成椭圆形，两端不闭合，长径 1.3cm、短径 1cm，丝径 0.2cm。

48. 16 残铜器，2 件

该处位于 D2-3 区内，此次采集遗物 2 件，为铜器、石器。

1）铜器 1 件

铜饰 1 件（16 残铜器：1），残，表面已锈蚀，两根铜条平行弯曲，首尾两端用细铜丝扭曲束紧，长 2.3cm。

2）石器 1 件

细石叶（16 残铜器：2），完整，长条形，剖面呈梯形，表面有窄长条疤痕，两侧边有使用痕，长 6.5cm，最宽 1.3cm。

49. 16 铜器口沿，4 件

该处位于 D1-3 区南侧。此次采集遗物 4 件，主要有铜器、石器。

1）铜器 3 件

铜器口沿 2 件。

16 铜器口沿：2，残，锈蚀严重，卷沿，长 3.2cm、宽 2.6cm。

16 铜器口沿：3，残，锈蚀严重，外斜平沿，长 3.2cm、宽 2.4cm。

铜泡 1 件（16 铜器口沿：4），残，表面已锈蚀，圆帽状，中空，中部有一个铆钉，泡直径 2.6cm，高 1.2cm，铆钉长 1.5cm。

2）石器 1 件

石镞（16 铜器口沿：1），残，铤已残断，剖面呈菱形，通体鱼鳞状，圆弧刃，镞尖锐利，十分精致规整，长 3.1cm、宽 1.1cm。

50. 16 陶器口沿，1 件

该处位于 D4-4 东北部。此次采集遗物 1 件，为陶器。

陶罐 1 件（16 陶器口沿：1），残，仅存口部，轮制，夹砂灰陶，陶质较差，侈口，圆沿，束颈，口径 10.4cm，高 6.2cm。

51. 16 瓮口沿，3 件

该处位于 D4-4 中北部。此次采集遗物 3 件，均为陶器。

陶瓮 1 件（16 瓮口沿：1），残，仅存口部，轮制，夹砂黄褐陶，侈口，圆沿，束颈，口径 31cm，高 7.2cm。

陶器耳 2 件。

16 瓮口沿：2，残，夹砂红褐陶，柱状，残高 8.3cm。

16 瓮口沿：3，残，夹砂黄褐陶，柱状，残高 9.5cm。

52. 16 石球，2 件

该处位于 D3-1 区东南角。此次采集遗物 2 件，主要有陶器、石器。

1）陶器 1 件

陶罐口沿 1 件（16 石球：1），轮制，夹砂灰褐陶，侈口，宽平沿，束颈。表面有 Y 形刻画纹。残高 4cm。

2）石器 1 件

石球 1 件（16 石球：2），白色石英岩，猪腰形，一面较平，边沿有使用痕，长 7.7cm、宽 5cm。

53. 16 石器 1，1 件

该处位于 D3-1 区中东部。此次采集遗物 1 件，为石器。

石器 1 件（16 石器 1：1），灰色砂岩，残，不规则形，较扁平，一侧有圆涡状钻孔，已残，长 9cm、宽 8.6cm、厚 1.1cm。

54. 16 锡环，6 件

该处位于 B6-3 西北部。此次采集遗物 6 件，主要有铜器、锡器等。另有 4 件碎铜片。

1）铜器 5 件

铜镞 1 件（16 锡环：1），完整，三棱形，铤已残断，镞身三棱形，棱间凹下，前收成锋，镞尖锐利。铤与镞身相连，为圆柱体。通长 2.7cm，镞身长 2.3cm。

铜饰 4 件。

16 锡环：3，残，不规则形，中部有一残孔，长 2.8cm、宽 1.5cm。

16 锡环：4，残，长方体，背面中空，长 2.8cm、宽 1.1cm。

16 锡环：5，残，三角形，一侧边有一残孔，长 1.5cm，厚 0.05cm。

16 锡环：6，残，长方形，长 3.4cm，厚 0.1cm。

2）锡器 1 件

锡环（16 锡环：2），完整，平面呈圆形，剖面呈圆台形，中部穿孔，直径 1.3cm，孔径 0.3cm、高 0.4cm。

55. 16 陶甑底，4 件

该处位于 C6-4 区西北部。此次采集遗物 4 件，主要有陶器、石器等。

1）陶器 1 件

甑底（16 陶甑底：1），残，仅存底部一小片，灰皮红褐胎，现存甑孔 5 个，其中一个完整。残长 4.6cm、宽 3.7cm，甑孔孔径 0.8～1.1cm。

2）石器 3 件

细石叶 1 件（16 陶甑底：2），红褐色石英岩，一端折断，长条形，侧面微弧，剖面呈三角形。表面有长条形疤痕，长 2.7cm、最宽 0.95cm。

石核 1 件（16 陶甑底：3），圆锥状，仅存尖端部分，核体上有许多窄长条疤痕，长 2.2cm、宽 1.6cm。

石制品 1 件（16 陶甑底：4），白色，残，平面大致呈梯形，一面较平整光滑，长 1.7cm、宽 1.25cm、厚 0.25cm。

56. 16 剪轮五铢 1，9 件

该处位于 D2-1 区中东部。此次采集遗物 9 件，主要有陶、铜、石器和钱币等。

1）陶器 1 件

陶盏 1 件（16 剪轮五铢 1：6），残，仅存少量口沿部分，夹砂红陶，敛口、圆沿，鼓腹，口径 10cm、残高 3cm。

2）铜器 3 件

铜耳环 1 件（16 剪轮五铢 1∶3），完整，用细铜丝弯曲成，口部未闭合，直径 1.7cm、丝径 0.2cm。

铜饰 1 件（16 剪轮五铢 1∶4），完整，用铜片弯成月牙形，末端未闭合，长 1.3cm、宽 0.8cm，铜片宽 0.6cm、厚 0.15cm。

铜钉 1 件（16 剪轮五铢 1∶5），少残，柿蒂状伞形，圆钮，面上各有一条凸棱，背面有两腿分叉，一腿缺失，长 2.3cm、通高 1cm。

3）石器 3 件

砺石 2 件，残，仅存半个，青色砂岩，长条形，较扁平，底面保留自然形状，正面磨面光滑，内弧。

16 剪轮五铢 1∶7，残长 10.2cm、宽 4.4cm。

16 剪轮五铢 1∶8，残长 9.8cm、宽 3.8cm。

细石叶 1 件（16 剪轮五铢 1∶9），黄绿色泥岩，完整，长条形，剖面呈梯形，长 6cm、宽 1.5cm。

4）钱币 2 件

钱币均为剪轮五铢。

16 剪轮五铢 1∶1，残，无内外轮廓，钱体较薄，"珠"字隐约可见，直径 2.1cm、孔径 0.95cm。

16 剪轮五铢 1∶2，完整，外轮廓不规整，直径 1.7cm、孔径 0.9cm。

57.16 铜镜残片，25 件

该处位于 D3-1 区中东部。此次采集遗物 25 件，主要有铜器、石器和钱币等。

1）铜器 7 件

其中铜镜残片 6 件，铜泡 1 件，碎铜片少许。

铜镜 6 件，残破较严重，均为镜沿部分，沿较宽，内可见少量短线带。

16 铜镜残片∶15，残长 4.4cm、残宽 1.6cm。

铜泡 1 件（16 铜镜残片∶17），方形，剖面呈馒头状。正面为四瓣花形状，中间有孔，长 1.5cm、高 0.5cm，孔径 0.3cm。

2）石器 16 件

石镞 7 件（编号 16 铜镜残片∶1~4、11、12、14），4 件为成品，3 件为半成品，桂叶形，圆弧刃，通体压剥痕明显。

16 铜镜残片∶1，淡黄绿色，用细石叶加工成，平面呈梯形，正面有长条疤痕，背面（剥离面）较平，两侧有锯齿状压剥痕，长 3.3cm、最宽 1.2cm。

16 铜镜残片∶2，淡黄绿色，铤部残，较扁平，残长 4.9cm、最宽 1.8cm。

16 铜镜残片∶3，淡黄绿色，残，仅存半片，残长 4.3cm、宽 1.65cm。

16 铜镜残片∶4，棕色，镞尖残，残长 5.4cm、宽 1.45cm。

16 铜镜残片∶11，用石片加工成，长 6.1cm、宽 2cm。

16 铜镜残片∶12，半成品，青色泥岩，用石片加工成，两侧有锯齿状压剥痕，长 5cm、宽 1.9cm。

16 铜镜残片∶14，青色泥岩，长 3.8cm、宽 1.6cm。

石核 1 件（16 铜镜残片∶5），柱状，深棕色泥岩，将石块截去一节，以劈裂面作台面，核体上留有许多窄长条疤痕，长 3cm、宽 1.8cm。

细石叶 6 件，长条状，剖面呈梯形或三角形，两侧有使用痕或加工痕。

16 铜镜残片∶6，棕黄色泥岩，末端折断，剖面呈梯形，长 7.7cm、最宽 1.5cm。

16 铜镜残片∶7，棕黄色泥岩，一段折断，剖面呈三角形，长 5.2cm、宽 1cm。

16 铜镜残片∶8，暗黄色泥岩，剖面呈梯形，长 6.7cm、宽 1.4cm。

16 铜镜残片∶9，青色泥岩，剖面呈梯形，长 6cm、宽 1.6cm。

16 铜镜残片∶10，咖啡色泥岩，两端折断，剖面呈梯形，长 6.3cm、宽 1.1cm。

16 铜镜残片∶11，暗褐色泥岩，末端较厚大，剖面呈三角形，长 6.5cm、宽 2.1cm。

16 铜镜残片：18，青色泥岩，一端折断，剖面呈三角形，长 4.1cm、宽 0.8cm。

玉斧 1 件（16 铜镜残片：13），残，青玉，平面近椭圆形，两侧面打磨光滑，刃部较粗糙，长 6cm、宽 4.1cm。

3）玻璃器 1 件

蜻蜓眼料珠（16 铜镜残片：19），残，球形，蓝色球体上嵌咖啡色块，直径 1cm、孔径 0.2cm。

4）钱币 1 枚

五铢钱（16 铜镜残片：16），残，仅存半个，"五"字可见，直径 2.3cm、厚 0.1cm、穿径 0.9cm。

58.16 细石叶刻画纹陶片，39 件

该处位于 C6-3 区中北部。此次采集遗物 39 件，有陶器、石器、铜器和贝器等。

1）陶器 4 件

陶器均残，无法复原。夹砂红褐陶，部分颜色不均。胎壁较薄，羼和料颗粒比较大。部分陶器器腹上部有几道刻画的横弦纹、折线三角纹；其中 1 件器物颈部贴塑 3 条泥条，上饰戳印纹。器形为桶形罐等。

2）铜器 1 件

铜饰 1 件（16 细石叶、刻画纹陶片：37）残，仅存不到二分之一。细铜丝弯曲成弧形。残长 2cm、丝径 0.5cm。

3）石器 33 件

以细石器为主，多细石叶，石核比较少。砺石仅 1 件。

细石叶 27 件，一端或两端折断，长条形，剖面呈三角形或梯形，两侧有使用痕或加工痕。

16 细石叶、刻画纹陶片：1，棕色泥岩，两端折断，剖面呈三角形，长 3.9cm、宽 0.9cm。

16 细石叶、刻画纹陶片：2，淡黄色泥岩，两端折断，剖面呈三角形，长 4.4cm、最宽 0.8cm。

16 细石叶、刻画纹陶片：3，淡黄色泥岩，一端折断，剖面呈三角形，长 3.3cm、宽 0.7cm。

16 细石叶、刻画纹陶片：4，黄绿色泥岩，两端折断，剖面呈三角形，长 3.4cm、宽 0.8cm。

16 细石叶、刻画纹陶片：5，黑色泥岩，两端折断，剖面呈梯形，长 2.8cm、宽 1.1cm。

16 细石叶、刻画纹陶片：6，黄绿色泥岩，一端折断，剖面呈梯形，长 3.2cm、宽 0.9cm。

16 细石叶、刻画纹陶片：7，青色泥岩，两端折断，剖面呈梯形，长 3.8cm、宽 1.3cm。

16 细石叶、刻画纹陶片：8，黄绿色泥岩，两端折断，剖面呈梯形，长 5.5cm、宽 1.3cm。

16 细石叶、刻画纹陶片：9，棕色泥岩，一端折断，剖面呈梯形，长 5.4cm、宽 1cm。

16 细石叶、刻画纹陶片：10，棕色泥岩、两端折断，剖面呈三角形，长 3cm、宽 0.7cm。

16 细石叶、刻画纹陶片：11，黄绿色、两端折断、剖面呈三角形，长 3cm、宽 0.8cm。

16 细石叶、刻画纹陶片：12，棕色泥岩，完整，剖面呈三角形，长 3.2cm、宽 0.6cm。

16 细石叶、刻画纹陶片：13，棕色泥岩，一端折断，剖面呈三角形，长 2.6cm、宽 0.8cm。

16 细石叶、刻画纹陶片：14，棕色泥岩，一端折断，剖面呈三角形，长 3.6cm、宽 0.7cm。

16 细石叶、刻画纹陶片：15，青色泥岩，一端折断，剖面呈梯形，长 2.7cm、最宽 1.5cm。

16 细石叶、刻画纹陶片：16，棕色泥岩，一端折断，剖面呈梯形，长 2.4cm、宽 1cm。

16 细石叶、刻画纹陶片：17，黄绿色泥岩，两端折断，剖面呈梯形，长 4cm、最宽 0.7cm。

16 细石叶、刻画纹陶片：18，棕色泥岩，一端折断，剖面呈梯形，长 2.6cm、宽 1.1cm。

16 细石叶、刻画纹陶片：19，棕色泥岩，两端折断，剖面呈三角形，长 2.8cm、最宽 0.9cm。

16 细石叶、刻画纹陶片：20，青色泥岩，两端折断，剖面呈三角形，长 3cm、宽 0.7cm。

16 细石叶、刻画纹陶片：21，棕色泥岩，一端折断，剖面呈三角形，长 2.7cm、宽 0.65cm。

16 细石叶、刻画纹陶片：22，黄绿色泥岩，两端折断，剖面呈三角形，长 3.2cm、宽 0.9cm。

16 细石叶、刻画纹陶片：23，棕色泥岩，两端折断，剖面呈三角形，长 2.7cm、宽 0.7cm。

16 细石叶、刻画纹陶片：24，黄绿色泥岩，两端折断，剖面呈三角形，长 2.7cm、宽 0.8cm。

16 细石叶、刻画纹陶片：25，棕色泥岩，两端折断，剖面呈三角形，长 2.4cm、宽 0.7cm。

16 细石叶、刻画纹陶片：26，淡绿色泥岩，一端折断，剖面呈梯形，长 2.5cm、宽 0.9cm。

16 细石叶、刻画纹陶片：27，黄色泥岩，一端折断，剖面呈三角形，长 2.2cm、宽 0.7cm。

石核 3 件，圆柱形，将石块截去一节，以劈裂面作台面，核体上留有许多窄长条疤痕。

16 细石叶、刻画纹陶片：28，青色泥岩，长 2.1cm、宽 1.1cm。

16 细石叶、刻画纹陶片：29，青黄色泥岩，核体一侧有自然面，长 3.1cm、宽 2.2cm。

16 细石叶、刻画纹陶片：30，青黄色泥岩，核体一侧有自然面，长 3.1cm、宽 2.7cm。

砺石 1 件（16 细石叶、刻画纹陶片：31），残，仅存半个，青色砂岩，长条形，两侧磨面磨损严重，残长 10.2cm、最宽 5cm。

4）贝器 1 件

16 细石叶、刻画纹陶片：36，残，仅存四分之一，圆弧柄状，残长 2.5cm、残宽 2cm。

59.16 五铢钱 1，4 件

该处位于 E2-2 区西南部。此次采集遗物 4 件，主要有石器和钱币。

1）石器 3 件

主要有镞、细石叶和砺石。

石镞 1 件（16 五铢钱 1：1），柳叶形，剖面呈菱形，通体压剥痕明显，长 5.9cm、宽 1.6cm。

砺石 1 件（16 五铢钱 1：4），两端残，长条形，两磨面较平，残长 8cm、宽 3.8cm。

细石叶 1 件（16 五铢钱 1：2），棕色泥岩，长条形，剖面近梯形，弧度较大，两侧刃部有使用痕或加工痕，长 4.5cm、宽 1.2cm。

2）钱币 1 件

五铢 1 枚（16 五铢钱 1：3），圆形方孔，外郭较窄，直径 2.7cm、厚 0.15cm。

60.16 砍砸器，1 件

该处位于 D3-1 区中部。此次采集遗物 1 件，为石器。

砍砸器 1 件（16 砍砸器：1），褐色泥岩，长条状，剖面呈梯形，一侧较薄，刃部有砍砸痕，长 13.2cm、宽 10cm。

61.16 陶、铁片，19 件

该处位于 D3-4 区西南角。此次采集遗物 19 件，主要有陶器、铜器、铁器、石器和钱币等。

1）陶器 6 件

残，均为陶器口沿残片。器形有敛口罐、束颈罐等。

敛口罐 1 件（16 陶、铁片：1），夹砂陶，灰皮红胎，敛口、内斜平沿，束颈，深鼓腹，口径 19.2cm、残高 8.6cm。

束颈罐 6 件，侈口、外斜平沿，束颈。

16 陶、铁片：2，夹砂陶，口径 13.8cm、残高 8cm。

16 陶、铁片：3，夹砂红陶，口径 17.4cm、残高 6.4cm。

16 陶、铁片：11，侈口，外斜平沿，束颈，深腹，口径 14cm、残高 4.7cm。

16 陶、铁片：12，侈口，外斜平沿，束颈，颈下部施一周圆圈纹，残长 7cm、残高 4.6cm。

2）铜器 3 件

16 陶、铁片：5，残，用圆铜丝弯曲成环状，直径 1.9cm、丝径 0.6cm。

16 陶、铁片：6，铜帽，覆钵形，中空，直径 2cm、高 1.3cm。

16 陶、铁片：7，残，环状，剖面呈半圆形，底面平，中间有一条凹槽，残长 4.6cm。

3）铁器 1 件

铁环（16 陶、铁片：8），残，仅存半个，残径 2.4cm、丝径 0.7cm。

4）石器 8 件

主要有砺石、石核、石镞、细石叶和石片等。

砺石1件（16陶、铁片：9），青色砂岩，残，仅存半个，正面磨面凹陷，残长7.7cm、宽3.5cm。

细石叶3件，青色泥岩，窄长条。

16陶、铁片：13，完整，剖面呈梯形，弧度较大，长7.1cm、宽7.2cm。

16陶、铁片：14，一端折断，剖面呈三角形，正面压剥痕密布，长3.6cm、宽1.1cm。

16陶、铁片：15，一端折断，剖面呈梯形，长3cm、宽0.8cm。

石核2件，青色泥岩，柱状，核体一面有窄长条疤痕，另一面保留破裂面。

16陶、铁片：16，较细小，长3cm、宽1.4cm。

16陶、铁片：17，台面经修整过，长4.9cm、宽3cm。

石镞1件（16陶、铁片：18），青色泥岩，桂叶形，尖端偏向一侧，尾端略内弧，通体鱼鳞纹，长3.2cm、宽1.7cm。

5）钱币1件

五铢（16陶、铁片：4），保存较好，字迹清晰，直径2.6cm、穿径1cm。另有坩埚残片若干，铁块若干。

62.16 铜镜残片3，2件

该处位于D2-1北部。此次采集遗物2件，主要有铜、石器。

1）铜器1件

铜镜残片1件（16铜镜残片3：1），残，仅存指甲盖大小一部分。背面有窄沿，内有一周短线纹和线纹。残长2.4cm、宽1.3cm。

2）石器1件

石核1件（16铜镜残片3：2），青色泥岩，圆柱状，台面经修整过，较平。核体上有窄长条疤痕，长2.3cm、宽2cm。

63.16 细石叶2，57件

该处位于D2-1西北部，西为16细石器遗存。此次采集遗物57件，绝大部分为石器（53件），陶器仅1件器耳，另有铁器残片3块。

1）陶器1件

器耳1件（16细石叶2：12），柱状桥形耳，长7.4cm、宽2cm。

2）铁器3件

残，锈蚀严重，形制不明。

3）石器53件

石球2件。

16细石叶2：5，白色石英岩，不规则球形，棱角较明显，长4.6cm、宽4.5cm。

16细石叶2：6，青色泥岩，扁圆形，边缘有使用痕，直径4.1~4.5cm、厚2~2.6cm。

细石叶40件，泥岩质地，窄长条形，大部分一端或两端折断，剖面呈三角形或梯形，两侧多有使用痕或加工痕。

16细石叶2：1，黄色，完整，剖面呈三角形，长4.7cm、宽1.1cm。

16细石叶2：13，淡绿色，完整，剖面呈三角形，长5cm、宽0.8cm。

16细石叶2：14，黄色，完整，剖面呈梯形，弧度较大，长6cm、宽1.2cm。

16细石叶2：15，青色，完整，剖面呈三角形，正面疤痕明显，长6.1cm、宽1.1cm。

16细石叶2：16，黄色，一端折断，剖面呈三角形，正面加工痕明显，长4.3cm、宽1.4cm。

16细石叶2：17，褐色，一端折断，剖面呈三角形，长5.2cm、宽1.1cm。

16细石叶2：18，青色，完整，剖面呈三角形，长6cm、宽0.9cm。

16细石叶2：19，淡绿色，完整，剖面呈三角形，长5.1cm、宽0.9cm。

16细石叶2：20，淡绿色，一端折断，剖面呈梯形，长4.8cm、宽1.1cm。

16 细石叶 2：21，淡绿色，一端折断，剖面呈三角形，长 4.7cm、宽 0.7cm。

16 细石叶 2：22，棕色，一端折断，剖面呈梯形，长 3.2cm、宽 0.9cm。

16 细石叶 2：23，残，风蚀较重，剖面呈梯形，两侧加工痕明显，残长 5cm、宽 1.2cm。

16 细石叶 2：24，青色，一端折断，剖面呈三角形，长 4.9cm、宽 1.1cm。

16 细石叶 2：25，青色，一端折断，剖面呈梯形，长 4.3cm、宽 0.9cm。

16 细石叶 2：26，青色，一端折断，剖面呈三角形，两侧加工痕明显，长 4.7cm、宽 0.6cm。

16 细石叶 2：27，褐色，一端折断，剖面呈三角形，长 4.9cm、宽 1.1cm。

16 细石叶 2：28，褐色，一端折断，剖面呈梯形，长 4.2cm、宽 0.8cm。

16 细石叶 2：29，青色，完整，剖面呈梯形，正面剥痕凌乱，长 5cm、宽 1cm。

16 细石叶 2：30，棕色，一端折断，剖面呈梯形，长 3.4cm、宽 0.9cm。

16 细石叶 2：31，棕色，两端折断，剖面呈三角形，长 4.1cm、宽 0.8cm。

16 细石叶 2：32，棕色，一端折断，剖面呈三角形，长 5.3cm、宽 0.9cm。

16 细石叶 2：33，淡绿色，一端折断，剖面呈梯形，长 3.7cm、宽 1cm。

16 细石叶 2：34，棕色，一端折断，剖面呈三角形，长 4.3cm、宽 0.9cm。

16 细石叶 2：35，棕黄色，一端折断，剖面呈三角形，长 5cm、宽 0.8cm。

16 细石叶 2：36，棕色，一端折断，剖面呈梯形，长 3.4cm、宽 0.9cm。

16 细石叶 2：37，青色，一端折断，剖面呈三角形，长 4.5cm、宽 1.6cm。

16 细石叶 2：38，棕色，一端折断，剖面呈三角形，长 3.5cm、宽 0.9cm。

16 细石叶 2：39，青灰色，两端折断，剖面呈梯形，长 4.3cm、宽 0.9cm。

16 细石叶 2：40，棕色，两端折断，剖面呈三角形，长 3.2cm、宽 0.8cm。

16 细石叶 2：41，棕色，一端折断，剖面呈三角形，长 4cm、宽 0.8cm。

16 细石叶 2：42，棕色，一端折断，剖面呈三角形，长 4cm、宽 0.8cm。

16 细石叶 2：43，棕色，一端折断，剖面呈梯形，长 2.5cm、宽 1.4cm。

16 细石叶 2：44，青黑色，一端折断，剖面呈梯形，长 4.4cm、宽 0.9cm。

16 细石叶 2：45，淡绿色，一端折断，剖面呈三角形，长 3.9cm、宽 0.7cm。

16 细石叶 2：46，青灰色，一端折断，剖面呈三角形，长 5cm、宽 0.9cm。

16 细石叶 2：47，棕色，一端折断，剖面呈梯形，长 2.9cm、宽 1.3cm。

16 细石叶 2：48，黄色，一端折断，剖面呈梯形，长 2.1cm、宽 1cm。

16 细石叶 2：49，青色，一端折断，剖面呈梯形，长 3cm、宽 1cm。

16 细石叶 2：50，淡绿色，一端折断，剖面呈梯形，长 3.2cm、宽 0.9cm。

16 细石叶 2：51，青色，一端折断，剖面呈三角形，长 2.7cm、宽 0.9cm。

石镞 2 件。

16 细石叶 2：2，棕色泥岩，用石片加工成半成品，一面隆起，另一面平整，长 3.1cm、宽 1.6cm。

16 细石叶 2：10，青色泥岩，一端残，较扁平，边沿加工痕明显，残长 3.8cm、宽 2cm。

刮削器 1 件（16 细石叶 2：11），用青色泥岩石片加工成，半圆形，圆弧刃，边沿加工痕明显，长 4.1cm、宽 3.2cm、厚 0.8cm。

石核 5 件，4 件柱状，1 件船底状，泥岩质地。核体上密布窄长条疤痕。

16 细石叶 2：3，棕色，柱状，长 2.6cm、宽 2.1cm。

16 细石叶 2：4，淡绿色，柱状，长 3.9cm、宽 3.4cm。

16 细石叶 2：7，青色柱状，一端残，长 2.2cm、宽 2cm。

16 细石叶 2：8，青色柱状，长 2.3cm、宽 2cm。

16 细石叶 2：9，淡绿色船底形，一面保留自然面，长 2.6cm、宽 2.9cm。

石片 3 件。

64.16 铜铃, 9 件

该处位于 D4-4 区东北部。此次采集遗物 9 件, 主要有陶器 3 件、铜器 3 件、铁器 1 件、石器 2 件 (图 7-2-11)。

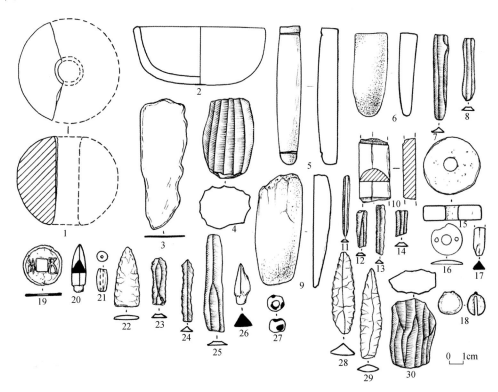

图 7-2-11　楼兰南部地区 16 陶盏等点文物素描

1. 权杖头 (16 权杖头:1); 2. 陶盏 (16 陶盏:1); 3. 铜片 (16 铜片:1); 4、30. 石核 (16 石结具:5、16 铜铃:2); 5、10. 石结具 (16 石结具:1、16 石结具:2); 6、9. 砺石 (16 石结具:7、16 石结具:6); 7、8、11~14、23~25. 细石叶 (16 石结具:8、16 石结具:9、16 权杖头:3、16 权杖头:2、16 权杖头:4、16 权杖头:5、16 临宿点:2、16 临宿点:3、16 蜻蜓眼料珠:3); 15. 陶纺轮 (16 铜铃:1); 16. 铜饰 (16 铜铃:7); 17、20、26. 铜镞 (16 铜铃:6、16 玻璃珠:1、16 蜻蜓眼料珠:1); 18. 铜铃 (16 铜铃:5); 19. 钱币 (16 玻璃珠:2); 21. 珠饰 (16 玻璃珠:3); 22. 玉镞 (16 临宿点:1); 27. 玻璃器 (16 蜻蜓眼料珠:2); 28、29. 石镞 (16 石结具:3、16 石结具:4)

1) 陶器 3 件

陶纺轮 1 件, 陶片 2 件。

陶纺轮 (16 铜铃:1), 夹砂陶, 灰皮红胎。用陶片加工成, 平面呈圆形, 中间有孔。直径 4.1cm、厚 1.1cm。

2) 铜器 3 件

铜铃 1 件 (16 铜铃:5), 系残, 球形, 中空, 顶上有隙, 直径 0.7~1.7cm、残高 1.7cm。

铜镞 1 件 (16 铜铃:6), 残, 仅存半个, 三棱形, 残长 1.9cm、宽 0.8cm。

铜饰 1 件 (16 铜铃:7), 残, 圆泡形, 正中有大孔 1, 两侧各有一小孔, 直径 2.2cm、高 0.3cm、大孔直径 0.6cm、小孔直径 0.2cm。

3) 铁器 1 件

口沿残片 (16 铜铃:3), 残, 仅存少部分口沿, 敛口, 外斜平沿, 束颈, 长 3.6cm、残高 2.5cm。

4) 石器 2 件

石核 1 件 (16 铜铃:2), 青色泥岩, 扁柱状, 台面较窄, 核体上一侧密布窄长条疤痕, 另一侧保留自然台面, 长 4.8cm、宽 3.2cm。

65. 16 石结具，9 件

该处位于 C5-3 区北部。采集遗物 9 件，均为石器，另有 3 小片铜片（图 7-2-11）。

石结具 2 件，残。

16 石结具：1，青色砂岩，柱形，剖面呈馒头状，一面平整，两端各有一道浅槽，残长 9.4cm、宽 1.7cm。

16 石结具：2，褐色泥岩，碎为两块，柱状，两端各有一道浅槽，残长 4.3cm、残宽 2.1cm。

石镞 2 件。

16 石结具：3，棕色泥岩，用石片加工成，柳叶形，剖面呈三角形，背面保留剥离凹面痕迹，两侧压剥痕明显，长 5.7cm、宽 1.6cm。

16 石结具：4，青色泥岩，桂叶形，剖面呈菱形，两侧压剥痕明显，长 6.2cm、宽 1.6cm。

石核 1 件（16 石结具：5），青色泥岩，柱状，台面不平整，核体正面密布窄长条疤痕，背面保留剥离痕迹，长 5.4cm、宽 3.7cm。

砺石 2 件，青色砂岩，残。

16 石结具：6，长条形，一面磨痕清晰，残长 7.5cm、宽 3.2cm。

16 石结具：7，长条形，一面磨痕清晰，残长 5.7cm、宽 2.4cm。

细石叶 2 件，青色，窄长条，剖面呈梯形。

16 石结具：8，一端折断，长 5.8cm、宽 1.1cm。

16 石结具：9，完整，长 4.3cm、宽 0.9cm。

66. 16 铜片，1 件

该处位于 D2-3 区东南部。此次采集遗物 1 件，为铜器残片（图 7-2-11）。

铜片 1 件（16 铜片：1），可能是铜器腹部残片，残长 9cm、残宽 3.2cm、厚 0.1cm。

附近散布少量夹砂红陶片。

67. 16 玻璃珠，3 件

该处位于 D3-1 区。此次采集遗物 3 件，为铜器、钱币和玻璃珠等（图 7-2-11）。

1）铜器 1 件

铜镞 1 件（16 玻璃珠：1），铤残，三棱形，通长 3.3cm、最宽 1cm。

2）玻璃器 1 件

珠饰 1 件（16 玻璃珠：3），黄色，腰鼓形，中间有孔，最大径 0.8cm、高 1.6cm。

3）钱币 1 件

五铢钱（16 玻璃珠：2），磨损严重，正面有篆体"五铢"二字，直径 2.8cm、穿径 0.9cm。

68. 16 临宿点，5 件

该处位于 F3-2 区北侧。此次采集遗物 5 件，均为玉石器（图 7-2-11）。

玉镞 1 件（16 临宿点：1），桂叶形，刃部较锋利。通体压剥痕明显。长 4.2cm、宽 1.9cm。

细石叶 2 件，青色泥岩，一端折断，剖面呈梯形或三角形，两侧有使用痕或加工痕。

16 临宿点：2、剖面呈梯形，长 3.3cm、宽 1cm。

16 临宿点：3、剖面呈三角形，长 4.3cm、宽 0.7cm。

石片 2 件。

69. 16 权杖头，5 件

该处位于 LL 古城南部。此次采集遗物 5 件，均为石器（图 7-2-11）。

权杖头 1 件（16 权杖头：1），青绿色石英岩，残，仅存不到二分之一，球形，中间有孔未穿透。残长 6.4cm、高 5.7cm。

细石叶 4 件，窄长条，一端折断，两侧有使用痕或加工痕。

16 权杖头：2，剖面呈梯形，长2.5cm、宽0.8cm。

16 权杖头：3，剖面呈梯形，长4.2cm、宽0.5cm。

16 权杖头：4，剖面呈三角形，长3.4cm、宽0.6cm。

16 权杖头：5，剖面呈梯形，长1.7cm、宽0.8cm。

70. 16 陶盏，1 件

该处位于C5-1区中北部。此次采集遗物1件，为陶器（图7-2-11）。

陶盏1件（16陶盏：1），残，夹砂陶，灰皮红胎，敞口、圆沿、斜腹、圜底，直径8.5cm、高4cm。

71. 16 蜻蜓眼料珠，3 件

该处位于D1-3区中南部。此次采集遗物3件，主要有铜器、石器和玻璃器（图7-2-11）。

1）铜器1件

镞（16蜻蜓眼料珠：1），残，三棱形，镞身短粗，短铤，残长2.9cm、宽1.1cm。

2）玻璃器1件

蜻蜓眼料珠1件（16蜻蜓眼料珠：2），不规则圆台形，白色上嵌3处蓝色，直径1.1cm、高1cm、孔径0.5cm。

3）石器1件

细石叶（16蜻蜓眼料珠：3），黄色泥岩，完整，弧度较大，正面有一条窄长条疤痕，长6.2cm、宽1.4cm。

72. 16 马鞍形石磨盘，1 件

该处位于E2-2区中南部。此次采集遗物1件，为石器（图7-2-12）。

马鞍形石磨盘1件（16马鞍形石磨盘：1），青色砂岩，残，长条状，磨面内弧较严重，长23cm、宽10cm。

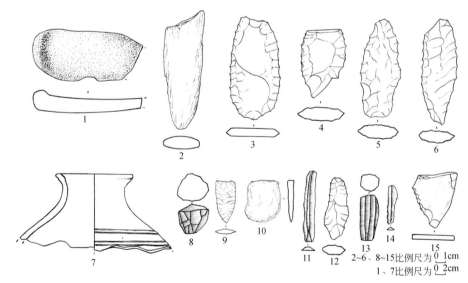

图7-2-12　楼兰南部地区16石矛等点文物素描

1. 马鞍形石磨盘（16马鞍形石磨盘：1）；2~6、15. 石矛（16石矛1：1、16石矛2：1、16石矛2：2、16石矛2：3、16石矛2：4、16石矛2：5）；7. 束颈罐（16束颈罐：1）；8. 石球（16石核1：3）；9、12. 石镞（16石核1：1、16石矛2：6）；10. 刮削器（16石核1：2）；11、14. 细石叶（16石矛2：7、16石矛1：3）；13. 石核（16石矛1：2）

73. 16 束颈罐，1 件

该处位于D2-1区南部。此次采集遗物1件，为陶器（图7-2-12）。

束颈罐（16束颈罐：1），残，夹砂红陶，侈口、圆沿、束颈、鼓腹、平底，颈腹部施两道刻画纹，

口径 14cm、残高 14.7cm。

74.16 细石叶 1，32 件

该处位于 D2-1 区中北部。此次采集遗物 32 件，均为石器。其中细石叶 22 件，石片 10 件。

细石叶 22 件，泥岩，窄长条。

16 细石叶：1，棕色，一端折断，剖面呈三角形，长 4.2cm、宽 1cm。

D1-2：2，棕色，一端折断，剖面呈三角形，长 3.7cm、宽 0.9cm。

D1-2：3，青色，完整，剖面呈梯形，长 4.2cm、宽 1cm。

D1-2：4，黄色，一端折断，剖面呈三角形，长 4.2cm、宽 0.6cm。

D1-2：5，棕色，一端折断，剖面呈三角形，长 2.5cm、宽 0.7cm。

D1-2：6，青色，一端折断，剖面呈三角形，长 2.1cm、宽 0.7cm。

D1-2：7，黄色，两端折断，剖面呈梯形，长 3.2cm、宽 1.2cm。

D1-2：8，青色，一端折断，剖面呈三角形，长 2.9cm、宽 0.9cm。

D1-2：9，淡绿色，完整，剖面呈梯形，弧度较大，长 3.6cm、宽 0.9cm。

D1-2：10，淡绿色，一端折断，剖面呈梯形，长 3.2cm、宽 0.8cm。

D1-2：11，青色，完整，剖面呈三角形，弧度较大，长 4.2cm、宽 0.7cm。

D1-2：12，淡绿色，一端折断，剖面呈梯形，长 3.6cm、宽 0.8cm。

D1-2：13，棕色，一端折断，剖面呈梯形，长 3.1cm、宽 1cm。

D1-2：14，青色，两端折断，剖面呈三角形，长 3.1cm、宽 1.1cm。

D1-2：15，淡绿色，两端折断，剖面呈三角形，长 3.9cm、宽 0.6cm。

D1-2：16，青色，一端折断，剖面呈梯形，长 3.5cm、宽 0.8cm。

D1-2：17，灰褐色，一端折断，剖面呈三角形，长 3.1cm、宽 0.8cm。

D1-2：18，灰褐色，一端折断，剖面呈三角形，长 2.1cm、宽 0.9cm。

D1-2：19，淡绿色，一端折断，剖面呈梯形，长 3.9cm、宽 0.8cm。

D1-2：20，黄色，一端折断，剖面呈梯形，长 2.3cm、宽 1.1cm。

D1-2：21，青色，一端折断，剖面呈梯形，长 2.3cm、宽 0.7cm。

D1-2：22，青色，一端折断，剖面呈梯形，长 2.1cm、宽 0.9cm。

75. 16 石矛 1，3 件

该处位于 C6-4 区东南部。此次采集遗物 3 件，均为石器（图 7-2-12）。

石矛 1 件（16 石矛 1：1），残，仅存尖端，柳叶形，剖面呈扁菱形，通体扁平，打磨光滑，刃部较圆钝，残长 11cm、残宽 4cm。

石核 1 件（16 石矛 1：2），褐色泥岩，柱状，台面经过修整，核体上密布窄长条疤痕，长 4.6cm、宽 2cm。

细石叶 1 件（16 石矛 1：3），褐色泥岩，一端折断，剖面呈三角形，背面两侧有加工痕，长 3.9cm、宽 1cm。

76. 16 石核 1，3 件

该处位于 C6-4 区中东部。此次采集遗物 3 件，均为石器（图 7-2-12）。

石镞 1 件（16 石核 1：1），灰色泥岩，桂叶形，刃尖圆，尾端内弧，通体扁平，压剥痕明显，长 4.2cm、宽 2cm。

刮削器 1 件（16 石核 1：2），青白色石英岩，用扁平石片加工成，剖面呈长方形，刃部圆滑有使用痕，长 4.3cm、宽 3.8cm、厚 0.7cm。

石球 1 件（16 石核 1：3），青色泥岩，不规则球形，棱角分明，长 3.3cm、宽 3cm。

77.16 石矛 2，7 件

该处位于 D3-1 区东北部。此次采集遗物 7 件，均为石器（图 7-2-12）。

石矛 5 件，用薄片状泥岩片加工成，均为半成品。

16 石矛 2：1，青色，桂形，圆弧刃，边沿加工痕明显，长 10.4cm、宽 5.1cm、厚 0.8cm。

16 石矛 2：2，青绿色，桂叶形，较宽短，刃部较尖，长 6.8cm、宽 4.6cm、厚 1.3cm。

16 石矛 2：3，青色，桂叶形，通体加工痕明显，长 9.8cm、宽 4.2cm、厚 1.3cm。

16 石矛 2：4，青绿色，桂叶形，通体加工痕明显，长 10.6cm、宽 3.6cm、厚 1.15cm。

16 石矛 2：5，青色，三角形，边圆弧，长 5.3cm、宽 4.3cm、厚 0.45cm。

石镞 1 件（16 石矛 2：6），青色，半成品，长条形，加工痕明显，长 6.2cm、宽 2.4cm。

细石叶 1 件（16 石矛 2：7），褐色，完整，剖面呈梯形，弧度较大，长 7.1cm、宽 1.1cm。

78. 16 石片，20 件

该处位于 D1-2 区西南部。此次采集遗物 20 件，主要有铜器、铁器、石器。

1）铜器 1 件

铜镞 1 件（16 石片：1），三棱形，短铤，长 3.2cm、宽 0.9cm。

2）铁器 1 件

铁器 1 件（16 石片：2），残，椭圆形片状，残长 10.2cm、宽 5.4cm、厚 0.8cm。

3）石器 18 件

这些石器主要是细石叶和石核。

石核 3 件，青色泥岩，柱状，台面不平整，核体上有许多窄长条疤痕。

16 石片：3，长 2.7cm、宽 1cm。

16 石片：4，核体一面保留自然面，长 3.2cm、宽 3.5cm。

16 石片：5，较宽扁，长 4.2cm、宽 4.2cm。

细石叶 15 件，泥岩，窄长条，两侧多有使用痕或加工痕。

16 石片：6，青灰色，完整，剖面呈梯形，弧度较大，长 5.6cm、宽 0.8cm。

16 石片：7，黄绿色，完整，剖面呈三角形，长 5.6cm、宽 0.9cm。

16 石片：8，棕色，完整，剖面呈梯形，长 3.2cm、宽 0.9cm。

16 石片：9，褐色，完整，剖面呈梯形，长 4.1cm、宽 0.6cm。

16 石片：10，青灰色，一端折断，剖面呈三角形，弧度较大，长 4cm、宽 1cm。

16 石片：11，黄色，两端折断，剖面呈三角形，长 2.9 cm、宽 1cm。

16 石片：12，黄色，两端折断，剖面呈三角形，长 3.2cm、宽 1cm。

16 石片：13，青色，一端折断，剖面呈三角形，长 2.4cm、宽 1cm。

16 石片：14，青色，一端折断，剖面呈三角形，长 2.6cm、宽 1cm。

16 石片：15，青色，一端折断，剖面呈梯形，弧度较大，长 3cm、宽 0.6cm。

16 石片：16，青色，一端折断，剖面呈三角形，长 3cm、宽 0.6cm。

16 石片：17，青色，完整，剖面呈三角形，长 2.9cm、宽 0.8cm。

16 石片：18，黑色，一端折断，剖面呈三角形，长 1.9cm、宽 0.9cm。

石球 2 件。

16 石片：19，棕色，不规则球形，比度较大，长 8cm、宽 6.5cm、厚 5cm。

16 石片：20，灰色砂岩，卵形，边沿有使用痕，长 5cm、宽 3.6cm、厚 3.2cm。

79. 16 陶罐底，1 件

该处位于 C5-1 区中北部。此次采集遗物 1 件，为陶器。

陶器 1 件，为罐底（16 陶罐底：1），残，仅存底部，夹砂红褐陶，斜腹、平底，底径 13.8cm、残高 2.4cm。

80. 16 压印纹陶罐，1 件

该处位于 F3-2 区南部。此次采集遗物 1 件，为陶罐。

陶罐 1 件（16 压印纹陶罐∶1），残，无法复原，夹砂红陶，器表颜色不匀，器壁较薄，直口、平沿、直腹、平底。器腹外表施几道附加泥条，泥条上压印斜向短槽。在口部两三条附加堆纹间有孔 1 处。最大一片长 8cm 见方。

81.16 坩埚，5 件

该处位于 D4-4 区中东部。此次采集遗物 5 件，其中坩埚残片 3 件，砺石 1 件，陶罐残片 1 件。部分描述如下。

陶罐 1 件（16 坩埚∶1），残，仅存口部，轮制，夹砂红褐陶，侈口，外斜平沿，圆唇，束颈，残高 8cm。

砺石 1 件（16 坩埚∶2），残，青色砂岩，长条状，一面有磨痕，残长 11.7cm、宽 4.7cm。

除上述遗存点和遗物点均采集到部分遗物外，在 9 个区块内也零散采集到部分遗物。

7.2.4　C5-1 区块（15 件）

在该区块采集遗物 15 件，主要有陶器、铁器、铜器、石器等。

1. 陶器 7 件

这些陶器均不成型，1 件为纺轮、1 件为器耳，1 件瓿底，其余 4 件为模压网格纹陶片。

陶纺轮 1 件（C5-1∶4），残，仅存半个，用陶片加工成，圆形，中间钻孔，直径 5.6cm、高 1.1cm。

2. 铁器 2 件

铁器均残，形制不明。

3. 铜器 1 件

该铜器为镞。

铜镞 1 件（C5-1∶2），铤残，三棱形，镞身一侧有三角形凹槽 1 处，通长 3.6cm、最宽 1cm。

4. 石器 5 件。

1 件炭精石纺轮，1 件细石叶，1 件石核，2 件石片石器。

炭精纺轮 1 件（C5-1∶1），完整，平面呈圆形，剖面呈圆台形，直径 4.9cm，孔径 1.1cm，高 1.3cm。

石核 1 件（C5-1∶3），青色泥岩，楔形，台面较平整，核体一侧保留自然面，另一侧有窄长条疤痕，长 3.2cm、宽 2.5cm。

细石叶 1 件（C5-1∶5），青色泥岩，完整，剖面呈三角形，长 3.4cm、宽 1cm。

7.2.5　D1-2 区块（5 件）

在该区块采集遗物 5 件，均为石器。

石杵 2 件，长条形方柱状，边角圆弧，有使用痕。

D1-2∶1，青灰色，长 18cm、宽 7cm、厚 4.4cm。

D1-2∶2，黑色泥岩，长 14cm、宽 6cm、厚 4.2cm。

石球 2 件，不规则球形，表面坑坑洼洼。

D1-2∶3，褐色泥岩，长 7.5cm、宽 6cm。

7.2.6　D1-3 区块（21 件）

在该区块采集遗物 21 件，主要有铜器、石器等（图 7-2-13）。

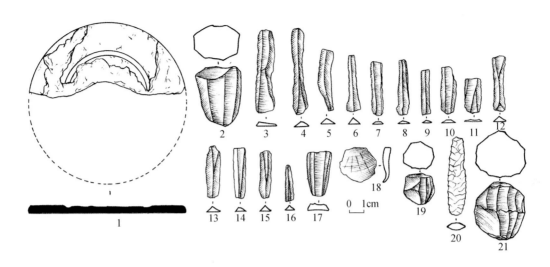

图 7-2-13　楼兰南部 D1-3 区块文物素描

1. 铜镜（D1-3：1）；2、17、21. 石核（D1-3：2、D1-3：4、D1-3：3）；3～16. 细石叶（D1-3：7～20）；18. 石片（D1-3：21）；
19. 石球（D1-3：5）；20. 石镞（D1-3：6）

1. 铜器 1 件

铜镜 1 件（D1-3：1），残，锈蚀严重，镜面平直，窄斜沿，缘较薄，素面，直径 11.2cm，缘厚 0.5cm。

2. 石器 20 件

石核 3 件，均为楔形，台面不平整，局部保留自然面，核体上留有许多窄长条疤痕，有的核体上保留有自然面。

D1-3：2，青色泥岩，长 4.1cm、最宽 3.3cm。

D1-3：3，棕黄色，长 4cm、最宽 3.5cm。

D1-3：4，粉色，仅存半个，残长 3cm、宽 1.7cm。

石球 1 件，D1-3：5，不规则圆形，利用废弃石核加工成，棕黄色，直径 2.1cm。

石镞 1 件 D1-3：6，残，用青色泥岩加工成，桂叶形，剖面呈菱形，通体鱼鳞状，圆弧刃，残长 5.3cm，最宽 1.2cm。

细石叶 14 件。

D1-3：7～20，长条形，剖面呈梯形或三角形，部分完整，顶端可见台面、锥疤，末端内弧，表面有窄长条疤痕，两侧边有使用痕或第二次修整痕。

D1-3：7，完整，棕黄色，侧面整体呈弧形，剖面呈梯形，长 5.7cm、最宽 1.3cm。

D1-3：8，完整，青色泥岩，侧面整体呈弧形，剖面呈三角形，长 5.9cm，最宽 1.05cm。

D1-3：9，一端折断，侧面呈弧形，剖面呈三角形，长 4.3cm，最宽 0.9cm。

D1-3：10，完整，青色泥岩，侧面整体呈弧形，剖面呈三角形，长 5.9cm，最宽 1.05cm。

D1-3：11，一端折断，棕黄色泥岩，侧面呈弧形，剖面呈梯形，长 3.7cm，最宽 0.7cm。

D1-3：12，一端折断，褐色泥岩，侧面呈弧形，剖面呈三角形，长 3.8cm，最宽 0.8cm。

D1-3：13，两端折断，棕色泥岩，侧面呈弧形，剖面呈三角形，长 3.1cm，最宽 0.6cm。

D1-3：14，完整，青色泥岩，侧面整体较直，剖面呈梯形，长 3.25cm，最宽 1.05cm。

D1-3：15，完整，棕黄色泥岩，侧面整体较直，剖面呈梯形，长 4.9cm，最宽 1.1cm。

D1-3：16，完整，青色泥岩，侧面整体呈弧形，剖面呈三角形，长 3.8cm，最宽 0.9cm。

D1-3：17，一端折断，褐色泥岩，侧面呈弧形，剖面呈三角形，长 3.5cm，最宽 0.9cm。

D1-3：18，完整，青色泥岩，侧面整体呈弧形，剖面呈三角形，长 3.5cm，最宽 0.9cm。

D1-3：19，完整，青色泥岩，侧面整体呈弧形，剖面呈三角形，长 3.2cm，最宽 0.8cm。

D1-3：20，一端折断，暗褐色泥岩，侧面呈弧形，剖面呈三角形，长 2.5cm，最宽 0.6cm，
石片 1 件（D1-3：21），青黄色，系从大的石块上剥离下来的废料，长 2.4cm、宽 2.6cm。

7.2.7 D2-1 区块（8 件）

在该区块采集遗物 8 件，均为石器。

石核 1 件（D2-1：1），楔形，用砾石加工而成，台面未经过修整，表面不平整，核体不规整，一面
有剥离疤痕，长 4.2cm、宽 2.6cm。

石球采集 1 件。描述 1 件。

D2-1：2，扁圆形，用自然石块加工成，一面上保留自然面，直径 3.3～4.5cm、高 3cm。

细石叶 4 件，长条形，剖面呈三角形。表面有窄长条疤痕，两侧边有使用痕或加工痕。

D2-1：3，长 5.4cm，最宽 0.8cm。

D2-1：4，长 3.6cm、宽 0.9cm。

D2-1：5，长 3.4cm、宽 0.7cm。

D2-1：6，长 2.6cm、宽 1.1cm。

石片 1 件（D2-1：7），不规整长方形，剖面呈三角形，系从大块石核上剥离下来的废料，长 2.9cm、
宽 3.4cm。

石磨盘 1 件（D2-1：8），残，仅存半个，黄色砂岩质，一面有凹形磨痕，残长 13.2cm、宽 7cm。

7.2.8 D3-3 区块（16 件）

在该区块采集遗物 16 件，主要有铜、石器。另有少量铜器碎片（图 7-2-14）。

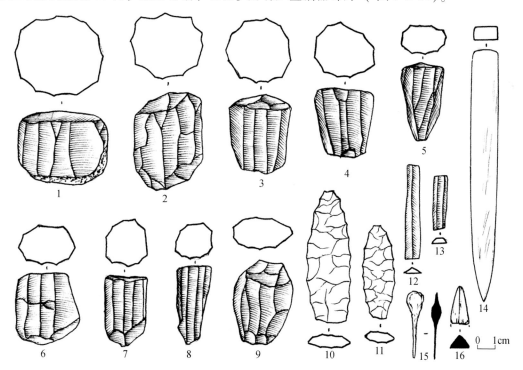

图 7-2-14 楼兰南部 D3-3 区块文物素描

1. 石球（D3-3：8）；2～9. 石核（D3-3：15、D3-3：7、D3-3：6、D3-3：4、D3-3：1、D3-3：2、D3-3：3、
D3-3：5）；10. 石矛（D3-3：10）；11. 石镞（D3-3：9）；12、13. 细石叶（D3-3：13、D3-3：14）；14. 锥
状石器（D3-3：16）；15. 铜锥（D3-3：11）；16. 铜镞（D3-3：12）

1. 铜器 2 件

铜锥 1 件 (D3-3：11)，残，扇形柄，椎体比较短，残长 3.6cm。

铜镞 1 件 (D3-3：12)，残，仅存镞尖，三棱形，残长 2cm。

2. 石器 14 件

石核 8 件。

D3-3：1，圆柱形，用砾石加工而成，将砾石截去一节，以劈裂面作台面，核体上留有许多窄长条疤痕，核体上保留有自然面，长 3.6cm、最宽 3.4cm。

D3-3：2，圆柱形，用砾石加工而成，将砾石截去一节，以劈裂面作台面，核体上留有许多窄长条疤痕，核体上保留有自然面，长 3.6cm、最宽 2.2cm。

D3-3：3，楔形，用砾石加工而成，将砾石截去一节，以劈裂面作台面，核体上留有许多窄长条疤痕，长 4cm、最宽 1.8cm。

D3-3：4，楔形，用砾石加工而成，将砾石截去一节，以劈裂面作台面，核体上留有许多窄长条疤痕，长 4.1cm、最宽 2.3cm。

D3-3：5，圆柱形，用砾石加工而成，将砾石截去一节，以劈裂面作台面，核体上留有许多窄长条疤痕，长 4.4cm、最宽 3.1cm。

D3-3：6，圆柱形，用砾石加工而成，将砾石截去一节，以劈裂面作台面，核体上留有许多窄长条疤痕，长 3.5cm、最宽 3.2cm。

D3-3：7，楔形，用砾石加工而成，将砾石截去一节，以劈裂面作台面，核体上留有许多窄长条疤痕，核体上保留有自然面，长 4.1cm、最宽 3.3cm。

D3-3：15，黄色泥岩，柱状，核体较粗糙，长 4.9cm、宽 3.6cm。

石球 1 件 (D3-3：8)，完整，用石块加工而成，表面有明显的砍砸痕迹，长径 4.8cm、短径 3.7cm。

石镞 1 件 (D3-3：9)，残，桂叶形，铤已残断，剖面呈菱形，通体鱼鳞状，圆弧刃，十分精致规整，长 4.8cm、宽 1.7cm。

石矛 1 件 (D3-3：10)，残，铤已残断，剖面呈菱形，通体鱼鳞状，圆弧刃，形制较为规整，长 6.9cm、最宽 2.4cm。

细石叶 2 件，青色泥岩，两端折断，两侧有使用痕或加工痕。

D3-3：13，剖面呈三角形，长 5cm、宽 1cm。

D3-3：14，剖面呈梯形，长 2.8cm、宽 0.8cm。

锥状石器 1 件 (D3-3：16)，青色页岩加工成，完整，长条状，剖面呈长方形，一端加工成尖锥状，长 13.1cm、宽 1.5cm、厚 0.7cm。

7.2.9　D2-3 区块（53 件）

在该区块采集遗物 53 件，均为石器（图 7-2-15）。

石杵 4 件。

D2-3：1，残，圆柱体，平面略呈梯形，两端平直，剖面近似三角形，底端有使用痕，长 18.8cm，最宽 8.2cm。

D2-3：34，长方体，边角较圆滑，长 6.5cm、宽 5.9cm。

D2-3：35，圆柱形，一端残，另一端较大，有使用痕，直径 7.6cm、残长 16.4cm。

D2-3：45，圆柱形，一段有使用痕，直径 3.5～4.7cm、长 12.9cm。

石核 10 件，台面不平整，通体有窄长条疤痕，圆柱形 5 件。

D2-3：2，青色泥岩，长 2.9cm、高 3.2cm。

D2-3：27，褐色泥岩，长 4.3cm、宽 3.2cm。

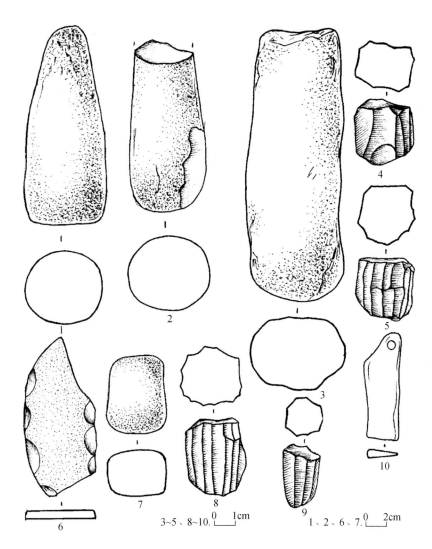

图 7-2-15　楼兰南部地区 D2-3 区块文物素描

1~3、7. 石杵（D2-3：1、D2-3：35、D2-3：45、D2-3：34）；4、5、8、9. 石核
（D2-3：38、D2-3：2、D2-3：47、D2-3：37）；6. 石刀（D2-3：36）；10. 砺石（D2-3：46）

D2-3：30，棕色泥岩，长 4.4cm、宽 4.3cm。

D2-3：38，黄绿色泥岩，一面破裂，长 3.3cm、宽 3cm。

D2-3：47，淡绿色泥岩，长 4.2cm、宽 3cm，楔形 4 件。

D2-3：28，天青色泥岩，核体粗糙，疤痕较凌乱，长 6cm、宽 4.3cm。

D2-3：29，棕色泥岩，一面保留自然面，长 6.6cm、宽 4.2cm。

D2-3：32，青色泥岩，长 3.4cm、宽 2cm。

D2-3：37，青色泥岩，一侧破裂无剥离疤痕，长 3.1cm、宽 1.9cm。

圆台形 1 件，D2-3：31，棕色泥岩，较扁平，长 2.1cm、宽 3.7cm。

细石叶 31 件，长条形，剖面呈梯形或三角形，两侧有使用痕或加工痕。

D2-3：3，青色泥岩，一端折断，剖面呈三角形，长 4cm、宽 0.8cm。

D2-3：4，棕色泥岩，完整，剖面呈三角形，弧度较大，长 5cm、宽 0.9cm。

D2-3：5，棕色泥岩，完整，剖面呈梯形，弧度较大，长 4.3cm、宽 1.3cm。

D2-3：6，棕色泥岩，一端折断，剖面呈三角形，长 3.2cm、宽 1.1cm。

D2-3：7，青色泥岩，一端折断，剖面呈梯形，长 3cm、宽 1.2cm。

D2-3：8，褐色泥岩，完整，剖面呈三角形，长 3.9cm、宽 0.7cm。

D2-3：9，青色泥岩，完整，剖面呈梯形，弧度较大，长 6.9cm、宽 1.4cm。

D2-3：10，棕色泥岩，一端折断，剖面呈梯形，长 3.5cm、宽 1.4cm。

D2-3：11，褐色泥岩，完整，剖面呈三角形，微弧，长 5.5cm、宽 0.8cm。

D2-3：12，褐色泥岩，一端折断，剖面呈梯形，长 3.4cm、宽 1.1cm。

D2-3：13，青色泥岩，一端折断，剖面呈梯形，长 2.6cm、宽 1cm。

D2-3：14，青棕色泥岩，一端折断，剖面呈三角形，长 4.5cm、宽 0.9cm。

D2-3：15，褐色泥岩，完整，剖面呈三角形，长 3.6cm、宽 6.7cm。

D2-3：16，青灰色泥岩，一端折断，剖面呈三角形，长 3.2cm、宽 0.7cm。

D2-3：17，青色泥岩，完整，剖面呈三角形，长 3.2cm、宽 0.8cm。

D2-3：18，青色泥岩，一端折断，剖面呈梯形，长 2.5cm、宽 0.7cm。

D2-3：19，棕色泥岩，完整，剖面呈三角形，长 3.5cm、宽 0.8cm。

D2-3：20，褐色泥岩，一端折断，剖面呈梯形，长 3.7cm、宽 0.8cm。

D2-3：21，褐色泥岩，两端折断，剖面呈梯形，长 2.8cm、宽 1cm。

D2-3：22，青黄色泥岩，一端折断，剖面呈梯形，长 2cm、宽 0.9cm。

D2-3：39，青色泥岩，两端折断，剖面呈三角形，长 4.1cm、宽 1.1cm。

D2-3：40，暗黄色泥岩，一端折断，剖面呈梯形，长 2.8cm、宽 1cm。

D2-3：41，棕色泥岩，一端折断，剖面呈梯形，长 2.8cm、宽 1.1cm。

D2-3：42，淡绿色泥岩，一端折断，剖面呈三角形，长 3.6cm、宽 0.7cm。

D2-3：43，青灰色泥岩，一端折断，剖面呈三角形，长 3.3cm、宽 0.9cm。

D2-3：44，深褐色泥岩，一端折断，剖面呈三角形，长 2.5cm、宽 0.9cm。

D2-3：48，青色泥岩，一端折断，剖面呈三角形，长 3cm、宽 0.9cm。

D2-3：49，青色泥岩，一端折断，剖面呈梯形，长 4.7cm、宽 1.5cm。

D2-3：50，淡绿色泥岩，一端折断，剖面呈梯形，长 4.2cm、宽 1.1cm。

D2-3：51，淡绿色泥岩，一端折断，剖面呈三角形，长 3.9cm、宽 1.2cm。

D2-3：52，淡绿色泥岩，一端折断，剖面呈梯形，长 3.8cm、宽 0.8cm。

石镞 2 件，桂叶形，剖面呈菱形，表面压剥痕明显。

D2-3：25，半成品，尖端缺失，长 4.8cm、最宽 1.8cm。

D2-3：26，残，仅存一段，残长 1.5cm、宽 0.9cm。

砍砸器 1 件（D2-3：33），灰黑色石英岩，扁柱状，两端有砍砸痕，长 10.6cm、宽 6cm。

石刀 1 件（D2-3：36），平面略呈梯形，用青色片岩加工成，两侧有使用痕，长 15.3cm、宽 7.2cm。

砺石 1 件（D2-3：46），青色砂岩，残，仅存少部分，长条形，头端较尖，有空，两侧磨面磨损严重，残长 5.1cm、宽 1.9cm，孔径 0.4cm。

7.2.10　E2-2 区块（9 件）

在该区块采集遗物 9 件，均为石器。其中石球 1 件，细石叶 6 件，石片 2 件。

石球 1 件（E2-2：9），黄绿色，不规则三角形，表面凹凸不平，长 9.7cm、宽 4cm、厚 4.8cm。

细石叶 6 件，青色泥岩，长条状，一端折断。

E2-2：1，剖面呈梯形，长 4.6cm、宽 0.9cm。

E2-2：2，剖面呈梯形，长 3.5cm、宽 0.9cm。

E2-2：3，剖面呈三角形，长 2.9cm、宽 1cm。

E2-2：4，剖面三角形，长 4.3cm、宽 1.1cm。

E2-2：5，剖面呈梯形，长 2.9cm、宽 0.9cm。

E2-2：6，剖面呈梯形，长 3.4cm、宽 1cm。

7.2.11 D3-4 区块（12 件）

在该区块采集遗物 12 件，均为石器。

石器 12 件，其中细石叶 2 件，玉斧 1 件、玉镞 1 件、石核 5 件、砺石 1 件、马鞍形石磨盘 1 件、石片 1 件。

玉斧 1 件（D3-4：7），残，仅存刃部，青白玉，打磨光滑，刃部有使用痕，宽 5.8cm、残高 1.9cm。

玉镞 1 件（D3-4：6），青玉，桂叶形，不精细，遍布压剥痕，长 4cm、宽 1.4cm。

石磨盘 1 件（D3-4：10），残，仅存一端少半部分，青绿色砂岩，底部较平，磨面头端凸起，中部内弧，磨痕明显，残长 12.6cm、宽 9cm。

砺石 1 件（D3-4：11），残，仅存一部分，用片状页岩加工成，磨面光滑平整，残长 18cm、宽 5.8cm。

石核 5 件，柱状石核 2 件，楔形石核 2 件，1 件残，用泥岩加工成，台面不平整，核体上有许多窄长条疤痕。

D3-4：1，青色泥岩，柱状，长 2.8cm、高 3.3cm。

D3-4：2，褐色泥岩，柱状，长 2.7cm、高 3.9cm。

D3-4：4，青黄色泥岩，楔形，长 2.6cm、高 5.7cm。

D3-4：5，尖端残，黄色泥岩，长 3.8cm、残高 4.4cm。

D3-4：3，残，青色泥岩，残长 4.4cm、残高 3.3cm。

细石叶 2 件，长条形，一段折断、剖面呈三角形。

D3-4：8，青色泥岩，长 3.4cm、宽 0.6cm。

D3-4：9，深棕色泥岩，长 3.3cm、宽 0.8cm。

7.2.12 E3-2 区块（9 件）

在该区块采集遗物 9 件，均为石器。

石核 4 件，用硅质泥岩加工而成，一般将石块截去一节，以劈裂面作台面，核体上留有许多窄长条疤痕，有的核体上保留有自然面。

E3-2：1，柱状，长 5.6cm、宽 1.7cm。

E3-2：2，楔形，一端残断，核体上有明显的窄长条疤痕，长 2.9cm、宽 1.8cm。

E3-2：3，楔形，一端残断，核体上有明显的窄长条疤痕，长 3cm、宽 1.9cm。

E3-2：4，柱状，长 3.2cm、宽 2.2cm。

细石叶 4 件，一端多折断，长条形，剖面呈三角形或梯形，表面有窄长条疤痕，两侧边有使用痕或第二次修整痕，有些可与其他器物组合成复合工具使用。

E3-2：5，细石叶，长 3.6cm。

E3-2：6，细石叶，长 4.1cm。

E3-2：7，细石叶，长 3.7cm。

E3-2：8，细石叶，长 3.7cm。

石器 1 件（E3-2：9），不规则形，用砾石制作而成，一侧有刻槽，长 4.3cm、宽 3.2cm。

7.2.13 LK 古城（9 件）

该处位于罗布泊镇罗布泊村西南约 110.8km 处的罗布泊荒漠中。其东北距楼兰古城 51km，西南距米兰遗址 112km。古城平面呈长方形，墙体系夯筑。城门开于东城墙南端，城门已倒塌，木材均散乱分布在城门内外。城内建筑物主要保存在城的南半部，为一组房屋，房屋为框架式木骨泥墙建筑，均已倒塌。

在此处采集遗物 9 件，主要有陶、铜、木、石、玻璃器和钱币等。还有少量碎陶、铜、玻璃残片、钱币、炼渣、坩埚碎片等。

1. 陶器 2 件

陶罐 1 件（16LK：4），残，仅存少量口沿部分，夹砂红陶，侈口，外曲沿，束颈，鼓腹，腹上部饰圆圈纹，口径 13.8cm、残高 10cm。

堆纹陶片 2 片（16LK：5），腹部残片，夹砂红陶，器表贴一条泥条，上面捏压出波浪形装饰图案，残长 6.3cm、残宽 4.3cm。

2. 铜器 1 件

铜耳环 1 件（16LK：7），残，仅存半个，用细铜丝弯曲成椭圆形，直径约 1.2cm、丝径 0.15cm。

3. 石器 2 件

砺石（16LK：2），残，表皮已剥落，圆角长方形，一端圆弧，一端平直，长 12.4cm、宽 4.5cm、厚 0.6cm。

石核 1 件（16LK：6），青色泥岩，楔形，台面经过修整，核体一面保留自然面，一面为窄长条疤痕覆盖，长 3.5cm、宽 1.4cm。

4. 木器 1 件

门板（16LK：3），残，由两块木板拼合而成，其中一块已残。门板表面先刷一层白色涂料，之后涂红彩，上部表面有团花，残存 6 朵，均匀对称分布，花瓣 5 片，内有黑色花蕊，下部有一个人像（佛、罗汉?），人像圆脸、丰唇、宽鼻、大耳垂，颈部有蚕节纹，头像后绘一道黑色弧形条纹（头光?），门板西南处有一个灶，表面有火烧的痕迹。门板残长 120cm、宽 49cm、厚 5cm，其中一块宽 30cm，另一块宽 19cm；门轴长 9cm，直径 4cm。

5. 玻璃器 2 件

1 件玻璃珠和 1 件残片。

双联珠 1 件（16LK：1），完整，深蓝色，圆柱体，中间穿孔，通高 1.7cm、孔径 0.2cm。

6. 钱币 1 件

龟兹钱（16LK：8），锈蚀严重，圆形方孔，直径 1.7cm、孔径 0.8cm。

此外还采集有陶坩埚、砺石残片、炼渣、残铜器、钱币、玻璃器和残铁块等遗物。

7.2.14 LL 古城（4 件）

该处位于 LK 城西偏北约 5.2km 处。古城平面呈长方形，西北角和东墙北段已残缺，其余城垣尚存。城墙为木骨泥墙结构。城内南半部似有房屋建筑，但已被流沙覆盖，现状不明。城内采集遗物 4 件，分别为铜饰 1 件、铜泡钉 1 件、钱币 1 件、玻璃珠 1 件。另有少量残铜片、钱币残片。

铜饰 1 件（16LL：1），残，已锈蚀，略呈鼓形，中空，长 2.5cm、宽 2cm。

钱币 1 件（16LL：2），残，锈蚀严重，字迹不清晰，直径 2.4cm、穿径 0.8cm。

7.2.15 LB1 号佛塔（2 件）

该处位于楼兰古城西北 12.5km 处的一座风蚀雅丹台地上，土坯砌成，被风蚀成一个土墩状，保存较差，采集遗物 2 件。

玻璃珠 1 件（LB1 号佛塔：1），完整，蓝色，方柱体，中间穿孔，长 0.4cm，孔径 0.1cm。

钱币 1 件（LB1 号佛塔：2），残，表面已锈蚀，长 1cm，宽 0.8cm。

7.3 楼兰北部地区文物（2017 年）

共调查遗址、遗物点、墓葬等遗迹点 37 处，其中遗址 16 处、遗物点 3 处、墓葬 18 处。遗址包括 LE 古城、戍堡 LF、土垠遗址、09LE1 号遗址、09LE2 号遗址、09LE3 号遗址、17 驿站（阿奇克谷地东南驿站）、土垠西南遗址（小河居址 5）、土垠西南 2 号遗址（小河居址 6）、土垠西南 3 号遗址（小河居址 7）、17 一号遗址（小河居址 1）、17 二号遗址（小河居址 2）（17 二号墓地旁）、17 三号遗址（09LE53 号墓地台地上）（小河居址 3）、17 四号遗址（原 17 遗址）（小河居址 8）、17 玉斧（小河居址 9）和 09LE37 号墓地（全国第三次文物普查时将 09LE37 号墓地定性为墓地，此次调查初步判定其应是一处遗址）（小河居址 4）；遗物点主要指地表散落的遗物分布点，其中 3 处位于阿奇克谷地内，其余位于楼兰魏晋墓葬群保护范围内和土垠遗址南部。3 处遗物点即 17 白龙堆、17 铜镞和 17 陶釜；墓葬 18 处，即 LF 墓地、09LE7 号墓地、09LE9 号墓地、09LE10 号墓地、09LE12 号墓地、09LE13 号墓地、09LE15 号墓地、09LE17 号墓地、09LE19 号墓地、09LE35 号墓地、09LE49 号墓地、09LE50 号墓地、09LE52 号墓地、09LE53 号墓地、土垠西南墓地、土垠西南 3 号墓地、17 一号墓地和 17 二号墓地。新发现遗迹点 16 处，其中遗址 9 处，遗物点 3 处，墓地 4 处。

7.3.1 09LE31 号墓地

09LE31 号墓地又称棺材墓。墓地位于楼兰古墓群东北一座大雅丹台地上，地理坐标 40°29′06.83″N，90°00′8.46″E。墓地现存墓葬 2 座，由西向东依次编号 M1、M2，均被盗。墓室被毁，葬具、人骨及遗物散落于墓室内外扰土中，重点对 M2 进行了调查，M2 为夫妻合葬墓，棺材已被运到若羌的楼兰博物馆保存。

M2 采集遗物 3 件，有铜、木器和织物，均残。

铜器 1 件（楼兰墓群 C：2），大多为长条形，一面残留有木头的朽痕，长 7cm、宽 1.2cm。

漆木器 1 件（楼兰墓群 C：3），已残断成两半，器体有明显的干裂，长条形，表面残存红色漆皮。长 11.3cm、宽 3.5cm。

织物 1 件（楼兰墓群 C：1），残朽严重，有毛、棉、麻、丝等纺织品。

7.3.2 小河时期楼兰北遗址群

楼兰北遗址群位于楼兰北洼地区，小河时期的居址和墓地均分布在高大雅丹之上（详见第 6 章），其中发现各种器物如下。

村落 1（V1）：包括小河居址 1 和 2。居址中器物保存少，器物主要都在墓中。在小河居址 2 北部的墓地中发现的器物主要是草制品和木制品。草制品有草编篓、芦苇草编绳、草席，木制品有船形棺的棺板、直径 3~4cm 的红柳棍、直径 8~10cm 的棺前胡杨立木（有桨形和锥形两类）（图 7-3-1），显示出典型的小河文化特色。由于此处墓地造访人很多，其他器物已很难看到。

村落 2（V2）：包括小河居址 8、9、10。

小河居址 8 中发现有戳痕纹饰陶片、椭圆形和箭头形石镞、石杵和绵羊角（图 7-3-2），这是石镞为小河时期代表性器物、小河时期养殖绵羊、使用戳痕粗陶的重要证据。

图 7-3-1 小河居址 2 北墓地的器物

a. 桨形立木；b. 锥形立木；c. 船形棺；d. 金属工具削平的木件；
e. 加工过的木杆；f. 加工修尖的红柳棍状工具；g. 草编席

图 7-3-2 小河居址 8 器物

a. 带纹饰陶片、椭圆形和箭头形石镞；b. 绵羊角；c. 石杵和芦苇

　　小河居址 9 中发现有带刻划痕的三棱状圆尖石器、草编绳、玉斧、石锛、用石锛加工过的红柳木棍工具（图 7-3-3）。我们的模拟实验表明木棍上的加工痕迹是用磨制石器（如石斧、石锛）而非打制石器修饰加工留下的，这与明显是磨制而成的玉斧一起说明这个时期的小河人已广泛使用磨制石器。

图 7-3-3　小河居址 9 器物
a～c. 带刻痕的三棱状圆尖石器；d. 磨制青玉斧；e. 用石锛加工过的红柳木棍工具；f. 石锛

　　小河居址 10 中发现有草门帘、鲤科鱼咽齿、芦苇制箭杆（图 7-3-4），说明这里的小河人有狩猎、捕鱼的生活习俗。

图 7-3-4　小河居址 10 器物
a. 芦苇制箭杆；b. 草门帘；c. 鲤科鱼咽齿

由此认为玉斧、木棍、草编器、石镞是楼兰北地区小河人的典型文化器物。

村落 3（V3）：包括小河居址 3 和 4。

小河居址 3 中器物最丰富，发现有石矛、石镞、石英质管钻芯、彩陶片、带刻纹陶片、石磨盘和绵羊角（图 7-3-5）。

图 7-3-5　小河居址 3 器物
a. 石英质管钻芯；b. 石磨盘和绵羊角；c. 彩陶片；d. 带刻纹陶片；e. 石矛

小河居址 4 中发现有动物残骨、草编篓、青玉斧和彩陶残片、带孔的绿松石吊坠（图 7-3-6）。

图 7-3-6　小河居址 4 器物
a. 带孔的绿松石吊坠；b. 青玉斧和彩陶残片

这些器物显示彩陶、玉斧、石矛、吊坠类装饰品是这个时期的典型器物。管钻芯则表明这个时期已有成熟的管钻技术运用于饰品加工。而管状玉珠不仅在小河墓地有发现，楼兰地区也多次发现，且玉珠都有中空特点，个别样品还保留了未钻通留下的孔芯，因此可以确定玉珠是小河时期的代表性典型器物。

村落 4（V4）：包括小河居址 5、6、7。

小河居址 5 中发现有牛角杯、压舌板状木片、毛织物、毛发、绵羊角、铜针、草编绳、石矛及其加工残渣，墓穴有牛皮鞋、草编篓、草簸箕（图 7-3-7）、棺前红柳立木。

图 7-3-7　小河居址 5 器物

a. 牛角杯和压舌板状木片；b. 草编篓；c. 毛织物和毛发；d. 草簸箕；e. 草编绳；f. 石矛

这显示草编器、牛皮制品、石矛是这个时期的典型器物。

7.4　楼兰外围地区石头城烽燧文物

楼兰外围地区石头城烽燧文物又称若羌河口遗址（14RH）（详见 10.3.2.2 节介绍），采集遗物 2 件，为石铠甲片，残，用白色砂岩磨成（图 7-4-1）。

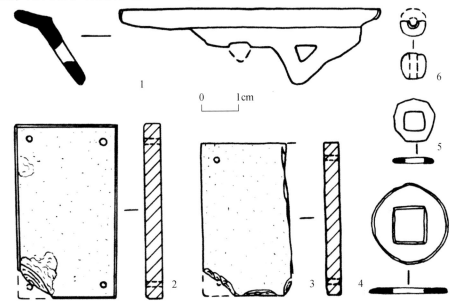

图 7-4-1　LC 遗址、若羌河口遗址 14RH、楼兰东北遗址 LDY 文物素描

1. 铜盆（14LC∶1）；2、3. 石铠甲片（14RH∶1、14RH∶2）；4. 剪轮五铢（14LDY∶1）；5. 钱币（14L∶1）；6. 玻璃器（14L∶2）

14RH：1，长方形，四角各钻孔 1，一个已缺失，长 4.65cm、宽 2.8cm、厚 0.45cm、孔径 0.2cm。

14RH：2，长方形，仅一个角完整，角上钻孔 1，残长 4.05cm、残宽 2.45cm、厚 0.4cm、孔径 0.15cm。

7.5　楼兰地区遗迹、遗物分布特征及其年代

根据对现有遗存及遗物特征的初步分析研究，可将目前发现的遗址、遗迹和遗物大致分为三种文化遗存，即细石器文化遗存、孔雀河古墓沟–小河文化遗存及汉晋时期文化遗存，元明时期虽然有人类活动的遗迹，但尚未发现最直接的代表性器物和墓穴，因此暂不作为明确的古代文化期。调查结果及众多研究表明，楼兰古城所在的罗布泊湖西岸是新疆地区早期人类活动的地区之一。该地区曾经有过多次规模比较大的人类活动。

1. 细石器文化遗存

广泛分布于罗布泊湖西岸，可能属于细石器文化的遗物主要有细石叶、石片、石核，还有部分石镞、玉斧、玉锛和石球等。

由于年代久远，风蚀严重，很难发现该时期的生产、生活遗迹。大多数所采集的遗物均来自裸露地表，缺乏地层关系。但 2016 年科考队新发现一处细石器灰堆剖面遗址，根据对灰堆层炭屑的 ^{14}C 测年，以及从中提取的器物，基本可以确定距今 1 万年前左右为细石器文化期，代表性典型器物是细石叶、石核和白石吊坠。

2. 孔雀河古墓沟–小河文化遗存

以前在楼兰地区尚未发现该文化的遗存。2015 年在楼兰古城西采集到 1 件权杖头，形制与小河墓地出土的权杖头完全一致。2016 年不仅采集有权杖头，还采集到小河墓地中常见的管状玉珠。更重要的是还在几处地点采集到刻画纹桶形罐实物残片。这类器物不见于孔雀河古墓沟和小河墓地，但是在位于塔里木盆地腹地的尼雅河尾闾地区的尼雅北方遗址和克里雅河下游青铜时代早期遗存中多有发现。

根据在楼兰北地区新发现的 10 处小河居址中的器物，大致可以确定这个时期的代表性典型器物是：以草编篓为主的草制品、石矛、石镞、玉斧、权杖头、叠放的船形棺及其棺前立木。虽然目前我们还不能确定更早的细石器时期是否也使用石矛石镞，也不知道汉晋时期是否也用玉斧，但现在至少可以判断这些器物与小河时期关系密切。而从磨制的玉斧、打制的石矛石镞来看，这个时期打制和磨制技术应该是同时存在的。

这批遗存的年代在距今 4200～3600 年前（详见 11.4 节）。

3. 汉晋时期文化遗存

还有一批遗存是公元前 300 多年至公元 400～500 年的汉晋时期。该类遗存以楼兰古城、LE 古城、LK 古城、LL 古城、张币 1 号遗址、双河遗址为代表，再往西还有小河古城、麦德克古城、营盘古城，向东则有沙西井古城。楼兰古城、LE 古城、LK 古城、LL 古城等最具代表性。

在这些古城周边存在大量生产活动遗存。此外还有寺院、民居、烽燧、墓地等生活类遗存和耕地、河渠、林带等生产类遗存。村落级别的遗存点有近 30 处，广泛分布在北 3 河与南 4 河之间，南 5 河、南 6 河一带也有不少遗址，但因流沙覆盖严重，大多难以发现。这是楼兰地区广泛分布的一期遗存，地表遗留的古物非常多，典型器为灰陶罐。

这个时期的特点是以灌渠–耕地–涝坝–村落为特点的农田灌溉系统，以双行线为代表的道路交通系统，以胡杨梁柱榫卯结构为代表的房屋建造技术，以铜镜、丝绸为代表的中原制造技术，以粟黍麦稻羊为代表的食物结构，以铜印"张币千人丞印"、花押和"官律所平"为指示的中原官吏制度、官方度量衡和邮政管理体系，以丝路"楼兰道"为纽带的中原—西域交通大动脉，这些实物证据，显示东汉—魏晋南北朝时期楼兰地区存在以中原文化主导的大规模屯戍活动，由此证实了汉晋是楼兰以汉传文化为主导

的时期，是中原政权从间接到直接治理楼兰的 700 多年，查明早在 2000 年前中原就已对楼兰行使有效管理。

细石器文化遗存、孔雀河古墓沟–小河文化遗存与汉晋时期文化遗存在分布地域上存在重合，目前尚看不出有明显的分布差别，但是各个时期遗存在文化内涵上存在差异。

首先，楼兰地区细石器文化遗存中多见遗物，居址、墓地内罕见，这可能与当时居民居址特点、年代久远和古塔里木河尾闾区洪水频发有关。其次，汉晋时期文化遗存本身存在遗址多墓地少的不对称性。再次，汉晋时期文化遗存在罗布泊地区广泛分布，尤其是在罗布泊西岸的楼兰地区，但与同时期塔里木盆地南北丝绸之路沿线绿洲国家一样，是依托河流水资源呈线状、片状分布。已知的各个古城毫无疑问是当时该片绿洲的中心城镇、核心。

4. 元明时期遗存

元明时期是楼兰的又一次大绿洲发育时期，但是与人类活动有关的遗迹相比楼兰时期要少很多，主要是北 3 河向北 2 河方向调水灌渠有元明时期维护渠坡留下的含炭屑红烧土角砾堆土，遗址只有长方台遗址和楼兰东南遗址的红柳墙出现元明时期的测年数据，但是楼兰东南遗址也有汉晋时期的测年数据，因此这些遗址可能在汉晋（楼兰）时期就有，只是在元明时期又被人再次利用。从北 3 河调水的灌渠可能也是建于汉晋时期，因为渠道两侧遗存点里的陶片都与汉晋时期的相似，所以可能只是元明时期被再次利用。

最大的遗憾是未发现能直接指示元明时期的器物和古墓，因此这个时期只有测年证据，还缺乏考古学上的直接证据。

总结楼兰地区最具代表性和指示意义的重要文物，小河时期以刻画陶纹片、彩陶、权杖头为代表，更早的人类活动则以细石叶为特点，汉晋时期以官印、五铢钱、金戒指、花押和玉石棋子为标志（图 7-5-1）。

刻画纹陶片（16细石叶刻划纹陶片：1-4）　彩陶片(17居址3)　汉白玉大理石质权杖头（15C5-2：1）　(14WY3)

金戒指(楼兰古城)　"官律所平"印章(16铜斗检封：1)　花押(15C4-4：19)　象棋子(17遗存点1)

铜制官印"张币千人丞印"(15C4-1：1)　货泉(15D1-1：8)　五铢钱(14J1：14)

图 7-5-1　楼兰地区部分重要文物照片（图中括号内正体字为文物编号；斜体字为文物采集地点）

7.6　罗布泊地区石制品研究

7.6.1　新疆旧石器时代遗址研究概述

新疆地区的旧石器考古工作始自 20 世纪 80 年代，过去一直没有发现真正意义上的旧石器时代遗址，但已有工作无疑为我们提供了有利的线索，也增强了我们在新疆找到旧石器遗址的信心。这里先简要介绍一下这些工作的情况。

1983 年 8 月，由新疆维吾尔自治区博物馆、北京自然博物馆和新疆维吾尔自治区地质矿产勘查开发局测绘大队有关专业人员所组成的联合考察队，在位于帕米尔高原塔什库尔干塔吉克自治县东南 34km 处的吉日尕勒发现一处遗址。在第三级阶地旧河床倾斜的前缘陡壁中，发现了三个上、下分布的烧火堆。烧火堆残迹在剖面上呈透镜状，埋藏于阶地表面以下 5m 多深处。烧火堆上、下界之间相距 50 多厘米，厚度在 4～8cm 之间，发现有少量烧骨，灰烬周围的沉积物中亦有零星的动物骨骼发现（新疆维吾尔自治区地方志编纂委员会，2005）。调查人员在阶地陡壁上人工所挖窑洞的洞前堆土中还发现打制石器一件及若干碎石片。根据用火遗迹所在阶地的特征推断，该遗址属于晚更新世时期，原研究者认为这是一处旧石器时代晚期的文化遗址。通过发表的调查简报来分析，该地点未发现层位可靠的石制品等文化遗存，所能提供的文化信息非常有限，年代也仅是依靠地貌特征进行的推测，作为寻找新疆旧石器遗址的有利线索还是比较合适的。

1987 年 6 月，作为中国科学院新疆分院和美国亚利桑那大学关于干旱区自然资源开发利用合作考察项目的一个组成部分，中国科学院新疆生物土壤沙漠研究所、美国亚利桑那大学和中国科学院古脊椎动物与古人类研究所组成的联合调查小组在塔里木盆地南缘进行了一次旧石器考古专项调查，共发现疑似旧石器地点三处：在和田市南哈烟达克以南约 10km 的玉龙喀什河右岸第三级阶地地表采集到 6 件打制的石锤、石片和石器；在和田市以东洛浦与羊达克勒克之间的第三级洪积扇地表，西北方离洛甫镇约 25km 的干河床岸边采集到打制石核和石片各一件；在民丰县南尼雅河两主流汇合点以北约 15km，纳格热哈纳西北第三级洪积扇的干河床岸边采集到 5 件锤击石片（黄慰文等，1988）。此次调查之前，我国旧石器考古专业工作者对新疆的旧石器几乎是一无所知。这次调查所得的石制品具有旧石器时代石制品的风格，数量虽少，且系地表采集，亦没有地层依据，但仍可视为在新疆寻找旧石器时代遗址的有利线索，其意义是值得肯定的。

1991 年 5 月至 6 月初，新疆文物考古研究所在塔城地区进行了为期一个月的旧石器考古专项调查工作。此次调查，除在地表发现几件有人工打制痕迹的石制品外，未发现有可靠地层依据的旧石器地点（伊第利斯·阿不都热苏勒等，1996）。1993 年 8 月上旬至 9 月中旬，新疆文物考古研究所在阿勒泰地区进行了为期 40 天的考古调查工作，在哈巴河县境内的额尔齐斯河沿岸共发现石器遗存点 6 处。石制品皆采集于地表，共有 800 余件，其中 2 个地点未发现细石核或细石叶。值得注意的是，在齐德哈尔 2 号地点，发现了一件典型的几何形细石器（梯形细石器）（伊第利斯·阿不都热苏勒等，1996）。

1995 年 7 月至 11 月间，为配合联合国教育、科学及文化组织交河故城保护与维修工程，新疆文物考古研究所数次赴吐鲁番交河故城进行考古调查，在交河故城沟西台地上采集到大批打制石器，其中一件手镐和一件石片采自属晚更新世地层剖面的第一层的底部。根据石制品的打制技术和类型学特征，这批石制品被分为以石叶-端刮器为代表的第一类文化遗存和以细石核为代表的第二类遗存（伊第利斯·阿不都热苏勒等，1996）。原研究者认为，该遗址的发现将吐鲁番盆地人类活动的历史追溯至旧石器时代晚期。客观来说，将该遗址确定为明确的旧石器地点还有许多工作要做。首先，从在内地发现的诸多有明确地层的细石器遗址来看，细石核与石叶-端刮器这类遗存共生是一普遍的事实，将两者分开来探讨是没有意义的。再者石叶-端刮器这类遗存延续的时间是很长的，不仅仅存在于旧石器时代晚期，在某些地区的新石器时代遗址中也同样存在，如黑龙江的密山新开流遗址上层文化中就存在着一定数量的此类石制品，但其时代已至距今 5000 年左右（黑龙江省文物考古工作队，1979）。虽然在构成台地主体的地层剖面上亦采得人工石制品两件，但同吉日孒勒遗址一样，其年代也是依靠地貌特征进行的推测，也非来自绝对测年的结论。目前来看，该遗址还仅是作为探寻新疆旧石器遗址的一个有利的线索，而不能当作明确的旧石器时代遗址来看待。

2004 年 5 月至 6 月，由中国科学院古脊椎动物与古人类研究所、新疆文物考古研究所，以及美国亚利桑那大学人类学系和俄罗斯科学院远东研究所等单位组成联合考察队，在北疆准噶尔盆地西缘的奎屯至布尔津沿线、额尔齐斯和乌伦古河沿岸、天山北缘以及南疆的吐鲁番盆地、库尔勒–阿克苏–喀什沿线进行了旧石器专项考古调查。调查队在富蕴、青河、奇台以及和布克赛尔县等地区考察和发现旧石器及细石器地点 40 余处，其中新发现地点 29 处，采集和试掘出标本 500 余件（水涛，2008）。此次考察的最大收获是发现了和布克赛尔县和什托洛盖镇的骆驼石遗址。该遗址位于国道 217 线两侧，面积约 20km²，是一处罕见的大规模旧石器时代石器制造场。石制品分布于地表，原料为单一的黑色页岩，类型有石核、石片和石器以及勒瓦娄哇石片等。石器以大型和中型居多，主要是砍砸器、刮削器、薄刃斧和手镐等，多数为单向加工。其中带有勒瓦娄哇技术风格的石核和长而规范的石叶，具有旧石器时代中晚期的鲜明技术特征，与水洞沟遗址和交河故城沟西地点石制品显示出同样的风貌，与近年在西伯利亚阿尔泰地区发现的若干旧石器时代中晚期遗存也有共性。发现者认为，从类型、技术和器物组合方面来看，和什托洛盖石器制造场的发现为新疆地区存在旧石器时代遗存提供了明确的证据（王鹏辉，2005；水涛，2008）。

早在 20 世纪五六十年代开始，就有部分学者根据现有材料开始对新疆地区史前时期细石器遗存的分类、分期与经济形态归属等问题展开深入的讨论与分析。

1962 年，吴震先生将新疆地区的细石器遗存分为三个类型（邢开鼎，1993；伊第利斯·阿不都热苏勒，1993）。Ⅰ型包括七角井、三道岭、英都尔库什、柴窝堡、巴楚等遗址。该类型中细石器遗存以细长石片为主，兼有较大的打制石器，不见陶片。Ⅱ型以阿斯塔那遗址为代表，包括雅尔湖沟西、罗布淖尔北、辛格尔、且末等遗址。细石器遗存中除细长刀形石片外，有部分通体压削，修制精致的柳叶形、桂叶形箭镞或矛头。除此以外，还有用直接打击法加工的石片石器，并发现有陶器和磨制石器。Ⅲ型以木垒河遗址为代表。石制品中细石器遗存占有很大比重，三角形凹底镞、桂叶形石镞富有特色，代表了很高的压制技术水平。在此处遗存还发现有少量陶器。在此基础上，他将新疆的细石器遗存分为早、晚 2 期（Ⅰ、Ⅱ期）。Ⅰ期即Ⅰ型可能属于中石器时代或新石器时代初期，经济形态以狩猎为主；Ⅱ期含Ⅱ、Ⅲ两型属新石器时代中期或发达期，经济形态以畜牧、狩猎为主，其中Ⅱ型中出现了农业经济。

1985 年，王炳华先生将新疆的细石器遗存分为四类（王炳华，1985）。第一类以阿尔金山、柴窝堡遗址为代表。这类遗址中，以大量打制石片石器为主，细石器遗存发现不多，石器制作工艺比较原始，没有发现磨制石器和陶器。时代可能为距今一万年前，当属中石器时代或新石器时代早期。第二类以七角井、三道岭遗址为代表。在这类遗址中，细石器工具比重大，数量多，细石器制作工艺比较成熟，没有发现磨制石器和陶器。该类的时代要晚于第一类。第三类以木垒河细石器遗址为代表。在这类遗址中，石制品以细石器遗存为主，出现压修精致的凹底石镞，有陶器出现。此类的时代要晚于第二类，已进入新石器时代。第四类以吐鲁番阿斯塔那、罗布淖尔地区的遗址为代表。在这类遗址中细石器遗存十分丰富，与之共存的有打制石器、琢制石器、陶器及装饰品等。细石器遗存中最有代表性的是桂叶形尖状器，通体压修成鱼鳞状，是这类遗址中比较有特色的器物。石镞制作精巧，多带铤，与第三类遗址中凹底石镞形成显著区别。此类的时代已处于新石器时代的末期，绝对年代或在距今 4000 年前。以柴窝堡、七角井为代表的第一、二类细石器遗址反映的是以狩猎、采集为主的经济形态；以木垒河、阿斯塔纳、罗布淖尔为代表的第三、四类细石器遗址反映的是，当时的经济形态虽然仍以狩猎、采集经济为主，但很有可能已经出现了农业生产。至于四道沟、阿勒泰等处的细石器，王炳华认为已与金属器共存，从总体上看，只能算是一种古老技术的残留（王炳华，1985）。

　　1993 年，伊第利斯·阿不都热苏勒先生对新疆细石器遗存做了较为详细的归纳性探讨。他详细介绍了新疆此前发现的 20 多处细石器遗址及周围其他相关遗址，并在此基础上将新疆细石器遗存分为四类（伊第利斯·阿不都热苏勒，1993）。第一类以柴窝堡遗址为代表，包括哈密三道岭、阿尔金山等遗址。这类遗址中不见陶器和磨制石器，细石器遗存中的工具以石片打制为主，打制的石片较厚，第二步加工多是在石片的边缘。不论是从细石器工艺技术还是石器类型上来看，柴窝堡类型的细石器都表现出了较为原始的形态，其年代被研究者定为旧石器时代晚期末向中石器时代过渡阶段，最晚不会到中石器时代以后。第二类以哈密七角井遗址为代表，包括鄯善县迪坎尔遗址和阿克苏地区柯坪遗址等。这类遗址中亦不见陶器和磨制石器，石制品中细石器工具比较发达，小的石镞、石钻、尖状器、雕刻器占相当比重，两面压琢修理，加工精细，表现出一定的进步性。但与此同时，石制品中又有很大比重的石片石器和大型石器，表明其存在着一定的原始性。研究者认为这类遗址的时代应列为晚于第一类遗址的中石器时代到中石器时代晚期较为合适。第三类以喀什地区乌帕尔镇的霍加阔那勒和苏勒塘巴俄两处遗址为代表，包括巴楚遗址和木垒河遗址等。这类遗址中包含有夹砂粗陶片和磨制石器，细石器中包含有两面精致加工的桂叶形及凹底石镞。研究者将这类遗址的年代定为新石器时代早期到新石器时代中期。第四类则是以阿斯塔纳遗址为代表，包括罗布淖尔地区的遗址、辛格尔遗址等。这类遗址中含有丰富的磨制石器和陶器，其中研磨器的出现应与农产品的加工有很大的关系，陶器中则有彩绘装饰的出现。石制品类型丰富，石器制作工艺技术高度发展，其中有的细石核上可剥离出很长的细石叶，可以看出打制石器技术已发展到非常高的水平。另外遗址中发现的锯齿形石器在中国其他地区也很少见，似可视为不同文化交流的结果。研究者将这类遗址的年代归属于新石器时代中期到晚期，其下限绝不会晚到距今 4000 年前。以柴窝堡、七角井遗址为代表的第一、二类细石器遗址所反映的是以狩猎、采集为主的经济形态，有一定的渔猎经济。以乌帕尔、罗布淖尔为代表的第三、四类细石器遗址所反映的则是以狩猎、畜牧经济为主，渔猎共存的经济形态，农业在这一经济形态的基础上也可能产生。最后，他也强调，至于木垒县四道沟遗址、阿勒泰市克尔木齐墓葬所出土的细石器，均为距今 3000～2400 年或距今 2500～2000 年时期的遗物，只能说是一种古老技术的残留，暂不考虑放在分类内。

　　在新疆地区发现的史前时期细石器遗存中不见以细长薄石片修制而成的几何形细石器，细石核有以楔形石核为代表的扁体石核和柱形、以锥形石核为主要内容的圆体石核两大类，细石叶比较细长。工具中以制作精致、工艺娴熟、形式规范的石镞、小型刮削器、尖状器及石锯等为特色。从加工技术及石核形制、石器造型等方面来看，均和我国东北、内蒙古、陕西等地所见的细石器遗存具有相同的特征，应属于细石叶细石器系统（邢开鼎，1993；伊第利斯·阿不都热苏勒，1993）。

7.6.2　石器的基本概念和术语

　　在我国旧石器时代考古学中，石器类型学分析一直占有重要的地位。迄今为止，这种类型学分析方法大体上采用形态特征结合功能推测来对石器及石器工业进行分类，而特定的石器工业或文化传统常常是根据一批代表性石器类型组合，结合剥片及加工技术来予以定义和命名的。旧石器考古学者常根据这些石器工业或文化传统的异同来探讨旧石器文化的亲疏和传承，并以此为依据来复原更新世时期的史前史。然而，具有特定文化风格的典型器物固然是重要的研究对象，在目前旧石器考古学界流行的分析方法中，渐为学者所关注的是某一地区或某个遗址整个石器工业的生产、使用和废弃的过程。这些分析方法的目的和诠释也力求了解生存环境和生产生活行为对于遗址中遗物的空间分布状态的影响。

　　由于新疆罗布泊地区旧石器大致始于末次冰期，当时的社会结构相对简单，主要为小规模人群为基础的生存群活动，其石核剥片、工具制作与修理等生产活动的地域范围及全新世以后的定居群体相比较小，古人类的行为模式受到生态环境的影响比较大。因此，如何从旧石器时代石制品这种所含人类文化信息相对较少的载体来探讨古人类当时使用的石核剥片及工具修理技术，以及如何更深入更客观地探索有关其行为模式的种种问题，是每位旧石器考古学者所面临的艰巨任务。

本节将在传统分类学基础上，测量形态学分析中一些重要参数，并统一分类标准，来界定石制品的客观形态，进而对其类型进行初步判定。然而，石器的制作过程是个离心过程，在制作过程中会因为失误等原因造成器物形态的变化，在这种概念下，石制品类型不再是固定的、静止的实体和人类技术的终极产品，而是受人类思维操控和条件影响的一系列操作环节中的某一环所产生的中间产品。这也就是要求应该用动态思维来分析工具的生命轨迹，研究的重点不再是个别所谓"典型标本"的分类属性和形态特征，而是全部标本所反映的人类技术、行为、思维以及各类型间的内在联系。因此，本节将对新疆罗布泊地区石制品研究的一些概念和术语进行阐述。

1. 石制品分类

根据国际学术界较为流行的石制品及废片的分类体系，结合新疆罗布泊地区发现的旧石器标本及模拟实验所得产品的总体特征，将其大致分为石核、石片、工具、断块、砾石等。

1）石核

根据石核的台面数量和片疤数量将石核划分为 7 类（卫奇，2001）：

Ⅰ1 型石核，单台面，单片疤；

Ⅰ2 型石核，单台面，双片疤；

Ⅰ3 型石核，单台面，多片疤；

Ⅱ1 型石核，双台面，双片疤；

Ⅱ2 型石核，双台面，多片疤；

Ⅲ型石核，多台面，多片疤；

Ⅳ型石核，两极石核。

2）石片

根据其台面和背面所反映出的技术特征来进行划分（卫奇，2001）：

Ⅰ1-1 型石片，自然台面，自然背面；

Ⅰ1-2 型石片，自然台面，部分人工背面和部分自然面；

Ⅰ1-3 型石片，自然台面，人工背面；

Ⅰ2-1 型石片，人工台面，自然背面；

Ⅰ2-2 型石片，人工台面，部分人工背面和部分自然面；

Ⅰ2-3 型石片，人工台面，人工背面；

Ⅱ1-1 型石片，左裂片（腹面观）；

Ⅱ1-2 型石片，右裂片（腹面观）；

Ⅱ2-1 型石片，近端断片；

Ⅱ2-2 型石片，中间断片；

Ⅱ2-3 型石片，远端断片；

Ⅱ3 型石片，无法归类的石片（主要包括可辨别的砸击石片等）；

Ⅱ4 型石片，剥片和工具修理过程中产生的碎屑。

3）工具

工具分为三类：第一类工具为天然砾石未经加工而直接使用者，这里所研究材料中仅见石锤、石砧等；第二类工具为毛坯未经过第二步加工直接使用者；第三类工具为毛坯经过第二步加工而成为工具者。

4）断块

断块是指剥片时沿自然节理断裂的石块或破裂的碎块。多呈不规则状，个体变异较大。在统计分析时很难将它们划归某种特定的石制品类型。虽然其仅仅是石制品加工过程中出现的副产品，但是它们对研究石制品的加工技术以及分析人类行为有着重要的意义。

5）砾石

表面没有人工打击痕迹的砾石，包括岩块、结核等。

2. 石制品观测项目与标准

1）基本项目

标本编号：主要依照发掘时标本的编号，由发掘年份、地点名称、探方号、自然层位、水平层、顺序号共同组成。综合卫奇（2001）的方法，罗列记录项目如下。

原料：经鉴定，石制品岩性主要有硅质白云岩、石英砂岩、石英岩、燧石、硅质灰岩等。

石制品尺寸大小：根据其最大长度或宽度所在的变异范围，将其划分为 5 个级别（卫奇，2001），微型（<20mm），小型（≥20mm，<50mm），中型（≥50mm，<100mm），大型（≥100mm，<200mm），巨型（≥200mm）。

重量：根据标本重量的变异区间可分为 5 个级别，很轻（<1g），较轻（≥1g，<25g），中等（≥25g，<100g），偏重（≥100g，<500g），较重（≥500g）。单位标本最小为 0.1g。

颜色：石制品毛坯表面所呈现出来的色彩。

石制品磨蚀程度：根据石制品表面状态可划分为 5 个级别，Ⅰ级为磨蚀轻微或几乎未经磨蚀；Ⅱ级为略有磨蚀；Ⅲ级为磨蚀中等；Ⅳ级为磨蚀较严重；Ⅴ级为磨蚀非常严重，但尚可辨别人工特征。

石制品风化程度：根据石制品表面保存状态可划分为 5 个级别，Ⅰ级为风化轻微或几乎未风化；Ⅱ级为略有风化痕迹；Ⅲ级为风化程度中等；Ⅳ级为风化较严重；Ⅴ级为风化非常严重，但尚可辨别人工特征。

石制品形态：依据标本的长宽指数（宽度/长度×100）和宽厚指数（厚度/宽度×100）来对石制品整体形态进行界定，通过黄金分割的原理（黄金分割点为 0.618）将其划分为 4 个类型，Ⅰ型为宽厚型（长宽指数≥61.8，宽厚指数≥61.8），Ⅱ型为宽薄型（长宽指数≥61.8，宽厚指数<61.8），Ⅲ型为窄薄型（长宽指数<61.8，宽厚指数<61.8），Ⅳ型为窄厚型（长宽指数<61.8，宽厚指数≥61.8）。

2）石核的定位与观测项目

在对石核进行观测前，首先需要对石核进行定位。

Ⅰ. 普通石核的定位与观测

锤击石核定位：台面朝上，剥片面朝前，面向观察者，观察者的左侧为石核的左侧，而观察者的右侧即为石核的右侧。

砸击石核定位：核体两端较尖的一端向上，核体两侧剥片面较平的一面向下，较凸的一面向上，且朝向观测者。

普通石核的观测项目主要包括以下方面。

初步分类的类型：可根据其具有的明显技术特征初步分为普通石核、两极石核、盘状石核等；

最大长度：石核左侧和右侧之间的最大距离；

最大宽度：石核的剥片面与其相对面之间的最大垂直距离；

最大高度：石核的台面与其相对面的最大垂直距离；

毛坯：石核所选用的坯材，包括砾石、石片、断块等；

台面性质：包括自然、人工和自然–人工台面；

台面数量：包括单台面、双台面、多台面；

台面关系：相邻，相对，相交，不确定；

台面角：古人类剥片选择的角度，台面与剥片面之间的夹角；

台面长：台面前缘至后缘的最大距离；

台面宽：台面左侧至右侧的最大距离；

剥片面数量：用阿拉伯数字表示，如 1，2，3 等；

剥片面关系：相连，相对，不确定；

剥片面大小：剥片面最大长和最大宽相乘后的面积；

剥片方向：单向，对向，向心，垂直，多向等；

可见疤数：以剥片面为单位，记录有效石片疤的个数；

片疤大小：只测量保存完整且成功剥片的石片疤；

剥片程度：剥片疤在核体体积概念上的程度，分轻度、中度、重度三个等级；

剥片范围：剥片面占石核核体的百分比。

Ⅱ．细石叶石核的定位与观测

细石叶石核定位比较特殊，以台面为上，楔状缘或底缘为下，剥片面侧面面向观测者，距观测者最近处为前，最远处为后，观测者左侧为细石核的内侧面，右侧为细石核的外侧面。

细石叶石核的观测项目主要包括如下（图7-6-1）。

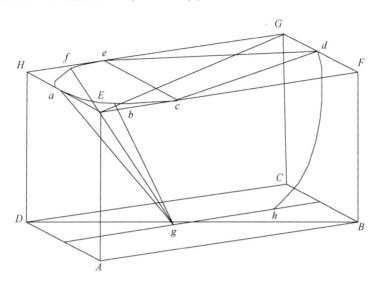

图 7-6-1　楔形细石叶石核几何测量分析图（侯亚梅，2003；朱之勇和高磊，2015）

长度：核体前缘与后缘之间的最大距离（AB）；

宽度：核体两侧面之间的垂直距离（AD）；

高度：台面距核体底缘最低点之间的最大距离（AE）；

台面长：台面前缘与后缘之间的最大距离（ad）；

台面宽：台面两侧缘最远点之间的垂直距离（ec）；

台面角：台面与剥片面之间的夹角；

后缘角：内侧面与外侧面在核体后缘所夹的角；

底缘角：内侧面与外侧面在核体底缘所夹的角；

剥片面最大长度：石核台面前缘与剥片面最低点之间的距离（ag）；

剥片面最大宽度：剥片面左右两侧面之间的距离（bf）；

可见疤数：记录成功剥片后产生的细石叶剥片阴痕数量；

片疤大小：只测量保存完整且成功剥片的细石叶疤。

3）石片的定位与观测项目

将台面朝上作为近端，与其相对一端为远端，破裂面朝向观察者为正面，与其相对一面为背面。观察者的左侧就是石片的左侧，其右侧为石片的右侧。

石片的观测项目主要包括如下（图7-6-2）。

Ⅰ．石片大小

自然长：自然延展的最大长；

腹面长：打击点到石片远端最低点的距离；

自然宽：自然延展的最大宽；

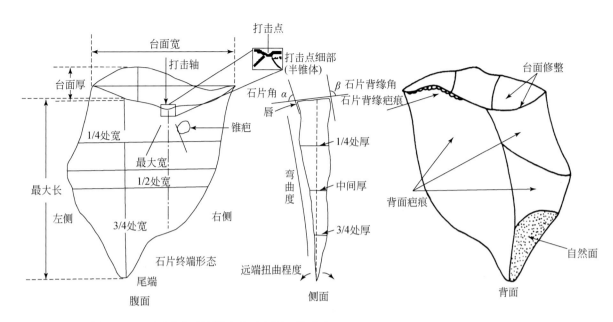

图 7-6-2　石片定位及测量参数示意图（修改自 Stanley，1989；Shen and Wang，2000）

1/4 处宽：自打击点起向石片远端延伸至 1/4 处的宽度；

中间轴向宽：自打击点起向石片远端延伸至 1/2 处的宽度；

3/4 处宽：自打击点起向石片远端延伸至 3/4 处的宽度；

最大厚度：石片背、腹面最高点间的最大距离；

1/4 处厚：自打击点起向石片远端延伸至 1/4 处的厚度；

中间厚：自打击点起向石片远端延伸至 2/1 处的厚度；

3/4 处厚：自打击点起向石片远端延伸至 3/4 处的厚度；

中间点横断面形态：半圆形，椭圆形，三角形，梯形，不规则；

石片形状：椭圆形，半圆形，三角形，四边形，不规则等。

Ⅱ. 石片台面

台面性质：自然台面，素台面，线状台面，有脊台面，点状台面，刃状台面，有疤台面，修理台面；

台面形态：三角形，四边形，多边形，鳞状，椭圆，透镜形，弓形，不规则；

台面宽：台面两端的最远距离；

台面厚：台面与背腹面相交处之间的距离。

Ⅲ. 腹面

打击点：有/无；

唇：突出，略微突出，无；

半锥体：有/无；

锥疤：有/无；

打击泡：微凸，散漫，较平，无；

波纹：有（单向/对向）/无；

放射线：有（单向/对向）/无；

延展：平直，不平直；

远端状态：羽翼状，卷边状，阶梯状，掏底状，不确定（图 7-6-3）。

Ⅳ. 石片背面

背面性质：石皮，部分石皮，片疤；

背面自然面比：0，1%～25%，25%～50%，50%～75%，75%～100%；

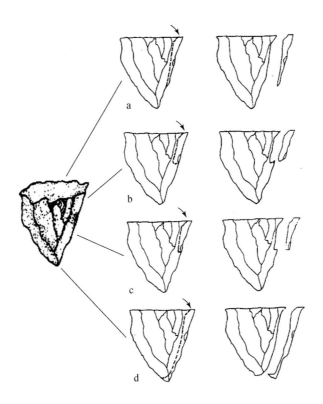

图 7-6-3 石片远端终止形态示意图（修改自 Cotterell and Johan，1987）
a. 羽翼状；b. 卷边状；c. 阶梯状；d. 掏底状

背面疤数量：无，1 个，2 个，3 个及 3 个以上；

背面疤方向：同向，反向，对向，垂直，多向；

背缘微疤分布长度：背缘微疤一般出现在石核台面预制阶段以及剥片前的准备阶段。

Ⅴ. 侧边

两侧边关系：平行，扩展，汇聚，不确定；

侧缘形态：薄锐，厚钝，折断；

痕迹：存在零星疤痕，使用痕迹，自然破损；

石片横截面弯曲度：石片整体横向弯曲的角度。图 7-6-4a 为理想状态下石片横截面弯曲度示意图，弯曲状态正好为等腰三角形，$\angle c$ 即是该石片的弯曲度。在横截面弯曲状态为等腰三角形的条件下，$\angle c = 2 \times \angle b$，$\angle b = 90° - \angle a$；而石片横截面两侧边间的距离（$L$）、两侧边端点所形成直线与石片弯曲程度最高点之间的距离（A）以及弯曲程度最高点处石片的厚度（T）等参数都可以通过游标卡尺测得，由此可以得到 M 值（$M = L/2$）和 H 值（$H = A - T$），从而可以测得 $\angle a = \tan^{-1} H/M$，最后则得到 $\angle c$ 值。毕竟在石片横截面弯曲度测量中较少碰到图 7-6-4a 中的情况，弯曲状态多为不规则三角形，即图 7-6-4b。如图所示，$\angle \alpha$ 即为石片横截面弯曲度，而三角形三边（ef、fg、eg）都可以通过测量获得，随即可计算：

$$\cos \angle \alpha = ef^2 + fg^2 - eg^2 / 2 \times ef \times fg$$

由此可以计算出 $\cos \angle \alpha$ 值，然后可通过 SPSS 或 Excel 中的反余弦函数将弧度值转化为角度值，计算出 $\angle \alpha$ 的值（$\arccos \angle \alpha$）。

石片纵截面弯曲度：石片整体纵向弯曲的角度，计算原理同横截面弯曲度中的图 7-6-4b、c。

4）工具的定位与观测项目

工具的定位主要视毛坯而定。片状毛坯工具定位主要分为以下两种情况：可以观察到工具毛坯台面的情况下，台面向下，毛坯远端向上，背面面向观察者，与其相对的腹面为反面；如果工具毛坯观察不到台面及正反面时，较尖的一端向上，与其相对的一端向下，工具较平的一侧面为反面，较为凸起的一

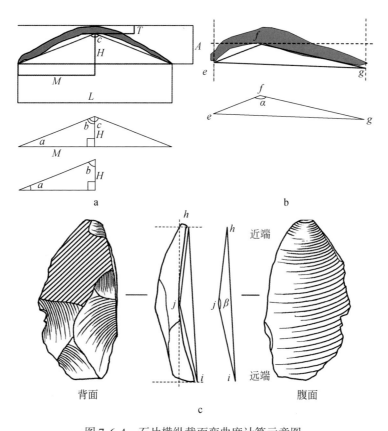

图 7-6-4　石片横纵截面弯曲度计算示意图

a. 修改自 Willam, 2001, 为理想状态下石片横截面弯曲度示意图（等腰三角形）；b. 石片横
截面弯曲度示意图（不规则三角形）；c. 石片纵截面弯曲度示意图

侧为正面, 面向观察者。观察者的左侧就是工具的左侧, 其右侧为工具的右侧。

工具类的观测项目主要包括以下。

毛坯：制作石器前的母型, 包括砾石、石片、石核、断块以及不确定等；

刃缘数量：单刃, 双刃, 复刃；

刃缘形态：平齐, 准平齐, 锯齿状和波纹状；

加工方法：锤击法（软锤和硬锤）, 砸击法；

加工方式：正向, 反向, 复向, 交互, 对向, 错向, 通体；

加工部位：毛坯远端, 毛坯近端, 左侧缘, 右侧缘；

加工部位选择：有利（选择片状或块状毛坯最长、最薄锐、最方便利用的一边）, 随意（对加工部位没有明显的倾向性, 没有做最有利的选择）；

刃口形态：平直, 凸, 凹, 不规则；

修疤形态：鳞片状, 阶梯状（叠鳞状）, 长而平行, 长而准平行, 不规则；

修疤间关系：连续, 断续, 叠压；

修疤层数：修疤的叠压情况；

修疤最大厚度：工具刃缘上修疤终止处的最大厚度；

最大疤长：修疤中的最大疤沿打击轴方向的长度；

刃角：刃缘部分内外侧面的夹角, 同一刃缘如果刃角变化较大, 则给出刃角范围；

加工长度：加工刃缘两个端点之间的距离；

有效边长（刃口边可利用长度）：一条刃缘上适合被加工成刃部分的长度；

加工深度：修疤在打击力传导方向上的延伸长度；

刃口边延展深度：刃口在加工方向上延展至最大厚度处的距离。

5）断块的定位与观测项目

观察断块时，以其长轴方向上较平的一面为底面，相对凸的一面为顶面，同时较宽一端为近端，较窄的一端为远端。观察者的左侧就是断块的左侧，其右侧为断块的右侧。

断块的观测项目相对较少，主要包括以下。

原型：砾石，岩块，不确定；

自然面比：0，1%~25%，25%~50%，50%~75%，75%~100%；

形状：四方体，柱状，多面体，漏斗状，不规则；

断块类型：普通断块，石核断块；

自然长：自然延展的最大长；

自然宽：自然延展的最大宽；

最大厚度：断块顶面、底面间的最大距离。

7.6.3 罗布泊地区石器工业

在罗布泊西岸地区科考中发现在一定面积范围内石器密集分布的点约有 19 处（表 7-6-1），认为很可能是古人的石器加工场所在。其中以 2016 年发现的石器地点最为密集，故本节主要以 2016 年的发现为研究对象。对石器加工技术详细研究的石制品地点是表 7-6-1 中前 8 处。

表 7-6-1 石器加工场和部分石制品分布地点表

序号	地点编号	地理坐标	海拔/m	所属区块	备注	发现人
1	16LBPC.01	40°24′53.3″N，89°49′11.4″E	782	C6-4	分布零星	魏东，王春雪，邵会秋
2	16LBPC.02	40.3958°N，89.8737°E	786	D2-1	推测为石器加工场	
3	16LBPC.03	40.4506°N，89.8619°E	786	C5-3	推测为石器制造场	
4	16LBPC.04	40.4511°N，89.8627°E	786	C5-3	分布零星	
5	16LBPC.05	40.4526°N，90.0111°E	784	D1-2	分布较密集	
6	16LBPC.06	40.4406°N，89.8652°E	781	C5-3	分布较密集	
7	16LBPC.07	40.3636°N，89.7994°E	785	D3-1	推测为石器加工场	
8	16LBPC.08	40.4509°N，89.9014°E	784	C5-4	分布较密集	
9	15ML.01	40°25′38.75″N，89°57′45.11″E			石镞区，大量石镞分布	穆桂金，李文
10	16Ml.01	40°27′10.52″N，89°54′50.60″E			50m 范围内分布 3 小片石器点，以细石叶和废石料为主，少量石核，石料以深绿色、猪肝色、鲜黄色硅质泥岩为主，另有少量白色、黑色石英岩以及深灰色砂岩。3 枚白色石质坠饰	
11	16ML.02	40°27′31.98″N，89°54′3.42″E			石镞细石叶工场，面积 60m×80m，有石镞、打砸器、石核、细石叶等及碎石料无数	
12	16Ml.03	40°29′1.56″N，89°51′23.10″E			面积 100m×80m，有石核、细石叶、石镞、石料、石球等；陶片、沙陶圆底锅等	

序号	地点编号	地理坐标	海拔/m	所属区块	备注	发现人
13	16LQ.01	40°19′30.00″N, 89°48′30.02″E			石核细石器密集点。在大河道南侧，发现一片石核细石叶分布点，较多，但地层关系不明	秦小光, 李康康, 张磊
14	16LQ.02	40°24′15.92″N, 89°53′15.92″E			16 细石叶工厂，发现一处细石叶密集点，约 10m×10m 范围，一包细石叶，旁边有一处疑似房基，在雅丹上平整而成，直径约 4m，围一圈土墙，细石叶在其前分布	
15	16LQ.03	40°26′31.86″N, 89°51′23.55″E			石镞细石叶点，石料，石镞，细石叶，石磨盘，面积5m×5m	
16	16LQ.04	40°27′17.76″N, 89°53′9.80″E			石镞加工点；北测线西段下车处，发现石镞，至少6个，有大有小，大的 6~9cm 长，小的长 2cm 左右，还有石料，有的在雅丹台上，是一个石器加工点	
17	16LQ.05	40°25′18.95″N, 89°49′53.53″E			小遗存区，可能是小村落，发现玉斧石核等	
18	16Xu.01	40°21′21.63″N, 89°51′11.93″E			石器加工场	许冰
19	14 遗存点 3	40°24′53.55″N, 89°56′31.84″E			散落较多的细石叶、细石叶废料、石核和陶片、铜镜残片、残铜镞、五铢钱等	吴勇, 秦小光

1. 剥片技术

从石核和石片观察，至少有两种剥片技术在该地区被使用过。一种是锤击法（包括软锤法和硬锤法）直接剥片，以锤击石核及锤击石片为代表；另一种为间接法剥片，以细石叶石核、石叶石核、细石叶及石叶为代表。另外，考虑到燧石等石制品原料硬度大、致密均一、脆性较强等物理特性，无法真正地将锤击、砸击石片完全区分开来，因而认为不能排除砸击技术在该地区应用的可能性。

从楔形石核台面来看，罗布泊地区存在虎头梁技法和河套技法（日本称"涌别技法"）。标本 LBPC01.11，台面修整时采取从一侧向另一侧横修，产生一倾斜平面，该件标本为刚进入石核的剥片过程。标本 LBPC01.09 在剥取细石叶时，倾斜台面经过调整，向后纵击从而形成一有效台面。标本 LBPC02.04，核体加工成 D 形，然后纵击产生一纵贯核身台面，并在剥片时，台面进行调整，形成一有效台面。

目前，有学者将楔形细石叶石核从使用程序和程度上划分为 4 个发展阶段，即预制（prepared stage）、剥片（flaking stage）、中止（suspended stage）和终极（exhausted stage）阶段。

罗布泊发现的石核能够体现出工艺流程中的预制、剥片、中止三个阶段（图 7-6-5、图 7-6-6）。

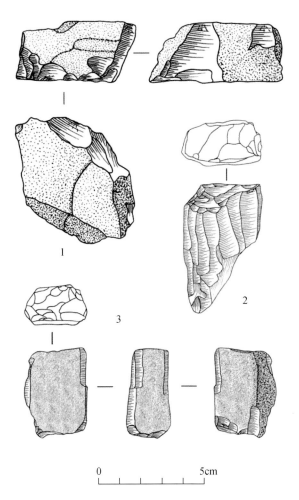

0   5cm

图 7-6-5 罗布泊石器地点发现的部分石核

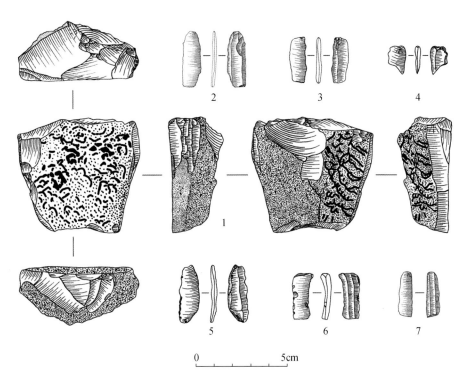

0   5cm

图 7-6-6 罗布泊石器地点发现的部分石核和细石叶

首先，将石块或石片的外形加工成楔形，对其台面底缘、侧缘进行修整，修理出可控制剥片的"龙骨"部分，此为工艺流程的第Ⅰ阶段——预制阶段。

从采集的预制石核来看，又可细分为两个步骤：

步骤Ⅰ，可能是从锤击石核上打下的较厚石片再经过粗加工，主要修理毛坯的台面、底缘和后缘。一般底缘和后缘采用交互法或对向加工方式，修理出边缘呈锐角的楔形，以及石核的龙骨部分，以便能够在剥片时发挥控制作用；而台面有的略修平整，有的不修。该阶段并未作整体的修理，即毛坯的体部尚未修理。

步骤Ⅱ，台面和核体再进行细致修整，这时的修痕都较浅平，是用软锤和压制修理的结果。

第Ⅱ阶段，即为剥片阶段。石核剥片进行比较充分，从工作面上的细石叶阴痕来看，剥片成功率较高，多数核体上的石片疤为 2~5 个，且台面角范围在 62°~97°，仍可继续剥片。以上都说明了石核精细加工技术被广泛采用，石核利用率较高。

工艺流程的第Ⅲ阶段为中止阶段，剥片时，是要沿着前一次剥片脊来剥离细石叶或石叶的。有时剥片失误是不可避免的，或是用力太小，或是用力方向不准确，或是碰到石核的节理从而造成剥片只剥下来一部分，而另一部分仍留在核体上，这样就会使下一次剥片无法再沿着该条脊进行，因为如果继续进行的话，将会使剥片受力不均或受到的阻力更大，最后导致再次的失败。出于该阶段的石核要么被废弃、中止使用，要么就需要调整出新的台面或更新工作面继续剥片。

2. 加工技术

工具类石制品主要由锤击法加工而成，压制法也占有一定比例，其中雕刻器类存在有意截断的加工方法，颇具特色。加工方向以单向为主，其中正向加工数量最多，反向加工次之，复向等加工方式较少。大多数标本修疤排列规整、连续。

根据刮削器修理方法、修理方式的初步统计情况，显示出刮削器主要采用锤击法修整，压制法次之，修理方式以单向加工为主，且修理部位大多数发生在毛坯的侧边而非端部，这说明加工不很彻底，对原料充分利用的压力不大。

3. 工具类型分析

1）工具的大小和形态

依据标本的最大长度，大致将工具类划分为微型（<20mm）、小型（≥20mm，<50mm）、中型（≥50mm，<100mm）共 3 个等级。在工具中，以小型标本为主，微型和中型次之，未见大型和巨型标本。罗布泊石器地点发现的部分工具见图 7-6-7。

工具外表体型的划分依据标本的长宽指数和宽厚指数，应用黄金分割率（0.618）划分为 4 种类型：宽厚型、宽薄型、窄薄型、窄厚型。工具均以宽薄型为主，窄薄型次之。

2）刃角

工具刃部形态以单刃为主，其中以单直刃为主，单凸刃、尖刃、双刃次之。刃角以 20°~40° 为主。这说明古人类已经认识到这些石片可以直接使用，有意选择边缘锋利的剥片来使用。大多数标本手感刃口仍较锋利，可继续使用。当然，采集点内发现的工具大都是使用过的，其测量的刃角应该是使用后的，不排除有一定程度的磨损。

3）加工长度指数

为了更加形象地体现工具毛坯边缘横向上的利用程度，这里借用高星（2001）的"加工长度指数"（retouch length index）概念。

在罗布泊地区的刮削器中，少数标本的边缘利用率低，加工长度指数小于 0.6，但大多数刮削器的加工长度指数在 0.7 以上，全部刮削器加工长度指数的平均值为 0.88，而全部工具加工长度指数的平均值为 0.89，表明古人类在总体上对于工具毛坯有效边缘的大部分都做了加工。作者也对加工长度指数较小的工具进行了观察分析，发现之所以加工长度指数较小，是因为工具的有效刃缘足够锋利，不需加工，只对有效刃缘较厚处稍微进行修整，使得整个刃缘看起来显得笔直，呈一条直线。

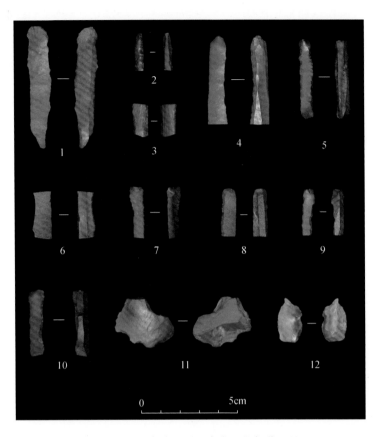

图 7-6-7　罗布泊石器地点发现的部分工具

4）加工深度指数

对毛坯在纵向上修整的程度，本书使用了 Kuhn（1995）首创的"加工深度指数"（index of sharpening）概念来反映。工具的加工长度指数较高，而加工深度指数则相对较低，且工具大部分为单刃标本，这说明该地区古人类对工具毛坯倾向于横向利用，而纵向利用方面则较差，分析显示工具多未进行重复利用，这说明该地区原材料的获取应该较容易。

5）单个标本刃口的数量

单个标本被加工出刃口的数量是表明原料供给的条件和衡量原料是否被充分利用的一个重要标准。罗布泊地区发现的单刃刮削器和双刃–复刃刮削器的比例为 2:1，较高的比值说明该地区的古人类倾向于制作新的工具，而非对原有废弃的工具进行再加工使用，也说明了该地区的原料资源较为丰富。此外，还存在一件刮削器一边进行修整而另一边直接使用的现象，为了更为科学地对工具进行分类，这种标本也被认为是双刃刮削器，这也反映出古人类认识到石片锋利的边缘可直接使用，甚至与修理的刃口相比也毫不逊色，完全可以免去加工程序，这也使得采集点内使用石片与工具的数量大体相当。

4. 石器工业总体特征

通过对石制品材料进行较为详细的技术类型分析，两处地点的石器工业属于细石叶工业。在所有石制品中，绝大多数为打片和加工石器过程中产生的石片、断块、碎屑等；剥片技术除了锤击法、砸击法外，还使用了间接剥片技术。石核除锤击石核外，还出现了楔形细石叶石核，并且出现了石叶与细石叶共存的现象，工具以各类刮削器为主，尖状器及石钻等数量较少。工具加工以锤击法为主，其中软锤修理占有较大比例，出现了压制修理，修理方式以正向的单向加工为主。工具以小型为主，微型、中型也占一定比例，未见大型。个体间变异较小。整个器型加工规整，大部分工具小而精致。石制品重量以大于 20g 的为主，5~10g 的次之。总体来说，这两个地点的石制品个体小，形态变异较小，加工精致，原料的使用呈现利用率高的现象。少量个体较大、加工精制的标本证明古人类具有生产大块毛坯（诸如石叶、大石片等）和对工具进行精致加工的能力。

5. 楼兰南部石器加工场和部分重要石器分布

科考发现的石器加工场和部分重要石器点分布如图7-6-8所示。可以注意到在楼兰地区，石器的分布很广泛，如果说2017年在楼兰北部发现的石器点更多与小河时期有关，那么在楼兰中部南1~3河流域发现的石器加工场以加工细石叶和石镞最多，其中细石器灰堆剖面和多处红烧土层与全新世早期人类活动有关、权杖头和玉斧与小河时期有关。从分布上看，虽然中南部地区大雅丹不多，但石器分布仍然很广，多数石器可能是就地遗留的，与原遗弃地相距不会太远，这意味着这些地方也有不同时期的人类活动，只是因为后期洪水频繁，已找不到原来的居址。从石器加工场的面积分布图分析，南1河、南2河两岸可能是全新世早期细石叶使用人群的主要集中区。而玉斧在楼兰地区分布范围也非常广，可能反映了这个地方也是小河人群重要的活动区域。绝大多数石器虽然都分布在地表，但它们应该多是埋藏石器，只是风蚀作用将它们再次暴露地表。

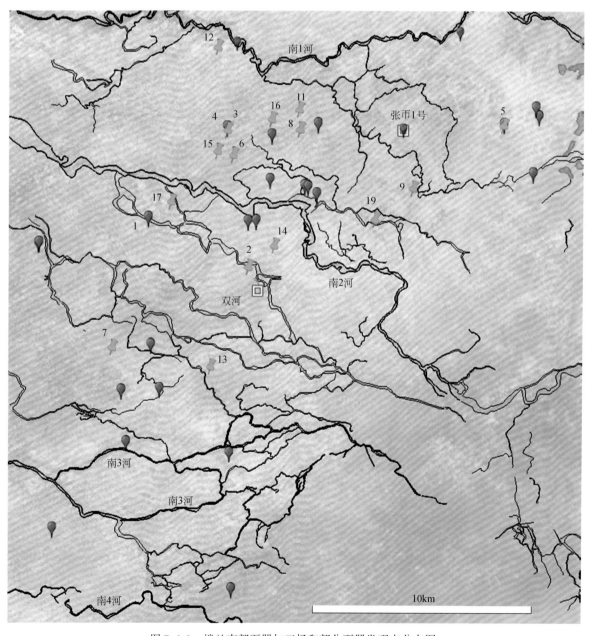

图7-6-8 楼兰南部石器加工场和部分石器发现点分布图

黑线为主要河流；绿图钉和数字为石器加工场及其序号；蓝点为2016年发现的石器点；粉红点为2015年发现的石器点

7.6.4 罗布泊地区石器研究的主要结论

1. 石器工业特征

（1）原料以燧石（硅质泥岩）占绝对优势，表明了当时人类剥片和修理工具时对燧石质料的偏爱，原料的质地优劣对工具修理影响很大，硅质泥岩构成的燧石常常加工出精致的工具，使用燧石加工的石器，无论是软锤或者硬锤，其修疤均较浅薄，而将燧石压制修理出的工具往往更为精致。因而，造就了该遗址石制品细小精致的特点。

（2）石制品以小型为主，中型次之，微型最少，不见大型和巨型标本。

（3）剥片技术上，一种是锤击法（包括软锤法和硬锤法）直接剥片，以锤击石核和锤击石片为代表，另一种为间接法剥片，以细石叶石核及细石叶为代表。

（4）石片中完整石片占主要地位，均为人工台面，其中以素台面和线台面为主，有脊台面较少，且石片背面多数保留有一定石皮，工具中少数细石叶毛坯保留鸡冠状脊，应为初级剥片的产品，剥制技术较为成熟，推测该地点有可能是临时活动的场所。

（5）细石叶从完整程度看，以中段为主，近段次之，且中段修理和使用痕迹较为明显，这说明当时已经掌握了截断细石叶的技术，有目的选择较直的中段，可能将之作为复合工具的刃部或者直接来使用。

（6）锤击石核台面均为自然台面，细石叶石核生产工艺也简化，因材打制，尽可能利用天然形状，不做过多修理，反映了剥取技术较为成熟。

2. 年代分析

根据伊第利斯·阿不都热苏勒对新疆细石器遗存做的分类，他归纳新疆地区此前发现的20多处细石器遗址，将之分为四类（伊第利斯·阿不都热苏勒，1993）。前两类不见陶器和磨制石器，第一类以柴窝堡遗址为代表，遗存以打制石片为主，且石片较厚，多在石片的边缘进一步加工。石器工业表现出了较原始的形态，其年代被定为旧石器时代晚期末向中石器时代的过渡。第二类以哈密七角井遗址为代表，细石器出现比较精致加工的工具，如石镞、石钻、尖状器、雕刻器等，同时，石制品仍保留了比重较大的石片石器和大型石器，这类遗址的时代应为中石器时代到中石器时代晚期。第三类以喀什地区乌帕尔镇的苏勒塘巴俄和霍加阔那勒两处遗址为代表，这类遗址中包含有夹砂陶片和磨制石器，细石器中含有凹底及桂叶形两面精致加工的石镞。这类遗址的年代为新石器时代早期到新石器时代中期。第四类则是以阿斯塔纳遗址为代表，这类遗址陶器中有彩绘装饰的出现，石制品工艺技术高度发展，打制石器技术已达到了很高的水平。年代归于新石器时代中期到晚期。

此次罗布泊地区采集到的细石器石制品根据灰堆剖面测年数据为距今一万年前后的全新世初期，未见陶器及磨制石器，也未采集到两面精致加工的凹底及桂叶形石镞，因此年代为新石器时代早期。

而石镞石矛玉斧等石器大多采集于地表，无法确定年代。可以获得准确年代信息的石镞石矛玉珠玉斧均来自楼兰北地区的小河时期居址，时代在4.2～3.6cal ka BP。

石磨盘、砺石、石杵、石球类的石器多与汉晋（楼兰）时期有关，但小河时期遗址中也有发现，因此不能算是代表性石器。

3. 环境与石器技术及古人类行为的耦合关系

从环境背景上看，青藏高原上升对新疆地区的第四纪环境演变影响重要，新近纪及第四纪早更新世，喜马拉雅造山运动，青藏高原隆起，形成高大山脉阻挡了东南季风到达新疆，气候更加趋于干旱化（张林源，1981）。

在塔里木盆地，源于高山冰川的河流在山前形成洪积扇，河流汇成塔里木河水系，最终汇聚形成罗布泊尾闾湖泊。因此罗布泊地区石器资源相对匮乏，优质原料稀缺，原料主要取自北侧的山地，因此不得不对其进行精细加工。而且为了最大限度获取食物资源，古人类不得不采用长距离觅食的行为，反映在石器上，便是使用便于随身携带、适合游动性狩猎的细石叶等细小石器。同时，罗布泊地区因为资源季节性变化明显，资源可能在某一季节极度稀缺，为了应对资源稀缺时的生存压力，人类需要采用高度季节化的生存策略，对食物进行储存，在工具制作上投入更多的精力，这都要求复杂的社会组织结构。而罗布泊地区采集的石器中，大量截断细石叶，并加工和使用更加平直可以镶嵌在木或者骨柄上的细石叶中段来作为复合工具，通过软锤压制修理方法，以便对细石叶进行更精细的控制，使工具更加标准化，易于替换，维护更加方便的同时，也降低了成本，这都是高度流动性的生存策略和灵活社会组织结构的体现。

4. 文化源流

罗布泊地区采集到的细石器与新疆其他地区发现的细石器相似，世界范围内细石器大致分为几何形细石器与细石叶细石器两类。新疆地区发现的细石叶石核以楔形和船底形细石叶石核为代表的扁体石核为主，工具制作精细，与我国华北、东北地区细石器属同一文化系统。

关于新疆地区细石器技术渊源的问题，早期的石器工业发现较少，且无自身特点，年代也较华北地区同类器物晚得多，这次发现的距今一万年前细石叶灰堆遗址提供了探讨其源流的可能。

在北疆地区曾采集到勒瓦娄哇技术的石片，与阿尔泰地区石片工业技术十分相似，而在器物组合上与宁夏水洞沟体现出不同的风格。事实上，即便是因为勒瓦娄哇石叶生产技术而独立于其他中国地区旧石器工业的宁夏水洞沟工业，其加工出的最终工具仍然是从华北旧石器早期开始就一直存在的类型。

因此这次科考获得了具有明确年代的细石叶遗址信息，对于分析史前阶段在新疆及其附近区域可能较以前认知更为复杂的中西文化双向交流具有重要的科学意义，有待进一步深入、系统地研究。

7.7 楼兰古城内采集的炉渣标本初步分析

对 2014 年 10~11 月间在楼兰古城内外采集的部分矿渣进行初步分析。一共涉及十四块冶炼渣样品，其中七块在楼兰古城城内收集，另外七块收集地点在距楼兰古城外不远的断面内。从外观看两处所采集的样品没有明显的区别，据此判断，城外所采集的样品由于相对分散，可能是自然力搬运（水流、大风等）的结果，因而在进行样本整理时暂时将两批整体进行对比分析，部分矿渣样品初步观察分析结果如下（表 7-7-1），样品 EDS 基础能谱分析结果详见表 7-7-2。

表 7-7-1 样品总体初步观察

样品号	样品宏观形貌观察	样品基体背散射微观观察
LLN1		
样品观察描述	宏观观察炉渣通体呈灰黑色，具有较多气孔，未发现粘有耐火材料；取样时观察到样品整体质地均一，未发现夹杂有沙土等杂质；轮廓上无法判断是否具有一定的流动性	通过电子背散射图像观察发现基体整体成分构成均匀，整个样品除少量的裂隙、气泡外，存在极少量的夹杂物质，未发现金属颗粒分布

续表

样品号	样品宏观形貌观察	样品基体背散射微观观察
LLN2		
样品观察描述	宏观观察炉渣通体呈灰黑色，具有气孔，未发现粘有耐火材料；取样时观察到样品整体质地均一，未发现夹杂有沙土等杂质；轮廓上无法判断是否具有一定的流动性	通过电子背散射图像观察发现基体整体成分构成较不均匀，物相分布有含较多浮氏体的部分和几乎不含有浮氏体的部分，未发现有金属颗粒或其他典型夹杂物
LLN3		
样品观察描述	宏观观察炉渣通体呈灰黑色，具有较多气孔，未发现粘有耐火材料；取样时观察到样品整体质地均一，未发现夹杂有沙土等杂质；轮廓上无法判断是否具有一定的流动性	通过电子背散射图像观察发现基体整体成分构成较均匀，物相分布含较多浮氏体且分布较均匀，未发现有金属颗粒或其他典型夹杂物
LLN4		
样品观察描述	宏观观察炉渣通体呈灰黑色，具有少量较小气孔，未发现粘有耐火材料；取样时观察到样品整体质地均一，未发现夹杂有沙土等杂质；轮廓上无法判断是否具有一定的流动性	通过电子背散射图像观察发现基体整体成分构成均匀，整个样品除少量的裂隙、气泡外，存在少量的夹杂物质，未发现金属颗粒分布
LLN5		

样品号	样品宏观形貌观察	样品基体背散射微观观察
样品观察描述	宏观观察炉渣通体呈灰黑色，具有气孔，未发现粘有耐火材料；取样时观察到样品整体质地均一，未发现夹杂有沙土等杂质；轮廓上无法判断是否具有一定的流动性	通过电子背散射图像观察发现基体整体成分构成较不均匀，浮氏体相形态和分布皆有较大波动，未发现有金属颗粒或其他典型夹杂物
LLN6		
样品观察描述	宏观观察炉渣通体呈灰黑色，具有少量较小气孔，未发现粘有耐火材料；取样时观察到样品整体质地均一，未发现夹杂有沙土等杂质；轮廓上无法判断是否具有一定的流动性	通过电子背散射图像观察发现基体整体成分构成较不均匀，浮氏体相形态和分布皆有较大波动，未发现有金属颗粒或其他典型夹杂物
LLN7		
样品观察描述	宏观观察炉渣通体呈灰黑色，表面存在褐色粘连杂质，具有少量较小气孔；取样时观察到样品整体质地均一，未发现夹杂有沙土等杂质；轮廓上无法判断是否具有一定的流动性	通过电子背散射图像观察发现基体整体成分构成较均匀，物相分布含较多浮氏体且分布较均匀，未发现有金属颗粒或其他典型夹杂物
LLW1		
样品观察描述	宏观观察炉渣通体呈灰黑色，具有较多小气孔，未发现粘有耐火材料；取样时观察到样品整体质地均一，未发现夹杂有沙土等杂质；轮廓上无法判断是否具有一定的流动性	通过电子背散射图像观察发现基体整体成分构成较均匀，物相分布含较多浮氏体且分布较均匀，未发现有金属颗粒或其他典型夹杂物

样品号	样品宏观形貌观察	样品基体背散射微观观察
LLW2		
样品观察描述	宏观观察炉渣通体呈灰黑色，具有少量大气孔，未发现粘有耐火材料；取样时观察到样品整体质地均一，未发现夹杂有沙土等杂质；轮廓上无法判断是否具有一定的流动性	通过电子背散射图像观察发现基体整体成分构成较均匀，物相分布含较多浮氏体且分布较均匀，未发现有金属颗粒或其他典型夹杂物
LLW3		
样品观察描述	宏观观察炉渣通体呈灰黑色，具有少量小气孔，未发现粘有耐火材料；取样时观察到样品整体质地均一，未发现夹杂有沙土等杂质；轮廓上判断具有一定的流动性	通过电子背散射图像观察发现基体整体成分构成较均匀，物相分布含大量浮氏体且分布较均匀，未发现有金属颗粒或其他典型夹杂物
LLW4		
样品观察描述	宏观观察炉渣通体呈灰黑色，具有大量小气孔，未发现粘有耐火材料；取样时观察到样品整体质地均一，未发现夹杂有沙土等杂质；轮廓上无法判断是否具有一定的流动性	通过电子背散射图像观察发现基体整体成分构成较均匀，物相分布含大量浮氏体且分布较均匀，未发现有金属颗粒或其他典型夹杂物

样品号	样品宏观形貌观察	样品基体背散射微观观察
LLW5		
样品观察描述	宏观观察炉渣通体呈灰黑色，具有少量较小气孔，未发现粘有耐火材料；取样时观察到样品整体质地均一，未发现夹杂有沙土等杂质；轮廓上无法判断是否具有一定的流动性	通过电子背散射图像观察发现基体整体成分构成均匀，整个样品除少量的裂隙、气泡外，存在极少的夹杂物质，未发现金属颗粒分布
LLW6		
样品观察描述	宏观观察炉渣通体呈灰黑色，具有较多小气孔，未发现粘有耐火材料；取样时观察到样品整体质地均一，未发现夹杂有沙土等杂质；轮廓上无法判断是否具有一定的流动性	通过电子背散射图像观察发现基体整体成分构成较均匀，物相分布含较多浮氏体且分布较均匀，未发现有金属颗粒或其他典型夹杂物
LLW7		
样品观察描述	宏观观察炉渣通体呈灰黑色，具有极少量细微气孔，未发现粘有耐火材料；取样时观察到样品整体质地均一，未发现夹杂有沙土等杂质；轮廓体现较明显的流动性	通过电子背散射图像观察发现基体整体成分构成均匀，整个样品除少量的裂隙、气泡外，存在极少的夹杂物质，未发现金属颗粒分布

表 7-7-2　楼兰古城炉渣样品 EDS 基础能谱分析结果

(单位:%)

数据码	Na₂O	MgO	Al₂O₃	SiO₂	P₂O₅	S	Cl	K₂O	CaO	TiO₂	FeO	ZrO₂	Sb₂O₃	总计	MgO+CaO	SiO₂+Al₂O₃	(MgO+CaO)/(SiO₂+Al₂O₃)
LLN01EDS02AM	2.78	4.40	13.34	52.77	0.00	0.28	0.00	2.92	17.34	0.86	4.03	0.00	1.28	100.00	21.74	66.11	0.33
LLN02EDS01AM	4.45	0.00	9.75	41.52	0.00	0.00	0.00	2.48	10.27	0.44	31.09	0.00	0.00	100.00	10.27	51.27	0.20
LLN02EDS01AM	2.91	3.27	7.69	32.14	0.00	0.26	0.00	1.55	6.52	0.75	44.50	0.41	0.00	100.00	9.79	39.83	0.25
LLN03EDS01AM	2.49	2.05	7.52	27.45	0.00	1.16	0.00	1.53	8.82	0.66	48.32	0.00	0.00	100.00	10.87	34.97	0.31
LLN04EDS02AM	3.47	4.28	14.32	57.34	0.00	0.00	0.21	2.43	14.20	0.75	3.00	0.00	0.00	100.00	18.48	71.66	0.26
LLN04EDS02BM	3.31	4.27	13.68	58.21	0.00	0.00	0.26	2.33	13.30	1.06	3.58	0.00	0.00	100.00	17.57	71.89	0.24
LLN05EDS01AM	3.08	1.99	8.98	30.29	0.43	0.54	0.00	1.82	8.80	0.65	43.42	0.00	0.00	100.00	10.79	39.27	0.27
LLN05EDS02AM	1.87	2.01	7.30	24.93	0.40	0.49	0.00	1.03	4.80	0.58	56.59	0.00	0.00	100.00	6.81	32.23	0.21
LLN06EDS01AM	1.70	2.72	7.14	33.58	0.50	0.50	0.00	1.31	9.51	0.56	42.48	0.00	0.00	100.00	12.23	40.72	0.30
LN07EDS01AM	2.54	2.29	7.20	27.70	0.62	1.02	0.00	1.43	9.00	0.39	47.81	0.00	0.00	100.00	11.29	34.90	0.32
LW01EDS01AM	3.59	2.51	7.48	23.63	0.48	0.64	0.00	1.32	7.12	0.68	52.55	0.00	0.00	100.00	9.63	31.11	0.31
LW02EDS01AM	2.33	2.82	6.80	24.40	0.41	0.99	0.00	1.44	9.11	0.49	51.21	0.00	0.00	100.00	11.93	31.20	0.38
LLW04EDS01AM	1.19	2.12	3.95	12.92	0.00	0.22	0.32	0.53	2.32	0.55	75.88	0.00	0.00	100.00	4.44	16.87	0.26
LLW05EDS01AM	2.99	4.00	14.44	51.87	0.00	0.15	0.11	3.84	13.78	0.98	7.84	0.00	0.00	100.00	17.78	66.31	0.27
LLW06EDS01AM	2.01	2.43	6.58	24.41	0.48	0.93	0.35	1.24	7.69	0.60	53.28	0.00	0.00	100.00	10.12	30.99	0.33
LLW07EDS01AM	2.25	4.45	10.40	36.36	0.56	0.40	0.00	2.36	20.33	0.67	22.22	0.00	0.00	100.00	24.78	46.76	0.53
LLN01EDS01CS	2.55	3.60	13.07	57.59	0.00	0.00	0.00	3.45	15.08	0.65	4.01	0.00	0.00	100.00	18.68	70.66	0.26
LLN01EDS03BS	2.34	3.91	13.91	55.91	0.00	0.16	0.00	3.15	15.58	0.89	4.15	0.00	0.00	100.00	19.50	69.82	0.28
LLN01EDS04ES	2.67	4.75	10.80	53.79	0.00	0.00	0.00	2.77	19.79	0.72	3.29	0.00	1.42	100.00	24.55	64.59	0.38
LLN03EDS02AS	3.26	2.55	8.45	33.53	0.59	0.75	0.17	1.73	13.52	0.00	35.45	0.00	0.00	100.00	16.07	41.98	0.38
LLN04EDS01AS	3.17	4.59	11.34	59.36	0.45	0.19	0.00	4.64	11.64	0.57	4.06	0.00	0.00	100.00	16.24	70.70	0.23
LLN04EDS01DS	3.26	4.69	11.04	57.40	0.56	0.26	0.18	4.64	13.26	0.80	3.91	0.00	0.00	100.00	17.95	68.44	0.26
LLN07EDS02AS	3.49	1.56	9.42	33.71	0.63	0.92	0.68	2.14	8.40	0.65	38.40	0.00	0.00	100.00	9.96	43.13	0.23
LW02EDS02AS	2.27	2.56	8.99	33.18	0.65	0.95	0.00	2.46	14.21	0.00	34.73	0.00	0.00	100.00	16.76	42.17	0.40
LW02EDS02BS	2.82	2.05	9.20	35.69	0.62	0.83	0.18	2.41	11.41	0.37	34.33	0.00	0.00	100.00	13.46	44.89	0.30
LLW05EDS04CS	3.13	3.60	13.92	50.32	0.29	0.13	0.14	4.21	13.16	0.75	10.35	0.00	0.00	100.00	16.76	64.24	0.26

注:右三列为炉渣的四元碱度。

　　宏观观察这批炉渣通体呈灰黑色，具有少量小气孔，大部分未发现粘有耐火材料；取样时观察到样品整体质地均一，未发现夹杂有沙土等杂质；部分样品在轮廓上判断具有一定的流动性。由电子背散射图像观察发现基体整体成分构成较均匀，物相分布含较多浮氏体且分布较均匀，未发现有金属颗粒或其他典型夹杂物（图7-7-1）。

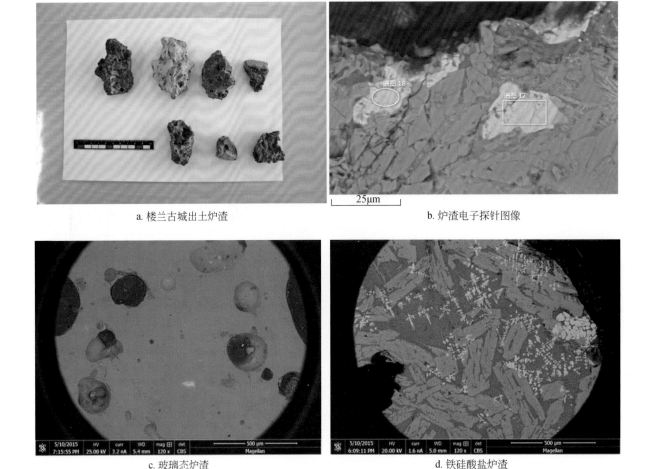

a. 楼兰古城出土炉渣　　　　　　　　　　　　　b. 炉渣电子探针图像

c. 玻璃态炉渣　　　　　　　　　　　　　　　　d. 铁硅酸盐炉渣

图 7-7-1　楼兰古城炉渣及电子探针图

　　从外观看楼兰内外采集的样品无明显区别，据此判断，城外所采集样品可能是自然力搬运（水流、风等）的结果。

　　矿渣样品后经扫描电子显微镜能谱分析，可分为两大类，即玻璃态炉渣及铁硅酸盐炉渣。玻璃态炉渣化学成分以 SiO_2、Al_2O_3 及 CaO 为主，FeO 含量约2%，炉渣基体中不含结晶相。铁硅酸盐炉渣则含有大量 FeO，炉渣基体中可观察到大量浮氏体（FeO）及铁橄榄石（Fe_2SiO_4）晶体（图7-7-1）。此两类炉渣均可在铁矿石冶炼及炒钢过程中产生。由于楼兰发现炉渣普遍体量较小，且此地点远离铁矿石产区，因此推测这些炉渣可能为炒钢过程中产生。部分铁硅酸盐炉渣中发现铁硫化物颗粒，因此推测炒钢过程中可能使用了煤炭作为燃料。但此推论仍需其他证据予以证明。

7.8　楼兰古城内金戒指的成分分析

　　在三间房西侧约150m处的围栏遗迹的堆积中，科考人员还意外发现一枚戒指，经扫描电镜能谱分析，其成分以金（Au）为主（约70%），同时含有少量银（Ag）、铁（Fe）、钙（Ca）、硅（Si）等元素，从成色上看戒指含金量不算高，与汉晋时期的提炼水平相当。戒指形制具有典型的蒙古草原风格，初步分析认为是草原民族物质文化交流的产物（图7-8-1）。

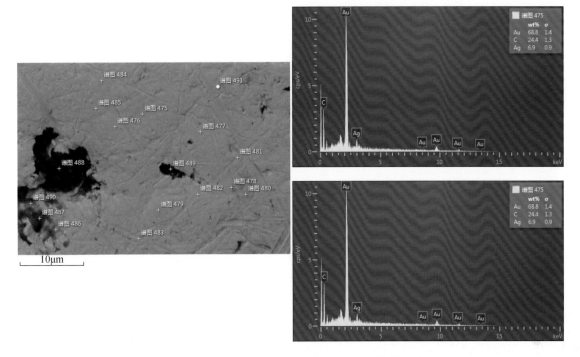

图 7-8-1　楼兰古城内发现的戒指成分扫描电镜能谱分析

第8章 古墓与生物遗存考古新发现

【在罗布泊地区古代城池和古墓等遗址里有着包括各种动植物和古人遗骸在内的大量生物遗存，它们蕴含着丰富古代人类种群、动植物生存环境的各种信息。这次综合科考首次通过遗传形态学分析，初步确认小河人与楼兰人不具传承性，两个时期之间存在文化间断和人群差异。楼兰人群中的个体形态存在多样性的特征，反映存在多种祖先来源，而楼兰人群内部的共性大于差异性则表明他们已经历了相当时间的融合。同时楼兰人牙齿锶氧同位素分析也显示外来人口比例高近26%，反映了这个时期楼兰外来人群交往密切，是一个族群融合的时代。对粮食遗存的分析首次初步揭示出楼兰人的食谱具有以黍（为主）、粟青稞麦稻（为次）、羊牛为代表的食物结构，反映了当时的灌溉农耕与畜牧并举的生业方式。】

新疆罗布泊地区处于中国北方农牧交错带的西端，该地区晚更新世至全新世时期的环境变化，尤其是在全新世早、中期，在很大程度上决定着古人类的生活和生产方式。由末次冰期到全新世间冰期的剧烈环境变化也影响着该地区古人类生活方式的变化。针对该地区包括人类自身的生物遗存的考察，对揭示该地区人类与环境的互动关系，再现人群发展变迁的动态过程，分析古代人群的行为演化模式，都将提供科学、直接、有效的可信资料。

8.1 楼兰地区小河时期古代人群的体质特征

8.1.1 罗布泊地区馆藏干尸标本特征

首先对若羌县楼兰博物馆馆藏的4具罗布泊地区干尸体表特征进行观察记录。从可见的体表特征来看，这些遗骸的须发颜色以深栗色、褐色和黑色居多，未见金黄色、亚麻色等淡色系。面部形态均呈中等宽度，眶型也多以中等高度为主，鼻根部凸起程度未见特别明显的凸出（图8-1-1）。因为干尸标本全部为调查采集品，并没有明确的测年依据表明其生存的年代，所以仅为曾在该地区生存的古代人群体表特征提供了直观的参考。干尸体表还可见须发修剪整齐，据此推测该人群所处年代已经有专门用于须发修剪的工具。

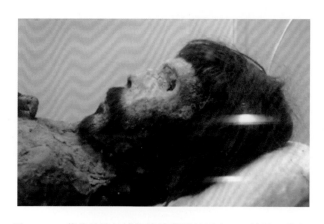

图 8-1-1　若羌县楼兰博物馆馆藏干尸标本 1 （拍照：魏东）

8.1.2 楼兰北部小河时期古墓与人群特征

在楼兰北部洼地区的几处高大雅丹上发现了小河时期的居址,在居址附近也发现存在小河时期的古墓。下面分别介绍。

1. 17 居址 2(小河居址 2)伴随古墓

该古墓位于土垠东南、楼兰保护站东北的 17 居址 2。这里的三座大雅丹上有楼兰时期的已知古墓,分别被前人编为 09LE5 号遗址、09LE49 号墓地、09LE50 号墓地和 LE 高台三号墓地。科考发现在 09LE5 号遗址所在雅丹的北部,顶面上存在小河时期的圆形半地穴式居址(图 8-1-2),在其北侧的雅丹顶则存在小河时期的古墓,可能是 LE 高台三号墓地和 09LE50 号墓地之一所指。因雅丹上小河与楼兰时期古墓并存,所以出现位置重叠现象。

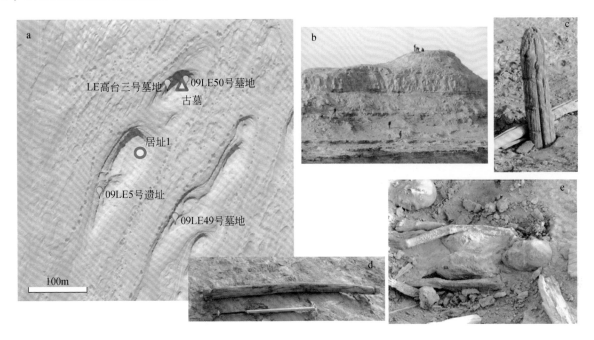

图 8-1-2 小河居址 1 的居址、古墓位置图
红圈为半地穴居址;蓝三角为古墓;绿点为古墓。
a. 遥感位置图;b. 雅丹顶古墓景观;c. 棺前立柱;d. 加工过的木柱;e. 女性干尸

古墓位于雅丹顶(图 8-1-2b),典型的船形棺,有立柱(图 8-1-2c),与小河古墓的常见立柱相似,见草编篓、修剪过的水禽鸟类羽毛、草绳、木棍工具(图 8-1-2d)等各种典型器物。棺木多层叠置,也是典型小河古墓的放置样式。

2. 小河居址 5 伴随古墓

该古墓位于土垠西南的小河居址 5 所在高大雅丹的南部丘顶上,辨认出 3 处古墓(图 8-1-3a、b)。草簸箕墓位于雅丹顶的一个沟槽内,是用一张草簸箕覆盖的墓穴,下有一具用牛皮缠裹的干尸(图 8-1-3e)。墓坑墓是一处被盗墓穴,地表有棺板(图 8-1-3b)。脚趾墓是雅丹西坡的一处墓穴,干尸头东(里)脚西(外),头顶处残留一根红柳树枝,表面被涂红,红柳材质,直径仅 3cm,地面以上被折断,现在看到的是插入地下部分(图 8-1-3c),因边坡土层垮塌而暴露,干尸脚暴露地表,露出脚趾(图 8-1-3d),旁边发现草编篓。

在小河居址 5 西侧的居址 6、7 也存在同时期的古墓,且有叠置多层特点,尸骸之间用芦苇红柳枝层隔开。

图 8-1-3　小河居址 5 南侧古墓

蓝三角为古墓。a. 遥感位置图；b. 高雅丹顶上墓穴位置；c. 立柱古墓；d. 干尸脚趾；e. 草簸箕干尸

3. LF 戍堡小河时期古墓

在 LF 戍堡所在雅丹上，戍堡建在高大雅丹北部丘顶，而南部雅丹则同时存在小河与汉晋时期的古墓，丘顶是小河时期古墓，雅丹次级台阶上有汉晋时期的竖穴墓，雅丹腹内有两个洞室墓，因此这是一处两个时期古墓并存、古墓与戍堡并存，极有特色的遗址。雅丹北丘戍堡距离雅丹南丘小河墓穴相距仅 20m 左右（图 8-1-4）。

小河时期古墓是雅丹顶上船形棺，放置于地表，几乎没有多少土覆盖，观察发现应该也是多层叠置的墓地。船形棺中干尸已成枯骨。

4. 古墓与人群特征

总结以上古墓，有以下特点：

（1）居址与古墓相距很近，应属于同一家族的住所和墓地，并均在雅丹顶，不仅防洪水，也防野兽破坏。

（2）古墓陪葬品很原始，青铜制品极为少见，多为木棍、草编篓、草簸箕之类的草制品、牛皮鞋等。

（3）墓葬方式与小河古墓类似，有立柱、草编篓等典型器物，也有相似的船形棺、叠置的墓葬特点。

（4）棺板表面有金属质刀斧类工具加工过的削切痕迹，削切面光滑、面积大、圆弧状贝壳状，与磨制石器的加工痕完全不同，表明当时应该有青铜刀具，但考察中除一枚铜针外，未发现任何青铜器，可能反映当时金属工具十分珍贵，古人不会用其殉葬，也不会丢弃在居址里。

（5）小河居址 2 古墓干尸特点具有东方人群特点，即发色棕黑偏深，面部扁平偏大。

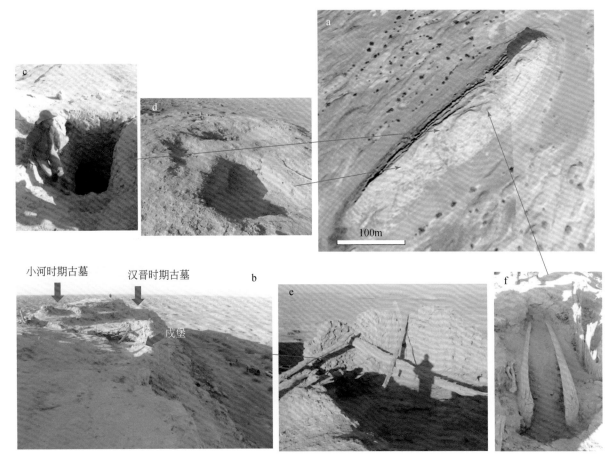

图 8-1-4 LF 戍堡与南侧古墓

a. LF 戍堡古墓遥感图;b. LF 地面景观;c. 汉晋洞室墓盗洞;d. 汉晋竖穴墓盗坑;
e. 戍堡土坯残墙与梁柱;f. 小河时期船形棺(有干尸)

8.2 楼兰地区汉晋时期古代人群的体质特征

8.2.1 楼兰东部古墓

1. 平台墓地

墓地坐标为 40°32′7.7″N,89°57′46.7″E,中心处海拔 793m,考察时间为 2014 年 11 月(图 8-2-1)。

a

b

图 8-2-1 平台墓地地貌(a)与工作现场(b)(拍照:魏东)

该区域雅丹分布并不密集，墓地位于一处高雅丹的顶部平台。平台距地表高度约 10m。平台地表可见墓穴坍塌痕迹。地表有散落的人类遗骸，多数因为暴露在地表风化残损严重。墓穴周围尚可见织物残片等。墓穴可辨认出形制的有两种，一是土坑竖穴墓，二是带斜坡墓道的竖穴墓。于地表发现了两例保存相对完整的颅骨，现场进行了测量和影像采集。

2. 孤台墓地

墓地坐标为 40°31′56.7″N，89°59′1.9″E，海拔 807 m，考察时间为 2014 年 11 月。

该墓地位置与孤台墓地遥遥相望，位于一处高雅丹的顶部平台，墓地面积略小于平台墓地。地表可见五处墓穴坍塌痕迹，地表散落有人骨、兽骨及织物、木器残段等随葬品。地表观察已经暴露的墓穴均为土坑竖穴墓。墓穴近正方形，墓圹长度由 2.2 ~ 3m 不等。从现场情况分析，埋葬方式应为多人同穴（图 8-2-2）。

a　　　　　　　　　　　　　　　b

图 8-2-2　孤台墓地地貌（a）与竖穴墓盗坑（b）

现场采集保存尚属完整可提供形态学数据的个体共 30 例，通过对颅缝、骨骺等的观察判断，均为成年个体。但并不能排除在墓地中有埋葬未成年个体的可能性（图 8-2-3、图 8-2-4）。

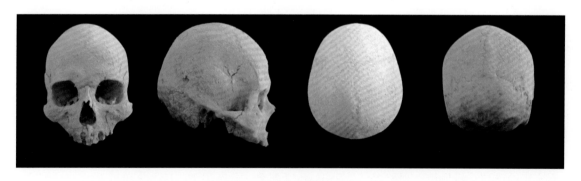

图 8-2-3　孤台墓地标本 Ⅰ

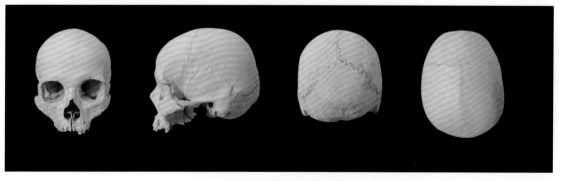

图 8-2-4　孤台墓地标本 Ⅱ

3. 楼兰东 1 号墓地

墓地坐标为 40°31′58.21″N，89°56′55.2″E，海拔 805m，考察时间为 2014 年 11 月。

墓地位于一处高雅丹顶部平台。地表可见坍塌墓穴的痕迹共 7 处。现场观察均为土坑竖穴墓。墓葬规模不一。小型的最长边框 2m 左右的单人墓和略大型的边框长 3m 以上、近正方形墓圹的多人合葬墓同时存在。因未做进一步清理，墓坑具体深度不明确。仅根据部分可见墓底硬面的区域进行了测量，现存深度为 0.8 ~ 1.1m。

地表可观察到一些织物、木器残段（木盘及加工过的木棍）和皮革制品（靴或皮囊）。散落于地表的遗骸有多具，但因为风化严重，仅在现场采集了 8 个个体的部分颅骨测量性状的数据。

4. 03LE 壁画墓

该壁画墓位于楼兰文物保护站西 6km 处一座雅丹台地的西南端。此处地处楼兰古墓群东南部。墓葬为带墓道洞室双室墓。前室平面呈长方形，平顶。墓室中心矗立一个圆柱，后室比前室狭小，近似方形，也为平顶。前后室绘有壁画（图 8-2-5）。

图 8-2-5　03LE 壁画墓的壁画

5. 台特玛湖东岸遗址、墓地

该处位于若羌县城东北约 51.5km，北距 36 团公路约 3.6km。地处台特玛湖东侧湖岸边风蚀台地上，沙化比较严重。在东西长约 4km 的范围内有居址 5 处、墓地 1 处。墙体为木骨泥墙结构，上捆缚芦苇。其中发现棉质渔网、动物毛皮等。地表采集的动物骨骼碎片可辨识主要有羊、马等。该遗址间还发现一处墓地。该墓地已被严重风蚀，现地表可分辨出 10 座墓葬，分布稀朗。除一座为 4 岁左右幼童墓葬外其他均为成人墓葬。葬式均为仰身直肢。墓葬中采集到铜刀鞘配件、料珠、钱币等。根据遗址中发现的钱币和布片上的缝纫痕迹分析，该遗址年代应比较晚，可能在晚清至民国时期。

6. 楼兰东部汉晋时期古墓与人群特征

1）墓穴特点

以上墓地之间的相对距离不远。从现场可见的木器、织物等残损随葬品风格分析，年代为汉晋时期可能性大。三处墓地的墓穴营造方式以土坑竖穴居多，且目前残存的墓穴并不深，最浅处仅有 0.8m。结合墓所处环境，也不能排除地表被风化降低的可能性。平台墓地中有两座墓穴带有斜坡墓道。

从地表可见的墓穴分析，墓穴营造的规模不一。从仅可容纳一个个体的长方形墓穴，到可以容纳 10 人以上的正方形墓穴都有发现。单人葬和多人葬往往在一个墓地中并存。

对遗骸的处理方式也呈现了多样性。通过对墓穴中散落各处的遗骸进行拼合和统计，初步判断一次葬的可能性最大，是否存在二次葬，由于所见墓葬均被扰动，目前尚未可知。

部分墓穴中，发现有火烧的木制品或经过粗加工的原木。从木制品排列的方式来看，存在一定制式的可能性（如棺床或棚架）。这种现象是否为火葬，还是后期的扰乱导致，以目前所见信息还不能判断。

2）人群特点

平台墓地地表采集颅骨数据 2 例，孤台墓地采集颅骨数据 30 例，楼兰东 1 号墓地采集颅骨数据 8 例。因风化造成的残损均比较严重，能够直接获取的数据有限。其中孤台墓地所获数据最多，也最具代表性。

现将孤台墓地部分个体的现场测量数据如表 8-2-1 所示，表中未列性别不明确和颅骨残损仅有面部数据的个体。

表 8-2-1　孤台墓地采集男性颅骨测量数据表

墓葬编号	M2	M3	M7	M10	M15	M20	M24	M30
个体性别	男	男	男	男	男	男	男	男
个体年龄	成年	成年	45~50 岁	成年	成年	成年	成年	成年
颅长/mm	182.70	182.70	190.40	179.20	188.60	179.60	184.50	188.20
颅宽/mm	148.50	143.40	147.20	133.70	143.60	137.50	133.70	142.70
最小额宽/mm	100.30	94.90	94.70	92.00	90.00	91.20	97.60	103.40
颅高/mm	149.20	142.00	142.90	/	135.20	131.00	140.70	130.50
中面宽/mm	105.00	/	101.20	/	100.50	94.50	93.80	/
眶宽（左）/mm	/	46.40	/	/	/	/	/	44.30
眶宽（右）/mm	46.00	/	41.00	43.20	42.40	46.20	43.40	/
眶高（左）/mm	/	31.30	/	/	/	/	/	35.30
眶高（右）/mm	34.20	/	33.50	31.70	32.30	31.30	32.00	/
鼻宽/mm	22.70	28.40	21.80	29.60	24.20	23.70	24.80	27.00
鼻高/mm	52.60	52.50	53.40	53.00	53.50	55.00	54.80	54.70
鼻颧角/(°)	138.69	142.69	143.91	141.61	136.40	137.02	144.20	143.71
颧上颌角/(°)	110.56	/	125.76	/	122.12	126.99	125.52	/
颅长宽指数/%	81.28	78.49	77.31	74.61	76.14	76.56	72.47	75.82
颅长高指数/%	81.66	77.72	75.05	/	71.69	72.94	76.26	69.34
颅宽高指数/%	100.47	99.02	97.08	/	94.15	95.27	105.24	91.45
额宽指数/%	67.54	66.18	64.33	68.81	62.67	66.33	73.00	72.46

注：/ 表示该项目因破损数据缺失。

通过对数据的初步分析，孤台墓地人群颅骨测量性状呈现出如下特点：高颅型、狭颅型、圆颅型、低眶型，鼻型多样，鼻颧角多在 140°左右。个别项目存在比较大的差异。例如，鼻根凸度一项，数据所体现的差异度不仅仅体现在男女两性的差异，同性间的差异也同样非常大。但颅型等主要形态特征仍以共性为主。

综合分析以上三个墓地的选址、埋葬方式和随葬品种类、加工方式、结合颅骨形态数据，初步判定三个墓地应归属于不存在明显差异的同期人群。对于埋葬方式和个别颅骨测量性状的差异，目前比较合理的解释是，楼兰地区汉晋时期居民的祖先来源于多个地区。

埋葬方式的多样性，是人群内部存在不同层级的另一个佐证。在以上三个墓地中，墓穴营造方式和对遗骸的处理方式均有不同。在墓穴营造方式上，虽均为土坑竖穴墓，在墓穴规模上存在差异，有墓道和没有墓道的墓穴也同时存在。在遗骸处理方式上，一次埋葬、敛骨葬同时存在，还有疑似火葬的情况。可见，该人群中，可能保留着不同来源人群的埋葬习俗。但因为无法分析每个墓葬、每个个体与随葬品之间的一一对应关系，目前暂不能判断人群内部是否存在等级的差异。

8.2.2 楼兰中部古墓

该墓地坐标为 40°29′08.0″N，90°00′08.3″E，考察时间为 2015 年，位于 15-1 号居址遗址（图 8-2-6）。

图 8-2-6 15-1 号墓地无人机航拍图

该墓地被盗扰严重，目前地表可辨识的墓葬共有 7 座，全部为方形土坑竖穴墓，均位于高雅丹顶上。

墓地均被彻底盗扰过，地表散布大量的人骨和遗物。此次对最东边雅丹台地上的 4 座墓葬进行了详细调查。墓葬地表有无标志已不清楚。墓室形制均为竖穴土坑墓。墓向均为正南北向。墓室平面呈圆角长方形，墓壁较直，填土为灰褐色黄土，土质疏松。在扰土中有一些短木棍，可能是葬具的构件。

根据现场情况，选择了其中两座进行了清理。两座墓葬的工作编号分别为 M1 与 M2。

两座墓葬中共清理出 17 个个体，其中 M1 墓穴中 16 个，M2 中仅有一个。根据现存的现场情况，不能判断该墓地的埋葬方式是多人单次还是多人多次的合葬。根据骨骼形态可判定性别的个体中，男性个体 7 个，女性个体 9 个，另有一个个体无法判定。死亡年龄最小的 15 岁左右，最大的 45 岁左右。

经过现场对颅骨的测量和数据分析，男性颅骨的测量数据平均值体现出以下特征：长宽指数 75.7（中颅型），长高指数 75.37（高颅型），宽高指数 99.84（狭颅型），眶指数 75.36，（低眶型），鼻指数 46.83（狭鼻型）（图 8-2-7）。

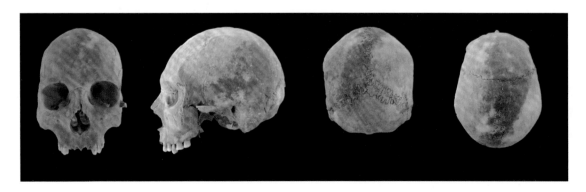

图 8-2-7 15-1 号墓地 15 号男性颅骨

现场采集了用于同位素研究的牙齿样本。据目前的初步研究结论，该墓地人群中存在成年期前活动范围比较广的个体。

8.2.3　楼兰古墓群

楼兰古墓群位于楼兰东北的方城附近，是主要的墓葬保护区。对其中几个已被严重盗挖的汉晋时期古墓进行了调查（图 8-2-8）。

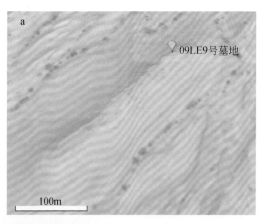

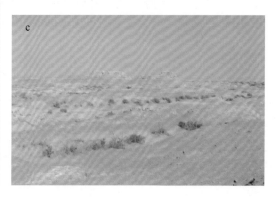

图 8-2-8　09LE9 号墓地

a. 09LE9 号墓地遥感图；b. 工作现场；c. 墓地地貌

1. 09LE9 号墓地

该墓地位于国家级文物保护单位——楼兰东古墓群中，考察时间为 2017 年 10 月。墓地中心区坐标 40°38′10.31″N，90°05′37.45″E，海拔 733m。墓地位于比周边地表高约 10m 的一处梯形台地（老雅丹）上。

目前地表可见 8 个被盗墓穴。现场按由西向东方向统编临时工作号 201709LE9M1～M8。因墓地扰乱比较严重，在现场仅从 M1 中采集了 12 例颅骨的部分测量数据。该墓穴长 288cm，宽 260cm。墓向为北偏东 55°。墓穴地表未见任何随葬品。

2. 09LE10 号墓地

该墓地中心区域坐标 40°38′27.38″N，90°05′29.06″E，海拔 767 m。09LE10 号墓地，与 09LE9 号墓地相邻。该墓地位于一个梯形雅丹台地表面。墓地平台距地表约 10m。平台地表可见三个被盗扰墓穴，自西向东编临时工作号 M1～M3。

其中，仅有 M1 中发现有人类遗骸，但不能排除有不属于这个墓穴的个体存在。共清理出 8 个个体，其中包括 1 例未成年个体。

现场对该墓地有如下认识：该墓地主要埋葬方式为丛葬墓，但埋葬方式很多样。有的有棺，有的个体未发现葬具。部分墓葬存在火葬现象，多数出现在棚架墓中。棚架墓指在现场发现有用粗细不等的圆形木棍或原木搭建的墓内结构。根据现场的出土位置，推测可能为放置棺的棺床，或者是棺上的覆盖物。

发现一例颅骨表面有"钻孔术"的迹象（图8-2-9）。骨松质未愈合，表面创口形成后该个体短时间内死亡。这是目前考察过程中发现的唯一一例钻孔现象。对比目前新疆地区所报道的关于"颅骨钻孔"的材料，本例标本与以往发现的钻孔颅骨均有不同。钻孔方式近似石器穿孔的对钻法。创口呈现出外壁和内壁两个不同的层次，外壁明显大于内壁。据钻孔方式分析，对颅内膜一定会造成伤害。且钻孔边缘清晰平整，经过反复修理，没有愈合痕迹。综合上述的分析，这一例钻孔更可能发生在个体死亡后。

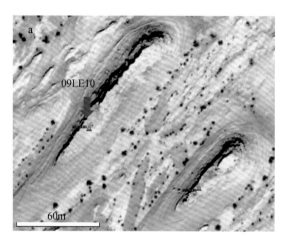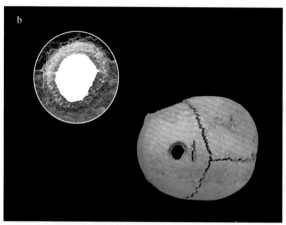

图 8-2-9　09LE10 号墓地（a）与发现的颅骨钻孔（b）

3. 09LE13 号墓地

该墓地所处雅丹顶部并不呈一个平整台地，这种情况在本次调查中显得非常特殊。该墓地的墓葬分布也非常零散。有的在雅丹的西侧边缘区，有的在雅丹中间地带。其中西侧边缘区的墓葬为洞室墓，墓室已经坍塌。其中可以观察到有用加工过的方形立柱作为墓室支撑的现象。雅丹中部的墓室有明显的火烧痕迹，但不能判断是埋葬行为还是后期的盗扰所致。墓葬中的人骨散落在雅丹顶和底部的各处，损毁非常严重，可采集的数据极少（图8-2-10）。

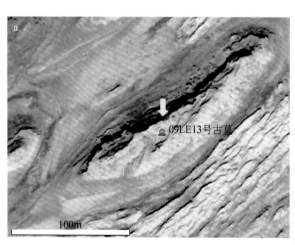

图 8-2-10　09LE13 号遥感图（a）与墓地工作现场（b）

4. 09LE31 号墓地

该墓地又称棺材墓。墓地位于楼兰古墓群东北一座大雅丹台地上，地理坐标 40°29′06.83″N，90°00′8.46″E。墓地现存墓葬 2 座，由西向东依次编号 M1～M2，均被盗。墓室被毁，葬具、人骨及遗物散落于墓室内外扰土中，重点对 M2 进行了调查，M2 为夫妻合葬墓，棺材已被运到若羌的楼兰博物馆保藏。

墓葬位于墓地东部。地处台地西南端边缘。墓室利用台地边坡营建，为斜坡墓道三洞室墓，墓道向南。两壁用土坯垒砌，已被破坏，由于未做清理长度不明，残宽 1.15m。墓道内填大块土疙瘩。墓门位于墓道北端底，宽 0.83m、高 1.2m、厚 0.62m。口部有木门，门框尚存，木门被扔在前室东南角上。门外靠近墓道侧用芦苇席封堵。

墓室由前、后和侧室三部分组成（图 8-2-11）。

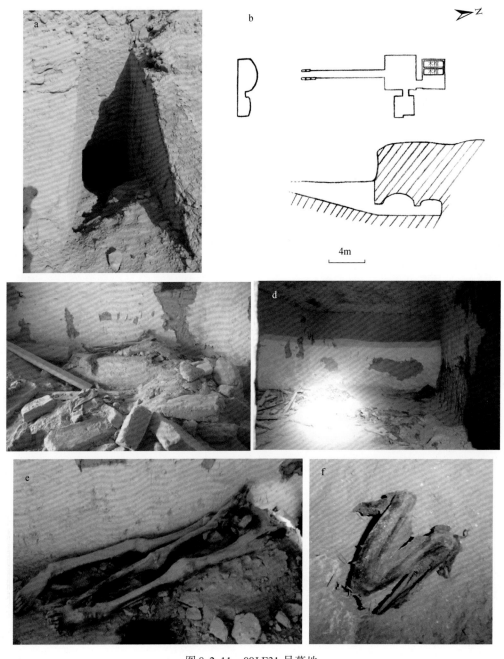

图 8-2-11　09LE31 号墓地

a. M2 墓道；b. 墓葬平、剖面图；c、d. M2 前后室（拍照：吴勇）；e、f. 前室被弃置的两具干尸和鸟翅（拍照：秦小光）

　　前室平面呈长方形，长 3.31m、宽 3.75m，穹隆顶，现存空间高 2.4m。墓室底部有浮土堆积。前室西壁下有一座土坯垒砌的低台，已被淤土、扰土及来自被破坏墓壁上的残土坯等掩埋，土中混杂木、织物等残片。堆土上扔着 2 具从后室棺木中拖出来的人骨，上半身已缺失，下半身呈干尸状，身体上残留有少量衣服碎片。四壁由于土质疏松易坍塌，用土坯垒砌，表面抹厚厚一层草拌泥。顶部不抹泥，凿痕明显。表面抹一层白灰。

　　前室北壁东端底部有门与后室相通。东壁北端底部有门与侧室相通。

　　后室平面亦为长方形，长 3.28m、宽 2.5m，穹隆顶。墓底有浮土堆积，现存空间中心高 1.8m，距顶部四边 1.36m。后室门长 0.81m、宽 0.9m、厚 0.65m。有葬具 2 个，为大型箱式木棺（现存若羌县博物馆）。尺寸不详。现后室内散落一堆细木条，上面为榫槽结构，长 129cm、宽 45cm、厚 2.5cm。榫槽宽 2cm，间距 12~16cm。地面浮土中残留少量人骨和遗物，主要有铜、木、纺织品和禽类动物骨骼等。四壁由于土质疏松易坍塌，用土坯垒砌，表面抹厚厚一层草拌泥。顶部不抹泥，凿痕明显。表面抹一层白灰。

　　侧室平面呈长方形，长 2.23m、宽 1.95m。墓底有浮土堆积，现存空间高 1.67m，门呈梯形，宽 0.5m，下部宽 0.87m，厚 0.56m，高 0.76m。门上部距后室壁 0.6m，下部距后室壁 0.83m。里面不见人骨和遗物。

　　采集遗物 3 件，有铜、木器和织物，均残。

5. 楼兰古墓群人群特征

　　09LE9 号、09LE10 号、09LE13 号三个墓地，都位于方城周围比较集中的墓葬区内。对三个墓地中采集的颅骨数据进行统计后，可得到以下初步认识（表 8-2-2）。

表 8-2-2　楼兰东古墓群 09LE9 号、09LE10 号、09LE13 号墓地颅骨测量性状统计

形态指数项目	分级分布数量与比例		
颅长宽指数	长颅型 5（62.5%）	中颅型 2（25%）	圆颅型 1（12.5%）
颅长高指数	正颅型 4（57.1%）	高颅型 3（42.9%）	
颅宽高指数	狭颅型 3（50%）	中颅型 3（50%）	
额宽指数	阔额型 5（62.5%）	中额型 2（25.0%）	狭额型 1（12.5%）
鼻指数	阔鼻型 3（42.9%）	中鼻型 3（42.9%）	狭鼻型 1（14.2%）
眶指数	中眶型 5（62.5%）	低眶型 3（37.5%）	
上面指数（K）	中上面型 3（60%）	狭上面型 2（40%）	

　　表中数据显示，该人群在颅骨测量性状方面表现相对一致。仅在颅宽高指数一项有比较明显的偏差。受标本数量的限制，目前还难以对这种现象产生的原因有明确的解释。图 8-2-12 是两个典型男女颅骨。

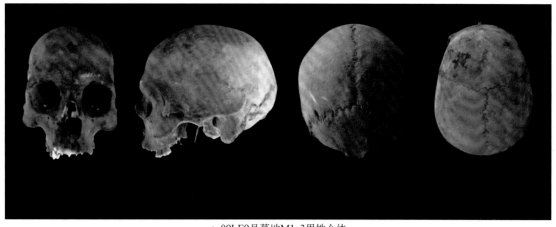

a. 09LE9 号墓地 M1-3 男性个体

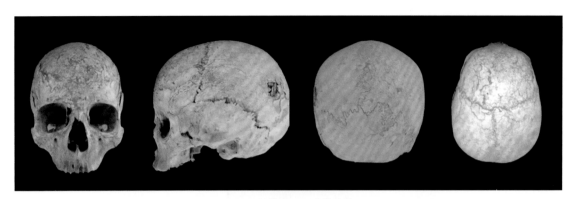

b. 09LE9号墓地M1-1女性个体

图 8-2-12　09LE9 号墓地男女个体

8.2.4　汉晋时期楼兰人群的主要特征

据测年样品的分析结果，平台墓地、孤台墓地、楼兰东 1 号墓地与 15-1 号墓地的年代均集中在汉晋时期，可以初步判定，以上墓地埋葬的个体，是楼兰时期的当地古代居民。通过考察的情况分析，可以初步得出以下几点结论：

（1）墓地选址都在顶部平缓的雅丹高台之上。从墓穴在平台上所占面积来看，几乎遍布了整个平台表面。据此可见，楼兰人群墓地的使用是渐进性和废弃性同在。在所选平台无空间可用后，另寻其他可供使用的平台。但这种渐进性是不是有规律可循，还需要对更多墓地的时空相关性做进一步的考察来发现。

（2）埋葬方式存在多样性。这种多样性不仅仅体现在墓穴的营造，同时体现在遗骸处理和安置的层面。一次葬与二次葬、单人葬与多人葬、不同规格的墓穴，以及火葬和土葬等现象，在所调查的墓地中，均有发现。这种对待逝者的不同态度，表明楼兰人群在精神领域存在不同的观念。这种差异是人群内部的平等存在，还是具有阶级性或者阶层性，需要科学发掘所获的证据来解答。

（3）从颅骨测量性状的初步分析来看，楼兰人群内部的差异，远远没有达到人群内部存在分化的程度。人群内部的共性大于差异性，可以将其视为一个经过一段时间发展的稳定人群。遗传形态的差异，最可能的情况是表明其祖先人群有不同的来源。

（4）与罗布泊地区的更早期人群——小河墓地居民的颅面部特征比较，楼兰时期的古代居民没有显示出与小河墓地居民具有直接的承继性。这种人群的流动，可能与罗布泊地区自然环境的变化相关。

8.3　汉晋时期墓穴中的织物残片

汉晋时期的孤台墓地墓穴中有很多织物残片，现场观察织物的质地有毛、棉和麻（图 8-3-1）。由于暴露于地表，多呈条带状，个别织物上可见有缝纫的痕迹。后期实验室内经初步除尘—分类—除尘清洁—判断处理方式方法—分类清洗—织物整形后得到：丝质残片 11 块、麻质残片 3 块、毛质残片 17 块。其中有本质本色拼接缝合、本质异色拼接缝合、异质异色拼接缝合等多种拼合缝合方式，可以推断这批残片应为袍服等制成品的残片。

据织物质地，以及式样所呈现的多样性，初步推测该人群在逝者着装方面存在使用生前衣物的可能。棉、麻、毛织品同时存在，表明该人群在纺织品制作方面已经具有非常高的成熟度。

在楼兰北部古墓群西边一座高大雅丹上的汉晋时期洞穴古墓 09LE31 中，发现的织物（图 8-3-2）中有薄如蝉翼的绸缎和丝绵做的棉服，显然来自中原。

图 8-3-1　孤台墓地出土纺织物

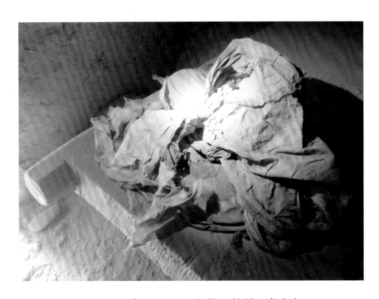

图 8-3-2　古地 09LE31 织物（拍照：秦小光）

8.4　楼兰古城采集的动物骨骼初步分析

8.4.1　动物种属与部位

2014 年度的考察在楼兰古城三间房遗址采集了部分动物骨骼。这些动物骨骼绝大部分都有风化痕迹，骨骼的保存状况不是很好，有的已经破碎严重，呈碎片或管状，无法判断种属，有的相对保存完整。据统计，此次三间房遗址共出土动物骨骼 94 件，其中可鉴定种属的有 90 件。在可鉴定的动物骨骼遗存中，牛的数量最多，其次是羊、马，最后是骆驼和驴。可以说明古楼兰人的饮食习惯是以牛、羊、马为主的。罗布泊地区气候干旱，在楼兰城区除风沙堆积物外，空气中水汽含量较低，最高温出现在 15～16 时；1月和 7 月是楼兰地区最冷的季节，春秋为过渡季节，因此在这种反差极大的四季气候中，楼兰地区的畜牧业相对于农耕经济发达（李晓英，2008）。对于动物的需求比中原地区要强烈，一方面是为了获取动物皮毛来取暖，另一方面则是通过肉、奶类来补充营养。在已发现的动物遗存中未见猪狗。

8.4.2 动物骨骼表面痕迹分类研究及其鉴定分析

动物骨骼表面痕迹主要分为人工痕迹和非人工痕迹两种。通过痕迹分析可知该遗址内所出土的动物骨骼表面痕迹大致有自然作用产生的痕迹、植物作用痕迹等非人工痕迹和切割、砍砸以及打击等人工痕迹。

从标本表面痕迹的表现特征（表8-4-1）看，明显是一种人为的、有意识作用的痕迹。方向性较一致、痕迹深浅宽窄较相似、以粗细均匀的线状痕迹为主、底部略有破损。而明显异于人工痕迹的食肉动物的啃咬痕迹则是凌乱的，痕迹深浅宽窄不一，以粗细不均的线状痕迹为主，底部较为光滑。

表 8-4-1 可鉴定动物骨骼的种属鉴定及数量统计表

部位			牛	马	羊			骆驼	驴
					山羊	绵羊	未定		
头骨	残片			左侧1		1			
	上颌骨	左					臼齿1		
		右				2			
	下颌骨	左	1			1		1	1
		右	2				臼齿2		
椎骨	胸椎		2				2		
	寰椎		1						
	颈椎		2				1		
	枢椎		4			1	1		
前肢骨	肱骨	左 远端			1				
		左 近端							
		右 远端	3						
		右 近端							
	肩胛骨	左	1			1			
		右	5		3				
	桡骨	左 远端							
		左 近端	2						
		右 远端							
		右 近端	1						
	尺骨	左		1					
		右						1	
	掌骨	左 远端		1				冠骨2	
		左 近端							
		右 远端	1					系骨1	
		右 近端							
	指骨	左	2						
		右	1	2					

续表

部位				牛	马	羊			骆驼	驴
						山羊	绵羊	未定		
后肢骨	髋骨	左			2					
		右		1	2		1	1		
	股骨	左	远端							
			近端							
		右	远端							
			近端		1		1			
	胫骨	左	远端		1				1	
			近端							
		右	远端		1					
			近端		1					
	跗骨	跟骨	左	3	1					1
			右	3					1	1
		距骨	左		1					
			右							1
	趾骨	左								
		右			1					
完整骨架				无						
最小个体数				5	2	2	2		2	1
总计				35	16	4	7	9	7	4

注：部分可鉴定的动物骨骼残片因无法判断左右未列入数据。

8.4.2.1 非人工痕迹

1. 自然作用产生的痕迹

这批动物遗存材料来源于楼兰古城遗址，楼兰地处罗布泊雅丹地形区，气候干旱，风沙活动频繁强烈，因此当动物骨骼直接暴露在地表时，常年的风沙侵蚀、太阳的直接照射以及温差的变化等物理风化作用使得骨骼表面产生裂纹，甚至是裂开直至消失。根据 2014 年所出土的动物遗存表面风化的实际情况以及该遗址的具体环境状况，将该遗址所出土的动物遗存的风化程度具体分为三个等级。

0 级：无风化或者轻微风化。骨骼表面光洁，骨表质保留相对完好，没有裂纹。

1 级：中度风化。骨骼表面出现轻微裂痕，局部骨质轻微脱落。

2 级：重度风化。骨骼表面裂纹明显甚至裂开，透过骨表壁，大部分骨膜脱落甚至是全部脱落。

该遗址出土的动物骨骼风化程度严重。风化程度越高，说明骨骼暴露在地表的时间越长或者说其所在的环境风沙活动强烈，结合罗布泊的地理位置和气候环境情况，这批动物遗存受到这两种综合因素作用。但根据对风化程度较低的动物骨骼的初步研究，可以推测这些遗存是在被楼兰人遗弃后便被风沙掩埋掉，后期再次暴露在地层表面的，因此大部分动物骨骼的风化程度较严重。

2. 植物生长作用在动物遗存表面的痕迹

在动物骨骼表面时常会发现一些浅浅的线状痕迹，形状各异，分布杂乱，这些痕迹的由来主要是在植物根系生长过程中腐蚀骨骼造成的。在楼兰古城遗址发现的动物遗存中，受植痕影响的骨骼大约占骨骼总数的 15%，但植物根系的腐蚀作用对骨骼的破坏程度影响不大。

3. 食肉动物啃咬痕迹

动物啃咬痕迹包括食肉类咬痕和啮齿类咬痕，咬痕主要出现在长骨两端、下颌骨、髋骨和肩胛骨几个部位，因为这几个部位相对于食肉动物而言骨松质较多，既营养又省力（张双全等，2011）。在该遗址所发现的遗存中主要是食肉动物的啃咬痕迹，从形状上看，小的略呈圆形，底部略尖的凹坑，猜测是在啃咬时留下的牙齿压坑痕迹。该遗址发现的带有动物啃咬痕迹的动物骨骼遗存数量很少，说明在当时楼兰地区食肉动物的数量较少。标本 14XLLC049 为牛的左肩胛骨，在其前缘靠背侧有一个很明显的圆锥形凹坑，下窄上宽。由此可判断这是食肉动物在啃咬过程中遗留下的。

8.4.2.2　人工痕迹

楼兰古城遗址 2014 年出土的动物骨骼中，有人工作用痕迹的骨骼标本占总数的 55%，常见的有人工砍砸痕迹、切割痕迹、划痕等。各类人工痕迹在所有痕迹中所占比重很大，尤其是砍砸和切割痕迹，可见楼兰古城居民分解动物很熟练。

1. 砍砸痕

痕迹粗短，外形不规则。痕迹底部浅宽，断面呈 U 形或不规则的 V 形，主要分布在肢骨骨干、肩胛骨、髋骨和下颌骨等部位，其原因主要根据使用者的需要而定。例如，标本 14XLLC018，马，股骨近端，右，股骨头较完整，残长 223.54mm，在骨干上发现有砸击痕迹的茬口。猜测可能是为砸骨取髓或者是砸骨取料。标本 14XLLC049，牛，肩胛骨，左，在肩颈附近出现有一列竖向短浅的类似割痕的痕迹，猜测是在肢解过程中砍砸动物关节处的筋腱或韧带而留在骨体上的利器痕迹，即在砍砸过程中用力过重而留下的痕迹。标 14XLLC052，骆驼，胫骨远端，左，在骨干上有明显的被砸断的痕迹。

2. 划痕和切割痕

由于都是利器在将肉与骨分离过程中作用在骨体上的痕迹，划痕和切割痕迹比较相似，横断面呈 V 形，但不同于划痕的细长浅显，切割痕迹较短促有力。且切割痕迹外形特征在关节面上者与在非关节面上者略有一些差异，在关节面处多为柳叶形，非关节面处多呈线状（施梦以和武仙竹，2011；赵莹，2011）。切割痕迹主要在出现骨骼关节处，目的有两个，一是截断关节处的筋腱或韧带，二是用于截骨取料。楼兰古城遗址出土的标本 14XLLC032 上的切割痕迹比较典型，该标本是一根骆驼的右跟骨，在跟骨的载距突、前突和跟骨体上各发现至少两条割痕，猜测载距突和前突部位的割痕是在隔断筋腱或韧带留下的，而跟骨体上的相对较密集的割痕则是在剔肉过程中留下的。在该遗址动物遗存表面痕迹所占比例中，划痕和切割痕迹占 19%。标本 14XLLC002，马，跟骨，左，在前突、载距突、跟骨中部附近至少各有一条明显的切割痕迹，遗痕短且有力。

但不同于切割痕，划痕细长浅显的特点在骨关节处、肩胛骨、髋骨、肢骨骨干等部位均有体现。标本 14XLLC006，马，髋骨，左，在髋臼窝内侧有一条较浅长的线状痕迹，即本书所描述的划痕的一种表现形式。标本 14XLLC065，骆驼，跗骨，在跗骨体上有至少两条的平行线状痕迹。标本 14XLLC080，羊的股骨远端部分，在骨干上发现有划痕两条。

3. 打击疤痕

在该遗址中仅发现一件有打击疤痕的动物遗存。标本 14XLLC071，肢骨残部，残长为 100.55mm，表面有非常明显的人工打击疤痕，猜测其为一截遗弃骨料。标本 14XLLC071，肢骨残片，在骨体两侧我们看见有明显的修理疤痕。除了植痕外，作用在骨骼表面的人工痕迹所占比例最大，总计达 62%，与食肉动物的啃咬痕迹所占比重 35% 相比明显高，这种现象我们可以猜测遗址区内人们对动物资源的主体支配地位。因此，人类对动物骨骼的一般性改造痕迹所占比重要比食肉动物对骨骼表面的改造痕迹高。

8.4.3　楼兰人对动物利用反映的生业特点

1. 楼兰时期人群对动物资源处于主体支配地位

从已出土的动物骨骼表面痕迹的研究分析看，人工痕迹明显多于非人工痕迹。在人工痕迹中，砍砸痕所占比重最大，其次是切割痕和划痕，且从痕迹所展现的熟练度看该地居民对此应当是很娴熟。故综合分析该地居民对动物资源处于主体支配地位。

2. 牧业也为当地百姓的生活提供较为充足的食物资源

从已出土的动物骨骼看，大部分属于已经成年，少量牛骨属于未成年。牛、马、羊等已确定为家畜饲养范围，故而可以确定该地区社会经济有家畜饲养业。从动物群体所展现的生态特征看，牛、羊、骆驼、马等动物数量可观，牛、马、羊所占比例较大，说明该地区的家畜饲养业较稳定，饲养种类较固定，说明当时的水资源和食物资源满足人畜日常所需是绰绰有余的。即当时的生态环境相对现在的状况较好，塔里木河水资源较为丰富，自然植被的覆盖率较高，由此产生的游牧业也为当地百姓的生活提供较为充足的食物资源。猜测这或许是楼兰古城可以成为丝绸之路要塞的一个原因。

所出土的骆驼和驴的标本相对较少，从标本表面上的人工切割、砍砸等痕迹可见，二者均是人类获取肉食素材的来源之一。综上所述，该地区的家畜饲养业是人类稳定获取肉食的重要来源之一。

通过对骨骼表面痕迹的分析，楼兰地区人们的饮食习惯应该是以煮食为主，对于粗大的肢骨通常是从中间砸断，目的有两种情况，一种是砸骨取髓，一种是为了方便煮熟食用。

3. 楼兰时期楼兰以地带性荒漠植被为主

罗布泊地区涵盖沙漠、湖泊、戈壁、雅丹，地理环境独特，气候干旱，风沙活动频繁，独特的生态环境迫使这一地区生存的动物群必须充分利用荒漠中十分贫瘠的食物资源，包括一些多汁的植物或盐泉来补充生存需求。据资料统计（夏训诚等，2007），这里共计动物有 5 纲 27 目 3 亚目 59 科 22 亚科 213 种。三间房遗址出土的动物只是其中哺乳纲中的一小部分，通过对比研究，可以确认该遗址出土动物的生活习性，以及分布位置指示的周围生态环境特点是水资源相对紧张、气候干旱多沙。

根据 1980 年中国科学院新疆分院对罗布泊地区科学考察中所收集野骆驼骨骼标本的分析研究，野骆驼种群数量稀少，其分布的地区环境多荒漠，人烟稀少，水资源贫乏。骆驼的生存栖息地有四个区：阿奇克谷地区、孔雀河下游三角洲区、白龙堆区和北山洪积扇边缘地区。这四地共同特征就是至少是洪积扇与丘陵的复合体，是综合了各种活动、食物、水源和天敌等条件的利弊得失而寻找到的生存栖息地。

对比楼兰古城遗址中出土的骆驼骨骼遗存，说明在楼兰古城被废弃之前，河水资源应能满足人们的日常生活所需。楼兰古城遗址位于古塔里木河（注滨河）下游三角洲，地势低洼、开阔、多丘，大陆性气候特征明显，说明楼兰古城地区拥有覆盖率较低的地带性荒漠植被和少量灌木丛植被。

4. 水资源的饱和与匮乏是楼兰存续的关键因素

根据历史文献《汉书·西域传》记载，楼兰国"地沙卤，少田，寄田仰谷旁国。国出玉，多葭苇、柽柳、胡桐、白草。民随率牧逐水草，有驴马，多橐它"。可见罗布泊地区曾经是一个水草肥沃、物产丰饶的地区，当时因楼兰地区多风沙盐碱，田瘠粮少，故而倚靠着孔雀河和塔里木河下游的丰富的水资源条件发展出了逐水草而居的游牧业和渔猎经济。但随着水系的枯竭，植被开始衰败，沙漠化升级，由此导致了楼兰古城地区的生态系统遭到破坏，进而严重影响到了家畜饲养业、游牧业和渔猎经济等经济状况。这应是楼兰古城被废弃的主要原因之一。

这些研究发现，为我们了解楼兰地区的游牧经济的发展状况提供实物资料，同时也对楼兰古城的废弃原因提供了分析基础，水资源的饱和与匮乏是楼兰存续的关键因素。这也警戒后人重视环境绿化生态保护，不要过度砍伐、滥用，否则后果不堪设想。

8.5 汉晋时期人群的迁移

古代丝绸之路是连接欧亚大陆东西方的复杂网络系统，在人群迁移、古代资源流通、贸易交换、技术及农业传播等方面起着极其重要的作用（Hermes et al., 2018；Kuzmina, 2008；Frachetti et al., 2017）。罗布泊地区地处丝绸之路的交汇地带，是古代丝绸之路的重要路段，也是东西方文化交流与人群迁移的重要枢纽（Li et al., 2010；Yang et al., 2014a, 2014b）。

历史文献显示，汉晋时期，罗布泊地处在多个政治势力的交界之处（图 8-5-1）（《汉书》《史记》《后汉书》）。向东通过河西走廊连接汉王朝，向西为西域各国，北边是势力强大的游牧民族匈奴和鲜卑，南边是羌人。这些势力与民族相继进入西域，使罗布泊成为不同政权激烈争夺的要地。于是，战争、贸易、文化交流常常在这里发生（《汉书》；夏训诚等，2007；王守春，1996），伴随着大量的人群迁移。然而，目前对汉晋时期人群迁移规模及迁移比例仍然知之甚少。本节主要通过多方法研究（木材鉴定、牙釉质锶氧同位素和历史文献）来探讨汉晋时期罗布泊地区人群迁移情况。

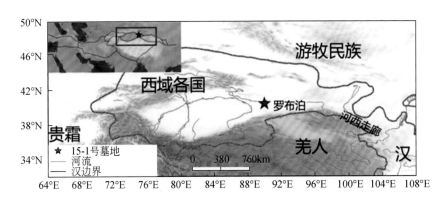

图 8-5-1　东汉时期罗布泊地理位置

8.5.1　墓地概况及研究方法

15-1 号墓地所在的罗布泊地区，属于极端干旱区，现年降水量 20mm 左右，蒸发量高达 3000mm 以上（夏训诚等，2007；Dong et al., 2012b；Li et al., 2019）。因极度干旱气候，现有的植物区系没有一种水生植物，由 13 科 27 属的 36 种荒漠植物组成。其中，以黎科的属种最多，其次是菊科、柽柳科、豆科、杨柳科等（夏训诚等，2007）。该地区古代聚落主要分布在周围的绿洲上，水源主要由孔雀河下游和塔里木河下游补给。

墓地位于 C4-4 区块东北部（40°29′08″N, 90°00′08″E），墓葬分布在东边较大的一座雅丹台地上。墓地共识别出墓葬 7 座，均为方形土坑竖穴墓。2015 年对其中 4 座已被严重盗掘的墓葬进行了清理。墓地均被彻底盗扰过，地表和墓葬内部出土了大量人和动物骨骼、木器、铜器、铁器和骨角，以及少量陶器和钱币等。^{14}C 测年显示该墓葬跨越了西汉和东汉。

采集了 27 个人类个体的牙釉质样品和 15 个动物样品（14 个羊牙和 1 个马牙），利用热离子电感耦合质谱仪（TIMS）进行了锶同位素分析，主要流程如下：用牙钻去除样品表面杂质，钻取 20mg 样品粉末，用超纯水清洗。加 5% 的稀醋酸去除表面次生碳酸盐后干燥。加稀盐酸（0.2mol/L）溶解样品，取上层清液，蒸干后用 2.5mol/L 的盐酸溶解，准备分离和纯化。溶解后的样品用 AG50W×12 阳离子交换柱对锶进行化学分离。测定时，用标样 NBS-987 监控仪器状况，整个实验过程精度约为 0.000012（2σ），分析空白小于 200pg。样品的质量分馏用 ^{88}Sr/^{86}Sr = 8.375209 校正。

对于氧同位素实验，取约 10mg 牙釉质样品，用 2% 的 NaClO 溶液和稀醋酸（0.1mol/L）清洗，以去除有机物和次生碳酸盐，然后用蒸馏水冲洗 5 次。牙釉质的碳、氧稳定同位素的测试通过 GasBench Ⅱ，并连接 Delta V 质谱仪（Thermo Fisher）完成。上机测试所用的粉末样品量约为 200μg。样品粉末首先与浓度为 100% 的 H_3PO_4 在 72℃ 条件下反应 1h，所生成的 CO_2 通过冷阱（NAFIONTM water traps）以及色谱柱（PoraPLOT Q chromatograph column, 45℃）去除水分与分离其他干扰物后进入质谱仪进行分析测试。碳、氧同位素的报告标准是 VPDB（Vienna-Pee Dee Belemnite），外精度分别为 0.10‰ 和 0.20‰。此次分析在中国科学院地质与地球物理研究所完成。

对 29 个木制品及其碎片进行了木材鉴定，木制品包括箭杆、漆器、木盘、木梳、木几、尸床、木碗和一些无法鉴定的木材碎片。将采集的样品按照横、径、弦 3 个方向切出 3 个面，在具有反射光源、明暗场、物镜放大倍数为 5 倍、10 倍、20 倍和 50 倍的 Nikon LV150 金相显微镜下观察，并记录样品特征（Fahn and Werker，1986）。结合《中国木材志》（成俊卿等，1992）对树种木材特征的描述、图版和采集的现代树种木材切片进行木材树种的鉴定，然后将样本粘在铝质样品台上，样品表面镀金，在 ZEISS MA EVO25 扫描电子显微镜下进行拍照，鉴定工作在中国科学院古脊椎动物与古人类研究所完成。

8.5.2　墓葬品揭示的人群迁移

木材鉴定结果显示，29 个木制品由 5 个属种的植物制作而成（表 8-5-1，图 8-5-2）。其中，杨属最为常见，约占样本总数的 65%。其次是柽柳属，占样本总数的 14%。此外，两个木制品由蔷薇科植物制成，而由云杉和柳属制作的木制品分别只有一个。其中，杨属、柽柳属和柳属在罗布泊当地很常见。非常有意义的一个发现是墓葬中出土的箭杆是云杉材质的，罗布泊地区并不生长云杉。云杉主要生长在高海拔和低温地区，最近的适宜区是天山高海拔地区，其次是河西走廊（李贺和张维康，2012）。无论这个箭杆是外来人带入或者是通过贸易、战争进入罗布泊地区，都说明了当时在罗布泊地区存在人群迁移现象，并且迁移距离至少在 500km。

表 8-5-1　15-1 号墓地出土的木制品树种鉴定结果

样品编号	木制品类型	植物类别
2015Lop-C1-M4-W1	尸床	杨属
2015Lop-C1-M4-W2	木梳	蔷薇科
2015Lop-C1-M4-W3	漆器	杨属
2015Lop-C1-W1	木制品碎片	杨属
2015Lop-C1-W2	木制品碎片	杨属
2015Lop-C1-W3	木制品碎片	柽柳属
2015Lop-C1-W4	木盘	柽柳属
2015Lop-C1-W5	木盘	柽柳属
2015Lop-C1-W6	木几	杨属
2015Lop-C1-W7	木制品碎片	杨属
2015Lop-C1-W8	木制品碎片	杨属
2015Lop-C1-W9	木制品碎片	杨属
2015Lop-C1-W10	木制品碎片	杨属
2015Lop-C1-W11	箭杆	云杉
2015Lop-C1-W12	木几	杨属
2015Lop-C1-W13	木制品碎片	杨属
2015Lop-C1-W14	木制品碎片	杨属
2015Lop-C1-W15	木制品碎片	杨属
2015Lop-C1-W16	木制品碎片	杨属
2015Lop-C1-W17	木制品碎片	杨属
2015Lop-C1-W18	木制品碎片	柽柳属
2015Lop-C1-W19	弓弭？	无法鉴定
2015Lop-C1-W20	木制品碎片	杨属
2015Lop-C1-W21	木制品碎片	柳属

续表

样品编号	木制品类型	植物类别
2015Lop-C1-W23	木碗	杨属
2015Lop-C1-W25	木制品碎片	蔷薇科
2015Lop-C1-W26	木制品碎片	杨属
2015Lop-C1-W27	木几	无法鉴定
2015Lop-C1-W28	木制品碎片	杨属

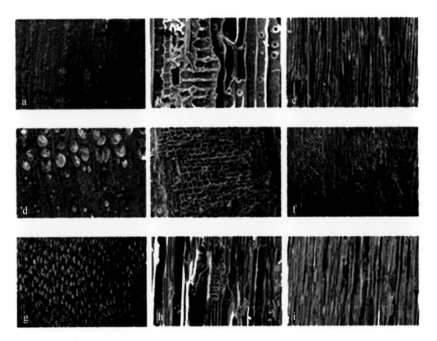

图 8-5-2　显微镜下横、径、弦 3 个方向木材鉴定照片

a~c. 云杉属；d~f. 柽柳属；g~i. 杨属

　　古代居民制作这些木制品用于不同的用途。例如，杨属植物被制作成漆器，尸床和木碗及木盘主要是由柽柳属植物制成的，木梳是用蔷薇科植物做成的，箭杆是用云杉做的，这反映了罗布泊地区的古代居民对各种木材资源的有效利用。

　　此外，2003 年在罗布泊地区还发现了大型壁画墓，被认为是中亚贵霜人的墓葬。前室东壁表现了贵霜艺术中常见的"大酒神节"题材，壁画人物服饰与饮酒亦见于贵霜艺术；前室东壁上留着一段佉卢文题记，起源于犍陀罗地区并作为贵霜国用的官方文字；墓葬出土绢衫有贵霜艺术中的希腊酒神形象；从墓室结构和壁画上都表现出鲜明的佛教文化色彩。这些证据都跟公元 2~4 世纪贵霜人东迁至塔里木盆地有关（陈晓露，2012，2016）。

8.5.3　锶氧同位素揭示的人群迁移

　　图 8-5-3 显示，14 个羊牙的 $^{87}Sr/^{86}Sr$ 变化非常小，范围为 0.71034~0.71048，平均值为 0.71042 ± 0.00005（1σ）。其中马牙釉质 $^{87}Sr/^{86}Sr$ 为 0.71045，位于羊牙 $^{87}Sr/^{86}Sr$ 变化范围内。人牙的 $^{87}Sr/^{86}Sr$ 平均值为 0.71035±0.00030（1σ），变化范围为 0.70901~0.71100（$n=27$）。

　　判断一个地区的人群迁移，首先需要确定当地的 Sr 同位素背景值。常用的方法就是通过动物牙釉质或者骨骼的锶同位素平均值 ± 2 倍标准差来确定（Bentley et al.，2004）。由于在墓葬中只出土了 14 个羊牙和 1 个马牙，我们根据 14 枚羊牙的锶同位素值确定了罗布泊地区当地的锶同位素范围为 0.710314~0.710514。作

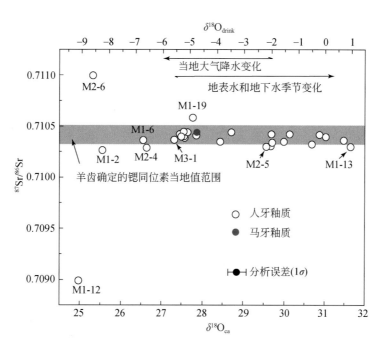

图 8-5-3　15-1 号墓地马牙、人牙釉质锶和氧同位素结果

为比较，我们发现马牙的锶同位素也在这个范围内。考虑到这些动物存在迁移，我们对比了最近的来自罗布泊北部的水样锶同位素为 0.71048（刘成林等，1999），基本可以确定当地值范围的可靠性。

以羊牙作为当地值范围，27 个人类个体中有 7 个个体在当地值的范围值之外，表明这些个体大约有 25.9% 的人口是从外地迁入的。7 个外来个体中，5 个个体的锶同位素比值小于当地锶同位素范围下限，而 2 个个体的锶同位素比值大于锶同位素范围的上限，表明这些外来者来源复杂。其中，5 个个体的锶同位素比值离当地值较为接近，2 个个体存在异常值。

人类牙釉质碳酸盐 $\delta^{18}O$ 值（V-SMOW）变化范围较大（25.0‰ ~ 31.6‰），平均值为 28.5‰±1.9‰（1σ）。根据对牙釉质碳酸盐氧同位素的换算方程（Daux et al.，2008），得到人牙碳酸盐氧同位素的变化范围为 -9.1‰ ~ 1‰，平均值为 -3.8‰；根据牙釉质碳酸盐氧同位素的换算方程（Luz et al.，1984），得到人牙氧同位素的变化范围为 -8.6‰ ~ 0.2‰，平均值为 -4.2‰。这两种换算结果差别并不大，因此在讨论中我们使用 Daux 等转换方程将牙釉质碳酸盐氧同位素转换成饮用水氧同位素值。

许多研究者将牙釉质氧同位素换算成饮用水，并用大气降水的氧同位素作为当地值来判断外来者（Wright and Schwarcz，1998，1999）。由于罗布泊地区处于极干旱环境，受到强蒸发的影响，会使得饮用水的氧同位素远偏离大气降水的氧同位素，从而无法用当地降水的氧同位素作为当地值。当地人摄入饮用水，最终会造成牙釉质的氧同位素也偏正。因此，本书讨论迁移行为主要基于 Sr 同位素数据，$\delta^{18}O$ 值作为辅助。

虽然在罗布泊地区，$\delta^{18}O$ 值并不能准确示踪人群迁移，但还是呈现出一定的规律。前人在罗布泊地区附近的大气降水年均 $\delta^{18}O$ 值采样结果显示，值极度偏正，范围为 -6‰ ~ -2‰（李文鹏等，2006）。通过蒸发以后，被当地人类所利用的饮用水的氧同位素必然要大于 -6‰。5 个个体氧同位素小于 -6‰，其中的 4 个个体 $^{87}Sr/^{86}Sr$ 值在当地值范围之外，证实了 Sr 和 O 同位素的一致性。我们推测这 5 个个体很有可能都来自气候比较湿润的地区，但来源地的锶同位素比值存在差异。其中 M2-6 可能来源于古老岩性地区，M1-2 则可能来自海相碳酸盐地区，而 M1-6 来自与罗布泊地区地质背景相似，但气候相对湿润的地区。M1-9 可能来自锶同位素比值略高，但与罗布泊地区气候环境一致的区域。而 M2-5 和 M1-7 这两个外来人来源于锶同位素比值略低，但氧同位素一致的区域。目前我们没有办法精确确定来源，但是我们也做了一些尝试。以两个异常值为例，M2-6 个体锶同位素比值非常高（0.711），氧同位素在 -9% ~ -8% 之间，

M1-12 个体锶同位素比值非常低（0.709），和现代海水的锶同位素很相似，但氧同位素在-9‰。结合中国西北地区河水锶同位素等值线和大气降水氧同位素分布图（图 8-5-4），M2-6 个体^{87}Sr/^{86}Sr 较高，δ^{18}O 偏负，最近符合的是中天山或者黄河的上游，而 M1-12 个体^{87}Sr/^{86}Sr 较低，δ^{18}O 偏负，最近的只有北疆以及西南天山。这说明这两个个体来自塔里木盆地之外，至少迁移了 600 km。

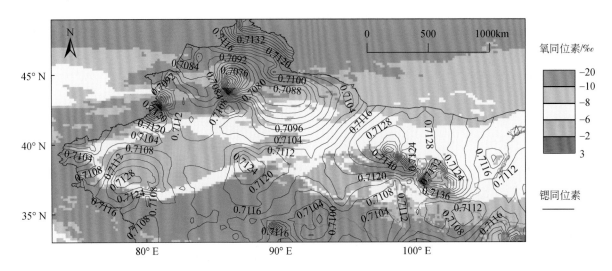

图 8-5-4 中国西北地区河水锶同位素等值线和大气降水氧同位素分布图

需要注意的是，较大部分个体牙釉质的^{87}Sr/^{86}Sr 值呈现出当地值，但δ^{18}O 变化非常大，主要可以分成两组群体：第一组在 27‰~28.5‰，第二组在 29.5‰~31‰。这可能是与当地地质背景和气候环境有关。罗布泊处于极干旱环境，地表覆盖着非常厚的第四纪沉积物（马丽芳，2002），地质背景非常均一，因此整个罗布泊以及其周围很大区域上^{87}Sr/^{86}Sr 值相对非常均匀，但是大区域上气候空间变化对于氧同位素则非常敏感。比如在塔里木中游和下游河水氧同位素就存在较大变化（李文鹏等，2006）。因此，我们推测，当地人可能在罗布泊境内有较大范围活动，这也能解释当地人氧同位素存在较大的变化。

8.5.4 历史文献揭示的人群迁移

一些历史文献中也记载了汉晋时期人群迁移及其来源的复杂性，来自东边的主要包括屯田、军队、使节、商旅，来自西边的包括贵霜人和粟特商人。

1. 东边来源

张骞出使西域后不久，大量使节和商旅往返于中原和西域之间，促进各国政治和经济文化往来。而罗布泊作为必经之路，这一过程会引发区域之间的人群迁移。《史记·大宛列传》记载，在张骞出使西域以后，汉朝使者频繁出访西域各国。汉朝到西域各国的使节多的时候十余批，少的时候五六批，每批多者数百人，少者百余人，而这些使者都会经过罗布泊地区，并且在西域待数年之久。在《后汉书·西域传》中描述道，自张骞开凿之后，每天商人在边塞往来。在 L. A. VI. i. 01 木简中就描述了汉晋时期在楼兰设置了客曹的职位，主要是用于接待宾客。L. A. VI. ii. 055 木简记载了楼兰当地为来楼兰的使节廪给粮食（侯灿和杨代欣，1999）。

汉晋时期，汉政府曾多次派士兵去罗布泊地区进行屯田，目的是保证交通安全以及为士兵和过往使者提供食宿（班固，1962）。而屯田的劳动力主要是来自河西走廊的士兵，这势必会带来大范围的人群迁移。虽然史书中没有准确记录去罗布泊地区屯军的总人数，但据不完全统计，西汉时期西域屯军有两万多人，东汉的屯军有五千人，魏晋十六国和北朝时的屯军有两千多人（马大正，2006）。例如，根据北魏郦道元的《水经注》，在公元前 70 年，西汉将军索劢从酒泉、敦煌率兵千人，到楼兰去屯田垦殖，大规模修建水利，拦河灌溉，以保西域安宁，丝绸之路畅通。根据《汉书·西域传》记载，公元前 77 年，鄯善国成立，汉朝派了司马 1 人，田卒 40 人在伊循城屯田。东汉对西域的控制时绝时通，但楼兰仍然是屯田所在之地。根据《后汉书·杨终传》，在公元 73 年东汉复设西域都护，并在楼兰、车师等地屯田。公元 124 年，班勇收服西域诸国，并在柳中和楼兰屯田。魏晋时期楼兰古城作为西域长史府，以戍守官兵为劳动力从事屯田活动（《后汉书》）。

汉晋时期，人群迁移可能来自罗布泊地区往来的军队（《汉书》《后汉书》）。例如，公元前 104 年和公元前 102 年，李广利先后两次伐大宛，人数达到六万人，并经过了罗布泊地区。在李广利伐大宛之后，汉王朝派人修烽燧亭至罗布泊地区。王莽新朝和东汉时期，塔里木盆地各绿洲小国相互攻讦、杀伐、兼并，鄯善逐渐成为塔里木东南最大的王国，诸王国中，莎车军事力量强大，趁东汉初年中原战事初平，发兵攻打鄯善，并且很快取得了胜利，这个过程中也伴随着人群迁移。

罗布泊地处丝绸之路交汇地带，在这里商人来往密切。匈奴与汉族互通关市，匈奴与羌族，西域各国也经常发生商业交换（王子今，2016）。交换的东西有畜产品、手工业产品、农产品、金属器物等。

2. 西边来源

历史文献记载，贵霜人在汉晋时期多次迁移到塔里木盆地。公元 90 年，贵霜统治者曾派遣七万士兵到塔里木盆地欲扩张领土。公元 2 世纪以后，贵霜帝国逐渐衰落，大量来自犍陀罗地区的移民进入塔里木盆地（Hansen，2012）。贵霜人的到来同时促进了来自印度的佛教在鄯善地区的兴盛。作为佛教最早传播到达中国的地区，西域幸存了许多汉晋年间的佛寺、佛塔和与佛教有关的壁画（Stein，1921，1928），此外，还有一些贵霜人加入了汉朝军队，听命于西域长史的调遣，在楼兰文书中屡屡见到大月氏士兵的名字（侯灿和杨代欣，1999）。楼兰汉文简纸文书资料显示，粟特商人也曾经活跃在楼兰地区。L. A. I. iii. 1 木简记载了粟特商人可能向中国军队给予了一万石的粮食（侯灿和杨代欣，1999）。

历史记载、同位素证据和木材鉴定都表明，罗布泊地区存在大量的人群迁移，且外来人来源广泛。这些古代移民因不同的政治、文化或经济来到罗布泊地区，极大地促进了区域内和区域间的贸易和交往。虽然目前还不能确定他们的准确来源，但今后的工作将结合其他同位素分析（如铅同位素），进一步限制这些外来者的来源。

3. 主要结论

本节中，我们用不同的方法来研究罗布泊地区汉晋时期（公元 2～4 世纪）人口的流动性。外来树种的发现，说明罗布泊地区存在人口迁移现象。锶和氧同位素分布情况进一步表明，罗布泊地区的人群迁移活跃，而这些外来人同位素数据的较大差异表明，他们的起源相当复杂。此外，历史文献记录了该地区不同的移民模式，综合表明罗布泊地区曾是中国西部的政治、经济和文化中心，也是汉晋时期丝绸之路沿线的贸易中心。

8.6　楼兰及其罗布泊周边地区的植物遗存

在全球性人类社会文明发展的进程中，东西方文明在大约距今 4000 年前和距今 2000 年前，曾经有两次大规模动荡和文化交流时期。其间，位于亚洲腹地的丝绸之路是重要的东西方文化交流的通道，特别是楼兰古城，是古代西域政治、经济、文化中心，是丝绸之路上最重要的中西文化交流融汇的咽喉与门户。一个多世纪以来，有关罗布泊地区古文明兴衰及其与自然环境变迁的关系，一直是社会科学和自然科学长期关注的热点问题（李江风和夏训诚，1987；夏训诚等，2007）。不同学科的学者从环境、生态、考古等不同角度进行了一系列研究，并提出多种假说，如气候干旱化和河流改道等。尽管历经百余年的努力，由于极度干旱、风蚀和盐碱化，很难找到适合于古楼兰环境考古研究的材料，并且缺乏精确的年龄数据，在空间和时间上的年代序列分辨率都不高，目前还很难精细地探明区域环境变化的干与湿、冷与暖过程与人类的社会、生产活动的关系，尤其是关于楼兰古城的环境状况和农业活动仍有争议。需要做进一步的综合分析工作。

8.6.1 楼兰古城植物遗存

据史料记载，古楼兰的农业活动十分活跃，前人对楼兰古城环境背景和农业生产方面的研究获得了一些认识。例如，在楼兰遗址垃圾堆出土了大量黍子、大麦和小麦农作物种子（侯灿，1985；王炳华，1983b）；通过遗址区的地层孢粉分析发现了大量的农作物禾本科花粉（Qin et al., 2011）；通过遗址区骆驼粪化石研究发现楼兰地区农作物以黍子为主，同时种植了少量粟和大麦（Zhang et al., 2012b）。然而，这些研究也存在一些问题，仅通过出土植物种子化石判断农业生产方式，可能存在信息丢失问题；孢粉指标仅能够鉴定到禾本科一个级别，种属的详细信息仍然缺失；骆驼粪样品量较少，因此这些样品的全局代表性依然存在问题。解决这些问题的方案之一就是采用多指标（如大化石、孢粉、植硅体）和大空间范围的系统采样。因此，针对这一问题，亟须获取更多的证据（尤其是古植物学证据）。

经调查发现，楼兰古城有植物（农作物）遗存的遗迹共 80 余处，采样 200 余个。在三间房及其西侧、南侧遗址群房基下部发现大量疑似垃圾堆遗迹，研究人员对其进行了详细划分和描述，并采集了分析样品。垃圾堆的主要特征是上部为红柳枝，堆积物较为松散，成层状堆积，内含有大量粮食堆积，后经鉴定发现粮食为水稻、黍子秤壳和麦子秤壳（图 8-6-1），更令人惊奇的是在三间房南侧约 50m 处的垃圾堆顶部 20cm 处堆积中发现了一粒水稻的种子，这在罗布泊地区尚属首次（图 8-6-1c）。水稻遗存的首次发现可能指示楼兰地区存在稻作农业，但需要微体化石和古城周边古稻田遗迹证据支持。同时还包含羊粪、马粪、骆驼粪、毛毡、布匹残片等混杂堆积的遗存（图 8-6-2），在三间房东厢房与中间厢房房基下部发现大量植物茎部和粮食。

图 8-6-1　楼兰古城垃圾堆（a、b）及其中出土的水稻（c）、黍子秤壳（d）、麦子秤壳（e）

科考人员还对楼兰古城周边遗迹进行了考察，在多个地点、不同层位，发现大量动物粪便，指示了高频度的畜牧行为。其中以楼兰城东南约 5km 发现的一处牲畜圈养遗迹为典型，该遗迹堆积下层为羊粪堆积（厚约 30cm），中间夹沙层（厚约 65cm），上层为骆驼粪堆积（厚约 10cm）。考察人员沿堆积物自

图 8-6-2　楼兰古城垃圾堆中发现的毛毡子及纺织品

然断面由下自上等间距采集了样品（图 8-6-3）。

图 8-6-3　楼兰城外围羊圈遗迹

通过对楼兰古城的样品测年和植物考古的初步分析，发现楼兰古城大部分遗迹所属年代为东汉—魏晋时代。调查发现，95% 以上考察点均可见丰富的粟、小麦类遗存，这些遗存证据支持楼兰地区可能存在大规模的旱作农业活动，以适应干旱的气候条件。频繁的冶炼、畜牧、农业活动反映楼兰古城可能存在复杂而细化的社会分工行为。通过对骆驼粪等样品采用植硅体、硅藻等多手段分析（图 8-6-4），发现古楼兰的地貌景观为典型绿洲，芦苇、黍亚科和早熟禾亚科草本植物与灌木丛共生。另外，在古湖泊罗布泊流域的一些水体中可能还生长着典型的半咸水硅藻。黍子（主要作物）、粟和青稞（非主要作物）是公元 50～770 年古楼兰和古米兰人的主要食物来源。

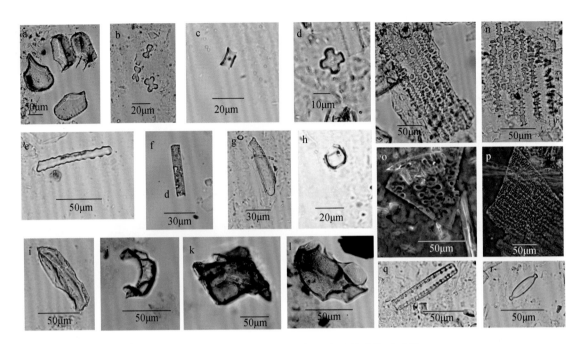

图 8-6-4　楼兰古城样品中部分常见植硅体及硅藻

a~p. 植硅体；q、r. 硅藻；a. 芦苇盾形；b. 哑铃形；c. 帽形；d. 十字形；e. 齿形；f. 棒形；g. 尖形；h. 中鞍形；
i~l. 木本团块；m、n. 麦类稃片长细胞；o. 谷子稃片长细胞；p. 黍子稃片长细胞；q. *Epithemia* cf. *adanata*；
r. *Mastogloia smithii* var. *amphicephala*。根据 Zhang 等（2012b）改绘

8.6.2　LE 方城植物遗存

　　方城位于楼兰古城东北约 30km 处罗布泊西岸，被斯坦因编号为 LE。1980 年时任新疆文物考古所所长的穆舜英带队对其进行调查时，将 LE 称作"方城"。方城地势平坦，城垣南北长约 137m，东西长约 122m，略呈正方形；故城北偏西 3°，基本算是正南正北朝向；南北城垣各有一门，南大北小。城墙用红柳枝和夯土筑成，一层红柳枝一层夯土，多层交互，有的建筑墙体也用土坯制成，上城墙的路目前仍依稀可辨（图 8-6-5）。

图 8-6-5　方城城墙（a）及城墙上的红柳枝墙（b）

　　方城的主要植物类型有城墙的红柳枝、城中大殿遗迹的胡杨梁柱，城外地表的骆驼粪可能是后来的。

8.6.3　麦德克古城植物遗存

　　麦德克古城位于若羌县城东北 121km 处，G218 国道东侧沙漠中。麦德克古城平面呈圆形，直径 45m 左右。城墙残高 5~6m，顶部宽 4m，城墙为土木结构，夹杂有圆木、红柳枝、芦苇秆等，底部为一层芦

苇一层夯土，多层交互，在城墙顶部排列一层圆木，其上覆盖土。南城墙开有城门，宽 2m 左右，存有榫卯结构建筑材料。城内散落大量木构件，发现有多处房基，墙壁倒塌，房子内部被沙子覆盖。墙壁由土坯垒筑，夹杂少量红烧土，炭屑，地表有少量陶片。

与楼兰古城、LE 方城相比，麦德克古城城墙中有较多的胡杨圆木，也多于 LK 古城城墙中的胡杨木，这可能是相比楼兰此地偏古注滨河上游，水量比下游更丰沛，因此胡杨更多。

8.6.4　和田普鲁村羊肠遗址植物遗存

以往在新疆地区所发现的绝大多数遗址都是暴露在现代地表之上，因而遗址的年龄缺乏可靠的测年材料。2014 年赖忠平研究团队报道了和田地区于田县普鲁村羊肠遗址，这是当时新疆地区发现的最早的拥有绝对年龄遗址。前人采用光释光和 ^{14}C 方法交叉验证，测得该遗址的年代跨度 7.6 ～ 7ka BP，同时在遗址剖面发现了大量的动物骨骼、骨器、石器、炭屑，以及火塘和古人类活动的古地面（Han et al.，2014）。然而，遗址古人类的生存环境和生活方式依然是不清楚的。为此，科考队也对普鲁村羊肠剖面进行了系统考察和采样工作（图 8-6-6）。

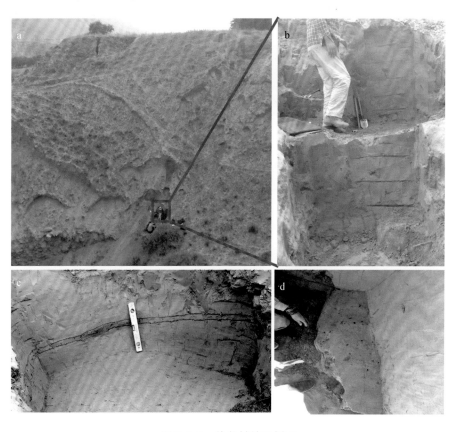

图 8-6-6　普鲁村羊肠剖面
a. 遗址地貌；b ~ d. 剖面清理情况

羊肠剖面坐标 36.21911° N，81.52055° E，海拔 2421m，位于克里雅河第五级阶地上方 1m 处，发现有火塘、古地面、炭屑等遗存，发掘剖面时发现大量石器和动物骨骼。

初步分析发现丰富的炭屑指示了人类频繁的用火行为；人类活动层发现大量的硅藻，反映了近水环境，羊场剖面现今位于 5 级阶地上，指示了全新世克里雅河快速下切过程；植硅体帽形、尺形、哑铃形、鞍形增多指示人类利用植物种类丰富，遗址局地环境湿润，羊场遗址古人类活动方式可能表现为频繁用火和狩猎行为，对植物利用的种类多样（图 8-6-7）。

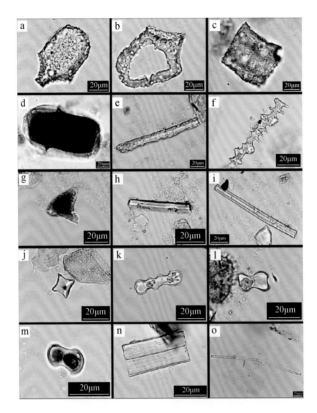

图 8-6-7　普鲁羊肠剖面常见植硅体及硅藻

a、b. 芦苇盾形；c. 方形；d. 长方形；e. 平滑棒形；f. 刺棒形；g. 尖形；h. 三棱柱形；
i. 海绵骨针；j. 帽形；k. 齿形；l. 哑铃形；m. 长鞍形；n、o. 硅藻

第9章 古代楼兰的农田与灌渠

【史书上有大量古代楼兰灌溉、耕作的记载，这次综合科考考证了楼兰东部地区的耕地和灌渠水道，发现了北水南调的灌渠，以及相关的蓄水涝坝、耕地和农舍，证实了楼兰地区在汉晋时期有非常完善的灌渠-涝坝-耕地-农舍为一体的灌溉农业农耕系统，目字形耕地也与敦煌地区的田字形耕地高度相似，均指示了其耕作者的东方属性。】

关于楼兰最早的农耕文字记录来自北魏郦道元的《水经注》，书中记载公元前70年左右，"敦煌索劢，字彦义，有才略。刺史毛奕表行贰师将军将酒泉、敦煌兵千人，至楼兰屯田，起白屋，召鄯善、焉耆、龟兹三国兵各千，横断注滨河。河断之日，水奋势激，波陵冒堤。劢厉声曰：王尊建节，河堤不溢。王霸精诚，呼沱不流。水德神明，古今一也。劢躬祷祀，水犹未减，乃列阵被杖，鼓噪讙叫，且刺且射，大战三日，水乃回减，灌浸沃衍，胡人称神。大田三年，积粟百万，威服外国"。这段记录表明了几个事实，首先是当时河水水量丰沛，索劢带了四千人经三天才成功修起拦河大坝。其次，阻河是为了灌溉田地，而原来这里"地沙卤，少田，寄田仰谷旁国。国出玉，多葭苇、柽柳、胡桐、白草。民随率牧逐水草，有驴马，多橐它"（《汉书·西域传》），游牧是当地人原来生活方式，粮食完全靠从周边国家进口，因此正是这次汉人的大规模拦河垦田带来了灌溉种植技术。最后，三年耕作获得的大丰收震惊了当地胡人，说明当地人原来没有过这种大规模垦殖。

农耕最详细的记录来自在楼兰各遗址发掘出来的字纸和木（竹）简。这些字纸和木（竹）简大都是写于公元270年左右，这已是索劢屯田后三百多年，如"大麦二顷已栽二十亩下床九十亩溉七十亩"（沙木753，LA，Ⅵ，ii），可见种植的是大麦和床。一些楼兰木简还提到镇军堤、乘堤等堤坝名，"帐下将薛明言谨案文书前至楼兰拜还守堤兵"（L. A. Ⅵ. ii. 056/沙木761）显示当时有堤防系统完善，并有守堤兵专门守护（张莉，2001）。

关于农耕最直接的发现是1914年斯坦因在楼兰故城LA遗址以东约4km处发掘的农舍废墟遗址LD（即楼兰东南遗址），他在此发现了角勺、铜戒指、铁锅等器物以及公元前12年至公元前8年间的铜币（夏训诚等，2007）。

然而，楼兰地区的耕地、堤坝及其灌渠到底在哪里、有什么样的特征和规模至今没有任何实物发现，仍是一个千古未解之谜。本次综合科考终于揭开了楼兰农耕灌渠的谜底。

9.1 农田灌溉系统

9.1.1 史书记载

根据张莉（2001）研究整理，楼兰文书有很多修渠、建坝、引水、防洪、抗旱的记载。楼兰文书还提到镇军堤、乘堤等几个堤名，且派守堤兵专门守护大堤。根据楼兰出土文书，有以下记载。

马纸180（L. A. Ⅱ. xi. 06）：

塞水南下推之

此文书明确曾拦河建坝引水南下。

沙木761（L. A. Ⅵ. ii. 056）：

（上残）东空决六所并乘堤已至大决中作
（上残）五百一人作
（上残）□增兵

此简记载的是乘堤将要被大水冲垮,派了500多人护堤,后又增兵。

孔木15(LA,Ⅱ,v,2):

(上残)水大波深必泛

此简则记录了河水大,并警示可能引起泛滥。

孔木19(LA,Ⅱ,ii):

(上残)□顷望水绝不到循□

此简则记录了水少的情况,称河水断绝,到不了循□。"循"是否指依循尚未可知。

沙木754(L.A.Ⅲ.i.16):

帐下将薛明言谨案文书前至楼兰拜还守堤兵
廉□(下残)

此简明确当时有专门的守堤兵士,且受到重视。

孔木2(LA,Ⅱ,ii):

史顺留矣(?)□□为大涿池深大又来水少许月末左右已达楼兰

此简显示有一处积水洼地——大涿州,即大涝坝,在水量少的情况下,用来蓄水以灌溉农田。

以上记载显示了以下信息:①存在一条北水南调的灌渠;②有专人值守和维护堤坝;③有洪泛的时候也有河水枯竭的时候;④有一处蓄水洼地——大涿池。

9.1.2 北水南调水渠

渠道是楼兰地区很醒目的一种地物。在遥感图像上表现为线状地物,一些为明显负地形,一些则由于沟渠干涸后渠底沉积物坚硬抗风蚀而形成凸出地表的条带状隆起。这些运渠的最大特点是干渠均与天然河道相通,而支渠则从干渠中分出,并进入耕地内。有的沟渠曲折多弯,可能是利用天然小河道改造而来,有的则平直延伸,具人工开凿特点。一些渠道直接沟通了两条相距约2km的天然河道,称为连通渠道,有的渠道则从一条天然河道引出后,又在下游回到同一天然河道,而形成回路渠道,正常灌溉用渠道很难解释这些沟渠的用途,这类沟渠很可能就是调水的灌渠水道。

这种沟渠的宽度多在10~30m范围,深度在1~2m,有的甚至不超过1m,而天然主河道的宽度一般都大于50m,深度5~8m,二者规模相差较大。天然主河道直接切过这里的沉积地层,有侵蚀河道特点,而沟渠内常见厚度不等(一般<0.5m)的黏土粉砂沉积,表现出沟渠坡度小、水流缓慢特点。

1. 调水灌渠的位置

在楼兰古城东北两条天然河道(北3河与北2河)之间存在一条水道(图9-1-1)。这是古人利用古河道修建了一条从北3河向南调水灌溉耕地的水道,耕地主要分布在北2河北岸一带,区内有14-1、14-2、14-4和14-6等多个村落级的遗存点,其中一些遗存点均靠近渠道,说明渠道是其主要用水水源。实际上调水灌渠从北2河与北3河均有引水,因此与两条河道均有多个引水口,很可能是古人先从北2河引水灌溉,但后来北2河水量不足,人们又从北3河调水南下给耕地引水。

2. 渠首地貌与闸口分水坝

该渠道与天然河道的相连处为渠道的进水口,也称为渠首、渠口、取水口或引水口。考察了渠道从北2河、北3河引水的三个渠口(图9-1-1),均具有相似的地形地貌特征。几处灌渠的入水口都有一个相似的渠首结构,可能为渠首分水坝。

1)渠首1:调水灌渠北端渠首(图9-1-2)

遥感图像上从北3河向南调水的引水口有多个,西段利用了北3河南侧的已有古河道(图9-1-1),而东引水口(在14-1白佛塔东侧)则具有明显渠首特点,河道在此为从西南流向东北,向东分叉流入引水渠道(图9-1-2)。根据河道两岸一些雅丹顶残留的红柳胡杨林和芦苇残根,可以判断这个地区已遭受强烈风蚀,但生长植被的原始地面在一些雅丹顶还有残留,据此判断引水渠的槽状形态基本是原来的水

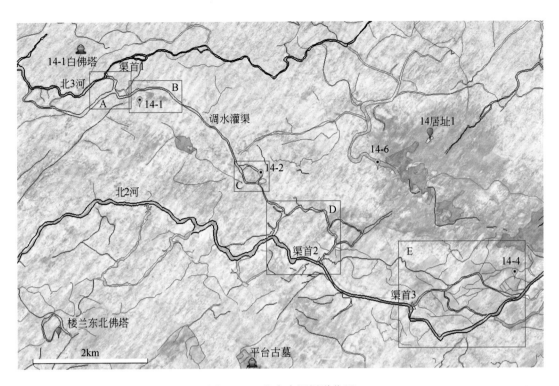

图 9-1-1　北水南调渠道位置

黑线为主河道；蓝线为次级水道；粗蓝线为调水渠道；红三角为渠首；绿点和数字为 14 遗存点及其编号；

蓝点为遗址点及其名称；红框和字母为位置和编号。本章水道图例均相同，以下省略

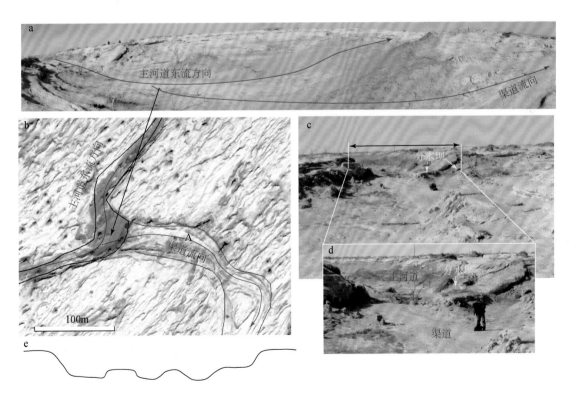

图 9-1-2　北 3 河调水渠道（渠首 1）分水口地貌

红线箭头为水流方向。a. 引水口河道地貌（面西）；b. 引水口平面结构位置遥感图；

c. 渠首分水坝地貌景观；d. c 的放大图；e. 渠首横剖面图

道所在。该渠首地貌特点如下：①渠道底比河道底高，北3河河水自西南流向东北，在此向东分叉引水流入调水渠道（图9-1-3）；②渠口有疑似分水闸口；③渠深1.5m左右，根据渠边平台判断渠水深1m左右；④渠道利用小型古河道改造而成。

根据以上地貌特征，可以推论：

（1）灌渠是利用原来的河道改造而来。

（2）灌渠与河道的相交角度指示了河水流向。

（3）渠口处，有两个宽2m、长4~5m、高1m左右的土丘，与正常的雅丹走向不同，呈大角度斜交，说明不是风蚀雅丹。土丘间是宽2m左右的沟槽，分析认为可能是闸口分水坝。

2）渠首2：南灌渠渠首（图9-1-3）

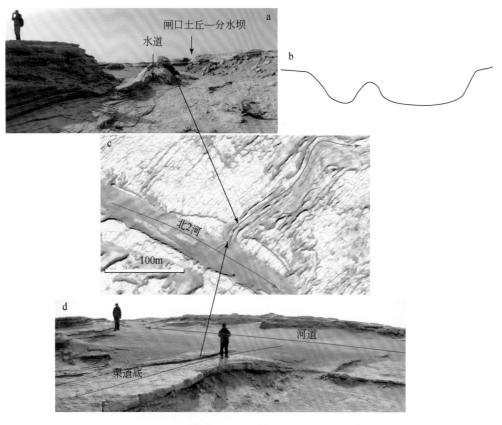

图9-1-3　南灌渠渠首2
红箭头为水流方向。a. 渠首分水坝地貌；b. 渠首横剖面结构图；c. 平面结构遥感图；d. 北2河引水处地貌景观

渠首2则是渠道从北2河引水灌溉的一个引水口（图9-1-1）。分别从北2河、北3河向同一片耕地灌溉区引水是楼兰灌溉系统的一大特点。既反映了当时强大的灌溉能力，也反映了当时河水水资源的变化和不稳定。

渠口处，也有一个宽1.5m、长3~4m、高1.5m左右的土丘，土丘与渠坡间是宽1.5m左右的沟槽——闸口分水坝。地貌特点是：①灌渠底比河道底高；②灌渠与河道的相交角度指示了河水流向。虽然渠首的整个土丘走向与雅丹风蚀方向接近，但表面泥岩地层呈与土丘同样形态的圆弧形状，而非周围雅丹地层那样的水平产状，说明不是风蚀成因，而是原来就有的原始水底沉积。因此应该是渠道引水时的原始地形，分析认为也是渠首的分水闸。

3）渠首3：东灌渠渠首

东灌渠是从南部北2河天然河道引水灌溉东部耕地的水利设施（图9-1-4），同样在引水口存在一个高约1m的土丘，分析认为也是闸口分水坝。

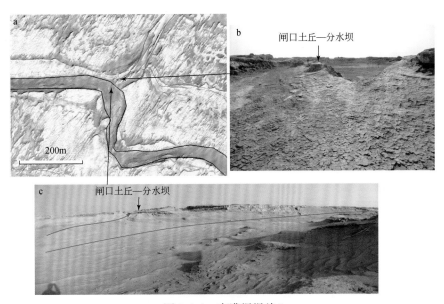

图 9-1-4　东灌渠渠首 3

a. 引水口渠首位置图；b. 渠首分水坝地貌（面南）；c. 引水口外北 2 河天然河道（面北）

总结以上三个渠首的特点，可以发现引水口处的土丘与风蚀方向无关，说明不是风蚀成因，而是原来就有的，因此可以得到结论：在几个渠首引水口都存在分水坝的闸口结构。

3. 水道形态

北段：图 9-1-1 中 A 区的渠道水道呈圆弧形（图 9-1-5），泥岩构成的渠底由于抗风蚀，常常成为凸出地表的雅丹顶（图 9-1-5d）。附近炉渣显示存在人类活动，实际上村落级遗存点 14-1 就坐落在水渠南侧不远处，这里有大量陶片分布。

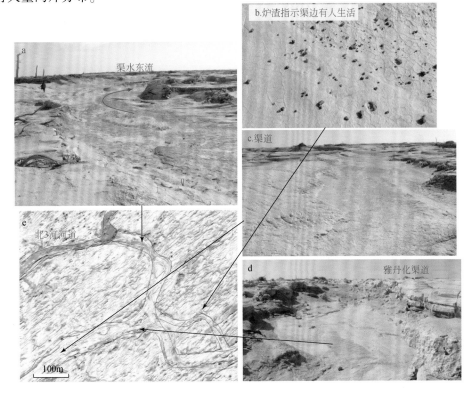

图 9-1-5　水道北段的地貌形态

a. 引水口处渠道地貌（面东）；b. 水渠边炉渣；c. 圆弧形泥质渠底；d. 雅丹化水道景观；e. 引水口附近遥感图

北段南部：图 9-1-1 中 B 区，这里同样在水道北侧分支中段，也具有良好的圆弧形泥质河床（图 9-1-6），圆弧形渠道床宽 15～20m，深 1.5m。这里主渠道是晚期水道，早期水道在其北侧，均有圆弧形泥质渠底。在这一段调水渠道走向北西，与北东–南西向的风力方向近于垂直，因此与北东–南西向的雅丹长垄有明显区分。野外观察发现，这时的水渠上风一侧边坡（即东北岸边坡）通常风蚀强烈，常常很少残留，而另一侧边坡（即西南边坡）则保留较好。而当渠道走向与风向接近时，强烈的风蚀会造成风蚀槽与水渠难以区别，尤其在地面观察时很难辨认，这时渠道的泥质渠底因抗风蚀能力强常常成为雅丹顶。

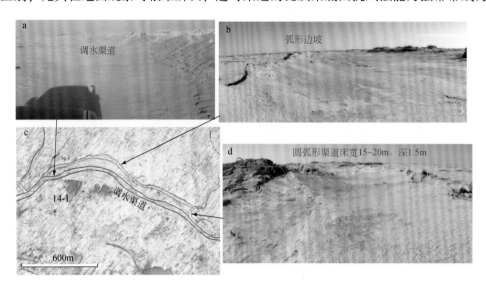

图 9-1-6　调水渠道北段南部的圆弧形渠底地貌形态（14-1 为遗存点编号）

a. 调水主渠道；b. 雅丹化圆弧形泥质渠底；c. 中段遥感图；d. 圆弧形泥质渠底景观

中段北部：图 9-1-1 中 C 区，渠道同样也均具有良好的圆弧形河床（图 9-1-7）。并且在渠道边发现大量陶片、动物骨片等人类活动痕迹，被定为 14-2 遗存点。渠道边坡有两层芦苇秆，是古人维修渠道时将渠内泥土堆在渠道两侧边坡时，将地表芦苇埋压在下而形成，因此古人至少曾两次维修过渠道。

图 9-1-7　中段北部灌渠的圆弧形主渠道与支渠

a. 圆弧形泥质渠道（面南）；b. 圆弧形泥质渠道边坡剖面（由含炭屑红烧土角砾的堆土叠盖在芦苇层之上）（面南）；c. 水道中段分叉处遥感图

中段南部：图 9-1-1 中 D 区，渠道同样也均具有良好的圆弧形河床（图 9-1-8）。渠深 1.2m 左右，宽约 16m。渠道两侧原地面因强烈风蚀已成为凹槽负地形，很容易被误认为水道，但从风蚀槽缺乏连续性、贯通性，可以将其与渠道区分开。调水灌渠在这一段因泥质渠底抗风蚀能力强，反而成为雅丹顶正地形。这段灌渠也是水道圆弧形形态保存最好的地段。

图 9-1-8　中段南部渠道的圆弧形渠底

a. 圆弧形泥质渠道与右侧的风蚀槽；b~d. 保存较好的圆弧形泥质渠道边坡；e. 水道中段遥感图

东段：渠道东段两侧有大面积的耕地分布，是该调水灌渠系统主要的灌溉区。这里地表常见炉渣分布，也有 14-4 等多个遗存点。有不同级别的渠道，即使规模较小的支渠也有圆弧形泥质渠底（图 9-1-9）。

4. 渠道的人工证据

水道是否人工修建或维护过是区分其为天然河道还是人工渠道的重要依据。在这条长达 10km 左右的水道两岸我们发现了多处渠道与人类活动相关的遗迹。

在调水渠道中段的 14-2 遗存点，发现附近水道的边坡由红烧土角砾混杂土堆砌而成（图 9-1-10），其中还混有炭屑，这种渣土质边坡，只能是古人利用生活渣土维护水渠时在水渠边坡留下，因此红烧土角砾和炭屑指示渠道边坡存在人工维护，这是人工水道的关键证据。角砾堆土层直接覆盖在芦苇层之上，清楚指示了人工修缮的特点，而且观察到有两层芦苇层被泥质堆土层覆盖，说明渠道至少有两次人工修缮。洪水沉积不可能将芦苇地上部分的茎秆完全被压伏在泥土之下，显然是古人疏浚水渠时从渠内掏出的泥土被堆在两岸，直接压覆在渠边生长的芦苇之上而形成，因此也指示了水道存在人工维护。

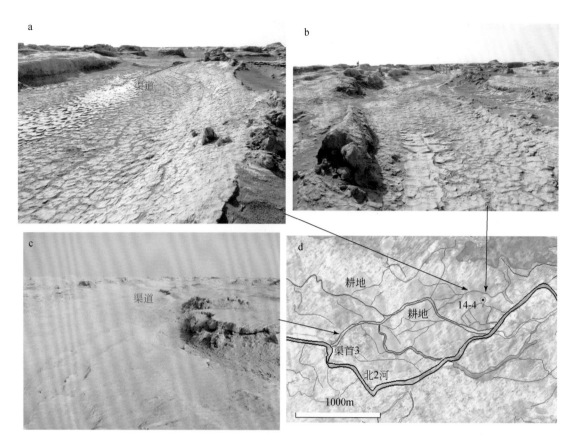

图 9-1-9　渠道东段的圆弧形河床

黄图钉为渠首；数字为遗存点编号。a、b. 圆弧形泥质渠道；c. 泥质渠底负地形；d. 水道东段位置遥感图

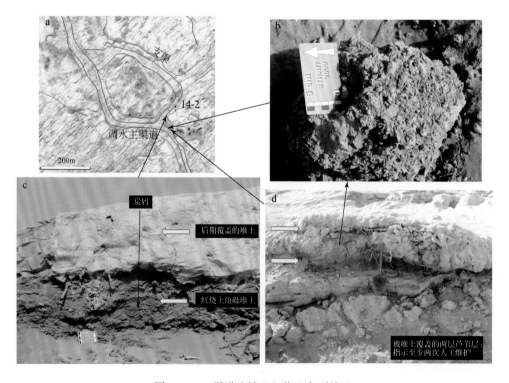

图 9-1-10　渠道边坡上红烧土角砾堆土

a. 遥感位置图；b. 含炭屑红烧土角砾堆土；c. 渠道边坡的红烧土角砾堆土地层；d. 渠道边坡覆盖在芦苇层之上的堆土层

在图 9-1-1 中的 D 区，渠道边坡观察到覆盖在芦苇层之上的边坡土层厚度高处厚、低处薄（图 9-1-11），这个特点与正常水道沉积低洼处厚、高处薄正好相反，这与倒伏的芦苇茎秆层一起指示了人工修缮渠道时挖取沟内淤泥堆放两岸边坡造成的结果。

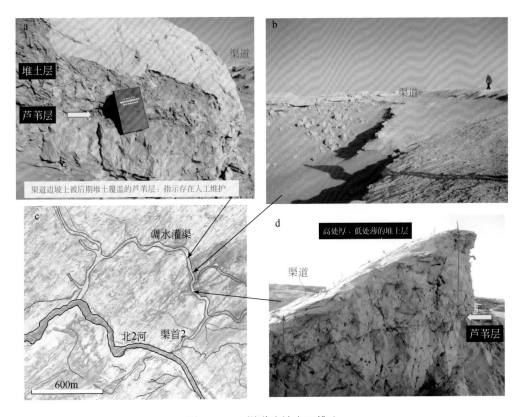

图 9-1-11　渠道边坡人工堆土
a. 被堆土掩埋覆盖的芦苇茎秆层；b. 圆弧形泥质渠道边坡；c. 遥感位置图；d. 渠道边坡覆盖在芦苇层之上的上厚下薄堆土层

对红烧土角砾堆土层中炭屑的 ^{14}C 测年结果，显示为元明时期。因此这条调水渠道至少在元明时期被人修缮利用过。但是从渠道附近村落遗存点 14-1 与 14-2 的陶片器物特点与楼兰古城内的陶片相似来看，该渠道应是属于汉晋时期的。因此这条调水渠道可能在汉晋时期就已存在，元明时期又被后人再次修缮利用。

5. 渠道边的村落遗址和人类活动遗迹

1）渠道北段两侧的人类活动遗物

在渠道沿线两岸附近发现多处古村落遗存点，14-1、14-2、14-4 等遗存点地表均有大量陶片、炉渣、铜器残片等遗物分布，在北 3 河北岸还有一座附属 14-1 遗存点的白佛塔，其周围也有很多陶片（图 9-1-12）。这些发现说明沿渠道两侧存在密集的人类活动，水道两岸曾有很多古人生活居住过。

渠道中段红烧土角砾人工边坡附近的小聚落级 14-2 遗存点，也有大量陶片、铜器、骨片分布（图 9-1-12d、e），规模上虽不一定是村落，但说明至少有人在此生活过。

渠道东段 14-4 遗存点附近耕地内同样存在大量炉渣、陶片和石磨盘等人类活动遗物（图 9-1-13），体量较大的铁器残块（图 9-1-13b）可能是车辔残片，附近还捡到猪头残骨，均反映了曾经的人类生产活动。

2）渠道东段两侧耕地

在水道东南段的北 2 河北岸一带有大面积的耕地分布，其边界截然，遥感图像上颜色偏浅红灰色，是成规模的农业种植区（图 9-1-13a、c）。区内支渠很多，是完备典型的灌溉系统。水道显然是为了灌溉耕地才利用已有古代小型河沟修建而成。

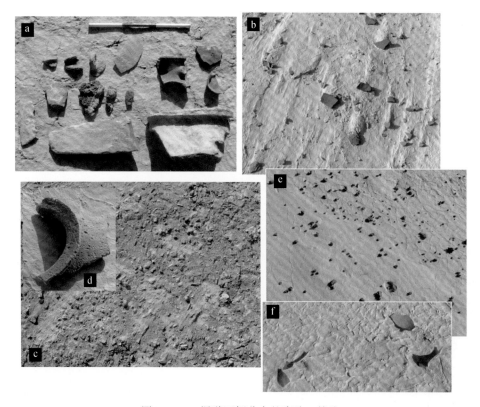

图 9-1-12　渠道两侧分布的陶片、炉渣

a. 14-1 白佛塔附近的陶片、石器；b. 北 3 河河床上散布的陶片；c、d. 14-2 遗存点的动物碎骨片和陶器口沿残片；
e、f. 图 9-1-1 中 A 区渠边陶片和炉渣

图 9-1-13　渠道东段 14-4 遗存点周边耕地内的炉渣、陶片和石磨盘

a. 耕地的石膏结壳地表；b. 铁器残片和石磨盘；c. 渠道东段位置图；d. 地表炉渣

6. 引水渠道的用途

根据渠道周边遗存点、耕地、洼地（涝坝）等其他遗址的分布（图9-1-14），分析北部引水渠的可能用途是：①灌溉南部大面积的耕地；②向洼地涝坝（古水库）输水。而南部引水渠的用途也是向耕地区引水灌溉。

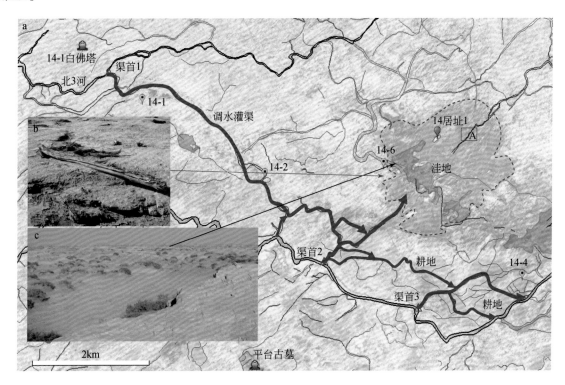

图 9-1-14　北部引水渠和南部引水渠的流向

黑线为主河道；蓝线为次级水道；品红线为古河道；带箭头粗蓝线为调水渠道及其流向；蓝点线为洼地积水区；红三角为渠首；
绿点和数字为遗存点及其编号；蓝点为遗址点及其名称；红框和字母为后文提到位置和编号。
a. 渠道流向；b. 台地上枯死红柳、胡杨；c. 洼地内仍存活的红柳

洼地涝坝是一处约2km×2km的洼地，比台地区低3～5m，由于地势低洼，其中生长的红柳至今仍然存活，而台地上的红柳则均已枯死。20世纪初前人考察时（Hörner and Chen，1935）这里还是淡水的积水洼地（图4-3-1a）。洼地的东侧有一些雅丹将其与东侧罗布泊隔开，水只能经过雅丹间的小沟外流。此处洼地有可能是简牍中记载的"大涿池"，但尚待进一步考证。

经分析认为，原来用南部引水渠引水灌溉，南部河流水量不够后，开始用北部引水渠从北部河流引水。

7. 洪水的证据

整个楼兰地区不同时期的洪水证据很多，这里主要介绍调水灌渠沿线的洪泛证据。遥感图像上在调水灌渠的北段，沿渠道两侧有很多泥质地层，与渠道大致同向延伸，但边界不规则（图9-1-15），由于泥岩抗风蚀，其外侧常形成风蚀槽，因而将泥质地层凸显出来。渠道通常在这种泥质地层中间，这正是洪水发生时，大水决堤后淹没两岸，留下的淤泥质洪泛沉积，洪水退去后，淤泥硬化成泥岩。这种沉积不仅在这条调水灌渠两侧常见，而且在楼兰其他地方的河道两侧也普遍存在，因此正是洪水泛滥的重要证据。

8. 其他地段的灌渠

在其他地段还有很多灌渠，如四间房遗址就是典型的灌渠-耕地-涝坝-民居为一体的农舍模式。孤台古墓、高台古墓、楼兰东北1号墓地等所在也都是灌渠-耕地-民居-墓地模式的灌溉农耕系统。15-3、15-4、

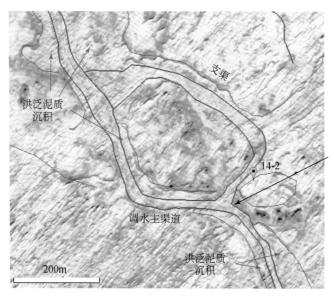

图 9-1-15　调水灌渠两侧的洪泛泥质沉积

蓝线为水道；绿点、红线和数字为遗存点、范围及其编号

15-5 遗存点也有类似灌渠-村落系统。图 9-1-16 是 14-3 遗存点附近的河道系统，均有圆弧形泥质河底地层存在，附近地表也发现很多不同时期的器物，包括早期的细石叶、玉斧、石镞和晚期的陶片等。在 14-3 遗存点附近的河边发现有被泥岩掩埋的胡杨，说明这里也曾发过洪水。

图 9-1-16　14-3 遗存点附近的水道

a. 遥感位置图；b、c、e. 圆弧形泥质河床；d. 被泥岩掩埋的胡杨木

9.2　大涿池与涝坝

科考发现多处涝坝洼地，即古代的池塘或水库。从图 9-1-14 上可以看到一个现象，即从北边河道调向南部的水，一支到了农田分布区，但还有一支却调向了东北方向的一处洼地。实际上这个洼地在 20 世纪初的前人考察报告中就是一个淡水小湖。

1. 史书记载

据楼兰出土的木简记载如下。

孔木 2（LA，Ⅱ，ii）：

史顺留矣（?）□□为大涿池深大又来水少许月末左右已达楼兰

这表明当时确实存在蓄水涝坝——大涿池，且距离楼兰不远。大涿池究竟在哪里？或者说楼兰时期的涝坝具体在什么位置？

2. 洼地地貌结构

考察北水南调的一支进入的洼地（图 9-1-14），该洼地与四条水道相连，其中西北、西南两条水道为流进方向，而东北和东南两条水道为流出方向，东北流向的水道与雅丹走向相同，因此与雅丹混淆难辨，但从东北远处水道的延长方向，可以辨识出该水道。对洼地的分析发现：

（1）该区地势低洼，四周为地势相对较高台地；

（2）东南部有高台地梁将其与东侧低地分开；

（3）周围有水道相连，但中心部位无水道，显示洼地中央为相对静水环境；

（4）洼地东部有建在小岛上的 14 居址 1，西侧有 14-6 遗存点，均发现很多陶片、炉渣等器物。

洼地内至今仍生长着红柳，但西侧略高 2m 的台地上红柳、胡杨均已死亡。洼地西侧与台地之间过渡地带有积水干涸后留下的盐壳，也有岸边死亡的胡杨，这些显示洼地曾经积水。

3. 洼地东北水道附近的小涝坝

在附近还有几处小型涝坝，分述如下。

1）长方台村落村东渠边小涝坝

图 9-1-14 中的 A 区，位于长方台村落（即 14 居址 1）东约 320m 的东北外流渠道北侧渠边（图 9-2-1）。涝坝的坝体混有瓦片、碎石，显示出其人为性质（图 9-2-2）。

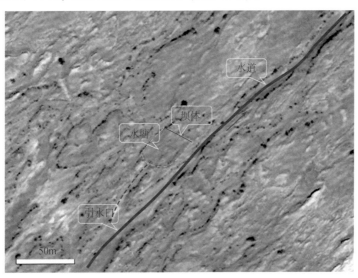

图 9-2-1　长方台村落村东渠边小涝坝位置

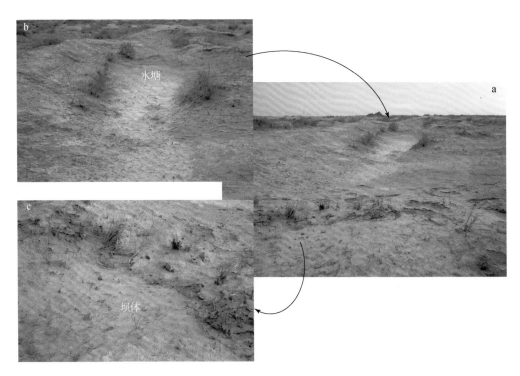

图 9-2-2　长方台村落村东渠边小涝坝坝体结构

a. 小涝坝地貌；b. 周边仍有存活红柳的水塘；c. 混杂较多大小不等碎石、瓦片的坝体

　　显然这只是一个小户用水涝坝，规模很小，从外貌推判废弃时代可能不会很久远，是一个小户家庭用水的蓄水涝坝。根据陈宗器等人给出的淡水湖分布位置，推测很可能就是 20 世纪初留下的。

　　2）长方台村落村东北正方形涝坝

　　该涝坝位于长方台村落（14 居址 1）的东北侧，距离约 180m（图 9-2-3），为近正方形洼地，约 20m×25m，洼地内有过积水，四周长红柳，深 1.5m 左右。

图 9-2-3　长方台村落村东北正方形涝坝

a. 涝坝位置遥感图；b. 涝坝地貌；c. 引水毛渠的芦苇

其近于正方的形态显然很难用自然的风蚀洼地来解释。这个蓄水涝坝可能是长方台村落的古人所留下，但不排除近代仍有人利用的可能。

3）水道侧涝坝

该涝坝位于长方台村落东 2.9km，是在东北向外流水道边存在的另一个小型涝坝（图 9-2-4）。这里的水道形态也十分完整，尤其是河堤高出地面，长满芦苇和红柳，而且红柳都是存活的，因此抗风蚀能力强。但西堤突然出现一个宽 2m 左右的豁口，用风蚀很难解释，推测是人为扒开的一个豁口。在堤外是一片洼地，有积水从水道中流出注入洼地，有洼地干涸后留下的水迹，从洼地形态分析这是一个人为蓄水的涝坝，但这附近未发现居址，可能专供牛羊饮用，形成时代可能也不会很早。根据水道两岸残留芦苇分析，至少 20 世纪初这里还有水通过。

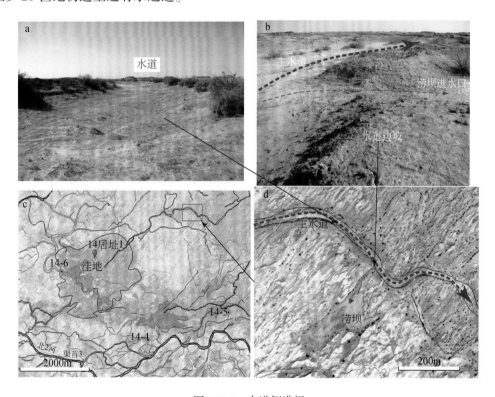

图 9-2-4　水道侧涝坝

蓝箭头为水流方向。a. 槽型水道；b. 水道边坡缺口；c. 涝坝位置遥感图；d. 涝坝平面遥感图

4. 洼地周边的人类活动遗迹

在洼地周边存在多处人类活动遗迹，洼地北部的长方台村落（即 14 居址 1），位于一片湿地之中，周围布满芦苇。在洼地西侧的 14-6 遗存点也有大量的陶片分布，还发现了耳珰（装饰品）、铜镞（武器）、窑炉炉渣（工坊）等遗存，说明也是一个有一定规模的村落。显然这个洼地的水应该是淡水，才能支撑这片遗址的存在。鉴于该长方台村落的典型性，我们称这片规模宏大的洼地为"长方台大涝坝"。

陈宗器于 20 世纪 30 年代考察罗布泊地区时，这里仍是一处淡水湖湾，因此很可能在楼兰时期就已经作为淡水水库在使用，史书记载的大涿池可能就是此处。上面介绍的另外几处行迹新的小型涝坝有的可能是近代留下的。

5. 洼地用途

总结以上特征，我们认为：

（1）这个主洼地是有目的蓄水洼地；

（2）东北外流水道可能有人为修缮；

（3）洼地东南侧的雅丹高台地分隔带是东南外流水道适合修建坝体的部位；

（4）这些特征表明该洼地确实具有涝坝性质，很可能就是楼兰木简记载的"大涝池"，用来丰水时储蓄淡水，供周边居民生活灌溉使用。

9.3　四间房灌渠耕地涝坝农舍系统

四间房是东汉时期的一处新发现遗址，这是一处最典型的农业灌溉系统。灌渠从北1河引水，到耕地后水储存在大涝坝中，涝坝附近是农舍，居住种地的居民（详见6.3.1节）。

9.4　楼兰的耕地

9.4.1　楼兰耕地的特征

楼兰古城遗址周边的耕地具有以下特征。

（1）遥感图像上表现为边界平直、规则的醒目斑形地块（图9-4-1）。地块具有以下特征：①内部地势较为平坦、起伏的雅丹地貌少。②颜色较周边略深。其中有色调偏暗和色调偏浅红的两种色调，后一种集中分布在东部的北2河北岸，而前一种则分布广泛。两种色调可能与耕作时间有关，深色者可能形成较早，是汉晋楼兰时期长期耕作的耕地，色浅者则时代较近，可能主要在元明时期耕作。③斑块的平直边界与北东走向的雅丹地貌大角度相交，因此排除了风蚀成因，有人为特征。④地块规模宏大，边长多在200～1000m。显然只有成规模的人群才能耕作如此规模的田地，因此其耕作者应该是屯戍的军队或大地主。

（2）所有这类地块均有渠道或河道相通。河渠或从地块边上通过，或直接穿过地块，可见这些地块与用水有密切关系。沟渠在疑似耕地地块中的排列有几种形式，一种横向斜穿地块，称目字形灌渠，一种则沿天然河沟蜿蜒弯曲，称河沟灌渠。因此可以归纳出两种耕地宏观类型：目字形耕地和放射状耕地，前者与敦煌沙洲地区锁阳城附近的古代田字形耕地相似，后者是楼兰地区所独有。

楼兰地区年降水量不足20mm，因此古代耕地只能依靠引河水灌溉，这也是所有耕地都有灌渠水道相连的原因所在。

（3）所有这类斑状耕地均有大量的古人活动遗迹。野外考察发现，在一些地块内发现了汉晋时期的古代铜镞头、加工过的玉石器，一些地块附近有农舍遗址，如楼兰东南遗址的LD农舍遗址、四间房遗址均在耕地边。一些地块内有汉晋古墓，如LC孤台古墓、楼兰东北古墓、平台古墓均位于面积10hm² 以上的耕地中。

（4）耕地处现在的地面均是一层厚度10～30cm、水平产状的石膏结壳层（图9-4-2）。石膏结壳由单片厚1mm左右的石膏片复合而成，质地坚硬，风化后表现为圆形碗状翘起，碗状翘起直径达20～50cm。耕地外雅丹通常比石膏层高50～100cm，有的耕地内石膏层上仍有雅丹地层残留。

在有些耕地这种石膏层只局限于地块内存在，地块外相邻雅丹地层中就没有。但在一些耕地里，石膏层也可以延伸到地块外，只是石膏含量变低。

由于石膏结壳层质地坚硬抗风蚀，阻止了雅丹地貌的进一步发育，因此此处成为一片地势相对平坦的较高地面。在一些地方，石膏结壳层分布在不同高度的台面上，呈梯田状，如LC孤台古墓周边有三级石膏结壳台地环绕，最内一级最高，宽4～5m，第二级宽度相近，第三级是大片耕地，相邻两级台面高差在0.6～1m之间。

显然石膏层之上原来还有厚度50～100cm 的土层，只是因风蚀而消失。

（5）耕地石膏层表土样品里含有指示农作物的禾本科大花粉。这是判别该处是否为耕地的关键证据。

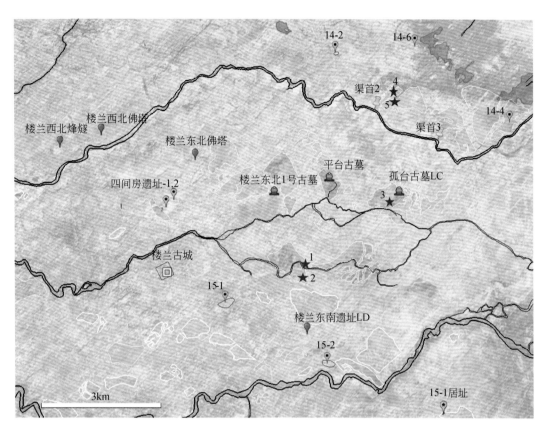

图 9-4-1　楼兰古城附近的耕地

黑线为古河道；白线为耕地；方框为楼兰古城；颜色点和数字为遗址遗存点及编号；蓝点为古墓。单个数字是孢粉样品点，其中 1 为 LN0812-3；2 为 LN0812-142-1～3；3 为 LN0812-FC-13；4 为 LN0812-FC-6～10；5 为 LN0812-FC-11

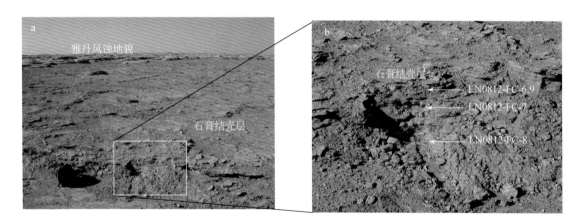

图 9-4-2　耕地的石膏结壳层（编号与箭头指示采样部位）

9.4.2　耕地石膏层表土样品的孢粉组合特征

我们分析了在不同的耕地地块内采集的 8 个表土样的孢粉组合特征，其中 LN0812-FC-6、9 采自同一地块石膏结壳表层，LN0812-FC-10 采自该地块中间残留路基西侧基脚，LN0812-142-1～3 采自同一耕地的顶部绿色石膏结壳层、中部红色石膏结壳层和下部原始粉砂岩地层（表 9-4-1，图 9-4-3）。结果发现：

（1）当地植被为荒漠草原–荒漠类型。8 个样品共计鉴定出 40 多个科属，其中最常见有十几种（表 9-4-1），均以草本植物花粉为主，含量 66% ~ 93%，其中禾本科、毛茛科、蒿属、藜科最多，菊科（含蒲公英型、大蓟型、紫菀型和苍耳），葡萄科次之，少量胡桃属和榆属；灌木则以麻黄属、白刺属为主。所有样品的孢粉浓度都很低，8 ~ 47 粒/g，蒿属、藜科两类花粉总量仅占 14% ~ 35%，可见当时的楼兰应属荒漠草原环境，气候干旱。湿生莎草科与水生香蒲属、黑三棱属的出现显示附近有沼泽湿地，结合云杉属、松属等外来乔木花粉特点，可见河水是楼兰地区的主要水源。

表 9-4-1　疑似耕地表土样品孢粉组合的主要特征

植被类型		4 号点			3 号点	1 号点	2 号点		
		LN0812-FC-6	LN0812-FC-9	LN0812-FC-10	LN0812-FC-13	LN0812-3	LN0812-142-1	LN0812-142-2	LN0812-142-3
Picea	云杉属	5/0.77/1.6	6/0.50/4.3	6/0.93/11.8	8/1.23/7.5	24/2.59/8.1	13/1.64/6.1	5/0.74/6.9	0/0.00/0.0
Pinus	松属	12/1.86/3.9	3/0.25/2.1	2/0.31/3.9	7/1.08/6.5	18/1.95/6.1	4/0.51/1.9	2/0.30/2.8	0/0.00/0.0
Juglans	胡桃属	4/0.62/1.3	5/0.42/3.5	0/0.00/0.0	4/0.61/3.7	4/0.43/1.4	0/0.00/0.0	4/0.59/5.6	0/0.00/0.0
Ulmus	榆属	3/0.46/1.0	0/0.00/0.0	0/0.00/0.0	0/0.00/0.0	5/0.54/1.7	6/0.76/2.8	4/0.59/5.6	0/0.00/0.0
其他乔木		2/0.31/0.7	3/0.25/2.1	1/0.15/2.0	2/0.31/1.9	6/0.65/2.0	7/0.89/3.3	4/0.59/5.6	0/0.00/0.0
Ephedra	麻黄属	23/3.56/7.5	10/0.84/7.1	0/0.00/0.0	4/0.61/3.7	3/0.32/1.0	38/4.81/17.8	0/0.00/0.0	0/0.00/0.0
Nitraria	白刺属	4/0.62/1.3	2/0.17/1.4	1/0.15/2.0	6/0.92/5.6	0/0.00/0.0	2/0.25/0.9	1/0.15/1.4	0/0.00/0.0
其他灌木		4/0.62/1.3	1/0.08/0.7	0/0.00/0.0	0/0.00/0.0	2/0.22/0.7	2/0.25/0.9	2/0.30/2.8	3/0.40/6.8
Artemisia	蒿属	60/9.29/19.7	16/1.34/11.3	5/0.77/9.8	12/1.84/11.2	26/2.81/8.8	41/5.19/19.2	5/0.74/6.9	7/0.94/15.9
Chenopodiaceae	藜科	47/7.27/15.4	23/1.93/16.3	5/0.77/9.8	9/1.38/8.4	37/4.00/12.5	22/2.78/10.3	5/0.74/6.9	5/0.67/11.4
S-Gramineae	小禾本科	52/8.05/17.0	35/2.93/24.8	16/2.47/31.4	16/2.46/15.0	35/3.78/11.9	49/6.20/23.0	15/2.21/20.8	3/0.40/6.8
L-Gramineae	大禾本科	11/1.70/3.6	9/0.75/6.4	4/0.62/7.8	1/0.15/0.9	6/0.65/2.0	2/0.25/0.9	3/0.44/4.2	2/0.27/4.5
Ranunculaceae	毛茛科	43/6.66/14.1	7/0.59/5.0	5/0.77/9.8	23/3.53/21.5	76/8.21/25.8	0/0.00/0.0	4/0.59/5.6	19/2.54/43.2
Sparganium+typha	黑三棱属+香蒲属	2/0.31/0.7	3/0.25/2.1	0/0.00/0.0	1/0.15/0.9	1/0.11/0.3	2/0.25/0.9	0/0.00/0.0	0/0.00/0.0
Cyperaceae	莎草科	2/0.31/0.7	6/0.50/4.3	2/0.31/3.9	2/0.31/1.9	11/1.19/3.7	5/0.63/2.3	2/0.30/2.8	0/0.00/0.0
Urtica+Humulus	荨麻属+葎草属	4/0.62/1.3	1/0.08/0.7	3/0.46/5.9	0/0.00/0.0	1/0.11/0.3	8/1.01/3.8	1/0.15/1.4	0/0.00/0.0
Vitaceae	葡萄科	2/0.31/0.7	1/0.08/0.7	0/0.00/0.0	0/0.00/0.0	2/0.22/0.7	3/0.38/1.4	2/0.30/2.8	0/0.00/0.0
Compositae	菊科	18/2.79/5.9	3/0.25/2.1	0/0.00/0.0	2/0.31/1.9	5/0.54/1.7	5/0.63/2.3	1/0.15/1.4	3/0.40/6.8
其他草本		6/0.93/2.0	6/0.50/4.3	0/0.00/0.0	9/1.38/8.4	32/3.46/10.8	4/0.51/1.9	12/1.77/16.7	2/0.27/4.5
孢子		1/0.15/0.3	1/0.08/0.7	1/0.15/2.0	1/0.15/0.9	1/0.11/0.3	0/0.00/0.0	0/0.00/0.0	0/0.00/0.0
孢粉浓度/（粒/g）		47.21	11.81	7.88	16.44	31.89	26.94	10.63	5.88

注：表中 "**/**/**" 三个数据含义为"孢粉数（粒）/浓度（粒/g）/孢粉百分含量（%）"。

（2）禾本科孢粉含量很高，在 20% ~ 39% 之间，具有现代耕地表土样品特点。禾本科花粉具有低代表性特点（阎顺和许英勤，1989；王奉瑜等，1996；李宜垠等，2000；许清海等，2007；罗传秀等，2007），一般只有农田中禾本科花粉含量才会超过 20%。采自耕地的样品禾本科孢粉含量远高于 20%，因此这些地块是耕地的可能性很大。LN0812-FC-13 和 LN0812-3 两个样品禾本科孢粉含量偏低与其中毛茛科含量高有关。

（3）代表农作物的大孢粉含量高。Joly 等（2007）提出用孔环直径 11μm 和花粉粒径 47μm 作为区分禾本科农作物和杂草的标准，通常只有禾本科农作物花粉粒径才大于 47μm，孔环直径大于 11μm。慎重起见，我们采用 50μm 作为划分大禾本科的标准，结果发现所有来自疑似耕地的样品均含有大禾本科

（图 9-4-4）。4 号点的 LN0812-FC-6、9、10 样品大禾本科数量最多，含量高达 3.6% ~ 7.8%。2 号点的 LN0812-142-1 ~ 3 样品也均含大禾本科，采自底部、代表粉砂质原始沉积层的样品 LN0812-142-3 虽也含大禾本科花粉，但孢粉总量和禾本科孢粉含量都极低，与顶部石膏结壳层的 LN0812-142-1、2 号样品悬殊，其大禾本科可能来自上部地层的混染或淋滤，因此样品 LN0812-142-1、2 与样品 LN0812-142-3 是石膏层与原始沉积地层的最好对比，一方面说明石膏层与原始沉积地层是不同环境下的产物，另一方面可以确定这些地块确实种植过农作物。

（4）前人研究表明荨麻、葎草、莎草、车前、马齿苋、豚草、苍耳等花粉都属于伴人植物花粉（Hjlle，1999；李宜垠等，2003，2008）。六个样品中出现荨麻、葎草等伴人植物花粉，LN0812-FC-6，LN0812-FC-10，LN0812-142-1 三个样品中含量较高。LN0812-FC-13、LN0812-3 中生毛茛科含量最高，分别超过 21% 和 25%。这些伴人植物花粉的出现也从另一个角度说明这些地方曾有人类居住活动。

综上所述，可见当时的楼兰是典型的人工绿洲植被类型，有大片依靠人工灌溉的耕地，古注滨河是绿洲的主要淡水水源，维系了古楼兰绿洲数百年的生存历史。

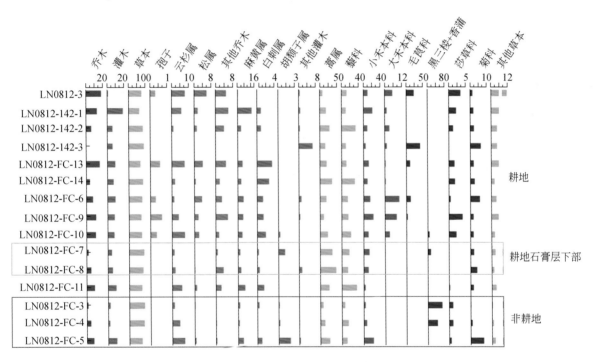

图 9-4-3　楼兰表土孢粉组合

单位：%。小禾本科为直径<50μm 的禾本科花粉；大禾本科为直径>50μm 的禾本科花粉，单位为粒数。来自耕地的样品为 LN0812-3，LN0812-142-1 ~ 3，LN0812-FC-13 和 LN0812-FC-14；LN0812-FC-13 来自石膏壳，LN0812-FC-14 来自支渠底部。LN0812-6 ~ 10（LN0812-10 来自耕地中一条残存道路的路基）。LN0812-FC-11 为石器发现地。来自非耕地的其他样品为 LN0812-FC-3（40°38′44.9″N，90°7′7.2″E，LE 遗址），LN0812-FC-4（40°35′42.3″N，89°57′25.3″E），LN0812-FC-5（40°34′54.7″N，89°57′36.3″E）

9.4.3　耕地石膏结壳层的成因分析

土壤学表明土壤层可以从上到下分成 A、B 两层，A 层是淋滤层，B 层是淀积层。一般情况下，淀积层主要是来自 A 层的碳酸盐被淋滤下来后在土壤下部淀积的碳酸盐假菌丝体、钙结核或钙板。由于塔里木盆地气候环境极度干旱，河水主要是富 SO_4^{2-} 硫酸根型水，因此硫酸钙取代碳酸钙成为这个地区主要的盐类沉积，罗布泊的钾盐矿就主要是风化成因的硫酸钾，而楼兰地区耕地内主要的淋滤淀积矿物就是硫酸钙，石膏结壳层正是土壤 B 层的石膏淀积层。

楼兰地区降雨极少，属于新疆降雨量最少的地区，因此降雨很难形成自然土壤剖面上的淋溶淀积过

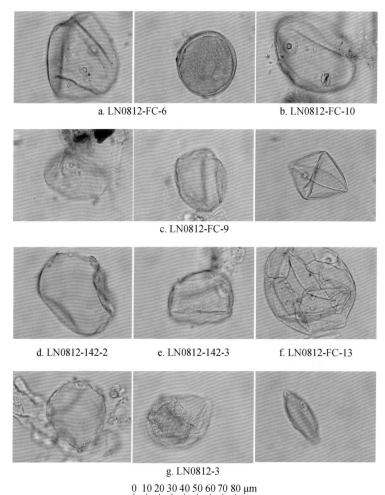

a. LN0812-FC-6 b. LN0812-FC-10

c. LN0812-FC-9

d. LN0812-142-2 e. LN0812-142-3 f. LN0812-FC-13

g. LN0812-3

0 10 20 30 40 50 60 70 80 μm

图 9-4-4　楼兰耕地石膏层表土样品中的禾本科大孢粉显微照片

程，只有耕地存在长期引水灌溉。这些耕地地块都有人工河渠相通，便于人工灌溉，因此正是长期的人工灌溉后，水在耕地土层内下渗，导致近地表土壤盐类被淋溶后带到土层下部重新淀积形成石膏淀积层。

而后来这些耕地废弃后，在长期的风力作用下，厚 30~60cm 的近地表耕作层由于相对疏松而被风蚀殆尽，最后将土层下部的石膏结壳层暴露出来。由于石膏结壳层质地坚硬，抗风蚀能力强，最后形成了以石膏结壳层为地表的特殊地貌景观。因此地表石膏结壳层是野外判断是否存在耕地的重要依据之一。

但必须指出，在楼兰地区的地层中也会有一些原生盐类石膏沉积层，灌溉水下渗遇到这种原生石膏层后会进一步淀积，增加石膏含量。这种原生石膏层会极大干扰野外对耕地的识别。因此在楼兰地区地表石膏层的存在是判断耕地的重要标志，但不是唯一标志，还必须结合其他证据，宏观证据是石膏层所在地块必须在遥感图像上具有规则的边界而有别于自然沉积成因的石膏层，且地块内或边上存在人类活动遗迹以凸显其人为属性；微观证据是石膏层样品内必须含有指示农作物的禾本科大花粉。

9.5　敦煌沙洲与楼兰耕地灌渠对比

考察了敦煌沙洲地区四个古城附近的古代耕地灌渠。它们自东而西分别是锁阳古城、破城子（常乐城）古城、巴州古城和阳关寿昌古城。

1. 锁阳古城周边耕地和灌渠

图 9-5-1、图 9-5-2 是锁阳古城及其周边的灌渠耕地。耕地呈明显的网格状，黑色线条是耕地间的地

垅灌渠。这里的耕地有大量的历史记载，汉时曾驻军 10 万人，最多时有 30 万人。

锁阳古城也是夯土筑成，清朝才废弃，所以保存较完好。古城南侧耕地内的渠道仍有很好的槽状地貌形态（图 9-5-1b），耕地内有很多陶瓷残片，显示有过很多的人类活动。但在城东实地调查却看到灌渠只是一条小砾石组成的低矮垅岗，而网格状耕地都是雅丹化的垄槽（图 9-5-2），实地很难辨认这些灌渠和耕地，灌渠性质是人们根据上游保存较好的沟槽和分水闸确定的。这种网格状耕地地貌我们称为田字形耕地。

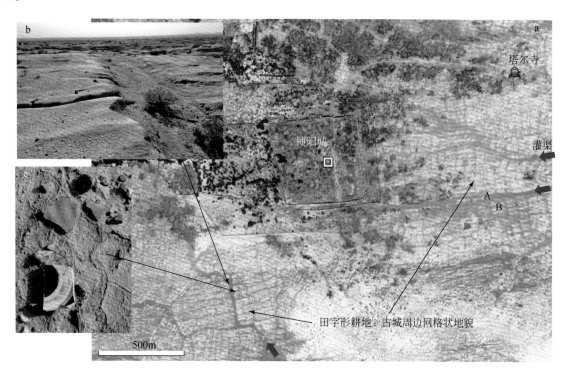

图 9-5-1　锁阳古城和周边田字形灌渠耕地

a. 耕地–灌渠遥感图；b. 灌渠渠道；c. 耕地内的陶、瓷残片。

方块为古城；红线为城区；青线为古道；红箭头为灌渠；字母 A、B 是图 9-5-2 中位置

图 9-5-2　锁阳古城东的灌渠和耕地

a. 图 9-5-1A 点灌渠地貌；b. 图 9-5-1B 点雅丹化耕地地貌；c. 耕地地层结构

2. 破城子（常乐城）古城周边耕地和灌渠

破城子古城位于现在锁阳城镇绿洲的西北端，古代耕地灌渠是不规则网格状，也属于田字形耕地。

现在的耕地就是对这些古代耕地的重新利用（图9-5-3）。

图 9-5-3　破城子古城周围的古代和现代耕地灌渠
a. 田字形古代和现代耕地遥感图；b. 雅丹化古耕地；c. 布满小砾石的古田埂

实地考察发现，遥感影像上古城西南十分明显典型的田埂是一些黑色小砾石构成的小垄岗。考察现代耕地后注意到耕地由田埂分隔开，而田埂上可以有毛渠，也可以只有小路。显然古耕地的情况类似，分隔耕地的黑色线可以有毛渠存在，也可以只是田埂。现在的地面特征都是小砾石覆盖地表的低矮垄地。古耕地现在已雅丹化，在野外地面上很难看出是耕地，只有遥感图像上显示效果最好，而现代耕地则是最佳实证。

3. 巴州古城周边耕地和灌渠

巴州古城位于芦草沟北侧荒漠区，在铁路线的北侧，这里有道路、坎儿井、水道和目字形耕地。通过野外考察发现虽然古城城墙低矮、保存不好，灌渠和道路在实地却可以分辨。古城内几乎未见陶片，但城外却可以看到陶片分布。城内除了城墙，几乎很难看到其他人工建筑。

在城南有很标准的目字形耕地（图9-5-4），但是野外发现其实际是一片黑色小砾石覆盖的平地，结合中间残留的雅丹土台和地层中偶夹的小砾石，分析是在风蚀作用下，上部土层细粒部分被吹失，小砾石留在原地，最后在地表累积形成砾石层。

4. 阳关寿昌古城附近的耕地和灌渠

阳关东侧的古耕地位于现代人工绿洲附近（图9-5-5），耕地里发现的铁器、青花瓷片说明这应该是距今最近、废弃最晚的耕地，耕作土和灌溉毛渠保留最好，但在野外如果没有遥感影像指引仍然很难直接判别耕地的存在。

5. 楼兰附近的耕地和灌渠

图9-5-6是楼兰附近耕地类型的影像，耕地主要就是这些边界截然的暗色区域。有两种耕地形式：目字形和放射状形。与敦煌耕地不同的是楼兰的耕地经历了更强烈的风蚀，而风蚀后地面有一层石膏结壳层（图9-5-2）。遥感图像上耕地的色调又有两种：一种颜色暗灰（图9-5-6a、c），分布最广，以南1河与北2河之间最为典型；另一种颜色略浅，为灰红色（图9-5-6b），主要分布在北2河北岸，是北水南调灌渠的主要灌溉对象。后者可能时代略晚，但目前还缺乏直接证据。

罗布泊南侧的米兰古耕地灌渠则又是一种形式，为树枝状干渠和网格状毛渠的结合类型（图9-5-6d），这是因为米兰河是洪积扇上的季节性河流，米兰遗址就是建立在洪积扇上的，而敦煌的几处耕地建在洪积扇前缘，楼兰则是建在古注滨河尾闾三角洲平原上。

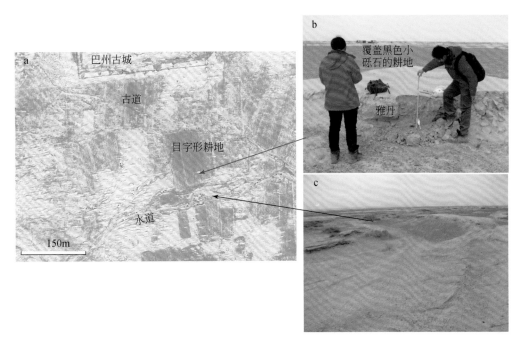

图 9-5-4 巴州古城外的目字形耕地和水道

a. 巴州古城外目字形耕地遥感图；b. 耕地内残留雅丹；c. 水道景观

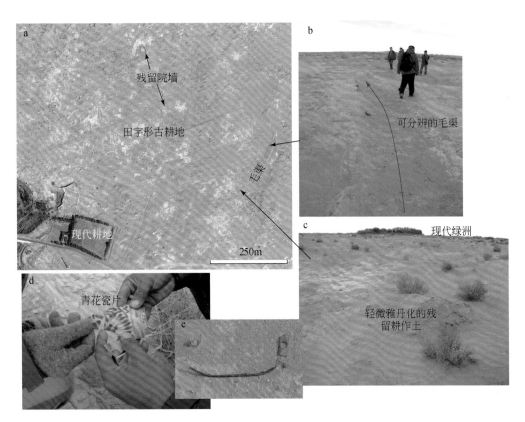

图 9-5-5 阳关镇高老庄东侧古耕地毛渠、耕作土及地表发现的铁器残件和青花瓷片

a. 古耕地遥感影像；b. 毛渠；c. 古耕地内轻微雅丹化的耕作土；d. 青花瓷片；e. 铁器残件

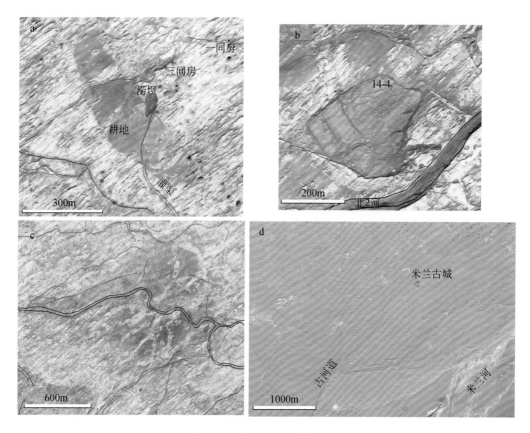

图 9-5-6　楼兰地区的耕地类型

a. 四间房遗址的目字形耕地；b. 14-4 遗存点的目字形耕地；c. 楼兰东的放射状耕地；d. 米兰的树枝状干渠与网格状毛渠结合的耕地

6. 初步认识

锁阳古城、破城子古城、巴州古城周边的耕地时代较早，有明确的历史文献记载，经历了长期风蚀后，在野外已很难分辨。阳关寿昌古城附近耕地距今最近，可能废弃只有几十到一百多年，毛渠、耕作层保存相对完好，但仍然受一定程度风蚀影响，野外判别也存在很大难度。

敦煌地区耕地灌渠的特点：

（1）遥感影像上耕地呈非常明显田字形或目字形网格，灌渠田垄多为暗色条带；

（2）分布在古城或村落周边，耕地内常见很多陶片；

（3）地面上灌渠有的仍有很好的沟槽特征，但有的则为小砾石覆盖的低矮垄岗，看不到灌渠形态，更多的可能是田埂；

（4）耕地多由于风蚀而雅丹化，野外多看不出耕地形态；

（5）雅丹化的耕地土层下部没有看到钙结核或石膏淀积层。

楼兰地区耕地的特点：

（1）遥感影像上耕地为目字形或放射状，后者在敦煌没有出现，树枝+网格状耕地仅存于米兰；

（2）耕地附近有人类活动遗迹，如房舍、古墓、石器、陶片、炉渣等；

（3）灌渠形态有时保存很好，有的已成为雅丹顶，圆弧形泥质渠底是典型标志；

（4）耕地强烈风蚀雅丹化，实地也很难看出耕地性质；

（5）雅丹化耕地的土层下部有石膏结壳层，上部耕作土多已风蚀殆尽。

9.6 楼兰地区耕地灌溉系统的讨论

图 9-6-1 是张市 1 号遗址周围耕地、灌渠水道分布图,这个区域在南 1 河与南 2 河之间,可以看到这里不仅耕地面积分布大,而且水道四通八达,耕地灌溉系统完善,在张市 1 号这个大型遗址周围还有多个小型的村落级遗存点,与南 1 河北岸的农田灌溉体系(图 9-4-1)相比,一点也不逊色。

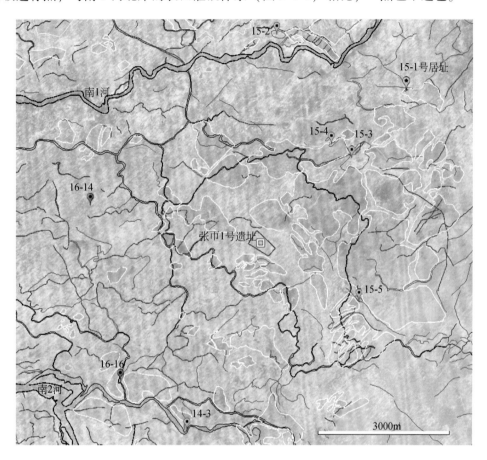

图 9-6-1 张市 1 号遗址周围耕地、灌渠水道分布图
黑线为主河道;白线为耕地;蓝线为次级水道和灌渠;红绿点和数字为遗址遗存点及其编号

图 9-6-2 是北 2 河北岸的耕地、道路、灌渠水道分布图。这里的耕地在遥感图像上偏浅红色调,北水南调的灌渠水道保存很好,是区内炉渣分布较多的地区。而其所处位置正好在 LE 方城和 LA 楼兰古城之间,是内地人员沿楼兰道到楼兰古城的必经之地。从遗存点文物特点看,应该在汉晋楼兰时期就有人群在此活动。到元明时期,有人在此重修古渠、引水灌溉耕作,是这个时期的主要人类聚集区,但范围远小于汉晋楼兰时期。

图 9-6-3 是楼兰地区的耕地分布图,可以看到耕地主要分布在东部地区,与西部沙漠覆盖严重有关。而东部又表现出南北部耕地较少,耕地主要集中在北 3 河、南 3 河之间,这个区域也是村落遗存点最多的地区。

可见在罗布泊西岸地区存在过一个完整的灌溉农业耕作居住体系,当时的楼兰地区河水丰沛,人口稠密,又处于丝绸之路的枢纽位置,商贸极为繁华。《史记》记载早在战国时期,秦国就修有长达 300 里的郑国渠,《后汉书》(李贤注)也记载公元前 95 年(汉武帝太始二年),"赵中大夫白公奏穿渠引泾水,首起谷口,尾入栎阳,注渭中,袤二百里,溉田四千五百余顷,因名曰白渠",可见当时中原地区已有成熟的引水灌溉技术。公元前 70 年左右,索劢带兵"横断注滨河",垦田积粟,"胡人称神",而楼兰原来

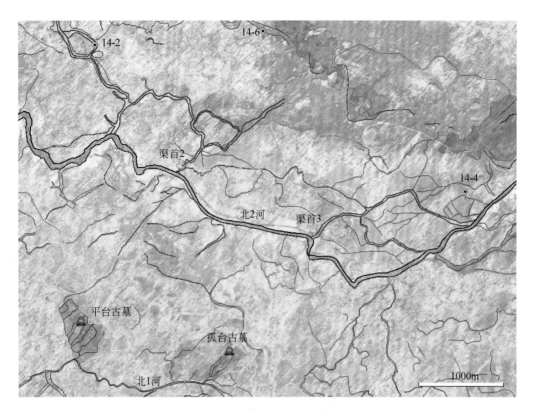

图 9-6-2　北 2 河北岸耕地、道路、灌渠水道分布图
黑线为主河道；蓝线为次级水道和灌渠；白线为耕地；绿点为遗址和遗存点；蓝点为古墓

"地沙卤，少田，寄田仰谷旁国"，可见正是索劢将农业灌溉技术从中原带到了楼兰，并在楼兰发展推广。

在楼兰木简中曾记载了很多灌溉、防洪的细节（张莉，2001；夏训诚等，2007），不仅提到了镇军堤、乘堤等堤名，还有派守堤兵专门守护大堤记载。如"（上残）东空决六所并乘堤已至大决中作""（上残）五百一人作""（上残）增兵口"（L. A. Ⅵ. ii. 056/沙木 761）描述了丰水季节护堤情形，"帐下将薛明言谨案文书前至楼兰拜还守堤兵廉口（下残）"（L. A. Ⅲ. i. 16/沙木 754）提到守堤兵。"塞水南下推之"（L. A. Ⅱ. xi. 06/马纸 180）是堵截河流，使河水南流改道的记载。我们看到的农田、灌渠、村落正是这些文字记载的实物证据。

根据在楼兰发掘的木简记载，这种农耕灌溉至少一直持续到了前凉建兴十八年，即公元 330 年（夏训诚等，2007）。大约公元 270 年以后，木简中出现了很多口粮减少、灌溉水量不足的情况，如"将张金部见兵二十一人小麦三十七亩已栽二十九亩""禾一顷八十五亩溉二十亩葫五十亩（正面）"（沙木 753，LA，Ⅵ，ii）。由于楼兰降雨稀少，农耕完全依赖河水灌溉，灌溉不足的情况反映了河流来水的减少。当河水完全不足以支撑这里大规模的耕地灌溉时，人们只能选择离开，因此河水水量减少是楼兰绿洲被遗弃的最主要原因。

中原政府的屯兵离开后，当地人口减少。公元 399 年东晋法显路过时，这里的土地已是"崎岖薄瘠"，可见雅丹地貌已开始发育、农田被废弃。到公元 645 年唐朝玄奘取经时，这里已成"纳缚波故国"，既称故国，显然已国不成国，但应还有少量人口居留。此后曾繁茂数百年的楼兰古国终于被湮没在荒漠里，消失在历史长河之中。

直到元明时期，这里再度得到古塔里木河的滋润，绿洲重新出现在河流两岸，并可能有一些人来到这里，在北 2 河北岸的前人遗弃耕地上再度修渠灌溉，持续时间不长，这里再度失去河水的流入，绿洲又一次消失，人们不得不离开，风力强烈吞噬着这里的一切物体。但正因如此，这里也最忠实地保留了距今约 1500 年前楼兰人生活、生产、居住等各种遗迹的最原始风貌，使罗布泊西岸地区成为世界上唯一一个保存完整、规模宏大、历史久远的古代遗址群。

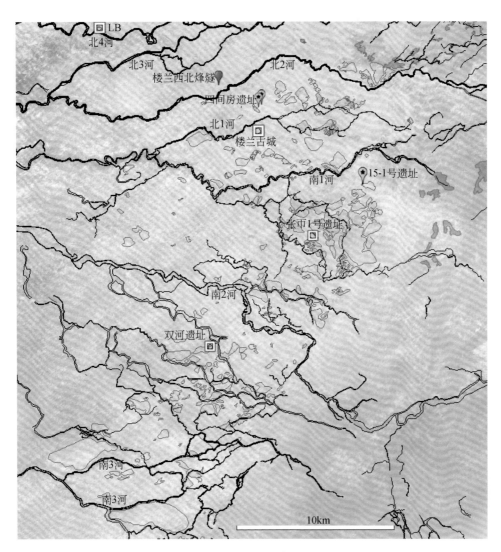

图 9-6-3 楼兰时期的耕地分布图

黑线为主河道；褐色线为耕地；颜色点为遗址

第10章 丝绸之路与古楼兰交通

【连接东西方的丝绸之路也许在很多地方只是走的人多了才有了路，现在的人只能通过残留的城池和置驿来想象那些曾经往来商贾、运送军需的丝绸之路。然而实际上在敦煌沙洲的丝绸之路不仅有沿途的驿站、城池，同时也有置驿之间勾连彼此的古道，在敦煌到楼兰的400多千米范围更是真实存在着一条宽7～9m、延绵近200km、有明显设计规划迹象的古道——楼兰道，也有史书所载"通渠转谷"的真实运渠遗迹——30km长、直通罗布泊深水区的运渠双堤，以及傍古道而建的沙西井古城。作为国内规模、时代仅次于秦直道的楼兰道，不仅是连接内地与西域的交通大动脉，密切了西域与内地的联系，方便了中央对楼兰的直接控制，也为古楼兰属性的重新定位提供了实证。对从敦煌到西域其他路线古道的考察，还发现了丝路变迁的证据，阿奇克谷地南岸唐道接替楼兰道成为唐时的古丝绸之路，也确认沿阿尔金山脉延伸的阳关古道并非丝路主道。同样在楼兰也有发达的道路网络，虽然由于强烈风蚀雅丹化，楼兰的路网已残缺难辨，不如敦煌沙洲路网清晰，然而残留的双行线古道却是迄今最早的双行线遗迹。】

10.1 史书记载的西域丝绸之路路线

自张骞开通古代丝绸之路后，丝绸之路就开始成为东西方物资与文化交流的官方通道。丝绸之路有南北多条。《汉书·西域传》记载古丝绸之路"自玉门、阳关出西域有两道：从鄯善傍南山北，波河西行至莎车，为南道，南道西逾葱岭（注：今帕米尔高原）则出大月氏、安息。自车师前王廷（注：今吐鲁番）随北山，波河西行至疏勒，为北道，北道西逾葱岭则出大宛、康居、奄蔡焉"，鄯善即楼兰，表明有南北两条道到西域，自玉门关或阳关出发，分别沿南山（昆仑山）北侧和北山（天山）南的古塔河北支西行。

《汉书·西域传》又记载"元始中，车师后王国有新道，出五船北，通玉门关，往来差近，戊己校尉徐普欲开以省道里半，避白龙堆之厄"，表明在公元1～5年（公元3年前后），玉门关—车师后国的古道开通，并强调是为了躲开白龙堆的恶劣环境。这条路线后来被称为"大海道"，原来去车师后国是从玉门关到楼兰后再向北经焉耆到车师前王廷，这条新道路程短了很多。实际上，应该算当时丝绸之路北道的东段。

"至宣帝时，遣卫司马使护鄯善以西数国。及破姑师，未尽殄，分以为车师前后王及山北六国。时汉独护南道，未能尽并北道也"，可见公元前61年汉宣帝就开始派卫司马使护鄯善以西数国，这时都只有南道畅通。"既至汉，封日逐王为归德侯，吉为安远侯。是岁，神爵二年也。乃因使吉并护北道，故号曰都护。都护之起，自吉置矣"，到神爵二年即公元前60年设立西域都护府，任命郑吉为都护，开始保护北道，北道自此通畅。

到魏时，《魏书》（列传第九十·西域）记载"出自玉门，渡流沙，西行二千里至鄯善为一道；自玉门渡流沙，北行二千二百里至车师为一道"，流沙即今罗布泊东南的库木塔格沙漠，其东北延伸段就是三垄沙。玉门关—鄯善就是汉书所说南道的东段，玉门关—车师的古道则是汉书所说北道东段"大海道"。

《魏略辑本》卷二十二记载"从敦煌玉门关入西域，前有二道，今有三道。从玉门关西出，经婼羌转西，越葱岭，经悬度入大月氏为南道。玉门关西出，发都护井，回三陇（垄）沙北头，经居庐仓，从沙西井转西北，过龙堆，到故楼兰，转西诣龟兹，至葱岭，为中道。从玉门关西北出，经横坑，辟三垄沙及龙堆，出五船北，到车师界戊己校尉所治高昌，转西与中道合龟兹，为新道"，显然《魏略辑本》卷二十二中的南道和中道与《汉书》中的南道各有重叠部分，《魏略辑本》中的南道和《汉书》中的南道均傍南山北侧，但起点不同，《汉书》中未提如何从玉门关到鄯善，其南道起点直接从鄯善算，《魏略辑本》

则称南道从玉门关经婼羌再西行入大月氏，可见《魏略辑本》的南道并不走楼兰，走楼兰的古道是其中道。而新道即所谓大海道，是《汉书》中戊己校尉徐普所开的玉门—车师后王国（现吐鲁番）段的详述。

　　然而丝绸之路南道玉门关—楼兰段由于气候干旱、水草匮乏、荒无人烟，几乎没有任何明确的地标留下，因此这条古道的具体位置究竟在哪里至今不明，有人根据史料推测古道从玉门关西出后应该先北越三垄沙后，向西沿阿奇克谷地到罗布泊西岸，再向西北经白龙堆到楼兰（孟凡人，1990；夏训诚等，2007；张莉，2001），但并没有任何实证。

　　到了隋朝，《隋书》中记载裴矩上书中说"发自敦煌，至于西海，凡为三道，各有襟带。北道从伊吾，经蒲类海铁勒部突厥可汗庭，度北流河水，至拂菻国，达于西海。其中道从高昌、焉耆、龟兹、疏勒、度葱岭，又经钹汗、苏对沙那国、康国、曹国、何国、大小安国、穆国，至波斯，达于西海。其南道从鄯善，于阗、硃俱波、喝槃陀，度葱岭，又经护密、吐火罗、挹怛、帆延、漕国，至北婆罗门，达于西海。其三道诸国，亦各自有路，南北交通。其东女国、南婆罗门国等，并随其所往，诸处得达。故知伊吾、高昌、鄯善，并西域之门户也。总凑敦煌，是其咽喉之地"，这时丝绸之路有三条道，北道从伊吾，经蒲类、度北流河水，至拂菻国，达于西海。中道从高昌、焉耆、龟兹、疏勒、度葱岭，又经钹汗、大小安国等国，至波斯，达于西海。其南道从鄯善，经于阗，度葱岭，又经吐火罗等地，至北婆罗门，达于西海。鄯善是南道门户。可见这时以从伊吾走天山的路线为北线，而《汉书》中的北线（大海道）成为这时的中线，南道则从鄯善出发，沿昆仑山前西走，但其中没有详述玉门到鄯善、高昌的路线。

　　到唐朝后，《新唐书》记载"又一路自沙州寿昌县西十里至阳关故城，又西至蒲昌海南岸千里。自蒲昌海南岸，西经七屯城，汉伊脩城也。又西八十里至石城镇，汉楼兰国也，亦名鄯善，在蒲昌海南三百里，康艳典为镇使以通西域者。又西二百里至新城，亦谓之弩支城，艳典所筑。又西经特勒井，渡且末河，五百里至播仙镇，故且末城也，高宗上元中更名。又西经悉利支井、祆井、勿遮水，五百里至于阗东兰城守捉。又西经移杜堡、彭怀堡、坎城守捉，三百里至于阗"。按此记述，从沙洲寿昌城（在现阳关镇东南）向西十里到阳关故城（现在已经找不到了，只有几座烽燧残存），再向西千里到蒲昌海南岸，经七屯城，这个位置只有米兰古城在罗布泊南岸，所以看来七屯城就是米兰古城。但又有说法是七屯城即汉代的伊脩城，即伊循城，这就与《水经注》的记载对不上了，米兰这里没有注滨河，所以可能有一个记载是错的。"又西八十里至石城镇，汉楼兰国也，亦名鄯善，在蒲昌海南三百里"，按照地处蒲昌海南岸的位置看，应该只有现在若羌才可能是石城镇，但米兰古城和若羌两地相距68km，可不止八十里。但是距蒲昌海三百里倒是相差不大。"又西二百里至新城，亦谓之弩支城"，弩支城应该是瓦石峡，这个距离大致接近。"又西经特勒井，渡且末河，五百里至播仙镇，故且末城也"，这个记述显然与现在米兰古城、若羌、瓦石峡、且末所处的从东向西顺序一致，与《魏略辑本》卷二十二记载的南道一致，可能反映这时南道已成主道，经楼兰的古道已经荒废。

　　从以上史料可以总结出以下几点：①丝绸之路的路线在不同时期有变化，汉时玉门到楼兰是南道，或称楼兰道，魏时玉门关经若羌、于阗（和田）的古道为南道。玉门到今吐鲁番的车师前王廷是北道，又称新道、大海道。而隋唐时楼兰道已废，以阳关—米兰—若羌—且末为南道，另以伊吾的北天山线为北道，中道西段未变，仍从吐鲁番的高昌出发，玉门到高昌段可能仍走大海道。②玉门到楼兰的中道和玉门到高昌的新道是中原政权联络西域的关键路线，但地理位置只以大致几个地名为标志，具体路线一直不清楚。

　　要查明丝绸之路在西域的具体真实路线，首先需要通过考察已知的古道路线及其沿途驿置获得沿途古道地貌特点，然后借此寻找无人区的古道遗迹，最后确定各条古道路线的走向、延伸、表现和使用时代。因此我们首先考证敦煌–瓜州地区的古道及其沿途相关遗迹。

10.2　敦煌-瓜州地区的丝绸之路遗迹

10.2.1　敦煌-瓜州的历史

"敦煌" 始见于《史记·大宛列传》，张骞称 "始月氏居敦煌、祁连间"，公元前 111 年，汉朝正式设敦煌郡。夏、商、周时，敦煌属古瓜州的范围，三苗后裔羌戎族在此地游牧定居。战国和秦朝时，敦煌一带居住着大月氏、乌孙人和塞种人，后大月氏人赶走乌孙人、塞种人，占敦煌直到秦末汉初。西汉初年，匈奴人入侵，迫使月氏人西迁徙于两河流域。整个河西走廊沦为匈奴属地，与南边羌人一起威胁汉朝西疆。

汉武帝于元狩二年在河西设置了酒泉郡和武威郡。汉元鼎六年（前 111 年），又重新改置成敦煌、张掖两郡。又开始从令居（今永登）经敦煌直至盐泽（今罗布泊）沿途修筑长城和烽燧，设置阳关、玉门关作为出关关口，维护丝绸之路畅通。自此敦煌成为东西交通 "咽喉锁钥"。当时敦煌统管六县，西至龙勒阳关，东到渊泉（今玉门市以西），北达伊吾（今哈密市），南连西羌（今青海柴达木盆地），是东西南北交会的要塞。

魏晋时期，河西地区先后建立了前凉、后凉、南凉、西凉、北凉等政权。前凉张骏时期，改敦煌为沙州。公元 400 年，李暠据敦煌建西凉国，敦煌成为国都，后亡于北凉。凉州成为中国北部文化中心，敦煌则是凉州文化的中心，名流学者辈出。

十六国时期，群雄逐鹿中原，河西成中国相对稳定地区。中原硕学通儒和百姓纷纷逃往河西避难，带来先进文化和生产技术。前秦建元二年（公元 366 年），乐尊和尚在三危山下大泉河谷首开莫高窟石窟供佛。

公元 439 年北魏灭北凉，据河西，统一北方，十六国结束，北朝始此，北魏孝明帝在敦煌设置瓜州，这时期敦煌安定，百姓安居乐业，佛教盛行。

隋朝改北周以来的鸣沙县为敦煌县，置常乐郡，又将大批南朝贵族连同部族远徙至敦煌充边，使南北汉文化在敦煌融为一体。公元 606 年（大业二年）以前，隋设鄯善、瓜州，公元 607 年后改设敦煌郡和鄯善郡，可见鄯善与敦煌一起均已被正式纳入中央政权的郡县管理。隋炀帝后期大乱，东突厥崛起，大业十三年（公元 617 年）七月，武威郡鹰扬府司马李轨举兵反隋，占领包括敦煌在内的河西，建大凉国，归附于东突厥。

公元 619 年（唐武德二年）李轨被唐所灭，唐占据包括敦煌在内的河西。公元 622 年（武德五年）唐改瓜州敦煌县为西沙州，在晋昌县设置瓜州。公元 740 年（开元二十八年）唐在河西道设瓜州、沙州和安西（大）都护府。

"安史之乱" 使唐由盛转衰，公元 776 年（大历十一年）吐蕃乘虚占领瓜州。公元 851 年，汉人张议潮占据河西、陇右和敦煌，重归唐朝，张议潮被封为河西、河湟十一州节度使，治沙州。张议潮入朝后，其侄张淮深尽力经营敦煌、河西等地。公元 890 年（大顺元年），张议潮女婿、沙州刺史索勋发动了政变，自立节度使，张议潮第十四女率将士诛杀索勋。公元 900 年（光化三年）八月，唐昭宗下诏，令张承奉为检校左散骑常侍、兼沙州刺史、御史大夫，充归义节度，管辖瓜、沙、伊、西等州。张承奉至公元 901～903 年（天复年间）以河西节度使身份经理河西。公元 904 年朱温挟天子而令诸侯，唐朝名存实亡。公元 905 年（天祐二年）张承奉遂建号汉金山国。公元 914 年，金山国亡，沙州长史曹议金自领节度使，发展生产，改善同周边民族关系，河西维持了稳定安宁。

11 世纪初西夏崛起，称霸河西，与宋、辽三足鼎立，统治敦煌一百多年，这期间使敦煌保持着汉代以来 "民物富庶，与中原不殊" 的水平。1227 年（西夏保义二年）蒙古灭西夏，占领沙州等地，河西地区归属元朝。升敦煌为沙州路，隶属甘肃行中书省。后升为沙州总管府。元朝远征西方，必经敦煌，敦

　　煌经济文化繁荣，和西域贸易更频繁。意大利人马可波罗这一时期正是途经敦煌到中原各地。

　　明朝朱元璋派兵平定河西，修筑嘉峪关、明长城，重修肃州城，设置关西七卫。1405 年（永乐三年），在敦煌设沙州卫。后吐鲁番攻破哈密，敦煌面临威胁，明遂在沙州古城设置罕东左卫。1516 年（正德十一年），敦煌被吐鲁番占领。1524 年（嘉靖三年），明下令闭锁嘉峪关，将关西平民迁徙关内，废弃瓜、沙二州。此后二百年敦煌旷无建制，战乱连年，百姓流离失所，田园渐芜，敦煌衰败成为荒漠之地。

　　清康熙后期，先收复了嘉峪关外广大地区，1725 年（雍正三年），在敦煌建立沙州卫，移民敦煌瓜州垦荒定居，农业很快恢复，并发展成河西走廊西部的戈壁绿洲。同期瓜州则改称安西，取义"安定西域"，设安西卫。1760 年（乾隆二十五年）改沙州卫为敦煌县，隶属安西直属州。

　　中华人民共和国成立后，敦煌设县，1987 年撤县设敦煌市。2006 年安西县更名瓜州县。

　　敦煌和瓜州在古代丝绸之路开通的历史中举足轻重，自西汉张骞二次出使西域，开通了通往西域的丝绸之路。汉代丝绸之路自长安出发，经过河西走廊到达敦煌，继出玉门关和阳关，去往楼兰，再沿昆仑山北麓和天山南麓，与西方相通。如果说楼兰是中原通往西方的桥头堡，敦煌就是中原西出的最后关卡和要塞，除最无能的明朝彻底放弃嘉峪关以西地区的 200 多年外，敦煌、瓜州虽然墙头频换大王旗，但两千多年里一直都在中原中央政权或地方割据政权的管辖之下，都在中国文化的影响之下。因此也留下了大量的古代城池、驿站、长城、烽燧和古道遗迹，与楼兰一起构成了欧亚大陆腹地极端干旱区丝绸之路的关键路段。在敦煌、瓜州留下的这些古代遗迹为我们在罗布泊地区寻找类似的古代遗迹提供了可资对比的样本和实例（图 10-2-1）。

　　实际上在敦煌至锁阳城沿途有很多已知的古驿站，如著名的悬泉置驿站，这里不仅发现了上万枚有文字的木简，记录了古代大量的边关来往信息，还有已证实的古道遗迹，为我们寻找敦煌以西的丝绸之路古道提供了很好的参考依据和对比标准。

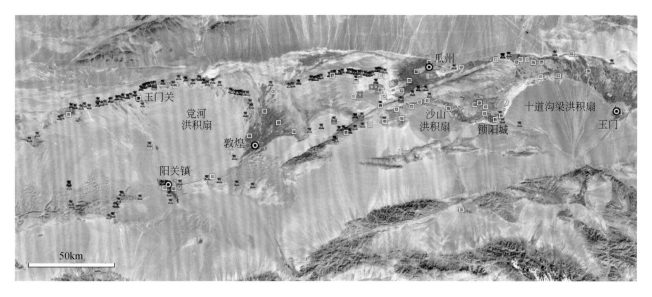

图 10-2-1　敦煌–瓜州地区古城、古长城、烽燧、驿站和古道遗迹分布图
青线为古道；橙色钉为烽燧；方点为古城驿站；黄线为古长城；紫红线为塞墙；褐色线为古耕地；黑心圆为市镇。
本章卫星遥感图来自谷歌地球

10.2.2　敦煌–瓜州地区丝绸之路沿途驿站的记载

　　据《汉书·地理志》记载"敦煌郡，武帝后元年分酒泉置。正西关外有白龙堆沙，有蒲昌海。莽曰敦德。户万一千二百，口三万八千三百三十五。县六：敦煌。中部都尉治步广候官。杜林以为古瓜州地，生美瓜。莽曰敦德。冥安，南籍端水出南羌中，西北入其泽，溉民田。效谷，渊泉，广至，宜禾都尉治昆仑障。莽曰广桓。龙勒。有阳关、玉门关，皆都尉治。氐置水出南羌中，东北入泽，溉民田。"这段文字不仅介绍了当时敦煌及周边地区的几处重要地名，如西面的白龙堆、蒲昌海，东面的冥安，以及南籍端水、氐置水两条河流，还提到了效谷、渊泉、广至、昆仑障、龙勒、阳关、玉门关等多处设有驿亭的地点。

据张德芳（2015）对甘肃出土汉简的研究，丝绸之路的敦煌段，敦煌郡有"厩置九所，传马员三百六十匹"。这九处厩置都是类似悬泉置的邮驿接待机构，反映了从东到西敦煌郡的交通路线。这九处厩置从东到西依次是渊泉置、冥安置、广至置、鱼离置、悬泉置、遮要置、效谷置、龙勒置、玉门置。悬泉置是其中保存较好的一处。

此外，据李并成（2011）研究，还有 12 所驿：万年驿、悬泉驿、临泉驿、平望驿、龙勒驿、甘井驿、田圣驿、遮要驿、效谷驿、鱼离驿、常和驿、毋穷驿，置应该是驿中权限更大的治所。寻找这些驿站及其之间连接道路的实际位置不仅是我们特别关心的任务，而且为考察楼兰的城池、道路交通提供了可以对比借鉴的依据。图 10-2-2 中对应的是一些重要厩置驿站，也是我们考察的重点。

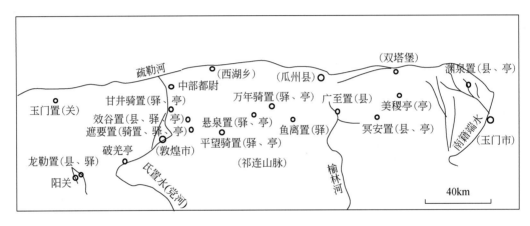

图 10-2-2　汉敦煌郡邮驿系统示意图（据李并成，2011）

括号内为现地名

10.2.3　悬泉置—破城子沿途城驿与古道

悬泉置是目前已通过发掘得到证实的汉代置驿，不仅有大量的简牍出土，残墙上留有最早的环境保护法，驿站边还有得到确认的古道。因此我们以此为突破口，首先考察从此置驿出发通向周边的古道系统，然后沿古道追寻沿途的置驿和古城遗址，据此获得敦煌–瓜州地区的古城分布格局及其相关的古道路网系统，最后以此为参考依据和比对特征，探索罗布泊地区的古丝绸之路路网系统。

10.2.3.1　悬泉置及驿边古道特征

发现历史：1987 年被酒泉文物普查队首次发现，1990 ~ 1992 年甘肃省文物考古研究所对其进行了发掘，共出土约 3 万枚简牍，其中有字简牍 1 万 ~ 2 万枚，是 1991 年度全国十大考古发现之一。2014 年作为"丝绸之路"长安—天山廊道路网中一处遗址点列入《世界遗产名录》。

地理位置：悬泉置位于敦煌与瓜州之间的三危山余脉火焰山北麓山前戈壁上，在出山冲沟西侧、紧靠山地而建，所处戈壁滩北侧是扇前沙地西沙窝，是汉唐年间安西（瓜州）与敦煌间往来人员和邮件的一大接待、中转驿站。悬泉置东去瓜州 56km，西至敦煌 64km。

遗址结构：遗址主体坞院 50m×45m，城墙厚 4 ~ 5m，土坯砌筑，城墙内有两组房屋建筑。坞东北及西南角有角墩。城门东开，宽 3m，东门外有南北侧建筑、马厩，西墙外有垃圾堆积坑，城内画有壁画的残墙一直遗留至中华人民共和国成立之初。总体面积并不算大，属具有一定防御功能的土木结构小型城堡。简牍主要出土在遗址西侧垃圾坑内。

驿站选址：悬泉置城址选址在南北向出山沟谷西侧，位于紧邻基岩山地的洪积扇坡顶，地势相对较高，有效避免了可能从山谷内下泄的洪水冲刷。坞院南侧正对一条小沟，汇水面积很小，为防暴雨时冲刷南墙，还修建了挡水砾石垄引导洪水从两侧流过，现在的遗址防洪就是在原基础上修筑的人字形防水堤坝。在遗址东沟东侧山上 700m 处有一座烽燧，与驿站构成了一个防御、传信、补给、休息的完整体系（图 10-2-3）。

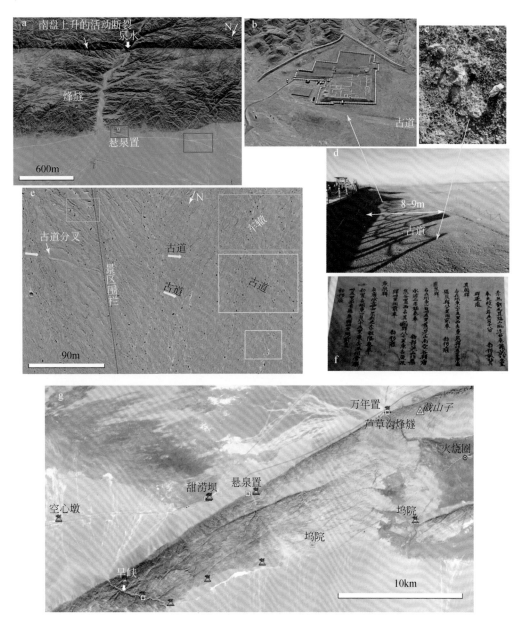

图 10-2-3　悬泉置厩置遗址和古道遗迹

a. 遗址遥感图（青线为古道；蓝框分别是 b、e 图位置）；b. 遗址俯视；c. 古道路面石灰；d. 古道；e. 古道西延分叉部位遥感影像（绿、黄框分别是其中范围放大图，车辙为双线，古道单线且多被冲沟破坏）；f. 敦煌遗书 P. 2005 号"沙洲都督府图经"关于悬泉置的记载；g. 悬泉置周边驿站烽燧与古道

悬泉成因：悬泉置取名源于沟内有悬泉水流出。这条沟谷本身是追踪近南北向断裂形成的张裂谷，沟内 1.5km 处有一条 NEE 走向的全新世活动断裂，南盘上升，切断了原有冲沟（图 10-2-3a），北段受 NNW 向断裂控制，南段则是 NNE 向、SN 向和 NNW 向三条断裂谷交汇而成。正是这条 NEE 走向断裂造

成了沟谷南北两段不同的地貌现象。南盘三条断裂控制的沟谷在此处交汇，山南盆地的地下水顺三条断裂向北渗流，在 NEE 向断裂处渗出地面流出形成泉水。因此悬泉不是一般意义上的断裂裂隙水，而属于断裂控制的河道潜水和断裂裂隙水的混合水，水源是山南盆地。所谓"悬泉"就是断崖上地层中渗出的泉水，即河床沙层中的浅层地下水。

古道特征：悬泉置遗址最大特征是遗址北侧残存的古道遗迹，至今仍可辨认，路面呈凹槽状，宽 8 ~ 9m，路面也是砾石和杂土，依稀可辨白色石灰垫土，路面较平，有明显压平特征和良好通过性，与城墙相距 3 ~ 5m，位于古城城墙北侧高约 2m 的陡坎下（图 10-2-3d）。考古发掘时确认的路段仅约百米。然而遥感图像上古道东西均有延伸，延伸段均极为清晰，至少可达 3km，但宽度减小到 3 ~ 4m，可能因时代久远，风吹雨淋后模糊，也可能道路原来就只在驿站附近较宽，类似于现在城市主干道较宽，而郊区道路较窄。

10.2.3.2　万年骑置与芦草沟烽燧

万年骑置又称万年置，是芦草沟烽燧北侧的一处坞院，位于悬泉置东 12.5km，芦草沟烽燧是一个高近 10m 的高大烽燧，万年置是其北侧 40m 外一个小型坞院（20m×20m）（图 10-2-4），西侧有古耕地遗迹，沟口有古代和现代拦河坝（图 10-2-4c），一条古道沿耕地边沿向沟内延伸通往锁阳城。

图 10-2-4　芦草沟烽燧厩置遗址和耕地古道遗迹

a. 烽燧与厩置坞院内墙上梁孔、壁笼和墙头步道、腰墙；b. 烽燧南侧山梁防御工事；c. 被冲毁的水坝；d. 坞院内上墙土坯步梯；e. 夯土筑建的烽燧；f. 遗址遥感剖面图。青线为古道；黄图钉为烽燧

烽燧建在芦草沟沟口东侧小山梁上，坞院则建在山脚的戈壁砾石滩上，都是夯土构建，每层夯土层厚约 10cm（图 10-2-4e），与敦煌和瓜州地区的众多古城建筑方式基本一致。在烽燧东南侧小山脊上，有人工构筑的防御工事（图 10-2-4b）。坞院的院墙厚约 1.2m，墙头内低外高，有步道，院内一角有夯土构建的上墙阶梯，显然院墙具有一定对外防御功能（图 10-2-4d）。院内虽然没有什么其他房屋建筑，但院墙上有一排圆孔，应该是搭建房舍的房梁所遗留，说明原来应该建有房舍。院墙上还建有可放油灯和杂物的壁笼，也说明是原来屋内设置。由于该烽燧和坞院近年才做修缮，其表面都用草拌泥进行了涂抹。

芦草沟沟口建有三道水坝（图 10-2-4f），北侧两道只有坝基残留。南侧一道坝体较完整，东端建有水闸和管理房，大坝东端已被洪水冲出决口，可见大坝已基本废弃，从这里的现代弃物看应该是 1949 年之后修建的。而北侧两道残堤则可能是古代留下的。在沟口大坝外东西两侧都有古代耕地遗迹（图 10-2-4f），西侧的保存较好，面积大，均为田字形田埂，是典型的中原耕作方式所遗留。沟东侧，在坞院以东也有隐约可辨的田字形田垄，但由于道路施工大多地表已被重塑，田地不易辨认。

一条古道在沟西侧穿过田地后沿田地北缘入沟，沿沟谷西壁通向山南，沟东壁下的道路不如西侧道路通畅。

李并成（2011）根据简牍上万年驿在悬泉置东、鱼离置西的记载，认为芦草沟坞院就是万年骑置所在。万年骑置内并设万年驿、万年亭。显然从悬泉置以东地理地貌水文环境条件分析，具有驿站功能的芦草沟坞院就是万年骑置这一观点是可信的。

10.2.3.3　破城子与广至置

破城子遗址位于甘肃省酒泉市瓜州县锁阳城镇常乐村西，当地人称"破城子""常乐城"。古城位于人工绿洲中，在瓜州—锁阳城镇公路东，周围均是耕地，外围为第四纪全新世粉沙土，是洪积扇前缘的细粒沉积，适合于农业种植，因此在汉代这里就是主要的农田分布区，现在人工绿洲的农田就是在原来耕地上重新开垦利用的。

破城子古城城墙也是夯土筑建，底宽 5m 左右，高约 8m，东西宽 134m，南北长 234m，北门有瓮城，南墙豁口可能是后来开的，总体上城墙保存较好，城墙上的马面和角楼均保存完好。古城东北角墙外有一座小院，北门外另有一座小城（图 10-2-5a）。该城城墙由夯土构建而成，是典型的中原风格城制（图 10-2-5b）。

图 10-2-5　破城子古城
a. 遥感图；b. 夯土构建的古城墙

据《汉书·地理志》敦煌郡广至县条、《后汉书》（唐·李贤等注）介绍东汉名宦盖勋，"盖勋字元固，敦煌广至人也。广至，县名，故城在今瓜州常乐县东，今谓之县泉堡是也"，盖勋即出生该地，官至汉阳太守。《重修肃州新志·安西卫》中也提到汉广至县，并称魏时设置了敦煌、常乐二郡，清陶保廉《辛卯侍行记》卷五广至条记，"北魏改大至，唐改常乐"。前人据此认定该城是汉广至县。魏晋、隋唐沿旧城置常乐县。

由此李并成（2011）提出此城就是广至置所在，我们认为这是可信的。

10.2.3.4　鱼离置与古城 0、古村落遗迹

根据简牍记载，鱼离置在广至和悬泉两个驿站之间。

芦草沟古城：火烧圈东 2.8km，北距榆林河约 85m，西侧有一户人家，是红柳荒地内一处方形遗迹，南边长 60m，北边 53m，东西均约 58m，形迹模糊，与前人的芦草沟城址有一定距离，也可能只是一处古墓地坞院。

古城 0（图 10-2-6c）：在破城子和万年驿之间，位于土圈东偏南 3.8km 的榆林河南岸，距河道仅

165m，直线西距万年骑置城17km，东距广至置21km。近方形的菱形，东西120m，南北135m，仅有城墙痕迹存在，城墙痕迹宽达8~15m，墙外似有护城河，开西门，有瓮城，无马面，角楼不明显，有古道直通城门。古城北侧即为万年骑置到广至置的交通线古道。城内西北角有水坑，全城覆盖植被导致城内建筑不清晰。不排除只是一处坞院的可能。

榆林河边古村落：在榆林河南岸还有一处古村落遗迹（图10-2-6d）。在古城0东偏北5km。外围有院墙，大约40m×50m，中间有房屋地基遗迹，南侧还有水塘，植被也很好。北距榆林河约370m，道路从南侧通过，也是多条道路的汇聚点和现在人畜经过的地方。这里东距破城子16km，西距万年驿约23km。

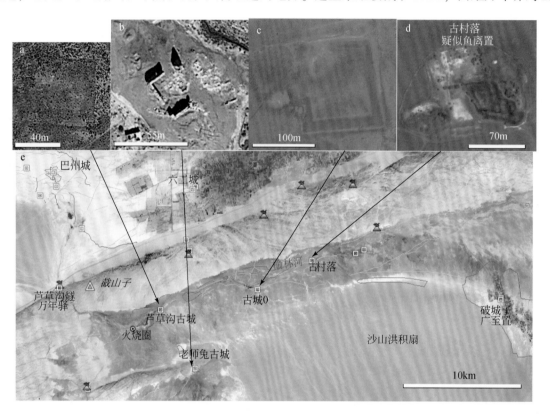

图 10-2-6　广至置与万年驿之间鱼离置的可能位置
青线为古道；橙线为古耕地；橙色点为烽燧；方框为遗址。a. 芦草沟古城；b. 老师兔古城；c. 古城0（坞院）；
d. 榆林河边古村落遗迹；e. 破城子–芦草沟之间地貌、古道和古村落遗迹分布图

李并成（2011）认为老师兔村的一个汉代小古城可能是鱼离置所在。然而遥感图像（图10-2-6d）上显示，自广至置（破城子）西出，古道遗迹基本沿榆林河谷延伸，而老师兔遗址（图10-2-6b）位置偏南5km以上，并不当道。从破城子（广至置）到芦草沟（万年驿），如果途经老师兔古城遗址走直线需要26km，沿途缺水缺草为戈壁砾石滩，如果沿洪积扇前缘的绿洲边缘走，则需要向南多走5~6km，完全多余，没有必要。因此从破城子走老师兔古城到芦草沟，显然不是一条合适的路线，老师兔古城没有成为鱼离置的地理条件。

而如果走旱峡，沿截山子山脉南麓去破城子广至置，可以从老师兔山的南北两侧通过，其中南麓线可以经过老师兔古城，再向东，沿洪积扇边缘也可直达广至置。然而老师兔山南北两侧虽然有古道痕迹，但规模小、不连续，基本上都是小路，道路蜿蜒崎岖，行走不便，只能作为辅助联络线，很难作为交通干线。

相反，沿榆林河两岸古耕地密布，虽然现在很难找到古村落遗址，但方形古城、坞院很多，这些方形遗迹可能是古城，也可能是西北流行的墓穴周围的院墙，不管是什么，可以确认是古代遗迹，这与河流两岸到处可见的田字形耕地遗迹相结合，说明现在几乎无人的榆林河两岸过去人口很多。

从芦草沟古城、古城 0 和古村落遗址周边和路途环境、距东西驿站距离、与古道关系等几方面看都与简牍上记载的相符，因此其中之一可能就是鱼离置。但目前尚缺乏该古城和古村落遗迹属汉代遗址的直接证据。

10.2.3.5　悬泉置周边古道走向与路网

悬泉置周边的古道路线可分成三组，下面分述。

第一组经悬泉置连接东西其他驿置，从悬泉置古道向西延伸，出现分叉，一支拐向西北，从洪积扇前缘向西延伸，连续性较好（图 10-2-3e），指向甜水井的甜涝坝古城。另一支继续在洪积扇上沿山前走，连续性较差，很多地段因有现代车辆行走而难以判别其古道属性，从方向上看可能通向旱峡出山口，但戈壁滩上的痕迹难以判断，分析认为这只是一条连接线，不会是交通主道。与遗址以西相比，古道从悬泉置向东延伸部分，有现代车辆走过，增加了判断是现今车辆沿古道行驶还是完全为现代车辙的难度。但从局部地段车辙离开道路痕迹而改向的特点推断，是原有古道可能性更大。同时大约 12.5km 后，在榆林河山谷出山口东侧有芦草沟烽燧和万年置，说明芦草沟与悬泉置两地间确实存在汉唐时期沿山前延伸的古道（图 10-2-3g）。

第二组在悬泉置北侧 1.5km 左右的洪积扇前缘，不经悬泉置直接通向东西，与悬泉置古道大致平行。向东接近榆林河洪积扇扇口后分叉成芦草沟烽燧北侧的扇缘道和扇外道。向西在悬泉置北侧也分成两支，一支向西南通向甜水井驿站，一支则向西进入芦苇沙地，因沙地后期变化大而消失难辨。这组古道主要在洪积扇前缘外侧分布，沿途以细砾沙地为主，比洪积扇戈壁滩上的砾石路面好走。从古道不经悬泉置分析，可能时代较前一组偏晚偏新。

第三组在火焰山—截山子东西向山脉的南侧，这是从旱峡过来通向鱼离置和广至置的古道。这条古道行迹较弱，但沿途有几个烽燧彰显了其存在。从旱峡道路难行分析认为其可能是一条辅助路线。

另外就是从悬泉置沿沟直接穿过火焰山—截山子山脉的路线，从地形地貌上看，这条沟谷是有道路通过的，但在导致泉水出露的北东东向断裂处，沟谷出现断崖，不利于大队行旅的通行，只有少数轻装的人才能通过，而且走这条路去鱼离置明显比走万年置、芦草沟绕行更远（图 10-2-3g），因此从路难行且绕行上分析该处不会是交通干线，而只是一条通向山南的小路。

10.2.4　锁阳城–冥安城地区古城及古道路网

锁阳城–冥安城地区位于十道沟梁巨大洪积扇西北缘外围的低洼泥沙质洼地，与玉门市分居该洪积扇的东西两端，十道沟梁洪积扇东西宽达 65km，南北也有 48km，由来自昌马镇黑大坂山的河流所形成。同时锁阳城–冥安城地区又处在沙山洪积扇的东侧洼地区，沙山洪积扇是来自榆林窟的河流所形成，东西 28km，南北 20km。这两个洪积扇之间的洼地土质细腻、水资源丰富，因此成为汉唐时期屯垦驻防的首选之地。古人在此修建了众多城池，开垦了大量的耕地，囤积了大量的人力物力，是古代出敦煌进军西域的重要后方基地，也因此拥有众多的古道路网系统和驿站烽燧系统（图 10-2-7a）。

西从破城子广至置，向东经锁阳城、冥安城，再向东北到源泉县，这个地区的古城众多、古道密集，但现在的人口不多，因此留下了众多容易辨别的古城古道遗迹。

10.2.4.1　锁阳–冥安地区古城群

1. 锁阳城

锁阳城原名苦峪城，位于瓜州东南约 46km 洪积扇戈壁滩前缘，始建于汉，兴于唐，其他各代都不同程度地重修和利用过，明闭关后遭废弃，清时彻底废弃。该城在汉代是敦煌郡冥安县治所，西晋为晋昌县，隋为常乐县，唐为瓜州郡。

古城由内外两城组成。内城近方形，北墙 525m，东墙 490m，南墙 460m，西墙 490m，又分东西两部

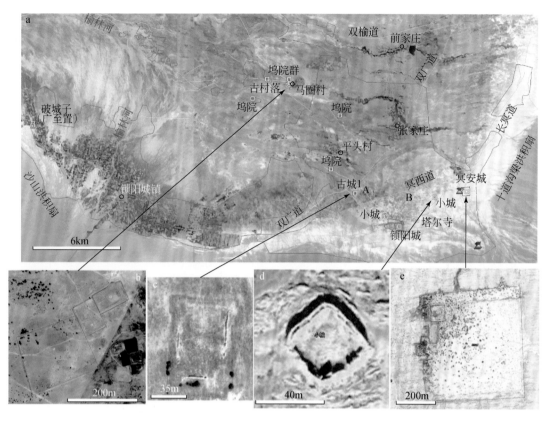

图 10-2-7　锁阳城–冥安城周边遗迹

青线为古道；红线和方块为古城；橙线为古耕地；橙点为烽燧；A、B 是图 10-2-8 中道路位置。a. 古道网络；
b. 坞院群；c. 古城 1；d. 冥安城西侧小古城；e. 冥安城

分，由中间一道南北向城墙分开，东部宽北 130m、南 150m（图 10-2-8a）。城外烽燧、箭台和瞭望塔连绵数里，古城西北约 600m、800m 处分别有两座附属小城（图 10-2-8b），可能属于古城卫城之类的附属配置。城墙由夯土建成（图 10-2-8c），代表了古城的中原建筑特色。周围还分布大面积耕地，具有我国保存最完好的古代军事防御系统和古代农田水利灌溉系统（图 9-5-1），是一座屯垦戍边的军事重镇。

2. 古城 1

在锁阳城西北处还有一处古城遗址（图 10-2-7c），南北向，略偏东，似乎有两道城墙，内墙 70m×48m，南北较长。除北墙外，东、南、西墙均有部分保留，而外墙地表基本已平，而遥感图像上以浅色调显示出存在明显的外墙痕迹（85m×70m），其中东北角和西北角均有向外凸出的角楼，西北角是方形角楼，东北角却似乎有圆形角楼特点。根据存在角楼的特点可以判断这应是一处古城遗址，而不是墓地周围经常出现的方形围院。该城即马锁井城。

3. 冥安城

遗址位于瓜州桥子乡东南约 7km 的地方，即所谓"南岔大坑"。古城近方形，城门向西（图 10-2-7e），西北角套一小城，东西宽 60m，南北长 75m，东城墙外有岗地，开东门，道路从岗地中直通东门。城址内外遍布陶片，主要有灰陶、红陶及褐色陶，另有铁器残片、铜器残片以及五铢钱等。全城地势相对低洼，山洪从东门灌入后，极易全城浸水，因此该城废弃后墙体受蚀严重，多处塌毁，几无完墙。该遗址是瓜州现存规模较大和时代较早的古城遗址。

4. 冥安城西小古城

冥安城西 1.8km 处有一座小城，为 35m×35m 的方城，东北朝向，门开东南墙。小城距锁阳城北门约

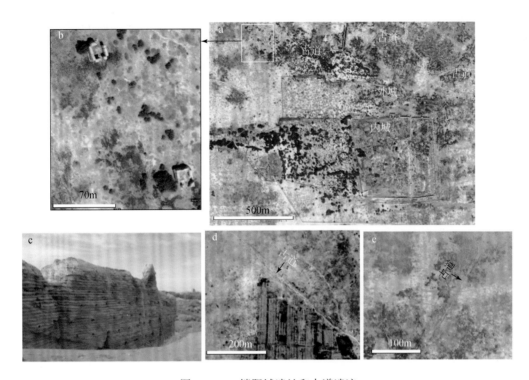

图 10-2-8　锁阳城遗址和古道遗迹

青线为古道；红线为古城范围。a. 锁阳城内外城遥感图；b. 古城西北两座附属小城；c. 夯土层构建的城墙；
d. 通往西北的主干道路（图 10-2-7 中 A 点）；e. 通往东北的主干道路（图 10-2-7 中 B 点）

2.9km（图 10-2-7d）。小城城墙保存完好，但不如锁阳城西北的两座小古城。

5. 马圈城遗址

图 10-2-7b 中是位于马圈村西侧的三座大小不等的长方形院落，大的可达 205m×170m，小的有 65m× 92m 和 56m×93m，墙宽 7m 左右，但均无角楼、马面，因此不排除是西部特有的、墓葬外围方形土墙的可能。但由于其形迹古老，小的方形区内还有土墙隔断，似乎是房屋地基，甚至东北一座的北墙东段还有一个疑似瓮城，因此也不排除是古代城池的可能，可能均属于马圈城遗址。

10.2.4.2　锁阳-冥安地区的古道网络与冥安置

1. 古道标志

锁阳古城周围有很完善密集的古代路网，判别其古代性质的依据是这些道路均已荒废，地表已因风吹雨淋而模糊，并生长灌木野草，一些路段虽然现代道路有借用，但现代车辙未完全覆盖、破坏原道路痕迹。一些借用了古道的现代道路只能根据延长部位可发现未被现代道路覆盖的古道痕迹才能确定具有古道性质。

2. 古道路网

锁阳城地区的古道东来自双塔、长沙岭方面，西则从破城子（广至置）去往瓜州、敦煌，路网走向从东向西由北东转东西。大致可分为下面几组（图 10-2-7a）。

第一组双榆道：来自双塔的北东-西南向古道在前家庄北侧转成近东西向，隐约通向马圈村一带，再断续指向榆林河最北段。在榆林河北段这里有很多古代耕地遗迹，因此也有很多古道遗迹。

第二组双广道：来自双塔的北东-西南向古道继续南延到张家庄、古城 1，然后逐渐转成向西、西北，穿过锁阳城镇绿洲，通向破城子（广至置）。

第三组长冥道：在最东边，来自长沙岭的古道沿山前洪积扇前缘通向冥安城。沿途经过很多古代耕地区。从冥安城向西，一支经小城转向锁阳城。

第四组为冥西道，不经冥安城，在冥安城北直接西拐，经古城 1 南侧，最后与来自张家庄的双广道汇合后通向破城子，这一支并不经过锁阳城。还有一支向东南，应该只是附近的往来道路，不是重要交通线。

锁阳城的北门外有几条主要的道路，一条是通往城外东侧 1km 的塔尔寺。另有两条，一条西北走向的先去古城 1，与双广道汇合后分别去往西面的破城子或北面的双塔。另一条东北走向的则是去冥安城，然后去长沙岭。这两条古道是锁阳城当时的交通主干道，一些地段仍十分清晰，宽度可达 8m（图 10-2-8d、e）。

3. 冥安置

有人认为锁阳城是汉冥安县治所，因此有可能是冥安置所在。但李并成（2011）认为南岔大坑古城（即冥安城）才是冥安置所在。但早期可能如此，晚期可能存在变化。因为从古道分布看，来自北北东方向的古道在冥安城北 1km 以外就改沿西南方向拐向破城子（广至置）。而且冥安城距破城子广至置可达 30 多千米，与悬泉置到万年置之间的 12.5km 相比远了一倍以上，不尽合理。而从古城 1 所处位置周边古道展布情况（图 10-2-7a）看，从东北向西南的古道可以不经过冥安和锁阳两座古城，而古城 1 位置处于古道附近，存在作为驿站使用的可能。而冥安城西的小古城也存在作为驿站使用的可能。

因此锁阳城、冥安城、古城 1 和冥安城西小古城都可能是冥安置所在，其中古城 1 的可能性更大。

10.2.5 双塔-布隆吉-玉门地区古城和古道网络

冥安城以东的汉敦煌境内还有众多古城和驿站，图 10-2-9a 显示了双塔-布隆吉-玉门地区的古城和古道分布情况。这个地区地处十道沟梁洪积扇的北缘外围，是地下水资源丰沛的地带，因此也成为主要的农业耕作区。汉唐时期的城池主要沿洪积扇边缘、疏勒河南岸分布，古道路网也形成南北两个带。从古道保存情况看，东部现代农业发达的地区，古道保存差，难以辨认，而西部现代农田相对较少，古道更容易识别。尤其西部双塔一带从锁阳、冥安经双塔去往瓜州的南北向古道十分密集。

10.2.5.1 十道沟梁洪积扇前缘的古城驿置

在十道沟梁洪积扇的扇前缘地下水渗出带，分布着多座古城遗址，这里土质以粉细砂-黏土为主，地下水丰富，多有自南向北的扇上河沟存在，依靠河沟附近扇前缘的地下水多以泉水渗出，适合农业种植。这些古城构成了古代东西交通线上的驿置节点。

1. 渊泉县与源泉置

渊泉县为汉敦煌郡境内最东边的一个县，县内设置和亭，故称渊泉置、渊泉亭。李并成（2011）认为今瓜州县河东乡四道沟村古城，东距汉乾齐县 25km，应是汉渊泉县所在。在四道沟村西北 300～400m（四道沟台北 100m）处有一古城遗址（图 10-2-10a），东西 250m，南北 220m，北部城墙较清晰，隐约可辨，但也仅剩痕迹，城内已成耕地。古城位于两河之间的阶地面上，南距河道仅三百多米，取水方便。虽然古城大小与他的描述有出入，但应该就是李并成所称四道沟村古城，即渊泉置所在。

2. 旱湖脑遗址、古城 2 与美稷亭

李并成（2011）认为渊泉置与冥安置之间距离过大，达 100 多千米（实际直线距离应是 60 多千米），中间应有驿站。而锁阳镇桥子村长沙岭有一 26.4m×24m 古城，因城内多积薪，被称为草城。他认为该古城应为连接渊泉与冥安之间的骑置或驿、亭，而悬泉简牍中有美稷亭一名，此处又邻近汉宜禾都尉美稷候官所辖塞段，据此他认为草城可能就是美稷亭遗址。

然而这个古城的规模太小，遥感图像上也很难辨别。虽然作为亭驿没有问题，但如果附近有更大的古城，那么就更可能作为古道沿途的补给置驿。在长沙岭东侧不远的沙井子村附近（旱湖脑槽子西北

图 10-2-9 双塔-布隆吉-玉门地区古城与古道网络
a. 古城、驿亭和古道分布图（青线为古道；红线和方块为古城；黄线为长城；黑圆为现地名）；
b. 被沙丘覆盖的古道；c. 被现代耕地覆盖的古道；d. 被现代耕地截断的古道

2km 处），有一处方形遗迹，我们编号为古城 2。

古城 2：规模大，345m×340m。古城近南北展布，略偏西北（图 10-2-10b）。遗迹的城墙很宽，达 18m，但仅存地面痕迹，墙体已无，因此是否存在角楼已难以分辨。古城分南北两部分，东墙南部向东移动近 30m，一条横贯东西向的大道从城中穿过。城内北部已开垦成农田，古城东南部还有一处 70m×70m 的小方形遗迹。古城东侧有古河道通过，取水方便，是一处精心挑选的筑城位置。

资料（李春元等，2006；李春元，2008）上显示，该古城被称为旱湖脑遗址，四角有角墩，门向东开，宽 4.85m。城西南角墩外有 4 座夯筑四棱台体小方土墩，分南北两排排列，边长 2.5m，残高 1.20～1.45m，夯层厚 0.08～0.10m。城内外地表散见绳纹、弦纹、水波纹灰陶片。同时，城址周围墓葬分布较为密集。该城为汉晋古城，时代较早，且周围墓葬、窑址分布密集。

在李春元等（2006）、李春元（2008）中采用的刘兴义绘制安西境内历史古城分布示意图上，这座古城与他们所标定的西晋晋昌郡（唐瓜州）位置一致，虽然他们给出的西晋晋昌郡平面图并非古城 2（应是他们的一处错误），但可以确认这是一处古代人工遗迹。

这座古城处在东西大道上，往来邮驿没理由不在此城休息停留，因此此处可以是一处驿亭如美稷亭或其他驿亭所在。

3. 古城 3、4 与晋昌郡

古城 3、4：在古城 2 东 10km 处的工程大队五队西侧，有两座古城遗迹（图 10-2-10c）。古城 3 南北向长方形 155m×195m，虽然城内建筑已荡然无存，但残城墙保留有马面和角楼，尤其是南墙东段、西北角楼和北城墙马面均仍矗立地面。四面城墙似乎都有城门。古城 4 则较小，东西 75m，南北 85m，南北略偏北东，南门有较大的梯形瓮城，角楼明显，城墙完好。城外还有护城壕痕迹。古城 3、4 两城相距仅

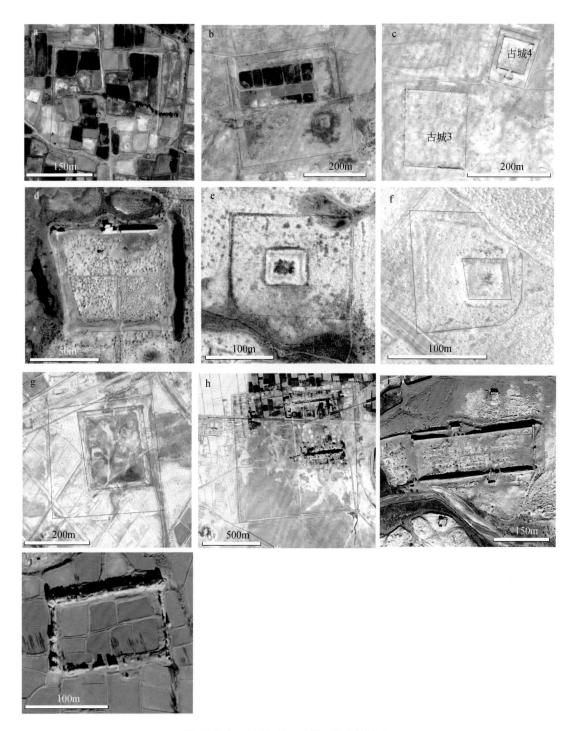

图 10-2-10　布隆吉—玉门一带古城遗迹

褐红线为遗址区范围。a. 四道沟村古城（渊泉县）；b. 古城 2；c. 古城 3、4；d. 古城 5（徐家屯庄古城）；e. 古城 6（月牙墩古城）；
f. 古城 7；g. 古城 8（潘家庄遗址）；h. 布隆吉古城；i. 桥湾古城；j. 古城 9（下苦峪古城）

60m，有道路从古城经过。两城可能是不同时代所筑，同时代的可能性较小，而且从古城 4 城墙保存更好来看，古城 3 可能更早一些。

李春元等（2006）采用刘兴义的资料，认为这是安西西晋晋昌郡，他们将 3、4 两城分别称为南城和北城。但他们的材料存在两处错误，一是安西境内历史古城分布示意图（刘兴义绘制）与古城平面图不一致。分布示意图上古城 3、4 所处位置上标注为汉渊泉县，而给出的安西汉渊泉县平面图却是四道沟村附近的古城, 同时与古城 3、4 最相似的古城平面图上却又标注是安西西晋晋昌郡。结合前面发现的古城 2 位置被他们标为西晋晋昌郡 (唐瓜州), 我们认为刘兴义的安西境内历史古城分布示意图误标了晋昌郡和渊泉县的位置, 渊泉县应是四道沟村古城, 而晋昌郡应在古城 3、4。虽然他们没有给出古城 2 的平面图, 但在古城分布示意图上却有标示, 且与其他资料上的旱湖脑遗址吻合, 因此古城 2 应并非古晋昌郡, 而古城 3、4 才是安西西晋晋昌郡所在。

另一个错误是他们的安西西晋晋昌郡平面图上北城的瓮城是方形的, 但实际上是梯形的。李春元等 (2006) 采用的很多平面图, 都存在各种测量误差, 包括长度距离和形态上的, 但除这些早期技术限制导致的可能错误外, 其仍是目前较全的可信资料。

10.2.5.2　疏勒河沿岸古城群

以上古城的北侧、疏勒河南岸, 还存在一条近于平行的交通线, 从四道沟村的渊泉县古城自东向西, 沿疏勒河南岸, 经布隆吉古城, 到双塔水库, 再经小宛古城通向瓜州。这条北道在双塔以西因火焰山—截山子—乱山子山脉分隔, 而与冥安置—广至置—鱼离置古道分开。在双塔水库以东的多座古城, 介绍如下。

1. 古城 5 与徐家屯庄古城

古城 5 与徐家屯庄古城位于双塔村以北, 双塔水库东南岸边。南北 75m, 东西 80m, 近于正方形, 南北朝向。北城墙较完整, 东北、西北角楼较清晰, 北城门的瓮城挺立, 保存较好。南门较小, 有古道通出, 城内十字大街清晰。有明显向北防御、向南卫护的特点。城外四周有积水洼地, 可能是护城河, 古城周边均为田字形耕地 (图 10-2-10d)。与李春元等 (2006) 双塔汉唐文化分布示意图中的徐家屯庄古城位置吻合。

2. 古城 6 与月牙墩古城

古城 6 与月牙墩古城位于古城 5 东北 2.8km、月牙墩村正西 6km 的双塔水库东岸附近。由多层方形痕迹构成, 外层由清晰的条带状植被构成, 已看不出是城墙还是护城河, 东西 180m、南北 140m。正中间又有一条带状植被构成的方形痕迹, 南北 52m、东西 62m, 已难以分辨是城墙还是护城河。最内是东西 43m、南北 35m 的土质残墙基, 保存不好, 墙体已模糊不清, 四角痕迹外凸, 似乎有角楼, 南边正中有缺口, 应是门所在。这种多层古城形式与玉门关小方盘城类似, 可能是同时期筑建的。古城北距疏勒河仅 750m, 附近有东南–西北流向的小河通过, 用水方便, 北侧有沿河而行的东西向古道, 城南有来自东南方向的古道通过 (图 10-2-10e)。

与李春元等 (2006) 双塔汉唐文化分布示意图中的月牙墩古城位置吻合。

3. 古城 7

古城 7 位于古城 6 与月牙墩村之间, 西距古城 6 约 3.6km, 东距月牙墩村 2.1km。地面遗迹保存不好, 模糊不清。也是由两个方形痕迹构成, 但东部不完整, 已完全难以分辨。外方形南北 115m, 东西 100m 左右, 大致南北朝向, 该方形由深浅色带平行构成, 似乎是沟壕与城墙的复合。内方形痕迹东西 43m, 南北 37m, 近于正方形 (图 10-2-10f)。不排除是古墓周边围墙残余的可能, 但鉴于与古城 6 和玉门关小方盘城的相似, 其是古城的可能性更大。其真实性质需要实地考证。

4. 古城 8 与潘家庄遗址

古城 8 位于潘家庄村西 300m, 西北距月牙墩村 2km 左右, 也有内外两道痕迹, 外围北边和西边均为 325m, 东边和南边均为 345m, 可能是护城河, 为耕地内隐约可辨的痕迹, 地面无明显地物显示。内城是真正的城墙, 南北 230m、东西 193m, 四角有角楼, 南门清晰, 似有瓮城 (图 10-2-10g)。城墙只余残梁, 根据记载应为潘家庄古城遗址, 城墙现已全部倒塌成土梁, 残宽 4~5m, 残高 1.2~1.8m, 夯土版筑, 夯层不清; 四角筑有角墩, 城南正中开一城门, 门宽 4.5m。该遗址西侧距潘家庄墓群 500m, 根据墓群的发掘情况和城址内散落的青砖, 被前人推定其时代为汉代—魏晋时期, 是当时农耕区内的居民居住地。目前已被圈围保护。穿城而过的古道应是古城废弃后留下的，只是比现代早。

5. 布隆吉古城

布隆吉古城位于现在的布隆吉乡，是这个地区最大的古城，也是较新的古城，东西 1000m，南北 985m，南北朝向。南墙和西墙保存较好，北墙局部保留，东墙不清晰。古城各方向中间都有城门，有道路从城内通出。城内有现代村落和耕地，尤其在北部，因此城内遗迹受到破坏（图 10-2-10h）。根据资料，该古城是 1723 年清雍正皇帝下令在此筑城，1727 年建成后文武百官迁入。建成后不久，因地势低洼潮碱严重，城墙经常塌损，后另建城于大湾。虽然古城四门与外的连通古道清晰，但显然远比汉晋时期古道晚。清《辛卯侍行记》卷五称作者途经此城时城中无居民，但有驿站和军塘。

6. 桥湾古城

该古城位于瓜州县河东乡双泉村，地处疏勒河北岸，保存完好。遗址平面呈长方形，东西 325m，南北 107m，南北朝向，墙顶筑女墙垛口，南北均有带瓮城的城门，上有城楼建筑遗迹，四角有角楼，东墙外有一处马面。河南岸还有一座小城，仅 20m×20m，可能是配套建筑（图 10-2-10i）。从古城位置看，桥湾古城与水运有关，而与汉唐古道关系不大。

资料显示，桥湾城始建于清雍正十年（1732 年），属兵防营讯堡，主要用来屯兵屯粮，在平定准噶尔战乱期间发挥了巨大的作用。城内有东西向街道、房屋、庙宇遗迹，倒塌堆积层厚 1.2~1.6m，内含条砖、方砖、白灰浆块等。北墙外 60m 有夯筑台基 1 座，上面原建有庙宇。古城兴盛于乾隆时期，毁于同治年间。

7. 古城 9 与下苦峪古城

古城 9 位于玉门市东南，西距火车站仅 860m，东西 140m，南北 94m，城墙完好，角楼、马面清晰，有南门和北门，但都较小。城内已成耕地（图 10-2-10j）。《辛卯侍行记》卷五显示是元朝所建，"明永乐初元故丞相苦术子塔力尼降设赤斤蒙古千户所，八年升为卫"，称赤斤蒙古卫，明成化十九年被吐鲁番也克力所占，称达里图西吉木。清康熙三十五年，哈密伯克额贝都拉献地归降后，建靖逆城于达里图。前人考证明时该城为下苦峪古城（李春元等，2006）。

10.2.5.3　布隆吉–玉门地区古道网络与特点

这个地区的古道总体走向通常均与古城、驿站等人群密集区关联，显示出主要城池之间交通联络路网特点。

古道路网：从锁阳城、冥安城通向东北方向的古道主要有平行的两支——长冥道和双广道（图 10-2-7a、图 10-2-9a），每支由较大的主路和多条较小的近平行小路构成，两支间距大约 4.5km。

西侧双广道从破城子东延，自古城 1 附近折向东北，经张家庄向东北延伸，并一直延伸到双塔村、双塔水库一带，抵达古城 5，沿途均在洪积扇前沿外的低洼沙地区，植被覆盖较茂密，穿过多条小河流，是目前的绿洲分布区。

东侧长冥道从冥安城向东北，经长沙岭后分为两个方向。一为长渊道，向东经沙井子、古城 2、古城 3、古城 4，一直延伸到四道沟村，然后折向东南，通向古城 9。然而在古城 3、古城 4 以东，由于这里是主要的现代农业区，大量的农耕活动已对地表彻底改造，古道痕迹已很难找到。另一个方向是从长沙岭继续向东北，通向布隆吉古城。

在北部，布隆吉古城是一个古道的汇聚中心，四周古道均会于此。但因布隆吉古城建城很晚，因此这些古道大多不会久远，与汉唐古道无关。

但绿洲北部、疏勒河南岸应该有早期古道，并向西依次通向古城 7、古城 6，最后穿过双塔水库沿疏勒河南岸进入瓜州绿洲区，到小宛古城，这里名为疏南道，它应是路网，由很多东西向古道构成，目前还不能将其与清朝以后的道路区分。

遥感地貌特点：古道均为地表线性延伸的色带，地貌上或为植被区的稀疏带，或为浅槽，均有行走通过特征，宽一般 1~3m。经常横跨水系，延伸较平直，没有河道、水沟那种曲折特征。

古道标志：经常在一些地段被现代耕地、道路、房屋、水渠等地物覆盖或切断，或者被现代河流、水沟冲断和破坏，或被流沙覆盖（图 10-2-9b~d），表现出早于这些现代人工或自然地物的特点。总体上看，现代耕地种植得好、人口密集的地段，古道保存差，难以分辨，如四道沟村的渊泉古城周边，流沙发育的地段，古道也难以搜寻；相反，在近代人类活动较弱、现代耕地少的地段，古道保存较好。现代人、车对古道的再利用也是古道难以确认的重要原因，首先需要剔除有双辙痕迹的大多数道路。

但正如古城可能建于不同时代一样，这些古道应该也是不同时代路网的遗迹。尽管遥感影像分析还不能确定古道的时代，但路网的空间分布应具有延续性和继承性，都是在汉晋丝路古道基础上发展演变过来的，因此在一定程度上可以反映汉晋时期丝绸之路古道在这个地区的分布格局。另外，古道通常与同时代的古城相关联，因此汉晋时期古城周边的道路很可能也主要在当时使用最多。

10.2.6　瓜州地区古城驿置与古道网络

从瓜州向西到敦煌的戈壁滩上，不仅有很多古城、驿置，也一直存在多条连接这些遗址的古道遗迹（图 10-2-11）。下面先介绍这个地区的古城驿置及其周边古道，最后再总结这些古道的判别标志和路网特征。

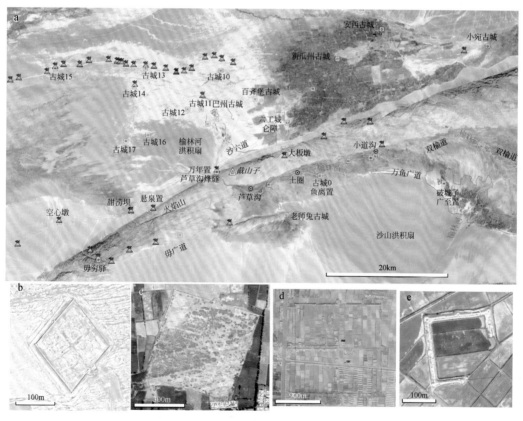

图 10-2-11　瓜州绿洲区古城遗迹与古道网络

青线为古道；黄线为长城；有名方块为古城；无名方块为坞院；橙线为古耕地；橙点为烽燧。
a. 古城与古道网络分布图；b. 百齐堡古城；c. 新瓜州古城（清）；d. 安西古城；e. 小宛古城

10.2.6.1　芦草沟烽燧—大板墩山口的古道：山前道、扇缘道与扇外道

芦草沟烽燧的万年骑置处在一条古道的三岔路口，一路向东南沿芦草沟通向截山子山脉南侧的鱼离置、破城子广至置，一路向东沿截山子山脉北麓山前通向六工城和瓜州古城，一路向西经悬泉置通向

敦煌。

前面已介绍万年骑置—鱼离置—源泉置的古道和古城，下面再分别介绍其他古城和古道。

防洪砾石垄与山前古道（山前道）（图10-2-12a、c）：芦草沟烽燧（万年置）以东，洪积扇戈壁滩上古道不明显，但出现了2道相距25m左右、东西延伸的砾石垄，局部地段出现3道，砾石垄地面特点与敦煌-阳关的汉塞堤十分相似，都是利用戈壁滩上砾石堆砌而成，不同点在于这里是两道平行的砾石垄，且砾石垄并不平直，而是有一定弯曲的波状，结合从西端自芦草沟烽燧北侧坞院北墙外开始出现、被近代院墙建筑插入破坏（图10-2-4f）、常被新近冲沟冲断而成断续的香肠状等特征看，这两道砾石垄应是历史时期遗留的人工建筑，与现代公路一侧的防洪坝存在一定差异。

图10-2-12　芦草沟烽燧（万年置）—六工城古道与古城遗迹

青线为古道；有名方块为古城；无名方块为坞院；橙线为古耕地；橙点为烽燧。a. 古道古城驿分布图；b. 大板墩山前沟口房舍遗迹俯视图（红箭头是房屋遗址）；c. 山前道砾石垄；d. 六工城与堃仑障古城；e. 大板墩山顶古建筑遗迹

从遥感影像上看，芦草沟烽燧以东山区降雨明显较多，因此洪积扇表面发育大量新生冲沟、堆积了大量的新生砾石滩。因此两道砾石垄的功能可能与现代公路一侧的防洪坝相似，也是防洪阻水，方便行人通行躲避洪水。

两道砾石垄在洪积扇上向东延伸变为一道，并向北偏移通向洪积扇前缘，在大板墩北边的洪积扇前缘北拐通向六工城。因此古人可能是沿两道砾石垄之间或北侧通行，砾石垄大致代表了古道的延伸展布。这条古道我们称为山前道。

洪积扇前缘古道（扇缘道）：沿洪积扇前缘存在一条大致与山前道平行的古道，在芦草沟北侧因近代山洪冲刷而不存。在榆林河冲积扇以东开始出现，沿线时而因现代工程被破坏，但持续延伸，直到大板墩北。在榆林河冲积扇以西也有断续痕迹，并趋向与北侧扇外道汇合，显示应是一条连续的古代交通线，我们称为扇缘道。

洪积扇外古道（扇外道）：在洪积扇上砾石垄北侧大约1km以外的扇外沙地分布区还有一条西南-东北向的古道遗迹，这条古道的西端分为两支，一支南偏指向芦草沟烽燧的万年骑置，一支笔直向西南延伸，通向悬泉置西侧甜水井的甜涝坝古城，这条古道与山前道大致平行，但位于洪积扇北侧，是联络敦煌与六工城的交通线，我们称为扇外道。

10.2.6.2　六工城

该处位于瓜州县城西南大约 20km、六工小庙与临潭村之间，由两部分组成，一部分是东北角的较小古城，另一部分是西南大城，即六工城（图 10-2-12d）。

大城形态为不规则的阶梯形，北边长 420m，西边长 320m，南边 243m，东边由几段折线（92m+31m+42m+120m+114m）构成。开西门、南门、北门，均有瓮城，西北南边的城墙及马面保存完好，东部城墙保存则较差。

小城近方形，为 86m×86m，开南门，城墙、角楼、瓮城保存更好，西南角叠盖在大城东北角之上，可能建城略晚于大城。

资料显示大城为"宜禾县"，城墙底宽 4m，顶宽 2.8m，高 7.5m，夯土构筑，夯层厚约 0.16m。小城被认为是"昆仑障"故址，夯土构筑，底宽 8.3m，顶宽 4.9m，高 10m。六工城遗址是丝绸之路上两汉以来一处重要的城址，始建于汉代，城外有农田水利遗迹，显示当时宜禾城既是军事要塞，又是农业屯垦区。

六工城"宜禾县"是古代重要的地方重镇，因此很多古道均指向该城。从芦草沟方向来的山前道和扇缘道到达大板墩北侧与南北向道路交汇后，就北拐通向六工城，而扇外道更是直接指向六工城，只是因临潭村附近的耕地改造，使其东段难以辨认。

10.2.6.3　大板墩古道与驿站

大板墩古道（图 10-2-12a）：是从六工城向南通向大板墩山谷、穿过截山子山脉，连接鱼离置（古城 0）的古道。在截山子山地以北，古道是山前道、扇缘道通向六工城的连接线。

大板墩沟口房舍遗迹（图 10-2-12b）：在大板墩沟谷北沟口的东侧存在 3 处房屋残墙基，均位于地势较高的沟侧台地上，可有效躲避洪水袭扰。由于地形所限，3 处房屋互不相邻、相对独立，从附近不存在其他现代工程分析，这可能是一处古代驿站，方便来往邮差、行人补给的驿所。

大板墩山顶古建筑遗迹（崇善寺）（图 10-2-12e）：大板墩山沟是一条南北向贯穿截山子山脉的沟谷，有现代道路穿过沟通瓜州县城和山南的鱼离置。根据沟边东侧山上有烽燧存在，可以判定古代此处也是一条沟通六工城与破城子、锁阳城的重要交通线。在沟中间的东侧山顶平台上有一片古房屋残基存在（图 10-2-12d），存在至少 6 处房基痕迹。此处无任何现代道路相连，也没有其他生产生活痕迹，应是一处古代寺院即崇善寺所在，院中用水需到山下沟内取水，南侧 600m 就是烽燧所在。

10.2.6.4　瓜州绿洲区古城群

在瓜州绿洲区除六工城外，还有多座古城，但因为地处绿洲，现代人类活动太强，古城虽被保护了，古道却大多破坏殆尽，大多已无法确定，踪迹全无。只能推测古城之间应该存在联络路线。而这些古城大多年代并不久远，多晚于汉唐，因此与汉唐时期的古道关系可能也不大。但它们仍能给我们提供一些参考的信息。下面分别对其介绍。

1. 百齐堡古城

百齐堡古城位于酒泉市瓜州县广至乡。古城平面呈菱形，以锐角正对北方，边长 150m×150m，城墙完整，夯土版筑，顶部筑有女墙，四角筑外圆内方角墩，东南边开城门，外筑圆形瓮城，城内十字形大街，城址内房基、水井、街道遗迹清晰可见（图 10-2-11b）。资料显示，城内散落有青砖、筒瓦、瓷片等遗物，建于清雍正十二年（1734 年），主要用来屯兵屯粮。由于该城建成较晚，周边风蚀严重，地面强烈雅丹化，因此与周围的道路系统关系不清晰。

2. 新瓜州古城

新瓜州古城位于三工东村东侧 1km 处，东西 534m，南北 540m，近于方形，朝向近南北向略偏东。城墙保存较好，开南北门，北门有圆形瓮城。城内已被流沙覆盖，走向近东西的沙垄十分明显，沙丘上大多已生长灌木植被。城周围为现代农田，因此道路遗迹不明显，仅北门外有小段古道可辨（图 10-2-11c）。资料显示此处这是清朝所建，因此与汉唐道路系统关系不大。

3. 安西古城

安西古城位于瓜州县城北侧，规模巨大，南北朝向，东西 980m，南北 990m，城墙清晰，保存较好，角楼、马面均保存完好，北门和东门均有圆形瓮城，南门和西门已无保留，城内为十字形大街，其他古建筑未保留，均已变成房舍和耕地（图 10-2-11d）。资料显示此处也是清朝所建。

4. 小宛古城

小宛古城位于瓜州县城以东 18km、梁家庄村北侧 1.4km 处，东西 180m，南北 185m，南北朝向略偏西。城墙墙基大多有残留，只有东墙南段、南墙东端荡然无存，城内已是耕地。四角有角楼，四面正中有土堆，可能是城门或马面残留（图 10-2-11e）。周围都是耕地，因此周边古道无法辨认。古城北侧 1.4km 左右就是疏勒河，由于现代耕地改造，已很难分辨资料中所标画的古长城和烽燧。小宛古城可能是一座早期古城。

10.2.6.5 巴州古城雅丹区古城群

在瓜州绿洲区西侧的雅丹区，现在已遭受严重风蚀，相比绿洲区，这里植被匮乏，表土裸露，地表雅丹化严重。但这个地区分布着以巴州古城为代表的多座早期的方形古城遗址和一些方形坞院，这些分布广泛的古城、古井、古耕地显示这里曾经也是一片生机盎然的绿洲，曾有大量戍边的军民在此屯戍、守卫长城。这些古城应是当时屯戍军队所建城池，主要拱卫北侧的长城线，而坞院则可能是古代墓穴四周的方形残墙。这些古城坞院基本均在长城线以内，有一些古城可能直接就是长城守卫军队的营地所在。而这个地区的古道主要为古城之间的连接线。下面分别对其介绍。

1. 巴州古城

巴州古城位于瓜州县南岔乡六工村西 13km 的风蚀雅丹台地区，在芦草沟烽燧万年骑置的正北 9.5km（图 10-2-13a），南北朝向，古城南北长 303m，东西 300m，正方形。

据资料介绍，南、西、北墙各有 2 个马面，西北角有角墩，城门西开。城内有一处较大的院落遗存，坐北向南，东西 70m，南北 50m，房屋呈凹字形分布，有大小房址约 20 间，墙基残高 0.8～2.9m；其堆积层约厚 2.5m，地面遍布灰色、红色、褐色陶片以及石杵等物，时代较早。城南、北、西墙内侧分布有陶窑共 14 座，其中较大者长 4.9m，宽 2.7m。该城保存完整，地面遗迹丰富，未遭扰乱，是典型的汉晋古城建制布局。

然而野外考察发现，现在城内地表已很难看到陶片，而且城墙低矮、保存不好，城墙只剩残基，两侧为砾石覆盖，高 1～3m 不等，宽 3～5m。东西门可辨，城内建筑已难以识别，只有很多深坑和高大风蚀雅丹区别于城外低矮雅丹。

古城周围有斑块状目字形耕地分布，但远不如六工城周边的耕地面积大。在城南有很标准的目字形耕地，但是野外发现其实际是一片黑色小砾石覆盖的平地，结合中间残留的雅丹土台和地层中偶夹的小砾石，分析是在风蚀作用下，上部土层细粒成分被吹走，小砾石留在原地，最后在地表累积形成砾石层。

城外古道较多（图 10-2-13c、f），虽然此处为风蚀雅丹台地区，风蚀强烈，但仍可分辨出古道，与芦草沟烽燧的万年骑置也有道路相通。周围还分布有很多井洞（图 10-2-13d），这种井所在位置地面无墓地特征，常在古河道处，推测是坎儿井。周围另有几处小型坞院，如图 10-2-13h 就是巴州古城南侧 1km 处的一处方形坞院，46m×46m，由砾石垄构成的围墙（图 10-2-13i），显示砾石垄盖在一条北东走向古道上，坞院东北部有一洞口（图 10-2-13g），形态上看不像井口，更像是盗洞垮塌后形态，推测这处坞院是一处古代墓地。

总体上看，巴州古城一带也是一处古代屯戍中心，但耕地规模远不如六工城。

2. 古城 10

古城 10 位于巴州古城正北 6.6km（图 10-2-11a），有三重城墙（图 10-2-14a），最外一层 96m×106m，

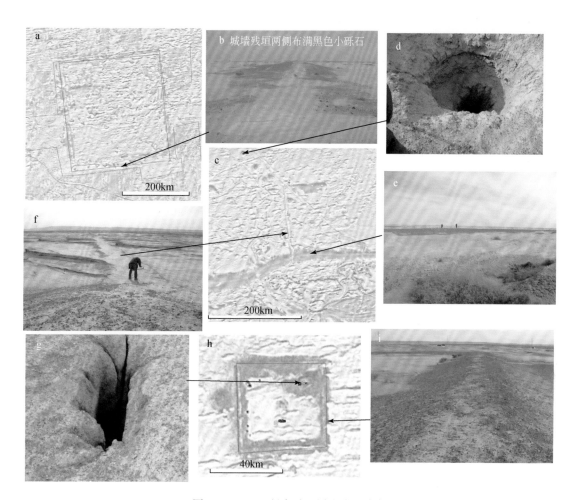

图 10-2-13　巴州古城及周边遗迹分布

青线为古道；红线为遗址范围；橙线为古耕地。a. 巴州古城；b. 古城城墙；c. 古河道与古道位置图；d. 井；e. 铺满
磨圆小砾石的古河道长垄；f. 古道；g. 坞院内盗洞；h. 坞院平面图；i. 坞院砾石垄围墙

中间 60m×65m，最内 20m×20m。城墙保存不好，仅遥感图像上可以分辨。中间一道城墙四角似乎有角楼，开南门和东门。遥感影像特征显示此处应该是一处年代久远的古代遗迹。但因未见资料记载，有待野外实地验证，从多层城墙特征看，类似古城 6、7 和玉门关小方盘城可能是同时期所建。

3. 古城 11

古城 11 位于巴州古城正西 2.1km（图 10-2-11a），呈近正方形的菱形，一角正对北方，边长 65m×75m，墙宽 6m。四周城墙隐约可辨，但风蚀强烈、保存很差。因未见资料记载，有待野外实地验证，不排除是墓地四周坞墙的可能，但从城墙痕迹规模和特点看是小型古城可能性较大（图 10-2-14b）。

4. 古城 12

古城 12 位于古城 11 正西 2.1km（图 10-2-12a），为 66m×65m 的小城（图 10-2-14c），墙宽 15m。特征与古城 11 相似，是个近南北向展布的方城。因未见资料记载，有待野外实地考证，不排除它是墓地四周坞墙的可能，但从城墙痕迹规模和特点看是小型古城可能性较大（图 10-2-14c）。

5. 古城 13

古城 13 位于古城 12 西北 9.5km 处的长城边（图 10-2-11a），是 66m×65m 的小城（图 10-2-14d），墙宽 15m，属于长城沿线的防御古城。城墙遗迹为砾石覆盖的石垄，有河流穿城而过，城内似有房舍建筑留下的规则遗迹，北侧 65m 处有长城和横跨长城戍堡，北圆南方形态，是与古城配套的防御工事。长城外有古道东西向延伸，推测是商旅入关时寻找关口留下。

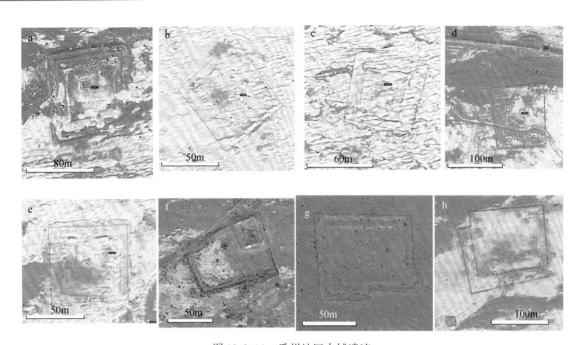

图 10-2-14　瓜州地区古城遗迹

青线为古道；红线为遗址范围；黄线为长城。a. 古城 10；b. 古城 11；c. 古城 12；d. 古城 13；e. 古城 14；f. 古城 15；
g. 古城 16；h. 古城 17

6. 古城 14

古城 14 位于古城 12 西北 9.3km、古城 13 西南 3.4km 处（图 10-2-11a），是 70m×70m 的小城，朝向南北，特征与古城 11、12 相似。城墙遗迹为风蚀雅丹。古城东南 8m 外有河道通过，有古道从东南方向入城，因未野外实地验证，尚需进一步考证。不排除是墓地四周坞墙的可能，但从城墙痕迹规模、与古道和河流关系等特点看，是小型古城可能性较大（图 10-2-14e）。

7. 古城 15

古城 15 位于古城 13 正西 15km 处的长城边（图 10-2-11a），呈不规则长方形（图 10-2-14f），南边 87m，西边 43m，东边 67m，北边傍长城而建，是一处长城沿线的戍堡古城，城墙遗迹为砾石覆盖的石垒，有灌木植被沿墙生长。城内东北角有一处小城，32m×26m，可能是房舍建筑留下的痕迹。

此处长城内外均有古道遗迹，长城内古道沿长城展布，长城外古道也绕墙而东西延伸。

8. 古城 16

古城 16 位于古城 12 西南 7.8km、古城 14 以南 8.2km、悬泉置正北方 12.2km 处（图 10-2-11a），为榆林河冲积扇前缘地带。整个古城呈近正方形（图 10-2-14g），南北 75m，东西 80m，东南角有圆形瓮城，南墙东段北移 8m，使南墙呈 Z 形拐弯，折拐处可能是城门所在。城南 25m 是古河道，取水方便。全城被戈壁砾石所覆盖，城内建筑不明。周围道路、耕地不清楚，难以辨认。一些资料上显示甜水井遗址位于这个位置附近。

9. 古城 17

古城 17 位于古城 16 西偏南 3.6km、甜水井的甜涝坝古城正北 11.6km 处（图 10-2-1a），也是榆林河冲积扇前缘地带，为不规则方形（图 10-2-14h），朝向近南北，略偏西。古城西北角内凹成缺口状，南墙 140m，东墙 124m，西墙 115m+24m，北墙 133m+24m，似乎开南门和东门。城墙保存不好，只有地面有明显的痕迹，墙体已风蚀殆尽，只有东墙有少量雅丹化残余。城内南部似乎还有一道城墙，与东、北城墙构成正方形。

有古道从西南方向通来，与空心墩遗迹的北东向古道相呼应，城西南 50m 古道上似乎有一处建筑遗迹，已被砾石覆盖。全城处在风蚀雅丹台地上，在榆林河冲积扇前缘外侧。周围无明显耕地遗迹。一些资料上显示五棵树儿井城址位置与此城接近。

10.2.6.6　瓜州地区的古道特征与路网

瓜州地区的雅丹、戈壁滩上这些古道遗迹（图 10-2-11a）沟通连接了这个地区的古城和驿置。

1. 古道特征

这些古道的判别标志与锁阳城–布隆吉地区的古道相似，但前者更多地在植被较好的绿洲区，而敦煌—瓜州的古道更多地在植被较差的洪积扇戈壁砾石滩上，因此有其特色。归纳特征如下。

（1）具有连续性、随意性、规避障碍，且有一定宽度的平整浅槽。与悬泉置古道的规模、地貌形态、路面特征相似，砂砾石铺垫路面，常呈浅槽，宽可达 8～9m。遥感图像上是连续的线状痕迹，一些路段可以很直，横跨小型沟谷，一些路段又呈现规避地面障碍的人为行走随意性，而明显有别于现代笔直车辙。地貌上通常在平坦地面延伸，山区常常通过山谷和隘口，总之都是在容易通行的地面延伸。

（2）没有现代车辆通过。现代车辆通过的特点是车轮留下的双线痕迹，而古道没有车辙双线。有的古道因仍有良好通过性，会有车辆通过，造成难以判断其是否是早期道路性质，这种情况下需要在遥感图像上沿痕迹追索，经常可以看到现代车辙双印拐向离开，而无车辙的痕迹仍继续延伸。

（3）古道与冲沟、河道大角度相交，经常跨河道、冲沟延伸，并在冲沟出山处经常被冲毁而消失，反映痕迹形成较早。实际上与冲沟、河道平行的道路通常是难以区分和辨认的。

（4）与现代施工、现代道路或现代耕地重叠时，古道或被破坏或被覆盖，也显示痕迹形成较早的特点。

2. 瓜州–敦煌路网分布

瓜州地区的古道路网主要在植被匮乏的戈壁、雅丹、沙地地区保存较好，而在瓜州现代绿洲区则因近代干扰太大而难以辨认。古道路网分布可分以下几个区带（图 10-2-11a）。

第一个区带是截山子山南区，主要在火焰山—截山子山脉以南，东部古道有两支，一支从破城子（广至置）沿沙山洪积扇前缘到古城 0（鱼离置），再到万年置，为万鱼广道。另一支沿榆林河经小道沟一带到古城 0 与前一支汇合，是双榆道的西延段（图 10-2-11a）。从古城 0 以西，古道向西又分三路。一路从土圈拐向北经大板墩通向六工城，为大板墩道（图 10-2-12a）。一路继续沿榆林河经芦草沟穿过截山子山脉到万年置，与山北古道汇合，为万鱼广道西段。还有一路从破城子向西，经老师兔古城后向西，沿火焰山南麓山前古道，走旱峡毋穷驿，穿过东西向山脉，为毋广道（图 10-2-11a）。

第二个区带是巴州古城北部区，主要在六工城以西、长城线以南、古城 15 以东、榆林河洪积扇以北的地区。这个地区属于风蚀雅丹区，地表植被匮乏，在古城 14～17 以西地表转为芦苇沙地后，古道古城遗迹就因沙覆盖而踪迹全无。这个地区的古道主要连接各处古城。

第三个区带是瓜州到敦煌交通线，即沿火焰山—截山子山脉北侧展布、连接瓜州六工城和敦煌沙洲故城的交通路网，故名为沙六道。中间以悬泉置、万年置、甜水井、空心墩等驿置为节点，两端是六工城和敦煌的沙洲故城，并从芦草沟和大板墩两处，南穿山地连接破城子（广至置）。该道由多条平行古道构成，包括扇外道、扇缘道和山前道等（图 10-2-12a）。

第四个区带是长城线。这是沿古长城延伸的古道，主要在长城南侧的长城内延伸，应主要是守卫长城的军队所使用，因此一般使用者少，规模不大，行迹保存也差。一些地段上，在长城外也有古道行迹，可能是古代商旅错过入关口后，沿长城向东寻找入关口所留下。

从六工城向东经小宛古城也有古道通向双塔，但是因双塔水库和疏勒河影响，加上小宛一带现代绿洲影响，古道形迹不是很连贯清晰。因此相比之下，鱼离置—广至置—冥安置的交通线可能在汉唐时期最为重要。

10.2.7　敦煌地区古城与古道网络

敦煌郡城是今敦煌市城西党河西岸的古城址，即敦煌故城或沙洲故城。古城地面遗迹在遥感图像上已很难分辨,根据资料可大致确定古城位置。沙洲故城四周由于是现代绿洲区,人类活动强度很大,道路密布,很难确定哪些曾是古道,只能根据古城和驿站的关系大致判断古道的走向。

从沙洲故城向东与大疙瘩梁古城相连,向西南则与阳关相连,向北则与北部西湖乡相连,向西北与玉门关相呼应。敦煌绿洲区外的道路也经过历代使用,很难准确厘定时代。

总体上看,向北面的西湖乡方向,人工绿洲外的老路很多,网络状交织,总体走向北偏东,由于这个方向是党河流入疏勒河的泛滥平原,水道多、湿地多,古长城也在这个地段消失难寻,不知是本来就没在此修筑还是后来被洪水、风蚀破坏殆尽了。

从沙洲故城向西北,北沙梁以西汉长城一直连绵经过河仓古城、玉门关小方盘城,最后到达最西端的古城。然而在河仓古城以东,湿地沼泽十分发育,沿长城南侧的古道虽有,但十分难行。

从沙洲故城向西南,先沿党河到西千佛洞,再沿汉塞堤过石盆,抵达阳关。自阳关出发,一条是出阳关之后的丝绸之路南道,沿夹山中南部走崔土木沟、多坝沟,再沿阿尔金山脉通向米兰,这条古道为车马自由穿行走出的路网,走向在后文介绍。而另一条大道是从林场村向北,经二墩村,直达玉门关小方盘城,这是一条有规划设计、规模宏大、专门修建的古道。

10.2.7.1 敦煌东部古城驿置与古道路网

从悬泉置向西到敦煌的沙洲古城也保存有多座古城驿置和古道遗迹,构成了这一带的交通路网(图10-2-15)。下面分别对其介绍。

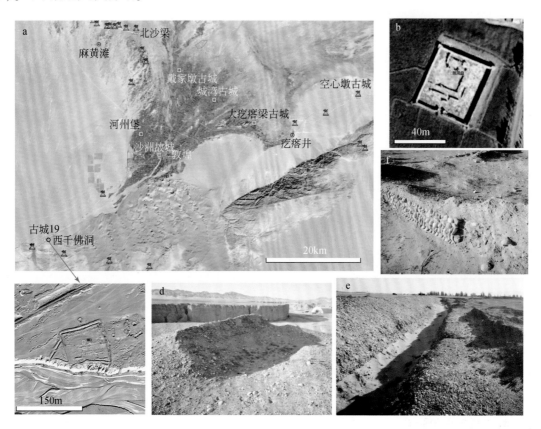

图 10-2-15　敦煌周边古城置驿遗迹
青线为古道;橙点为烽燧;白方块为遗址;黄线为长城;品色线为塞墙;红线为遗址范围;黑圆点为地名。
a. 古城遗迹分布;b. 城湾古城;c ~ f. 古城 19 的平面图、南砾石墙、北侧壕沟和城内卵石残墙

1. 甜水井与甜涝坝遗址

甜水井位于悬泉置正西 3.3km 处的柳格公路边(图 10-2-11a)。虽然甜水井属瓜州,但因邻近空心

墩，我们放在敦煌东部驿置介绍。尚存遗迹是甜水井烽燧及其北侧的 4 个柴薪堆。烽燧夯土结构，残墩高 7~8m，西侧 90m 有一砾石堆，上有三根木桩，可能是大地高程点所留，故此砾石堆应非古烽燧残基。烽燧北侧 58m 有东西并排的 4 个柴薪堆，由红柳与土层筑成，资料称其为小烽燧，然而 4 个这么小的烽燧如此并排而建很难自圆其说，我们认为柴薪堆的可能性更大，覆土是为了防止大风吹走树枝柴薪（图 10-2-16a、b）。

图 10-2-16　敦煌—悬泉置古道沿线古城置驿遗迹

青线为古道；红线为遗址范围。a. 甜水井烽燧遗址；b. 甜水井烽燧和柴薪堆；
c. 空心墩遗址；d. 空心墩烽燧和坞院残基；e. 大疙瘩梁古城；f. 大疙瘩梁古城残基和护城河红柳林

公路北侧有一处东西 105m、南北 92m 的砾石垄围成的方形区，朝向东南，这更像是现代施工留下的痕迹，在此方形区东北角 40m 外有几处建筑残基，但其红砖残块也显示可能并非古代遗迹，因此是否为前人报道的甜涝坝古城（李春元等，2006）存疑。实际上有些资料上的甜涝坝遗址在本甜水井烽燧遗址北侧的古城 17 一带。

遗址地处洪积扇扇缘，南侧戈壁砾石滩，北侧就是沙泥质滩地，芦草生长较多，属于扇前地下水渗出带，因此容易打出淡水井。

虽然不能确定甜涝坝古城所在，但从烽燧遗址向东有古道通向悬泉置，说明汉朝此处就是驿站之一。而虽然其东北方向附近因现代道路影响致使古道不明，但 1.3km 处也有古道痕迹，并断续可追，一直与芦草沟烽燧万年骑置北侧的扇外道相连（图 10-2-11a）。而向西古道基本与现在柳格道路重叠，但局部地段仍可分辨出古道痕迹，大约 12km 处即为空心墩驿站。这种古道在此交汇的特点说明甜水井这里是敦煌通向瓜州古道上的重要补给站，也是东去锁阳城的岔路口，实际上甜水井在 1949 年以前一直是从瓜州到敦煌路上重要的补给点。

2. 空心墩古城与平望骑置（驿、亭）

空心墩位于甜水井遗址以西 12km 处的洪积扇戈壁砾石滩上，地处公路和铁路之间（图 10-2-15a）。西南是烽燧，六面棱柱状，上有女墙，土坯筑成，东侧 30m 有坞院房基，资料显示该处为清筑小堡（李春元等，2006），夯土结构。其北侧 40m 有砾石垄围成的四方形坞院，南北朝向，东西 45m，南北 36m，西墙向西突出呈尖状，有南门和东门迹象（图 10-2-16c、d），但实地考察发现砾石垄有推土机推过痕迹，是否为古城遗址存疑。

空心墩位于南方的旱峡和东水沟两条出山河流在两个洪积扇之间洼槽汇聚后北流通过处。此处地下水丰沛，是敦煌东戈壁上一处较好的水源点，因此建立了驿站。

这里也是周边古道的一个汇聚点，古道向东沿柳格公路与甜水井遗址相连（图10-2-11a）。古道向东北在洪积扇上可辨，在洪积扇外生长芦苇的沙地区因后期洪水风沙而难以辨认，但总体走向上可与古城17附近的古道呼应，说明两地曾应该是有道相通的。从空心墩向西，有两个方向古道，一条向西南通向疙瘩井，一条向西到达洪积扇西缘后消失在扇外沙地湖沼区。另外还有一条南北向古道，大致沿旱谷出山的冲沟直达旱谷，由于历经千年的洪水冲刷，这条古道已难匿踪迹，但旱谷沿线存三座烽燧，且山南有古道通往芦草沟方向，说明是可以通行的路线。

在空心墩南北两侧均另有近于平行的古道，南侧一条自甜水井遗址西延，到达空心墩南2km处，但以西由于山洪冲刷，古道痕迹消失，从方向上看，最后仍与空心墩向西南延伸的古道汇聚。而空心墩北侧2km和3.5km处各有一条西南东北向古道，均仅在洪积扇上可辨，东西两端消失在扇外芦苇沙地区，但从总体走向上看，向东可能通向古城17，向西横穿沙地通向敦煌新店台村北的大疙瘩梁古城。

李并成（2011）根据简牍记载分析了西汉效谷县境内所设第四骑置——平望骑置的位置，根据平望骑置在悬泉置西50里（汉里，合今约21km）处，推测平望骑置应在东水沟沟口，只是驿站遗迹未被发现。然而从现存古道分布看，似乎缺少沿山前从悬泉置直达东山口的路线，古道主要从洪积扇中部通过。资料显示，空心墩烽燧遗址建于清朝，但从地理位置及其与古道关系看，空心墩古城是附近唯一可以确认的古道沿线驿所，因此我们推测空心墩古城可能才是平望骑置所在，清朝所修的烽燧是在原来古代遗址上重建的。

3. 大疙瘩梁古城与遮要置

在空心墩古城以西大约23km、敦煌新店台村东北约2.8km有一处古城（图10-2-15a），我们编为古城18，后确认这就是大疙瘩梁古城。古城近方形，四周由一圈树围成，是沿古城外护城河生长的红柳所构成，护城河东西100m，南北105m。内部为古城，但地表已基本无明显遗迹，城墙已沦为土丘，地表已被盐壳覆盖，在野外很难辨认出建筑结构，城内建筑已无踪迹。古城开南门，根据护城河形态，应有外凸瓮城（图10-2-16e、f）。周围虽然有很多道路，但由于地处绿洲区，现代耕地、道路、灌渠很多，很难判定哪些是古道。

李并城（2011）认为新店台村北侧大疙瘩梁古城是西汉效谷县境内所设第三骑置遮要置所在，并持续到唐，为唐东泉驿。大疙瘩梁古城东侧是伊塘湖、新店子湖区，是党河、东水沟、西水沟交汇处，地势低洼，水资源丰沛，故唐时被称为东泉泽。

4. 旱峡古道与毋穷驿（无穷驿）

在空心墩古城南侧的旱峡（图10-2-11a、图10-2-17a），两侧山地有多座烽燧。峡谷北口西侧1km处的另一山口侧，有一座塔式建筑疑似烽燧，其北侧25m外另一小山梁上还有一处小房舍残基，考察发现实际是现代采矿人所建小楼。峡谷南口的东侧山脚台地上有一座烽燧（图10-2-16b），北侧紧邻一条沟谷。旱峡中部的烽燧也十分清晰（图10-2-17c），烽燧位于山谷南侧山顶，烽燧中空，距空心墩古城约8.7km。在烽燧北侧山谷北岸沟谷拐弯处的内侧山脚，紧贴河床的高台上有废弃房舍残墙，由于附近并无耕地等民用遗迹，又紧邻烽燧，推测应是古代驿站所留。

旱峡东南端谷口外有古道通向东北的鱼离置方向，西北端谷口则直接通向空心墩古城，但山谷内由于后期洪水冲刷严重，已无古道残迹可寻，只有现代车辙可辨。但根据山谷沿线分布多座烽燧、东西两端均有古道遗迹等现象，可以确认这是古代一条驿道，但不如芦草沟烽燧万年骑置到鱼离置的古道好走和重要。

李并城（2011）根据旱峡中部烽燧发现汉唐陶片、附近崖壁有泉水，分析认为应是唐无穷驿所在，也是汉毋穷驿。

5. 敦煌地区东部古道路网

这个地区的古道同样只在植被稀疏地区可以追踪，而在绿洲区基本无法绘制。总体上看，从东边来

图 10-2-17　旱峡古道沿途烽燧与驿站遗迹

青线为古道；红线为遗址范围。a. 旱峡烽燧驿站分布图；b. 旱峡中部烽燧与房舍遗址（无穷驿）；c. 旱峡南口东侧烽燧；
d、e. 城湾古城平面图和夯土城墙；f、g. 戴家墩古城平面图与城墙地面景观

的古道基本以空心墩古城为重要枢纽，南面是从旱峡毋穷驿过来的古道（毋广道），东面是来自六工城、古城 17 和悬泉置的古道（沙六道）。向西一支古道通向疙瘩井，然后沿洪积扇前缘绕行到大疙瘩梁古城（图 10-2-15a）。另外几条古道则是从空心墩一带直接向西，进入芦苇沙地区后形迹不明，方向上是直接指向大疙瘩梁古城，可能几条古道均交汇于此，然后再通向沙洲故城。另外似乎还有一条古道从大疙瘩梁古城东侧向北，通向西湖乡一带，这条古道可能较晚。除此外，敦煌绿洲区东部的古道大多不可考。

10.2.7.2　敦煌绿洲北部古城与古道路网

敦煌绿洲的北部地区还有几座古城，一些古城时代较晚，与汉唐古道路网无关。一些则可能与汉唐时期驿置有关，但古道因绿洲人类活动太强而基本不可考。

1. 城湾古城与效谷置（县、驿、亭）

此处位于敦煌郭家堡乡破城湾村北 300m，东南方距古城 18 约 10km。古城仅 60m×66m，朝向南北略偏东，城墙保存较完好，仅南墙不存，城墙夯土构建，每层 10cm 厚，墙厚 4~5m，高 10m 左右，西墙残余 2 段，东、北墙完好（图 10-2-17d、e）。

李并成（2011）认为效谷驿在郭家堡乡墩湾村北的墩墩湾古城，且城墙已毁，然而现在地图上未找到墩湾村，也不能确认墩墩湾古城位置，因此墩墩湾古城应该不是破城湾北侧的城湾古城。但从他分析

西汉效谷县的位置看，城湾古城有可能是效谷置所在。

2. 戴家墩古城与甘井骑置

此处位于敦煌戴家墩村西南侧耕地区外，东西 100m，南北 115m，仅剩方形城墙痕迹，四角似乎有角楼（图 10-2-17f）。野外观察城墙已沦为土垄（图 10-2-17g），看不出夯土结构，地表芦苇生长茂盛，四周现在多为农区，已很难辨认古道。

根据李并成（2011）描述，1983 年考察时城垣已严重破损，仅余残基，开南门，城内有陶片，四周多草甸、盐碱。他认为该城应为甘井骑置。

3. 河州堡古城遗址

此处位于酒泉市敦煌市肃州镇河州堡村，距沙洲故城 6km 左右。据文献记载，该城为清代修筑，因清雍正年间，自河州迁入移民而得名。古城保存良好，近正方形（图 10-2-15b），坐北朝南，南北长 45m，东西宽 48m，四角有角楼，无马面，开南门，墙基宽 2.7m，顶宽 0.9m，高 4.2m，黄土夯筑，夯层厚 0.12～0.15m，墙顶部有女墙和瞭望孔，南墙有马道。

该城由于建造较晚，应与汉唐时期古道关系不大。

4. 古道路网

敦煌北部绿洲区的古道目前难以找到实体。但在绿洲区西侧的雅丹台地（河州堡北侧、戴家墩西侧）上，有一些疑似古道（或塞墙）大致呈南北向展布（图 10-2-15a），沿途还有烽燧分布，烽燧向西北一直延伸到长城线，这可能是从长城防御线通向沙洲古城的古道。但局部地段的考察发现其虽然确实有道路特点，但无法确定是否为古代汉唐时期所留，一些现代大型工程车留下的印记使古道性质判断尤为困难。

10.2.7.3　敦煌–阳关—玉门关古城驿置与周边古道

1. 古城 19 与破羌亭

在西千佛洞、党河河谷北岸高台上有一片房舍遗迹，近正方形，北边 95m，东边 96m，西边 76m，开东、西门（图 10-2-15c～f），西侧中间有窄道。城内有三排房舍，北边一排贴北墙而建，另两排在中偏南部并列。城外东侧还有几处房舍残基。废弃房舍地基残墙是混有沙砾的土墙，有的混有草段，个别房间内残留有红柳和芦苇垫层，还有用卵石建的水池。遗迹内有很多现代遗物，如抹墙水泥、铁钉、现代纸张残片、衣物等，显示近代有人在此居住。遗址南边临河谷断崖，筑有砾石垄为护墙，东北西面有壕沟，深 1.5m，宽 2～3m，挖出的砾石堆在沟外成砾石垄，状如城墙残基，有防御作用，而现在这里既无洪水，又无战事，很难理解现代村落会开挖这种深和宽、有防护作用的沟壕，因此推测可能是继承早期遗址的近代遗迹，分析认为这可能是一处古代遗址，党河河谷陡崖上开凿的西千佛洞兴建与此地居民有关。但近代有人重新利用过该场地。我们暂编其为古城 19。

由于周边现代人类活动强度太大，古道痕迹很难分辨。但从地貌特征分析，从敦煌到阳关，沿党河行走无疑是最容易获得淡水、也最容易辨认的路线。在该点西侧有一隐约可辨的古道痕迹自党河水库西山西侧延伸而来直通古城 19 遗址和西千佛洞，而在北侧另有一条与其同出党河水库西山西侧的古道直接通向古城 19 以东的南湖点，南湖点以东由于现代施工太多，彻底难辨古道。

这两条从古城 19 附近经过的古道由于现代车辙碾压、叠覆太多，已很难准确认定其古代性质，基本是根据不同时相遥感图上的线性显示，或与车辙斜交，或比边上车辙印更深的特点推测的，因此称为"疑似古道"更准确。

李并成（2011）分析由汉破羌将军辛武贤建的破羌亭位于汉龙勒县和敦煌故城之间，在寿昌城东 65 里，应就在现西千佛寺附近，甚至直到 20 世纪 60 年代，仍是敦煌到南湖绿洲之间的行旅食宿之所。显然古城 19 可能就是此处的破羌亭。

2. 寿昌城、龙勒置与古阳关

寿昌城：汉龙勒县在唐时改名寿昌县，位于现在阳关镇绿洲东南一隅，所在即现阳关镇的寿昌城（图 10-2-18a）。寿昌城是西汉敦煌郡所领六县之一——龙勒县治所。北魏正光六年（525 年）改立为寿昌郡，属瓜州辖龙勒、东乡两县，北周并入敦煌县。唐武德年间又置寿昌县，属沙州郡。宋以后，被洪水冲毁，再遭风沙掩埋。

古城遗址内皆是沙丘，东、西、北三面仅存断续城垣，南面只存墙基（图 10-2-18b）。城墙全为红胶土夯筑（图 10-2-18d），夯土中夹有灰、红陶片及汉代遗物。残墙最高达 4m。

城西南角已被开垦成耕地，北面和东面是已被沙丘掩盖的古村舍及古农田。这里的绿洲基本都是利用河水在两岸灌溉开垦而成，已由原来的天然绿洲变成人工绿洲。而现在已很少有河水从南侧的当金山山区直接流过来，河水在出山后很快就在洪积扇下渗变成地下水，直到阳关镇附近才以泉水形式涌出形成地表水，孕育周边绿洲。现阳关镇附近的几处绿洲都是利用渗出的泉水开垦灌溉而形成的人工绿洲。但偶发的洪水仍能够从山区沿河道一直流到现阳关镇西北的林场村，阳关镇西侧西土沟的滩涂地现仍有大量洪水泛滥的冲刷痕迹，林场村绿洲为抗洪在绿洲南端还用沙丘沙修筑了多条沙坝堵挡洪水，让洪水从绿洲西侧绕向北面的二墩村。

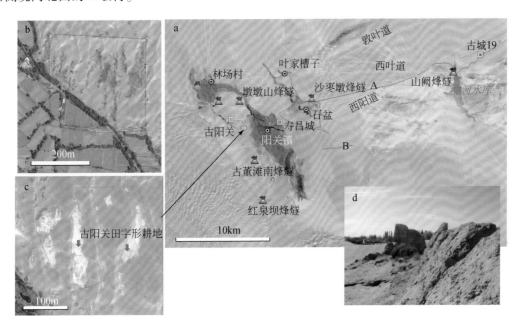

图 10-2-18 古阳关与唐寿昌城及周边烽燧地貌图遗迹

青线为古道；橙点为烽燧；白方块为遗址；紫线为塞墙；红线为遗址范围；黑圆点为地名；A、B 是图 10-2-19 中所述位置。

a. 阳关周边遗迹图；b. 寿昌城；c. 流沙覆盖的古阳关田字形耕地；d. 寿昌城墙

古阳关：古阳关位置至今仍未确认。从地貌上分析，阳关镇西的河道，西岸是滩涂地，极易被洪水袭扰，而东岸是一个高 6～8m 的阶地陡坎，阶地面完全没有被洪水袭扰的危险，因此古阳关选址不会在河道西岸，只有东岸才是古城址良选。据此按《新唐书》记载，古阳关位置应在现阳关镇西侧河道东岸、河道与现阳关绿洲区之间的沙地一带。

在现阳关镇北、河道东岸的流沙覆盖区，沙丘间有田字形田埂隐约可辨（图 10-2-18c），这应该是古阳关居民开垦留下的古耕地，20 世纪 80 年代考古人员在古董滩附近沙地中发现成排房基，认为就是古阳关所在。因此古阳关应就在古董滩附近流沙覆盖区，在遭受几百年风蚀后再被风沙掩埋。周围的墩墩山、古董滩南、红泉坝、沙枣墩等烽燧都是拱卫古阳关而设置的防卫。因此汉代阳关古城遗迹应在墩墩山烽燧南面沙地一带，唐朝时则以寿昌城为治所。李并成（2011）确认龙勒置就在汉龙勒县县城。由此分析，汉时龙勒置应在阳关古城，而唐时驿站所在为寿昌城。

3. 小方盘城与玉门关（置）

现在的玉门关景点小方盘城（图 10-2-19）是长城内一处驻兵官衙所在，仅 26m×26m，但城墙很高，有 10m 左右（图 10-2-19c），虽只能容纳很少的人员，但明显具有一定防御功能，推测是办理通关手续的官衙所在。而在小方盘城外围隐约可见还有一更大的城郭痕迹，其中以东、东北、东南的痕迹更清楚，南北 189m，东西 180m，东墙现在还残留有一条土垄，李并成（2011）介绍这条南北向坞墙长 75m，宽 2～3m，残高 0.5m 左右。大城内东北部似乎还有古建筑残余痕迹，可能是城内建筑遗迹或古城墙遗迹。这种大城中间有小城的现象在布隆吉绿洲区很常见，如古城 6、古城 7、古城 10 等。

图 10-2-19　玉门关—河仓古城长城沿线古城
青线为古道；橙点为烽燧；白方块为遗址；黄线为长城；红线为遗址范围。a. 玉门关平面图；
b. 玉门关古道；c. 小方盘城外观；d. 河仓古城周边长城烽燧位置图；e. 河仓古城

小方盘城北侧有已被考古认定的古道遗迹（图 10-2-19b），但遥感图像上看这条古道长宽规模小、延伸痕迹保存差，更像是巡查长城沿线的防御道路，而非行走商旅或大规模军队调动的古道。但小方盘城南面有一条宽阔的大道通向南方的阳关方向，这应是一条最重要的官道，不仅走商旅，而且也是连接玉门关—敦煌的官方交通要道。向西也有古道延伸，主要在长城南侧分布，向西延伸，应就是去往楼兰、柳中的丝路古道。

据此，李并成（2011）认定此为玉门都尉府、玉门置应是合理的。

在玉门关东西两侧沿东西向古长城还有多座戍卫长城的古城，下面一一介绍。

4. 河仓古城与仓亭燧

河仓古城在小方盘城东北 10km 处，北距长城 740m（图 10-2-19d），是一座典型戍卫长城的储兵古城，东西 200m，南北 160m。四周城墙保存不好，只有西墙北端还有残墙，南墙有残留土埂，东、北只有痕迹可辨。但城内建筑遗迹保存较好，在城北部有东西向一排房舍，长 130m，宽 20m（图 10-2-19e）。

古城北侧是沼泽，长城是沿残留台地北缘修建连接而成。东侧洼地地名东泉口，表明有淡水泉水，应该因此才选此地筑城屯兵。古城南侧是台地，建有烽燧——仓亭燧。由于现代修路的汽车车辙太多，很难在周边确定古道。但按常识理解，在这个湿地分布广泛的地段，现代走车的位置应该也是过去人马容易行走的地段，因此现代道路很可能也是古道位置。

5. 古城 20（卡子墩古城）

古城 20 位于河仓古城以东 12km，在卡子墩东侧、香炉墩西侧，北临湿地，南面台地的岛状雅丹边上（图 10-2-20a）。只有方形城墙痕迹可辨，城很小，仅 32m×32m（图 10-2-20b）。长城只在其东西两侧才有，这一段因湿地面积大，所以是天然防御地形地貌，在此筑城可能也是为了在此监视这个无长城地段的安全。

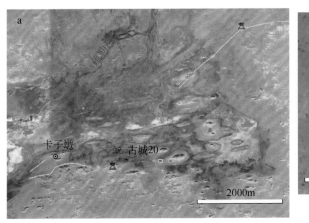
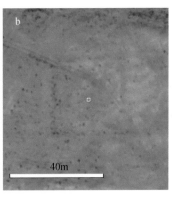

图 10-2-20　古城 20

青线为古道；橙点为烽燧；白方块为遗址；黄线为长城。a. 古城 20 周边长城分布与地形地貌；
b. 古城 20 方形城墙痕迹遥感图

6. 古城 21（马迷兔古城）

古城 21 位于古长城最西端从东西转向南北的长城南侧，即马迷兔湿地内（图 10-2-21a）。为近方形的遗迹，基本无墙保留，但地面植被呈现出清晰的城墙痕迹。朝向南北偏西，东西 95m，南北 110m，城内有与城墙平行的线状痕迹，可能是城内建筑地基所留。看不出角楼和马面，似乎开南门（图 10-2-21b）。

在东侧 92m 处另有一座小城，50m×50m，朝向与大城相同，城内也有植被构成的西北东南向带状痕迹。

西北 530m 处是南北向古长城南端雅丹。地势上看古城处在北东东向雅丹台地风蚀基座上，虽然比雅丹台地低，但比两侧风蚀洼地略高。南北两侧是积水洼地，西侧更是马迷兔附近的大片积水区，可见此地有附近一带难得的淡水，同时植被很发育，可以供养牲畜，因此可以作为长城西段各烽燧的给养补充基地。

古城北侧 2.1km 有烽燧，斯坦因编号为 T.Ⅳ.a.b，位于长城拐弯的尖角处。东北方 2.3km 有另一处烽燧。古城东侧有古道，与沿道植被生长茂密而呈现为南北向植被线，古道向西北通到南北向长城后沿长城直达烽燧 T.Ⅳ.a.b，烽燧西北方有一条小道通向疏勒河，与去三垄沙的古道汇合。而古城东南，古

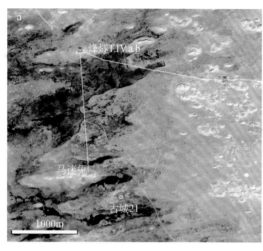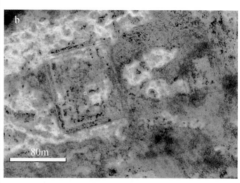

图 10-2-21　古城 21

青线为古道；橙点为烽燧；白方块为遗址；黄线为长城；红线为遗址范围。a. 古城 21 周边长城与地貌；b. 古城 21 遗迹

道穿过洼地到雅丹台地后行迹消失，去向不明。

10.2.7.4　敦煌—阳关古道网络与汉塞墙水利工程

自古城 19 以西，在党河水库以西，有一种古代留下的独特遗迹——汉塞墙。它是用戈壁滩上砾石堆砌而成的砾石垄，宽 3 ~ 5m，高 1 ~ 1.5m，没有任何层序结构，完全用砾石杂乱堆砌而成。东起自党河水库，西延伸至沙枣墩烽燧，东西向展布，总长约 16km（图 10-2-18a），据前人考证为汉代遗迹（图 10-2-22f）。汉塞墙的特点与芦草沟烽燧（万年骑置）以东山前道的两道砾石垄类似，只是阳关汉塞堤比芦草沟山前道更平直。

1. 周边烽燧

汉塞堤沿途附近有各种遗迹，东段南侧山党河水库西山上有烽燧多座，如山阙烽燧（图 10-2-18a）。西端在石盆村绿洲东缘有沙枣墩烽燧（图 10-2-22b、c）。这说明汉塞堤与汉代防御有关（现敦煌西千佛洞以东公路边有一座清代烽燧，新立碑名为沙枣墩烽燧，然而早期资料显示汉塞墙西端石盆的这座烽燧才是沙枣墩，我们认为前者周边戈壁滩无任何植被，而后者附近石盆村植被茂密，称沙枣墩名副其实，故仍将石盆的烽燧作为沙枣墩烽燧）。

在阳关镇一带河道东岸台地戈壁滩和低山上有多座烽燧，总体呈南北排列，包括现阳关景区的墩墩山烽燧、阳关镇南的古董滩南烽燧和红泉坝烽燧（图 10-2-18a），这些烽燧均建于汉唐时期。例如，古董滩南烽燧由土坯建成，多层土坯之间还夹有一层红柳枝层，起加强加固作用，类似钢筋，共有 3 层红柳层（图 10-2-22d）。

2. 阳关古道网络

西阳道：汉塞墙一带的古道来自党河水库北侧西千佛洞的古城 19 向西延伸，并没有完全沿汉塞堤走（图 10-2-18a）。绕过水库西山后的戈壁滩上古道，一条大致沿汉塞堤西偏南延伸，但更多的古道很快离开汉塞堤向西南散开（图 10-2-18a），一直延伸到石盆河后，在河道西岸因流沙覆盖而痕迹难辨，显然后面这些古道是为了走直线捷径通向寿昌城绿洲，而现代道路为了躲开流沙，要向北绕一个很大的弧形。这表明汉塞堤应该并非为古道而建。

西叶道：还有另一条古道则是离开党河西山后直接西延通到叶家槽子（图 10-2-18a），这也与汉塞墙没有直接关系。

敦叶道：此外这个地区的古道还有一组直接来自敦煌，从西千佛洞北侧约 4km 的戈壁滩上直接通向

图 10-2-22　敦煌周边古城置驿遗迹

a. 沙枣墩烽燧平面图；b、c. 沙枣墩烽燧外观和燧顶芦苇层；d. 古董滩南烽燧；e. 汉塞墙南侧古道浅槽痕迹（图 10-2-18 中 A 点）；
f、g. 汉塞墙碑和砾石垄

叶家槽子。这条古道东段路边有古代烽燧（图 10-2-15a）（烽燧边的文物碑上显示名为沙枣墩烽燧，鉴于这里戈壁滩上并无植被，而前人标识的沙枣墩烽燧在石盆，因此我们在此未给其采用沙枣墩一名），证明虽然戈壁滩上地面道路不易辨别，但这确实应该是古道遗迹。叶家槽子是一个泉水滋养的小绿洲，泉水受控于一条北东东向的断裂，这条断裂南盘上升，在叶家槽子东侧形成一个北东东走向的小山梁。来自敦煌的古道到达叶家槽子后可以不再到南面的阳关，从墩墩山北侧直接向西到林场村绿洲，然后沿南北向阳关—玉门关古道经二墩村通向玉门关。因此这条途径叶家槽子的古道是一条去往西域、不用经过阳关的便捷路线。另外，在叶家槽子东侧，这条古道也有多条岔路分支向西南分出，方向上指向石盆与阳关，说明敦叶古道也有岔路连接阳关寿昌城。

3. 汉塞墙功能分析

汉塞墙的作用一直是个谜，其用途一种说法是防洪，还有一种说法是古道标志。

实际上在石盆南边、距汉塞墙大约 5km 的地方还有一条类似的砾石堤（图 10-2-18a、图 10-2-23），只是略短，仅 3.3km，是一道高 1~1.5m，宽 3~5m 的砾石堤，与汉塞墙完全一样。从西段被流沙掩埋、又被风蚀破坏成香肠状看无疑是古代遗迹，且在砾石堤南侧残留有明显的洪水西流痕迹，证明其功能很明显，就是阻水引水，将南山洪水导向西侧的阳关镇绿洲方向。其东侧有一处现代阻水坝，则是让洪水穿过古塞墙流向下游的石盆村滋养石盆的绿洲，也说明砾石堤非现代所建。

据此我们分析认为：

（1）阳关汉塞墙与万年置东侧山前道的砾石垄功能应该类似，以防洪为主、以指路为辅，更无长城那样的军事防御意义。

（2）古道网络的延伸走向和分布与汉塞墙不完全一致（图 10-2-18a），说明二者没有必然依存关系。

（3）再观察敦煌—玉门关一带地貌景观（图 10-2-24），整个地区就是党河洪积扇，东界是现党河，西界是阳关—林场村—二墩村。显然过去党河洪水曾在这个广大的地区肆虐泛滥，而汉塞堤的位置东起党河，西到石盆，就完全隔绝了扇面这个地段可能的洪水通过，迫使东部洪水沿东侧的党河北流，滋养

图 10-2-23　引导洪水西流的古塞墙（图 10-2-18 中 B 点）

红箭头是现代阻水堤，它将洪水引向北方石盆村；蓝箭头是古塞墙将洪水引向西侧的阳关镇方向。a. 古塞墙位置遥感图；
b. 被现代洪水冲开的塞墙豁口；c. 砾石堆成的塞墙（堤坝）

敦煌绿洲，西部洪水则流向石盆、阳关、林场村、二墩村，滋养阳关绿洲，形成阳关—林场村—二墩村绿洲带，为开通阳关—玉门关交通大动脉提供保障。

因此显然汉塞墙是汉代古人对敦煌地区实施的一项重大水利工程，旨在彻底改变敦煌地区地貌景观格局，营造利于屯垦驻防的绿洲环境。据此可以确认汉塞墙本身应该并非道路，而应是以防洪、引水、创造屯垦绿洲环境、维系丝绸之路为主要目的的古代大型水利工程。

10.2.7.5　沙洲故城—玉门关西线古道：阳关—玉门关

从阳关到玉门关有一条延伸稳定、平直平整的大道，影像上由两道平行黑线构成，黑线之间最宽达 10～12m，窄处也有 7～8m（图 10-2-24），总长约 50km，遥感影像上的两道黑线正是一条大路的两侧痕迹。我们称这条玉门关—阳关大道为玉阳古道。这条古道沿途不仅有各种古代遗迹，而且本身就具有明显的道路特征，是一条规模大、有规划设计、有军队守护的交通干线。

1. 北部古道傍长城而建

从小方盘城向南，在玉门关南一墩烽燧处（图 10-2-25a、b），考察看到双黑线的西线是一道古长城线，用芦苇和沙砾石互垫而成，高 1.6m 左右（图 10-2-25c），因风吹雨淋向南逐渐降低，变成砾石残垄。而东黑线则一直都是一道形迹隐约可辨、规模不大的砾石垅。古道正在两道黑线之间，是在西侧古长城和东侧砾石垅之间、宽 8～9m 的平整廊道。遥感图像上双黑线西侧约 35m 处还有一条黑线，地表看到也是一道高不足 50cm、宽不足 2m 的砾石垅（图 10-2-25a、f、g），其用途不明，暂作塞墙。

小方盘城以南 9km 内这道古长城和砾石垅之间都是这条大道，道上很多地方已长出红柳沙包，但不管野外还是在遥感图像上都非常清晰。

自古道穿过玉门关南二墩烽燧南侧洼地后，沿线已看不到长城残墙，地表取而代之的是两道矮小砾石垅夹持的宽阔浅槽状路面。分析小方盘城以南 9km 的这段傍长城古道，发现由此向西北，可以不经小方盘城，直插西侧的长城出口，显然长城可以迫使来往商队必须通过小方盘城检查后，才能从小方盘城出关西行，沿长城南侧古道去往长城出口。因此玉门关南一、二墩烽燧一段的长城起着防控偷渡、加强边检的作用。

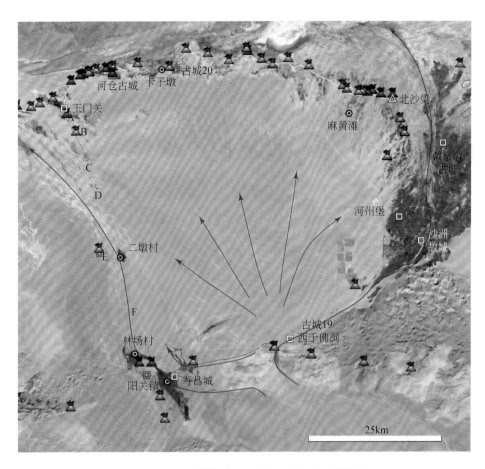

图 10-2-24　沙洲故城—玉门关古道与党河洪积扇

青线为古道；黄线为古长城；品色线为塞墙；橙点为烽燧；白方块为古城；黑心圆为地名；红箭头为党河洪积扇上早期洪水痕迹；
蓝线箭头为因汉塞墙阻挡形成的洪水流向；A ~ E 为图 10-2-25、图 10-2-26 中所述位置；下见正文

2. 古道与现代车辙有明显区别

玉门关周边地区，古道长城沿线有很多现代车辙，很多古道地段被车辙碾压、覆盖。古道北段的 9km 主要在台地上，这里也是敦煌—玉门关公路的通过地段，是现代车辙最密集的地段，但长城和古道明显有别于车辙，古道走向稳定，直通小方盘城南门（图 10-2-24、图 10-2-25a）。在古道中间见红柳生长，显示是以前的痕迹。

一些怀疑是古道的地段，因存在现代的双车辙印，只能舍弃不作古道解释。古道的两道砾石垅因其宽度大于 8m，不可能是车辆留下的。

3. 古道和长城具有专门的取水设计

在小方盘城南面不远，古道和长城未直指小方盘城，却斜接一处积水洼地，从单纯的长城防卫设计看，这是完全没有必要的，显然是为了人马饮水休息而设计（图 10-2-25a），玉门关南一墩烽燧正在此处。

长城古道向南 9km 后折向二墩村，穿一片芦苇洼地后长城消失，但古道两道砾石垅边界和西侧砾石垅仍然清晰可辨（图 10-2-25f、g）。总体上在古道中段（图 10-2-24 中 C、D 等点），还有多处古道经过洼地的路段（图 10-2-25f），洼地内现代芦苇茂密，道路痕迹多被植被遮盖。这些洼地能够为军队和商旅提供马匹饲料和饮水，这也是古人修建汉塞墙水利设施改变党河洪积扇河道水网分布的目的所在。

这些洼地属于阳关西土沟和叶家槽子山水沟两条间歇性河流下游，主要由地下水补给，偶发性洪水也会到达这些洼地，下水位浅，所以打井取水方便。

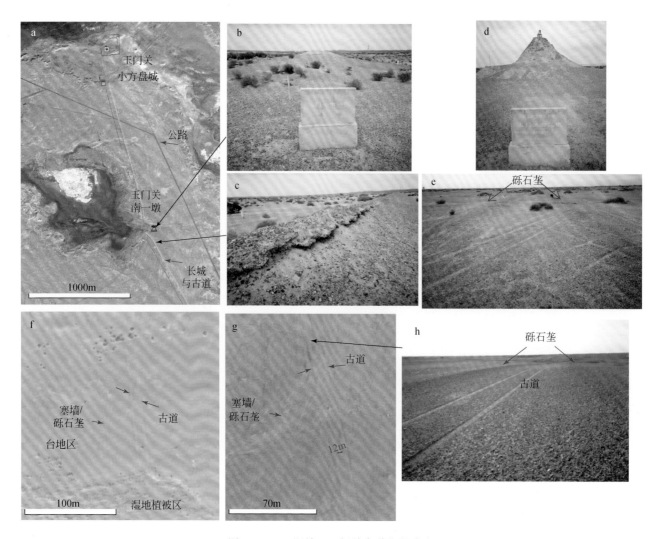

图 10-2-25　阳关—玉门关古道北段遗迹

青线为古道；黄线为长城；紫线为塞墙/砾石垄；橙点为烽燧。a. 玉门关南长城与古道位置（图 10-2-24 中 A 点）；b、c. 玉门关南一墩烽燧及附近的长城残基芦苇；d、e. 玉门关南二墩烽燧及长城和古道残留砾石垄（图 10-2-24 中 B 点）；f、g. 古道两侧和西侧砾石垄遥感图（图 10-2-24 中 C、D 点）；h. 图 10-2-24 中 D 点古道两侧砾石垄

在洼地内古道被植被覆盖（图 10-2-25f），在流沙区古道则被流沙掩埋覆盖。

4. 古道沿途有烽燧戍卫

沿这条长城古道有多座烽燧，包括玉门关以南约 1.8km 处的玉门关南一墩烽燧、5.5km 处玉门关南二墩烽燧、二墩村西侧的南湖头墩烽燧，烽燧均在古道东侧（图 10-2-24、图 10-2-25a、图 10-2-26a）。尤其在二墩村西侧，古道向南绕过南湖头墩烽燧后，走向转向东南（图 10-2-26a），延伸 2km 左右后进入沙漠流沙区（图 10-2-24 中 F 点），被流沙掩埋。南湖头墩烽燧，由夹杂少量树枝草段的团块状黏土夯筑而成，残高约 7m，近期已得到修补，搭建了卵石阶梯（图 10-2-26b）。烽燧东南 142m 处有开东门的半地穴，可能是烽燧守兵的住址（图 10-2-26c）。烽燧以南的笔直古道十分清晰，是戈壁滩上的一道宽达 8～10m 的平坦浅槽，两侧有高 10～30cm 的路牙状砾石垄（图 10-2-26d），与图 10-2-24 中 D 点相似（图 10-2-25h）。这些均显示古道与长城、烽燧具有协同关系，长城、古道和烽燧无疑是同时建造的路防系统。

5. 古道南段西土沟下游引水屯戍遗迹

在二墩村南、林场村北的流沙区，有一些线状痕迹与北侧古道呼应（图 10-2-27a）。在西土沟下游河道两岸的平坦地带，有多条线状遗迹，特点是宽约 5m，比二墩村以北的古道窄，两侧的突出长垄，更像

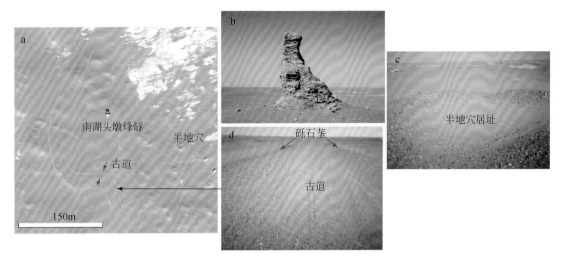

图 10-2-26 绕行南湖头墩烽燧的阳关—玉门关古道（图 10-2-24 中 E 点）

青线为古道走向。a. 南湖头墩烽燧的绕行古道平面图；b. 南湖头墩烽燧残基；c. 烽燧附近的半地穴居址；
d. 以两道砾石垄为路牙边界的古道

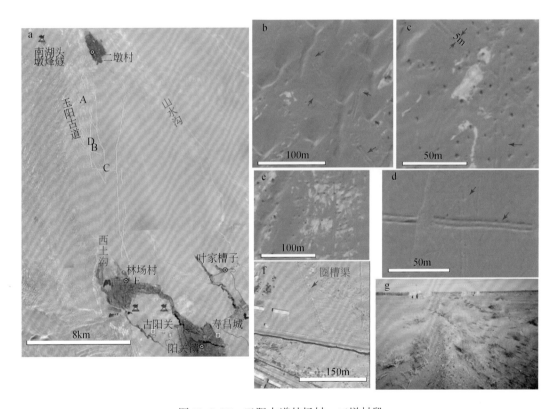

图 10-2-27 玉阳古道林场村—二墩村段

青线为古道或沟槽；棕线为耕地；橙点为烽燧；白方块为古城；黑心圆为地名。a. 林场村–二墩村段古道或沟槽分布；
b~e. a 图中 A~D 各点的放大影像；f. a 图中 D 点圈槽渠景观；g. 圈槽渠现场照片

堤坝而非路牙（图 10-2-27b ~ f），常常被流沙覆盖或车辙碾压。有的形迹应是古河道，主要在流沙区，这类形迹曲折多弯，而在西土沟东侧的戈壁区，则为沟槽，形迹笔直、延伸稳定而连续，并有早晚之分，如图 10-2-27d 中东西向的沟槽盖在南北向之上。地图上给出的名称是圈槽渠，野外考察发现在林场村这是一条戈壁砾石滩上宽 5m 左右、深约 1.5m 的浅槽（图 10-2-27g），两侧有槽中挖出的砾石堆成的堤垄。

向林场村当地老人询问均说不知情，结合地面废弃程度、流沙覆盖程度（图10-2-27b），显然不是近期所建。根据其规模如此之大，延伸可达20km，直达二墩村，甚至还有支渠存在（图10-2-27f），分析认为很可能是古人在西土沟下游引水灌溉屯戍所留下。但即使不考虑这类沟槽渠遗迹，二墩村西侧的古道指向阳关是可以肯定的，因此这条古道就是连接阳关—玉门关的交通线。

从古道总体位置（图10-2-24a、图10-2-27a）看，是先沿从林场村北流的西土沟河道北延，从二墩村西侧经过，然后斜切另一条来自石盆—叶家槽子、流向西北的山水沟河道，最后跨过雅丹台地后通向小方盘城，这条古道沿途可以掘井取水、有苇草可以喂养驼马牲畜，同时也不像玉门关—河仓古城—古城20路线沿途湿地太多、行走困难。而现在敦煌到玉门关的公路其实与古道近于平行，只是完全在戈壁滩上通行，这在古代驼马、人员需要淡水、粮草、歇息的情况下是不能选的，因此古道虽然向西多绕了一点路，但却是商旅、军队从敦煌到玉门关的最佳路线选择。特别注意到古道并不经过二墩村，这种不合理现象说明现在的二墩村可能在汉唐时期没有，或者位置不在现在这里。

古道两端分别指向阳关、玉门关，尤其是北端直达小方盘城，因此古道无疑是连接两处关隘的重要交通线。其规模之大、道路之平直，在敦煌-瓜州地区的古道中绝无仅有。综上所述，从阳关到玉门关存在一条宽达10~12m、长50km、规模宏大、沿途烽燧守护、北段建有守御长城的古道，具有可以迅速从阳关向玉门关输送军队的功能，也是敦煌通往西域交通线的重要组成部分。

10.2.7.6　沙洲故城—玉门关东线古道：河仓古城—玉门关

从敦煌的沙洲故城到玉门关还有一组东线古道，即从沙洲故城向北到长城，然后沿长城内线向西一直到玉门关。但是从沙洲故城向北出农田绿洲区后，现代道路很多，很难确定哪些道路继承了古道，因此能判别的古道路网很稀疏（图10-2-24），但不意味着没有古道。总体上看，从戴家墩古城西侧台地上有古道断续相连通向麻黄滩方向，然后在长城南侧大约2km（0.7~4km）距离，经过长梁、人头疙瘩、香炉墩、古城20、卡子墩、河仓古城，最后到达玉门关小方盘城。

古长城基本沿疏勒河南岸沿线的积水洼地据险而建，而古道在古长城内线修筑，因此古道经常需要横跨众多的积水洼地和大小不等的台地，沿途路况很差、行走艰难，并不适合商旅和成规模的队伍通行。

从古道特征看，找不到阳关—玉门关那样的宏大古道，都是一些小型道路，而且痕迹不明显，说明利用强度不够高。从距离上看，东线从沙洲故城经麻黄滩、河仓古城到玉门关大约90km，而西线从沙洲故城到阳关、经二墩村到玉门关的距离大约110km，只远了20km左右，但路况条件好得多、路面起伏小、积水洼地少，沿途还有合适的中途水草补给点，因此敦煌—阳关—玉门关古道路线应该是汉唐时期去西域楼兰的主要交通线。

10.3　罗布泊周边丝绸之路沿途历史地名位置考证

从敦煌通往西域的几条古路沿途都应该有驿站或其他遗迹，因此考察史书中古丝绸之路上各地点的地理位置是确定丝绸之路古道位置的依据。

10.3.1　丝绸之路楼兰道沿途地名考证

对丝绸之路中道从玉门关到楼兰这一段（即楼兰道）的具体位置，虽然史书上有关记载不详细，但仍有记载涉及，其中《魏略辑本》卷二十二记载最详细，古道"从玉门关西出，发都护井，回三陇（垄）沙北头，经居庐仓，从沙西井转西北，过龙堆，到故楼兰，转西诣龟兹，至葱岭为中道"，不仅将玉门关—楼兰—龟兹（今库车）—葱岭这一条经楼兰走塔里木盆地北缘再越葱岭的古丝路命为南北道之间的中道，还给出了古道经过的几个重要地名：玉门关、都护井、三垄沙、居庐仓、沙西井、龙堆、楼兰、龟兹、葱岭，虽然一些地点的位置还不清楚，但仍是古道最详细的记录。因此寻找这段古丝路就必须围绕上述路线进行考证。

《汉书·西城传》记载"自贰师将军伐大宛之后,西域震惧,多遣使来贡献。汉使西域者益得职。于是自敦煌西至盐泽,往往起亭,而轮台、渠犁皆有田卒数百人,置使者校尉领护,以给使外国者"。《后汉书》上也有"通道玉门,隔绝羌胡,使南北不得交关。于是障塞亭燧出长城外数千里"。盐泽即罗布泊,古代罗布泊又被称为"盐泽""蒲昌海""牢兰海",这说明从敦煌到古罗布泊沿途建有很多供人歇息的古驿站。

10.3.1.1　玉门关:小方盘城与长城隘口

玉门关位于敦煌境内西北方向。敦煌的古长城绵延数百千米(图 10-2-1),分布在敦煌北部的疏勒河南岸,最西端一直延伸到敦煌西湖内。古长城沿线建有各种形制的驻兵烽燧或小城,一般均建在台地上,长城遇到洼地沼泽湖泊时会中断,但在湖沼对岸又会继续延伸。玉门关建在长城西段。

现在的玉门关小方盘城位于长城内,应该是一处办理出入境手续的官衙所在,类似现代的海关,同时也是来往旅人歇息补充给养的地方。而真正进出长城的关口必须是长城上的一处隘口,连续的长城人马不可能翻越。沿古长城向小方盘城东西两侧追索,在东北方,一道狭长的台地面上修建了两道长城,且无任何隘口,显然不可能由此进出长城。既然是西出玉门关,长城隘口当在小方盘城以西。由此向西,发现长城内有几条清晰的古道向西延伸,到羊圈湾也没有越过长城,直到距小方盘城 16km 左右处,有小河北流汇入疏勒河,长城延伸到此后,河道处形成长城缺口(图 10-3-1b),在隘口内东西两侧各有一处建在高大雅丹上的烽燧,相距约 500m。长城内古道从小方盘城向西延伸到此,顺河道出长城西去。隘口内有大面积的湖泊沼泽(现为芦苇湿地盐泽,干涸后成盐壳地),这种地貌尤其不适合于大规模骑兵行进,具有明显的易守难攻特点,因此推测应是进出长城的隘口所在,即玉门关的实际关口,而小方盘城是办理进出关许可的官衙所在。

这样就容易理解在东西向长城线以内沿玉阳(玉门关—阳关)古道修建一段南北向长城(图 10-3-1a)的目的了,这可以杜绝出关商旅从玉门关南二墩一带直接去往西北方向的羊圈湾,而只能沿这道南北向长城先去小方盘城办理出关手续后再西行出关。

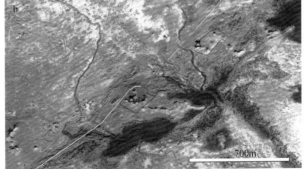

图 10-3-1　现玉门关小方盘城西侧 16km 处古长城隘口和附近的烽燧古道

青线为古道;橙点为烽燧;白方块为古城;红框为 a 图中 b 图所处位置。a. 玉门关—西长城隘口烽燧古道分布图;b. 烽燧挟持的长城隘口

10.3.1.2 流沙与三垄沙

库木塔格沙漠位于罗布泊西南阿奇克谷地南侧、阿尔金山脉北麓，东西向延伸，宽约80km，长近230km，以羽毛状沙丘闻名于世，是在东西和南北两个方向地面风场作用下所形成。这正是史书上"自玉门渡流沙"中的"流沙"。其东端与东西和南北走向的雅丹区（现敦煌雅丹国家地质公园）相接，雅丹区东侧即甘肃敦煌西湖国家级自然保护区（图10-3-2a）。

图 10-3-2 玉门关—三垄沙的遗迹与古道

青线为古道；黄线为长城；品红线为塞墙；橙点为烽燧；白方块为古城；黑心圆为地名。a. 遗迹分布（红、蓝、黑框为10-3-2b、图10-3-3、图10-3-4位置；红圈点 A～D 为图10-4-1a～d位置）；b. 三垄沙的沙垅与古道遗迹；c. 戈壁砾石滩上的三垄沙沙丘；d. 被沙丘掩埋的车辙

沙漠东北端向北延伸成一条南北走向沙带，长达200多千米，宽1～6km，一直延伸到哈密南湖乡附近。沙带在敦煌雅丹国家地质公园西侧由在戈壁滩上的三道沙垄构成，北侧一道，南侧两道，其中北侧一道与南侧一道隐隐相接。每道沙垄都是由新月形沙丘首尾相接构成的沙丘链，宽0.5～1km（图10-3-2b、c）。沙垄之间是北侧山地南坡洪积扇上的砾石滩。南北向沙带中的不连续豁口正是古人出玉门关后前往西域的最佳路径。《后汉书》（唐李贤等注）中有注释"《广志》曰：流沙在玉门关外，南北二千里，东西数百里，有三断，名曰三陇也"。这三道沙垄所在即史书所称"三沙""三垄沙"，在斯坦因、陈宗器等人的考察报告中均有标注。

实际上三垄沙的沙丘并非固定不变的，野外考察发现不久前的现代车辙已被沙丘掩埋遮断（图10-3-2d)，说明沙丘仍在以每年数米的速率向南移动。因此我们并不能说现代的三垄沙地貌与两千年前的汉代完全一样，但在风场变化不大的情况下，这里的总体地貌应该接近，仍是由不连续的沙丘链所主导。

三垄沙以南的库木塔格沙漠区不仅沙丘高，而且范围广，翻越通行难度很大，最容易通过的地段只有戈壁滩上的三垄沙和其南侧不远先穿过雅丹区再越过小规模流沙带的两条路线，前者有三垄沙西遗址，可走阿奇克谷地北岸，后者则经 17 阿奇克东南驿站，可沿阿奇克谷地南岸西行。

10.3.1.3　都护井与卑鞮侯井

都护井：在两汉史书中没有对都护井的记载，只在《魏略》中有载。虽然其位置不明，但从《魏略》记载看应该在玉门关和三垄沙之间，从地貌特征上分析应该在敦煌雅丹国家地质公园以东。斯坦因认为都护井就是卑鞮侯井，他根据《魏略》认为在玉门关烽燧边防线的最西端。

陈宗器在《罗布淖尔与罗布荒原》一书中提到"由古玉门关西行九〇里，至榆树泉（Toghrak Bulak），途中所见，为高处之戈壁与低处长草之洼地相间，与前大略相同。所谓榆树泉者，其实为由黑海子西流而来之苏（疏）勒河河床，有短小之榆树二十余株，沿河生长，并有杂草。河水固定而不流，味苦，不能入口，即骆驼亦不愿一尝。夏季蚊子与牛虻独多，日夜为其扰攘，永不能忘。惟由其河床掘井所得之水，则清淡可饮。河之两岸均为戈壁，狭处相距不过百米，高出河床为十五米，有陡削之坡。天气晴朗之日，南山 Anembar-ula 之雪峰，高耸云霄，晶莹夺目"。据此他推测榆树泉在玉门关西北干涸的古疏勒河谷中地下水位较浅、有红柳榆树生长的低洼河段，认为榆树泉可能就是古代都护井所在。

在玉门关以西，沿疏勒河河道确实存在多处低洼河段（图 10-3-3 中 A、B、C），有较茂密的红柳、芦苇生长，距长城 3~6km 不等，东边两处河道（B、C）略宽，近百米，河岸较缓，西边一处（A）河道较窄，河岸陡峻，因此似乎更像陈宗器提到的榆树泉。但是古道遗迹更多地经过东侧的河道洼地，因此榆树泉更可能是东侧 B、C 的疏勒河古河床，这两处均有古道经过。而距离上，小方盘城到 A 点直线距离约 45km，考虑道路的弯曲，实际距离显然大于 90 里，而 C 点到小方盘城直线距离约 33km，距离偏小，只有 B 点到小方盘城直线距离约 40km，最接近 90 里。因此 B 点处才是榆树泉的最可能位置。

斯坦因在《从罗布沙漠到敦煌》中认为都护井有足够的牧场，而且从泉和井里可以得到淡水，由烽燧 T. Ⅳ. a. b 所护卫的长城最西端角上的洼地，可以为来往于这条受到保卫的边境线上的商队提供一个十分方便的歇脚点，他在此还发现了一个大型环壕营地遗址。长城确实在西端形成了一个向西北突出的尖角，南侧还有方形古城 21 遗迹（马迷兔古城）（图 10-2-21），估计就是他说的环壕营地遗址（图 10-3-3）。他的 154 号营地处疏勒河谷边（在图 10-3-3 中 B 点附近），因附近台地上是草木不生的砂砾土，缺乏牧场，不能为过往商队提供牧草，据此认为大型环壕营地遗址更可能是玉门关和拜什托格拉克之间能为往来商队提供中途歇脚地的都护井。但如果我们注意到附近的古道多位于此处长城外，而出长城的隘口在东侧 25km 以外这两点，都护井在疏勒河河谷的可能性更大，即榆树泉可能才是都护井所在。

卑鞮侯井：首见于《汉书·西域传》记载中的"汉遣破羌将军辛武贤将兵万五千人至郭（敦）煌，遣使者案行表，穿卑鞮侯井以西，欲通渠转谷，积居庐仓以讨之"。据黄文房考证（夏训诚等，2007），三国时孟康注《汉书》时有解释"卑鞮侯井"，曰"大井六，通渠也，下泉流涌出，在白龙堆东土山下"。可见卑鞮侯井也是敦煌—楼兰古道之间的一个重要地点，但显然不应是都护井，因为都护井在三垄沙以东，而卑鞮侯井在白龙堆东土山下，描述完全不同。而且卑鞮侯井是为了"通渠"而挖掘的六口大井，因此附近应该有明渠。而地处疏勒河故道的榆树泉（都护井）附近只有雅丹，并无高大土山，也没有任何运渠存在。因此卑鞮侯井位置应在白龙堆与三垄沙之间。但黄文房认为白龙堆泛指雅丹，将敦煌雅丹国家地质公园当成白龙堆，认为卑鞮侯井在三垄沙和玉门关之间。这显然犯了一个错误，能够称"白龙堆"的雅丹，一定是含盐量高的地层，而这种地层只有罗布泊东北部的高大雅丹才是，因此白龙堆是特指，而非泛称。

在阿奇克谷地北缘、沙西井古城（见后介绍）以西的罗布泊湖区北岸，我们发现了延伸达 30km 的双堤，一直通向罗布泊湖区，双堤应是明渠所留，其东端有一道高大南北向砾石垄连向北侧山谷沟口，推测这一带才是卑鞮侯井的可能位置，其地理地貌特征与历时记载完全吻合，在后面描述新发现楼兰道运

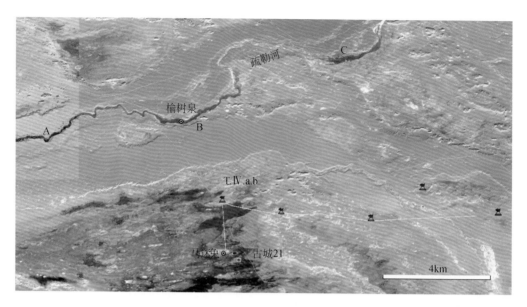

图 10-3-3　玉门关西的榆树泉（可能的都护井）

青线为古道；黄线为古长城；橙点为烽燧；白方块为古城；黑心圆为地名；A、B、C 是疏勒河上两处植被茂密低洼河段

渠的章节中我们将探讨卑鞮侯井的可能位置。

10.3.1.4　居庐仓与三垄沙西遗址、土垠

按《魏略》描述，居庐仓应在三垄沙以西、楼兰以东。黄文弼于 1930 年和 1934 年在土垠发现的西汉木简上提到了"居庐仓"，王炳华（2019）因此认为土垠遗址应该就是居庐仓。

斯坦因在《从罗布沙漠到敦煌》一书中写道，居庐仓可能是楼兰道开通时建立的诸多早期给养站之一。它有可能位于拜什托格拉克。长城以西的任何其他地点都不具有比这里牧场更充裕的优势，今日也是如此。在他的地图上，拜什托格拉克位于三垄沙西侧的阿奇克谷地南岸。这里确实存在驿站遗址，但建于唐朝（参见 6.3.8 节），因此目前还没有汉代居庐仓在此的直接证据。

陈宗器在三垄沙西侧不足 5km 处发现一处古代营址，认为这可能就是居庐仓。他在《罗布淖尔与罗布荒原》一书中写道，出沙（即三垄沙）不远，有废墟，垣址可辨，想即居庐仓遗迹。即魏略西戎传所云"回三陇（垄）沙北头，经居庐仓"者是也。

这处遗址是三垄沙西侧洪积扇前缘内侧戈壁滩上的一处遗迹，野外考察发现是一处近似方形的遗迹，东西长约 110m，南北约 99m，四边由宽 10m 左右、高不足 1m 的砾石垄构成，北侧坡上水沟流到方形区后因砾石垄阻挡而绕向东西两侧，南流进入南侧沙地（图 10-3-4）。遗址南垄外不足 20m 即为戈壁滩与沙地边界。但遗址内未发现其他任何古代遗物，地面完全都是戈壁砾石，已看不到存在任何建筑痕迹，因此对该遗迹性质的判定存在不同意见。但可以确定：①遗迹四边的砾石垄具有明显的防洪功能，能有效阻止北侧山上洪水对遗址内部的袭扰；②方形的砾石垄不可能是自然形成，换言之应该是人为所建，虽然现在结构上很难看出夯筑痕迹，但与阳关附近的汉塞墙建造方式几乎完全相同，只是汉塞墙是长十几千米的砾石垄，而这里则围成方形；③既然 20 世纪初，斯坦因、陈宗器就已发现此处，可见该方形遗址是一处古代遗迹，不是近现代的，但是何时所建仍未知；④从《魏略》描述的地名顺序看，居庐仓应在三垄沙和沙西井之间某个地点，故此遗迹确有可能是居庐仓，由于缺少古代遗物的直接证据，现在还无法认定这就是汉代的居庐仓。但至少可能是古人一处临时囤积物资的营址。

然而按更早的《汉书·西域传》记载的"汉遣破羌将军辛武贤将兵万五千人至郭（敦）煌，遣使者案行表，穿卑鞮侯井以西，欲通渠转谷，积居庐仓以讨之"，居庐仓则应是在卑鞮侯井之西、"通渠转谷"之后的粮库，那么就应在罗布泊东岸双堤运渠以西，考虑到从罗布泊东岸是可以用船运粮横跨湖区，再

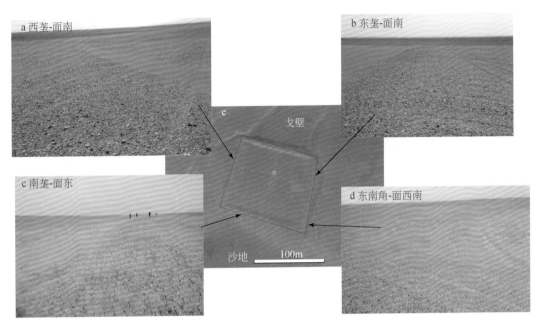

图 10-3-4　三垄沙西侧戈壁滩上方形营址遗迹及其四边砾石垄地貌景观

沿北 4 河河道直达土垠的。这样虽然土垠在罗布泊北缘，并不在楼兰绿洲区，且有湿地将其与楼兰台地隔开，并不利于防备北面匈奴的袭扰，但既然是积谷为战争而准备，则土垠的位置所在是合理的，因为便于向北运送给养。因此王炳华认为《魏略》记载有误，搞错了顺序，这也是说得通的。

但不管怎么说，三垄沙西遗址是一处古代遗址无疑。方形遗迹区南面 700m 左右即是阿奇克古道，因此这里大致可作为古道古谷地的东起点。应该指出，这里的古道由于风沙作用强烈，道路遗迹难以保留，只能在遥感图像上看出洪积扇前缘外侧沙地中有一条模糊的东西向直线地物，沿线残留着一串已枯死的红柳沙包，两个红柳样品（GD1、GD2）年龄表明汉唐时期这里地下水位较浅，能够支撑红柳的生长，有适合牛羊马牲畜食用的草原植被。

10.3.1.5　龙城、龙堆、白龙堆

这是史书上涉及古丝路楼兰道经常出现的几个类似地名。先看龙城，《水经注》记载盐泽"水积鄯善之东北，龙城之西南"，给出了鄯善、盐泽和龙城的位置信息，即盐泽在鄯善东北、龙城的西南，因此龙城应该在罗布泊的东北。罗布泊"大耳朵"是古湖干涸后留下古湖岸线地貌，因此如果"大耳朵"指示了当时古盐泽的位置和范围，那么龙城应在现在罗布泊镇东北方向的雅丹台地区，这里的雅丹台地比"大耳朵"湖区要高十余米。如果当时的盐泽在"大耳朵"西部（即类似 20 世纪 70 年代罗布泊干涸前的湖区分布），则龙城的位置应该在土垠以东、罗北凹陷（大致可以罗布泊镇为界）以西的北部雅丹区。

《水经注》解释了龙城的来由："龙城故姜赖之虚，胡之大国也。蒲昌海溢，荡覆其国，城基尚存而至大。晨发西门，暮达东门。浍其崖岸，余溜风吹，稍成龙形，西面向海，因名龙城。地广千里，皆为盐而刚坚也。行人所径，畜产皆布毡卧之。掘发其下，有大盐，方如巨枕，以次相累，类雾起云浮，寡见星日，少禽，多鬼怪。西接鄯善，东连三沙，为海之北隘矣。故蒲昌亦有盐泽之称也。"

从中可以得知：①龙城被认为是古代胡人国家"故姜赖之虚"的遗址，但目前尚未发现确凿遗迹。我们推测有两种可能，其一，如果记载无误，汉晋之前的"胡之大国"很可能是小河时期的古代遗址，因为目前来看楼兰时期之前最近的古代人类活动只有距今 4200～3200 年的小河时期。但这个与夏朝相当的古代人类活动期技术发展水平有限，能否建起能抵御风蚀、"城基尚存而至大"的城墙值得怀疑。其二，古人可能存在误判。所谓城基可能只是古河道因泥质河床抗风蚀能力强，两侧地层被风蚀殆尽后，残存泥质河床形成的正地形雅丹。在楼兰地区、罗布泊镇东北的雅丹台地区都能见到古河床风蚀后形成

的雅丹，远看状如城墙。② "西面向海" 表明龙城西面是盐泽（古罗布泊），与前述一致，关键在于当时的盐泽在哪里，是 "大耳朵" 湖区，还是西部的晚期湖区（图10-3-5）。③ "浍其崖岸，余溜风吹，稍成龙形" 指这里有风蚀而成的龙形雅丹地垄，解释了这里被称为龙城是因风蚀形成的龙形崖岸。④如果按在地形崎岖区日行40里计，"晨发西门，暮达东门" 说明龙城至少东西长约20km。罗布泊镇东北的雅丹台地东西宽约25km，与此接近。而土垠以东到罗北凹陷（或罗布泊镇西侧）近50km，两处均符合要求。⑤ "地广千里，皆为盐而刚坚也" 说明也存在风蚀洼地盐壳区。上述两个地区均在罗布泊 "大耳朵" 环的外围，应是无水区，但遇大水（雨）时可积水，形成盐壳。盐壳造成地面凹凸不平，所以需要垫布毡才能坐卧，故 "行人所径，畜产皆布毡卧之"。同时两个地区地层顶部下也有盐层，符合 "掘发其下，有大盐，方如巨枕" 的特点。⑥ "西接鄯善，东连三沙，为海之北隘矣"，鄯善是楼兰，三沙即三垄沙，说明龙城地理位置在鄯善和三沙之间。"为海之北隘矣" 尤为重要，应该能被湖水上涨时淹没，从这点上看，"大耳朵" 湖区湖水上涨可以淹没的地方是罗北凹陷，但淹没不到罗布泊镇东北的雅丹台地区（白龙堆），这里比 "大耳朵" 湖区高出10多米。而土垠-罗北凹陷之间地区，晚期大湖湖水上涨可以淹没的地区则是这里的雅丹盐壳区。据此分析如果记载无误，龙城很可能是土垠以东、罗布泊镇以西的雅丹盐壳区，即图10-3-5中的龙城高大雅丹区。但陈宗器认为 "龙城不过文人想象之词，未可深信"，他根据龙城与鄯善、三沙、蒲昌海的位置关系，断定龙城 "其为白龙堆，无可疑矣"，因此也不能完全排除罗布泊镇东北雅丹盐壳区的可能（即白龙堆雅丹区），只是这个可能性较小。

图 10-3-5　龙城、龙堆、白龙堆的地理位置

右下图为龙城雅丹景观；青线为古道；方块为遗址；黑心圆为地名；斜体字为地理名称；蓝线为早期 "大耳朵" 湖区；蓝箭头为 "大耳朵" 湖水上涨淹没方向；红线为晚期湖水淹没区；红箭头为晚期湖水上涨淹没方向；红十字和字母a~f. 图10-3-7 各图位置

再看白龙堆，《水经注》《汉书》均记载楼兰 "国在东垂，当白龙堆，乏水草，常主发导，负水担粮，迎送汉使"，这里 "当" 字很重要，为紧邻之意。显然点明了楼兰东端紧邻白龙堆，这里水草匮乏，需要派人迎送汉使。

《魏书》也记载 "鄯善国，都扞（扜）泥城，古楼兰国也。去代七千六百里，所都城方一里。地多沙卤，少水草，北即白龙堆路"。除描述鄯善国都扞泥城周边一里外（如果准确，比现在楼兰所有已知古城都大），也提到经过白龙堆的古道在鄯善北边。鉴于汉晋时楼兰地区还是适宜居住的冲积三角洲，仅 "地多沙卤"，尚未遭受风蚀而雅丹化。考察整个地区的雅丹分布，就只有土垠以北、以东地区和现罗布泊镇东北方的台地区存在两片面积较大的早期雅丹分布区。其中只有罗布泊镇东北方才有由白色盐类地层构成的白色雅丹。野外考察，白色雅丹确实如白龙腾飞，蔚为壮观，因此白龙堆应且只能是罗布泊镇东北方的这片雅丹区（图 10-3-6）。白龙堆雅丹区范围很大，南北约 80km，东西近 25km，面积近 2000km²（图 10-3-5），古丝路穿过该区连通敦煌和楼兰，具体位置的野外考证在后面描述。

由上分析，我们确定白龙堆和龙城应分别指罗北凹陷东西两侧的两片雅丹区。而龙堆则是白龙堆雅丹区的一个简称。

图 10-3-6　白龙堆地貌景观
a. 雅丹俯视（拍照：徐德克）；b. 白色含盐地层

10.3.1.6　沙西井与阿奇克谷地北岸古城

按《魏略辑本》卷二十二记载楼兰道"从沙西井转西北，过龙堆，到故楼兰"，表明沙西井在白龙堆东南方向。这个方向上可能有井的地方一处是阿奇克谷地，另一处是阿奇克谷地北侧的北山地区。后者虽有一些沟谷有长流水（图 10-3-7a）、山地内还有一些采矿留下的水坑（图 10-3-7b）指示这里地下水位很浅，但由于近地表有厚层盐类沉积，这些泉水均是咸水。而谷地内很多山前洪积扇前缘地下水位也都很浅，是现在许多矿山洗矿场首选场所（图 10-3-7c），也有八一泉等自流泉水（现已干涸）（图 10-3-7d），虽然现在谷底北缘的浅层地下水已多是咸水，但阿奇克谷地中南部还是有淡水的（图 10-3-7e）。阿奇克谷地西部，在盐壳区接近沙地的地方，地下水位也很浅，在双堤（后文介绍）东起点附近有大车陷车后救援挖出的大坑，里面不足 2m 深度就有卤水出露（图 10-3-7f），说明这里地下水位也不深。总体上看，考察罗布泊以东各地的浅层地下水目前以咸水为主，埋深也不算大，只有深水井有淡水。

"沙西井"字面含义应是在沙地（沙带）西面的井，而阿奇克谷地大部分地区为沙地，东和南部是库木塔格沙漠，谷地腹地是芦苇生长茂盛的沙地，只有西部与罗布泊湖区相连部分为盐壳区。因此沙西井首先应在阿奇克谷地内沙地以西、盐壳区以东的分界线附近，其次应在三垄沙以西阿奇克谷地内北缘，而非谷地南缘，因为南缘的库木塔格沙漠一直西延到了罗布泊南侧的罗布泊大峡谷，显然沙西井如果在谷地南缘就很难再跨过罗布泊向西北去往白龙堆了。斯坦因在阿奇克谷地（他称为拜什托格拉克谷地）谷口盐壳区以东出现第一处植被带的沙地挖出咸水井后，认为沙西井就在这附近，这个位置应与 10-3-7f 相距不远。张莉（2001）也推测沙西井在阿奇克谷地靠近罗布泊西岸的地方。显然前人的分析都是合理的。

　　沙西井的具体位置有一个可能是阿奇克谷地里的八一井处。八一井目前已干涸，但过去挖下不深就出淡水。从距离上看，确实从八一井转向西北沿沟谷进山后，再沿山区内东西向宽谷西行，最后通向白龙堆，不失为一条最近的路线，可能也会有一些古人走过，但这段路线山区地面碎石锋利，道路崎岖难行，缺水缺草，经常需要爬坡越岗，因此并非长途旅行的良选。另外，按字面理解沙西井，应该是沙地西侧的井，八一井西侧还有60多千米的沙地，把这里称为沙西并不合适。而且古道在八一井西侧还有清晰延伸，因此八一井附近是沙西井的可能性不大。

图 10-3-7　阿奇克谷地及北侧库鲁克塔格山地水源景观（咸水）
a. 山地不冻泉溪水；b. 山区沟内矿区水坑；c. 谷地内沟口洗矿场水坑；d. 已干涸的八一泉；
e. 八一泉南 4.7km 处淡水井形成的地表积水；f. 沙西井西侧盐壳区双堤边陷车坑中的卤水

　　结合沙西井还应该在龙堆（即白龙堆）以东，而在三垄沙以西的阿奇克谷地中央腹地基本都是生长芦苇的沙地，只有到达西段渠道双堤东起点（双堤运渠后文介绍）后，表土才变成黑色有机质含量明显较高的粉砂淤泥沉积（古湖泊沉积），并开始出现大面积盐壳。因此沙西井应该就在渠道双堤东起点附近。这个位置大致与斯坦因推测的区域相当，也与张莉（2001）的推测吻合。正是在这附近我们新发现一座古城，其位置与史书记载吻合，因此我们命名为"沙西井古城"（图 10-3-5、图 10-3-7f）（参见6.3.7 节）。白龙堆正在此城西北，方向符合《魏略》所载。

10.3.2　丝绸之路南道沿途地名考证

　　自阳关出发的丝绸之路南道，在史书上的明确记载出现较晚，最早是《魏略辑本》卷二十二中记载的"从玉门关西出经婼羌转西越葱岭经悬度入大月氏为南道"，但此"婼羌"是否为现在的"若羌"还有争议，其次玉门关与"婼羌"之间还经过哪些地点也没有介绍，只能根据中道是楼兰道分析，南道应在楼兰道南侧的阿尔金山脉沿线。而具体最详细的出现在《新唐书》上。《新唐书》记载："又一路自沙州寿昌县西十里至阳关故城，又西至蒲昌海南岸千里。自蒲昌海南岸，西经七屯城，汉伊脩城也。又西八十里至石城镇，汉楼兰国也，亦名鄯善，在蒲昌海南三百里，康艳典为镇使以通西域者。又西二百里至新城，亦谓之弩支城，艳典所筑。又西经特勒井，渡且末河，五百里至播仙镇，故且末城也，高宗上元中更名。又西经悉利支井、祛井、勿遮水，五百里至于阗东兰城守捉。又西经移杜堡、彭怀堡、坎城守捉，三百里至于阗。"

　　这条路是自南边的阳关西出，与从北边的玉门关出发的楼兰道明显不同。沿途的地名有寿昌县、阳关故城、蒲昌海南岸、七屯城、石城镇、弩支城、特勒井、且末河、播仙镇、利支井、祛井、勿遮水、于阗东兰城、杜堡、彭怀堡、坎城、于阗。对且末以东的地名考察如下所述。

汉阳关与唐寿昌城在前面已经介绍，按记述，从沙洲寿昌城（在现阳关镇东南）向西十里到阳关故城，古阳关城位置应该在现阳关镇西侧流沙掩埋的古董滩一带。

10.3.2.1　七屯城与米兰古城

按《新唐书》上述记载，阳关古城再向西千里到蒲昌海南岸，经七屯城。蒲昌海就是现在的罗布泊，其南岸这个位置只有米兰古城，所以七屯城就是米兰古城无疑。《新唐书》认为七屯城即汉代的伊脩城，即伊循城，这是此说法最早的出处，但对比更早的记载，则存在疑问。

伊循城最早见于《汉书·西域传》："元凤四年，大将军霍光白遣平乐监傅介子往刺其王……介子遂斩王尝归首，驰传诣阙，悬首北阙下。封介子为义阳侯。乃立尉屠耆为王，更名其国为鄯善，为刻印章，赐以宫女为夫人，备车骑辎重，丞相将军率百官送至横门外，祖而遣之。王自请天子曰：'身在汉久，今归，单弱，而前王有子在，恐为所杀。国中有伊循城，其地肥美，愿汉遣一将屯田积谷，令臣得依其威重。'于是汉遣司马一人、吏士四十人，田伊循以填抚之。其后更置都尉。伊循官置始此矣。"由此知伊循始建于西汉（公元前 77 年），在楼兰（鄯善）国境内，并有军士在此屯田。但《汉书》未给出伊循具体位置。

北魏郦道元在《水经注》中描述源于葱岭（帕米尔山脉）的古塔里木河分为南河、北河，近于平行向东流。其中"南河又东，迳于阗国北……南河又东北，迳扜弥国北……南河又东，迳精绝国北……南河又东，迳且末国北，又东，右会阿耨达大水。释氏《西域记》曰：阿耨达山西北有大水，北流注牢兰海者也。其水北流迳且末南山，又北，迳且末城西……又曰：且末河东北流迳且末北，又流而左会南河，会流东逝，通为注滨河。注滨河又东迳鄯善国北。治伊循城，故楼兰之地也"。郦道元又说"其水东注泽，泽在楼兰国北，治扜泥城。其俗谓之东故城……故彼俗谓是泽为牢兰海也。释氏《西域记》曰：南河，自于阗东迤北三千里，至鄯善，入牢兰海者也"，这段话中称注滨河"东迳鄯善国北""至鄯善，入牢兰海者也"，如果米兰是伊循，那么现在米兰北侧、相距约 30km 的东西向车尔臣河最后是汇入盐泽罗布泊的，这样注滨河就是车尔臣河，是符合这两句描述的。然而南河是否就是现在的车尔臣河，是存疑的，因为车尔臣河上游就是且末河（即阿耨达大水），现在的且末河在且末绿洲就直接改向东流，而实际上且末绿洲北部沙漠边缘仍保留有北流进入沙漠的古河道，因此且末河可能曾向北穿过沙漠后"左汇南河"，才改向东流，成为注滨河，最后流经鄯善国北部。

随后，郦道元还介绍了索劢在注滨河上建坝引水灌溉取得大丰收，"敦煌索劢……刺史毛奕表行贰师将军将酒泉、敦煌兵千人，至楼兰屯田，起白屋，召鄯善、焉耆、龟兹三国兵各千，横断注滨河。河断之日，水奋势激，波陵冒堤。劢厉声曰：王尊建节，河堤不溢。王霸精诚，呼沱不流。水德神明，古今一也。劢躬祷祀，水犹未减，乃列阵被杖，鼓噪灌叫，且刺且射，大战三日，水乃回减，灌浸沃衍，胡人称神。大田三年，积粟百万，威服外国"，这说明注滨河两岸有大规模灌溉农田。而在若羌—米兰以北的车尔臣河两岸并无大规模的古代灌溉耕地痕迹发现，米兰古城周围的耕地用的是米兰河水，也并非车尔臣河水，因此楼兰注滨河两岸的耕地与米兰的耕地也不是一回事。

总结《水经注》的记录，南河汇且末河后成注滨河，经鄯善国北，两岸有耕地，最后流入了盐泽牢兰海，而鄯善国国都伊循城地处原楼兰所属之地，有耕地，共同之处是都有河流、耕地，都在鄯善（楼兰）境内。而南河不是现在的车尔臣河，这意味着需要重新审视米兰、鄯善、注滨河的地理关系。

《水经注》后又介绍北河，"北河自岐沙东分南河，即释氏《西域记》所谓二支北流，迳屈茨、乌夷、禅善，入牢兰海者也"，并一一介绍沿途经历的地点，如"北河又东迳姑墨国南，姑墨川水注之……又东迳龟兹国南，又东，左合龟兹川""大河又东，左会敦薨之水，其水出焉耆之北，敦薨之山，在匈奴之西，乌孙之东"，敦薨之水就是来自博斯腾湖的孔雀河。后又称"河水又东，迳墨山国南……河水又东，迳注宾城南。又东迳楼兰城南而东注。盖坂田士所屯，故城禅国名耳。河水又东注于渤泽，即《经》所谓蒲昌海也"，可见此河从注宾城南经过，应该也是注滨河，但此注滨河与南河汇阿耨达大水而成的注滨河是否是同一条，并未看到说明。而北河河水从注滨城和楼兰城南流过，如果此记载无误，伊循城就是鄯善国都的理解也无误，如果伊循城与北河有关，那么米兰就不可能是鄯善国都伊循城，因为米兰附近只有源于阿尔金山的米兰河，并没有流经墨山国的注滨河，流经注滨城和楼兰城南的大河与米兰没有关系。

由此可见，南河与北河都与米兰无关，因此米兰是否为汉伊循城尚待商榷。

另外，从楼兰地区的科考情况看，古楼兰的村落分布主要在以北部 LE 方城和南部 LK 海头古城之间、以中部 LA 楼兰古城为中心的地区，LK 到米兰之间遗址很少，多是无人区，LK 古城城门也开在东北墙上，显示对南防御特点。显然米兰远离楼兰人群密集区，根本无法有效管理楼兰地区的居民。因此米兰是鄯善国都伊循城的说法值得怀疑。魏晋到唐已经有 200～300 年过去了，唐人弄错地名也是可能的。

图 10-3-8 是阿奇克谷地南岸古道与米兰古城的遥感图。遗址分布在阿尔金山前米兰河的洪积扇戈壁滩上，米兰河位于其东侧（图 10-3-8b）。遗址中间有一座古城，周围是大片的耕地，从米兰河引水的灌渠非常清晰，从主灌渠到支渠、毛渠都清晰可辨，主渠则是根据洪积扇水道特点顺势而建，总体构成叶脉状，而毛渠则是与锁阳城周边类似的田字格形。一座古城建在遗址中部，周围还有佛寺、佛塔和其他农舍。整个遗址面积大约 6km×5km，30 多平方千米，西部部分区域已被开垦成现代耕地。遗址的地表现在被一层砾石所覆盖，砾石层下则为细砂、粉砂和砾石的混合物。有趣的是据附近居民介绍，这种戈壁滩一旦开垦，很快地面的砾石就因下沉而消失，而地表成为沙土，适合耕作。显然一旦耕地被废弃，风就会将地表的细粒物质吹走，而留下无法带走的砾石，最后地表留下一层砾石，又防止了进一步的吹蚀。灌渠和田埂在地表表现为一道道的砾石垄，灌渠和田埂本身应该是就地取材用沙土修筑而成，砾石也是风蚀后留在地表的，由此构成了遗址现在地面高低不平、存在一道道砾石垄的奇特景观。

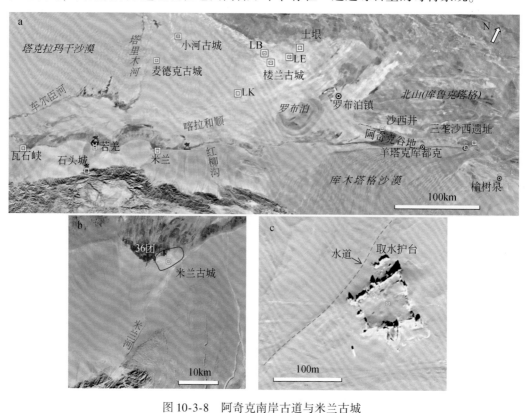

图 10-3-8　阿奇克南岸古道与米兰古城

青线为古道；绿线为阿奇克南岸古道走向；橙点为烽燧；白方块为古城；黑心圆为地名。

a. 阿奇克南岸古道遗址位置图；b. 米兰河下游的新旧屯垦区（棕线：古耕地）；c. 米兰古城（浅蓝线：古水道）

古城建在高出周边的雅丹台上（图 10-3-8c），为不规则龟形，四角有角楼，东、西、北墙有门，龟形古城头部并非瓮城而是一个比城内更高的高台，有灶台、红柳围墙等，是一个可以瞭望、防守的制高点。墙红柳层和土层交互夯筑而成，墙宽 3 ~ 5m，北墙 80m、东墙 73m，西墙 49m，南墙 69m。城内有房屋遗迹，北墙和东墙边的房间较大，靠近南部的房间开间很小，仅 1m 多宽，只能躺一个人（图 10-3-9b），由此推测古城有城堡性质，当战事发生时，城外居民可以退到城内防守。北墙外有一长形土台，其外侧有水道通过，推测是城里人出城取水时便于掩护的防御设施。城内房间地面垫有羊、驼动物毛和羊粪垫层（图 10-3-9c），与楼兰地区的古城房屋内垫层相似，应是保暖用途，而非羊圈所留。在剖面上可以看到存在多层垫层，说明使用时间很长，曾多次翻新修缮。

在城外佛塔佛寺里曾发现了中国最早的佛像壁画，但由于风吹日晒，现在已难以看到原貌，近来的维修，也改变了原来的形貌（图 10-3-9f）。

图 10-3-9 米兰遗址地貌
a. 城南高台；b. 城内狭小房间地基；c. 城内房里的羊粪垫层；d. 城北墙外取水护台外景（面南）；
e. 古城外已成砾石戈壁的古耕地和灌渠砾石垅景观；f. 城北佛寺

从龟形古城头部在南面、取水位置在北面的特点看，明显具有向南防御的特点（图 10-3-8c、图 10-3-9d）。而树枝状与网格状结合的耕地特点与锁阳城附近古耕地相似，说明建城者应是中原人。结合整个遗址规模，米兰应该是中原人主导所建，人口规模在千人以上，主要防范来自南面阿尔金山方向的古羌人。在古城发现的简牍资料显示，这里也曾被羌人占领过，说明在后来的历史里此处曾发生过反复的争夺。

在米兰遗址东侧约 35km 的洪积扇边缘红柳沙包区有 2 座古烽燧，呈近南北向排布，遥向 LK 古城。这里正是红柳沟出山水流指向的洪积扇前缘，红柳沟是一条常年有水、横穿阿尔金山、沟通高原与盆地的重要沟谷，而且沟谷宽阔，便于通行，现在就是国道 315 的通过位置，因此是阿尔金山南侧高原上羌人北进的最佳通道。但河水碱性大，并不适合人饮用，只能动物饮用，因此沿沟没有形成大规模居民点。高原上的人从红柳沟出山后或攻击西面的米兰或向北越过喀拉和顺攻击北方的 LK 古城。但如果直奔米兰，因沿途戈壁滩上缺少水和植被供养马匹，只有先到洪积扇前缘的红柳林带，这里不仅有红柳可供养马匹，而且地下水位也浅，容易挖井取水，这样洪积扇前缘的烽燧显然具有监视预警的功能。烽燧一方面可向西面的米兰古城报警，同时也可向东北方向的 LK 古城报警，并切断阿奇克南岸的古道。

10.3.2.2 石城镇与且尔乞都克、圆城和石头城烽燧

《新唐书》接七屯城后，又称"又西八十里至石城镇，汉楼兰国也，亦名鄯善，在蒲昌海南三百里"，按照地处蒲昌海南岸的位置看，米兰（七屯城）以西只有现在的若羌才可能是石城镇，但米兰和若羌两地相距 68km，按汉代一里合现在 415.8m 算，可不止"八十里"。若羌到蒲昌海（罗布泊）直线距离也有

200km 以上，不止"三百里"。

《汉书·西域传》记载，"出阳关，自近者始，曰婼羌。婼羌国王号去胡来王。去阳关千八百里，去长安六千三百里，辟在西南，不当孔道""西与且末接。随畜逐水草，不田作，仰鄯善、且末谷""西北至鄯善，乃当道云"。这表明汉时古丝路不经过婼羌，婼羌在鄯善（楼兰）东南，鄯善才是古丝路经过处。"西与且末接"表明婼羌在且末以东，然而且末以东的绿洲只有瓦石峡、若羌和米兰，因此一种可能就是若羌即婼羌。然而，"西北至鄯善"则又令人困惑，第一种情况，如果鄯善在楼兰一带，显然鄯善是在若羌东北而非西北。第二种情况，鄯善在现在若羌绿洲，因阿尔金山脉北麓适合人居住的地方只有洪积扇前缘地带，山口植被稀疏，并不适合居住，那么婼羌就只能在阿尔金山里的山谷或南麓了，最可能的地方是现若羌县铁木里克乡一带，即茫崖的尕斯库勒湖湖滨湿地。但迄今还没有依吞布拉克—茫崖一带发现古代遗址的报道。第三种情况，如果这时鄯善在小河古城一带，小河古城勉强可算在米兰西北，但若羌绿洲只能算在小河古城的南方。显然鄯善的实际位置是一个关键的未解之谜。当然还有一个可能，就是《汉书》记录不准确。这几种情形中，似乎第二种情况的可能性更大。现若羌是否是古代婼羌、鄯善所在还不确定，但《新唐书》记载的石城镇在米兰西无疑。若羌绿洲里多座古代烽燧正是为护佑古代城池所建。显然唐代后若羌已成了丝绸之路南道上重要一站。现在若羌县城遗留的古代遗迹有几座烽燧，城南有且尔乞都克、圆城和若羌河山口的石头城三处遗址。

1) 且尔乞都克

这是位于若羌河分叉处的一处遗址，曾被系统发掘过，现在只有很少的一点房舍残基存在。根据影像上的模糊痕迹，规模大约 230m×200m，城墙基本不存，只有南边有一道墙基，北边有一排房舍墙基（图 10-3-10b、e）。有现代工程穿城而过，遗址基本未得到保护。由于正对若羌河，所以该遗址一直受到洪水威胁。这是否就是唐代石城镇所在还有待考证。

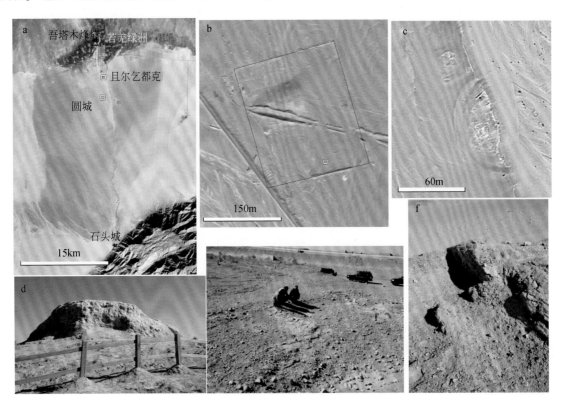

图 10-3-10　若羌绿洲遗址分布

a. 若羌遗址分布图；b. 且尔乞都克；c. 圆城（阿塔伏加）；d. 吾塔木烽燧；e. 且尔乞都克房屋残基；f. 圆城房屋残基

2）圆城（阿塔伙加）

这是若羌河边阶地上残存的一处遗址，东边一半已被洪水冲掉成为一道高 4～5m 陡坎，只有西边三分之一部分保留，外面是戈壁滩上砾石堆砌而成的圆形砾石垄，宽 3～5m，高 1m 左右，直径 90m，分析认为砾石垄应该是防洪水的挡水堤。砾石垄内里面有土坯建成的房屋墙基，北侧还有一处 18m×28m 方形小院，可能是圈舍。有资料认为这是一处佛院（图 10-3-10c、f）。

若羌县城附近仍然保存较好的烽燧只有 2 处，一处位于若羌河西支西岸的吾塔木乡（图 10-3-10d）。另一处在若羌河河口的小山山顶，又称为石头城（图 10-3-11）。

图 10-3-11 石头城烽燧

a. 石头城烽燧遥感图；b. 地穴；c. 石块砌起的南陡崖；d. 石头城北护墙出口；e. 东平台远眺（面东北）；
f. 北坡登山路远眺（面东南）；g. 山顶局部放大遥感图

3）石头城

遗址所在基岩小山山势陡峻，山顶用石块搭砌的平台面积不小，可以驻扎一定数量的守军，主要遗迹有石墙、石垒建筑、石砌护坡等。上山路是北侧的山梁，山顶沿东西向山脊北缘借助基岩筑有石墙，对北侧山坡形成易守难攻的防护工事，显示对北防御功能。沿山梁南缘用石块砌起直立石崖，在顶上垫出平台供士兵在上居住、生活，南侧陡崖形成天险。

平台上地面还残留有灰坑炭屑。石头城位于若羌河的出山口处，由于若羌河是一条横穿阿尔金山的河道，虽然河沟窄、两侧陡、沟底多大小滚石，但仍然是一条可以从南侧高原进入盆地的可行通道，在此设置烽燧，可以及时发现可能的下山军队，并及时通知北侧 29km 外的绿洲居民做好应对准备。因此这是在山顶上用石块垒砌的平台上构筑的一处兼具防御、观察和传讯的设施。在此采集遗物 2 件，为石铠甲片（详见 7.4.1 节）。地表灰坑中炭屑的 ^{14}C 年代显示为唐代，说明至少在唐代这是一处重要的防御报警烽燧性质要塞。

总体上看，只有在若羌县城绿洲存在几处遗址，但目前发现的遗址中并无用石头修筑城池特点的石城镇遗址，因此石城镇究竟是哪处遗址还需要更多的研究考证。

10.3.2.3　弩支城与瓦石峡古城

《新唐书》还记载道："又西二百里至新城，亦谓之弩支城""又西经特勒井，渡且末河，五百里至播仙镇，故且末城也"。有人认为弩支城就是瓦石峡古城，瓦石峡古城距且尔乞都克直线距离88km，与这个距离相差不大。

瓦石峡古城位于若羌县的瓦石峡镇的西侧（图10-3-12）。遗址分古城和古墓两部分，古城位于红柳沙包区，这里有大量的房屋遗迹，但古城范围已难以确定。而古墓区位于古城南侧的戈壁滩区。整个遗址区都在现瓦石峡河的西侧，现瓦石峡镇位于瓦石峡河下游的洪积扇前缘沙土区。考察发现，古墓区有很多古河道，由于河道多砾石，在强烈风蚀作用下，周围的沙土被吹走后，古河道因砾石层保护变成了高出两侧地面2～3m的砾石垄，古墓多位于古河道边的砾石高台上。古河道呈扫帚状，向西北发散，显然原来瓦石峡河在这里是流向西北，而非现在向北流。现在这里有多条沙梁分布，北北东向的沙梁直接覆盖在北西向古河道之上。

相反古城区的房舍建在沙土区，正好在这些古河道的下游方向，房舍墙基大量存在，遗址已被考古系统发掘过。我们还在房舍遗址区看见了羊角、衣物、动物毛发、漆器残片、砖坯等遗物。此外我们在雅丹地层中还发现了大量的陶片和骨片，显示古城曾遭受过洪水袭扰，一些房屋被水冲毁。由于后来瓦石峡河流改道，河流出山后直接北流，原来的居民区也随之废弃，居民搬到现在的河道下游两岸。

图10-3-12　瓦石峡遗址
a. 遗址位置图；b. 垄岗状古河道（a图红框范围；黑线为古河道）；c. 夹杂骨头瓦片的洪水沉积；
d. 被盗的古墓棺板；e. 殉葬的动物头骨；f. 房屋残墙基

以上记述中，虽然特勒井、石城镇的位置还有待考证，但与现在从东向西米兰、若羌、瓦石峡、且末的顺序一致，说明唐时南道是主道，楼兰道已经荒废了。

10.4　玉门关—三垄沙古道

根据敦煌瓜州地区的古道特点、历史文献中各地名地理位置的考证，我们在遥感影像上对敦煌—楼兰之间的广大地区进行了解译分析，按照道路易行、无难越障碍、便于驼马行走饮水取食、其中乏水草难行路段不长的原则，确定了几条古丝路的可能走向，其中在阿奇克谷地北部发现存在一条稳定延伸上百千米的线状物。科考中先后组织了四次对这几条可能古丝路的野外考察，证实了阿奇克谷地北岸存在一条规模最大、保存最好、年代最早的古道——楼兰道，而其他几条古道则在规模、延伸连续性、使用时间方面都远逊于这条楼兰道。下面分别介绍几条丝路古道的具体考察分析结果。

据《魏略辑本》卷二十二记载，丝绸之路中道"从玉门关西出，发都护井，回三陇（垄）沙北头，经居庐仓，从沙西井转西北，过龙堆，到故楼兰，转西诣龟兹，至葱岭为中道"，作为一条当时从玉门关到龟兹最便捷、易行的道路，首段即从玉门关西出、经都护井到三垄沙这段古道。

从玉门关小方盘城向西的古道先在长城内延伸，在羊圈湾西侧 3~4km 处由隘口出长城（图 10-3-1）。出长城后古道大致分两支，一支沿长城延伸，应该是守卫长城的军队巡视维护的道路，另一支在距长城大约 1km 的地方向西延伸，由于羊圈湾一带积水洼地较多，古道受后期影响而模糊不清，但断断续续可以追踪到后坑西侧。

10.4.1　玉门关—三垄沙的地貌特征

玉门关长城沿线为古疏勒河、党河的河流阶地构成的台地，台地间是古河道。疏勒河以南多是由古党河洪积扇流过来的河流所形成，以北西向展布为特点，而疏勒河两岸则以东西向展布的阶地为主。后来因遭受近东西向的风蚀，一些地方会留下走向近东西的雅丹，但雅丹的个体规模、形态特征上都有别于阶地（图 10-3-2）。

长城西端，疏勒河阶地带以北、库木塔格沙漠和敦煌雅丹国家地质公园以东，有大面积小砾石沙丘构成的流沙分布，这些小砾石沙丘链表层由粗砂和小砾石构成，高度远不如库木塔格沙漠高达几十米的沙丘，都是一些高度 1m 以下的链状小砾石沙丘链，南北走向的砾石沙丘链、东缓西陡、两端月牙向西突出的形态，指示了近东西向的近地面东风风场。现在还不能确认这片小砾石流沙是否在汉唐时期已经存在，这个地区的古道因流沙掩埋而难以确认。

在沙地西北是高大雅丹地貌，东部为东西向雅丹群，西北部为近南北向雅丹群，现已开发成敦煌雅丹国家地质公园。其西部就是库木塔格沙漠的高大沙丘，由西南部的北东走向纵向沙垄往东北延伸，并转变成近南北走向沙带，与东侧近南北向雅丹相伴，构成库木塔格沙漠向北伸出的南北向沙带，这条南北向沙带就是著名的三垄沙。

下面首先介绍这个地区长城以北的古道特征，然后讨论古道的延伸、走向与分布。

10.4.2　玉门关外古道特征

古道特征：根据敦煌、瓜州地区的古道特征，尤其是阳关—玉门关的古道特征，我们在遥感图像上追踪古道的延伸分布痕迹，发现古道具有以下特点。

（1）以地表上跨冲沟的浅槽和洼地痕迹为其特点之一（图 10-4-1b）。由于古道的浅槽特点，所以容易积水，常在道上留有降雨后水坑的白色干涸痕迹（图 10-4-1b、c），显示其洼地浅槽性质和较早的特点，是判别痕迹形成较早的标志之一。

（2）古道规模小而窄是其特点之二。比较清晰的古道宽度较大，为 2~3m（图 10-4-1b），大多数不到 1.5m，比现代车辙都窄，明显比阳关—玉门关古道规模小，因此相比玉门关长城内和阿奇克谷地的古道，其最大特点就是规模偏小。

如图10-4-1c中古道较深的特点显示经过长期的反复碾压，宽<1.5m说明通过车马规模不会很宽大，古道明显被现在的双辙车印压过覆盖。

（3）古道延伸稳定却又不够圆润是其特点之三。古道以稳定浅槽横穿不同地貌类型（如冲沟）、借过垭口而区别于自然成因（图10-4-1c、d），但其又不如现在车辙那么流畅、圆润和连续，存在一些随机小曲折，更类似人马走过后留下的痕迹（图10-4-1c），没有人为的规划建设和维护。

（4）玉门关外的古道为缺乏主干道路的道路路网。这里虽然有一些痕迹较深较宽的道路，但总体上看缺少主干道路，所有古道呈网络状，更像是人马走出来的路网，而非规划、修建的，这可能是为了长城防御安全有意而为。

道路古道性质的判别依据：

（1）与现代车辙的关系和二者差异。玉门关外的古道均为单线浅槽，而车辙为双线。现在这里的台地上的车辙非常多，一些地段上，现代车辙还会借用古道，增加了判断古道性质的难度。但大多数车辙都是覆盖在古道浅槽痕迹之上，显示古道早于现代车辙，即使有些车辙借用古道，但当车辙离开古道时，可以发现古道仍稳定延伸。

如图10-4-1a古道旁边均有汽车留下的两轮车辙斜交通过，显示其非车辙性质。其西侧有白色笔直细线通过，远比本古道窄、直和新，应是现代摩托车印，而古道延伸明显多弯，由此说明浅槽是古代留下的道路痕迹可能性很大。

图10-4-1d古道是岗地上的浅槽单道，与边上的两轮车辙完全不同，并被车辙碾压覆盖。古道较深的浅槽显示经过长期反复碾压，宽度<1.5m说明通过的车马规模不会很宽大。

（2）道路中生长了红柳沙包（图10-4-1a）。显然只有道路废弃后才会在路中间生长红柳沙包，因此道路一定是红柳沙包生长出来之前的。

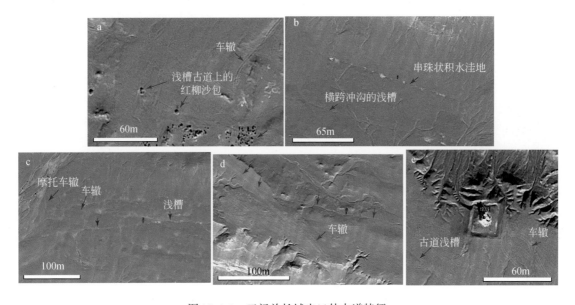

图10-4-1 玉门关长城出口外古道特征

图10-4-2中红点A～D就是图10-4-1a～d的位置；红箭头为古道；蓝箭头为现代车辙。

a. 古道上生长的红柳沙包；b. 横跨冲沟的串珠状积水洼地；c. 浅槽与车辙；d. 过垭口浅槽；e. 古道边烽燧

（3）能鉴别的古道大多在台地上分布，一些地段古道会穿过河谷。古道主要分布在台地上。台地上古道痕迹保存相对较好，而台地间的洼地由于后期积水、生长植被，所以洼地内古道痕迹不明显，这也说明古道是一定时间以前留下的痕迹。

（4）古道附近有古代遗迹存在，如烽燧（图10-4-1e），也会有意识选择一些生长植被可供驼马食用、容易打井取水的地方，如古河道上的榆树泉（都护井）（图 10-3-3）。

10.4.3　玉门关外古道的延伸与展布

玉门关长城外，最东侧的一组古道在后坑的长城外（图 10-4-1a，图 10-4-2A），这组古道向东延伸不明，似乎是沿长城北侧延伸，但后坑以东的长城上没有看到与古道有清晰关系的豁口。向西沿疏勒河南岸的阶地平台通向疏勒河，但形迹不很清晰。推测这组古道利用率较低。

最主要的古道是从后坑西侧两座烽燧之间的长城豁口（图 10-3-2a、图 10-4-2）出长城，先沿长城脚西延，然后古道在阶地平台上大致沿长城西偏南延伸，在 5 ~ 6km 处范围有两支，一支改向西北，在约 2.3km 处路边设有烽燧（图 10-4-1e），然后古道向疏勒河延伸（图 10-4-1b，图 10-4-2B），在一处河谷植被茂密处越过疏勒河，然后沿疏勒河北岸向西延伸。该疏勒河谷植被茂密处是一处地下水位较浅地点，人马可以在此休息补水。

另一支则继续沿长城北侧的阶地台面西延，先经过图 10-4-2C 点（图 10-4-1c），一直在台地上延伸到马迷兔古城北烽燧 T.Ⅳ.a.b 北侧的疏勒河，到达疏勒河谷的榆树泉，这里也是地下水位浅的植被茂密处，应该就是都护井所在（图 10-3-1）。越过疏勒河后与前一支古道汇合，然后在疏勒河北侧台地上继续西延，到图 10-4-2D 点（图 10-4-1d）。

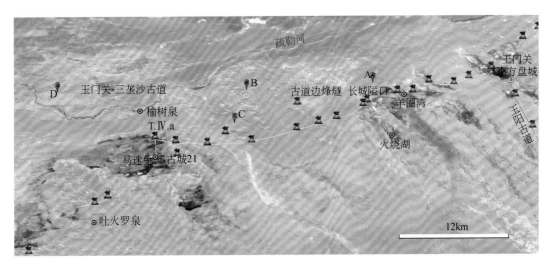

图 10-4-2　玉门关长城外古道延伸分布

青线为古道；黄线为长城；棕点为烽燧；白方框为古城；圆圈点为地名点；红点 A ~ D 为图 10-4-1a ~ d 各位置

从图 10-4-2D 点这里开始，古道向西在疏勒河北岸阶地一直延伸约 20km，分别在距离榆树泉大约 9km、15km 的地段，向北分叉，穿过低矮小砾石流沙区，一直延伸到东西向雅丹分布区。在这个小砾石流沙区，古道痕迹保存不好，均很模糊，向北的三支古道都不连续，且因受现代车辙和流沙干扰，存在误判的可能。

在北部的东西向雅丹区，古道因风沙掩埋，痕迹不明显。隐约分成两支，一支穿过东西向雅丹区后向西横穿库木塔格沙漠，这一段是沙漠的沙丘高度最小的地段，最容易穿越。穿过库木塔格沙漠后就直接到了阿奇克谷地的南缘，与布什托格拉克附近的阿奇克南岸古道相接。另一支则在南北向雅丹区的北侧东西向延伸，但只有不太连续和清晰的几条疑似古道痕迹，从三垄沙沙链间的戈壁滩横穿后进入阿奇克谷地，到达三垄沙西侧的方形营堡遗址，与阿奇克谷地北岸的古道相接。

总体上看，玉门关—三垄沙的古道清晰部分主要在疏勒河两岸台地上，而最不清晰的是三垄沙和敦煌雅丹国家地质公园的流沙分布区（图 10-3-2a）。其次这个区段的古道虽然基本上可以分辨出几条主要的古道走向和延伸，但缺少主干道路，都是人马踏出来的，没有专门的修建、规划，以路网为特点，这可能是为了便于长城防御。

10.5　楼兰道：从玉门关到白龙堆

前人从不同角度考证推测了这条楼兰道位置，其中斯文·赫定三次、斯坦因两次都按中国史书的记载多次实地考察了这条古道的可能路线，斯坦因甚至在其书中认为他在阿奇克谷地西端入口看到了中国汉代的古道（图10-5-1）。孟凡人在其《楼兰新史》中通过史料分析，详细论述了楼兰道的重要性。但这些前人研究都缺少系统的野外追踪调查和年代学考证。我们在野外终于找到了这条规模宏大的古道实体，下面介绍这条古道的考察结果。

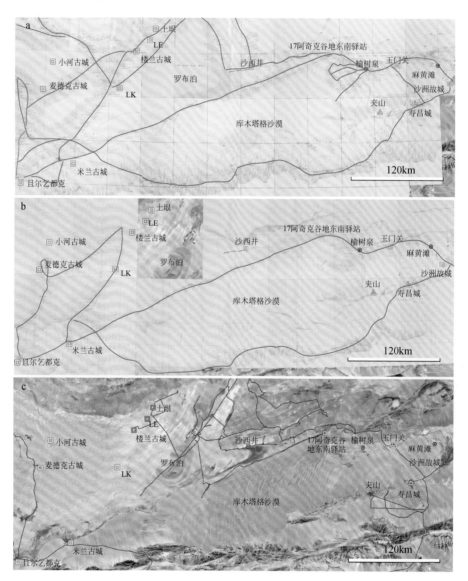

图 10-5-1　斯坦因于 20 世纪初根据中国史书记载的两次考察路线（a、b）
（红线为斯坦因的考察路线；青线为古道）和本次科考路线（c）（蓝线为本次科考确定的古道）

10.5.1　三垄沙–楼兰的地貌格局

三垄沙作为库木塔格沙漠尾羽一直向北延伸到达哈密南湖，是一条宽度不到 5km，长度却达 210km

的沙带，形成了一条东西分界线。

三垄沙以西地貌格局从南向北包括三部分，南边是库木塔格沙漠，以羽毛状沙丘而闻名于世。中间是阿奇克谷地，是罗布泊盆地南部的向东延伸部分，位于三垄沙以西，整体东西走向，长约140km，宽20～30km，西宽东窄，东高西低，东西高差相差不大，仅30m左右。谷地西端与罗布泊相连，东端三垄沙南北向沙带和雅丹构成了分水岭，分水岭东侧是疏勒河尾闾湖，西侧就是阿奇克谷地。而在阿奇克谷地，八一泉一带是又一个分水岭（图10-5-2），这基本就否定了古道是水道的可能性。

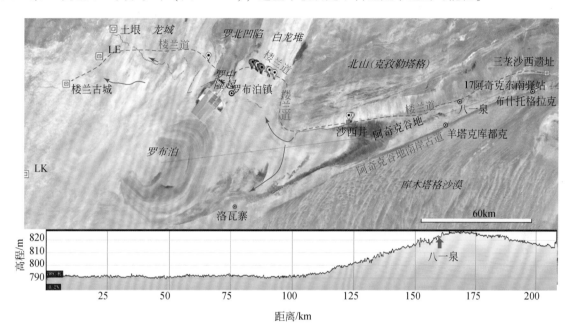

图10-5-2　楼兰道与唐道位置和阿奇克谷地段高程剖面
青线为古道；红虚线为楼兰道走向；绿线为古小道；紫线为下面从罗布泊湖心岛至三垄沙高程剖面线位置；
黄点为遗物发现点；方块为遗址；黑心圆为地名；蓝虚线箭头为水道的可能走向

北部则是库鲁格塔格山脉的余脉克孜勒塔格——北山，以东西向山脉为特点。北山是由变质石英岩、泥岩、板岩等变质岩石和中酸性岩体所构成的山地。北山南麓覆盖有新生代的巨厚沉积物，具有多级阶地特点，这套地层以粗砂为主，发育巨型交错层理，中间还有很多石膏结壳层。在风力侵蚀作用下，这套地层形成高大雅丹地貌，雅丹不仅在谷地北部发育，谷地南岸这套粗砂地层也构成了高大台地，在谷地中部也有零星存在，说明这套地层曾覆盖整个谷地，风蚀吹走了谷地中心区的大部分地层，是谷地南岸库木塔格沙漠的主要沙源。

谷地北岸分布有宽7～13km的洪积扇戈壁滩，在洪积扇砾石滩以南是沙地区，地形平坦，地下水位浅，生长有芦苇、红柳等植被，且越靠近谷地中部植被越发育，是野生黄羊、骆驼的重要栖息地，野外考察时多次看到黄羊群。

白龙堆则位于罗布泊东北，是一片含盐地层形成的高大雅丹分布区，在10.3.1.5节中已详细考证了白龙堆的由来。

白龙堆以西是罗布泊与罗北凹陷（图10-3-5），二者分别位于白龙堆的西南和西侧，构成所谓的"大耳朵"和"耳坠"，罗布泊湖区与罗北凹陷之间相对隆起，构成一个连接白龙堆雅丹区和龙城雅丹区的廊桥。罗布泊镇和钾盐厂就正好位于这个相对隆起的廊桥上。

罗北凹陷以西是龙城高大雅丹区。这里北部是早期的高大雅丹，一直延伸到山前，南部则有很多河道将高大雅丹区分割成网格状，河道最终流向"大耳朵"湖区和罗北凹陷，这些河道来自楼兰古墓群一带的北5河（近代铁板河）水系。土垠以西地区成片分布的龙城高大雅丹只存在于土垠以北，以南地区与楼兰台地区之间是楼兰北洼地区，这里也是北5河、北6河下游两岸，洼地区分布着不连续的高大雅丹群，这与土垠以北、以东地区呈现出很大的差异。

　　LE 方城地处楼兰雅丹台地区的东北角，北 4 河从其北侧流过后，与北 5 河汇合转向东南注入罗布泊。楼兰雅丹台地区晚期形成了大面积的小雅丹，是汉晋时期主要的人群生活区。楼兰古城等主要古城都分布在这个地区。

10.5.2　楼兰道古道遗迹基本特征

　　从阿奇克谷地北岸的洪积扇前缘到白龙堆，遥感图像上有一条连续的线状地物，直达罗布泊"大耳朵"湖区东岸，然后沿东岸湖边向北延伸，到达白龙堆，延绵达 200 余千米，其中阿奇克谷地段长 150km，罗布泊东岸到白龙堆西界约 50km。这就是丝路古道——楼兰道（图 10-5-2）。

10.5.2.1　古道沿线的地面表现

　　下面从东向西介绍沿途各考察点的地表地貌特征。

1. 阿奇克谷地北岸

阿奇克谷地北岸沿途考察点及地貌特征见图 10-5-3、图 10-5-4（1～5）。

图 10-5-3　楼兰道阿奇克谷地沿途考察点分布

青色线为古道；绿线为小道；白方块为遗址；黑心圆为地名；黄点为遗物发现点（从东向西分别是马牙、马蹄和沙西井城内的铜镞等）；紫块为考察点。a. 八一泉以东的东段；b. 沙西井—八一泉的中段

　　点 1：三垄沙西遗址，前面已有介绍。

　　点 2：在三垄沙西遗址南侧约 800m 的沙地中，是古道的起点，地面为一排东西线状分布的红柳沙包，红柳均已死亡，应是沿古道分布的红柳。红柳 ^{14}C 年龄显示其为魏晋时期。

　　点 3：积水洼地里的砾石垄，有两道砾石垄，北侧一道长约 500m，宽 5～9m，高近 1m，延伸连续，而南侧一道宽度相当，但保留部分相对较短、高度也略低。两道砾石垄之间相距约 21m，周围是龟裂的泥地，表明是北山洪水的积水洼地。砾石垄是为了通过积水洼地而专门修建的通道。在北侧砾石垄上发现了木楔，木楔有用金属工具修砍的痕迹，^{14}C 测年显示其为公元前 400～前 300 年。在南侧砾石垄上也找

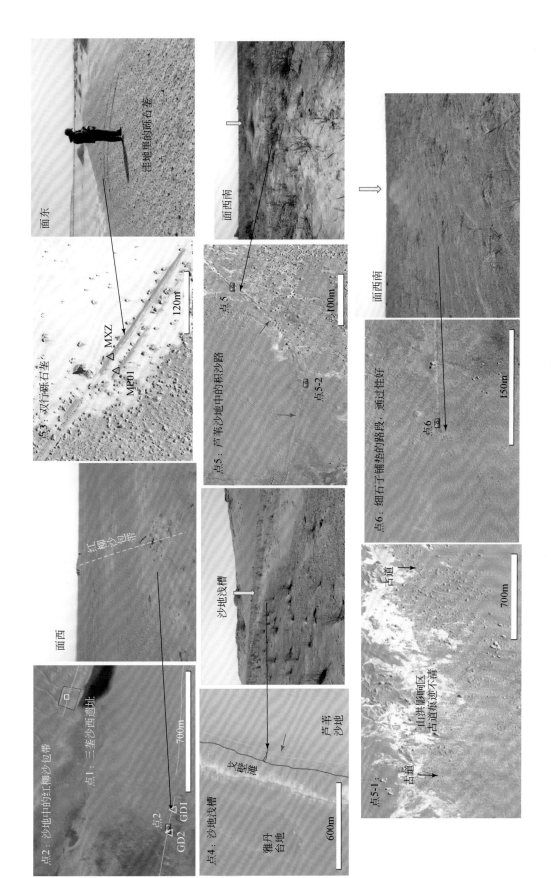

图10-5-4(1)　楼兰道沿途各考察点地貌特征

蓝线为考察路线；青线为古道；红箭头指向古道；三角为测年样点

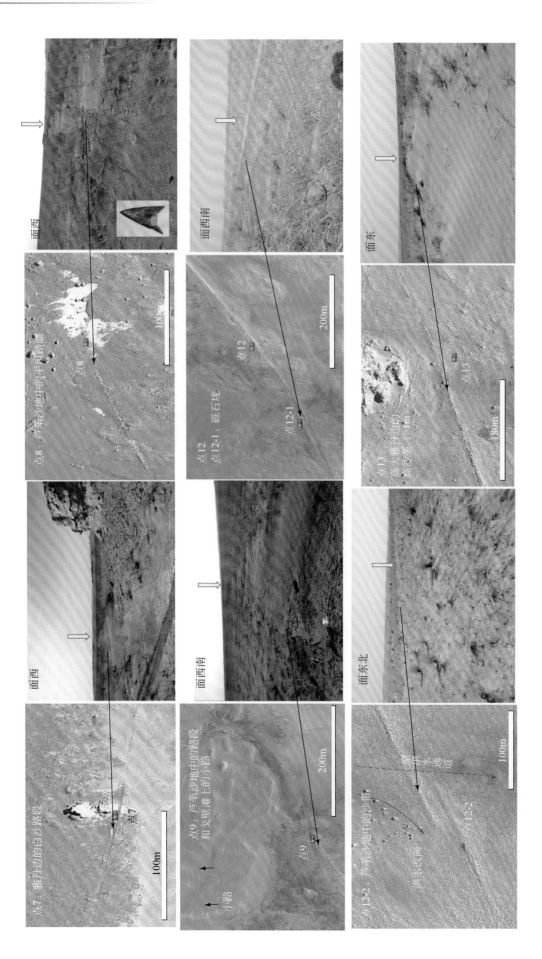

图10-5-4(2) 楼兰道沿途各考察点地貌特征

蓝线为洪水流向；蓝虚线为泛洪水流向；红箭头指向古道

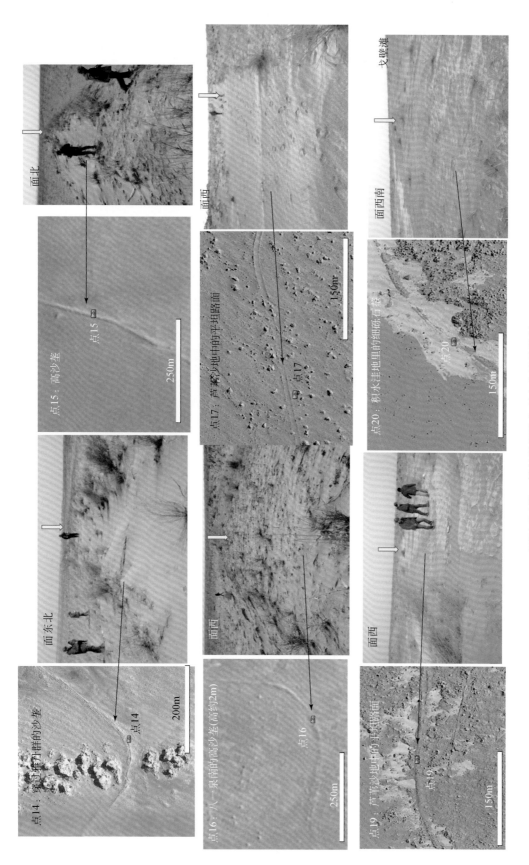

点15：高沙垄

250m

点15

面北

点14：穿过南丁群的沙垄

200m

点14

面东北

点17：芦苇沙地中的平坦路面

150m

点17

面西

点16：八一泉南的高沙垄(高约2m)

250m

点16

面西

点19：芦苇沙地中的平坦路面

150m

点19

面西

戈壁滩

面西南

点20：积水连地里的细陈石卷

150m

点20

图10-5-4(3)　楼兰道沿途各考察点地貌特征
箭头指向古道

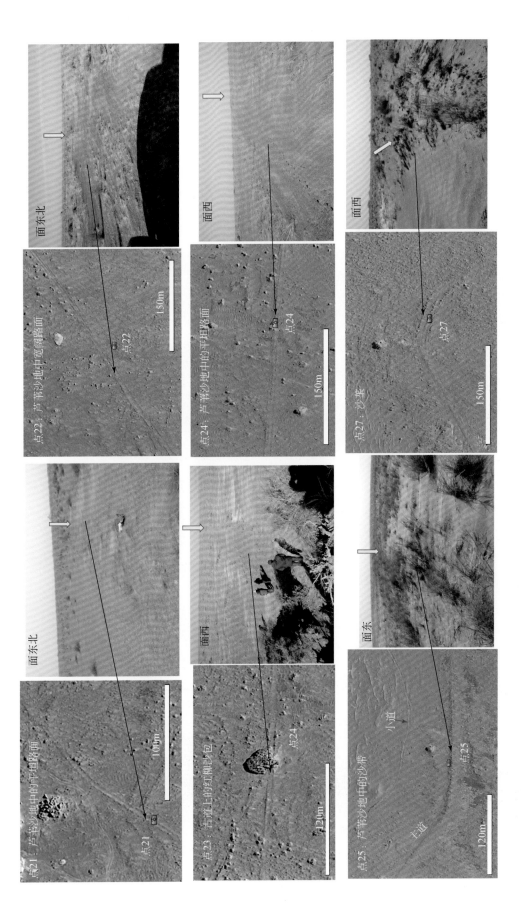

图10-5-4(4)　楼兰道沿途各考察点地貌特征

箭头指向古道

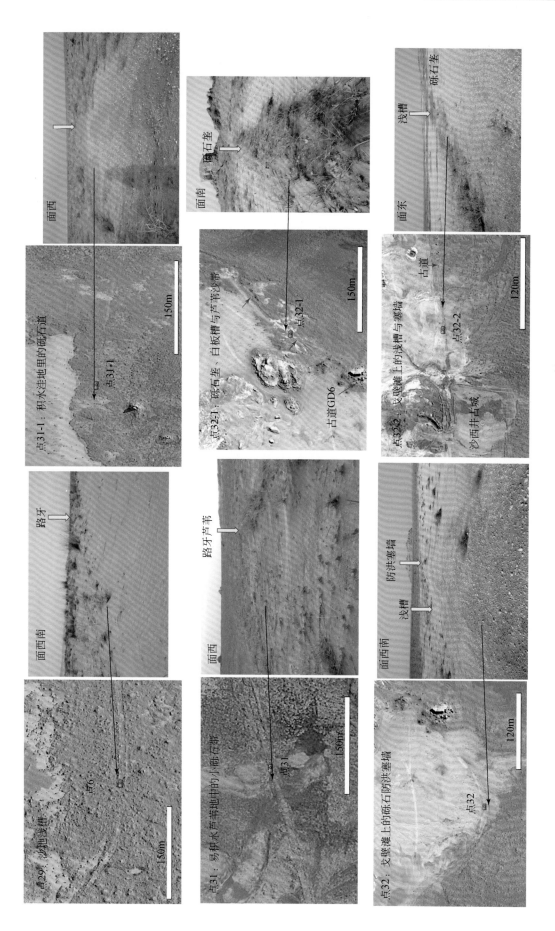

图10-5-4(5) 楼兰道沿途各考察点地貌特征
箭头指向古道

到有混在砾石中的木枝，[14]C 测年显示其为公元前 100 多年产物，均指示修建年代为秦汉甚至可能更早。砾石垄东延后因流沙覆盖而不明，西延则很清晰，经点 5、点 6。这两道砾石垄也表明双行道早在 2000 年前的中国就已经存在了。因此楼兰地区出现双行线道路并不奇怪。

点 4：围绕雅丹台地的线状浅槽。西侧有高大古近系—新近系构成的雅丹平台，台缘有不宽的砾石戈壁，紧贴砾石戈壁的沙地里有浅槽，即为古道。

点 5：芦苇地中的积沙路段。

点 6：道路由东西向转为东北–西南向，拐向突然，地面为细石子铺垫，通过性良好。

点 7：雅丹边的白沙路段。

点 8：芦苇沙地中的积沙路段。在古道附近发现一枚铜镞。道上芦苇少，两侧芦苇多。

点 9：芦苇沙地中的路段和路边沙包。

点 12：为线状沙带。

点 12-1：一道长约百米的砾石垅。在道路北侧，高 30cm，宽 8～10m，延伸 80m 以上。作用明显是用来阻拦北面洪积扇来的洪水。

点 12-2：风沙区的沙垄（高<1m）。此处古道表现为沙地中的一道沙垄，但与南北向风向大角度斜交，显示出与纵向沙垄、横向沙丘都完全不同的走向展布，是东西两端古道的连续延伸，因此是风力作用下，流沙在古道上堆积而成的沙垄。有趣的是东西两边的古道延伸至此时，并未正好相接，而是南北错开约 20m，似乎是两边同时向中间修路时，因施工不严格，没有正好对接留下的痕迹。但这种解释很难令人信服。更为合理的解释是为了消除洪水的影响。此处北侧有两个山谷的洪水汇合后向南流形成洪道，很容易冲毁道路，古人利用北东向古道沙垄迫使南流洪水改向西南，又让从西南延伸过来的古道在西侧约 180m 处略向南错开，在东西古道之间形成空白区，这样洪水可以在此滞留，这样有效防止了洪水对路基的冲刷，而来往商旅可以在北沙垄后避开洪水，转换到另一古道上。

点 13：高大雅丹南侧的高沙垄（高>1m）。这里积沙较多，可能与北侧高大雅丹有关。北侧高大雅丹为南北向带状，与西侧点 14 的南北向高大雅丹群类似，雅丹均高 8m 以上，而东西两侧均为风蚀平地，这些雅丹说明存在风力较弱的地带，实际上点 13、点 14 正好位于图 10-5-2 中阿奇克谷地高程剖面的最高处，是谷地东西两段的分水岭。风力在此减弱导致较多的风沙堆积，因此沿古道形成了较大的沙垄。

点 14：直角拐弯穿过雅丹的线状沙垄，故该点被命名为"大拐弯"，沙垄较高，高约 1m，遥感图像上呈 2～3 道平行的沙垄组合，宽 8～10m。在沙垄上挖 1.2m 深的坑观察剖面结构，全是风沙，没有明显层理结构，也看不到遗弃文物，底部仍是流沙。从贯穿雅丹带后直角拐弯的现象看，这条沙带不会是河道、断裂构造、纵向沙垄等自然过程形成的景观，只能是人为遗迹，但地表因流沙覆盖，也确实没有看到古代遗物。

点 15：高沙垄（高>1m）。地处点 14 和八一泉之间，是一段近南北向的路段，地面为高度大于 1m、上面长满芦苇、宽 5～6m 的高沙垄。挖了一条横贯沙垄的探槽，剖面上都是流沙，下部有一层带芦苇根的盐壳，说明曾有过一段多雨的湿润期，沙地流沙被固定、地下水水位浅，能够在蒸发作用下形成盐壳，并生长芦苇。以后又再次干旱，风沙继续堆积，最后形成高沙垄。这一段古道与点 13、点 14 相同，均处风力较弱的分水岭，因此风沙堆积严重。

点 16：八一泉南的高沙垄（高约 2m）。在八一泉南约 1.5km 处，为一带弧形拐弯的高沙垄，状如沙堤，高约 1.6m，宽度上部约 5m、下部约 10m，上长芦苇，似堤、墙。沙垄东端向北延伸不远就痕迹难寻，但西端则一直稳定延伸。实际上从点 15 西延过来的古道在八一泉南侧就因流沙覆盖而难以寻踪，主道应南拐到点 16 后再西折通向点 17，同时另有小道直接继续西延，并在西端有回归主道的趋势。点 16 处为沙垄的原因应该与点 13～15 相同，均是地处谷地分水岭的弱风场区，因此容易积沙成垄。八一泉以东，北山下来的洪水均东流，显示出分水岭的作用。

点 17：芦苇沙地中的平坦路面，宽 7～8m、中间微凹的平坦大道，道路两侧为芦苇沙地。

点 19：芦苇沙地中的平坦路面，宽 8～10m，两翼芦苇沙带，砾石两侧护道，路侧有淤泥龟裂的指示常为积水洼地。

点 20：古道为易积水洼地里的细砾石垄。细砾石线状隆起带宽 8～10m，高 20～30cm，北侧砾石戈壁滩，有淤泥龟裂，表明这是容易积水的洪积扇扇前洼地。

点 21：平坦路面。道路隐约可见，古道南延，通过性好，可过车，一直延伸到大雅丹。

点 22：稀疏芦苇沙地里的平坦路面。沿古道行进，一直是宽阔古道。

点 23：芦苇沙地里的宽阔平坦大道，在路中间突然出现一个红柳沙包，沙包周围没有绕路痕迹，显然红柳在古道彻底废弃后才会自由生长。这个红柳沙包很大，直径可达 35m，高有 4～5m，比周围的红柳都要大，显然有别于周围的红柳。推测可能有古井，井水为红柳提供了充裕的水补给，但现在井的痕迹已被风沙和植被覆盖。野外观察发现，古道路面从东向西而来在红柳沙包处有逐渐升高的趋势，然后进入红柳沙包腹部，因此推测可能原来古道修路时这里就有红柳沙包，古人只是略作平整，道路在此形成一个小起伏，当古道废弃后，红柳向上自由生长才彻底掩盖路面。

点 24：芦苇沙地里平坦路面，向西为可行车的古道，黄羊喜欢走，有很多黄羊蹄印。

点 25：芦苇地中的沙带。在一个红柳沙包边的古道沙带宽 5～9m，高 0.8m，北侧不远是砾石戈壁滩。这里有两条古道，南边一条为主道，宽近 10m，北侧约 70m 处还有一条规模较小的古道，宽 2～3m。北侧古道东端与主道汇合，西段被流沙覆盖。

点 27：风沙区的低矮沙垄。古道上积累了很厚的流沙，形成了沙垄，并模糊了道路的痕迹，只能从沙垄的延伸特征上判断古道的位置。

点 29：东侧明显，宽 5～6m 的浅槽，两侧芦苇沙带高 1～1.5m，路上芦苇少，通过性好，为芦苇沙地中的浅槽路段。西侧模糊不清。

点 31-1：在点 31 东侧，为积水洼地里的砾石道。残留雅丹北侧有白石带状展布铺垫的道路，宽 5～8m，略呈负地形。

点 31：在矿区南侧，古道隐约可见，泥质碱土地上小砾石带，芦苇在道边生长成线，无明显起伏沙包，是易积水芦苇地中的小砾石带。

点 32-1：古道从 31 点西延，横穿沙地到点 32-1 北侧戈壁滩后，南折沿砾石滩与沙地边界延伸，为条带状砾石垅和白板槽、芦苇沙带构成的古道。砾石垄是洪积扇前缘的塞墙，即防洪堤。古道南延从一个高大雅丹西侧通过，并被红柳沙包所掩埋。

点 32：是一处条带状砾石垅和白板槽、芦苇沙带构成的古道。砾石垅是洪积扇前缘的防洪堤。古道从点 32-1 南延到点 32，形成环绕洪积扇前缘的圆弧形，呈现出典型的人为地物特征，这彻底排除了"古道"线状地物的断裂带成因与河道成因。

点 32-2：白石堤和浅槽，为洪积扇前缘砾石防洪堤。地表是戈壁砾石滩上的浅槽，长芦苇，宽 5m 左右，南侧 50m 以外是芦苇沙地。古道西延处紧贴沙西井古城北墙外通过，显示出古道与古城具有密切的协调关系，是同时代的遗迹。这里有现代采矿活动留下的洗矿场，因此遗留有很多矿石堆和取水池，现代遗物和车辙很多，极大增加了古道的识别难度。但古道与现代双轮车辙存在着截然不同的特点，因此仍然可以很好地分辨。

点 33：白石堤和浅槽。在洪积扇前缘的石英质砾石戈壁滩上修筑的砾石塞墙（防洪堤）和芦苇浅槽古道。塞墙高 1～1.5m，上宽 1m，下宽 5m，南侧浅槽清晰，宽 3.5m 左右，浅槽里芦苇茂盛。塞墙防范北侧洪积扇上洪水的功能明显。浅槽南侧 80m 以外白石滩扇外沙地芦苇区。古道附近发现马蹄残体。古道西延 400m，就是运渠双堤的起点，也是卑鞮侯井的可能位置。

下面的点 34～41 则展示渠道双堤的特征，沿湖岸延伸的古道也有显示，见图 10-5-5（1）（2）。

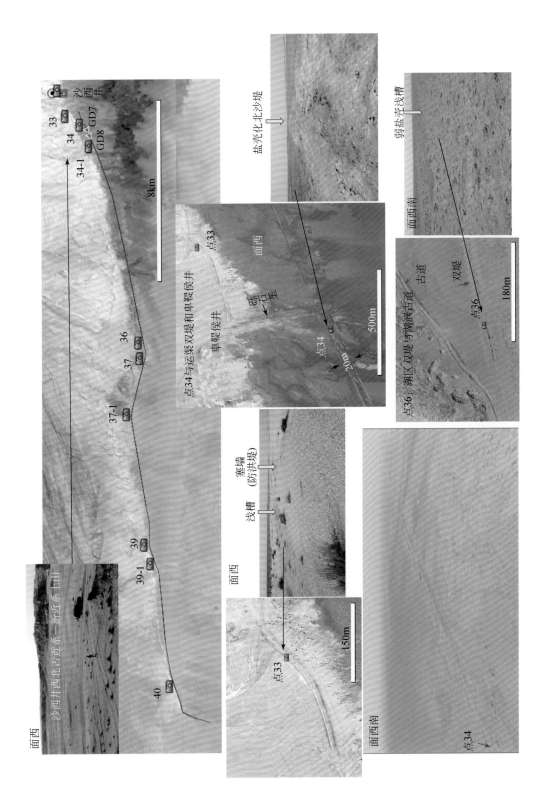

图10-5-5(1) 楼兰道运渠双堤沿途各考察点地貌特征

蓝线为考察路线；青线为古道；红箭头指向古道；蓝、黄箭头指向双堤；三角为测年样点

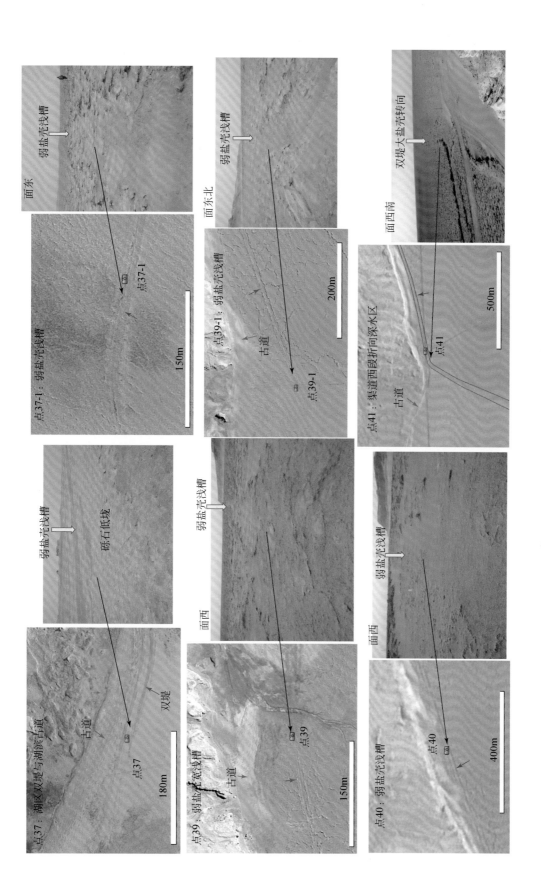

图10-5-5(2)　楼兰道运渠双堤沿途各考察点地貌特征

蓝线为考察路线；青线为古道；红箭头指向古道；蓝、黄箭头指向双堤

点 34：渠道双堤。这是渠道双堤的起点。在点 33 以西，出现一道断续南伸的高大砾石垄，北端与古道相接，向南进入盐壳区，与双堤相接，砾石垄高 2 ~ 3m，砾石垄两侧均为盐壳化泥沙地，为松软地面，地下水位很浅，人驼容易陷入，古代有时也为积水湿地沼泽。推测当时货物沿古道运到此处后，是沿砾石垄来到双堤处上船，船运往罗布泊西岸的楼兰地区。在点 34 处可见盐壳地中两道突出地面的大堤，沙土质，北堤宽 5 ~ 8m，高 1m，表面盐壳化，顶部较平。南堤高 1.1m，宽 8 ~ 10m，两堤之间相距 22m 左右。双堤在点 34 以东还有延伸。点 34 以西的大堤上生长有红柳沙包，红柳均已枯死，根块被后人挖出用于取火，留下了很多大坑。

点 36：弱盐壳浅槽。盐壳化双堤已为几乎无高差的低垄，但地面仍可分辨出浅槽痕迹，垄宽 3m 左右，双垄间距也变小，宽仅 8 ~ 9m，南垄有一段是延伸 25m 的沙砾堤段。双堤北侧的砾石滩湖岸边是古道所在，有很多现代车辙叠覆，但无车辙处仍可辨出古道痕迹。

点 37：两条砾石垄隐约可辨，每条垄宽 5 ~ 8m，中间浅槽仅宽 5m 左右，槽中为弱盐壳浅槽。两侧是盐壳区，北侧不远是砾石台地，台地与北侧雅丹高台之间是曾经的积水洼地。古道在双堤北侧不远的湖滨砾石滩上。

点 37-1，在点 37 以西。盐壳区线状痕迹为 1 ~ 2m 宽的浅槽，两侧盐壳呈线状翘起，南侧 5m 外有一盐壳隆起带，高约 40cm。

点 39：盐壳区痕迹明显，小砾石带，为 2 ~ 3m 宽浅槽，两侧盐壳成线状翘起高约 20cm。古道在双堤北侧湖滨砾石滩上。

点 39-1：盐壳区，痕迹隐约可辨，不明显。由此西延因北山洪水冲刷而模糊不明，东延则形迹清晰。古道在双堤北侧湖滨砾石滩上。

点 40：盐壳区边缘与砾石滩交界处，为宽 10 ~ 15m 的浅槽，南侧盐壳翘起达 1m，北侧为小砾石，槽内有小砾石和盐壳。

点 41：渠道西端突然大角度向西南方向折向深水湖区。渠道双堤为大盐壳，高 1m 左右，比周围盐壳明显高大，并以此而醒目突出地表。湖滨砾石滩上的古道在双堤西北改为向北西延伸。

阿奇克谷地北岸除以上介绍的这条稳定、宽阔、连续的大路外，还有另一种道路遗迹，由一条宽仅 1 ~ 1.5m 的浅槽构成，如图 10-5-4（2）中的点 9 北侧的小路。目前能够辨认的均在戈壁砾石滩上，走向近东西，基本都平行主道，进入沙地后就消失不见，说明易于被后来的风沙掩埋。稳定性上明显不如干道，延伸不直，多随机弯拐，属于行旅走踏留下的痕迹，并且这种小道数量多、网状交织，具有路网特点，类似敦煌地区单线类型的古道路网。

相比之下，主干道宽度大、延伸长、规模宏伟，有明显人为修缮痕迹。

2. 白龙堆台地区（图 10-5-6）

从点 41 开始，双堤运渠消失在罗布泊深水区后，古道则沿湖岸砾石滩向北延伸 34km 左右到达白龙堆西南侧的湖边（图 10-5-2）。罗布泊东岸的这一段古道均在湖滨砾石滩上，因此与阿奇克谷地北岸沙地里的古道不同，留下的痕迹相对模糊，尤其在北段部分更难辨认，野外地面上更是难以识别。基本根据遥感图像的显示才能推测大致走向。

进入白龙堆后，古道隐约可辨，有一道连续的浅色线呈东南-西北向延伸，沿途发现陶片和铜镞、铜扣、铁铲等铁铜器物（图 10-5-6），各点发现的器物如表 10-5-1 所示。

而在白龙堆南侧的浅水湖区，有一条疑似水道（图 10-5-6c），走向为西北-东南向，与北北东向的盛行风向近于垂直，大致与耳轮湖岸线平行，但槽状结构又很难完全用湖岸线解释。推测可能是来自阿奇克双堤运渠的船只沿罗布泊东岸航行到此后，因水深过浅，古人挖掘出来的行船水道。地表现在是湖泊石膏结壳区，很难判别其人为属性。

3. 龙城雅丹区

古道越过白龙堆后，从罗布泊"大耳朵"湖区与罗北凹陷之间的东西向隆起带通过，到达西侧雅丹台地（即龙城雅丹区）后继续向西延伸，通向戍堡 LF 和方城 LE（图 10-5-7）。

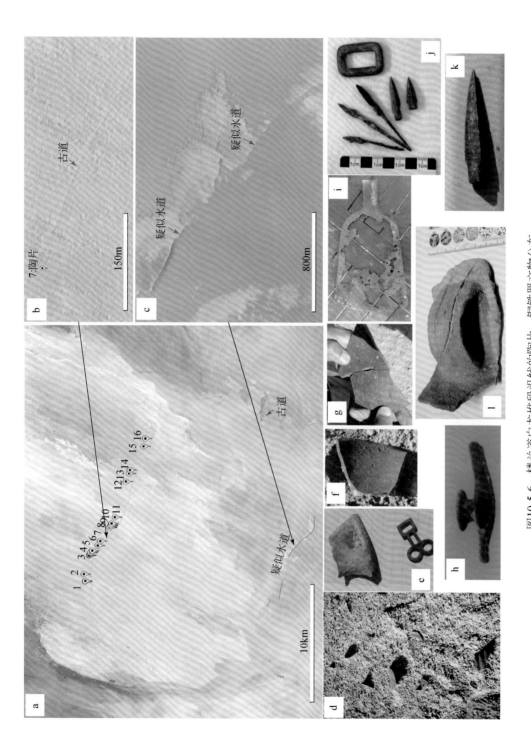

图10-5-6 楼兰道白龙堆段沿线的陶片、铜铁器文物分布

a. 白龙堆段文物位置分布；b. 白龙堆段古道局部放大遥感图；c. 疑似水道局部放大遥感图；d. 地表风蚀后残留地表的蘑菇状陶片；e. 陶片和铜扣；f、g. 陶片；
h. 铜饰；i. 铁铲；j、k. 铜镞、铁镞和铜扣；l. 八一泉附近发现的周朝陶耳

表 10-5-1 白龙堆地区古道沿途发现器物类型表

点号	器物	点号	器物
1	陶片	9	铜镞和陶片
2	铜器残片和陶片	10	铁环
3	绳纹陶片	11	大石块
4	一大堆陶片	12	陶片
5	铁钩	13	陶片
6	陶片	14	铁铲
7	陶片	15	很多大石块
8	铜扣	16	很多大石块

　　然而由于这片雅丹台地区受追踪断裂构造的河流影响强烈，被切割成大小不等的台地斑块，台地斑块之间河道穿插、经常因洪水而变化，地表古道不得不经常变化，追寻便于通行的地段，因此这个地区的古道不如阿奇克谷地和白龙堆地区稳定。加上后期泛滥洪水的冲刷、强烈盛行风的侵蚀，导致了这个地区的古道痕迹很难辨认。目前只在古道的一个点上发现了铜镞（据国投新疆罗布泊钾盐有限责任公司人员介绍）。斯坦因虽然也在这个地区发现了一些遗址和文物，但因其定位误差较大，无法与古道位置进行对比确定。以上原因导致图 10-5-7 上标识的古道具有较大的推测性质。

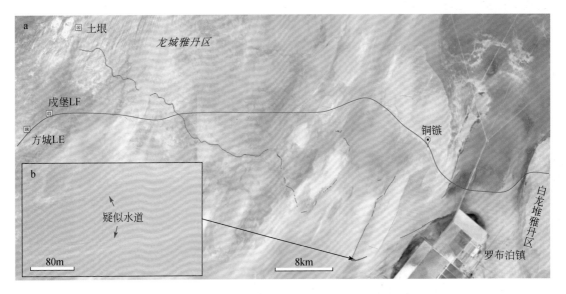

图 10-5-7 楼兰道龙城雅丹区的位置与延伸方向
青线为古道；蓝线为水道；红线为推测的古道延伸方向与展布位置；白方块为遗址；
黄点为文物发现点。a. 全区总体延伸分布；b. 疑似水道局部遥感放大图

　　这个地区也发现存在疑似水道（图 10-5-7b），该水道在罗布泊近岸浅水区绕台地而行，可能与阿奇克谷地西端的运渠双堤性质相同，都是为方便行船而开凿的。到龙城雅丹区后则沿水深较大、连通性好、方便通行的河道延伸，最后的指向是土垠遗址。如果说图 10-5-7b 所示位置的疑似水道还有较明显的非自然、人为开凿迹象，那么龙城雅丹台地区的水道则更多是追踪天然河道。但水道的整体走向似乎与《汉书·西域传》中"欲通渠转谷，积居庐仓以讨之"的记载和王炳华"土垠就是居庐仓"的结论不谋而合。即西汉时期，古人先运粮到沙西井，然后在疑似"卑鞮侯井"处上船，沿双堤运渠进入罗布泊深水区，再傍罗布泊东岸向北，到白龙堆南侧后转向西，越过罗中隆起，到西侧的龙城雅丹台地区后，先沿台地

区南侧浅水区的人工水道绕过台地，然后进入台地区的河网，再沿水深较大的河道向西北直达土垠附近的淡水湖区，最后抵达土垠，将粮草在此囤积，以便西征大军使用。

10.5.2.2　楼兰道的基本特点

1. 延伸连续、稳定性好

虽然局部会因洪水、风蚀而难辨，如在一些对应北侧山口洪积扇的地段因洪水冲刷而模糊不清，但总体上连续性很好，可以连续追踪。因此虽然古道各段的地表表现会出现差异，但必须作为一个整体来看待。东端始于三垄沙南北向沙带西侧，沿阿奇克谷地北岸到罗布泊东岸，穿过白龙堆和龙城雅丹台地区，一直延伸指向戍堡 LF。其中阿奇克谷地—白龙堆的 200km 路段，形迹清晰。阿奇克谷地里从东向西高程从大约海拔 820m 降到大约 792m，而八一泉附近是谷地中的一个分水岭。

2. 多数地段具有道路路面特征，通过性良好

线状地物多数地段宽 5~8m，表面平坦，具有很好的路面特点，两侧则是芦苇沙地。

3. 具有人工修缮和维护痕迹

在多处易积水的低洼地都铺垫了细石或砾石，形成一段沙地中的笔直细石路或砾石垄。在砾石垄上发现插有木楔，木楔有明显加工痕迹。在沙西井古城一带，古道通过洪积扇砾石滩时，砾石滩被挖出一条宽约 3m 的浅槽，挖出的砾石在浅槽北侧堆成砾石垄，具有明显的防洪水功能，与敦煌阳关的汉塞墙相似。

4. 古道选位便于驼马饮水取食、路近道平、省力易行

阿奇克谷地内古道多位于在北岸洪积扇砾石滩前缘外的沙地内，仅当靠近罗布泊湖区时才为了避开湿地转到山前洪积扇砾石滩上。沙地内古道一般距北侧戈壁砾石滩仅几百米至 1km 不等。沿途无明显坡坎、无易伤脚掌的尖锐片岩、板岩等基岩，古道两侧沙地芦苇植被生长茂盛，具有沙土疏松适于牲畜行走，芦草丰茂可供驼马牲畜食用，地下水位浅易于掘井取水的优点，是古代行旅通行的最佳选择。

向西接近罗布泊湖区西岸的湿地后，古道转上洪积扇砾石滩以规避容易陷入的沙泥质湿地，一直到罗布泊东岸均沿湖边的砾石滩延伸，直到白龙堆雅丹区。白龙堆雅丹区的地表为盐壳，但与湖区盐壳不同，是地层中的含盐地层被降雨改造后所形成，盐壳坚硬、多刃，地面虽平，但不利行走，且无任何植被生长，因此是楼兰道中最难行走的路段。所以才有后来为规避白龙堆而开辟的大海道。

5. 古道形态规则，有意识地规避各种障碍

古道在一些笔直地段，具有很好的连续性和稳定性，一些地段则蜿蜒伸展，绕过各种障碍物，如直角穿过雅丹高地、积水洼地中垒筑砾石垄、砾石戈壁滩上修筑塞堤防洪等，与局部存在的河道、走向不同的纵向沙垄、断裂构造等自然地貌相异。

6. 地貌表现多样，但均是适应不同形式风力作用和不同地表条件的结果

楼兰道与敦煌、瓜州地区的古道有相似之处，但也有不一样的地方。楼兰道有的地段是 3~8m 宽的沙地浅槽，有的地段为 3~5m 宽、高几十厘米至 2m 的沙垄，有的地段为直径 3~8cm 砾石或粗砂砾铺垫而成的砾石垄，有的地段是戈壁滩上由砾石垄和其南侧浅槽共同构成。浅槽、砾石垄都在敦煌瓜州地区古道有相似存在，而沙垄应是后期风沙沿路堆积而成的地貌表现。虽然古道各段表现不同，但其连续完整性表明它们只能具有一个共同的人为成因，不同的地貌表现只是环境差异而产生的表象。

7. 古道沿途有各种古人活动遗迹

作为连接西域与中原的主要交通道路，有大量的商贾和军队来往，因此会在沿途留下遗迹。在白龙堆雅丹区古道沿途发现陶片、铜镞、铁镞、五铢钱等器物残片，在阿奇克谷地的古道边则发现了沙西井古城，古城内也发现铜镞、五铢、陶片等器物。

白龙堆与阿奇克谷地由于地处环境差异，遗物遗址的表现相差很大。白龙堆地处塔里木盆地东北角

的风口，东北风风力强劲，因此地表过程以风蚀作用为主导，地表的中细粒沉积物不断被吹走，当风蚀到地层中的含盐石膏地层时，偶发的降雨在地表形成石膏盐壳，增加了地表抗风蚀能力，形成稳定地面，最后形成石膏结壳覆盖的高大雅丹台地。而重量较大的陶片、铜铁器物因风力无法吹走，会伴随表土的不断剥蚀而集中暴露在地表，因此地表文物多而常见，沿古道追踪沿途都有铜镞、铁镞、铜饰、陶片等各种遗物发现。

而阿奇克谷地以风积作用为主，只有北山南麓的戈壁滩因南下冷空气下沉气流存在一定的风蚀作用，将砾石滩上地表沙粒吹到谷地腹地，地表留下一层砾石。因此谷地腹地地表为风积沙地，文物易被风沙覆盖而难以发现。尤其是在八一泉分水岭两侧的地区，因地势升高，爬坡后的风力会相对减弱，这直接导致更多的风沙沉降，古道上堆积了较多的风沙，形成了突出地表的沙垄。因此大多数古道沿途的遗物都会被风沙掩埋，这直接导致谷地内古道沿线文物很少被发现。而古道沿线发现的少量陶片、铜镞、马蹄等遗物均在以风蚀为主的戈壁滩上或邻近位置，如戈壁滩与沙地交界处的沙西井古城内发现的铜镞、五铢钱和陶片。斯坦因在其书中描述在阿奇克谷地北部洪积扇上两个地点发现铜器残片，其位置就在沙西井附近。八一泉北侧古道附近发现的周代陶耳也在戈壁滩前缘附近发现，这些古代遗物的存在说明古道确实曾有大量行旅通过。

8. 部分古道边有类似阳关汉塞墙的防洪砾石堤

沙西井古城东侧点 32 附近，古道从沙地转到洪积扇砾石滩之上，古道由浅槽和砾石垄构成，砾石垄与阳关汉塞墙相似，具有防范洪水袭扰功能，可保障塞墙南侧浅槽内人马通行。

9. 运渠双堤是典型的非自然、人造设施

阿奇克谷地西部的约 30km 长、宽 1～3m、高 1～2m，相距 20m 左右，笔直延伸，西入罗布泊深水区的两条平行长堤是典型非自然古代运渠设施。

10.5.2.3 古道的道路性质分析

阿奇克谷地北岸的这条线性地物有几种可能的成因：古河道、湖堤、断裂构造、风成沙垄、道路、渠道。排除了其他可能性，才能确定其道路性质。

1. 排除古河道、渠道可能性

第一，在阿奇克谷地，确实有一些线状地物可能是河道留下的，但它们都不长，最多几千米，没有连续、延绵上百千米的。第二，大多数河道是来自北山的洪水形成的，因此多自北向南，汇向谷地中部洼地再流向西面罗布泊，很少东西走向。且沿洪积扇前缘东西延伸也不符合山前洪积扇河道发育规律。第三，实地考察发现，线状地物大多数地段为平坦路面或低矮沙垄、砾石垄，缺少河道特征，尤其是洼地里的砾石垅更无法用河道解释。第四，有的地点线状沙垄从紧邻的雅丹残丘之间通过，还有地段是戈壁滩上砾石堤和南侧浅槽。第五，八一泉附近一带分水岭的存在，基本阻断了东西两侧水道的贯通。只有沙西井西侧的双堤才是运渠的残留大堤。因此贯穿雅丹区、洼地区砾石垄、八一泉分水岭等现象的存在基本排除了古河道或渠道的可能。

2. 排除湖堤可能性

罗布泊古湖岸线最显著的代表就是"大耳朵"环线，然而罗布泊湖面并未到达过八一泉分水岭以东，尤其是三垄沙附近。该线状地物的延伸也与湖岸线的圆环状完全不同，甚至双堤西端直接垂直"大耳朵"环线，进入湖区，因此不会是古湖堤遗迹。

3. 排除断裂构造可能性

线状地物的蜿蜒延伸则完全不同于断裂的直线展布，在洪积扇前缘圆弧形弯绕明确排除了断裂构造的嫌疑。即使是由两条平行线构成的、笔直延伸的运渠双堤，实际上也是两道宽 1～3m、高 1～2m 的泥沙质大堤，大堤剖面上可见有团块状泥团，具有人工堆土特点。而且双堤依北侧山形多处转折，到达罗布泊"大耳朵"湖区后又突然大角度转折，垂直环形湖岸线进入深水湖区，这些现象都可以排除该线状地物的断裂成因。

4. 排除风成沙垄可能性

线状地物在一些地段表现为一条高度不等的沙垄，剖面显示沙垄质地疏松，其上生长芦苇，是仍在发育的沙垄。一些地段则是在道路两侧，风沙被芦苇阻挡而形成两道低矮的沙带。然而，阿奇克谷地的主导风向为自北而南的北风，该风场形成的沙垄以密集分布的近南北向沙垄为主，与东西向线状地物主体走向大角度相交。因此线状地物的沙垄与区内大规模分布的纵向沙垄走向并不一致，也不具备垂直风向的新月形沙丘特点。实际上线状地物的沙垄段主要分布在谷地内八一泉分水岭一带的风沙堆积区，因此是风沙沿道路堆积而形成的沙垄。

由上分析可以判定阿奇克谷地北部的这条东西向线状地物是一条道路的遗迹。一些地处风积区的路段，路面与两侧沙地存在的差异造成风沙堆积形成带状沙垄。一些地处易积水洼地的路段，专门铺垫了砾石或粗砂砾，形成砾石垄或沙砾带。还有一些路段通过洪积扇前部砾石区时，在道路北侧堆筑了防洪塞墙。不仅白龙堆古道上陶片铜铁器物丰富，而且阿奇克谷地古道边有傍道而建的沙西井古城。作为一条在阿奇克谷地北岸延伸约 150km、罗布泊东岸—白龙堆约 50km 的连续线状地物，虽然各段表现存在差异，但判别其性质时，应该作为一个整体来考察，因此其人工道路特点是最明显突出的。

10.5.3 双堤运渠、卑鞮侯井与沙西井古城

1. 双堤运渠

野外考察发现，在沙西井古城遗址以西，大约 91°38′22″E 以西，沙地开始变成盐壳地，显示罗布泊干涸后原来湖区盐壳化。在盐壳地中出现两条笔直延伸的平行长堤，从以下特点看双堤应该具有通航水道性质：

（1）长堤宽 1~3m、高 1~2m、相距 19~20m，完全符合中间走船的要求。

（2）起点处位于洪积扇南侧湿地内，而古道位于北侧洪积扇砾石滩内，二者相距约 450m，中间有砾石长坬相连，具有由路转渠特点［图 10-5-5（1）的点 33 与点 34 之间］。点 34 以东一带为地下水位浅的湿地环境，因此才会将道路从洪积扇前缘外侧的沙地改到洪积扇前缘内侧的砾石滩上，同时又修筑了防洪墙——塞墙。

（3）基本都是在盐壳地内展布，双堤周围也没有大规模的村落和农业耕作痕迹，也没有灌渠常见的支渠，因此不会用来引水灌溉。

（4）双堤西端突然由 SW256° 转向 SW206°，与罗布泊环形古湖岸线近垂直地向湖心延伸 1km 左右后消失［图 10-5-5（2）的点 41］，进入湖区的不会是道路，只能是为行船通航而设计的。

（5）从双堤所处罗布泊东岸位置看，双堤位于"大耳朵"环形湖岸线的边缘，湖岸线进入阿奇克谷地后向东突出成舌形，双堤沿其北缘展布，而整个地区地形平坦。分析当时点 41 以东湖水很浅，无法行船，因此双堤所在是湖边浅水地带，甚至可能只是间歇性淹没的滩涂湿地。显然浅水区船舶很难航行，船舶要进入罗布泊深水区，只能在浅水区开凿足够深度的水槽，船舶才能顺利入湖。因此古人才会在浅滩上开凿沟槽，挖出的泥土堆在两侧成为双堤，沟槽内灌满湖水成为可以行船的运渠。这样双堤的功能显而易见，就是为了行船运输。

（6）《汉书·西域传》记载，"汉遣破羌将军辛武贤将兵万五千人至郭（敦）煌，遣使者案行表，穿卑鞮侯井以西，欲通渠转谷，积居庐仓以讨之"，说明西汉时期从敦煌到楼兰之间确实曾有运粮渠道，并屯粮居庐仓。而整个三垄沙—楼兰之间也只有阿奇克谷地的这段双堤具有渠道特点。因此史书记载的运渠最大的可能就是这条双堤渠道。粮草在点 34 附近装船后，沿渠道西行穿过浅水滩涂区到点 41，进入罗布泊湖泊深水区，然后再傍罗布泊东岸北上到白龙堆南侧，再依罗中隆起南侧穿抵西侧台地，绕过罗布泊西北方向的龙城雅丹台地区南缘，最后沿台地区内河道前往西北方向的土垠。不排除船只直接沿河道前往楼兰古城一带的可能。

由此综合史书记载和野外发现，可以初步确定阿奇克谷地西端的这条长约30km双堤构成的水道，应该是为了用船运送粮食到楼兰的运渠。

2. 卑鞮侯井

卑鞮侯井首见于《汉书·西域传》（见10.3.1.2节）。据黄文房考证（夏训诚等，2007），三国时孟康注"卑鞮侯井"为"大井六通渠也，下泉流涌出，在白龙堆东土山下"，说明卑鞮侯井不可能在敦煌地区，而一定在白龙堆以东某处。再考察双堤东端点的周边地貌，双堤的东起点位于沙西井古城西侧约1.4km处，这里北面正对一条北山沟谷，沟谷两侧是新生代沙泥质松散沉积地层构成的高大台地，属受后期风蚀改造过的早期阶地。站在谷地北望，这些新生代沉积构成的山地完全与"土山"吻合。而白龙堆以东的北山是以变质岩为主的基岩山地，并无大面积的土山，虽有少量雅丹分布，但并不高大，不够"土山"规模，且附近也没有任何渠道存在。只有在阿奇克谷地北缘的北山南麓才存在大面积新生代地层构成的"土山"，这里也正好位于白龙堆东南方向，因此地理位置与孟康所注吻合。

据此我们认为双堤东端点很可能就是卑鞮侯井所在，古人在此凿井，引泉水入渠，物资先从玉门关沿楼兰道运到沙西井，然后粮草物资用船只经运渠、越过罗布泊，到土垠或楼兰，由此避开最难行走的白龙堆路段。目前双堤还未做系统发掘考证，有待今后深入地发掘研究，以获得考古学直接证据。

3. 沙西井古城

沙西井古城位于阿奇克谷地北岸楼兰道古道边。古城地处砾石滩上，南与芦苇沙地相邻，距楼兰道西段双堤起点约1.4km。带防洪堤的古道在北山洪积扇戈壁滩上延伸，紧贴古城北墙而过，古城与古道二者间存在明显的相互依存关系和相似的形迹陈旧程度，表现出二者具有相互依存性和使用同时性。虽然因现在采矿活动，叠加了近现代的车辙，但古道和古城二者主体并未被近现代人类活动明显改变。

古城内找到6枚铜箭头、一枚五铢钱和一枚铜环，城外找到一枚断裂铜镞（详见6.3.7节）。这六枚铜镞均为战国后期至汉晋时期常用的类型。结合五铢钱，可以基本确定古城主要存续于汉晋时期。但陶片类型较复杂，有汉唐时期特点的，也有可能更晚的。从古城所处位置上看，元明湿润期这里仍然可以成为敦煌与楼兰之间的中间驿亭所在，因此出现较晚的陶片也是合理的。

古城西侧1.4km处就是运渠双堤的东起点（疑似卑鞮侯井），因此沙西井古城的作用很可能就是储放物资的场所。

10.5.4 楼兰道与双堤运渠的年代学分析

确定道路的使用年代是确认其是否是丝绸之路古道的关键所在。表10-5-2是有关样品AMS[14]C测年结果。样品测试在美国Beta实验室完成。野外考察发现，有以下几类样品可用于确定道路和渠道的使用年代。

1. 道路上的红柳沙包

在一些路段的路面上生长着红柳沙包，显然红柳沙包只能在道路废弃不再被利用后才会生长，因此红柳沙包底部的枯枝落叶层年龄可以约束道路的废弃年代。如图10-5-8（1）（2）中的点23、点32-1-GD6都是这种情况。

结果显示第一类道路上生长的红柳沙包年龄最早的是331~280cal a BP（1619~1670AD）［图10-5-8（1）的点23-HL01］，说明这条道路至少在300年前就废弃了，才会生长出红柳，因此这条道路非近现代所建，而一定是古代道路。

2. 道路上的木楔

在几个通过洪积扇前缘南侧易积水洼地的路段均保留有古人堆筑的砾石垒。在砾石垒上发现有直插地里的木楔，如点3的木楔有清楚的削割面，显然木楔是古人所留，很可能是筑路时的定位标志，当然不排除其他原因。此外在古道砾石垅的碎石中还发现有木片、枯枝等。木楔、枯枝和木片应该取自修路时的

表 10-5-2 与阿奇克古道有关的测年数据

样品编号	样品	¹⁴C 年龄/cal a BP	校正年龄/cal a BP	校正年 AD/BC	地貌类型	与道路关系类型
HL01	红柳枯枝落叶层	260±30	331~280	1619~1670AD	道上红柳沙包	(1)
HL02	红柳枯枝落叶层	230±30	315~266	1635~1684AD	道上红柳沙包	(1)
HL03	红柳枯枝落叶层	80±30	140~24	1810~1926AD	道上红柳沙包	(1)
HL04	红柳枯枝落叶层	110±30	148~12	1802~1938AD	道上红柳沙包	(1)
GD5	红柳枯叶	120.08±0.45 pMC	1950 年以后		道上红柳沙包底	(1)
GD6	红柳枯根	120±30	150~10	1800~1940AD	道上红柳沙包	(1)
GD7	芦苇	**1480±30**	**1412~1305**	**538~645AD**	双堤上红柳沙包	(5)
GD8	红柳枯根	430±30	530~452	1420~1498AD	双堤上红柳沙包	(5)
GD9	红柳枯根	230±30	315~266	1635~1684AD	双堤上红柳沙包	(5)
GD10	红柳枯根	90±30	143~22	1807~1928AD	双堤上红柳沙包	(5)
GD4	红柳枯枝	100±30	145~15	1805~1935AD	砾石垄上红柳根	(1)
MXZ	木楔	**2340±30**	**2440~2315**	**491~366BC**	砾石垄上木楔	(2)
GD3	木楔	**1570±30**	**1534~1394**	**416~556AD**	砾石垄上木楔	(2)
MP01	木片	2140±30	2162~2037	213~88BC	砾石垄上木片	(2)
GD1	红柳沙包枯枝	**1870±30**	**1877~1724**	**73~226AD**	沿道红柳沙包	(3)
GD2	红柳沙包枯枝	**1240±30**	**1266~1170**	**684~780AD**	沿道红柳沙包	(3)
S03	土壤有机碳	10830±60	12819~12660		盐壳化双堤垄 62cm	(6)
S04	土壤有机碳	8990±40	10239~10128		盐壳化双堤垄 32cm	(6)

注：pMC=percent modern carbon，表示一个 0a BP 以后的年龄，写作现代参考标准的%。表中加黑数据是判别古道年龄的样品年龄。

树木，虽然其生长年龄会比使用时要早，但其年龄可以约束道路修缮的时代，即道路修缮的年代下界。点 3-MXZ、MP01，点 30-GD3、GD4 均指示了古道的使用时代 [图 10-5-8（1）]。

砾石垄上的木楔，最早年龄是 2440~2315cal a BP（491~366BC）[图 10-5-8（1）的点 3-MXZ]，说明早在战国时期就已经开始有规划地正式建设这条道路。另外一条砾石垄上木片（MP01）年龄为 2162~2037cal a BP（213~88BC），可能反映西汉时贸易繁忙，积水洼地里一条砾石垄通道不够，人们又修建了第二条砾石垄，形成了"双行线"。还有一处积水洼地里的砾石垄也是双行线，木楔年龄是 416~556AD [图 10-5-8（1）点 30-GD3]，说明北魏前后官方还在维护古道。

3. 沿道路生长的红柳沙包

在三垄沙附近的道路东端（点 2），这里现在极度干旱，海拔高，地下水位较深，洪积扇前缘外常见的芦苇在这里却很少看到。由于较多的风沙堆积，道路痕迹已不清晰，但却有红柳沙包东西向线状排列，这些红柳沙包均已枯死，推测可能是沿道路生长的红柳，其年龄应该与道路使用的年代接近或更晚 [图 10-5-8（2）点 2-GD1、GD2]。这里的红柳年龄 73~226AD、684~780AD [图 10-5-8（2）点 2-GD1、GD2]，反映汉唐可能是这条古道的使用高峰期。

4. 古道沿途发现文物的时代

白龙堆古道沿线发现的铜镞、沙西井古城内发现的铜镞和五铢钱均为秦汉到唐的常见形制和通用钱币，因此显示古道的大量使用时间应大致在汉晋及其前后的一段时期。八一泉附近发现的周朝陶耳（图 10-5-61）说明阿奇克谷地早在东周时期就已是重要的东西往来通道。

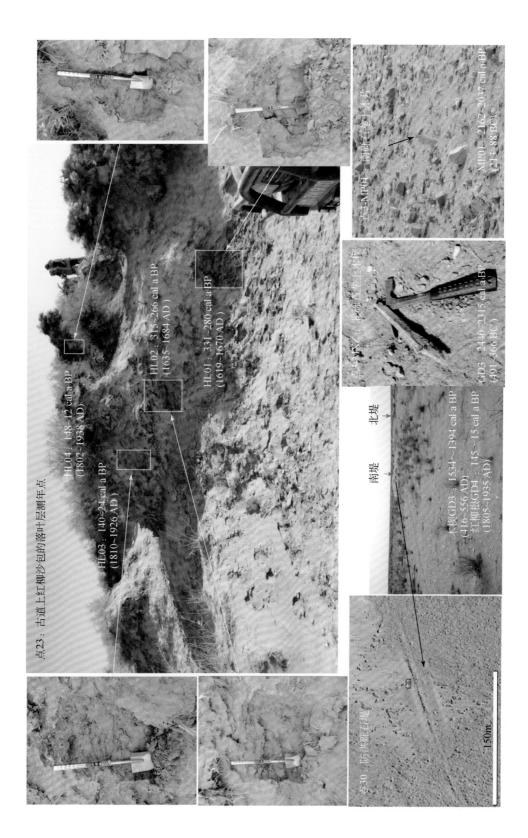

图10-5-8(1)　楼兰道上的红柳和木楔测年样品与测年结果

点3为古道上的木楔和木片；点23为古道上红柳沙包落叶层；点30为防洪砾石堤上的木楔和红柳残枝

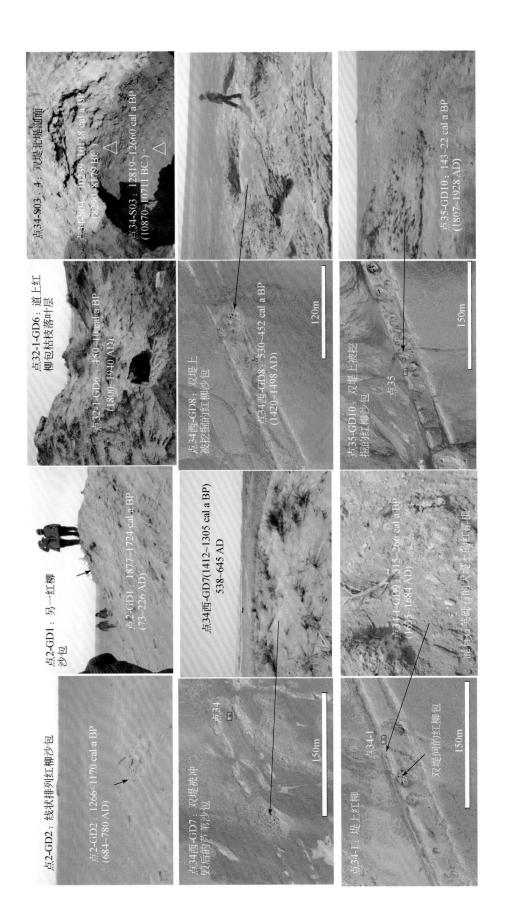

图10-5-8(2)　楼兰道上的红柳和木楔测年样品与测年结果

点2为古道边的枯死红柳(GD1、GD2)；点32-1为古道上红柳沙包的枯枝落叶(GD6)；点34为双堤北堤的土壤有机质(S03、S04)；点35为西侧的芦苇沙包(GD7)和双堤上枯死红柳(GD8、GD9、GD10)

5. 渠道上的红柳沙包

在西端入湖渠道的双堤上和双堤间也有红柳或芦苇沙包生长，不仅阻断双堤间渠道，也造成堤上无法行走，这些红柳沙包均已死亡，枯根多被后人挖掘用于取火。这些红柳、芦苇同样也只能在渠道废弃后才会生长，因此枯根残叶的最早年龄也可以约束双堤的废弃年代，如图10-5-8（2）中点34西-GD7和GD8、点34-1-GD9、点35-GD10。点34西-GD7是双堤被洪水冲毁后地面生长的芦苇残体，其年龄一定晚于双堤使用时代，因此同样限定了双堤的废弃时间。考察运渠双堤上所有红柳和芦苇的年龄，最早的年龄是GD7的538～645AD，以后每个湿润期都有红柳生长，而这个年龄指示这条运渠应在唐朝之前已被废弃。

6. 西段双堤堆土有机质

双堤由泥沙堆成，分析认为应该是古人修渠时就地取土在渠道两侧堆筑而成，显然只有在这里湖水退去后或湖水极浅时不能行船，才会且才能修渠。因此堤土中的有机碳来自最后的湖泊沉积，其年龄可以大致指示最后的湖水沉积时间［图10-5-8（2）的点34-S03、S04］。其年龄表明西段的双堤渠道东起点附近的湖水早在距今1万年前就已经退去了，此后一直没有新的湖相沉积，但该区地下水位浅，方便古人开挖渠道、修筑双堤。

结合1～3类样品的测年数据与古道沿线文物的时代特点，可以确定古道的大致使用时段是491～366BC到1619～1670AD，而运渠的大致废弃时间是538～645AD之前的汉唐时期。因此这条古道正是汉唐时期的丝绸之路古道，且很可能在战国时期就已经存在了。

据此可以得到结论：在阿奇克谷地和白龙堆存在一条长达200km的古代道路，其保存完好，连续完整，是一条有规划设计、沿途设置驿置古城的国家级大道，正是汉唐时期的丝绸之路楼兰道，其很可能在战国时期就已经存在了，是真正的丝绸之路，也是汉晋时期联系西域楼兰和中原的交通大动脉，这是迄今为止我国已知的除秦直道外保存最好、在西部修建最早、规模最宏大的一条古代道路。

10.5.5 楼兰道的东西延伸与邻接道渠

1. 楼兰道

东端应与玉门关—三垄沙的古道相接，但玉门关—三垄沙的古道规模不如楼兰道，缺少主干道路。而楼兰道西段按《魏略》记载，古道自沙西井转向西北，过龙堆。自沙西井古城向西北，只有两种可能路线。一是沿北侧冲沟进山，翻过北山山地去往白龙堆。野外考察发现山地地面崎岖，尖利的页岩片岩多，行走困难，而且缺水缺草，因此不是长途旅行的合适选择。二是先傍运渠沿山前阿奇克谷地北岸砾石滩西行，再沿罗布泊东岸湖滨，向北去白龙堆。在渠道双堤东起点以西，罗布泊古湖北岸为新生代地层构成的陡崖，高10～30m不等，陡崖下岸线狭窄，无植被生长，但遥感图像上一些地段依稀可见有一条宽阔的浅色带傍岸线向西延伸，野外看到这里是砾石构成的长堤，地表平坦，但有波状起伏的砾石波纹，显示具有沿岸砾石堤特点，行走方便，因此也是现在车辆行驶的首选路线。而其南侧不远（0～300m）就是渠道双堤。因此这应该才是楼兰道陆路的西延部分，并一直沿罗布泊东岸湖滨绕到北面的白龙堆（图10-5-2、图10-5-3、图10-5-9）。

白龙堆的古道是自东南向西北的线状遗迹，横跨了整个白龙堆台地，直达罗布泊大湖与北部凹陷之间的罗中隆起附近（图10-5-6）。虽然白龙堆以西受后来湖水的淹没干扰，已很难看到古道痕迹，但从"过龙堆，到故楼兰"（《魏略·西戎传》）的记载分析，也只有通过罗中隆起进入龙城雅丹区（图10-5-7），经成堡LF到方城LE，最后抵达楼兰古城，这才是最短的路线，才符合史书中"西北至鄯善，乃当道云"的说法。显然有此近道，楼兰道就不太可能从罗北凹陷北侧的盆地北缘绕盐壳区多走一百多千米，到土垠后再去楼兰。

2. 运渠水道

水路从沙西井古城出发，通过双堤运渠进入罗布泊深水区，然后有几个可能去向，如图10-5-2所示。

一种可能方向是向北傍罗布泊东岸，经白龙堆台地和罗中隆起南侧，绕过龙城台地南端，再顺入湖河道前往土垠，也存在沿罗布泊北缘直接通向楼兰古城附近北 2 河的可能，因为北 2 河南岸存在疑似码头。另一种可能方向是向南在罗布泊南岸洛瓦寨登陆，然后沿阿奇克南岸古道或去米兰—若羌—且末，或在米兰东烽燧处改道向北，经 LK 古城，去楼兰，但洛瓦寨附近缺少可以辨识的遗迹，因此这个方向的可能性较小。

3. 其他邻接古道

其他邻接古道见图 10-5-9。

山南道：指从楼兰西去西域都护府的古道。古道从 LB 西出，沿北面库鲁克塔格山前洪积扇前缘向西延伸，经营盘古城通向西域都护府。由于强烈风蚀，古道远不如楼兰道清晰，但也可以从遥感图像上解读出部分古道。

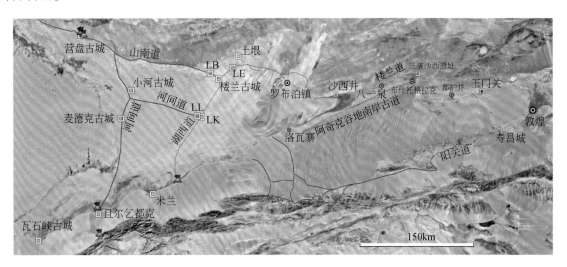

图 10-5-9　罗布泊地区几条主要古道位置与走向

青线为古道；橙线为楼兰道；浅绿线为阿奇克谷地南岸古道；浅紫线为阳关道；深紫线为山南道；深绿线为河间道；
橙色点为烽燧；方块为遗址；黑心圆为地名

河间道：一支从 LK 古城向西，经 LL 古城、LM 遗址，通向小河古城，然后沿南北向古塔里木河支流向北与山南道相连。另一支从小河古城向南，沿南北向河流，经麦德克古城，通向若羌的且尔乞都兑古城或石城镇。

湖西道：从 LK 古城向北，通向楼兰古城，向南从喀拉和顺湖西侧越过东西向河流，到米兰东烽燧与阿奇克谷地南岸古道相连。

这几条古道除山南道可以局部看到古道痕迹外，其他几条因这个地区沙漠覆盖严重，只能根据遗址点，推测它们之间的联络交通线，还缺乏更多的考古学证据佐证。

10.6　丝绸之路南道之一：阿奇克谷地南岸古道

《魏略辑本》卷二十二记载："从敦煌玉门关入西域，前有二道，今有三道。从玉门关西出经婼羌转西越葱岭经悬度入大月氏为南道。"

按《新唐书》记载，"又一路自沙州寿昌县西十里至阳关故城，又西至蒲昌海南岸千里。自蒲昌海南岸，西经七屯城，汉伊循城也。又西八十里至石城镇，汉楼兰国也，亦名鄯善，在蒲昌海南三百里，康艳典为镇使以通西域者"，显然还有一条从阳关西出，经蒲昌海南岸过七屯城的古道，这条古道当沿阿奇克谷地南岸延伸，这样才能从蒲昌海（即罗布泊）南岸通过，而七屯城就是米兰古城。

10.6.1 阿奇克谷地南岸地貌

在阿奇克谷地南沿有新生代沉积地层构成的高台，与谷地之间应该是断裂，形成了高几十米的陡坡或高崖。沙、小砾石在风力作用下，爬上山坡，形成沙丘和小砾石丘。汽车一般都选择在雅丹台上行进，因为这里地面较硬，而北侧崖下都是风沙芦苇红柳，容易陷车（图10-6-1）。高台以北是沙地，野外考察时发现南岸沙地的植被非常茂盛，在人工井打出的淡水附近草高2~3m，有野生黄羊出没，也看到骆驼残骸。

在南岸西段，有多处被称为乱岗的雅丹地貌，分析发现都是古河道，是古洪积扇上的河道，具有一个共同的端点，向北发散。野外考察发现这些雅丹高5~15m，顶部均有砾石层覆盖，显然正是砾石层的抗风蚀作用，保护了下伏地层免于被风蚀，由于古河道走向的随机性，最后在地表留下了神奇的乱岗雅丹地貌。在阿奇克谷地南岸有两处乱岗，均是阿尔金山上古河流出山后洪积扇上留下的古河道，这些古河道呈扇形向北撒开，形成了复杂的地面岗地，因此被称为乱岗（图10-6-1）。

图 10-6-1　阿奇克谷地南岸东段地貌

青线为古道；绿线为古小道；方块为遗址；a 图中黑字母 B~F 为本图其他子图 b~f 位置，红数字为图 10-6-3 各图位置。
a. 阿奇克谷地南岸地貌景观图位置；b. 古河道留下的乱岗雅丹地貌；c. 茂盛的芦苇；
d. 谷地南岸台地上的砾漠沙地地貌；e. 淡水井；f. 淡水井附近的骆驼残骸

在西段还有著名的罗布泊大峡谷，发育在山前洪积扇上，由于阿尔金山前断裂造成南盘上升，促使洪积扇上的河流下切加剧，不仅形成了深切数十米的沟谷（图10-6-2b），而且还形成了多级阶地（图10-6-2d），北侧古老洪积扇前缘则形成了叠加洪积扇（图10-6-2a）。我们考察的罗布泊2号大峡谷发育3级阶地，由于风力作用将阿奇克谷地内的流沙带向洪积扇，形成了沙漠，库木塔格沙漠就是这个沙漠的主体。罗布泊2号大峡谷只是沙漠西部的一条峡谷，峡谷两侧分布流动沙丘和砾漠。由于靠近沙漠边缘，沙丘不连续，地表有很多洪积扇的砾石被风蚀后千奇百怪。沙地上有骆驼脚印（图10-6-2c），说明峡谷是野骆驼出没通道。

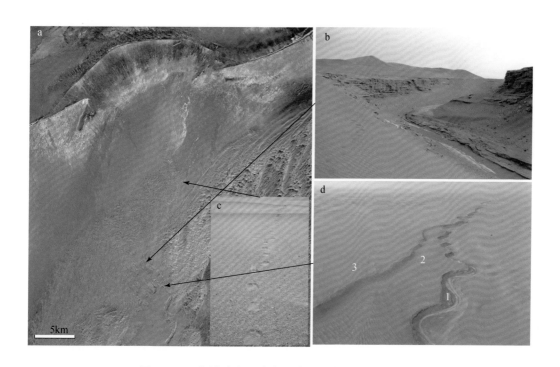

图 10-6-2　阿奇克谷地南岸西端罗布泊 2 号大峡谷地貌

a. 地貌晕影像；b. 洪积扇上沙漠里的峡谷；c. 砾漠沙地上的骆驼脚印；d. 罗布泊 2 号大峡谷的三级阶地，图中数字为阶地级数

总结阿奇克谷地南岸的环境特点，南岸生态环境较好，芦苇、红柳等植被茂密，有淡水。

10.6.2　古道基本特征

阿奇克谷地南岸一直都有发现五铢钱、铜器残片的报道，但没有发现大型、正规的道路痕迹，通过遥感解译和野外考察，大致可以确认只存在不稳定、变化大、窄而小、由行人走踏出来的古道路网（图 10-5-2、图 10-6-1）。

这条古道遥感图像上为很多断续的线状地物，一般宽度都小，呈弯曲、网状，稳定性不如北岸的楼兰道。大多数道路表现为地表浅槽，由很多宽仅 1m 左右的小路构成，整个古道为由细窄的古道交织穿插组成的路网，并不像楼兰道那样由一条宽达 8~10m 的主干道路构成（图 10-6-1），更像是踩踏而成的通道，与阿奇克谷地北岸的楼兰道相差很大。

古道东端在布什托格拉克一带，向东越过一道 1~2km 的沙梁后（图 10-6-3f），与东侧沙地里的古道痕迹相呼应。沙梁属于库木塔格沙漠的一部分，是南部沙漠主体与东北方三垄沙之间的连接沙带。显然从玉门关西出后，如果不走北部的三垄沙—楼兰道路线，就可以向西直接翻越沙梁，走阿奇克谷地南岸，这首先要经过的地方就是布什托格拉克，17 阿奇克谷地东南驿站遗址就在这里（详见 6.3.8 节）。因此斯坦因认为居庐仓应该就在这一带。

从驿站向西古道基本都是沿南部高台地北侧延伸，古道均在芦苇沙地内，这里地势平坦，芦苇茂密可供驼马取食，沙地也便于驼马行走，沿途还有多处便于打井取水的洼地，如八一泉南的水井（图 10-6-1）。

乱岗一带岗地周边都是戈壁砾石滩，这里的古道与现代双轮车辙有明显差异，也都是单线痕迹，地表为浅槽，与敦煌瓜州地区的大多数古道相似（图 10-6-3c、d），而且这些古道均选择便于通行的山口、山脊通过，表现出路线的人为选择特点。

在向西经罗布泊大峡谷的洪积扇前缘（图 10-6-3e），继续沿洪积扇台地与罗布泊湖区的陡坎西延，从罗布泊"大耳朵"南侧通过后指向米兰。但自罗布泊南缘以西，由于近代人类活动较多，古道难以与近代道路区分，因此图中米兰以西古道相对稀少，这并不等于没有古道，相反米兰、若羌石头城、且尔

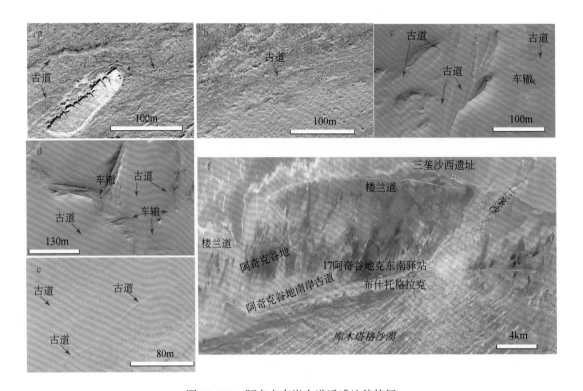

图 10-6-3　阿奇克南岸古道遥感地貌特征

a. 沙地里绕雅丹的浅槽古道；b. 芦苇沙地中的蜿蜒古道；c~e. 乱岗地区戈壁滩上翻越岗地的浅槽古道；
f.17 阿奇克谷地东南驿站在三垄沙的位置（a~e 图的位置对应图 10-6-1 中的红色数字 1~5）

乞都克等遗址的存在，都表明沿阿尔金山前洪积扇北缘存在一条直向西的古道。

可以说整个古道的特点反映出基本上是完全靠人马走出来的，古道延伸在宏观上虽因地貌限制有基本稳定的走向和位置，但具体延伸细节却有很大的随机性，不够平直，缺乏规划，也没有明显的主干，远不如楼兰道和玉门关—阳关古道，但古道与玉门关—三垄沙一带的古道相似，也与楼兰道附近戈壁滩上的小道类似，属于人走出来的道路。

10.6.3　阿奇克谷地南岸古道沿途驿站

1. 17 阿奇克谷地东南驿站

17 阿奇克谷地东南驿站位于谷地最东端靠近三垄沙的大雅丹下的一处院落遗址（详见 6.3.8 节），是野骆驼保护站的段站长告知的。这处遗迹只有墙基。房址北侧 70m 左右有小路通过，显然这条路规模小，是靠人畜走踏形成的道路。

根据这里的房舍建在沙地上，推测可能是魏晋以后的。对院墙下芦苇垫层的测年结果为 AMS^{14}C 年龄 360±30cal a BP，经树轮校正后为 614~694AD（1336~1256cal a BP），显示该驿站至少在唐朝修缮过。结合《魏略》和《新唐书》的记载，我们认为这条阿奇克谷地南岸的古道从魏晋时期就已存在，在唐朝时期大量使用。

2. 乱岗驿站

在乱岗（图 10-6-1 中点 4）北部地区的古道边，有一座 40m×40m 的方形驿站院墙遗址，结构与 17 阿奇克谷地东南驿站遗址类似，紧邻南北向雅丹垄岗的西侧，古道从北侧 70m 处通过。此处遗址尚待实地考证。

汉晋时期以北岸的楼兰道为主要交通线，进入唐朝后，楼兰大多数地方已荒废，米兰和鄯善（若羌）

成为主要人口聚集区，南岸的古道也因此取代北岸楼兰道变成联系敦煌和鄯善的交通干线。17 阿奇克谷地东南驿站和乱岗驿站都是服务于这条交通线的。

10.7　丝绸之路南道之二：阳关古道

"西出阳关无故人"这句古诗词说明当时存在一条从阳关出发向西进入西域的古道。经考察，阳关以西古道的可能去向（图 10-7-1），显然只能沿阳关西面的阿尔金山的余脉——夹山山脉，经崔土木沟、多坝沟，再沿库木塔格沙漠的南缘和阿尔金山脉的东西向沟谷，向西越过沙漠和山地屏障，最后通向米兰。相比楼兰道和阿奇克谷地南岸古道，这条路线无疑自然条件最恶劣、道路最为崎岖难行。但我们考察发现这条路线仍然曾是部分时段、部分人员前往西域的一条路线。

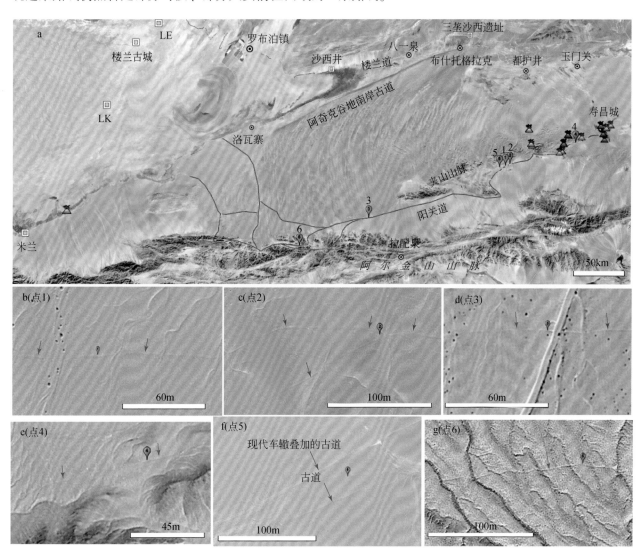

图 10-7-1　阳关道古道特征

a. 阳关道位置（紫线为阳关道走向；青线为古道；橙点为烽燧；红数字点为特征点）；b、d. 点 1、3 的戈壁滩跨沟谷古道；
c. 点 2 的交汇古道；e. 点 4 山谷中跨冲沟古道；f. 点 5 的再利用古道；g. 阿尔金山地中点 6 的跨岗地古道

阳关以西是一片沙漠，这属于库木塔格沙漠的东延部分，沙漠主要分布在夹山北麓，向西与库木塔格相连，向东一直延伸到阳关。夹山是阿尔金山余脉，相对高程不大，但分开了北侧的南湖盆地和南侧的阿克塞谷地。夹山有多条南北走向、贯穿山脉的沟谷，最有名的是崔土木沟和多坝沟。两条沟均有人耕作居住，两侧山梁上残存有多座烽燧。

夹山以西阿克塞谷地与塔里木盆地相通，为大面积库木塔格沙漠所覆盖。古道在沙漠南侧断续延伸。越过这个地区后，是阿尔金山山地，古道沿山地中的几个近东西向山谷断续西延，再沿几条罗布泊大峡谷河道出山，或北行与阿奇克谷地南岸古道相连，或直接翻越沙漠西延部分，经红柳沟通向米兰（图10-7-1a）。在拉配泉以西的阿尔金山北麓山前没有看到清晰的古道，有两个原因，一是沙丘覆盖，这里流动沙丘向南覆盖了整个山前洪积扇，甚至部分盖在了基岩山上，因此即使存在千年前的古道，也多被覆盖而很难发现。二是这里存在多条出山的南北向深切沟谷，包括罗布泊1、2号大峡谷。这些深切沟谷在出山口一带坡陡沟深、跨越困难，而沟谷下游又存在大面积的沙漠，也不利于通行，因此很难作为大规模通行的路线。只有在罗布泊大峡谷一带，才出现一些小路沿沟谷出山，并汇向阿奇克谷地南岸古道。

10.7.1 古道基本特征

与敦煌瓜州的古道、楼兰道伴随的小道及阿奇克谷地南岸古道一样，阳关道古道表现为宽不足1.5m的戈壁滩上浅槽。古道与现代车辙存在明显不同，汽车车辙是车轮留下的双线车辙，双线间距较宽，一般2~3m，而浅槽古道表现为一般仅宽1m左右的单线道路。严格说，单道可能是古代驼队留下的道路痕迹，也可能是现代摩托车或动物迁徙留下的痕迹。其形成早晚，主要根据被现代河流冲毁破坏和被汽车车辙覆盖的程度以及浅槽深度，并结合遥感图像成像时间来综合判断。我们选择古道的几个典型样式介绍其地面表现特点。

点1：横跨南北向冲沟的东西向浅槽，宽仅1m左右（图10-7-1b）。

点2：浅槽道路出现交汇和分叉（图10-7-1c），浅槽横越岗地。

点3：宽仅1m左右的跨冲沟浅槽，走向东西垂直于南北向冲沟，单槽与汽车留下的双轮车辙完全不同，表明不是汽车车辙，为非自然成因。冲沟处浅槽消失，说明冲沟不是最近才形成（图10-7-1d）。

点4：山谷洪积扇上隐约可辨的浅槽，横跨冲沟，被后来的冲沟冲断，显示是较早的道路遗迹（图10-7-1e）。

点5：台地上南侧是未被现代汽车借道的单道浅槽，东端被现代河床冲毁破坏而消失，说明不是现代遗迹。北侧单道浅槽部分路段被汽车借道（图10-7-1f）。

点6：阿尔金山区谷地内台地上跨越南北向岗地、沟谷的东西走向山路，地貌为宽1m左右的浅槽，在现代河流处消失，说明形成较早（图10-7-1g）。

10.7.2 丝绸之路南线起点：阳关与寿昌古城

在敦煌阳关镇有寿昌古城、烽燧、汉塞墙等汉唐遗址（图10-2-18、图10-7-1）。根据前面对古阳关的考证（10.2.7.3节），汉时龙勒置应在阳关古城，而唐时驿站所在为寿昌城。古人西出阳关，当分别自此两处出发，如图10-7-2中红虚线。在阳关镇绿洲西侧的河道西岸，寿昌城正西方向，有一段东西向古道，西端被流沙掩埋，这可能就是西出阳关的第一段道路（图10-2-18、图10-7-2a）。

10.7.3 古道沿途烽燧群：特点与功能

从阳关到夹山多坝沟，这条古道沿途有多座烽燧。下面分别对其进行介绍。

1. 阳关烽燧群

阳关附近的烽燧有沙枣墩、红泉坝、古董滩南、墩墩山等烽燧（图10-2-18）。沙枣墩烽燧是沿东西向汉塞墙西端分布的一个，其余几个在阳关镇西侧南北向西土沟河谷东岸台地上南北向展布。

沙枣墩烽燧：夯土结构，高10m左右，长宽均约12m，顶部有多层芦苇秆叠置（图10-2-22b、c）。

芦苇秆[14]C 年龄 1985±40cal a BP，[14]C 校正年龄为 3 ~ 78AD（1947 ~ 1872cal a BP），显示烽燧是东汉时期所建。

古董滩南烽燧：由土坯建成，残高 2.5m 左右，中间夹 3 层芦苇秆（图 10-7-2b）。三层芦苇秆的[14]C 年龄 1970±25cal a BP（校正年龄 4 ~ 89AD、1946 ~ 1861cal a BP）、2085±25cal a BP（校正年龄 171 ~ 41BC、2120 ~ 1990cal a BP）、2115±25cal a BP（校正年龄 198 ~ 50BC、2147 ~ 1999cal a BP），可见建于西汉，东汉又有维护，建成比沙枣墩烽燧稍早，后期维护是同时的。

墩墩山烽燧：由于地处旅游景区，近期有过维修，因此已无法获得可靠的测年样品。

这里的烽燧均由土坯砖所建，显然是因为所在位置以沙砾为主，难以胶合，古人只能用其他较远地方的黏土制作成搬运方便的土坯，运送到地点后再砌成烽燧。

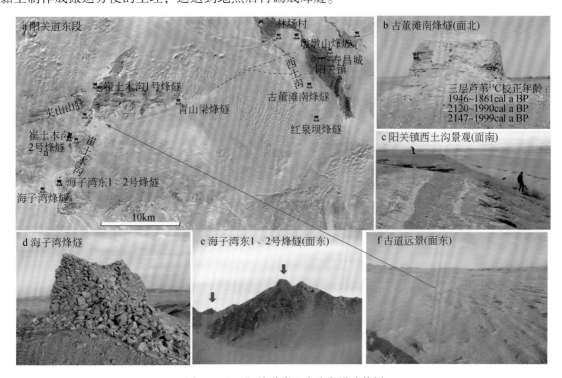

图 10-7-2　阳关道崔土木沟段沿途烽燧

a. 阳关—崔土木沟的古道（红虚线为推测路线）；b. 由土坯砌成古董滩南烽燧；c. 阳关镇西侧西土沟；
d. 石块砌成的海子湾烽燧；e. 石块砌成的海子湾东 1、2 号烽燧；f. 夹山南麓古道景观

2. 崔土木沟烽燧群

从阳关向西出发到达崔土木沟，大约 30km 正好是一天徒步的路程。古道沿阳关西侧沙区里夹山东余脉低矮山梁上通过，遥感图像上为一些白色线段，古道沿山脉南侧山根或东西向山谷向西延伸，直达崔土木沟，中间有青山梁烽燧，显示这里确实存在一条通道（图 10-7-2a）。

在崔土木沟，烽燧沿沟南北向分布，在南端沟口两侧有多个烽燧，西侧是海子湾烽燧，东侧有海子湾东 1、2、3 号烽燧，均是石砌。海子湾烽燧位于沟西侧山顶，由石块砌成，顶部有树枝和陶片。海子湾东烽燧有大小三个石砌建筑，有芦苇秆层（图 10-7-2c、d）。海子湾东烽燧红柳枝的[14]C 年龄为 2075±30cal a BP（[14]C 校正年龄为 172 ~ 25BC、2100 ~ 2010cal a BP），显示为西汉时期所建。与古董滩南烽燧同期建造，因此应该是基于相同的军事目的。

3. 多坝沟烽燧群

古道从崔土木沟，沿阿尔金山余脉南侧西行约 22km 到多坝沟（图 10-7-3a），这里地下水涌出后形成多个瀑布，称为一跌水、二跌水、三跌水。

通过横穿山地的考察，从崔土木沟出发的马队很难从山地中的东西向山沟直达多坝沟，最可行的路

线仍是沿山脉南侧山根。山地北侧山麓有流沙覆盖，汉唐时期可能没有覆盖这么严重，虽然不如南麓好走，但可能是另一可选路线。

多坝沟 1 号烽燧位于沟边一座山峰顶部（图 10-7-3c），烽燧边有士兵居住的房舍遗址（图 10-7-3d）。整个烽燧和附属房舍都建在石块堆砌的山顶平台上（图 10-7-3e），烽燧用土坯建成，中间也夹有几层芦苇秸秆（图 10-7-3f），建筑方式与阳关古董滩南烽燧一致，说明是同一人群建成的。芦苇秆的 ^{14}C 年龄为 1200±30cal a BP（^{14}C 校正年为 773～893AD、1177～1057cal a BP），是唐朝晚期所建。

在多坝沟 1 号烽燧的北侧沟边山峰上还有一座多坝沟 2 号烽燧，与 1 号烽燧类似（图 10-7-3c）。多坝沟烽燧也是沿沟南北向分布。

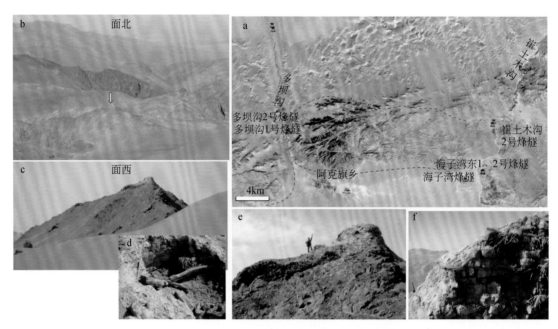

图 10-7-3　阳关道多坝沟烽燧群与古道展布
a. 崔土木沟—多坝沟古道路网与烽燧群分布（红虚线为古道推测路线）；b. 多坝沟 2 号烽燧远景；c. 多坝沟 1 号烽燧远景；
d. 多坝沟 1 号烽燧边房舍梁柱木构件；e. 多坝沟 1 号烽燧及其石砌南平台；f. 多坝沟 1 号烽燧的土坯砖与芦苇层

4. 阳关道沿途烽燧的特点和功能

阳关寿昌古城位于敦煌西侧，古城城墙由夯土组成，而建在大沟东岸的古董滩南烽燧则是由土坯建成，中间还夹盖了 3 层芦苇秆。

阳关东侧的沙枣墩烽燧则是与寿昌城相似，由夯土构成，与古董滩南烽燧不同。敦煌与瓜州之间万年骑置的芦草沟烽燧由夯土筑成，建筑方式与沙枣墩烽燧相似。从敦煌城湾古城、瓜州破城子古城、锁阳古城和沙枣墩烽燧、芦草沟烽燧均是相似的夯土筑成来分析，其建筑技术具有同源性。

采用夯土说明泥土属于就地采集，未经长途搬运，而采用土坯的话，土坯便于运送，因此反映土坯是在远处制作，通过人力或畜力搬运而来。

注意各烽燧所处地点的周边环境，可以发现土坯建造的烽燧大多在戈壁滩上，缺少泥沙，而夯土建造的建筑大多周边就有可以利用的沙土。

结合 10.3.2.2 节介绍的若羌石头城特点，可以看到山区烽燧多就地取材，用石块构筑烽燧。归纳起来，阳关道沿途烽燧有以下特点：

（1）石头城烽燧与崔土木沟和多坝沟烽燧分布位置上相似，都是沿南北向穿山河谷分布，显然具有防范南部高原羌人穿沟绕袭阳关的功能。

（2）山区烽燧（如若羌石头城与海子湾烽燧）常常在建筑材料上相似，都用石块砌成，可能具有技术同源性。

（3）石头城的规模较大，可驻守人多，防守功能完备，而崔土木沟和多坝沟的烽燧只有简单报信功能，没有防守功能。可能是崔土木沟和多坝沟的烽燧距离居民点较近，因此烽燧或无居住条件或居住处狭小；而石头城距若羌绿洲较远，因此规模相对较大。

（4）阳关道沿途烽燧主要建于汉代，最早始于西汉，东汉继续使用，唐朝时期又有修补和新建。

由此可以获得以下对丝绸之路南线阳关道的认识：

（1）丝绸之路南线只有当南面高原上的羌人不构成威胁时，才是一条可行的丝路；从多坝沟到米兰需要 10 ~ 15 天；

（2）每条沟内南北向分布的烽燧显示在汉朝时期，为了"隔绝羌胡"，沿敦煌—楼兰，修建了烽燧系统，主要是防范南面高原上的羌人沿沟穿越阿尔金山联络北方匈奴或攻击阳关和敦煌，而不是像长城沿线烽燧一样，向东方内地报警。唐朝时期仍然有类似需求。这与史书记载完全吻合，是史书记载的实物证据。

10.7.4　阳关道中西段延伸特征

自夹山的多坝沟向西到米兰还有近 400km 的直线距离，但是沿途几乎没有其他已知的驿站、村落和人类遗址，沿途沙漠、高山，迄今仍是一段不易通行的无人区。

图 10-7-4a 是多坝沟以西的大红山到罗布泊大峡谷之间的古道分布与地貌格局。可以看到东段在多坝沟西侧的山地南麓有一些路网存在。这些古道痕迹均因在岗地（阶地）上得以保留，近代河床、冲沟中都因冲刷破坏而不复存在，也因此佐证了道路不是近代产物。

拉配泉以北到大红山的广大地区，基本找不到古道痕迹。遥感图像分析和野外调查发现，这一带受来自南侧山地洪水的冲刷影响强烈，基本没有阶地存在，因此古道痕迹难以保留。

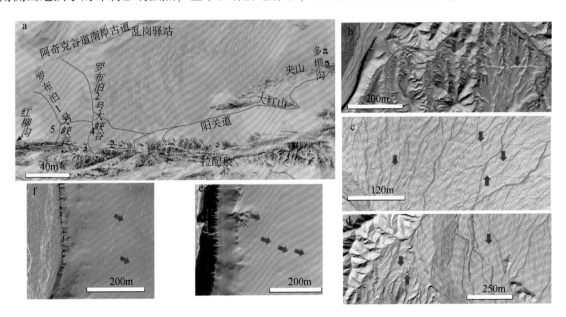

图 10-7-4　阳关道大红山—大峡谷段古道

a. 阳关道大红山—大峡谷段古道分布图（紫线为古道推测走向；蓝箭头为古道）；b. 点 1，阿尔金山谷中横跨岗地的古道浅槽；c. 点 2，岗地上的单线浅槽古道；d. 点 3，阶地上的单线浅槽古道；e. 点 4，罗布泊 2 号大峡谷东岸台地上的浅槽古道；f. 点 5，罗布泊 1 号大峡谷东岸浅槽古道

拉配泉以西河道下切加强，再次出现岗地，古道路网在岗地上又有零星断续出现，仍无主干道路存在，断续的古道痕迹很难确定它们的时代，也不能确定古人常走的路线。

罗布泊以南大峡谷一带，古道也是单线浅槽类型，为路网结构，东段可分两支，一支沿库木塔格沙漠南缘向西，沙漠之间的断续道路痕迹反映古道路线可能横跨沙漠到罗布泊2号大峡谷后，沿峡谷东岸北上到洪积扇前缘，与阿奇克谷地南岸古道相汇（图10-7-4a）。另一支则进入阿尔金山地，沿近东西向沟谷延伸，古道均表现为山谷内阶地岗地上的单线浅槽，宽仅1m多，横跨南北向沟谷，河床处因洪水冲刷而缺失（图10-7-4b～d）。这支路网到罗布泊2号大峡谷上游后，再分成两支，一支沿罗布泊2号大峡谷的东岸台地北上（图10-7-4e）与阿奇克谷地南岸古道汇合，另一支继续沿东西向沟谷西进，但这段沟谷极为崎岖难行，可能仅有少数人行走。到罗布泊1号大峡谷上游后，沿峡谷东岸北上（图10-7-4f），也与阿奇克谷地南岸古道汇合，最后再向西通向米兰。

从这些古道痕迹上看，似乎古道并不通向西侧红柳沟，如果古道从红柳沟通过，势必从拉配泉开始就需要翻过阿尔金山脉，不仅需要登上近3000m的高原，而且山地道路崎岖难行，只能作为临时路线使用。

总体上看，从多坝沟向西的古道还缺乏考古学证据的支持，只能从遥感图像上进行解读。对比楼兰道、阿奇克谷地南岸古道，这条阳关道只能作为前两者的补充，不可能是一条丝绸之路的重要干线。沿途的烽燧也主要是汉代为了"隔绝羌胡"而建立的军事防御体系。

10.8　古楼兰的道路网络

对比敦煌瓜州的古道特征，以及与丝绸之路楼兰道、唐道、阳关道的古道特征，我们对楼兰地区的疑似道路痕迹进行了考察，排除了相当部分的古河道后，确认了部分道路遗迹，编制出楼兰地区的道路分布图（图10-8-1）。

10.8.1　楼兰地区道路鉴别标志

楼兰与敦煌瓜州地区最大的不同是楼兰地区的风蚀严重，地表强烈雅丹化，因此原来地面的古道遗迹受到严重破坏，很难获得完整的路网体系，这与敦煌瓜州地区可以找到连接不同古城遗址的道路路网存在很大的区别。

道路遗迹主要依据遥感图像上与北东向雅丹长轴大角度相交的线状地物来判别分析，与雅丹长轴同方向的道路由于风蚀大多已不清晰，同时也难以与雅丹沟槽相区分。道路遗迹常常会与水道灌渠相混淆，需要野外的验证。

道路和沟渠水道的判别标志总结如下。

（1）色调：道路在遥感图像上有两种色调，一种是黑色区域内的白色线状地物，一种是浅色区域内的黑色线状地物。

（2）延伸：道路和水道遥感图像上都是较为平直的线状地物，天然水道常会表现出如蛇曲一样，人工水道走向则较平直。

（3）地形：二者在野外地貌上都可以是正地形的长条状雅丹或负地形的沟槽，区分标志为是否存在水道沉积物，没有水道沉积物的是古道的可能性更大。

（4）正地形：沟渠由于渠底泥质地层坚硬抗风蚀，顶部常常为一平坦泥岩平面，或有微微弧形，而道路即使为正地形也会遭受强烈风蚀，顶部缺乏一个统一的顶面，起伏面多高低不平，并与水平产状地层明显交切。

（5）负地形：沉积物特征上存在差异。道路形成的沟槽一般缺少槽内沉积物，即有的地段出现沉积，一般也是由于降水从周边地层带来少量泥沙、石膏物质，不会形成厚度较大的槽内沉积地层。而沟渠由于流水带来泥沙，或因人为修缮，一般多有圆弧状渠底泥质沉积地层，即使遭受风蚀，常常会在背风一侧保留下来。

负地形时，地形地貌上二者也不相同。水道在延伸方向上槽底一般都比较平整，不会出现与沟槽两

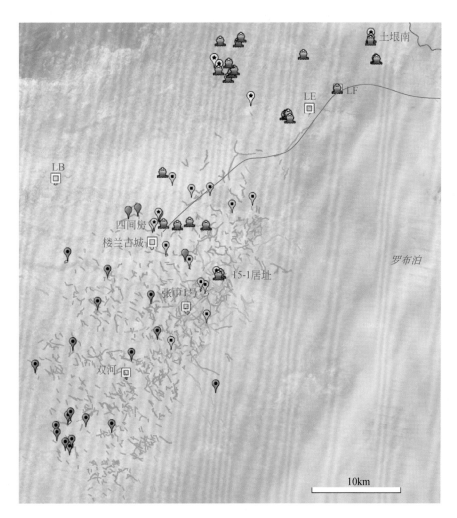

图 10-8-1　楼兰地区汉晋时期遗址遗存点与道路路网

棕线为楼兰道推测位置；绿线为古道路网；绿、红、黄点为 2014 ~ 2017 年发现的遗存点；方框为古城；蓝点为古墓

侧雅丹顶面接近的凸起，这样流水才能通过，而道路则因人走、马踏、车压，在延伸方向上会高低不平，甚至局部凸起与路侧地面同高，这种情况显然水流无法通过，因此是判别是否为道路的重要依据。

（6）遗物：道路由于经常有人、车通过，沿途常常会有遗物留下，而沟渠输水，并非走人（除非运河，而运河应该规模较大，以利行船），因此陶片、铜铁器等遗物是佐证道路的重要依据。

（7）附近遗址：沟渠由于多用于输水灌溉，沿途边上常有耕地，即石膏结壳分布地块，而道路则作为居民点之间的交通连接，常常与遗存点关联。

10.8.2　楼兰的典型道路遗迹类型

虽然楼兰地区的道路痕迹没有表现出明显的联系遗址群的特点，但每个局部上都表现出与周边环境有关的展布特征。

重点介绍几处道路遗迹的野外考察结果，一处是深色背景下的白色线状地物，两处是浅色背景下的黑色线状地物，其中一条是由两条深色线状地物构成的双行线。

1. 深色浅槽道路

C4-4 区块内有大量的石膏结壳分布区，遥感图像上表现为深色区域，在深色区域中有黑色和白色两种线状地物（图 10-8-2a）。

　　R1 点：此处遥感图像上为一条黑色线状地物，实地考察发现是一条走向 NNW 的浅槽负地形（图 10-8-2c），宽 8～10m，深 1m 左右，槽内地层与两侧地层连续，无槽底圆弧状泥质地层，只有少量来自周边的石膏和泥沙堆积，最显著的特点是其槽底高低不平，南延方向逐步升高至与两侧地面齐高（图 10-8-2f），显然流水无法顺利通过，因此这应是一条道路遗迹，而非水道。由于风蚀，这条黑色线在遥感图像上断断续续，在实地也同样如此，沿走向追踪，会失去其延伸踪迹，过一段距离又出现较清晰的线状沟槽。这种道路可能是人、车、马长期通行，造成土地表层被破坏后，再被风、水侵蚀，致使路面下降而成，类似的情况在敦煌、瓜州地区都存在。古道局部地段下伏地层有轻微弧形弯曲现象，但上覆地层水平产状，可能早期有水道通过。

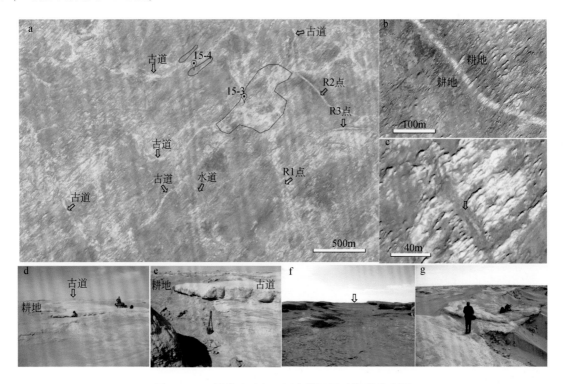

图 10-8-2　楼兰地区南 2 河南岸汉晋时期道路路网

a. C4-4 区块连接遗存点的道路路网；b. R2 点，白色道路；c. R1 点，道路浅槽；d. R2 点，道路景观；e. R2 点，
浅色道路（左侧）高于深色石膏结壳区（左侧）（注意地层连续过渡）；f. R1 点，浅槽底逐步升高至与两侧
地面齐高；g. R3 点，已成雅丹顶的圆弧形水道底部泥质地层

2. 浅色堤状道路

　　R2 点：这是遥感图像上深色区域里面的一条清晰、平直稳定、有相当宽度且宽度稳定、北西走向的白色线状地物（图 10-8-2b），与北东走向的雅丹长轴近乎垂直。实地考察发现这是一条宽 12～13m、高 1～1.5m 的雅丹化长堤，两侧是石膏结壳分布区，大部分比白色长堤略低（图 10-8-2d），特点如下。

　　（1）地层：构成长堤的砂泥质地层与两侧雅丹是连续的，堤顶是泥质地层，厚 30cm 左右，其下是灰绿色粉砂质地层，地层均与两侧同高雅丹的地层相连。

　　（2）道路两侧地层中石膏含量明显增加，比白色长堤下同一地层的石膏含量高得多，甚至两侧地层出现了石膏层，而长堤下同一地层却没有（图 10-8-2e）。

　　（3）白色长堤顶部泥岩抗风蚀能力强，虽然也被风蚀成北东向雅丹长条，但雅丹体大、沟隙小，而两侧石膏结壳区顶部耕作层风蚀严重，因此雅丹低而小，高度普遍低于白色长堤（图 10-8-2d）。

　　（4）白色长堤顶部地层产状水平，与两侧雅丹地层连续，无圆弧形态，说明此处不是水道。

　　R3 点是已成雅丹顶的圆弧形水道底部泥岩地层（图 10-8-3g），与白色堤状道路有相似之处，但仍可以很好地区分开。

从以上特征判断，这条白色长堤确是一条古道，其两侧石膏结壳区则是大片耕地。由于耕地长期引水灌溉，盐类在耕作层以下淀积形成石膏层，而道路下方因缺少下渗水，石膏含量低。耕地表面耕作层因疏松被后来的风力剥蚀殆尽，致使下部石膏层出露，道路顶部的泥岩则被保留下来，因此道路两侧地面高度比偏低，道路成为长堤状地物。

类似的白色带状物在这个地区很多，并成网络状，连接各处遗存点。但它们的宽度大多不稳定，有的很宽，可达 20~50m。这种地带一般是耕地之间的隔离区，常有较频繁的人类活动，在这个地区就发现了陶片、纺轮、石杵、铜器残片、铜镞、铜镜残片等文物。

3. 深色双行线道路

在 C4-3 区块南部有一种奇特的线状地物，由两条平行延伸的深色线构成（图 10-8-3），与一般水道沟渠存在很大不同。两条深色线均宽 3~4m，两线之间相距 16~18m，有的地方间距会更大。

R5 点：这是两条北西走向的浅槽，与长轴北东向的雅丹近于垂直。北侧浅槽宽 10m 左右，深约 1m（图 10-8-3h），南侧相距 10m 左右是另一浅槽，宽 5~6m，深<1m。槽内外雅丹均为水平产状地层，无圆弧形槽底沉积物，槽内只有少量被降雨从周边带来的含石膏粉砂松散沉积。槽内有横向小雅丹凸起接近槽两侧雅丹高度，流水很难通过，说明是道路的可能性最大。

R6 点：位于 R5 点以西，是 R5 点双行线西拐后再向西北延伸的部分。北侧的浅槽宽 5~6m，深0.5~1m，槽中有高 30cm 左右的小雅丹，槽内有薄薄的一层含石膏粉砂沉积，挖开后几厘米以下就是原始沉积地层（图 10-8-3b）。南侧 20m 左右是另外一支浅槽，宽 4m 左右，深约 1m，有良好通过性（图10-8-3c）。这两条浅槽平行延伸，十分独特（图 10-8-3d）。

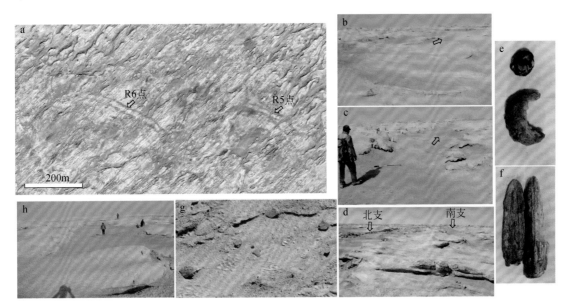

图 10-8-3　楼兰地区汉晋时期双行线道路

a. 遥感图像上的深色双行线（R5 点，R6 点）；b~d. R6 点深色双线北、南支浅槽和全景；e~g. R6 点西段双行线上发现的铜戒指、铜钮、铜镞和陶片；h. R5 点深色双线北支浅槽（其中小雅丹凸起决定了流水无法通过）

在该双行线最清晰路段的北端拐弯点，北侧浅槽内发现了铜戒指、铜钮、铜镞和陶片等遗物（图 10-8-3e~g），这无疑证明了曾经有人通行，并由某种原因，留下了生活用品（陶罐）、武器（铜镞）和身份象征（铜戒指、铜钮），这几种东西在一起同时出现在一处道路上，令人猜测是否在此发生过战事，否则铜戒指这种代表身份较为尊贵的东西不应随便遗失在路上。从 R5 点到 R6 点这段行迹清晰的双行线路段总长近 800m，向北通向 C4-3 区块的耕地密集区，向南指向葫芦形水道南侧，显然是一段连接南北村落的交通线。

在南侧浅槽里考察了一个跨越槽内槽外的小雅丹，注意到水平地层横贯槽内外（图 10-8-4），说明浅槽不具备水流动的条件。而同一地层在槽内颜色偏深，石膏含量较高，在槽外则颜色浅白，石膏含量低，说明槽内接受了降雨从周边带来的盐类，因此石膏含量偏高。

图 10-8-4　R6 点双行线南支横贯浅槽内外的小雅丹地层对比剖面

10.8.3　楼兰重要地区路网与分布特征

1. 楼兰重要地区道路遗址网络

图 10-8-5 是楼兰古城周边遗址、河网、耕地与路网分布图，可以看到残存的路网更多分布在耕地周围。由于地面雅丹化，与雅丹走向接近的北东向古道很难辨识，因此遗址间缺少明显路网连接。

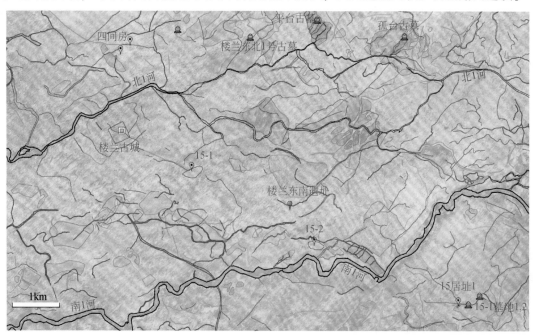

图 10-8-5　楼兰古城周边遗址、河网、耕地与路网分布图

黑线为主河道；蓝线为次级水道；品红线为古河道；绿线为古道；橙线为耕地；数字为遗存点编号；蓝、绿点为遗址和古墓

图 10-8-6 是北 2 河周边（楼兰古城以北）遗址、河网、耕地与路网分布。同样因地面雅丹化难以辨识出遗址间的连接路网。

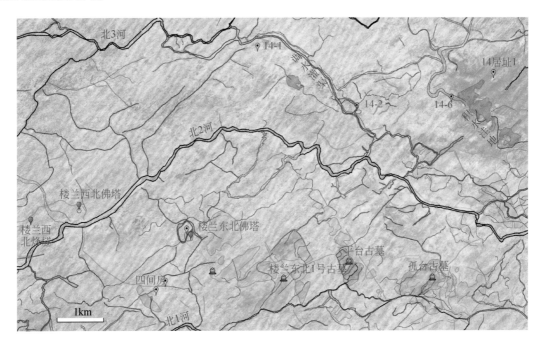

图 10-8-6　北 2 河周边（楼兰古城以北）遗址、河网、耕地与路网分布图

黑线为主河道；蓝线为次级水道；品红线为古河道；绿线为古道；橙线为耕地；数字为遗存点编号；蓝、绿点为遗址和古墓

更大范围 LB 遗址–楼兰古城–双河遗址的综合遗迹分布见图 10-8-7。路网也没有表现出遗址间明显的连接。

2. 楼兰道路的分布特征

楼兰地区的路网分布上有以下特点：

（1）路网密集区主要在孤台古墓与双河遗址之间的地区，可能反映这一带是汉晋时期人口最密集的地区。其中南 1 河与南 2 河之间的张市 1 号遗址周边地区村落的路网连接特征相对最明显（图 10-8-2），而多数地方的路网未表现出与古城、村落明显的联络关系（图 10-8-7）。

（2）古道在遗址遗存点附近出现较多，并常常在耕地附近分布，与耕地之间的田垄关系密切，可能更多的是人们日常生活使用的道路，如张市 1 号遗址附近（图 10-8-2）。

（3）受遥感图像分辨率和后期洪水影响，东部濒临罗布泊的近岸区古道路网稀疏，并非真实路网分布特点。中部的道路比西部的明显，可能与东部耕地、湿地多，与道路性质反差大，容易在图像上形成明显颜色，地貌差异有关。西部则由于流沙覆盖严重，可辨识的古道不多。

（4）南部 LK 古城一带由于流沙覆盖严重，道路痕迹也很难发现，发现的道路遗迹很少。北部 LE 一带的道路遗迹也不多。因此可能是因为 LK 和 LE 处于楼兰人口密集区的南北两侧，是起防卫作用的边防城池，道路遗迹较少。

必须指出，由于风蚀原因，图 10-8-7 上的古道多数保存差、残缺难辨，难以在野外得到可靠考证，所以一些可能是其他成因线状地物的误判，一些可能是不同时代道路的残留。显然目前的工作还只能证实少数典型地段的古道，并不足以恢复楼兰地区完整的路网体系。

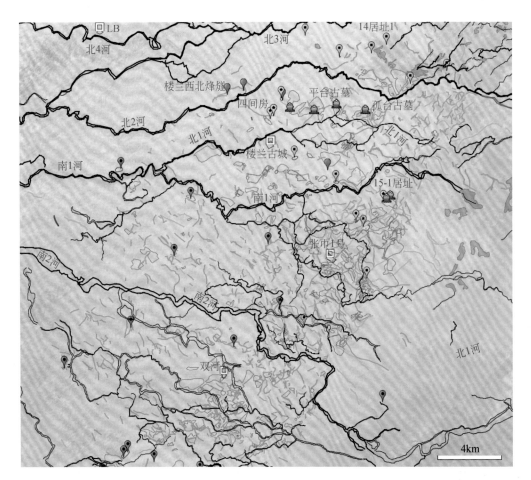

图 10-8-7　LB 遗址–楼兰古城–双河遗址遗存点、河网、耕地与路网分布图

黑线为主河道；蓝线为积水洼地；绿线为古道；橙线为耕地；红字为遗址；蓝、绿点为遗址和古墓

第 11 章　罗布泊地区不同时期人类活动

【这次综合科考首次梳理了罗布泊地区不同时期的古代人类活动，填补了该区古代人类活动序列的空白。发现了罗布泊地区最早的人类活动证据——大约 13cal ka BP 的石磨盘，新疆南疆最早的人类活动遗址——10cal ka BP 前后的细石器灰堆地层遗址，4cal ka BP 前后青铜（小河）时期以畜牧渔猎采摘原始定居农业方式生存的小河人半地穴式居址，以楼兰古城、张币 1 号与双河等遗址为代表的汉晋（楼兰）时期遗址群，以及元明绿洲期的调水灌溉农业遗迹，和清末—民国的罗布村寨，由此确定了罗布泊地区至少存在 5 个时期的古代人类活动。】

罗布泊地区闻名世界的有楼兰和小河两大文明，虽然过去人们在这里也发现很多细石叶、石镞之类的石器，推测存在石器时代的人类活动，然而因这些石器均发现于地表，缺乏年代学的直接证据，所以一直无法建立起罗布泊地区的古代人类活动序列。同时人们也一直不清楚小河与楼兰文明之间的传承关系，更不了解它们的生存环境存在何种变化、是否与古文明的兴衰存在某种联系。这次罗布泊地区的综合科考，终于发现了多个时期的古代人类活动证据，打破了过去研究中证据不足的屏障，首次建立起罗布泊地区的古代人类活动序列，为东西方文化交流的研究提供了全新的证据和线索。

11.1　近代（晚清至民国）时期

1. 台特玛湖东岸遗址、墓地

该处位于若羌县城东北约 51.5km，北距至 36 团公路约 3.6km。地处台特玛湖东侧湖岸边风蚀台地上，沙化比较严重（图 11-1-1）。在东西长约 4km 的范围内有居址 5 处、墓地 1 处。墙体为木骨泥墙结构，上捆缚芦苇。其中发现棉质渔网、动物毛皮等。地表采集的动物骨骼碎片可辨识主要有羊、马等。该遗址间还发现一处墓地。该墓地已被严重风蚀，现地表可分辨出 10 座墓葬，分布稀朗。除一座为 4 岁左右幼童墓葬，其他均为成人墓葬。葬式均为仰身直肢。墓葬中采集到铜刀鞘配件、料珠、钱币等。支撑房梁的叉状木柱头显示了非榫卯特点。根据遗址中发现的钱币和布片上的缝纫痕迹分析，该遗址年代应比较晚，可能在晚清至民国时期。

2. 喀拉和顺阿布旦罗布人村落

该处位于米兰东北 52km 的河道边，车尔臣河在这个低洼地区积水成湖，形成东西向的喀拉和顺湖，遗址在其南岸。现在这里湖泊已消失，地表沙化，流沙遍地，芦苇已枯死，但仍有红柳存活，说明地下水位不深。遗址为芦苇编扎的房舍墙体（图 11-1-2），遗址与台特玛湖东岸遗址相似，斯坦因当年曾到过这里。

3. 阿拉干东房址 1、2

该处在塔里木河 1 号闸东 5.85km 的古河道边，距离东南方向的麦德克古城分别约 3.9km 和 850m。阿拉干东房址 1 为一处遗弃房舍，四室，带厨房和过道，门宽约 80cm，中间一根顶梁柱，墙用木骨芦苇香蒲编成，外面没有抹泥迹象。房柱用树丫柱支撑房梁，房柱顶端修成槽状，放入房梁（图 11-1-3a、b）。北侧 15m 还有房址，仅 5m×5m，建筑方式相同（图 11-1-3c），可能用于放杂物或作为羊圈使用。西侧 20m 有塔里木河的一条近代河道，取水方便。

阿拉干东房址 2 是房址 1 东偏南 3km 的另一座废弃房屋（图 11-1-3d），建筑方式相同。两处房址都为单户人家，现在均已被流沙包围，数十米外的河道都已干涸，但附近还有存活的红柳和胡杨。从墙体保存较好、房柱没有榫卯等诸多特征看，应为近代放牧人住所，与麦德克古城不是同时代的。

图 11-1-1　台特玛湖东岸遗址（拍照：吴勇）

a～c. 墓地的骨骸、铜币和头颅；d～g. 被流沙掩埋的房址、芦苇扎绑的墙体和支撑房梁的叉状木柱头

图 11-1-2　喀拉和顺阿布旦罗布人村落（拍照：李康康）

a. 芦苇编扎的房舍墙体；b. 流沙掩埋的残存房基

4. 小河西村

在阿拉干东房址 1 正北 23.6km、小河古墓西 21.5km 处的古河道边还有一处村落遗址，有很多废弃房舍，均已被流沙掩埋，已干涸的塔里木河分支古河道在西侧 160m 处。遥感图像上特点与阿拉干东房址相似，但其规模更大，有五六处房舍，每处房舍有多间房屋，是一处人口较多的村落。推测这里应是同时期遗址，但有待今后的实地考察（图 11-1-4a）。

图 11-1-3　阿拉干东房址

a. 阿拉干东房址 1 平面图；b. 阿拉干东房址 1 的残存梁柱和草编墙；c. 阿拉干东房址 1 边的附属房舍；
d. 阿拉干东房址 2 的残留梁柱和草墙；e. 阿拉干东房址位置图；f. 阿拉干东房址 1 与古河道位置

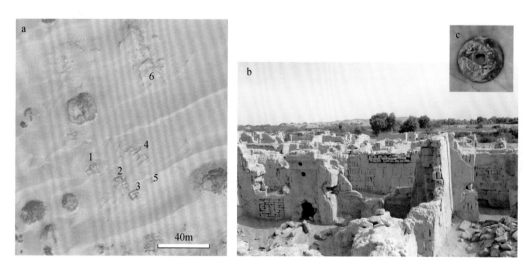

图 11-1-4　小河西村遗址与英苏遗址

a. 小河西村遗址遥感分布图（数字为房舍编号）；b. 英苏废弃民居；c. 在英苏发现的钱币

此外，还有一些更晚的遗址，如 20 世纪七八十年代才因塔里木河断流而废弃的老英苏（图 11-1-4b）。

11.2　元 明 时 期

元明时期的绿洲和人类活动是这次科考的最重要发现之一，证据来自楼兰地区广大荒原里各处非遗址点的地表植物残体。在楼兰地区仍然存活的植物很稀少，绝大多数地表植物均已枯死，有的倒卧地表，有的仍然挺立，这些植物残体原来的生存时代代表了绿洲存续时间，而死亡时间则指示了干旱环境的到来（Li et al., 2018b）。

11.2.1　楼兰荒原的植物残体与所处环境

1. 古河床胡杨树树皮样品

考察发现，在楼兰地区主干河道由窄变宽或拐弯后的开阔河段、下游不远处河床突然抬升变浅的河段和河床宽且深的河段有大量的胡杨树干倒卧，这很可能是洪水从上游冲下来的漂木。但一些地方的河岸上仍有矗立的枯死胡杨，因此不排除河岸胡杨枯死后倒入河床的可能。胡杨外皮（或树轮最外部）是该树最后生长形成，其年龄大致指示了植物的死亡时间。如果河床上树木死亡年龄接近，则很可能是洪水从中上游裹挟带来，反之如果树木死亡年龄不集中，则因地下水位下降造成自然死亡的可能性更大。因此对河床上树木进行系统死亡年龄测定和统计，就可以获得河床上树木的死亡原因和丰水湿润期的大致时代。

我们在南1河和南2河选择三个倒卧胡杨密集的地点系统采集了胡杨树皮样品（图11-2-1），采样点河道宽度均在百米左右，每个采样点均采集多棵胡杨树皮样品，以便具有代表性和统计意义，共采取30个（表11-2-1）。

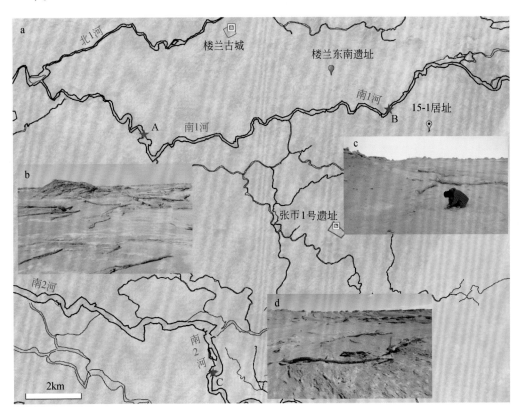

图 11-2-1　古河道漂木采样点位置和地貌景观

a. 漂木采样点（红五星）位置图；b~d. a图中A~C点河道漂木景观地貌

2. 雅丹区芦苇和红柳样品

楼兰地区雅丹广泛发育，楼兰古城附近雅丹较为低矮，由较为坚硬的黏土粉砂层和松散的砂层粉砂层交互组成。雅丹顶部常见芦苇残体，显然雅丹顶就是当时地面，且地面很高，水文环境适宜芦苇生长。芦苇是典型的水生或湿生植被，其年龄指示了楼兰绿洲水文条件较好的一个时期。此次共采集分析了4个雅丹顶部芦苇根茎样品。

表 11-2-1　样品¹⁴C 年代结果

实验室编号	样品编号	¹⁴C 年龄/cal a BP	校正后年代*（2σ, 95.4%）	材料	采样地点	采样点地貌
CN186	15Zh-Age-2	650±30	[1343~1394AD] 0.5441；[1280~1325AD] 0.456	芦苇秆	89°56′25.28″E, 40°25′22.09″N	位于雅丹平台顶部
CN189	15Zh-Age-5	600±25	[1298~1371AD] 0.755016；[1379~1407AD] 0.244984	芦苇秆	90°02′46.18″E, 40°41′54.07″N	古河道边
CN208	15Zh-Age-24	670±30	[1274~1319AD] 0.558974；[1351~1391AD] 0.441026	胡杨树皮	40°28′58.72″E, 89°52′41.25″N （A）	南1河上游古河道河床中间
CN209	15Zh-Age-25	705±30	[1260~1306AD] 0.858276；[1363~1385AD] 0.141724	胡杨树皮		
CN210	15Zh-Age-26	715±25	[1260~1298AD] 0.97724；[1371~1378AD] 0.02276	胡杨树皮		
CN211	15Zh-Age-27	695±20	[1271~1300AD] 0.902355；[1368~1381AD] 0.097645	胡杨树皮		
CN212	15Zh-Age-28	680±30	[1270~1316AD] 0.63501；[1354~1389AD] 0.36499	胡杨树皮		
CN213	15Zh-Age-29	360±30	[1451~1529AD] 0.50077；[1544~1634AD] 0.49923	胡杨树皮		
CN214	15Zh-Age-30	625±25	[1338~1397AD] 0.606706；[1291~1331AD] 0.393294	胡杨树皮		
CN215	15Zh-Age-31	500±30	[1398~1448AD] 0.99583；[1334~1336AD] 0.00417	胡杨树皮		
CN216	15Zh-Age-32	490±30	[1405~1449AD] 1	胡杨树皮		
CN217	15Zh-Age-33	550±110	[1258~1527AD] 0.927764；[1553~1633AD] 0.072236	胡杨树皮		
CN193	15Zh-Age-9	720±25	[1257~1298AD] 0.993179；[1373~11376AD] 0.006821	胡杨树皮	89°59′9.14″E, 40°29′38.66″N （B）	南1河下游古河道河床中间
CN194	15Zh-Age-10	340±40	[1462~1642AD] 1	胡杨树皮		
CN196	15Zh-Age-12	500±30	[1398~1448AD] 0.99583；[1334~1336AD] 0.00417	胡杨树皮		
CN198	15Zh-Age-14	550±25	[1389~1429AD] 0.616276；[1317~1354AD] 0.383724	胡杨树皮		
CN199	15Zh-Age-15	545±30	[1388~1435AD] 0.633952；[1314~1356AD] 0.366048	胡杨树皮		
CN201	15Zh-Age-17	655±20	[1355~1389AD] 0.536737；[1283~1316AD] 0.463263	胡杨树皮		
CN202	15Zh-Age-18	360±30	[1451~1529AD] 0.50077；[1544~1634AD] 0.49923	胡杨树皮		
CN203	15Zh-Age-19	440±40	[1410~1519AD] 0.93182；[1593~1619AD] 0.06818	胡杨树皮		
CN204	15Zh-Age-20	530±25	[1393~1437AD] 0.869061；[1324~1345AD] 0.130939	胡杨树皮		
CN206	15Zh-Age-22	585±25	[1303~1366AD] 0.700458；[1383~1412AD] 0.299542	芦苇秆	89°59′02.40″E, 40°28′21.57″N	采自雅丹平台顶部
CN207	15Zh-Age-23	580±140	[1167~1642AD] 1	红柳枝	89°59′36.09″E, 40°28′23.39″N	雅丹平台上的红柳沙包
CN218	15Zh-Age-38	670±25	[1277~1315AD] 0.573035；[1356~1389AD] 0.426965	胡杨树皮	89°54′39.44″E, 40°24′11.23″N （C）	南2河古河道河床中间
CN219	15Zh-Age-39	550±25	[1389~1429AD] 0.616276；[1317~1354AD] 0.383724	胡杨树皮		
CN220	15Zh-Age-40	615±25	[1296~1399AD] 1	胡杨树皮		
CN221	15Zh-Age-41	650±30	[1343~1394AD] 0.5441；[1280~1325AD] 0.4559	胡杨树皮		
CN223	15Zh-Age-43	630±25	[1340~1397AD] 0.598662；[1288~1329AD] 0.401338	胡杨树皮		
CN224	15Zh-Age-44	510±40	[1390~1450AD] 0.851468；[1318~1352AD] 0.148532	胡杨树皮		
CN225	15Zh-Age-45	680±25	[1273~1311AD] 0.670154；[1359~1387AD] 0.329846	胡杨树皮		
CN226	15Zh-Age-46	595±25	[1299~1369AD] 0.743178；[1380~1409AD] 0.256822	胡杨树皮		
CN227	15Zh-Age-47	595±25	[1299~1369AD] 0.743178；[1380~1409AD] 0.256822	胡杨树皮		
CN228	15Zh-Age-48	595±25	[1299~1369AD] 0.743178；[1380~1409AD] 0.256822	胡杨树皮		
CN229	15Zh-Age-49	650±30	[1343~1394AD] 0.5441；[1280~1325AD] 0.4559	胡杨树皮		
CN273	14Zh-Age-23	375±20	[1449~1521AD] 0.705578；[1575~1624AD] 0.294422	红柳枝	89°55′58.90″E, 40°34′48.35″N	北3河古河道处红柳沙包

续表

实验室编号	样品编号	¹⁴C 年龄 /cal a BP	校正后年代* (2σ，95.4%)	材料	采样地点	采样点地貌
CN275	14Zh-Age-25	440±25	［1423～1477AD］1	红柳枝	89°57′30.29″E, 40°23′23.96″N	古河道岸边红柳沙包
CN277	14Zh-Age-27	625±20	［1341～1396AD］0.608678；［1292～1328AD］0.391322	红柳枝	89°52′59.65″E, 40°32′35.32″N	烽燧附近红柳沙包
CN282	14Zh-Age-32	555±20	［1390～1423AD］0.588499；［1318～1351AD］0.411501	芦苇秆	89°54′2.12″E, 40°31′25.66″N	雅丹平台顶部
CN268	14Zh-Age-18	470±30	［1410～1456AD］1	墙基红柳枝	90°00′05.0″E, 40°34′14.16″N	居址14居址1的红柳墙
CN274	14Zh-Age-24	580±25	［1305～1364AD］0.675015；［1384～1414AD］0.324985	墙基红柳枝	89°57′29.7″E, 40°30′07.30″N	楼兰东南房舍的红柳墙
Beta 520048	LD01	1710±30	［252～291AD］0.246；［318～415AD］0.754	墙基芦苇		
Beta 520049	LD02	1730±30	［248～298AD］0.337；［306～405AD］0.663	墙基羊粪		
CN267	14Zh-Age-17	560±35	［1304～1365AD］0.531711；［1384～1431AD］0.468289	芦苇秆	89°56′06.8″E, 40°34′50.7″N	渠道人工边坡里的芦苇层
CN286	14Zh-Age-36	585±20	［1307～1363AD］0.710805；［1385～1410AD］0.289195	芦苇秆	89°57′51.08″E, 40°33′49.50″N	渠道人工边坡里的芦苇层
CN288	14Zh-Age-38	420±40	［1420～1523AD］0.822733；［1572～1630AD］0.177267	炭屑	89°57′52.76″E, 40°33′52.56″N	渠道人工边坡里角砾状红烧土
CN289	14Zh-Age-39	570±25	［1309～1361AD］0.603608；［1386～1419AD］0.396392	红柳枝	89°57′53.87″E, 40°33′48.77″N	渠道旁边的红柳沙包
Beta 470213	GD08	430±30	［1421～1498AD］0.955545；［1508～1511AD］0.004449；［1601～1615AD］0.040006	红柳枝	40°20′18.8″E, 91°38′23.5″N	罗布泊东湖区红柳沙包

* 利用 Calib Rev7.0.4 校正，CN 为中国科学院地质与地球物理研究所宇宙成因核素实验室编号；Beta 为美国 Beta 实验室编号。

红柳是楼兰地区主要植物类型之一。地下水位降低到一定深度后红柳会开始死亡。大量红柳的存在指示了高地下水位期的存在，其死亡年龄指示了地下水位大幅下降的时间。此次共采集分析了6个枯死红柳的细枝样品。

3. 古代遗址样品

楼兰地区遗址保存条件均较差，但一些人类活动遗迹依然可辨。其中三处遗址的年代学样品与上述植物残体样品属于同一时代。

楼兰东南遗址（LD）：位于楼兰古城东南约4km的雅丹高台上。台地高出周边约1m，南距南1河约1km。遗址长22～30m，宽15～20m，地表散落有大量陶片。平台南部的红柳枝构筑的墙体残高不到1m，厚约50cm，取红柳细枝样品，编号14Zh-Age-24。

14居址1：该新发现居址位于宽31～48m，长158m的高台地上（详见6.4节）。样品取自东北端的残留红柳墙，取红柳细枝编号14Zh-Age-18（图6-4-2a）。

调水灌渠：水渠连通北2河和北3河，自西北向东南调水（详见9.1.2节）。渠道边坡中存在被后期堆土覆盖的芦苇层，取芦苇样品，编号14Zh-Age-17和14Zh-Age-36（图9-1-10d）。同时取边坡中红烧土角砾堆土中炭屑样品14Zh-Age-38（图9-1-10b）。

其他还在雅丹区采集了一些枯死红柳残枝和枯死芦苇根茎样品。

对以上共 45 个样品进行 AMS^{14}C 年代学分析。样品的前处理在中国科学院地质与地球物理研究所宇宙成因核素年代学实验室完成，加速器质谱年代测定在北京大学完成。Beta 编号样品由美国 Beta 实验室编号并完成测试。所有 ^{14}C 年龄数据利用 Calib Rev 7.0.4 软件进行校正，表 11-2-1 中列出 2σ 的校正年龄。

11.2.2　植物 ^{14}C 年龄记录的元明湿润期

楼兰荒原和古代遗址中植被残体（包括炭屑）的 AMS^{14}C 年代数据（表 11-2-1）集中在 1260～1450 年的元朝—明朝早期（图 11-2-2）。

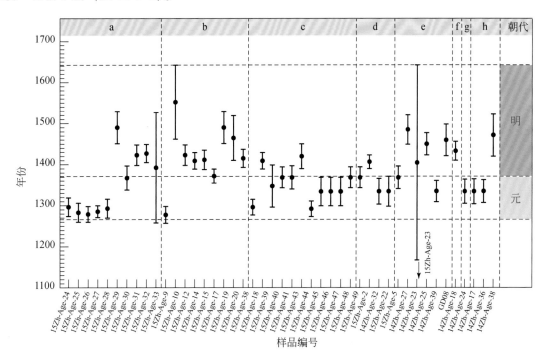

图 11-2-2　植被残体样品年龄分布

a. 表 11-2-1 中 A 点；b. 表 11-2-1 中 B 点；c. 表 11-2-1 中 C 点；d. 雅丹区芦苇样品；e. 雅丹区红柳样品；
f. 居址（14 居址 1）；g. LD 房舍；h. 人工水渠样品

南 1 河上游的样品年龄大都集中分布在元朝时期，而下游样品年龄只有一个分布在元朝（15Zh-Age-9），其他均分布在明朝早期，显然它们可能是不同的洪水事件所带来。南 2 河中游样品和芦苇样品年龄分布在元末至明初。红柳样品 15Zh-Age-23 的年龄数据为 1167～1642AD，跨度较大，其他四个样品中 14Zh-Age-39 和 14Zh-Age-27 分布在元朝晚期，14Zh-Age-23、14Zh-Age-25 和 GD08 分布在明朝早期。

调水渠人工边坡堆土下芦苇层的年龄分别为 1304～1365AD（14Zh-Age-17）和 1307～1363AD（14Zh-Age-36），对应元朝中晚期。红烧土角砾中炭屑的年龄为 1420～1523AD（14Zh-Age-38），晚于芦苇层的年龄，对应明朝早期。

楼兰东南遗址和 14 居址 1 的红柳枝墙年代分别为 1305～1364AD 和 1410～1456AD，分别对应元朝晚期和明朝早期。然而两处遗址中并没有发现元明时期的典型器物和陶片，因此还缺乏考古学的直接证据。对楼兰东南遗址墙体再取样重测后，芦苇（LD 01）的 ^{14}C 年龄却是 1710±30a BP，校正年龄 318～415AD，羊粪（LD 02）^{14}C 年龄为 1730±30BP，校正年龄 306～405AD，均属魏晋时期，因此可能是元明时期人们修缮再利用了汉晋时期留下的居址。

根据人工调水渠下游两岸的耕地特点（参见 9.6 节），这条北水南调的人工水渠可能也是元明时期的人们为了引水灌溉再次修缮利用了汉晋时期的水渠。

结合两处遗址的使用材料年龄，可以初步确定元明时期是一次楼兰地区广泛的绿洲期，且存在一定强度的人类活动，虽然强度远不如楼兰时期，但这些人引水灌溉，从事农耕活动。

元明时期中原地区与西域有着频繁交流，在塔里木南缘东西向交通线以及河西走廊地区均存在这一时期的遗址。楼兰地区人类活动和气候变化关系的研究多集中在青铜时期（小河–古墓沟）和汉晋（楼兰）时期，元明时期的人类活动系首次发现。新发现的古代人类居址和人工水渠表明元明时期有人在此居住并修建水渠调水灌溉。卫星影像图显示在水渠的东段存在具有规则形状的暗红色耕地。新发现的居址、水渠和耕地说明元明时期楼兰地区应存在一定规模、有组织的农业耕作活动，但这一时期的人类活动缺少相关的历史记载。

11.3 汉晋时期

11.3.1 楼兰地区已知遗址

楼兰地区已知的汉晋时期重要遗址包括 LA 楼兰古城、楼兰东北佛塔和楼兰东北遗址（大殿遗址）、楼兰西北烽燧与楼兰西北佛塔、LD 楼兰东南遗址、LE 方城、LB 遗址、LK 古城、LL 古城、土垠、LF 戍堡、麦德克古城、小河古城、营盘古城、咸水泉古城。

1. LA 楼兰古城

LA 楼兰古城位于古塔里木河下游冲积三角洲，罗布泊西侧雅丹台地区，今属若羌县。西南距若羌县城 220km，西北距库尔勒市 340km。楼兰城郊西北至西南有大片枯朽的胡杨林，城址东北部也有成片枯树林。古城平面基本呈正方形，约 340m×340m，但非正南北，而是西北–东南向，南北城墙近于平行风向，说明建城时考虑了当地风蚀的环境因素（图 11-3-1）。城内一条源自北 1 河的水道从西北角穿城而过，从东南角流出古城。水道的圆弧形河床泥岩地层现在已成为雅丹，北侧的原地面因强烈风蚀已成为深达数米的深槽，常常被误认为河道。以古水道为轴线分为两区，东北区主要有佛塔、塔前大殿及附近建筑；西南区有三间房及其东侧的官衙大殿以及其他几处住人的房舍院落（图 11-3-1）。

2. 楼兰东北佛塔与楼兰东北遗址（大殿遗址）

楼兰东北佛塔位于楼兰古城北正偏东约 2.8km 处的北 2 河南岸。

佛殿为土坯建筑，分为上下两层。下层建筑为基座，坍塌严重。上层建筑较小，位于基座北部，其中部有圆形中心柱状建筑，似为外方内圆结构的一座小佛殿（图 11-3-2a）。

楼兰东北遗址（大殿遗址）位于距离楼兰东北佛塔仅 150m 的一处风蚀台地上（图 11-3-2b）。地表散布经过加工的大量大型带榫卯结构的胡杨梁柱（图 11-3-2c），边上还有倒塌的砖塔（图 11-3-2d），地表发现有铜器和铁器残片、青砖。推测这里曾是一座大殿级别建筑所在。结合附近的佛塔，推测楼兰东北有一处较大的村落，佛塔、大殿都是该村落的建筑遗迹。

3. 楼兰西北烽燧与楼兰西北佛塔

楼兰西北烽燧南距楼兰古城约 3.5km，地处北 2 河北岸，四周皆为风蚀雅丹沟壑台地。烽燧塔基呈方形，系夯土构筑，外围再以土坯包砌。塔身呈圆柱体，由土坯垒砌而成，塔顶有大地测量标志三脚架（图 11-3-3b）。塔身中间有横向的桩木，局部铺一层红柳枝，周围分布有很多陶片。

楼兰西北佛塔是其正东 1km 处的一座佛塔，土坯建筑，底部用红柳层铺垫用于防潮防水，红柳层上砌砖，中间和顶部还有红柳层。佛塔残体状如"狮身人面"，故有别名"狮身人面塔"（图 11-3-3c）。佛塔周围有带榫卯结构的梁柱倒卧在地（图 11-3-3d），以及一些陶片，因此可以确定此处应是一处居民点或村落所在。

图 11-3-1 LA 楼兰古城地貌景观

a. 古城遗址分布；b. 无人机正视图（拍照：唐自华）；c. Ⅲ处房舍残墙与门框；d. 佛塔；e. 三间房；
f. 城内河道处北望三间房与佛塔（c～f 照片为吴勇摄）

图 11-3-2 楼兰东北遗址景观

a. 楼兰东北佛塔；b. 楼兰东北大殿远观；c. 楼兰东北大殿大梁；d. 楼兰东北大殿倒塌的砖塔

图 11-3-3　楼兰西北烽燧与楼兰西北佛塔地貌景观
a 为楼兰西北烽燧与楼兰西北佛塔位置图；b 为楼兰西北烽燧外观和草编绳；c 为楼兰西北佛塔外观；d 为佛塔边带榫卯梁柱

4. LD 楼兰东南遗址

LD 楼兰东南遗址在一处不规则雅丹平台上，西北距楼兰古城 3.8km。平台南部有红柳枝插立形成的篱笆墙，残损严重（图 11-3-4a）。地表有房舍梁柱木构件残存，其上带有榫卯结构（图 11-3-4b），墙外以北散落大量陶片（图 11-3-4c），散见一些铁锅残片、铜片及细石核等，另外还有炉渣（图 11-3-4d）。该遗址也被斯坦因发现过，他根据发现的农具认为这是一处农舍遗址。但从红柳墙规模、炉渣等遗物上看，此地居民并不仅限于耕作，同时还有烧窑制陶的作坊行为，可能是一处村落遗址。

5. LE 方城

LE 方城位于罗布泊西北的雅丹台地区，西南距楼兰古城约 22km，东北距楼兰保护站 7.8km。古城近方形，东西长约 126m，南北长约 140m，城墙宽约 8m（图 11-3-5a）。墙体系夯土–树枝构筑，基本是以约 30cm 厚的红柳枝层和 12～15cm 厚的夯土层交替垒砌而成（图 11-3-5b）。有的地段几乎全用垂直方向铺放的红柳枝层交替构筑（图 11-3-5d）。东城墙北端有马道可上城墙。城墙中间可行人，具备防御功能。全城只在南面有城门，位于南墙中部，城门宽度不大，仅约 3m（图 11-3-5c），与 LK 古城类似。有资料认为古城北城墙还有一处北门，我们多次详细考察后认为没有北门，北城墙中部倒塌后形成的缺口似乎像一个城门，但观察外墙可以发现，墙北侧存在 3m 多高的墙体陡坎，人不可能从此通过。从城墙红柳枝层厚、夯土层薄，甚至一些地段以红柳枝层为主的特点看，具有明显的防水防潮作用，结合古城周边古地貌特点（详见 4.3.2 节），古城是建在一个周边多湿地沼泽的台地上。

城外有古道由东北向西南经过城墙的东南角外侧，并向南延伸，中间分叉与南门相通。这条古道向东北可能从 LF 戍堡附近通过，并与来自白龙堆的楼兰道相连。

图 11-3-4　LD 楼兰东南遗址

a. 红柳枝墙；b. 带榫卯结构的房屋梁柱；c. 陶片；d. 炉渣

图 11-3-5　LE 方城

a. 方城俯视图；b. 古城东城墙（面南）；c. 南城门豁口；d. 红柳枝构筑的城墙

古城内北部正中有一平台，为房屋遗址，留有土坯残墙基和大梁，地表散落一些遗物。古城内尚未发现其他房屋建筑遗迹。平台周围有深槽，从风蚀作用原理分析，紧邻的北侧和东侧都有城墙遮挡，风力难以直接作用城墙内侧深槽位置，且深槽走向形态也不同于 NE 方向的雅丹（图 11-3-5a），因此深槽应非风蚀洼地，而是建城时挖就，很可能用于蓄水。

古城的东城墙存在明显不同的两种墙体，中间一段内墙（图 11-3-5d）形迹较新，似乎是后来修补的，但所有墙体年代学测定结果都集中在较短的几十年里。

综合以上特征分析，LE 古城具有向北防御的驻守功能，是楼兰道进入楼兰的边关城池。

6. LB 遗址

这是斯文·赫定发现命名的 LB 遗址之一。他根据发现的佛经推测这是一处佛院，位于楼兰古城西北约 13km，在北四河以北（图 11-3-6）。该处遗址有大量建筑木构件、房基房址、多处红柳院墙、一座泥砖佛塔等遗迹，陶片、炉渣很多。由于最近这里来的人太多，遗留了大量玻璃瓶渣、木箱板、木框架、铁丝等现代遗物。佛塔建在 60cm 厚的青灰色硬质泥岩之上，在一层红柳垫层之上用土砖所建圆柱形塔，塔残高 3m，宽 5m。佛塔周围是深达 4~5m 的洼地，很可能原来就是洼地，风蚀又被加深加宽。

图 11-3-6　LB 遗址
a. 无人机正视图（拍照：唐自华）；b. 佛塔；c. 土坯泥砖佛塔的底部红柳垫层；d. 房址 2 底部动物粪便层；
e. 房址 2 的红柳墙；f. 红柳枝构筑的墙体

佛塔以南有红柳墙（图 11-3-6e），沿雅丹顶延伸很长，与楼兰东南遗址、14 居址 1、15-1 居址里红柳枝横摆而成的红柳墙不同，这里的红柳墙是红柳枝竖立编排扎成的，更像房屋红柳墙体的摆扎方式。佛塔西南是长方形洼地，推测有可能是当时的蓄水涝坝，洼地南侧也有红柳院墙。在洼地西侧雅丹顶上有房址，其南侧雅丹上有红柳墙基的房址（图 11-3-6f），其下有骆驼粪和羊粪垫层，厚达 20 多厘米（图 11-3-6d）。动物粪层下的垫土含动物骨头，其下还有炭屑层，羊粪层上有不像芦苇的草秆，可能是粮食麦秆。

这些特征说明：①当时此地很潮湿，因此建筑下或用红柳枝或用炭屑做防潮处理；②既然有羊圈和羊骨，说明这里的人吃肉，那么这里可能就并非一个单一的佛寺，除非当时这里的和尚吃肉，否则这里更像一处古村落遗址，佛塔只是村中寺庙建筑。

7. LK 古城

LK 古城也是斯文·赫定发现并命名的，位于楼兰人群生活区的最南端。古城近于长方形，宽 72 ~ 74m，东北墙长 154m，西南墙长 145m，走向北西-东南向，与雅丹方向垂直（图 11-3-7）。城墙宽 7m 左右，西城角和南城角有垮塌。

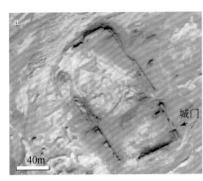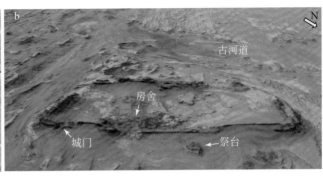

图 11-3-7　LK 古城
a. 正视图；b. 无人机俯视图（拍照：林永崇）

城门在东北城墙的南端，仅宽 2.9 ~ 3.1m（图 11-3-8a），城门框是胡杨方形立木柱，长 4.37m，宽 25cm，厚 17cm，由榫卯连接地梁和门框立柱（图 11-3-8b）。城门板只有一扇，1.67m×2.8m，宽度与城门一致，但高仅一人左右（图 11-3-8c）。城外倒卧有八角状巨木柱，直径达 60 多厘米，可能是城门的门闩（图 11-3-8d），因此推测城门可能是通过上下升降实现开关，比方城城门略大，但大得有限。

图 11-3-8　LK 古城城门
a. 城门门框；b. 城门地梁与门柱的榫卯结构；c. 倒卧城内的城门；d. 八角状巨木柱门闩

城内，靠近城门的北部有倒塌的房屋（图 11-3-9a），建筑紧贴城门而建，城门两侧都是房屋。房屋的墙以胡杨为柱，红柳枝编扎，房梁清晰可见，整个房屋已被流沙掩埋大半。有房门门板保存较好，上面有彩色图画，黑色线条、赭红色图画，可分辨为后有佛光的佛像，可能汉晋时期的门神是佛像（图11-3-9b）。

房屋的底部发现有厚达20多厘米的羊粪层（图11-3-9c），结合LB、楼兰古城、米兰古城、张币1号遗址等几个遗址都具有屋内羊粪做垫层的现象，可能用羊粪铺垫是当时防潮、保暖的一种措施，不一定都是羊圈。

城内房屋的木构件很多（图11-3-9d），斯坦因当年考察时还能画出很多房舍的剖面结构图，但现在大多房舍已因风沙掩埋和风蚀破坏而仅存梁柱。这些梁柱木构件有用榫卯结构连接，也有用树杈支撑房梁的情况（图11-3-9e）。

地表还发现很多质地较沉的炉渣，推测是冶炼金属器物留下的炉渣。

图 11-3-9 LK 古城城内遗物
a. 坍塌房舍的残存红柳墙和屋顶梁；b. 彩绘佛陀的门板；c. 房屋内地面铺垫的动物粪便层；d. 城内散布的木构件；
e. 带榫卯的房屋梁柱；f. 炉渣

古城城墙保存较好，属楼兰地区最为完好的古城城墙（图11-3-10a、b）。城墙也是夯土层和红柳枝层交替构筑而成，但夯土层明显较厚（图11-3-10c），与LE古城以红柳为主差别很大，说明LK周边相对较高。西南城墙有明显红烧土现象，且沿红柳枝层上下最红（图11-3-10d）。在裸露的城墙上观察发现，红柳枝层在墙中心部位的炭化明显，呈烧过的特点，而外围边上的红柳却没有烧过或燃烧程度很弱（图11-3-10f），推测这是建城墙过程中，为了使土层迅速脱水变干，人们在夯筑一层土层后，在其上铺上一层红柳，把红柳层两边盖上一定土层压固后，点燃墙中心部位的红柳，这样加快夯土变干固结。

在东北城墙外，有5m×6m的平台，下为盐壳化坚硬地层，上铺一层红柳枝，中间有一个1m见方的坑，像是一个祭祀台或告示台（图11-3-10f）。这说明：①原来的地面应该是"祭祀台"的盐壳面，比周围现在的地面高1~2m，古城废弃后的风蚀作用在这个地区剥蚀掉1~2m土层；②古城东北城外是人群集聚活动场所，城门也在这边；③古城西南面和西北侧是南6河汇入南7河的支流，西南方是防御方向，因此据河防御的设计明显。南6河应该是古城的主要水源。

从东北城墙北段的风蚀缺口处可以看到城墙底部是用渣土夯实作为地基，然后再用红柳枝条和土交互垒筑成墙，红柳层中也夹有很多胡杨木。城墙地基的渣土含有大量陶片、动物骨头和炭块，明显属于生活垃圾，厚达2m，未见基岩。有意思的是，在地基中间有一层盐壳，盐胶结后质地坚硬，形成了突出

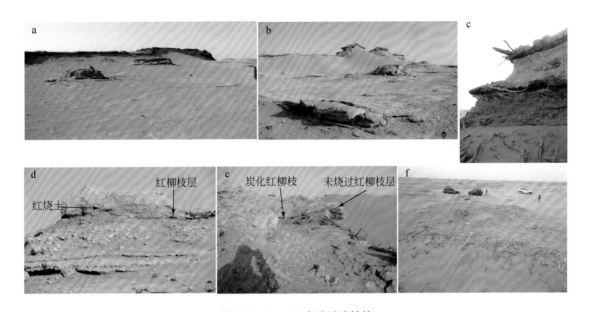

图 11-3-10 LK 古城城墙结构

a. 东北城墙外观；b. 西南城墙外观；c. 夯土层厚红柳枝层薄的城墙；d. 西南城墙上的红烧土层和红柳层；
e. 西南城墙上墙心烧过的红柳层与外侧未烧过的红柳层；f. 城外红柳枝搭建的祭台

的抗风蚀层，但盐壳层上下的渣土完全相同，没有明显差别（图 11-3-11）。以上特征说明：①城墙地基是就地取土夯筑而成的；②这段城墙修建之前此处已是定居点，有很多人口在此居住；③盐壳的存在可能是原来的居民点被洪水冲毁后这里荒废了一段时期，水退后这里强烈盐碱化在地表形成了盐壳，后来的人在此重新建城墙时，在原来渣土上筑墙而成。

图 11-3-11 LK 东北城墙北段渣土墙基中的陶片、动物骨片和盐壳层

根据以上观察，认为：①LK 古城虽然比方城大、建筑物更多，但仍然更像是一个戍堡，而非一个国王居住的中心城市；②LK 古城的防御方向应该是西南方；③LK 曾遭受一次洪水袭扰，导致至少东北城墙的北段倒塌，后来人们又重建了城墙。

8. LL 古城

LL 古城位于 LK 古城西偏北约 5km 处。古城很小，也是不规则的长方形，北边长 46m，南边长 60m，西边宽71m，东边宽65m，东边也基本垂直于雅丹走向，即东北风向（图11-3-12a）。城门在东北城墙的北段，已损毁，失去形态。城门外东北方向约60m处有带榫卯结构的梁柱木构件和很多炉渣陶片，应是一处居址（图11-3-12b）。城南300m处是南7河，城东150m有一条西北–东南流的支流。城外四周有很多流动沙丘，沙丘一直延绵到LK附近，沙丘间有一些雅丹出露，雅丹顶有枯死的芦苇、红柳残留，一些雅丹高可达2~3m。这表明：①古城废弃后这里先发生过强烈风蚀，形成了雅丹风蚀地貌；②但这里现在已转变成以风积为主，上风方向带来的流沙堆积形成了大量流动沙丘。沙源来自东北上风方向的楼兰古城以东地区。

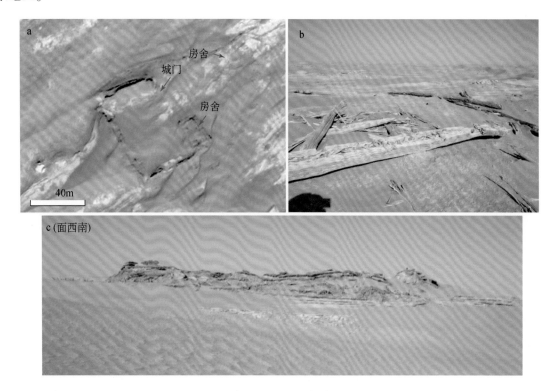

图 11-3-12　LL 古城

a. 古城遥感平面图；b. 城外房舍居址房梁木构件；c. 东北城墙外景

城墙也是红柳与土层交互叠置夯筑而成，城墙的红柳层数明显较多，而夯土层则要薄得多（图11-3-13a）。城墙下面也有人工夯土作墙基（图11-3-13b）。城墙的宽度明显比LK小，仅4m左右。在古城城内东南角处有一处房屋，已塌陷（图11-3-13c），胡杨立柱和房梁均得以保存，房顶铺有红柳枝条层，但已塌陷，现在已大部被风沙掩埋（图11-3-13d）。房屋所在位置显然是古城内最为避风的位置。

综合以上特征，可以得到这些信息：①LL古城更像是一个戍堡性质的军事要塞，是楼兰绿洲屯戍区南方防御线上与LK古城相互呼应的一个支撑据点。民间传言，LL西北3~4km的地方还有村落房舍的红柳墙基，可能是斯坦因编录的LM遗址，虽然我们没有找到，但说明当时LL附近有人群居住，LL是为此设置的驻防场所。②虽然现在古堡附近由于沙丘覆盖，很难辨别古环境，但从城墙红柳多土少，介于方城和LK之间，推测当时附近水较多，为湿地环境。③与LK一样，两城均垂直风向建城，说明当时古城设计有避风的意识。④两城城门均在东北一边，说明都是为了防御西南方向的来敌，与米兰东面的烽燧呼应，反映当时存在南边来袭的敌人，推测是攻占米兰后的古羌人。

9. 土垠

土垠位于楼兰古城北方37.5km处一座雅丹台地之上，遗址周围属于龙城高大雅丹区（图11-3-14e），北、侧与高大雅丹相连，东西两侧有洼地，洼地外为高大雅丹，南侧也是洼地，洼地一直延伸到3~4km以外与北5河、北6河的河口区相连（图4-4-1）。遗址所在雅丹是一条从北北东向南南西方向延伸的条

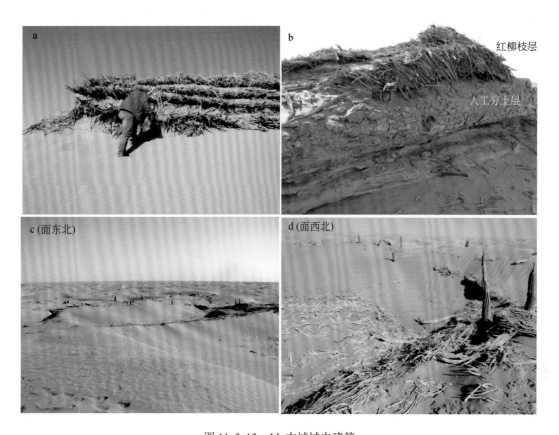

图 11-3-13　LL 古城城内建筑

a. 西北城墙交替叠覆构筑的夯土层与树枝层；b. 西北城墙的人工夯土层；c、d. 城内东南角的倒塌房屋及其已塌陷的房顶

(芦苇红柳枝编制)

带状台地，北端与高大雅丹区相连，整体呈半岛状。遗址所在雅丹周边是一处近于长方形的洼地，类似长方形洼地在西侧还有两处。遗址所在雅丹的高度比周围洼地高 5m 左右，但又比周围的高大雅丹低 10m 左右。周围的洼地现在遍布盐壳，显示这里曾经积水。

遗址西边有城墙临陡崖而建，遗址西侧城墙外有一残存雅丹台，地形显示应是码头（图 11-3-14b）。东边城墙不清楚，但东北部有用盐块筑砌的一个残塔（图 11-3-14d），有人认为是瞭望塔、烽燧，也有人认为是残墙。残塔边有一片大约 30m×50m 的平地，地表有草绳、芦苇层铺垫，是房舍区地面（图 11-3-14i）。遗址西部有一排南北向的房屋遗迹，半地穴，夯土墙很厚，已垮塌（图 11-3-14c），前人从地穴中发现大量木简。在地穴北端上覆渣土中发现大量鸟粪、鸟骨和鱼骨（图 11-3-14c），鱼骨经鉴定为淡水的鲤科鱼骨，这也证明土垠遗址周边是淡水湖泊，古人生活用水是直接取用湖水。

而在遗址北壕沟西段的北侧有一条南北向沟槽，深仅 1m 多，与一般风蚀槽不同，沟底两侧呈直角状，缺少风蚀槽底圆弧过渡特点，有人为修挖迹象。沟槽长 46m，北端通向一处平台，平台高度比遗址东西两侧洼地高，又比雅丹遗址的顶面低，推测平台是一处码头，沟槽是通向码头的一条暗道，人越过壕沟，沿暗道到码头，可以乘船向西北越过湖面到西北方向高大雅丹区登陆离开（图 11-3-14g）。

土垠遗址是黄文弼（1948）在 20 世纪初发现的，并在此发现了 70 多件木简，600 多件铜、铁、木、织衣等文物，他将此遗址定为汉烽燧亭遗址，但如此大规模的遗址已可称古城。王炳华（2019）根据这些木简中大量出现的居庐仓记载分析认为这就是史书上记载的居庐仓所在。

我们从下面几个方面分析：①地理位置上土垠位于楼兰绿洲屯戍区的北缘，甚至还在北部边城 LE 古城以北，来自敦煌、白龙堆的楼兰道也直接经土垠南面的龙城雅丹台地通向 LF 戍堡，距离土垠遗址还有数公里之遥，显然处于楼兰屯戍区外的土垠是不利于防守的。②粮仓建在岛上，陆路运输并不方便，只

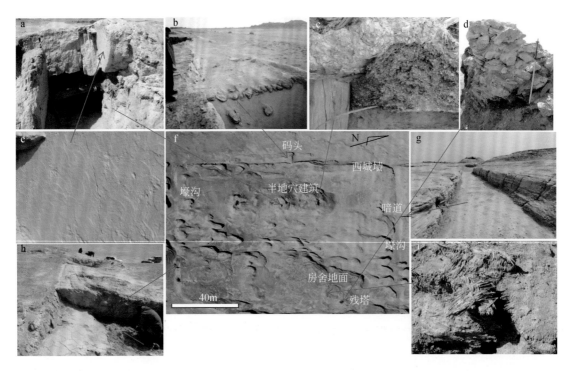

图 11-3-14　土垠遗址

a. 垮塌的半地穴房舍；b. 城西码头；c. 含鸟粪鸟骨和鱼骨的半地穴上覆渣土；d. 盐块搭建的残塔；e. 垮塌墙体的夯土印；
f. 土垠无人机航拍图（拍照：唐自华）；g. 北壕沟北侧暗沟；h. 被浮土掩埋的南壕沟；i. 房舍地面的草编芦苇层

有水路运输最方便。③土垠遗址的测年数据显示始建于西汉时期，东汉时期仍继续使用。④根据《汉书·西域传》记载"汉遣破羌将军辛武贤将兵万五千人至郭（敦）煌，遣使者案行表，穿卑鞮侯井以西，欲通渠转谷，积居庐仓以讨之"，显然西汉时曾用船运送粮草囤积在居庐仓，而我们的考察发现确有水道可自阿奇克谷地西端进入罗布泊后，沿罗布泊北岸，经白龙堆南、越罗中隆起、入罗北凹陷西台地（即龙城雅丹台地南部），沿台地区内部古河道，抵达土垠南湖区（详见 10.5 节）。这样作为汉军准备攻打乌孙的后勤基地，土垠建在楼兰地区北部，大军可从此取得粮草后直接沿孔雀河北岸西出。因此土垠作为居庐仓符合《汉书》中水道与居庐仓的关系，也能解释土垠偏北的地理位置，这与王炳华先生的考证也是吻合的。

10. LF 戍堡

LF 戍堡遗址是斯坦因发现并编录的。LF 戍堡位于楼兰古墓群保护区内，西南距 LE 方城 3.8km，在 LE 与楼兰保护站正中间（图 11-3-15a）。戍堡建在一处高大雅丹顶上（图 11-3-15b）。雅丹长 230m，宽 30m 左右。北端顶上修建了戍堡，戍堡墙体沿东西两侧陡崖边用土坯砖块修砌而成，并分成多个房间，堡内遗留大量带榫卯结构的木构件。戍堡居高临下，视野开阔，是 LE 方城在东北方向的前哨观察站。

从地理位置上看，LE 方城一带是楼兰台地区向东北延伸出来的一部分，呈犄角状，如果说方城是这个犄角的中心，则 LF 戍堡是犄角的角尖（图 11-3-15a）。戍堡北侧 500m 是北 4 河河道，北 4 河与北 5 河在东北方向 3.5km 处汇合后，向东南方向流入罗布泊盐泽，戍堡正是观察东北方向渡河人员往来的最佳位置，而这个方向就是丝绸之路楼兰道从白龙堆而来的方向，因此 LF 戍堡应该是楼兰东北方向的一个重要军事要塞。

雅丹顶南部同时保存有小河时期和汉晋时期的古墓（详见 8.1.2 节）。小河时期为船形棺墓地类型，具有多层叠放特点，棺材直接放在雅丹顶上，只有很少的薄土覆盖。同时在其南侧还发现有楼兰时期的墓穴，并有洞穴墓和竖穴墓两种。显然先有小河时期的遗址墓穴，汉晋时期古人在此修建了戍堡，但没有破坏小河人的墓地。根据小河人居址与墓地相距不远，多在相邻雅丹顶上的特点，推测可能戍堡位置

图 11-3-15　LF 戍堡遗址

a. LF 戍堡地理位置（橙线为 2 级台地边界；黄线为 1 级台地边界；品红色虚线为楼兰道走向；黑线为主干河流；蓝线为楼兰古道；浅青色区为盐泽；方块为大遗址；黄、绿点为小遗址和遗存点）；b. LF 戍堡无人机照片（拍照：张敖）；c. 雅丹顶成堡景观

是早期小河人的居址所在。

11. 麦德克古城

古城位于小河古墓西南 36km 的塔里木河南北向古河道附近，西距 218 国道仅 8km，距古塔里木河主河道约 3.6km，距附近的小河道则仅 500m 左右。古城周围流沙覆盖严重，红柳沙包发育，沙丘间局部出露第四纪沉积地层。

古城为圆城（图 11-3-16e），外径 46m，内径仅 37m，墙厚达 3.7m 左右，城墙由红柳层与泥土层互层筑成（图 11-3-16g），城墙残高 1.5m 左右，城中心有大量木柱构件，但不算粗大，树径一般 <10cm，个别达 15cm 左右。城墙墙体内有炭屑和粗木，与 LK、LL 不同。最高的东墙外墙高 5 ~6m，墙体中粗木树径可达 30 ~40cm，也有芦苇垫层、红烧土。城墙北段有一层圆木，下面是多层芦苇，墙体向外凸出一块，约 2.3m×2m，可能起马面作用。城墙顶普遍有一层粗圆木铺垫在芦苇垫层之上（图 11-3-16c）。

城墙正南有门，门框榫头仍保留（图 11-3-16d），城门处向外凸出成长方形平台，外有木柱、横梁，地上有很沉的炉渣，因此南门外应是一处高台，具有对外的高度优势。但目前南门外沙丘已接近高台。

城中心地面有很多房基，开间都很小，其中一间宽 1.06m，长 1.87m，另一间宽 1.06m，长 2.68m，墙体厚 30cm 左右，墙体中夹有红烧土残块（图 11-3-16b）。对房间之间的小土堆清理后发现 30cm 之下是红烧土团块和炭屑土层，再下面是纯净沙层。而顶上的堆土有盐壳，应该是后来堆起的，而纯净沙层的顶面则是原来的地面。

城内发现玉石残片、陶片、石英质卵石、长石角砾、铁器残片、骨头、铜渣等。总体上看，陶铁铜器残片都很少，应该是被清理过了。只有木构件最多，房基最明显，房间的墙都是土墙，用含红烧土炭块的土筑成，不是木骨泥墙和土坯墙。清理时未发现大房墙的底，看来很深。城内现地面比周围城墙顶低 5m 左右。古城北侧的红柳沙包则又比城墙高 5m 左右，因此很好地保护了城墙。城墙内外均有很多后生的芦苇（图 11-3-16a）。

古城墙东侧墙高达 5 ~6m，应大致反映了原来古城对周边的高度优势，而现在古城外高大的沙丘上长有红柳，已比城墙还高 3 ~5m（图 11-3-16c）。

总体上看，这是一处规模很小的戍堡性质小城，可以驻守的士兵不会很多。虽然遗址内没发现其他有明确指示意义的文物，但从城中建筑木构件具有榫卯结构（图11-3-16f），城墙特点与楼兰古城、小河古城相似等特点看，至少有中原工匠参与建城。但存在几处疑点：①圆城特点与楼兰古城、小河古城完全不同，却与孔雀河北侧的营盘古城类似；②开在古城南面的城门有对北防御态势，而汉人管辖的方形小河古城却在北方。因此主导建城的是什么人还未知。

图 11-3-16　麦德克古城
a. 城内景观；b. 房屋残墙的红烧土块；c. 东北城墙胡杨红柳层；d. 南门口及城门木构件；e. 古城遥感图；
f. 房屋木构件的榫卯结构；g. 东城墙红柳层与夯土层互层结构

在古城西北850m和3.9km有2处房址，即阿拉干东房址（详见11.1节）。这两处房舍应是近代牧羊人居所，河流断流后被废弃，与麦德克古城不是同时代的。

12. 小河古城

小河古城又称小河西北古城，位于小河墓地西北6.3km处的沙漠中，西部被流动沙丘掩埋，只有东部城墙出露地表（图11-3-17e）。古城为方形，地表有动物残骨（图11-3-17a）。东城墙长220m，宽6～7m，已崩塌风蚀，只留墙基（图11-3-17c、f）。南城墙残墙较高，1～1.2m，宽也在6m以上（图11-3-17h），红柳层与夯土层互层，夯土层厚度远大于柳枝层（图11-3-17d），说明古城位置地势较高，不惧附近洪水袭扰。城墙夯土有明显的焚烧痕迹，具有红烧土特点（图11-3-17g），对比LK古城城墙相似的焚烧特点，推测是建城筑墙时为让潮湿的夯土尽快干燥和加固城墙，而特意在每夯筑一定厚度湿土后，点燃树枝层，待湿土层干燥后再继续上覆夯土，这样筑成的城墙有明显的强度。北城墙大部分被流沙掩埋，只有红柳层残墙断续露出沙外（图11-3-17b）。西城墙完全被流沙覆盖。城内也因沙丘覆盖而看不到地面建筑。

古城东侧1.2m处有南北向河道，西侧约2.5km也有南北向河道。在古城与西侧河道之间的沙漠区里，丘间洼地出露古代河流相地层代表的古地面，散布有大量的陶片、动物骨片等器物残片，分布面积很大，应该是附属古城的城外居民生活区。古城是官方政权的官衙和驻军所在，而老百姓则在古城西侧的河岸附近居住生活。

13. 营盘古城

营盘古城位于北部库鲁格塔格山脉南麓洪积扇前缘、孔雀河（北5河）北侧。南边最近的孔雀河古

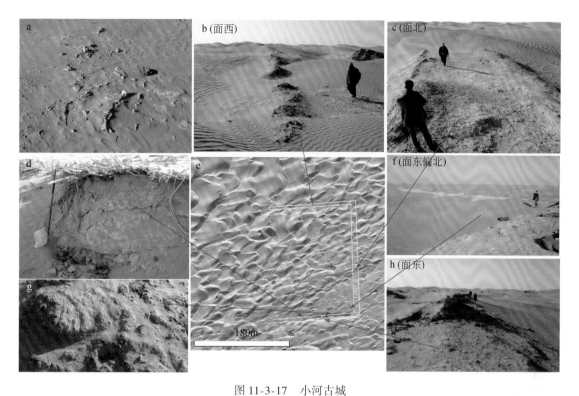

图 11-3-17 小河古城

a. 动物残骨；b. 北城墙残留红柳层；c. 东城墙墙基；d. 南城墙厚夯土层与薄红柳层互层结构；e. 古城遥感图；
f. 古城东南角；g. 城墙红烧土；h. 南城墙残存红柳层

河道在 3km 以外。古城附近有来自北面洪积扇的冲沟，显然古城的水源不是古孔雀河，而是北山下来的季节性河水和井水，这与米兰依靠米兰河生存、若羌依靠若羌河存续一样。

古城为圆形，直径 185m，城墙也是红柳枝层与夯土层交互筑成。城墙保存较好，仅西边城墙被风蚀而未存，城内房屋遗迹已难辨。城西 90m 有烽燧。城北洪积扇岗地上有古墓群。古城周边没有耕地痕迹（图 11-3-18）。

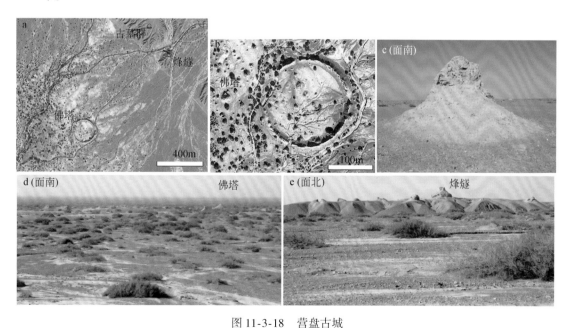

图 11-3-18 营盘古城

a. 古城、佛塔与北山河流位置图（蓝线为河流；品红线为古河道；青线为山南道古道）；b. 古城放大图；c. 佛塔；
d. 古城远景；e. 北山烽燧远景（佛塔？）（拍照：吴勇）

营盘古城可能是墨山国所在。古城边有西北–东南向古道经过，应是从楼兰到龟兹的古代交通线。

14. 咸水泉古城

这是胡兴军和何丽萍（2017）发现的一座古城，位于孔雀河北侧 2km 处的台地上。西距古墓沟墓地 27km。古城墙留存南半部，圆形，直径 300m，墙宽 2.2~2.7m，残高 2.7m。墙体用 Y 形木柱构成筋骨，中部填沙土、胶泥块，上部横放红柳枝层交叉叠垒。^{14}C 测年数据为魏晋前期，反映至少在此时期修缮过，但可能不代表最早建城时期。他们推测为元凤四年（公元前 77 年）前楼兰都城——楼兰城。但从其远离"盐泽"罗布泊看，可能是《水经注》记载的注滨城。

11.3.2　楼兰古城 LA 的年代

楼兰古城的考古发掘已有 100 多年的历史。瑞典地理学家斯文·赫定于 1900 年 3 月 28 日发现楼兰古城后，在 20 世纪 30 年代，多国殖民主义学者和探险家对古城进行盗掘，形成了殖民主义色彩的发掘高潮。1949 年后，最大的一次发掘是 1980 年，新疆文物考古研究所对楼兰古城进行了系统考察和发掘。可见对楼兰古城的发掘主要都在 20 世纪 80 年代以前，由于当时定年技术限制，特别是 ^{14}C 定年技术尚未在考古断代中广泛应用，因此年代学工作存在短板。后来的一些学者对 LA 部分遗址进行的 ^{14}C 测定也局限于其中少数遗址，对楼兰古城的整个演化历史还难以厘定，因此楼兰古城的性质一直存在巨大争议。对楼兰古城的存续年代有人基于城中出土的简牍文书认为集中在 252~330AD 之间的魏晋时期（肖小勇，2006；Wang，2014）。后来的少数 ^{14}C 年代与此基本一致（Lü et al.，2010），这远晚于历史文献中出现楼兰都城扜泥城记录的年代。据《史记》和《后汉书》的记载，楼兰都城扜泥城至少在公元前 127 年前已经建成。上述年代学的差异导致了对楼兰古城的性质及其演化历史的巨大争议。

1. 楼兰古城 LA 的建城材料测年结果

我们对楼兰古城整个建筑系统不同设施、不同层位以芦苇为主的植物残体进行了系统采样，采集样品不仅涵盖了古城中所有遗址和遗迹点，而且对包括房屋、宗教遗址和畜栏等所有遗址点的顶底面分别进行了样品采集。这些样品的 ^{14}C 年代为刻画楼兰古城的演化历史提供了重要的年代学证据。结果如表 11-3-1。

近年来 ^{14}C 年代的校正大多采用高概率密度的方法（1σ，62.5%；2σ，95.4%）（Ramsey，2009），校正结果通常为一个或多个不同概率的年龄范围，而足够多样本的 ^{14}C 校正年龄的概率密度总和分布可以代表古代遗址人类活动强度的相对变化（Williams，2012；Shennan et al.，2013；Wang et al.，2014；Bronk Ramsey，2017）。

分析各处建筑测年结果，可得到以下认识：

（1）楼兰古城的 ^{14}C 年龄分布范围从公元前 4 世纪到公元 6 世纪，也就是说古城一带地区有人类活动的历史持续了近 1000 年。其最老年龄为公元前 407~380 年和公元前 400~357 年的战国时期，样品均采自废弃遗址地基底部的红柳细枝外皮。这表明在公元前 3 世纪之前，楼兰古城一带就已有人类活动。但是，城内其他遗址点的年代均晚于公元 25 年，指示从公元前 3 世纪到公元 1 世纪之间可能存在一个空白间隙。对于这一年代空白间隙，推测可能是因古城一带早期建筑以西域常见围栏式建筑为主，形制简陋，即使有城，其规模也不大，也可能只是一处小型村落，后期的大规模建城活动加上强烈风蚀作用，将以前地面建筑毁坏而几无残留。

（2）楼兰古城建筑主体始建于公元 60~70 年前后的东汉时期，而非前人认为的魏晋时期。几乎所有遗址地基样品的 ^{14}C 年代都集中在东汉时期，包括佛塔、三间房及其周边汉式建筑。城墙的 ^{14}C 年代也指示城墙初建年代是在公元 25~220 年之间的东汉。东城墙和东南城墙的年代范围分别为公元 83~226 年与公元 242~381 年，表明城墙至少在公元 226 年已经建成，以后对城墙进行过修补。另外，尽管楼兰古城中的遗址根据建设方式可分为汉式（土坯）和西域本地（木骨泥墙）两种不同的类型，但两种建筑在建筑年代上没有明显差别，表明楼兰古城现存的遗址应该是同时建设的，都是在东汉时期，没有先后之分。

在公元 450 年前后大多数人离开，仅有少量人居住到公元 700 年前后（图 11-3-19）。

（3）我们的[14]C 年龄对于楼兰古城的性质、演化和废弃历史具有重要的指示意义和参考价值。首先，对于楼兰古城的性质，存在两种对立的观点。一种观点，基于历史记录和文书中具有楼兰的记载，认为楼兰古城是古楼兰（后改称鄯善国）都城（Huang，2014）。另一种观点认为现在的楼兰古城并非楼兰国国都（林梅村，1995），这一观点主要基于古文书的年代和一些未被史书记载的遗址证据，如 LE、LK、米兰古城。我们的[14]C 年龄数据显示，楼兰古城一带人类活动早在公元前 4 世纪前后就已出现，早于《汉书》和《史记》中"楼兰"最早出现的时代。另外，从史书对楼兰古城位置的描述，楼兰古城 LA 与楼兰都城基本位于同一区域，都在罗布泊盐泽西岸，而其他遗址点，尤其被认为可能是楼兰都城的古城，如 LE 和米兰古城（林梅村，1995），其年代均晚于楼兰古城，周边地理地貌也不吻合。更为重要的是楼兰古城是罗布泊地区目前发现最大，规模最完整的古城遗址，其规模与发现文物的数量和规格也反映楼兰古城有可能是在原都城扜泥城城址上再建的。

对于楼兰古城的建设和发展历史，遗址的[14]C 年龄显示楼兰古城的大规模建设始于东汉时期，一直持续到魏晋（公元 20 ～ 450 年）。尽管在公元前 4 世纪就已有人类活动，但在东汉以前，其建筑规模应该不大，而且建设方式较简陋。再加上后期的大规模建城，将以前的遗址破坏，造成东汉以前遗址很少被保存下来。

对于楼兰古城的废弃时间，从[14]C 年龄的分布上看，多数遗址点的建设时间在公元 330 年前，从大约公元 400 年开始建设活动逐渐减弱，到公元 620 年左右被完全废弃。公元 450 ～ 620 年之间的人类活动强度已非常弱，指示楼兰古城从大约公元 450 年就开始逐渐被废弃。

总之，系统的[14]C 年代分析表明，楼兰古城有一千年左右的发展历史。早在公元前 4 世纪这一地区就有人居住，比史书出现楼兰都城记载的时间还早。而楼兰古城的大规模建设出现在东汉时期，而非过去认为的魏晋时期。从大约公元 400 年以后，楼兰古城逐渐被废弃，到公元 620 年被完全废弃。

楼兰古城的主要存续时间说明它有可能曾是古楼兰国都城扜泥城，后者主要存续于西汉时期或更早。那么楼兰古城与历史上哪些事件有关就是一个人们高度关注的问题。

通过与昆仑山古里雅冰芯氧同位素曲线和天山降雨量曲线对比（图 11-3-19），可得到以下结论：楼兰的兴旺期正是低温丰水期。

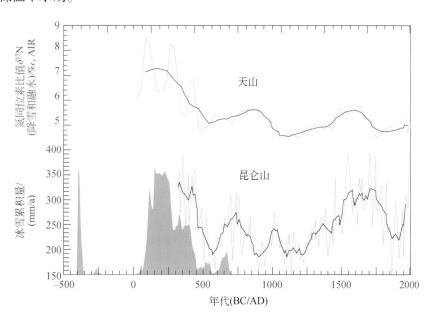

图 11-3-19　楼兰古城[14]C 校正年龄概率密度总和分布（浅蓝区）与昆仑山冰雪累积量（蓝线）、天山降水氮同位素（降雨量指标）（红线）的对比（Xu et al.，2017）

2. 楼兰古城 LA 建城时代与史料记载对比

据《后汉书·西域传》记载："武帝时，西域内属，有三十六国。汉为置使者、校尉领护之。宣帝改曰都护。元帝又置戊己二校尉，屯田于车师前王庭。哀、平间，自相分割，为五十五国。王莽篡位，贬易侯王，由是西域怨叛，与中国遂绝，并复役属匈奴。匈奴敛税重刻，诸国不堪命，建武中，皆遣使求内属，愿请都护。光武以天下初定，未遑外事，竟不许之。会匈奴衰弱，莎车王贤诛灭诸国。贤死之后，遂更相攻伐。小宛、精绝、戎庐、且末为鄯善所并。渠勒、皮山为于窴所统，悉有其地。郁立、单桓、孤胡、乌贪訾离为车师所灭。后其国并复立。"

按此记载，西汉时期汉武帝先在设校尉管理西域，宣帝时改称都护，元帝设戊己二校尉，王莽篡权后导致西域叛乱，西域重归匈奴，丝路断绝达 65 年。我们在楼兰地区的张币 1 号遗址附近发现了王莽时期发行的货币"货泉"，虽然王莽时期的钱币传入楼兰可以更晚，但也存在楼兰地区这时仍未丢失的可能。汉光武帝刘秀登基（公元 25～57 年在位）后，因匈奴税重，西域诸国请求中原汉朝派驻都护，刘秀因天下初定未答应。这时西域诸国趁匈奴衰弱，相互征伐，塔里木盆地南缘东部一带被鄯善占据、西部被于窴所统，车师则占领北部。

"永平中，北虏乃胁诸国共寇河西郡县，城门昼闭。十六年，明帝乃命将帅北征匈奴，取伊吾卢地，置宜禾都尉以屯田，遂通西域，于窴诸国皆遣子入侍。西域自绝六十五载，乃复通焉。明年，始置都护、戊己校尉。"（《后汉书·西域传》）

因匈奴携西域诸国犯河西，汉明帝（公元 57～75 年在位）于永平十六年（公元 73 年）命窦固征伐北匈奴，取伊吾，设都尉屯田。《后汉书·班梁列传》记载更详细，"十六年，奉车都尉窦固出击匈奴，以超为假司马，将兵别击伊吾，战于蒲类海，多斩首虏而还"，"超到鄯善，鄯善王广奉超礼敬甚备，后忽更疏懈"，"超于是召鄯善王广，以虏使首示之，一国震怖。超晓告抚慰，遂纳子为质。还奏于窦固，固大喜，具上超功效，并求更选使使西域，帝壮超节，诏固曰：吏如班超，何故不遣而更选乎？今以超为军司马，令遂前功。超复受使，固欲益其兵，超曰：愿将本所从三十余人足矣。如有不虞，多益为累"。这段历史表明班超出使西域前，鄯善更多受匈奴左右，直到班超出使，才以雷霆手段招降鄯善，重开丝绸之路，次年再设都护、戊己校尉镇守西域，自此鄯善一直与汉交好。这个时间与楼兰古城人类活动开始增加、建城启动时间大致相当。由于楼兰地区作为连接敦煌和西域都护府的中间桥梁和枢纽，楼兰古城可能此时开始有人屯田驻守，成为都护府的后方支撑基地。

"及明帝崩，焉耆、龟兹攻没都护陈睦，悉覆其众，匈奴、车师围戊己校尉。""建初元年春，酒泉太守段彭大破车师于交河城。章帝不欲疲敝中国以事夷狄，乃迎还戊己校尉，不复遣都护。二年，复罢屯田伊吾，匈奴因遣兵守伊吾地。时军司马班超留于窴，绥集诸国。"（《后汉书·西域传》）

公元 75 年汉明帝驾崩，焉耆、龟兹攻没都护陈睦，而匈奴、车师则围攻戊己校尉。虽酒泉太守段彭大破车师于交河城，刚登基的汉章帝却撤回了校尉，也未再派都护，放弃了伊吾，只有班超留在于窴仍然维系塔里木盆地西域诸国与大汉的关系。这时鄯善应未降匈奴，否则班超将失去与朝廷联系，楼兰屯戍也应未失。

"和帝永元元年，大将军窦宪大破匈奴。二年，宪因遣副校尉阎槃将二千余骑掩击伊吾，破之。三年，班超遂定西域，因以超为都护，居龟兹。复置戊己校尉，领兵五百人，居车师前部高昌壁。又置戊部候，居车师后部候城，相去五百里。六年，班超复击破焉耆，于是五十余国悉纳质内属。其条支、安息诸国至于海濒四万里外，皆重译贡献。"（《后汉书·西域传》）

公元 88 年汉和帝即位，89 年（永元元年）窦宪大破北匈奴，次年夺回伊吾，91 年（永元三年）班超定西域，被任命为都护，驻扎龟兹（即库车），94 年（永元六年）班超破焉耆，平定西域，五十余国均归降。

"超自以久在绝域，年老思土。十二年，上疏曰：臣闻太公封齐，五世葬周，狐死首丘，代马依风。夫周齐同在中土千里之间，况于远处绝域，小臣能无依风首丘之思哉？蛮夷之俗，畏壮侮老。臣超犬马齿歼，常恐年衰，奄忽僵仆，孤魂弃捐。昔苏武留匈奴中尚十九年，今臣幸得奉节带金银护西域，如自以寿终屯部，诚无所恨，然恐后世或名臣为没西域。臣不敢望到酒泉郡，但愿生入玉门关。臣老病衰困，冒死瞽言，谨遣子勇随献物入塞。及臣生在，令勇目见中土。"（《后汉书·班梁列传》）公元 100 年，班超年迈奏请回故土，至此共在西域干了 32 年，这期间丝绸之路南道一直通畅，楼兰古城人类活动也一直在加强。

"安帝永初元年，频攻围都护任尚、段禧等，朝廷以其险远，难相应赴，诏罢都护。自此遂弃西域。北匈奴即复收属诸国，共为边寇十余岁。敦煌太守曹宗患其暴害，元初六年，乃上遣行长史索班，将千余人屯依吾，以招抚之。于是车师前王及鄯善王来降。数月，北匈奴复率车师后部王共攻没班等，遂击走其前王。鄯善逼急，求救于曹宗。宗因此请出兵击匈奴，报索班之耻，复欲进取西域。邓太后不许，但令置护西域副校尉，居敦煌，复部营兵三百人，羁縻而已。其后北虏连与车师入寇河西，朝廷不能禁，议者因欲闭玉门、阳关，以绝其患。"（《后汉书·西域传》）

公元 106 年汉安帝登基，西域都护任尚、段禧被围攻，朝廷召回了都护，西域被弃，匈奴入主，丝路断绝了十余年。因匈奴屡犯边关，敦煌太守曹宗于 119 年（元初六年）派长史索班率千余人驻屯伊吾、招抚了车师前王和鄯善王。但数月后北匈奴攻杀了索班，鄯善求救，曹宗欲援，"邓太后召勇诣朝堂会议。先是，公卿多以为宜闭玉门关，遂弃西域"，邓太后召班超之子班勇商议，大臣多欲放弃西域，班勇则疾呼"夫要功荒外，万无一成，若兵连祸结，悔无及已。况今府藏未充，师无后继，是示弱于远夷，暴短于海内，臣愚以为不可许也。旧敦煌郡有营兵三百人，今宜复之，复置护西域副校尉，居于敦煌，如永元故事。又宜遣西域长史将五百人屯楼兰，西当焉耆、龟兹径路，南强鄯善、于寘心胆，北扞匈奴，东近敦煌。如此诚便"，他建议派西域长史屯楼兰，这是东汉史书上明确提及楼兰的记述，尤其提及了楼兰与西、南、北、东方向各国的位置关系，说明楼兰屯田的位置与鄯善国人居住的地方是不同的，这时鄯善应在楼兰南面，可能就是若羌的且尔乞都克和米兰一带。"复郭（敦）煌郡营兵三百人，置西域副校尉居敦煌。虽复羁縻西域，然亦未能出屯"（《后汉书·班梁列传》），但邓太后却只设西域副校尉驻守敦煌，但也显示鄯善未被匈奴所占。

"延光二年，敦煌太守张珰上书陈三策，以为：北虏呼衍王常展转蒲类、秦海之间，专制西域，共为寇抄。今以酒泉属国吏士二千余人集昆仑塞，先击呼衍王，绝其根本，因发鄯善兵五千人胁车师后部，此上计也。若不能出兵，可置军司马，将士五百人，四郡供其梨牛、谷食，出据柳中，此中计也。如又不能，则宜弃交河城，收鄯善等悉使入塞，此下计也。"（《后汉书·西域传》）

这段文字显示，公元 123 年（延光二年）鄯善未被匈奴所占，楼兰地区在汉朝手中，才可以由鄯善发兵五千威胁车师后部。

其后，尚书陈忠也上疏，"帝纳之，乃以班勇为西域长史，将驰刑士五百人，西屯柳中。勇遂破平车师。自建武至于延光，西域三绝三通。顺帝永建二年，勇复击降焉耆。于是龟兹、疏勒、于阗、莎车等十七国皆来服从，而乌孙、葱领已西遂绝"（《后汉书·西域传》）。《后汉书·班梁列传》记载更详细："延光二年夏，复以勇为西域长史，将兵五百人出屯柳中。明年正月，勇至楼兰，以鄯善归附，特加三绶。而龟兹王白英犹自疑未下，勇开以恩信，白英乃率姑墨、温宿自缚诣勇降。勇因发其兵步骑万余人到车师前王庭，击走匈奴伊蠡王于伊和谷，收得前部五千余人，于是前部始复开通。还，屯田柳中。"

公元 123 年班勇率五百人屯田柳中，次年到楼兰招降鄯善，破车师。大致对应这个时间，楼兰古城的人类活动强度出现了一个小高峰，结合前面班勇上书中所提"又宜遣西域长史将五百人屯楼兰"的建议，应就是此时开始了楼兰古城的正式大规模建设，并将西域长史府从柳中迁移至楼兰，同时继续屯田柳中。从公元 56 年（建武）至公元 123 年（延光）期间，西域历经三绝三通，鄯善似乎都未被匈奴所占，楼兰古城一直未断人烟可能是一个侧面佐证。公元 127 年（永建二年）班勇再攻焉耆，西域 17 国降服。

"六年，帝以伊吾旧膏腴之地，傍近西域，匈奴资之，以为抄暴，复令开设屯田，如永元时事，置伊吾司马一人。自阳嘉以后，朝威稍损，诸国骄放，转相陵伐。元嘉二年，长史王敬为于寘所没。永兴元年，车师后王复反攻屯营。虽有降首，曾莫惩革，自此浸以疏慢矣。"（《后汉书·西域传》）

公元 131 年汉在伊吾重开屯田。但 132 年开始（阳嘉），朝廷威望减弱，西域各国相互攻伐。152 年

（元嘉二年），西域长史王敬被于阗所杀，起因是"元嘉元年，长史赵评在于阗病痈死""明年，以王敬代为长史"（《后汉书·西域传》）。后因拘弥王成国挑拨，于阗侯将杀王敬，这段历史显示152年前后西域长史驻在于阗而非楼兰，显然丝绸之路南线是通畅的，楼兰屯戍区仍是后方支撑据点，同时似乎表明西域长史府并非一直在楼兰。153年（永兴元年），车师后国攻击屯营，却未受严惩，自此对汉疏慢，但西域仍在控制中。

根据以上史书记载与楼兰古城延续时代的对比分析，可以初步判定楼兰古城主要建筑是东汉班超公元73年再取西域时在早期居址基础上开始派人屯戍，124年班勇从柳中到楼兰招降鄯善时正式建城并部署大规模屯戍，贯彻其"西域长史将五百人屯楼兰，西当焉耆、龟兹径路，南强鄯善、于阗心胆，北扦匈奴，东近敦煌"的战略思想。而早期居址可能是一处小村落，也可能就是原楼兰都城扜泥城，但因还缺乏考古学证据的直接支持，此推测还有待考证。

11.3.3 汉晋时期遗存遗址群

汉晋时期遗存为楼兰地区分布广泛的一类遗存。楼兰古城、LE古城、LK古城、LL古城等最具代表性，此外还有大量的寺院、民居、烽燧、墓地等生活类遗存和耕地、河渠等生产类遗存。这一时期遗留的遗物非常多。典型器为灰陶罐。

1. 楼兰地区不同人类活动强度的时间

表11-3-1也列出了楼兰地区其他古城遗址的已有AMS^{14}C测年结果。

表 11-3-1　楼兰遗址群^{14}C 年龄

序号	实验室编号	^{14}C 年龄 /cal a BP	校正后年代（2σ, 95.4%）	材料	参考文献	遗址点
1	CN47	2327±20	[407~380BC] 1	一处遗址地基的红柳皮		
2	CN45	2284±20	[400~357BC] 0.870778 [283~254BC] 0.112488 [244~236BC] 0.016734	一处遗址地基的红柳皮		
3	CN290	1918±20	[30~37AD] 0.019308 [51~129AD] 0.980692	墙砖中红柳枝皮		
4	CN55	1874±30	[71~224AD] 1	佛塔泥砖中的草茎秆		
5	CN49	1863±25	[81~224AD] 1	房基里的芦苇		
6	CN57	1859±30	[81~231AD] 1	畜棚地基里的骆驼粪		
7	CN71	1848±25	[86~109AD] 0.070953 [118~236AD] 0.929047	东城墙红柳皮	（Xu et al., 2017）	楼兰古城（LA）
8	CN59	1860±25	[83~225AD] 1	佛塔大殿地基中芦苇		
9	CN52	1849±25	[86~109AD] 0.07529 [117~235AD] 0.92471	房基芦苇		
10	CN42	1839±20	[126~237AD] 1	建筑地基芦苇		
11	CN53	1840±40	[75~254AD] 0.981149 [301~316AD] 0.018851	房基芦苇		
12	CN51	1826±25	[94~96AD] 0.001874 [125~251AD] 0.998126	芦苇房顶		
13	CN60	1804±25	[131~257AD] 0.911252 [285~288AD] 0.005133 [295~321AD] 0.083615	佛塔大殿区墙体中的茎秆		

续表

序号	实验室编号	¹⁴C 年龄/cal a BP	校正后年代（2σ，95.4%）	材料	参考文献	遗址点
14	CN46	1800±25	[133~257AD] 0.879338 [284~290AD] 0.011767 [295~322AD] 0.108895	墙体中芦苇	（Xu et al., 2017）	楼兰古城（LA）
15	CN-56	1790±20	[138~200AD] 0.224106 [206~259AD] 0.52568 [280~325AD] 0.250214	建筑基底中的草		
16	CN65	1786±25	[138~262AD] 0.672562 [276~329AD] 0.327438	建筑地基中红柳枝皮		
17	CN67	1771±25	[143~156AD] 0.014547 [167~195AD] 0.039105 [210~341AD] 0.946348	芦苇房顶		
18	CN62	1748±35	[178~188AD] 0.007722 [213~391AD] 0.992278	东南城墙红柳皮		
19	CN72	1682±50	[237~433AD] 0.939971 [458~467AD] 0.006249 [488~532AD] 0.05378	芦苇房顶		
20	CN63	1703±25	[255~301AD] 0.236136 [316~400AD] 0.763864	芦苇房顶		
21	CN50	1678±35	[254~303AD] 0.141337 [314~426AD] 0.858663	芦苇房顶		
22	CN64	1626±35	[347~369AD] 0.053733 [378~537AD] 0.946267	畜棚顶芦苇		
23	CN58	1409±60	[477~482AD] 0.00299 [536~720AD] 0.967304 [741~766AD] 0.029706	建筑地面中的茎秆	（Xu et al., 2017），本次科考	楼兰古城（LA）
24	BA081854	1635±35	[339~476AD] 0.76373 [483~536AD] 0.23627	城墙红柳	（Lü et al., 2010）	小河古城
25	BA081855	1555±40	[416~590AD] 1	城墙基木炭		
26	BA081856	1545±40	[421~597AD] 1	城墙基木炭		
27	BA081861	1820±35	[88~105AD] 0.024481 [121~258AD] 0.902492 [282~323AD] 0.073027	佛塔基底草本植物		楼兰古城（LA）
28	BA081862	1790±35	[132~269AD] 0.706461 [270~332AD] 0.293539	佛塔基底木炭		
29	XLLQ1669	1857±39	[69~243AD] 1	佛塔基底红柳		
30	XLLQ1728	1930±55	[43BC~218AD] 1	佛塔基底红柳		
31	BA081863	1825±40	[84~258AD] 0.929265 [284~322AD] 0.070735	楼兰三间房东南胡杨		

序号	实验室编号	^{14}C 年龄 /cal a BP	校正后年代（2σ，95.4%）	材料	参考文献	遗址点
32	XLLQ1672	1930±120	[331~331BC] 0.000375 [203BC~384AD] 0.999625	楼兰三间房东南胡杨		楼兰古城（LA）
33	XLLQ1670	1930±115	[201BC~352AD] 0.994863 [367~379AD] 0.005137	楼兰三间房东南胡杨		
34	XLLQ167?	1915±100	[164~127BC] 0.025035 [123BC~334AD] 0.974965	三间房西侧畜厩骆驼粪		
35	BA081864	1945±35	[37~28BC] 0.019056 [24~9BC] 0.035929 [3BC~128AD] 0.945014	丝织物		楼兰孤台古墓
36	BA081865	1790±35	[132~269AD] 0.706461 [270~332AD] 0.293539	胡杨木梁	(Lü et al., 2010)	方城（LE）
37	BA081866	1740±40	[176~191AD] 0.012482 [212~399AD] 0.987518	红柳城墙		
38	XLLQ1673	1660±115	[127~618AD] 1	米兰古城内房柱胡杨		米兰古城
39	BA081867	1235±40	[675~752AD] 0.365 [757~886AD] 0.635	米兰古城西门墙木炭		
40	BA081868	1810±45	[86~108AD] 0.033423 [118~333AD] 0.966577	植物茎秆		且尔乞都克
41*	XLLQ1666	1920±85	[153~138BC] 0.008068 [113BC~259AD] 0.962088 [280~324AD] 0.029844	胡杨		土垠
42	#	1885±85	[85~80BC] 0.002223 [55BC~345AD] 0.997342 [374~375AD] 0.000435	木材	（新疆楼兰考古队，1988a）	孤台古墓（LC）
43	ZK-3097	1667±57	[245~476AD] 0.880607 [483~536AD] 0.119393	木材	（Wang et al., 2014）	营盘古城
44	ZK-3098	1774±80	[72~418AD] 1	芦苇		
45	ZK-3099	1764±55	[131~390AD] 1	芦苇		
46	UBA-21945	1844±32	[84~240AD] 1	粟黍颖壳	（Chen et al., 2016b）	
47	Beta494205	1820±30	[90~99AD] 0.009608 [124~257AD] 0.951503 [296~320AD] 0.038889	木梁	（Li et al., 2019），本次科考	楼兰古城（LA）
48	Beta494206	1880±30	[66~222ADAD] 1	木梁		
49	Beta494207	1800±30	[131~260AD] 0.829109 [279~326AD] 0.170891	木梁		
50	Beta494213	1870±30	[73~226ADAD] 1	木构件		张币1号遗址
51	Beta494214	1810±30	[128~258AD] 0.906899 [283~322AD] 0.093101	木构件		

续表

序号	实验室编号	^{14}C 年龄/cal a BP	校正后年代 (2σ, 95.4%)	材料	参考文献	遗址点
52	Beta494208	1840±30	[86~110AD] 0.06233 [115~242AD] 0.93767	木构件		楼兰东北居址
53	Beta494212	1830±30	[86~109AD] 0.034653 [118~252AD] 0.95971 [306~311AD] 0.005636	木梁		LB 遗址
54	Beta494209	1680±30	[258~284AD] 0.093962 [289~295AD] 0.010723 [321~421AD] 0.895315	木梁	(Li et al., 2019), 本次科考	LK 古城
55	Beta494210	1560±30	[420~564AD] 1	木梁		
56	Beta494211	1700±30	[253~304AD] 0.245339 [313~406AD] 0.754661	木梁		LL 古城
57	#	2040±90	[357~280BC] 0.067442 [258~242BC] 0.007505 [237BC~133AD] 0.925053	木材	(夏训诚等, 2007)	80MA 墓地
58	CN245	1805±40	[91~98AD] 0.007787 [124~334AD] 0.992213	木材	(Wang et al., 2020), 本次科考	15-1 墓地
59	CN246	1810±30	[128~258AD] 0.906899 [283~322AD] 0.093101	丝织物		
60	Beta494762	2000±30	[83~80BC] 0.005258 [54BC~70AD] 0.994742	草编绳		
61	Beta494763	2140±30	[353~295BC] 0.202689 [229~219BC] 0.014688 [213~87BC] 0.748387 [78~56BC] 0.034236	毛毡	(Li et al., 2019), 本次科考	09LE53 墓地
62	Beta494764	2090±30	[193~43BC] 1	骆驼粪		
63	CN187	1940±30	[18~14BC] 0.0047 [0~129AD] 0.9953	草秆		09LE31 墓地
64	CN188	2075±25	[175~38BC] 0.992452 [8~4BC] 0.007548	草秆		
65	2017YXC:1	1790±30	[133~263AD] 0.719324 [275~330AD] 0.280676	西南段墙体顶部红柳枝		
66	2017YXC:2	1790±30	[133~263AD] 0.719324 [275~330AD] 0.280676	西南段墙体顶部红柳枝		
67	2017YXC:3	1790±30	[133~263AD] 0.719324 [275~330AD] 0.280676	西段墙体顶部红柳枝	(胡兴军和 何丽萍, 2017)	咸水泉古城
68	2017YXM1:1	1820±30	[90~99AD] 0.009608 [124~257AD] 0.951503 [296~320AD] 0.038889	墓室顶棚芦苇		

序号	实验室编号	^{14}C 年龄 /cal a BP	校正后年代（2σ，95.4%）	材料	参考文献	遗址点
69	2017 YXM2：1	1940±30	[18～14BC] 0.0047 [0～129AD] 0.9953	墓室内出土毛毡	（胡兴军和何丽萍，2017）	咸水泉古城
70	2017 YXM3：1	1940±30	[18～14BC] 0.0047 [0～129AD] 0.9953	墓室内出土绢		
71	Beta475249	2200±30	[368～173BC] 1	炭屑	本次科考	张币1号遗址
72	Beta520050	1770±30	[220～222AD] 0.001488 [225～364AD] 0.989337 [370～375AD] 0.009175	炭屑灰烬	本次科考	双河遗址
73	Beta494762	2000±30	[83～80BC] 0.005258 [54BC～70AD] 0.994742	草编绳	（Li et al.，2020），本次科考	土垠南居址 /09LE53墓地及其旁居址
74	Beta494763	2140±30	[353～295BC] 0.202689 [229～219BC] 0.014688 [213～87BC] 0.748387 [78～56BC] 0.034236	毛毡		
75	Beta494764	2090±30	[193～43BC] 1	骆驼粪		

*使用 Calib 7.0.4 软件校正（Reimer et al.，2013；Stuiver et al.，2019）。

整个地区各古城遗址（排除古墓数据后）已有测年数据的概率密度总和分布曲线代表了楼兰（汉晋）时期这个地区的人类活动强度（图11-3-20），必须强调这代表的是这些遗址点的人类活动强度水平，并不完全代表整个楼兰地区的，因为可能还有更多的这个时期遗址尚未发现。可以看到：

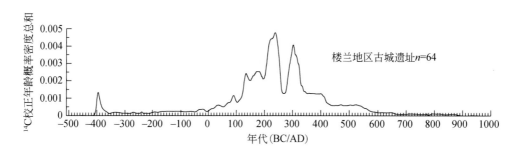

图11-3-20　楼兰地区古城遗址群^{14}C校正年龄概率密度总和分布曲线

（1）400BC前后的战国时期楼兰地区开始出现一个人类活动强度小高峰，其后在公元以前都一直处于较低的水平。

（2）大约50BC的西汉末期人类活动强度开始逐渐增加，大约80AD出现一次小峰，大约120AD出现一次迅速增加，这正对应于班勇到楼兰招降鄯善时间，其后在较高水平上波动持续到210AD左右再次大幅增加，直到270AD前后进入一次明显低谷，300AD以后再次加强，这次270AD前后的低谷目前原因不明。到340AD后再度急降，保持一个较低水平持续到410AD后再度减小，到560AD后又进一步减小，以后均保持在一个很低的水平上。

（3）总体上按人类活动强度可以划分出4个水平的期间，强度最大的时期是210～310AD，期间还有大幅波动。其次人类活动强度较高以上的时期是120～330AD，这是楼兰地区主要的大规模屯戍时期。强度第三水平以上的时期是73～410AD的东汉—魏晋时期和400～380BC，这是楼兰地区有较多人生存的时期。第四水平以上的时期是30～550AD，这是楼兰地区有人居住的时期。

2. 楼兰地区古城时代的空间差异

考察不同古城遗址的存续时代（图 11-3-21），有以下特点：

（1）战国时期的遗址不多，目前只有楼兰古城遗址和张币 1 号遗址的底部炭坑样本测得了公元前 300多年的数据。土垠南遗址战国时期的小峰因样本量少没有代表性。

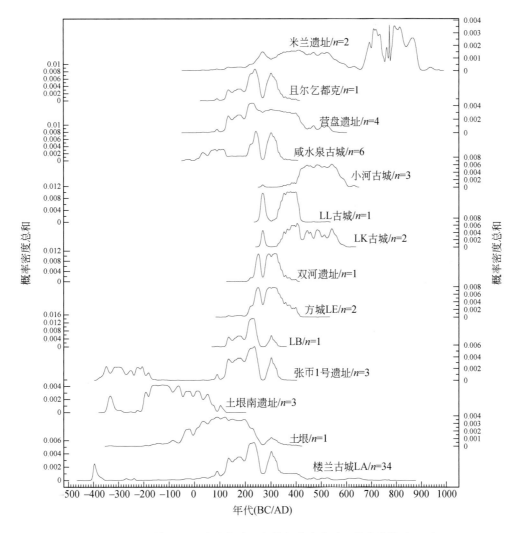

图 11-3-21　楼兰地区古城各遗址年龄概率密度总和分布曲线对比图

（2）西汉的 202BC～0AD 时期遗址也不多，仅土垠和土垠南遗址有这个时期的年代数据。这里仅列举了一个土垠遗址 ^{14}C 年龄结果，但我们新测的年龄数据中以西汉为主，并持续到东汉（许冰等，未发表），而出土的简牍中也有许多明确的西汉时期记录，根据孟凡人（1990）对土垠遗址出土木简的年代考证结果，该遗址的使用年代应该横跨两汉时期。

（3）楼兰地区 LA 周围的多数古城遗址（LA、LB、LE、LK、LL、张币 1 号遗址、双河遗址、咸水泉古城）的主要使用时间都在东汉—魏晋时期。但铁板河中游的咸水泉古城为圆城，与多数遗址形制存在差异，可能非屯戍军民所建。腹地的 LA、LB、张币 1 号遗址相对较早，属同时代的汉晋时期。双河遗址、LE、LK、LL 的建成时间相对较晚，对应同时代的魏晋时期。前人曾根据 LL 和楼兰东北大殿遗址的出土文物，认为前者对应魏晋时期，后者对应汉晋时期（新疆维吾尔自治区文物局，2015），这与我们的测年结果吻合。而外围的且尔乞都克和营盘古城存续时间与楼兰古城 LA 基本相同，但营盘古城废弃时间更晚。小河古城的时代最晚，几乎是楼兰地区的古城废弃后才开始出现，由于小河古城地处古塔里木河偏上游的位置，反映可能因河水水量减少，下游河口地区的楼兰人部分向上游迁徙。米兰遗址持续时间最长，有两个主要时期：200～550AD 的魏晋时期、700～900AD 的唐朝时期。

据此我们可以得到结论：从小河到楼兰的广大区域内具有以榫卯结构为代表的古城遗址群（咸水泉古城和营盘古城除外）的使用时间主要在东汉—魏晋时期，南北朝前后已大多荒废，上游地区的小河一带古人坚持的时间略长一些，一直持续到北魏末期。

《汉书》《水经注》等史料上记载的西汉时期古楼兰国的相关遗址发现很少，楼兰古城的早期遗址可能与楼兰国都扜泥城有关，但尚缺少考古学证据的支持。而目前发现的汉晋时期遗址大多建于王莽后的东汉—魏晋时期，始于班超、班勇父子出使西域后在楼兰地区的大规模屯戍，与西汉时的楼兰国关系不大。因此早期楼兰国和后来鄯善的遗址尚有待未来发现。

3. 楼兰时期的史书记载

自班勇在楼兰建城屯戍后，楼兰地区迎来了军屯和民屯并举的高峰。据前人考证（张体先，2014），魏晋南北朝 300 多年期间，中央王朝一直与楼兰地方政权保持密切联系。黄初元年（公元 220 年）曹丕称帝，次年他派敦煌长史张恭为西域戊己校尉，设西域长史府，三年鄯善、龟兹、于阗等国请求内附。晋泰始元年（265 年）西晋代魏，再派西域长史入楼兰管辖西域。晋永平元年（291 年）西晋发生八王之乱。前凉建兴五年（317 年）凉州刺史张寔叛晋建前凉，使楼兰和西域俱降，先后命李柏为西域长史，张硕、张尉为西域校尉。前凉建兴十七年（329 年）前凉王张俊合并西域都护营、戊己校尉营、玉门大护军，加高昌、西昌、敦煌合为沙洲，楼兰等国归沙洲辖治，直接在西域实行中原的州、郡、县行政制度。

前秦建元十二年（公元 376 年），苻坚政权取代前凉，楼兰（鄯善）等十一国赴长安朝拜苻坚。后凉大安元年（386 年）前秦分裂，吕光为后凉王，其子李霞驻守高昌，管辖西域。北魏太安元年（455 年）北魏出兵楼兰，击败叛离的鄯善王，撤销鄯善（楼兰）王制，鄯善王室后裔暗中谋反，被迁往内地临安，只在楼兰留下少数对北魏忠心者，在鄯善设立郡县军镇，按内地方式统治鄯善（楼兰）。南北朝中晚期鄯善一直与中原一样受王朝册封。

对比以上史书记载与楼兰地区人类活动强度曲线（图 11-3-20），可以看到很多人类活动强度明显变化的前后都有对应的历史事件发生，一定程度上反映出中原政权对楼兰重视程度的变化。

11.4 青 铜 时 期

古墓沟小河史前文化（以下简称小河文化）主要分布在塔里木盆地东部极端干旱的罗布泊地区，以古墓沟和小河墓地为主要代表（王炳华，2014；新疆文物考古研究所，2007）。小河文化的兴衰演化问题长期存在争议，主要是因其与周邻地区文化在时间和类型上存在巨大差异（Kuzmina，1998，2008；Mallory and Mair，2000；林梅村，2003；韩建业，2007；邵会秋，2018；Betts et al.，2018）。小河人群的生业模式和生存环境也一直模糊不清。以往关于二者的研究材料均来自墓葬（Yang et al.，2014a，2014b；Zhang et al.，2015；Xie et al.，2013；Qu et al.，2017），由于墓葬材料往往叠加了古人意识而存在选择性，用来重建生业方式和生存环境会有局限性（新疆文物考古研究所，2007；王炳华，1983a，2014，2017）。

因此小河人来自何方、去了何处、住在哪里、吃什么、用何物、如何生存、是什么人、在罗布泊地区待了多久、对史前东西方交流有何意义，以及其文明兴衰演化、人群迁徙融合的过程和方向等一系列问题无疑都受到世人的高度关注。

几年科考中，遗物方面在楼兰古城西、LK 与 LL 古城之间采集到的权杖头形制与小河墓地出土的权杖头完全一致，采集到的管状玉珠在小河墓地中也常见。更重要的是还在几处地点采集到刻画纹桶形罐实物残片，虽不见于古墓沟和小河墓地，但在塔里木盆地腹地的尼雅河尾闾地区的尼雅北方遗址和克里雅河下游青铜时代早期遗存中多有发现。楼兰北遗址中还发现了草编篓、玉斧、石矛、石镞等典型器物。

遗址方面，我们对新发现的楼兰北遗址群中 10 处小河居址（详见第 6 章）开展了相关遗存的系统年代测定，通过构建出详细的小河文化年代学序列和时空分布特征，来探讨小河人的演化和迁徙过程。

11.4.1　年代分析材料

楼兰北遗址群采集的年代样品材料包括植物、动物粪便、纺织物和动物毛发，共计 22 个样品。样品前处理和加速器测试均在美国 Beta 实验室完成。

同时收集已有研究报道中具有小河文化性质遗址的 ^{14}C 年代数据，包括小河墓地（Flad et al., 2010；Qiu et al., 2014；Yang et al., 2014a；Pavel et al., 2019）、古墓沟墓地（王炳华，1983a；夏训诚等，2007；Zhang et al., 2015）、铁板河墓地（夏训诚等，2007）、罗布泊北岸遗存（李文瑛，2014）以及克里雅北方墓地（李文瑛，2014；解明思等，2014；王炳华，2017）和尼雅北部类型（岳峰和于志勇，1999；Tang et al., 2013；李文瑛，2014），其中罗布泊北岸遗存和铁板河墓地应属于楼兰北遗址群的遗存。选择时，原文中未明确指出 ^{14}C 年龄数据是否经过校正，样品信息无详细描述，以及被认为异常或污染的均不予采纳。

11.4.2　楼兰北遗址 ^{14}C 年代

表 11-4-1 列出了楼兰北遗址群各居址校正后 2σ 的区间范围。

表 11-4-1　楼兰北遗址群 ^{14}C 年龄

样品编号	实验室编号	^{14}C 年龄/cal a BP	校正后年代*（2σ, 95.4%）	δ^{13}C/‰, VPDB	材料	地点
17L34	Beta-527117	3530±30	[1942~1763BC]（95.4%）	−22.7	芦苇	17 居址 1
17L35	Beta-527118	3520±30	[1928~1752BC]（95.4%）	−23.2	芦苇	17 居址 1
17L36	Beta-527119	3500±30	[1906~1743BC]（95.4%）	−24.4	草编绳	17 居址 1
17L31	Beta-494765	3540±30	[1955~1767BC]（95.4%）	−23.1	草编绳	17 居址 2-M
17L41	Beta-494766	3430±30	[1876~1840BC]（10.2%） [1821~1796BC]（4.4%） [1782~1642BC]（80.8%）	−24.2	粪便	17 居址 3
17L42	Beta-494767	3530±30	[1942~1763BC]（95.4%）	−23.6	木炭	17 居址 3
17L45	Beta-494768	3590±30	[2028~1884BC]（95.4%）	−25.1	草编绳	17 居址 4
17L46	Beta-494769	3520±30	[1928~1752BC]（95.4%）	−24.7	羊粪	17 居址 4
17L71	Beta-494772	3600±30	[2030~1888BC]（95.4%）	−24.3	芦苇	17 居址 5-1
17L78	Beta-494773	3620±30	[2118~2097BC]（3.8%） [2040~1894BC]（91.6%）	−20.4	毛发	17 居址 5-1
17L79	Beta-494774	3580±30	[2028~1878BC]（94.2%） [1838~1828BC]（1.2%）	−18.6	动物皮毛毡子	17 居址 5-M
17L80	Beta-494775	3570±30	[2022~1991BC]（7.1%） [1984~1876BC]（81.6%） [1842~1819BC]（4.2%） [1796~1780BC]（2.5%）	−24.5	羊粪	17 居址 5-2
17L97	Beta-494779	3420±30	[1871~1844BC]（5.7%） [1812~1802BC]（1.2%） [1776~1636BC]（88.5%）	−23.4	芦苇	17 居址 6

续表

样品编号	实验室编号	14C 年龄/ cal a BP	校正后年代 * （2σ，95.4%）	δ13 C/‰， VPDB	材料	地点
17L98	Beta-494780	3590±30	［2028～1884BC］（95.4%）	−23.3	芦苇	17 居址 7
17L101	Beta-494783	3540±30	［1955～1767BC］（95.4%）	−23.4	骆驼粪	17 居址 8
17L84	Beta-494776	3630±30	［2127～2090BC］（9.0%） ［2045～1905BC］（86.4%）	−24.5	草编绳	17 居址 9
17L87	Beta-494777	3760±30	［2286～2124BC］（83.2%） ［2090～2044BC］（12.2%）	−22.6	粪便	17 居址 9
17L100−1	Beta-494781	3590±30	［2028～1884BC］（95.4%）	−24.0	木器	17 居址 9
17L100−2	Beta-494782	3560±30	［2016～1996BC］（3.2%） ［1980～1868BC］（76.2%） ［1847～1775BC］（16.0%）	−27.5	木器	17 居址 9
17L105	Beta-494786	3540±30	［1955～1767BC］（95.4%）	−29.7	植物种子	17 居址 9
17L103	Beta-494784	3470±30	［1884～1736BC］（87.5%） ［1716～1695BC］（7.9%）	−24.1	骆驼粪	17 居址 10
17L104	Beta-494785	3480±30	［1888～1737BC］（90.9%） ［1714～1696BC］（4.5%）	−22.9	草编绳	17 居址 10

＊利用 OxCal4. 3. 2 软件（Bronk Ramsey，2017）和 INTAL13（Reimer et al.，2013）进行日历年校正。

（1）楼兰北遗址群的人类活动时间范围为 2200～1700BC（图 11-4-1）。楼兰北遗址群最早的年龄为 2286～2124BC（17L87，小河居址 9），其他年代分布相对集中。出土彩陶的遗址最早年龄为 2028～1884BC（17L45，小河居址 4），位置最靠东的遗址年龄为 1955～1767BC（17L31，小河居址 2-M）。

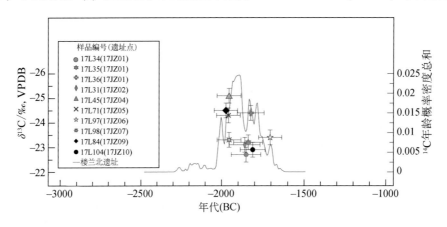

图 11-4-1 楼兰北遗址群中芦苇样品稳定碳同位素比值和14C 年龄概率密度总和分布曲线

红线为楼兰北遗址群14C 校正年龄概率密度总和分布。绿、黑、蓝和黄符号分别对应村落 V1、V2、V3、V4

（2）楼兰北遗址群的 4 个村落应为同时期的人类活动遗址。楼兰北遗址群中村落 V1 持续时间为 1900～1700BC，村落 V2 持续时间为 2200～1880BC，村落 V3 持续时间为 1950～1700BC，村落 V4 持续时间为 2100～1700BC（图 11-4-2），四个村落之间无明显年龄差异。因此四个村落应为同时期的人类活动遗址，大雅丹的分布造成聚落间相距较远。

（3）楼兰北的小河人很可能是外来人群。楼兰北遗址群 22 个样品的14C 年龄概率密度总和分布曲线可视为人类活动强度的替代性指标，分析其特点，发现人类活动强度早期突然快速增强，表明楼兰北的古人不是逐渐发展壮大的，很可能是外来的迁徙人群（图 11-4-1）。

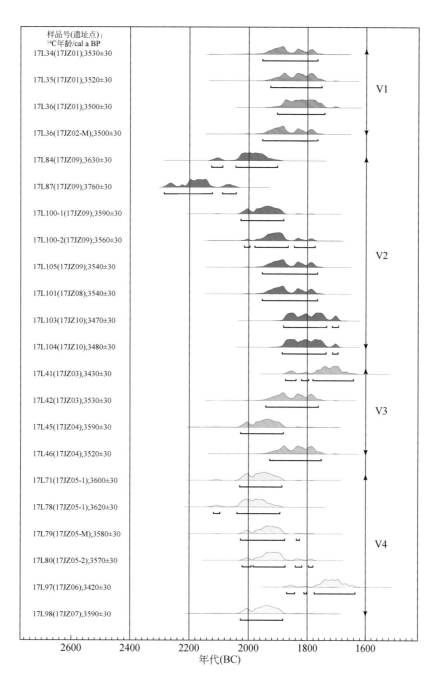

图 11-4-2 楼兰北遗址群的 ¹⁴C 校正年龄概率分布对比图

绿色符号代表 V1，黑色符号代表 V2，蓝色符号代表 V3，黄色符号代表 V4，下横线为 2σ 的范围

（4）楼兰北的小河人因某种渐变原因而离开。人类活动强度到达峰值后缓慢减弱的现象指示了某种渐变原因导致这里的人群逐渐减少，最后消失（图 11-4-1）。

11.4.3 小河人的来源与去向

1. 小河人的生存时代

将塔里木盆地所有具有小河文化特点遗址群里已有 ¹⁴C 测年数据的概率密度曲线综合在一起后（图 11-4-3a 中黑线），可以看到罗布泊地区青铜时代（小河文化期）内虽然各遗址人类活动时代略有先后，但总体上连续，在文化期尺度上表现出人类活动的快速增加和逐步减少，塔里木盆地小河人的生存时代为 2300～1350BC。

2. 小河时期遗址时空分布关系显示存在流域尺度上小河人由东向西、由北向南的迁移行为

罗布泊西岸塔里木河冲积扇上的小河时期遗址主要有楼兰北、古墓沟和小河墓地三处，对比它们的 [14]C校正年龄概率密度曲线，人类活动强度存在明显时间差异（图 11-4-3a）。

（1）楼兰北遗址群和古墓沟墓地人类活动基本同步。二者几乎同时在 2300～2200BC 开始出现人类活动，约 1750BC 后开始下降（图 11-4-3a）。但细节上二者有差异，楼兰北遗址群人类活动开始强度不大，低水平持续到约 2000BC 后迅速增加，约 1900BC 到达峰值，表现出早期突然增加，晚期逐步减少特点。而位于其西一百多千米的古墓沟墓地，人类活动强度从约 2150BC 开始就逐步增加，约 1900BC 后到达峰值，1750BC 后逐步降低，总体上为早期逐步增加、晚期逐步减少的对称形态。这种特点可能反映了小河人群是先到楼兰北，然后沿孔雀河向西扩散，并在孔雀河沿岸地区定居。而在晚期，楼兰北的降低速率高于古墓沟，表现为约 1750BC 后楼兰北遗址群人类活动强度突然迅速减弱，而古墓沟为缓慢减弱，楼兰北遗址群的结束时间比古墓沟墓地早。

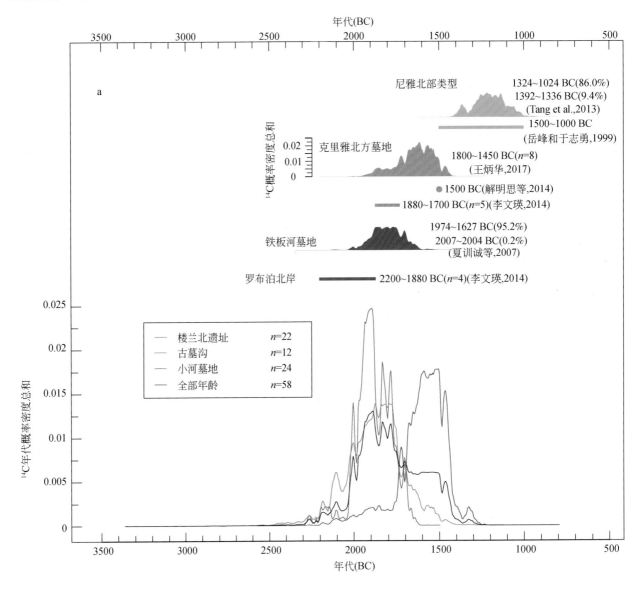

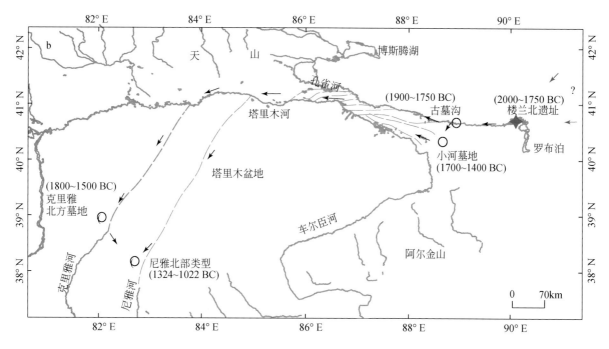

图 11-4-3　小河文化遗址时空分布及可能的迁移路径

a. 小河文化遗存的年代分布，其中罗布泊北岸遗址和铁板河墓地的位置应属于楼兰北遗址群。[14]C 数据见表 11-4-1。罗布泊地区所有[14]C 数据中包括铁板河墓地一个数据。罗布泊北岸[14]C 数据来自李文瑛（2014），铁板河墓地[14]C 年代来自夏训诚等（2007），克里雅北方墓地[14]C 年龄分别来自王炳华（2017）、解明思等（2014）和李文瑛（2014）。尼雅北部类型[14]C 年龄来自 Tang 等（2013），湖蓝色条带为考古类型学推测的年代（岳峰和于志勇，1999；李文瑛，2014）。b. 小河文化遗址在塔里木盆地内的空间分布。红星为楼兰北遗址群，箭头指示了小河人群可能的迁移方向，图中楼兰北遗址群、古墓沟和小河墓地年代为出现密集人类活动的时间。蓝色实线为现代河流，蓝色虚线为遥感解译的古河道。问号代表可能来自方向

（2）小河古墓的人群可能群体性来自孔雀河下游沿岸。古墓沟与楼兰北就在楼兰北和古墓沟人类活动大幅降低的同时，位于古墓沟西南约 45km 处 2000BC 以来人类活动强度一直低水平持续的小河墓地在 1750BC 却表现出突然的增加，并很快到达峰值，持续到约 1400BC 后才又急剧减少。这表明小河墓地的人群是群体性迁移而来，又群体性迁移而走，并且从时间的接替关系上看可能就是从古墓沟—楼兰北一带的孔雀河两岸迁移而来。

（3）楼兰北和古墓沟人群的另一个去向是更上游的克里雅北方遗址。具有小河文化特征的克里雅北方墓地位于小河墓地西约 580km 的上游地区（张迎春和伊弟利斯，2009），其已知的[14]C 年代分别为 1880～1700BC（李文瑛，2014）、约 1500BC（解明思等，2014）和 1800～1450BC（王炳华，2017），晚于古墓沟而与小河古墓相当。附近另一处具有某些与古墓沟和小河墓地相似特征的尼雅北部类型遗址，其已知[14]C 校正年龄为 1323～1022BC（86.0%）（Tang et al.，2013）、考古类型学推测年代为 3500～3000BC（岳峰和于志勇，1999；郭物，2012；李文瑛，2014），均晚于小河墓地。这两处遗址在年代上属于小河文化中晚期，因此在流域尺度上存在小河人沿塔里木河由东向西、从下游向中上游的迁移行为（图 11-4-3b）。

3. 早期小河人的最初来源可能是东方

1）年代学证据支持最早的小河人来自东方通道而非西方通道

关于小河人群来源问题，主要分为两种假说。一是基于物质文化而提出的"草原假说"，即认为是原始欧洲人越过欧亚草原到达新疆进而扩散到罗布泊地区（Han，1998；Kuzmina，1998，2008；Mallory and Mair，2000；林梅村，2003；Li et al.，2010，2015；邵会秋，2018）。二是基于自然环境条件相似性提出的"绿洲假说"，即西亚或西南亚绿洲定居农业文化对小河文化有直接或间接的影响（Chen and Hiebert，

1995；Barber，1999；Hemphill and Mallory，2004；Li et al.，2015）。然而年代学数据明确指示了楼兰北遗址群密集人类活动的时间要早于古墓沟墓地和小河墓地，也就是说小河人群应该是最先到达罗布泊西北岸的楼兰北地区。因此，无论是西边的绿洲文化还是北方的草原文化对小河人群的影响有多少，其实都不是因人口沿西方通道迁徙而至，而最大的可能是从罗布泊北、东北或东方的通道迁徙而来。

2）楼兰北遗址群的彩陶显示早期小河人受东方文化因素的深刻影响

小河墓地和古墓沟墓地中均以草编器、木器等遗存为主（新疆文物考古研究所，2007；王炳华，2014；李文瑛，2014），小河文化最早被认为是无陶文化（Betts et al.，2018），但随着近年来小河类型遗存中多种文化因素的陶器不断被发现（黄文弼，1948；牛耕，2004；李文瑛，2014；新疆维吾尔自治区文物局，2015），揭示了小河文化的组成元素要比以往认识得更加多元（李文瑛，2014）。同时因过去罗布泊地区发现彩陶极少，又缺少绝对年代控制，导致人们对该地区在彩陶文化西渐问题上无法深入探讨（陈戈，1982；邵会秋，2009；韩建业，2013，2018）。

楼兰北遗址群中发现彩陶片的遗址年代最早约2000BC，时间上早于新疆东部其他彩陶文化（约1800BC）（Zhao et al.，2013；Wang and Jia，2017），表明当时东方彩陶文化已经影响到罗布泊地区。因此，不能排除东方人群对小河人群组成的贡献，很可能最早来到罗布泊的小河人群受到东方文化的深刻影响。

4. 小河时期是不同族群、文化高度融合交流的时期

近年来对小河古墓的考古学、人类学、古环境、生业方式等方面的大量研究揭示，虽然小河古墓中高加索人种占有明显优势，但小河文化兼具有东西方文化和族群的特征（王炳华，2017），如代表西方因素的小麦、高加索人种、权杖头和东方特色的玉斧、彩陶和蒙古人种。从楼兰北遗址群、古墓沟、小河三地的时代关系和地理位置看，很可能是来自东方的人群率先来到楼兰北的孔雀河尾闾地区，然后沿河扩散，后来再西迁到中上游两岸。这期间不断融入其他类型的人群和文化因素，造成了小河古墓早晚期人种基因类型组成的变化（Li et al.，2015）。尤其是时间上相对较晚的尼雅北部类型遗存又同时表现出安德罗诺沃等多种文化的特征（岳峰和于志勇，1999；郭物，2012；邵会秋，2018），指示了罗布泊西岸的广大绿洲是塔里木盆地小河中晚期东西方不同文化、族群相互碰撞和交融的先锋区域，最后形成了独特的小河文化。

5. 小河人最后的可能去向

在塔里木盆地，时代最晚的具有小河文化因素的遗址是尼雅北部类型遗址（岳峰和于志勇，1999），大约1300BC以后，小河人的去向则是一个尚未解决的谜。目前有两种推测，一种推测是王炳华（2017）根据俄罗斯博物馆中陈列有俄罗斯某遗址出土的小河文化特色器物推测部分小河人迁徙去了俄罗斯，但目前不知该遗址具体的位置。另一种推测是部分小河人可能向东迁徙，依据是殷墟的发现。据殷墟甲骨文记载，"辛巳卜，贞，登妇好三千，畚旅万，乎伐羌""贞王勿乎妇好往伐鬼方""妇好率军西出，斩白首两万余"，结合殷墟发掘出的白种人殉葬骨骸，有人认为商王武丁的王后妇好（1263～1221BC）曾带兵西征，打败了入侵的白种人。而妇好的生存时间与小河人消失的时间基本属于同一时代，因此有可能正是部分小河人向东迁徙与东方的殷商发生了冲突，最后被妇好打败而消失在历史长河之中。

11.5 全新世早期

6.1节里介绍的细石叶灰堆遗址是全新世早期的人类活动遗址，灰堆炭屑的^{14}C年龄8890±30a BP，校正后日历年（95.4%）8220～7960BC（10169～9909a BP），表明这是全新世早期的人类活动遗址。这是目前新疆南疆已知年龄的最早人类活动遗址。

细石叶灰堆遗址周边的红烧土炭屑层^{14}C年龄为9190±30a BP，校正后日历年年龄为10429～10248a BP（92.5%），比细石叶灰堆剖面遗址略早，但基本属于同时期（图11-5-1）。

这表明在全新世早期的10 cal ka BP前后，罗布泊地区生活着一群使用细石叶的人。

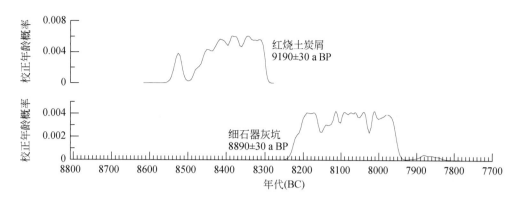

图 11-5-1　楼兰早全新世细石叶灰堆和红烧土炭屑层的^{14}C 校正年龄概率分布图

11.6　晚更新世末期

我国晚更新世末期的人类活动考古研究覆盖地理范围广阔，然而新疆地区对于这一时期的古人类活动报道相对较少（张川，1997；刘学堂，2012；朱之勇和高磊，2015）。已见报道的新疆早期石器时代遗址，如塔什库尔干吉日尕勒遗址、和什托洛盖镇骆驼石遗址、塔里木南缘石器点以及吐鲁番故城沟西台地石器点等（黄慰文等，1988；张川，1997；水涛，2008；Derevianko et al.，2012；朱之勇和高磊，2015），其年代均是根据地貌学或石器类型学推测，相对范围较大。近期报道的阿勒泰地区吉木乃通天洞遗址的旧石器文化层年代约 45 cal ka BP（于建军，2018），是新疆境内发现的唯一有确切年代、最早的旧石器时代洞穴遗址。

罗布泊地区地表散落有大量的石制品，斯坦因在楼兰地区考察时，曾采集到一些小石叶和石镞，并提出了简单的看法：这个遗址有人居住的时间可能要上溯到石器时代的早期（夏训诚等，2007）。之后在罗布泊地区考察的学者均在地表发现多处石器点（沃尔克·贝格曼，1997；新疆楼兰考古队，1988a；牛耕，2004；夏训诚等，2007），并有学者认为楼兰遗址及其周围是孔雀河三角洲中石器时代人类活动的据点和中心（侯灿，1984），显然人们一直同意石器时代罗布泊地区应存在大量的人类活动。但有关具体年代和人类活动性质的问题很少提及，由于缺乏明确石器地层关系，年代依据石制品考古类型学推测（夏训诚等，2007）。

2016 年 10 月，我们在楼兰古城附近一处雅丹地层内采集到一件石制品（图 11-6-1），该石制品具有明显人为磨制痕迹（图 11-6-2），这为我们了解该地区早期人类活动提供了新的契机。对该剖面开展了剖面沉积环境研究和石制品–地层年代学分析，同时结合石制品功能分析，为罗布泊地区早期人类活动找到了直接证据（Li et al.，2018a）。

11.6.1　雅丹地层剖面与埋藏石制品

石制品标本发现点（89°51′15.86″E，40°28′39.28″N）位于楼兰古城西南 6.65km，其周围有大量枯死的胡杨红柳，部分雅丹顶部还存有芦苇枯枝，北面 1.5km 处有一较大的古河道。在该地区地表常见散落的石制品、陶片、铜器和铁器残渣等，其中最近的一处新发现古人类遗存点（铜器、陶器和石器混合出现）约 700m。石制品埋藏于雅丹地层中（图 11-6-1），雅丹剖面高 85cm，石制品标本上覆地层沉积物厚 70cm，周围雅丹的高度均不超过 2m。

石制品岩性为黑色杂砂岩，六面体条石状，长 28cm，宽 9~10cm，厚 3cm，一端约 9cm 部分暴露在雅丹地层外。将其 6 个面实验室依次编号 SMP01~06，各个面特征描述见表 11-6-1。石制品具有明显人工特征（图 11-6-2a、b），中间存在一道尚未断开的垂直裂隙（图 11-6-2d）。其中 SMP02 表面光滑，并可

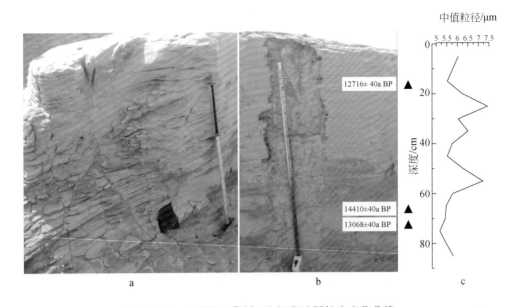

图 11-6-1　石制品埋藏剖面和沉积地层粒度变化曲线

a. 雅丹地层中半露在外的埋藏石制品；b. 沉积地层采样剖面；c. 剖面的粒度曲线和 ^{14}C 测年样位置（黑三角）

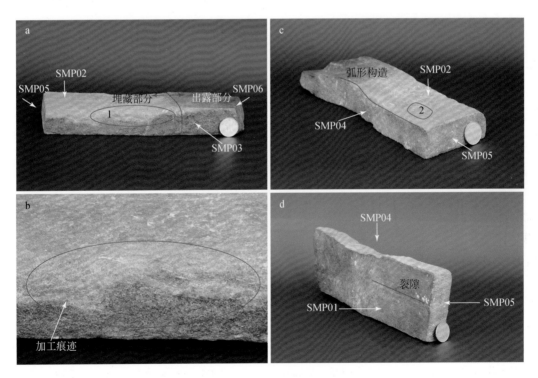

图 11-6-2　石制品照片与表面编号示意图

SMP01 ~ 06 为表面编号，b 为 a 中点线区 1 的放大图，c 中点线区 2 为图 11-6-5 微痕观测区域

见明显人工痕迹的圆弧形构造（图 11-6-2c），倾角在 4° 左右，此面应该为使用面。SMP04 表面凹凸不平（图 11-6-2c、d），可能是石料获取时的断面或者是后期使用过程中沿裂隙发育的断面。因此，根据该石制品岩性和形态特征初步推测为研磨类器物，即石磨盘。

表 11-6-1　石制品表面形态和检出淀粉粒个数

面号/样品号	特征描述	淀粉粒个数
SMP01/T1	较平整光滑，出露近 1/3，可见裂隙发育	1
SMP02/T2	较平整光滑，出露近 1/3，有明显的弧形（倾角约 4°）结构，疑似为使用面，并可见两条裂隙	1
SMP03/T3	长侧面，较光滑，出露近 1/3	—
SMP04/T4	长侧面，凹凸不平，出露近 1/3，可能是石料获取时的断面或者是后期使用过程中沿裂隙发育的断面	4
SMP05/T5	短侧面，较平整，完全埋藏	3
SMP06/T6	短侧面，有棱角，完全暴露	—
S1～S6	S1～S5 分别为 SMP01～05 的附着黏土样品、S6 为标本周围沉积物样品，作对比分析	—

注：T1～T6 为超声波样品，S1～S6 为对比分析样品；"—"代表未发现淀粉粒。

11.6.2　环境与功能分析流程

1. 沉积环境的粒度分析

前人的研究显示，细粒沉积物粒度多组分分布可作为判断不同沉积环境和水动力条件的有效指标（殷志强等，2008，2009）。通过对出土石制品的剖面的沉积环境分析，可以为判断石制品是否为原地埋藏提供直接证据。剖面沉积物主要由土黄色粉砂质黏土物质组成，胶结程度低。对该剖面由下到上按 5cm 间距进行系统采样，共采样品 17 个。利用激光粒度仪 MS3000 进行剖面沉积物粒度分析。

2. 年代学分析

选取石制品埋藏剖面不同深度的三个沉积物样品（TS04、TS05 和 TS16）进行全岩有机碳 ^{14}C 年代测定，TS04 对应石制品埋藏深度位置（图 11-6-1）。测试在美国 Beta 实验室完成。

干涸之前的罗布泊为盐湖，沉积地层中极少有植物残体，^{14}C 测年多采用沉积物有机质（夏训诚等，2007；Ma et al.，2008；Jia et al.，2017），但可能存在碳库效应的影响。罗布泊湖区地表严重盐壳化，其碳库效应无法通过 ^{210}Pb/^{137}Cs 建立表层沉积碳库进行校正，只能参考附近湖泊的碳库年龄。罗布泊干涸之前孔雀河是其主要入湖河流之一，博斯腾湖是孔雀河的源头，其具有较高的碳库年龄：1140a（Chen et al.，2006；Huang et al.，2009）。采用博斯腾湖的碳库年龄值进行校正，也是尽可能最大限度上去除碳库效应的影响。扣除碳库年龄 1140a 后，再使用 Calib 7.0.4 软件获得校正年龄。

3. 石制品功能分析

石制品是人类活动的物质载体，对石制品功能的分析是我们了解古人类认知能力和生业方式的关键。石制品表面淀粉粒和微痕分析是研究石器功能的重要方法（沈辰和陈淳，2001；杨益民，2008；高星和沈辰，2008；关莹和高星，2009；杨晓燕等，2009；张晓凌等，2010a；Liu et al.，2010，2011，2013）。淀粉粒分析是指通过对石制品表面淀粉粒的提取与鉴定，以进行石器功能分析、解读古代人类饮食结构和古环境重建等（Piperno and Holst，1998；Piperno et al.，2004；杨晓燕等，2006，2009；Barton et al.，1998，Barton，2007；李明启等，2010；Yang et al.，2012；万智巍等，2012）。

微痕分析是通过石制品的显微观察，根据留在表面的细微使用痕迹来确定其用途（沈辰和陈淳，2001）。微痕分析的实验方法参考前人（张晓凌等，2010a，2010b）的实验方法，使用 Nikon SMZ1500 体视显微镜，以破损和磨损痕迹为主要观察对象。

在从石制品提取淀粉粒的实验过程中，为确定是石制品本身表面残留还是沉积物后期污染，我们分别提取其表面附着黏土样品和超声波振荡样品，二者作对比分析。

（1）石制品表面附着黏土样品提取：将石制品各个面的附着沉积物用小刀轻轻剔在干净纸张上（SMP06 除外），装入样品袋，编号 S1～S5（表 11-6-1）。同时对石制品周边沉积物进行采样，获取一个样品，编号 S6。每处理完一个面及时更换小刀和纸张，防止交叉污染。

（2）石制品表面超声波样品提取：提取完表面附着物后，将石制品冲洗干净，除掉表面黏土附着物。按以下步骤提取超声波样品。

　　a. 将标本放入合适的容器中，加入超纯水，淹没待分析的表面。

　　b. 将装有标本的容器放入超声波水槽中，在 40kHz/200W 功率下振荡 10min。

　　c. 从超声波水槽中取出容器，用煮过的坩埚钳将标本取出。取出时用超纯水冲洗标本待分析表面。

　　d. 将烧杯中的溶液静置 24h 充分沉淀。标本 6 个面均按以上实验步骤操作，共获取 6 个超声波样品，编号 T1 ~ T6。

（3）淀粉粒提取：提取淀粉粒按照如下流程进行。

　　a. 将 S1 ~ S6 和 T1 ~ T6 分别放入 50mL 离心试管中，加入 5mL 6% 的过氧化氢。振荡后放置 30min，待离心试管中的残留物与过氧化氢充分混合，直到反应停止，如没有气泡产生。

　　b. 加入超纯水至 45mL，配重（使放入离心机对称转子上的试管质量差控制在 0.5 ~ 1g 以内，下同），然后以 3000r/min 离心 10min。倒掉上清液，再用超纯水清洗至中性。

　　c. 向试管内加入 5mL 10% 的盐酸溶液，振荡后静置 30min，待残留物与盐酸溶液充分混合后加入超纯水清洗至中性。

　　d. 再向试管内加入 5mL 5% 的六偏磷酸钠，振荡后静置 2h，加入超纯水至 45mL，配重，然后以 3000r/min 离心 10min。倒掉上清液，再用超纯水清洗至中性。

　　e. 加入 5mL 1.8g/cm³ 的氯化铯重液，振荡后立即以 3000r/min 离心 10min，吸取上清液转移到事先准备好的 15mL 塑料离心管中，吸出时不要扰动离心试管底部的残留物。

　　f. 加入超纯水至 14mL，并用振荡器振荡后，配重，然后以 3000r/min 离心 10min，用吸管吸取上清液丢弃，重复 3 次，依次吸取 1/3、1/2、2/3 上清液。剩余溶液够做片即可。

（4）显微镜观察：取离心试管中的一部分提取物做观察片，随后加入 50% 的甘油，用指甲油封片，放置 24h。首先，在 200 倍偏光显微镜下寻找具有十字消光特征的淀粉粒；找到后，在 400 倍非偏光镜下对淀粉粒的形状、大小、脐点位置、脐点状态和表面特征等进行观察记录，与现代样品（杨晓燕等，2006，2009，2010；万智巍等，2016）进行对比鉴定。

11.6.3　石制品的埋藏环境与用途

1. 埋藏环境和年代

出土石制品的剖面粒度特征比较单一，无明显较大变化，粒度主要分布在 1 ~ 10μm 之间（图 11-6-1、图 11-6-3）。结合前人建立的不同沉积环境的粒度识别标志（殷志强等，2008，2009），该沉积剖面为水动力弱的湖心相沉积。

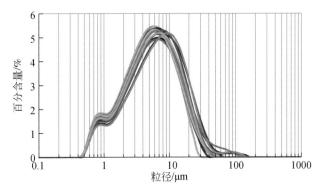

图 11-6-3　剖面粒度分布曲线

不同颜色曲线表示不同样品的粒度曲线

^{14}C 年代测试结果见表 11-6-2。TS04 和 TS05 年龄虽然因不明原因倒转，但都在 13cal ka BP 以上，即使是剖面顶部的年龄也达 12.7cal ka BP 左右。而且石制品对应深度的沉积物年龄应该晚于石制品的使用年龄，因此，可以确定石制品对应的年代为晚更新世末期，在 13ka BP 前后。

表 11-6-2　^{14}C 测年样品年龄数据表

样品编号	深度/cm	材料	^{14}C 年龄/a BP	日历校正年龄 2σ 区间/a BP*	日历校正平均年龄/a BP*
TS16	10	有机质	11950±40	12756~12677	12716±40
TS05	65	有机质	13500±40	14688~14132	14410±40
TS04	70	有机质	12340±40	13139~12997	13068±40

* 为扣除博斯腾湖的碳库年龄1140a后的校正年龄结果。

2. 淀粉粒分析

在超声波振荡样品（T1~T6）中，共发现9个淀粉粒（图11-6-4），石制品表面黏土样品（S1~S5）和周围沉积物样品（S6）中均未发现淀粉粒，说明这些淀粉残留物不是来自沉积物，而是保留在石制品裂隙和表面凹坑里的使用后的残留物，指示石制品可能是古人用来加工植物性食物的工具。提取的淀粉粒可分为三类。

A类：共观察到3粒（图11-6-4a~c），在光学显微镜下观察，该类淀粉颗粒的二维形状主要表现为近圆形或椭圆形，脐点居中，在正交偏光下观察其十字消光臂呈X形。经测量，该类淀粉的长轴粒径分布在22.9~25.97μm之间，这些特征与现代禾本科早熟禾亚科小麦族的淀粉粒特征相同。小麦族（Tribe Triticeae）植物主要包括羊草（*Leymus chinensis*）、节节麦（*Aegilops tauschii*）、冰草（*Agropyron cristatum*）、黑麦（*Secale cereale*）、青稞（*Hordeum vulgare var. coeleste*）、小麦（*Triticum aestivum*）和大麦（*Hordeum vulgare*）等植物，由于小麦族淀粉粒特征高度相似，还需进一步工作才能将其区分。

B类：共观察到4粒（图11-6-4d~g），形态特征大多呈圆形、近圆形和多边形，脐点居中闭合，表面有通过脐点较弱的线型或Y形裂隙。长轴粒径分布在13.1~21.05μm之间，该类淀粉粒与现代根茎类植物淀粉粒相似。其中图11-6-4d~f可能为何首乌（*Pleuropterus multiflora*）的淀粉粒；图11-6-4g不能确定，因为很多根茎类植物的淀粉粒都有这种形态。

C类：共观察到2粒（图11-6-4h、i），形态呈椭球型和多边形，长轴粒径分布在19.72~21.04μm之间。由于保存不好，无法鉴定。

前人通过考古模拟实验认为石制品的埋藏环境直接决定了可提取到的淀粉粒数量（吕烈丹，2002）。我们获取的淀粉粒数量较少，其主要原因是石制品所处的湖泊环境不利于淀粉粒的保存，湖水长时间的浸泡，导致其表面残留的淀粉粒被洗掉。而且淀粉粒在使用面（SPM02）并不多，相反多分布在凹凸不平的侧面和裂隙发育的表面。类似于此的情况在遗址出土的石制品也有发生（刘莉等，2014），为工具使用时的处理方法和标本的埋藏情况所导致。我们发现的这个石制品近1/3的部分因风蚀裸露地表，强烈的风蚀也是淀粉粒保存的不利因素之一。同时，石制品表面磨平度不高反映出其使用时间较短，也应是影响残留淀粉粒数量的一个因素。

3. 微痕分析

微痕分析的结果表明，在SMP02面存在着明显的磨平特征（图11-6-5），这些痕迹应与研磨行为有关，但磨平程度不高，表明石制品使用时间不长。

4. 石制品是晚更新世末罗布泊地区古人活动的直接证据

综合该埋藏石制品的剖面沉积环境、年代学和石制品功能分析结果，我们认为这块石制品作为石磨盘工具，是楼兰地区早期人类活动的直接证据。沉积剖面粒度指标指示当时这里为水动力弱的湖心环境，表明该标本为原地埋藏、未经二次搬运，推测是当时古人在湖区活动的遗落物。根据石制品-地层关系和沉积地层^{14}C年代学结果以及石制品表面淀粉粒和微痕分析结果，认为在晚更新世末期冰消期（13cal ka

BP 前后）罗布泊西岸的楼兰地区存在古人采集小麦族植物和根茎类植物等作为植物性食物，并利用石制品进行简单加工的行为。晚更新世末期罗布泊西岸入湖三角洲地区的湿润环境为人类活动提供了良好的环境条件和充足的植物资源，可能是一处人类活动较频繁的湿地绿洲。

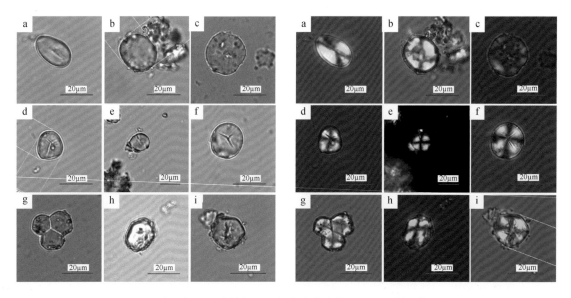

图 11-6-4　石制品提取的淀粉粒（左侧为非偏光镜照片，右侧为偏光镜照片）
a~c. A 类淀粉粒；d~g. B 类淀粉粒；h、i. C 类淀粉粒

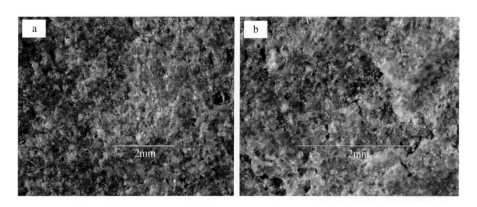

图 11-6-5　石制品微痕显微照片（对应图 11-6-2b 中点线区 2）

11.7　罗布泊地区古代人类活动期的特点

总结分析罗布泊地区的古代人类活动，可以发现存在以下特点和规律。

（1）罗布泊地区至少存在 5 个时期的古代人类活动。它们是近代、元明、汉晋（楼兰）、青铜（小河）、全新世早期（细石叶）等 5 个阶段。13cal ka BP 前后的石磨盘因仅有一件器物，还不能说明一次独立人类活动期的存在，无法判断其与 10cal ka BP 前后使用细石叶的人群是否属于同一人群，因此只能作为存在人类活动的孤证。此外实际上可能还有其他更古老人类活动时期，其证据是我们在罗布泊北岸的龙城雅丹区北部地表发现的石叶石器，根据中国科学院古脊椎动物与古人类研究所高星研究员的鉴定，这种石叶属于与细石叶不同的石器打制技术，通常出现在三万年以前，这说明罗布泊地区可能存在更早的古代人类活动。然而由于缺乏直接的年代学数据和更多的考古学证据，目前还不能以此划分出一个古代人类活动期。

（2）这些古代人类活动时期之间时间上存在间断、不连续，文化上完全不同，没有传承，族群人种（除未发现古人遗骸的全新世早期细石叶人群外）差异很大，不存在延续。

（3）从全新世早期（10cal ka BP）的细石叶文化到小河时期（4.2~3.6cal ka BP）之间存在一个近5~6ka 的文化间断，没有发现这个时期的人类活动线索。目前不能确定是因为调查工作不足还是确实存在 5~6ka 的人类活动间断。这是目前罗布泊地区古代人类活动的一大谜团。

（4）埋藏石制品表明现存地表石器遗存很多应来自风蚀的雅丹地层。

罗布泊地区的风蚀作用较强烈，现存的雅丹顶部多不是原始地面。在地层沉积过程中因干湿变化多次出现沉积间断，如对楼兰古城佛塔剖面的研究中发现剖面中下部存在侵蚀面，指示 8cal ka BP 前后出现一次沉积间断（贾红娟等，2010；Qin et al.，2011）。

野外考察对比石制品周边雅丹地层时也发现，紧邻的较高雅丹上部为青灰色较疏松的湖相地层，与埋藏石制品的雅丹地层明显不同，不是一套连续沉积地层。初步推测是由于沉积间断的出现，早期地层经历风蚀后形成雅丹起伏地形，后期洪水沉积直接超覆在雅丹起伏地层之上，才出现了相邻雅丹地层不连续、难以对比的现象。结合风蚀影响和剖面顶部年龄，推测本石制品剖面地层大致对应楼兰佛塔剖面下部 8cal ka BP 前后沉积间断之前的湖相地层。

楼兰地区地表发现的文物中，铜器和陶器在雅丹顶部和风蚀凹地中均有分布，且可和楼兰古城的遗物比较，因此可确认是年代较晚的汉晋时期遗存。而石制品大都分布在风蚀凹槽里，雅丹顶部并不多见。此处埋藏石制品表明其很可能是在洪水泛滥时被沉积物所掩埋，又在干旱风蚀期因雅丹化后暴露地表。

（5）每个古代人类活动时期都对应罗布泊西岸的绿洲发育期。

第 12 章 罗布泊环境变迁与古文明兴衰

【对罗布泊地区各人类活动时期生存环境的研究显示，环境变化是促成和加快东西方文化交流的重要关键因素，罗布泊环境变化在早期东西方文化交往中举足轻重，是罗布泊地区古代文明兴衰的根本原因。研究表明罗布泊地区人类活动主要出现在湿润绿洲丰水期，各人类活动期之间文化特征没有继承性，族群类型也不相同，是由具有不同文化特征的不同人群所建立形成的。各人类活动期内具有明显的东西方族群、文化融合特点。这些丰水期之间常常为干旱风蚀雅丹期所分开。每次罗布泊丰水期来临时，新生绿洲的丰富资源和广大宜居土地为周边地区面临生存压力的人群提供了族群生存、发展融合的必要条件，促进了不同文化和不同族群间的相互融合与交流。对古绿洲丰水期环境背景的分析表明，古塔里木河上游山区的来水量决定了罗布泊地区绿洲文明的兴衰，而上游山区气候变化导致了罗布泊地区湿润绿洲丰水期和干旱雅丹期的反复交替。因此特殊的地理位置、特有的绿洲期与雅丹期交替出现规律决定了罗布泊是欧亚内陆干旱区最大的东西方文化融合交流加速器。】

绿洲是干旱区特有的地理单元，也是干旱区人类的主要生存场所，而水文条件的好坏是决定绿洲演化方向和人类活动的先决条件。罗布泊地区出现的 5 个人类活动期与气候和水文环境变化存在关系，就成为我们探讨环境变迁与古文明兴衰的关键证据。下面逐一针对每个古代人类活动时期的绿洲变迁及其气候背景进行讨论。

12.1 元明丰水期的生态环境与气候背景

12.1.1 元明丰水期楼兰绿洲水文生态环境

1. 河床漂木指示的周期性洪水事件

楼兰地区的 14 条主干河流两岸均分布着大量已枯死的胡杨、红柳和芦苇植被。对这些植被的系统年代学测定，显示均是元明时期的植物残体（详见 11.2 节）。

对于古河道中的胡杨树皮样品，由于胡杨树皮（野外胡杨树干最外层）样品年龄代表胡杨树的最后生长时间，可以指示胡杨的大致死亡时间。如果是上游的胡杨树被洪水带到下游形成漂木，那么漂木的最后生长时间就大致指示了洪水发生的时间（或死亡时间）。同一次洪水中的漂木大致同时死亡，因此死亡年龄相对集中，统计上会出现树木死亡年龄峰值。因为区域水文环境变差而逐渐枯死的河道两岸的胡杨树，由于个体的差异先后死亡，表现出的树木死亡年龄数据较分散。

古河床胡杨树树皮样品的统计频率高峰期表示样品死亡时间较集中，对应样品是洪水带来的漂木。从表 11-2-1 样品的 ^{14}C 年龄看出，古河道样品的测年误差多数在 25a 左右，于是按 25a 间隔对古河道胡杨树树皮样品年龄分布进行频率统计，分布在一个间隔里的年龄数据可认为样品的最后生长时间大致相同。统计结果显示在 1260～1450AD 期间，出现三次高峰期。1450～1550AD 样品年龄较少，而且分布较分散，可能是自然枯死（图 12-1-1）。

1260～1450AD 的三次高峰期表明其间存在至少三次洪水期（C1、C2、C3），每个洪水期可能包含多次洪水事件，其中 C2 洪水期可能持续时间较长。南 1 河上、下游和南 2 河胡杨树的年龄差异（图 11-2-2）表明 1260～1450AD 期间存在多次不同强度的洪水事件，并影响不同的河流和河段范围（图 11-2-1）。

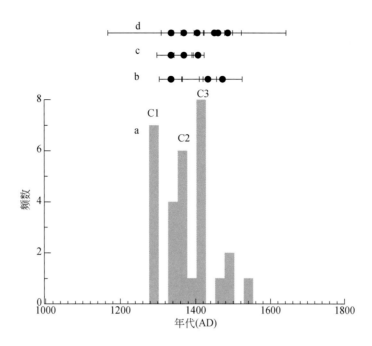

图 12-1-1　古河道胡杨样品年龄分布频率和其他样品年龄分布

a. 古河道胡杨样品年龄分布；b. 古代人类遗址样品年龄分布；c. 芦苇年龄数据分布；d. 红柳样品年龄分布。C1～C3. 洪水事件

2. 楼兰绿洲区的生态环境特点

雅丹顶部的芦苇年龄与红柳年龄均出现在洪水事件结束后，表明在洪水事件（期）的间隔时期出现了地下水位较低的干旱状态。考虑到胡杨的生长时间，湿润期开始时间可能会更早一些。但因缺少胡杨生长信息，因此只能根据胡杨死亡年龄指示的洪水期时间与芦苇、红柳的年龄数据，确定 1260～1450AD 是北起土垠、南到 LK 之间的楼兰广大地区内广泛发育绿洲的丰水期，沿地表河流两岸生长的胡杨林、红柳灌丛和芦苇等草甸植被构成干旱区所特有的绿洲植被景观。

12.1.2　元明丰水期与区域气候变化背景

1. 元明丰水期受控于山区河流补给的增加

1260～1450AD 处于中世纪暖期（1000～1300AD）向小冰期（1400～1900AD）转变的过渡阶段，区域温度逐渐降低（图 12-1-2a、e）。此时段因在高纬度地区出现冰川扩张，也称小冰期早期。

罗布泊地区降雨稀少，绿洲受控于河流的补给，而河流的水文变化主要受控于高山降水或冰雪融水。塔里木盆地北靠天山山脉，南临阿尔金山和昆仑山山脉。昆仑山区是塔里木河重要的水源区之一，古里雅冰芯冰雪累积量的变化可作为指示昆仑山区降水量变化的有效指标，在这一时期的冰雪累积量不断增加，表明昆仑山区的降水量在不断增加。新疆科桑溶洞石笋记录和祁连山地区树轮的证据均显示此时段降水量明显增加，艾比湖、巴里坤湖和喀拉库尔（Karakul）湖古气候重建的结果表明 1260～1450AD 时期区域环境湿润（图 12-1-2）。

这个时段的人类活动和气候记录很好的耦合关系表明，气候变化导致山地降水增加或区域湿度增加，促使 1260～1450AD 期间罗布泊地区出现适宜人类活动的绿洲环境，最终导致元明时期人类再次定居楼兰地区。

2. 元明湿润期可能是蒙古西征的重要有利环境因素

13 世纪是欧亚大陆历史的一段重要时期，成吉思汗及其后代带领的蒙古大军分别于 1219～1225AD，

1235～1241AD 和 1252～1258AD 期间在欧亚大陆广阔地带进行了规模空前的三次西征。罗布泊地区为欧亚干旱核心区,元明时期的湿润期意味着塔里木盆地乃至整个中亚干旱区都会出现利于绿洲发育的湿润环境。考虑到楼兰地区河床内出现的漂木需几十年的生长期,因此塔里木盆地的湿润期应比 1260AD 早几十年,正覆盖了西征的时间。这表明中亚干旱区此时段绿洲环境的大范围发育,不仅促使蒙古大军兵强马壮,而且为大军西征沿途提供了足够的草料物质补给。因此,这一时期欧亚内陆的湿润环境应该是蒙古帝国崛起的重要有利环境因素之一。

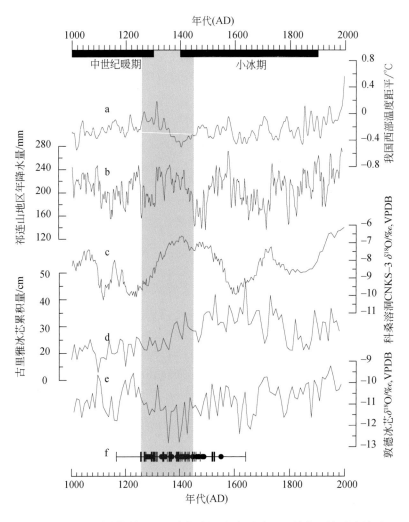

图 12-1-2　元明时期楼兰地区古绿洲、人类活动和区域古环境对应关系

a. 我国西部温度距平重建曲线（Shi et al., 2012）；b. 青藏高原东北部树轮古气候记录（Yang et al., 2014b）；c. 新疆科桑溶洞 CNKS-3 石笋记录（Cai et al., 2017）；d. 古里雅冰芯冰雪累积量（Thompson et al., 1995；Yao et al., 1996）；e. 敦德冰芯 δ18O（Thompson et al., 2006）；f. 本书的14C 年龄点

　　总结对罗布泊地区植物残体和古代遗址的精确14C 定年和统计分析,得到以下结论:
　　（1）罗布泊地区自古楼兰消亡之后,环境并非一直雅丹荒漠化,1260～1450AD 是罗布泊地区的又一次丰水期,生长大量的绿洲植被。丰水期包含多次洪水事件,表现为交替出现的洪水事件与枯水期。
　　（2）古代人类居址和人工水渠的年代结果（见 11.2 节）显示,在元明时期楼兰地区曾有一定规模的人类活动,人们在此修渠调水灌溉农田。
　　（3）气候变化导致的河水增加促使楼兰地区再次绿洲化,区域水文条件变好是元明时期人类再次定居楼兰地区的主要因素。

12.2　汉晋时期的生态环境与气候背景

罗布泊古湖区广泛发育坚硬的盐壳，西岸发育雅丹和红柳沙包，西南岸沙丘和雅丹同时存在，以上三种地貌组成现今罗布泊地区的主要地表景观。极端恶劣的气候条件导致该地区植被稀疏，几乎无植被覆盖，在北部近河口的位置可见少量藜科和菊科植被（夏训诚等，2007）。不过在楼兰出土的佉卢文书中有这样一条记载"乱砍树木者，罚母牛一头"，这清晰揭示了当时在该地区存在乔木林，因此也被认为这是世界上最早的森林保护法。

传统古生态研究主要是通过寻找连续的陆生花粉序列，重建特定历史时期的植被类型与生态景观（贾红娟等，2011；Tang et al.，2009；Zhao et al.，2012；Liu et al.，2016；Jia et al.，2017）。但因罗布泊地区（遗址附近）缺少这样的沉积序列，而且在已有的湖区花粉序列报道中明显存在远距离输送花粉的现象（贾红娟等，2011；Liu et al.，2016；Jia et al.，2017），其所代表的并不是当地小区域的生态环境。并且，年代序列和时间分辨率还需进一步改善。因此，对罗布泊地区遗址中保存的植物残体进行分析和定年，其结果所反映的古环境和古生态信息可能是在罗布泊地区现阶段最可靠的重建结果。

12.2.1　楼兰时期遗址群的植物利用

遗址中的粗大乔木常常不乏曾被各古城用作大型梁柱。前人研究表明，通过对遗址中未知木材的种类鉴定和定年，可以直接揭示当时环境生态景观和人类活动（Figueiral and Mosbrugger，2000；Rodríguez，2000，2004；靳桂云等，2006；孙楠等，2010；王树芝等，2014，2016；王树芝，2011；Zhang et al.，2015；Jiang et al.，2018），并更好地理解人类活动对区域生态环境的适应和影响（Shen et al.，2015）。

在汉晋时期的古城遗址中保存有大量的各种植物遗存，通过对遗址中乔灌草不同植物类型进行系统地鉴定分析，可以为探讨当时楼兰绿洲的植被组成提供重要的分析依据。然而在楼兰，由于这些木材特别粗大，有人认为这些梁柱木材是来自山区的杉木，是古人沿丝绸之路古道从遥远的山区运来，这意味着这些梁柱木材可以提供丝路和山区生长地的信息，却不能指示楼兰当地绿洲植被的特点。因此对遗址中木材开展种属鉴定，对分析绿洲植被组成或探讨丝路去向都具有重要意义。

我们对罗布泊地区 8 处遗址区的植物遗存开展了野外系统调查，并根据大型木材的解剖特征确定植物种属，进而探讨楼兰繁盛时期罗布泊西岸绿洲的古生态环境（Li et al.，2019）。

1. 木本植物

楼兰时期乔木广泛被用作大型建筑物的梁（圈梁和地梁等）和柱（方柱、圆柱），木材之间利用榫卯结构连接，其他建筑特征则因风蚀未能较好地保留。粗大的树干同样用于居址的建设，以树干做框架，中间填充红柳或其他木本植物的树枝，外面抹泥加固，这种方式被称为木骨泥墙。关于该地区现存城址的城墙建筑风格则体现了当地的特色，多数由红柳枝平铺或斜铺层（有些还会出现粗大树干）与夯土层交替构成，而遗址所在地理位置的地貌环境则是影响植物层与夯土层在城墙建设中所占比重大小的主要因素。同时，这些植物层对城墙的保存应该也起到一定的保护作用。在该区域内的佛塔遗存中，我们调查发现佛塔底部大都会有红柳枝层，可能是地基防潮的特殊处理。另外，木本植物还被用来制作木棺、木器（木桌、木盘等）和木简等。对这些粗大木材的种属确定，不仅是解读其所隐含的生态环境信息的关键所在，而且可以判断其来源以及丝绸之路的运输传播功能。

2. 草本植物

前人从遗址内动物粪便中提取微体化石的工作结果显示，芦苇和禾本科植物是用作动物草料的主要草本植物（Zhang et al.，2012b）。我们通过调查发现，芦苇也是一种被广泛使用的建筑材料。一些居址中芦苇束搭配木材框架构成居址墙体，或者铺在屋内底部作为保温防潮垫层。该地区墓葬中也发现有苇帘、苇床等（新疆楼兰考古队，1988a）。另外，在多处遗址的现存土坯建筑中可以明显发现草拌泥，表明当时人类对草本植物的利用相当广泛，芦苇也是当时人类大量利用的一种植物。

12.2.2 遗址群木构件的木材物种与年代

1. 梁柱木构件木材物种均为胡杨

在罗布泊地区 8 处遗址中选择了 30 个典型建筑木材样品，进行考古木材鉴定。将采集的样品按照横、径、弦 3 个方向切出 3 个面，在具有反射光源、明暗场、物镜放大倍数为 5 倍、10 倍、20 倍和 50 倍的 Nikon LV150 金相显微镜下观察、记录样品特征。根据 1992 年成俊卿等所著的《中国木材志》对树种木材特征的描述、图版和采集的现代树种木材切片进行木材树种的鉴定，然后将样本粘在铝质样品台上，样品表面镀金，在 Quanta 650 扫描电子显微镜下进行拍照，鉴定工作在中国社会科学院考古研究所完成。

我们对 8 处遗址采集的木材样品的树种鉴定显示全为胡杨（*Populus euphratica*）木材，特征描述如下：从横切面上看，导管横切面为卵圆及椭圆形，具多角形轮廓，多数为短径列复管孔（通常 2～4 个，稀至 6 个），少数单管孔，偶呈管孔团，壁薄，侵填体未见，轴向薄壁组织量少，轮界状，木纤维壁薄（图 12-2-1a）；从径切面看，射线细胞内部分含树胶，晶体未见，端壁节状加厚明显，木数较多和螺纹加厚未见，射线-导管间纹孔式为单纹孔，射线组织同形单列偶为异形Ⅲ型（图 12-2-1b）；从弦切面看，为单列射线（图 12-2-1c）。

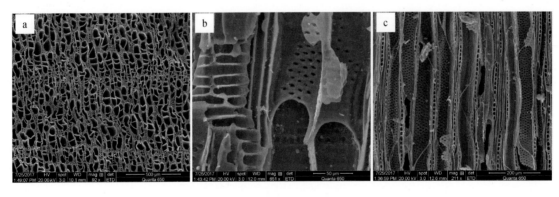

图 12-2-1　木材典型显微结构照片
a. 胡杨木材横切面；b. 径切面；c. 弦切面

罗布泊地区古代人类利用最多的是胡杨木材。胡杨木材具有较轻软、纹理不直、结构较细、易干燥和易加工等特点，在干旱区考古遗址中经常出土（Zhang et al.，2015；Jiang et al.，2018），是新疆古代人类利用的主要木材之一。我们对各遗址的木材鉴定结果显示，这一时期的主要建筑用材为胡杨，说明当时该地区生长有大量的胡杨林，常用作房屋和墓葬用材。

这一结果排除了过去木构件物种是山区云杉的推测。因此，虽然汉晋时期是中原和西域在政治和经济上频繁交流的时期，但是就人类活动在木材利用方面来看应主要为就地取材，并没有出现大规模远距离的砍伐搬运活动。

2. 年代学数据显示乔木与灌草植物属于同时代植物遗存

年代学数据显示乔木与灌草植物属于同时代植物遗存，然而由于乔木生长周期相对较长，如果乔木与草灌植物不是同时代植物，就不能用来与遗址中芦苇、红柳等草灌植物一起分析绿洲的植被组合类型。因此这首先需要对比分析这些木材与草灌植物残体的年龄。我们在做显微鉴定的样品中随机选取 10 个做 AMS¹⁴C 年代研究，测试在美国 Beta 实验室完成。¹⁴C 年龄数据见表 11-3-1。对比这些胡杨的年龄与前人测得的楼兰古城里红柳的年龄（图 12-2-2），可以看到乔灌草三类样品的年龄数据集中分布时段基本是相同的，不存在乔木胡杨明显老于草本植物的现象，说明在现有测量精度水平下，乔灌草基本可以视为同时代的植物遗存，因此可以用来探讨绿洲植被的组成特点。

12.2.3　汉晋时期的绿洲环境

胡杨是塔里木盆地唯一的成林树种，表现为沿地表河流分布生长，是整个塔里木河流域植被中非常重要的组成部分，对遏制沙化、维护区域生态平衡和保障绿洲农牧业生产及生态环境可持续性发展起着重要作用。罗布泊西岸地区为典型的入湖三角洲区，河网广布，这些古河道均是由古塔里木河分散而来。楼兰时期遗址中存在大量粗的胡杨，直接说明当时该地区应该存在大量胡杨林，具有丰富的森林资源。

而且昆仑山区（Yao et al., 1996）、帕米尔山区（Mischke et al., 2010；Aichner et al., 2015）、天山地区（Wünnemann et al., 2003；Solomina and Alverson, 2004；Huang et al., 2015；Lauterbach et al., 2014；Cai et al., 2017；Schwarz et al., 2017）已有的古气候重建结果显示当时的降水量或冰雪融水明显增加，盆地内部的河流径流量也出现上升现象（周兴佳等，1996；Liu et al., 2016）。因此，楼兰时期罗布泊西岸地区的生态景观表现为由胡杨、红柳灌丛和芦苇草甸等组成的绿洲环境，是亚洲内陆干旱区典型的走廊式林带景观。《汉书·西域传》里记载楼兰地区"多葭苇、柽柳、胡桐、白草。民随畜牧逐水草"，也表明汉晋时期的楼兰地区植被较多，有较丰富的地表水或较高的地下水位，水资源丰沛，环境湿润，得以发展畜牧业，和遗址植物遗存的分析结果吻合。前人对楼兰时期古环境的研究结果也同样显示了该地区当时存在大量的湿地区，并且适宜人类耕种利用（Qin et al., 2011；Zhang et al., 2015），为典型的绿洲环境。

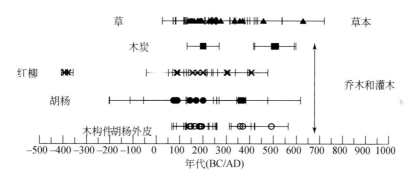

图 12-2-2　楼兰遗址内植物样品的 ^{14}C 年龄对比

横线段是年龄误差范围；黑线圆是本研究的木构件外皮年龄，其他数据引自前人研究：

新疆楼兰考古队，1988a, 1988b；Lü et al., 2010；Chen et al., 2016b；Wang et al., 2014；Xu et al., 2017

12.2.4　楼兰绿洲的气候背景

研究遗址中几乎没有 500AD 之后的胡杨数据，导致这种现象的原因可能包括两方面：一方面，环境恶化、地下水位下降，不足以支撑胡杨树生长；另一方面，人类活动减少，未有人类大规模修筑建筑活动。但从古气候记录上来看（图12-2-3），在 500AD 左右明显出现山区降水量的减少，这势必会引起罗布泊地区地表径流较少，即可利用的水量大幅减少。而且，在塔里木盆地的其他古绿洲同样记录了在 500AD 左右出现生态环境的恶化，植被减少（Zhong et al., 2007）。因此，气候因素的变化应是罗布泊西岸遗址中没有 500AD 之后的胡杨数据的主要原因。而且在楼兰古城出土的木简、纸文书（夏训诚等，2007）和历史记载（法显，2008；玄奘和辩机，1985）也同样表明在楼兰晚期出现了水资源匮乏、生态环境恶化和地表雅丹化的现象。综上所述，气候变化引起的山地降水量减少导致了盆地内部地表径流较少和绿洲植被退化（有茂密的河岸林变为雅丹地貌），因此也应是楼兰文化消失的重要环境因素。罗布泊西岸地区如此大的生态景观变化，在充分肯定气候因素之外，人类活动可能也起到一定的加剧作用。

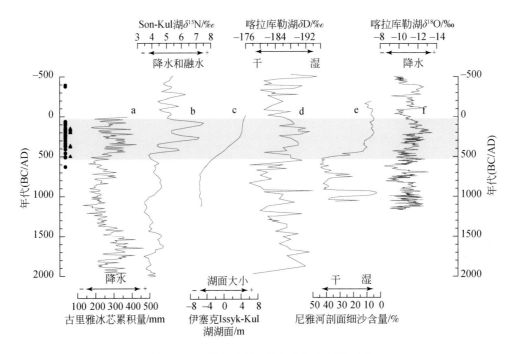

图 12-2-3　楼兰遗址年龄与古气候记录对比

黑点为前人的[14]C 年龄数据（新疆楼兰考古队，1988a；Lü et al., 2010；Wang et al., 2014；Chen et al., 2016a；Xu et al., 2017）（已用 Calib 7.0.4 校正）；黑三角为本书研究的[14]C 年龄；灰色带为罗布泊的人类活动时间。a. 古里雅冰芯的冰雪累积量（Yao et al., 1996）；b. δ^{15}N，中天山 Son-Kul 湖（Lauterbach et al., 2014）；c. 天山伊塞克湖（Solomina and Alverson, 2004）；d. δD，西昆仑喀拉库勒（Karakuli）湖（Aichner et al., 2015）；e. 尼雅河剖面（Zhong et al., 2007）；f. δ^{18}O，西天山 Uluu–Too 溶洞（Wolff et al., 2016）；古气候数据来自 www.ncdc.noaa.gov〔2019-12-01〕和 www.pangaea.de

总结以上分析，可得到以下认识：

（1）楼兰时期的植被利用主要为胡杨、红柳和芦苇。楼兰地区虽然是古代丝绸之路的重要节点和枢纽，但当时的木材利用仍主要是就地取材，这也说明当时存在较丰富的植被资源。

（2）罗布泊西岸地区的植被景观是以胡杨、红柳和芦苇为主的河岸林。当时气候足够湿润、地表径流或地下水位足够高。这种生态景观与现代塔里木河下游地区相似。

（3）楼兰晚期植被的减少可能是气候恶化的结果。综合分析塔里木盆地周围高山地区和盆地内部古气候记录显示，楼兰时期丰沛的水资源支撑了当时的大规模人类活动；同时，在 500AD 左右出现的水量变少，也应是楼兰地区人类活动较少甚至消亡的重要环境因素。当然，楼兰晚期植被的减少可能主要是气候恶化的结果，人类活动在一定程度上可能加剧了环境的恶化。在未来的多学科交叉研究中还需更精细的古气候古生态记录和考古证据来进一步评估二者的影响。

12.3　青铜时期人类迁移的环境驱动

与楼兰的兴衰一样，小河文明的兴衰也是人们高度关注的一个科学问题。我们从地质地貌、古环境古生态、考古等多学科角度来探讨当时的人类活动与环境的相互关系，尝试揭开罗布泊地区小河文化兴衰之谜。

通过观察楼兰北遗址群、古墓沟墓地和小河墓地的[14]C 年代概率密度曲线（图 11-4-3），发现小河墓地的人群是群体性迁移而来，又群体性迁移而走，在塔里木盆地存在由东向西再向西南迁移的现象。为了探讨小河人西迁的环境因素，我们首先需要考察楼兰北地区小河人的生业方式和生存环境，然后分析他们的生存环境发生了什么变化导致人群可能迁移，最后分析又是什么原因导致了小河人生存环境的变化。

12.3.1　小河人的生存环境

1. 小河人的生业方式

定居生活方式：楼兰北遗址群小河时期居址均分布在高大雅丹的顶部或次级平台上，与小河墓地、古墓沟墓地的周围地貌差异甚大。这些雅丹一般在 15~25m 高，为中更新世末地质时期的产物（王富葆等，2008）。雅丹存在多级平台并有明显的风蚀崩塌痕迹，表明当时人类居住的空间虽在雅丹顶部或次级平台，但要比现在看到的宽阔得多。目前可以确认两种小河人居址搭建方式，一种是雅丹顶部的半地穴圆形遗址，这种居址顶部可能与仰韶文化的圆锥形棚顶类似，用树枝搭建。新中国成立初期，解放军在南疆的屯戍部队搭建的干打垒与之极为相似，这在塔里木大学西域文化博物馆仍可看到。另一种居址建立在雅丹次级平台上。雅丹顶部和次级平台为抗风蚀的黏土层，黏土层之间多有较松散的沙层，一些居址是在两层黏土层之间的沙层内挖而沿崖搭建。小河居址和雅丹地形的这种独特关系指示了当时古人充分利用了沙层松散、上覆泥岩坚硬的特点，在雅丹顶部傍壁搭建住所或将沙层清理后成为居住空间，而坚硬的黏土层则作为居住地面或居所顶，表现为沿崖壁而建的半地穴式房舍。这类居址大都位于雅丹的东侧，应是为了便于采光取暖。

初级工坊：发现彩陶、石英质管钻岩心、石矛、石磨盘、三眼火塘的 17 居址 3 和发现彩陶、火塘、草编篓、青玉斧、绿松石吊坠的 17 居址 4 显然具有初级工坊特点，其性质决定了它是一种相对固定的产业方式。

畜牧采摘渔猎生活方式：居址中出土的石镞和石矛以及小件青铜器表明小河文化的原始性，其代表的是新疆地区较早的青铜文化。草编篓、木器、草绳、植物种子、绵羊角和大量的骆驼、绵羊、牛等动物的粪便表明当时存在以畜牧采摘为特点的初级定居农业经济，居址中出土的淡水鲤科鱼骨则表明当时还应该存在渔猎活动。因此小河时期人们以畜牧采摘渔猎的定居方式在楼兰北地区生存。在楼兰北遗址群目前还未发现种植的证据。

古墓沟和小河墓地人骨和头发的碳氮同位素、食物残留以及大量的小麦和黍子（新疆文物考古研究所，2007；张全超等，2006；张全超和朱泓，2011；屈亚婷等，2013；王炳华，2014；Yang et al.，2014a，2014b；Zhang et al.，2015；Xie et al.，2016；Qu et al.，2017）也印证了小河时期多种生业方式的存在。

2. 楼兰北地区小河人的生存环境

近年来小河墓地、古墓沟墓地大遗存和微体化石（花粉、植硅体）证据等重建遗址附近古环境的研究结果显示，小河时期植被类型主要包括杨属、芦苇、香蒲、禾本科、藜科、艾属、柽柳属、画眉草属和麻黄属植物，为典型的荒漠绿洲环境（Li et al.，2015；Qiu et al.，2014；Zhang et al.，2015；Pavel et al.，2019）。但楼兰北遗址群居址中以草本植物为主，并未见太多木本植物，木材多见于墓葬中棺木，这种现象指示了两种可能的存在。其一可能表明当时植物资源被人类选择性或有目的性地利用，如因金属工具缺乏，木材难以广泛利用；其二可能反映当时楼兰北部地区木本植物资源相对较少。

小河墓地附近的地质沉积剖面显示 4800~3500a BP 为湖相沉积层，指示小河墓地周围当时存在稳定水体，水文环境较好（Zhang et al.，2019），而楼兰古城内佛塔下伏地层的沉积记录显示 4000a BP 左右罗布泊地区主要水体已经往东退出楼兰古城的位置（Qin et al.，2011；Jia et al.，2012）。而且重要的是，17 居址 8 内出土的鱼骨初步鉴定为鲤科，指示楼兰北遗址群周围存在淡水水体。因此，小河时期罗布泊地区主要人类活动区存在相对较多水体的湿地环境，生长绿洲植被，小河人可以放牧、采摘，也能捕鱼和狩猎。

12.3.2　植物 $\delta^{13}C$ 指示的小河人生存环境变化

干旱区 C3 草本植物的稳定碳同位素比值（$\delta^{13}C$）变化与当地的水文状态变化有很好的相关性，并表现出负相关关系（Wang et al., 2003；Diefendorf et al., 2010；Kohn, 2010；Rao et al., 2017），楼兰北遗址内保存的大量的芦苇和动物粪便则为我们研究同时期内部水文环境变化提供很好的材料。

1. 植物样品 $\delta^{13}C$ 的测试流程

样品洗净、烘干和粉碎之后燃烧，收集完全燃烧后的气体，采用气相色谱仪开展 CO_2 的分离提纯，再采用元素分析仪（elemental analyzer）与稳定同位素比值质谱仪（IRMS）测定样品的碳同位素组成。动物粪便为混合样品，实际测试的为粪便中分离出的植物残体（图 12-3-1）。碳同位素的表达式为：$\delta^{13}C =$ $[(R_{sample}-R_{standard})/R_{standard}] \times 1000‰$，其中 R_{sample} 和 $R_{standard}$ 分别表示样品和标样的稳定碳同位素比值。碳同位素结果采用国际标准 VPDB，测量偏差相对于国际标准不超过 0.30‰，样品 $\delta^{13}C$ 的前处理和测试均在美国 Beta 实验室完成。

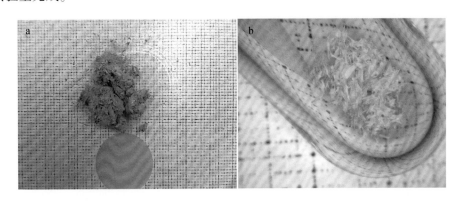

图 12-3-1　楼兰北遗址群典型动物粪便样品（17L103）

a 和 b 分别为 ^{14}C 和 $\delta^{13}C$ 测试的原始样品和处理后测试的样品，比例尺为 1mm×1mm

2. C3 草本植物的 $\delta^{13}C$ 指示的环境恶化

楼兰北遗址中 C3 植物芦苇的 $\delta^{13}C$ 值（范围-25.1‰ ~ -22.6‰，平均值-23.78‰）表现出与人类活动强度变化的直接相关性（图 11-4-1），即人类活动相对较强时，$\delta^{13}C$ 偏负；人类活动相对较弱时，$\delta^{13}C$ 偏正。虽然研究时段较短，存在一定测年误差，样本数量也偏少，但总体上仍显示出水文环境变化与楼兰北遗址区人类活动之间的某种趋势性关系。

楼兰北遗址中 10 个芦苇样品的 $\delta^{13}C$ 值分布范围为-25.1‰ ~ -22.7‰（图 11-4-1），平均值为-23.69‰。$\delta^{13}C$ 值表现出随时间变正的趋势，变化幅度达 2‰，已远远大于样品测量误差。这种趋势指示楼兰北遗址群晚期河流水量减少、水文环境相对变差，这可能正是晚期人类活动强度逐渐减弱的原因所在。

动物粪便样品 $\delta^{13}C$ 值分布范围为-24.5‰ ~ -22.6‰（图 12-3-2），平均值为-23.9‰，整体未表现出随时间或位置变化的趋势。这应该与动物食用多种植物造成粪便中植物残体混合有关，其中 $\delta^{13}C$ 信号反映的是混合信号，因此没有如单种植物芦苇那样表现出明显趋势。

因此，小河人群迁移的根本原因是古塔里木河河流水量减少，导致地处河流尾闾的楼兰北地区绿洲环境恶化，人类生存面临压力，人口减少，然后随河水进一步较少，绿洲退化逐步向中上游扩展，古墓沟一带环境也逐步恶化，人们只好不断顺河上溯追逐水资源，一支来到小河墓地附近定居，这是古塔里木河南流分支所在，另一支则沿古塔里木河上溯一直来到克里雅河汇入古塔里木河的冲积扇定居下来，并进而继续沿尼雅河迁徙到尼雅河流域。

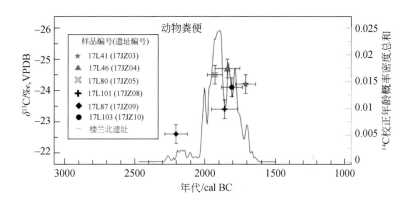

图 12-3-2　楼兰北遗址群中动物粪便样品稳定碳同位素比值和[14]C 年龄概率密度分布

红线为楼兰北遗址群[14]C 校正年龄概率密度总和分布；绿、黑、蓝、黄符号分别对应 V1、V2、V3、V4

因此流域尺度上小河人的西迁是古塔里木河水文环境变化所直接驱动的结果。

12.3.3　区域古水文气候变化与小河文化兴衰

近年来利用罗布泊湖相沉积记录重建冰消期以来区域环境变化取得了一些进展（Luo et al., 2009；Qin et al., 2011；Liu et al., 2016；Jia et al., 2017；Wang and Jia, 2017；Mischke et al., 2019），但因湖泊沉积存在间断（Qin et al., 2011；Shao and Gong, 2011）和定年难（Zhang et al., 2012a）等问题，已有的重建结果差异很大（Qin et al., 2011；Jia et al., 2012，2017；Liu et al., 2016）。此外，罗布泊古环境记录指示的适宜期与西岸人类密集活动时间不一致的现象很突出（Lü et al., 2010；Liu et al., 2016；Xu et al., 2017；Mischke et al., 2017；Li et al., 2019）。

罗布泊地区的水文和生态环境的变化主要受到上游山区降水和冰雪融水的控制（刘嘉麒等，2014；夏训诚等，2007），因此塔里木盆地周围山地发育的以山区降水或融水为补给的湖泊、洞穴沉积等为晚全新世以来人类活动期的水文环境背景研究提供了可能。

1. 区域古水文气候变化

帕米尔地区喀拉库尔湖（海拔 4000m）的细颗粒碳酸盐 δ^{18}O 重建结果则显示 4200~3500a BP 湖泊水量补给增加、湖面升高，3500~2600a BP 出现低湖面状态（Mischke et al., 2010）（图 12-3-3b）。在其东 144km 的喀拉库勒湖（海拔 3645m）的沉积物粒度磁化率以及元素含量等分析，结果显示木孜塔格（Muztagh Ata）冰川在 4200~3700a BP 出现前进，在 3700~2950a BP 表现为相对退缩（Liu et al., 2014）（图 12-3-3c）。因此帕米尔地区的湖泊记录指示了小河文化中早期入湖水量相对较高，之后逐渐减少的现象。昆仑山地区气候记录超过 4000a BP 的不多，昆仑山北麓克里雅地区 3800~2800a BP 期间形成的河流阶地指示了小河文化早期水文条件相对较好（周兴佳等，1996）。

西天山东部赛里木湖（海拔 2074m）沉积物花粉蒿藜比 A/C 结果显示在 5500~3400a BP 时期区域湿度增加（Jiang et al., 2013）（图 12-3-3d），位于赛里木湖东北 125km 的艾比湖（海拔 200m）和 385km 的玛纳斯湖（海拔 251m）的花粉记录（Rhodes et al., 1996；Wang et al., 2013）和磁学指标（Jelinowska et al., 1995；Tudryn et al., 2010）也同样记录了类似的环境变化。中天山地区科桑溶洞（海拔 2000m）石笋 δ^{18}O 的记录（Cai et al., 2017）（图 12-3-3e）和中天山地区东部博斯腾湖（海拔 1048m）的花粉记录（Huang et al., 2009）（12-3-3f）也揭示了小河文化期内区域降水相对较高或相对湿润，晚期出现减小的现象。

楼兰北遗址群居址中芦苇 δ^{13}C 比值变重趋势指示的尾闾地区水量减少、水文环境变差的现象和楼兰佛塔剖面记录的 4000a BP 前后罗布泊湖面的减小，则是对上述区域气候变化的响应，这种变化直接导致

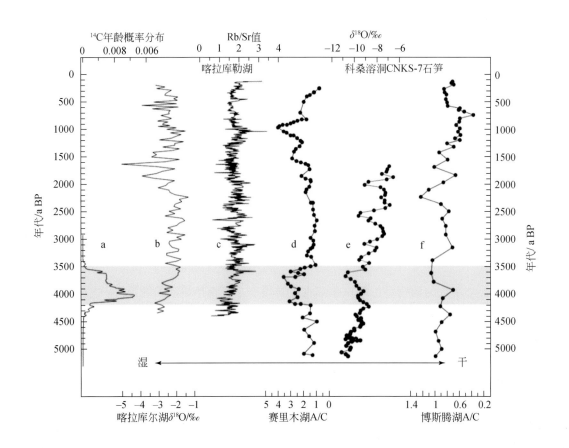

图 12-3-3　塔里木盆地周围高山地区古气候记录

a. 罗布泊地区小河文化类型遗址的[14]C 年龄概率密度曲线，利用 OxCal 4.3.2 软件（Bronk Ramsey，2017）和 INTAL13（Reimer et al.，2013）在线进行日历年校正；b. 喀拉库尔湖（Mischke et al.，2010）；c. 喀拉库勒湖（Liu et al.，2014）；d. 赛里木湖（Jiang et al.，2013）；e. 科桑溶洞 CNKS-7 石笋（Cai et al.，2017）；f. 博斯腾湖（Huang et al.，2009）。阴影部分代表罗布泊地区小河文化的主要存续时间

了小河人群沿河流向上游（往西）的迁移。因此，区域水文气候变化是小河晚期罗布泊地区人类活动迁徙、消失的主要因素。

2. 小河人生业模式与变迁的环境驱动

塔里木盆地东部罗布泊地区青铜时期小河文化与其周围同时期文化具有明显的差异性，表现出相对独特的文化类型，对研究史前欧亚大陆文化交流具有重要意义。我们通过对罗布泊地区新发现小河文化居址（楼兰北遗址群）开展系统的[14]C 年代学研究，同时结合古代居址周边地貌环境特征、出土材料和植物稳定同位素分析，得出以下结论。

（1）楼兰北遗址群的时间为 2200~1700BC，综合其他遗址的[14]C 年代表明小河文化在塔里木盆地内持续的时间为 2200~1200BC，并且在 2000BC 前后东方彩陶文化已影响到罗布泊地区。小河文化并非由当地人逐渐发展起来，最早到达的人群很可能来自罗布泊以东或东北地区，他们最先迁徙至罗布泊西北岸地区，其后不断有外来人群加入，甚至导致主体族群类型发生变化，晚期人群在盆地内由东往西溯河迁移。

（2）小河时期居住方式为根据当地独特的雅丹地形而发展出的半地穴式居址，生业方式是以畜牧渔猎采摘为主要经济模式的初级定居农业，其生存环境特点是存在较多湿地的河流尾闾绿洲环境。

（3）小河时期气候环境背景特点是早中期环境相对湿润、晚期逐渐变干，地处古河流尾闾的楼兰北遗址群地区晚期水文环境变差。这种现象是对上述区域气候变化的响应，并且又直接导致了小河人群在盆地范围内沿河向上游的西迁和南迁。因此，气候变化导致的罗布泊地区水文条件恶化是小河人群活动减弱甚至消失的重要原因。

12.4　晚更新世末—全新世早期人类活动与环境条件

对埋藏于沉积地层中的石磨盘石制品进行分析（详见 11.6 节），通过明确的石制品–地层关系，同层位地层的沉积年代大致可认为是人类活动的时间，即罗布泊地区存在 13ka 前后的人类活动。石磨盘表面淀粉粒和微痕分析的结果指示了当时古人采集小麦族植物和根茎类等植物作为植物性食物，并存在利用石磨盘进行简单加工的行为。而石磨盘被埋在淡水湖泊里，这个湖可能并非罗布泊大湖，而是古塔里木河冲积三角洲上的一个局地尾闾湖泊，无论哪种情况都反映出当时河水丰沛、环境良好。

末次冰盛期（18cal ka BP）以来，全球气候总体开始升温，进入冰消期，虽然冰消期期间小尺度气候事件不断发生（Liu et al., 2009；Dansgaard et al., 1989；Shakun et al., 2012），但总体上由于冰雪融水的增加，河流水量增加，罗布泊扩大，西岸绿洲也因此茂盛发育。罗布泊地区是气候变化的敏感区域，具有和全球变化同步的特点（王富葆等，2008；Luo et al., 2009；Jia et al., 2017），湖区地层的古气候研究结果显示在更新世晚期罗布泊地区沼泽湿地发育，环境湿润（罗超等，2007；闫顺等，1998）、湖泊扩大（闫顺等，1998；Sun et al., 2017；Jia et al., 2017；贾红娟等，2017；Wang and Jia, 2017）。前人的孢粉学研究结果显示，在这一时期罗布泊地区以草本植物为主，其中禾本科花粉含量相对较高且在晚更新世地层中均可见到（严富华等，1983；闫顺等，1998；Jia et al., 2017）。因此，晚更新世末期罗布泊地区的湿润环境为人类活动提供了良好的环境条件和充足的植物资源，13cal ka BP 的埋藏石磨盘及其湖泊沉积显示冰消期淡水湖泊广布，环境适合人类生存。

这种适宜人类生存的湿润环境可能从冰消期一直延续到全新世早期，促使罗布泊西岸成为使用细石叶人群的一处生存中心。而且，前人在罗布泊湖心地层里曾发现指示栽培作物的禾本科大花粉，并推测在 10~5cal ka BP 期间有多次耕种活动（贾红娟等，2011）。目前还不清楚 12cal ka BP 前后的新仙女木降温事件是否对人类生存环境造成影响，或者说造成了什么影响，因此不清楚 13cal ka BP 使用石磨盘的人是否与 10cal ka BP 使用细石叶的人属于同一人群，也不清楚全新世早期是否存在栽培行为。但至少可以确定冰消期到全新世早期罗布泊西岸地区为适合人类生存的绿洲环境。

12.5　丰水期的洪水事件

12.5.1　西汉大洪水——小水道炭屑层剖面

在南 1 河北岸发现一条小型古水道，距南 2 河约 280m，与南 1 河相连。水道宽 4m，典型槽状沉积，槽内地层厚，两侧薄，中间有含炭屑层透镜体，透镜体中间厚 14cm，宽 1.5m。炭屑层实际又由黑色炭屑与白色黏土粉砂层交互成层所构成。在附近地层中没有再发现其他炭屑沉积。槽状地层被水平泥–粉砂地层所覆盖，显示这是一条埋藏古河道（图 12-5-1a）。

对炭屑层炭屑的显微镜观察发现，炭屑层有 1mm 左右的炭屑块，但基本都是芦苇秆燃烧所留下，部分可以分辨出芦苇秆的形态，没有发现木本树木燃烧留下的木炭。这显示了以下信息：

（1）炭屑是被水从水道岸边冲进水道的，而且不会搬运很远距离，否则芦苇秆形成的炭屑会很快破碎。

（2）周围相近地层深度没有发现任何其他炭屑、红烧土沉积，说明不会是大面积自然火形成的，自然火通常规模大、影响范围广。

（3）虽然炭屑层中没有发现其他人类活动迹象，但推测最大的可能是有人在大河边的小水道旁用火后，灰烬被倒入或冲入水道后堆积形成。在大河附近的小河边生活用火，也符合古人生存方便的需要。

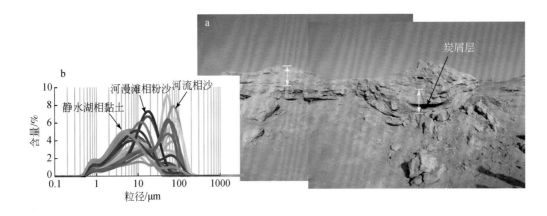

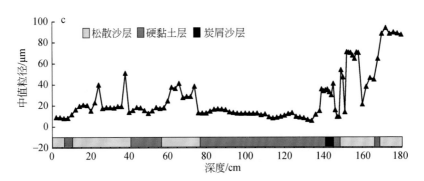

图 12-5-1　南 1 河北侧小水道炭屑层剖面

a. 水道沉积剖面（白色双箭头处为剖面位置）；b. 三种沉积相的粒度分布曲线；c. 剖面粒度曲线

多层炭屑与白沙互层，说明用火多次发生，持续了一段时间，这也体现出古人用火的特点，自然火一般不会反复持续出现。这里降雨稀少，被雨水多次冲刷进入河道的可能性很小。

（4）上覆的水平地层显示，后期大洪水带来的泥沙掩埋覆盖了炭屑层，乃至整个小水道。

炭屑层的 ^{14}C 年龄为 2070±30cal a BP，校正后日历年为 174～19BC（2123～1968cal a BP）（92.6%），13～0BC（1962～1950cal a BP）（2.8%），表明这是公元前西汉时期（174～19BC）发生的大洪水事件。

12.5.2　东汉—魏晋大洪水——双河埋藏陶片

双河遗址有陶片，却无任何木构件，这个问题一直困扰着我们。多次考察后，我们终于发现了大洪水的证据。在双河遗址内发现地层中有陶片（图 12-5-2），这个事实证明双河遗址确实遭受过大洪水的袭击，我们的推测得到了验证，之前没有发现木构件的原因正是当时遭受过大洪水。根据双河遗址灰坑炭屑的年龄数据，^{14}C 年龄 1770±30cal a BP，校正后日历年（85.6%）206～345AD（1744～1605cal a BP）（9.8%），138～200AD（1812～1750cal a BP），可以推测这次大洪水很可能就发生在魏晋时期（206～345AD）。

12.5.3　全新世早期大洪水——河沙层下的细石叶灰堆

6.1 节介绍了全新世早期的细石叶灰堆遗址剖面，灰堆被 1m 多厚的沙层所覆盖（图 12-5-3a），沙层是风成沙还是河流沙直接影响遗址毁灭原因的判断。我们分析了上覆沙层的粒度，整个剖面的粒度曲线如图 12-5-3b 所示，发现沙层具有不对称峰构成正偏的典型河流粒度分布曲线特征，中值粒径接近 70m，细粒部分含量较高，并有明显独立峰（图 12-5-3c），与以对称单峰为特征的风成沙粒度特征截然不同。

图 12-5-2 双河遗址中地层里的陶片

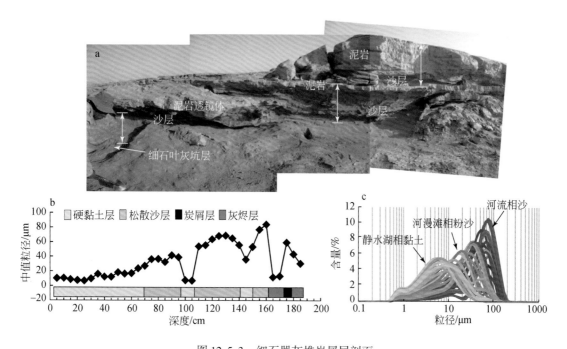

图 12-5-3 细石器灰堆炭屑层剖面

a. 灰堆炭屑层上覆地层沉积剖面（白色双箭头处为剖面位置）；b. 剖面粒度曲线；c. 三种沉积相的粒度分布曲线

沉积结构上，上覆沙层发育层理并夹有湖相泥岩沉积透镜体，结合遗址位于河道边的事实，可以确认上覆沙层是大洪水带来的河流沙沉积，而非风成沙。显然正是这次洪水对在河边生活、使用细石叶的这群人造成了毁灭性打击，洪水淹埋了他们的生活场所，留下了遍地厚厚的泥沙。

12.5.4　元明大洪水——河道漂木

12.1 节里讨论了元明丰水期的水文环境特点，发现 1260 ~ 1450AD 期间存在至少三次洪水期（C1、C2、C3）（图 12-1-1），洪水期中上游河道两岸的胡杨被冲入河中形成漂木带往下游。这种间歇性洪水构成了干旱区丰水期特有的水文现象，也是干旱区绿洲生态环境最主要的水资源补给方式。

总结以上不同时期大洪水的特点，可以得到以下认识：

（1）在干旱区，大洪水（洪水期）是丰水期的主要水文事件和水资源补给方式。

（2）虽然大洪水会对河流两岸的人类活动造成严重毁坏，但不会造成文明的消失，相反洪水资源对河流两岸的绿洲生态具有关键的支撑保障作用。

12.6　罗布泊地区的干旱风蚀雅丹期

在罗布泊地区，人们对雅丹发育的时期是风力加强的时期持有不同看法，一种观点认为风力不一定有明显变化，可以一直保持某个水平的强度，当湖泊萎缩、河水枯竭、绿洲植被退化时，地表失去植被保护，就会发生风蚀、形成雅丹；另一种则认为风力加强是造成地表风蚀、形成雅丹的主要因素。但两种观点都一致同意地表雅丹化的时期一定是植被退化、湖泊萎缩、地表大面积裸露的时期，因此也是环境干旱化的时期。这种绿洲萎缩乃至消失的雅丹化干旱环境明显不利于人类的生存，因此在罗布泊地区通常也是古人不得不迁徙、离开的时期。

1. 雅丹期的表现类型

在罗布泊地区，雅丹期的表现有两大类，一类雅丹期是风蚀雅丹地貌。在罗布泊野外可以很容易辨别的有两期雅丹，一是龙城、白龙堆、楼兰北一带的高大雅丹，高 15 ~ 25m 不等，在罗布泊周边均存在这一套高大雅丹，其顶部多有小河时期的居址墓葬和楼兰时期的墓葬，这期雅丹多形成于 90cal ka BP 以前（王富葆等，2008；王弭力等，2001）。另一期雅丹是现在楼兰地区广泛发育、规模较小的雅丹，高度 1m 至数米不等，形成于元明丰水期以后。这类通过地貌反映出来的雅丹容易与湖积阶地和差异风蚀台地混淆。在罗布泊地区，差异风蚀作用常常形成多级雅丹台地，如白龙堆至少存在 2 级台地，楼兰地区的大雅丹上也常常可见存在 2 个以上平台，这种雅丹台地是在风蚀作用下，当泥质地层暴露地表后，由于其质地坚硬、抗风蚀能力强，阻止了下伏地层被进一步剥蚀，常常成为一级平坦的地面，形态类似阶地面，然而在一些残留雅丹上，可以看到其正常的上覆地层层序，证明其并非阶地，而是差异风蚀台地。同时这种差异风蚀台地也不能作为雅丹期的划分依据。

另一类雅丹期类型是沉积地层中的剥蚀面。在一些雅丹剖面上，时常可以观察到地层并非总是水平的连续沉积地层，而是出现凹凸不平的侵蚀面或倾斜地层构成的不整合面，这种侵蚀面意味着沉积过程发生了中断，并受到水力或风力外营力的剥蚀。由于罗布泊是塔里木盆地的汇水中心，已是盆地的最低处，而河湖等水力侵蚀作用中水体一定会从高到低流动，显然罗布泊地区沉积地层遭受的水力侵蚀已无法将剥蚀物搬运走，因此不可能是河流剥蚀形成地层中的侵蚀面，只有风蚀作用才会在罗布泊地区的沉积地层中形成侵蚀面。而沉积地层发生风蚀则表明这里当时水体或绿洲都已不复存在，地表裸露，正在形成风蚀雅丹，因此就是一次干旱风蚀雅丹期。

2. 风蚀雅丹期

对于以上两种类型的雅丹期，我们梳理了目前有年代数据支持的几次风蚀雅丹期，均在全新世时期。

1）约 90cal ka BP 后的强风蚀雅丹期

罗布泊地区广泛存在一套高度接近的早期大雅丹，包括罗布泊北部成片的龙城大雅丹、罗布泊西岸楼兰北洼地内的峰丛状大雅丹（夏训诚等，2007）、罗布泊东北的白龙堆大雅丹区、罗布泊东南隅阿奇克谷地两岸和中央带状大雅丹（屈建军等，2004；王永和赵振宏，2001）、罗布泊南面阿尔金山北缘的乱岗古洪积扇河道雅丹、楼兰地区小雅丹群中突兀而立的孤台古墓大雅丹（图 12-6-1）、米兰古城雅丹、瓦石峡古城古河道岗地雅丹。

高大雅丹的存在表明地面曾大幅下降。在全新世沉积为主的罗布泊西岸和阿奇克谷地，大雅丹周围分别是全新世河湖相地层、地层厚度<10m 的小雅丹群和全新世沙地。如果综合考虑大雅丹高度和周边全新世沉积厚度，那么至少有 15m 的沉积物已经被剥蚀。这表明在大雅丹地层结束沉积后，直到在风蚀洼地里重新开始接受新的沉积之前，罗布泊地区曾经历了一个强烈的干旱风蚀阶段，全区首先退出沉积状态，地表失去水和植被保护后，发生强烈风蚀，致使数万平方千米范围的地面普遍下降数十米，因此这是一次强干旱风蚀雅丹事件。

对雅丹的形成时代主要根据雅丹顶部地层年龄推测。王富葆等（2008）总结了罗布泊周边三级湖积台地雅丹地层的年龄，顶部分别是 7～7.5ka、约 30ka 和 90～130ka，其中龙城雅丹顶部地层光释光年龄为 90.8±5.6ka。王弭力等（2001）给出的白龙堆顶部大雅丹热释光年龄为 97.7±0.76a。在阿奇克谷地，王永和赵振宏（2001）测得八一泉顶部地层热释光年龄为 107.1±8.1ka，而屈建军等（2004）对八一泉、奋斗井、玉门关西三处大雅丹顶部地层测得的电子自旋共振 ERS 年龄为 735.7ka、371.1ka 和 562.2ka，与王永的结果相差很大，从方法原理上看 ESR 年龄误差偏大，可信度较低。但虽然释光年龄精度高于 ESR 方法，限于释光技术限制，100ka 已接近石英饱和年龄，也意味着有年龄偏小的可能。

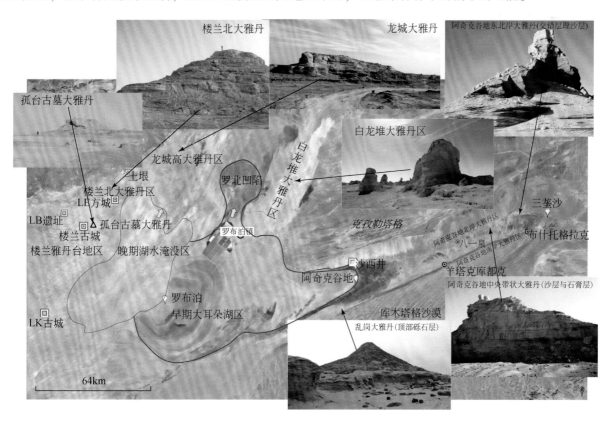

图 12-6-1　罗布泊大雅丹分布（青线为古道）

据此初步判断，这次风蚀雅丹期发生在 90ka BP 前后，但持续的时间尚不确定。这次风蚀雅丹期奠定了当今罗布泊的基本地貌形态。

2）约 8ka 前后的风蚀雅丹期

在楼兰佛塔下面的雅丹地层中，在大约 4.75m 的深度上发育一侵蚀面，侵蚀面上下地层 4m 和 5.45m 处光释光测年数据分别是 6726±516a 和 9987±714a（Qin et al., 2011），因此可以确定在 8000a BP 前后曾发生过一次风蚀雅丹事件，时间发生的具体年代和持续时间还有待进一步研究。

据报道，在南疆西部于田县普鲁村附近，赖忠平团队在克里雅河第四级阶地下方发现6942~7564cal a BP 时期的细石叶灰坑（Han et al.，2014）。其中的细石叶形制与楼兰地区发现的如出一辙，只是材质是石英岩而非硅质泥岩（徐德克等，未发表）。这个细石叶遗址晚于楼兰地区的细石器灰堆遗址，时代却又较 8ka BP 前后的风蚀雅丹期稍晚，推测有可能是楼兰的细石叶人群因遭遇干旱，不得不沿河上溯迁移到于田县克里雅河上游。但也可能当时细石叶人群广泛分布，两处细石叶人群并无关联。这需要进一步研究考证。

3）1450cal a BP 以后的风蚀雅丹期

这是造成汉晋（楼兰）文化时期衰亡的一次干旱期，据玄奘在其《大唐西域记》的记载，当时他回国路过楼兰时，这里已道路崎岖，显然地表已开始经受雅丹化。但目前对这期风蚀雅丹期的持续时间还无法确定。

4）约 300cal a BP（明末清初）的风蚀雅丹期

元明丰水期结束后，罗布泊地区遭受了一次广泛的风蚀雅丹化，塑造形成了现今楼兰地区的雅丹地貌。这次风蚀雅丹作用在大多数地区一直持续到现在，但清末以后，在北部铁板河、南部车尔臣河的沿河两岸形成了积水洼地，一百多年前斯文·赫定和斯坦因到罗布泊考察时，都曾沿河考察，20 世纪 50 年代罗布泊也仍有少量湖水存在，直到 70 年代罗布泊才最后干涸。罗布泊现在的彻底干涸是河流上游人们用水过度所造成，自然情况下，铁板河与车尔臣河都应有水，罗布泊也应存在。

除以上有大致年代的风蚀雅丹期外，罗布泊地区还应存在其他尚未识别出来的干旱风蚀雅丹期，也有一些干旱期可能并未严重到发生风蚀雅丹化的程度，这些都有待今后人们的进一步研究。

12.7　罗布泊地区文明兴衰的环境驱动

总结以上各章节分析，我们可以得到以下认识。

（1）楼兰地区人类活动主要出现在丰水期。丰水期通常由较为频繁的洪水事件（期）所构成，这些洪水一方面哺育了两岸的绿洲，为人类提供了生存条件，另一方面也会直接导致河道附近古人居住区的毁灭，如西汉时期南 1 河与北 5 河一带的洪水记录，东汉—魏晋时期被洪水淹埋的双河遗址。

（2）各人类活动期之间文化特征没有继承性，族群类型也不相同，是由具有不同文化特征的不同人群所建立形成的。各人类活动期内具有明显的东西方文化和族群融合特点。其中：

青铜（小河）时期，在楼兰北地区是一次 2200~1700BC 的丰水期，为淡水河湖环绕岛状雅丹的湿地沼泽环境，人们以渔猎采摘畜牧定居为生业方式。而小河墓地和克里雅北方墓地的小河人稍晚。这个时期东西方不同文化的各种族群在此高度融合，最后因水资源减少造成环境恶化不得不沿河西迁，最后离开塔里木盆地。

汉晋（楼兰）时期（从近 400BC 年到 400AD 多年）是一次历时近 800 年的丰水期，这个时期正是山区降雨增加、河流水量充沛、牛羊驼马等动物数量可观的丰水期，楼兰为以胡杨、红柳、芦苇为主要植被类型的典型绿洲环境。同样在晚期，因水资源减少造成的环境恶化在楼兰屯戍的军民不得不离开，在河流上游的小河古城、营盘古城等地人们坚持得更久一些，而在不受塔里木河影响的米兰、且尔乞都克等地则一直有人类活动。

元明时期（1260~1450AD）是楼兰地区又一次丰水期，现在地表的枯死植物基本都是该丰水期的植物遗存，脉冲式洪水事件是这个丰水期的典型水文特征。这个时期可能有少量人群在楼兰地区重新利用古人留下的灌渠耕作生存，但持续时间不长。

发现汉晋（楼兰）和元明时期的古河道侵蚀基准面存在明显差异。汉晋时期罗布泊湖面水位高、范围大，古河道侵蚀基准面高，河道落差小、易泛滥，以堆积为特点。元明时期罗布泊湖面水位低、范围小，河道落差大、深切明显。

（3）这些存在人类活动的丰水期之间常常为干旱风蚀雅丹期所分开。罗布泊地区的风蚀雅丹化速率远比以前的估算高，雅丹化意味着绿洲的消失，而绿洲是人类赖以生存的基础，因此地表快速雅丹化必然伴随人类的离开，而人类的迁徙也必然是逐水草而行。在塔里木盆地几乎所有河流都会汇入塔里木河，山区来水的减少带来的就是塔里木河下游河道的萎缩、后退，因此早期人类活动时期沿河流上溯迁徙是必然的选择，最后环境继续恶化就会不得不彻底离开塔里木盆地，随之带来的就是这些融合了各种文化特点的族群在短期内将东西方文化带向更广大的地区。这种过程在历次人类活动时期均有不同程度的表现。因此罗布泊地区的风蚀雅丹作用是东西方文化扩散的加速器。同时罗布泊地区丰水期与风蚀雅丹期的交替出现直接导致了文化不连续、人群无继承的特点。

（4）罗布泊地区新生绿洲的丰富资源和广大土地为外围地区面临生存压力的人群提供了族群融合和成长的必需条件，促进了不同文化的交流。从目前遗存最丰富的小河与楼兰时期看，两个时期的人群和文化均同时具有东西方文化因素和族群特点。每次丰水期出现，罗布泊西岸冲积扇在前一次风蚀雅丹期中形成的雅丹–风沙区会再次形成面积高达数万平方千米的绿洲，这块新生的无主绿洲丰富的动植物资源吸引着周围不同地方面临生存压力人群的迁入，丰富的资源远远大于迁入人群的需求，竞争压力小，更有利于不同文化的融合交流和成长，因此新生的大规模绿洲必然带来东西方文化加速融合交流的社会效应，可见罗布泊的环境变化也是东西方文化融合交流的放大器和黏合剂。

（5）特殊地理位置决定罗布泊是欧亚内陆干旱区最大的东西方文化融合交流加速器。罗布泊地处欧亚大陆干旱区腹地，地处东西方文化中心之间最短的连接通道中间，同时作为塔里木盆地汇水中心，其西岸冲积扇也是内陆干旱区最大的一处绿洲与雅丹荒漠交替出现的地方，这里绿洲发育时能孕育人口最多的多文化融合族群，环境恶化时也会形成最大的外迁人群，因此罗布泊的环境变迁也是东西方文化融合交流的最大加速器和放大器。

参 考 文 献

奥雷尔·斯坦因, 1998. 西域考古图记. 中国社会科学院考古研究所译. 桂林: 广西师范大学出版社.

奥雷尔·斯坦因, 2000. 从罗布沙漠到敦煌. 赵燕, 谢仲礼, 秦立彦译. 桂林: 广西师范大学出版社.

班固, 1962. 汉书. 颜师古注. 北京: 中华书局.

曹冲, 赵元艺, 水新芳, 等, 2014. 斑岩型铜钼矿床重要共 (伴) 生元素赋存状态与分布规律. 地质找矿论丛, 29 (1): 1-12.

陈戈, 1982. 略论新疆的彩陶. 新疆社会科学, (2): 77-103.

陈墨香, 邓孝, 王钧, 1964. 新疆内陆湖泊水化学特征初步研究. 地质科学, (3): 259-263.

陈晓露, 2012. 楼兰壁画墓所见贵霜文化因素. 考古与文物, (2): 79-88.

陈晓露, 2014. 楼兰考古. 兰州: 兰州大学出版社.

陈晓露, 2016. 塔里木盆地的贵霜大月氏人. 边疆考古研究, (1): 207-221.

陈永强, 钟巍, 谭玲玲, 等, 2015. 西风区湖泊沉积物中砷元素对气候环境变化的响应研究——以新疆巴里坤湖为例. 华南师范大学学报 (自然科学版), 47 (6): 83-90.

陈宗器, 1936. 罗布淖尔与罗布荒原. 地理学报, 3 (1): 19-49.

成俊卿, 杨家驹, 刘鹏. 中国木材志. 北京: 中国林业出版社.

程效军, 朱鲤, 刘俊领, 2005. 基于数字摄影测量技术的三维建模. 同济大学学报 (自然科学版), 33 (1): 37-41.

戴瑞荣, 刘成刚, 1981. 安徽铜陵铜铁硫矿床伴生元素的分布特征与赋存状态. 矿物岩石, (6): 46-58.

邓朝, 汪永进, 刘殿兵, 等, 2013. "8.2ka" 事件的湖北神农架高分辨率年纹层石笋记录. 第四纪研究, 33 (5): 945-953.

董进国, 吉云松, 钱鹏, 2013. 黄土高原洞穴石笋记录的8.2kaB. P. 气候突变事件. 第四纪研究, 33 (5): 1034-1036.

董李, 2013. 罗布泊雅丹地貌沉积物特征及成因分析. 乌鲁木齐: 新疆师范大学.

董艳, 2014. 南通滨海地区全新世沉积物磁性特征及其古环境意义. 上海: 华东师范大学.

法显, 2008. 佛国记. 田川注. 重庆: 重庆出版社.

樊自立, 1987. 历史时期罗布泊地区地理环境的变迁//夏训诚. 罗布泊科学考察与研究. 北京: 科学出版社.

樊自立, 李培清, 张丙乾, 等, 1987. 罗布泊的盐壳//夏训诚. 罗布泊科学考察与研究. 北京: 科学出版社.

范佳伟, 肖举乐, 温锐林, 等, 2015. 内蒙古达里湖全新世有机碳氮同位素记录与环境演变. 第四纪研究, 35 (4): 856-870.

范晔, 2000. 后汉书. 李贤, 等注. 北京: 中华书局.

冯起, 苏志珠, 金会军, 1999. 塔里木河流域 12ka BP 以来沙漠演化与气候变化研究. 中国科学 D 辑: 地球科学, 29 (S1): 87-96.

冯兆东, 张同文, 冉敏, 2017. 新疆北部及周边地区过去一万年的气候和水文变化. 兰州: 兰州大学出版社.

高星, 2001. 解析周口店第15地点古人类的技术与行为//邓涛, 王原. 第八届中国古脊椎动物学学术研讨会论文集. 北京: 海洋出版社.

高星, 沈辰, 2008. 石器微痕分析的考古学实验研究. 北京: 科学出版社.

高志宏, 2012. 基于极化 SAR 的罗布泊湖盆 "大耳朵" 特征分析. 北京: 中国科学院研究生院.

耿瑜阳, 2019. 罗布荒原 InSAR DEM 建立与典型水文地形时空特征分析. 北京: 中国科学院大学.

宫华泽, 2010. 罗布泊古湖盆区域地下目标探测与环境演变雷达遥感研究. 北京: 中国科学院研究生院.

关莹, 高星, 2009. 旧石器时代残留物分析: 回顾与展望. 人类学学报, 28 (4): 418-429.

郭物, 2012. 新疆史前晚期社会的考古学研究. 上海: 上海古籍出版社.

郭召杰, 张志诚, 1995. 罗布泊形成及演化的地质新说. 高校地质学报, 1 (2): 82-87.

韩建业, 2007. 新疆的青铜时代与早期铁器时代文化. 北京: 文物出版社.

韩建业, 2013. "彩陶之路" 与早期中西文化交流. 考古与文物, (1): 28-37.

韩建业, 2018. 再论丝绸之路前的彩陶之路. 文博学刊, (1): 20-32.

黑龙江省文物考古工作队，1979. 密山县新开流遗址. 考古学报，(4)：491-518.

亨廷顿，2001. 亚洲的脉搏. 王彩琴，葛莉译. 乌鲁木齐：新疆人民出版社.

侯灿，1984. 论楼兰城的发展及其衰废. 中国社会科学，(2)：155-171.

侯灿，1985. 楼兰出土穈子、大麦及珍贵的小麦花. 农业考古，(2)：225-227.

侯灿，杨代欣，1999. 楼兰汉文简纸文书集成. 成都：天地出版社.

侯亚梅，2003. "东谷坨石核" 类型的命名与初步研究. 人类学学报，22 (4)：279-292.

胡程青，2017. 基于多源遥感影像的柴达木盆地雅丹几何学和控制因素. 杭州：浙江大学.

胡兴军，何丽萍，2017. 新疆尉犁县咸水泉古城的发现与初步认识. 西域研究，(2)：122-125.

黄慰文，欧阳志山，瑞迪克，等，1988. 新疆塔里木盆地南缘新发现的石器. 人类学学报，(4)：294-301.

黄文弼，1948. 罗布淖尔考古记. 北京：北京大学.

贾红娟，秦小光，刘嘉麒，2010. 楼兰佛塔剖面 10.84ka B. P. 以来的环境变迁. 第四纪研究，30 (1)：175-184.

贾红娟，刘嘉麒，秦小光，2011. 全新世早期罗布泊气候变化和耕作活动的孢粉证据. 吉林大学学报 (地球科学版)，
　　41 (S1)：181-186，194.

贾红娟，汪敬忠，秦小光，2017. 罗布泊地区晚冰期至中全新世气候特征及气候波动事件. 第四纪研究，37 (3)：
　　510-521.

蒋庆丰，钱鹏，周侗，等，2016. MIS-3 晚期以来乌伦古湖湖相沉积记录的初步研究. 湖泊科学，28 (2)：444-454.

靳桂云，于海广，栾丰实，等，2006. 山东日照两城镇龙山文化 (4600—4000a BP) 遗址出土木材的古气候意义. 第四纪
　　研究，26 (4)：571-579.

橘瑞超，1999. 橘瑞超西行记. 柳洪亮译. 乌鲁木齐：新疆人民出版社.

李冰艳，2016. 基于 GA-PLS 的罗布泊次地表 Na 含量极化雷达反演方法研究. 北京：中国地质大学 (北京).

李并成，2011. 汉敦煌郡境内置、骑置、驿等位置考. 敦煌研究，127 (3)：70-77.

李春元，2008. 瓜州文物考古总录. 香港：香港天马出版有限公司.

李春元，李长缨，李长青，2006. 瓜州史地研究文集. 瓜州：瓜州史地文化研究会.

李贺，张维康，2012. 中国云杉林的地理分布与气候因子间的关系. 植物生态学报，36 (5)：372-381.

李江风，1991. 楼兰古河道发现和风蚀地貌吹蚀率测算. 地理研究，10 (1)：86-94.

李江风，夏训诚，1987. 罗布泊地区气候特征//夏训诚. 罗布泊科学考察与研究. 北京：科学出版社.

李隆方，张著豪，邓晓丽，等，2013. 基于无人机影像的三维模型构建技术. 测绘工程，22 (4)：85-89.

李明启，杨晓燕，王辉，2010. 甘肃临潭陈旗磨沟遗址人牙结石中淀粉粒反映的古人类植物性食物. 中国科学 D 辑：地球
　　科学，40 (4)：486-492.

李培清，樊自立，李荣健，等，1987. 罗布泊洼地钾盐形成条件、分布规律和资源评价//夏训诚. 罗布泊科学考察与研究.
　　北京：科学出版社.

李其华，2003. 沉积物粒度在古环境重建中的应用. 巢湖学院学报，5 (3)：26-28.

李文鹏，郝爱兵，郑跃军，2006. 塔里木盆地区域地下水环境同位素特征及其意义. 地学前缘，13 (1)：191-198.

李文瑛，2014. 黄文弼发现罗布泊史前遗存的再认识及其他. 新疆文物，2：83-91.

李晓英，2008. 楼兰城的兴衰与塔里木盆地环境演变之间的关系. 干旱区资源与环境，22 (8)：124-128.

李宜垠，张新时，周广胜，等，2000. 中国北方几种常见表土花粉类型与植被的数量关系. 科学通报，45 (7)：761-765.

李宜垠，崔海亭，胡金明，2003. 西辽河流域古代文明的生态背景分析. 第四纪研究，23 (3)：291-299.

李宜垠，周力平，崔海婷，2008. 人类活动的孢粉指示体. 科学通报，53 (9)：991-1002.

李渊，强明瑞，王刚刚，等，2015. 晚冰期以来共和盆地更尕海碎屑物质输入过程与气候变化. 第四纪研究，35 (1)：
　　160-171.

郦道元，2006. 水经注. 史念林等注释. 北京：华夏出版社.

林景星，张静，剧远景，等，2005. 罗布泊地区第四纪岩石地层、磁性地层和气候地层. 地层学杂志，29 (4)：317-322.

林梅村，1995. 楼兰国始都考. 文物，(6)：79-85.

林梅村，2003. 吐火罗人的起源与迁徙. 西域研究，(3)：9-23.

林瑞芬，卫克勤，李荣健，等，1987. 新疆罗布泊地区天然水的同位素组成研究//夏训诚. 罗布泊科学考察与研究. 北京：
　　科学出版社.

林师整，1975. 我国某地区铁铜矿床中伴生元素的分布与赋存特征. 地球化学，(4)：235-249.

林永崇，2017. 罗布泊湖泊沉积物记录的全新世以来区域环境变化. 北京：中国科学院大学.

林永崇，穆桂金，秦小光，等，2017. 新疆楼兰地区雅丹地貌差异性侵蚀特征. 中国沙漠，37（1）：33-39.

林永崇，穆桂金，秦小光，等，2018. 地表风化作用对楼兰地区雅丹地貌发育的影响. 干旱区地理，41（6）：1278-1284.

刘冰，靳鹤龄，孙忠，等，2013. 青藏高原东北部泥炭沉积粒度与元素记录的全新世千年尺度的气候变化. 冰川冻土，
　　35（3）：609-620.

刘长安，2016. 罗布泊典型环境敏感因子探测与盐壳演化过程推演. 北京：中国科学院大学.

刘成林，王弭力，焦鹏程，1999. 新疆罗布泊盐湖氢氧锶硫同位素地球化学及钾矿成矿物质来源. 矿床地质，18（3）：
　　268-275.

刘成林，王弭力，焦鹏程，等，2006. 中国新疆罗布泊盐湖断裂构造特征、形成机制及成钾意义. 地质学报，（12）：1870.

刘洪蓬，2011. 罗布泊"大耳朵"地区地貌类型与盐分分布关系的研究. 乌鲁木齐：新疆农业大学.

刘嘉麒，秦小光，2005. 塔里木盆地的环境格局与绿洲演化. 第四纪研究，25（5）：533-539.

刘嘉麒，倪云燕，储国强，2001. 第四纪的主要气候事件. 第四纪研究，21（3）：239-248.

刘嘉麒，李泽椿，秦小光，2014. 新疆地区自然环境演变、气候变化及人类活动影响. 北京：中国水利水电出版社.

刘莉，陈星灿，石金鸣，2014. 山西武乡县牛鼻子湾石磨盘、磨棒的微痕与残留物分析. 考古与文物，（3）：109-118.

刘奇志，2005. 低空摄影测量与三维建模. 青岛：山东科技大学.

刘思丝，黄小忠，强明瑞，等，2016. 孢粉记录的青藏高原东北部更尕海地区中晚全新世植被和气候变化. 第四纪研究，
　　36（2）：247-256.

刘星星，宋磊，金彦香，等，2013. 青藏高原全新世风沙活动历史与环境变化. 干旱区资源与环境，27（6）：41-47.

刘学堂，2012. 石器时代东西方文化交流初论. 新疆师范大学学报（哲学社会科学版），3（4）：47-56.

吕烈丹，2002. 考古器物的残余物分析. 文物，（5）：83-91.

罗超，杨东，彭子成，等，2007. 新疆罗布泊地区近3.2万年沉积物的气候环境记录. 第四纪研究，27（1）：114-121.

罗传秀，郑卓，潘安定，等，2007. 新疆地区表土孢粉分布规律及其与植被关系研究. 干旱区地理，30（4）：536-543.

马大正，2006. 新疆历史研究中的几个问题. 西域研究，（2）：1-14.

马丽芳，2002. 中国地质图集. 北京：地质出版社.

孟凡人，1990. 楼兰新史. 北京：光明日报出版社.

牛耕，2004. 近年来罗布淖尔地区的考古发现. 西域研究，（2）：84-86.

牛清河，屈建军，李孝泽，等，2011. 雅丹地貌研究评述与展望. 地球科学进展，26（5）：516-527.

牛清河，屈建军，安志山，2017. 甘肃敦煌雅丹地质公园区风蚀气候侵蚀力特征. 中国沙漠，37（6）：1066-1070.

普尔热瓦尔斯基，1999. 走向罗布泊. 黄健民译. 乌鲁木齐：新疆人民出版社.

屈建军，郑本兴，俞祁浩，等，2004. 罗布泊东阿奇克谷地雅丹地貌与库木塔格沙漠形成的关系. 中国沙漠，24（3）：
　　294-300.

屈亚婷，杨益民，胡耀武，等，2013. 新疆古墓沟墓地人发角蛋白的提取与碳、氮稳定同位素分析. 地球化学，42（5）：
　　447-453.

任雅琴，王彩红，李瑞博，等，2014. 有机质饱和烃和δ^{13}Corg. 记录的博斯腾湖早全新世晚期以来生态环境演变. 第四纪研
　　究，34（2）：425-433.

邵会秋，2009. 东西方文化早期的碰撞与融合——从新疆史前时期文化格局的演进谈起. 社会科学战线，171（9）：
　　146-150.

邵会秋，2018. 新疆史前时期文化格局的演进及其与周邻文化的关系. 北京：科学出版社.

邵芸，宫华泽，2011. 基于多源雷达影像的罗布泊湖岸变迁初探. 遥感学报，15（3）：645-650.

沈辰，陈淳，2001. 微痕研究（低倍法）的探索与实践——兼谈小长梁遗址石制品的微痕观察. 考古，（7）：62-73，103-104.

沈吉，刘兴起，Matsumoto R，等，2004. 晚冰期以来青海湖沉积物多指标高分辨率的古气候演化. 中国科学D辑：地球科
　　学，34（6）：582-589.

施梦以，武仙竹，2011. 浙江萧山跨湖桥遗址动物骨骼表面微痕与人类行为特征. 第四纪研究，31（4）：723-729.

施伟，马寅生，龚明权，等，2008. 罗布泊地区新构造模拟研究报告. 北京：中国地质科学院地质力学研究所.

水涛，2008. "新疆史前考古学术研讨会"纪要. 文物，（12）：86-90.

司马迁，1959. 史记. 北京：中华书局.

斯文·赫定，1997. 亚洲腹地探险八年1927—1935. 徐十周，王安洪，王安江译. 乌鲁木齐：新疆人民出版社.

斯文·赫定，2000. 我的探险生涯. 李宛蓉译. 贵阳：贵州人民出版社.

斯文·赫定，2010. 游移的湖. 江红译. 乌鲁木齐：新疆人民出版社.

宋祁，欧阳修，2000. 新唐书. 北京：中华书局.

孙博亚，岳乐平，赖忠平，等，2014. 14ka B. P. 以来巴里坤湖区有机碳同位素记录及古气候变化研究. 第四纪研究，34（2）：418-424.

孙楠，李小强，周新郢，等，2010. 甘肃河西走廊早期冶炼活动及影响的炭屑化石记录. 第四纪研究，30（2）：319-325.

孙湘君，杜乃秋，翁成郁，等，1994. 新疆玛纳斯湖盆周围近14000年以来的古植被古环境. 第四纪研究，14（3）：239-248.

汤良杰，1994. 塔里木盆地构造演化与构造样式. 中国地质大学学报，19（6）：742-745.

陶保廉，2016. 辛卯侍行记. 北京：中国国际广播出版社.

万智巍，马志坤，杨晓燕，等，2012. 江西万年仙人洞和吊桶环遗址蚌器表面残留物中的淀粉粒及其环境指示. 第四纪研究，32（2）：256-263.

万智巍，李明启，李姮莹，2016. 小麦族植物淀粉粒形态研究. 麦类作物学报，36（8）：1020-1027.

汪文先，1987. 罗布泊及其邻近地区第四纪地层划分//夏训诚. 罗布泊科学考察与研究. 北京：科学出版社.

王炳华，1983a. 孔雀河古墓沟发掘及其初步研究. 新疆社会科学，（1）：117-128.

王炳华，1983b. 新疆农业考古概述. 农业考古，（1）：102-117.

王炳华，1985. 新疆细石器遗存初步研究//新疆大学，新疆地质矿产局，新疆科学分院. 干旱区新疆第四纪研究论文集. 乌鲁木齐：新疆人民出版社.

王炳华，2014. 古墓沟. 乌鲁木齐：新疆人民出版社.

王炳华，2017. 孔雀河青铜时代与吐火罗假想. 北京：科学出版社.

王炳华，2019. 土垠为汉"居卢訾仓"故址说//乌云毕力格. 国学视野下的西域研究. 北京：中国社会科学出版社.

王传亮，杨永强，文鹏，等，2014. 德兴铜矿铜厂矿区铼地球化学特征. 矿床地质，33（s1）：1191-1192.

王奉瑜，宋长青，孙湘君，1996. 内蒙古中部表土花粉研究. 植物学报，38（11）：902-909.

王富葆，马春梅，夏训诚，等，2008. 罗布泊地区自然环境演变及其对全球变化的响应. 第四纪研究，28（1）：150-153.

王家杰，2016. 无人机低空摄影测量系统研究. 哈尔滨：哈尔滨工业大学.

王龙飞，2014. 罗布泊湖盆区域地形特征及形成机制分析. 北京：中国科学院研究生院.

王弭力，黄兴根，刘成林，等，1999. 新疆罗布泊K1孔岩心中有孔虫化石的发现及其意义. 地质论评，45（2）：158-162.

王弭力，刘成林，焦鹏程，2001. 罗布泊盐湖钾盐资源. 北京：地质出版社.

王鹏辉，2005. 史前时期新疆的环境与考古学研究. 西域研究，（1）：44-50.

王绍武，2011. 全新世气候变化. 北京：气象出版社.

王守春，1996. 楼兰国都与古代罗布泊的历史地位. 西域研究，（4）：43-53.

王树基，1987. 罗布泊洼地及其周边新构造运动的初步研究//夏训诚. 罗布泊科学考察与研究. 北京：科学出版社.

王树芝，2011. 考古遗址木材分析简史. 南方文物，（1）：156-162.

王树芝，李虎，张良仁，等，2014. 甘肃张掖黑水国西城驿遗址出土木炭指示的树木利用和古环境. 第四纪研究，34（1）：43-50.

王树芝，王倩倩，王忠信，等，2016. 金禅口遗址齐家文化中晚期木炭遗存指示的木材利用和生态环境. 农业考古，（1）：9-15.

王永，赵振宏，2001. 赵振宏罗布泊东部阿奇克谷地第四纪古地理. 古地理学报，3（2）：23-28.

王子今，2016. 匈奴经营西域研究. 北京：中国社会科学出版社.

卫奇，2001. 石制品观察格式探讨//邓涛，王原. 第八届中国古脊椎动物学学术年会论文集. 北京：海洋出版社.

魏收，1974. 魏书. 北京：中华书局.

魏徵，2019. 隋书. 北京：中华书局.

沃尔克·贝格曼，1997. 新疆考古记. 王安洪译. 乌鲁木齐：新疆人民出版社.

吴勇，田小红，穆桂金，2016. 楼兰地区新发现汉印考释. 西域研究，（2）：19-23.

吴正，2003. 风沙地貌与治沙工程. 北京：科学出版社.

西尼村，1955. 罗布诺尔洼地及罗布泊地质史. 地质译丛，128（15）：12-18.

夏训诚，1987. 罗布泊科学考察与研究. 北京：科学出版社.

夏训诚，王富葆，赵元杰，2007. 中国罗布泊. 北京：科学出版社.

肖小勇，2006. 楼兰鄯善考古研究综述. 西域研究，（4）：82-92.

谢凯鑫，2016. 罗布泊地区高精度DEM建立及历史风力强度重建. 北京：中国科学院大学.

谢连文，2004. 罗布泊现代盐湖沉积与近两千年气候变化遥感研究. 成都：成都理工大学.

解明思，蒋洪恩，杨益民，等，2014. 新疆克里雅河北方墓地出土食物遗存的植物微体化石分析. 东方考古，11：394-401.

新疆第二水文地质大队，1994. 新疆罗布泊-阿尔金山-昆仑山地区区域水文地质调查报告（内部）.

新疆第三地质大队，等，1992. 罗布泊航空伽马能谱异常地面查证报告（内部）.

新疆楼兰考古队，1988a. 楼兰城郊古墓群发掘简报. 文物，(7)：23-39，97-100.

新疆楼兰考古队，1988b，楼兰古城址调查与试掘简报. 文物，(7)：1-22.

新疆区域地质调查队，1989. 新疆 K-46-XXXII 幅（库木库都克）和 K-46-XXVI 幅（大平台）1：20 万区域地质调查（报告）（内部）.

新疆维吾尔自治区地方志编纂委员会，2005. 吉日孕勒文化遗址，新疆年鉴. 乌鲁木齐：新疆年鉴社.

新疆维吾尔自治区文物局，2015. 不可移动的文物·巴音郭楞蒙古自治州（2）. 乌鲁木齐：新疆美术摄影出版社.

新疆文物考古研究所，2007. 新疆罗布泊小河墓地 2003 年发掘简报. 文物，(10)：4-42.

新疆文物考古研究所，2015. 新疆古楼兰交通与古代人类村落遗迹调查 2014 年度调查报告. 新疆文物，(3-4)：4-40.

新疆文物考古研究所，2016. 新疆古楼兰交通与古代人类村落遗迹调查 2015 年度调查报告. 西部考古，13（2）：1-35.

新疆文物考古研究所，2017a. 2016 年度新疆古楼兰交通与古代人类村落遗迹调查报告（上）. 新疆文物，(3)：4-51.

新疆文物考古研究所，2017b. 2016 年度新疆古楼兰交通与古代人类村落遗迹调查报告（下）. 新疆文物，(4)：56-94.

邢开鼎，1993. 新疆细石器初探. 新疆文物，(4)：69.

徐松，2005. 西域水道记. 北京：中华书局.

许清海，李月丛，阳小兰，等，2007. 中国北方几种主要花粉类型与植被定量关系. 中国科学 D 辑：地球科学，37（2）：192-205.

玄奘，辩机，1985. 大唐西域记. 北京：中华书局.

薛积彬，钟巍，2008. 新疆巴里坤湖全新世环境记录及区域对比研究. 第四纪研究，28（4）：610-620.

闫顺，穆桂金，许英勤，1998. 新疆罗布泊地区第四纪环境演变. 地理学报，17（4）：332-340.

严富华，叶永英，麦学舜，1983. 新疆罗布泊 4 井的孢粉组合及其意义. 地震地质，5（4）：75-81.

阎顺，许英勤，1989. 新疆阿勒泰地区表土孢粉组合. 干旱区研究，6（1）：26-33.

杨东，罗超，彭子成，等，2009. 新疆罗布泊地区 32.0-9.1kaB. P. 期间的孢粉记录及其古气候古环境演化. 第四纪研究，29（4）：755-766.

杨更，2009. 新疆雅丹地貌分布特征浅析. 四川地质学报，29（S2）：286-290.

杨晓燕，吕厚远，夏正楷，2006. 植物淀粉粒分析在考古学中的应用. 考古与文物，3：87-91.

杨晓燕，郁金城，吕厚远，2009. 北京平谷上宅遗址磨盘磨棒功能分析：来自植物淀粉粒的证据. 中国科学 D 辑：地球科学，39（9）：1266-1273.

杨晓燕，孔昭宸，刘长江，2010. 中国北方现代粟、黍及其野生近缘种的淀粉粒形态数据分析. 第四纪研究，30（2）：364-371.

杨雄，2012. 法言. 北京：中华书局.

杨琰，袁道先，程海，等，2010. 末次冰消期亚洲季风突变事件的精确定年：以贵州衙门洞石笋为例. 中国科学 D 辑：地球科学，40（2）：199-210.

杨益民，2008. 古代残留物分析在考古中的应用. 南方文物，(2)：20-25.

杨知，宫华泽，王龙飞，等，2014. 基于三维微地貌重建的雷达遥感多尺度面粗糙度测量方法：CN，CN104062653A.

伊第利斯·阿不都热苏勒，1993. 新疆地区细石器遗存. 新疆文物，(4)：85-94.

伊第利斯·阿不都热苏勒，张川，等，1996. 吐鲁番盆地交河故城沟西台地旧石器地点//西北大学. 考古文物研究——西北大学考古专业成立三十周年纪念文集. 西安：三秦出版社.

殷志强，秦小光，吴金水，等，2008. 湖泊沉积物粒度多组分特征及其成因机制研究. 第四纪研究，28（2）：345-353.

殷志强，秦小光，吴金水，等，2009. 中国北方部分地区黄土、沙漠沙、湖泊、河流细粒沉积物粒度多组分分布特征研究. 沉积学报，27（2）：343-351.

于建军，2018. 2016-2017 年新疆吉木乃县通天洞遗址考古发掘新发现. 西域研究，(1)：132-135.

袁国映，袁磊，1998. 罗布泊历史环境变化探讨. 地理学报，65（s1）：83-89.

岳峰，于志勇，1999. 新疆民丰县尼雅遗址以北地区 1996 年考古调查. 考古，(4)：11-17，97-98.

曾认宇，赖健清，毛先成，等. 2016. 金川铜镍硫化物矿床铂族元素地球化学差异及其演化意义. 中国有色金属学报，26（1）：149-163.

张丙乾，李培清，樊自立，1987. 罗布泊洼地土壤盐分积累规律的初步研究//夏训诚. 罗布泊科学考察与研究. 北京：科学出版社.

张波，2014. 基于 GeoEye-1 卫星遥感影像几何模型解算及三维重建精度分析. 成都：西南交通大学.

张成君，郑绵平，Prokopenko A，等，2007. 博斯腾湖碳酸盐和同位素组成的全新世古环境演变高分辨记录及与冰川活动的响应. 地质学报，81（12）：1658-1671.

张川，1997. 论新疆史前考古文化的发展阶段. 西域研究，(3)：50-54，86.

张德芳，2015. 汉帝国在政治军事上对丝绸之路交通体系的支撑. 甘肃社会科学，(2)：17-24.

张俊民，蔡凤歧，何同康，1995. 中国的土壤. 北京：商务印书馆.

张磊，秦小光，许冰，等，2018. 楼兰地区新发现斗检封及其指示意义. 干旱区地理，41（3）：545-552.

张莉，2001. 楼兰古绿洲的河道变迁及其原因探讨. 中国历史地理论丛，16（1）：87-98，127.

张亮，2014. 矢量等高线曲率的计算方法研究. 北京：中国科学院大学.

张林源，1981. 青藏高原上升对我国第四纪环境演变的影响. 兰州大学学报，(3)：142-151.

张全超，朱泓，2011. 新疆古墓沟墓地人骨的稳定同位素分析——早期罗布泊先民饮食结构初探. 西域研究，(3)：91-96.

张全超，朱泓，金海燕，2006. 新疆罗布淖尔古墓沟青铜时代人骨微量元素的初步研究. 考古与文物，(6)：99-103.

张双全，李占扬，张乐，2011. 河南灵井许昌人遗址动物骨骼表面人工改造痕迹. 人类学学报，30（3）：313-326.

张体先，2014. 楼兰通史. 乌鲁木齐：新疆生产建设兵团出版社.

张伟，2006. 多视图三维重构算法与软件实现. 合肥：安徽大学.

张小宏，赵生良，陈丰田，2013. AgisoftPhotoscan 在无人机航空摄影影像数据处理中的应用. 价值工程，(20)：230-231.

张晓凌，高星，沈辰，等，2010a. 虎头梁遗址尖状器功能的微痕研究. 人类学学报，29（4）：337-354.

张晓凌，沈辰，高星，等，2010b. 微痕分析确认万年前的复合工具与其功能. 科学通报，55（3）：229-236.

张银环，杨琰，杨勋林，等，2015. 早全新世季风演化的高分辨率石笋 $\delta^{18}O$ 记录研究——以河南老母洞石笋为例. 沉积学报，33（1）：134-141.

张迎春，伊弟利斯，2009. 北方墓地：埋藏在大漠腹地的千古之谜. 新疆人文地理，(3)：68-75.

赵丽媛，鹿化煜，张恩楼，等，2015. 敦煌伊塘湖沉积物有机碳同位素揭示的末次盛冰期以来湖面变化. 第四纪研究，35（1）：172-179.

赵莹，2011. 云南银梭岛遗址出土的动物遗存研究. 长春：吉林大学.

赵元杰，夏训诚，王富葆，等，2005. 罗布泊现代盐壳地貌特征与成因初步研究. 干旱区地理，28（6）：795-799.

赵元杰，宋艳，夏训诚，等，2009. 近 150 年来罗布泊红柳沙包沉积纹层沙物质粒度特征. 干旱区资源与环境，23（12）：103-107.

郑多明，李日俊，杨来顺，等，2003. 罗布泊凹陷石油地质条件. 新疆石油地质，24（2）：121-123.

郑绵平，吴书玉，刘俊英，等，1991. 晚更新世以来罗布泊盐湖的沉积环境和找钾前景初析. 科学通报，36（23）：1810-1813.

中国科学院新疆分院罗布泊综合科学考察队，1985. 神秘的罗布泊. 北京：科学出版社.

中国科学院新疆考察队，1978. 新疆地貌. 北京：科学出版社.

钟巍，熊黑钢，1998. 近 12ka BP 以来南疆博斯腾湖气候环境演变. 干旱区资源与环境，12（3）：28-36.

钟巍，吐尔逊，克依木，等，2005. 塔里木盆地东部台特玛湖近 25.0ka BP 以来气候与环境变化. 干旱区地理，28（2）：183-187.

周姣花，徐金沙，牛睿，等，2018. 利用扫描电镜和能谱技术研究四川会理铂钯矿床中的铂族矿物特征及铂族元素赋存状态. 岩矿测试，37（2）：130-138.

周兴佳，李保生，朱峰，等，1996. 南疆克里雅河绿洲发育和演化过程研究. 云南地理环境研究，8（2）：44-57.

朱之勇，高磊，2015. 新疆旧石器、细石器研究的成就、问题与展望. 边疆考古研究，18（2）：93-104.

Abshire J B，Sun X L，Riris H，et al.，2005. Geoscience laser altimeter system（GLAS）on the ICESat mission：on-orbit measurement performance. Geophysical Research Letters，32（21）：102-1-102-4.

Aichner B，Feakins S J，Lee J E et al.，2015. High-resolution leaf wax carbon and hydrogen isotopic record of the late holocene paleoclimate in arid central asia. Climate of the Past，11（4）：619-633.

Al-Dousari A M，Al-Elaj M，Al-Enezi E，et al.，2009. Origin and characteristics of yardangs in the Um Al-Rimam depressions（N Kuwait）. Geomorphology，104（3-4）：93-104.

Allain S，Lopez-Martinez C，Ferro-Famil L，et al.，2005. New eigenvalue-based parameters for natural media characterization.

Seoul, Korea: International Geoscience and Remote Sensing Symposium.

An C, Lu Y, Zhao J, et al., 2011a. A high-resolution record of Holocene environmental and climatic changes from lake bali kun (Xinjiang, China): implications for central asia. The Holocene, 22 (1): 43-52.

An C, Zhao J, Tao S, et al., 2011b. Dust variation recorded by lacustrine sediments from arid Central Asia since ~15 cal ka BP and its implication for atmospheric circulation. Quaternary Research, 75 (3): 566-573.

Arvidson R E, Baker V R, Elachi C, et al., 1991. Magellan: initial analysis of venus surface modification. Science, 252 (5003): 270-275.

Barber E, 1999. The munnies of Urumchi. New York: Norton.

Barton H, 2007. Starch residues on museum artefacts: implications for determining tool Use. Journal of Archaeological Science, 34 (10): 1752-1762.

Barton H, Torrence R, Fullagar R, 1998. Clues to stone tool function re-examined: comparing starch grain frequencies on used and unused obsidian artefacts. Journal of Archaeological Science, 25 (12): 1231-1238.

Bemis S, Micklethwaite S, Turner D, et al., 2014. Ground-based and UAV-Based photogrammetry: a multi-scale, high-resolution mapping tool for structural geology and paleoseismology. Journal of Structural Geology, 69 (A): 163-178.

Bentley R, Price T, Stephan E, 2004. Determining the 'local' $^{87}Sr/^{86}Sr$ range for archaeological skeletons: a case study from Neolithic Europe. Journal of Archaeological Science, 31 (4): 365-375.

Berger A, Loutre M, 1991. Insolation values for the climate of the last 10 million years. Quaternary Science Reviews, 10 (4): 297-317.

Betts A, Jia P, Abuduresule I, 2018. A new hypothesis for early bronze age cultural diversity in Xinjiang, China. Archaeological Research in Asia, 17: 204-213.

Blackwelder E, 1930. Yardang and Zastruga. Science, 77: 396-397.

Blackwelder E, 1934. Yardangs. Bulletin of the Geological Society of America, 45 (1/3): 159-165.

Blanchet C L, Thouveny N, Vidal L, 2009. Formation and preservation of greigite (Fe_3S_4) in sediments from the Santa Barbara Basin: implications for paleoenvironmental changes during the past 35 ka. Paleoceanography, 24 (2): PA2224-15.

Bloemendal J, Liu X, 2005. Rock magnetism and geochemistry of two plio-pleistocene Chinese loess-palaeosol sequences—implications for quantitative palaeoprecipitation reconstruction. Palaeogeography Palaeoclimatology Palaeoecology, 226 (1): 149-166.

Bobst A L, Lowenstein T K, Jordan T E, et al., 2001. A 106 ka paleoclimate record from drill core of the Salar de Atacama, northern Chile. Palaeogeography Palaeoclimatology Palaeoecology, 173 (1-2): 21-42.

Bond G, Showers W, Elliot M, et al., 1999. The North Atlantic's 1-2 kyr climate rhythm: relation to Heinrich Events, Dansgaard/Oeschger cycle and the Little Ice Age//Clark P, Webb R, Keigwin L. Mechanisms of Global Climate Change at Millennial Time Scales, Geophysical Monograph Series. Washington, DC: American Geophysical Union: 35-58.

Bond G, Kromer B, Beer J, et al., 2001. Persistent solar influence on North Atlantic climate during the holocene. Science, 294 (5549): 2130-2136.

Breed C, Mccauley J, Whitney M, 1989. Wind Erosion Forms//Thomas D S G. Arid Zone Geomorphology. London: Belhaven Press.

Bronk Ramsey C, 2009. Bayesiananalysis of radiocarbon dates. Radiocarbon, 51 (1): 337-360.

Bronk Ramsey C, 2017. Method for summarizing radiocarbon datasets. Radiocarbon, 59 (6): 1809-1833.

Brookes I, 2001. Aeolian erosional lineations in the Libyan Desert, Dakhla Region, Egypt. Geomorphology, 39 (3-4): 189-209.

Brookes I, 2003. Geomorphic indicators of holocene winds in Egypt's Western Desert. Geomorphology, 56 (1-2): 155-166.

Cai Y, Chiang J, Breitenbach S, et al., 2017. Holocene moisture changes in western China, Central Asia, inferred from stalagmites. Quaternary Science Reviews, 158: 15-28.

Chen F, Huang X, Zhang J, et al., 2006. Humid little ice age in arid Central Asia documented by Bosten Lake, Xinjiang, China. Science China Series D-Earth Sciences, 49 (12): 1280-1290.

Chen F, Jia J, Chen J, et al., 2016a. A persistent holocene wetting trend in arid central Asia, with wettest conditions in the late holocene, revealed by multi-proxy analyses of loess-paleosol sequences in Xinjiang, China. Quaternary Science Reviews, 146: 134-146.

Chen K, Hiebert F, 1995. The late prehistory of Xinjiang in relation to its neighbors. Journal of World Prehistory, 9 (2): 243-300.

Chen T, Wang X, Dai J, et al., 2016b. Plant use in the Lop Nor region of southern Xinjiang, China: archaeobotanical studies of the Yingpan cemetery (～25-420 AD) . Quaternary International, 426: 166-174.

Clarke M, Wintle A, Lancaster N, 1996. Infra-red stimulated luminescence dating of sands from the Cronese Basins, Mojave Desert. Geomorphology, 17 (1-3): 199-205.

Cloude S, Pottier E, 1996. A review of target decom-position theorems in radar polarimetry. IEEE Transactions on Geoscience and Remote Sensing, 34 (2): 498-518.

Cooke R, Warren A, Goudie A, et al., 2006. Desert geomorphology. Boca Raton: CRC Press.

Cotterell B, Johan K, 1987. The formation of flakes. American Antiquity, 52 (4): 75-708.

Dansgaard W, White J, Johnsen S, 1989. The abrupt termination of the younger dryas climate event. Nature, 339 (6225): 532-534.

Daux V, Lécuyer C, Héran M, et al., 2008. Oxygen isotope fractionation between human phosphate and water revisited. Journal of Human Evolution, 55 (6): 1138-1147.

Derevianko A P, Gao X, Olsen J W, et al., 2012. The paleolithic of Dzungaria (Xinjiang, Northwest China) based on materials from the Luotuoshi site. Archaeology, Ethnology and Anthropology of Eurasia, 40 (4): 2-18.

Diefendorf A F, Mueller K E, Wing S L, et al., 2010. Global patterns in leaf ^{13}C discrimination and implications for studies of past and future climate. Proceedings of the National Academy of Sciences of the United States of America, 107 (13): 5738-5743.

Dong Z, Lv P, Lu J, et al., 2012a. Geomorphology and origin of Yardangs in the Kumtagh Desert, Northwest China. Geomorphology, 139-140: 145-154.

Dong Z, Lv P, Qian G, et al., 2012b. Research progress in China's Lop Nur. Earth-Science Reviews, 111 (1-2): 142-153.

Dykoski C, Edwards R, Cheng H, et al., 2005. A high-resolution, absolute-dated holocene and deglacial Asian monsoon record from dongge cave, China. Earth and Planetary Science Letters, 233 (1-2): 71-86.

Ehsani A, Quiel F, 2008. Application of self organizing map and SRTM data to characterize yardangs in the Lut desert, Iran. Remote Sensing of Environment, 112 (7): 3284-3294.

El-Baz F, Breed C, Grolier M J, et al., 1979. Eolian features in the western desert of Egypt and some applications to Mars. Journal of Geophysical Research, 84 (B14): 8205-8221.

Fahn A, Werker E, 1986. Wood anatomy and identification of trees and shrubs from Israel and adjacent regions. Jerusalem: the Israel Academy of Sciences and Humanities.

Figueiral I, Mosbrugger V, 2000. A review of charcoal analysis as a tool for assessing quaternary and tertiary environments: achievements and limits. Palaeogeography Palaeoclimatology Palaeoecology, 164 (1-4): 397-407.

Flad R, Li S, Wu X, et al., 2010. Early wheat in China: results from new studies at Donghuishan in the Hexi Corridor. The Holocene, 20 (6): 955-965.

Fleitmann D, Burns S J, Mangini A, et al., 2007. Holocene ITCZ and Indian monsoon dynamics recorded in stalagmites from Oman and Yemen (Socotra). Quaternary Science Reviews, 26 (26): 170-188.

Frachetti M, Smith C, Traub C, et al., 2017. Nomadic ecology shaped the highland geography of Asia's Silk Roads. Nature, 543 (Mar. 9 TN. 7644): 193-198.

Fricker H, Borsa A, Minster B, et al., 2005. Assessment of ICES at performance at the salar de Uyuni, Bolivia. Geophysical Research Letters, 32 (21): 2106-1-2106-5.

Fu C, Bloemendal J, Qiang X, et al., 2015. Occurrence of greigite in the pliocene sediments of Lake Qinghai, China, and its paleoenvironmental and paleomagnetic implications. Geochemistry Geophysics Geosystems, 16 (5): 1293-1306.

Fung A, 1994. Microwave scattering and emission models and their applications. Norwood, MA: Artech House.

Gabriel A, 1938. The Southern Lut and Iranian Baluchistan. The Geographical Journal, 92 (3): 193.

Goudie A, 2007. Mega-Yardangs: a global analysis. Geography Compass, 1 (1): 65-81.

Goudie A S, 2008. The history and nature of wind erosion in deserts. Annual Review of Earth and Planetary Sciences, 36: 97-119.

Greeley R, Bender K, Thomas P, et al., 1995. Wind-related features and processes on Venus: summary of magellan results. Icarus, 115 (2): 399-420.

Gutiérrez-Elorza M, Desir G, Gutierrez-Santolalla F, 2002. Yardangs in the semiarid central sector of the Ebro Depression (NE Spain). Geomorphology, 44 (1-2): 155-170.

Halimov M, Fezer F, 1989. 8 Yardang types in Central-Asia. Zeitschrift Fur Geomorphologie, 33 (2): 205-217.

Han K, 1998. The physical anthropology of the ancient populations of the Tarim Basin and surrounding areas//Mair V H. The Bronze

Age and early Iron Age peoples of eastern Central Asia. Philadelphia：University of Pennsylvania Museum Publications.

Han W, Yu L, Lai Z, et al., 2014. The earliest well-dated archeological site in the hyper-arid Tarim Basin and its implications for prehistoric human migration and climatic change. Quaternary Research, 82（1）: 66-72.

Hansen V, 2012. The Silk Road：A New History. New York：Oxford University Press.

Hedin S, 1903. Central Asia and Tibet. London：Hurst and Blackett.

Hedin S, 1907. Scientific Results of a Journey in Central Asia, 1899–1902. Stockholm：Lithographic Institute of the General Staff of the Swedish Army; London：Dulau & Co.; Leipzig：F. A. Brockhaus.

Hedin S, 1998. My life as an explorer. Reprint. New York：New Delhi, AES.

Hemphill B, Mallory J, 2004. Horse-mounted invaders from the Russo-Kazakh steppe or agricultural colonists from western Central Asia? a craniometric investigation of the bronze age settlement of Xinjiang. American Journal of Physical Anthropology, 124（3）: 199-222.

Hermes T, Frachetti M, Bullion E, et al., 2018. Urban and nomadic isotopic niches reveal dietary connectivities along Central Asia's Silk Roads. Scientific Reports, 8（1）: 5177.

Herzschuh U, Winter K, Wünnemann B, et al., 2006. A general cooling trend on the central Tibetan Plateau throughout the holocene recorded by the Lake Zigetang pollen spectra. Quaternary International, 154-155（5）: 113-121.

Hjlle K, 1999. Modern pollen assemblages from mown and grazed vegetation types in western Norway. Review of Palaeobotany and Palynology, 107（1-2）: 55-81.

Hong B, Gasse F, Uchida M, et al., 2014. Increasing summer rainfall in arid eastern-Central Asia over the past 8500 years. Scientific Reports, 4（1）: 5279.

Hörner N, Chen P, 1935. Alternating lakes some river changes and lake displacements in central Asia. Geografiska Annaler, 17: 145-166.

Hsieh C, 1996. Multiple scattering from randomly rough surfaces. Arlington：University of Texas at Arlington.

Huang S, 2014. The crucial reason for the debate on the original capital of Loulan Kingdom and new evidences for LA City as the Capital of Loulan Kingdom in Western Han Dynasty// Jiao Y. The culture and history of Loulan. Urumqi：Xijiang People's Publishing House.

Huang X, Chen F, Fan Y, 2009. Dry late-glacial and earlyholocene climate in arid central Asia indicated by lithological and palynological evidence from Bosten Lake, China. Quatuaternary International, 194（1-2）: 19-27.

Huang X, Chen C, Jia W, et al., 2015. Vegetation and climate history reconstructed from an alpine lake in central Tianshan Mountains since 8.5ka BP. Palaeogeography Palaeoclimatology Palaeoecology, 432: 36-48.

Inbar M, Risso C, 2001. Holocene yardangs in volcanic terrains in the southern Andes, Argentina. Earth Surface Processes and Landforms, 26（6）: 657-666.

Jelinowska A, Tucholka P, Gasse F, et al., 1995. Mineral magnetic record of environment in Late Pleistocene and Holocene sediments, Lake Manas, Xinjiang, China. Geophysical Research Letters, 22（8）: 953-956.

Ji J, Shen J, Balsam W, et al., 2005. Asian monsoon oscillations in the northeastern Qinghai-Tibet Plateau since the late glacial as interpreted from visible reflectance of Qinghai Lake sediments. Earth and Planetary Science Letters, 233（1）: 61-70.

Ji W, Jiang D, 2000. A method for wind stress measurement in lab. Tropic Oceanology, 19（4）: 71-76.

Jia H, Qin X, Liu J, et al., 2012. Environmental changes recorded by major elements in Loulan Stupa Section during early-middle Holocene. Journal of Earth Science, 23（2）: 155-160.

Jia H, Wang J, Qin X, et al., 2017. Palynological implications for late glacial to middle holocene vegetation and environmental history of the Lop Nur Xinjiang Uygur Autonomous Region, northwestern China. Quaternary International, 436（Part A）: 162-169.

Jiang H, Feng G, Liu X, et al., 2018. Drilling wood for fire：discoveries and studies of the fire-making tools in the Yanghai cemetery of ancient Turpan, China. Vegetation History and Archaeobotany, 27（1）: 197-206.

Jiang Q, Ji J, Shen J, et al., 2013. Holocene vegetational and climatic variation in westerly-dominated areas of central Asia inferred from the Sayram Lake in northern Xinjiang, China. Science China Earth Sciences, 56（3）: 339-353.

Johnsen S, Clausen H, Dansgaard W, et al., 1992. Irregular glacial interstadials recorded in a new Greenland ice core. Nature, 359（6393）: 311-313.

Joly C, Barillé L, Barreau M, et al., 2007. Grain and annulus diameter as criteria for distinguishing pollen grains of cereals from wild grasses. Review of Palaeobotany and Palynology, 146：221-233.

Koerner R, Fisher D, 1990. A record of Holocene summer climate from a Canadian high- Arctic ice core. Nature, 343（6259）：630-631.

Kohn M, 2010. Carbon isotope compositions of terrestrial C3 plants as indicators of（paleo）ecology and（paleo）climate. Proceedings of the National Academy of Sciences of the United States of America, 107（46）：19691-19695.

Kuhn S, 1995. Mousterian Lithic Technology：an Ecological Perspective. Princeton：Princeton University Press.

Kuzmina E, 1998. Cultural Connections of the Tarim Basin People and Pastoralists of the Asian Steppes in the Bronze Age// Mair V H. The Bronze Age and Early Iron Age Peoples of Eastern Central Asia, Vol 1. Pennsylvania：University of Pennsylvania Museum Publications.

Kuzmina E, 2008. The Prehistory of the Silk Road. Philadelphia：University of Pennylvania Press.

Lasne Y, Paillou P, Ruffie G, et al., 2005. Effect of multiple scattering on the phase signature of wet subsurface structures：applications to polarimetric L- and C-band SAR. IEEE Transactions on Geoscience and Remote Sensing, 43（8）：1716-1726.

Lauterbach S, Witt R, Plessen B, et al., 2014. A climatic imprint of the mid- latitude Westerlies in the Central Tian Shan of Kyrgyzstan and teleconnections to North Atlantic climate variability during the last 6000 years. The Holocene, 24（8）：970-984.

Leardi R, Gonzalez A, 1998. Genetic algorithms applied to feature selection in PLS regression：how and when to use them. Chemometrics and intelligent laboratory systems, 41（2）：195-207.

Lee J, Ainsworth T, Kelly J, et al., 2008. Evaluation and Bias Removal of Multilook Effect on Entropy/Alpha/Anisotropy in Polarimetric SAR Decomposition. IEEE Transactions on Geoscience and Remote Sensing, 46（10）：3039-3052.

Li C, Li H, Cui Y, et al., 2010. Evidence that a west-east admixed population lived in the Tarim Basin as early as the early bronze age. BMC Biology, 8：15.

Li C, Ning C, Hagelberg E, et al., 2015. Analysis of ancient human mitochondrial DNA from the Xiaohe cemetery：insights into prehistoric population movements in the Tarim Basin, China. BMC Genetics, 16（1）：78.

Li J, Abuduresule I, Hueber F, et al., 2013. Buried in sands：environmental analysis at the archaeological site of Xiaohe Cemetery, Xinjiang, China. PLoS ONE, 8, e68957.

Li K, Qin X, Yang X, et al., 2018a. Human activity during the late Pleistocene in the Lop Nur region, northwest China：evidence from a buried stone artifact. Science China Earth Sciences, 61：1659-1668.

Li K, Qin X, Zhang L, et al., 2018b. Hydrological change and human activity during Yuan- Ming dynasties in the Loulan area, northwestern China. The Holocene, 28（8）：1266-1275.

Li K, Qin X, Zhang L, et al., 2019. Oasis landscape of the ancient Loulan on the west bank of Lake Lop Nur, Northwest China, inferred from vegetation utilization for architecture. The Holocene, 29（6）：1030-1044.

Li L, Ustin S, Riano D, 2007. Retrieval of fresh leaf fuel moisture content using genetic algorithm partial least squares（GA-PLS）modeling. Geoscience and Remote Sensing Letters, IEEE, 4（2）：216-220.

Lin Y, Novo A, Harnoy S, et al., 2011. Combining GeoEye- 1 Satellite Remote Sensing, UAV Aerial Imaging, and geophysical surveys in anomaly detection applied to archaeology. IEEE Journal of Selected Topics in Applied Earth Observations & Remote Sensing, 4（4）：80-876.

Lin Y, Xu L, Mu G, 2018. Differential erosion and the formation of layered yardangs in the Loulan region（Lop Nur）, eastern Tarim Basin. Aeolian Research, 30：41-47.

Liu C, Zhang J, Jiao P, et al., 2016. The Holocene history of Lop Nur and its palaeoclimate implications. Quaternary Science Reviews, 148：163-175.

Liu L, Field J, Fullagarc R, et al., 2010. A functional analysis of grinding stones from an early holocene site at Donghulin, North China. Journal of Archaeological Science, 37（10）：2630-2639.

Liu L, Ge W, Bestela S, et al, 2011. Plant exploitation of the last foragers at Shizitan in the Middle YellowRiver Valley China：evidence from grinding stones. Journal of Archaeological Science, 38（12）：3524-3532.

Liu L, Bestel S, Shi J, et al., 2013. Paleolithic human exploitation of plant foods during the last glacial maximum in North China. Proceeding of National Academy of Sciences of United States of America, 110（14）：5380-5385.

Liu Q, Deng C, Torrent J, et al., 2007. Review of recent developments in mineral magnetism of the Chinese loess. Quaternary Science Reviews, 26（3）：368-385.

Liu Q, Roberts A, Larrasoaña J, et al., 2012. Environmental magnetism：principles and applications. Reviews of Geophysics,

50 (4): RG4002-1-RG4002-50.

Liu X, Herzschuh U, Wang Y, et al., 2014. Glacier fluctuations of Muztagh Ata and temperature changes during the late holocene in westernmost Tibetan Plateau, based on glaciolacustrine sediment records. Geophysical Research Letters, 41 (17): 6265-6273.

Liu Z, Otto-Bliesner B, He F, et al., 2009. Transient simulation of last deglaciation with a new mechanism for Bølling-Allerød warming. Science, 325 (5938): 310-314.

Luo C, Zicheng P, Dong Y, et al., 2009. A lacustrine record from Lop Nur, Xinjiang, China: implications for paleoclimate change during Late Pleistocene. Journal of Asian Earth Sciences, 34: 38-45.

Luz B, Kolodny Y, Horowitz M, 1984. Fractionation of oxygen isotopes between mammalian bone-phosphate and environmental drinking water. Geochimica et Cosmochimica Acta, 48 (8): 1689-1693.

Lü H, Xia X, Liu J, et al., 2010. A preliminary study of chronology for a newly-discovered ancient city and five archaeological sites in Lop Nor, China. Chinese Science Bulletin, 55 (1): 63-71.

Ma C, Wang F, Cao Q, et al., 2008. Climate and environment reconstruction during the Medieval warm period in Lop Nur of Xinjiang, China. Chinese Science Bulletin, 53 (19): 3016-3027.

Maher B, 1988. Magnetic properties of some synthetic sub-micron magnetites. Geophysical Journal International, 94 (1): 83-96.

Mai H, Yang Y, Abuduresule I, et al., 2016. Characterization of cosmetic sticks at Xiaohe Cemetery in early bronze age Xinjiang, China. Scientific Reports, 6: 18939.

Mainguet M, 1968. Le Borkou aspects d'une modelé éolien. Annales de Geographie, 77 (421): 58-66.

Mallory J, Mair V, 2000. The Tarim Mummies: Ancient China and the Mystery of the Earliest Peoples from the West. London: Thames & Hudson Ltd.

Martin C, Thomas R, Krabill W, et al., 2005. ICESat range and mounting bias estimation over precisely-surveyed terrain. Geophysical Research Letters, 32 (21): L21S07.

McCauley J, Grolier M, Breed C, et al., 1977. Yardangs of Peru and Other Desert Regions. USGS Interagency Report: Astrogeology.

Mischke S, Wünnemann B, 2006. The holocene salinity history of Bosten Lake (Xinjiang, China) inferred from ostracod species assemblages and shell chemistry: possible palaeoclimatic implications. Quaternary International, 154-155 (5): 100-112.

Mischke S, Zhang C, 2010. Holocene cold events on the Tibetan Plateau. Global and Planetary Change, 72 (3): 155-163.

Mischke S, Rajabov I, Mustaeva N, et al., 2010. Modern hydrology and late Holocene history of Lake Karakul, eastern Pamirs (Tajikistan): a reconnaissance study. Palaeogeography Palaeoclimatology Palaeoecology, 289 (1-4): 10-24.

Mischke S, Liu C, Zhang J, et al., 2017. The world's earliest Aral-Sea type disaster: the decline of the Loulan Kingdom in the Tarim Basin. Scientific Reports, 7 (1): 43102.

Mischke S, Zhang C, Liu C, et al., 2019. The holocene salinity history of Lake Lop Nur (Tarim Basin, NW China) inferred from ostracods, foraminifera, ooids and stable isotope data. Global and Planetary Change, 175 (Apr): 1-12.

NesjeA, Matthews J, Dahl S, et al., 2001. Holocene glacier fluctuations of flatebreen and winter-precipitation changes in the Jostedalsbreen region, western Norvay, based on glaciolacustrine sediment records. The Holocene, 11 (3): 267-280.

Niethammer U, James M, Rothmund S, et al., 2012. UAV-based remote sensing of the Super-Sauze landslide: evaluation and results. Engineering Geology, 128 (11): 2-11.

Paillou P, August-Bernex T, Grandjean G, et al., 2001. Subsurface imaging by combining airborne SAR and GPR: application to water detection in arid zones. Geoscience and Remote Sensing Symposium, 3: 1384-1386.

Paillou P, Grandjean G, Baghdadi N, et al., 2003. Subsurface imaging in south-central Egypt using low-frequency radar: bir safsaf revisited. IEEE Transactions on Geoscience and Remote Sensing, 41 (7): 1672-1684.

Pavel E, Demske D, Leipe C, et al., 2019. An 8500-year palynological record of vegetation, climate changeand human activity in the Bosten Lake region of Northwest China. Palaeogeography Palaeoclimatology Palaeoecology, 516: 166-178.

Piperno D, Holst I, 1998. The presence of starch grains on prehistoric stone tools from the Humid Neotropics: indications of early tuber use and agriculture in Panama. Journal of Archaeological Science, 25 (8): 765-776.

Piperno D, Weiss E, Holst I, et al., 2004. Processing of wild cereal grains in the upper palaeolithic revealed by starch grain analysis. Nature, 430 (7000): 670-673.

PutnamA, Putnam D, Andreu-Hayles, et al., 2016. Little ice age wetting of interior Asian deserts and the rise of the Mongol Empire. Quaternary Science Reviews, 131 (Pt. A): 33-50.

Pye K. 1987. Aeolian Dust and Dust Deposits. London：Academic Press.

Qin X，Cai B，Liu T，2005. Loess record of the aerodynamic environment in the East Asia monsoon area since 60,000 years before present. Journal of Geophysical Research：Solid Earth，110（1）：211-226.

Qin X，Liu J，Jia H，et al.，2011. New evidence of agricultural activity and environmental change associated with the ancient Loulan kingdom，China，around 1500 years ago. The Holocene，22（1）：53-61.

Qiu Z，Yang Y，Shang X，et al.，2014. Paleo-environment and paleo-diet inferred from early bronze age cow dung at Xiaohe Cemetery，Xinjiang，NW China. Quaternary International，349（Oct. 28）：167-177.

Qu Y，Hu Y，Rao H，et al.，2017. Diverse lifestyles and populations in the Xiaohe culture of the Lop Nur region，Xinjiang，China. Archaeological and Anthropological Sciences，10（8）：2005-2014.

Ramsey C B，2009. Bayesian analysis of radiocarbon dates. Radiocarbon，51（1）：337-360.

Ran M，Zhang C，Feng Z，2015. Climatic and hydrological variations during the past 8000 years in northern Xinjiang of China and the associated mechanisms. Quaternary International，358（Feb. 9）：21-34.

Rao Z，Guo W，Cao J，et al.，2017. Relationship between the stable carbon isotopic composition of modern plants and surface soils and climate：a global review. Earth-Science Reviews，165：110-119.

Rasmussen S，Vinther B，Clausen H，et al.，2007. Early Holocene climate oscillations recorded in three Greenland ice cores. Quaternary Science Reviews，26（15-16）：1907-1914.

Reimer P，Baillie M，Bard E，et al.，2009. IntCal09 and Marine09 radiocarbon age calibration curve，0-50000years cal BP. Radiocarbon，51（4）：1111-1150.

Reimer P，Bard E，Bayliss A，et al.，2013. IntCal13 and Marine13 radiocarbon age calibration curves 0-50,000years cal BP. Radiocarbon，55（4）：1869-1887.

Rhodes T，Gasse F，Lin R，et al.，1996. A late pleistocene-holocene lacustrine record from Lake Manas，Zunggar（northern Xinjiang，western China）. Palaeogeography Palaeoclimatology Palaeoecology，120（1-2）：105-121.

Roberts A，2015. Magnetic mineral diagenesis. Earth-Science Reviews，151：1-47.

Roberts A，Chang L，Rowan J，et al.，2011. Magnetic properties of sedimentary Greigite（$Fe_3 S_4$）：an update. Reviews of Geophysics，49（1）：RG1002-1-RG1002-46.

Rodríguez M，2000. Woody plant species used during the archaic period in the Southern Argentine Puna. Archaeobotany of quebrada seca 3. Journal of Archaeological Science，27（4）：341-361.

Rodríguez M，2004. Woody plant resources in the Southern Argentine Puna：punta de la peña 9 archaeological site. Journal of Archaeological Science，31（10）：1361-1372.

Ruddiman W，2014. Earth's Climate Past and Future（3rd Edition）. New York：W. H. Freeman and Company.

Schwarz A，Turner F，Lauterbach S，et al.，2017. Mid- to late Holocene climate-driven regime shifts inferred from diatom，ostracod and stable isotope records from Lake Son Kol（Central Tian Shan，Kyrgyzstan）. Quaternary Science Reviews，177：340-356.

Sebe K，Csillag G，Ruszkiczay-Rudiger Z，et al.，2011. Wind erosion under cold climate：a pleistocene periglacial mega-yardang system in Central Europe（Western Pannonian Basin，Hungary）. Geomorphology，134（3-4）：470-482.

Sen J，Pottier E，2013. 极化雷达成像基础与应用. 洪文，李洋，尹嫱译. 北京：电子工业出版社.

Seong Y，Owen L，Yi C，et al.，2009. Quaternary glaciation of Muztag Ata and Kongur Shan：evidence for glacier response to rapid climate changes throughout the late glacial and Holocene in westernmost Tibet. Geological Society of America Bulletin，121（3-4）：348-365.

Shakun J，Clark P，He F，et al.，2012. Global warming preceded by increasing carbon dioxide concentrations during the last deglaciation. Nature，484（7392）：49-54.

Shao Y，Gong H，2011. Primary interpretation on shorelines of vanished Lop Nur Lake using multi-source SAR data. Journal of Remote Sensing，15：645-650.

Shao Y，Hu Q，Guo H，et al.，2003. Effect of dielectric properties of moist salinized soils on backscattering coefficients extracted from RADARSAT image. IEEE Transactions on Geoscience and Remote Sensing，41（8）：1879-1888.

Shao Y，Gong H，Xie C，et al.，2009. Detection of subsurface hyper-saline soil in Lop Nur using full-polarimetric SAR data. Geoscience and Remote Sensing Symposium，3.

Shao Y，Gong H，Gao Z，et al.，2012. SAR data for subsurface saline lacustrine deposits detection and primary interpretation on the evolution of the vanished Lop Nur Lake. Canadian Journal of Remote Sensing，38（3）：267-280.

Shen C, Wang S, 2000. A preliminary study of the anvil-chipping technique: experiments and evaluations. Lithic Technology, 25 (2): 81-100.

Shen H, Wu X, Tang Z, et al., 2015. Wood usage and fire veneration in the Pamir, Xinjiang, 2500 yr BP. PLoS ONE, 10 (8): e0134847.

Shennan S, Downey S, Timpson A, et al., 2013. Regional population collapse followed initial agriculture booms in mid-holocene Europe. Nature Communications, 4 (Oct): 2486/1-2486/8.

Shi F, Yang B, Von Gunten L, 2012. Preliminary multiproxy surface air temperature field reconstruction for China over the past millennium. Science China Earth Sciences, 55: 2058-2067.

Solomina O, Alverson K, 2004. High latitude Eurasian paleoenvironments: introduction and synthesis. Palaeogeography Palaeoclimatology Palaeoecology, 209 (1-4): 1-18.

Stanley A, 1989. Mass analysis of flaking debris: studying the forest rather than the trees//Donald O H, George H O. Alternative Approaches to Lithic Analysis. Archaeological Papers of the American Anthropological Association, 1: 85-118.

Stein M, 1921. Serindia: Detailed Report of Explorations in Central Asia and Westernmost China, Vol 5. London & Oxford: Clarendon Press.

Stein M, 1928. Innermost Asia: Detailed Report of Explorations in Central Asia and Westernmost China, Vol 4. London & Oxford: Clarendon Press.

Stuiver M, Reimer P J, Reimer R W, 2019. CALIB 7.1 [www program]. https://calib.org [2020-03-01].

Sun X, Zhao Y, Liu C, et al., 2017. Paleoclimatic information recorded in fluid inclusions in halites from Lop Nur, Western China. Scitific Reports, 7 (1): 16411.

Talma A, Vogel J, 1993. A simplified approach to calibrating C14 dates. Radiocarbon, 3 (2): 317-322.

Tang Z, Mu G, Chen D, 2009. Palaeoenvironment of mid to late holocene loess deposit of the southern margin of the Tarim Basin, NW China. Environmental Geology, 58 (8): 1703-1711.

Tang Z, Chen D, Wu X, et al., 2013. Redistribution of prehistoric Tarim people in response to climate change. Quaternary International, 308-309 (Oct. 2): 36-41.

Thompson L, Mosley-Thompson E, Davis M, et al., 1995. A 1000 year climate ice-core record from the Guliya ice cap, China: its relationship to global climate variability. Annals of Glaciology, 21: 175-181.

Thompson L, Mosley-Thompson E, Brecher H, et al., 2006. Abrupt tropical climate change: past and present. Proceedings of National Academy of Sciences of the United States of America, 103 (28): 10536-10543.

Thompson R, Oldfield F, 1986. Environmental Magnetism. London: Alleen and Unwin.

Trego K, 1990. The Absence of Yardangs on Venus. Earth Moon and Planets, 49 (3): 283-284.

Trego K, 1992. Yardang Identification in Magellan Imagery of Venus. Earth Moon and Planets, 58 (3): 289-290.

Tudryn A, Tucholka P, Gibert E, et al., 2010. A Late Pleistocene and holocene mineral magnetic record from sediments of Lake Aibi, Dzungarian Basin, NW China. Journal of Paleolimnolology, 44 (1): 109-121.

Ulaby F, Held S, Donson S, et al., 1987. Relating polaization phase difference of SAR signals to scene properties. IEEE Transactions on Geoscience and Remote Sensing, (1): 83-92.

Vincent P, Kattan F, 2006. Yardangs on the Cambro-Ordovician saq sandstones, North-West Saudi Arabia. Zeitschrift Fur Geomorphologie, 50 (3): 305-320.

Wang B, 2014. Centennial Archaeology of Loulan// Jiao Y. Culture History of Loulan. Urumqi: Xinjiang People's Publishing House.

Wang C, Lu H, Zhang J, et al., 2014. Prehistoric demographic fluctuations in China inferred from radiocarbon data and their linkage with climate change over the past 50,000 years. Quaternary Science Reviews, 98: 45-59.

Wang G, Han J, Liu D, 2003. The carbon isotope composition of C3 herbaceous plants in loess area of northern China. Science in China Series D-Earth Sciences, 46 (10): 1069-1076.

Wang J, Jia H, 2017. Sediment record of environmental change at Lake Lop Nur (Xinjiang, NW China) from 13.0 to 5.6 cal ka BP. Chinese Journal of Oceanology and Limnology, 35 (5): 1070-1078.

Wang N, Yao T, Thompson L, et al., 2002. Evidence for cold events in the early holocene from the Guliya ice core, Tibetan Plateau, China. Chinese Science Bulletin, 47 (17): 1422-1427.

Wang T, Dong W, Xien C, et al., 2019. Tianshanbeilu and the isotopic millet road: reviewing the late Neolithic/bronze age radiation of human millet consumption from north China to Europe. National Science Review, 6 (5): 1024-1039.

Wang W, Feng Z, 2013. Holocene moisture evolution across the Mongolian Plateau and its surrounding areas: a synthesis of climatic records. Earth-Science Reviews, 122: 38-57.

Wang W, Feng Z, Ran M, et al., 2013. Holocene climate and vegetation changes inferred from pollen records of Lake Aibi, northern Xinjiang, China: a potential contribution to understanding of holocene climate pattern in East-central Asia. Quaternary International, 311 (Oct. 17): 54-62.

Wang X, Shen H, Wei D, et al., 2020. Human mobility in the Lop Nur region during the Han-Jin Dynasties: a multi-approach study. Archaeological and Anthropological Sciences, 12 (1): 20.

Wang Y, Cheng H, Edward R, et al., 2005. The Holocene Asian monsoon: links to solar changes and North Atlantic climate. Science, 308 (5723): 854-857.

Ward A, 1979. Yardangs on Mars—evidence of recent wind erosion. Journal of Geophysical Research, 84: 8147-8166.

Ward A, Greeley R, 1984. Evolution of the Yardangs at Rogers Lake, California. Geological Society of America Bulletin, 95 (7): 829-837.

Wieringa J, 1974. Comparison of three methods for determining strong wind stress over Lake Flevo. Boundary-Layer Meteorology, 7 (1): 3-19.

William A J, 2001. Emerging directions in debitage analysis//William A J. Lithic Debitage: Context, Form, Meaning. Salt Lake City: University of Utah Press.

Williams A, 2012. The use of summed radiocarbon probability distributions in archaeology: a review of methods. Journal of Archaeological Science, 39 (3): 578-589.

Wolff C, Plessen B, Dudashvilli A S, et al., 2016. Precipitation evolution of Central Asia during the last 5000 years. The Holocene, 27 (1): 142-154.

Wright L, Schwarcz H, 1998. Stable carbon and oxygen isotopes in human tooth enamel: identifying breastfeeding and weaning in prehistory. American Journal of Physical Anthropology, 106 (1): 1-18.

Wright L, Schwarcz H, 1999. Correspondence between stable carbon, oxygen and nitrogen isotopes in human tooth enamel and dentine: infant diets at Kaminaljuyú. Journal of Archaeological Science, 26 (9): 1159-1170.

Wünnemann B, Chen F, Riedel F, et al., 2003. Holocene lake deposits of Bosten Lake, southern Xinjiang, China. Chinese Science Bulletin, 48 (14): 1429-1432.

Xiao L, Wang J, Dang Y, et al., 2017. A new terrestrial analogue site for Mars research: the Qaidam Basin, Tibetan Plateau (NW China). Earth-Science Reviews, 164: 84-101.

Xie M, Yang Y, Wang B, et al., 2013. Interdisciplinary investigation on ancient Ephedra twigs from Gumugou Cemetery (3800 B. P.) in Xinjiang region, northwest China. Microscopy research and technique, 76 (7): 663-672.

Xie M, Shevchenko A, Wang B, et al., 2016. Identification of a dairy product in the grass woven basket from Gumugou Cemetery (3800 BP, northwestern China). Quaternary International, 426 (Dec. 28): 158-165.

Xu B, Gu Z, Qin X, et al., 2017. Radiocarbon dating the ancient city of Loulan. Radiocarbon, 59 (4): 1215-1226.

Yamazaki T, 2009. Environmental magnetism of pleistocene sediments in the North Pacific and Ontong-Java Plateau: temporal variations of detrital and biogenic components. Geochemistry Geophysics Geosystems, 10 (7): Q07Z04.

Yamazaki T, Ikehara M, 2012. Origin of magnetic mineral concentration in the Southern Ocean. Paleoceanography, 27 (2): PA2206-1-PA2206-13.

Yang B, Qin C, Wang J, et al., 2014c. A 3-500-year tree-ring record of annual precipitation on the northeastern Tibetan Plateau. Proceedings of National Academy of Sciences of the United States of America, 111 (8): 2903-2908.

Yang R, Yang Y, Li W, et al., 2014a. Investigation of cereal remains at the Xiaohe Cemetery in Xinjiang, China. Journal of Archaeological Science, 49: 42-47.

Yang X, Wan Z, Perry L, et al., 2012. Early millet use in northern China. Proceeding of National Academy of Sciences of United States of America, 109 (10): 3726-3730.

Yang Y, Shevchenko A, Knaust A, et al., 2014b. Proteomics evidence for kefir dairy in early bronze age China. Journal of Archaeological Science, 45: 178-186.

Yao T, Jiao K, Tian L, et al., 1996. Climatic variations since the little ice age recorded in the Guliya Ice Core. Science in China Series D: Earth Sciences, 39 (6): 587-596.

Yelland M, Taylor P, 1996. Wind stress measurements from the open ocean. Journal of Physical Oceanography, 26 (4): 541-558.

Zhang C, Feng Z, Yang Q, et al., 2010. Holocene environmental variations recorded by organic-related and carbonate-related proxies of the lacustrine sediments from Bosten Lake, northwestern China. The Holocene, 20 (3): 363-373.

Zhang G, Wang S, Ferguson D, et al., 2015. Ancient plant use and palaeoenvironmental analysis at the Gumugou Cemetery, Xinjiang, China: implication from desiccated plant remains. Archaeological and Anthropological Sciences, 9 (2): 145-152.

Zhang G, Wang Y, Spate M, et al., 2019. Investigation of the diverse plant uses at the South Aisikexiaer Cemetery (~2700-2400 years BP) in the Hami Basin of Xinjiang, Northwest China. Archaeological and Anthropological Sciences, 11 (2): 699-711.

Zhang J, Liu C, Wu X, et al., 2012a. Optically stimulated luminescence and radiocarbon dating of sediments from Lop Nur (Lop Nor), China. Quaternary Geochronology, 10: 150-155.

Zhang J, Lu H, Wu N, et al., 2012b. Palaeoenvironment and agriculture of ancient Loulan and Milan on the Silk Road. The Holocene, 23 (2): 208-217.

Zhao K, Li X, Dodson J, et al., 2012. Climatic variations over the last 4000 cal yr BP in the western margin of the Tarim Basin Xinjiang, reconstructed from pollen data. Palaeogeography Palaeoclimatology Palaeoecology, 321-322: 16-23.

Zhao K, Li X, Zhou X, et al., 2013. Impact of agriculture on an oasis landscape during the late holocene: palynological evidence from the Xintala site in Xinjiang, NW China. Quaternary International, 311 (Oct. 17): 81-86.

Zhong W, Xue J, Shu Q, et al., 2007. Climatic change during the last 4000 years in the southern Tarim Basin, Xinjiang, northwest China. Journal of Quaternary Science, 22 (7): 659-665.